쉽게 배우는

기본 재료역학

유주식 지음

KM 경문사

쉽게 배우는 기본 재료역학

Preface 머리말

재료역학은 기계, 기계설계, 자동차, 건축, 조선, 토목, 항공 공학 등 여러 분야에서 기본적으로 배우는 과목으로 관련된 책이 많으며 세계적으로도 널리 알려진 훌륭한 교재들도 있다. 그런데 유명한 책들은 대부분 그 양이 너무 방대하고 특히 수학적/물리적 기초가 부족한 학생에게는 적합하지 않은 면이 있으므로 기본적인 내용을 간추려서 쉽게 설명한 책이 필요하다.

이 책은 재료역학 입문서로서 재료역학의 기본적인 핵심 내용을 간결하게 정리하고 설명하였다. 특히 기사시험, 공무원 및 중등교사 임용시험 등의 수준에 적합하도록 책의 내용을 구성하여 실질적으로 도움이 되게 하였다.

이 책의 목적은 재료역학의 기본 개념을 파악하게 하는 데 있다. 충분한 양의 예제와 연습문제를 수록하였고, 기초가 부족한 학생들도 스스로 공부할 수 있게끔 문제 풀이 과정을 상세히 기술하였다. 연습문제는 주요 핵심 개념을 파악할 수 있게 하는 문제들로 구성되어 있으며 특히 공무원과 중등교사 임용시험 문제를 많이 수록하여 각종 시험 준비에도 도움이 되게 하였다.

대부분의 대학 교재들은 연습문제 풀이를 해주지 않지만 이 책은, 우선적으로 학생들이 관련 이론을 알게 하는 것을 목적으로 모든 문제의 정답과 풀이 과정을 기술하였다.

아무쪼록 이 책을 통하여 재료역학의 기초를 튼튼하게 다질 수 있게 되기를 바라는 바이다. 끝으로 책의 출판에 도움을 주신 도서출판 경문사 관계자 분들께 감사드린다.

2020 년 5 월

유 주 식

Contents 목차

제 8 장 보의 전단력과 굽힘모멘트

제 9 장 보의 응력

제10장 응력 변환

제11장 압력용기

제12장 보의 처짐

제13장 기둥

연습문제 풀이 및 정답

부 록

제1장 서론

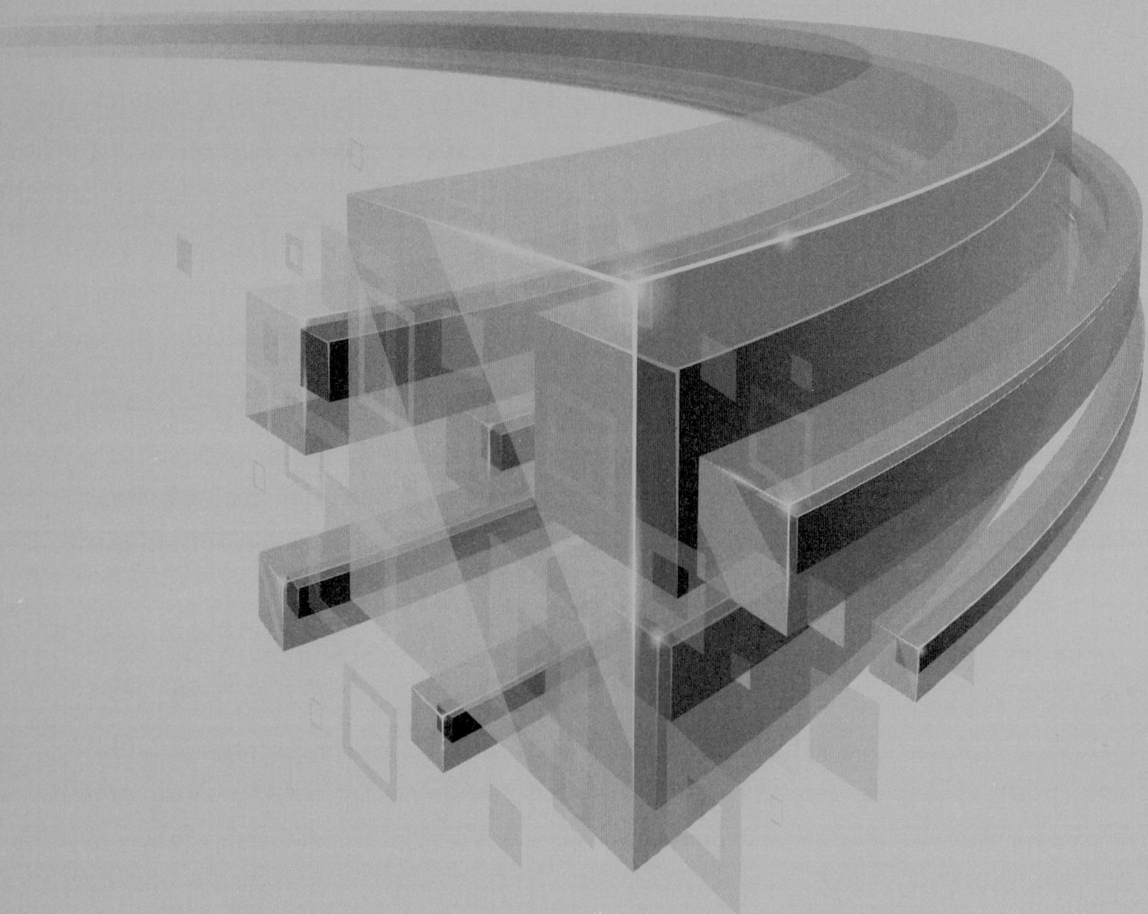

1.1 재료역학 소개

재료역학(mechanics of materials)은 인장, 압축, 비틀림, 굽힘 등 여러 종류의 하중에 대한 고체의 거동을 다루는 학문이다. 여기에서 고체는 일반적으로 공학 재료로 사용되는 축 하중이나 비틀림을 받는 봉, 굽힘을 받는 보, 압축을 받는 기둥 등을 뜻한다. 재료역학은 변형체 역학(mechanics of deformable bodies)의 한 분야로서 고체역학(solid mechanics) 또는 재료강도학(strength of materials)이라고도 한다.

정역학과 동역학에서는 물체가 힘을 받아도 변형되지 않는 강체(rigid body)로 생각하고 평형방정식이나 운동방정식을 적용한다. 그러나 실제로 사용하는 물체는 힘에 의해 변형된다. 따라서 모든 기계나 구조물을 구성하는 요소(부품)들은 외부에서 작용하는 힘(외력, 하중)을 받고 있으므로 이와 같은 힘과 변형의 관계를 아는 것이 중요하다.

재료역학은 하중에 의해 발생하는 구조물 내부의 응력과 변형률을 공부하는 과목이다. 응력과 변형률을 결정하기 위해 훅의 법칙과 같은 여러 가지 이론과 재료의 물리적 성질을 이용한다.

각종 구조물과 부재는 응력이나 변형률이 어느 한계 값을 초과하면 파손되므로 설계 시 이와 같은 한계 값을 아는 것이 중요하다. 따라서 교량, 빌딩, 기계, 배 등 모든 형태의 구조물을 안전하게 설계하기 위해서는 필수적으로 구조물의 응력과 변형률을 고려해야 한다. 이것이 공학 분야에서 여러 과목 중 재료역학이 주요 기본 과목이라고 하는 이유이다. 특히 재료역학은 기계, 기계설계, 건축, 자동차, 조선, 토목, 항공 공학 등 여러 공학 분야에서 필수적인 기초과목이며, 또한 농공학, 산업공학, 재료과학 분야에서도 필요한 과목이다.

재료역학의 주목적은 구조물과 부재에 작용하는 하중에 의해 재료에 발생하는 응력과 변형률 및 변위를 결정하는 것이다. 그런데 하중과 재료의 변형은 선형 탄성 거동 혹은 비선형 거동을 나타낼 수 있으므로 실제 재료의 거동은 복잡하며 그 현상을 정확하게 조사하는 것은 아주 어렵다. 재료가 탄성적으로 거동하고 응력과 변형률이 선형적인 관계를 나타내는 거동을 선형 탄성적이라 한다. 이 책은 재료역학 입문서로서 재료역학에서 아주 기초적인 사항만 다룰 것이다. 여기에서 변형을 고려하는 재료는 모두 선형 탄성 재료이다.

먼저 이 장에서는 역학에서 가장 기본적인 차원과 단위에 대해 공부한다. 특히 이 단원을 통해 단위와 단위 환산법을 완전하게 익히도록 한다.

1.2 차원과 단위

물리량의 성질을 표현하기 위해 사용되는 변수를 차원(dimension)이라 한다. 단위(unit)는 인위적으로 정한 크기를 기준으로 차원을 표현하기 위해 사용되는 것을 말하며, 여러 가지로 표현될 수 있다. 예를 들어 길이의 차원은 하나이지만, 길이의 단위에는 mm, cm, m, 자, 척, inch, feet 등 여러 가지가 있다. 따라서 인위적으로 정한 크기는 기준에 따라 다를 수가 있으므로 각 나라마다 사용하는 단위가 다양하게 나타나는데 최근에는 국제적으로 공인된 SI 단위(International System of Unit)를 많이 사용하는 추세에 있다.

1 SI 단위

SI 단위는 국제표준화기구(국제 도량형 총회)에서 단위를 통일하여 국제적으로 통용되도록 채택한 단위를 말한다. SI 단위에는 7개의 기본 단위 [표 1.1]과 2개의 보조 단위 [표 1.2]가 있다.

[표 1.1] SI 기본 단위

기본량(차원)	기호	명칭	기본량(차원)	기호	명칭
질량	kg	킬로그램	물질량	mol	몰
길이	m	미터	전류	A	암페어
시간	s	초	광도	cd	칸델라
온도	K	켈빈			

[표 1.2] SI 보조 단위

기본량	기호	명칭
평면각	rad	라디안
입체각	sr	스테라디안

† 각(평면각과 입체각)은 차원이 없는 무차원량이다.

2 절대단위계와 중력단위계

[1] 절대단위계(MLT 계)

기준량으로 질량(M), 길이(L), 시간(T)을 잡고 이들을 기본으로 하여 다른 단위를 나타내는 것이다.

[2] 중력단위계(FLT 계)

기준량으로 힘(F), 길이(L), 시간(T)을 잡고 이들을 기본으로 하여 다른 단위를 나타내는 것이다.

예를 들어 질량을 M, 길이를 L, 시간을 T로 하여 속도(v), 가속도(a), 밀도(ρ)의 차원을 절대단위계로 나타내면 다음과 같다.

$$[v] = \left[\frac{\text{거리}}{\text{시간}}\right] = \frac{L}{T} = LT^{-1}$$

$$[a] = \left[\frac{\text{속도 변화}}{\text{시간}}\right] = \left[\frac{\text{속도}}{\text{시간}}\right] = \frac{L/T}{T} = LT^{-2}$$

$$[\rho] = \left[\frac{\text{질량}}{\text{부피}}\right] = \frac{M}{L^3} = ML^{-3}$$

[3] 단위계 변환

뉴턴 운동법칙으로부터 질량(m)과 힘(F)의 관계를 구하여 단위계를 서로 변환할 수 있다.

질량이 일정한 경우에 대해 뉴턴 운동법칙을 간단하게 쓰면

$$F = ma$$

이다. 여기에서 힘의 차원 $[F]$는 다음과 같다.

$$[F] = [ma] = [m][a] = MLT^{-2}$$

$$[F] = MLT^{-2}$$

그리고 질량(m) 대신에 힘 F를 기본량으로 취하면 질량의 차원 $[m]$은

$$[m] = FL^{-1}T^2$$

이 된다. 위 두 식을 이용하면 중력단위계를 절대단위계로, 절대단위계를 중력단위계로 바꿀 수 있다.

예제 1.1 수직응력(σ)은 재료의 단위면적(A)에 수직으로 작용하는 힘(F)으로 정의된다. σ의 차원을 FLT계와 MLT계로 나타내어라.

풀이 수직응력 $\sigma = \dfrac{F}{A}$이므로 FLT계에서 σ의 차원은

$$[\sigma] = \left[\frac{F}{A}\right] = \frac{[F]}{[A]} = \frac{F}{L^2} = FL^{-2}$$

이고,

$$[F] = [ma] = [m][a] = M \times (L/T^2) = ML/T^2$$

이므로 MLT 계에서 σ의 차원은 다음과 같다.

$$[\sigma] = \frac{F}{L^2} = \frac{ML/T^2}{L^2} = ML^{-1}T^{-2}$$

[표 1.3]에 기계공학에서 주로 사용되는 기본차원을 나타내었다. 특히 역학이 주가 되는 기계공학에서 나타나는 거의 모든 물리량들의 차원은 질량(M), 길이(L), 시간(T)의 조합으로 표현된다.

[표 1.3] 기본차원과 SI 단위

물리량	차원	SI 단위	물리량	차원	SI 단위
질량	M	kg	온도	Θ	K
길이	L	m	평면각		rad
시간	T	s			

3 역학에 관한 단위계

[1] MKS 단위계(SI 단위계)

길이[m], 질량[kg], 시간[s]을 기본단위로 하는 단위계이다. 여기에서 힘의 단위는 N (Newton), 압력은 Pa(Pascal), 일과 에너지는 J(Joule), 동력(일률)은 W(Watt)이고 각 단위의 정의는 다음과 같다.

(1) 1N : 1kg의 물체에 1m/s^2의 가속도를 내게 하는 힘.

$$1\text{N} = 1\text{kg} \cdot \text{m/s}^2$$

(2) 1J : 1N의 힘을 작용하여 1m 이동했을 때 한 일.

$$1\text{J} = 1\text{N} \cdot \text{m}$$

(3) 1Pa : 1N의 힘이 1m^2에 수직으로 작용할 때의 압력.

$$1\text{Pa} = 1\text{N/m}^2 \quad (1\,\text{bar} = 10^5\,\text{Pa})$$

(4) 1W : 1 초에 1J 의 일을 할 때의 일률.

$$1\mathrm{W} = 1\mathrm{J/s} = 1\mathrm{N} \cdot \mathrm{m/s}$$

[2] CGS 단위계

길이[cm], 질량[g], 시간[s]을 기본단위로 하는 단위계이다. 여기에서 힘의 단위는 dyne, 일의 단위는 erg이고 각 단위의 정의는 다음과 같다.

(1) 1dyne : 1g의 물체에 $1\mathrm{cm/s^2}$의 가속도를 일으키는 힘.

$$1\mathrm{dyne} = 1\mathrm{g} \cdot \mathrm{cm/s^2} \quad (1\mathrm{N} = 10^5\,\mathrm{dyne})$$

(2) 1erg : 1dyne의 힘을 작용하여 1cm이동했을 때 한 일.

$$1\,\mathrm{erg} = 1\,\mathrm{dyne} \cdot \mathrm{cm} \quad (1\mathrm{J} = 10^7\,\mathrm{erg})$$

일반적으로 기계공학의 주요 과목(정역학, 동역학, 재료역학, 유체역학, 열역학, 기계설계, 기계공작법 등)에서 나타나는 물리량들(힘, 토크, 속력, 일, 동력, 응력, 압력, 열량 등)은 비교적 큰 값을 가지므로 SI 단위계가 주로 사용되며 CGS 단위계는 거의 사용되지 않는다. 그러나 미소 물리량들을 취급할 때는 CGS 단위계를 사용하는 것이 편리하다.

[3] 기타 환산단위

기계공학에서 자주 사용하는 일률(동력, power)의 단위에는 마력(馬力, horse power)이 있다. SI 단위계에서는 1 마력을 1PS로 나타내며 다음과 같이 정의한다.

$$1\,\mathrm{PS} = \frac{75\,\mathrm{kgf} \cdot \mathrm{m}}{\mathrm{s}} = 75 \times 9.80665\,\frac{\mathrm{J}}{\mathrm{s}} \approx 735.5\,\mathrm{W}$$

[4] SI 단위의 접두사

SI 단위계(Standard International unit)는 각국에서 사용하던 단위계를 표준화시키기 위하여 만든 것이다. 여기에서 매우 크거나 작은 물리량들을 편리하게 다루기 위하여 [표 1.4]와 같은 SI 단위의 접두사를 사용한다. 예를 들어 $4\,\mathrm{km} = 4 \times 10^3\,\mathrm{m}$, $5\,\mathrm{mm} = 5 \times 10^{-3}\,\mathrm{m}$, $7\,\mathrm{MPa} = 7 \times 10^6\,\mathrm{Pa}$이다. 재료역학에서는 m(milli), c(centi), k(kilo), M(mega), G(giga) 등의 접두사가 많이 사용된다.

[표 1.4] SI 단위의 접두사

곱해지는 수	명칭	기호	곱해지는 수	명칭	기호
10^{24}	yotta	Y	10^{-1}	deci	d
10^{21}	zetta	Z	10^{-2}	centi	c
10^{18}	exa	E	10^{-3}	milli	m
10^{15}	peta	P	10^{-6}	micro	μ
10^{12}	tera	T	10^{-9}	nano	n
10^{9}	giga	G	10^{-12}	pico	p
10^{6}	mega	M	10^{-15}	femto	f
10^{3}	kilo	k	10^{-18}	atto	a
10^{2}	hecto	h	10^{-21}	zepto	z
10^{1}	deka	da	10^{-24}	yocto	y

예제 1.2 중력 단위계의 응력 $\sigma = 10\ \text{kgf/cm}^2$을 SI 단위계의 Pa과 kPa로 환산하여라.

풀이 SI단위계에서 $1\text{Pa} = 1\text{N/m}^2$이고, $1\text{kgf} = 9.8\text{N}$, $1\text{cm} = 10^{-2}\text{m}$이므로

$$\begin{aligned}\sigma &= 10\frac{\text{kgf}}{\text{cm}^2} = 10 \times \frac{9.8\text{N}}{(10^{-2}\text{m})^2} = 9.8 \times 10^5 \frac{\text{N}}{\text{m}^2} \\ &= 9.8 \times 10^5\,\text{Pa} = 980 \times 10^3\,\text{Pa} \\ &= 980\,\text{kPa}\end{aligned}$$

여기에서 $\text{N/m}^2 = \text{Pa}$, $1\text{kPa} = 10^3\,\text{Pa}$이다.

예제 1.3 단면적 A에 힘 F가 수직으로 작용할 때 수직응력 $\sigma = F/A$로 정의된다. $A = 10\,\text{cm}^2$, $F = 40\text{kN}$이면 수직응력(σ)은 몇 MPa인가?

풀이 $A = 10\ \text{cm}^2 = 10(10^{-2}\text{m})^2 = 10^{-3}\text{m}^2$, $F = 40\text{kN} = 40 \times 10^3\text{N}$이다.

$$\begin{aligned}\sigma &= \frac{F}{A} = \frac{40\text{kN}}{10\text{cm}^2} = \frac{40 \times 10^3\text{N}}{10^{-3}\text{m}^2} = 40 \times 10^6 \frac{\text{N}}{\text{m}^2} \\ &= 40 \times 10^6\,\text{Pa} = 40\text{MPa}\end{aligned}$$

여기에서 $\text{N/m}^2 = \text{Pa}$, $1\text{MPa} = 10^6\,\text{Pa}$이다.

예제 1.4 $A = 4\,\text{mm}^2$, $F = 80\text{N}$이면 $\sigma = F/A$는 몇 MPa인가?

풀이 $A = 4\text{mm}^2 = 4(10^{-3}\text{m})^2 = 4\times10^{-6}\text{m}^2$이다.

$$\sigma = \frac{F}{A} = \frac{80\text{N}}{4\text{mm}^2} = \frac{80\text{N}}{4\times10^{-6}\text{m}^2} = 20\times10^6\frac{\text{N}}{\text{m}^2} = 20\times10^6\text{Pa} = 20\text{MPa}$$

Note $1\text{MPa} = 10^6\text{Pa} = 10^6\frac{\text{N}}{\text{m}^2} = 10^6\frac{\text{N}}{(10^3\text{mm})^2} = \frac{\text{N}}{\text{mm}^2}$이다. 특히 재료역학(고체역학)과 기계설계(기계요소설계)에서는 응력의 단위로 MPa을 많이 사용한다. 이때 $\text{MPa} = \frac{\text{N}}{\text{mm}^2}$이라는 것을 알아두면 편리하게 계산할 수 있다. 이때 [예제 1.4]는 $\sigma = F/A = 80/4 = 20$[MPa]로 곧바로 계산된다.

> 공학에서는 대부분 문자를 사용하여 현상을 해석하지만 실제의 물리량은 모두 단위를 가지고 있다. 특히 역학에서는 차원이 다른 여러 가지 물리량들이 여러 종류의 단위(mm, cm, km, mm², cm², dyne, N, kN, kgf, Pa, MPa, GPa, W, PS, ...)로 표현되므로 단위를 잘 알아야 한다. 문자변수로 표현된 결과 식을 알아도(예를 들어 $\Delta L = \frac{PL}{EA}$, $\sigma_b = \frac{M_b}{I}y$, $\delta_{\max} = \frac{PL^3}{48EI}$, ...) 단위 환산을 잘못하여 틀리는 경우가 많으므로 단위에 대한 개념을 확실하게 파악해 두도록 한다.

1.3 단위 연산

차원이 있는 물리량을 계산할 때 단위 연산을 하는 경우, 단위를 문자와 같이 취급하여 연산한다.

예제 1.5 높이 $h = 1960\text{cm}$에서 자유낙하한 공이 지면에 떨어지는 순간 공의 속력은 몇 m/s인가? 단, 중력가속도 $g = 9.8\text{m/s}^2$이다.

풀이 지면에 떨어졌을 때 공의 처음 위치에너지 mgh가 전부 운동에너지 $\frac{1}{2}mv^2$으로 바뀌므로

$$mgh = \frac{1}{2}mv^2$$

$$\therefore\ v = \sqrt{2gh} = \sqrt{2\times9.8\frac{\text{m}}{\text{s}^2}\times1960\text{cm}} = \sqrt{2\times9.8\frac{\text{m}}{\text{s}^2}\times19.6\text{m}}$$

$$= \sqrt{(19.6)^2\times\frac{\text{m}^2}{\text{s}^2}} = 19.6\sqrt{\left(\frac{\text{m}}{\text{s}}\right)^2} = 19.6[\text{m/s}]$$

예제 1.6 밀도 ρ, 유속 v인 유체의 동압 $p_v = \dfrac{1}{2}\rho v^2$이다. 밀도와 유속이 각각 $\rho = 1000\mathrm{kg/m^3}$, $v = 2\mathrm{m/s}$일 때 유체의 동압은 몇 Pa인가?

풀이 $1\mathrm{Pa} = 1\mathrm{N/m^2}$, $1\mathrm{N} = 1\mathrm{kg}\cdot\dfrac{\mathrm{m}}{\mathrm{s^2}}$ 이므로 동압[Pa]은 다음과 같다.

$$p_v = \frac{\rho v^2}{2} = \frac{\left(1000\dfrac{\mathrm{kg}}{\mathrm{m^3}}\right)\times\left(2\dfrac{\mathrm{m}}{\mathrm{s}}\right)^2}{2} = 2000\frac{\mathrm{kg}}{\mathrm{m^3}}\times\frac{\mathrm{m^2}}{\mathrm{s^2}} = 2000\left(\mathrm{kg}\cdot\frac{\mathrm{m}}{\mathrm{s^2}}\right)\times\frac{1}{\mathrm{m^2}}$$
$$= 2000\frac{\mathrm{N}}{\mathrm{m^2}} = 2000\,\mathrm{Pa}$$

위 예제들에서는 모두 단위를 직접 대입하고 단위 연산과 단위 변환을 하여 원하는 단위로 환산된 값을 구하였다. 그런데 차원이 있는 물리량의 계산에서 나타나는 모든 단위를 어느 한 단위계(SI 단위계, kg, m, s, N, Pa, J, W)로 통일해 주면 복잡한 단위 연산을 하지 않아도 구하고자 하는 값을 얻을 수 있다.

예제 1.7 수심 h 에서 물에 의한 압력 $p = \gamma h$ 이다. 물의 비중량과 수심이 각각 $\gamma = 9.8\mathrm{kN/m^3}$, $h = 1\mathrm{m}$ 일 때 압력은 몇 Pa인가?

풀이 (1) 단위 연산 : $1\mathrm{N/m^2} = 1\mathrm{Pa}$ 이므로

$$p = \gamma h = \left(9.8\frac{\mathrm{kN}}{\mathrm{m^3}}\right)\times 1\mathrm{m} = \left(9.8\times\frac{1000\mathrm{N}}{\mathrm{m^3}}\right)\times 1\mathrm{m} = 9800\frac{\mathrm{N}}{\mathrm{m^2}} = 9800\mathrm{Pa}$$

(2) 주어진 단위를 SI단위 m, N 으로 통일하여 계산한다. SI단위계로 나타낸 비중량과 수심은

$$\gamma = 9.8\mathrm{kN/m^3} = 9800\mathrm{N/m^3},\ h = 1\mathrm{m}$$

이므로 압력[Pa]은 다음과 같다.

$$p = \gamma h = 9800\times 1 = 9800\ [\mathrm{Pa}]$$

이상에서 길이와 힘을 SI단위 m, N 으로 바꿔주면 단위 연산을 하지 않아도 나오는 압력의 단위는 SI단위 Pa이다.

예제 1.8 탄성계수 $E = \dfrac{PL}{A\Delta L}$이다. 길이 $L = 1.0\mathrm{m}$, 면적 $A = 8\mathrm{cm^2}$, 축방향 힘 $P = 1600\mathrm{kgf}$, 늘어난 길이 $\Delta L = 0.1\mathrm{mm}$일 때 탄성계수 E[GPa]를 구하여라. 단, 탄성계수의 SI 단위는 Pa이고, 중력가속도 $g = 10\mathrm{m/s^2}$이다.

풀이 주어진 단위를 SI단위 m, N으로 통일하여 계산한다.

$$L = 1.0\text{m} \ ; \ A = 8\text{cm}^2 = 8 \times 10^{-4}\text{m}^2,$$
$$P = 1600\text{kgf} = 16 \times 10^3\text{N} \ ; \ \Delta L = 0.1\text{mm} = 10^{-4}\text{m}$$
$$E = \frac{PL}{A\Delta L} = \frac{(16 \times 10^3) \times (1)}{(8 \times 10^{-4})(10^{-4})} = 200 \times 10^9 [\text{Pa}] = 200 [\text{GPa}]$$

이상에서 L, A, P, ΔL을 모두 SI 단위(m, N)로 나타내면 단위 연산을 하지 않아도 나오는 탄성계수의 단위는 SI단위 Pa이다.

예제 1.9 단면 폭 $b = 0.1\text{m}$, 높이 $h = 0.4\text{m}$, 하중 $P = 200\text{kN}$, 거리 $c = 0.8\text{m}$, $d = 0.3\text{m}$일 때 응력 $\sigma = \dfrac{6Pc(2d-h)}{bh^3}$ [MPa]을 구하여라.

풀이 단위를 N, mm로 통일하여 계산한다. $\text{N/mm}^2 = \text{MPa}$이다.

$$\sigma = \frac{6Pc(2d-h)}{bh^3} = \frac{6 \times (2 \times 10^5) \times (8 \times 10^2) \times (2 \times 3 - 4) \times 10^2}{(10^2) \times (4 \times 10^2)^3} [\text{MPa}]$$
$$= \frac{6 \times 2 \times 8 \times 2 \times 10^{5+2+2-2-6}}{4^3} [\text{MPa}] = 30 [\text{MPa}]$$

> 단위 연산을 할 때는 특히 차원이 같은 물리량들을 어느 하나의 단위로 통일하여 나타내는 것이 중요하다.

예제 1.10 비틀림 모멘트 T를 받는 축의 지름(d)은 다음 식으로 결정된다. 허용전단응력 $\tau_a = 160\text{kgf/cm}^2$, $T = 8.1\text{kgf} \cdot \text{m}$인 축의 지름[cm]을 구하여라. 단, $\pi = 3$으로 한다.

$$d = \sqrt[3]{\frac{16T}{\pi \tau_a}}$$

풀이 단위를 kgf, cm로 통일하여 계산한다.

$$T = 8.1\text{kgf} \cdot \text{m} = 8.1\text{kgf} \cdot 10^2\text{cm} = 810\text{kgf} \cdot \text{cm}$$
$$\therefore \ d = \sqrt[3]{\frac{16T}{\pi \tau_a}} = \sqrt[3]{\frac{16 \times 810}{3 \times 160}} [\text{cm}] = \sqrt[3]{27} \ [\text{cm}] = \sqrt[3]{3^3} = 3 [\text{cm}]$$

이상에서 $\sqrt[3]{\dfrac{\text{kgf} \cdot \text{cm}}{\text{kgf/cm}^2}} = \sqrt[3]{(\text{cm})^3} = \text{cm}$이다.

예제 1.11 속이 찬 축(중실축)이 비틀림 모멘트 T를 받고 회전하고 있을 때 축의 전달 동력 H는 다음 관계식을 따른다. 축의 허용비틀림응력 $\tau_{max} = 50\,MPa$, 지름 $d=20mm$, 회전 속도 $N=300rpm$일 때 축의 전달 동력 $H[kW]$를 구하여라.

$$T = \tau_{max} Z_p = \tau_{max}\left(\frac{\pi d^3}{16}\right)$$
$$H = T\omega = T \times \frac{2\pi N}{60}$$

풀이 지름 $d = 20mm = 0.02m$이다. 단위를 SI단위[N, m, s]로 통일하여 계산한다. SI 단위에서 동력의 단위는 $W = \frac{N \cdot m}{s}$이다.

$$H = T\omega = T \times \frac{2\pi N}{60} = \tau_{max}\left(\frac{\pi d^3}{16}\right) \times \frac{2\pi N}{60}$$
$$= (50 \times 10^6) \times \left[\frac{\pi (0.02)^3}{16}\right] \times \frac{2\pi(300)}{60} \quad [W]$$
$$= 250\pi^2\,[W] = \frac{250\pi^2}{1000}[kW] = \frac{\pi^2}{4}[kW]$$

이상에서 $\tau_{max} = 50\,MPa = 50 \times 10^6 \frac{N}{m^2}$이다. rpm은 1분(60s)간의 회전수(Revolution Per Minute)를 나타내며 각속도 ω의 단위는 $1/s$이다.

예제 1.12 회전수 $N[rpm]$으로 $H[W]$의 동력을 전달하는 축에 걸리는 토크 $T[N \cdot m]$는 식 ① 과 같다. 식 ①로부터 회전수가 $N[rpm]$이고 동력이 $H_{kW}[kW]$일 때 토크 T는 식 ② 와 같이 표현됨을 보여라.

$$H = T\omega = T \times \frac{2\pi N}{60}, \qquad \cdots ①$$
$$T = \frac{60H}{2\pi N}\ [N \cdot m]$$

$$T = 9.55 \times 10^6 \frac{H_{kW}}{N}\ [N \cdot mm] \qquad \cdots ②$$
$$T = 9.74 \times 10^5 \frac{H_{kW}}{N}\ [kgf \cdot mm]$$

풀이 회전수 $N[rpm]$, 동력 $H_{kW}[kW]$, 토크 $T[N \cdot mm]$의 관계는 다음과 같이 유도된다.

$$1\,\text{kW} = 10^3\text{W} = 10^3 \times \frac{\text{N} \cdot \text{m}}{\text{s}} = 10^3 \times \frac{\text{N} \cdot 10^3\text{mm}}{\text{s}} = 10^6 \times \frac{\text{N} \cdot \text{mm}}{\text{s}}$$

이므로 식 ①에서

$$10^6 \times H_{kW} = T \times \frac{2\pi N}{60}$$

$$\therefore \quad T = \frac{60 \times H_{kW} \times 10^6}{2\pi N} = 9.55 \times 10^6 \frac{H_{kW}}{N} \,[\text{N} \cdot \text{mm}]$$

이다. 위 식에서 $1\text{kgf} = 9.8\text{N}$ 이므로 토크의 단위를 kgf • mm로 나타내면 다음과 같다.

$$\begin{aligned} T &= 9.55 \times 10^6 \frac{H_{kW}}{N} \,[\text{N} \cdot \text{mm}] = \frac{9.55 \times 10^6}{9.8} \frac{H_{kW}}{N} \,[\text{kgf} \cdot \text{mm}] \\ &= 9.74 \times 10^5 \frac{H_{kW}}{N} \,[\text{kgf} \cdot \text{mm}] \end{aligned}$$

공학에서는 [예제 1.12]와 같이 복잡한 숫자로 표현되는 공식들이 종종 나타난다. 그런데 이들 숫자들은 대부분 기본적인 공식의 단위 연산 결과에 따른 수들이다. 복잡한 숫자가 나타나는 공식을 기억하려 하지 말고 단위 연산 방법을 잘 알아두도록 한다. 식 ②는 기본적인 공식 $H = T\omega = T \times \frac{2\pi N}{60}$일 뿐이다. 단위에 대한 개념만 확실하게 파악하면 된다.

연습문제 1

01 동력(일률)은 단위 시간당 일로 정의된다. 동력의 차원을 MLT계로 나타내어라.

02 SI 단위계에서 1 J의 일은 CGS 단위계에서 몇 erg인가?

03 $40\,g/cm^3$은 몇 kg/m^3인가?

04 $20\,kgf/cm^2$은 몇 kPa인가?

05 탄성계수 $E = \dfrac{PL}{A\Delta L}$이다. 길이 $L = 1.0m$, 면적 $A = 20mm \times 40mm$, 축방향 힘 $P = 16kgf$, 늘어난 길이 $\Delta L = 1.0mm$ 일 때 봉의 탄성계수 E[MPa]를 구하여라. 단, 중력가속도 $g = 10m/s^2$으로 한다.

06 72km/hr로 달리는 질량 400kg인 트럭의 운동에너지 $E_k = \dfrac{mv^2}{2}$는 몇 kJ 인가?

07 비틀림 모멘트 T를 받는 축의 지름은 $d = \sqrt[3]{\dfrac{16T}{\pi\tau_a}}$로 결정된다. 축의 전단강도 $\tau = 400MPa$, 안전계수 $S = 2$, 비틀림 모멘트 $T = 100N \cdot m$인 축의 지름 d[mm]를 구하여라. 단, 허용전단응력 $\tau_a = \dfrac{\tau}{S}$이다.

08 지름 $d = 100$[mm]인 축에 풀리를 장착하기 위한 묻힘키(sunk key)를 설계할 때 키의 최소 높이 h[mm]를 구하여라. 단, 축에서 키 홈의 깊이(t)는 키 높이(h)의 1/2, 키의 길이(l)는 축 지름(d)의 1.5 배, 축의 허용전단응력 $\tau_a = 30MPa$, 키의 허용 압축응력 $\sigma_a = 80MPa$ 이고, 키의 최소 높이(h)에서 허용 압축응력(σ_a)과 허용전단응력(τ_a)의 관계는 $\sigma_a = \dfrac{\pi d^2 \tau_a}{8tl}$이다.

09 이음매 없는 강관에서 내부압력 $p = 0.3$[MPa], 유량 $Q = 0.3[m^3/s]$, 평균유속 $V = 10$ [m/s]일 때 강관의 최소 두께 t[mm]를 구하여라. 단, 강관의 허용응력 $\sigma_a = 6$[MPa]이며 $\pi = 3$으로 한다. 유량(Q)과 허용응력(σ_a)은 다음 관계식을 따른다. D_1은 강관의 안지름이다.

$$Q = AV = \left(\frac{\pi}{4}D_1^2\right)V, \quad \sigma_a = \frac{pD_1}{2t}$$

10 회전수 $N=300$[rpm]으로 회전하는 축이 $H=10\pi$[J/s]의 동력을 전달할 때, 축에 작용하는 비틀림 모멘트 T[N • mm]를 구하여라. 축의 전달 동력(H)과 비틀림 모멘트(T) 및 회전수 N[rpm]의 관계는 다음과 같다.

$$H = T\omega = T \times \frac{2\pi N}{60}$$

11 접촉면의 바깥지름 $D_2=80$[mm], 안지름 $D_1=40$[mm], 마찰계수 $\mu=0.2$ 인 단판 클러치에 평균 접촉면압력 $p=0.2$[MPa]이 작용할 때, 단판 클러치의 전달토크 T[N • mm]를 구하여라. 클러치의 접촉면적(A)과 마찰력(f) 및 전달토크(T)의 관계는 다음과 같다. 평균 지름 $D_m = \dfrac{D_1+D_2}{2}$ 이다.

$$A = \frac{\pi}{4}(D_2^2 - D_1^2),\ f = \mu Q = \mu p A,\ T = f \times \frac{D_m}{2}$$

12 스프링지수 $C=10$, 소선의 지름 $d=2$[mm], 전단탄성계수 $G=8\times10^3$[kgf/mm^2]인 압축 코일스프링에서 하중 P가 70[kgf]에서 50[kgf]로 감소할 때 처짐 δ의 변화가 50[mm]가 되는 스프링의 유효감김수 N을 구하여라. 유효 감김수 N, 소선지름 d, 스프링 전체 평균 지름 D, 소선의 전단탄성계수 G, 하중 P일 때 압축 코일스프링의 처짐(δ)과 스프링지수(C)는 다음과 같다.

$$\delta = \frac{8ND^3P}{Gd^4},\ C = \frac{D}{d}$$

13 가로 $b=2$cm, 세로 $h=6$cm 인 직사각형 단면의 보(beam)에 굽힘모멘트 $M_b=0.48$kN • m가 작용할 때 보에서 발생하는 최대굽힘응력 σ_{max}[MPa]을 구하여라. 보 단면에 발생하는 최대굽힘응력 σ_{max}는 다음 관계식을 따른다. I는 단면 2차모멘트이다.

$$\sigma_{max} = \frac{M_b}{I} y_{max},\ I = \frac{bh^3}{12},\ y_{max} = \frac{h}{2}$$

14 굽힘모멘트 $M=1400$[N·m], 단면 2차모멘트 $I=4\times10^4$[cm^4]일 때 최대 굽힘 인장응력 $\sigma_{max} = \dfrac{M}{I} y_{max}$[Pa]을 구하여라. 단, 주어진 보의 단면에서 $y_{max}=0.2$m 이다.

15 지름이 d인 원형 축에 비틀림 모멘트 T가 작용할 때 축에서 발생하는 최대 비틀림응력 τ_{max}는 다음 관계식을 따른다. $T=25\pi$[N·m], $d=10$[mm]일 때 τ_{max}[MPa]를 구하여라.

$$\tau_{max} = \frac{T}{I_p} \times r_{max},\ I_p = \frac{\pi d^4}{32},\ r_{max} = \frac{d}{2}$$

16 폭 b, 높이 h인 직사각형 단면 보에 전단력 V가 작용할 때 단면에서 발생하는 최대전단응력 τ_{max}은 다음 관계식으로 주어진다. 여기에서 Q는 단면의 면적 1차 모멘트이다. $V=$ 24kN, $b=$2cm, $h=$3cm 일 때 τ_{max}[MPa]를 구하여라.

$$\tau_{max} = \frac{VQ_{max}}{Ib},\ I = \frac{bh^3}{12},\ Q_{max} = \frac{bh^2}{8}$$

17 폭 b, 높이 h인 직사각형 단면 단순 보의 중앙에 집중 하중 P가 작용할 때 보에서 발생하는 최대 처짐 δ_{max}은 다음 관계식으로 주어진다. 보 재료의 탄성계수 $E = 20{,}000\text{kgf/mm}^2$, 집중 하중 $P = 12{,}000$kgf, 보의 길이 $L = 2$m, 폭 $b=$60mm, 높이 $h=$100mm 일 때 δ_{max}[mm]를 구하여라.

$$\delta_{max} = \frac{PL^3}{48EI},\ I = \frac{bh^3}{12}$$

18 단면적 A에 힘 F가 수직으로 작용할 때 수직응력 $\sigma = F/A$로 정의된다. 가로가 4cm 이고 세로가 5cm 인 직사각형 단면에 $F=$150kN 의 힘이 수직으로 작용하면 수직응력(σ)은 몇 MPa 인가?

19 힘(F)과 응력(σ) 및 변형률(ϵ)의 관계식은 다음과 같다. 탄성계수 $E = 200$GPa, 길이 $L = 0.4$m, 길이 변화 $\Delta L = 2$mm 일 때 단면적 $A = 30\text{mm}^2$에 작용하는 힘 F[kN]를 구하여라.

$$\sigma = \frac{F}{A},\ \sigma = E\epsilon,\ \epsilon = \frac{\Delta L}{L}$$

20 전동축의 최소지름(d_{min})과 전달 동력(H) 및 회전수(N)의 관계식은 다음과 같다. 전달 동력 $H = 1.6\pi^2$[kW], 회전수 $N = 2400$[rpm], 축의 허용전단응력 $\tau_a = 40$[MPa]일 때 축의 최소지름 d_{min}[mm]을 구하여라.

$$\tau_a = \frac{16T}{\pi d_{min}^3},\ H = T \times \frac{2\pi N}{60}$$

제2장 기초 정역학

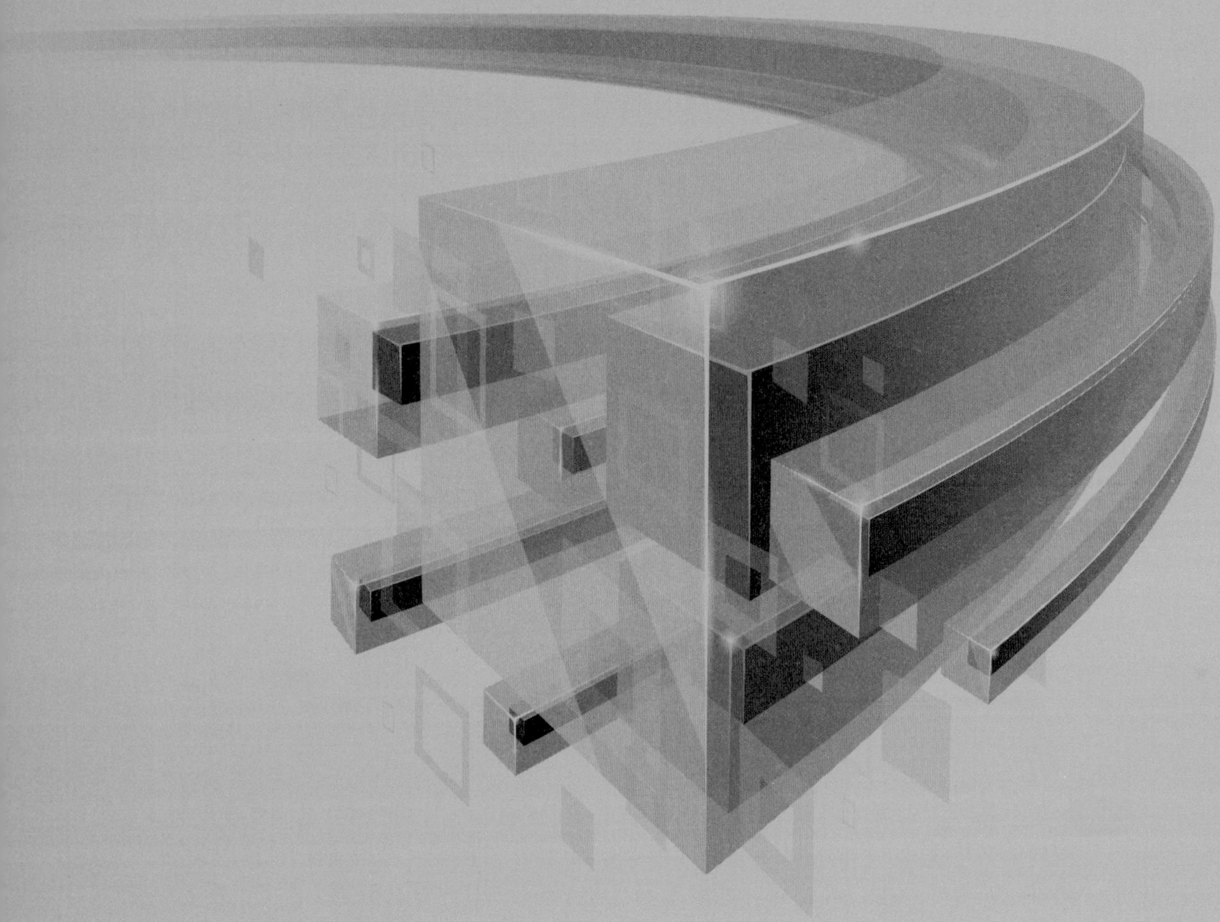

2.1 힘

힘과 모멘트를 기본으로 하는 역학은 힘을 받는 물체의 정지 또는 운동 상태를 다루는 학문으로 특히 기계공학에서 가장 기초가 되는 분야이다. 각종 구조물의 강도와 변형, 유체 유동, 측정 장치, 기계의 진동 및 안정성 등은 모두 역학의 기본원리를 바탕으로 하여 해석되고 만들어진다. 특히 재료역학의 기본은 힘과 모멘트 및 힘의 평형이므로 이 단원을 통해 충분히 이들에 대한 개념을 익히도록 한다. 선행 과목인 정역학을 잘 공부한 학생들은 가벼운 마음으로 복습하고, 특히 정역학을 잘 공부하지 못했던 학생들은 이 단원을 통해 확실하게 개념을 파악하도록 한다. 힘을 모르고 재료역학을 공부하겠다는 것은 1, 2, 3... 등 숫자를 모르고 곱셈, 나눗셈을 하겠다는 것과 같다.

1 힘(force)

물체의 모양이나 운동 상태를 변하게 하는 원인이 되는 물리량을 힘이라 한다. 힘의 효과는 물체에 작용하는 힘의 크기(magnitude), 방향(direction), 작용점(point of application)에 의해 결정되는데 이들을 힘의 3 요소라 한다.

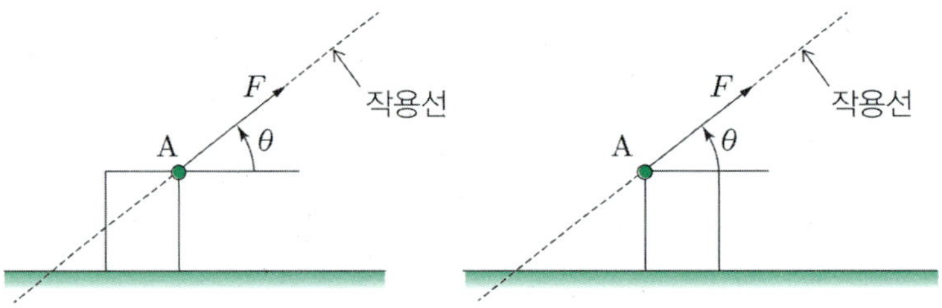

[그림 2.1] 힘의 3요소

설명 힘은 [그림 2.1]과 같이 화살표를 이용하여 나타내면 편리하다. 여기에서 물체에 작용하는 힘의 효과는 힘의 크기(F)와 방향(θ)뿐만 아니라 힘이 작용하는 점(작용점, A)의 위치에 따라서도 달라진다. 그리고 힘의 방향을 나타내는 화살표의 연장선을 작용선이라 한다.

2 힘의 합력

두 개 이상의 힘과 같은 효과를 갖는 하나의 힘을 구하는 것을 힘의 합성이라고 하고 이때 구한 힘을 합력이라 한다.

[1] 나란한 두 힘의 합력

(1) 같은 방향의 두 힘이 작용할 때 : 합력의 크기는 두 힘의 크기를 더한 값이고, 방향은 두 힘의 방향과 같다.

(2) 반대방향의 두 힘이 작용할 때 : 합력의 크기는 큰 힘에서 작은 힘을 뺀 값이고, 방향은 큰 힘의 방향과 같다.

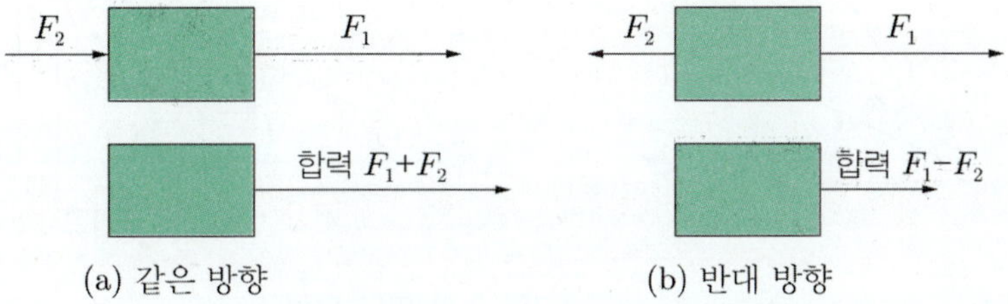

[그림 2.2] 같은 방향과 반대방향 힘

설명 [그림 2.2]와 같이 나란한 두 힘의 합력의 크기는 두 힘의 크기를 대수적으로 더하거나 뺀 값이 된다. 즉, 두 힘의 방향이 같을 때 합력의 크기는 $F_1 + F_2$이고, 반대방향일 때 합력의 크기는 $F_1 - F_2(F_1 > F_2)$ 이다. 합력의 방향은 큰 힘의 방향과 같다.

[2] 나란하지 않은 두 힘의 합력

[그림 2.1.3]과 같이 두 힘($\overrightarrow{P}$, $\overrightarrow{Q}$)이 나란하지 않을 때는 평행사변형법이나 삼각형법으로써 합력을 구한다.

(1) 평행사변형법 : 두 힘 $\overrightarrow{P}$, $\overrightarrow{Q}$의 시작점을 일치시키고 두 힘을 두 변으로 하는 평행사변형을 그렸을 때 평행사변형의 대각선은 두 힘의 합력 $\overrightarrow{R}=\overrightarrow{P}+\overrightarrow{Q}$이 된다.

(2) 삼각형법 : 힘 $\overrightarrow{Q}$의 시작점을 $\overrightarrow{P}$의 끝점으로 평행 이동시킨 후 $\overrightarrow{P}$의 시작점과 $\overrightarrow{Q}$의 끝점을 연결한 것은 합력 $\overrightarrow{R}=\overrightarrow{P}+\overrightarrow{Q}$가 된다.

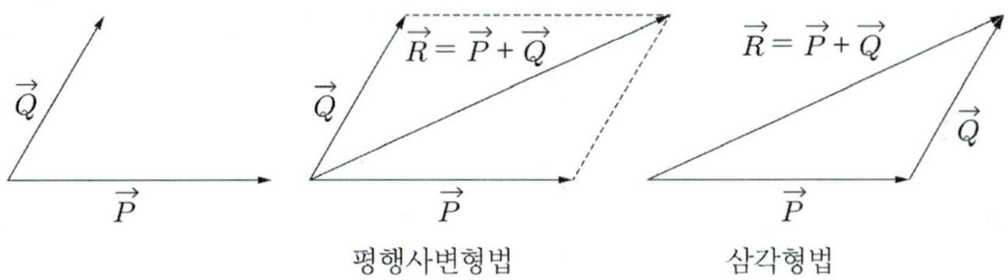

[그림 2.3] 평행사변형법과 삼각형법

설명 먼저 평행사변형법 또는 삼각형법에 의한 두 힘의 합력 $\vec{R}=\vec{P}+\vec{Q}$의 크기는 다음과 같이 코사인 제2법칙을 이용하여 구할 수 있다. [그림 2.4]와 같이 $\vec{P}$, $\vec{Q}$가 이루는 각을 α라 하면 삼각형 ABC에서 합력의 크기(R)는 다음과 같다.

$$R^2 = P^2 + Q^2 - 2PQ\cos(\pi - \alpha) = P^2 + Q^2 + 2PQ\cos\alpha$$

$$\therefore \; R = \sqrt{P^2 + Q^2 + 2PQ\cos\alpha} \qquad \cdots ①$$

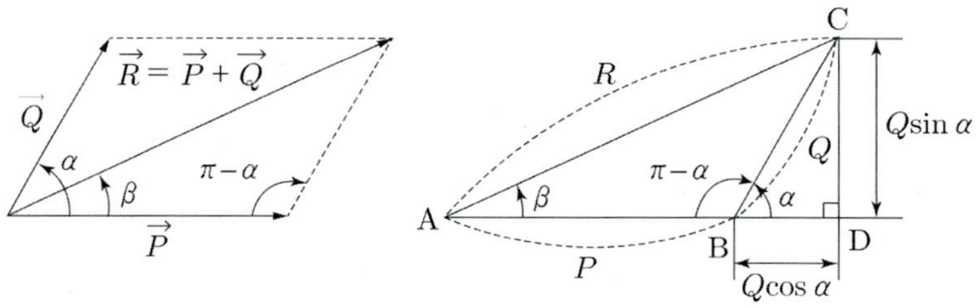

[그림 2.4] 힘의 합력

합력의 크기 R이 구해지면 합력 $\vec{R}$의 방향각 β는 삼각형 ABC에 사인법칙을 적용하여 구할 수 있다.

$$\frac{Q}{\sin\beta} = \frac{R}{\sin(\pi - \alpha)} = \frac{R}{\sin\alpha} \qquad \cdots ②$$

또는, 점 C에서 내린 수직선과 AB의 연장선의 교점을 D라 하면

$$\overline{BD} = Q\cos\alpha, \; \overline{CD} = Q\sin\alpha$$

이므로 삼각형 ACD에서 다음과 같이 방향각 β가 구해진다.

$$\tan\beta = \frac{\overline{CD}}{\overline{AD}} = \frac{\overline{CD}}{\overline{AB} + \overline{BD}} = \frac{Q\sin\alpha}{P + Q\cos\alpha}$$

$$\therefore \; \beta = \tan^{-1}\left(\frac{Q\sin\alpha}{P + Q\cos\alpha}\right) \qquad \cdots ③$$

평행사변형법과 삼각형법으로 구한 합력은 같다. $\vec{P}$, $\vec{Q}$가 나란할 때 ①에서 $\cos 0 = 1$, $\cos\pi = -1$이므로, 같은 방향일 때 합력의 크기(R)는

$$R = \sqrt{P^2 + Q^2 + 2PQ} = \sqrt{(P+Q)^2} = P + Q$$

이고, 반대방향일 때

$$R = \sqrt{P^2 + Q^2 - 2PQ} = \sqrt{(P-Q)^2} = |P - Q|$$

가 된다. 즉, 평행사변형법 또는 삼각형법은 나란하거나 나란하지 않은 두 힘의 합력의 크기를 모두 구할 수 있다.

예제 2.1 다음 그림에서 두 힘 $\vec{P}$, $\vec{Q}$가 이루는 각 $\alpha = 60°$이고, 힘의 크기 $P = 30\,\text{N}$, $Q = 20\,\text{N}$일 때 합력($\vec{R}$)의 크기(R)와 방향각(β)을 구하여라.

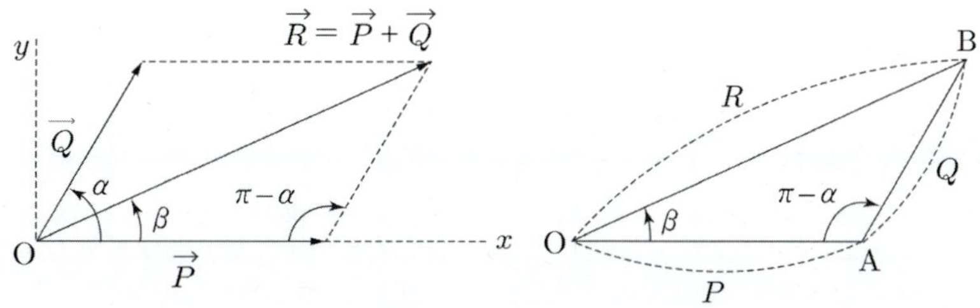

[그림 2.5] 합력의 크기(R)와 방향각(β)

풀이 식 ①로부터 합력 $\vec{R}$의 크기는

$$R=\sqrt{P^2+Q^2+2PQ\cos\alpha}=\sqrt{30^2+20^2+2\times 30\times 20\cos 60^\circ}=43.6\,[\mathrm{N}]$$

이고, 식 ③을 사용하면 합력의 방향각(β)은 다음과 같다.

$$\beta=\tan^{-1}\left(\frac{Q\sin\alpha}{P+Q\cos\alpha}\right)=\tan^{-1}\left(\frac{20\sin 60^\circ}{30+20\cos 60^\circ}\right)=23.4^\circ$$

3 힘의 분해, 분력(성분)

하나의 힘을 같은 효과를 내는 두 개 이상의 힘으로 나누는 것을 힘의 분해라 하고, 분해된 각 힘을 분력(또는 힘의 성분)이라 한다.

힘의 분해는 힘의 합성의 역과정이다. 힘을 분해할 때 분력의 방향은 임의로 정할 수 있지만 일반적으로 직각좌표계를 이용하여 서로 수직인 성분(직각 성분)으로 분해하는 것이 편리하다.

4 직각좌표계를 이용한 힘의 분해

하나의 힘 $\vec{F}$를 직각좌표계를 이용하여 분해한 두 힘 $\vec{F_x}$, $\vec{F_y}$를 힘 $\vec{F}$의 x와 y 벡터성분이라 하고, x, y축방향의 단위 벡터를 각각 $\vec{i}$, $\vec{j}$라 하면 $\vec{F_x}=F_x\vec{i}$, $\vec{F_y}=F_y\vec{j}$로 쓸 수 있으므로 F_x, F_y를 힘 $\vec{F}$의 x, y 스칼라 성분이라 한다[그림 2.6]. 힘 $\vec{F}$가 x축과 이루는 각이 θ이면 $\vec{F}$는 다음과 같이 분해된다. 재료역학에서 주로 취급하는 것은 그림과 같은 2 차원 힘의 성분 분해이다.

$$F_x=F\cos\theta,\ F_y=F\sin\theta$$
$$\vec{F}=F(\cos\theta\,\vec{i}+\sin\theta\,\vec{j}) \qquad \cdots(2.1)$$

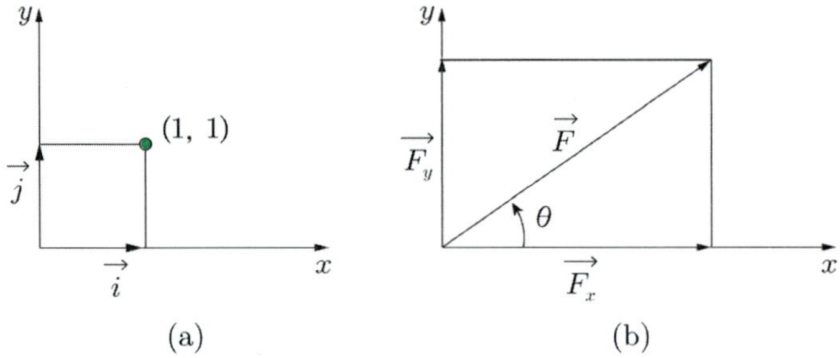

[그림 2.6] (a) 단위 벡터 (b) 힘의 성분

설명 삼각함수의 정의에 의하여 $\vec{F}$의 스칼라 성분 $F_x = F\cos\theta$, $F_y = F\sin\theta$이다. 단위 벡터 $\vec{i}$, $\vec{j}$는 각각 방향이 x축, y축이고 크기가 1인 벡터이므로 $\vec{F_x} = F_x\vec{i}$, $\vec{F_y} = F_y\vec{j}$로 쓸 수 있다. 따라서

$$\vec{F} = \vec{F_x} + \vec{F_y} = F(\cos\theta\,\vec{i} + \sin\theta\,\vec{j})$$

이다. 스칼라 성분 F_x, F_y는 $\vec{F}$의 방향에 따라 양(+), 음(−) 또는 0의 값을 갖는다. [그림 2.6]의 힘 벡터는 x, y 스칼라 성분이 모두 양이며, F_x, F_y를 알 때 $\vec{F}$의 크기(F)와 $\vec{F}$가 x축과 이루는 각 θ는 다음과 같이 구할 수 있다.

$$F = \sqrt{F_x^2 + F_y^2}, \quad \theta = \tan^{-1}\left(\frac{F_y}{F_x}\right) \qquad \cdots (2.2)$$

5 직각 성분으로 분해된 힘의 합력

성분으로 분해된 힘 $\vec{F_1}$, $\vec{F_2}$, …, $\vec{F_n}$의 합력 $\vec{R}$의 스칼라 성분(R_x, R_y)은 각 스칼라 성분들의 대수적인 합으로 구할 수 있다.

$$\vec{F_1} = F_{1x}\vec{i} + F_{1y}\vec{j}, \quad \vec{F_2} = F_{2x}\vec{i} + F_{2y}\vec{j}, \quad \cdots\cdots, \quad \vec{F_n} = F_{nx}\vec{i} + F_{ny}\vec{j}$$

$$\vec{R} = R_x\vec{i} + R_y\vec{j}$$

$$\begin{aligned} \vec{R} &= \vec{F_1} + \vec{F_2} + \cdots + \vec{F_n} = \sum_{k=1}^{n} \vec{F_k} \\ R_x &= F_{1x} + F_{2x} + \cdots + F_{nx} = \sum_{k=1}^{n} F_{kx} \\ R_y &= F_{1y} + F_{2y} + \cdots + F_{ny} = \sum_{k=1}^{n} F_{ky} \\ R &= \sqrt{R_x^2 + R_y^2}, \quad \theta = \tan^{-1}\left(\frac{R_y}{R_x}\right) \end{aligned} \qquad \cdots (2.3)$$

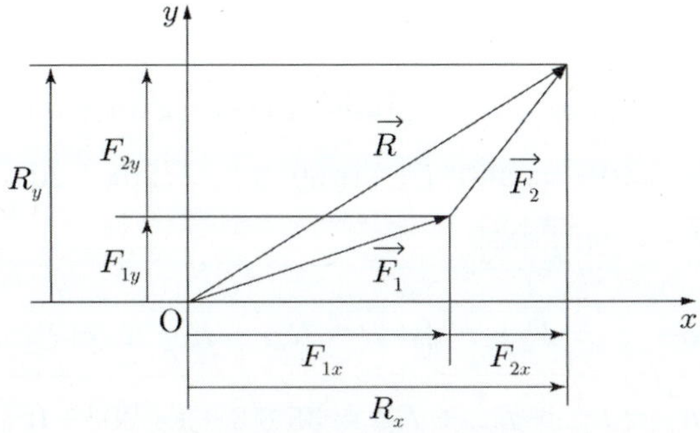

[그림 2.7] 힘의 성분과 합력

설명 [그림 2.7]에서 $\vec{F_1}=F_{1x}\vec{i}+F_{1y}\vec{j}$, $\vec{F_2}=F_{2x}\vec{i}+F_{2y}\vec{j}$의 합력을 $\vec{R}=R_x\vec{i}+R_y\vec{j}$라 하면

$$\vec{R}=\vec{F_1}+\vec{F_2}=(F_{1x}\vec{i}+F_{1y}\vec{j})+(F_{2x}\vec{i}+F_{2y}\vec{j})$$

$$\therefore R_x\vec{i}+R_y\vec{j}=(F_{1x}+F_{2x})\vec{i}+(F_{1y}+F_{2y})\vec{j}$$

이므로 다음과 같이 결론지을 수 있다.

$$R_x=F_{1x}+F_{2x}=\sum F_x,\ \ R_y=F_{1y}+F_{2y}=\sum F_y$$

여기에서 $\sum F_x$는 'x 스칼라 성분의 대수학적 합'을 나타내고, $\sum F_y$는 'y 스칼라 성분의 대수학적 합'을 나타낸다. 즉, 합력의 x 스칼라 성분은 각 힘들의 x스칼라 성분을 (단순하게) 대수적으로 모두 합한 것이고, y스칼라 성분은 각 힘들의 y스칼라 성분을 대수적으로 모두 합한 것이다.

> 힘을 성분으로 분해하면 관련된 계산을 대수적으로 할 수 있다. 특히 세 개 이상의 힘의 합력을 구할 때 평행사변형법을 여러 번 적용하는 것은 복잡하지만 각 힘을 성분으로 분해하면 쉽게 합력을 구할 수 있다.

예제 2.2 그림의 (a)와 같이 원점 O에 작용하는 세 힘 $\vec{F_1}$, $\vec{F_2}$, $\vec{F_3}$을 x, y 성분으로 분해하고, 합력 $\vec{R}=\vec{F_1}+\vec{F_2}+\vec{F_3}$의 크기와 방향을 구하여라.

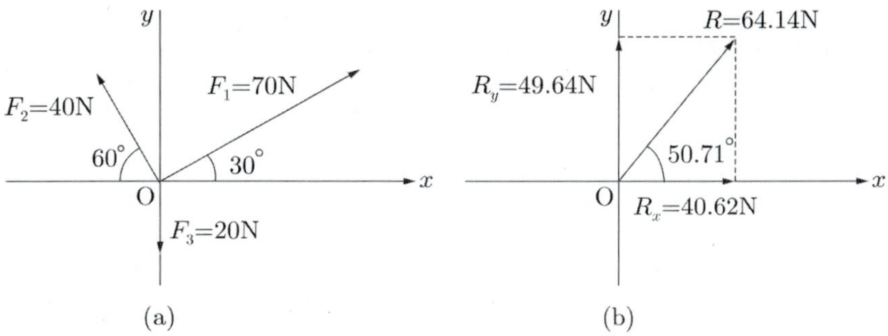

[그림 2.8] 세 힘의 합력

풀이 세 힘 $\overrightarrow{F_1}$, $\overrightarrow{F_2}$, $\overrightarrow{F_3}$을 x, y성분으로 분해하면

$$\overrightarrow{F_1} = 70(\cos30° \vec{i} + \sin30° \vec{j}) = 35\sqrt{3}\vec{i} + 35\vec{j} \text{ [N]}$$
$$\overrightarrow{F_2} = 40(-\cos60° \vec{i} + \sin60° \vec{j}) = -20\vec{i} + 20\sqrt{3}\vec{j} \text{ [N]}$$
$$\overrightarrow{F_3} = -20\vec{j} \text{ [N]}$$

이다. 합력 $\vec{R} = \overrightarrow{F_1} + \overrightarrow{F_2} + \overrightarrow{F_3}$을 $\vec{R} = R_x\vec{i} + R_y\vec{j}$로 하면

$$R_x = F_{1x} + F_{2x} + F_{3x} = 35\sqrt{3} + (-20) + 0 = 40.62 \text{ [N]}$$
$$R_y = F_{1y} + F_{2y} + F_{3y} = 35 + 20\sqrt{3} + (-20) = 49.64 \text{ [N]}$$

이므로 합력의 크기와 방향각은

$$R = \sqrt{R_x^2 + R_y^2} = \sqrt{(40.62)^2 + (49.64)^2} = 64.14 \text{ [N]}$$
$$\beta = \tan^{-1}\left(\frac{R_y}{R_x}\right) = \tan^{-1}\left(\frac{49.64}{40.62}\right) = 50.71°$$

이고, 이것을 그림으로 나타내면 (b)와 같다.

> 재료역학에서는 대부분 2차원적인 힘을 받는 부재를 다룬다. 힘 $\vec{F}$가 x축의 양의 방향과 이루는 각이 θ일 때 $\vec{F} = F(\cos\theta\vec{i} + \sin\theta\vec{j})$, $F_x = F\cos\theta$, $F_y = F\sin\theta$로 분해된다.
> 힘의 성분 분해에 익숙해지도록 한다. 힘을 직각 성분으로 분해하면 합력과 모멘트를 쉽게 구할 수 있으므로 보의 지지점 반력과 단면에 작용하는 전단력 및 모멘트를 쉽게 구할 수 있다.

2.2 힘의 모멘트

1 힘의 모멘트

어떤 축에 대해 물체를 회전시키려는 힘의 작용을 힘의 모멘트(moment) 또는 토크(torque)라 한다. 회전축(O)으로부터 힘의 작용선까지의 수직 거리가 d일 때[그림 2.9] 힘 F의 회전축(O)에 대한 모멘트의 크기(M_O)는 다음과 같다.

$$M_O = Fd \quad \cdots (2.4)$$

SI 단위계에서 모멘트의 기본 단위는 N·m이다.

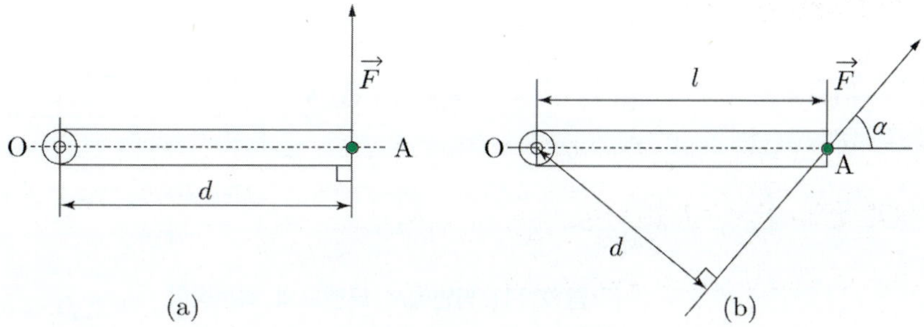

[그림 2.9] 힘의 모멘트

설명 힘은 물체를 이동시키거나 변형시키기도 하고, 어떤 축(힘의 작용선과 교차하거나 평행하지 않는 선)에 대해 물체를 회전시키려고도 한다. [그림 2.10]과 같이 스패너(spanner)로써 파이프에 힘을 가하는 경우를 살펴보자. 스패너에 수직으로 작용하는 힘($\vec{F}$)의 효과 중에 하나는 스패너의 수직축에 대해 파이프를 회전시키려는 효과이다. 이 효과의 크기는 힘의 크기 F와 힘의 작용점으로부터 파이프까지의 유효길이 d에 관계된다. 이와 같이 물체를 회전시키려는 힘의 작용을 힘의 모멘트라 한다. 평면에서

(모멘트 크기) = (힘) × (팔의 길이)

로 정의된다. 여기에서 팔의 길이는 모멘트 중심(회전축)으로부터 힘의 작용선까지의 수직거리이다. [그림 2.9]의 (a)와 같이 점 O로부터 힘 F의 작용점 A까지의 거리가 d이고 힘의 작용선이 OA와 수직일 때 힘의 모멘트는 $M_O = Fd$이다.

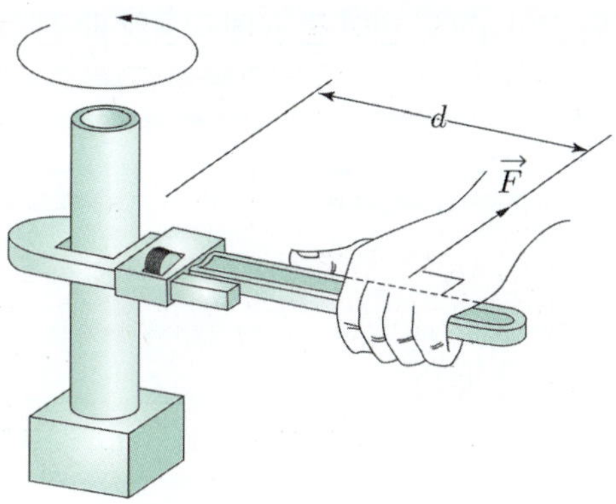

[그림 2.10] 모멘트의 물리적 의미

한편 [그림 2.9] 의 (b)와 같이 힘의 작용선과 OA의 연장선이 이루는 각이 α이면 작용선까지의 수직거리 $d = l\sin\alpha$이므로 모멘트(M)는

$$M = Fd = Fl\sin\alpha \quad \cdots (2.5)$$

가 된다. 평면에서 모멘트가 작용하는 방향에는 [그림 2.11]과 같이 반시계방향(a)과 시계방향(b)이 있다. 따라서 모멘트는 작용점, 크기, 회전방향을 모두 갖는 벡터이다.

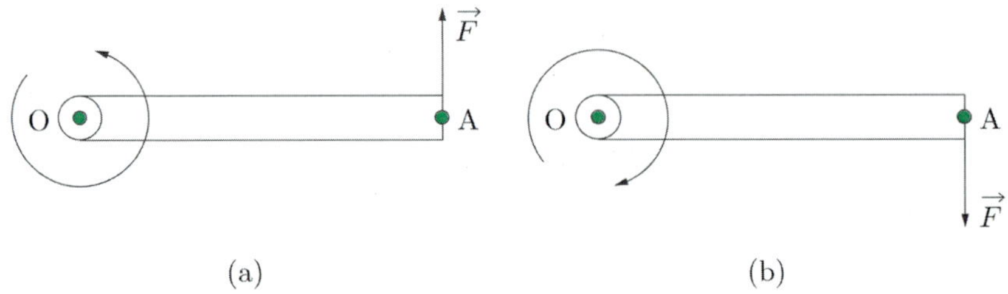

[그림 2.11] 평면에서 모멘트의 회전방향

평면에서 모멘트는 물체의 힘이 작용하는 평면에 수직인 벡터이고, 모멘트의 방향은 힘 $\vec{F}$가 물체를 회전시키려는 방향에 따라 결정된다. 모멘트 방향에 대한 부호는 일반적으로 반시계방향(↶) 모멘트는 양(+), 시계방향(↷) 모멘트는 음(−)으로 정한다. 문제에 따라서 이와 반대로 부호를 정할 수도 있지만 정해진 부호에 대한 규칙은 일관성을 유지해야 한다.

정역학은 재료역학(고체역학)이나 유체역학 등의 기초가 된다. 이와 같은 분야에서 많이 취급하는 것은 2차원 문제이며, 2차원 평면에서 모멘트의 회전방향은 시계방향과 반시계방향의 두 방향으로 구분된다. 따라서 모멘트의 크기(M)에 대해서는 식 $M = Fd = Fl\sin\alpha$과 같은 스칼라 식을 사용하는 것이 편리하다. 그리고 여러 힘이 관련되어 있을 때는 각각의 힘에 의한 모멘트의 회전방향(↶, ↷)에 주의해서 양(+) 또는 음(−)의 부호를 부여하면 된다.

예제 2.3 그림의 (a)와 같이 4N의 힘이 점 A에 작용할 때 점 O에 대한 힘의 모멘트를 구하여라.

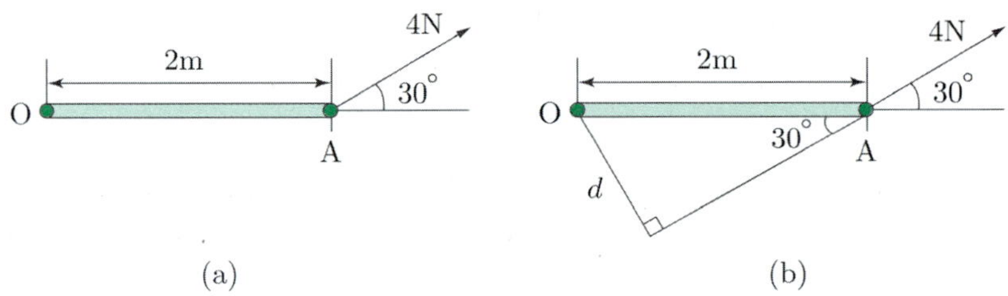

[그림 2.12] 힘의 모멘트

풀이 그림의 (b)에서 점 O로부터 힘의 작용선까지의 수직거리(d)는

$$d = 2\sin 30°\ [\mathrm{m}]$$

이다. 따라서 점 O에 대한 힘의 모멘트(M_O)는 다음과 같다.

$$M_O = Fd = 4\mathrm{N} \times 2\sin 30°\,\mathrm{m} = 4\mathrm{N} \cdot \mathrm{m}\ (\curvearrowleft)$$

예제 2.4 그림과 같은 두 힘이 작용할 때 점 O에 대한 두 힘의 모멘트 합을 구하여라.

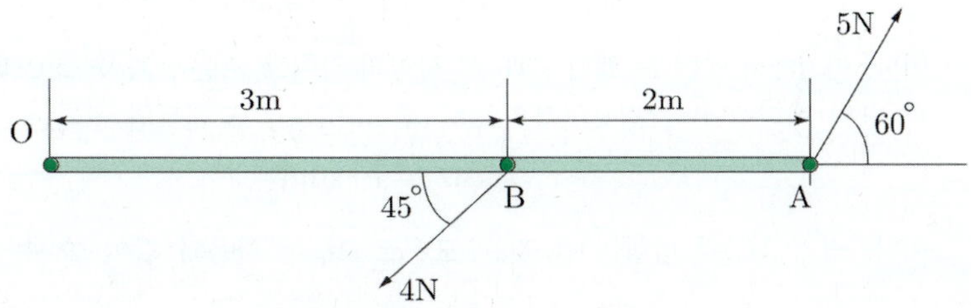

[그림 2.13] 두 힘의 모멘트

풀이 반시계방향(↶)의 모멘트를 양(+)으로 하고, 5N과 4N의 힘에 의한 모멘트를 각각 M_1, M_2라 하면

$$M_1 = 5\text{N} \times [(2+3)\sin 60°\text{ m}] = 21.65\text{N} \cdot \text{m}$$

$$M_2 = -4\text{N} \times (3\sin 45°\text{ m}) = -8.49\text{N} \cdot \text{m}$$

$$\therefore \ M_O = M_1 + M_2 = 21.65 - 8.49 = 13.16\,[\text{N} \cdot \text{m}]\,(↶)$$

이다. 여기에서 반시계방향(↶)의 모멘트를 양(+)으로 잡았으므로 M_2가 음(−)의 값을 갖는다는 것은 M_2가 시계방향(↷)으로 회전하는 모멘트라는 것을 의미한다.

2 모멘트의 벡터 표현

2차원, 3차원을 포함하여 일반적으로 모멘트는 다음과 같이 벡터 곱으로 정의되는 벡터이다.

$$\overrightarrow{M_O} = \vec{r} \times \vec{F} \qquad \cdots (2.6)$$

여기에서 $\vec{r}$은 [그림 2.14]와 같이 모멘트 기준점 O로부터 힘 $\vec{F}$의 작용선상에 점 A까지의 위치벡터이다. 이와 같이 정의되는 $\overrightarrow{M_O}$를 점 O에 대한 힘 $\vec{F}$의 모멘트라 한다.

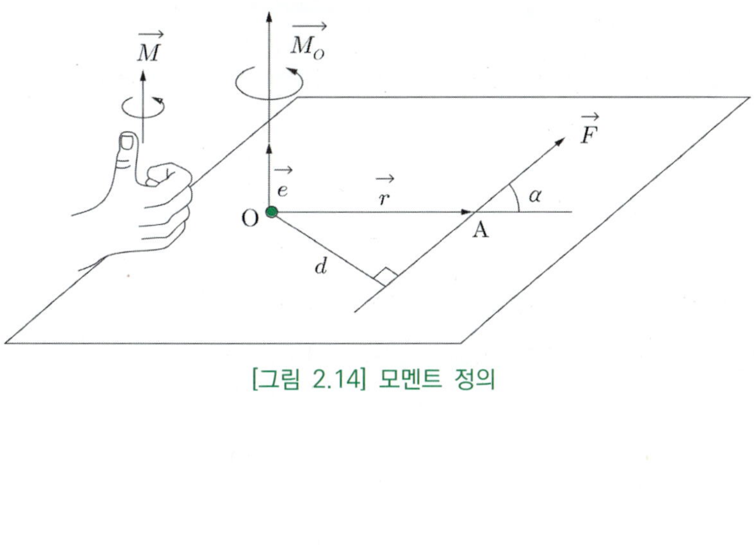

[그림 2.14] 모멘트 정의

설명 벡터 곱의 정의에 의해 모멘트는

$$\overrightarrow{M_O} = \vec{r} \times \vec{F} = |\vec{r}||\vec{F}| \sin\alpha \, \vec{e} = Fr\sin\alpha \, \vec{e}$$

이다. 여기에서 α는 두 벡터 $\vec{r}$과 $\vec{F}$ 사이의 각이고, $\vec{e}$는 $\vec{r}$과 $\vec{F}$를 포함하는 평면의 수직방향 단위 벡터이다. 그림으로부터 $r\sin\alpha = d$이므로 모멘트의 크기는

$$M_O = Fr\sin\alpha = Fd$$

이다. 크기(M_O)와 방향($\vec{e}$)을 갖는 모멘트 $\overrightarrow{M_O}$는 다음과 같이 쓸 수 있다.

$$\overrightarrow{M_O} = Fd \, \vec{e} = M_O \, \vec{e}$$

단위 벡터 $\vec{e}$의 방향은 오른손 법칙을 사용하여 구한다. 즉 그림과 같이 오른손의 손가락을 $\vec{r}$의 방향으로부터 $\vec{F}$의 방향으로 감을 때 엄지손가락이 가리키는 방향이 $\overrightarrow{M_O}$의 방향($\vec{e}$의 방향)이다. 벡터 곱의 교환법칙은 성립하지 않는다. $\vec{F} \times \vec{r} = -\vec{r} \times \vec{F}$이므로 $\vec{F} \times \vec{r}$의 방향은 $\vec{r} \times \vec{F}$의 반대방향이다.

> 모멘트는 물체의 힘이 작용하는 평면에 수직인 벡터이고, 모멘트의 방향은 힘 $\vec{F}$가 물체를 회전시키려는 방향에 따라 결정된다. 일반적으로 오른손 법칙에 따라서 회전축에 대한 $\vec{F}$의 모멘트는 회전하려는 방향으로 회전축을 거머쥐었을 때 엄지손가락이 가리키는 방향의 벡터로 표현한다[그림 2.14]. 모멘트 방향에 대한 부호는 일반적으로 반시계방향(CCW) 모멘트는 양(+), 시계방향(CW) 모멘트는 음(−)으로 정한다. 문제에 따라서 이와 반대로 부호를 정할 수도 있지만 정해진 부호에 대한 규칙은 일관성을 유지해야 한다.

3 2차원 평면에서 모멘트

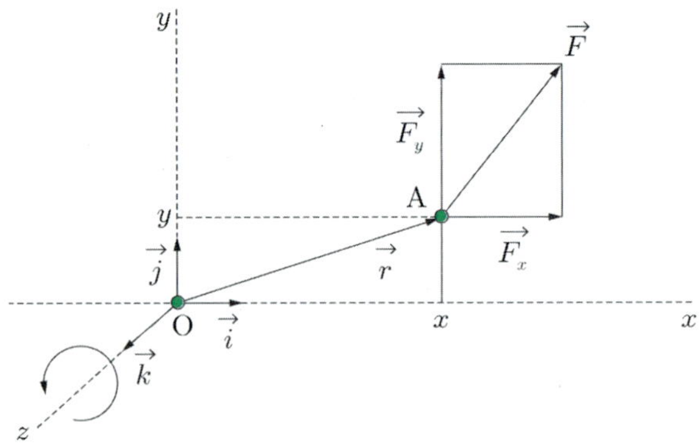

[그림 2.15] 힘의 성분과 모멘트

[그림 2.15]와 같은 직각 좌표계에서 점 A(x, y)에 작용하는 힘 $\vec{F} = F_x \vec{i} + F_y \vec{j}$의 원점(O)에 대한 모멘트는 다음과 같다. 여기에서 $\vec{k}$는 z 방향의 단위 벡터이다.

$$\overrightarrow{M_O} = (x F_y - y F_x)\vec{k} \quad \cdots (2.7)$$

설명 원점 O로부터 힘의 작용점 A까지의 위치벡터

$$\vec{r} = x\vec{i} + y\vec{j}$$

이므로 모멘트의 정의에 의해

$$\begin{aligned}\overrightarrow{M_O} &= \vec{r} \times \vec{F} = (x\vec{i} + y\vec{j}) \times (F_x\vec{i} + F_y\vec{j}) \\ &= xF_x(\vec{i} \times \vec{i}) + xF_y(\vec{i} \times \vec{j}) + yF_x(\vec{j} \times \vec{i}) + yF_y(\vec{j} \times \vec{j}) \\ &= xF_x(0) + xF_y(\vec{k}) + yF_x(-\vec{k}) + yF_y(0) \\ &= (xF_y - yF_x)\vec{k}\end{aligned}$$

이다. 따라서 2차원인 경우 xy평면상의 힘에 의한 어떤 점(O)에 대한 모멘트는 평면에 수직(z 축방향)이다. 여기에서

$$\overrightarrow{M_O} = M_O\vec{k}$$
$$M_O = xF_y - yF_x$$

로 나타내면 양(+)의 모멘트($M_O > 0$)는 양의 z축방향으로 향하며 물체를 반시계방향으로 회전시키고, 음(−)의 모멘트($M_O < 0$)는 음의 z축방향으로 향하며 물체를 시계방향으로 회전시킨다.

예제 2.5 그림의 (a)에서 점 O에 대한 힘 $F = 60$N의 모멘트를 구하여라.

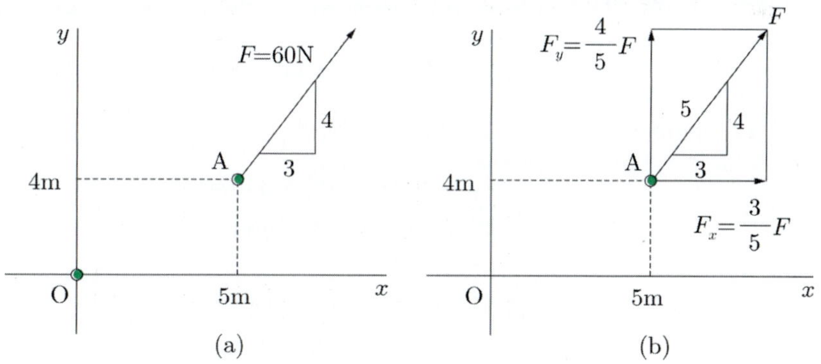

[그림 2.16] 힘의 성분과 힘의 모멘트

풀이 그림의 (b)와 같이 힘 F를 x, y 스칼라 성분으로 분해하여 모멘트를 구한다. 점 O에서 점 A까지의 위치벡터 $\vec{r} = 5\vec{i} + 4\vec{j}$ [m]이다.

$$F_x = \frac{3}{5}F = \frac{3}{5} \times 60 = 36\,[\text{N}]$$

$$F_y = \frac{4}{5}F = \frac{4}{5} \times 60 = 48\,[\mathrm{N}]$$

$$\therefore M_O = xF_y - yF_x = 5 \times 48 - 4 \times 36 = 96\ [\mathrm{N} \cdot \mathrm{m}]\ (\curvearrowleft)$$

예제 2.6 그림에서 400 N의 힘이 점 O에 대해 작용하는 모멘트를 구하여라.

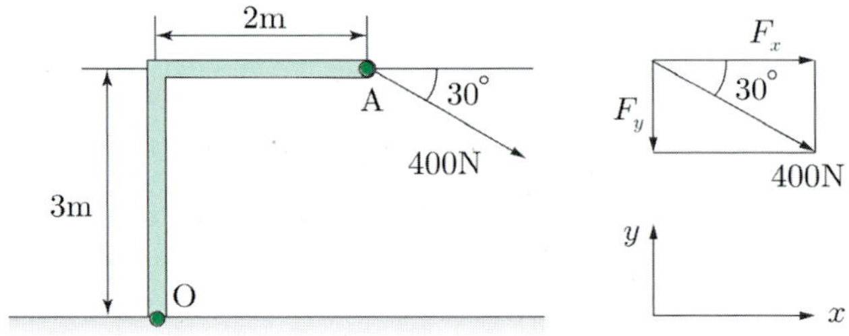

[그림 2.17] 힘의 성분과 힘의 모멘트

풀이 (1) 점 A에 작용하는 400N의 힘을 x, y 스칼라 성분으로 분해하여 모멘트를 구한다. 위치벡터 $\vec{r} = 2\vec{i} + 3\vec{j}$ (m)이다.

$$F_x = 400\cos 30° = 346.41\,[\mathrm{N}]$$
$$F_y = -400\sin 30° = -200\,[\mathrm{N}]$$

$$\therefore\ M_O = xF_y - yF_x = 2 \times (-200) - 3 \times (346.41) = -1439.23\,[(\mathrm{N} \cdot \mathrm{m}]$$

반시계방향을 양(+)으로 잡았으므로 음(−)의 부호는 모멘트가 시계방향으로 작용하는 것을 의미한다. 따라서 모멘트를 다음과 같이 쓸 수 있다.

$$M_O = 1439.23\ \mathrm{N} \cdot \mathrm{m}\ (\curvearrowright)$$

(2) 400N의 힘을 직각성분으로 대체하면

$$F_1 = 400\cos 30° = 346.41\,[\mathrm{N}]\,(\rightarrow)$$
$$F_2 = 400\sin 30° = 200\,[\mathrm{N}]\,(\downarrow)$$

이다. $M = Fd$이고 F_1, F_2에 의한 모멘트는 모두 시계방향이므로

$$M_O = 3 \times 346.41 + 2 \times 200 = 1439.23\,[\mathrm{N} \cdot \mathrm{m}]\,(\curvearrowright)$$

이다. 2차원 평면에서 모멘트를 구할 때 (1)과 같이 공식

$$M_O = xF_y - yF_x$$

을 적용하려 하지 말고 (2)와 같이 각 성분(F_x, F_y)의 모멘트를 구하여 합하는 것이 편리하다. 단, 이때는 모멘트의 회전방향(시계방향 또는 반시계방향)을 잘 살펴보아야 한다. 회전방향이 같을 때는 대수적으로 합하고 다를 때는 큰 값에서 작은 값을 뺀 값이 전체 모멘트의 크기가 된다. 모멘트의 회전방향은 큰 값의 회전방향과 같다.

예제 2.7 그림의 굽은 봉에 작용하는 네 힘의 점 O에 대한 모멘트 합을 구하여라.

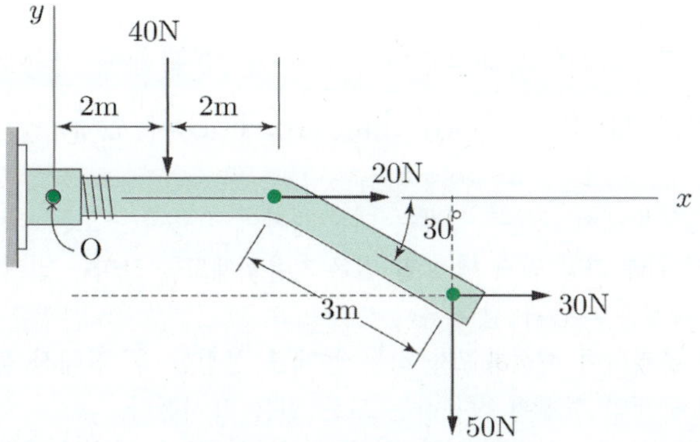

[그림 2.18] 네 힘의 모멘트

풀이 반시계방향(↶)의 모멘트를 양(+)으로 가정하고 모멘트 합을 구한다. 그림에서 40 N과 50 N에 의한 모멘트는 시계방향(↷)이고, 30N에 의한 모멘트는 반시계방향(↶)이며, 20 N의 힘에 대해서는 팔의 길이가 0이다. 따라서

$$M_O = -(40\text{N} \cdot 2\text{m}) + (20\text{N} \cdot 0\text{m}) + (30\text{N} \cdot 3\sin 30°\,\text{m}) - [50\text{N} \cdot (4 + 3\cos 30°)\,\text{m}]$$

$$\therefore\ M_O = -364.9\,[\text{N} \cdot \text{m}] = 364.9\,[\text{N} \cdot \text{m}](\curvearrowright)$$

이다. 위의 모멘트를 벡터로 표현하면 $\overrightarrow{M_O} = -364.9\,\vec{k}\,[\text{N} \cdot \text{m}]$이다.

2.3 힘의 평형 조건

정지해 있는 어떤 물체에 두 개 이상의 힘이 작용하여도 힘을 받지 않을 때와 같은 상태로 정지하고 있을 때 물체에 작용하는 힘들은 평형 상태에 있다고 한다. 운동하는 물체에 여러 힘이 작용하여도 그 물체의 운동 상태에 변화가 없을 때도 그 힘들은 평형 상태에 있다고 한다. 즉, 물체에 작용하는 힘이 평형 상태에 있을 때 그 물체의 운동 상태가 변하지 않는다.

기계공학에서 '정역학(statics)'은 작용하고 있는 힘이 평형을 이루는 물체를 다루며, 정역학을 통하여 정지된 구조물에서의 반력과 외력 및 내력의 관계를 결정할 수 있으므로 정역학은 역학의 가장 기본적인 분야이다. 힘이 작용하는 구조물에서의 많은 공학적 문제는 정역학으로써 해석할 수 있다. 정역학으로 구한 외력과 구조물 내부의 내력과의 관계는 재료역학(고체역학)의 기본이 된다. 이 단원을 통해 힘의 평형에 대한 개념을 충분히 익혀서 재료역학에서 부재에 작용하는 각 종 힘들(반력, 보 단면의 전단력, 굽힘모멘트 등)을 쉽게 구할 수 있도록 한다.

1 자유물체도

고려하는 물체를 원래의 상태로부터 분리하여 그 물체에 작용하는 모든 외력을 그림으로 나타낸 것을 자유물체도(free body diagram, FBD)라 한다.

설명 공업역학에서 다루는 문제는 대상 물체에 작용하는 모든 외력을 알아야 하는데 이 외력을 구하기 위해 가장 먼저 해야 할 일은 자유물체도를 그리는 일이다. 자유물체도를 그리는 기본적인 과정은 다음과 같다.

(1) 분리하여 해석하고자 하는 물체를 선정한 후 정해진 물체를 그린다.
(2) 물체의 경계에 작용하는 모든 힘을 표시한다.
(3) 문제 해결에 필요한 주어진 치수를 기입한다. 필요한 경우 좌표축을 선정하고 자유물체도에 표시한다.

여기에서 힘이란 물체에 직접 작용하는 힘은 물론이고, 물체의 무게(체적력), 물체 상호간의 마찰력, 접촉력, 받침점의 반력 등, 그 물체에 작용하는 모든 힘을 말한다. 물체를 분리하는 과정에서 제거된 물체와의 상호 작용에 의해 발생하는 힘을 표시할 때는 작용과 반작용의 원칙을 따른다.

2 접촉력, 반력, 체적력, 작용과 반작용

(1) 접촉력(contact force), 반력(reactive force) : 두 물체 사이의 직접적인 물리적 접촉을 통하여 발생하는 힘을 접촉력이라 하고, 일반적으로 지지점으로부터 물체에 전달되는 힘을 반력이라 한다.

(2) 체적력(body force) : 중력(gravity force), 전기력(electric force), 자기력(magneic force) 등과 같이 힘이 작용하는 어떤 장(field) 안에서 물체가 받는 힘을 체적력 또는 체력이라 한다.

(3) 작용과 반작용 : 뉴턴의 제 3 법칙에 의하면 힘의 작용은 항상 크기가 같고 방향이 반대인 반작용력을 동반하게 된다. 자유물체도를 그릴 때 해석하고자 하는 물체를 고립시킨 후에 그 물체에 작용하는 힘(대상 물체가 다른 물체에 작용하는 힘이 아니라)을 나타내어야 한다.

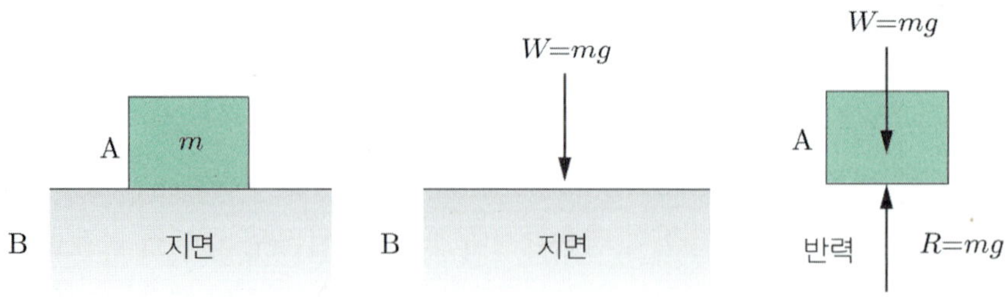

(a) 공간도 (b) (c)

[그림 2.19]

설명 두 물체 A와 B가 접촉하여 A가 B를 누르면 작용과 반작용의 법칙에 따라 B는 A를 같은 힘으로 밀어내게 된다. 이와 같은 힘을 접촉점에서의 반력이라 한다. [그림 2.19]의 (a)와 같이 지면에 물체가 놓여있는 경우 지면 B에는 물체의 무게 $W=mg$에 의한 힘이 아래 방향으로 작용한다[그림 (b)]. 이때 그림 (c)와 같이 물체 A의 바닥에는 작용과 반작용의 법칙에 따라 지면 B에 의해 $R=mg$의 힘이 윗 방향으로 작용하게 된다. 여기에서 A가 지면으로부터 받는 힘 R을 반력이라 한다.

[표 2.1]에는 2차원 해석에 관한 역학에서의 힘의 작용(반력의 형태)에 대한 일반적인 모양을 나타내었다. 이 표를 물리적으로 잘 이해해 두도록 한다. 자유물체도를 작성할 때 반드시 알아야 할 사항들이다.

[표 2.1] 지지점과 연결점에서의 반력

지지점 또는 연결점		반력의 형태	
1. 유연한 케이블, 줄	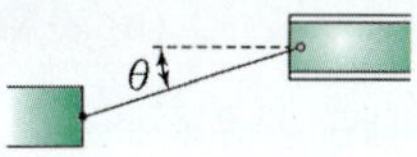	[방향을 아는 힘] – 줄에 의해 작용하는 힘은 줄 방향으로 물체 밖으로 작용하는 인장력이다.	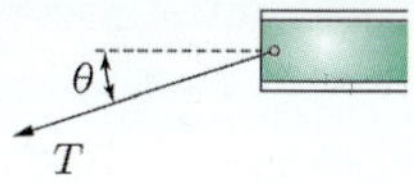
2. 롤러, 로커, 마찰 없는 면	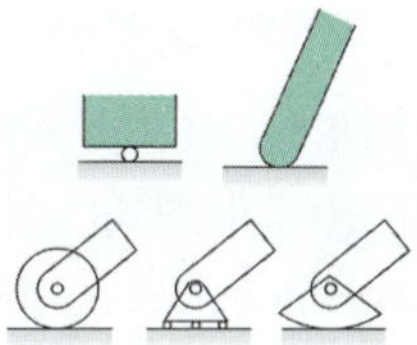	[방향을 아는 힘] – 압축력을 전달하며 압축력은 면에 수직이다.	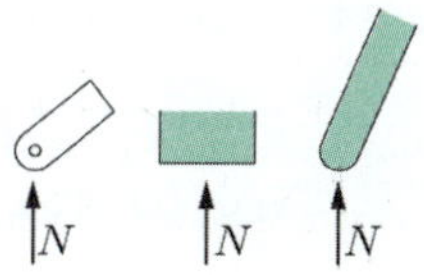
3. 마찰 없는 핀 또는 힌지, 마찰 면	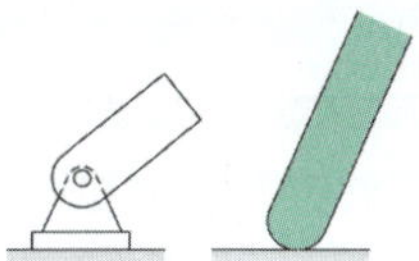	[방향을 모르는 힘] – 수직분력(R_y)과 수평분력(R_x)을 모두 가질 수 있다.	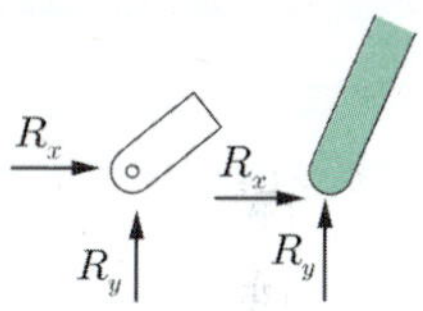
4. 마찰 없이 미끄러지는 가이드		[방향을 아는 힘] – 압축력을 전달하며 압축력은 면에 수직이다.	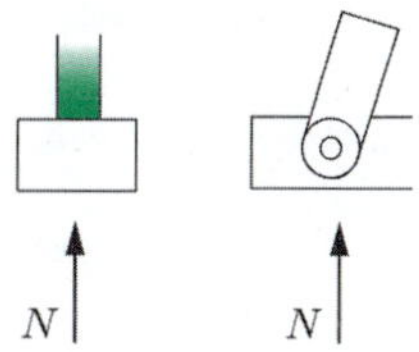
5. 박혀있거나 고정된 지지	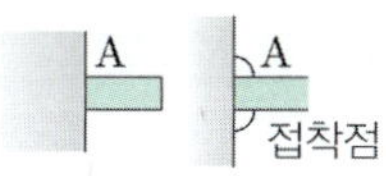	[힘과 굽힘모멘트] – 축방향 하중(F), 전단 방향 하중(V), 굽힘모멘트(M)를 모두 지지한다.	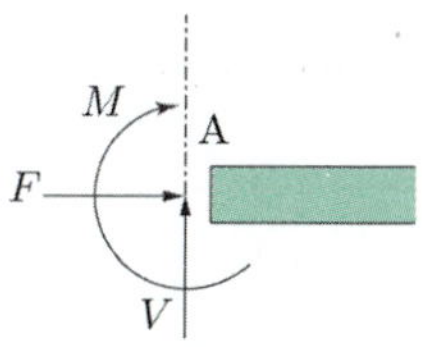
6. 중력	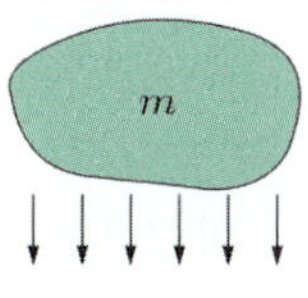	[중력에 의한 물체의 무게] – 질량 m의 물체에 작용하는 무게 $W=mg$이며 물체의 질량 중심을 통과하여 지구 중심을 향한다(연직 하방).	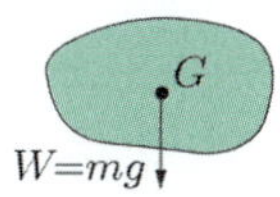

[자유 물체도 예]

예 1 [그림 2.20]의 (a)와 같이 두 개의 끈으로 물체를 매달 때 끈 OA, OB에는 물체의 무게 W에 의해 인장력이 작용한다. OA, OB에 걸리는 인장력을 각각 F_1, F_2라 하고, 점 O를 질점으로 잡아 점 O에 대한 자유물체도를 그리면 그림 (b)와 같다.

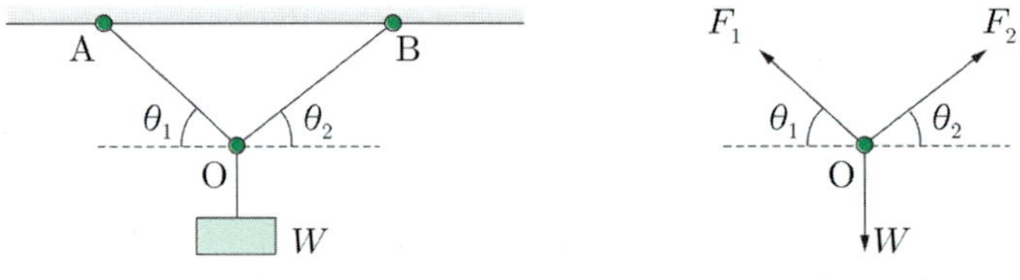

(a) 공간도　　(b) 자유물체도

[그림 2.20] 인장력에 대한 자유물체도

예 2 [그림 2.21]의 (a)와 같이 길이 L, 무게 W의 균일한 보가 아래 방향으로 하중 P를 받고 있다. 이때 보가 역학적으로 평형을 이루기 위해서는 보의 양 끝단에서 보의 무게와 하중을 지지해 주는 반력이 있어야 한다. 이 반력을 각각 R_A, R_B라 하면, 보의 무게 중심은 보의 중앙에 있으므로 (b)와 같은 보에 대한 자유물체도를 그릴 수 있다.

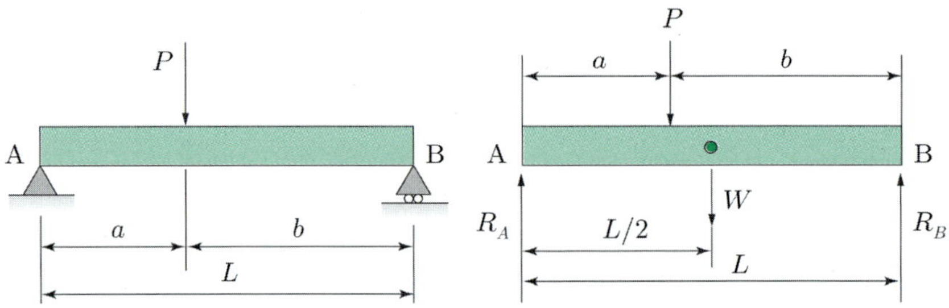

(a) 공간도　　(b) 자유물체도

[그림 2.21] 보의 반력에 대한 자유물체도

예 3 [그림 2.22]의 (a)와 같이 벽에 박혀서 고정된 보(고정보)의 끝에 하중 P가 작용하고 있다. 보의 박힌 부분에서는 반력과 반력 모멘트가 모두 존재하므로 고정점 A에서의 반력의 수평 성분을 H_A, 수직 성분을 R_A, 반력 모멘트를 M_A라 하고, 보의 무게를 무시하면 보에 대한 자유물체도는 (b)와 같다. 보의 무게($W = mg$)를 고려할 때는 균일한 보의 경우 보의 중앙에 아래 방향으로 작용하는 하중 W를 도시하면 된다.

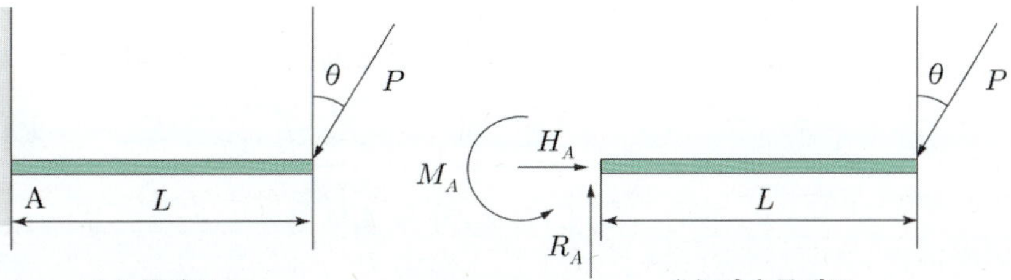

[그림 2.22] 고정보에 대한 자유물체도

3 질점에 작용하는 힘의 평형

질점(한 점)에 작용하는 여러 힘들 $\overrightarrow{F_1}$, $\overrightarrow{F_2}$, $\cdots$, $\overrightarrow{F_n}$이 평형이 되기 위해서는 모든 힘들의 합이 0이 되어야 한다.

$$\sum \overrightarrow{F} = 0 \qquad \cdots (2.8)$$

따라서 힘은 벡터이므로 $\overrightarrow{F} = F_x \vec{i} + F_y \vec{j} + F_z \vec{k}$로 나타나면 일반적으로 다음과 같이 각 힘들의 x, y, z 스칼라 성분의 합이 각각 0이 되고,

$$\sum F_x = 0,\ \sum F_y = 0,\ \sum F_z = 0 \qquad \cdots (2.9)$$

2 차원인 경우 질점에 대한 평형조건은 다음과 같다.

$$\sum F_x = 0,\ \sum F_y = 0 \qquad \cdots (2.10)$$

즉, 여러 힘들의 수평분력의 합과 수직 분력의 합이 각각 0이다.

설명 힘이 평형을 이룰 때 $\sum \overrightarrow{F} = 0$이고, 뉴턴의 운동법칙 $\sum \overrightarrow{F} = m\vec{a}$에서 가속도 $\vec{a} = 0$이므로 물체의 운동 상태에 변화가 없다. 각각의 힘 $\overrightarrow{F}$를 직각성분으로 분해하면

$$\sum (F_x \vec{i} + F_y \vec{j} + F_z \vec{k}) = 0$$

$$(\sum F_x)\vec{i} + (\sum F_y)\vec{j} + (\sum F_z)\vec{k} = 0$$

따라서 질점이 평형의 이루기 위한 필요충분조건은

$$\sum F_x = 0,\ \sum F_y = 0,\ \sum F_z = 0$$

이다. 이와 같이 한 질점에 작용하는 모든 힘의 합력이 0일 때 그 질점은 역학적으로 평형상태에 있다고 한다.

한 점에 작용하는 두 힘 $\vec{F_1}$, $\vec{F_2}$이 평형을 이루기 위해서는 $\vec{F_1}+\vec{F_2}=0$이므로 $\vec{F_1}=-\vec{F_2}$이다. 즉, [그림 2.23]과 같이 두 힘은 크기가 같고 방향이 반대일 때 평형이 된다.

[그림 2.23] 두 힘의 평형

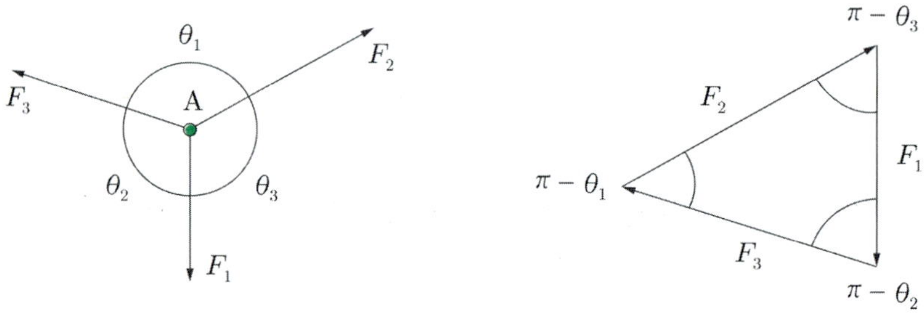

(a) (b)

[그림 2.24] 세 힘의 평형

[그림 2.24]의 (a)와 같이 한 점에 세 힘이 작용할 때 합력이 0이 되기 위해서는 (b)와 같이 힘의 삼각형을 그릴 경우 힘의 종점이 시작점과 일치해야 한다. 따라서 사인법칙에 따라 다음 관계식이 성립한다. 이 식을 라미의 정리(Lami's theorem)라 한다.

$$\frac{F_1}{\sin(\pi-\theta_1)}=\frac{F_2}{\sin(\pi-\theta_2)}=\frac{F_3}{\sin(\pi-\theta_3)}$$

$$\therefore\ \frac{F_1}{\sin\theta_1}=\frac{F_2}{\sin\theta_2}=\frac{F_3}{\sin\theta_3} \qquad \cdots(2.11)$$

예제 2.8 그림과 같이 두 개의 끈 OA, OB로 무게 100N의 물체를 매달 때 두 끈에 걸리는 장력을 구하여라.

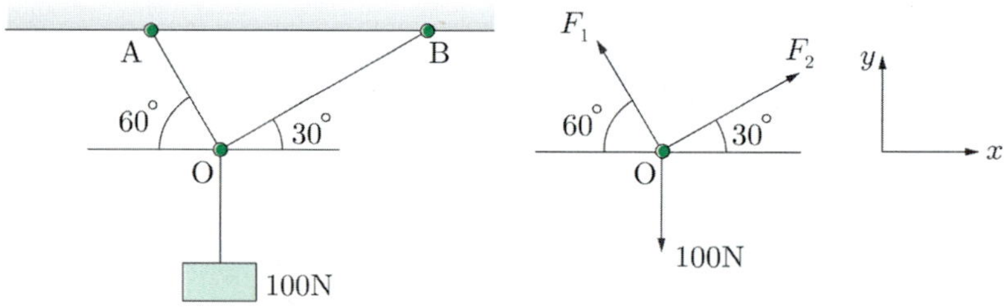

(a) 공간도 (b) 자유물체도

[그림 2.25] 끈에 작용하는 장력

풀이 그림의 (a)에서 점 O에 작용하는 힘의 평형을 고려한다. 끈 OA, OB에 걸리는 힘을 각각 F_1, F_2라 하면 (b)와 같이 세 힘이 평형을 이룬다. $\vec{F_1}$, $\vec{F_2}$를 각각 x, y 성분으로 분해하면

$$\overrightarrow{F_1} = F_1(-\cos 60° \vec{i} + \sin 60° \vec{j}) = F_1(-\frac{1}{2}\vec{i} + \frac{\sqrt{3}}{2}\vec{j})$$

$$\overrightarrow{F_2} = F_2(\cos 30° \vec{i} + \sin 30° \vec{j}) = F_2(\frac{\sqrt{3}}{2}\vec{i} + \frac{1}{2}\vec{j})$$

이다. 따라서 2차원에서 질점에 대한 힘의 평형 조건을 적용하면 세 힘의 수평성분의 합은 0($\sum F_x = 0$)에서

$$-\frac{1}{2}F_1 + \frac{\sqrt{3}}{2}F_2 = 0 \qquad \cdots ①$$

이고, 수직성분의 합은 0($\sum F_y = 0$)에서

$$\frac{\sqrt{3}}{2}F_1 + \frac{1}{2}F_2 - 100 = 0 \qquad \cdots ②$$

이다. ①, ②를 연립하여 풀면 두 힘이 구해진다.

$$F_1 = 50\sqrt{3}\ \mathrm{N},\ F_2 = 50\ \mathrm{N}$$

(①에서 $F_1 = \sqrt{3}\,F_2$이므로 이것을 ②에 대입하면 $F_2 = 50\,\mathrm{N}$이고, $F_1 = \sqrt{3}\,F_2 = 50\sqrt{3}\,\mathrm{N}$이다.)

이 문제는 라미의 정리를 이용하면 더욱 더 쉽게 풀 수 있다.

4 강체의 평형 조건

힘이 가해져도 변형이 되지 않는 물체를 강체(rigid body)라 한다. 일반적으로 정역학이나 동역학에서는 강체에서의 힘을 다룬다. 실제 물체는 힘이 가해지면 약간의 형태 변화가 생기므로 힘을 해석하기 위해 실제 물체를 이상화한 것이 강체라고 볼 수 있다.

강체가 평형 상태에 있을 때 강체에 작용하는 모든 힘의 합력이 0이고, 임의의 점(O)에 대한 모멘트를 모두 합한 값도 0이 되어야 한다.

$$\sum \overrightarrow{F} = 0,\ \sum \overrightarrow{M_O} = 0 \qquad \cdots (2.12)$$

이것을 스칼라 형태로 나타내면 2차원에서 힘의 평형조건은 다음과 같다.

$$\sum F_x = 0,\ \sum F_y = 0,\ \sum M_O = 0 \qquad \cdots (2.13)$$

3 차원인 경우에는 힘과 모멘트의 각 성분에 대한 다음 6 개의 조건을 모두 만족해야 한다.

$$\sum F_x = 0,\ \sum F_y = 0,\ \sum F_z = 0$$
$$\sum M_x = 0,\ \sum M_y = 0,\ \sum M_z = 0 \quad \cdots (2.14)$$

일반적으로 $\overrightarrow{F} = F_x\vec{i} + F_y\vec{j} + F_z\vec{k}$, $\overrightarrow{M_O} = M_x\vec{i} + M_y\vec{j} + M_z\vec{k}$이다.

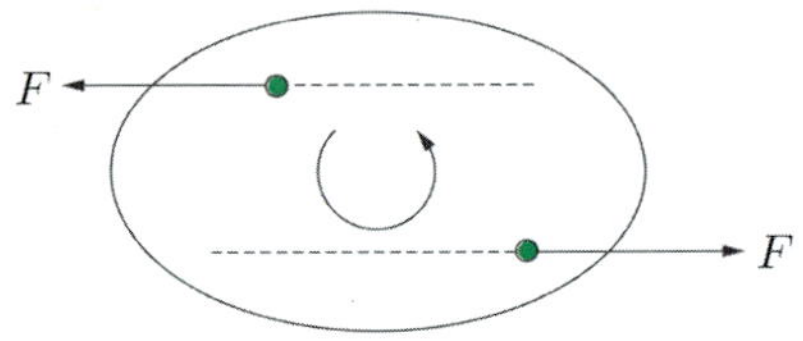

[그림 2.26] 물체의 회전

설명 물체의 운동은 병진 운동(translation, 이동)과 회전 운동(rotation)의 합으로 나타난다. 물체의 병진운동을 일으키는 힘은 합력에 의한 것이고, 물체가 회전운동을 하려는 경향은 물체에 발생하는 회전력인 모멘트에 의해 일어난다. 따라서 강체가 평형 상태에 있기 위해서는 강체에 작용하는 모든 힘의 합력이 0이고, 임의의 점(O)에 대한 모멘트를 모두 합한 값도 0이 되어야 한다. 예를 들어 [그림 2.26]과 같이 두 힘의 합력이 0이 되어도 힘의 작용선이 일치하지 않고 모멘트가 발생하면($M \neq 0$) 물체는 회전하게 된다. 따라서 역학적으로 평형이 되기 위한 필요충분조건은 $\sum \overrightarrow{F} = 0$, $\sum \overrightarrow{M_O} = 0$이다.

예제 2.9 [단순 보 : 핀-롤러] 그림의 (a)와 같이 세 개의 하중을 받고 있는 단순 보에서 지지점에 걸리는 반력을 구하여라. A와 B는 각각 마찰 없는 핀과 롤러로 지지되어 있고, 보의 무게는 무시한다.

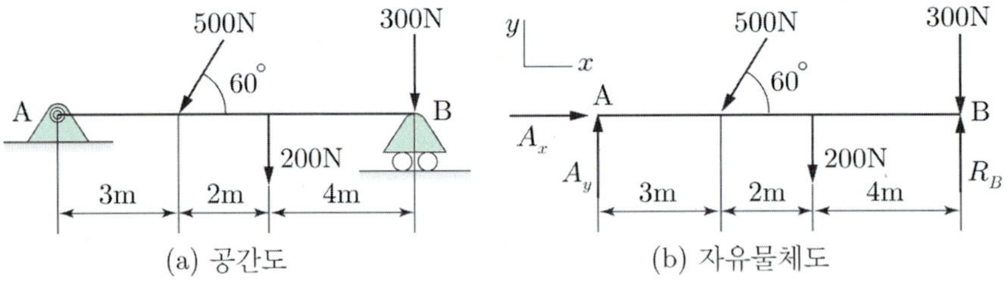

[그림 2.27]

풀이 마찰 없는 핀(A)에는 수평 성분과 수직 성분을 갖는 반력이 존재하고, 롤러(B)에는 수직방향의 반력만 존재한다. 핀(A)에 걸리는 반력의 성분을 A_x, A_y로 하고, 롤러(B)에 걸리는 반력을 R_B로 하여 자유물체도를 그리면 (b)와 같다.

먼저 수평(x) 방향 힘의 합이 $0\,(\sum F_x = 0)$이라는 조건에서

$$A_x - 500\cos60° = 0$$

$$\therefore \ A_x = 250\,[\mathrm{N}]$$

이고, 점 A에 대한 모멘트가 $0(\sum M_A = 0)$이라는 조건에서

$$-500\sin60° \cdot 3 - 200 \cdot 5 - 300 \cdot 9 + R_B \cdot 9 = 0$$

$$\therefore \ R_B = 555.4\,[\mathrm{N}]$$

이다. 다음에 y 방향 힘의 합이 $0(\sum F_y = 0)$이라는 조건을 적용하면

$$A_y - 500\sin60° - 200 - 300 + R_B = 0$$

$$\therefore \ A_y = 377.6\,[\mathrm{N}]$$

이다. 따라서 점 A에 작용하는 반력의 크기는

$$A = \sqrt{A_x^2 + A_y^2} = \sqrt{(250)^2 + (377.6)^2} = 452.9\,[\mathrm{N}]$$

이고, 점 B에 작용하는 반력의 크기는 $R_B = 555.4\,[\mathrm{N}]$이다.

예제 2.10 [고정보] 그림의 (a)와 같이 연직 아래 방향으로 4kN의 힘과 반시계방향으로 5kN • m의 짝힘 모멘트가 작용하는 보의 지지점(A)에서의 반력을 구하여라. 단, 수평으로 놓인 보는 한쪽 끝이 벽에 박혀 고정되었고, 보의 무게는 무시한다.

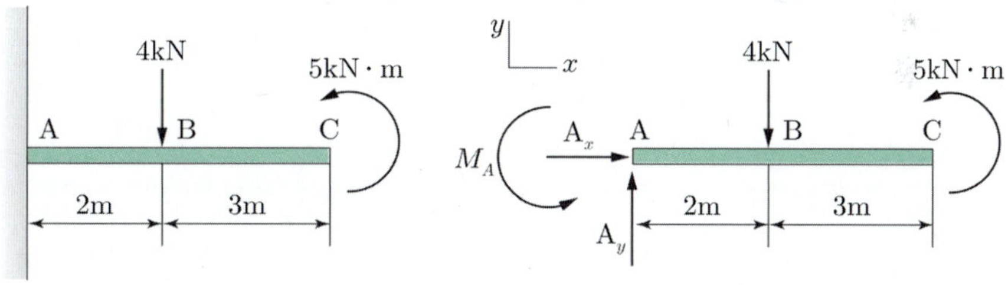

(a) 공간도 (b) 자유물체도

[그림 2.28]

풀이 벽에 박혀 고정된 보의 지지점(A)에는 힘의 수평 성분과 수직 성분 및 반력 모멘트가 모두 존재할 수 있다. 지지점(A)에 걸리는 반력의 수평 성분과 수직 성분을 각각 A_x, A_y, 반력 모멘트를 M_A로 하여 자유물체도를 그리면 그림의 (b)와 같다. 여기에서 수평방향 힘의 합이 $0(\sum F_x = 0)$이라는 조건을 적용하면

$$A_x = 0$$

이고, 수직방향 힘의 합이 0($\sum F_y = 0$)이라는 조건을 적용하면

$$A_y - 4\text{kN} = 0$$

$$\therefore\ A_y = 4\,\text{kN}\ (\uparrow)$$

이다. 그리고 점 A에 대한 모멘트가 0이라는 조건에서 M_A는 다음과 같다.

$$M_A + 5\text{kN} \cdot \text{m} - 4\text{kN} \cdot 2\text{m} = 0$$

$$\therefore\ M_A = 3\,\text{kN} \cdot \text{m}\ (\curvearrowleft)$$

연습문제 2

01 두 힘의 합력의 크기와 합력의 작용선과 x축 사이의 각을 구하여라.

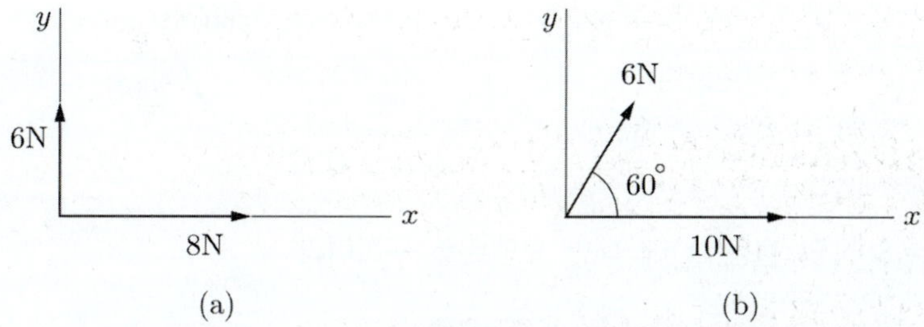

[문제 2.1]

02 힘 $\overrightarrow{F}$의 크기가 10N이다. 단위 벡터 $\overrightarrow{i}$, $\overrightarrow{j}$의 항으로 $\overrightarrow{F}$를 벡터로 표현하여라. $\overrightarrow{F}$의 x, y 스칼라 성분은 얼마인가?

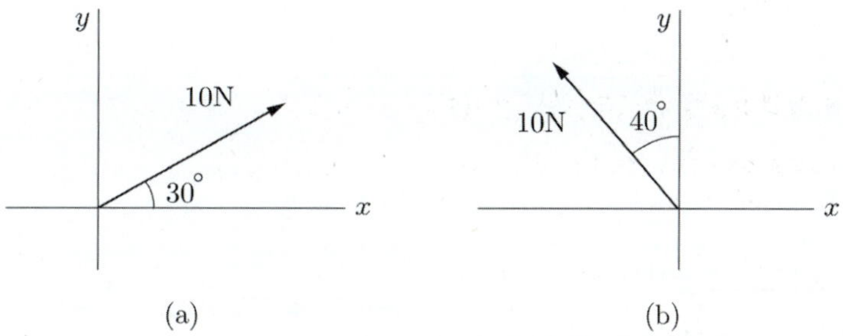

[문제 2.2]

03 크기가 20N인 힘 $\overrightarrow{F}$의 기울기가 그림과 같다. 단위 벡터 $\overrightarrow{i}$, $\overrightarrow{j}$의 항으로 $\overrightarrow{F}$를 벡터로 표현하여라.

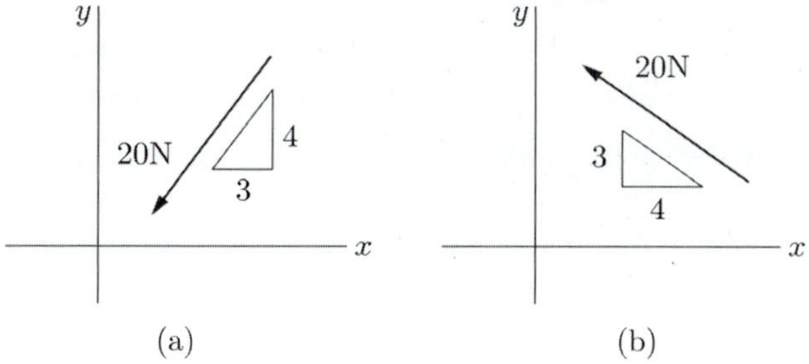

[문제 2.3]

04 두 힘(200N, 300N)에 의에 점 O에 작용하는 모멘트 합을 구하여라.

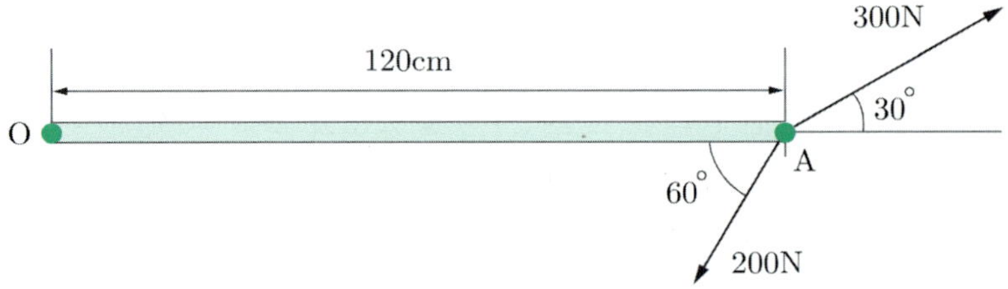

[문제 2.4]

05 힘 $F=80\text{N}$의 원점(O)에 대한 모멘트를 구하여라.

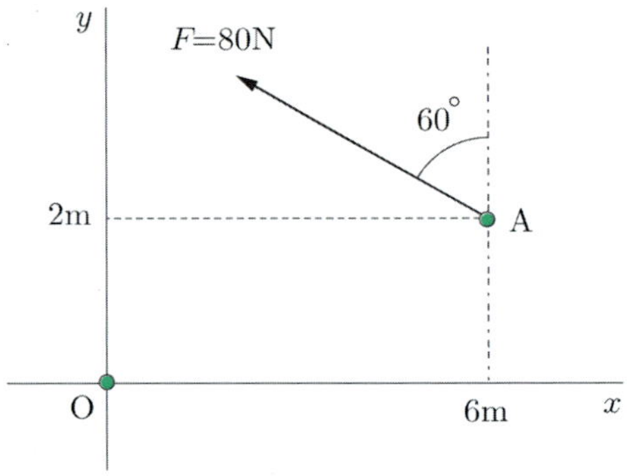

[문제 2.5]

06 그림과 같은 구조물에서 BC 부재가 100kN의 인장력을 받을 때 하중 P의 값[kN]을 구하여라. [공무원임용시험]

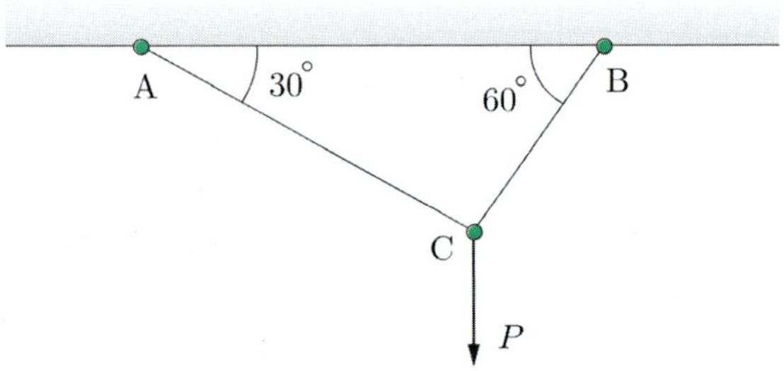

[문제 2.6]

07 다음 그림은 지레의 받침대로부터 각각 2m, 1m, 3m 떨어져 있는 점 P, Q, R에 질량이 각각 5kg, x, 2kg인 물체가 놓여 평형을 이루고 있는 모습을 나타낸 것이다. x값[kg]을 구하여라. [공무원임용시험]

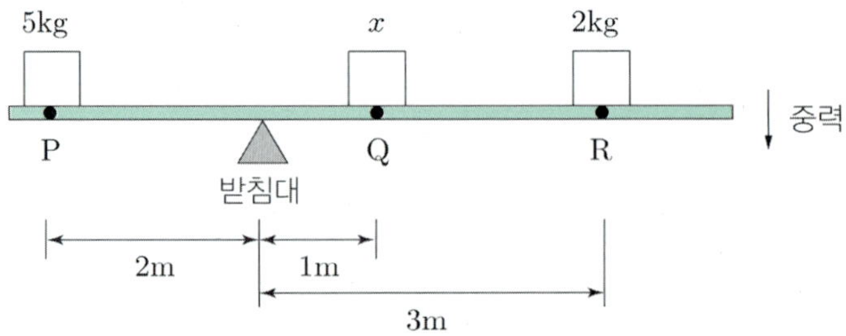

[문제 2.7]

08 그림과 같이 연직 방향의 줄(A)과 핀(B)으로 지지되고 있는 막대가 있다. 줄에 걸리는 장력과 핀에서의 반력을 구하여라. 단, 막대의 무게는 무시한다.

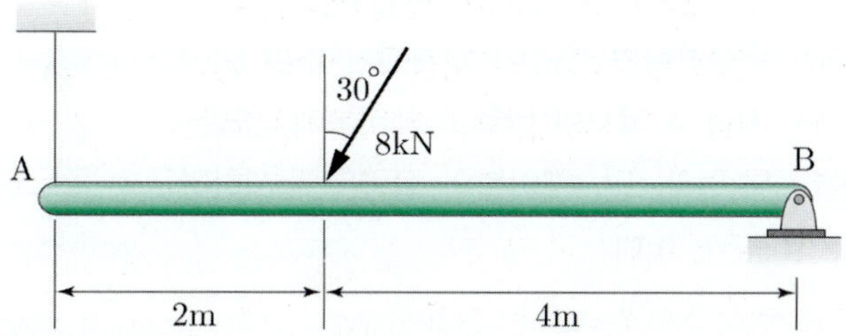

[문제 2.8]

09 그림과 같이 2 kN과 4 kN의 하중이 4 m 간격을 유지하며 이동하고 있다. 지점 A와 B의 반력이 같게 될 때 2 kN이 작용하는 위치로부터 A 지점까지의 거리 x[m]를 구하여라. [공무원임용시험]

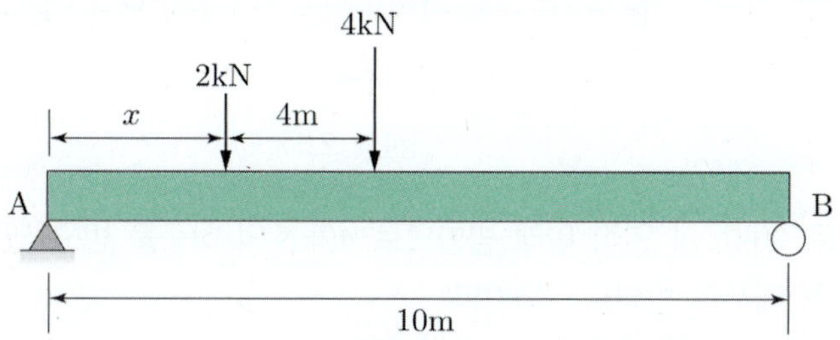

[문제 2.9]

10 다음 그림과 같은 보에서 반력 $R_A = 3R_B$의 관계가 성립하는 힘 P_1의 크기[kN]를 구하여라. [공무원임용시험]

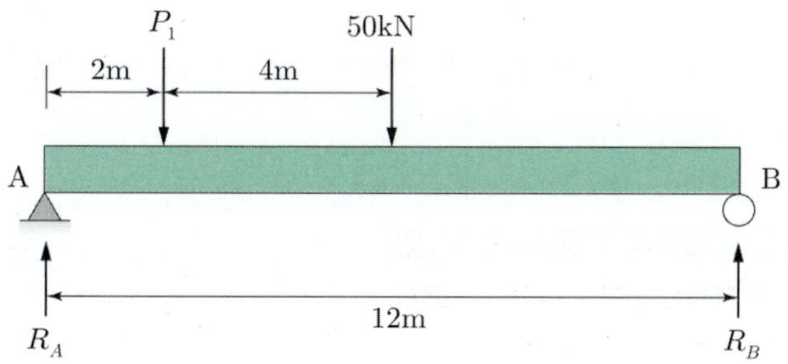

[문제 2.10]

11 그림과 같이 길이가 4 m이고 질량이 20 kg인 균일한 수평 빔의 왼쪽 끝은 핀으로써 벽에 고정되었고, 오른쪽 끝은 수평과 30°로 케이블에 의해 벽에 연결되었다. 질량 50 kg인 물체가 벽으로부터 3 m인 지점에서 수평 빔에 매달려 있을 때, 지점 A에서의 반력과 케이블에 걸리는 장력의 크기를 구하여라. 단, 케이블의 질량은 무시하며 중력가속도는 $10\,m/s^2$이다.

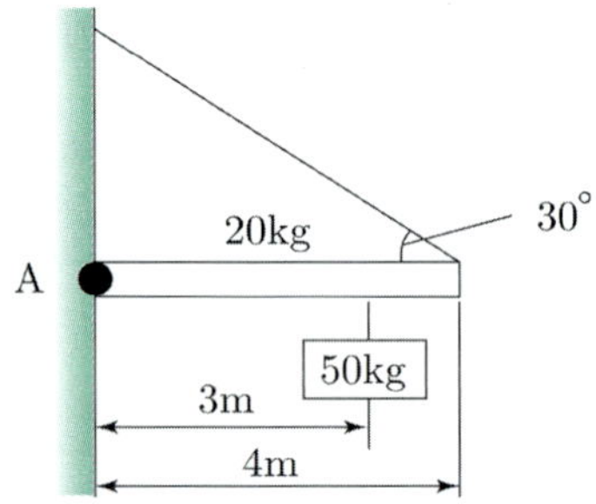

[문제 2.11]

12 그림과 같이 한 개의 부재에 4개의 힘이 작용하여 평형을 이룰 때, B점에서 힘 P와 A점으로부터 B점까지의 거리 x를 구하시오. [중등교사 임용시험-기술]

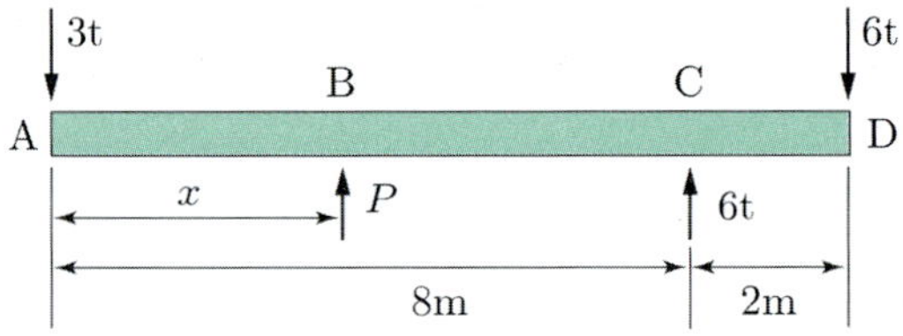

[문제 2.12]

13 수평방향으로 20kN과 연직 아래 방향으로 40kN의 하중을 받고 있는 굽은 보의 지점 A(핀), B(롤러)에서의 반력을 구하여라.

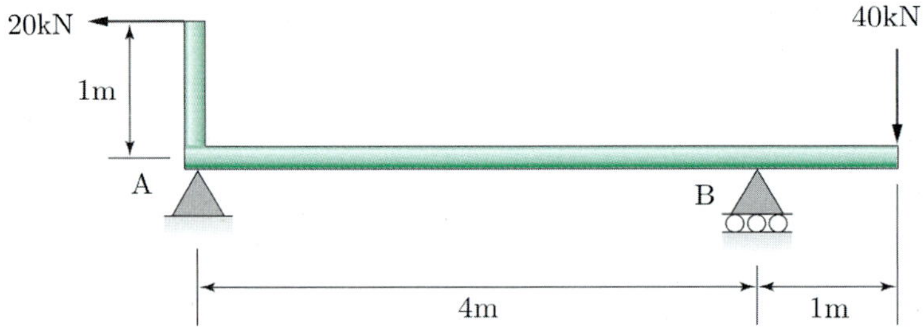

[문제 2.13]

14 수평방향으로 45kN의 하중을 받고 있는 굽은 보의 지점 A(핀), B(롤러)에서의 반력을 구하여라.

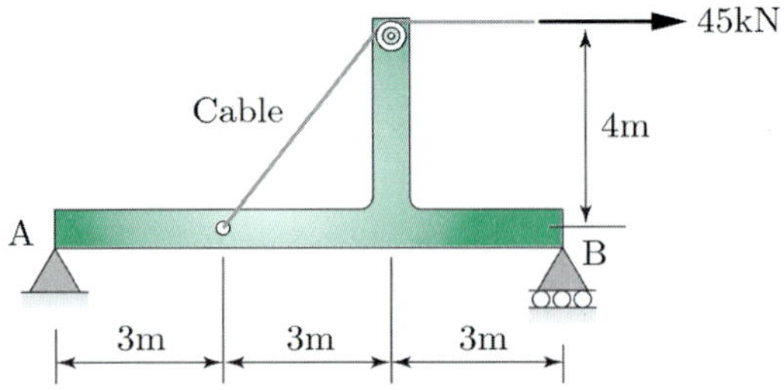

[문제 2.14]

15 그림과 같이 핀(A)과 롤러(B)로 지지되고 있는 막대의 지지점(A, B)에서의 반력을 구하여라. 단, 수평으로 놓인 막대의 무게는 무시하며 300N의 힘은 연직 아래 방향으로 작용한다.

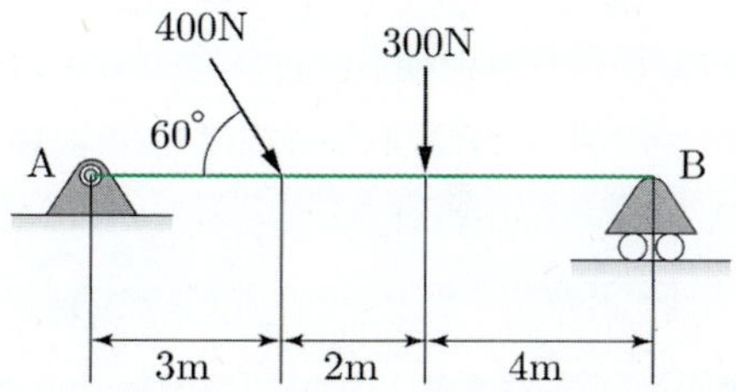

[문제 2.15]

16 'ㄴ' 자 모양의 브래킷이 핀(A)과 롤러(B)로써 하중을 지지하고 있다. A, B에 걸리는 반력의 크기를 구하여라. 단, 브래킷의 무게는 무시한다.

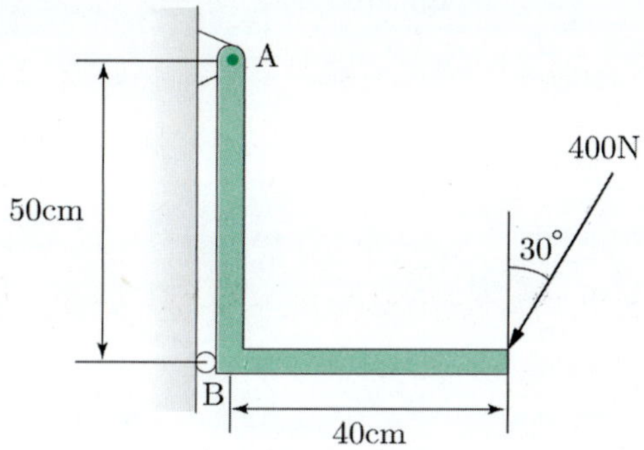

[문제 2.16]

17 그림과 같이 연직 아래 방향으로 12kN의 하중을 받고 있는 I 빔이 있다. 균일한 I 빔의 무게가 4kN일 때 케이블에 걸리는 장력과 핀 A에서의 반력의 크기를 구하여라.

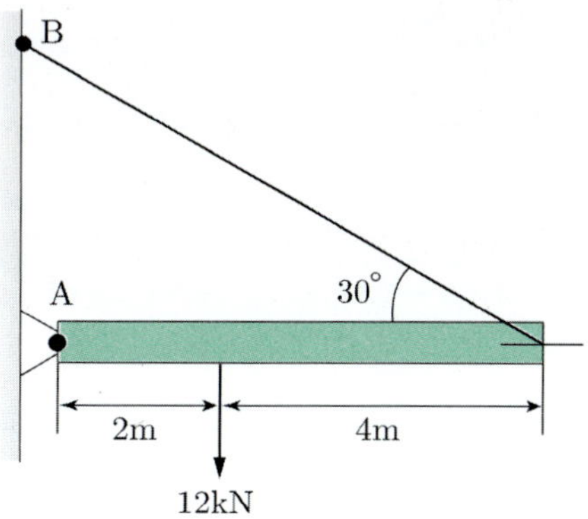

[문제 2.17]

제3장 응력과 변형률

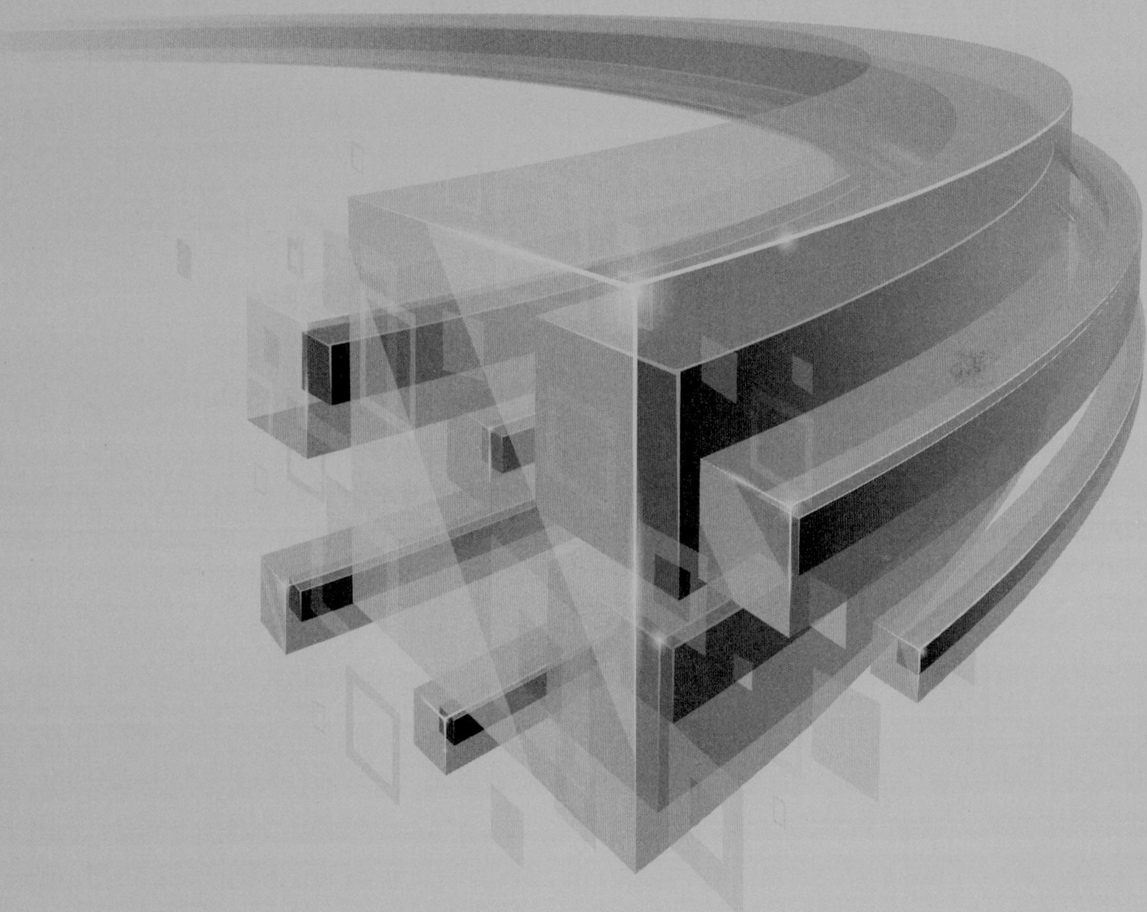

3.1 하중의 분류
3.2 수직응력과 전단응력
3.3 변형률
3.4 탄성법칙

3.1 하중의 분류

정역학과 동역학에서는 물체에 힘이 작용하여도 물체는 변형되지 않는 강체(rigid body)로 생각한다. 그런데 실제로 사용되는 재료는 강체가 아니고 힘이 작용하면 변형이 생기고, 작용하는 힘이 증가하여 어느 한도를 넘어서면 변형이 커져서 마침내 재료가 파괴된다. 따라서 기계나 구조물을 구성하고 있는 각 부분은 외부에서 작용하는 힘(외력)을 받고 있으므로 각 부분은 외력에 견디고 큰 변형을 일으키지 않아야 그 기능을 발휘할 수 있다.

재료역학에서는 물체에 작용하는 외력을 하중(load)이라 하며 하중은 다음과 같이 여러 가지로 분류된다.

1 작용 상태에 따른 분류

(1) 인장하중(tensile load): 재료를 양쪽에서 잡아당기도록 작용하는 하중.

(2) 압축 하중(compressive load): 재료를 양쪽에서 누르도록 작용하는 하중.

(3) 전단하중(shearing load): 재료를 미끄러뜨려서 자르도록 작용하는 하중.

(4) 굽힘하중(bending load): 재료가 휘어지도록 작용하는 하중.

(5) 비틀림하중(torsional load): 재료가 비틀어지도록 작용하는 하중.

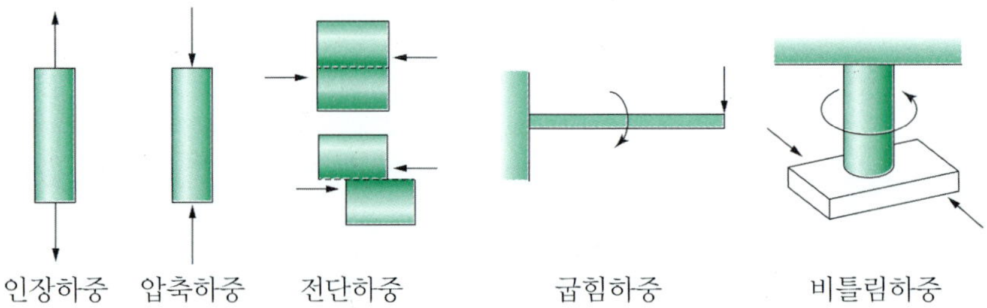

[그림 3.1] 작용 상태에 따른 하중의 종류

설명 물체에 작용하는 외력을 하중(load)이라고 하며 하중의 작용상태에 따라 [그림 3.1]과 같이 분류한다. 여기에서 인장하중과 압축 하중을 총칭하여 수직하중 또는 세로하중이라 하고, 전단하중(shearing load)을 가로하중이라고도 한다. 하중의 작용 상태에 따라 물체에는 인장응력, 압축응력, 전단응력, 굽힘응력, 비틀림응력이 발생한다.

2 하중 속도에 의한 분류

(1) 정하중(static load)

시간에 따른 변화가 없이 일정하게 유지되는 하중[그림 3.2(a)], 또는 매우 느린 속도로 조금씩 증가하면서 작용하는 하중이다.

(2) 동하중(dynamic load)

하중이 가해지는 속도가 빠르고 시간에 따라 크기, 방향, 작용점 등이 변하는 하중이다. 동하중은 크게 다음 3 가지로 분류된다.

① 반복하중(repeated load) : 힘의 방향은 변하지 않고 주기적으로 반복하여 작용하는 하중[그림 3.2(b)].

② 교번하중(alternative load) : 힘의 크기와 방향이 주기적으로 변하는 하중[그림 3.2(c)].

③ 충격하중(impact load) : 순간적인 매우 짧은 시간에 작용하는 하중 등이 있다[그림 3.2(d)].

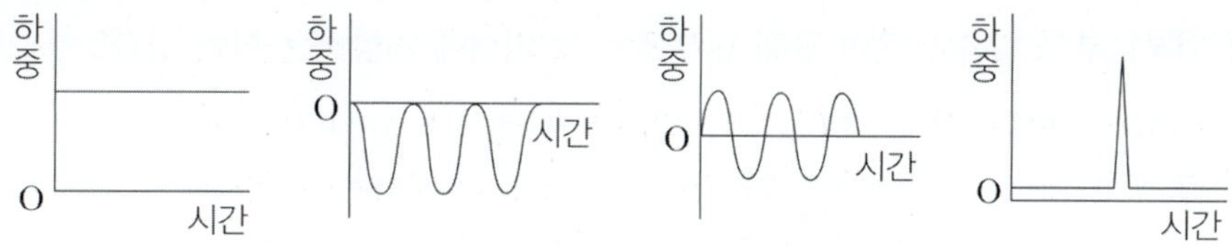

(a) 정하중 (b) 반복 하중 (c) 교번 하중 (d) 충격 하중

[그림 3.2] 하중 속도에 따른 하중의 종류

3 하중 분포 상태에 따른 분류

(1) 집중하중

힘의 작용선 상에 있는 어떤 한 점에 집중하여 작용하는 하중을 집중하중 또는 집중력(concentrated load, concentrated force)이라 한다. 엄밀하게 말하면 집중력은 존재하지 않는다. 왜냐하면 어떤 물체에 기계적으로 가한 힘은 아무리 작더라도 미소한 접촉 면적을 통하여 물체에 전달되기 때문에 분포하중이라 할 수 있다. 그러나 접촉 면적이 작을 때는 집중하중으로 간주하고 해석하여도 큰 문제가 없다. 집중하중의 SI 단위는 N이다.

(2) 분포하중

단위질량당 무게를 갖는 구조물의 하중, 물의 압력, 땅의 무게에 의한 압력 등과 같이 어느 범위 내에 분포하여 작용하는 하중을 분포하중이라 한다. 분포하중에는 같은 크기로 작용하는 균일분포하중(등분포하중)과 위치에 따라 크기가 다른 불균일분포하중이 있다. 분포하중의 SI 단위는 N/m이다.

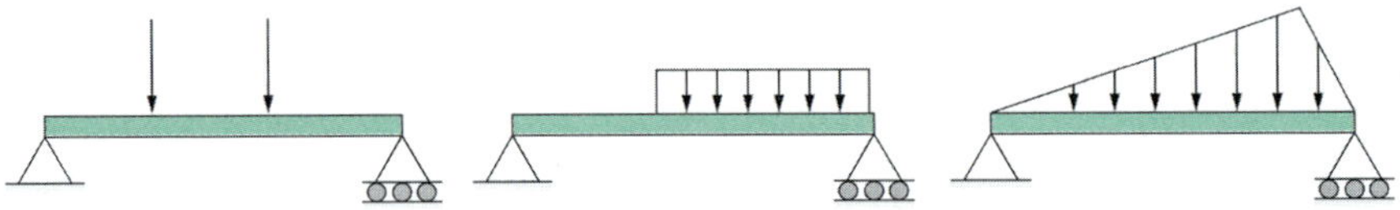

(a) 집중 하중 (b) 균일 분포하중 (c) 불균일 분포하중

[그림 3.3] 하중 분포 상태에 따른 분류

3.2 수직응력과 전단응력

물체가 외부로부터 힘을 받으면 물체 내부에는 그 외력에 저항하는 힘이 생기는데 이 저항력을 내력(internal force)이라 하고, 단위 면적당의 내력을 응력(stress)이라 한다.

$$(\text{응력}) = \frac{(\text{내력})}{(\text{단면적})} \quad \cdots (3.1)$$

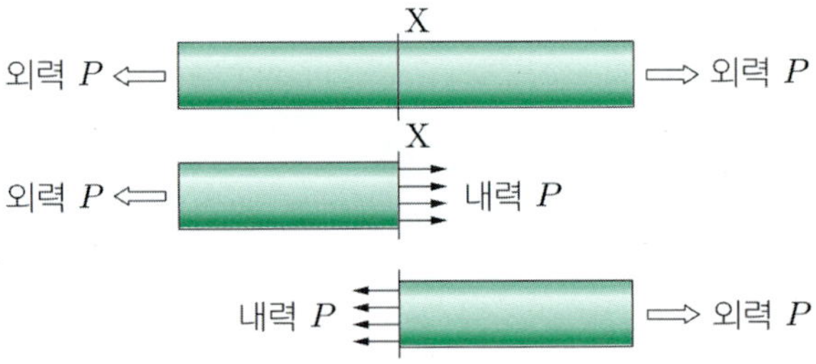

[그림 3.4] 외력과 내력

설명 고무줄의 양 끝을 손으로 잡아당기면 고무줄도 손의 힘과 같은 크기의 힘으로 손을 당기는 것을 느낄 수 있다. 이와 같이 모든 물체는 외부에서 힘을 작용하면 그 내부에는 이 힘에 저항하는 힘이 생기는데 이것을 내력이라 한다. [그림 3.4]와 같이 단면 X−X를 잘랐을 때 각 단면에는 외력 P와 평형을 이루는 내력 P가 발생한다. 작용과 반작용 법칙에 의해 내력은 외력과 크기가 같고, 반대방향으로 작용하며, 외력을 제거하면 없어진다. 물체에 작용하는 외력에 의해 발생하는 내력은 외력의 증가와 함께 증가하고, 재료가 견딜 수 있는 어느 한도 이상이 되면 외력에 저항할 수 없게 되어 그 재료는 마침내 파괴된다. 같은 크기의 하중이

단면적이 다른 재료에 작용하는 경우 재료에 발생하는 내력은 같다. 그러나 하중이 커질 때 단면적이 큰 재료는 파괴되지 않아도 단면적이 작은 재료는 파괴될 수 있다. 이것은 단면적이 작은 재료는 단위 면적이 지탱해야 할 힘이 커지기 때문이다. 따라서 재료의 강도(strength)를 판단하기 위해서는 재료의 단위 면적당 저항력을 고려해야 하는데 이것을 응력(stress) 또는 응력도(intensity of stress)라 한다. 외력에 의한 재료의 파손이 주 관심사가 되는 재료역학의 주요 물리량은 내력에 의한 응력이라고 할 수 있다. 응력의 단위로는 N/mm^2, MPa 등이 많이 사용된다.

1 수직응력

재료의 단면에 수직으로 하중이 작용할 때 발생하는 응력을 수직응력(normal stress)이라 하며 [그림 3.5]와 같이 인장응력과 압축응력으로 구분한다. 재료의 단면적을 A, 수직하중을 P라 하면 수직응력(σ)은 다음과 같이 정의된다.

$$\sigma = \frac{(\text{수직하중})}{(\text{재료의 단면적})} = \frac{P}{A} \quad \cdots (3.2)$$

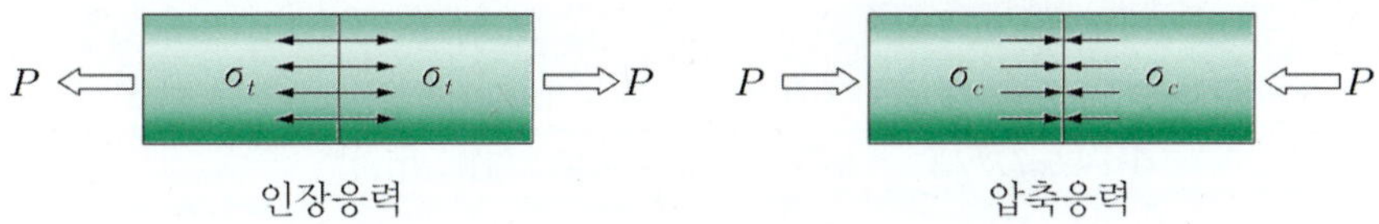

[그림 3.5] 수직응력 : 인장응력과 압축응력

설명 재료의 강도는 하중의 종류에 따라 서로 다르다. 예를 들어 목재는 압축력에는 강하고 인장력에는 상대적으로 약하다. 따라서 수직응력을 두 종류의 응력으로 구분하여 [그림 3.5]와 같이 인장하중과 압축 하중에 의해 발생하는 응력을 각각 인장응력(tensile stress), 압축응력(compressive stress)이라 한다. 일반적으로 인장응력을 σ_t, 압축응력을 σ_c로 나타내고, 응력에 부호를 붙여서 계산할 때는 인장응력을 양(+), 압축응력을 음(−)으로 하여 계산한다.

2 전단응력

재료의 단면에 평행하게 하중이 작용할 때 단면에 발생하는 응력을 전단응력(shear stress)이라 한다[그림 3.6]. 전단되는 재료의 단면적을 A, 전단하중을 F라 하면 전단응력(τ)은 다음과 같이 정의된다.

$$\tau = \frac{(\text{전단하중})}{(\text{전단되는 단면의 면적})} = \frac{F}{A} \quad \cdots (3.3)$$

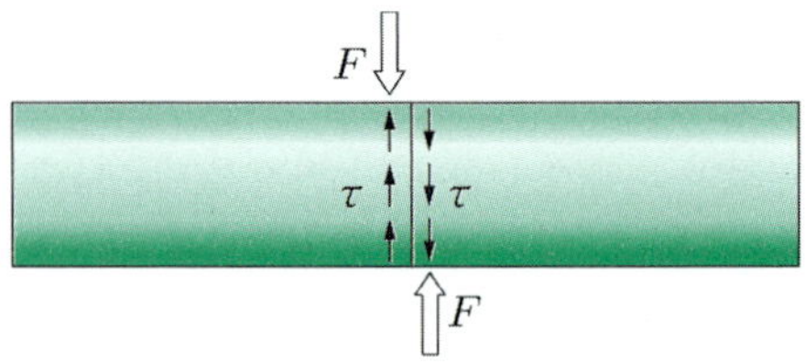

[그림 3.6] 전단하중(F)과 전단응력(τ)

설명 재료를 절단하려는 전단하중(shearing load)에 의해 절단면에 발생하는 절단방향의 응력을 전단응력이라 한다. 전단응력은 단면에 평행하게 발생하는 응력이므로 접선응력(tangential stress)이라고도 한다. [그림 3.6]에서 재료를 가로방향으로 미끄러뜨려서 자르도록 작용하는 전단하중 F가 단면적 A에 작용하면 전단응력 $\tau = F/A$이다.

예제 3.1 [수직응력] 지름 30mm의 봉에 8kN의 인장하중이 작용할 때 봉에 발생하는 인장응력은 몇 MPa인가?

풀이 봉의 지름 $D=30\text{mm}$, 인장하중 $P=8\text{kN}=8000\text{N}$이다. 봉에 발생하는 인장응력($\sigma_t$)은 다음과 같다.

$$\sigma_t = \frac{P}{A} = \frac{P}{\pi D^2/4} = \frac{4P}{\pi D^2} = \frac{4 \cdot (8000\text{N})}{\pi \cdot (30\times 10^{-3}\text{m})^2} = 1.132\times 10^7\,\text{N/m}^2$$
$$= 11.32\,\text{MPa}$$

Note $1\dfrac{\text{N}}{\text{mm}^2} = 1\dfrac{\text{N}}{(10^{-3}\text{m})^2} = 10^6\dfrac{\text{N}}{\text{m}^2} = 10^6\text{Pa} = 1\text{MPa}$이므로

$$\sigma_t = \frac{P}{A} = \frac{4P}{\pi D^2} = \frac{4 \cdot (8000\text{N})}{\pi \cdot (30\text{mm})^2} = 11.32\,\text{MPa}$$

응력을 계산할 때 힘과 면적의 단위를 각각 N, mm^2으로 하면 계산된 응력의 단위는 MPa이 된다.

예제 3.2 [전단응력] [그림 3.7]과 같은 리벳 이음에서 판에 가한 하중 $F=2\text{kN}$, 리벳의 지름 $D=5\text{mm}$일 때 리벳에 발생하는 전단응력은 몇 MPa인가?

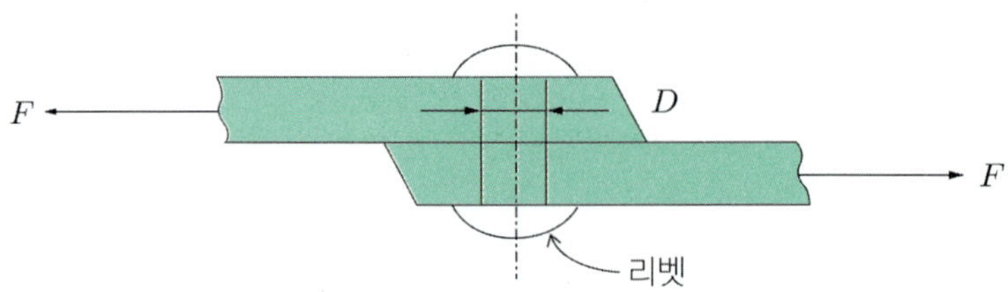

[그림 3.7] 리벳에 발생하는 전단응력

풀이 전단하중 $F = 2\text{kN} = 2000\text{N}$, 리벳의 지름 $D = 5\text{mm}$이다. 힘 F에 의해 전단되는 리벳의 전단면적 $A = \dfrac{\pi D^2}{4}$이므로 전단응력(τ)은 다음과 같다.

$$\tau = \frac{F}{A} = \frac{F}{\pi D^2/4} = \frac{4F}{\pi D^2} = \frac{4 \times (2 \times 10^3\text{N})}{\pi \times (5 \times 10^{-3}\text{m})^2} = 101.86 \times 10^6\ \text{N/m}^2$$
$$= 101.86\ \text{MPa}$$

예제 3.3 [그림 3.8]의 (a)와 같은 모양의 강철판에 구멍을 뚫는 펀치가 있다. 이 펀치를 이용하여 (b)의 단면도와 같이 지름 $d = 20\text{mm}$인 펀치가 두께 $t = 8\text{mm}$의 판에 구멍을 뚫는데 사용하려 한다. 구멍을 뚫기 위해 $P = 140\text{kN}$의 힘이 필요하다면 판의 전단응력과 압축응력은 몇 MPa인가?

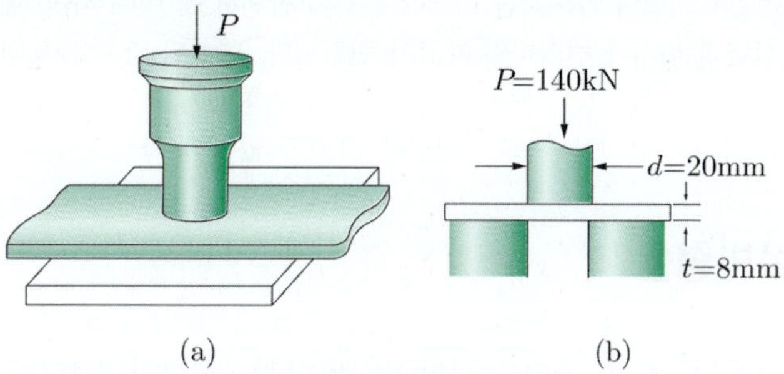

[그림 3.8] 펀칭에 의한 응력

풀이 판의 전단응력(τ)은 하중 P를 전단면적으로 나눈 값이다. 여기에서 전단면적 A_S는 구멍의 원둘레에 판의 두께를 곱한 값과 같다. 따라서

$$\tau = \frac{P}{A_S} = \frac{P}{\pi d t} = \frac{140 \times 1000\,\text{N}}{\pi \times 20 \times 8\,\text{mm}^2} = 278.5\,\text{MPa}$$

압축응력(σ)은 하중 P를 압축면적으로 나눈 값이다. 여기에서 압축면적 A_C는 지름 $d = 20\text{mm}$인 펀치의 단면적이므로

$$\sigma = \frac{P}{A_C} = \frac{P}{\pi d^2/4} = \frac{4 \times (140 \times 1000)\text{N}}{\pi \times 20^2\,\text{mm}^2} = 445.6\,\text{MPa}$$

이상에서 $1\dfrac{\text{N}}{\text{mm}^2} = 1\,\text{MPa}$이다.

3.3 변형률

1 변형률

하중에 의한 재료의 변형량과 원래 치수와의 비를 변형률(strain)이라 한다.

$$(\text{변형률}) = \frac{(\text{변형량})}{(\text{처음 치수})} \quad \cdots (3.4)$$

변형률에는 세로 변형률, 가로 변형률, 전단 변형률이 있다.

설명 재료에 외력이 가해지면 내부에 응력이 발생하고, 이에 따라 재료를 구성하는 원자나 분자의 상대적 위치가 변화하여 재료가 변형된다. 변형된 양은 물체의 크기에 따라 다르며, 같은 응력이 발생하는 경우에는 큰 물체일수록 변형량이 커진다. 따라서 변형량과 원래 치수와의 비를 정의하여 사용한다. 변형률은 차원이 없는 무차원량이다.

2 세로변형률

재료에 축방향으로 수직 하중을 가할 때 일어나는 축방향의 변형량을 재료의 처음 길이로 나눈 것을 세로 변형률(longitudinal strain) 또는 수직변형률이라 한다. 재료의 처음 길이와 하중을 받은 후의 나중 길이를 각각 l_0, l로 하면 세로변형률 ϵ은 다음과 같다.

$$\epsilon = \frac{l - l_0}{l_0} = \frac{\Delta l}{l_0} \quad \cdots (3.5)$$

여기에서 $\Delta l = l - l_0$은 [그림 3.9]의 (a)와 같이 축방향 재료의 변형량을 나타낸다.

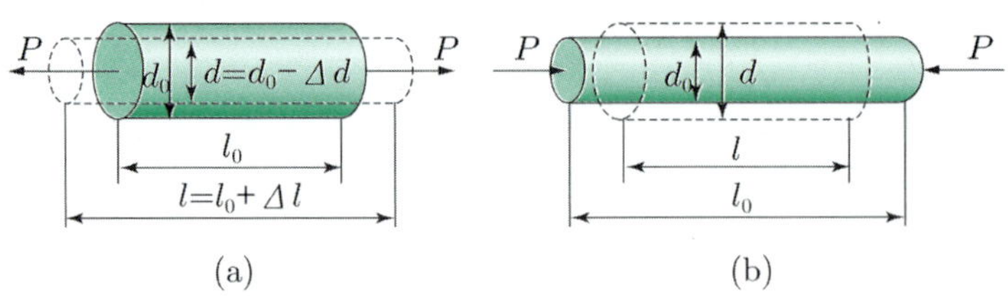

[그림 3.9] 축방향 변형(Δl)과 가로 방향 변형(Δd)

3 가로변형률

재료에 축방향으로 수직 하중을 가할 때 일어나는 가로 방향의 변형량을 가로 방향의 처음 치수로 나눈 것을 가로 변형률(lateral strain) 또는 횡 방향 변형률(transverse strain)이라 한다. 하중을 받기 전의 재료의 처음 굵기를 d_0, 변형 후의 굵기를 d로 하면 가로변형률 ϵ'은 다음과 같다.

$$\epsilon' = \frac{d - d_0}{d_0} = \frac{\Delta d}{d_0} \qquad \cdots (3.6)$$

여기에서 $\Delta d = d - d_0$은 가로 방향 재료의 변형량을 나타낸다.

설명 [그림 3.9]의 (a)와 같이 인장하중을 받으면 재료의 길이가 Δl만큼 늘어난다. 이때의 인장 변형률 $\epsilon = \Delta l / l_0$은 양(+)의 값을 갖는다. 반면 (b)와 같이 압축 하중을 받으면 수축하기 때문에 Δl은 음(−)의 값을 갖고 압축 변형률 $\epsilon = \Delta l / l_0$도 음이 된다. 이와 같이 재료가 수직 하중을 받을 때의 인장 변형률과 압축 변형률을 총칭하여 세로변형률이라 한다. 한편 금속 재료의 밀도는 거의 일정하므로 재료의 축방향(길이방향)으로 인장하중을 받으면 재료의 길이가 늘어나지만 가로방향으로는 가늘어진다[(a)]. 이와 반대로 (b)와 같이 압축 하중을 받으면 길이가 짧아지고 가로 방향으로는 굵어진다. 가로 변형률 ϵ'은 이와 같은 재료의 가로 변형량(Δd)을 처음 지름 d_0로 나눈 값 $\epsilon' = \Delta d / d_0$으로 정의한다.

4 푸아송 비

가로변형률을 ϵ', 세로변형률을 ϵ이라 하면 푸아송 비(Poisson's ratio) ν는 다음과 같이 정의되고,

$$\nu = \left| \frac{\epsilon'}{\epsilon} \right| = -\frac{\epsilon'}{\epsilon} \qquad \cdots (3.7)$$

푸아송 비의 역수(m)를 푸아송 수(Poisson's number)라 한다.

$$m = \frac{1}{\nu} = \left| \frac{\epsilon}{\epsilon'} \right| \qquad \cdots (3.8)$$

설명 [그림 3.9]와 같이 수직 하중을 받으면 세로와 가로방향으로의 변형이 동시에 발생한다. 실험에 의하면 세로변형률 ϵ과 가로변형률 ϵ'의 비는 응력이 어느 한계 값 이하일 때는 각 재료마다 고유의 값을 갖는다는 것이 알려져 있다. 이에 따라 푸아송 비를 정의하였고, 이것은

탄성계수와 함께 중요한 재료 상수로 사용되고 있다. 세로변형률과 가로변형률의 부호가 서로 반대이기 때문에 ϵ'/ϵ는 음(−)의 부호를 갖는다. 그런데 실제로 각각의 변형률은 절댓값을 많이 사용하므로 일반적으로 ϵ'/ϵ의 부호는 무시하며 푸아송 비 $\nu = |\epsilon'|/|\epsilon|$으로 정의하여 사용한다. 일반적으로 금속 재료인 경우 ν의 범위는 $0.25 \sim 0.35$ 정도이다. 푸아송 비의 이론적 최댓값은 0.5이고, 고무의 값이 이에 가깝다. 재료의 푸아송 비가 언제나 일정한 것은 아니다. 응력과 변형률이 작을 때 일정한 값을 갖지만 재료의 변형률이 어느 한계치를 넘어서면 푸아송 비가 변화한다.

재료의 세로탄성계수 E, 가로탄성계수 G, 푸아송 비 ν는 이론적으로 다음과 같은 관계를 갖는다.

$$G = \frac{E}{2(1+\nu)} \qquad \cdots (3.9)$$

이 관계식으로부터 어느 한 값을 알면 다른 값을 구할 수 있다. 여기에서 $\nu > 0$이므로 E의 값은 G의 값보다 두 배 이상이라는 것을 알 수 있다.

5 전단변형률

[그림 3.10]과 같이 사각형 요소에 전단하중이 작용하여 상하면에 λ만큼 상대적 변형이 발생하였을 때 양단간에 수직거리를 l이라 하면 전단변형률(shearing strain) γ는 다음과 같이 정의된다.

$$\gamma = \frac{\lambda}{l} = \tan\phi \approx \phi \qquad \cdots (3.10)$$

여기에서 각 ϕ를 전단각이라 한다.

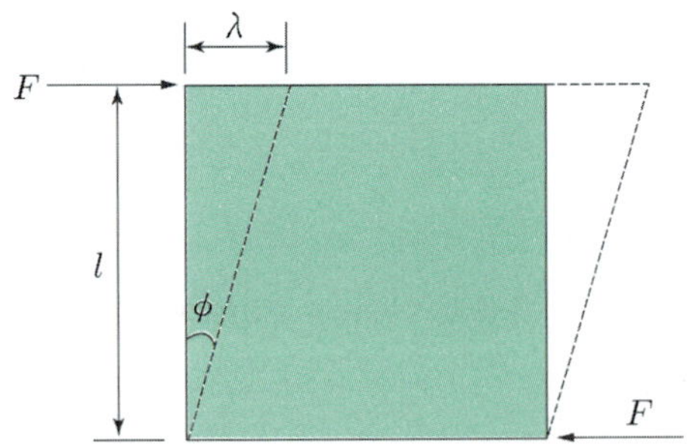

[그림 3.10] 전단변형률

설명 [그림 3.10]과 같이 거리 l만큼 떨어진 두 평형 면이 수평방향으로 전단 하중을 받아서 사각형 요소가 점선의 모양으로 변형되었을 때 λ를 거리 l에 대한 변형량이라 한다. 이와 같은 변형을 미끄럼 변형이라 하며, 단위 길이에 대한 미끄럼 변형을 전단변형률로 정의한다.

여기에서 수평방향으로 λ만큼 변형됨으로써 수직한 면이 ϕ의 각도로 기울어지게 되었다고 할 때 이 각도를 전단각이라 한다. 따라서 전단변형률 $\gamma = \lambda / l = \tan\phi$이고, ϕ가 아주 작을 때 $\tan\phi \approx \phi$로 근사시킬 수 있다.

예제 3.4 [세로변형률] 길이 1m의 막대가 인장하중을 받고 길이가 2mm 늘어났을 때 막대의 세로 변형률을 구하여라.

풀이 인장하중을 받고 길이가 늘어났으므로 $\Delta l = 2\text{mm} = 2 \times 10^{-3}\text{m}$이다.

- 세로변형률 $\epsilon = \dfrac{\Delta l}{l_0} = \dfrac{2 \times 10^{-3}\text{m}}{1\text{m}} = 2 \times 10^{-3} = 0.2\,(\%)$

예제 3.5 [가로변형률] 지름 20mm인 둥근 봉이 인장하중을 받고 지름이 0.008mm 줄어들었다. 봉의 가로변형률을 구하여라.

풀이 인장하중을 받고 지름이 줄어들었으므로 $\Delta d = -0.008\,\text{mm}$이다.

- 가로변형률 $\epsilon' = \dfrac{\Delta d}{d_0} = \dfrac{-0.008\,\text{mm}}{20\,\text{mm}} = -4 \times 10^{-4} = -0.04\,(\%)$

예제 3.6 [푸아송 비] 지름 40mm, 길이 400mm인 봉이 인장하중을 받고 길이가 0.3mm 늘어나고, 지름은 0.01mm 줄어들었다. 세로변형률, 가로변형률, 푸아송 비를 구하여라.

풀이

- 세로변형률 $\epsilon = \dfrac{\Delta l}{l_0} = \dfrac{0.3\text{mm}}{400\text{mm}} = 7.5 \times 10^{-4}$
- 가로변형률 $\epsilon' = \dfrac{\Delta d}{d_0} = \dfrac{-0.01\text{mm}}{40\text{mm}} = -2.5 \times 10^{-4}$
- 푸아송 비 $\nu = \left| \dfrac{\epsilon'}{\epsilon} \right| = \left| \dfrac{-2.5 \times 10^{-4}}{7.5 \times 10^{-4}} \right| = \dfrac{1}{3} \approx 0.33$

예제 3.7 [전단변형률] [그림 3.11]과 같이 전단 칼날 사이의 거리가 10mm인 재료가 칼날에 의한 전단 하중을 받고 0.05mm의 상대적 변위가 발생하였다면 재료의 전단 변형률은 얼마인가?

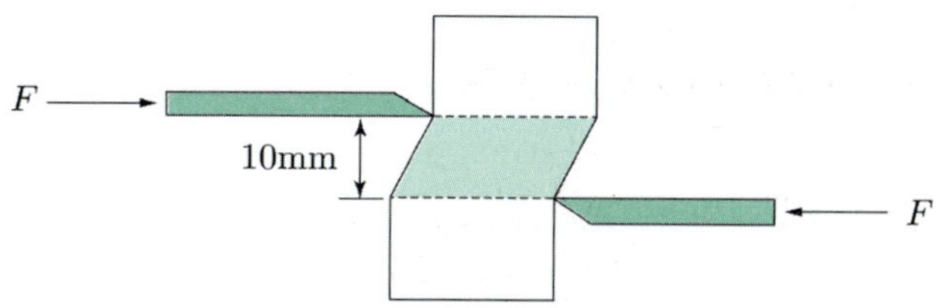

[그림 3.11] 전단하중과 전단 변형률

풀이 전단하중의 작용선 간에 수직거리 $l = 10\,\text{mm}$에서 $\lambda = 0.05\,\text{mm}$만큼 상대적 변형이 발생하였으므로 전단변형률 γ는 다음과 같다.

$$\gamma = \frac{\lambda}{l} = \frac{0.05\,\text{mm}}{10\,\text{mm}} = 0.005 = 0.5\,(\%)$$

3.4 탄성 법칙

1 훅의 법칙과 탄성계수

'재료 내부에 발생하는 응력이 변형률에 정비례한다'는 것을 훅(Hook)의 법칙이라 한다.

$$(\text{응력}) = (\text{비례상수}) \times (\text{변형률}) \qquad \cdots (3.11)$$

여기에서 비례상수를 탄성계수(modulus of elasticity)라고 부른다. 탄성계수는 응력과 같은 단위를 갖고 N/mm^2, GPa 등이 많이 사용된다.

설명 힘을 받으면 변형되고 그 힘을 제거하면 원래의 형태로 되돌아가는 물체를 탄성체라 한다. 금속의 경우 응력과 변형률이 작은 영역에서는 대부분 이와 같은 거동을 보인다. 특히 이러한 탄성체 중에서 응력이 변형률에 정비례하는 것을 훅(Hook)의 탄성체라 한다. 그러나 금속도 응력이나 변형률이 어느 한도를 넘어서면 영구변형 등을 동반하는 소성 등의 성질이 나타나므로 이때는 훅의 탄성체로 취급할 수 없다. 탄성체를 주로 취급하는 기초적인 재료역학에서는 비례 한도 내에서의 문제를 주로 다룬다. 따라서 훅의 법칙은 재료역학 및 탄성학의 기초가 되는 기본적인 법칙 중 하나이다. 탄성계수에는 세로탄성계수, 가로탄성계수 등이 있고, 재료마다 다른 값을 갖는다. [표 3.1]에 몇 가지 금속재료에 대한 탄성계수 값을 나타내었다.

[표 3.1] 금속재료의 탄성계수 : $\text{GPa} = 10^9\,\text{Pa} = 10^9\,\text{N/m}^2 = 10^3\,\text{N/mm}^2$

재료	세로탄성계수 E[GPa]	가로탄성계수 G[GPa]	재료	세로탄성계수 E[GPa]	가로탄성계수 G[GPa]
연강(강철)	210	81	주강	215	83
경강	210	81 ~ 84	주철	100	38
스프링강	210	86	황동	80	29
니켈강	205	82	청동	79	28

2 세로탄성계수

인장 또는 압축 하중을 받을 때 발생하는 수직 응력 σ와 축방향의 변형률 ϵ과의 비를 세로탄성계수(modulus of longitudinal elasticity) 또는 영계수(Young's modulus)라 하고 일반적으로 E로 표시한다.

$$\sigma = E\epsilon \qquad \cdots (3.12)$$

예) 세로탄성계수 E, 길이 L, 단면적 A의 재료에 축방향 하중 P를 가했을 때의 변형량 ΔL은 다음과 같이 계산된다. 응력과 변형률의 정의에 의해

$$\sigma = \frac{P}{A},\ \epsilon = \frac{\Delta L}{L}$$

이고, $\sigma = E\epsilon$이므로

$$\frac{P}{A} = E \cdot \frac{\Delta L}{L}$$

$$\therefore\ \Delta L = \frac{PL}{EA} \qquad \cdots (3.13)$$

3 전단탄성계수

전단하중을 받을 때 발생하는 전단응력 τ와 전단변형률 γ와의 비를 전단탄성계수(modulus of elasticity in shear), 가로탄성계수(modulus of lateral elasticity) 또는 강성 계수(modulus of rigidity)라 하고 일반적으로 G로 표시한다.

$$\tau = G\gamma \qquad \cdots (3.14)$$

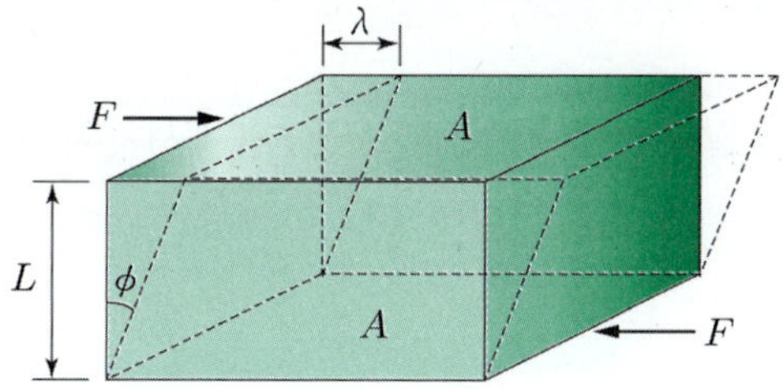

[그림 3.12] 미끄럼 변형량과 전단각

예) [그림 3.12]와 같이 거리 L만큼 떨어진 단면적 A의 두 면에 전단하중 F가 작용하였을 때 발생하는 미끄럼 변형량 λ와 전단각 ϕ는 다음과 같이 계산된다. 전단응력과 전단변형률의 정의에 의해

$$\tau = \frac{F}{A},\ \gamma = \frac{\lambda}{L}$$

이고, $\tau = G\gamma$이므로

$$\frac{F}{A} = G \cdot \frac{\lambda}{L}$$

$$\therefore\ \lambda = \frac{FL}{AG} \qquad \cdots (3.15)$$

이다. 위 식에서 전단각 ϕ가 작을 때 $\lambda / L = \tan\phi \approx \phi$이므로 다음과 같이 전단각($\phi$)이 구해진다.

$$\phi = \frac{F}{AG} \qquad \cdots (3.16)$$

예제 3.8 [세로탄성계수] 길이 80 cm, 세로탄성계수 $E = 200\,\mathrm{GPa}$인 연강봉이 300MPa의 인장응력을 받을 때 늘어난 길이를 구하여라.

풀이 SI단위로 통일하여 계산한다. 길이 $L_0 = 80\mathrm{cm} = 0.8\,\mathrm{m}$, 세로탄성계수 $E = 200\,\mathrm{GPa} = 200 \times 10^9\,\mathrm{Pa}$, 인장응력 $\sigma = 300\mathrm{MPa} = 300 \times 10^6\,\mathrm{Pa}$이다.
훅의 법칙에서

$$\sigma = E\epsilon = E \cdot \frac{\Delta L}{L_0}$$

이므로 늘어난 길이 ΔL은 다음과 같다.

$$\Delta L = \frac{\sigma L_0}{E} = \frac{(300 \times 10^6) \cdot (0.8)}{(200 \times 10^9)} = 1.2 \times 10^{-3}\,[\mathrm{m}] = 1.2\,[\mathrm{mm}]$$

SI단위 m, Pa로 통일하면 계산결과의 길이 단위는 m이다.

예제 3.9 [변형량] 그림과 같은 인장하중을 받고 있는 봉에서 전체 신장량[mm]을 구하여라. 단, 세로탄성계수 $E = 200\,\mathrm{GPa}$, 단면적 $A_1 = 5\mathrm{cm}^2$, $A_2 = 2\mathrm{cm}^2$이다.

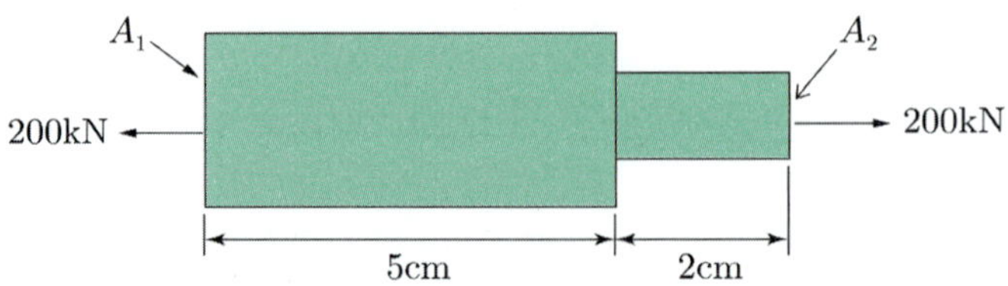

[그림 3.13] 인장하중에 의한 신장량

풀이 단면적 A_1, A_2의 봉은 모두 $P = 200\,\mathrm{kN}$의 인장력을 받는다. 탄성계수 E, 길이 L, 단면적 A의 재료에 축방향 하중 P를 가했을 때의 변형량 $\Delta L = \dfrac{PL}{AE}$이고, 전체 변형량 $(\Delta L)_{total}$은 두 부분에 발생하는 변형량을 합한 것이다.

(1) 단위를 N, m로 통일하여 계산하는 경우 : $1\mathrm{GPa} = 10^9\,\mathrm{N/m^2}$이다.

$$(\Delta L)_{total} = \frac{PL_1}{A_1 E} + \frac{PL_2}{A_2 E}$$

$$= \frac{(200\times10^3)\cdot(5\times10^{-2})}{(5\times10^{-4})\cdot(200\times10^9)} + \frac{(200\times10^3)\cdot(2\times10^{-2})}{(2\times10^{-4})\cdot(200\times10^9)}$$

$$= 10^{-4} + 10^{-4}\,[\mathrm{m}] = 0.2\,[\mathrm{mm}]$$

(2) 단위를 N, mm로 통일하여 계산하는 경우 : $1\mathrm{GPa} = 10^3\,\mathrm{N/mm^2}$이다.

$$(\Delta L)_{total} = \frac{PL_1}{A_1 E} + \frac{PL_2}{A_2 E}$$

$$= \frac{(200\times10^3)\cdot(5\times10)}{(5\times10^2)\cdot(200\times10^3)} + \frac{(200\times10^3)\cdot(2\times10)}{(2\times10^2)\cdot(200\times10^3)}$$

$$= 10^{-1} + 10^{-1}\,[\mathrm{mm}] = 0.2\,[\mathrm{mm}]$$

재료역학과 기계설계에서 계산할 때 $1\dfrac{\mathrm{N}}{\mathrm{mm^2}} = 1\mathrm{MPa}$를 사용하면 편리하다. $1\mathrm{GPa} = 10^3\,\mathrm{MPa}$, $1\mathrm{kN} = 10^3\mathrm{N}$, $1\mathrm{cm^2} = 10^2\mathrm{mm^2}$이다.

예제 3.10 [전단탄성계수] 단면적 $50\,\mathrm{mm^2}$의 재료가 $8\,\mathrm{kN}$의 전단력을 받을 때 전단각이 $0.002\,\mathrm{rad}$이면 재료의 전단탄성계수(G)는 얼마인가?

풀이 단면적 $A = 50\,\mathrm{mm^2}$, 전단력 $F = 8\,\mathrm{kN} = 8000\mathrm{N}$, 전단각 $\phi = 0.002\,\mathrm{rad}$이다. 식 (3.16)으로부터

$$\phi = \frac{F}{AG}$$

$$\therefore\ G = \frac{F}{\phi A} = \frac{8\times10^3\mathrm{N}}{(2\times10^{-3})\times50\mathrm{mm^2}} = 8\times10^4\,\mathrm{MPa} = 80\,\mathrm{GPa}$$

이상에서 $1\dfrac{\mathrm{N}}{\mathrm{mm^2}} = 1\mathrm{MPa}$이다.

연습문제 3

01 지름 30 mm의 봉에 5 kN의 인장하중이 작용하면 봉에 발생하는 인장응력은 몇 MPa인가?

02 바깥지름 70mm, 안지름 60mm인 속이 빈 원통에 50kN의 압축 하중이 작용할 때 원통에 발생하는 압축응력은 몇 MPa인가?

03 길이 500mm 봉이 인장하중을 받고 길이가 2mm 늘어났다면 봉의 세로변형률은 얼마인가?

04 단면적이 일정한 봉에 인장하중을 가하였더니 길이가 300 mm가 되었다. 인장에 의한 세로변형률이 0.005이면 변형 전의 길이는 얼마인가?

05 지름 20 mm 봉이 압축 하중을 받고 지름이 0.008 mm 늘어났을 때 봉의 가로변형률을 구하여라.

06 지름 40 mm, 길이 500mm인 봉이 인장하중을 받고 길이가 0.5mm 늘어나고 지름이 0.01mm 줄었을 때 재료의 푸아송 비를 구하여라.

07 한 변의 길이가 20 mm인 정육면체 모양의 재료에 50kN의 인장하중을 작용시켰더니 하중과 직각 방향의 변의 길이가 4×10^{-3} mm만큼 줄어들었다. 재료의 세로탄성계수 $E=200$ GPa일 때 푸아송 비를 구하여라.

08 푸아송 수 m, 세로탄성계수 E, 지름 d_0인 봉에 인장하중이 작용하여 σ의 인장응력이 생겼을 때 봉 지름의 감소량을 구하여라.

09 정육면체 금속이 면에 수직한 방향으로 50kN의 힘으로 압축되고 있을 때 발생하는 응력이 30MPa이면 정육면체의 한 변의 길이는 몇 mm인가?

$$1\,\text{MPa} = 10^6\,\text{N/m}^2 = 10^6\text{N}/(10^3\text{mm})^2 = 1\,\text{N/mm}^2$$

10 길이 0.5m, 세로탄성계수 $E=200$ GPa인 봉이 100MPa의 인장응력을 받을 때 늘어난 길이를 구하여라.

11 그림과 같은 사각형 요소가 전단하중을 받고 $\lambda=0.4$ mm의 미끄럼변형이 발생하였다. $l=100$mm일 때 전단변형률과 전단각을 구하여라.

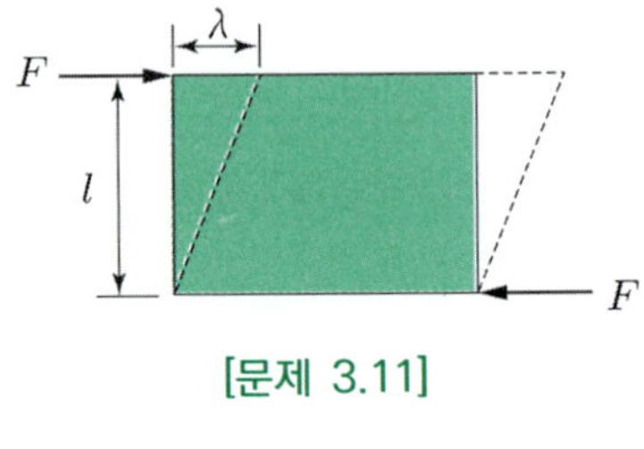

[문제 3.11]

12 전단탄성계수 $G = 80\,\text{GPa}$, 단면적 $1000\,\text{mm}^2$인 재료가 $100\,\text{kN}$의 전단하중을 받을 때 발생하는 전단변형률을 구하여라.

13 전단탄성계수 $G = 80\,\text{GPa}$, 단면적 $10\,\text{cm}^2$인 재료에 단면 방향으로 전단 하중을 가했을 때 발생하는 전단각이 $10^{-3}\,\text{rad}$이면 가한 하중은 몇 kN인가?

14 두께 3mm의 강판에 한 변의 길이가 20mm인 사각 구멍을 편칭할 때 펀치에 가해지는 하중의 최솟값[kgf]은? 단, 강판의 전단응력은 $35\,\text{kgf/mm}^2$이다. [중등교사임용시험-기계]

① 2100　② 4200　③ 8400　④ 14,700

15 두께 3mm의 철판을 한 변이 20mm의 정삼각형으로 뚫을 때 전단응력이 $30\,\text{kgf/mm}^2$이라면 필요한 사용 전단기의 용량은? [중등교사임용시험-기계]

① 3톤　② 4톤　③ 5톤　④ 6톤

16 푸아송 비가 1/2이고 가로변형률이 0.001인 재료의 세로변형률은 얼마인가? [중등교사임용시험-기계]

① 0.001　② 0.002　③ 0.0005　④ 0.005

17 세로탄성률(E)을 나타낸 것 중 옳은 것은? 단, σ는 수직 응력, τ는 전단응력이고, ϵ은 세로변형률, γ는 전단변형률이다. [중등교사임용시험-기계]

① $E = \tau/\gamma$　② $E = \sigma/\epsilon$　③ $E = \gamma/\tau$　④ $E = \epsilon/\sigma$

18 그림과 같은 용접시편에서 폭 $L = 100\text{mm}$, 두께 $t = 10\text{mm}$, 인장응력(σ_t)을 $10\,\text{kgf/mm}^2$이라고 할 때 하중 P의 값은 몇 톤[ton]인가? [중등교사임용시험-기계]

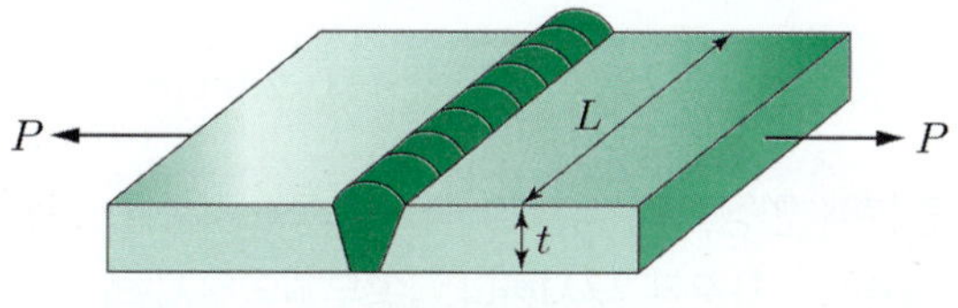

[문제 3.18]

① 1　② 10　③ 100　④ 1000

19 다음 그림의 단붙이 봉에 하중이 주어져 있을 때 전체 신장량은 몇 mm인가? $E = 2\times10^6\,\text{kgf/cm}^2$, 단면적 $A_1 = 5\text{cm}^2$, $A_2 = 2\text{cm}^2$이다. [중등교사임용시험-기계]

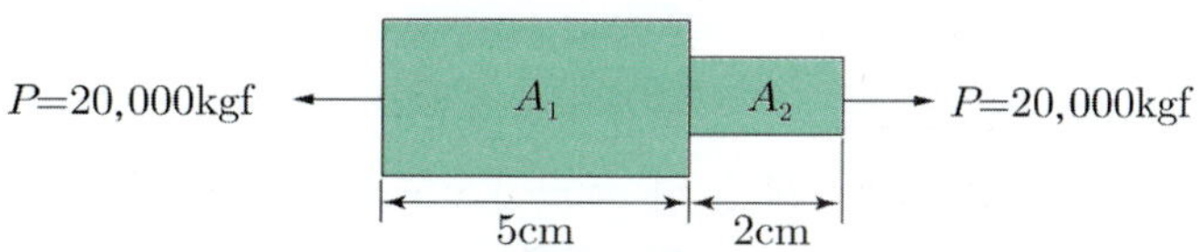

[문제 3.19]

① 0.2　② 0.1　③ 0.02　④ 0.01

20 길이 2m, 단면적 2cm^2인 강철 막대가 축방향 인장하중 몇 kgf를 받으면 0.01cm 늘어나는 지 값을 구하시오. 단, 탄성계수 $E = 2 \times 10^6 \text{kgf/cm}^2$이다. [중등교사임용시험-기계 • 금속]

21 길이가 3m, 단면적이 0.01m^2인 원형 봉이 인장하중 100kN을 받을 때 봉이 늘어난 길이[m]는? 단, 봉의 영계수(Young's modulus) $E = 300\,\text{GPa}$이다. [공무원임용시험]

① 1×10^{-7} ② 0.001 ③ 0.002 ④ 0.0001

22 단면이 원형이고 직경이 d인 막대의 길이(축) 방향으로 인장하중이 작용하여 막대에 인장 응력 σ가 생겼다면 이때 직경의 감소량을 나타내는 식은? 단, ν는 푸아송 비(Poisson's ratio), G는 전단탄성계수(shear modulus), E는 영의 계수(Young's Modulus)이다. [공무원임용시험]

① $\dfrac{\nu d G}{\sigma}$ ② $\dfrac{\nu \sigma G}{d}$ ③ $\dfrac{\nu \sigma d}{E}$ ④ $\dfrac{\nu \sigma E}{d}$

23 길이가 L인 단면적 A의 인장시험체를 힘 P로 인장하였을 때 δ의 신장이 있었다고 한다. 이 강봉의 전단탄성계수(G)는? 단, 푸아송 비는 ν이다) [공무원임용시험]

① $G = \dfrac{PL}{A\delta(1+\nu)}$ ② $G = \dfrac{PL}{2A\delta(1+\nu)}$

③ $G = \dfrac{P}{AL\delta(1+\nu)}$ ④ $G = \dfrac{P}{2AL\delta(1+\nu)}$

24 탄소강 원형 봉의 길이가 10m인 양단에 인장응력 $3000\,\text{kgf/cm}^2$을 작용시킬 때 이 봉에 발생하는 신장량은 얼마인가? 단, 탄소강의 종탄성계수 $E = 2 \times 10^6\,\text{kgf/cm}^2$이다. [공무원임용시험]

① 1.0 cm ② 1.5 cm ③ 2.0 cm ④ 2.5 cm

25 균일원형 단면 강봉에 인장력이 작용할 때, 강봉의 지름을 3배로 증가시키면 응력은 몇 배가 되는가? 단, 강봉의 자중은 무시한다. [공무원임용시험]

① $\dfrac{1}{27}$ ② $\dfrac{1}{9}$ ③ 3 ④ 9

26 단위가 나머지 셋과 다른 것은? [공무원임용시험]

① 인장 응력 ② 비틀림응력 ③ 전단 변형률 ④ 철근의 탄성계수

27 지름 10mm의 원형 단면을 갖는 길이 1m의 봉이 인장하중 $P = 15\text{kN}$을 받을 때, 단면 지름의 변화량[mm]은? 단, 계산 시 π는 3으로 하고, 봉의 재질은 균일하며, 탄성계수 $E = 50\text{GPa}$, 푸아송 비 $\nu = 0.3$이다. 또한 봉의 자중은 무시한다. [공무원임용시험]

① 0.006 ② 0.009 ③ 0.012 ④ 0.015

28 그림과 같이 길이 200mm, 바깥지름 100mm, 안지름 80mm, 탄성계수가 200GPa 인 원형 파이프에 축 하중 9kN 이 작용할 때, 축 하중에 의한 원형 파이프의 수축량[mm]은? 단, 축 하중은 단면 도심에 작용한다. [공무원임용시험]

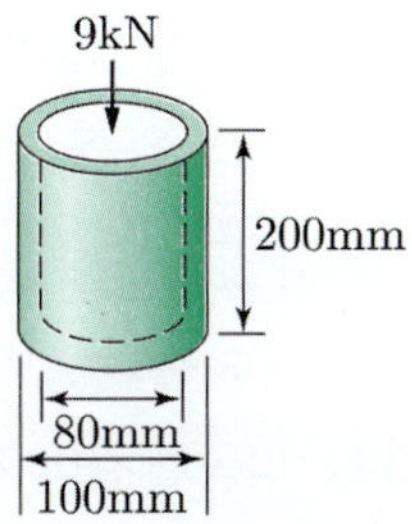

[문제 3.28]

① $\frac{1}{50\pi}$　② $\frac{1}{100\pi}$

③ $\frac{1}{1600\pi}$　④ $\frac{1}{2500\pi}$

29 그림과 같이 받침대 위에 블록이 놓여있다. 이 블록 중심에 $F=20$kN 이 작용할 때 블록에서 생기는 평균전단응력[N/mm^2]은? [공무원임용시험]

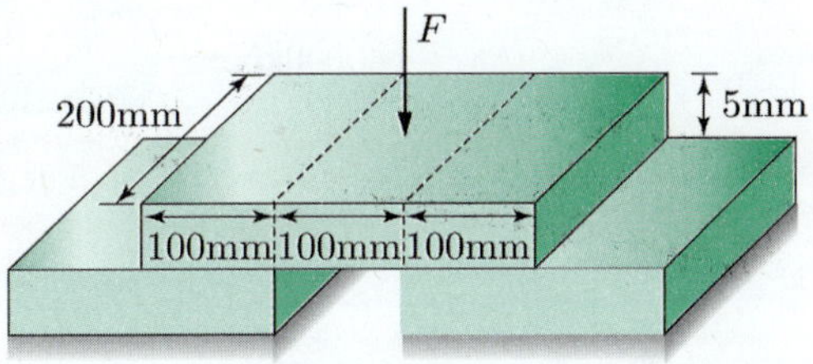

[문제 3.29]

① 1　② 2

③ 10　④ 20

30 길이 150mm, 지름 15mm 의 강봉에 인장력을 가했더니 길이방향으로 1.0mm 가 늘어났다면 지름의 변화량[mm]은? (단, 이 강봉의 푸아송수는 4 이다) [공무원임용시험]

① 0.025(증가)　② 0.025(감소)　③ 0.050(증가)　④ 0.050(감소)

31 그림과 같은 길이가 1m, 지름이 30mm, 푸아송 비가 0.3 인 강봉에 인장력 P 가 작용하고 있다. 강봉이 축방향으로 3mm 늘어날 때, 강봉의 최종 지름[mm]은? [공무원임용시험]

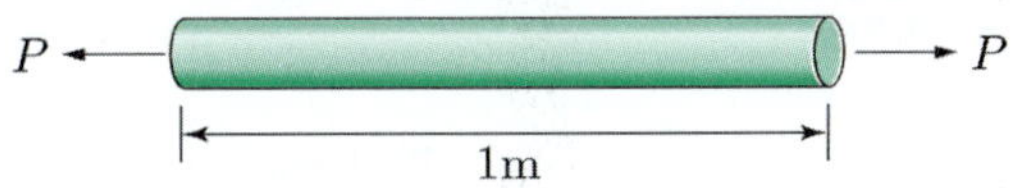

[문제 3.31]

① 29.730　② 29.973　③ 30.027　④ 30.270

32 그림과 같이 각 변의 길이가 10mm 인 입방체에 전단력 $V=10$kN 이 작용될 때, 이 전단력에 의해 입방체에 발생하는 전단변형률 γ는? 단, 재료의 탄성계수 $E=130$GPa, 푸아송 비 $\nu=0.3$ 이다. 또한 응력은 단면에 균일하게 분포하며, 입방체는 순수전단 상태이다.[공무원임용시험]

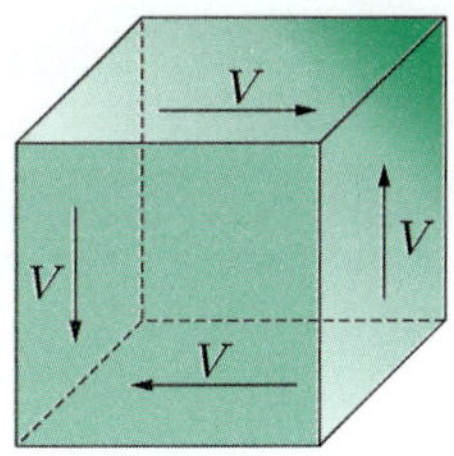

[문제 3.32]

① 0.001　② 0.002

③ 0.003　④ 0.005

33 길이가 1m 이고 단면적이 10 cm^2 인 봉에 1,000 N 의 인장하중이 축방향으로 작용할 때, 이 봉의 하중 방향으로 늘어난 길이[cm]는? 단, 봉 재료의 탄성계수는 $1\times10^4\,N/cm^2$ 이다. [공무원임용시험]

① 0.1　② 0.25　③ 0.5　④ 1

34 다음과 같이 지름 10mm 의 강봉에 3,000kN 의 인장력이 작용하여 봉의 지름이 0.4mm 줄어들었다. 이때 푸아송 비(Poisson's ratio)는? 단, 강봉의 탄성계수는 2.0×10^5 MPa 이고, π는 3 으로 계산한다. [공무원임용시험]

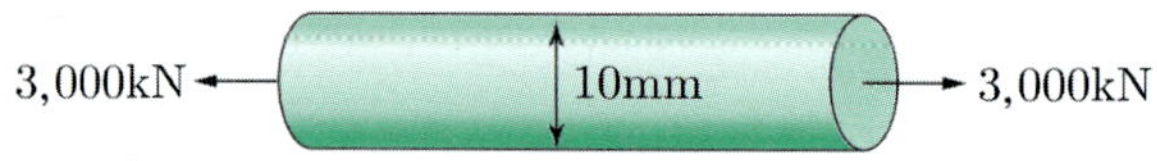

[문제 3.34]

① $\frac{1}{3}$　② $\frac{1}{4}$　③ $\frac{1}{5}$　④ $\frac{1}{6}$

35 다음과 같이 길이가 1,000mm 이고, 직경이 20mm 인 균질하고 등방성인 재료로 만들어진 막대가 20kN 의 축 하중을 받을 때, 길이방향으로 500μm 늘어난 반면, 직경은 3μm 줄었다. 이 재료의 탄성계수(E[GPa])와 푸아송 비(ν)를 구하여라. [공무원임용시험]

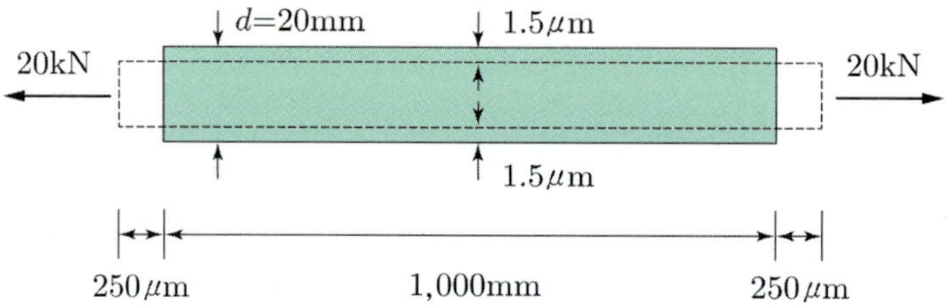

[문제 3.35]

36 다음 그림과 같이 바닥면이 고정되고 전단탄성계수가 G인 고무 받침의 윗면에 전단력 V가 작용할 때 고무받침 윗면의 수평 변위 d는? 단, 전단력은 고무받침 단면에 균일하게 전달되고 전단변형의 크기는 매우 작다고 가정한다. [공무원임용시험]

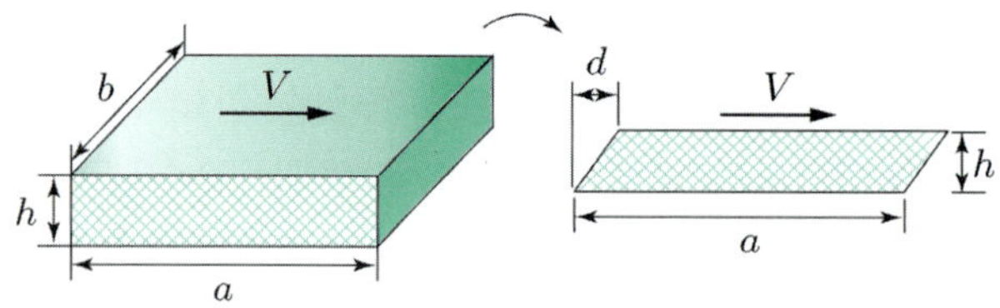

[문제 3.36]

① $\frac{hV}{abG}$　② $\frac{GV}{abh}$　③ $\frac{abV}{Gh}$　④ $\frac{V}{abhG}$

37 등방성(isotropic) 재료에서 횡(세로)탄성계수(Young's modulus)를 바르게 표현한 식은? 단, G는 전단탄성계수, ν는 푸아송 비이다. [공무원임용시험]

① $2G(1-\nu)$　　② $2G(1+\nu)$　　③ $G(1+\nu)$　　④ $G(1-\nu)$

38 A 단이 고정 지지된 원형 봉에 인장력 30kN 이 작용하여 그림과 같은 신장량 Δ가 발생하였다면 이 재료의 탄성계수[GPa]는? 단, 계산의 편의상 원주율 $\pi=3$으로 한다. [공무원임용시험]

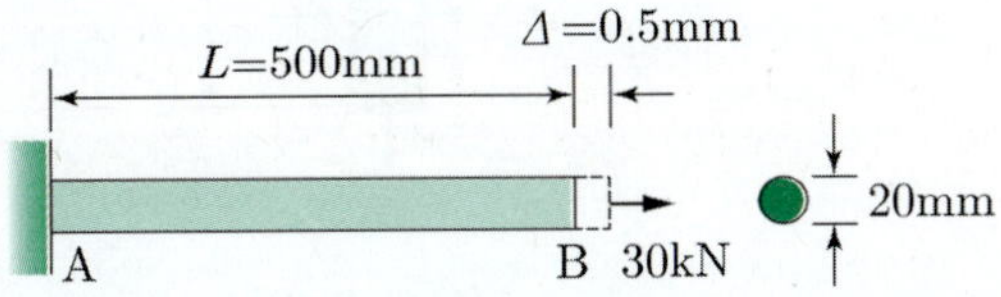

[문제 3.38]

① 50　　② 100　　③ 150　　④ 200

39 길이 2m, 단면적 2cm^2인 강철 막대가 축방향 인장하중 몇 kgf를 받으면 1cm 늘어나는지 값을 구하시오. 단, 탄성계수 $E=2\times10^6\text{kgf/cm}^2$이다. [중등교사임용시험(기계)]

40 그림과 같은 핀 이음에 인장하중 $F=15\text{kN}$이 작용할 때 핀에 발생하는 전단응력이 30MPa이면 핀의 지름(d)은 몇 mm인가?

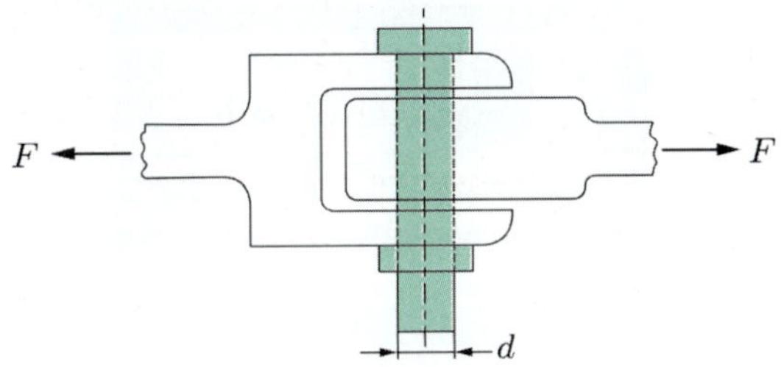

[문제 3.40]

41 일정한 단면을 갖는 길이 250mm 인 원형 단면 봉에 길이방향 하중을 작용하여 길이가 1mm 늘어났을 때, 반경방향 변형률(strain)의 절댓값은? 단, 봉은 재질이 균질하고 등방성이며, 세로탄성계수(Young's modulus)는 100GPa 이고, 전단탄성계수(shear modulus of elasticity)는 40GPa 이다. [공무원임용시험]

① 0.001　　② 0.004　　③ 0.015　　④ 0.25

42 그림과 같이 천장에 수직으로 고정되어 있는 길이 L, 지름 d인 원형 강철봉에 무게가 W인 물체가 달려있을 때, 강철봉에 작용하는 최대응력은? 단, 원형 강철봉의 단위 중량은 γ이다. [공무원임용시험]

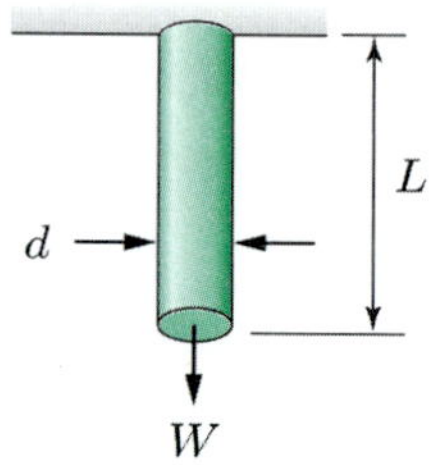

[문제 3.42]

① $\dfrac{4W}{\pi d^2} + \gamma L$　② $\dfrac{4W}{\pi d^2} + \dfrac{\pi d^2 \gamma L}{4}$　③ $\dfrac{2W}{\pi d^2} + \gamma L$　④ $\dfrac{2W}{\pi d^2} + \dfrac{\pi d^2 \gamma L}{2}$

43 그림과 같이 판재를 블랭킹 할 때 필요한 최소 펀치 하중은? 단, 펀치와 판재 사이 마찰은 없고 전단이 되는 면은 판재에 수직하며, 판재의 두께는 1mm, 전단강도는 2kgf/mm^2이고 π는 3으로 계산한다. 그림에서 단위는 mm이다. [공무원임용시험]

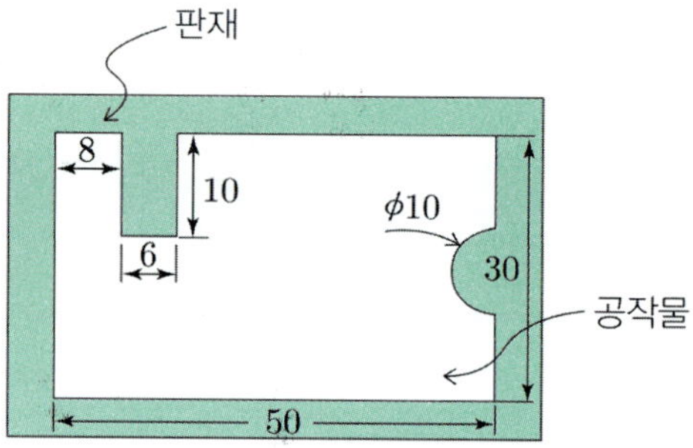

[문제 3.43]

① 180kgf　② 320kgf　③ 370kgf　④ 400kgf

44 정사각형 단면의 한 변의 길이 $b = 100\text{mm}$, 축방향 길이 $L = 3\text{m}$인 금속 봉에 인장하중 $F = 600\text{kN}$이 작용할 때, 봉의 길이 변화(ΔL), 단면적 변화(ΔA), 체적 변화(ΔV)를 각각 구하여라. 단, 탄성계수 $E = 100\text{GPa}$, 푸아송 비 $\nu = 0.3$이고, $\epsilon^2 = 0$으로 한다.

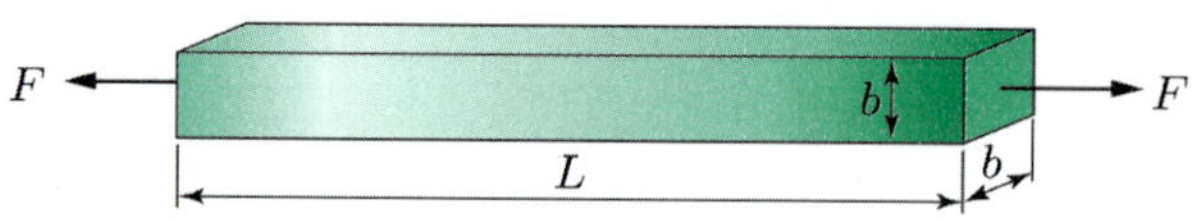

[문제 3.44]

45 지름 $d=20\text{mm}$, 길이 $L=0.8\text{m}$, 탄성계수 $E=80\text{GPa}$ 인 원형 단면 봉이 축방향 인장력 F를 받고 길이가 $\frac{2}{\pi}$[mm] 늘어났을 때 F[kN]을 구하여라.

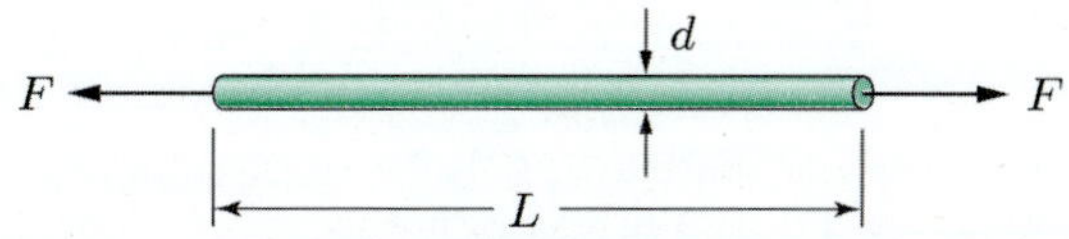

[문제 3.45]

46 위 문제(45 번)에서 푸아송 비 $\nu=0.3$일 때 봉의 지름 변화를 구하여라.

47 지름 $d=30\text{mm}$, 탄성계수 $E=200\text{GPa}$, 푸아송 비 $\nu=0.3$ 인 원형 단면 봉이 축방향 압축력 F를 받고 지름이 $\frac{0.3}{\pi}$[mm] 늘어났을 때 F[kN]을 구하여라.

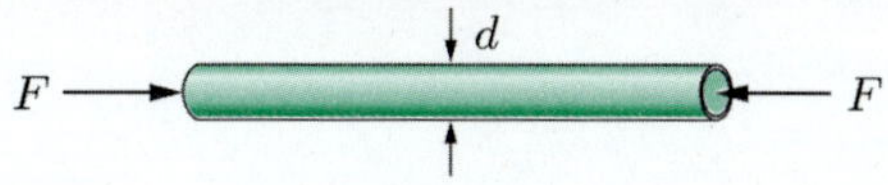

[문제 3.47]

48 위 문제(47 번)에서 봉의 길이 $L=0.3\text{m}$ 일 때 봉의 길이 변화를 구하여라.

49 두께가 10mm 인 튜브가 인장력 $F=50\pi$[kN]을 받고 수직응력 $\sigma=100\text{MPa}$ 이 발생하였다. 튜브의 바깥지름 d[mm]을 구하여라.

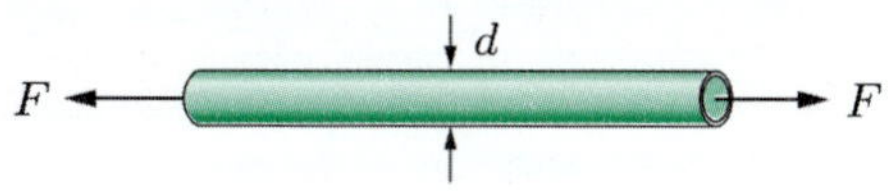

[문제 3.49]

50 지름 $d=10\text{mm}$, 길이 $L=1\text{m}$ 인 원형 단면 봉이 축방향 인장력 $F=8\pi$[kN]을 받고 길이가 2[mm] 늘어나고, 지름이 0.005mm 감소하였다. 봉의 탄성계수 E[GPa]와 푸아송 비(ν)를 구하여라.

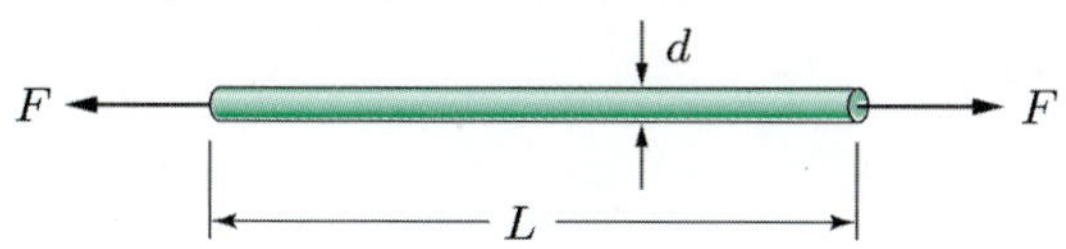

[문제 3.50]

제4장 재료의 강도

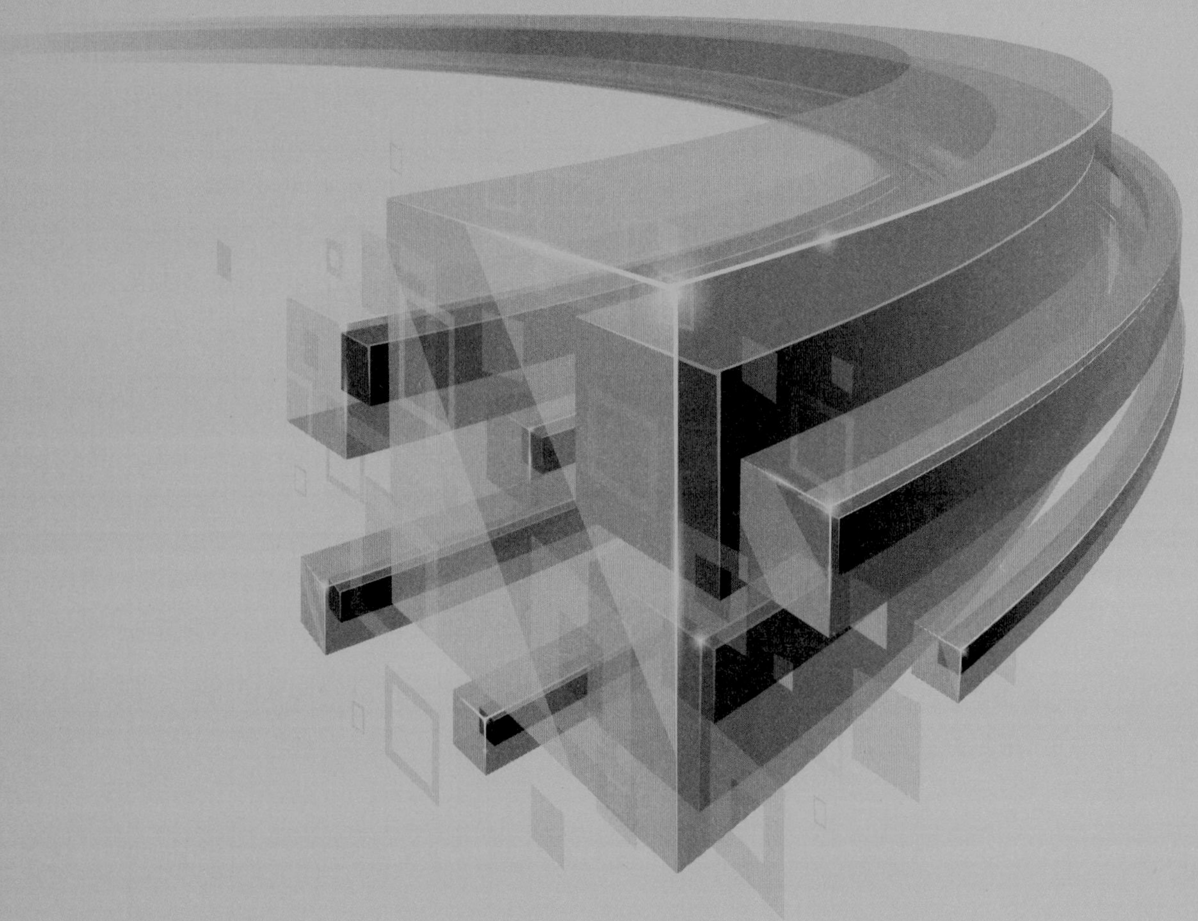

4.1 응력-변형률 선도

인장, 압축, 굽힘하중 등과 같은 외력에 대하여 재료가 저항하는 성질을 재료의 기계적 성질이라 한다. 기계적 성질에는 인장강도, 항복강도, 굽힘강도, 비틀림강도, 경도 등이 있고, 재료시험은 이러한 재료의 기계적 성질을 조사하는 것이다. 정하중 하에서의 재료 강도 시험법에는 인장시험, 굽힘시험, 비틀림시험 등이 있다. 강도(strength)는 하중(힘)에 대한 재료의 저항능력을 나타낸다. 응력-변형률 선도(stress-strain diagram)는 재료의 성질을 설명하는 가장 기본적인 것 중 하나인데 이 선도는 인장시험을 통하여 얻어진다.

[그림 4.1]과 같은 원형 단면의 봉에 인장하중을 가하고 이 봉의 길이방향과 가로방향의 변화를 실험적으로 측정한다. 시험편의 지름 $D=14\text{mm}$, 표점 거리 $L=50\text{mm}$, 평행부의 길이 $P=60\text{mm}$, 어깨부의 반지름 $R=15\text{mm}$ 이상으로 한다. 시험편에 걸리는 하중을 시험편의 단면적으로 나눈 응력(σ)을 구하고, 처음의 시험편에 표시해둔 표점 거리 L에 대하여 하중이 가해짐에 따라 늘어난 길이 ΔL과의 비(변형률 ϵ)를 구한 후 σ와 ϵ의 관계를 선도로 나타내면 재료의 응력과 변형률의 관계를 알 수 있다. 이와 같이 구한 응력-변형률 선도는 재료의 특성을 설명하는 데 유용하게 사용된다. 한편 응력에는 기준이 되는 면적에 따라 다음과 같은 공칭응력과 진응력이 있다.

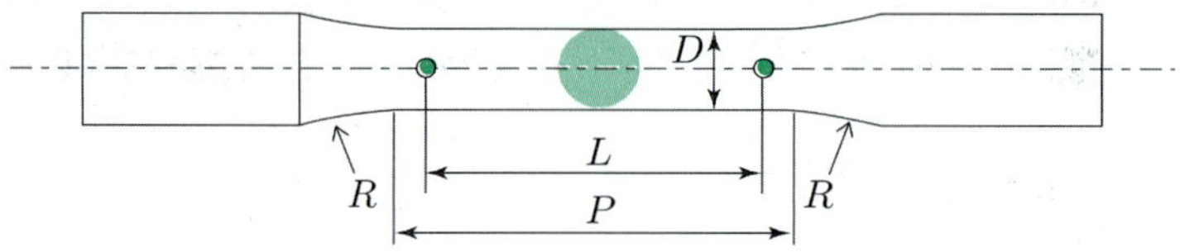

[그림 4.1] 인장시험 시편(시험편)

(1) 공칭응력 : 일반적으로 인장하중을 가하면 단면적이 감소하지만 이 감소량이 아주 작으므로 하중 P를 처음 단면적 A_0으로 나눈 응력

$$\sigma = \frac{P}{A_0} \qquad \cdots (4.1)$$

을 공칭응력(nominal stress) 또는 공업응력이라 한다. 설계에서 일반적으로 많이 사용하는 것은 공칭응력이다.

(2) 진응력 : 하중에 의해 변형된 상태의 단면적 A'으로부터 구한 응력

$$\sigma_t = \frac{P}{A'} \qquad \cdots (4.2)$$

을 진응력(true stress, 실제응력)이라 한다.

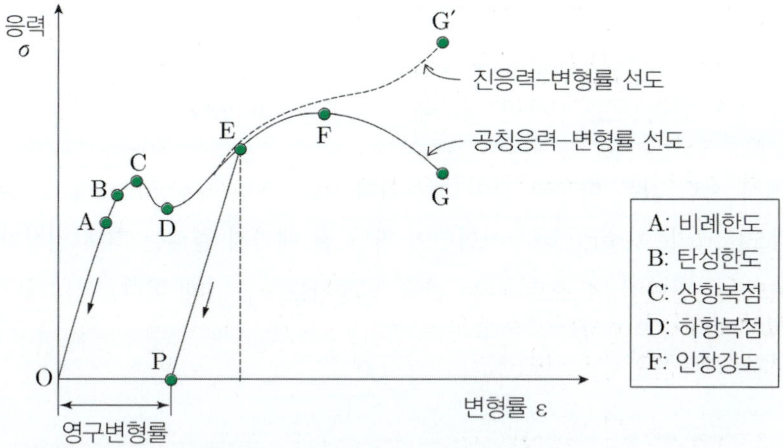

[그림 4.2] 연강의 응력-변형률 선도

[그림 4.2]는 연강의 응력-변형률 선도이다. 그림에서 점선은 진응력과 변형률의 관계를 나타내고, 실선은 공칭응력과 변형률의 관계를 나타낸다. 일반적으로 재료의 기계적 성질을 나타낼 때 공칭응력-변형률 선도를 많이 사용하므로 이 선도를 통하여 재료의 기계적 성질을 알아본다.

(1) OB 구간 : 변형률이 작을 때 점 A까지는 응력(σ)이 변형률(ϵ)에 비례하여 증가하므로 ($\sigma = E\epsilon$) 점 A의 응력을 비례한도(proportional limit)라 하며, 직선 OA의 기울기는 재료의 세로탄성계수(E)가 된다. 그리고 점 A보다 약간 더 큰 응력 B까지는 가한 하중을 제거하면 재료가 처음 상태로 되돌아온다. 이러한 재료의 성질을 탄성(elasticity)이라 하고, 점 B의 응력을 탄성한도(elastic limit)라 한다. 대부분의 재료에서는 비례한도와 탄성한도의 값이 거의 같다.

(2) CD 구간 : 응력이 점 B를 지나 점 C에 도달하면 하중을 증가시키지 않아도 변형률이 갑자기 커지면서 점 D에 도달한다. 이러한 현상을 재료의 항복(yield)이라 하고, 점 C, D의 응력을 각각 상항복점(upper yield point), 하항복점(lower yield point)이라 한다.

(3) DF 구간 : 하항복점을 지나 점 E까지 하중을 증가시킨 후 점 E에서 하중을 감소시키면 직선 OA와 거의 평행한 선 EP를 따라 변화한다. 그리고 하중을 완전히 제거하여도 ($\sigma = 0$) 시험편에는 점 P에 해당하는 변형률이 남고 처음의 상태(O)로 돌아가지 않는다. 이와 같이 응력이 0이 되어도 남아있는 변형률을 영구변형률(permanent strain) 또는 잔류 변형률(residual strain)이라 한다. 영구변형을 일으키는 변형을 소성변형이라 하고 영구변형이 생기는 재료의 성질을 소성(plasticity)이라 한다.

(4) FG 구간 : 공칭응력이 최대가 되는 점 F 부근에서는 시험편에 국부적으로 심한 단면축소 현상(necking 현상)이 일어난다. 따라서 점 F를 지나면 단면적 감소로 인하여 진응력(실제응력)이 급격하게 커진다. 그러나 공칭응력은 서서히 감소하고, 이후 넥킹이 계속

진행되면 마침내 파단에 이르게 된다(점 G). 여기에서 응력-변형률 선도의 최고점인 점 F의 응력을 극한강도(ultimate strength)라 한다. 극한강도는 인장인 경우 인장강도, 압축인 경우 압축강도, 전단인 경우에는 전단강도라 한다.

인장시험에서 시험 값은 다음과 같이 계산한다.

(1) 인장강도(tensile strength) : 시험편이 파단 될 때까지 걸리는 최대 인장하중 P_{max}을 시험편의 원 단면적 A_0으로 나눈 값을 인장강도(σ_{max})라 한다.

$$\sigma_{max} = \frac{P_{max}}{A_0} \qquad \cdots (4.3)$$

(2) 항복강도(yield strength) : 항복점의 하중값 P_y를 시험편의 원 단면적 A_0으로 나눈 값을 항복강도(σ_y)라 한다.

$$\sigma_y = \frac{P_y}{A_0} \qquad \cdots (4.4)$$

(3) 연신율(elongation ratio), 단면 수축률 : 시험편이 파괴되기 직전의 표점 거리 L_1과 원 표점 거리 L_0와의 차이 $L_1 - L_0$을 변형량이라 하고, 변형량을 원 표점 거리에 대한 백분율로 나타낸 것을 연신율(ε) 또는 신장률이라 한다.

$$\varepsilon = \frac{L_1 - L_0}{L_0} \times 100\ (\%) \qquad \cdots (4.5)$$

시험편이 파괴되기 직전의 최소단면적 A_1과 시험 전의 원 단면적 A_0의 차이 $A_0 - A_1$가 단면 변형량이고, 단면 변형량을 원 단면적에 대한 백분율로 나타낸 것을 단면 수축률(η)이라 한다.

$$\eta = \frac{A_0 - A_1}{A_0} \times 100\ (\%) \qquad \cdots (4.6)$$

연성재료는 인장하중을 받을 때 항복강도 점을 지나면서 중앙부분이 서서히 가늘어지며, 인장강도 점을 지나면 [그림 4.3]과 같이 오목하게 넥킹(necking)이 일어난 후 파단하게 된다. 연신율과 단면 수축률은 재료의 소성 변형 능력을 나타내는 척도가 된다.

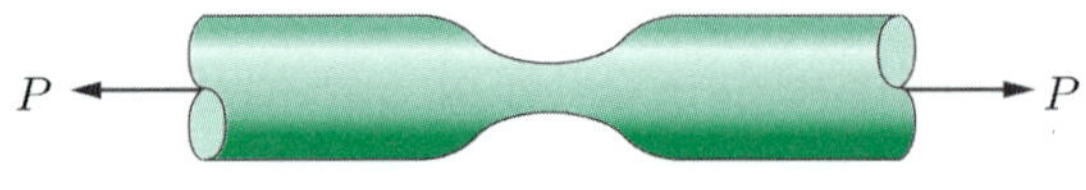

[그림 4.3] 넥킹(necking)

연강은 [그림 4.2]와 같은 응력 변형률 선도를 보이지만 다른 재료(주철, 합금강, 황동 등)인 경우에는 이와 같은 특성이 나타나지 않는 것이 많다. 즉, 재료마다 독특한 강도 특성을 갖는다고 할 수 있다. 주철과 같은 취성재료는 [그림 4.4]의 (a)와 같은 특성을 보이고, 알루미늄 등과 같이 뚜렷한 항복점을 갖지 않은 재료의 응력-변형률 곡선은 (b)와 같은 모양을 나타낸다.

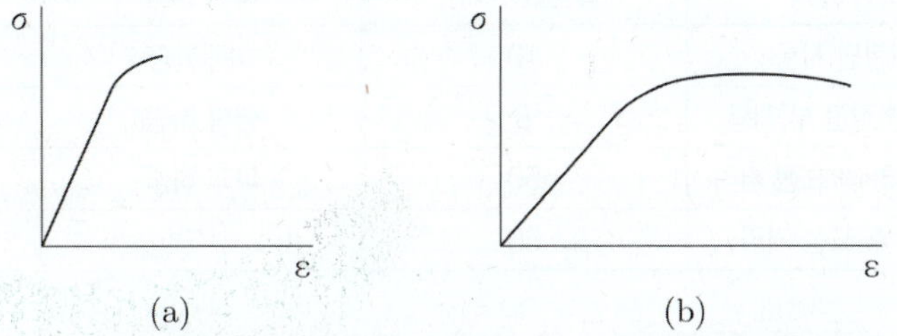

[그림 4.4] 응력(σ)-변형률(ϵ) 선도 : (a) 주철 (b) 알루미늄

알루미늄 합금은 상당한 연성을 가지고 있지만 [그림 4.5]의 (a)와 같이 뚜렷한 항복점을 갖지 않는다. 그러나 알루미늄 합금에서도 뚜렷한 비례한도를 갖는 초기 선형 영역이 있다.

알루미늄과 같이 재료가 뚜렷한 항복점을 갖지 않고 비례한도를 지나 큰 변형률이 일어날 경우에는 오프셋 방법(offset method)으로 임의의 항복응력을 얻는다. [그림 4.5]의 (b)와 같이 응력-변형률 선도 위에 곡선의 초기 선형 부분에 평행하며 0.002(0.2%)의 표준변형률만큼 오프셋 시킨 직선을 그려 넣는다. 이때 오프셋 선과 응력-변형률 곡선과의 교점(그림의 점 A)을 항복응력으로 정의한다. 이 응력은 임의 방법으로 결정되어 재료 고유의 성질이 아니므로 이를 오프셋 항복응력(offset yield stress)라 하며 진짜 항복응력과 구분한다. 알루미늄과 같은 재료에서는 오프셋 항복응력이 비례한도보다 약간 크다.

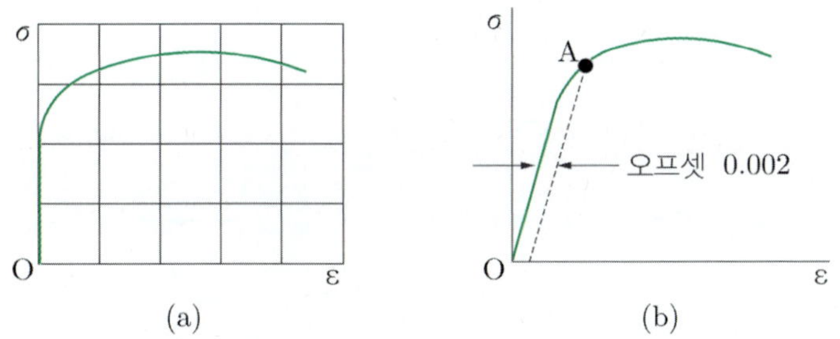

[그림 4.5] (a) 알루미늄 합금의 응력-변형률 선도 (b) 오프셋 방법에 의해 결정된 항복응력

예제 4.1 지름 $d = 10\,\text{mm}$ 인 금속 봉을 시편으로 하여 인장시험을 하였다. 하중이 $5\,\text{kN}$ 에 도달하였을 때 항복현상이 발생하였을 때 재료의 항복강도[MPa]를 구하여라.

풀이 항복점의 하중 값 $P_{\text{y}} = 5\,\text{kN}$ 이고, 시험편의 원 단면적 $A_0 = \dfrac{\pi d^2}{4}$ 이다. 따라서 항복강도(σ_{y})는 다음과 같다.

$$\sigma_y = \frac{P_y}{A_0} = \frac{P_y}{\pi d^2/4} = \frac{4P_y}{\pi d^2} = \frac{4 \times (5 \times 1000)\mathrm{N}}{\pi \times 10^2 \mathrm{mm}^2} = 63.7\,\mathrm{MPa}$$

예제 4.2 다음 표는 어떤 재료의 인장 시험 결과이다. 시험편의 인장 강도와 연신율을 구하여라.

측정 항목	측정값[mm]	측정 항목	측정값[kN]
시험편 지름	10	최대하중	80
시험편 절단 부 지름	8	항복 하중	50
시험편의 원 표점 거리	50	파괴 하중	60
절단 후 표짐 거리	60		

풀이 변형되기 전 시험편의 처음 지름 $D_0 = 10\mathrm{mm}$, 원 표점 거리 $L_0 = 50\mathrm{mm}$이고, 최대하중 $P_{max} = 80\mathrm{kN}$, 절단 후 표점 거리 $L_1 = 60\mathrm{mm}$이다.

(1) 인장강도 : $\sigma_{max} = \dfrac{P_{max}}{A_0} = \dfrac{P_{max}}{\pi D_0^2/4} = \dfrac{4 \times 80}{\pi \times 10^2} = 1.02[\mathrm{kN/mm^2}]$

(2) 연신율 : $\varepsilon = \dfrac{L_1 - L_0}{L_0} \times 100\ (\%) = \dfrac{60-50}{50} \times 100(\%) = 20(\%)$

4.2 공칭 변형률과 진변형률

[그림 4.6]과 같이 처음 길이 L_0, 단면적 A_0인 봉이 인장하중 P를 받은 후 길이 L_1, 단면적 A_1으로 변화하였다고 하자.

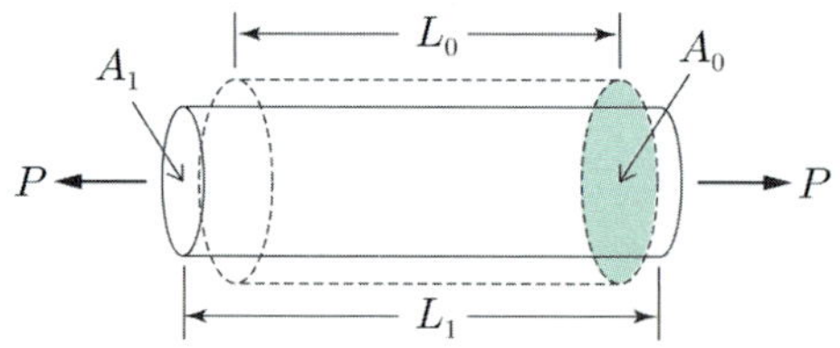

[그림 4.6] 공칭 변형률과 진변형률

일반적으로 응력이란 공칭응력(σ)을 말하며 최초 단면적(A_0)에 대한 하중의 비

$$\sigma = \frac{P}{A_0} \qquad \cdots (4.7)$$

이고, 변형률이란 공칭변형률(ϵ)을 말하며 다음과 같이 최초 길이에 대한 늘어난 길이의 비로 정의된다.

$$\epsilon = \frac{L_1 - L_0}{L_0} = \frac{\Delta L}{L_0} \qquad \cdots (4.8)$$

이 식으로부터

$$\epsilon = \frac{L_1 - L_0}{L_0} = \frac{L_1}{L_0} - 1$$

$$\therefore \ L_1 = L_0(1+\epsilon) \qquad \cdots (4.9)$$

이다. 진응력(σ_t)이란 변화된 단면(A_1)에 대한 하중의 비

$$\sigma_t = \frac{P}{A_1} \qquad \cdots (4.10)$$

이고, 진변형률(ϵ_t)이란 변화된 길이에 대한 늘어난 길이의 비로 다음과 같이 정의된다.

$$\epsilon_t = \int_{L_0}^{L_1} \frac{dL}{L} = \ln\left(\frac{L_1}{L_0}\right) \qquad \cdots (4.11)$$

진변형률은 대수변형률(logarithmic strain)이라고도 한다. 진변형률과 공칭변형률은 다음 관계를 갖는다.

$$\epsilon_t = \ln\left(\frac{L_1}{L_0}\right) = \ln\left[\frac{L_0(1+\epsilon)}{L_0}\right] = \ln(1+\epsilon)$$

$$\epsilon_t = \ln(1+\epsilon) \qquad \cdots (4.12)$$

재료가 변형되어도 재료의 부피가 변하지 않는다고 하면

$$A_0 L_0 = A_1 L_1 \quad \therefore \ \frac{L_1}{L_0} = \frac{A_0}{A_1}$$

이므로 공칭변형률의 관계식에서

$$\epsilon = \frac{L_1 - L_0}{L_0} = \frac{L_1}{L_0} - 1 = \frac{A_0}{A_1} - 1$$

$$\therefore \ A_1 = \frac{A_0}{1+\epsilon} \qquad \cdots (4.13)$$

이다. 따라서 진응력(σ_t)과 공칭응력(σ) 및 공칭변형률(ϵ)은 다음 관계를 갖는다.

$$\sigma_t = \frac{P}{A_1} = \frac{P}{A_0/(1+\epsilon)} = \frac{P}{A_0}(1+\epsilon) = \sigma(1+\epsilon)$$

$$\sigma_t = \sigma(1+\epsilon) \qquad \cdots (4.14)$$

4.3 열응력

일반적으로 물질은 온도가 올라가면 팽창하고 내려가면 수축한다. 이에 따라 온도가 올라가서 재료가 늘어나려 하는데 이것을 방해한다면 재료는 마치 압축을 받는 것과 같은 상태로 되어 압축응력이 발생한다. 반대로 온도가 내려가면 인장응력이 발생한다. 이와 같이 온도 변화에 따라 재료 내부에 발생하는 응력을 열응력(thermal stress)이라 한다. 열기관, 보일러 등과 같이 온도 변화가 큰 요소에는 열응력을 피하기 위하여 [그림 4.7]의 (a)와 같은 신축 이음을 하여 열 변형을 미리 고려해 주기도 한다.

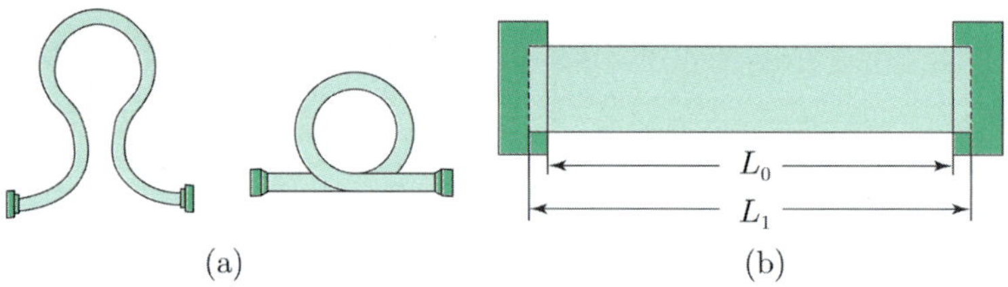

[그림 4.7] (a) 신축 이음 (b) 양 끝을 고정시킨 막대

그림의 (b)와 같이 양 끝을 고정시킨 막대의 온도를 T_0에서 T_1로 변화시켰을 때 막대가 자유로이 늘어날 수 있는 경우 온도 변화에 의해 길이가 L_0에서 L_1로 변한다고 가정한다.

단위 온도 변화 당 길이의 변화를 나타내는 계수를 선팽창 계수라 한다. 막대의 선팽창 계수를 α라 하면

$$L_1 = L_0[1+\alpha(T_1 - T_0)] \qquad \cdots (4.15)$$

이다. 따라서 온도 변화에 의해 변화한 길이 λ와 변형률 ϵ은 다음과 같이 된다.

$$\lambda = L_1 - L_0 = L_0\alpha(T_1 - T_0)$$

$$\epsilon = \frac{\lambda}{L_0} = \alpha(T_1 - T_0)$$

$$\epsilon = \alpha(T_1 - T_0) \qquad \cdots (4.16)$$

여기에서 $T_0 < T_1$이면 팽창하는 경우로서 $\lambda > 0$이고, $T_0 > T_1$이면 수축하는 경우로서 $\lambda < 0$이 된다. 그런데 (b)와 같이 막대에 어떤 구속 조건을 주어 길이의 변화를 억제하면, 팽창할 때는 그 구속 조건이 막대를 압축하는 요인으로 작용하여 막대 내부에는 압축응력이 발생하고, 반대로 수축할 때는 인장응력이 발생한다.

따라서 막대의 세로탄성계수를 E라 하면 막대의 온도 변화에 의해 발생하는 열응력은 다음 식으로 나타내어진다. (−) 부호는 일반적인 인장응력(+)과 압축응력(−) 부호와 일치시키기 위한 것이다.

$$\sigma = -E\epsilon = -E \times \frac{\lambda}{L_0} = -E\alpha(T_1 - T_0)$$

$$\sigma = -E\alpha(T_1 - T_0) = -E\alpha\Delta T \qquad \cdots (4.17)$$

여기에서 $\sigma > 0$이면 인장응력, $\sigma < 0$이면 압축응력을 의미한다.

열응력은 막대의 길이나 굵기와는 무관하고, 재료의 세로탄성계수(E), 선팽창계수(α) 및 온도차이($\Delta T = T_1 - T_0$)에 의해 결정된다.

막대의 단면적을 A라고 하면 온도 변화에 따른 막대의 팽창 또는 수축을 억제하기 때문에 발생하는 막대 고정부에서의 힘 F는 다음과 같다.

$$F = \sigma A = -AE\alpha(T_1 - T_0) \qquad \cdots (4.18)$$

여기에서 $F > 0$이면 고정된 곳과 막대 사이에 서로 당기는 인장력, $F < 0$이면 서로 밀어주는 압축력이 발생하는 것을 의미한다.

예제 4.3 [그림 4.7]의 (b)와 같이 양쪽 끝이 벽에 고정된 지름 40mm, 길이 100mm인 봉이 있다. 초기 온도 0℃에서 봉의 내부 응력이 0일 때 봉의 온도가 35℃로 상승하면 봉에 발생하는 열응력과 벽면에 작용하는 힘은 얼마인가? 봉의 선팽창계수는 1.2×10^{-5}/℃, 세로탄성계수는 200GPa이다.

풀이 초기 온도 $T_0 = 0$℃에서 나중 온도 $T_1 = 35$℃로 상승하였다.

(1) 봉에 발생하는 열응력(σ) :

$$\begin{aligned}\sigma &= -E\alpha(T_1 - T_0) = -(200 \times 10^9) \times (1.2 \times 10^{-5}) \times (35 - 0) \\ &= -8.4 \times 10^7\ [\mathrm{Pa}] = -8.4 \times 10^7\ [\mathrm{N/m^2}] = -84\ [\mathrm{N/mm^2}]\end{aligned}$$

$\sigma < 0$이므로 $84\,N/mm^2$의 압축응력이 발생한다.

(2) 벽면에 작용하는 힘 :

$$F = \sigma A = -84 \times \left(\frac{\pi}{4} \times 40^2\right) = -105{,}558\,[N] = -106\,[kN]$$

벽면에는 106 kN의 압축력이 작용한다.

4.4 피로

기계 부품은 일반적으로 동적인 반복 하중을 받는 경우가 있기 때문에 정하중에서의 파괴 강도보다 더 작은 응력에서 파괴될 수 있다. 이와 같이 반복 하중에 의해 일어나는 파괴를 피로 파괴라 하고 이러한 현상을 피로라 한다.

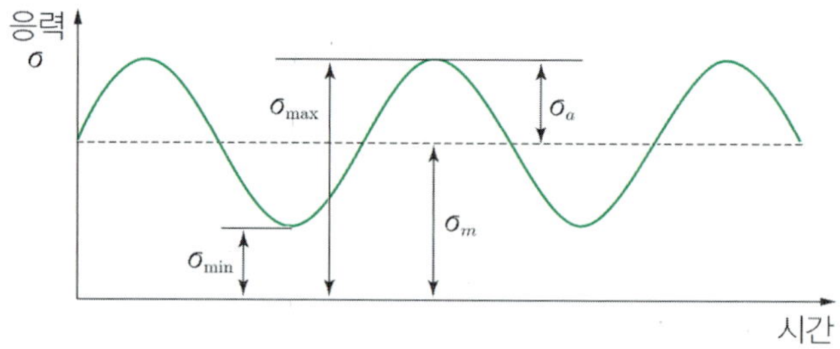

[그림 4.8] 반복 응력

응력이 시간에 따라 변동하는 반복 하중은 [그림 4.8]과 같이 나타날 수 있다. 이와 같은 반복 하중에서

$$\sigma_a = \frac{\sigma_{max} - \sigma_{min}}{2} \quad \cdots (4.19)$$

을 응력진폭 또는 교번응력(alternating stress)이라 한다. 평균응력은

$$\sigma_m = \frac{\sigma_{max} + \sigma_{min}}{2} \quad \cdots (4.20)$$

이다. 여기에서 σ_{max}과 σ_{min}은 각각 최대응력과 최소응력을 나타낸다. 이들 성분들은 수직응력(σ) 뿐만 아니라 전단응력(τ)에도 적용된다.

그리고 다음과 같은 응력비율 R과 진폭 비율 A를 정의한다.

$$R = \frac{\sigma_{\min}}{\sigma_{\max}},\ A = \frac{\sigma_a}{\sigma_m} \quad \cdots (4.21)$$

이상에서 교번응력은 변동 응력의 진폭을 나타낸다. 응력진폭 σ_a를 세로축으로 잡고, 이 응력 하에서 재료가 파괴될 때까지의 반복횟수 N을 가로축으로 잡으면 [그림 4.9]와 같은 곡선이 얻어진다. 이 곡선을 'S－N 선도'라 하는데 이 선도는 피로 파괴를 일으키는 반복 하중 수와 작용 응력과의 관계를 나타낸다.[1)]

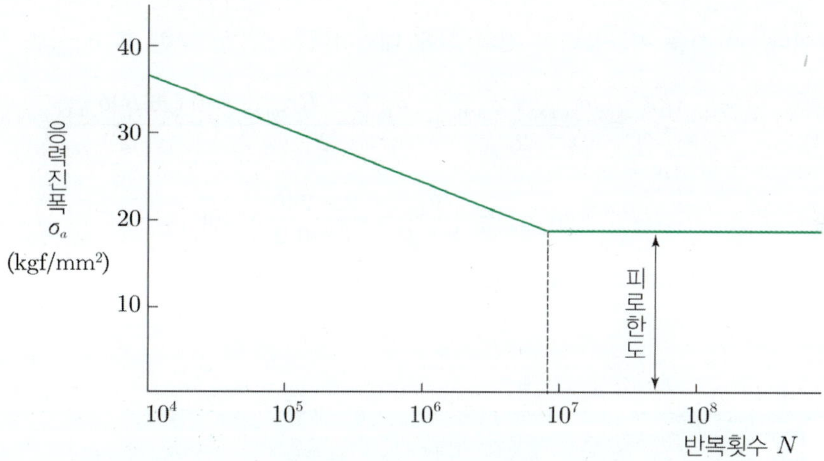

[그림 4.9] 탄소강의 S-N 선도

[그림 4.9]에서 응력진폭 값이 작아질수록 파괴를 일으킬 때까지의 반복 횟수가 많아지고, 어느 일정한 값에 도달하면 곡선이 수평으로 된다. 이것은 이 응력진폭보다 작은 응력 값에서는 아무리 많은 횟수의 반복 하중을 가하여도 재료가 파괴되지 않는다는 것을 의미한다. 이와 같이 이상적으로는 재료가 영구히 파괴되지 않게 되는 응력의 한계치를 피로한도(fatigue limit) 또는 내구한도(endurance limit)라 한다. 즉, 피로한도는 S－N 선도에서 N 축과 평행한 부분의 응력 값으로서 반복 응력이 무한히 작용하여도 피로 파괴되지 않는 최대응력이다. 실용적으로 강 또는 주철은 반복 횟수 10^7회 정도 이상에서 피로 파괴를 일으키지 않는 응력으로 정의한다. 재료의 피로한도는 하중의 종류와 속도, 재료의 치수, 노치(notch) 상태, 표면 거칠기, 부식, 온도 등의 여러 요인에 의해 영향을 받는다.

> 노치: 축의 키 홈, 핀 구멍 등과 같이 갑자기 단면이 변화하는 부분을 노치(notch, 벤 자리)라 한다.
> 노치효과 : 구멍, 노치 등이 있는 부분에 응력을 가하면 이 부분에 응력이 집중되기 때문에 재료의 강도가 떨어지는 현상을 노치효과(notch effect)라 한다.

1) 피로한도곡선, 내구곡선, $\sigma - N$ 선도, S-N 곡선 또는 S-N 선도 등으로 부른다.

예제 4.4 어떤 재료에 일정 진폭으로 반복응력이 작용하고 있다. 평균응력 $\sigma_m = 240\text{MPa}$이고 응력비 $R = 0.2$일 때 최대응력과 최소응력을 구하여라.

풀이 최대응력을 $\sigma_{\max}$, 최소응력을 $\sigma_{\min}$라 하면 응력비의 정의에서

$$R = \frac{\sigma_{\min}}{\sigma_{\max}}$$

$$\therefore \quad \sigma_{\min} = R\sigma_{\max}$$

이다. 이 식을 평균응력의 정의 식에 대입하여 $\sigma_{\max}$을 구한 후 $\sigma_{\min}$을 구한다.

$$\sigma_m = \frac{\sigma_{\max} + \sigma_{\min}}{2} = \frac{\sigma_{\max} + R\sigma_{\max}}{2} = \frac{(1+R)\sigma_{\max}}{2}$$

$$\therefore \quad \sigma_{\max} = \frac{2\sigma_m}{1+R} = \frac{2 \times 240}{1+0.2} = 400\ [\text{MPa}]$$

$$\sigma_{\min} = R\sigma_{\max} = 0.2 \times 400 = 80\ [\text{MPa}]$$

4.5 응력집중

기계의 구성 부품에 구멍이나 흠 등이 있어서 단면이 급격하게 변화하는 부분이 있으면 이러한 부분의 근방에서는 국부적으로 매우 큰 응력이 발생하게 된다. 이와 같은 현상을 응력집중(stress concentration)이라 한다. 재료 파괴가 일어나는 사례를 분석한 결과 표면의 작은 결함이 큰 구조물의 부재를 순간적으로 파괴해 버리는 기점이 된다는 것을 알게 되었다. 그것은 공칭응력이 항복강도보다 낮다고 하여도 결함 부 주위의 최대응력이 응력집중 현상 때문에 항복 강도보다 높게 될 수 있기 때문이다.

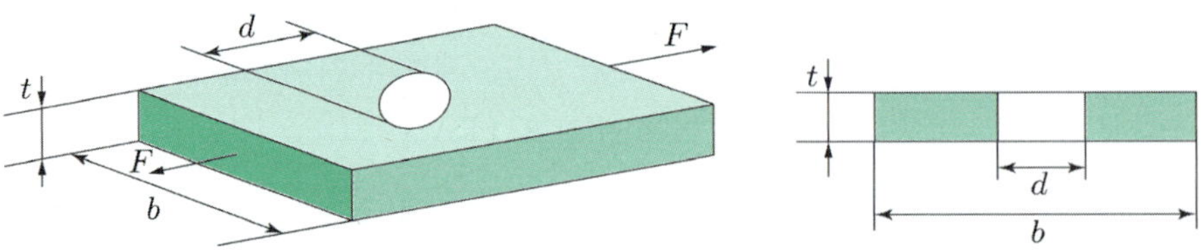

[그림 4.10] 구멍이 있는 판재

[그림 4.10]과 같이 폭 b, 두께 t인 판재에 지름 d인 구멍이 있는 경우, 판을 F의 힘으로 당겼을 때 구멍 주변에 발생하는 응력을 살펴본다.

[그림 4.11]의 (a)와 같이 구멍이 없을 때 판재의 단면적은 bt이고 판재에는 $\sigma_{\mathrm{m}} = \dfrac{F}{bt}$의 응력이 균일하게 분포한다. 한편 (b)와 같이 구멍이 있는 경우 구멍으로 인한 dt의 단면적 감소만을 고려하면 응력이 작용하는 면적은 $bt - dt = (b-d)t$이므로 판재에는 다음과 같은 평균응력(σ_{m})이 일정하게 분포하는 것으로 생각할 수 있다.

$$\sigma_{\mathrm{m}} = \frac{F}{A} = \frac{F}{(b-d)t} \quad \cdots (4.22)$$

그런데 실제로는 (c)와 같이 응력이 균일하지 않고 구멍의 가장자리에서 최대응력($\sigma_{\max}$)이 발생한다는 것이 실험과 경험을 통하여 알려져 있다. 이와 같이 구멍, 단의 모서리, 노치(notch) 홈 주위에서 (c)와 같이 국부적으로 큰 응력이 생기는 현상을 응력집중이라 한다.

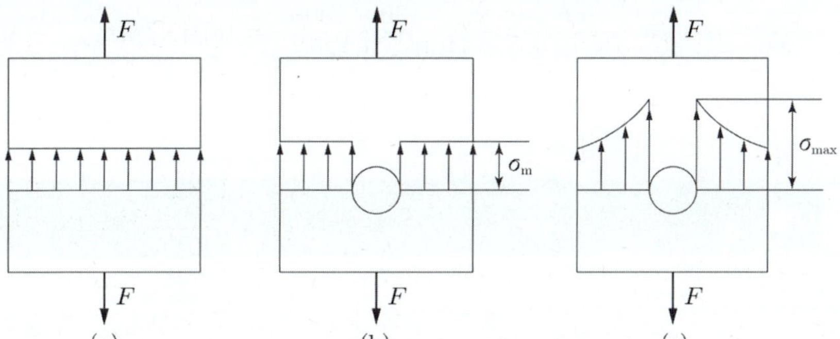

[그림 4.11] 응력분포

응력집중의 정도는 최대응력($\sigma_{\max}$)과 공칭응력(nominal stress, σ_{nom})의 비로 나타내며, 이것을 응력집중계수(α) 또는 형상계수라고 한다.

$$\alpha = \frac{\sigma_{\max}}{\sigma_{\mathrm{nom}}} \quad \cdots (4.23)$$

인장을 받고 있는 봉에 대한 공칭응력은 순 단면적을 근거로 한 평균응력(σ_{m})을 사용한다.[2)]

$$\alpha = \frac{\sigma_{\max}}{\sigma_{\mathrm{m}}} \quad \cdots (4.24)$$

응력집중계수는 부재의 모양, 결합의 종류, 하중의 종류 등에 따라 다르며 일반적으로 실험적으로 구한 값을 이용하고 있다.

2) 상황에 따라 다양한 공칭응력을 사용하므로 응력집중계수가 사용될 때는 공칭응력이 어떻게 정의되는가에 주의해야 한다.

예제 4.5 [그림 4.10]과 같이 폭 $b = 100\text{mm}$, 두께 $t = 5\text{mm}$인 판재의 중앙에 지름 $d = 10\text{mm}$의 구멍이 뚫려 있다. $F = 30\text{kN}$의 인장하중이 작용할 때 구멍 가장 자리에 생기는 최대 응력을 구하여라. 단, 응력집중계수 $\alpha = 2.7$이다.

풀이 인장하중이 작용하는 단면적은 구멍을 제외한 면적 $A = (b - d)t$이므로 평균응력 (σ_m)은

$$\sigma_m = \frac{F}{A} = \frac{F}{(b-d)t}$$

이고, 응력집중계수 $\alpha = \dfrac{\sigma_{max}}{\sigma_m}$의 정의에 의해 다음과 같이 최대응력$(\sigma_{max})$이 구해진다.

$$\sigma_{max} = \alpha\sigma_m = \frac{\alpha F}{(b-d)t} = \frac{2.7 \times (30 \times 1000)}{(100-10) \times 5} = 180\ [\text{N/mm}^2] = 180\ [\text{MPa}]$$

4.6 크리프

앞에서 기술한 연강의 응력-변형률 선도는 시편의 정적 부하와 하중 제거를 포함하는 인장시험에서 얻어진 것이며 시간의 경과는 고려하지 않았다. 그러나 장시간에 걸쳐 고온에서 일정 하중을 받고 있는 금속은 시간이 지남에 따라 온도에 따른 재료의 변형으로 인하여 변형률이 증가한다. 즉, 높은 온도에서 재료에 큰 하중을 일정하게 작용시키면 재료 내의 응력이 일정함에도 불구하고 시간이 지남에 따라 변형률이 점점 증가하게 된다. 이와 같은 현상을 크리프(creep)라 한다.

크리프 현상이 일어날 때 변형률의 정도는 온도와 하중에 따라 달라지는데 시간에 대한 변형률의 변화를 크리프 속도(creep rate, 크리프 변형률 속도)라 한다. 일정한 온도에서 하중의 크기가 클수록 크리프 속도가 증가하여 파단에 도달하는 시간이 짧아진다. 그리고 일정한 하중이 작용하는 경우 온도가 높을수록 크리프 속도가 증가한다.

크리프 변형률은 하중에 의한 초기변형률과 시간이 지남에 따라 추가로 발생하는 변형률의 합으로 나타낼 수 있다. 크리프 변형률 속도는 하중의 크기 및 시간의 함수이다.

[그림 4.12]와 같이 시간에 따른 변형률의 변화를 나타낸 곡선을 크리프 곡선이라 한다. 크리프 진행 단계는 다음과 같이 3단계로 구분된다.

① 제 1단계(감속 크리프, 천이 크리프) : 하중이 가해지는 순간부터 일어나는 단계이며 시간이 지남에 따라 크리프 속도(변형 속도)가 감소한다. 1단계 크리프는 천이 크리프(transient creep)라고도 한다.

② 제 2 단계(정상 크리프, steady creep) : 크리프 속도가 거의 일정한 단계이다. 크리프 현상이나 변형의 크기가 작고 거의 직선적으로 증가한다.

③ 제 3 단계(가속 크리프) : 크리프 속도가 증가하여 결국 파단에 이르는 단계이다. 비교적 기간이 짧으며 변형의 크기가 크고 급격하게 증가한다.

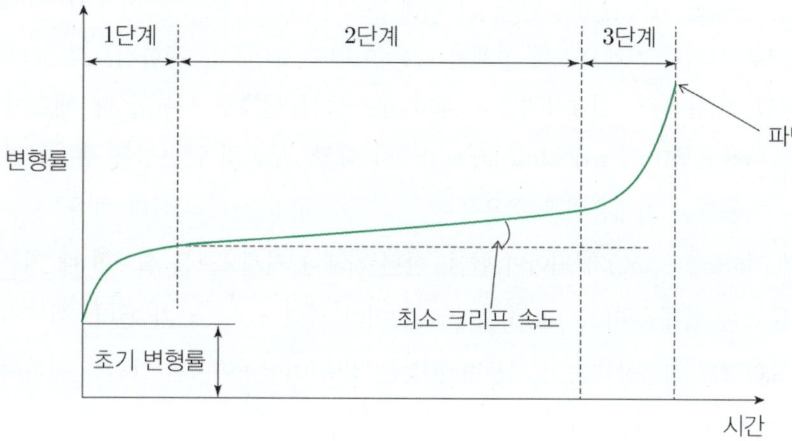

[그림 4.12] 크리프 곡선(고온 고하중의 경우)

크리프 현상은 환경에 따라 다르게 일어난다. 온도가 높고 하중이 클수록 크리프 속도가 증가하여 빨리 파단에 이르게 된다. 그러나 비교적 온도가 낮고 하중이 작을 때는 [그림 4.13]과 같이 어느 정도 시간이 지난 후에는 더 이상 재료가 변형되지 않고 크리프 현상이 멈춰지게 된다. 이와 같이 특정 온도에서 응력이 작용하여 일정 시간이 지난 후에 크리프 속도가 영(zero)이 되는(변형률의 증가가 0 이 되는) 한계응력을 크리프 한도응력(creep limit stress)이라고 한다. 즉, 크리프 한도는 일정 시간이 지난 후 크리프가 정지할 때 나타나는 일정 온도에서의 응력의 최댓값이다. 크리프 현상은 온도와 밀접한 관계를 가지고 있으므로 고온에서 사용되는 가스터빈, 제트기관 등에서는 특히 이 현상을 주의해야 한다.

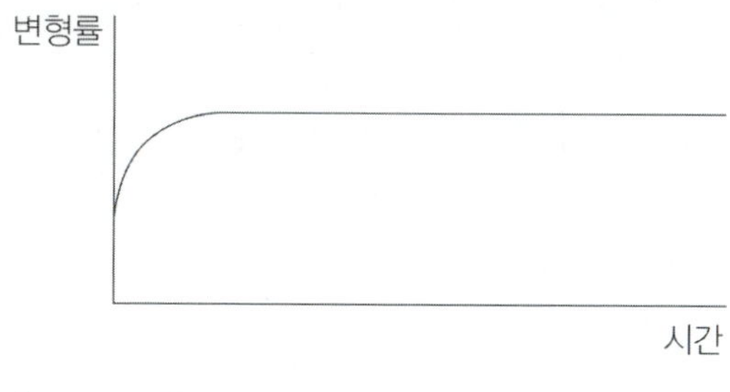

[그림 4.13] 크리프 한도응력(저온 저하중의 경우)

4.7 허용응력과 안전율

기계나 구조물이 파손되지 않고 제 기능을 수행하기 위해서는 그것에 생기는 응력이 재료가 지탱할 수 있는 응력을 넘지 않아야 한다. 그 외에 온도나 하중의 종류 등 여러 요인이 복합적으로 영향을 미치므로 기계나 기계요소를 설계할 때는 이러한 요인들을 종합적으로 고려해야 한다.

(1) 사용응력, 허용응력, 설계응력 : 기계나 구조물을 실제로 사용할 때 재료에 발생하는 응력을 사용응력(σ_w, working stress)이라 하고, 재료의 안전성을 생각하여 사용하는 재료에 허용되는 최대응력을 허용응력(σ_a, allowable stress)이라 한다. 사용응력은 허용응력 이하($\sigma_w \le \sigma_a$)가 되어야 한다. 한편 기계나 기계요소를 설계할 때 기준으로 사용하는 응력을 설계응력(σ_d, design stress)이라 하며 $\sigma_d \le \sigma_a$가 된다. 재료의 경제적인 면을 고려하면 사용응력은 설계응력과 같은 것이 이상적이지만 안전을 위하여 실제로는 $\sigma_w \le \sigma_d$이다. 따라서 세 응력은 다음 관계를 갖는다.

$$\sigma_w \le \sigma_d \le \sigma_a$$

(2) 기준강도 : 허용응력을 정할 때 기준이 되는 재료의 기준강도는 재료가 받는 하중의 종류나 사용 환경에 따른 파괴 형식에 바탕을 두고 선정한다. 상온에서 정하중을 받는 경우 기준강도는 극한강도(인장강도, 압축강도, 전단강도)가 되고, 반복하중에서는 피로강도를 기준강도로 한다.

(3) 안전율 : 허용응력은 재료에 따라 여러 가지 사용 조건을 복합적으로 고려해야 하므로 그 값을 정확하게 결정하기가 어렵다. 따라서 재료의 기준강도와 허용응력의 비로 나타나는 안전율(safety factor)을 알맞게 선정하여 결정한다. 기준강도를 σ_s, 허용응력을 σ_a라 하면 안전율 S는 다음과 같이 정의된다.

$$S = \frac{\sigma_s}{\sigma_a} \quad \left(\sigma_a = \frac{\sigma_s}{S}\right) \qquad \cdots (4.25)$$

안전율은 기계요소가 위험하게 되는 응력 값보다 허용응력을 더 낮게 잡아서 기계요소를 충분히 안전하게 사용할 수 있도록 기계요소를 설계하는 데에 필요한 값이다. 안전율은 1 보다 크고, 이 값을 크게 잡을수록 안전하지만 너무 크게 잡으면 경제성이 떨어지므로 많은 경험과 연구에 의해 그 값을 적절히 결정한다.

예제 4.6 인장강도가 200 MPa인 재료가 있다. 이 재료의 허용응력이 50MPa이면 안전율을 얼마로 잡은 것인가?

풀이 인장강도 $\sigma = 200\,\text{MPa}$, 재료의 허용응력 $\sigma_a = 50\text{MPa}$이므로 안전율(S)은 다음과 같다.

$$S = \frac{\sigma}{\sigma_a} = \frac{200\,\text{MPa}}{50\,\text{MPa}} = 4$$

예제 4.7 인장강도가 400 MPa인 재료가 있다. 안전율이 5이면 허용응력은 몇 MPa인가?

풀이 안전율의 정의에 의해 다음과 같이 허용응력(σ_a)이 구해진다.

$$S = \frac{\sigma}{\sigma_a}$$

$$\therefore \quad \sigma_a = \frac{\sigma}{S} = \frac{400\text{MPa}}{5} = 80\,\text{MPa}$$

예제 4.8 [안전율] 200 kN 의 인장하중을 받는 둥근 연강 봉이 있다. 연강의 인장강도가 420 MPa, 안전율이 3일 때 봉 지름을 구하여라.

풀이 인장강도를 기준강도로 한다. 안전율이 3이므로 허용응력(σ_a)은

$$\sigma_a = \frac{\sigma_s}{S} = \frac{420\text{MPa}}{3} = 140\,\text{MPa}$$

이고, 봉의 지름 d는 다음과 같다.

$$\sigma_a = \frac{W}{A} = \frac{W}{\pi d^2/4}$$

$$\therefore \quad d = \sqrt{\frac{4W}{\pi \sigma_a}} = \sqrt{\frac{4(200 \times 10^3\,\text{N})}{\pi(140 \times 10^6\,\text{N/m}^2)}} = 4.26 \times 10^{-2}\text{m} = 42.6\,\text{mm}$$

($\leftarrow$ $1\text{MPa} = 10^6\,\text{Pa} = 10^6\text{N/m}^2$이다.)

예제 4.9 그림과 같이 두 장의 강판을 지름 20mm 리벳 4 개를 사용하여 연결하였다. 리벳의 허용전단응력이 100 MPa일 때 강판에 $F = 150\,\text{kN}$ 의 인장력이 걸리는 경우에 대하여 리벳의 안전성을 판정하여라.

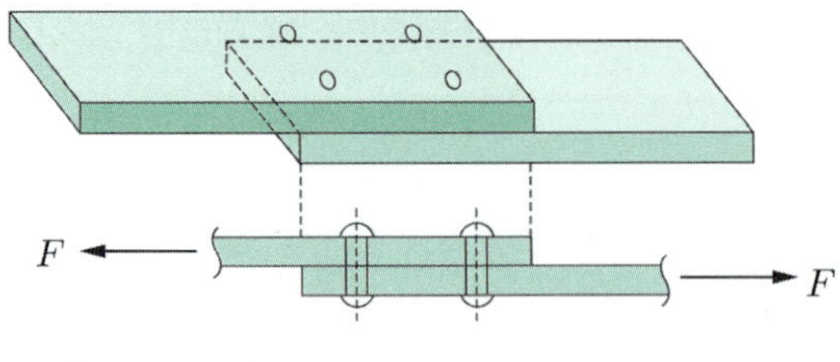

[그림 4.14] 전단응력에 대한 리벳의 안정성

풀이 리벳 4개에 $F=150\,\mathrm{kN}$ 의 하중이 걸리므로 각 리벳에 걸리는 하중은 $F/4$이다. 따라서 리벳에 발생하는 전단응력(τ)은

$$\tau=\frac{F/4}{A}=\frac{F/4}{\pi d^2/4}=\frac{F}{\pi d^2}=\frac{150\times1000\,\mathrm{N}}{\pi\times20^2\,\mathrm{mm}^2}=119.4\,\mathrm{MPa}$$

이다. $F=150\,\mathrm{kN}$ 의 하중에 의해 발생하는 전단응력 $\tau=119.4\,\mathrm{MPa}$은 허용전단응력 $100\,\mathrm{MPa}$보다 크므로 리벳은 F의 하중에 대해 안전하지 못하다.

연습문제 4

01 인장하중을 받는 단면적이 균일한 봉의 변형률(공칭변형률)이 0.05일 때 단면 수축률을 구하여라. 단, 금속은 거의 비압축성 물질이므로 변형되어도 부피 변화가 없다고 가정한다.

02 20℃일 때 길이 1m인 봉을 0.5mm의 틈새를 두고 벽에 고정하였다. 봉의 온도를 100℃로 올렸을 때 봉에 발생하는 열응력[MPa]을 구하여라. 봉의 세로탄성계수 $E = 200\text{GPa}$, 선팽창계수 $\alpha = 1.2 \times 10^{-5}/℃$이다.

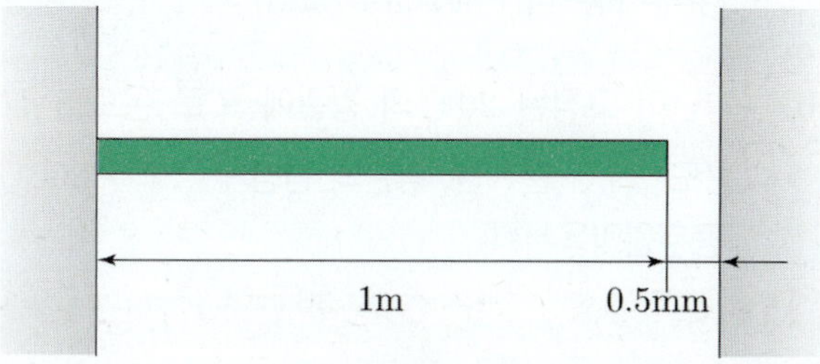

[문제 4.2]

03 지름 $d = 20\text{mm}$인 봉에 $F_{max} = 30\text{kN}$, $F_{min} = 10\text{kN}$인 동적 인장하중이 작용하고 있다. 평균응력과 응력진폭을 구하여라.

04 인장시험에서 시험편의 평행부의 지름이 10mm이고, 최대하중이 40kN일 때 시험 재료의 인장강도는 몇 MPa인가?

05 단면 20mm × 50mm인 목재가 압축 하중을 받고 있다. 목재의 압축 강도는 49MPa, 안전율은 7일 때 목재의 허용응력과 목재에 작용시킬 수 있는 안전한 최대 압축 하중을 구하여라.

06 지름 8mm인 연강 리벳 하나가 5kN의 전단력을 받고 있다. 허용응력은 사용응력과 같고, 연강의 전단강도가 340MPa일 때 안전율을 구하여라.

07 극한 강도가 50kgf/cm^2인 재료가 있다. 안전율이 2일 때 허용응력은 몇 kgf/cm^2인가? [중등교사임용시험-기계]

① 25 ② 50 ③ 100 ④ 200

08 그림과 같은 응력-변형률 선도에서 a, b, c에 대한 설명으로 모두 옳은 은? [공무원임용시험]

	a	b	c
①	탄성 변형률	소성 변형률	전체 변형률
②	소성 변형률	항복 변형률	영구변형률
③	소성 변형률	탄성 변형률	전체 변형률
④	탄성 변형률	소성 변형률	영구변형률

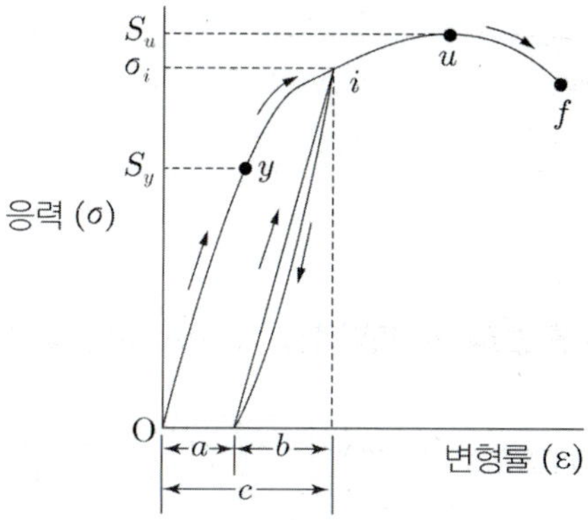

[문제 4.8]

09 표준시편을 인장 시험하여 얻는 응력-변형률 곡선에서 알 수 있는 재료상수가 아닌 것은? [공무원임용시험]

① 항복점 혹은 내력(proof stress)
② 종탄성계수 혹은 영계수(Young's modulus)
③ 극한인장강도(ultimate strength)
④ 푸아송 비(Poisson's ratio)

10 양단이 고정된 20℃의 강관에 T로 온도를 상승시켜 60MPa의 열응력이 발생하였을 때, 온도 T[℃]는? 단, 강관의 탄성계수 $E = 200\,\mathrm{GPa}$, 선(열)팽창계수는 1.2×10^{-5}/℃이다. [공무원임용시험]

① 25 ② 30 ③ 45 ④ 60

11 다음 하중-변위선도는 어떤 재료로 만들어진 시험편을 사용하여 인장 시험한 결과이다. 이를 이용하여 계산한 재료의 세로탄성계수는? 단, 시험편의 초기 표점 길이는 50mm, 초기 단면적은 $100\,\mathrm{mm}^2$이다. [공무원임용시험]

① 5MPa ② $5\times10^2\,\mathrm{MPa}$
③ 5GPa ④ $5\times10^2\,\mathrm{GPa}$

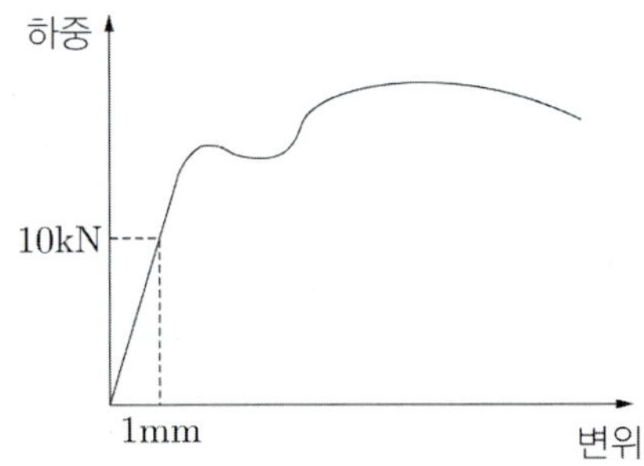

[문제 4.11]

12 어떤 재료를 인장 시험하여 그림과 같은 응력(σ)-변형률(ϵ) 선도를 얻었다. 이때 후크의 법칙 $\sigma = E\epsilon$을 만족하는 구간으로 옳은 것은? 단, E는 탄성계수이다. [공무원임용시험]

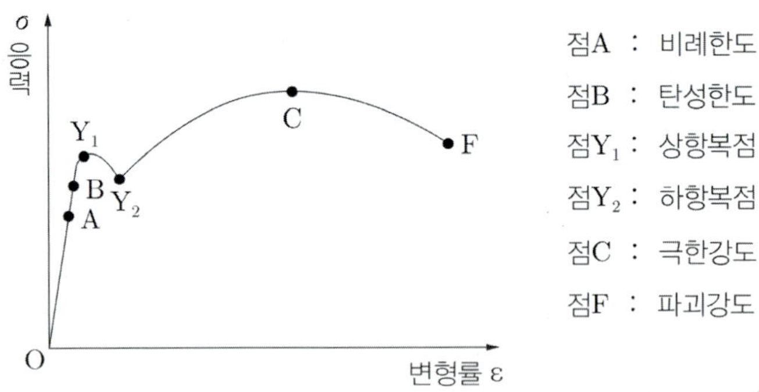

[문제 4.12]

① OA 구간 ② AB 구간 ③ Y_1Y_2 구간 ④ CF 구간

13 기계 재료 표기법에 의하면 기호 다음 세 자리 숫자는 그 재료의 최저 인장 강도[N/mm^2]를 나타낸다. KS 기호가 SS400 이고, 안전율(safety factor)이 2 인 재료의 허용인장응력은? [공무원임용시험]

① 200MPa ② 400MPa ③ 200GPa ④ 400GPa

14 지름 20mm 인 원형 단면 봉에 가할 수 있는 최대 축 하중의 근삿값[kN]은? 단, 재료의 기준강도는 400MPa, 안전율은 5 로 한다. [공무원임용시험]

① 16.3 ② 25.1 ③ 32.8 ④ 105.4

15 지름이 20mm, 길이가 7cm 인 시편이 시험 후 지름이 10mm, 길이가 8cm 가 되었을 때, 단면 수축률은? [공무원임용시험]

① 0.55 ② 0.65 ③ 0.75 ④ 0.85

16 금속재료는 반복하중을 받으면 정적하중을 받는 경우보다 낮은 하중으로 파괴된다. 하지만 반복하중에 의해 발생되는 반복응력이 어느 한도 이하일 경우에는 피로에 의한 파괴는 일어나지 않는다. 이 경우 측정된 편진응력의 최댓값이 의미하는 것은? [공무원임용시험]

① 극한강도 ② 피로한도 ③ 탄성한도 ④ 크리프 한도

17 기계재료의 표준인장시험에서 얻어지는 진변형률(ϵ_T)을 공칭응력(σ)과 진응력(σ_T)으로 나타낸 것으로 옳은 것은? [공무원임용시험]

① $\epsilon_T = \dfrac{\sigma_T}{\sigma}$ ② $\epsilon_T = \dfrac{\sigma}{\sigma_T}$ ③ $\epsilon_T = \ln\left(\dfrac{\sigma_T}{\sigma}\right)$ ④ $\epsilon_T = \ln\left(\dfrac{\sigma}{\sigma_T}\right)$

18 연신율이 20%인 재료의 인장시험에서 파괴되기 직전의 시편 전체 길이가 24cm 일 때 이 시편의 초기 길이[cm]는? [공무원임용시험]

① 19.2 ② 20.0 ③ 28.8 ④ 30.0

19 단면적 $500mm^2$, 길이 100mm 의 봉에 50kN 의 길이방향 하중이 작용했을 때, 탄성영역에서 늘어난 길이는 2mm 이다. 이 재료의 탄성계수는? [공무원임용시험]

① 5 GPa ② 2 GPa ③ 5MPa ④ 2MPa

20 재료의 안전율(safety factor)에 대한 설명으로 옳은 것은? [공무원임용시험]

① 안전율은 일반적으로 마이너스(-) 값을 취한다.
② 기준강도가 100MPa이고, 허용응력이 1,000MPa이면 안전율은 10이다.
③ 안전율이 너무 크면 안전성은 좋지만 경제성이 떨어진다.
④ 안전율이 1보다 작아질 때 안전성이 좋아진다.

21 변형이 일어나지 않는 튼튼한 벽 사이에 길이 L은 50mm 이고 지름 d는 20mm 인 강철봉이 고정되어 있다. 온도를 10°C 에서 60°C 로 가열하는 경우 봉에 발생하는 열응력[MPa]은? 단, 선팽창계수는 12×10^{-6}/℃, 봉 재료의 항복응력은 500MPa 이고 탄성계수 E는 200GPa 이다. [공무원임용시험]

① −60　　② −120
③ −240　　④ −480

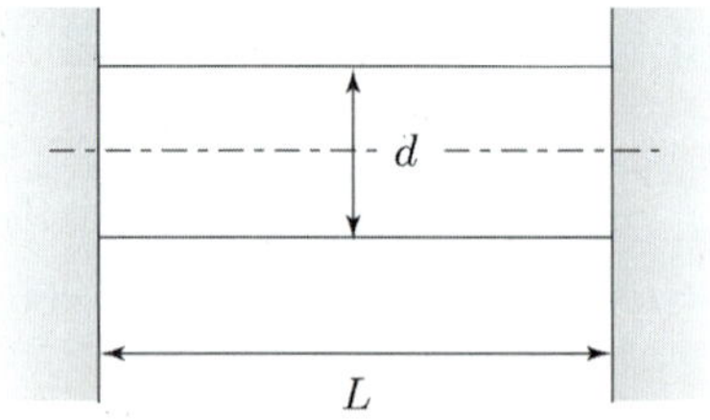

[문제 4.21]

22 연성 재료의 응력(σ)-변형률(ϵ) 선도에서 인장강도에 해당하는 위치는? [공무원임용시험]

① A　　② B
③ C　　④ D

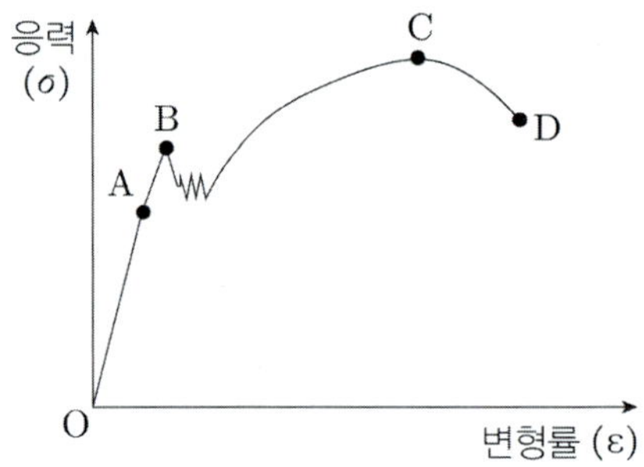

[문제 4.22]

23 응력-변형률 선도에 대한 설명으로 옳지 않은 것은? [공무원임용시험]

① A점은 훅의 법칙이 적용된다.
② C점에서 하중을 제거하면 영구변형이 발생한다.
③ D점은 인장강도이고 진응력-진변형률 선도에서 나타난다.
④ E점에서 네킹(necking)이 진행된다.

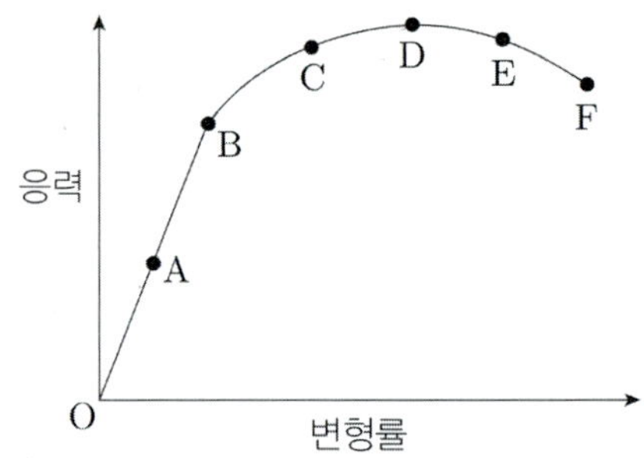

[문제 4.23]

24 다음 그림과 같은 부재와 강체 벽체와의 간격이 0.1mm 이고, 단면적이 50cm², 길이가 1.0m 인 부재가 있다. 온도가 40°C 상승할 때 이 부재에 발생하는 응력[GPa]은? 단, 부재의 열팽창계수(α)는 1.5×10^{-5}/℃, 탄성계수(E)는 200GPa 이다. [공무원임용시험]

① 0.1　　② 0.2
③ 0.4　　④ 0.8

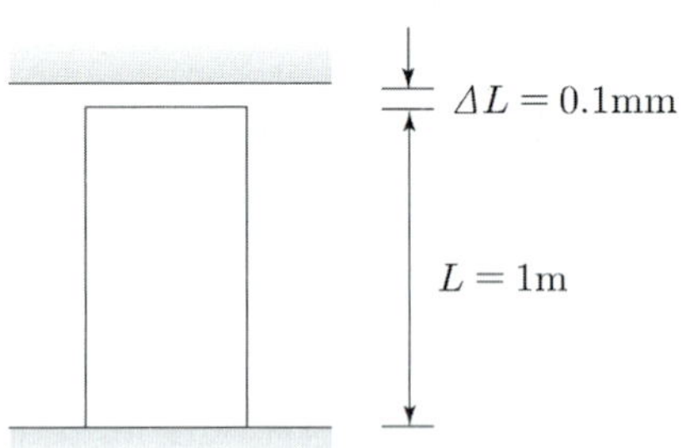

[문제 4.24]

25 그림과 같이 하단부가 고정된 길이 10m 의 기둥이 천장과 1mm 의 간격을 두고 놓여 있다. 만약 온도가 기둥 전체에 대해 균일하게 20℃ 상승하였을 경우, 이 기둥의 내부에 발생하는 압축응력[MPa]은? 단, 재료는 균일하며, 열팽창계수 $\alpha = 1 \times 10^{-5}/℃$, 탄성계수 $E = 200\text{GPa}$ 이다. 또한 기둥의 자중은 무시하며, 기둥의 길이는 간격에 비해 충분히 긴 것으로 가정한다. [공무원임용시험]

① 10 ② 20

③ 30 ④ 40

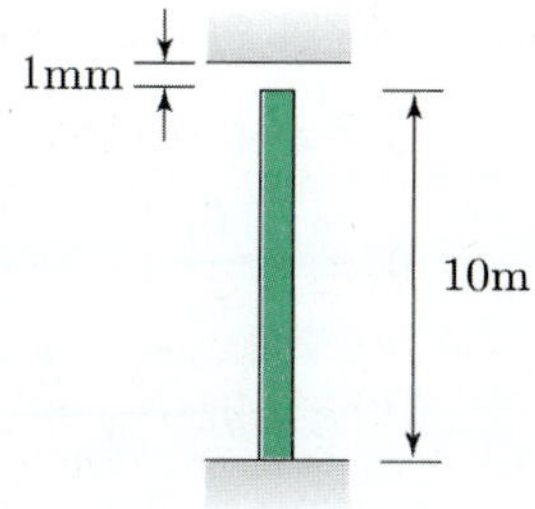

[문제 4.25]

26 다음 그림과 같은 비선형 비탄성 재료로 제작된 봉이 있다. 봉의 길이가 4m 이고 단면적이 2cm^2 일 때, 봉의 길이가 2cm 늘어날 때까지 하중을 가한 후 모두 제거하였다. 이 봉의 잔류변형률(residual strain)은? 단, 재료의 특성을 완전 탄소성으로 가정한다. [공무원임용시험]

① 0.001 ② 0.002

③ 0.003 ④ 0.004

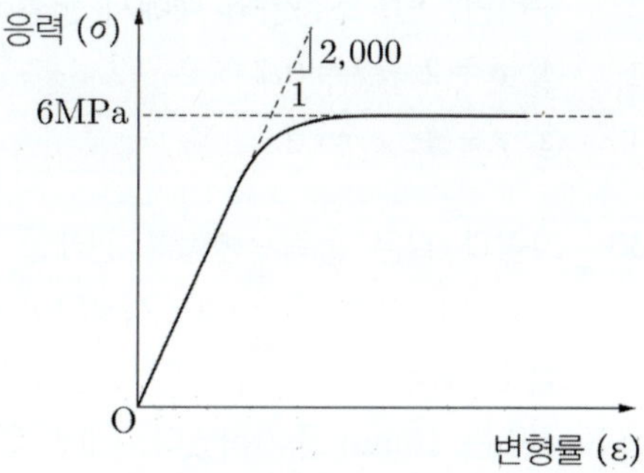

[문제 4.26]

27 다음과 같은 응력-변형률 곡선에 관한 설명으로 옳지 않은 것은? [공무원임용시험]

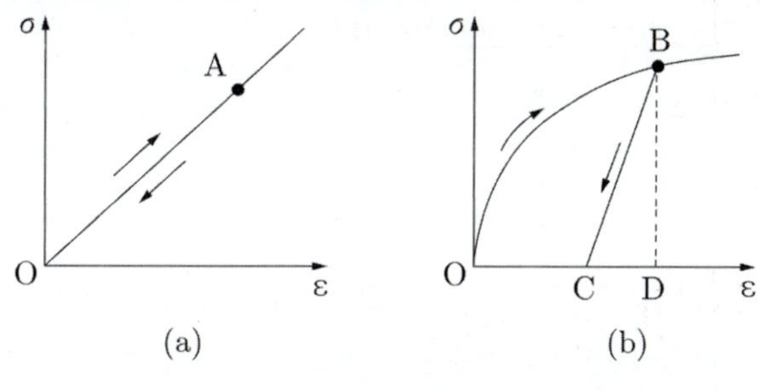

[문제 4.27]

① 그림 (a)에서 하중을 받아 A점에 도달한 후 하중을 제거했을 때 OA곡선을 따라 O점으로 되돌아가는 재료의 성질을 선형탄성(linear elasticity)이라 한다.

② 그림 (b)에서 하중을 받아 B점에 도달한 후 하중을 제거했을 때 OB곡선을 따라 되돌아가지 않고 BC를 따라 C점으로 돌아가는 재료의 성질을 비선형 탄성(nonlinear elasticity)이라 한다.

③ 그림 (b)에서 B점에 도달한 후 하중을 제거했을 때 발생한 변형률 OC를 잔류변형률(residual strain)이라 하고 변형률 CD를 탄성적으로 회복된 변형률이라 한다.

④ 그림 (b)에서 B점에서 하중을 완전히 제거한 후 다시 하중을 가하면 CB곡선을 따라 응력과 변형률이 발생된다.

28 재료의 인장시험에서 원래 표점 거리가 L_0인 시편이 인장 시험을 통해 표점 거리가 L_f로 늘어났다. 이때의 진변형률(true strain) ϵ를 구하는 식으로 옳은 것은? [공무원임용시험]

① $\epsilon = \frac{L_f}{L_0}$ ② $\epsilon = \frac{L_f - L_0}{L_0}$ ③ $\epsilon = \ln\frac{L_f}{L_0}$

④ $\epsilon = \ln\frac{L_f - L_0}{L_0}$ ⑤ $\epsilon = \exp\frac{L_f - L_0}{L_0}$

29 길이 100mm, 지름 20mm 인 원소재를 길이방향으로 인장 성형하여 지름 10mm 인 봉재를 만들려고 한다. 이 과정에서 원소재가 겪는 길이방향의 공학적 변형률(ϵ)과 진변형률(ϵ_t)을 구하면? 단, 소성영역 내에서 변형하고, ln2=0.7 로 한다. [공무원임용시험]

① $\epsilon = 2,\ \epsilon_t = 0.7$ ② $\epsilon = 3,\ \epsilon_t = 1.4$

③ $\epsilon = 4,\ \epsilon_t = 2.1$ ④ $\epsilon = 5,\ \epsilon_t = 2.8$

30 그림과 같은 응력-변형률 관계를 갖는 길이 1.5m 의 강봉에 인장력이 작용되어 응력상태가 점 O 에서 A 를 지나 B 에 도달하였으며, 봉의 길이는 15mm 증가하였다. 이때, 인장력을 완전히 제거하여 응력상태가 C 점에 도달할 경우 봉의 영구 신장량[mm]은? 단, 봉의 응력-변형률 관계는 완전탄소성 거동이며, 항복강도는 300MPa 이고 탄성계수는 $E = 200$GPa 이다. [공무원임용시험]

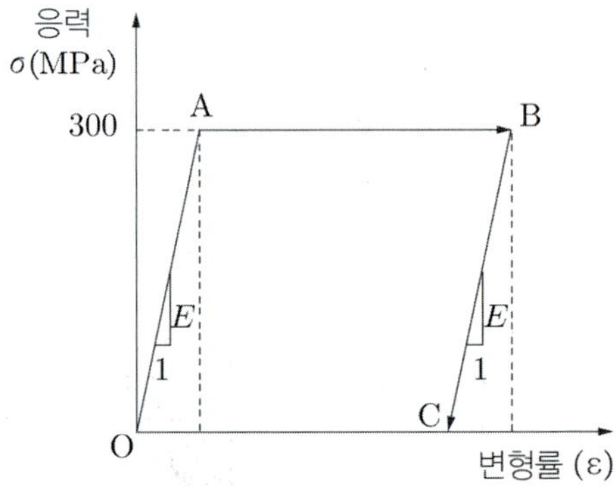

[문제 4.30]

① 1.25 ② 2.25

③ 12.75 ④ 13.75

31 온도 T_1에서 길이가 L인 강철 막대가 있다. 이 막대의 온도가 T_2로 변하였다. 이때 막대의 길이는? 단, 강철의 선팽창 계수는 α이다. [공무원임용시험]

① $L[1+\alpha(T_2 - T_1)]$ ② $L[1-\alpha(T_2 - T_1)]$

③ $L\left(1+\frac{\alpha}{T_2 - T_1}\right)$ ④ $L\left(1-\frac{\alpha}{T_2 - T_1}\right)$

32 두께 5mm, 폭 50mm 인 평판 부재의 중앙에 한 변의 길이가 10mm 인 정사각형 관통구멍이 있다. 탄성한계 내에서 평판 양단에 5kN 의 인장하중(P)이 작용할 때, 구멍 부분에서 응력의 최댓값[$\mathrm{N/mm^2}$]은? 단, 구멍의 응력집중계수는 2.0 이다. [공무원임용시험]

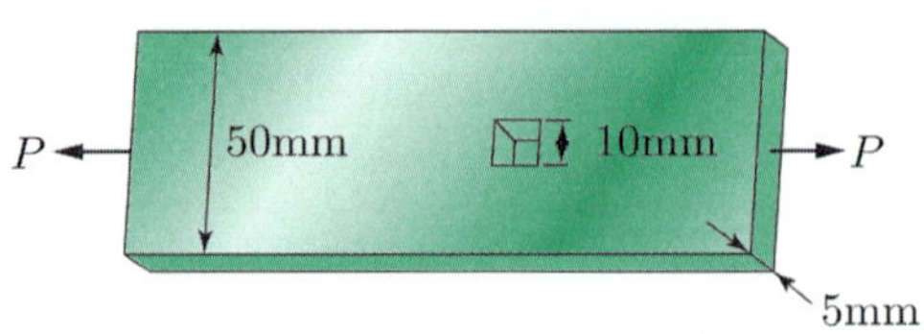

[문제 4.32]

① 20 ② 25 ③ 40 ④ 50

33 그림은 표점 거리 내의 지름이 10mm 인 금속 봉재의 '공칭 응력-공칭 변형률 곡선'이다. 탄성 구간의 직선 기울기는 이 금속의 어떤 기계적 특성을 나타내며, 곡선 상의 A, B, C 중 어느 점이 극한인장강도(UTS: ultimate tensile strength, 최대인장강도)를 나타내는지 쓰시오. 또한, C 점에서의 파단부 지름이 6mm 라고 가정할 경우, 이 금속의 단면감소율(%)을 구하시오. [중등교사임용시험-기계 • 금속]

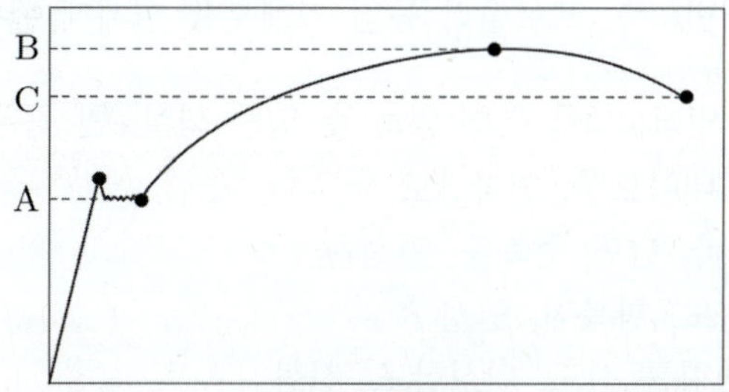

[문제 4.33]

34 산업 현장에서 생산하는 기계부품을 채취하여 인장 시험을 하였더니 시험 결과는 아래 표와 같았다. 이 결과를 이용하여 다음 물음에 답하시오. [중등교사 임용시험(기계 • 금속)]

(1) 인장강도를 계산하시오.

(2) 연신율을 계산하시오.

측정 항목	측정값[mm]	측정 항목	측정값[kgf]
시험편 지름	10	최대하중	7850
시험 절단부 지름	8	항복 하중	4710
시험편의 원 표점 거리	50	파괴 하중	6280
절단 후 표점 거리	58		

35 다음은 파괴에 대한 설명이다. 괄호 안의 ㉠, ㉡에 해당하는 내용을 순서대로 쓰시오. [중등교사 임용시험(기계 • 금속)]

> (㉠)은/는 금속재료가 파괴강도보다 낮은 응력을 반복적으로 받아 발생하는 파괴이며, 주로 반복응력을 받는 항공기, 교량 구조물, 기계 부품 등 금속 파괴의 대부분을 차지하고 있다. 이것은 외형적으로 큰 변형을 수반하지 않고 경고 없이 일어나므로 주의를 요하는 파괴이다. 이 파괴의 시험 결과는 일반적으로 (㉡)곡선으로 나타낸다.

36 경강에 일정 진폭으로 피로 응력이 작용한다고 할 때, 평균응력(σ_m)과 응력비(R)를 최대응력($\sigma_{\max}$)과 최소응력($\sigma_{\min}$)을 이용하여 나타낸 식을 각각 쓰시오. 또한 평균응력 110MPa, 응력비 0.1일 때 최대응력 값과 최소응력 값을 구하시오. [중등교사 임용시험(기계 • 금속)]

37 재료의 피로에 대한 설명으로 옳지 않은 것은? [공무원임용시험]

① 정하중이 작용할 때의 항복응력보다 낮은 응력에서도 반복 횟수가 많으면 파괴되는 현상을 피로파괴라 한다.

② 가해지는 반복하중의 크기가 작을수록 파괴가 일어날 때까지의 반복횟수가 줄어든다.

③ 피로강도는 재료의 성질, 표면조건, 부식 등에 영향을 받는다.

④ 엔진, 터빈, 축, 프로펠러 등의 기계부품 설계에 반복하중의 영향을 고려한다.

38 금속재료의 인장시험을 통해 얻을 수 있는 성질로만 묶은 것은? [공무원임용시험]

① 파단점, 내마모성, 인장강도

② 푸아송 비, 단면 수축률, 연신율

③ S-N 선도, 항복점, 연성

④ 응력-변형률 선도, 탄성한도, 전성

39 그림은 초기 단면적이 78.5[mm^2]인 금속봉재의 '공칭응력-공칭변형률 곡선'의 일부이다. 점 B는 점 A로부터 직선 OP에 평행한 직선을 그어 곡선과 만나는 점이다. σ_y는 0.2(%) 오프셋(offset) 항복응력이다. 직선 OP의 기울기가 의미하는 기계적 성질의 명칭을 쓰고, σ_y가 200[N/mm^2]일 때 항복하중[N]을 구하시오. [중등교사 임용시험-기계 • 금속]

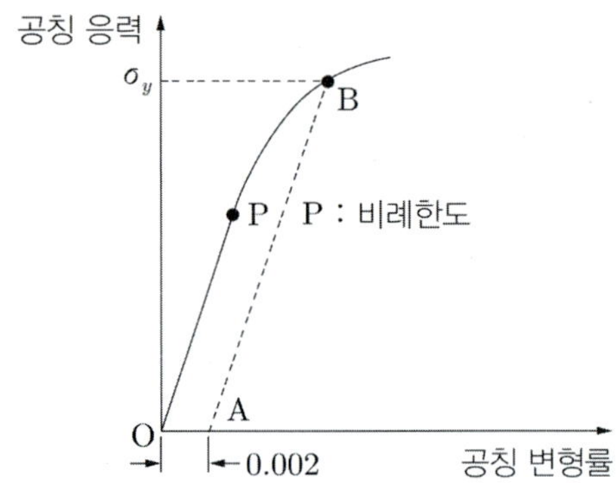

[문제 4.39]

40 재료의 거동에 대한 설명으로 옳지 않은 것은? [공무원임용시험]

① 탄성거동은 응력-변형률 관계가 보통 직선으로 나타나지만 직선이 아닌 경우도 있다.

② 크리프(creep)는 응력이 작용하고 이후 그 크기가 일정하게 유지되더라도 변형이 시간 경과에 따라 증가하는 현상이다.

③ 재료가 항복한 후 작용하중을 모두 제거한 후에도 남는 변형을 영구변형이라 한다.

④ 푸아송 비는 축 하중이 작용하는 부재의 횡방향 변형률(ϵ_h)에 대한 축방향 변형률(ϵ_v)의 비(ϵ_v/ϵ_h)이다.

41 크리프 현상에 대한 설명으로 옳지 않은 것은? [공무원임용시험]

① 천이(transient) 크리프 동안에는 시간이 경과함에 따라 크리프 속도는 감소한다.
② 일정한 온도에서 하중의 크기가 클수록 크리프 속도가 증가하여 파단에 이르는 시간이 짧아진다.
③ 고온, 고하중의 경우 크리프 속도가 증가하여 빨리 파단이 발생된다.
④ 크리프 속도가 최대가 될 때 크리프 한계응력이 발생한다.

42 어떤 부품에 힘이 가해졌을 때 균일한 단면형상을 갖는 부분보다 키 홈, 구멍, 단(step), 또는 노치(notch) 등과 같이 단면형상이 급격히 변화하는 부분에서 쉽게 파손되는 이유를 가장 잘 설명하는 것은? [공무원임용시험]

① 응력집중　② 좌굴현상　③ 피로파괴　④ 잔류응력

43 고정되어 있지 않은 관에 온도변화가 있을 때 신축량에 대한 설명 중에서 옳은 것은? [공무원임용시험]

① 신축량은 관의 열팽창계수에 비례하고 길이와 온도변화에 반비례한다.
② 신축량은 관의 열팽창계수, 길이, 온도변화에 반비례한다.
③ 신축량은 관의 길이와 온도변화에 비례하고 열팽창계수에 반비례한다.
④ 신축량은 관의 열팽창계수, 길이, 온도변화에 비례한다.

44 초기응력이 없고, 길이방향으로 늘어나지 않도록 구속된 중실축(solid shaft) 형상의 금속제 실린더가 있다. 이 실린더의 온도가 균일하게 상승하였을 때 발생하는 응력에 대한 설명 중 옳지 않은 것은? [공무원임용시험]

① 응력의 크기는 재료의 열팽창계수에 비례한다.
② 응력의 크기는 온도변화량에 비례한다.
③ 응력의 크기는 재료의 세로탄성계수에 비례한다.
④ 응력의 크기는 실린더 축방향 길이에 비례한다.

45 안전율을 결정할 때 고려해야 할 사항이 아닌 것은? [중등교사임용시험-기계]

① 기계적 성질 및 균질성에 대한 신뢰도　② 응력 계산의 정확도
③ 공작 및 조립의 정밀도와 잔류 응력　④ 동하중보다 정하중을 중시

46 안전계수(safety factor)에 대한 설명으로 옳지 않은 것은? [공무원임용시험]

① 재료의 기준강도와 허용응력의 비를 나타낸다.
② 가해지는 하중과 응력의 종류 및 성질을 고려한다.
③ 정확한 응력 계산이 요구된다.
④ 수명은 고려하지 않는다.

47 폭 30mm, 두께 20mm, 길이 60mm 인 강재의 길이방향으로 최대허용하중 36kN 이 작용할 때 안전계수는? 단, 재료의 기준강도는 240MPa 이다. [공무원임용시험]

① 2　② 4　③ 8　④ 12

48 응력 - 변형률 선도에 대한 설명으로 옳은 것은? [공무원임용시험]

① 탄성한도 내에서 응력을 제거하면 변형된 상태가 유지된다.

② 진응력 - 진변형률 선도에서의 파괴강도는 공칭응력 - 공칭변형률 선도에서 나타나는 값보다 크다.

③ 연성재료의 경우, 공칭응력 - 공칭변형률 선도 상에서 파괴강도는 극한강도보다 크다.

④ 취성재료의 경우, 공칭응력 - 공칭변형률 선도 상에 하항복점과 상항복점이 뚜렷이 구별된다.

49 연강(mild steel)의 상온 인장시험으로 공칭응력 - 변형률 선도를 작성하였을 때, 가장 큰 값은? [공무원임용시험]

① 비례한도　② 항복강도　③ 인장강도　④ 파단강도

50 크리프(creep)에 대한 설명으로 옳지 않은 것은? [공무원임용시험]

① 크리프 현상은 결정립계를 가로지르는 전위(dislocation)에 기인한다.

② 시간에 대한 변형률의 변화를 크리프 속도라고 한다.

③ 고온에서 작동하는 기계 부품 설계 및 해석에서 중요하게 고려된다.

④ 일반적으로 온도와 작용하중이 증가하면 크리프 속도가 커진다.

51 길이 $L = 400\text{mm}$, 단면적 $A = 30\text{mm}^2$, 탄성계수 $E = 40\text{GPa}$ 인 봉이 축방향 인장력 F 를 받는다. 허용인장응력이 100MPa 이고, 늘어난 길이가 0.8mm 를 초과하지 않아야 할 때 허용되는 힘 F의 최댓값을 구하여라.

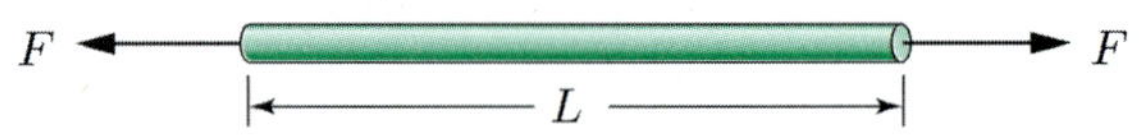

[문제 4.51]

제5장 축하중을 받는 부재

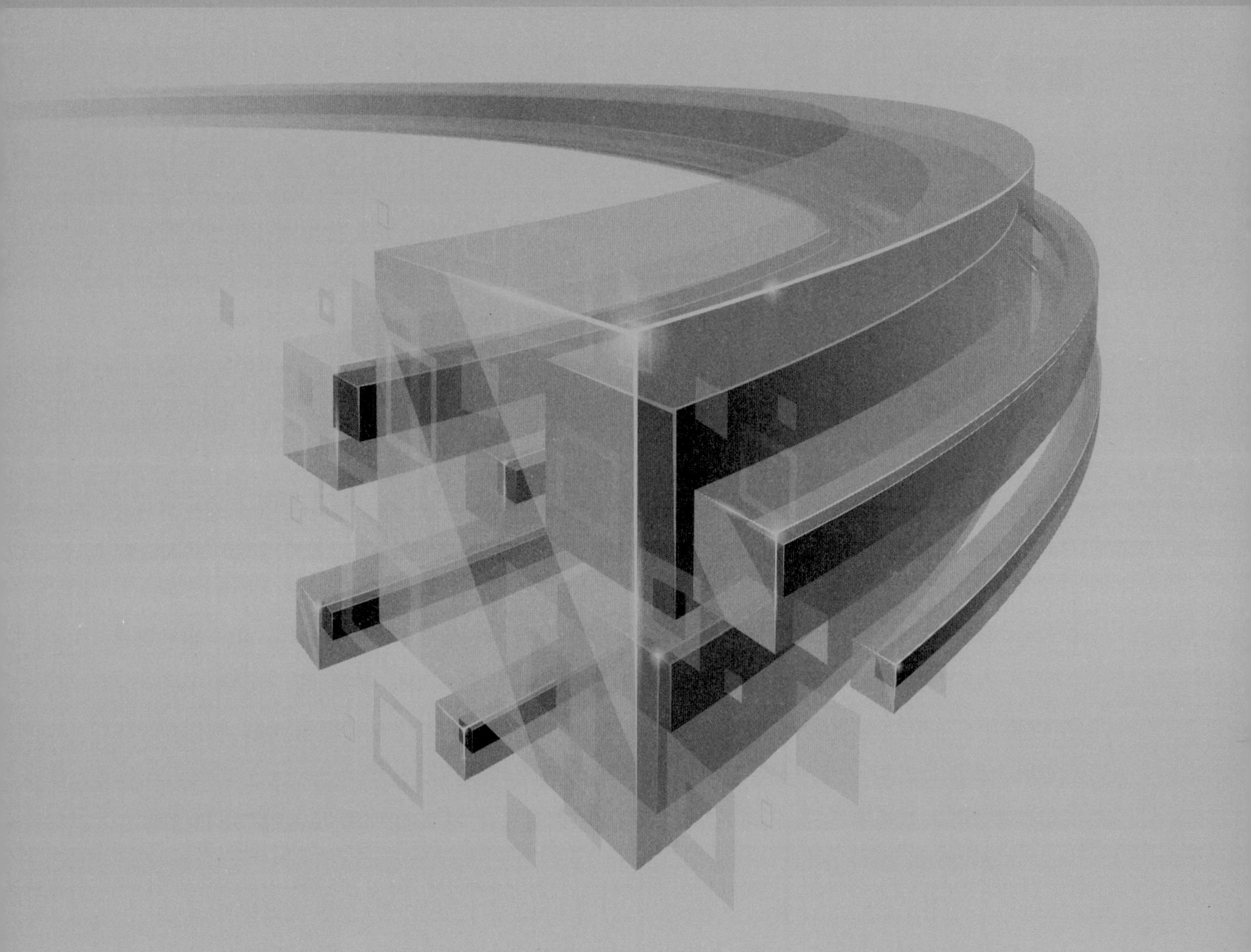

5.1 축 하중을 받는 부재의 길이 변화

인장과 압축만을 받는 구조물의 요소를 축 하중을 받는 부재라 한다. 이와 같은 부재로는 길이방향으로 직선인 축을 갖는 속이 찬 봉이 가장 일반적인 형태이지만 코일스프링과 케이블도 축 하중을 받는다.

1 스프링

[1] 스프링상수와 훅의 법칙

탄성체는 하중을 받으면 변형을 일으키고, 변형에 따라 발생하는 일을 탄성에너지(변형에너지)로 흡수하는 특성이 있으므로 충격을 완화하거나 진동을 방지하는 데 사용된다. 이와 같이 충격 완화나 진동 방지에 사용하는 기계요소를 완충 장치라 한다. 정적인 완충 장치로는 밸브스프링, 스위치의 스프링, 저울의 스프링과 같이 하중을 조절하거나 원 상태로 복원하는 역할을 하는 것이 있고, 동적인 완충 장치에는 차량용 현가 스프링, 동적 댐퍼(damper) 등과 같이 진동을 완화시키고 원 상태로 복원하는 기능을 가진 것이 있다.

완충 장치에 많이 사용하는 스프링(spring)은 넓은 의미로는 "힘을 가하면 형태가 변화하고 그 힘을 제거하면 원래의 되돌아가는 것을 목적으로 만들어진 탄력성 있는 물체" 또는 "물체의 탄성을 이용하는 기계요소"등으로 정의한다. 스프링은 탄성이 큰 재료로 만들어지며 하중의 크기에 따라 변형된다. 따라서 스프링에 외력이 작용하면 변형되므로 외력은 일을 하는 셈이고 이 일은 스프링에 탄성에너지(변형에너지)로 저장된다. 그리고 외력을 제거하면 저장된 에너지가 방출되어 원래의 상태로 되돌아간다. 우리가 잘 아는 용수철은 코일 스프링(coil spring)을 말한다. 코일 스프링에서 사용하는 용어와 특성은 다음과 같다.

(1) 탄성력 : 물체에 힘을 가하여 변형시켰을 때 물체가 본래 상태로 되돌아가려는 힘을 탄성력이라 한다.

(2) 스프링(용수철) : 스프링은 변형된 길이와 힘의 크기가 비례하는 선형 스프링과 그렇지 않은 비선형 스프링이 있다. 스프링 길이가 늘어나면 줄어들려는 방향으로 힘이 생기고, 스프링이 압축되면 늘어나려는 방향으로 힘이 발생한다.

(3) 강성도(stiffness) : 스프링상수(spring constant) 또는 스프링계수라고도 하며 단위 길이의 변형을 일으키는 힘으로 정의한다. [그림 5.1]과 같이 스프링에 하중 P [N]이 작용하여 δ[mm]의 변형이 생겼을 때 선형 스프링의 강성도 k는 다음과 같이 정의된다.

$$k = \frac{P}{\delta} \ [\text{N/mm}] \quad \cdots (5.1)$$

즉, δ[mm]의 변형이 생겼을 때 스프링에 발생하는 하중(P)은 다음과 같다.

$$P = k\delta \ [\text{N}] \quad \cdots (5.2)$$

[그림 5.1] 축 하중(P)을 받는 스프링의 신장량(δ)

비틀림(torsion) 스프링의 경우 비틀림 모멘트 T[N • mm]와 비틀림각 θ[rad]의 관계는 다음과 같다.

$$T = k_t\theta \ [\text{N} \cdot \text{mm}] \quad \cdots (5.3)$$

여기에서 k_t는 비틀림 스프링상수라고 하며, 단위는 [N • mm/rad]이다.

(4) 유연도(flexibility) : 컴플라이언스(compliance)라고도 하며 단위 하중에 의해 발생하는 신장량으로 정의한다. 스프링에 하중 P [N]이 작용하여 δ[mm]의 변형이 생겼을 때 선형 스프링의 **유연도 f**는 다음과 같이 정의된다.

$$f = \frac{\delta}{P} \ [\text{mm/N}] \quad \cdots (5.4)$$

스프링의 강성도와 유연도는 서로 역수이다.

$$k = \frac{1}{f} \qquad f = \frac{1}{k} \quad \cdots (5.5)$$

(5) 훅(Hook)의 법칙 : x축을 스프링의 길이방향과 평행하게 잡고, 평형 상태의 위치를 원점($x=0$)으로 잡으면

$$F = -kx \quad \cdots (5.6)$$

이다. 이 식에서 음의 부호는 변위 x와 복원력 F의 방향이 반대라는 것을 나타낸다.

[2] 스프링의 조합

(1) 병렬연결 : [그림 5.2]의 (a)와 같이 스프링을 조합한 것을 병렬연결이라 한다. 병렬연결에서는 외력에 의해 변형된 스프링의 길이가 모두 같다. 스프링의 변형된 길이를 δ라 하면 스프링상수 k_1, k_2인 스프링에 걸리는 하중은 각각

$$P_1 = k_1\delta, \; P_2 = k_2\delta$$

이고, 두 스프링을 조합한 스프링의 스프링상수를 k_{eq}라 하면

$$P = k_{eq}\delta$$

가 된다. 스프링에 가해지는 외력 P는 각 스프링에 걸리는 하중 P_1, P_2를 합한 것과 같으므로

$$P = P_1 + P_2$$

$$k_{eq}\delta = k_1\delta + k_2\delta$$

$$\therefore \; k_{eq} = k_1 + k_2$$

이다. 여기에서 k_{eq}를 상당 스프링상수(equivalent spring constant)라 한다. 일반적으로 스프링상수 k_1, k_2, k_3, ⋯인 스프링을 병렬연결하면 상당 스프링상수 k_{eq}는 다음과 같다.

$$k_{eq} = k_1 + k_2 + k_3 + \cdots \qquad \cdots (5.7)$$

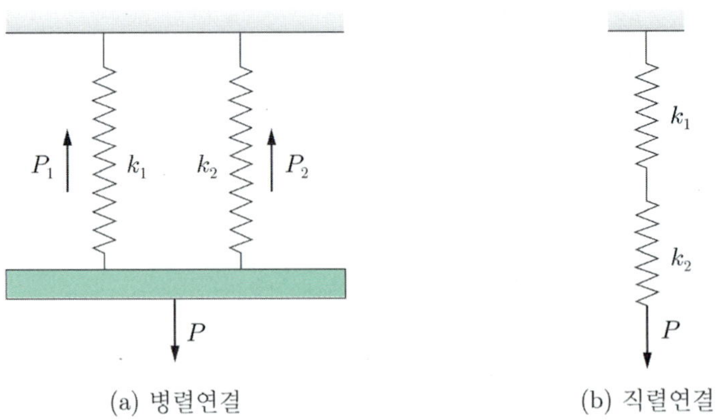

[그림 5.2] 스프링의 조합

(2) 직렬연결 : [그림 5.2]의 (b)와 같이 스프링을 연결한 것을 직렬연결이라 한다. 직렬연결에서는 각 스프링에 걸리는 하중이 같다. 스프링상수 k_1, k_2인 스프링의 변형된 길이를 각각 δ_1, δ_2라 하면 각 스프링에 걸리는 하중은 각각

$$P = k_1\delta_1,\ P = k_2\delta_2$$

이고, 두 스프링을 조합한 스프링의 스프링상수를 k_{eq}라 하면

$$P = k_{eq}\delta$$

이다. 전체 계의 변형된 길이 δ는 각 스프링에서의 변형된 길이의 합과 같으므로

$$\delta = \delta_1 + \delta_2$$

$$\frac{P}{k_{eq}} = \frac{P}{k_1} + \frac{P}{k_2}$$

$$\therefore\ \frac{1}{k_{eq}} = \frac{1}{k_1} + \frac{1}{k_2}$$

이다. 일반적으로 스프링상수 k_1, k_2, k_3, $\cdots$인 스프링을 직렬연결하면 상당 스프링상수 k_{eq}는 다음과 같다.

$$\frac{1}{k_{eq}} = \frac{1}{k_1} + \frac{1}{k_2} + \frac{1}{k_3} + \cdots \qquad \cdots (5.8)$$

예제 5.1 그림과 같이 코일 스프링에 무게 W인 물체를 수직으로 연결하여 처짐량이 20mm일 때 물체의 무게[N]를 구하여라. 단, 스프링상수는 $k_1 = 4\text{N/cm}$, $k_2 = 6\text{N/cm}$이고, 스프링의 자중은 무시한다.

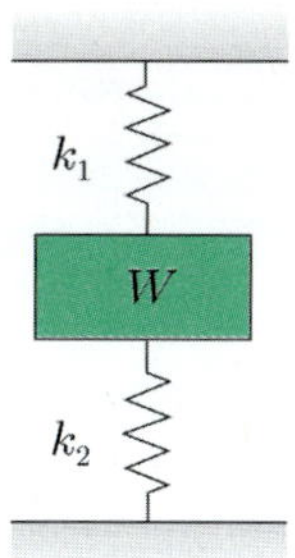

[그림 5.3]

풀이 물체의 무게(W)가 아래 방향(↓)으로 작용하므로 스프링 k_1에는 인장력(F_1)이 작용하고 스프링 k_2에는 압축력(F_2)이 작용한다. 물체에 대한 자유물체도는 [그림 5.4]와 같다.

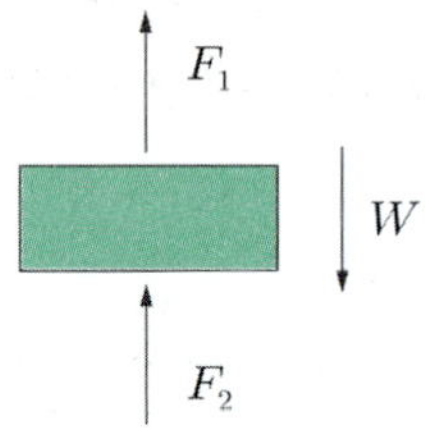

[그림 5.4] 자유물체도

여기에서 상하 벽이 모두 고정되어 있으므로 두 스프링의 변위는 모두 $\delta = 20\text{mm} = 2cm$이고, 각 스프링에 작용하는 힘의 크기는 다음과 같다.

$$F_1 = k_1\delta,\ F_2 = k_2\delta$$

자유물체도에서 정역학적 힘의 평형 법칙($\sum \vec{F} = 0$)를 적용하면 다음과 같이 물체의 무게(W)가 구해진다.

$$F_1 + F_2 - W = 0$$

$$\therefore\ W = F_1 + F_2 = k_1\delta + k_2\delta = \delta(k_1 + k_2) = (2\text{cm}) \times (4+6)(\text{N/cm}) = 20\text{N}$$

예제 5.2 그림과 같은 스프링 장치에 2400[N]의 하중을 아래 방향으로 가할 때 스프링의 처짐량[mm]을 구하여라. 단, k_1, k_2, $k_3 = 200$[N/mm], k_4, k_5, $k_6 = 300$[N/mm]이다)

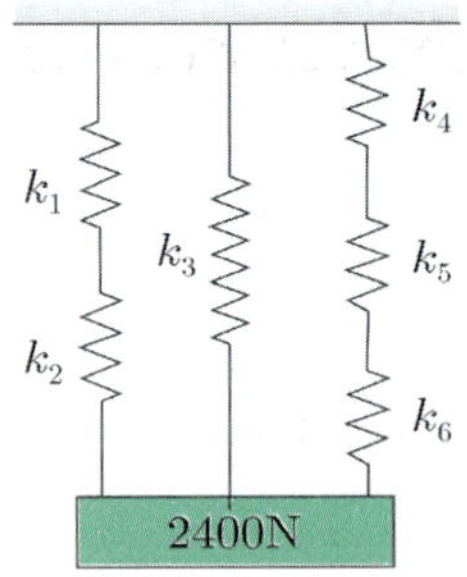

[그림 5.5]

풀이 먼저 직렬연결된 두 스프링 k_1과 k_2의 상당 스프링상수를 구하면

$$\frac{1}{k_{12}} = \frac{1}{k_1} + \frac{1}{k_2} = \frac{1}{200} + \frac{1}{200} = \frac{1}{100}\,[\text{mm/N}]$$

$$\therefore\ k_{12} = 100\,\text{N/mm}$$

이고, 직렬연결된 세 스프링 k_4, k_5, k_6의 상당 스프링상수를 구하면

$$\frac{1}{k_{456}} = \frac{1}{k_4} + \frac{1}{k_5} + \frac{1}{k_6} = \frac{1}{300} + \frac{1}{300} + \frac{1}{300} = \frac{1}{100}\,[\mathrm{mm/N}]$$

$$\therefore\ k_{456} = 100\,\mathrm{N/mm}$$

이다. 따라서 주어진 문제는 [그림 5.6]의 (a)와 같이 스프링상수 k_{12}, k_3, k_{456}인 세 개의 스프링이 병렬연결된 것과 같다.

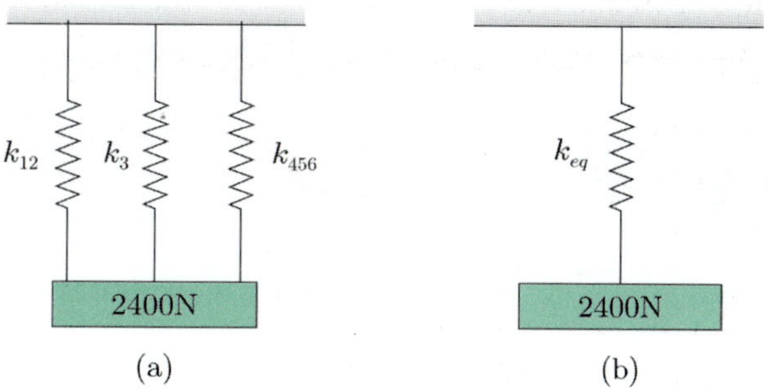

[그림 5.6] 상당 스프링상수

여기에서 상당 스프링상수[그림의 (b)]는

$$k_{eq} = k_{12} + k_3 + k_{456} = 100 + 200 + 100 = 400\,[\mathrm{N/mm}]$$

이고 하중 $F = 2400\mathrm{N}$ 이므로 다음과 같이 스프링의 처짐량(δ)이 구해진다.

$$\delta = \frac{F}{k_{eq}} = \frac{2400}{400} = 6\,[\mathrm{mm}]$$

예제 5.3 그림의 (a)와 같이 등변분포하중을 받는 길이 L [m]의 보가 A점에는 수직 스프링, B점에는 핀으로 고정되어 있다. 보는 강체이고 분포하중의 최댓값은 q_0 [N/m], 스프링상수는 k[N/m]일 때 스프링의 수직방향 변형(δ)을 구하여라.

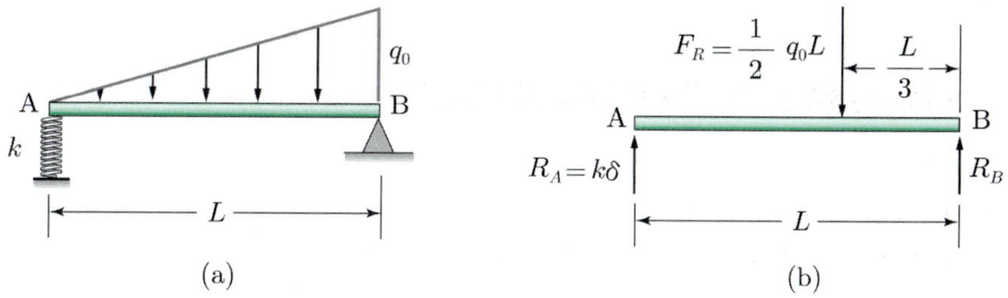

[그림 5.7] (a) 스프링으로 지지된 보 (b) 자유물체도

풀이 분포하중의 합력의 크기 $F_R = \frac{1}{2}q_0L$이고 작용점은 B점으로부터 $\frac{L}{3}$에 있으므로 분포하중을 집중하중으로 대체하여 자유물체도를 그리면 (b)와 같다. 지점 A에는 스프링의 변형에 의해 $R_A = k\delta$의 힘이 연직 위 방향으로 작용한다. B점에 대한 모멘트 평형조건($\sum M_B = 0$)을 적용하면

$$(k\delta) \times L - \left(\frac{1}{2}q_0L\right) \times \frac{L}{3} = 0$$

$$\therefore \quad \delta = \frac{q_0L}{6k}$$

2 균일 단면 봉

[그림 5.8]과 같이 인장하중 P를 받고 신장량 δ가 발생한 균일 단면 봉을 고려한다. 균일 단면 봉은 길이방향으로 직선이고 단면적이 일정한 부재를 말한다.

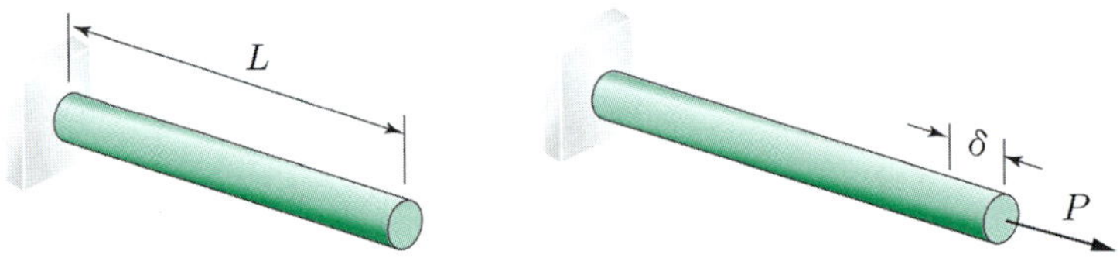

[그림 5.8] 인장하중을 받는 균일 단면 봉의 신장량

봉의 단면적이 A이면 단면에서 균일 수직 응력(σ)은 $\sigma = \frac{P}{A}$이고, 봉이 균질재료이면 축방향 변형률(ϵ)은 $\epsilon = \frac{\delta}{L}$가 된다. 여기에서 δ는 신장량, L은 봉의 길이이다. 또한 재료가 탄성계수가 E인 선형 탄성 재료라고 가정하면 훅의 법칙 $\sigma = E\epsilon$ 을 따르므로 위 세 식을 조합하면 다음과 같이 봉의 신장량(δ)이 구해진다.

$$\delta = \frac{PL}{EA} \qquad \cdots (5.9)$$

여기에서 EA의 값을 <u>**축강도(axial rigidity)**</u>라 한다. 균일 단면 봉의 강성도와 유연도는 스프링의 경우와 같은 방법으로 정의된다. 강성도는 단위 신장량을 생기게 하는 힘 P/δ이며, 유연도는 단위 하중에 의해 발생하는 신장량 δ/P이다. 식 ④로부터 균일 단면 봉의 강성도(k)와 유연도(f)는 각각 다음과 같이 표현된다.

$$k = \frac{EA}{L} \qquad\qquad f = \frac{L}{EA} \qquad \cdots (5.10)$$

예제 5.4 그림과 같이 길이 $L=0.8\mathrm{m}$, 지름 $d=20\mathrm{mm}$인 봉이 축방향 인장하중 $P=50\mathrm{kN}$을 받을 때 봉의 신장량[mm]을 구하여라. 단, 봉의 탄성계수 $E=40\mathrm{GPa}$이다.

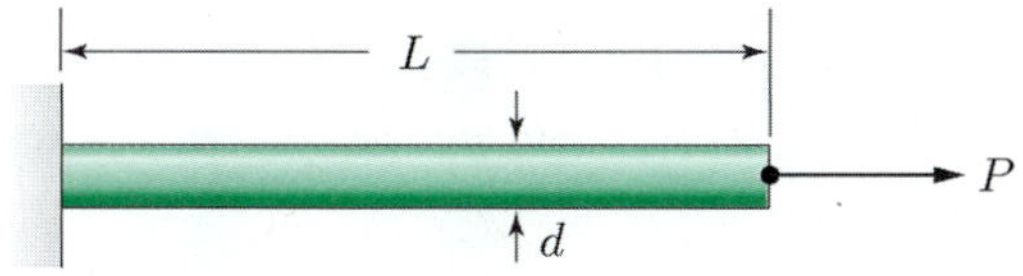

[그림 5.9] 인장하중을 받는 균일 단면 봉

풀이 단위를 N, mm로 통일하여 계산한다.

$$P=50\mathrm{kN}=50\times10^3\mathrm{N}$$
$$L=0.8\mathrm{m}=0.8\times10^3\mathrm{mm}$$
$$E=40\mathrm{GPa}=40\times10^3\mathrm{MPa}=40\times10^3\mathrm{N/mm^2}$$

$$\therefore\ \delta=\frac{PL}{EA}=\frac{PL}{E(\pi d^2/4)}=\frac{4PL}{\pi Ed^2}=\frac{4\times(50\times10^3)\times(0.8\times10^3)}{\pi\times(40\times10^3)\times(20)^2}=3.18[\mathrm{mm}]$$

예제 5.5 [그림 5.9]에서 길이 $L=0.7\mathrm{m}$, 지름 $d=15\mathrm{mm}$인 봉을 축방향으로 $\delta=2.5\mathrm{mm}$ 늘어나게 하는 힘 $P[\mathrm{kN}]$을 구하여라. 단, 봉의 탄성계수 $E=40\mathrm{GPa}$이다.

풀이 단위를 N, mm로 통일하여 계산한다. $1\mathrm{GPa}=10^3\mathrm{MPa}=10^3\mathrm{N/mm^2}$이다.

$$\delta=\frac{PL}{EA}=\frac{PL}{E(\pi d^2/4)}=\frac{4PL}{\pi Ed^2}$$

$$\therefore\ P=\frac{\pi Ed^2\delta}{4L}=\frac{\pi\times(40\times10^3)(15)^2(2.5)}{4\times(0.7\times10^3)}[\mathrm{N}]$$
$$=25.24\times10^3[\mathrm{N}]=25.24[\mathrm{kN}]$$

3 봉의 중간에 하중이 작용할 때

[그림 5.10]의 (a)과 같이 균일단면 봉이 축의 중간 지점에 한 개 또는 그 이상의 축방향 하중(P_B, P_C)을 받는 경우를 고려한다. 이 봉의 길이 변화는 다음과 같은 과정을 거쳐 각 부분(AB, BC, CD)의 신장량과 수축량을 대수적으로 합하여 구할 수 있다.

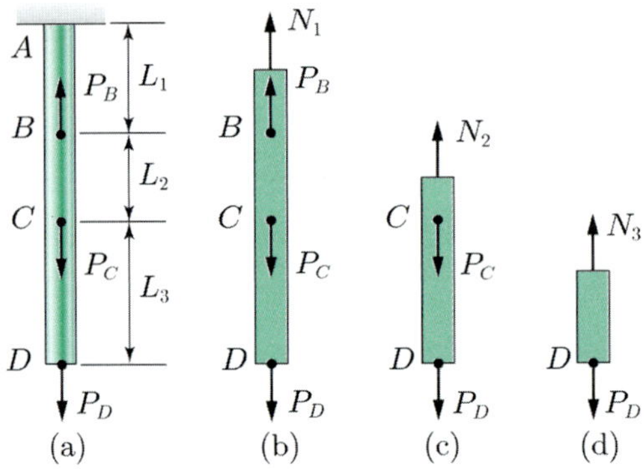

[그림 5.10] (a) 중간 지점에 작용하는 외부 하중을 받는 봉. (b), (c), (d) 내부축력(N_1, N_2, N_3)을 구하기 위한 자유물체도.

○ 1 단계 : 편의상 봉의 각 부분(AB, BC, CD)을 각각 1, 2, 3 으로 놓는다.

○ 2 단계 : [그림 5.10]의 (b), (c), (d)의 자유물체도로부터 각 부분 1, 2, 3 에 작용하는 내부축력 N_1, N_2, N_3을 구한다. 각각의 자유물체도에서 수직방향 힘의 평형 조건 ($\sum F_y = 0$)을 적용하면

$$N_1 = -P_B + P_C + P_D\ ,\ N_2 = P_C + P_D\ ,\ N_3 = P_D$$

이다. 내부축력의 부호는 인장을 받으면 양(+)이고, 압축을 받으면 음(−)이다.

○ 3 단계 : 식 $\delta = \dfrac{PL}{EA}$을 적용하여 각 부분의 길이 변화

$$\delta_1 = \frac{N_1 L_1}{EA},\ \delta_2 = \frac{N_2 L_2}{EA},\ \delta_3 = \frac{N_3 L_3}{EA}$$

을 구한다. 여기에서 L_1, L_2, L_3는 각 부분의 길이이고 E는 봉의 탄성계수, A는 봉의 단면적이다.

○ 4 단계 : δ_1, δ_2, δ_3을 합하여 전체 봉의 길이변화(δ)를 구한다.

$$\delta = \delta_1 + \delta_2 + \delta_3$$

3 단계에서 신장량은 양(+), 수축량은 음(−)으로 표시하여 4 단계에서 대수적으로 합해야 한다.

[그림 5.11]과 같이 축력, 치수, 재료가 각각 다른 여러 개의 균일 단면 봉으로 구성된 봉에서도 이와 같은 방법을 사용하여 다음과 같이 길이 변화(δ)를 구할 수 있다.

$$\delta = \sum_{i=1}^{n} \left(\frac{N_i L_i}{E_i A_i} \right) \qquad \cdots (5.11)$$

위 식에서 하첨자 i는 봉의 여러 부분에 대한 표시이며, N_i는 부분 i에 작용하는 내부축력이고, n은 부분의 총 개수이다.

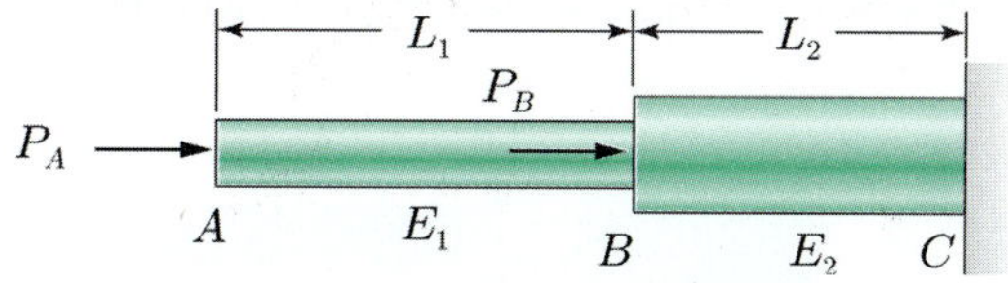

[그림 5.11] 축력, 치수, 재료가 각각 다른 균일단면 부분들로 구성된 봉

예제 5.6 그림 5.12의 (a)와 같이 단면적과 길이가 다른 봉이 세 개의 축 하중을 받고 있다. AB, BC, CD 구간의 단면적이 각각 1m^2, 2m^2, 3m^2이고, 길이가 각각 2m, 1m, 1m일 때, 점 A의 수직변위[m]를 구하여라. 단, 탄성계수 $E = 20\text{kN/m}^2$이고, 봉의 자중은 무시한다.

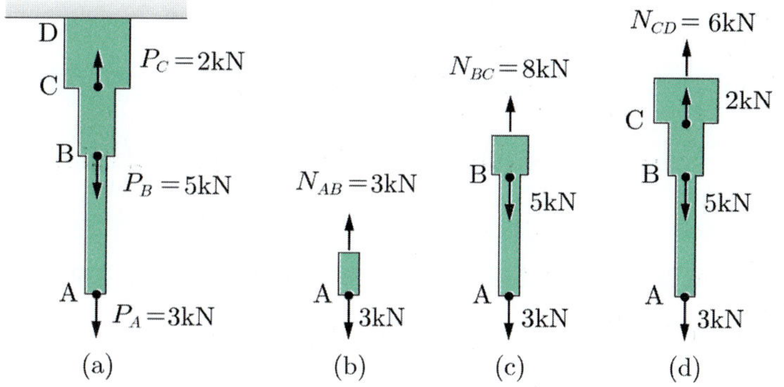

[그림 5.12] 축 하중을 받는 부재와 축력을 구하기 위한 자유물체도

풀이 부재 AB, BC, CD를 각각 잘라서 자유물체도를 그려보면 (b), (c), (d)와 같다. 그림에서 세 부재에 작용하는 축력은 축방향 힘의 평형으로부터 다음과 같이 구해진 값이다.

$$N_{AB} = P_A = 3\,[\text{kN}]$$
$$N_{BC} = P_A + P_B = 3 + 5 = 8\,[\text{kN}]$$
$$N_{CD} = P_A + P_B - P_C = 3 + 5 - 2 = 6\,[\text{kN}]$$

따라서 점 A의 수직변위 $\delta_A\,[\text{m}]$는 다음과 같다.

$$\delta_A = \delta_{AB} + \delta_{BC} + \delta_{CD} = \frac{1}{E}\left(\frac{N_{AB}L_{AB}}{A_{AB}} + \frac{N_{BC}L_{BC}}{A_{BC}} + \frac{N_{CD}L_{CD}}{A_{CD}}\right)$$
$$= \frac{1}{20} \times \left(\frac{3 \times 2}{1} + \frac{8 \times 1}{2} + \frac{6 \times 1}{3}\right) = 0.6\,[\text{m}]$$

예제 5.7 그림과 같이 재료와 길이가 동일하고 단면적이 다른 부재가 수평방향 축 하중 P를 받고 있다. B점에서 발생하는 변위가 δ일 때 A점의 변위를 구하여라. 단, 구간 AB와 BC의 축강성은 각각 EA와 $2EA$이고, 부재의 자중은 무시한다.

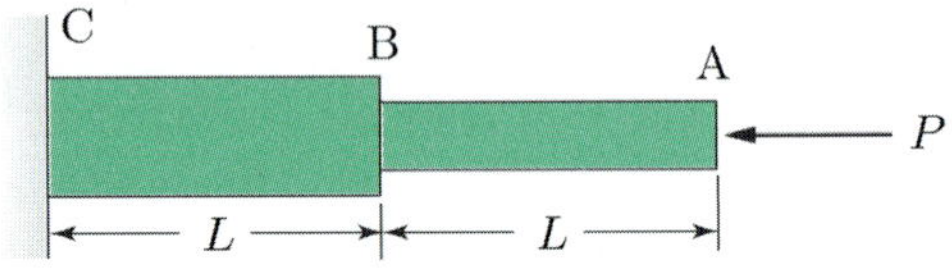

[그림 5.13] 축 하중을 받는 부재

풀이 AB와 BC부재에 작용하는 축력은 모두 P이므로 AB부재의 줄어든 길이 $\delta_{AB}=\dfrac{PL}{EA}$이고, BC부재의 줄어든 길이 $\delta_{BC}=\dfrac{PL}{2EA}$이다. 여기에서 B점 변위는 BC부재의 줄어든 길이와 같으므로

$$\delta=\delta_{BC}=\frac{PL}{2EA}$$

이고, A점 변위(δ_A)는 AB부재와 BC부재의 줄어든 길이의 합과 같다.

$$\delta_A=\delta_{AB}+\delta_{BC}=\frac{PL}{EA}+\frac{PL}{2EA}=\frac{PL}{2EA}\times(2+1)=3\delta$$

예제 5.8 그림과 같은 봉이 축 하중 P, Q를 받고 있을 때 다음을 구하여라. 단, AB와 BC 부분의 단면적은 각각 40mm^2, 120mm^2이고 탄성계수는 80GPa이다.

(1) $P=8\text{kN}$, $Q=4\text{kN}$일 때 점 A와 B의 변위

(2) $P=2\text{kN}$일 때 점 A의 변위가 0이 되는 Q[kN]의 값

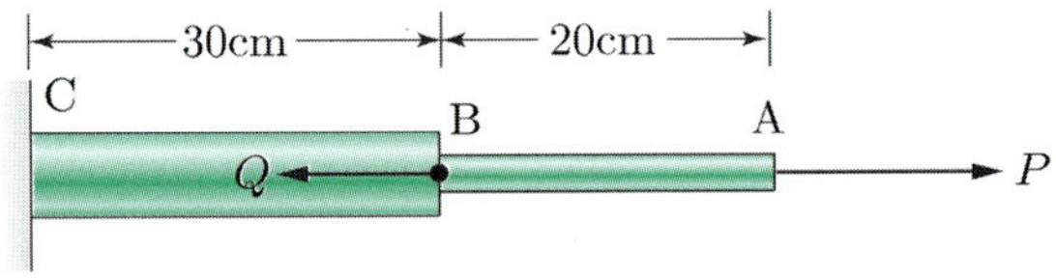

[그림 5.14] 축 하중을 받는 부재

풀이 AB와 BC 부분에 작용하는 축력은 각각 $N_{AB}=P$, $N_{BC}=P-Q$이다.

(1) 단위를 N, mm로 통일하여 계산한다.

$$N_{AB}=P=8\text{kN}=8\times10^3\text{N}$$

$$N_{BC}=P-Q=4\text{kN}=4\times10^3\text{N}$$

점 A의 변위(δ_A)는 AB와 BC의 변형량의 합이다.

$$\delta_A = \delta_{AB} + \delta_{BC} = \frac{1}{E}\left(\frac{N_{AB}L_{AB}}{A_{AB}} + \frac{N_{BC}L_{BC}}{A_{BC}}\right) \quad \cdots ①$$

$$= \frac{1}{80\times10^3}\left(\frac{8\times10^3\times200}{40} + \frac{4\times10^3\times300}{120}\right) = \frac{5}{8}[\text{mm}]$$

점 B의 변위는 BC의 변형량과 같다.

$$\delta_B = \delta_{BC} = \frac{N_{BC}L_{BC}}{EA_{BC}} = \frac{1}{80\times10^3}\times\frac{4\times10^3\times300}{120} = \frac{1}{8}[\text{mm}]$$

(2) 점 A의 변위 $\delta_A = 0$이므로 식 ①로부터

$$\frac{N_{AB}L_{AB}}{A_{AB}} + \frac{N_{BC}L_{BC}}{A_{BC}} = \frac{P\times20}{40} + \frac{(P-Q)\times30}{120} = 0$$

$$\frac{P}{2} + \frac{P-Q}{4} = 0$$

$$\therefore\ Q = 3P = 3\times2\text{kN} = 6\text{kN}$$

4 축력 또는 단면적이 연속적으로 변하는 봉

[그림 5.15]의 (a)와 같이 축력과 단면적이 연속적으로 변하는 경우를 고려한다. 이 경우에는 먼저 봉의 임의 위치(X-X)에서 미소요소 dx에 대한 축력 $N(x)$와 단면적 $A(x)$를 구하면 미소요소의 신장량 $d\delta$는 다음과 같다.

$$d\delta = \frac{N(x)dx}{EA(x)} \quad \cdots (5.12)$$

전체 봉의 신장량(δ)은 위 식을 봉의 전 길이(L)에 대해 적분하여 구한다.

$$\delta = \int_0^L d\delta = \int_0^L \frac{N(x)}{EA(x)}dx \quad \cdots (5.13)$$

이상에서 축력 $N(x)$는 단면 X-X 에서 봉을 절단하고 절단된 봉의 왼쪽 또는 오른쪽 부분에 대한 자유물체도에서 힘의 평형조건을 적용하여 구할 수 있다. 그리고 단면적 $A(x)$는 봉의 기하학적 조건으로부터 구한다. 한편 좌표(x)는 해석이 편리하게 잡으면 된다. [그림 5.15]와 같이 봉의 왼쪽 끝으로부터 거리를 x로 잡을 수도 있고 이와 반대로 오른쪽 끝으로부터 거리를 x로 놓고 해석할 수도 있다.

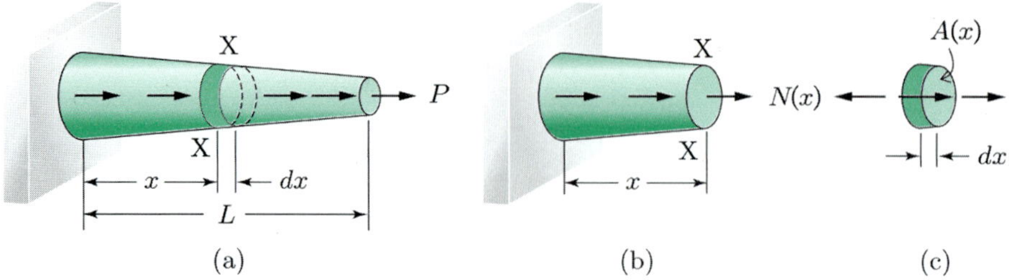

[그림 5.15] 단면적과 축력이 위치에 따라 변하는 봉

예제 5.9 그림의 (a)와 같이 단면적이 변화하는 봉이 축 하중 P를 받고 있다. 봉의 모든 위치에서 단면 모양은 정사각형이며 왼쪽 끝단과 오른쪽 끝단의 한 변의 길이는 각각 $2h$와 $4h$이다. 봉의 길이는 L이고 탄성계수는 E일 때 하중에 의해 늘어난 길이를 구하여라. 단, 봉의 무게는 무시한다.

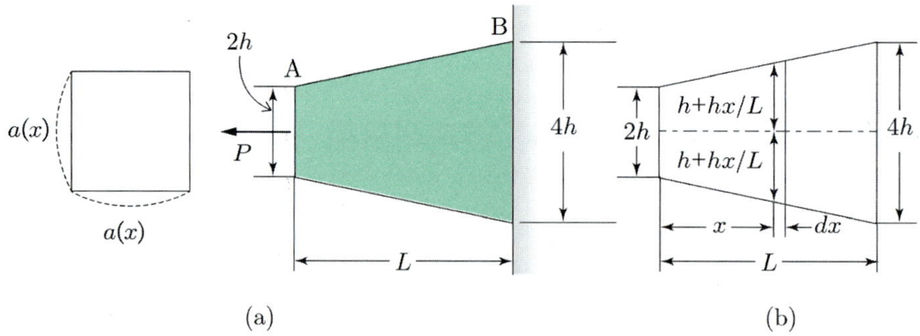

[그림 5.16] 단면적이 위치에 따라 변하는 봉

풀이 그림의 (b)와 같이 왼쪽 끝단으로부터 거리 x에 있는 미소요소 dx를 고려한다. 직선 AB의 기울기가 h/L이므로 x에서 단면적의 한 변의 길이는

$$a(x) = 2\left(h + \frac{h}{L}x\right) = \frac{2h}{L}(L+x)$$

이고, 정사각형인 단면의 면적은 다음과 같다.

$$A(x) = [a(x)]^2 = \frac{4h^2}{L^2}(L+x)^2$$

따라서 봉의 모든 위치에서 내부축력은 P로 일정하므로 길이 dx인 미소요소의 늘어난 길이는

$$d\delta = \frac{Pdx}{EA(x)} = \left(\frac{PL^2}{4Eh^2}\right)\frac{dx}{(L+x)^2}$$

이고, 봉의 전 길이(L)에 걸쳐 늘어난 전체 길이(δ)는 다음과 같다.

$$\delta = \int_0^L d\delta = \left(\frac{PL^2}{4Eh^2}\right)\int_0^L \frac{1}{(L+x)^2}dx = \left(\frac{PL^2}{4Eh^2}\right)\left[-\frac{1}{(L+x)}\right]_0^L = \frac{PL}{8Eh^2}$$

예제 5.10 [무게에 의한 봉의 인장] 길이가 L이고 및 면의 지름이 d인 원뿔(cone)이 그림과 같이 수직으로 매달려 있다. 원뿔의 무게가 W일 때 이 무게에 의한 원뿔의 신장량을 구하여라. 단, 원뿔의 탄성계수는 E이다.

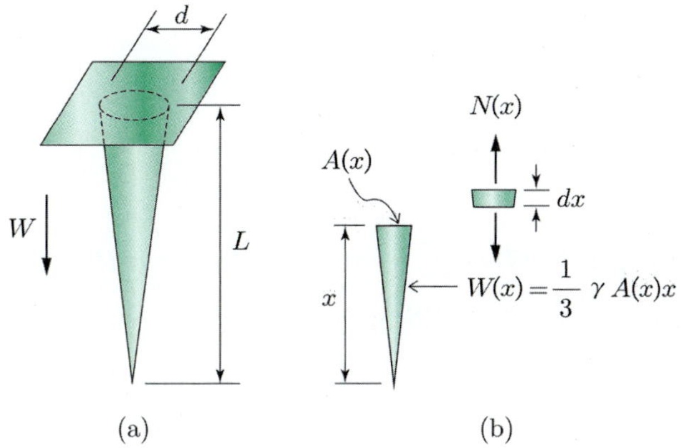

[그림 5.17] 자체 무게(자중)에 의한 봉의 신장

풀이 먼저 원뿔의 비중량(γ)을 구한다.

$$\gamma = \frac{W}{V} = \frac{W}{\frac{1}{3} \times \left(\frac{\pi d^2}{4}\right) L} = \frac{12W}{\pi d^2 L} \quad \cdots ①$$

다음에 (b)와 같이 원뿔의 아래 끝단으로부터 거리를 x로 놓고 이 지점에서 미소요소 dx를 고려한다. 그림에서 길이 x, 밑면 면적 $A(x)$인 원뿔의 미소요소 아래 부분의 무게는

$$W(x) = \frac{1}{3}\gamma A(x) x \quad \cdots ②$$

이므로 미소요소에 작용하는 축력은

$$N(x) = W(x) = \frac{1}{3}\gamma A(x) x \quad \cdots ③$$

이다. 따라서 원뿔의 신장량(δ)은 다음과 같다.

$$\delta = \int_0^L \frac{N(x)dx}{EA(x)} = \left(\frac{\gamma}{3E}\right)\int_0^L x\,dx = \left(\frac{\gamma}{3E}\right)\frac{L^2}{2} = \frac{\gamma L^2}{6E} \quad \cdots ④$$

끝으로 식 ①을 ④에 대입하여 정리하면 다음과 같이 원뿔의 신장량(δ)이 주어진 변수로 표현된다.

$$\delta = \gamma\left(\frac{L^2}{6E}\right) = \left(\frac{12W}{\pi d^2 L}\right)\left(\frac{L^2}{6E}\right) = \frac{2WL}{\pi d^2 E} \quad \cdots ⑤$$

5.2 부정정 구조물

1 부정적 구조물

정역학적 힘의 평형조건($\sum\overrightarrow{F}=0$, $\sum\overrightarrow{M}=0$)으로 반력과 내부축력을 구할 수 있는 구조물은 정정(statically determinate)으로 분류된다. 정정 구조물에서 작용하는 힘은 재료의 성질과 무관하게 결정된다.

[그림 5.18]의 (a)에서 반력은 $\sum\overrightarrow{F}=0$을 적용하여 $R=P_1+P_2$로 결정된다. 그런데 (b)와 같이 양단이 고정된 봉에서는 두 개의 수직 반력(R_A, R_B)이 있지만 정역학적 힘의 평형조건에서 얻을 수 있는 방정식은 하나뿐이다. 따라서 이 조건만으로는 반력을 결정할 수 없다. 이와 같은 구조물은 부정정(statically indeterminate)으로 분류된다. 이러한 구조물을 해석하기 위해서는 구조물의 변위(변형)와 관련된 식을 추가해야 한다.

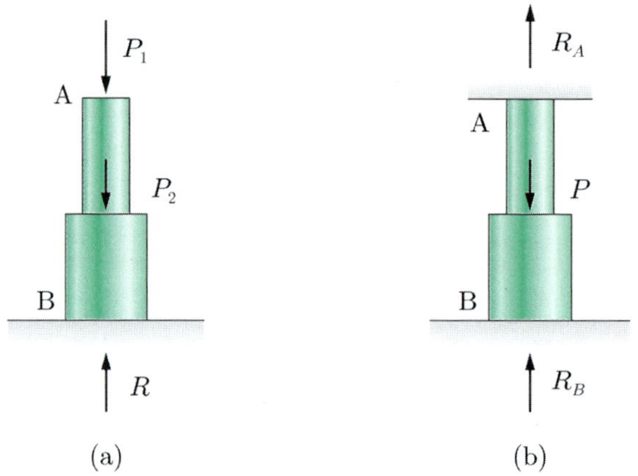

[그림 5.18] (a) 정정 봉 (b) 부정정 봉

[그림 5.19]의 (a)를 고려하여 부정정 구조물을 해석하는 방법을 알아본다. 봉 AB는 양단에 고정되었고 중간 지점 C에서 축방향 하중 P를 받고 있다. 먼저 (b)의 전체 자유물체도에서 연직 방향 힘의 평형 조건($\sum F_y=0$)을 적용하면

$$R_A-P+R_B=0 \qquad \cdots ①$$

이다. 여기에서 두 개의 미지력을 구하기 위해서는 하나의 방정식이 더 필요하다. 이 방정식은 양단이 고정된 봉은 길이 변화가 없다는 사실에 근거한다. 봉을 고정된 지지점으로부터 분리하면 (b)와 같이 양단이 자유롭고 세 개의 힘 R_A, P, R_B를 받는 봉이 된다. 이들 힘은 봉에 길이 변화 δ_{AB}를 발생시키지만 이 값은 0이 되어야 한다.

$$\delta_{AB} = 0 \qquad \cdots ②$$

이 방정식은 봉의 길이 변화가 지지점 조건에 적합해야 한다는 것을 나타내며 적합 방정식(equation of compatibility)이라고 부른다.

봉에 작용하는 힘과 길이 변화와의 관계를 힘-변위 관계식이라 한다. 이 관계식은 재료의 성질에 따라 여러 가지가 있다. 재료가 선형 탄성적이면 방정식 $\delta = PL/EA$를 힘-변위 관계식을 얻기 위해 사용할 수 있다.

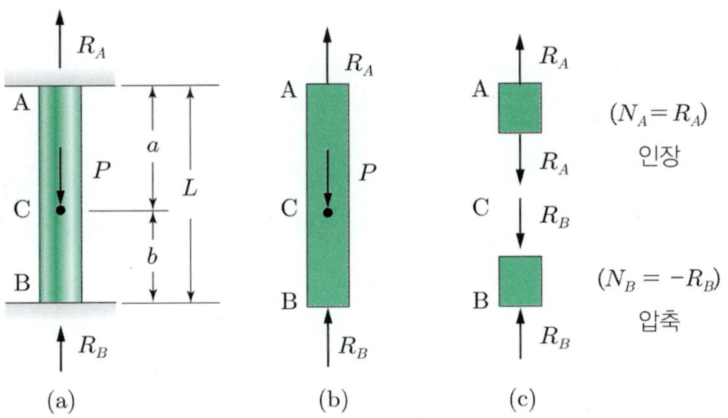

[그림 5.19] 부정정 봉과 자유물체도

그림의 (c)와 같이 AC 의 중간과 CB 의 중간에서 봉을 자르고 자유물체도를 그리면 AC 부분과 CB 부분에 작용하는 내부축력은 각각 $N_A = R_A$, $N_B = -R_B$라는 것을 알 수 있다. 따라서 봉의 단면적 A와 탄성계수 E가 일정하면 AC 와 CB 부분의 길이 변화는 각각 다음과 같다.

$$\delta_{AC} = \frac{N_A a}{EA} = \frac{R_A a}{EA} \qquad \cdots ③$$

$$\delta_{CB} = \frac{N_B b}{EA} = -\frac{R_B b}{EA} \qquad \cdots ④$$

음의 부호는 그림의 (c)와 같이 봉이 압축될 때 길이가 줄어든다는 것을 나타낸다. 식 ③, ④를 적합 방정식 ②에 대입하면 반력에 대해 다음과 같은 방정식이 추가로 얻어진다.

$$\delta_{AB} = \delta_{AC} + \delta_{CB} = \frac{R_A a}{EA} - \frac{R_B b}{EA} = 0$$

$$\therefore\ R_A a - R_B b = 0 \qquad \cdots ⑤$$

식 ①, ⑤를 연립해 풀면 양단의 반력이 구해진다. 여기에서 $a + b = L$이다.

$$R_A = \frac{Pb}{L},\ R_B = \frac{Pa}{L} \qquad \cdots ⑥$$

이때 점 C 의 아래 방향으로의 변위(δ_C)는 AC 부분의 신장량과 같으므로 다음과 같이 결정된다.

$$\delta_C = \delta_{AC} = \frac{R_A a}{EA} = \frac{Pab}{EAL} \qquad \cdots ⑦$$

그리고 봉의 두 부분에 발생하는 응력은 내부축력으로부터 구할 수 있다.

$$\sigma_{AC} = \frac{N_A}{A} = \frac{Pb}{AL}, \quad \sigma_{CB} = \frac{N_B}{A} = -\frac{Pa}{AL} \qquad \cdots ⑧$$

위 식에서 음의 부호는 압축응력을 나타낸다.

예제 5.11 그림의 (a)와 같이 양단이 고정된 보에 축력이 작용할 때 지점 A와 D에서 발생하는 수평반력[kN]을 구하여라. 단, 보의 축강성 EA는 일정하며, 무게는 무시한다.

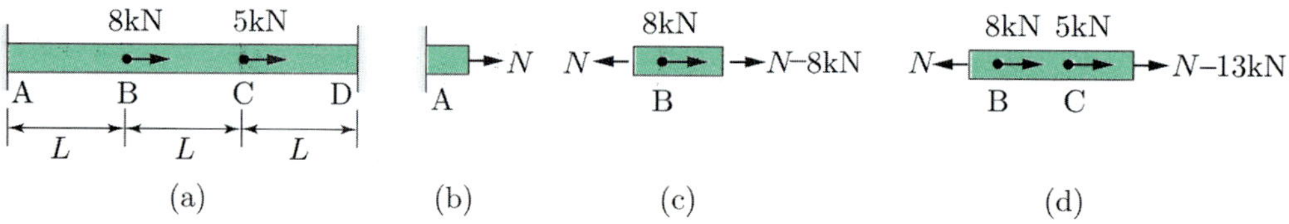

[그림 5.20] (a) 고정보 (b) AB 부분 축력 (c) BC 부분 축력 (d) CD 부분 축력

풀이 점 A에서 발생하는 반력을 $R_A = N$이라 하고 부재를 3부분(AB, BC, CD)으로 나누어 축력을 구하면 (b), (c), (d)와 같다. 그림에서 각 부분에 발생하는 축력은 다음과 같이 구해진 값이다.

○ AB 부분 : $N_{AB} = R_A = N$

○ BC 부분 : $N_{BC} = N - 8$ [kN]

○ CD 부분 : $N_{CD} = N - 8 - 5 = N - 13$[kN]

여기에서 보의 축강성 EA가 일정하고, 양단이 고정되어 있으므로 부재의 전체 신장량 $\delta_{total} = 0$이다.

$$\delta_{total} = \delta_{AB} + \delta_{BC} + \delta_{CD} = \frac{NL}{EA} + \frac{(N-8)L}{EA} + \frac{(N-13)L}{EA} = 0$$

$$N + (N-8) + (N-13) = 0$$

$$\therefore \quad N = 7 \text{ [kN]}$$

따라서 A에는 $R_A = N = 7$kN, D에는 $R_D = N - 13 = 7 - 13 = -6$[kN]의 수평반력이 발생한다. A에는 인장력이 작용하고, R_D의 부호 (−)는 D점에 압축력이 작용한다는 것을 나타낸다.

예제 5.12 그림의 (a)와 같이 양단이 고정된 봉에 70[kN]의 축 하중이 작용하고 있다. BC 구간의 단면적은 A, CD 구간의 단면적은 $3A$로 각각 일정할 때, 양 끝단(B, D)에 작용하는 수평반력[kN]을 구하여라. 단, 탄성계수 E는 일정하고, 봉의 무게는 무시한다.

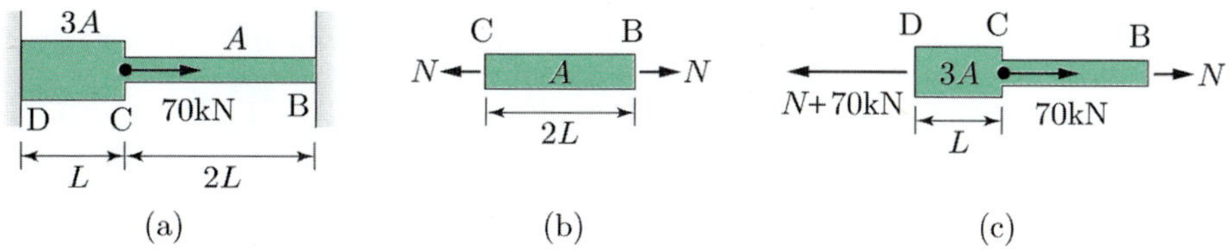

[그림 5.21] (a) 고정 봉 (b) BC 부분 축력 (c) CD 부분 축력

풀이 B점에 작용하는 수평반력을 $R_B = N$[kN]이라 하고 부재를 2부분(BC, CD)으로 나누어 축력을 구하면 (b), (c)와 같다. 그림에서 각 부분에 발생하는 축력은 다음과 같다.

○ BC 부분 : $N_{BC} = R_B = N$

○ CD 부분 : $N_{CD} = N + 70$ [kN]

여기에서 양단이 고정되어 있으므로 부재의 전체 신장량 $\delta_{total} = 0$이다.

$$\delta_{total} = \delta_{BC} + \delta_{CD} = \frac{N(2L)}{EA} + \frac{(N+70)L}{E(3A)} = 0$$

$$2N + \frac{N+70}{3} = 0$$

$$\therefore \quad N = -10 \text{ [kN]}$$

따라서 B에는 $R_B = N = -10$kN, D에는 $R_D = N + 70 = -10 + 70 = 60$[kN]의 수평반력이 발생한다. 즉, B에는 10kN의 압축력, D에는 60kN의 인장력이 작용한다.

2 복합 부재의 변형

[그림 5.22]의 (a)와 같이 길이가 L인 봉 2 개가 축방향 압축 하중 P를 받는 경우를 고려한다. 봉 1 의 단면적과 탄성계수는 각각 A_1, E_1이고, 봉 2 의 단면적과 탄성계수는 각각 A_2, E_2이다.

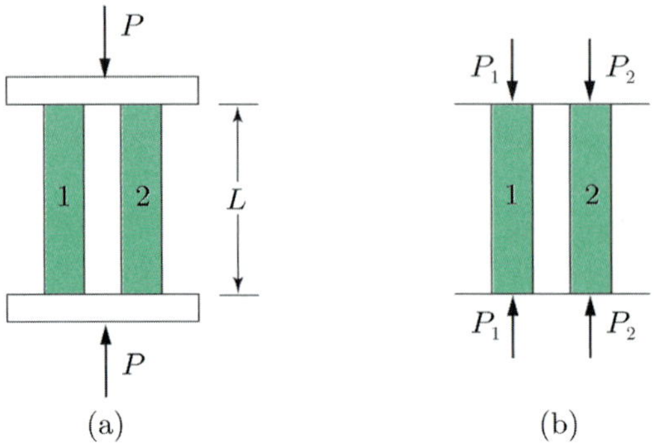

[그림 5.22] 압축 하중을 받는 복합 부재

그림의 (b)와 같이 봉 1과 2에 걸리는 하중을 각각 P_1, P_2라 하면

$$P_1 + P_2 = P \quad \cdots ①$$

이다. 이때 봉 1은 P_1에 의해 $\delta_1 = \dfrac{P_1 L}{A_1 E_1}$만큼 줄어들고, 봉 2는 P_2에 의해 $\delta_2 = \dfrac{P_2 L}{A_2 E_2}$만큼 줄어든다. 따라서 두 재료의 줄어든 길이가 같으므로

$$\frac{P_1 L}{A_1 E_1} = \frac{P_2 L}{A_2 E_2}$$

$$\therefore \ \frac{P_1}{A_1 E_1} = \frac{P_2}{A_2 E_2} \quad \cdots ②$$

이다. 식 ②에서 $P_2 = \dfrac{A_2 E_2}{A_1 E_1} P_1$을 구하여 식 ①에 대입하면

$$P_1 + \left(\frac{A_2 E_2}{A_1 E_1}\right) P_1 = P$$

$$\therefore \ P_1 = \frac{A_1 E_1}{A_1 E_1 + A_2 E_2} P \quad \cdots (5.14)$$

이고,

$$P_2 = \frac{A_2 E_2}{A_1 E_1} P_1 = \frac{A_2 E_2}{A_1 E_1 + A_2 E_2} P \quad \cdots (5.15)$$

이다. 따라서 두 재료에 발생하는 응력은 다음과 같다.

$$\sigma_1 = \frac{P_1}{A_1} = \frac{E_1}{A_1E_1 + A_2E_2}P \quad \cdots (5.16)$$

$$\sigma_2 = \frac{P_2}{A_2} = \frac{E_2}{A_1E_1 + A_2E_2}P \quad \cdots (5.17)$$

두 봉이 줄어든 길이가 같으므로 두 재료의 변형률은 같고($\epsilon = \epsilon_1 = \epsilon_2$) 훅의 법칙에 의해

$$\epsilon = \epsilon_1 = \frac{\sigma_1}{E_1} = \frac{P}{A_1E_1 + A_2E_2} \quad \cdots (5.18)$$

이다. 그리고 봉의 줄어든 길이(δ)는 다음과 같다.

$$\delta = \delta_1 = \frac{P_1L}{A_1E_1} = \frac{PL}{A_1E_1 + A_2E_2} \quad \cdots (5.19)$$

위 관계식들은 인장하중에 대해서도 똑같이 성립한다. 이때 δ는 봉의 신장량(늘어난 길이)이다.

예제 5.13 그림과 같이 환형과 실린더로 구성된 부재가 축방향 압축력 P를 받고 있다. 환형과 실린더의 길이는 모두 57cm이고 압축력은 평판을 통해 두 부분에 전달된다. 부재의 길이가 $\frac{0.4}{\pi}$ [mm] 압축되게 하는 하중 P[kN]을 구하여라. 단, $E_0 = 200\text{GPa}$, $E_1 = 100$ GPa, $d_0 = 5\text{mm}$, $d_1 = 6\text{mm}$, $d_2 = 10\text{mm}$이다.

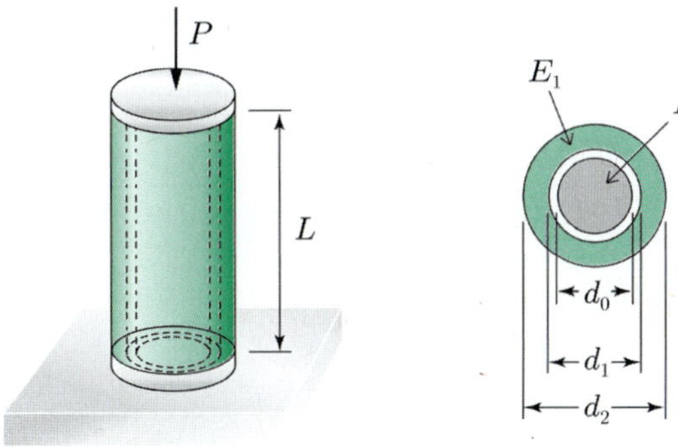

[그림 5.23] 압축력을 받는 복합 부재

풀이 단위를 N, mm로 통일하여 계산한다. $1\text{GPa} = 10^3 \frac{\text{N}}{\text{mm}^2}$ 이다. 압축되는 길이

$$\delta = \frac{PL}{A_0E_0 + A_1E_1}$$

에서 압축력 P는 다음과 같다.

$$P = \frac{\delta}{L}(A_0E_0 + A_1E_1) = \frac{\delta}{L} \times \frac{\pi}{4}\left[d_0^2E_0 + (d_2^2 - d_1^2)E_1\right]$$
$$= \frac{(0.4/\pi)}{570} \times \frac{\pi}{4}\left[5^2 \times 200 + (10^2 - 6^2) \times 100\right] \times 10^3$$
$$= 2 \times 10^3 [\mathrm{N}] = 2 [\mathrm{kN}]$$

예제 5.14 길이 $L = 400\mathrm{mm}$, 단면적 $A = 500\mathrm{mm}^2$로 치수가 동일한 봉 2개가 천정에 고정되어 아래쪽으로 하중 60kN을 받고 있을 때 봉의 늘어난 길이 δ[mm]를 구하여라. 단, 봉 A의 탄성계수는 100GPa, 봉 B의 틴성계수는 200GPa이고, 봉의 무게는 무시한다. [공무원임용시험]

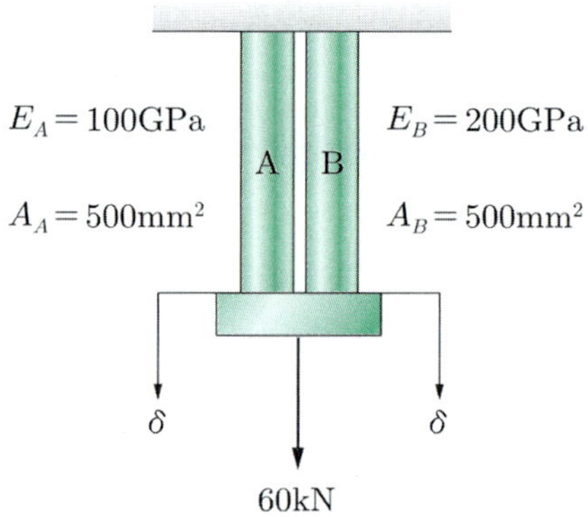

[그림 5.24] 복합 부재의 변형

풀이 단위를 N, mm로 통일하여 계산한다. 하중 $P = 60\mathrm{kN} = 60 \times 10^3\mathrm{N}$이다. 봉의 늘어난 길이 δ[mm]는 다음과 같다.

$$\delta = \frac{PL}{A_AE_A + A_BE_B} = \frac{(60 \times 10^3) \times 400}{(500 \times 100 + 500 \times 200) \times 10^3} = 0.16 [\mathrm{mm}]$$

이상에서 $1\mathrm{GPa} = 10^3\mathrm{MPa} = 10^3\mathrm{N/mm^2}$이다.

예제 5.15 [예제 5.14]에서 봉 A와 B에 발생하는 응력[MPa]을 각각 구하여라.

풀이 두 봉의 늘어난 길이는 같고 $\delta_A = \delta_B = \delta = 0.16\mathrm{mm}$이다. 훅의 법칙 $(\sigma = E\epsilon)$을 사용하여 응력(σ_A, σ_B)을 구한다. 두 봉의 초기 길이는 모두 $L = 400\mathrm{mm}$이다.

$$\sigma_A = E_A\epsilon_A = E_A\left(\frac{\delta}{L}\right) = (100 \times 10^3) \times \left(\frac{0.16}{400}\right) = 40 [\mathrm{MPa}]$$
$$\sigma_B = E_B\epsilon_B = E_B\left(\frac{\delta}{L}\right) = (200 \times 10^3) \times \left(\frac{0.16}{400}\right) = 80 [\mathrm{MPa}]$$

5.3 경사면에서의 응력

[그림 5.25]와 같이 축방향 인장하중 P를 받고 있는 부재 내부의 경사면(pq)에 발생하는 응력을 고려한다.

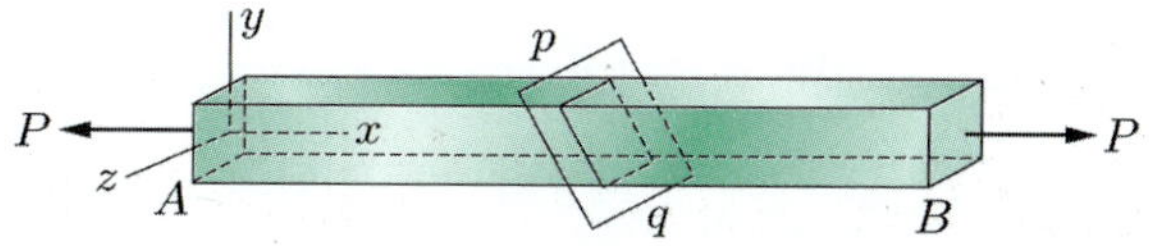

[그림 5.25] 축방향 인장하중 P를 받는 균일단면 부재

먼저 [그림 5.26]과 같이 단면에 수직한 n축과 x축과 사이의 각을 θ로 하여 경사면 pq의 회전각을 나타낸다.

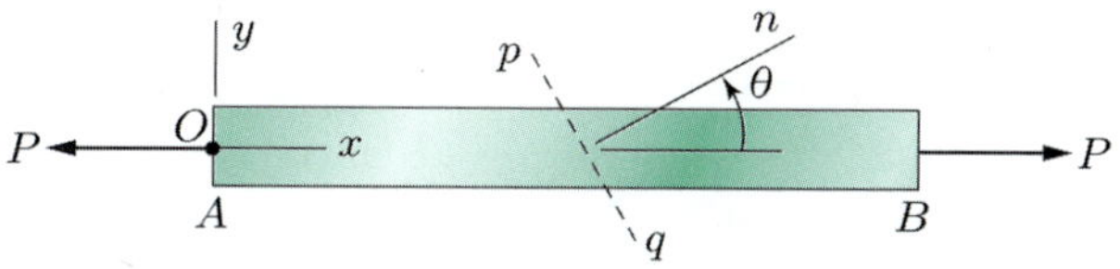

[그림 5.26] 경사면에 수직인 n축과 x축이 이루는 각(θ)

이때 축방향 인장하중 P는 [그림 5.27]과 같이 경사면 pq에 수직인 수직력 N과 경사면에 접선방향인 전단력 V로 분해된다. 그림에서 N, V는 각각 다음과 같다.

$$N = P\cos\theta, \quad V = P\sin\theta \qquad \cdots (5.20)$$

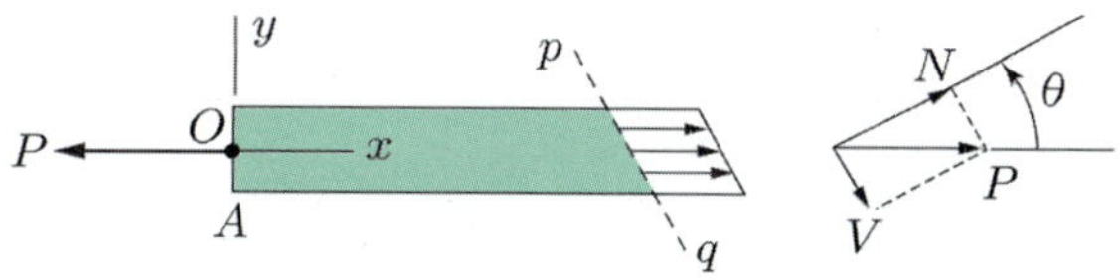

[그림 5.27] 인장하중 P의 성분 분해

그리고 경사면의 면적이 A_1이면 경사면의 수직응력과(σ) 전단응력(τ)은 다음과 같다.

$$\sigma = \frac{N}{A_1}, \quad \tau = \frac{V}{A_1} \qquad \cdots (5.21)$$

여기에서 봉의 단면적이 A이면 경사면의 면적은

$$A_1 = \frac{A}{\cos\theta} \qquad \cdots (5.22)$$

이 된다. 응력 σ와 τ는 [그림 5.28]과 같이 수직력 N과 전단력 V와 같은 방향으로 작용한다.

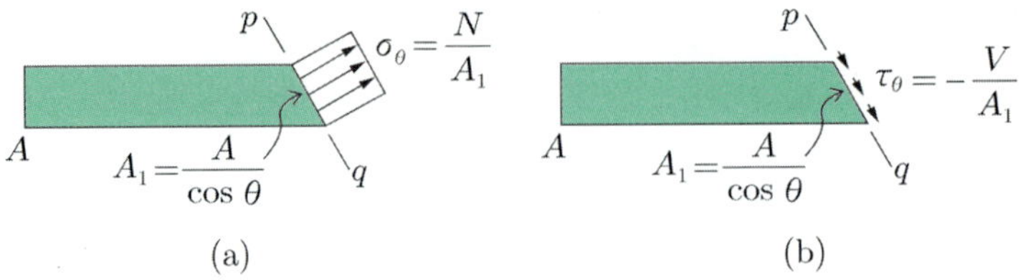

[그림 5.28] 경사면에 작용하는 응력(σ_θ, τ_θ)

여기에서 경사면에 작용하는 응력의 표시법과 부호규약을 [그림 5.29]와 같이 잡으면 인장하중을 받는 봉에서 수직력 N은 양(+)의 수직응력 σ_θ, 전단력 V는 음(−)의 전단응력 τ_θ를 발생시킨다. 이때 응력은 위 관계식들로부터 다음과 같이 표현된다.

$$\sigma_\theta = \frac{N}{A_1} = \frac{P}{A}\cos^2\theta \quad \cdots (5.23)$$

$$\tau_\theta = -\frac{V}{A_1} = -\frac{P}{A}\sin\theta\cos\theta \quad \cdots (5.24)$$

[그림 5.29] 경사면에 작용하는 응력에 대한 기호와 부호규약

그리고 다음과 같은 삼각함수 관계식을 사용하면

$$\cos^2\theta = \frac{1}{2}(1+\cos 2\theta), \ \sin\theta\cos\theta = \frac{1}{2}\sin 2\theta$$

수직응력과 전단응력은 각각 다음과 같이 표현된다.

$$\sigma_\theta = \sigma_x \cos^2\theta = \frac{\sigma_x}{2}(1+\cos 2\theta) \quad \cdots (5.25)$$

$$\tau_\theta = -\sigma_x \sin\theta\cos\theta = -\frac{\sigma_x}{2}\sin 2\theta \quad \cdots (5.26)$$

위 식에서 $\sigma_x = \frac{P}{A}$는 부재 단면의 수직응력이다. 위 식으로부터 최대수직응력(σ_{max})은 $\theta = 0$에서 일어나며

$$\sigma_{max} = \sigma_x = \frac{P}{A} \quad \cdots (5.27)$$

이다. 전단응력 τ_θ는 봉의 단면($\theta = 0$)과 길이방향 단면($\theta = \pm 90°$)에서 0이다. 그리고 $\theta = -45°$ 일 때 양(+)의 최댓값, $\theta = 45°$ 일 때 음(−)의 최댓값을 가지고, 두 값의 크기는 같다. 최대전단응력(τ_{max})의 크기는 다음과 같다.

$$\tau_{max} = \frac{\sigma_x}{2} = \frac{P}{2A} \qquad \cdots (5.28)$$

이상과 같이 축 하중을 받는 봉의 최대전단응력(τ_{max})은 최대수직응력(σ_{max})의 $1/2$이다. 그런데 재료가 인장에 비해 전단에 훨씬 취약한 경우에는 전단응력이 재료의 파괴를 일으키는 원인이 될 수 있다. [그림 5.30]은 이와 같은 전단 파괴의 한 예이다. 이 그림은 목재 블록이 압축 하중을 받고 45° 방향 면을 따라 전단 파괴되는 모습을 보여주고 있다.

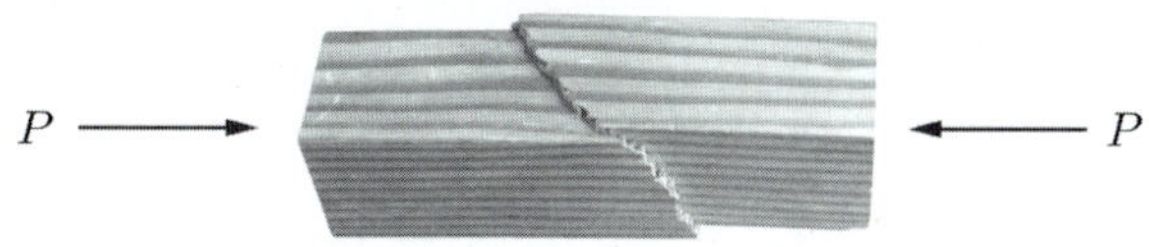

[그림 5.30] 압축 하중을 받는 목재의 45° 면에서의 전단 파괴

예제 5.16 그림과 같이 단면적 $A = 200\text{mm}^2$인 균일 단면 부재가 축방향 인장하중 $P = 4\text{kN}$ 을 받고 있을 때 각 $\theta = 30°$로 절단한 경사면 pq에서 발생하는 응력[MPa]을 구하여라.

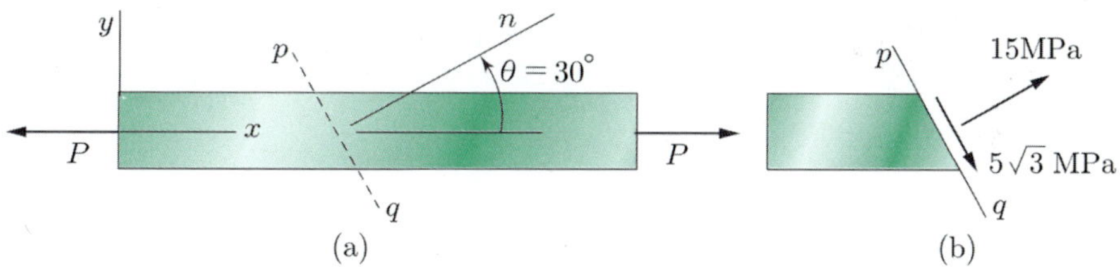

[그림 5.31] 경사 단면의 응력

풀이 단면에 작용하는 수직응력(σ_x)은

$$\sigma_x = \frac{P}{A} = \frac{(4 \times 10^3)\text{N}}{200\text{mm}^2} = 20\text{MPa}$$

이고, 경사면 pq에서 발생하는 응력(σ_θ, τ_θ)은 다음과 같다.

$$\sigma_\theta = \sigma_x \cos^2\theta = 20\cos^2 30° = 15\,[\text{MPa}]$$

$$\tau_\theta = -\sigma_x \sin\theta\cos\theta = -20\sin 30° \cos 30° = -5\sqrt{3}\,[\text{MPa}]$$

예제 5.17 단면적 $A = 200\text{mm}^2$인 금속 막대가 인장하중 P를 받고 있다. 막대의 인장력에 대한 허용응력(σ_a)과 전단력에 대한 허용응력(τ_a)이 각각 170MPa와 80MPa일 때 허용할 수 있는 최대하중 P를 구하여라.

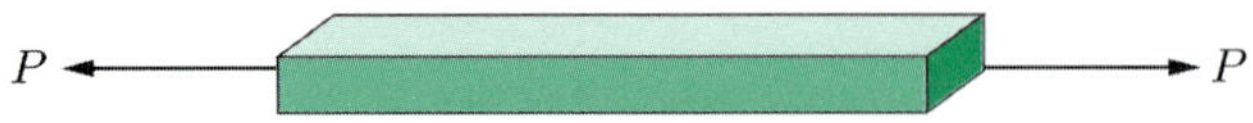

[그림 5.32] 인장하중을 받는 부재

풀이 막대에서 발생하는 최대수직응력(σ_{max})과 최대전단응력(τ_{max})의 크기는 각각

$$\sigma_{max} = \sigma_x = \frac{P}{A}$$

$$\tau_{max} = \frac{\sigma_x}{2} = \frac{P}{2A}$$

이므로 최대수직응력($\sigma_{max} = \sigma_a$)에 근거하면

$$P_{max} = A\sigma_a = 200 \times 170 = 34,000[\text{N}] = 34[\text{kN}]$$

이고, 최대전단응력($\tau_{max} = \tau_a$)에 근거하면

$$P_{max} = 2A\tau_a = 2 \times 200 \times 80 = 32,000[\text{N}] = 32[\text{kN}]$$

이다. 따라서 허용할 수 있는 최대하중은 허용전단응력(τ_a)에 근거한 32kN이다.

Note 축 하중을 받을 때 $\sigma_{max} = 2\tau_{max}$이므로 $\sigma_a > 2\tau_a$이면 허용전단응력(τ_a), $\sigma_a < 2\tau_a$이면 허용인장응력(σ_a)으로서 허용하중(P_{max})을 구한다.

5.4 변형에너지

1 변형에너지

[그림 5.33]과 같이 인장하중 P_1을 받는 길이 L인 봉을 고찰해보자. 하중이 없는 상태($P = 0$)에서 하중을 서서히 증가시켜 $P = P_1$이 되었다고 가정한다. 봉은 하중이 작용함에 따라 점점 늘어나서 최대 신장량 δ_1에 이르게 되고, 그 이후에는 하중과 신장량이 변하지 않는다.

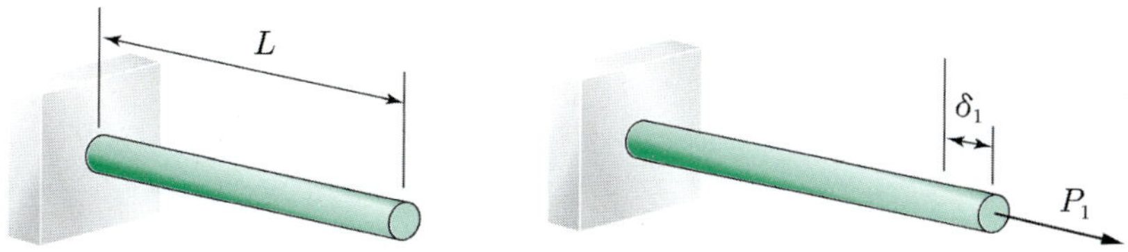

[그림 5.33] 정적으로 가해지는 하중을 받는 봉

하중이 가해지는 과정에서 봉의 끝점은 하중에 의해 길이 δ_1만큼 이동하였으므로 어떤 양만큼의 일을 하게 된다. 이 일을 구하기 위해서는 하중 P와 늘어난 길이 δ와의 관계를 알아야 하는데 이와 같은 관계는 [그림 5.23]과 같은 하중-변위 선도로써 표현된다. 이 선도에서 수직축은 축 하중을 나타내고 수평 축은 이에 대응되는 봉의 신장량을 나타낸다. 선도의 모양은 재료의 성질에 따라 달라진다.

하중 P가 작용하는 순간 늘어난 길이를 $d\delta$라 하면 '일 = 힘 × 거리'이므로 이때 한 미소일 $dW = Pd\delta$이다. 따라서 [그림 5.34]와 같이 하중이 0에서 P_1까지 증가하는 동안에 봉의 늘어난 길이가 δ_1이라 하면 하중에 의한 전체 일은

$$W = \int_0^{\delta_1} P d\delta$$

가 된다. 하중-변위 선도에서 W는 선도 아랫부분의 면적을 나타낸다.

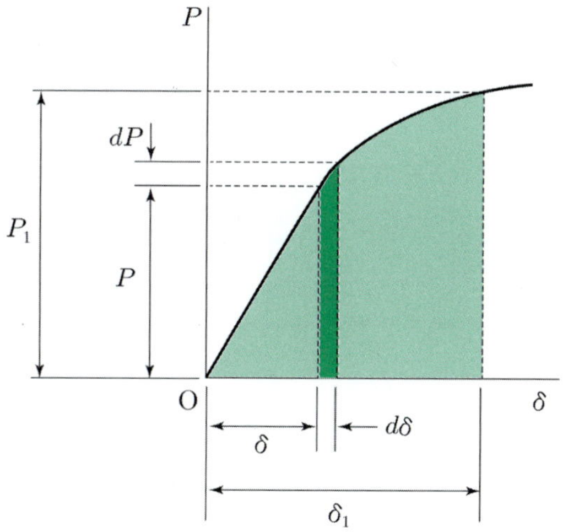

[그림 5.34] 하중−변위 선도

이상에서 살펴본 바와 같이 하중이 봉에 가해지면 봉이 변형되고 이러한 변형은 봉 자체의 에너지를 증가시킨다. 이와 같이 하중이 작용되는 과정에서 봉이 변형됨에 따라 흡수된 에너지를 변형에너지(strain energy)라 한다. 에너지가 열의 형태로 줄어들지 않으면 에너지 보존

법칙으로부터 이 변형에너지는 하중이 한 일과 같다는 것을 알 수 있다. 따라서 변형에너지는 다음과 같이 표현된다.

$$U = W = \int_0^{\delta_1} P\,d\delta \qquad \cdots (5.29)$$

여기에서 U는 변형에너지를 나타내는 기호이다. 변형에너지는 하중이 한 외부 일과 구별하기 위해 내부 일(internal work)이라고도 한다. 변형에너지는 포텐셜에너지(potential energy, 위치에너지)의 한 형태이다. 왜냐하면 이 에너지는 부재를 구성하는 입자 또는 요소의 상대 위치(변형)에 의해 좌우되기 때문이다. 예를 들어 봉이나 스프링이 압축되면 때 입자들은 더욱 서로 가깝게 밀착되고, 늘어나면 입자 간에 거리가 증가한다. 두 가지 경우에서 부재의 변형에너지는 하중을 받지 않는 위치의 변형에너지에 비하여 증가한다.

2 탄성 및 비탄성 변형에너지

하중 P를 봉에서 천천히 제거하면 봉은 수축되고, 재료의 탄성 한계를 넘지 않으면 봉은 원래 길이로 되돌아간다. 그러나 탄성한계를 넘으면 영구변형이 생긴다. 따라서 하중을 제거하면 변형에너지의 전부 또는 일부가 일이라는 형태로 회복된다. 이와 같은 거동을 [그림 5.35]에 나타내었다.

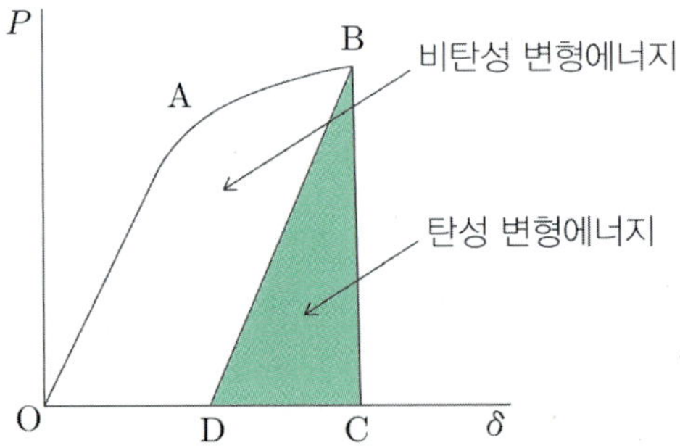

[그림 5.35] 탄성변형에너지와 비탄성변형에너지

하중이 작용하는 동안에 하중이 한 일은 곡선 아랫부분의 면적과 같다. 점 B가 탄성한도를 지나고 하중이 제거될 때 영구 신장량 $\overline{OD}$가 남는다면 하중-변위 선도는 $\overline{BD}$를 따른다. 이때 하중이 제거되는 동안에 회복되는 에너지를 탄성 변형에너지(elastic strain energy)라 한다. 이것은 $\triangle BCD$의 면적을 나타낸다. 반면 면적 OABDO는 봉이 영구적으로 변형되는 과정에서 소모되는 에너지를 나타내며 이것을 비탄성 변형에너지(inelastic strain energy)라고 한다. 대부분의 구조물은 보통 사용 상태에서 재료가 탄성영역 내에 존재한다고 예상하여 설계한다.

3 선형 탄성 재료의 변형에너지

봉 재료가 훅의 법칙을 따르고 [그림 5.36]과 같이 하중-변위 곡선이 직선인 경우에 대해 변형에너지를 살펴본다. 이 경우 봉에 저장된 변형에너지 U는 다음과 같다.

$$U = \frac{P\delta}{2} \qquad \cdots (5.30)$$

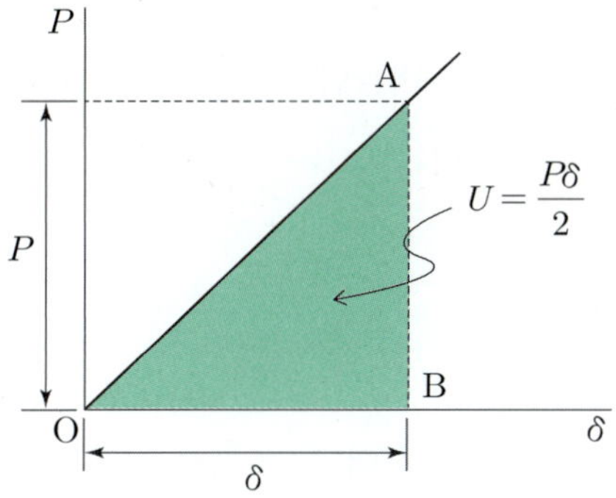

[그림 5.36] 선형 탄성 재료의 변형에너지

이것은 그림에서 $\triangle \mathrm{OAB}$의 면적을 나타낸다. 재료가 훅의 법칙 $\sigma = E\epsilon$을 따를 때 단면적 A, 길이 L, 세로탄성계수 E인 봉에 인장력 P가 작용하면 늘어난 봉의 길이는

$$\delta = \frac{PL}{EA} \qquad \cdots (5.31)$$

이다. 이때 선형 탄성 봉의 변형에너지는 다음과 같이 표현된다.

$$U = \frac{P^2 L}{2EA}, \quad U = \frac{EA\,\delta^2}{2L} \qquad \cdots (5.32)$$

위 식으로부터 하중이 변화하지 않더라도 봉의 길이가 증가하면 변형에너지량도 함께 증가한다는 것을 알 수 있다. 이것은 더 많은 재료가 하중에 의해 변형되었기 때문이다. 이에 반해 탄성계수나 단면적이 증가하면 봉의 변형률이 감소하기 때문에 변형에너지는 감소한다.

한편 축 하중 부재에 대해 변형에너지를 응력 $\sigma = E\epsilon = E\delta/L$으로 표현하면 다음과 같다. $\delta = \sigma L/E$이다.

$$U = \frac{EA\,\delta^2}{2L} = \frac{EA}{2L} \times \left(\frac{\sigma L}{E}\right)^2 = \frac{\sigma^2 AL}{2E}$$

$$U = \frac{\sigma^2 AL}{2E} \qquad \cdots (5.33)$$

스프링상수 k[N/mm]인 스프링에서 δ[mm]의 변형이 생겼을 때 스프링에 발생하는 하중은

$$P = k\delta \quad \cdots (5.34)$$

이므로 스프링의 탄성 변형에너지(U)는 다음과 같다.

$$U = \frac{P\delta}{2} = \frac{P^2}{2k} = \frac{1}{2}k\delta^2 \quad \cdots (5.35)$$

한편 비틀림(torsion) 스프링의 경우 비틀림 모멘트 T[N • mm]와 비틀림각 θ[rad]의 관계는 다음과 같다.

$$T = k_t\theta \quad \cdots (5.36)$$

여기에서 k_t는 비틀림 스프링상수라고 하며, 단위는 [N • mm/rad]이다. 따라서 T와 θ의 관계는 하중(P)-변위(δ) 곡선과 같은 직선이고, 비틀림 스프링의 탄성 변형에너지(U)는 다음과 같다.

$$U = \frac{T\theta}{2} = \frac{1}{2}k_t\theta^2 \quad \cdots (5.37)$$

4 변형에너지밀도

재료의 단위체적당 변형에너지를 변형에너지밀도(strain energy density)라 한다. 봉의 변형에너지는 전 체적에 균일하게 분포하기 때문에 전체 변형에너지 U를 봉의 체적 AL로 나누어 변형에너지밀도(u)를 구한다.

$$u = \frac{U}{AL} = \frac{P^2}{2EA^2} = \frac{E\delta^2}{2L^2} \quad \cdots (5.38)$$

위 식에서 $\delta = PL/EA$이다. 여기에서 $P/A = \sigma$, $\delta/L = \epsilon$으로 바꾸면

$$u = \frac{\sigma^2}{2E} = \frac{E\epsilon^2}{2} \quad \cdots (5.39)$$

이 된다. 이 식은 선형 탄성재료의 변형에너지밀도를 수직응력 σ와 수직변형률 ϵ으로 나타낸 것이다. 변형에너지밀도의 SI 단위는 $\mathrm{J/m^3 = N/m^2}$이다.

한편 비례한도까지 응력을 가할 때의 재료의 변형에너지밀도를 탄력계수(modulus of resilience, u_r)이라 한다. 이 값은 식 (5.39)에 비례한도 σ_{pl}을 대입하여 구한다.

$$u_r = \frac{\sigma_{pl}^2}{2E} \qquad \cdots (5.40)$$

탄력계수는 응력과 같은 단위를 가진다. 탄력계수는 비례한도까지 응력(σ)-변형률(ϵ) 곡선 아래의 면적($S = \frac{1}{2}\sigma\epsilon = \frac{1}{2}\sigma \times \frac{\sigma}{E} = \frac{\sigma^2}{2E}$)과 같다. 탄력은 탄성 범위 내에서 에너지를 흡수하거나 방출할 수 있는 재료의 능력을 나타낸다.

한편 인성(toughness)은 재료가 파단되기 전까지 에너지를 흡수할 수 있는 재료의 능력을 나타낸다. 이에 대응되는 인성계수(modulus of toughness, u_t)는 파괴점까지 재료에 응력을 가했을 때의 재료의 변형에너지밀도이다. 이 값은 응력-변형률 곡선 아래 부분의 전체 면적과 같다. 인성계수가 클수록 재료가 파단되지 않고 에너지를 흡수할 수 있는 재료의 능력이 커진다. 특히 충격하중을 받을 때는 재료가 높은 인성계수를 가지는 게 좋다.

5 불균일 봉

형태가 다른 여러 개의 부분으로 구성된 봉의 전체 변형에너지는 각 부분의 변형에너지의 합과 같다. 예를 들어 [그림 5.37]의 (a)에서 전체 변형에너지는 AB와 BC 부분의 변형에너지의 합과 같다. 이와 같은 방법에 의해 일반적으로 전체 변형에너지(U)는 다음과 같이 표현된다.

$$U = \sum_{i=1}^{n} U_i \qquad \cdots (5.41)$$

여기에서 n은 부분의 개수이고 U_i는 봉의 i번째 부분의 변형에너지이다.

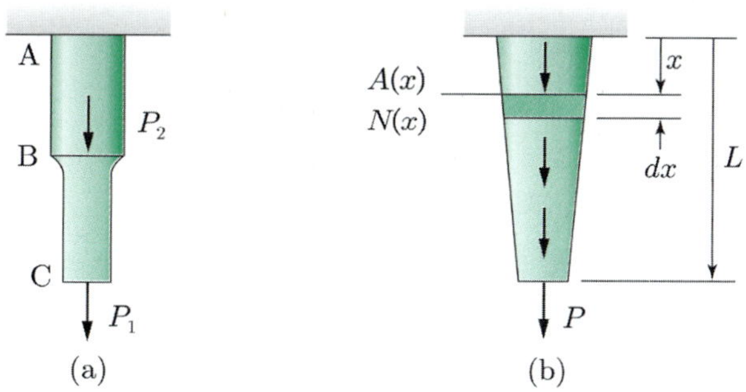

[그림 5.37] (a) 단면적과 축력이 다른 여러 개의 균일 단면 부분으로 구성된 봉
(b) 단면적과 축력이 변하는 불균일 단면 봉

봉의 재료가 선형 탄성적으로 거동하고 내부축력과 단면적이 각 부분에서 일정한 경우 식 (5.41)은 다음과 같이 표현된다.

$$U = \sum_{i=1}^{n} \frac{N_i^2 L_i}{2E_i A_i} \qquad \cdots (5.42)$$

여기에서 N_i, L_i, A_i, E_i는 각각 i번째 부분의 내부축력, 길이, 단면적, 탄성계수이다.

[그림 5.37]의 (b)와 같이 연속적으로 변하는 축력을 가진 불균일 단면 봉의 변형에너지는 미소요소 dx에 대한 변형에너지를 구한 후 이 값을 봉의 전체 길이에 대해 적분하여 구한다.

$$U = \int_0^L \frac{[N(x)]^2 dx}{2EA(x)} \qquad \cdots (5.43)$$

위 식에서 $N(x)$와 $A(x)$는 봉의 끝으로부터 거리 x 위치에서의 축력과 단면적을 각각 나타낸다.

이상에서 소개한 변형에너지 식들은 변형에너지가 하중의 선형함수가 아니라는 것을 보여준다. 따라서 한 개 이상의 하중을 지지하는 구조물의 변형에너지는 독립적으로 작용하는 각각의 하중에 대한 변형에너지를 합해서 구할 수 없다. 예를 들어 [그림 5.37]의 (a)에서 전체 변형에너지는 하중 P_1만 작용했을 때 변형에너지와 P_2만 작용했을 때 변형에너지를 합한 것이 아니다. 이와 같은 경우에는 반드시 두 하중을 동시에 고려하여 각 부분의 변형에너지를 구해야 한다.

예제 5.18 그림과 같이 양단이 고정된 부재에 하중 P가 C점에 작용할 때, 부재의 변형에너지를 구하여라. 단, 부재의 축강성은 EA이고, 부재의 자중은 무시한다.

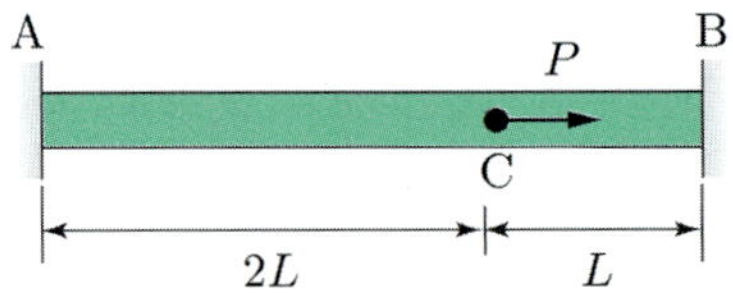

[그림 5.38] 변형에너지

풀이 그림의 자유물체도에서 AC 부재에 작용하는 내부축력을 $N_1 = N$이라 하면 BC 부재에 작용하는 내부축력 $N_2 = N - P$이다. 여기에서 부재의 전체 신장량이 0이라는 조건을 적용하면

$$\delta = \delta_1 + \delta_2 = \frac{N(2L)}{EA} + \frac{(N-P)L}{EA} = 0$$

$$2N + (N - P) = 0$$

$$\therefore \; N = \frac{P}{3}$$

이다. 즉, AC 부재에 작용하는 내부축력 $N_1 = \dfrac{P}{3}$, BC 부재에 작용하는 내부축력 $N_2 = N - P = \dfrac{2P}{3}$ 이므로 부재의 변형에너지(U)는 다음과 같다.

$$U = \sum\left(\frac{N_i^2 L_i}{2EA}\right) = \frac{(P/3)^2(2L)}{2EA} + \frac{(2P/3)^2(L)}{2EA} = \frac{P^2 L}{3EA}$$

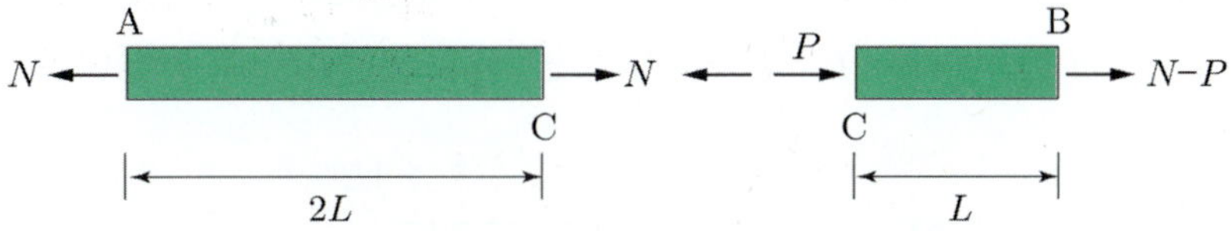

[그림 5.39] 내부축력에 대한 자유 물체도

예제 5.19 그림과 같이 단면적이 다른 두 봉이 동일한 축 하중을 받고 있다. (a)의 봉은 전 길이 ($2L$)에서 지름이 $2d$이고, (b)의 봉은 지름이 $2d$와 d인 두 부분으로 나눠져 있다. 이때 (a)와 (b)의 변형에너지 비 $U_{(b)}/U_{(a)}$를 구하여라. 단, 봉의 무게는 무시한다.

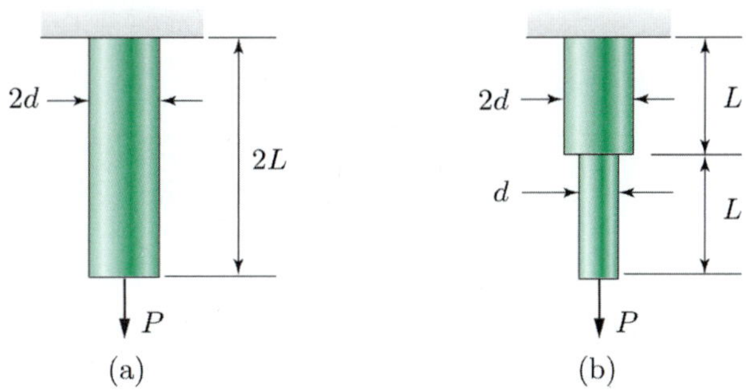

[그림 5.40] 길이가 같고 단면적이 다른 봉의 변형에너지

풀이 지름이 d인 단면적 $A = \dfrac{\pi d^2}{4}$ 이고 지름이 $2d$인 단면적(A_1)은

$$A_1 = \frac{\pi(2d)^2}{4} = 4 \times \frac{\pi d^2}{4} = 4A$$

이므로 (a)와 (b)의 봉의 변형에너지는 다음과 같이 표현된다.

$$U_{(a)} = \frac{P^2(2L)}{2EA_1} = \frac{P^2(2L)}{2E(4A)} = \frac{P^2 L}{4EA}$$

$$U_{(b)} = \frac{P^2 L}{2EA_1} + \frac{P^2 L}{2EA} = \frac{P^2 L}{2E(4A)} + \frac{P^2 L}{2EA} = \frac{5P^2 L}{8EA}$$

따라서 두 봉의 변형에너지 비 $U_{(b)}/U_{(a)}$는 다음과 같다.

$$\frac{U_{(b)}}{U_{(a)}}=\frac{(5/8)}{(1/4)}=\frac{5}{2}$$

즉, (b)는 (a)보다 $5/2$배 큰 변형에너지를 갖는다. 이 예제로부터 봉의 일부분의 단면적이 감소하면 봉에 저장되는 변형에너지가 증가한다는 것을 알 수 있다.

예제 5.20 그림의 (a)와 같이 벽에 고정되어 매달려 있는 길이 L인 균일 단면 봉의 자중(W)에 의한 변형에너지(U)를 구하여라. 단, 봉의 단면적은 A, 비중량은 γ이다.

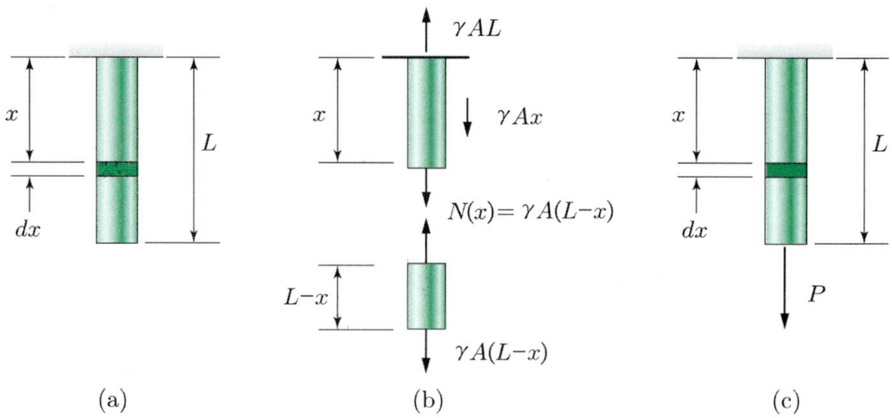

[그림 5.41] (a) 자중을 받고 매달려 있는 봉
(b) 내부축력을 구하기 위한 자유물체도
(c) 자중과 축 하중(P)을 동시에 받고 매달려 있는 봉

풀이 내부축력 $N(x)$을 구하기 위해 벽으로부터 거리 x에 있는 미소요소 dx를 고려한다. (b)의 자유물체도에서 이 요소에 작용하는 내부축력은 이 요소 아래 부분$(L-x)$의 봉의 무게와 같다.

$$N(x)=\gamma A(L-x) \qquad \cdots ①$$

따라서 봉의 전 길이(L)에 대한 전체 변형에너지(U)는 다음과 같다.

$$U=\int_0^L\frac{[N(x)]^2}{2EA}dx=\int_0^L\frac{[\gamma A(L-x)]^2}{2EA}dx$$
$$=\frac{\gamma^2 A}{2E}\int_0^L(L^2-2Lx+x^2)dx$$
$$=\frac{\gamma^2 A}{2E}\left[L^2x-Lx^2+\frac{1}{3}x^3\right]_0^L=\frac{\gamma^2 AL^3}{6E} \qquad \cdots ②$$

예제 5.21 [그림 5.41]의 (c)와 같이 자중과 축 하중(P)을 동시에 받고 매달려 있는 봉의 변형에너지(U)를 구하여라. 단, 봉의 길이는 L, 단면적은 A, 비중량은 γ이다.

풀이 위 예제와 같이 벽으로부터 거리 x에 있는 미소요소 dx를 고려하면 이 요소에 작용하는 내부축력은 이 요소 아래 부분$(L-x)$의 봉의 무게와 축 하중(P)을 합한 것과 같다.

$$N(x) = \gamma A(L-x) + P \qquad \cdots ①$$

이때 봉의 전 길이(L)에 대한 전체 변형에너지(U)는 다음과 같다.

$$\begin{aligned} U &= \int_0^L \frac{[N(x)]^2}{2EA}dx \\ &= \int_0^L \frac{[\gamma A(L-x)+P]^2}{2EA}dx \\ &= \int_0^L \frac{[\gamma A(L-x)]^2}{2EA}dx + \int_0^L \frac{[2\gamma A(L-x)P]}{2EA}dx + \int_0^L \frac{P^2}{2EA}dx \\ &= \frac{\gamma^2 AL^3}{6E} + \frac{\gamma P}{E}\int_0^L (L-x)dx + \frac{P^2L}{2EA} \\ &= \frac{\gamma^2 AL^3}{6E} + \frac{\gamma PL^2}{2E} + \frac{P^2L}{2EA} \qquad \cdots ② \end{aligned}$$

식 ②에서 첫 번째 항은 자중에 의한 변형에너지이고 세 번째 항은 축 하중(P)에 의한 것이다. 따라서 이 식으로부터 두 개의 하중을 동시에 받는 봉의 변형에너지는 각 하중이 독립적으로 작용할 때의 변형에너지들의 합과 같지 않다는 것을 알 수 있다. 이와 같은 사실은 변형에너지가 내부축력의 선형함수가 아니고 $[N(x)]^2$으로 표현되는 비선형함수이기 때문이다.

5.5 충격하중

[그림 5.42]의 (a)와 같이 봉의 윗부분을 고정하고 아래 부분에 플랜지를 부착한 봉의 중간에 미끄럼 고리 추를 설치한다. 여기에서 무게 W의 추를 자유낙하시켜서 봉에 충격을 가하면 정하중(static load)이 작용할 때에 비하여 더 큰 응력이 발생하는데 이것을 충격응력(impulse stress)이라 한다.

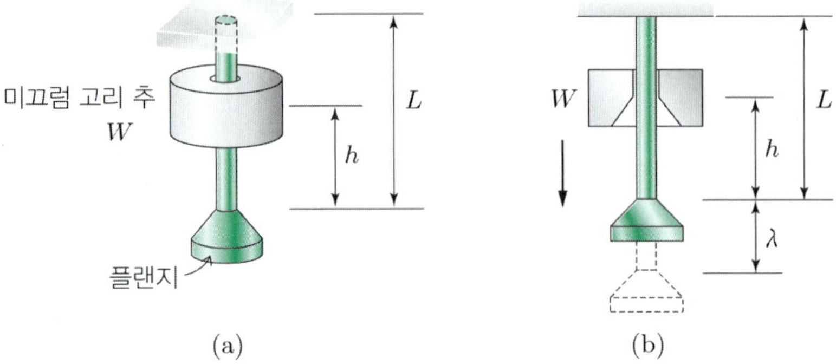

[그림 5.42] 충격하중에 의한 봉의 최대 신장량

봉의 길이는 L이고 추의 초기 위치는 봉의 아래 끝단으로부터 h에 있다. 그림의 (b)에서 충격에 의해 순간적으로 재료에 일어나는 최대 신장량을 λ, 이때 발생하는 충격응력을 σ라 하면, 마찰손실이 없을 때 하중이 한 일(낙하에 따른 위치에너지 손실)은 탄성한도 내에서 재료가 흡수한 에너지(재료의 변형에너지)와 같으므로

$$W(h+\lambda)=\frac{\sigma^2 AL}{2E}$$

이다. 이 식에 $\lambda=\dfrac{\sigma L}{E}$ 을 대입하면,

$$W\left(h+\frac{\sigma L}{E}\right)=\frac{\sigma^2 AL}{2E}$$

이고, 양변에 $2E$를 곱하고 σ에 대한 방정식으로 정리하여 σ를 구한다.

$$\sigma^2 AL-2\sigma WL-2EWh=0$$

$$\sigma^2-2\frac{W}{A}\sigma-\frac{2EWh}{AL}=0$$

$$\therefore\ \sigma=\frac{W}{A}\pm\sqrt{\left(\frac{W}{A}\right)^2+\frac{2EWh}{AL}}=\frac{W}{A}\left(1\pm\sqrt{1+\frac{2AEh}{WL}}\right)$$

위 식에서 응력 $\sigma>0$이므로 다음 관계식을 얻는다.

$$\sigma=\frac{W}{A}\left(1+\sqrt{1+\frac{2AEh}{WL}}\right) \qquad \cdots(5.44)$$

여기에서 단면적 A에 정하중 W가 작용할 때 응력(σ_0)과 신장량(λ_0)은

$$\sigma_0=\frac{W}{A},\ \ \lambda_0=\frac{WL}{AE} \qquad \cdots(5.45)$$

이므로 식 (5.44)는 다음과 같이 표현된다.

$$\sigma = \sigma_0\left(1+\sqrt{1+\frac{2h}{\lambda_0}}\right) \quad \cdots (5.46)$$

식 (5.46)에서 σ_0와 λ_0는 정하중이 작용할 때의 응력과 변형량(신장량)이다. 이 식으로부터 충격하중은 같은 크기의 하중이 정적으로 작용할 때보다 더 큰 응력을 발생시킨다는 것을 알 수 있다.

그리고 식 (5.46)에서 $\sigma = \dfrac{E\lambda}{L}$, $\sigma_0 = \dfrac{E\lambda_0}{L}$을 대입하면 다음과 같이 변형량($\lambda$, λ_0)에 대한 식이 구해진다.

$$\lambda = \lambda_0\left(1+\sqrt{1+\frac{2h}{\lambda_0}}\right) \quad \cdots (5.47)$$

충격계수(impact factor)는 같은 크기의 하중이 작용할 때 나타나는 구조물의 정적 반응에 대한 동적 반응의 비로 정의된다. 예를 들어 [그림 5.42]에 나타난 신장량에 대한 충격계수는 정적 신장량(λ_0)에 대한 최대 신장량(λ)의 비이다.

$$(\text{충격 계수}) = \frac{\lambda}{\lambda_0} \quad \cdots (5.48)$$

이 계수는 동적인 충격하중에 의한 신장량이 정적 하중에 의한 신장량보다 몇 배나 크게 증가하는가를 나타낸다.

초기 속도가 없이 갑자기 하중이 가해질 때도 특수한 충격이 발생하여 정적하중에 비해 큰 응력이 발생한다. 식 (5.46), (5.47)에서 $h=0$으로 놓으면 다음 관계식이 얻어진다.

$$\sigma = 2\sigma_0,\ \ \lambda = 2\lambda_0 \quad \cdots (5.49)$$

즉, 갑자기 하중을 가할 때 발생하는 응력과 변형량은 정하중에 의한 응력과 변형량의 두 배이다. 이때 충격계수는 2 이다.

예제 5.22 10kN의 정하중을 가하면 8mm 늘어나는 봉이 있다. 그림과 같이 10kN의 추를 32mm 높이에서 마찰 없이 자유낙하 시켰을 때 늘어나는 이 봉의 최대 길이와 이에 대응하는 충격계수를 구하여라.

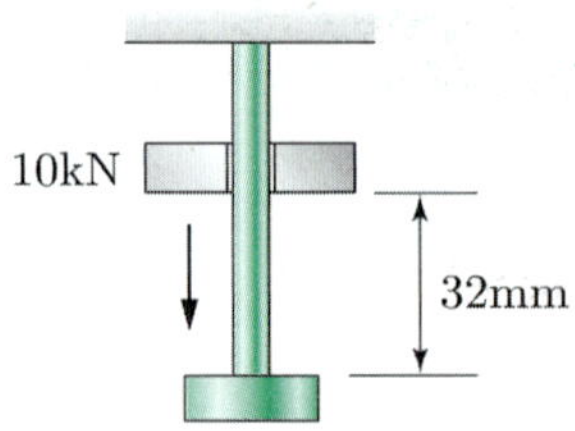

[그림 5.43] 충격하중

풀이 정하중이 작용할 때 늘어난 길이 $\lambda_0 = 8\text{mm}$이고, 추의 낙하 거리 $h = 32\text{mm}$이므로 충격하중에 의해 늘어나는 봉의 최대 길이(λ)는 다음과 같다.

$$\lambda = \lambda_0\left(1+\sqrt{1+\frac{2h}{\lambda_0}}\right) = 8\times\left(1+\sqrt{1+\frac{2\times 32}{8}}\right)[\text{mm}] = 8\times(1+\sqrt{1+8})$$
$$= 8\times(1+3) = 32[\text{mm}]$$

이때 $(\text{충격계수}) = \dfrac{\lambda}{\lambda_0} = \dfrac{32}{8} = 4$이다.

예제 5.23 길이 $L = 6\text{m}$, 단면적 $A = 400\text{mm}^2$인 균일 단면 봉이 그림과 같이 상단에 수직으로 매달려 있다. 여기에서 무게 $W = 20\text{kN}$의 추를 $h = 18\text{mm}$ 높이에서 마찰 없이 자유 낙하 시켰을 때 다음을 구하여라. 단, 봉의 탄성계수 $E = 200\text{GPa}$이다.

(1) 충격에 의해 늘어나는 봉의 최대 길이와 이에 대응하는 충격계수.

(2) 최대 인장응력과 이에 대응하는 충격계수.

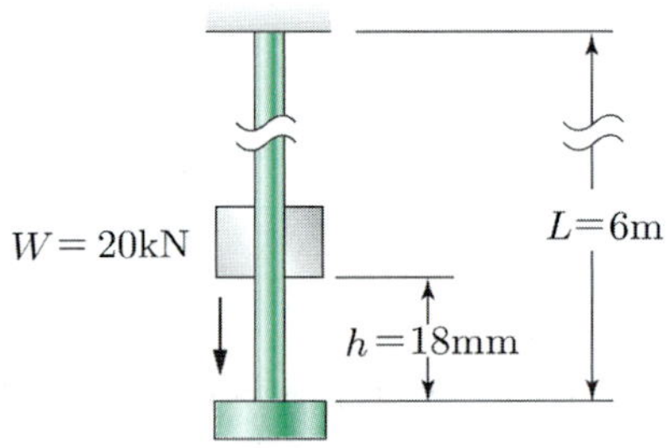

[그림 5.44] 충격하중

풀이 정하중 $W = 20\text{kN}$에 의한 응력(σ_0)과 신장량(λ_0)은 각각 다음과 같다.

$$\sigma_0 = \frac{W}{A} = \frac{20\times 10^3}{400} = 50[\text{MPa}]$$

$$\lambda_0 = \frac{\sigma_0}{E}\times L = \left(\frac{50}{200\times 10^3}\right)\times(6\times 10^3) = 1.5[\text{mm}]$$

(1) 충격에 의해 늘어나는 봉의 최대 길이(λ)와 이에 대응하는 충격계수.

$$\lambda = \lambda_0\left(1+\sqrt{1+\frac{2h}{\lambda_0}}\right) = 1.5\times\left(1+\sqrt{1+\frac{2\times 18}{1.5}}\right)[\text{mm}]$$
$$= 1.5\times(1+\sqrt{1+24}) = 1.5\times(1+5) = 9[\text{mm}]$$

이때 $(\text{충격계수}) = \dfrac{\lambda}{\lambda_0} = \dfrac{9}{1.5} = 6$이다.

(2) 최대인장응력(σ)과 이에 대응하는 충격계수.

$$\sigma = E\times\frac{\lambda}{L} = (200\times 10^3)\times\frac{9}{6\times 10^3} = 300[\text{MPa}]$$

이때 $(\text{충격계수}) = \dfrac{\sigma}{\sigma_0} = \dfrac{300}{50} = 6$이다. 변형량에 대응하는 충격계수와 응력에 대응하는 충격계수는 같은 값을 가진다.

예제 5.24 그림과 같이 스프링상수 k인 스프링 위로, 높이 h에서 질량 m인 물체가 자유낙하 하여 정적하중 $F = mg$가 작용할 때, 충격에 의한 최대처짐 δ를 구하여 k, h, F로 나타내어라.

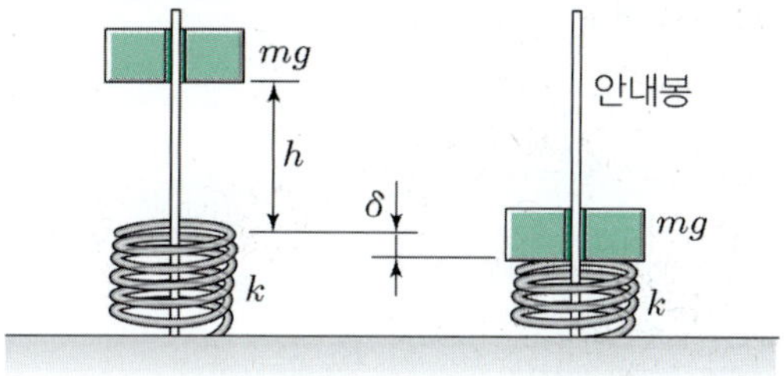

[그림 5.45] 충격하중과 변형량

풀이 물체의 위치에너지 $mg(h+\delta)$가 전부 스프링의 탄성에너지 $\frac{1}{2}k\delta^2$으로 변환될 때 최대처짐 δ가 발생한다.

$$mg(h+\delta) = \frac{1}{2}k\delta^2 \quad (\leftarrow F = mg)$$
$$F(h+\delta) = \frac{1}{2}k\delta^2$$
$$k\delta^2 - 2F\delta - 2Fh = 0$$

$$\therefore \delta = \frac{F+\sqrt{F^2+2kFh}}{k} = \frac{F}{k}\left(1+\sqrt{1+\frac{2kh}{F}}\right)$$

이상에서 $\delta > 0$이므로 $\delta = \dfrac{F-\sqrt{F^2+2kFh}}{k} < 0$는 해가 되지 않는다.

연습문제 5

01 그림 (A), (B)와 같이 동일한 스프링상수 k를 갖는 스프링의 연결에 동일 하중 W가 작용하고 있다. (A)의 처짐량을 δ_1, (B)의 처짐량을 δ_2라 할 때 $\delta_1 : \delta_2$를 구하여라. 단, 스프링의 자중은 무시한다. [공무원임용시험]

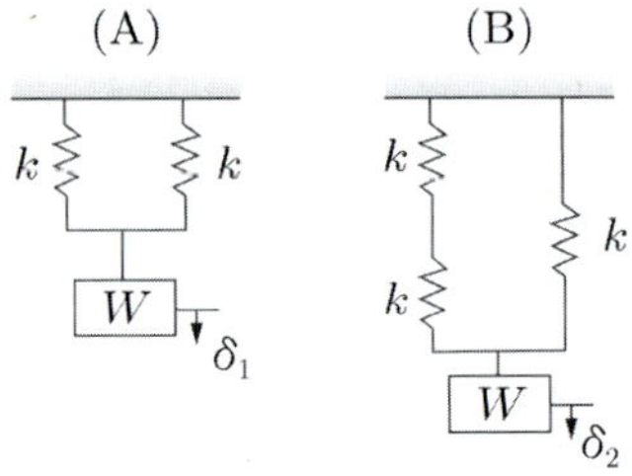

[문제 5.1]

02 강체 봉이 그림과 같이 수평 상태로 매달려 있다. $W = 9\text{N}$의 힘이 작용할 때 봉이 기울어지지 않기 위한 스프링상수 k_3[kN/m]를 구하여라. 단, 봉과 스프링의 무게는 무시한다. [중등교사 임용시험-기계 • 금속]

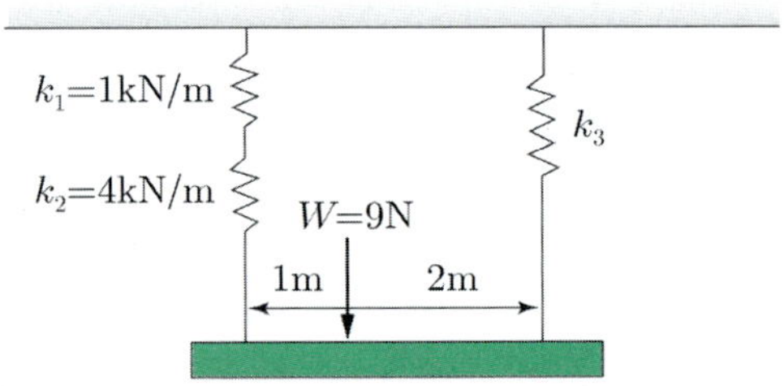

[문제 5.2]

03 그림과 같이 강체 봉이 스프링에 의하여 지지되고 있다. 100[N]의 힘이 가해질 때 강체 봉의 처짐량[mm]과 k_3스프링에 작용하는 힘[N]을 각각 풀이 과정과 함께 구하시오. 단, 강체 봉의 무게는 무시한다. [중등교사 임용시험-기술]

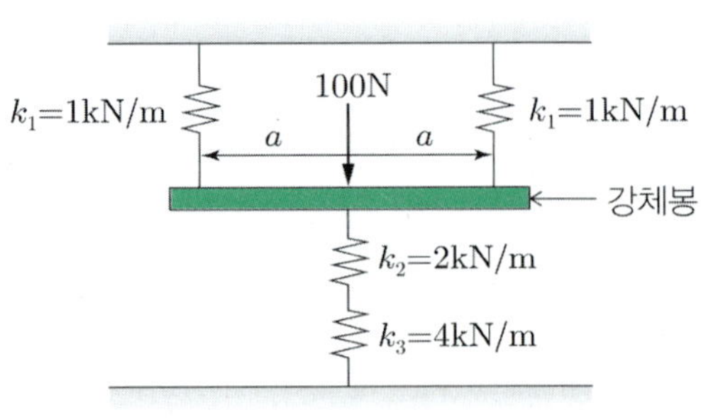

[문제 5.3]

04 강체 봉 AB 가 A 점에서 핀과 탄성 막대 CD 로 지지되고 있다. 봉의 AD 구간에서는 균일분포하중 $q = 8\text{kN/m}$, B 점에는 집중하중 $P = 4\text{kN}$이 작용하고 있을 때 탄성 막대 CD 의 늘어난 길이[mm]를 구하여라. 단, 막대의 단면적은 500mm^2, 탄성계수 $E = 200\text{GPa}$ 이다.

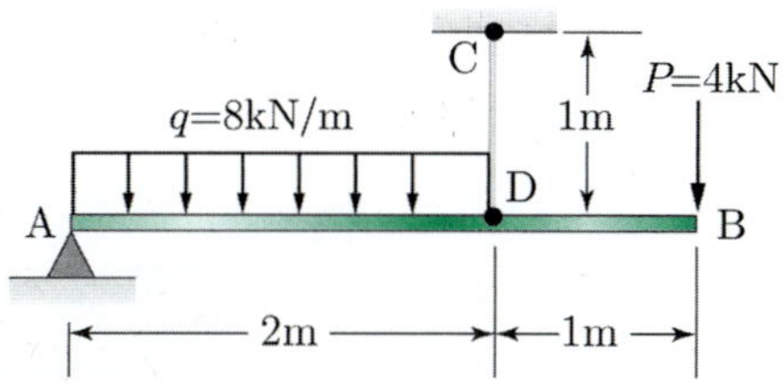

[문제 5.4]

05 그림과 같은 봉이 축 하중 P, Q를 받고 있을 때 다음을 구하여라. 단, AB 와 BC 부분의 단면적은 각각 20mm^2, 80mm^2이고 탄성계수는 60GPa이다.

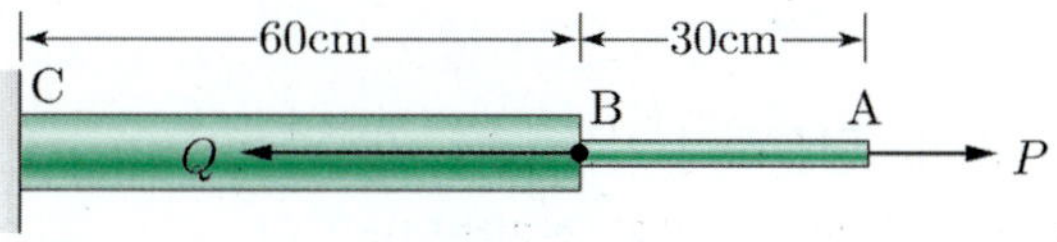

[문제 5.5]

(1) $P = 8\text{kN}$, $Q = 16\text{kN}$일 때 점 A와 B의 변위

(2) $P = 7\text{kN}$일 때 점 A의 변위가 0이 되는 Q[kN]의 값

06 그림과 같은 봉이 축 하중 $P = 80\text{kN}$을 받고 C 점에서 4mm 의 변위가 발생하였다. AB 부분의 지름이 20mm 일 때 BC 부분의 지름(d)을 구하여라. 단, 탄성계수는 200GPa이다.

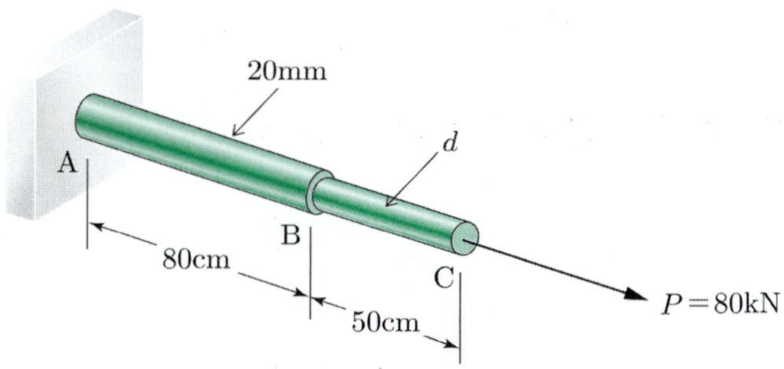

[문제 5.6]

07 그림과 같은 봉의 C 점에 축 하중 P가 작용할 때, C 점의 수평변위가 0 이 되게 하는 B 점에 작용하는 하중 Q의 크기는? 단, 봉의 축강성 EA는 일정하고, 좌굴 및 자중은 무시한다. [공무원임용시험]

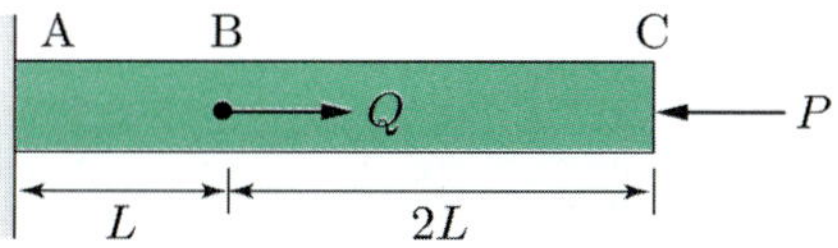

[문제 5.7]

① $1.5P$　② $2.0P$　③ $2.5P$　④ $3.0P$

08 다음과 같이 하중을 받는 강철봉의 전체 길이 변화량[mm]은? 단, 강철봉의 탄성계수는 300GPa 이다. [공무원임용시험]

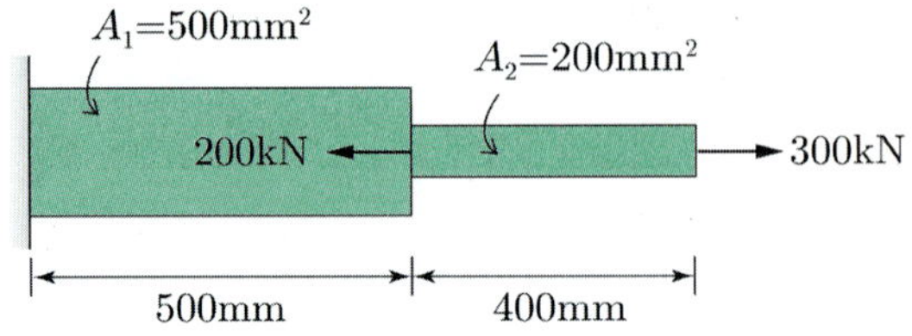

[문제 5.8]

① $\frac{7}{3}$　② $\frac{8}{3}$　③ $\frac{10}{3}$　④ $\frac{11}{3}$

09 그림과 같이 ac 구간은 단면적이 $2A$, cd 구간은 단면적이 A인 같은 재료의 봉이 있다. 하중 조건이 그림과 같을 때 점 d 의 수평변위는? 단, E는 탄성계수이다. [공무원임용시험]

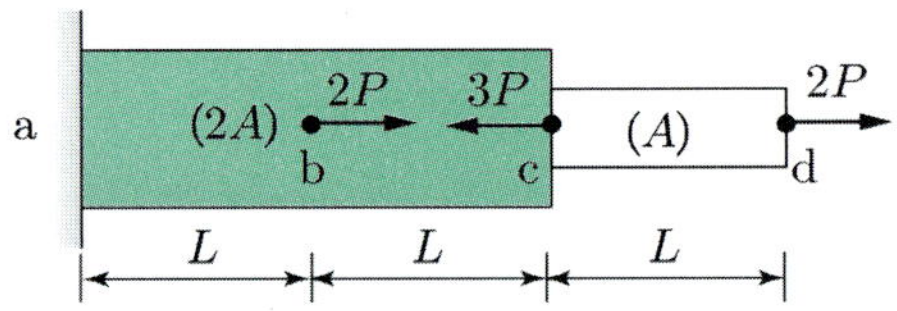

[문제 5.9]

① 0　② $\frac{PL}{EA}$　③ $\frac{2PL}{EA}$　④ $\frac{3PL}{EA}$

10 축강성이 EA인 다음 강철봉의 C 점에서의 수평변위는? 단, EA는 일정하다. [공무원임용시험]

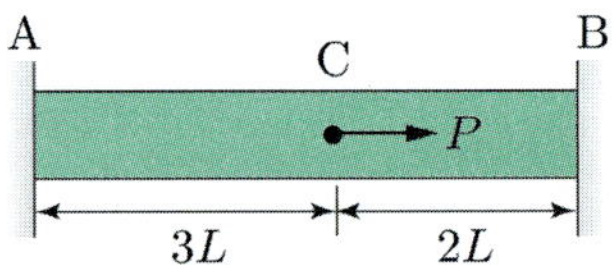

[문제 5.10]

① $\frac{4PL}{5EA}$　② $\frac{PL}{EA}$　③ $\frac{6PL}{5EA}$　④ $\frac{7PL}{5EA}$

11 그림과 같이 축 하중만을 받는 강봉에서 축력에 의해 발생되는 총신장량[mm]는? 단, 강봉의 단면적 $A = 500\text{mm}^2$이며, 탄성계수 $E = 2 \times 10^5\text{MPa}$ 이고, 자중은 무시한다. [공무원임용시험]

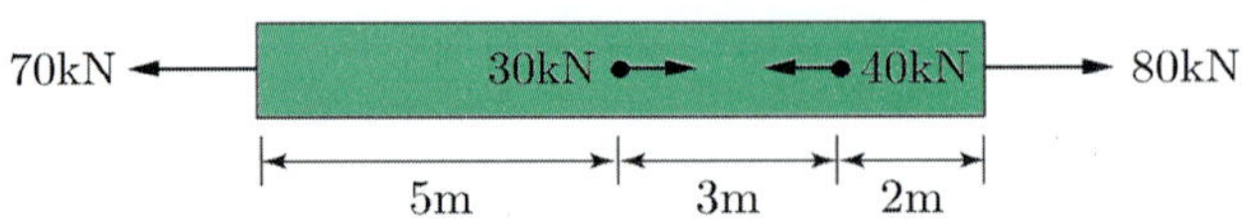

[문제 5.11]

① 1.1　② 3.5　③ 6.3　④ 8.2

12 다음 그림은 동일한 재료인 두 개의 단면으로 이루어진 봉이다. $P_A = 10\text{MN}$의 힘이 그림과 같이 작용하는 경우, B 점의 위치가 움직이지 않기 위한 힘 P_B[MN]는? 단, 탄성계수는 100GPa, A 점과 B 점에 작용하는 힘은 단면 중심에 작용하고, 봉의 자중은 무시한다. [공무원임용시험]

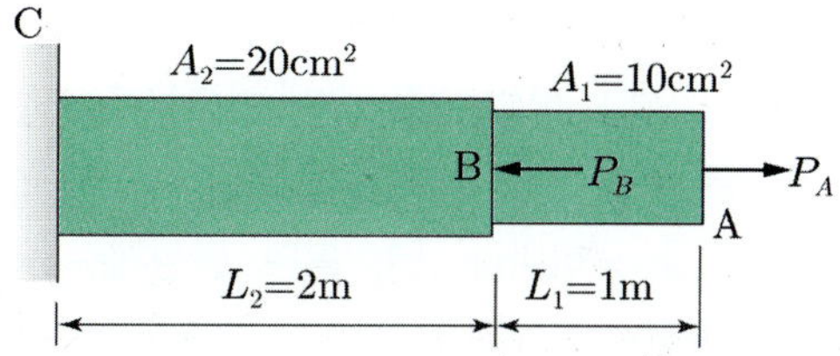

[문제 5.12]

① 10 ② 20 ③ 5 ④ 15

13 다음 그림과 같이 부재의 B, C, D 점에 수평하중이 작용할 때 D 점의 수평 변위 크기[cm]는? 단, 부재의 탄성계수 $E = 100\text{GPa}$, 단면적 $A = 1\text{mm}^2$이다. [공무원임용시험]

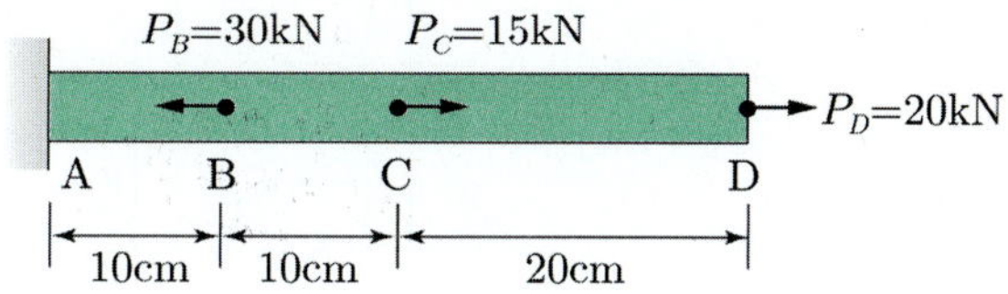

[문제 5.13]

① 2 ② 4
③ 6 ④ 8

14 그림과 같은 부재에 2 개의 축 하중이 작용할 때 구간 D_1, D_2, D_3의 변위의 비($\delta_1 : \delta_2 : \delta_3$)는? 단, 모든 부재의 단면적은 A로 나타내며, 탄성계수 E는 일정하고, 자중은 무시한다. [공무원임용시험]

① 1 : 2 : 18 ② 1 : 4 : 18
③ 1 : 2 : 24 ④ 1 : 4 : 24

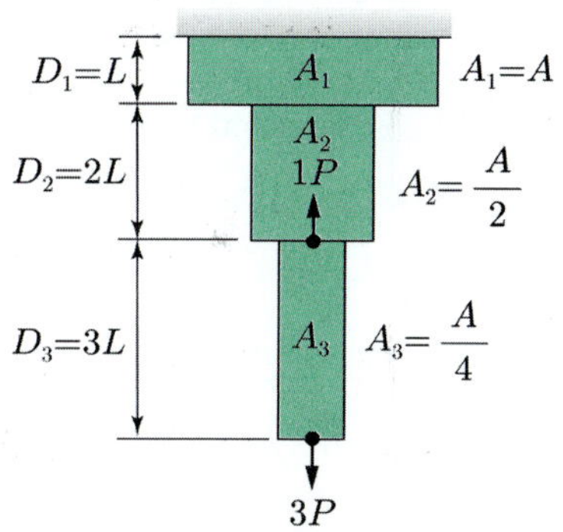

[문제 5.14]

15 그림과 같이 L인 직사각형 단면의 평판 봉이 축 하중 P를 받고 있다. 단면의 폭은 b로 일정하지만 높이는 길이를 따라 선형적으로 변화한다. 봉의 왼쪽 끝단과 오른쪽 끝단의 단면 높이가 각각 h_1과 h_2일 때 봉의 늘어난 전체 길이를 구하여라. 단, 봉의 탄성계수는 E이고 무게는 무시한다.

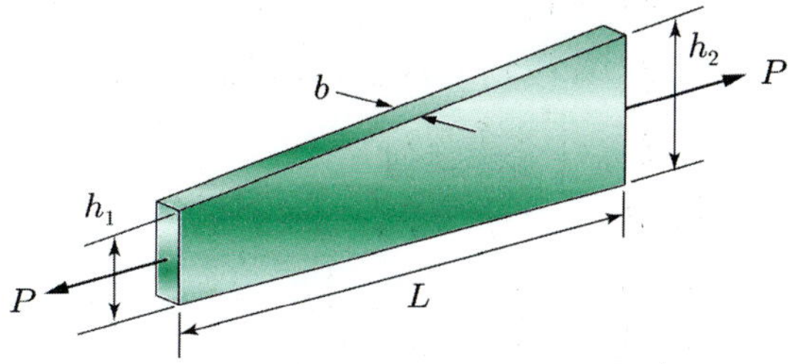

[문제 5.15]

16 길이 L인 원형 단면의 봉이 축 하중 P를 받고 있다. 봉의 왼쪽 끝단과 오른쪽 끝단의 지름은 각각 $2d$와 $4d$일 때 하중에 의해 늘어난 길이를 구하여라. 단, 봉의 탄성계수는 E이고, 무게는 무시한다.

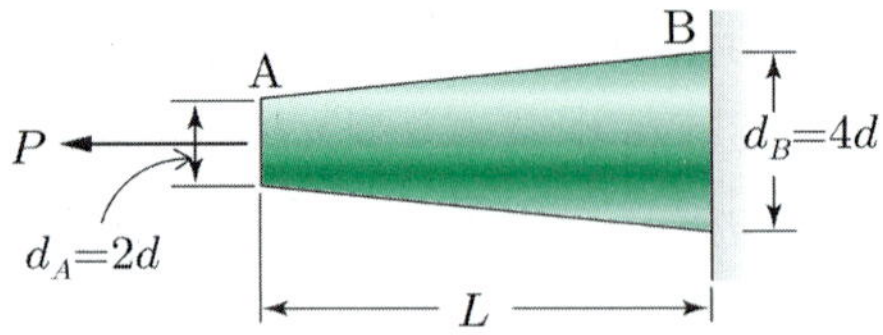

[문제 5.16]

17 세로탄성계수 E, 길이 L, 단면적 A, 무게 W의 봉이 그림과 같이 매달려 있다. 봉의 무게에 의해 길이방향으로 늘어난 길이를 구하여라.

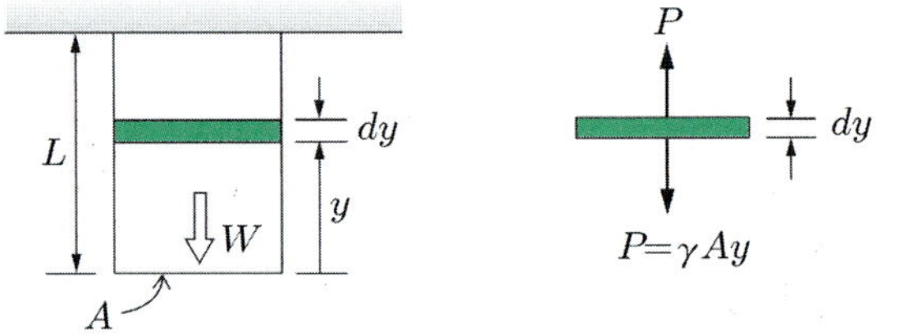

[문제 5.17]

18 그림과 같이 길이 $L=88\text{mm}$의 튜브(tube) 안에 같은 길이의 막대가 놓여져 있다. 이 구조물을 0.1mm 늘어나게 하는 인장력 P[kN]을 구하여라. 단, $A_1=80\text{mm}^2$, $E_1=100\text{GPa}$, $A_2=70\text{mm}^2$, $E_2=200\text{GPa}$이다.

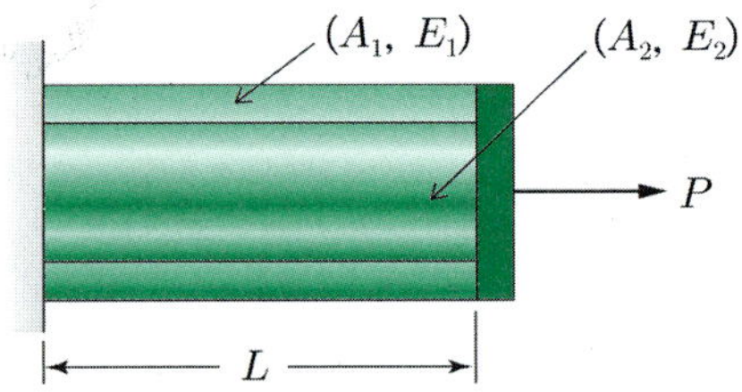

[문제 5.18]

19 위 문제(18 번)에서 $(A_1,\ E_1)$부재와 $(A_2,\ E_2)$부재의 항복응력이 각각 400MPa과 500MPa일 때 허용할 수 있는 최대인장력 P[kN]을 구하여라.

20 그림과 같이 동일한 높이 L을 갖는 3개의 기둥 위에 강판(rigid plate)을 대고 압축력 P를 가하고 있다. 좌·우측 기둥 (가), (다)의 축강성은 E_1A_1으로 동일하고, 가운데 기둥 (나)의 축강성은 E_2A_2일 때, 기둥 (가)와 기둥 (나)에 가해지는 압축력 P_1과 P_2를 구하여라.
단, $r=\dfrac{E_1A_1}{E_2A_2}$이고, 강판 및 기둥의 자중은 무시한다. [공무원임용시험]

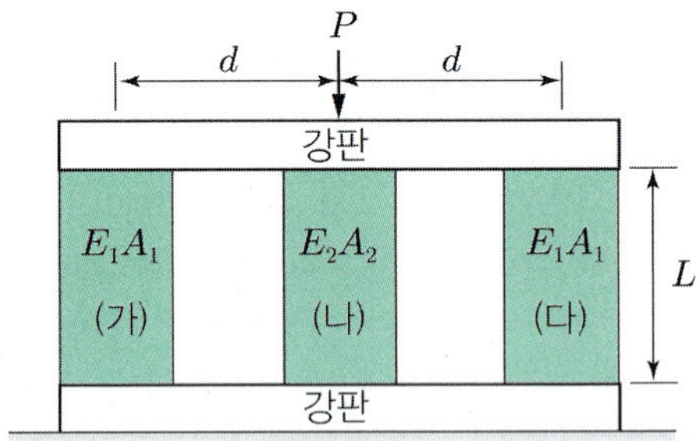

[문제 5.20]

21 그림과 같이 환형과 실린더로 구성된 부재가 압축력 P를 받고 있다. 환형과 실린더의 길이는 모두 L이고 압축력은 평판을 통해 두 부분에 전달된다. 두 부분의 길이가 0.2% 줄어들게 하는 하중 P[kN]을 구하여라. 단, $A_1 = 50\text{mm}^2$, $E_1 = 100\text{GPa}$, $A_2 = 80\text{mm}^2$, $E_2 = 60\text{GPa}$ 이다.

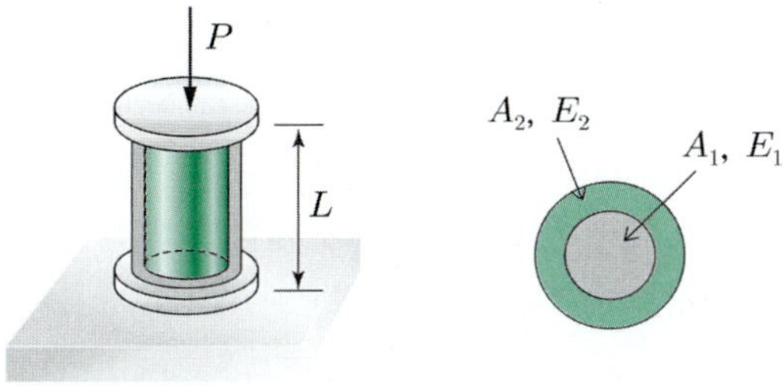

[문제 5.21]

22 위 문제(21 번)에서 (A_1, E_1)부재와 (A_2, E_2) 부재의 항복응력이 각각 500MPa 과 360MPa 일 때 허용할 수 있는 최대압축력 P[kN]을 구하여라.

23 그림과 같이 양단 고정봉에 100kN 의 하중이 작용하고 있다. AB 구간의 단면적은 100mm^2, BC 구간의 단면적은 200mm^2으로 각각 일정할 때, A 지점에 작용하는 수평반력[kN]의 크기는? 단, 탄성계수는 200GPa 로 일정하고, 자중은 무시한다. [공무원임용시험]

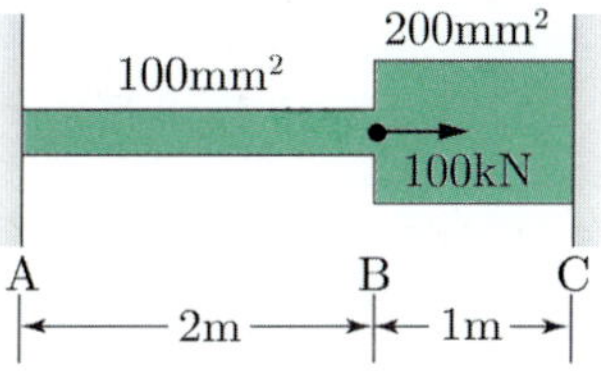

[문제 5.23]

① 20 ② 30
③ 40 ④ 50

24 그림과 같이 양단이 고정된 봉에 하중 P가 작용하고 있을 경우 옳지 않은 것은? 단, 각 부재는 동일한 재료로 이루어져 있고, 단면적은 각각 $3A$, $2A$, A이며, 봉의 자중은 무시한다. 또한 응력은 단면에 균일하게 분포한다고 가정한다. [공무원임용시험]

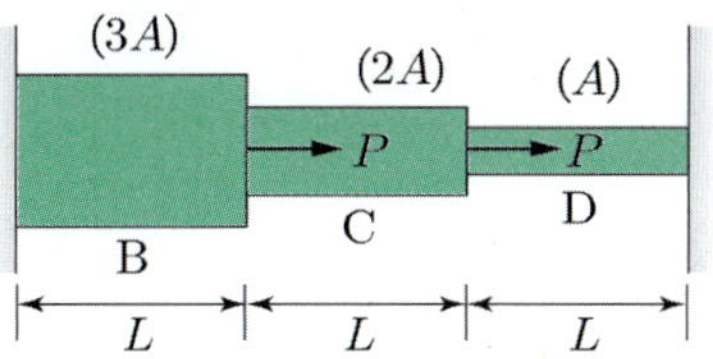

[문제 5.24]

① B, C 부재의 축력 비는 15 : 4이다.
② D 부재에 발생하는 응력은 B 부재 응력의 $\dfrac{7}{5}$배이다.
③ D 부재의 길이 변화량이 가장 크다.
④ 양 지점의 반력은 크기가 같고 방향이 반대이다.

25 그림과 같이 양단 고정된 보에 축력이 작용할 때 지점 B에서 발생하는 수평반력의 크기[kN]는? 단, 보의 축강성 EA는 일정하며, 자중은 무시한다. [공무원임용시험]

① 190　　② 200

③ 210　　④ 220

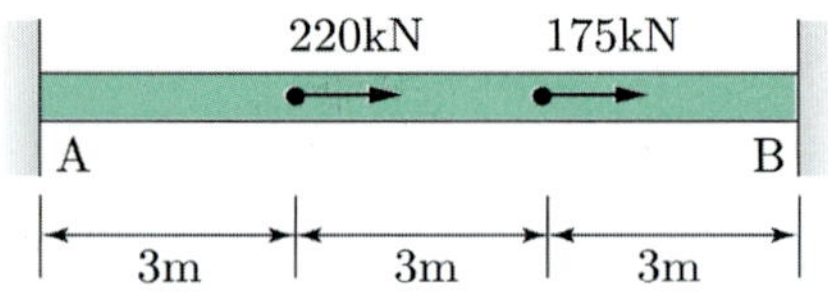

[문제 5.25]

26 단면적 $A = 400\text{mm}^2$인 금속 막대가 인장하중 P를 받고 있다. 막대의 인장력에 대한 허용응력(σ_a)과 전단력에 대한 허용응력(τ_a)이 각각 120MPa와 70MPa일 때 허용할 수 있는 최대하중 P를 구하여라.

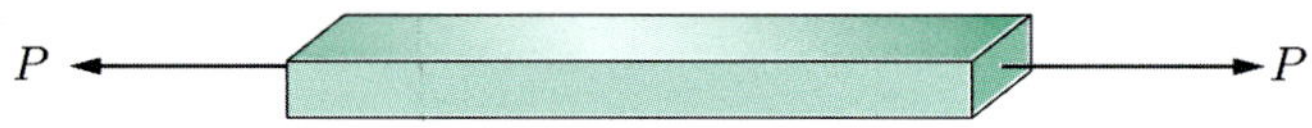

[문제 5.26]

27 그림과 같이 지름이 d인 봉이 축방향 인장하중 $P = 4\text{kN}$을 받고 있다. 봉 재료의 허용인장응력 $\sigma_a = 50\text{MPa}$, 허용전단응력 $\tau_a = 20\text{MPa}$일 때 봉의 최소지름(d_{min})을 구하여라.

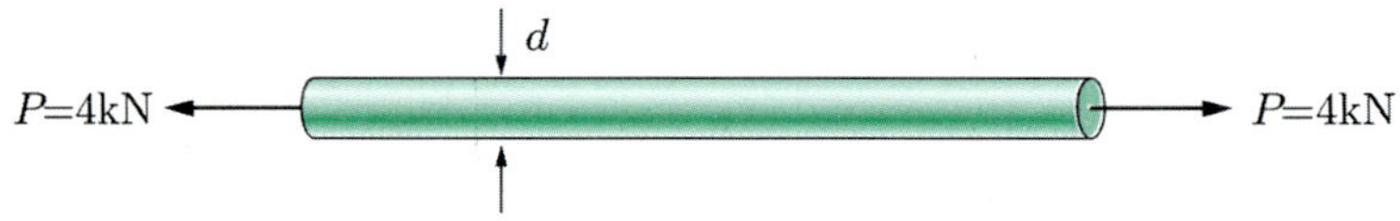

[문제 5.27]

28 지름 $d = 10\text{mm}$인 봉이 축방향 인장하중 $P = 3\pi\text{kN}$을 받을 때 다음을 구하여라.

(1) 봉에서 발생하는 최대수직응력(σ_{max})과 최대전단응력(τ_{max})

(2) 축에 대해 $\theta = 45°$ 경사면에서의 수직응력(σ_θ)과 전단응력(τ_θ)

(3) 축에 대해 $\theta = 22.5°$ 경사면에서의 수직응력(σ_θ)과 전단응력(τ_θ)

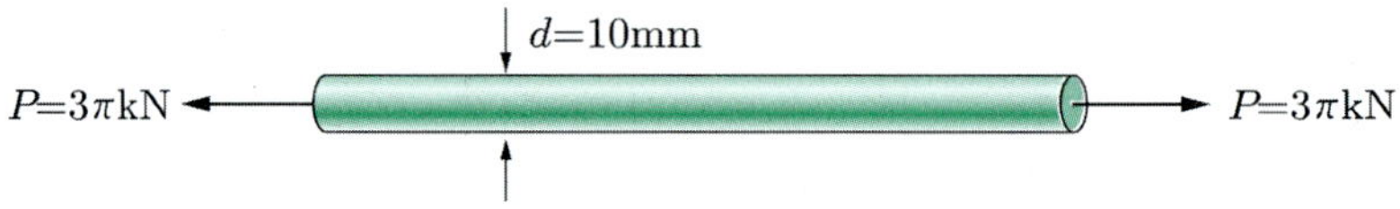

[문제 5.28]

29 가로 $a = 50\text{mm}$, 세로 $b = 40\text{mm}$의 직사각형 단면 봉이 축방향 인장하중 F를 받는다. 봉의 인장과 전단에 대한 허용응력이 각각 100MPa, 40MPa일 때 허용 가능한 F의 최댓값[kN]을 구하여라.

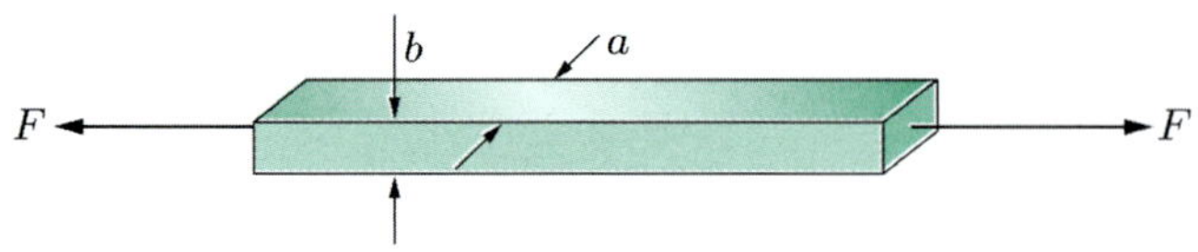

[문제 5.29]

30 단면적 $A = 2000\,\text{mm}^2$인 봉이 축방향 압축 하중 $P = 40\text{kN}$을 받고 있다. 그림과 같이 축에 대해 $\theta = 30°$ 경사면(pq)에서의 수직응력(σ_θ)과 전단응력(τ_θ)을 구하여라.

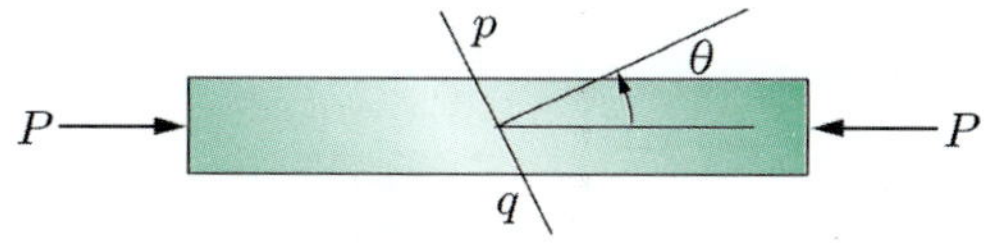

[문제 5.30]

31 다음 그림과 같이 단면적이 100mm^2인 직사각형 단면의 봉에 인장력 10kN이 작용할 때, $\theta = 30°$ 경사면 m-n에 발생하는 수직응력(σ)과 전단응력(τ)의 크기[MPa]를 구하여라. [공무원임용시험]

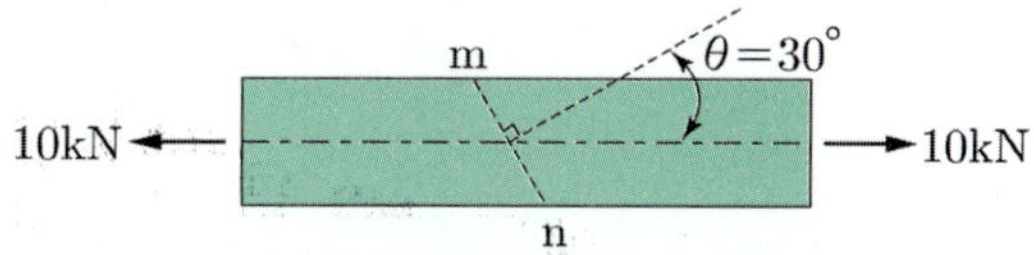

[문제 5.31]

32 다음 그림과 같이 단면적 10m^2인 부재에 축방향 인장하중 P가 작용하고 있다. 이 부재의 경사면 ab에 25Pa의 법선응력을 발생시키는 인장하중 P[N]의 크기를 구하고, 인장하중 P에 의해 부재에 발생하는 최대전단응력 τ_{max}[Pa]을 구하여라. [공무원임용시험]

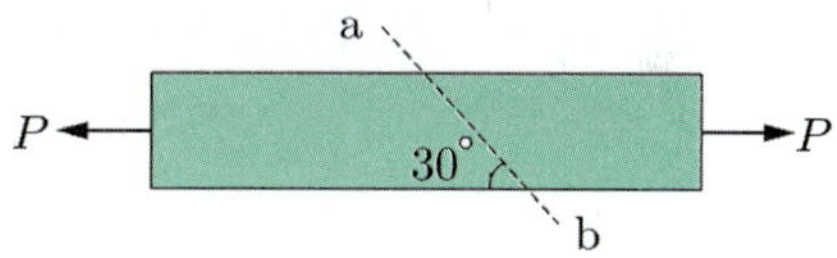

[문제 5.32]

33 그림과 같이 축방향 인장력 P를 받는 봉의 허용인장응력 $f_{allow} = 120\text{MPa}$, 허용전단응력 $\tau_{allow} = 40\text{MPa}$일 때, 단면의 축방향 수직응력과 45° 기울어진 면의 전단응력을 고려하여, 봉에 허용되는 최대 축방향 인장력 P의 크기[kN]는? 단, 막대의 단면적은 100mm^2이고, 자중은 무시한다. [공무원임용시험]

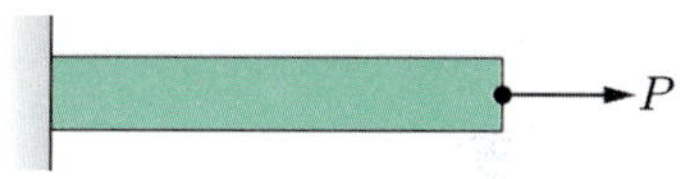

[문제 5.33]

① 4 ② 8 ③ 10 ④ 12

34 다음 그림과 같이 접착제를 사용하여 벨트를 잇고자 한다. 접착제의 전단강도가 인장강도보다 73.2% 더 크다고 할 때 접착면의 최적 경사각은? 단, $\sqrt{3} = 1.732$이다. [공무원임용시험]

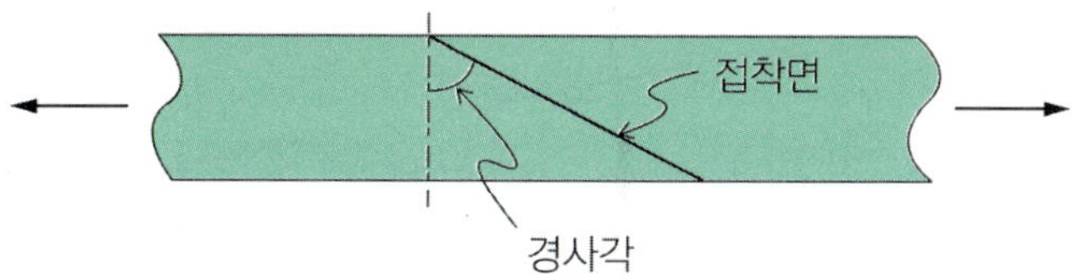

[문제 5.34]

① 0° ② 30° ③ 45° ④ 60°

35 그림과 같이 단면적이 다른 세 봉이 동일한 축 하중(P)을 받고 있을 때 변형에너지 비 $U_a : U_b : U_c$를 구하여라. 단, 봉의 전 길이는 L로 동일하고 봉의 무게는 무시한다.

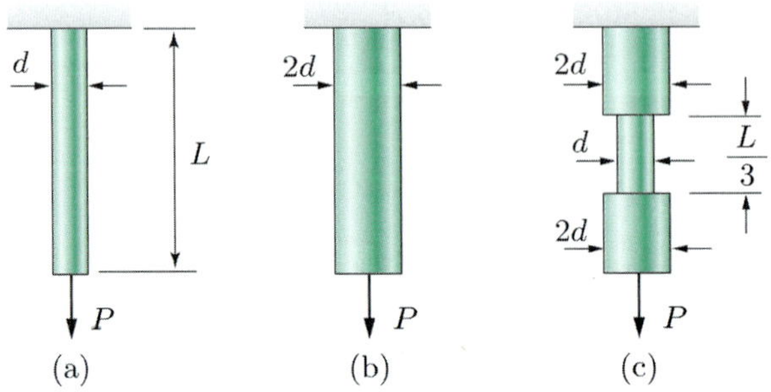

[문제 5.35]

36 그림과 같이 탄성 막대 끝에 매달려 있는 스프링에 인장하중 $P = 40\text{kN}$ 이 작용할 때 전체 변형에너지[J]를 구하여라. 막대의 단면적은 200mm^2, 길이는 3m, 탄성계수는 200GPa 이고, 스프링상수는 8,000kN/m 이다. 단, 막대와 스프링의 무게는 무시한다.

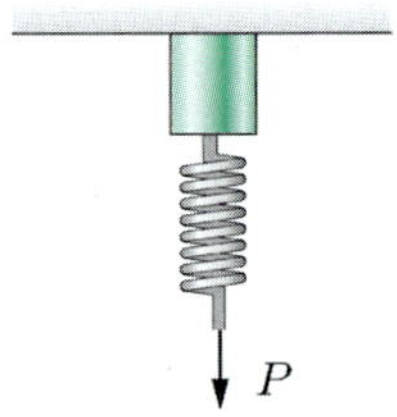

[문제 5.36]

37 그림과 같은 축 하중을 받고 있는 봉 AC 의 변형에너지를 구하여라. 봉의 단면적은 A, 탄성계수는 E이다.

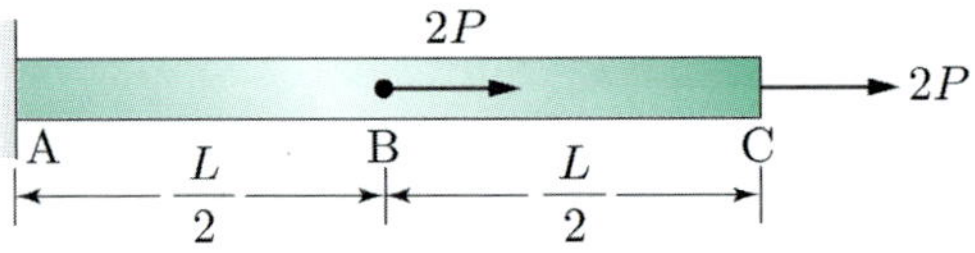

[문제 5.37]

38 그림과 같은 축 하중을 받고 있는 봉 AD 의 변형에너지를 구하여라. 봉의 단면적은 A, 탄성계수는 E이다.

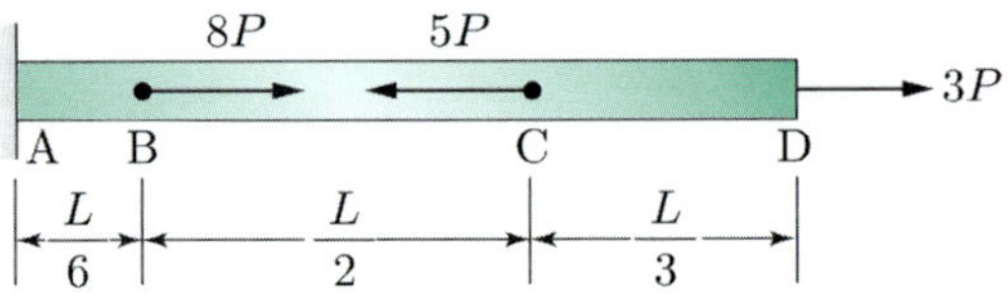

[문제 5.38]

39 지름 d, 길이 L인 봉과 지름 $2d$, 길이 $2L$인 봉으로 구성된 부재 AC가 축 하중 P를 받을 때 봉의 변형에너지를 구하여라. 봉의 탄성계수는 E이다.

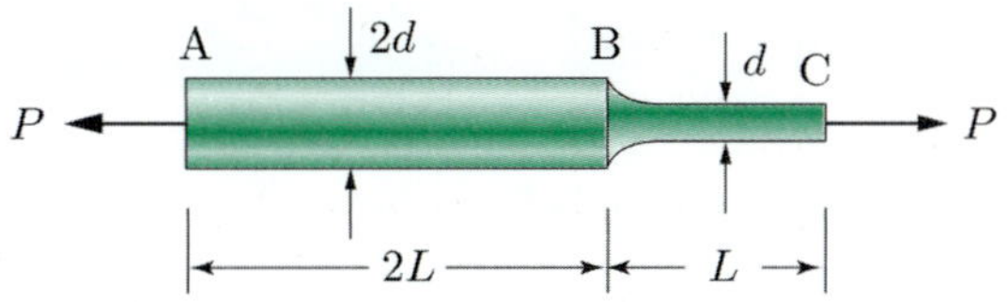

[문제 5.39]

40 스프링의 탄성변형에너지에 대한 설명으로 옳지 않은 것은? [공무원임용시험]

① 하중이 커질수록 탄성변형에너지는 커진다.

② 변형량이 커질수록 탄성변형에너지는 커진다.

③ 비틀림각이 커질수록 탄성변형에너지는 작아진다.

④ 토크가 커질수록 탄성변형에너지는 커진다.

41 한 변이 40mm인 정사각형 단면의 강봉에 100kN의 인장력을 가하였더니 강봉의 길이가 1mm 증가하였다. 이때, 강봉에 저장된 변형에너지[N · m]의 크기는? 단, 강봉은 선형탄성 거동하는 것으로 가정하며, 자중은 무시한다. [공무원임용시험]

① 4 ② 10 ③ 30 ④ 50

42 다음 그림과 같이 수직으로 매달려 있는 균일 단면 봉이 하중 P_1을 받으면 δ_1의 변위가 발생하고, P_2의 하중을 받으면 δ_2의 변위가 발생한다. 하중 P_1이 가해진 상태에서 P_2의 하중이 작용할 경우 이 봉에 저장된 변형에너지 U는? 단, 봉의 자중은 무시하고, 하중 작용 시 봉은 선형탄성거동을 한다. [공무원임용시험]

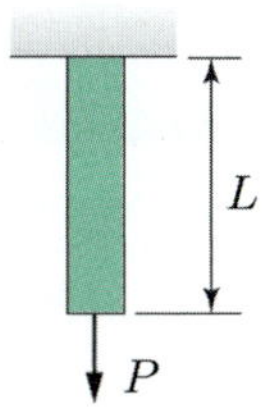

[문제 5.42]

① $\frac{1}{2}P_1\delta_1 + \frac{1}{2}P_2\delta_2$

② $\frac{1}{2}P_1\delta_1 + P_1\delta_1 + \frac{1}{2}P_2\delta_2$

③ $\frac{1}{2}P_1\delta_1 + P_2\delta_2 + \frac{1}{2}P_2\delta_2$

④ $\frac{1}{2}P_1\delta_1 + P_1\delta_2 + \frac{1}{2}P_2\delta_2$

43 다음 그림과 같은 변단면 강봉 ABC가 하중 $P = 20\text{kN}$을 받고 있을 때, 강봉 ABC의 변형에너지[N • mm]는? 단, 탄성계수 $E = 200\text{GPa}$, 원주율 π는 3으로 계산한다. [공무원임용시험]

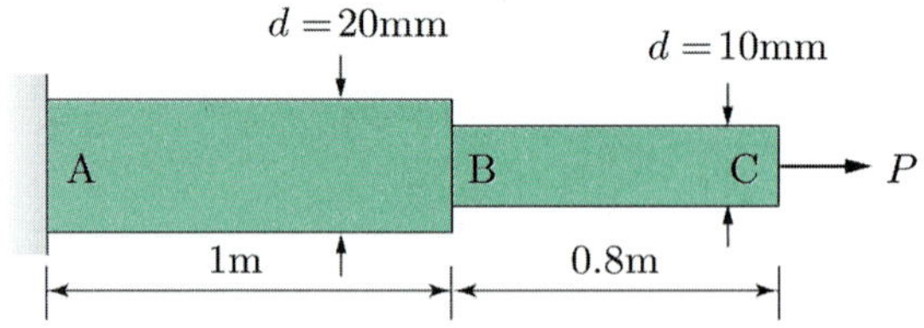

[문제 5.43]

① 12,000 ② 13,000
③ 14,000 ④ 15,000

44 그림의 봉 부재는 단면적이 $10{,}000\text{mm}^2$이며, 단면도심에 압축 하중 P를 받고 있다. 이 부재의 변형에너지밀도(strain energy density, u)가 $u = 0.01\text{N/mm}^2$일 때, 수평하중 P의 크기[kN]는? 단, 부재의 축강성 $EA = 500\text{kN}$이고, 자중은 무시한다. [공무원임용시험]

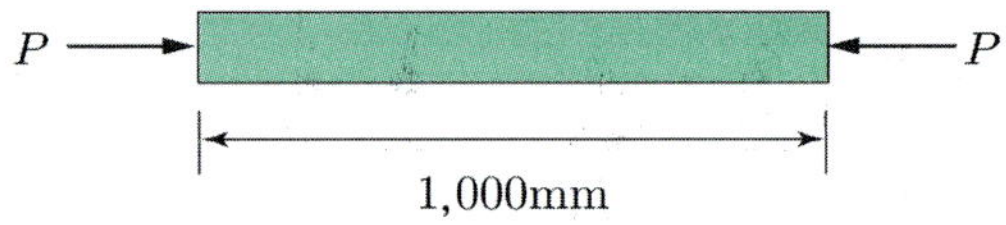

[문제 5.44]

① 10 ② 11 ③ 100 ④ 110

45 그림과 같이 수직 단면적(A_0)을 갖는 봉재에 축방향으로 인장하중(P)이 작용한다. 임의의 각(θ), 단면적(A_n)인 경사단면에 작용하는 전단응력의 식을 쓰고, 최대 전단경사각(θ_{max})과 최대전단응력(τ_{max})을 각각 쓰시오. [중등교사 임용시험-기계 • 금속]

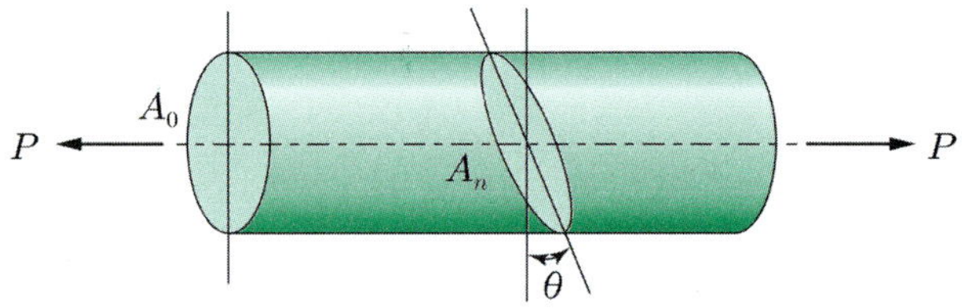

[문제 5.45]

46 다음 그림은 후크의 법칙(Hook's law)에 따르는 봉 재료의 인장시험으로 얻은 하중 변형 선도이다. 탄성 한도 이내에서 하중 P_1에 의해 봉의 길이가 δ_1만큼 늘어났을 때 봉에 저장된 변형에너지 W를 구하시오. 단, 하중 P_1, 재료 길이 L, 단면적 A, 인장된 길이 δ_1, 인장응력 σ, 세로탄성률 E이고, 풀이과정에서 세로탄성률 E를 포함할 것. [중등교사 임용시험-기계 • 금속]

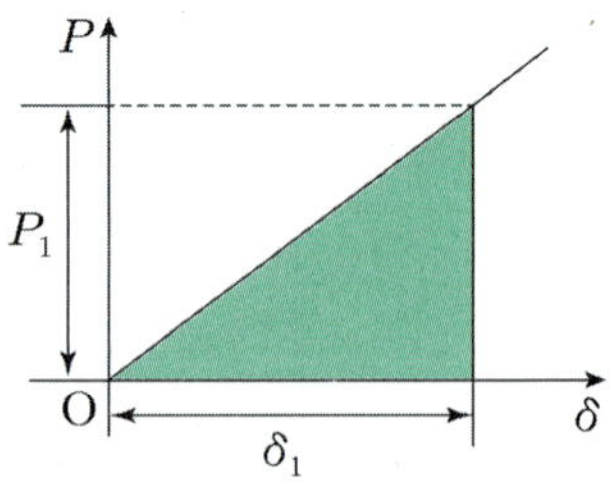

[문제 5.46]

47 그림에서 (A), (B)와 같은 두 개의 연강제 원형 단면 봉에 인장하중 P, $2P$가 각각 작용할 때 옳은 설명을 보기에서 모두 고른 것은? 단, (A), (B) 재료의 변형은 탄성한도 내이고 탄성계수 E와 길이 L은 같고, 지름은 각각 D, $2D$이다. [중등교사 임용시험-기계 • 금속]

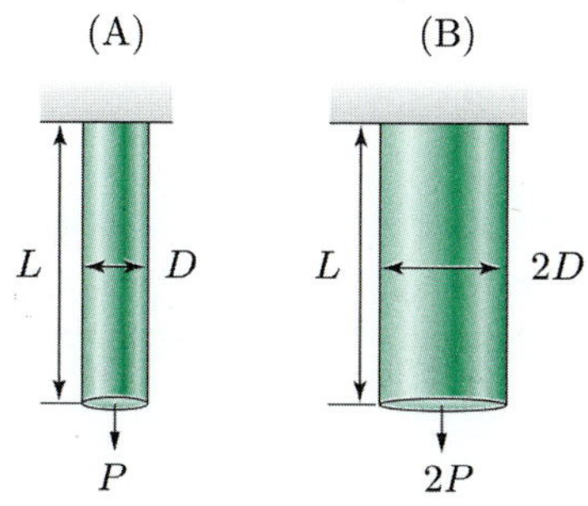

[문제 5.47]

ㄱ. (A)의 신장량은 (B)의 2배가 된다.
ㄴ. (A)의 변형률은 (B)의 2배가 된다.
ㄷ. (A)의 인장응력은 (B)의 2배가 된다.
ㄹ. (A)의 탄성변형에너지는 (B)의 2배가 된다.

① ㄱ, ㄴ ② ㄴ, ㄹ ③ ㄱ, ㄴ, ㄷ
④ ㄱ, ㄷ, ㄹ ⑤ ㄴ, ㄷ, ㄹ

48 길이 $L = 2\text{m}$, 단면적 $A = 500\text{mm}^2$인 균일 단면 봉이 그림과 같이 상단에 수직으로 매달려 있다. 여기에서 무게 $W = 30\text{kN}$의 추를 $h = 14.4\text{mm}$ 높이에서 마찰 없이 자유낙하 시켰을 때 다음을 구하여라. 단, 봉의 탄성계수 $E = 200\text{GPa}$이다.

(1) 봉의 최대 신장량
(2) 봉의 최대 인장응력
(3) 충격계수

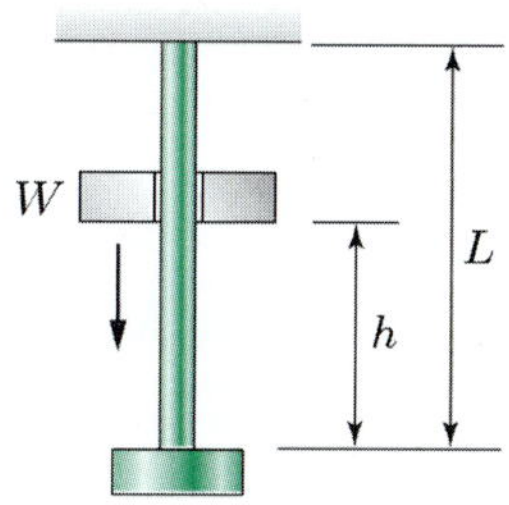

[문제 5.48]

49 그림과 같이 20N의 추를 2mm 높이에서 마찰 없이 자유낙하시켰을 때 늘어나는 봉의 길이와 이에 대응하는 충격계수를 구하여라. 단, 이 봉은 100N의 정하중을 가하면 0.25mm 늘어난다.

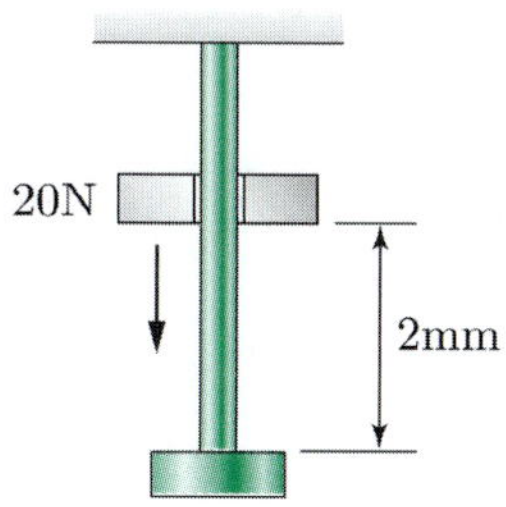

[문제 5.49]

50 길이 $L = 2\text{m}$인 줄의 끝에 무게 $W = 4\text{N}$인 추를 매달고 초기 위치 $h = 0$에서 자유 낙하시켰다. 추가 $h = L$만큼 마찰 없이 낙하하여 줄이 팽팽하게 된 이후 줄에 발생하는 최대 인장응력을 구하여라. 단, 줄의 단면적은 10mm^2, 탄성계수는 7MPa이다.

51 위 문제(50 번)에서 정적으로 추가 매달려 있을 때 늘어난 줄의 길이가 50mm 이면 충격계수는 얼마인가?

52 마찰 없는 실린더 내에서 무게 $W = 3\mathrm{N}$ 인 블록이 높이 $h = 240\mathrm{mm}$ 에서 자유낙하하여 스프링상수 $k = 50\mathrm{N/m}$ 인 스프링 위에 떨어질 때 줄어든 스프링의 최대 길이와 충격계수를 구하여라.

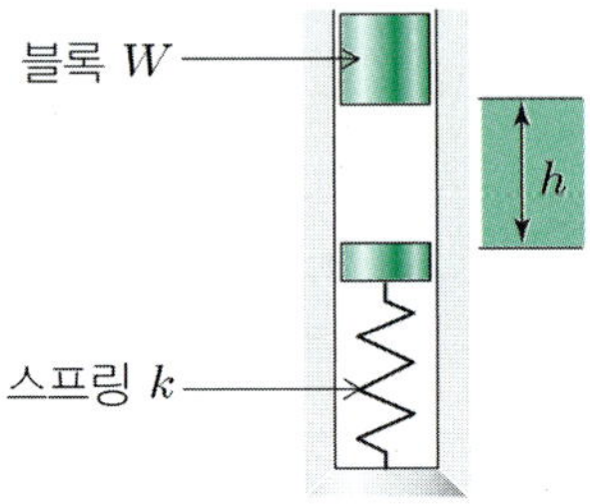

[문제 5.52]

제6장 도심과 관성모멘트

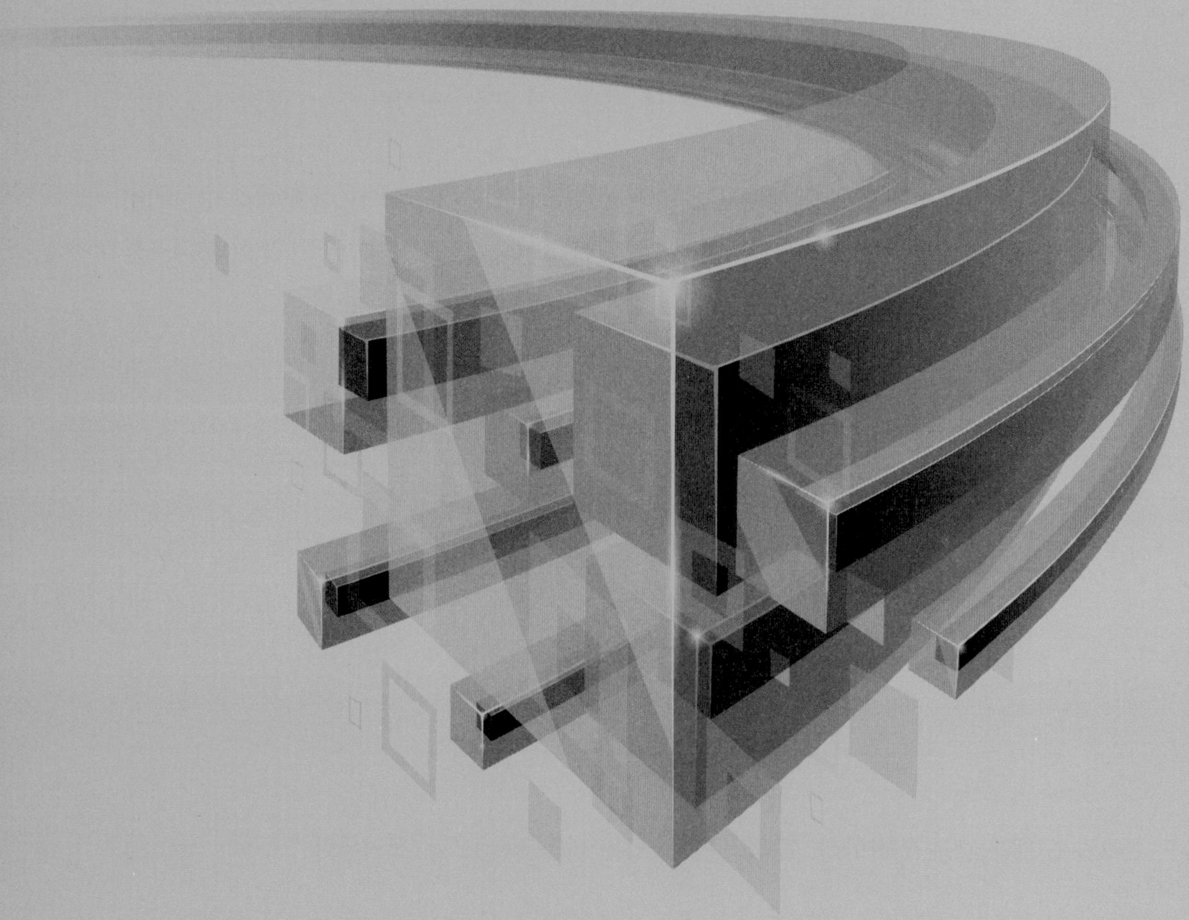

6.1 면적 도심과 면적 1차모멘트

1 도심과 면적 1차모멘트

도심(centroid)은 물체의 기하학적 중심을 말하며 무게중심과 같은 원리로 구해진다. 특히 물체의 재질이 균일한 경우 밀도나 비중은 물체 전체에 걸쳐 일정하다. 많은 공학 문제는 이와 같이 균일한 재질의 재료를 취급하므로 도심을 구하여 물체의 무게에 의한 힘을 편리하게 해석할 수 있다. 물체의 재질이 전체적으로 균일하면 도심은 무게중심이나 질량중심과 일치한다. 도심은 물체의 형상(선, 면적, 체적)에 따라 세 가지(선의 도심, 면적의 도심, 체적의 도심)로 나누어진다.

두께(t)가 얇고 일정한 밀도의 판(plate)이나 셸(shell)과 같은 물체의 표면에 대해서는 미소요소 dA로 면적을 세분한 다음 좌표계에 대한 면적요소의 모멘트를 계산하여 도심의 좌표를 구한다.

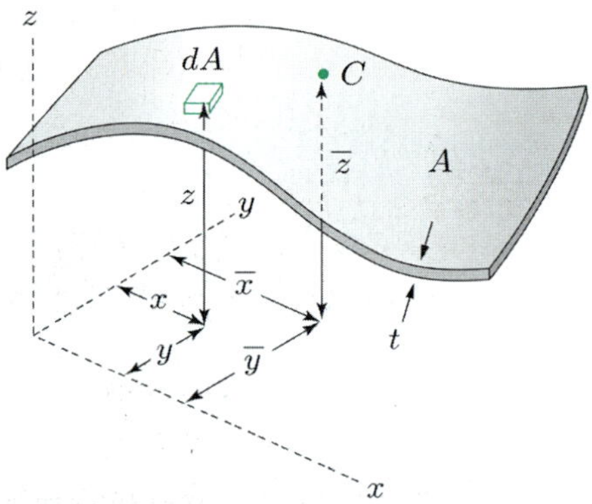

[그림 6.1] 면적의 도심 $C(\bar{x}, \bar{y}, \bar{z})$

[그림 6.1]과 같은 기하학적 도형의 면적(A)은 다음 적분으로 정의된다.

$$A = \int dA \quad \cdots (6.1)$$

여기에서 dA는 x, y, z좌표를 갖는 미분 면적요소이고 A는 그림에 나타나 있는 도형의 전체 면적이다. 그리고 면적의 도심 $C(\bar{x}, \bar{y}, \bar{z})$는 다음과 같이 정의된다.

$$\bar{x} = \frac{\int x dA}{A}, \quad \bar{y} = \frac{\int y dA}{A}, \quad \bar{z} = \frac{\int z dA}{A} \quad \cdots (6.2)$$

[그림 6.1]과 같이 3 차원적 곡면인 경우에는 세 개의 좌표($\bar{x}$, $\bar{y}$, $\bar{z}$)로써 도심의 위치가 결정된다. 그런데 일반적으로 많이 취급하는 것은 평면(xy면)이며 이때는 $\bar{x}$와 $\bar{y}$만 구하면 된다. 평면 면적의 도심 위치는 재료역학에서 중요한 기하학적 요소이다.

[그림 6.2]와 같은 xy평면에서 x와 y축에 대한 면적 1 차모멘트(first moment)는 각각 다음과 같이 정의된다.

$$Q_x = \int y dA, \ Q_y = \int x dA \qquad \cdots (6.3)$$

면적 1 차모멘트(Q_x, Q_y)는 x, y축의 위치에 따라 양(+)이나 음(−)의 값을 가질 수 있다. 면적 1 차모멘트는 길이 단위의 세제곱으로 표현되며 mm^3 또는 m^3 등의 단위를 갖는다.

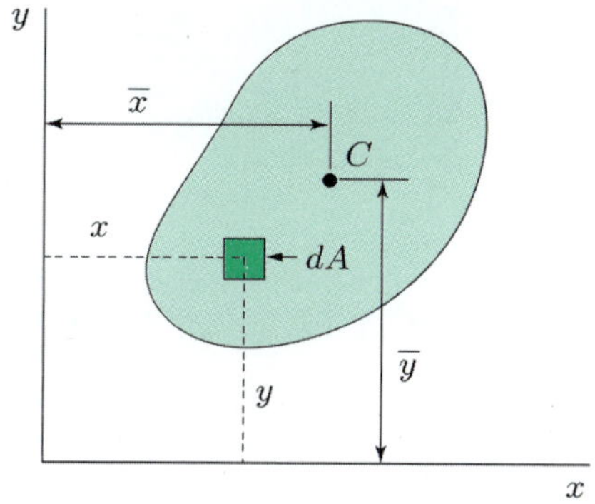

[그림 6.2] 평면 면적의 도심 $C(\bar{x}, \bar{y})$

[그림 6.2]에서 평면 면적의 도심(C)의 좌표 $(\bar{x}, \bar{y})$는 면적 1 차모멘트(Q)를 평면의 면적(A)으로 나눈 것과 같다.

$$\bar{x} = \frac{Q_y}{A} = \frac{\int x dA}{A}, \ \bar{y} = \frac{Q_x}{A} = \frac{\int y dA}{A} \qquad \cdots (6.4)$$

한편 물체의 형상이 대칭(symmetry)인 경우에는 대칭성을 이용하여 도심의 일부 또는 전체의 위치를 쉽게 찾을 수 있다. 즉, 물체가 어떤 축에 대해 대칭인 경우 물체의 도심은 물체의 대칭축 상에 위치한다.

대칭축에 대한 1 차모멘트는 0 이므로 면적이 축대칭이면 도심은 그 축 상에 위치한다. 예를 들어 [그림 6.3]의 (a)와 같이 x축에 대해 대칭인 면적의 도심은 x축 상에 위치한다. 그리고 (b)와 같이 면적이 x와 y축에 대해 대칭이면 도심의 위치는 대칭축들의 교점이 된다. 한편 (c)와 같은 점대칭인 면적의 도심은 대칭중심과 일치한다.

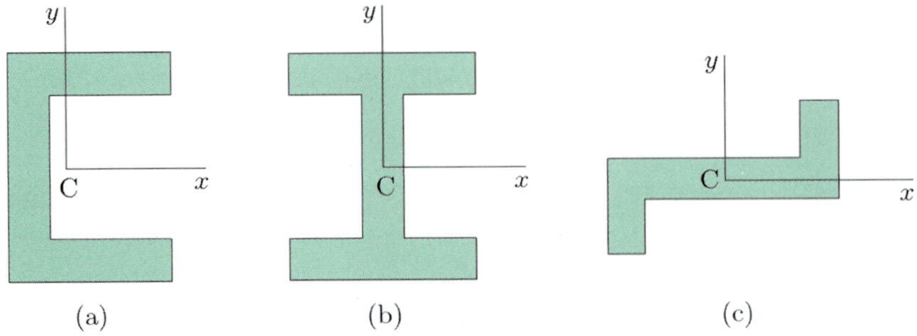

[그림 6.3] (a) 1축 대칭인 면적 (b) 2축 대칭인 면적 (c) 점대칭인 면적

대칭성으로 결정된 원, 직사각형, I자 형 단면의 면적 도심(C)은 [그림 6.4]와 같다.

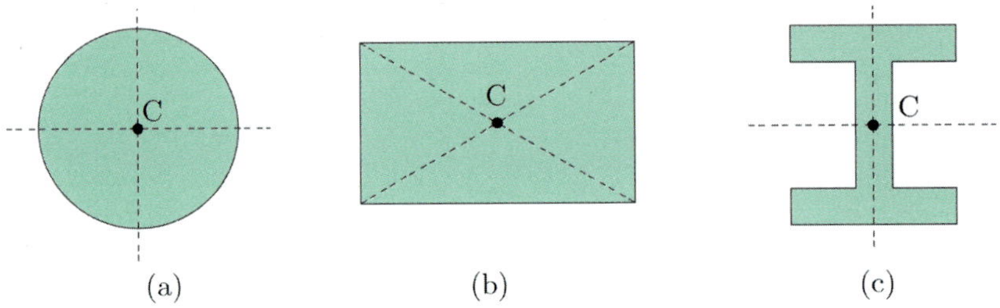

[그림 6.4] 면적도심(C) : (a) 원 (b) 직사각형 (c) I자형

도심 위치($\overline{x}, \overline{y}$)를 알면 요소의 면적 1 차모멘트를 다음과 같이 쉽게 구할 수 있다. A는 요소의 면적이다.

$$Q_x = A\,\overline{y},\ \ Q_y = A\,\overline{x} \qquad \cdots (6.5)$$

예를 들어 [그림 6.5]의 직사각형 EFGH 의 x축에 대한 면적 1 차모멘트(Q_x)는 다음과 같이 계산된다. 이와 같은 면적 1 차모멘트는 보(beam)에서 전단력이 작용하는 단면의 전단응력을 구할 때 사용된다.

$$Q_x = A\overline{y} = (bh) \times \left(d + \frac{h}{2}\right)$$

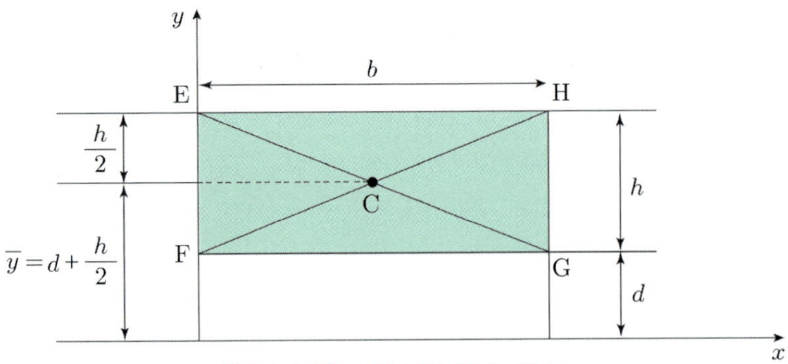

[그림 6.5] 면적 1차모멘트 계산

2 적분요소 선정

미분요소의 1 차모멘트를 구할 때는 미분요소 도심의 좌표를 모멘트 팔의 길이로 사용한다. [그림 6.6]에서 미소 수평면적(dA)에서 y축에 대한 dA의 모멘트는 $x_c dA$이다. 여기에서 x_c는 미분요소 dA의 도심(C)의 x좌표이다. x_c가 면적의 경계선을 나타내는 x가 아니라는 것에 주의한다.

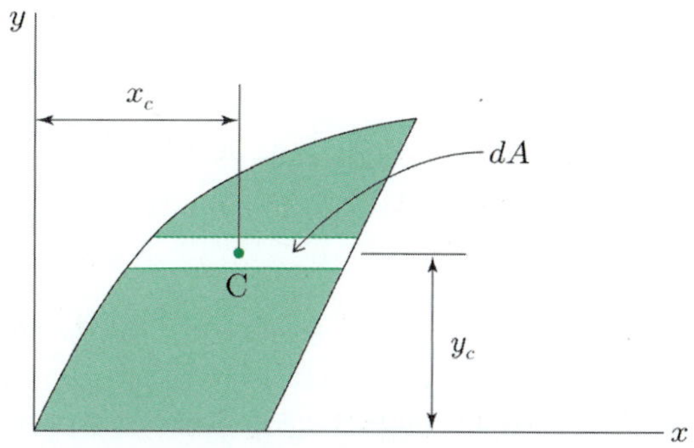

[그림 6.6]

한편 [그림 6.6]에서 x축에 대한 dA의 모멘트는 $y_c dA$이다. 여기에서 y_c는 미분요소 dA의 도심의 y좌표이다. 이때 y방향의 이 요소에 대한 요소 도심까지의 모멘트 길이 y_c는 극한을 취하면 미분요소 경계선의 y좌표와 같다.

이와 같은 사실을 염두에 두고 식 (6.4)를 실제로 도심을 구할 때 사용하는 식으로 다시 쓰면 다음과 같다.

$$\bar{x}=\frac{\int x_c dA}{A},\quad \bar{y}=\frac{\int y_c dA}{A} \qquad \cdots (6.6)$$

여기에서 아래첨자 c는 모멘트에 대한 적분 식에서 나타나는 모멘트 팔의 길이가 특별히 선정한 미분요소(dA)의 도심 좌표임을 나타낸다.

예제 6.1 높이가 h인 삼각형의 밑변으로부터 도심까지 거리를 구하여라.

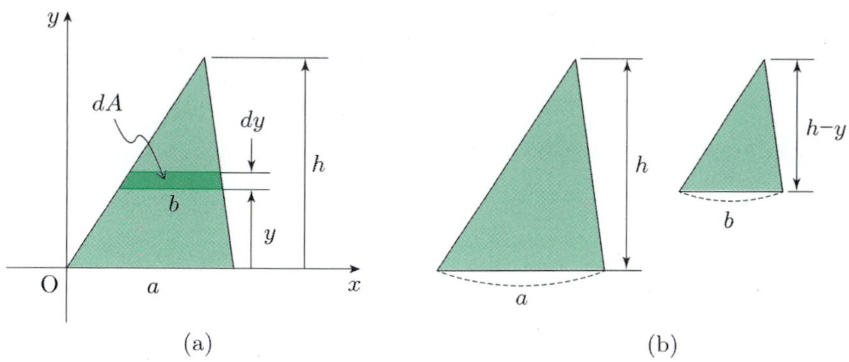

[그림 6.7]

풀이 그림의 (a)와 같이 삼각형의 밑변을 a로 하고 x축을 밑변과 일치하도록 좌표축을 잡는다. 밑변 a, 높이 h인 삼각형의 면적은

$$A = \frac{1}{2}ah$$

이다. (a)에서 밑변으로부터 미분요소의 중심까지의 거리를 y라 하면 (b)의 삼각형의 닮음으로부터 $a : b = h : (h-y)$이므로 $b = \frac{a}{h}(h-y)$이다. 따라서 미분요소의 면적

$$dA = bdy = \frac{a}{h}(h-y)dy$$

이므로 다음과 같이 밑변으로부터 도심까지의 거리($\bar{y}$)가 구해진다.

$$\int y_c dA = \int_0^h y \times \frac{a}{h}(h-y)dy = \frac{a}{h}\int_0^h (hy - y^2)dy = \frac{a}{h}\left[\frac{hy^2}{2} - \frac{y^3}{3}\right]_0^h = \frac{ah^2}{6}$$

$$\therefore \quad \bar{y} = \frac{\int y_c dA}{A} = \frac{\frac{ah^2}{6}}{\frac{ah}{2}} = \frac{h}{3}$$

예제 6.2 반지름 R인 반원의 도심을 구하여라.

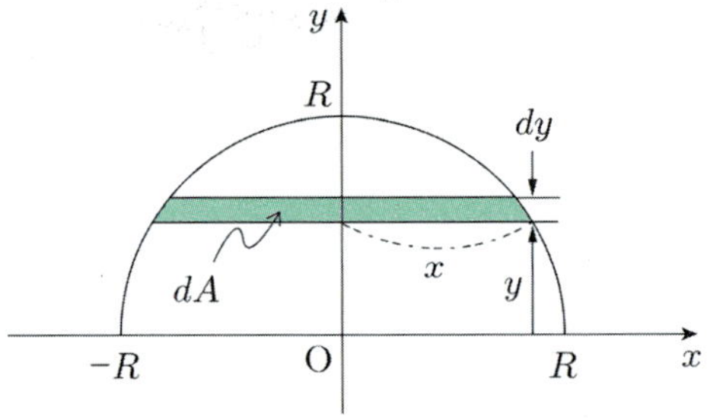

[그림 6.8]

풀이 그림과 같이 좌표축을 잡으면 반원은 y축에 대해 대칭이므로 도심의 x좌표 $\bar{x} = 0$이다. 반지름 R인 반원의 면적 $A = \frac{\pi R^2}{2}$이고, 밑변으로부터 미분요소의 중심까지의 거리를 y로 하면 원의 방정식에서 $x^2 + y^2 = R^2$이므로 $x = \sqrt{R^2 - y^2}$이다. 따라서 미분요소의 면적

$$dA = 2xdy = 2\sqrt{R^2 - y^2}\,dy$$

이고, 다음과 같이 도심의 y좌표($\bar{y}$)가 구해진다.

$$\int y_c dA = \int_0^R y \times 2\sqrt{R^2 - y^2}\, dy = -\frac{2}{3}\left[(R^2 - y^2)^{\frac{3}{2}}\right]_0^R = \frac{2R^3}{3}$$

$$\therefore\ \bar{y} = \frac{\int y_c dA}{A} = \frac{\frac{2R^3}{3}}{\frac{\pi R^2}{2}} = \frac{4R}{3\pi}$$

경계의 모양이 원이므로 이 문제는 극 좌표계를 이용하여 풀어도 좋다.

예제 6.3 곡선 $y = x^2$과 x축 및 $x = 1$로 둘러싸인 도형의 도심을 구하여라.

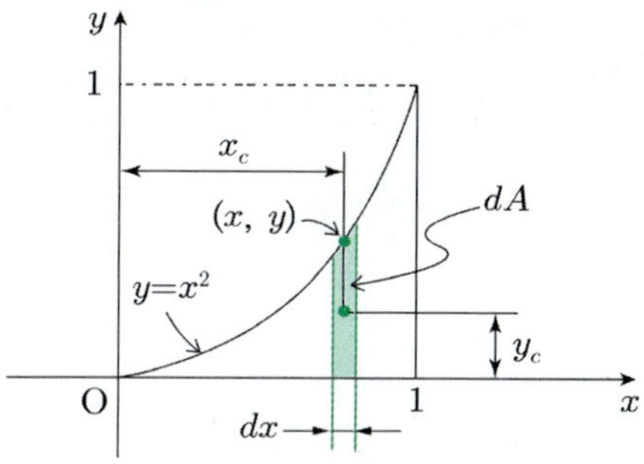

[그림 6.9]

풀이 그림과 같이 두께가 dx이고 높이가 y인 미소요소를 선정한다. 요소는 곡선 $y = x^2$과 점 (x, y)에서 만난다. 요소의 면적 $dA = ydx$이며 요소의 도심 좌표 $x_c = x$, $y_c = \frac{y}{2}$이다. 먼저 도형의 면적(A)을 구하면

$$A = \int dA = \int_0^1 ydx = \int_0^1 x^2 dx = \left[\frac{x^3}{3}\right]_0^1 = \frac{1}{3}$$

이고, 다음과 같이 도심의 좌표$(\bar{x}, \bar{y})$가 구해진다.

$$\int x_c dA = \int_0^1 x \cdot ydx = \int_0^1 x \cdot x^2 dx = \left[\frac{x^4}{4}\right]_0^1 = \frac{1}{4}$$

$$\therefore\ \bar{x} = \frac{\int x_c dA}{A} = \frac{\frac{1}{4}}{\frac{1}{3}} = \frac{3}{4} = 0.75$$

$$\int y_c dA = \int_0^1 \frac{y}{2} \cdot ydx = \frac{1}{2}\int_0^1 y^2 dx = \frac{1}{2}\int_0^1 x^4 dx = \frac{1}{2}\left[\frac{x^5}{5}\right]_0^1 = \frac{1}{10}$$

$$\therefore\ \bar{y} = \frac{\int y_c dA}{A} = \frac{\frac{1}{10}}{\frac{1}{3}} = \frac{3}{10} = 0.3$$

3 합성 단면

도심을 구하는 기본적인 방법은 앞 절에서와 같은 직접적분법이다. 그런데 많은 경우에 있어서 평면은 삼각형, 직사각형, 원 등의 기초적인 요소로 분리할 수 있다. 이때는 직접적분을 하지 않고 각각의 분리된 요소의 도심을 이용하여 전체 면적의 도심과 1 차모멘트를 구할 수 있다.

전체 면적(A)을 n개의 요소로 분리했을 때 i차 요소의 면적이 A_i이고 도심 좌표가 $(\overline{x_i}, \overline{y_i})$이면 전체 면적의 도심($\overline{X}, \overline{Y}$)과 1 차모멘트($Q_x$, Q_y)는 다음과 같다.

$$A = \sum_{i=1}^{n} A_i \qquad \cdots (6.7)$$

$$Q_x = \sum_{i=1}^{n} A_i \overline{y_i}, \quad Q_y = \sum_{i=1}^{n} A_i \overline{x_i} \qquad \cdots (6.8)$$

$$\overline{X} = \frac{Q_y}{A} = \frac{\sum_{i=1}^{n} A_i \overline{x_i}}{\sum_{i=1}^{n} A_i}, \quad \overline{Y} = \frac{Q_x}{A} = \frac{\sum_{i=1}^{n} A_i \overline{y_i}}{\sum_{i=1}^{n} A_i} \qquad \cdots (6.9)$$

여기에서 주의할 점은 구멍이나 빈 공간을 복합체의 한 부분으로 생각할 수 있으며 이때는 '구멍이나 빈 공간에 해당하는 면적을 음(−)의 양으로 생각'하는 것이다.

[표 6.1]에는 합성 단면을 분할할 때 자주 이용하는 기초도형의 도심을 나타내었다. 이 표에 나타낸 도심은 앞 절에서 사용한 적분법으로 구해진다.

[표 6.1] 평면 도형의 면적(A)과 도심(C)

1. 직사각형 : $A = bh$

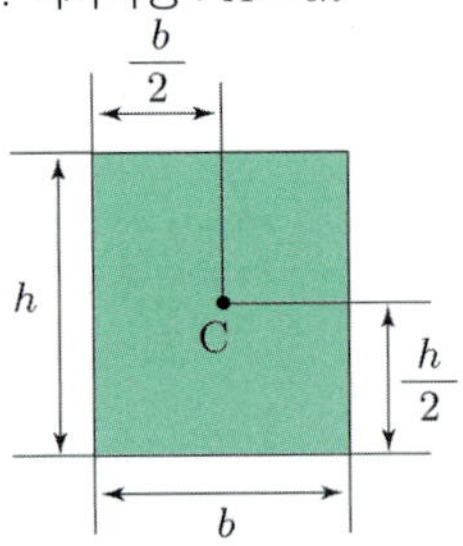

2. 삼각형 : $A = \frac{1}{2}bh$

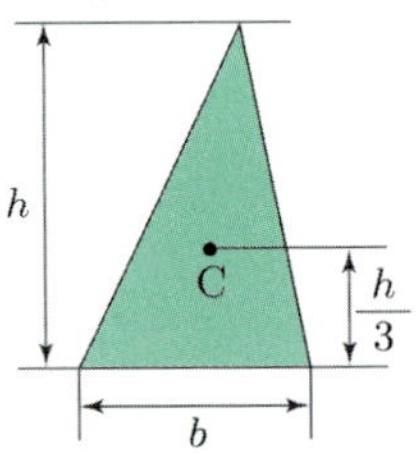

3. 원 : $A = \pi R^2 = \frac{\pi}{4}D^2$

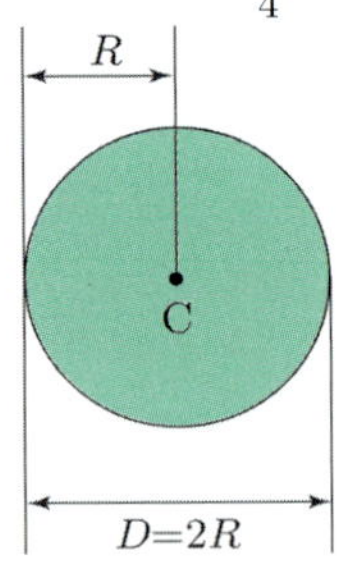

4. 타원 : $A = \pi bh$

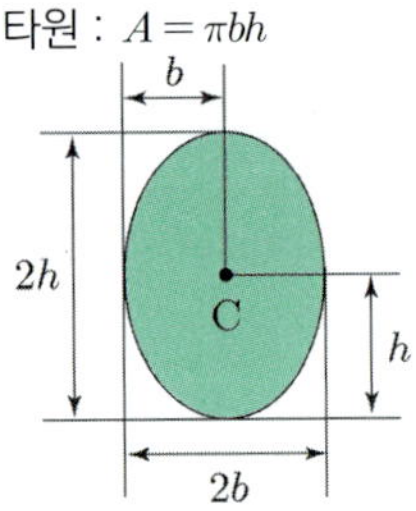

5. 반원 : $A = \frac{\pi}{2}R^2$

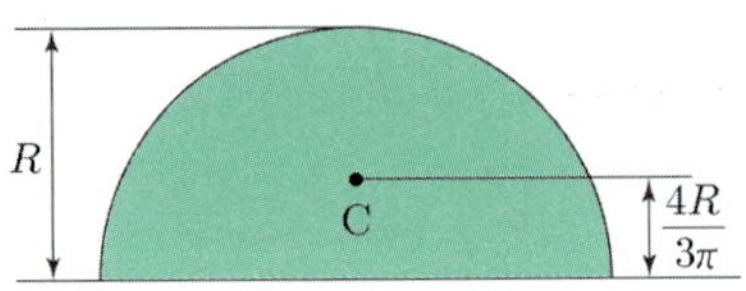

6. 사분원 : $A = \frac{\pi}{4}R^2$

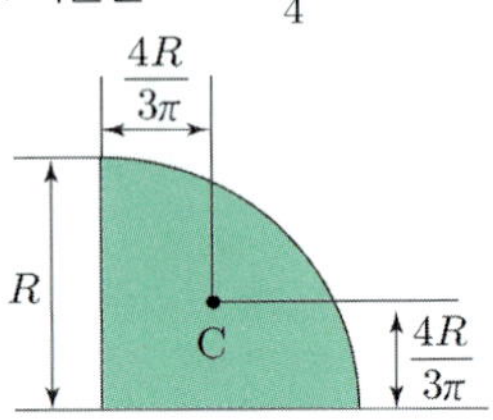

예제 6.4 [그림 6.10]의 (a)에서 음영면적의 도심을 구하여라. 단위는 mm이다.

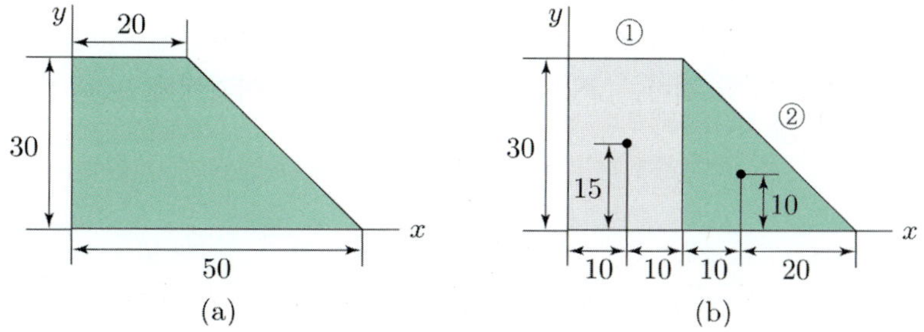

[그림 6.10]

풀이 주어진 도형을 (b)와 같이 기본적인 도형(직사각형 ①과 직각삼각형 ②)으로 나눈다. [표 6.1]로부터 직사각형과 직각삼각형의 도심 위치는 (b)와 같다. 높이 h인 삼각형의 도심은 밑변으로부터 $\frac{h}{3}$에 위치한다. 계산하기 위해 면적과 도심 위치를 표를 이용하여 정리한다.

[표 6.2]

구분	A_i	$\overline{x_i}$	$\overline{y_i}$	$A_i\overline{x_i}$	$A_i\overline{y_i}$
1	$20 \cdot 30 = 600$	10	15	6,000	9,000
2	$\frac{1}{2}(30 \cdot 30) = 450$	30	10	13,500	4,500
합	$\sum A_i = 1,050$			$\sum A_i\overline{x_i} = 19,500$	$\sum A_i\overline{y_i} = 13,500$

[표 6.2]와 식 (6.9)로부터 다음과 같이 도심 좌표($\overline{X}$, $\overline{Y}$)가 구해진다.

$$\overline{X} = \frac{\sum A_i\overline{x_i}}{\sum A_i} = \frac{19,500}{1,050} = \frac{130}{7} = 18.6 \text{ [mm]}$$

$$\overline{Y} = \frac{\sum A_i\overline{y_i}}{\sum A_i} = \frac{13,500}{1,050} = \frac{90}{7} = 12.9 \text{ [mm]}$$

예제 6.5 [그림 6.11]의 (a)의 음영면적의 도심을 구하여라. 단위는 m이다.

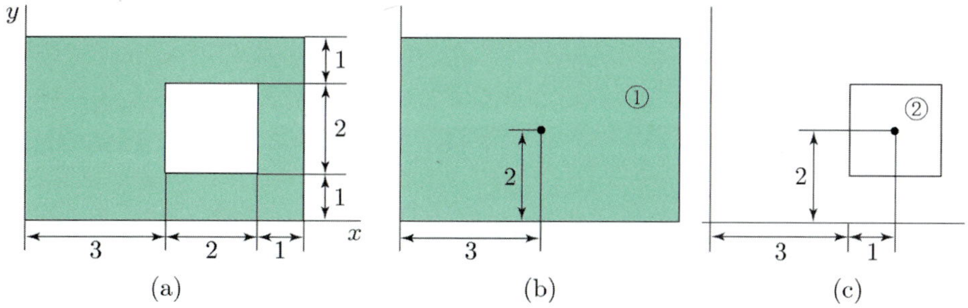

[그림 6.11]

풀이 주어진 도형 (a)는 (b)의 큰 사각형(①)에서 (c)의 작은 사각형(②) 부분이 비어있는 것이므로 ①과 ②의 기본적인 두 사각형으로 나누어 도심을 구한다. [표 6.1]의 직사각형에 대한 도심 위치로부터 ①과 ②의 도심 위치는 (b), (c)와 같다. 계산하기 위해 면적과 도심 위치를 표를 이용하여 정리한다. 여기에서 빈 공간 ②의 면적은 음(−)의 값이 된다.

[표 6.3]

구분	A_i	$\overline{x_i}$	$\overline{y_i}$	$A_i\overline{x_i}$	$A_i\overline{y_i}$
1	$6 \cdot 4 = 24$	3	2	72	48
2	$-(2 \cdot 2) = -4$	4	2	−16	−8
합	$\sum A_i = 20$			$\sum A_i\overline{x_i} = 56$	$\sum A_i\overline{y_i} = 40$

표로부터 다음과 같이 도심 좌표($\overline{X}$, $\overline{Y}$)가 구해진다.

$$\overline{X} = \frac{\sum A_i\overline{x_i}}{\sum A_i} = \frac{56}{20} = \frac{14}{5} = 2.8 \ [\mathrm{m}]$$

$$\overline{Y} = \frac{\sum A_i\overline{y_i}}{\sum A_i} = \frac{40}{20} = 2 \ [\mathrm{m}]$$

6.2 평면면적의 관성모멘트

1 평면면적의 2차모멘트

[그림 6.12]에서 x와 y축에 대한 평면면적의 2차모멘트(관성모멘트)는 각각 다음과 같이 정의된다. 여기에서 x와 y는 면적의 미분요소 dA의 좌표이다.

$$I_x = \int y^2 dA, \ I_y = \int x^2 dA \qquad \cdots (6.10)$$

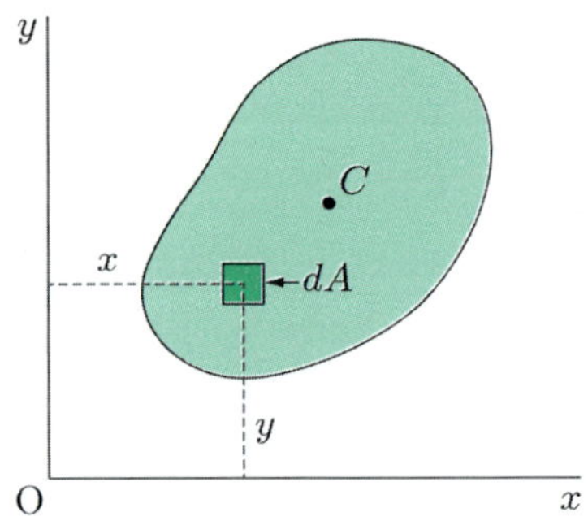

[그림 6.12] 평면 면적 요소

평면면적의 2 차모멘트는 관성모멘트(moment of inertia) 또는 단면 2 차모멘트라고도 한다. 1 차모멘트(Q)와 달리 2 차모멘트는 항상 양(+)의 값을 가진다. 면적 2 차모멘트는 길이 단위의 네제곱으로 표현되며 mm^4 또는 m^4 등의 단위를 갖는다.

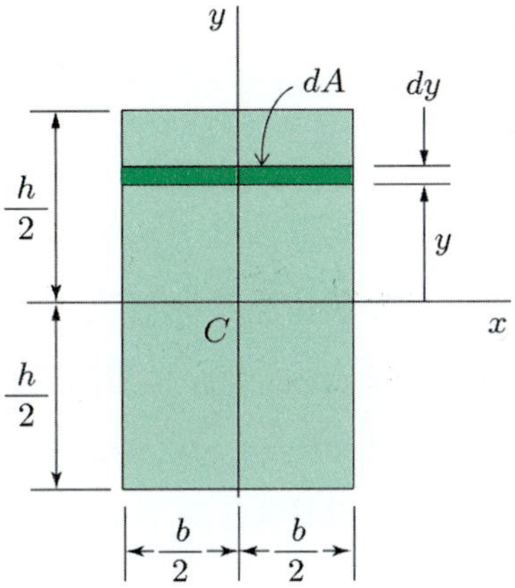

[그림 6.13] 직사각형 면적 요소의 2차모멘트

면적 2 차모멘트의 한 예로서 [그림 6.13]과 같이 폭 b, 높이 h인 직사각형 면적 요소를 고려한다. 여기에서 x와 y축의 원점을 면적의 도심(C)으로 하여 좌표축을 설정한다. 그림과 같이 폭 b, 높이 dy인 미분요소 $dA = bdy$를 이용하면 이 미분요소의 모든 부분이 x축으로부터 같은 거리에 있으므로 x축에 대한 2 차모멘트(I_x)는 다음과 같이 구해진다.

$$I_x = \int y^2 dA = \int_{-h/2}^{h/2} y^2 (bdy) = \frac{bh^3}{12}$$

비슷한 방법으로 $dA = hdx$인 수직 띠 모양의 미분요소를 이용하면 y축에 대한 2 차모멘트(I_y)가 구해진다.

$$I_y = \int x^2 dA = \int_{-b/2}^{b/2} x^2 (hdx) = \frac{hb^3}{12}$$

임의의 축에 대한 합성면적의 2 차모멘트는 같은 축에 대한 각 부분들의 2 차모멘트의 합과 같다. 예를 들어 [그림 6.14] 의 (a)와 같이 좌표축의 원점이 도심(C)을 통과하고 x축에 대해 대칭인 면적의 x축에 대한 2 차모멘트(I_x)는 다음과 같다.

$$I_x = \frac{bh^3}{12} - \frac{b_1 h_1^3}{12}$$

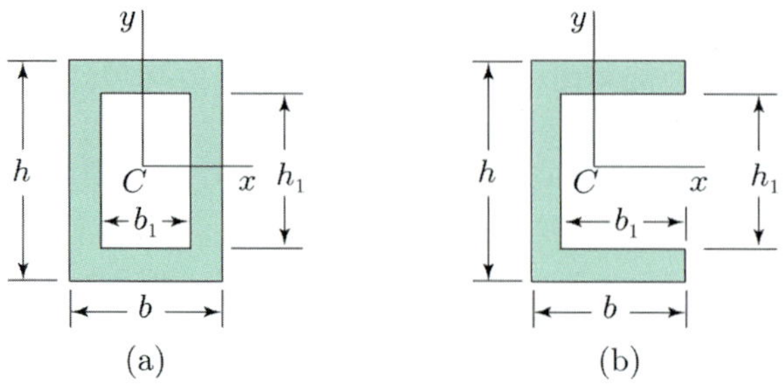

[그림 6.14] 합성 면적 요소

위 식은 바깥쪽 사각형의 2 차모멘트에서 빈 부분(안쪽 사각형)의 2 차모멘트를 뺀 것이다. 도심을 구할 때와 마찬가지로 구멍이나 빈 공간을 복합체의 한 부분으로 생각할 수 있으며 이때는 구멍이나 빈 공간에 해당하는 면적을 음(−)의 양으로 생각할 수 있다. 위 식은 그림의 (b)에서도 똑같이 성립한다. 여기에서도 오른쪽으로 잘려나간 단면을 음(−)의 면적으로 생각한다.

2 회전 반지름

평면 면적의 회전반지름(radius of gyration)은 요소의 면적에 대한 2 차모멘트(I)를 요소의 면적(A)으로 나눈 값의 제곱근으로 정의한다.

$$r_x = \sqrt{\frac{I_x}{A}}, \quad I_x = Ar_x^2 \qquad \cdots (6.11)$$

$$r_y = \sqrt{\frac{I_y}{A}}, \quad I_y = Ar_y^2 \qquad \cdots (6.12)$$

여기에서 r_x와 r_y는 각각 x축과 y축에 대한 회전반지름이다. 회전반지름은 길이의 차원을 가진다. 예를 들어 [그림 6.13]의 직사각형 요소의 x축에 대한 회전반지름(r_x)은 다음과 같다.

$$r_x = \sqrt{\frac{I_x}{A}} = \sqrt{\frac{(bh^3/12)}{bh}} = \frac{h}{\sqrt{12}}$$

3 평행축 정리

평면상의 임의의 축(X)에 대한 면적 2 차모멘트(I_X)는 이와 평행한 도심축에 대한 2 차모멘트(I_C)에 면적(A)과 두 축 간의 거리(d)의 제곱을 곱한 것(Ad^2)의 합과 같다는 것을 평행축 정리(parallel-axis theorem)라 한다.

$$I_X = I_C + Ad^2 \qquad \cdots (6.13)$$

[그림 6.15]와 같이 도심이 C인 면적 요소를 고려한다. 여기에서 직교 좌표계 x_c-y_c는 도심을 원점으로 하고 x-y는 임의의 점 O를 원점으로 한다. x-y좌표계에서 x축은 x_c축에 평행하고 y축은 y_c축에 평행하며 평행한 축 사이의 거리는 각각 d_1, d_2이다. 그리고 미소 면적요소 dA의 도심축에 대한 좌표값은 x, y이다.

2 차모멘트의 정의로부터 x축에 대한 2 차모멘트(I_x)는 다음과 같이 쓸 수 있다.

$$I_x = \int (y+d_1)^2 dA = \int y^2 dA + 2d_1 \int y dA + d_1^2 \int dA$$

위 식의 첫 항은 x_c축에 대한 2 차모멘트 I_{x_c}이다. 두 번째 항은 도심의 정의($\int y dA = 0$)로부터 x_c가 도심을 통과하기 때문에 0 이 된다. 그리고 세 번째 항에서 $\int dA = A$이다. 따라서 위 식은 다음과 같이 간단하게 표현된다.

$$I_x = I_{x_c} + Ad_1^2 \qquad \cdots (6.14)$$

같은 방법으로 y축에 대해서도 다음 식을 얻는다.

$$I_y = I_{y_c} + Ad_2^2 \qquad \cdots (6.15)$$

예를 들어 [그림 6.15]의 (b)에서 직사각형 요소의 밑변(x축)에 대한 2 차모멘트(I_x)는 다음과 같다.

$$I_x = I_{x_c} + Ad^2 = \frac{bh^3}{12} + (bh)\left(\frac{h}{2}\right)^2 = \frac{bh^3}{3}$$

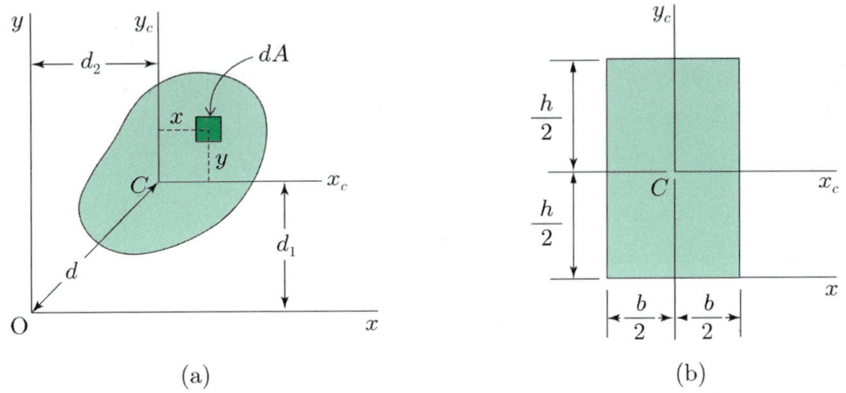

[그림 6.15] (a) 평행축 정리 유도 (b) 직사각형 요소의 면적 2차모멘트

예제 6.6 그림의 (a)와 같은 I-보(I-beam) 단면의 중심을 지나는 x축에 대한 면적 2차모멘트 (I_x)를 구하여라.

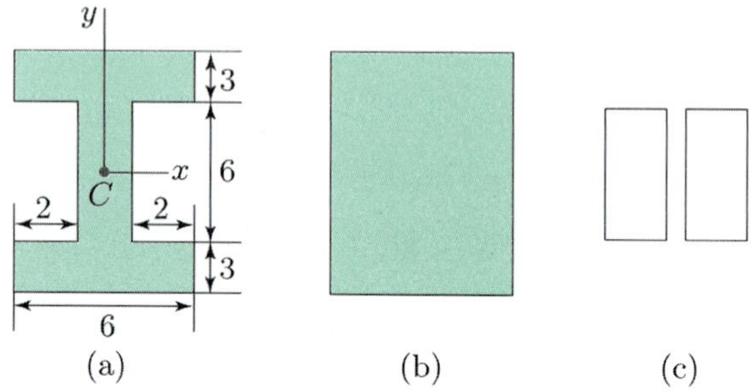

[그림 6.16] I-보(I-beam) 단면 : 단위 mm

풀이 그림에서 (a) 단면의 x축에 대한 2차모멘트는 폭 $b_1 = 6$, 높이 $h_1 = 12$인 (b) 단면의 2차모멘트에서 폭 $b_2 = 2$, 높이 $h_2 = 6$인 (c) 단면의 2차모멘트 2개를 뺀 값과 같다.

$$I_x = \frac{b_1 h_1^3}{12} - 2 \times \frac{b_2 h_2^3}{12} = \frac{6 \times (12)^3}{12} - 2 \times \frac{2 \times (6)^3}{12} = 792\,[\text{mm}^4]$$

예제 6.7 [그림 6.16]의 (a)에서 단면의 중심을 지나는 y축에 대한 면적 2차모멘트(I_y)를 구하여라.

풀이 y축에 대한 2차모멘트는 폭 $b_1 = 3$, 높이 $h_1 = 6$인 단면 2개(아래 위 두 부분)와 폭 $b_2 = 6$, 높이 $h_2 = 2$인 단면(중간 부분)의 2차모멘트를 합한 값과 같다.

$$I_y = 2 \times \frac{b_1 h_1^3}{12} + \frac{b_2 h_2^3}{12} = 2 \times \frac{3 \times (6)^3}{12} + \frac{6 \times (2)^3}{12} = 112\,[\text{mm}^4]$$

예제 6.8 그림의 (a)에서 음영면적의 $X-X$축에 대한 면적 2차모멘트(I_X)를 구하여라.

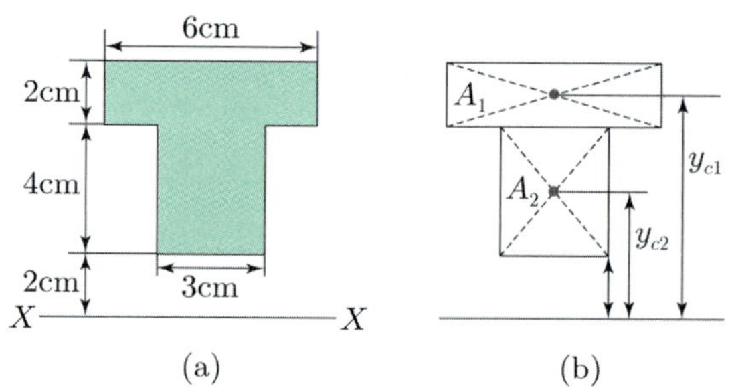

[그림 6.17] 면적 2차모멘트와 평행축 정리

풀이 주어진 면적을 (b)와 같이 두 개의 면적요소 A_1, A_2로 나누어 면적 2차모멘트를 구한다. X-X축으로부터 A_1, A_2의 도심까지 거리 y_{c1}, y_{c2}는 각각 다음과 같다.

$$y_{c1} = 2 + 4 + \frac{1}{2} \times 2 = 7\,[\mathrm{cm}]$$

$$y_{c2} = 2 + \frac{1}{2} \times 4 = 4\,[\mathrm{cm}]$$

따라서 평행축 정리를 이용하면 다음과 같이 음영면적의 X-X축에 대한 면적 2차모멘트(I_X)가 구해진다.

$$\begin{aligned} I_X &= I_{A_1} + I_{A_2} = (I_{C_1} + A_1 y_{c1}^2) + (I_{C_2} + A_2 y_{c2}^2) \\ &= \left[\frac{6 \times (2)^3}{12} + (6 \times 2) \times (7)^2\right] + \left[\frac{3 \times (4)^3}{12} + (3 \times 4) \times (4)^2\right] \\ &= 800\,[\mathrm{cm}^4] \end{aligned}$$

예제 6.9 그림과 같이 단면적 $A = 8\,\mathrm{cm}^2$인 도형이 있다. 도형의 도심(C점)에서 4cm 떨어진 $X2$축에 대한 단면 2차모멘트가 $240\,\mathrm{cm}^4$일 때, 도심에서 2cm 떨어진 $X1$축에 대한 단면 2차모멘트[cm^4]를 구하여라. 단, X축은 도심을 통과하고 $X1$, $X2$축은 X축과 평행하다.

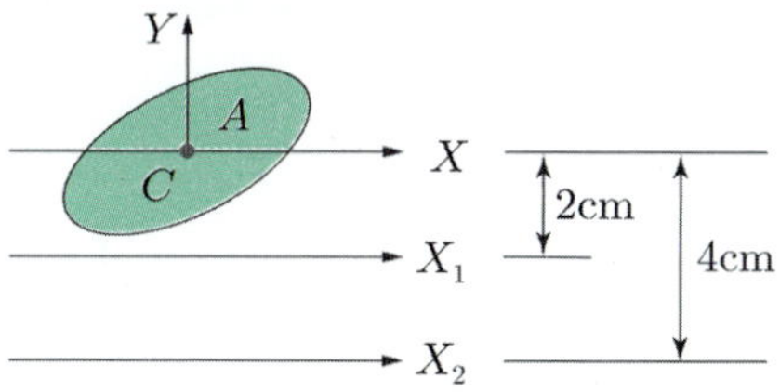

[그림 6.18] 면적 2차모멘트와 평행축 정리

풀이 먼저 $X2$축에 대한 단면 2차모멘트 $I_{X2} = 240\mathrm{cm}^4$로부터 도형의 중심을 지나는 X축에 대한 단면 2차모멘트 I_C를 구한다.

$$I_{X2} = I_C + A\,Y_{C2}^2$$

$$\therefore\ I_C = I_{X2} - A\,Y_{C2}^2 = 240 - 8 \times (4)^2 = 112\,[\mathrm{cm}^4]$$

따라서 $X1$축에 대한 단면 2차모멘트[cm^4]는 다음과 같다.

$$I_{X1} = I_C + A\,Y_{C1}^2 = 112 + 8 \times (2)^2 = 144\,[\mathrm{cm}^4]$$

6.3 극관성모멘트

[그림 6.19]의 (a)에서 평면에 수직이고 원점(O)을 통과하는 축에 대한 극관성모멘트(polar moment of inertia)를 다음과 같이 정의한다. 여기에서 r은 원점(O)으로부터 면적의 미분요소 dA까지 거리이다.

$$I_p = \int r^2 dA \qquad \cdots (6.16)$$

극관성모멘트는 관성모멘트와 같이 항상 양(+)의 값을 가지고, 길이 단위의 네제곱으로 표현되며 mm^4 또는 m^4 등의 단위를 갖는다.

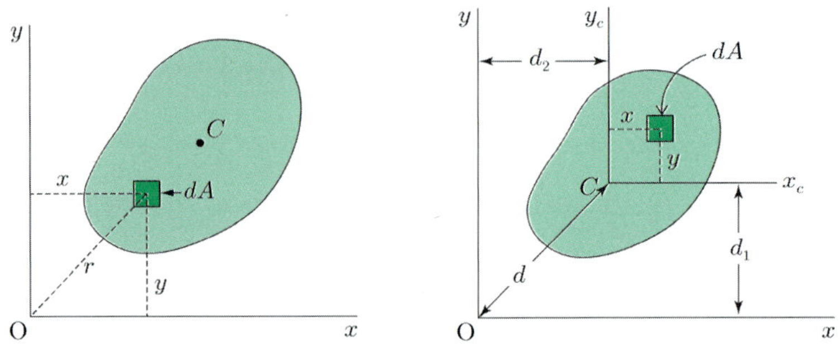

[그림 6.19] (a) 극관성모멘트 정의 (b) 평행축 정리 유도

[그림 6.19]의 (a)에서 $r^2 = x^2 + y^2$이므로 I_p와 I_x, I_y는 다음 관계식을 가진다.

$$I_p = \int r^2 dA = \int (x^2 + y^2) dA = \int x^2 dA + \int y^2 dA$$

$$I_p = I_x + I_y \qquad \cdots (6.17)$$

일반적으로 I_p를 점 O에 대한 극관성모멘트라 부르고, 이와 구분하기 위해 I_x와 I_y를 직각관성모멘트(rectangular moment of inertia)라고도 한다.

극관성모멘트에 대해서도 다음과 같은 평행축정리가 성립한다.

$$(I_p)_O = (I_p)_C + Ad^2 \qquad \cdots (6.18)$$

즉, 평면 내 임의의 점(O)에 대한 면적의 극관성모멘트[$(I_p)_O$]는 도심(C)에 대한 극관성모멘트[$(I_p)_C$]에 면적(A)과 두 점 간의 거리(점 O와 C 사이 거리 d)의 제곱을 곱한 것(Ad^2)의 합과 같다. 극관성모멘트는 기준점이 면적의 도심일 때 최솟값을 가진다.

예제 6.10 그림의 (a)와 같은 반지름 R인 원에서 다음을 구하여라.

(1) 원의 중심에 대한 극관성모멘트[$(I_p)_O$]

(2) 원점을 지나는 축에 대한 직각관성모멘트(I_x, I_y)

(3) 원주상의 점 m에 대한 극관성모멘트[$(I_p)_m$]

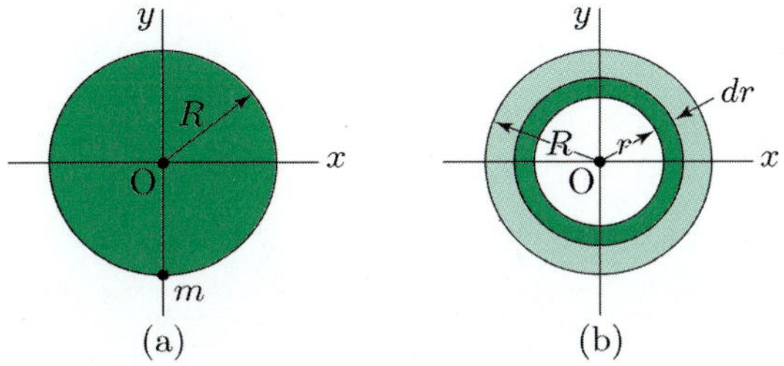

[그림 6.20] (a) 반지름 R인 원 (b) I_p를 구하기 위한 미소요소

풀이 원의 중심(O)은 도심(C)과 일치한다.

(1) 극관성모멘트[$(I_p)_O$] : 그림의 (b)와 같이 반지름 r, 두께 dr인 면적요소를 잡으면 $dA = 2\pi r dr$이고 면적요소는 원의 중심으로부터 거리 r에 위치하므로 극관성모멘트는 다음과 같이 계산된다.

$$(I_p)_O = \int r^2 dA = \int_0^R r^2(2\pi r dr) = 2\pi \int_0^R r^3 dr = 2\pi \left[\frac{r^4}{4}\right]_0^R = \frac{\pi R^4}{2}$$

(2) 직각관성모멘트(I_x, I_y) : 원형 단면의 대칭성으로 인해 $I_x = I_y$이다.

$$(I_p)_O = I_x + I_y = 2I_x$$

$$\therefore\ I_x = I_y = \frac{1}{2}(I_p)_O = \frac{1}{2} \times \frac{\pi R^4}{2} = \frac{\pi R^4}{4}$$

(3) 원주상의 점 m에 대한 극관성모멘트[$(I_p)_m$] : 원의 면적 $A = \pi R^2$이고, 원주상의 점으로부터 도심까지 거리 $d = R$이다. 그리고 도심(C)은 원의 중심(O)과 일치하므로 $(I_p)_C = (I_p)_O$이다. 평행축정리를 이용하여 극관성모멘트[$(I_p)_m$]을 구한다.

$$(I_p)_m = (I_p)_C + Ad^2 = \frac{\pi R^4}{2} + (\pi R^2) \times R^2 = \frac{3\pi R^4}{2}$$

위 예제로부터 지름이 $d(R = d/2)$인 중실축(속이 찬 축)의 중심에 대한 극관성모멘트(I_p)와 중심을 지나는 축에 대한 면적 2차모멘트(I)는 다음과 같다.

$$I_p = \frac{\pi d^4}{32},\quad I = \frac{\pi d^4}{64} \qquad \cdots (6.19)$$

그리고 안지름 d_1, 바깥지름 d_2인 중공축(속이 빈 축)의 중심에 대한 극관성모멘트(I_p)와 중심을 지나는 축에 대한 면적 2차모멘트(I)는 다음과 같다.

$$I_p = \frac{\pi}{32}\left(d_2^4 - d_1^4\right), \ I = \frac{\pi}{64}\left(d_2^4 - d_1^4\right) \qquad \cdots (6.20)$$

식 (6.19), (6.20)은 재료역학과 기계설계에서 아주 많이 사용되는 식이다.

연습문제 6

01 $x=a\left(\frac{y}{b}\right)^3$과 x축 및 $x=a$로 둘러싸인 도형의 면적 도심 좌표를 구하여라.

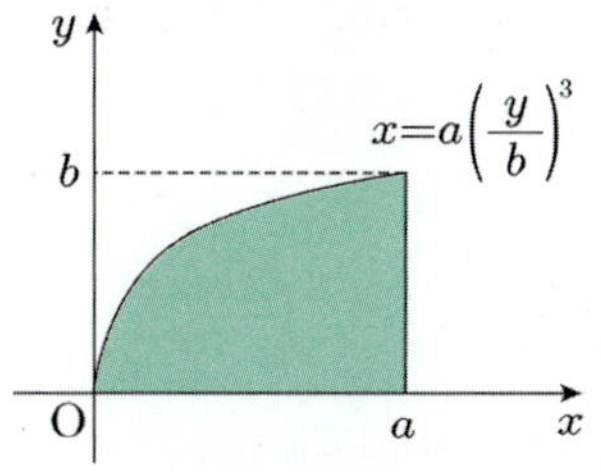

[문제 6.1]

02 곡선 $y=ax^2$과 x축 및 $x=b$로 둘러싸인 도형의 면적 도심 좌표를 구하여라. 단, 곡선은 점 $(b,\ h)$를 지난다.

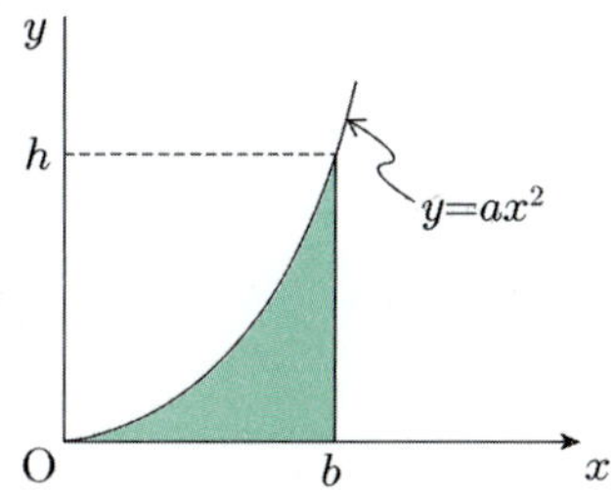

[문제 6.2]

03 직선 $y=kx$와 x축 및 $x=b$로 둘러싸인 도형의 면적 도심 좌표를 구하여라.

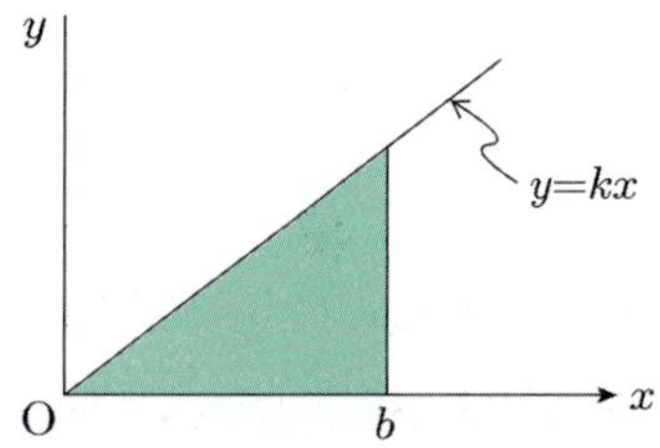

[문제 6.3]

04 곡선 $y=1+\frac{x^3}{4}$과 x축 및 $x=1,\ x=2$로 둘러싸인 도형의 면적 도심 좌표를 구하여라.

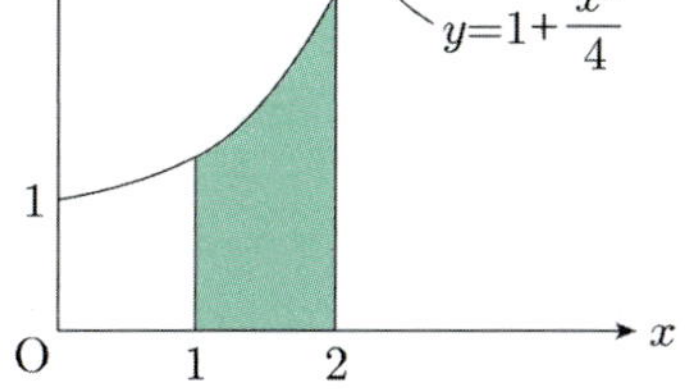

[문제 6.4]

05 $y=\dfrac{x^2}{b}$과 y축 및 $y=b$로 둘러싸인 도형의 면적 도심 좌표를 구하여라.

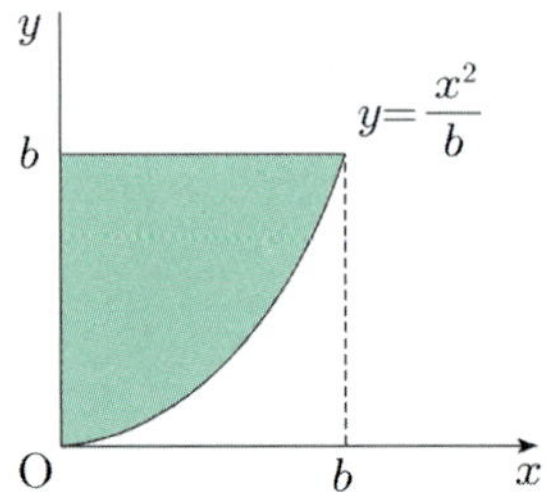

[문제 6.5]

06 음영면적의 도심 좌표$(\bar{x}, \bar{y})$를 구하여라.

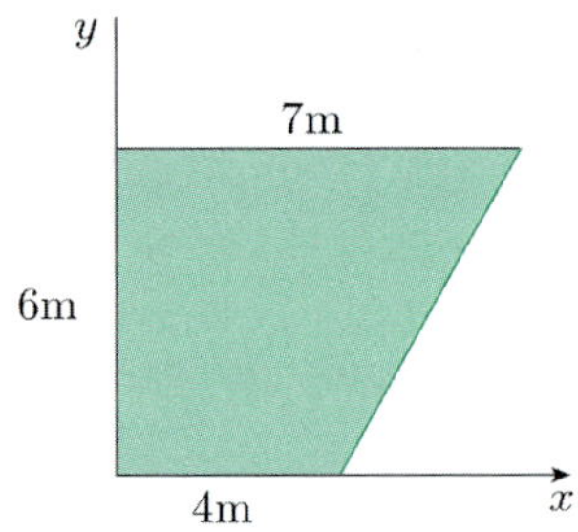

[문제 6.6]

07 음영면적의 도심 좌표$(\bar{x}, \bar{y})$를 구하여라. 빈 부분의 원의 반지름은 1m이다.

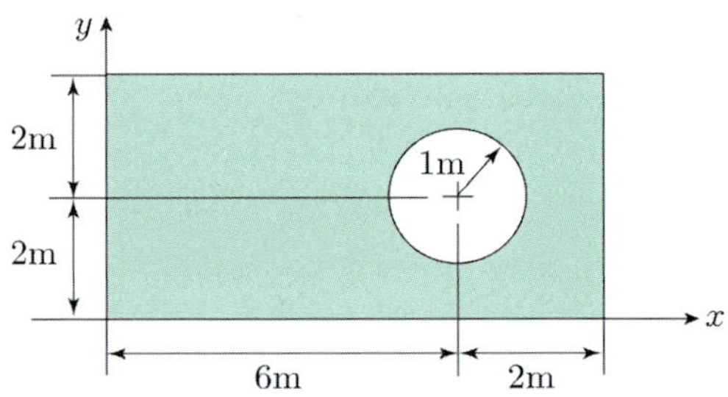

[문제 6.7]

08 음영면적 도심의 y좌표를 구하여라. 반원의 반지름은 2m이다.

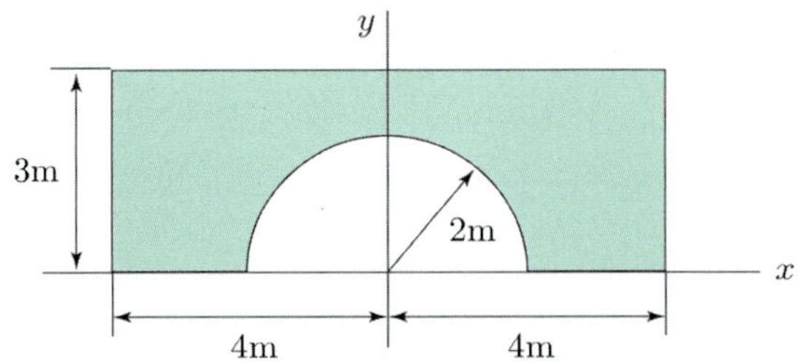

[문제 6.8]

09 음영면적 도심의 y좌표를 구하여라. 반원의 반지름은 4m이다.

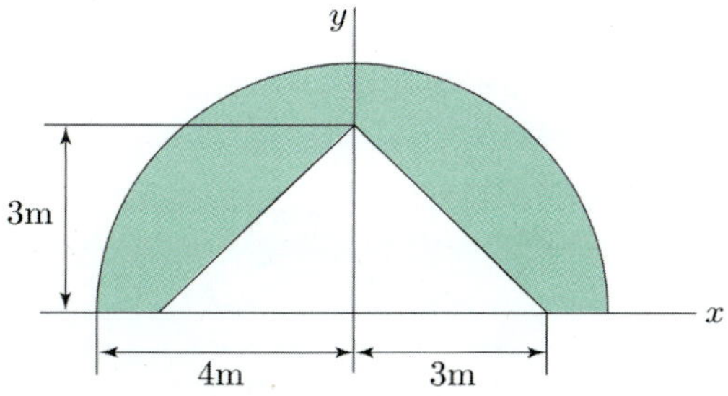

[문제 6.9]

10 음영면적의 도심 좌표$(\bar{x}, \bar{y})$를 구하여라. 빈 부분의 원의 반지름은 2m이다.

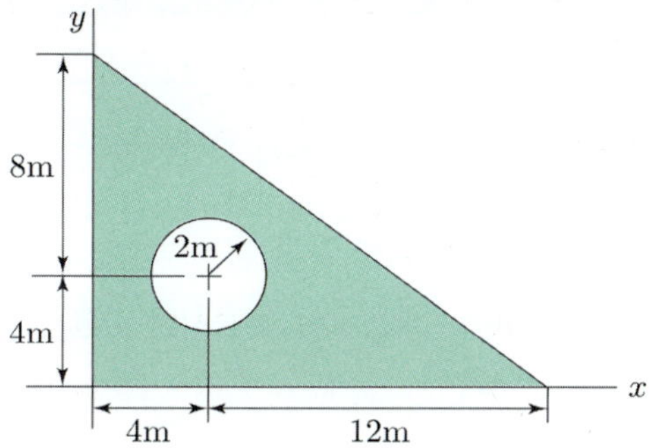

[문제 6.10]

11 그림과 같은 단면에서 원점 O에 대한 도심의 좌표를 구하여라. 단, 계산은 소수점 셋째 자리에서 반올림한다. [중등교사 임용시험-건설]

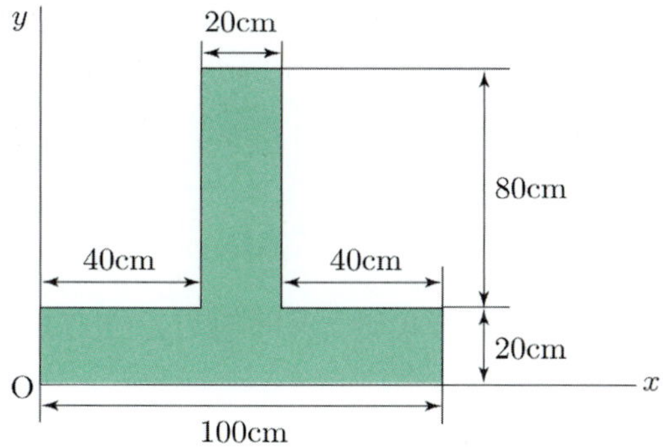

[문제 6.11]

12 다음 그림과 같은 사각형의 균질한 평판에 원형의 구멍이 뚫려 있다. 이 평판의 무게중심좌표를 구하시오. 단, π는 3으로 계산하고, 중심의 좌표는 소수점 3자리에서 반올림하며, 계산은 원점 (0, 0)을 기초로 하시오. [중등교사 임용시험-기술]

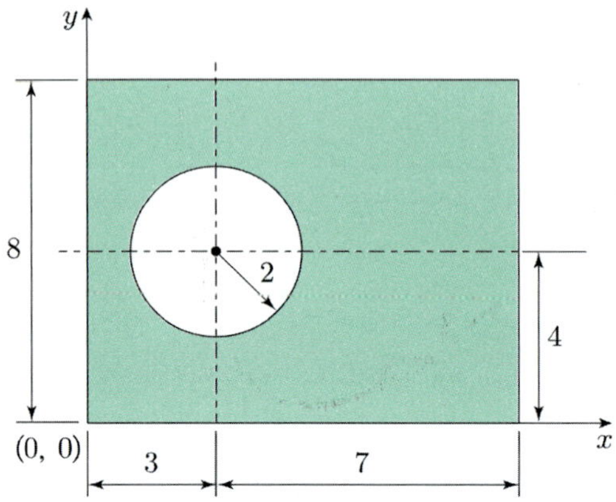

[문제 6.12]

13 그림과 같은 판의 면적에 대한 도심을 찾아 운동물체를 만들려고 한다. 이 면적에 대한 도심($\bar{x}$, $\bar{y}$)의 $\bar{x}$ 값을 구하여라. [중등교사 임용시험-기술]

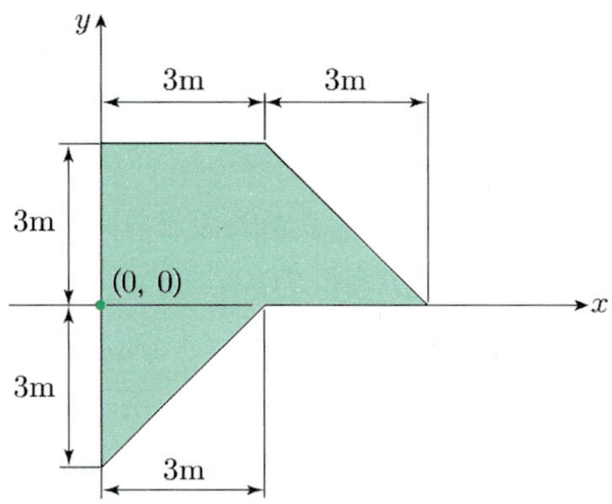

[문제 6.13]

14 그림과 같은 직사각형(a)과 반원(b)의 x축에 대한 면적 1 차모멘트를 구하여라.

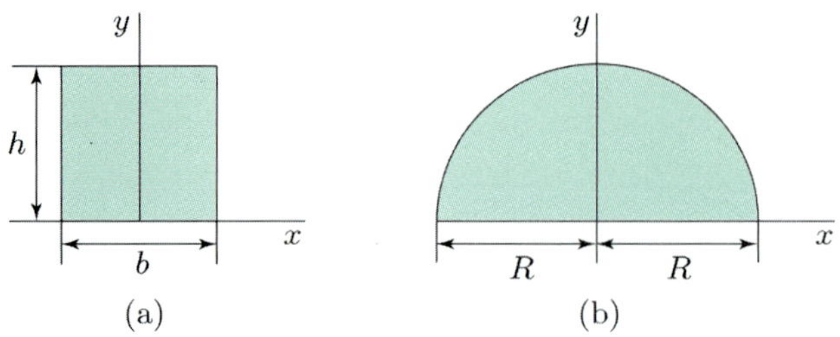

[문제 6.14]

15 그림과 같은 I-보(I-beam) 단면의 중심(C)을 지나는 x축에 대한 면적 2 차모멘트(I_x)를 구하여라. 그림에서 단위는 mm 이다.

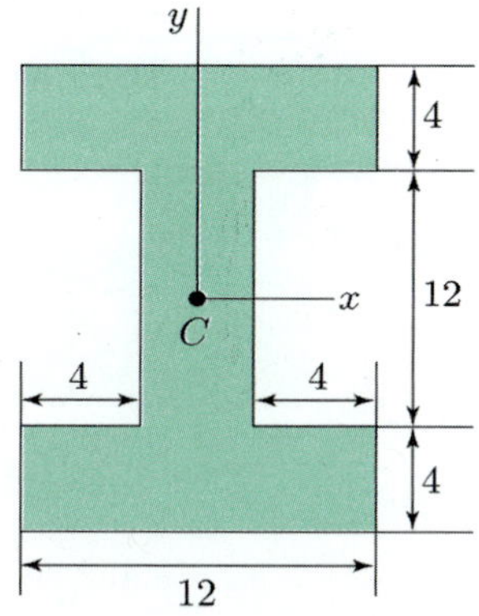

[문제 6.15]

16 그림과 같이 변의 길이가 R인 정사각형에서 반지름이 R인 1/4원을 뺀 나머지 부분의 면적에 대한 도심($\bar{x}$, $\bar{y}$)의 $\bar{y}$ 값을 구하여라. [공무원임용시험]

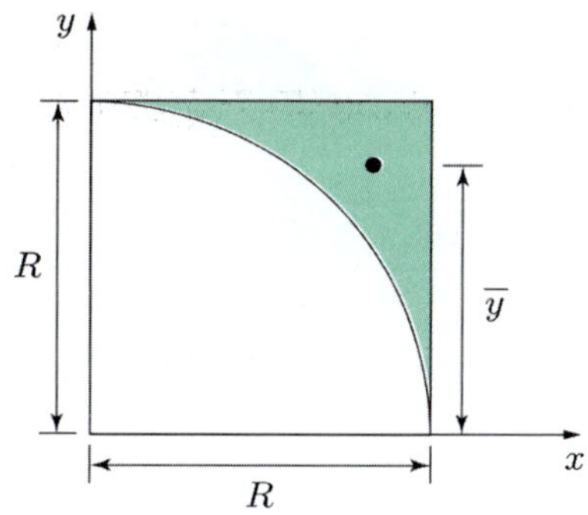

[문제 6.16]

17 그림과 같이 임의의 형상을 갖고 단면적이 A인 단면이 있다. 도심축(x_0-x_0)으로부터 d만큼 떨어진 축(x_1-x_1)에 대한 단면 2 차모멘트가 I_{x1}일 때, $2d$만큼 떨어진 축(x_2-x_2)에 대한 단면 2 차모멘트 값은? [공무원임용시험]

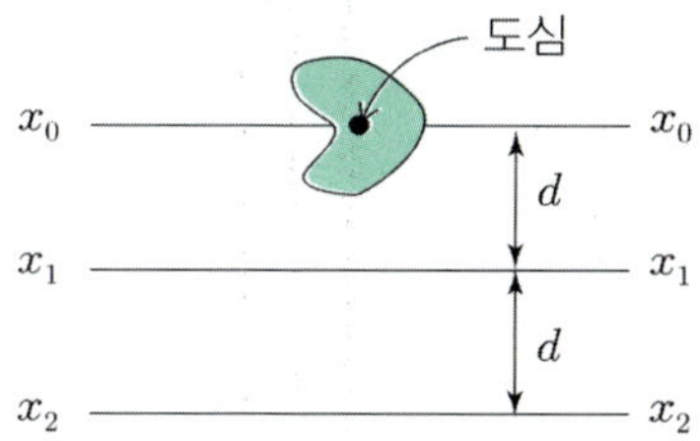

[문제 6.17]

① $I_{x1} + Ad^2$　② $I_{x1} + 2Ad^2$　③ $I_{x1} + 3Ad^2$　④ $I_{x1} + 4Ad^2$

18 그림과 같이 음영 면적의 도심이 x축과 평행한 직선 A-A를 통과한다고 하면, x축으로부터의 거리 c의 값은? [공무원임용시험]

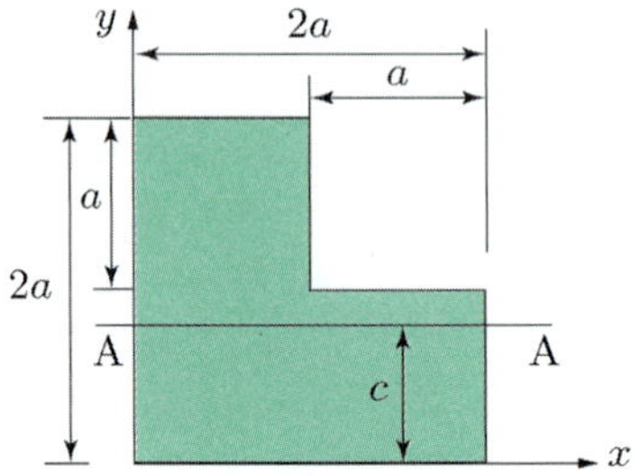

[문제 6.18]

① $\frac{3}{4}a$ ② $\frac{4}{5}a$ ③ $\frac{5}{6}a$ ④ $\frac{6}{7}a$

19 그림과 같은 단면의 도심 C점을 지나는 X_C축에 대한 단면 2차모멘트가 $5,000\text{cm}^4$이고, 단면적 $A = 100\text{cm}^2$이다. 이때, 도심축에서 5cm 떨어진 x축에 대한 단면 2차모멘트 $[\text{cm}^4]$는? [공무원임용시험]

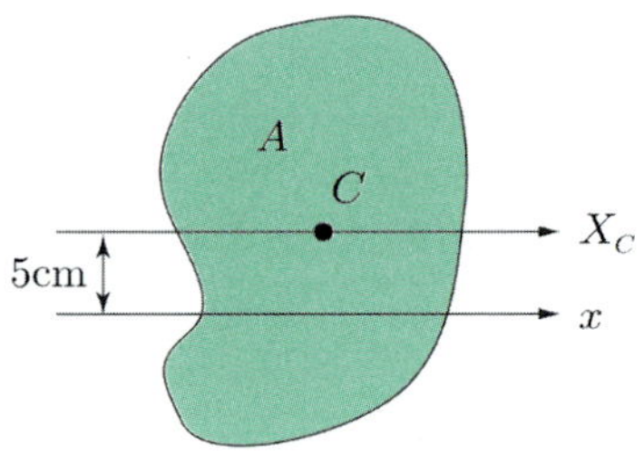

[문제 6.19]

① 2,500 ② 5,000 ③ 5,500 ④ 7,500

20 다음과 같이 원으로 조합된 음영 면적의 도심 C(Centroid)의 $\bar{y}$ 값을 구하여라. [공무원임용시험]

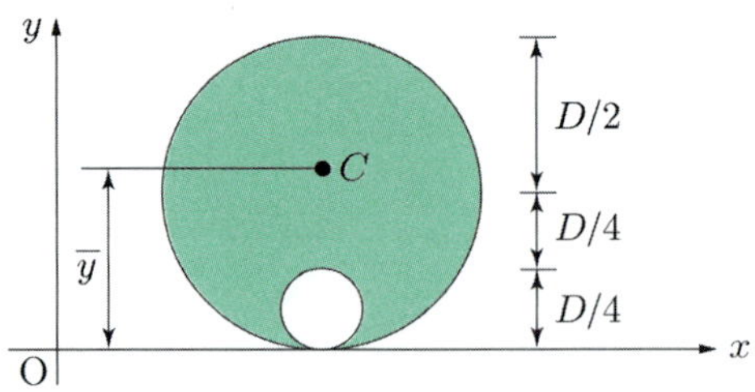

[문제 6.20]

21 다음과 같은 단면에서 x축에 대한 도심의 y좌표 값을 구하여라. [공무원임용시험]

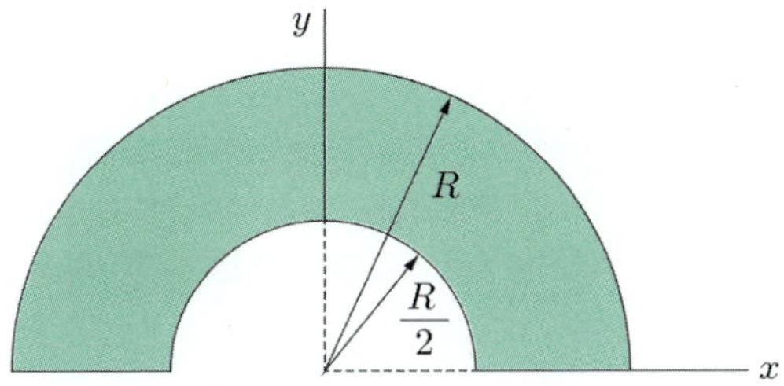

[문제 6.21]

22 다음 중 옳지 않은 것은? [공무원임용시험]

① 물체가 균질(Homogeneous)한 경우, 물체의 도심과 질량중심은 서로 일치한다.
② 단면의 형태에 따라 단면의 극관성모멘트는 음의 값을 가질 수도 있다.
③ 평형방정식은 구조물의 재료의 성질에 관계없이 적용할 수 있다.
④ 임의의 물체에 작용하는 우력모멘트는 일을 행한다.

23 다음 그림과 같이 단면적이 200cm^2인 임의의 도형이 있다. 도형의 도심에서 10cm 만큼 떨어진 $X1$축에서의 단면 2차모멘트가 $I_{X1}=25{,}000\text{cm}^4$일 때, 20cm 만큼 떨어진 $X2$축에서의 단면 2차모멘트는? [공무원임용시험]

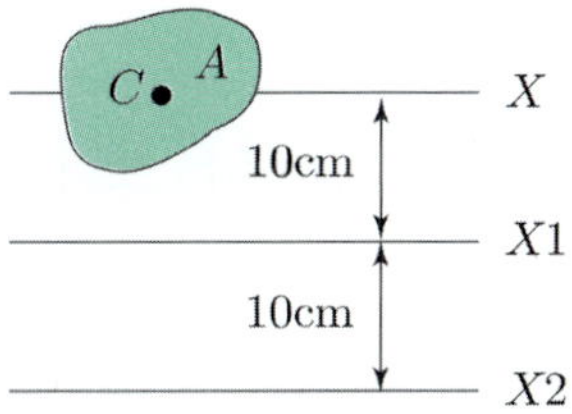

[문제 6.23]

① $45{,}000\text{cm}^4$　　② $65{,}000\text{cm}^4$
③ $85{,}000\text{cm}^4$　　④ $105{,}000\text{cm}^4$

24 단면의 성질에 관한 설명으로 옳지 않은 것은? [공무원임용시험]

① 단면 2차모멘트는 항상 양(+)의 값이다.
② 동일 단면적의 도심축에 대한 단면 2차모멘트는 정삼각형이 정사각형보다 크다.
③ 대칭축은 항상 주축이다. 그러나 주축이 항상 대칭축인 것은 아니다.
④ 단면 1차모멘트는 그 단면의 도심축에 대한 값이 최대이다.

25 그림과 같은 삼각형 단면에서 y축에서 도심까지 거리를 구하여라. [공무원임용시험]

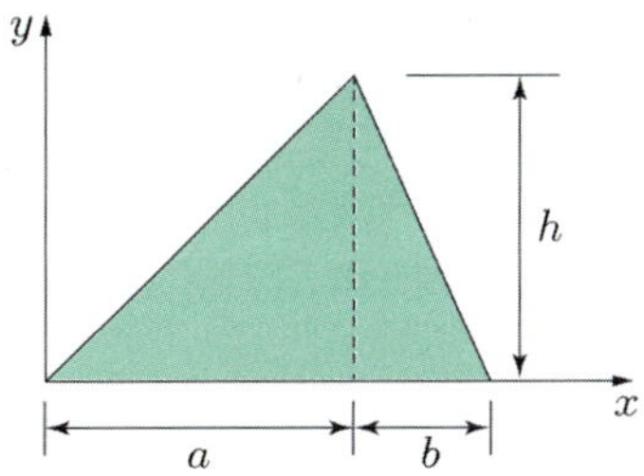

[문제 6.25]

26 다음과 같은 원형과 정사각형의 면적이 같을 때 도심축에 대한 단면 2 차모멘트(I_x) 크기를 비교하여라. [공무원임용시험]

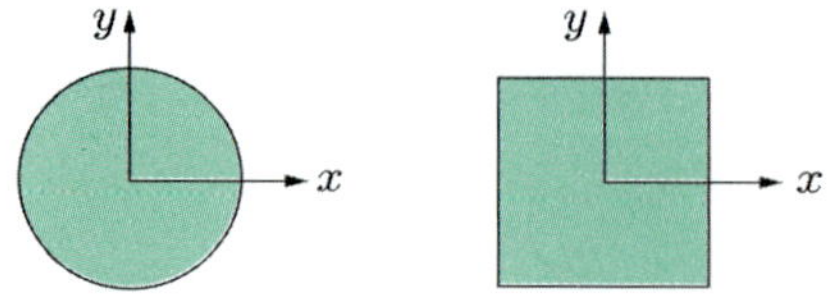

[문제 6.26]

27 다음과 같은 지름이 d인 원형 단면에서 임의의 축 x에 대한 단면 2 차모멘트가 도심축 X에 대한 단면 2 차모멘트의 2 배가 되기 위한 거리(y)를 구하여라. [공무원임용시험]

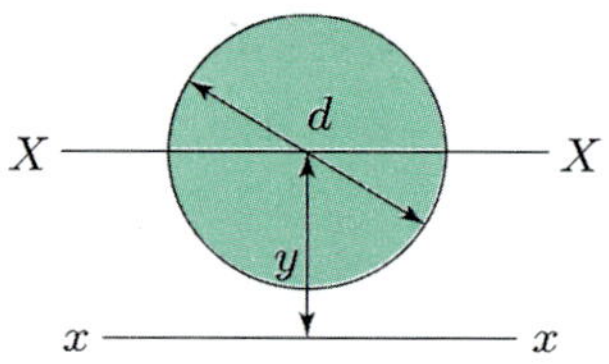

[문제 6.27]

28 다음과 같은 도형의 x축에 대한 단면 2 차모멘트를 구하여라. [공무원임용시험]

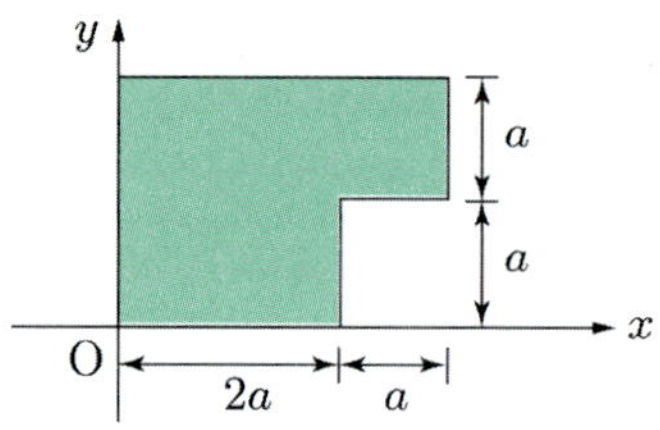

[문제 6.28]

29 그림과 같이 단면적이 100cm^2인 도형이 있다. 도형의 도심(C점)에서 40cm 떨어진 $x2$축에서 단면 2 차모멘트가 $162{,}000\text{cm}^4$일 때, 도심(C점)에서 20cm 떨어진 $x1$축에서의 단면 2 차모멘트[cm^4]는? 단, x, $x1$, $x2$축은 서로 평행하다. [공무원임용시험]

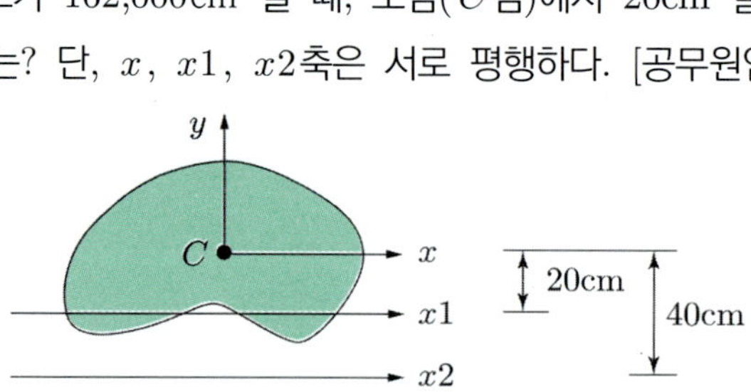

[문제 6.29]

① 2,000 ② 40,000 ③ 42,000 ④ 122,000

30 그림과 같은 단면에 대해 x-x축에 대한 단면 2 차모멘트[mm^4]는? [공무원임용시험]

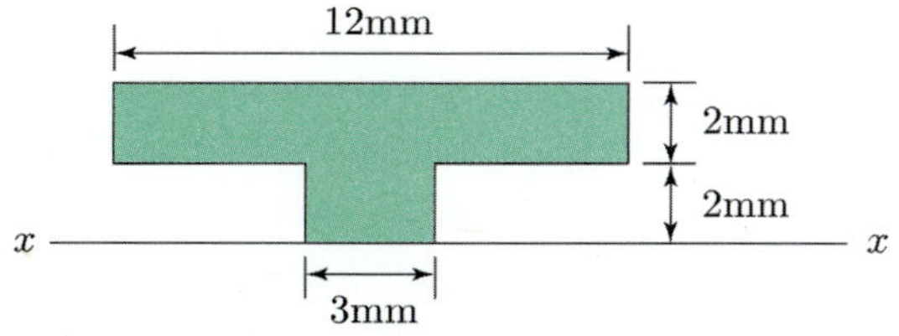

[문제 6.30]

① 224　② 232　③ 256　④ 316

31 그림과 같이 속이 비고 한 변의 길이가 a인 정사각형에서 x-x축에 대한 단면 2 차모멘트를 구하여라. [공무원임용시험]

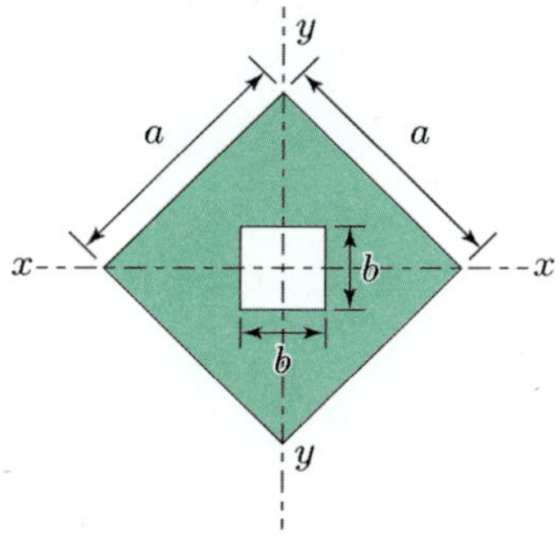

[문제 6.31]

32 그림과 같은 삼각형 단면의 x-x축에 대한 단면 2 차모멘트 I_x[mm^4]는? [공무원임용시험]

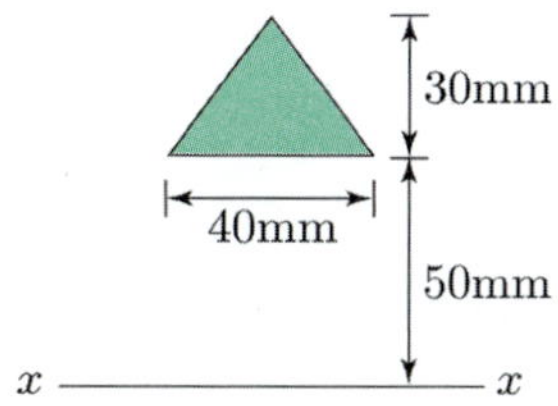

[문제 6.32]

① 155×10^4　② 219×10^4　③ 345×10^4　④ 526×10^4

제7장 비틀림

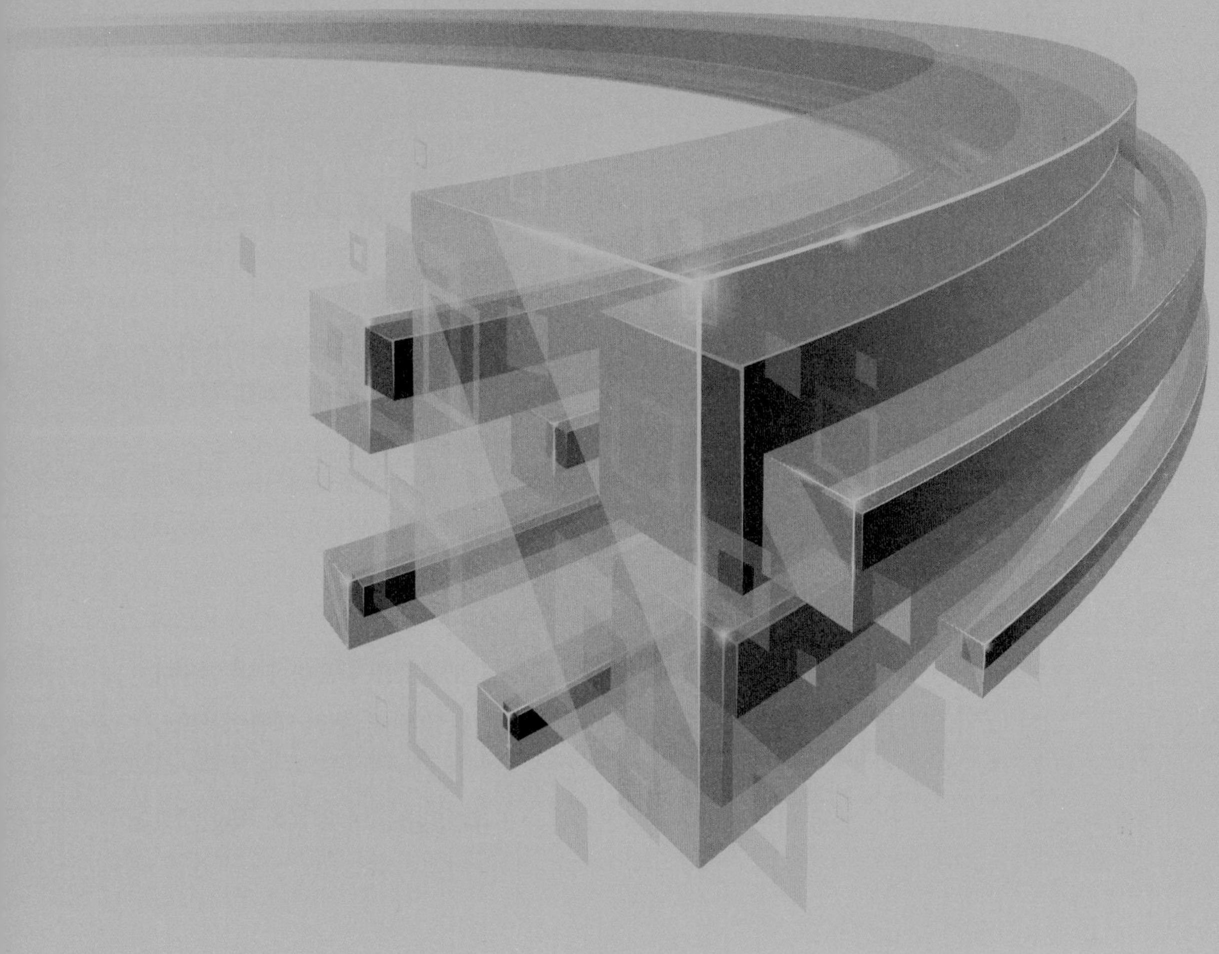

7.1 원형 단면 봉의 비틀림
7.2 전동축
7.3 부정정 비틀림 부재
7.4 비틀림 변형 에너지

7.1 원형 단면 봉의 비틀림

1 비틀림과 비틀림 모멘트

[그림 7.1]과 같이 봉의 축(x축)에 대한 모멘트(또는 토크)는 봉의 축에 대해 회전을 일으키려 하는데 이 모멘트를 받는 직선 봉의 뒤틀림을 비틀림(torsion)이라 한다. 여기에서 봉을 비트는 모멘트(T)를 비틀림 모멘트(twisting moment) 또는 토크(torque)라 하고, 토크를 받고 회전에 의해 동력을 전달하는 원기둥형 부재를 축(shaft)이라 한다.

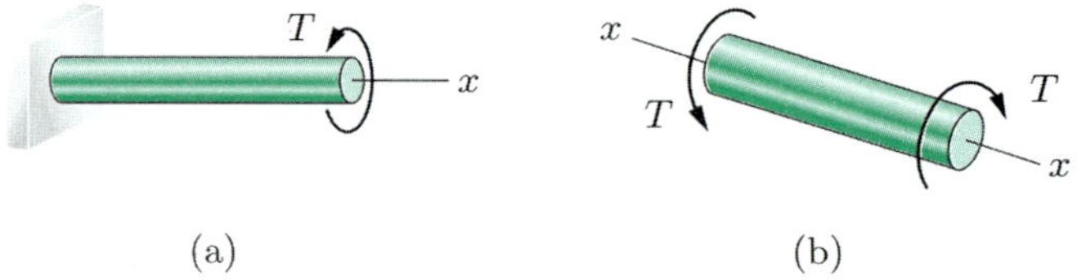

[그림 7.1] 비틀림 모멘트(T)를 받는 축

일반적으로 전동기나 엔진의 동력을 작업 기계나 바퀴에 전달할 때는 회전축을 이용하여 회전하는 형태의 힘으로 전달한다. 회전축에는 토크가 발생하고 이 토크가 작업 기계의 회전축을 돌리면 회전축에는 비틀림 모멘트 또는 비틀림 하중이 발생한다.

2 비틀림응력

동력을 전달하는 회전축에는 자동차의 구동축과 선박의 프로펠러 축 등이 있으며 대부분의 축은 원형 단면을 가지고 있다. 이와 같은 원형 단면 봉이 비틀림 모멘트를 받으면 봉의 단면에는 [그림 7.2]의 (a)와 같은 비틀림응력(τ)이 발생한다. 여기에서 원형 단면 봉의 비틀림응력을 구하는 방법을 알아본다.

선형 탄성 재료로 만들어진 원형 단면 봉에서는 다음과 같이 훅(Hooke)의 법칙이 적용된다.

$$\tau = G\gamma \qquad \cdots (7.1)$$

여기에서 G는 전단탄성계수이고 γ는 전단변형률이다. 원형 단면 봉에서 전단변형률 γ는 축 중심으로부터 거리(r)에 비례하므로($\gamma = \frac{r}{R}\gamma_{max}$) 전단응력도 [그림 7.2]의 (a)와 같이 축 중심으로부터 거리(r)에 비례한다. 따라서 전단응력(τ)을 다음과 같이 쓸 수 있다.

$$\tau = \frac{r}{R}\tau_{max} \qquad \cdots (7.2)$$

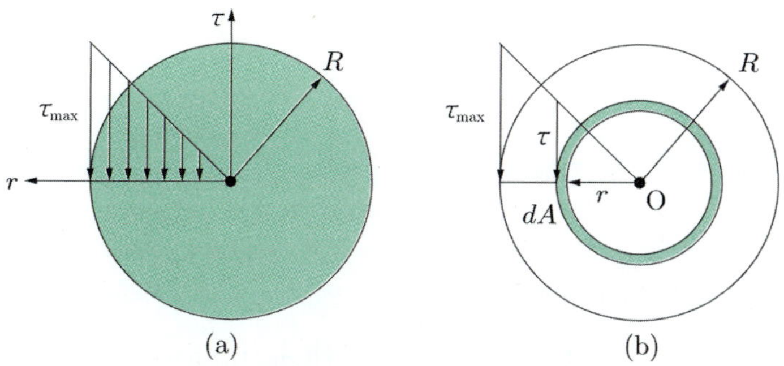

[그림 7.2] 원형 단면 봉의 전단응력 분포

식 (7.2)에서 R은 축의 반지름이고 τ_{max}는 최대전단응력이다. 전단응력은 축의 바깥 표면($r = R$)에서 최댓값을 가진다. 식 (7.2)는 원형 단면축의 어느 곳이라도 응력이 비례한도를 넘지 않을 경우에는 축의 전단응력이 축 중심으로부터 거리(r)에 따라 선형적으로 변화한다는 것을 나타낸다.

[그림 7.2]의 (b)와 같이 반지름 r에서 미소 면적요소 dA를 잡으면 미소요소에 작용하는 힘 $dF = \tau dA$이고, 축 단면에 작용하는 모멘트 합은 축에 작용하는 토크(T)와 같다는 조건을 적용하면

$$T = \int dM = \int r dF = \int r(\tau dA) \quad \cdots (7.3)$$

이다. 그리고 식 (7.3)에 식 (7.2)를 대입하면

$$T = \int r(\tau dA) = \frac{\tau_{max}}{R} \int r^2 dA$$

가 된다. 여기에서

$$I_p = \int r^2 dA \quad \cdots (7.4)$$

는 원의 중심(O)에 대한 단면의 극관성모멘트(polar moment of inertia, I_p)이고 토크(T)는 다음과 같이 표현된다.

$$T = \frac{\tau_{max}}{R} I_p \quad \cdots (7.5)$$

식 (7.5)를 최대전단응력에 대해 쓰면

$$\tau_{max} = \frac{T}{I_p} R \quad \cdots (7.6)$$

이다. 그리고 식 (7.6)을 식 (7.2)에 대입하면 다음과 같이 중심으로부터 거리 r에서의 전단응력 (τ)에 대한 식을 구할 수 있다.

$$\tau = \frac{T}{I_p} r \quad \cdots (\bigstar) \qquad \cdots (7.7)$$

전단응력은 작용 토크(T)에 비례하고 극관성모멘트(I_p)에 반비례한다. 식 (7.6)과 (7.7)을 비틀림 공식(torsion formula) 또는 탄성비틀림 공식(elastic torsion formula)이라고 한다.[3)]

반지름 R, 지름 d인 원의 극관성모멘트는 다음과 같다.

$$I_p = \frac{\pi R^4}{2} = \frac{\pi}{32} d^4 \qquad \cdots (7.8)$$

비틀림 공식에 사용되는 SI 단위는 다음과 같다. 토크(T)는 N • m, 반지름(r)은 m, 전단응력(τ)은 Pa, 극관성모멘트(I_p)는 m^4. 그런데 일반적으로 많이 사용되는 반지름(또는 지름)과 극관성모멘트의 단위는 mm와 mm^4이다.

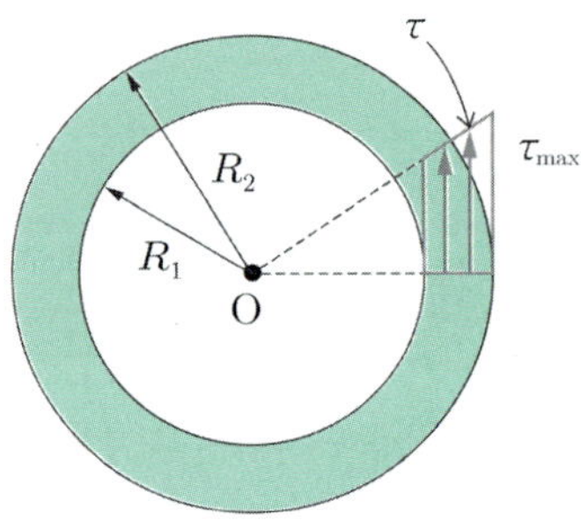

[그림 7.3] 속이 빈 원형 단면축의 전단응력

식 (7.6)과 (7.7)의 비틀림 공식은 [그림 7.3]과 같은 속이 빈 원형 단면축에 대해서도 성립한다. 안쪽 실린더와 바깥쪽 실린더의 반지름이 각각 R_1, R_2이고 지름이 각각 d_1, d_2인 속이 빈 축의 극관성모멘트는 다음과 같다.

$$I_p = \frac{\pi}{2}\left(R_2^4 - R_1^4\right) = \frac{\pi}{32}\left(d_2^4 - d_1^4\right) = \frac{\pi d_2^4}{32}\left(1 - x^4\right) \qquad \cdots (7.9)$$

여기에서 내외경비 $x = d_1/d_2$이다. 재료역학과 밀접한 관계를 가지고 있는 기계설계에서는 봉(축)의 치수를 나타낼 때 반지름 대신 지름(d)을 주로 사용한다.

3) 비틀림 공식의 유도 과정은 참고로 하고 이 공식을 알아두면 된다.

3 축의 강도

[1] 속이 찬 축(중실축)

원형 단면축에서 최대전단응력은 축의 바깥 표면($r_{max} = d/2$)에서 발생하므로 속이 찬 원형 단면축의 최대전단응력(τ_{max})은

$$\tau_{max} = \frac{T}{I_p} r_{max}$$

이다. 여기에서 극단면계수 Z_p를 다음과 같이 정의하면 비틀림 하중을 받는 축의 최대전단응력을 편리하게 계산하여 설계에 사용할 수 있다.

$$Z_p = \frac{I_p}{r_{max}} \quad \cdots (7.10)$$

극단면계수 Z_p를 사용하면 단면의 최대전단응력(τ_{max}, 비틀림응력)과 토크(T, 비틀림 모멘트)의 관계가 다음과 같이 간단하게 표현된다.

$$\tau_{max} = \frac{T}{Z_p} \quad \cdots (7.11)$$

$$T = \tau_{max} Z_p \quad \cdots (7.12)$$

지름이 d인 중실축(속이 차 있는 축)인 경우 $Z_p = \frac{\pi d^3}{16}$이고 다음 관계식으로 표현된다.

$$\tau_{max} = \frac{T}{Z_p} = \frac{16T}{\pi d^3} \quad \cdots (7.13)$$

$$T = \tau_{max} Z_p = \tau_{max} \times \frac{\pi d^3}{16} \quad \cdots (7.14)$$

$$d = \sqrt[3]{\frac{16T}{\pi \tau_{max}}} \quad \cdots (7.15)$$

[2] 속이 빈 축(중공축)

안지름 d_1, 바깥지름 d_2인 속이 빈 축의 극단면계수는 $Z_p = \frac{\pi d_2^3}{16}(1-x^4)$이고, 다음 관계식이 구해진다. 여기에서 안지름과 바깥지름의 비(내외경비) $x = d_1/d_2$이다.

$$\tau_{max} = \frac{T}{Z_p} = \frac{16T}{\pi d_2^3(1-x^4)} \quad \cdots (7.16)$$

$$T = \tau_{max} Z_p = \tau_{max} \times \frac{\pi d_2^3}{16}(1-x^4) \quad \cdots (7.17)$$

$$d_2 = \sqrt[3]{\frac{16T}{\pi \tau_{max}(1-x^4)}}, \quad d_1 = x d_2 \quad \cdots (7.18)$$

예제 7.1 지름이 40mm인 봉의 한쪽 끝을 고정하고 다른 쪽 끝에 비틀림 모멘트 0.2π[kN • m]를 가할 때 봉에 발생하는 최대 비틀림응력[MPa]을 구하여라.

풀이 지름이 d인 봉 단면의 극단면계수 $Z_p = \frac{\pi}{16}d^3$이므로 최대 비틀림응력 τ_{max}는 다음과 같다. kN • m = 10^3N • 10^3mm = 10^6N • mm이다.

$$\tau_{max} = \frac{T}{Z_p} = \frac{16T}{\pi d^3} = \frac{16 \times (0.2\pi \times 10^6 \text{N} \cdot \text{mm})}{\pi \times (40)^3 \text{mm}^3} = 50\text{N/mm}^2 = 50\text{MPa}$$

예제 7.2 한쪽이 고정된 지름 20mm의 중실 원형 단면 봉에 토크 T가 작용할 때 최대 비틀림응력은 τ이다. 동일한 토크(T)에서 원형 봉의 지름이 40mm일 때 원형 봉에 발생하는 최대 비틀림응력을 구하여라.

풀이 지름 d인 원형 봉이 토크 T를 받을 때 원형 봉에서 발생하는 최대전단응력은 $\tau_{max} = \frac{T}{Z_p} = \frac{16T}{\pi d^3}$이므로

$$\tau = \frac{16T}{\pi(20)^3} \quad \cdots ①$$

$$\tau_1 = \frac{16T}{\pi(40)^3} \quad \cdots ②$$

이다. 여기에서 τ_1은 원형 봉의 지름이 40mm일 때 발생하는 최대 비틀림응력이다. ②÷①을 하면

$$\frac{\tau_1}{\tau} = \left(\frac{1}{40}\right)^3 \times (20)^3 = \left(\frac{20}{40}\right)^3 = \frac{1}{8}$$

$$\therefore \ \tau_1 = \frac{1}{8}\tau$$

예제 7.3 그림과 같이 수평으로 놓인 길이 L인 원형 막대의 끝단에 길이 $\frac{L}{2}$의 직사각형 막대가 직각으로 연결되어 있다. 직사각형 막대의 끝에 P의 하중이 연직 아래 방향으로 작용할 때, 고정지점의 최상단 A점에서의 전단응력을 구하여라. 단, 원형 막대의 지름은 d이고, 무게는 무시한다.

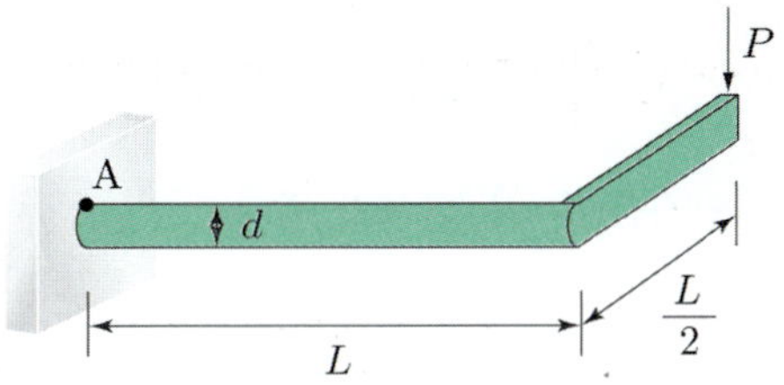

[그림 7.4]

풀이 고정 지점에 작용하는 비틀림 모멘트(T)는

$$T = P \times \frac{L}{2} = \frac{PL}{2}$$

이고, 최상단 A점에서의 전단응력(τ_A)은 다음과 같다.

$$\tau_A = \frac{T}{I_p} r_A = \left(\frac{PL/2}{\pi d^4/32}\right) \times \frac{d}{2} = \frac{8PL}{\pi d^3}$$

예제 7.4 안지름과 바깥지름이 각각 20mm와 40mm인 속이 빈 축(중공축)에 150π[kN • mm]의 비틀림 모멘트가 작용할 때 발생하는 최대 비틀림응력[MPa]을 구하여라.

풀이 150π[kN • mm] $= 150\pi \times 10^3$[N • mm]이다.

$$x = \frac{d_1}{d_2} = \frac{20}{40} = 0.5$$

$$\therefore \ \tau_{max} = \frac{16T}{\pi d_2^3 (1 - x^4)} = \frac{16 \times (150\pi \times 10^3 \mathrm{N \cdot mm})}{\pi (40)^3 [1 - (0.5)^4] \mathrm{mm}^3} = 40\,\mathrm{N/mm^2} = 40\,\mathrm{MPa}$$

예제 7.5 바깥지름이 80mm인 중공축이 비틀림 모멘트 1.5kN • m를 받을 때 축에서 발생하는 최대 비틀림응력이 20MPa이다. 축의 안지름을 구하여라.

풀이 1.5kN • m = 1.5×10^6 N • mm, MPa = N/mm^2. 단위를 N, mm로 통일하여 계산한다. 최대 비틀림응력으로부터 축의 내외경비(x)를 구하면

$$\tau_{max} = \frac{16T}{\pi d_2^3(1-x^4)}$$

$$1-x^4 = \frac{16T}{\pi d_2^3 \tau_{max}}$$

$$\therefore \quad x = \sqrt[4]{1-\frac{16T}{\pi d_2^3 \tau_{max}}} = \sqrt[4]{1-\frac{16\times(1.5\times10^6)}{\pi\times(80)^3\times(20)}} = 0.71$$

이므로 축의 안지름(d_1)은 다음과 같다.

$$d_1 = xd_2 = 0.71\times80 = 56.8[\text{mm}]$$

예제 7.6 그림과 같은 원형 단면의 두 축이 전달할 수 있는 최대 비틀림 모멘트 비 $T_{(a)}/T_{(b)}$를 구하여라. 단, 두 축 재료의 성질은 같다.

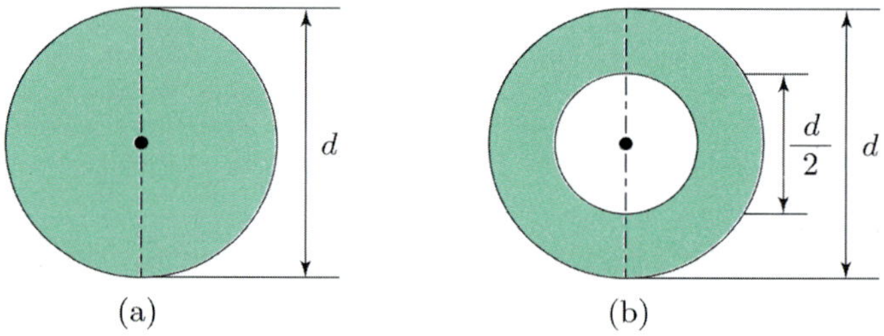

[그림 7.5] 속이 찬 축(a)과 속이 빈 축(b)

풀이 속이 찬 축(a)의 지름은 d이고, 속이 빈 축(b)의 안지름과 바깥지름은 각각 $d_1 = d/2$, $d_2 = d$이며 내외경비 $x = d_1/d_2 = 1/2$이다. 축의 허용전단응력을 τ_a라 하면

$$T_{(a)} = \tau_a Z_p = \tau_a \times \frac{\pi d^3}{16}$$

$$T_{(b)} = \tau_a Z_p = \tau_a \times \frac{\pi d^3}{16}(1-x^4) = T_{(a)}(1-x^4)$$

$$\therefore \quad \frac{T_{(a)}}{T_{(b)}} = \frac{1}{1-x^4} = \frac{1}{1-(1/2)^4} = \frac{16}{15}$$

4 비틀림 강성

토크를 전달하는 축은 어느 정도 비틀리게 된다. 이때 비틀림 각이 커지게 되면 재료의 탄성에 의해 진동이 발생하는 원인이 되므로 축의 강도와는 별도로 비틀림 각을 용도에 맞게 특정값 이하로 제한해야 한다.

선형 탄성재료에서 $\tau = G\gamma = Gr\phi$이므로 $\tau = \dfrac{T}{I_p}r$을 대입하면 다음 관계식이 구해진다.

$$\phi = \frac{T}{GI_p} \qquad \cdots (7.19)$$

여기에서 ϕ는 단위 길이 당 라디안[rad]의 단위를 갖는다. 따라서 [그림 7.6]과 같이 길이 L[mm]인 원형 단면축이 순수 비틀림 모멘트 T[N • mm]를 받을 때 축의 끝 단면에서의 비틀림 각(총 비틀림 각) θ는 다음과 같다.

$$\theta = \phi L = \frac{TL}{GI_p}\ [\text{rad}]\ \cdots (\bigstar) \qquad \cdots (7.20)$$

한편 길이 L에서의 회전각 θ와 전단응력(τ)의 관계는 다음과 같다.

$$\tau = G\gamma = Gr\phi = G\frac{r\theta}{L} \qquad \cdots (7.21)$$

전단변형률 $\gamma = r\theta/L$은 봉의 표면에서 최댓값을 가진다.

$$\gamma_{max} = \frac{R\theta}{L} = \frac{d\theta}{2L} \qquad \cdots (7.22)$$

여기에서 R은 봉의 반지름, d는 지름이다. 식 ($\bigstar$)에서 $1\,\text{rad} = \dfrac{180}{\pi}$[degree]이므로 θ를 도[degree]로 나타내면 다음과 같다.

$$\theta = \frac{180}{\pi} \times \frac{TL}{GI_p} = 57.3 \times \frac{TL}{GI_p}\ [° : \text{deg, 도}] \qquad \cdots (7.23)$$

여기에서 G[N/mm^2]는 축의 전단탄성계수, I_p[mm^4]는 축의 극관성모멘트이다. 비틀림 각 θ는 축 길이 L에 비례하고, GI_p의 값에 반비례한다. 즉, GI_p의 값이 클수록 비틀림 변형에 대한 저항이 크다는 것을 의미하므로 GI_p를 비틀림 강성(비틀림 강도, torsional rigidity)이라 한다.

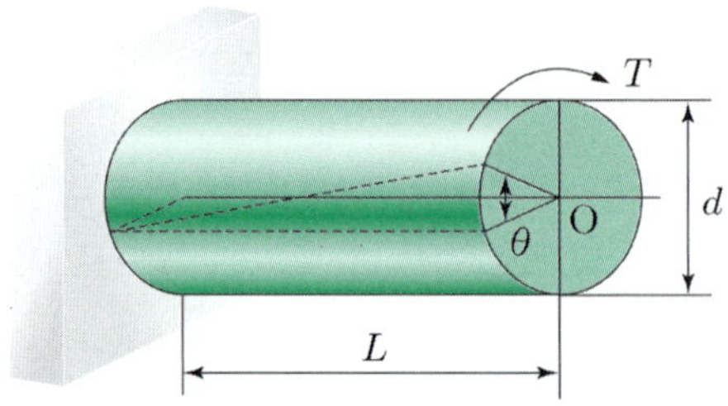

[그림 7.6] 비틀림 모멘트(T)와 비틀림 각(θ)

봉의 비틀림 강성도(torsional stiffness) k_T는 단위 회전각을 발생시키는 데 필요한 토크로서 다음과 같이 정의된다.

$$k_T = \frac{GI_p}{L} \qquad \cdots (7.24)$$

그리고 비틀림 유연도(torsional stiffness) f_T는 비틀림 강성도의 역수이며 단위 토크에 의해 발생하는 회전각으로 정의된다.

$$f_T = \frac{L}{GI_p} \qquad \cdots (7.25)$$

속이 찬 원형 단면축에서 $I_p = \frac{\pi d^4}{32}$이므로 비틀림 각 θ는 다음과 같다.

$$\theta = \frac{32\,TL}{\pi G d^4} \ \text{[rad]} \qquad \cdots (7.26)$$

그리고 속이 빈 원형 단면축에서 $I_p = \frac{\pi}{32}(d_2^4 - d_1^4)$이므로 비틀림 각 θ는 다음과 같다. 여기에서 지름 비 $x = d_1/d_2$이다.

$$\theta = \frac{32\,TL}{\pi G(d_2^4 - d_1^4)} = \frac{32\,TL}{\pi G d_2^4 (1 - x^4)} \ \text{[rad]} \qquad \cdots (7.27)$$

위 식에서 $1\,\text{rad} = \frac{180}{\pi}$ [degree]이므로 θ를 도[°]로 나타내면 다음과 같다.

$$\theta = \frac{32\,TL}{\pi G d^4} \times \frac{180}{\pi} \ [° : \text{deg, 도}] \qquad \cdots (7.28)$$

$$\theta = \frac{32\,TL}{\pi G(d_2^4 - d_1^4)} \times \frac{180}{\pi} \ [° : \text{deg, 도}] \qquad \cdots (7.29)$$

예제 7.7 지름 4cm, 길이 2m인 봉의 한쪽 끝이 고정되고 다른 쪽 끝에 64π[N • m]의 비틀림 모멘트가 작용할 때 봉의 비틀림 각[rad]을 구하여라. 단, 전단탄성계수 $G = 80\text{GPa}$이다.

풀이 단위를 N, mm로 통일하여 계산한다. $\text{GPa} = 10^3\text{MPa} = 10^3\text{N/mm}^2$이다.

$$\theta = \frac{32\,TL}{\pi G d^4} = \frac{32 \times (64\pi \times 10^3) \times (2 \times 10^3)}{\pi \times (80 \times 10^3) \times (40)^4} = 0.02\ [\text{rad}]$$

예제 7.8 지름 $d = 10\text{cm}$, 길이 $L = 2\text{m}$인 봉의 한쪽 끝을 고정하고 다른 쪽 끝에 $T = 2.5\text{kN} \cdot \text{m}$의 비틀림 모멘트를 작용시켰다. 봉의 비틀림 각 $\theta = \frac{1}{20\pi}$[rad]일 때 봉의 전단탄성계수 G[GPa]를 구하여라.

풀이 단위를 N, m로 통일하여 계산한다. $\text{N/m}^2 = \text{Pa}$이다.

$$\theta = \frac{32\,TL}{\pi G d^4}\ [\text{rad}]$$

$$\therefore\ G = \frac{32\,TL}{\pi d^4 \theta} = \frac{32 \times (2.5 \times 10^3) \times (2)}{\pi \times (10^{-1})^4 \times (1/20\pi)} = 32 \times 10^9\ [\text{Pa}] = 32\ [\text{GPa}]$$

예제 7.9 지름 40mm, 길이 2m, 전단탄성계수 80GPa인 봉이 양단에서 토크(T)를 받고 있다. 봉의 허용전단응력이 30MPa이고, 허용비틀림 각이 2°일 때 최대허용토크[N • m]를 구하여라.

풀이 단위를 N, m로 통일하여 계산한다. $\text{Pa} = \text{N/m}^2$이다. 봉의 허용전단응력으로부터 허용토크를 구하면

$$T_1 = \frac{\pi d^3 \tau_a}{16} = \frac{\pi \times (0.04)^3 \times (30 \times 10^6)}{16} = 377\ [\text{N} \cdot \text{m}]$$

이고, 허용비틀림 각으로부터 허용토크를 구하면

$$T_2 = \frac{\pi G d^4}{32L} \times \frac{\pi\theta}{180} = \frac{\pi \times (80 \times 10^9) \times (0.04)^4}{32 \times 2} \times \frac{\pi \times 2}{180} = 351\ [\text{N} \cdot \text{m}]$$

이다. 봉의 최대허용토크는 T_1과 T_2 중 작은 값이므로 최대허용토크 $T_{max} = 351$ [N • m]이다.

예제 7.10 그림과 같이 같은 바깥지름(d)을 가진 속이 찬 축과 속이 빈 축이 있다. 속이 빈 축의 안지름은 $2d/3$이고 두 축의 길이는 같다. 두 축의 재질이 같고 같은 토크(T)를 받을 때 다음을 구하여라.

(1) 두 축의 최대전단응력 비

(2) 두 축의 비틀림 각 비

(3) 두 축의 무게 비

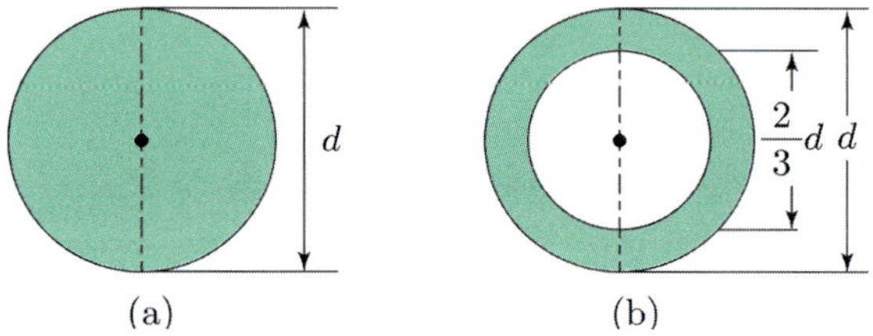

[그림 7.7] 속이 찬 축(a)과 속이 빈 축(b)

풀이 (b)에서 속이 빈 축의 안지름과 바깥지름은 각각 $d_1 = 2d/3$, $d_2 = d$이고 내외경비 $x = d_1/d_2 = 2/3$이다. (a), (b)의 축을 각각 1, 2로 나타낸다.

(1) 최대전단응력 비 τ_2/τ_1 :

$$\tau_1 = \frac{16T}{\pi d^3},\ \tau_2 = \frac{16T}{\pi d_2^3(1-x^4)} = \frac{16T}{\pi d^3[1-(2/3)^4]} = \frac{81}{65}\tau_1$$

$$\therefore \ \frac{\tau_2}{\tau_1} = \frac{81}{65} \approx 1.25$$

(2) 비틀림 각 비 θ_2/θ_1: 비틀림 각 $\theta = TL/GI_p$는 $1/I_p$에 비례한다. 최대전단응력 $\tau_{max} = Tr_{max}/I_p$인데 (a)와 (b)의 r_{max}가 같으므로 여기에서 비틀림 각 비는 최대전단응력 비와 같다.

$$\frac{\theta_2}{\theta_1} = \frac{\tau_2}{\tau_1} = \frac{81}{65} \approx 1.25$$

(3) 무게 비 W_2/W_1 : 두 축의 길이가 같으므로 무게는 단면적에 비례한다.

$$\frac{W_2}{W_1} = \frac{A_2}{A_1} = \frac{(d_2^2 - d_1^2)}{d^2} = \frac{[d^2 - (2d/3)^2]}{d^2} = 1 - \frac{4}{9} = \frac{5}{9} \approx 0.56$$

이상의 결과로부터 속이 빈 축의 장점을 알 수 있다. (1), (2), (3)에서 속이 빈 축은 속이 찬 축에 비해 최대전단응력과 비틀림 각은 약 25% 증가하지만 무게는 약 44%나 적다. 즉, 속이 빈 축이 훨씬 가볍게 된다는 것을 알 수 있다. 그러나 속이 비어 있는 축을 가공하는 데는 어려움이 따른다.

예제 7.11 [예제 7.10]에서 각각의 축에 대한 허용토크와 무게의 비(T_a/W)를 구하여라.

풀이 축의 길이와 비중량 및 허용전단응력을 각각 L, γ, τ_a라 한다. 축의 무게(W)는 단면적과 길이 및 비중량을 곱한 것과 같다.

$$W_1 = \gamma A_1 L = \frac{\pi}{4} d^2 \gamma L$$

$$W_2 = \gamma A_2 L = \frac{\pi}{4}\left[d^2 - \left(\frac{2}{3}d\right)^2\right]\gamma L = \frac{5\pi}{36} d^2 \gamma L$$

속이 찬 축의 허용토크(T_1)는

$$T_1 = \tau_a \times \frac{\pi d^3}{16}$$

이고, 속이 빈 축의 허용토크(T_2)는

$$T_2 = \tau_a \times \frac{\pi d_2^3}{16}(1 - x^4) = \tau_a \times \frac{\pi d^3}{16}\left[1 - \left(\frac{2}{3}\right)^4\right] = \tau_a \times \frac{\pi d^3}{16} \times \frac{65}{81}$$

이다. 따라서 두 축의 허용토크와 무게의 비는 각각 다음과 같다.

$$S_1 = \frac{T_1}{W_1} = \frac{\pi d^3 \tau_a}{16} \times \frac{4}{\pi d^2 \gamma L} = \frac{d\tau_a}{4\gamma L} = 0.25\left(\frac{\tau_a d}{\gamma L}\right)$$

$$S_2 = \frac{T_2}{A_2} = \left(\tau_a \times \frac{\pi d^3}{16} \times \frac{65}{81}\right) \times \frac{36}{5\pi d^2 \gamma L} = \frac{13}{36}\left(\frac{\tau_a d}{\gamma L}\right) \approx 0.36\left(\frac{\tau_a d}{\gamma L}\right)$$

이 예제에서 허용토크와 무게 비에서도 속이 비어 있는 축(S_2)이 속이 찬 축(S_1)에 비해 더 큰 값을 가진다는 것을 보여준다.

예제 7.12 [불균일 비틀림] 그림과 같은 속이 찬 원형 단면축이 회전방향이 다른 토크 T_1과 T_2를 받고 있다. 축의 지름 $d_1 = 50\text{mm}$, $d_2 = 40\text{mm}$, 길이 $L_1 = 600\text{mm}$, $L_2 = 400\text{mm}$이고, 토크 $T_1 = 800\text{N} \cdot \text{m}$, $T_2 = 200\text{N} \cdot \text{m}$일 때, 최대전단응력과 끝단 C에서 비틀림 각을 구하여라. 단, 축의 전단탄성계수는 80GPa이다.

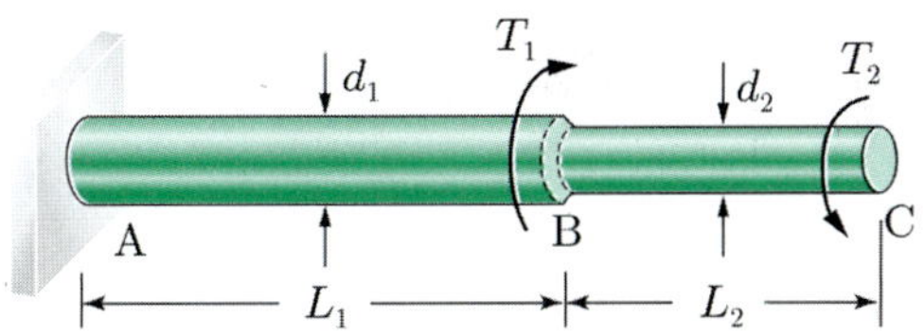

[그림 7.8] 불균일 부재의 비틀림

풀이 BC를 잘라서 자유물체도를 그리면 [그림 7.9]의 (b)와 같고, 여기에서 BC 부재에 작용하는 내부토크(T_{BC})는

$$T_{BC} = T_2 = 200[\text{N} \cdot \text{m}]$$

임을 알 수 있다. 그리고 AB를 잘라서 작성한 (a)의 자유물체도에서 AB 부재에 작용하는 내부토크(T_{AB})의 크기는 다음과 같다.

$$T_{AB} = T_1 - T_2 = 800 - 200 = 600[\text{N} \cdot \text{m}]$$

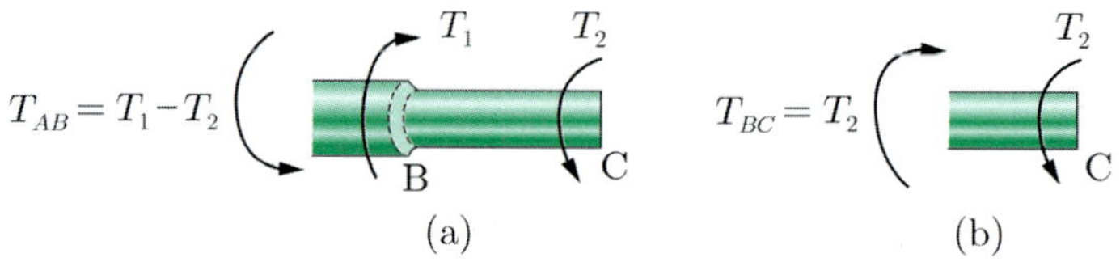

[그림 7.9] AB와 BC에 작용하는 내부 토크

(1) AB에서 발생하는 최대전단응력(τ_{max1})은

$$\tau_{max1} = \frac{T_{AB}}{Z_{p1}} = \frac{16\,T_{AB}}{\pi(d_1)^3} = \frac{16 \times (600 \times 10^3)}{\pi \times (50)^3} = 24.45[\text{MPa}]$$

이고, BC에서 발생하는 최대전단응력(τ_{max2})은 다음과 같다.

$$\tau_{max2} = \frac{T_{BC}}{Z_{p2}} = \frac{16\,T_{BC}}{\pi(d_2)^3} = \frac{16 \times (200 \times 10^3)}{\pi \times (40)^3} = 15.92[\text{MPa}]$$

(2) 왼쪽 끝단(A)이 고정되어 있으므로 오른쪽 끝단(C)에서 비틀림 각은 AB 부재에서 내부토크 T_{AB}로 인해 발생하는 단면 B의 회전각과 BC 부재에서 내부토크 T_{BC}로 인해 발생하는 단면 C의 회전각을 합한 것과 같다. 그런데 여기에서 T_{AB}와 T_{BC}의 회전방향이 반대이므로 두 값의 차이가 된다. 이것은 축 하중을 받는 부재에서 인장은 양(+), 압축은 음(−)으로 하여 계산하는 것과 같다.

$$\theta_C = \frac{T_{AB}L_1}{GI_{p1}} - \frac{T_{BC}L_2}{GI_{p2}} = \frac{32}{\pi G}\left[\frac{T_{AB}L_1}{(d_1)^4} - \frac{T_{BC}L_2}{(d_2)^4}\right]$$

$$= \frac{32}{\pi \times (80 \times 10^3)} \times \left[\frac{(600 \times 10^3) \times 600}{(50)^4} - \frac{(200 \times 10^3) \times 400}{(40)^4}\right]$$

$$= 3.355 \times 10^{-3}[\text{rad}] = 3.355 \times 10^{-3} \times \frac{180}{\pi}[°] = 0.192[°]$$

θ_C가 양(+)이므로 T_1의 방향으로 0.192[°] 비틀린다.

7.2 전동축

원형 단면축은 자동차의 구동축과 선박의 프로펠러축과 같이 동력을 전달하는 데 사용된다. 이와 같은 각종 기계에 사용되는 전동축은 전달하는 동력에 의해 비틀림 작용을 받는다. 따라서 전동축은 비틀림 모멘트로 인해 발생하는 비틀림응력과 비틀림 각이 허용 범위 내에 있도록 설계되어야 한다.

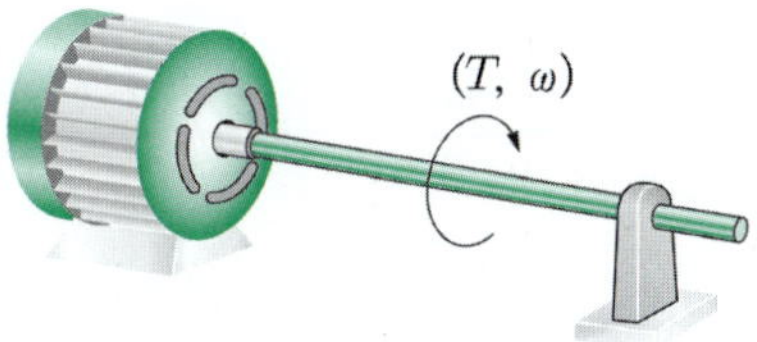

[그림 7.10] 일정한 토크(T)를 받고 각속도 ω로 회전하는 전동축

동력은 축의 회전에 의해 전달되고 전달되는 동력의 크기는 토크의 크기와 회전속도에 의해 결정된다. 토크(T)에 의해 각의 위치가 θ_1에서 θ_2로 이동하였을 때 한 일(W)은

$$W = \int_{\theta_1}^{\theta_2} T d\theta$$

이고, 토크가 일정할 때 각 변위 $\Delta\theta = \theta_2 - \theta_1$이면 일($W$)은

$$W = T\Delta\theta$$

이다. 따라서 동력(H)은 일의 시간에 대한 변화율이므로 다음과 같이 표현된다.

$$H = \frac{dW}{dt} = T\frac{d\theta}{dt} = T\omega$$

$$H = T\omega \quad \cdots (7.30)$$

여기에서 각속도 $\omega = d\theta/dt$이다. 이 관계식은 일정한 토크를 전달하는 회전축의 전달 동력을 구하는 데 사용된다. 각속도의 단위가 [rad/s]이고 토크의 단위가 [N • m]이면 동력의 단위는 [W]가 된다.

각속도(ω)를 회전주파수(frequency of rotation, f)로 나타내면 다음과 같다. 회전주파수는 단위 시간 당 회전수(회전수/초)로 정의되고, 1 회전은 2π[rad]이므로

$$w = 2\pi f \quad [\text{rad/s}] \quad \cdots (7.31)$$

이다. 여기에서 회전주파수(f)의 단위는 $1/s = 1s^{-1}$이며 이것을 헤르츠[Hz]라고 한다. 식 (7.30)과 식 (7.31)로부터 동력(H)을 회전주파수로 나타내면 다음과 같다.

$$H = 2\pi f T \qquad \cdots (7.32)$$

일반적으로 기계공작법과 기계설계에서는 각종 기계(선반, 밀링, 드릴 등)와 기계요소(축, 키, 베어링 등)의 회전 속도를 분당 회전 수 [rpm]으로 많이 나타낸다. 회전속도가 N[rpm]이면 물체의 각속도 ω [rad/s]는 다음과 같다.

$$\omega = \frac{2\pi N}{60} \quad [\mathrm{rad/s}] \qquad \cdots (7.33)$$

그리고 동력(H)은 다음과 같이 표현된다.[4)]

$$H = T\omega = T \times \frac{2\pi N}{60} \quad \cdots (\bigstar) \qquad \cdots (7.34)$$

여기에서 토크의 단위가 [N • m]이면 동력의 단위는 와트[W]가 된다. 그런데 SI 단위에서 동력의 단위는 [W]이지만 기계설계에서는 다음과 같이 정의되는 마력 [PS]를 많이 사용한다.

$$1\mathrm{PS} = \frac{75\mathrm{kgf \cdot m}}{\mathrm{s}} \approx 735.5\mathrm{W} \qquad \cdots (7.35)$$

토크(T)의 단위가 [kgf • m]이면 동력(H)은 다음과 같다.

$$H = T \times \frac{2\pi N}{60} \times \frac{1}{75} \quad [\mathrm{PS}] \qquad \cdots (7.36)$$

기계설계 책에는 토크와 동력의 단위에 따라 다소 복잡한 숫자로 표현되는 관계식들(예를 들어 $T = 9.55 \times 10^6 \dfrac{H_{kW}}{N}$, $T = 7.02 \times 10^6 \dfrac{H_{PS}}{N}$ 등)이 많이 나온다. 그런데 그 식들은 모두 단위에 따른 단위 연산의 결과일 뿐이고 모두 식 ($\bigstar$)에서 유도된다. 따라서 그 식들을 기억하려하지 말고 식 ($\bigstar$)와 단위를 알고 단위 연산을 잘 하면 된다. $1\mathrm{J} = 1\mathrm{N \cdot m}$, $1\mathrm{J/s} = 1\mathrm{W}$, $1\mathrm{PS} = 75\mathrm{kgf \cdot m/s}$, $1\mathrm{kgf} = 9.8\mathrm{N}$ 이다.

예제 7.13 300rpm으로 회전하는 축이 40π [J/s] 동력을 전달할 때, 축에 작용하는 토크(비틀림 모멘트, N • m)를 구하여라.

---

4) 이 식은 특히 기계설계에서 아주 많이 사용되는 식이므로 꼭 알아두도록 한다.

풀이 축의 회전속도 $N = 300\text{rpm}$, 전달 동력 $H = 40\pi\,[\text{J/s}] = 40\pi\,[\text{N}\cdot\text{m/s}]$이다. 축에 작용하는 토크 $T[\text{N}\cdot\text{m}]$는 다음과 같다.

$$H = T\omega = T \times \frac{2\pi N}{60}$$

$$\therefore\ T = \frac{60H}{2\pi N} = \frac{60 \times 40\pi}{2\pi \times 300} = 4\,[\text{N}\cdot\text{m}]$$

예제 7.14 원형 단면 중실축이 비틀림 모멘트를 받고 동력을 전달하고 있다. 축의 허용비틀림응력이 50MPa, 지름이 20mm, 회전속도가 600rpm일 때 축의 전달 동력[kW]을 구하여라.

풀이 축의 허용비틀림응력 $\tau_{max} = 50\,\text{MPa}$, 지름 $d = 20\text{mm} = 0.02\text{m}$, 회전속도 $N = 600\text{rpm}$이다. 축의 비틀림 모멘트(T)는

$$T = \tau_{max} Z_p = \tau_{max}\left(\frac{\pi d^3}{16}\right)$$

이므로 축의 전달 동력(H)은 다음과 같다. 단위를 SI단위[N, m, s]로 통일하여 계산한다.

$$\begin{aligned} H &= T\omega = T \times \frac{2\pi N}{60} = \tau_{max}\left(\frac{\pi d^3}{16}\right) \times \frac{2\pi N}{60} \\ &= (50 \times 10^6) \times \left[\frac{\pi (0.02)^3}{16}\right] \times \frac{2\pi \times (600)}{60} \\ &= 500\pi^2\,[\text{W}] \approx 4{,}935\,[\text{W}] = 4.935\,[\text{kW}] \end{aligned}$$

이상에서 $\tau_{max} = 50\,\text{MPa} = 50 \times 10^6 \dfrac{\text{N}}{\text{m}^2}$이고, $\text{W} = \dfrac{\text{N}\cdot\text{m}}{\text{s}}$이다.

예제 7.15 회전수 200 rpm으로 40 kW의 동력을 전달하는 축의 지름을 구하여라. 단, 축의 허용비틀림응력 $\tau_a = 30\,\text{N/mm}^2$이다.

풀이 동력 $H = T\omega = T \times \dfrac{2\pi N}{60}$이므로 토크($T$, 비틀림 모멘트)는

$$\begin{aligned} T &= \frac{60H}{2\pi N} = \frac{60 \times (40 \times 1{,}000)}{2\pi \times 200}\,[\text{N}\cdot\text{m}] \\ &= \frac{6{,}000}{\pi}\,[\text{N}\cdot\text{m}] = \frac{6 \times 10^6}{\pi}\,[\text{N}\cdot\text{mm}] \end{aligned}$$

이고, 허용비틀림응력에 의한 축 지름(d)은 다음과 같이 결정된다.

$$T = \tau_a Z_p = \tau_a \times \frac{\pi d^3}{16}$$

$$\therefore \ d = \sqrt[3]{\frac{16T}{\pi \tau_a}} = \sqrt[3]{\frac{16 \times (6 \times 10^6/\pi)}{\pi \times 30}} \ [\text{mm}]$$

$$= 100\sqrt[3]{\frac{16 \times 6}{\pi^2 \times 30}} \ [\text{mm}] \approx 68.7 [\text{mm}]$$

예제 7.16 원형 단면의 속이 찬 축이 50kW의 동력을 전달하고 있다. 축의 허용전단응력이 40MPa일 때 다음을 구하여라.

(1) 축의 회전속도가 300rpm일 때 필요한 축의 지름(최소지름)

(2) 축의 회전속도가 2,000rpm일 때 필요한 축의 지름(최소지름)

풀이 먼저 축 지름(d)과 전달 동력(H)의 관계식을 구한다. 전달 동력(H)으로부터 토크(T)를 구하면

$$T = \frac{60H}{2\pi N} \qquad \cdots ①$$

이고, 최대전단응력(τ_{max})과 토크의 관계식으로부터

$$T = \tau_{max} Z_p = \tau_{max} \times \frac{\pi d^3}{16} \qquad \cdots ②$$

이다. 식 ①을 ②에 대입하면 축 지름(d)은 다음과 같다.

$$\tau_{max} \times \frac{\pi d^3}{16} = \frac{60H}{2\pi N}$$

$$\therefore \ d = \sqrt[3]{\frac{480H}{\pi^2 \tau_{max} N}} \qquad \cdots ③$$

여기에서 동력 $H = 50\text{kW} = 50 \times 10^6 \text{N} \cdot \text{mm/s}$, 허용전단응력 $\tau_{max} = 40\text{MPa}$이고, $\text{MPa} = \text{N/mm}^2$이다. 단위를 N, mm로 통일하여 계산한다.

(1) $N = 300$rpm일 때

$$d = \sqrt[3]{\frac{480H}{\pi^2 \tau_{max} N}} = \sqrt[3]{\frac{480 \times (50 \times 10^6)}{\pi^2 \times (40) \times (300)}} = 58.7 [\text{mm}]$$

(2) $N = 2{,}000$rpm일 때

$$d = \sqrt[3]{\frac{480H}{\pi^2 \tau_{max} N}} = \sqrt[3]{\frac{480 \times (50 \times 10^6)}{\pi^2 \times (40) \times (2{,}000)}} = 31.2 [\text{mm}]$$

위 결과로부터 회전속도가 빠를수록 같은 동력을 전달하는 데 필요한 축의 지름이 작아진다는 것을 알 수 있다. 이것은 동력 $H = T\omega$에서 동력이 같으면 축에 걸리는 토크가 작아지기 때문이다.

예제 7.17 지름이 d인 중실축이 회전주파수 $125/\pi$[Hz]로 30π[kW]의 동력을 전달하고 있다.

(1) $d = 40$mm일 때 축에서 발생하는 최대전단응력을 구하여라.

(2) 축의 허용전단응력이 240MPa일 때 할 때 축의 최소지름을 구하여라.

풀이 단위를 N, mm로 통일하여 계산한다.

$$1\text{kW} = 10^6\text{N} \cdot \text{mm/s},\ 1\text{N/mm}^2 = 1\text{MPa}$$

(1) 최대전단응력 : 동력 $H = 2\pi f T$에서 $T = \dfrac{H}{2\pi f}$이다.

$$\tau_{max} = \frac{16T}{\pi d^3} = \frac{16(H/2\pi f)}{\pi d^3} = \frac{8H}{\pi^2 d^3 f} = \frac{8(30\pi \times 10^6)}{\pi^2 (40)^3 (125/\pi)} = 30\,[\text{MPa}]$$

(2) 축의 최소지름 : $\tau_{max} = \dfrac{8H}{\pi^2 d^3 f}$로부터

$$d_{min} = \sqrt[3]{\frac{8H}{\pi^2 \tau_{max} f}} = \sqrt[3]{\frac{8(30\pi \times 10^6)}{\pi^2 (240)(125/\pi)}} = 20\,[\text{mm}]$$

7.3 부정정 비틀림 부재

부재가 비틀림을 받을 때 토크와 반력들을 정역학의 평형방정식으로부터 구할 수 있을 때 정정(statically determinate)이라 한다. 그런데 부재에 고정지지와 같은 구속이 추가되면 정역학의 평형방정식만으로는 토크를 구할 수 없는 경우가 있는데 이와 같은 경우를 부정정(statically indeterminate)이라 한다. 부정정 시스템인 경우에는 평형방정식 외에 회전변위(비틀림 각)와 관련된 적합방정식을 세워서 해석할 수 있다. 이 방법은 축 하중을 받는 부정정 부재에서 변위(직선 변위)를 고려하여 해석하는 방법과 같다. 즉, 비틀림을 받는 부재에서는 회전변위를 고려하고, 축 하중을 받는 부재에서는 직선변위를 고려한다.

부정정 비틀림 부재를 해석하는 일반적인 과정은 다음과 같다.

○ 1 단계 : 부재에 대한 자유물체도를 작성하고 정역학 평형방정식을 적용한다. 여기에서는 각 부재에 걸리는 토크가 미지수가 된다.

○ 2 단계 : 비틀림 각과 관련된 물리적 조건을 고려하여 적합방정식을 세운다. 여기에서는 각 부재의 비틀림 각이 미지수가 된다.

○ 3 단계 : 각각의 부재에 토크(T)와 비틀림 각(θ)의 관계식($\theta = TL/GI_p$)을 적용하고 이 관계식을 2 단계에 대입하여 토크에 대한 새로운 관계식을 구한다.

○ 4 단계 : 1 단계의 토크에 대한 식과 3 단계에서 구한 토크에 대한 식을 연립하여 미지수 토크를 구한다.

○ 5 단계 : 4 단계에서 구한 토크로부터 각 부재에서 발생하는 전단응력(최대전단응력)과 비틀림 각 등을 구한다.

이상과 같이 부정정 비틀림 부재에서는 정역학 평형방정식과 변형과 관련된 적합방정식을 함께 적용하여 각 부재에 작용하는 토크를 구한 후 나머지 필요한 물리량(최대전단응력, 비틀림 각 등)을 구한다.

예제 7.18 [복합 부재의 비틀림] 그림과 같이 길이 L의 봉과 관으로 구성된 부재의 왼쪽 끝단(A)을 고정하고 오른쪽 끝단(B)에 토크 T를 가할 때 각 부재에 작용하는 토크를 구하여라. 봉과 관의 전단탄성계수는 각각 G_1, G_2이고, 단면의 극관성모멘트는 각각 I_{p1}, I_{p2}이다. 단, 부재는 모두 선형 탄성재료의 관계식을 따른다.

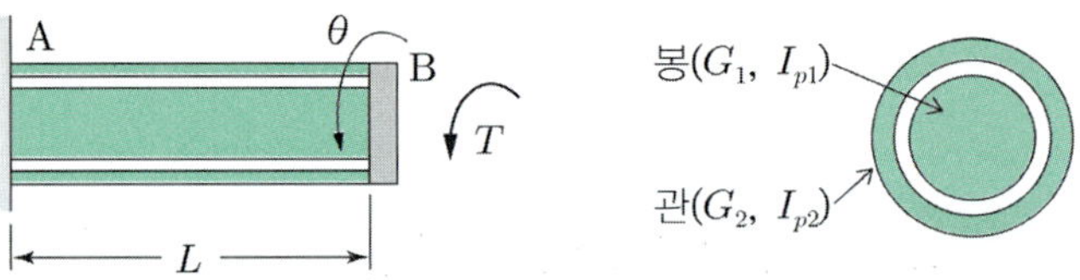

[그림 7.11] 봉과 관으로 구성된 복합 부재의 비틀림

풀이 [그림 7.12]와 같이 봉과 관에 작용하는 토크를 각각 T_1, T_2, 오른쪽 끝단(B)에서의 비틀림 각을 각각 θ_1, θ_2로 한다.

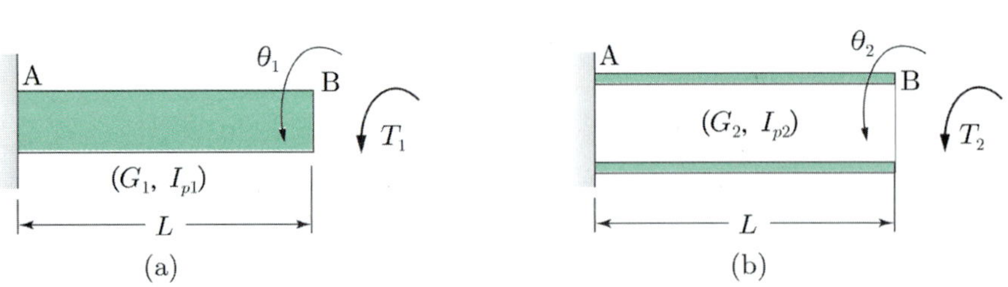

[그림 7.12] 봉과 관에 작용하는 토크와 비틀림 각

먼저 토크에 대한 정역학적 평형 조건을 고려하면 두 토크(T_1, T_2)의 합은 작용된 토크(T)와 같다.

$$T_1 + T_2 = T \qquad \cdots ①$$

다음에 부재의 끝단(B)에서의 비틀림 각(θ_1, θ_2)을 고려한다. 여기에서 두 부재는 모두 B에서 하나의 판에 고정되어 있으므로 비틀림 각이 같다.

$$\theta_1 = \theta_2 \qquad \cdots ②$$

그리고 선형 탄성재료의 비틀림 각 $\theta = TL/GI_p$으로부터 두 부재의 비틀림 각(θ_1, θ_2)은 각각 다음과 같이 표현된다.

$$\theta_1 = \frac{T_1 L}{G_1 I_{p1}},\ \theta_2 = \frac{T_2 L}{G_2 I_{p2}} \qquad \cdots ③$$

식 ③의 θ_1과 θ_2를 식 ②에 대입하면 다음과 같이 토크(T_1, T_2)에 대한 관계식이 얻어진다.

$$\frac{T_1 L}{G_1 I_{p1}} = \frac{T_2 L}{G_2 I_{p2}} \qquad \cdots ④$$

이상에서 두 개의 미지수(T_1, T_2)에 대한 두 개의 식 ①, ④를 구하였고, 두 식을 연립해서 T_1과 T_2를 구한다. 식 ④에서

$$T_1 = \left(\frac{G_1 I_{p1}}{G_2 I_{p2}}\right) T_2 \qquad \cdots ⑤$$

를 식 ①에 대입하면

$$\left(\frac{G_1 I_{p1}}{G_2 I_{p2}}\right) T_2 + T_2 = T$$

$$\therefore\ T_2 = \left[\frac{1}{(G_1 I_{p1}/G_2 I_{p2}) + 1}\right] T = \left(\frac{G_2 I_{p2}}{G_1 I_{p1} + G_2 I_{p2}}\right) T \qquad \cdots ⑥$$

이고, 식 ⑥을 ⑤에 대입하면 T_1은 다음과 같다.

$$T_1 = \left(\frac{G_1 I_{p1}}{G_1 I_{p1} + G_2 I_{p2}}\right) T \qquad \cdots ⑦$$

이상에서 식 ①과 ②를 각각 평형방정식과 적합방정식이라 한다.

예제 7.19 그림과 같이 길이와 극관성모멘트가 다른 두 부재(AC, BC)로 구성된 봉의 양단이 고정되고 연결 부분(C)에 토크 T가 작용하고 있다. AC와 BC 부재의 극관성모멘트가 각각 I_{p1}, I_{p2}이고 길이는 각각 L_1, L_2일 때 양단(A, B)의 반력토크와 단면 C에서 회전각(비틀림 각)을 구하여라. 단, 봉의 재료는 모두 같다.

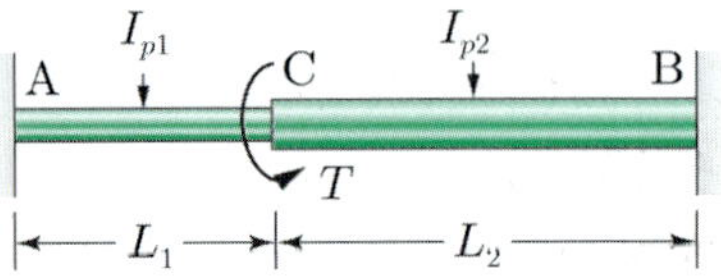

[그림 7.13] 양단이 고정된 봉의 비틀림

풀이 고정단 A와 B에서의 반력토크를 각각 T_1, T_2로 하면 봉 전체에 대한 정역학적 평형 조건으로부터

$$T_1 + T_2 = T \qquad \cdots ①$$

이다. 다음에 [그림 7.14]와 같이 AC와 BC 부분에 대한 자유물체도를 그려보면 AC 부분의 내부토크는 T_1과 같고, BC 부분의 내부토크는 T_2와 같다는 것을 알 수 있다. 따라서 양 끝단이 고정되어 있으므로 연결점(C)에서 AC 부재의 비틀림 각 θ_1과 BC 부재의 비틀림 각 θ_2는 다음과 같다.

$$\theta_1 = \frac{T_1 L_1}{G I_{p1}}, \ \theta_2 = \frac{T_2 L_2}{G I_{p2}} \qquad \cdots ②$$

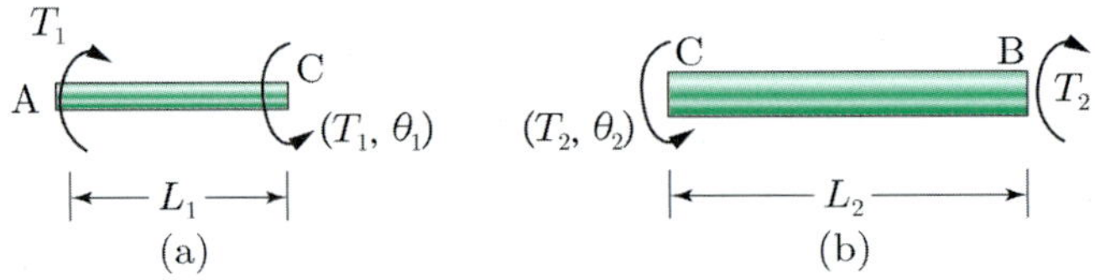

[그림 7.14] AC와 BC 부분에 대한 자유물체도

여기에서 연결점(C)의 비틀림 각이 같으므로($\theta_1 = \theta_2$)

$$\frac{T_1 L_1}{G I_{p1}} = \frac{T_2 L_2}{G I_{p2}}$$

$$\therefore \ T_1 = \left(\frac{L_2 I_{p1}}{L_1 I_{p2}} \right) T_2 \qquad \cdots ③$$

식 ③을 식 ①에 대입하면 B에서 반력토크 T_2는

$$\left(\frac{L_2 I_{p1}}{L_1 I_{p2}} \right) T_2 + T_2 = T$$

$$\therefore \quad T_2 = \left[\frac{1}{(L_2 I_{p1}/L_1 I_{p2})+1} \right] T = \left(\frac{L_1 I_{p2}}{L_1 I_{p2} + L_2 I_{p1}} \right) T \quad \cdots ④$$

이고, 이 값을 식 ③에 대입하면 A에서 반력토크 T_1은 다음과 같다.

$$T_1 = \left(\frac{L_2 I_{p1}}{L_1 I_{p2}} \right) T_2 = \left(\frac{L_2 I_{p1}}{L_1 I_{p2}} \right) \left(\frac{L_1 I_{p2}}{L_1 I_{p2} + L_2 I_{p1}} \right) T$$
$$= \left(\frac{L_2 I_{p1}}{L_1 I_{p2} + L_2 I_{p1}} \right) T \quad \cdots ⑤$$

단면 C에서 회전각(θ_C, 비틀림 각)은 두 부재가 C에서 같은 각으로 회전하므로 다음 식을 얻는다.

$$\theta_C = \theta_1 = \theta_2 = \frac{T_1 L_1}{G I_{p1}} = \frac{T_2 L_2}{G I_{p2}} = \frac{L_1 L_2 T}{G(L_1 I_{p2} + L_2 I_{p1})} \quad \cdots ⑥$$

예제 7.20 그림과 같이 양단(A, B)이 고정된 총 길이 20cm의 원형 단면 봉의 중앙(C)에 비틀림 모멘트 70N • m가 작용하고 있다. AC 부분은 지름이 20mm인 중실축이고, BC 부분은 바깥지름이 20mm이고 안지름이 15mm인 중공축이다. 봉의 전단탄성계수가 80GPa일 때 다음을 구하여라.

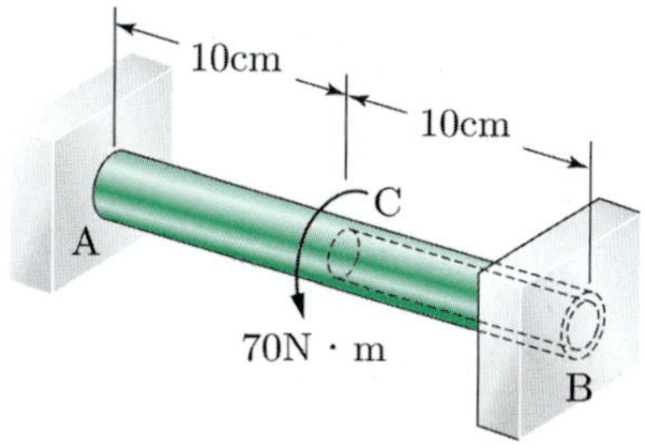

[그림 7.15] 양단이 고정된 봉의 비틀림

(1) 양단(A, B)의 반력토크
(2) AC와 BC 부재에 발생하는 최대전단응력
(3) 봉 중앙(C)의 비틀림 각(회전각)

풀이 중실축과 중공축의 길이 $L = 10\text{cm}$이고, 중실축의 지름 $d = 20\text{mm}$, 중공축의 바깥지름 $d_2 = 20\text{mm}$, 안지름 $d_1 = 15\text{mm}$이다. 먼저 각 부분에 작용하는 토크를 구하면 부재에서 발생하는 최대전단응력과 비틀림 각을 모두 구할 수 있다.

(1) 반력토크 : 양단의 반력토크를 각각 T_A, T_B라고 하면 전체 봉의 자유물체도는 [그림 7.16]의 (a)와 같고, 다음과 같은 평형 방정식을 얻는다.

$$T_A + T_B = 70[\text{N} \cdot \text{m}] \qquad \cdots ①$$

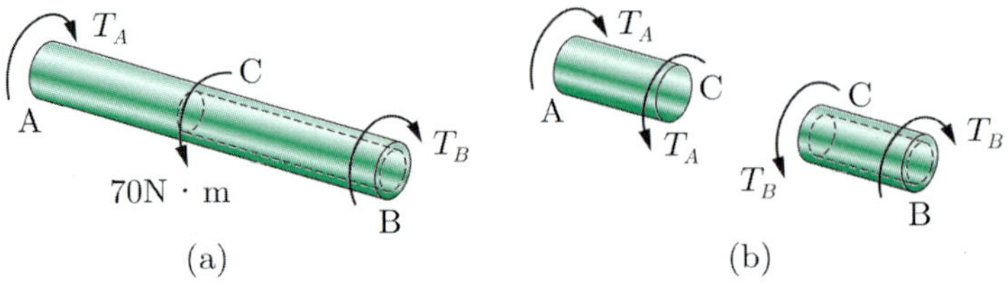

[그림 7.16] (a) 봉 전체의 자유물체도 (b) 각 부분의 자유물체도

그림의 (b)와 같이 각 부분의 자유물체도를 그려보면 AC 부분의 내부토크는 T_A와 같고, BC 부분의 내부토크는 T_B와 같다는 것을 알 수 있다. 따라서 양 끝단이 고정되어 있으므로 중앙(C)에서 AC 부재의 비틀림 각 θ_A와 BC 부재의 비틀림 각 θ_B는 다음과 같다.

$$\theta_A = \frac{T_A L}{GI_{pA}}, \ \theta_B = \frac{T_B L}{GI_{pB}} \qquad \cdots ②$$

여기에서 봉 중앙(C)의 비틀림 각이 같다($\theta_A = \theta_B$)는 조건을 적용하면 다음 관계식이 구해진다.

$$\frac{T_A L}{GI_{pA}} = \frac{T_B L}{GI_{pB}}$$

$$\therefore \ T_A = \left(\frac{I_{pA}}{I_{pB}}\right) T_B \qquad \cdots ③$$

식 ③을 식 ①에 대입하면 B에서 반력토크(T_B)는

$$\left(\frac{I_{pA}}{I_{pB}}\right) T_B + T_B = 70[\text{N} \cdot \text{m}]$$

$$\therefore \ T_B = 70\left[\frac{1}{(I_{pA}/I_{pB})+1}\right] = 70 \times \left[\frac{1}{1.463+1}\right] = 28.42[\text{N} \cdot \text{m}]$$

이고, 이 값을 식 ③에 대입하면 A에서 반력토크(T_A)는

$$T_A = \left(\frac{I_{pA}}{I_{pB}}\right) T_B = 1.463 \times 28.42 = 41.58[\text{N} \cdot \text{m}]$$

또는 식 ①을 이용하면 $T_A = 70 - T_B = 70 - 28.42 = 41.58[\text{N} \cdot \text{m}]$이다. 이상에서 극관성모멘트의 비는 다음과 같이 구해진다.

$$\frac{I_{pA}}{I_{pB}} = \frac{\pi d^4/32}{\pi(d_2^4 - d_1^4)/32} = \frac{d^4}{d_2^4 - d_1^4} = \frac{20^4}{20^4 - 15^4} = 1.463$$

(2) 최대전단응력 : 지름 $d=20\text{mm}$인 중실축 AC에서

$$\tau_{max}=\frac{T_A}{Z_{pA}}=\frac{16T_A}{\pi d^3}=\frac{16\times(41.58\times10^3\text{N}\cdot\text{mm})}{\pi\times(20)^3\text{mm}^3}=26.47[\text{MPa}]$$

이고, 바깥지름 $d_2=20\text{mm}$, 안지름 $d_1=15\text{mm}$인 중공축 BC에서 최대전단응력은 다음과 같다. 내외경비 $x=d_1/d_2=0.75$이다.

$$\tau_{max}=\frac{T_B}{Z_{pB}}=\frac{16T_B}{\pi d_2^3(1-x^4)}=\frac{16\times(28.42\times10^3\text{N}\cdot\text{mm})}{\pi\times(20)^3\times[1-(0.75)^4]\text{mm}^3}=26.47[\text{MPa}]$$

(3) 비틀림 각 θ_C : 전단탄성계수 $G=80\text{GPa}=80\times10^3\text{N/mm}^2$이다. 단위를 N, mm로 통일하여 계산한다. AC 부분으로부터 비틀림 각을 구하면

$$\theta_C=\frac{T_AL}{GI_{pA}}=\frac{32T_AL}{\pi d^4G}=\frac{32\times(41.58\times10^3)\times(100)}{\pi\times(20)^4\times(80\times10^3)}=3.31\times10^{-3}[\text{rad}]$$

이다. 이것은 다음과 같이 BC 부분으로부터 구한 값과 같다.

$$\theta_C=\frac{T_BL}{GI_{pB}}=\frac{32T_BL}{\pi(d_2^4-d_1^4)G}=\frac{32\times(28.42\times10^3)\times(100)}{\pi\times[(20)^4-(15)^4]\times(80\times10^3)}$$

$$=3.31\times10^{-3}[\text{rad}]$$

이 값은 계산 결과를 검산하는 하나의 방법이 된다. 그리고 (1)의 반력토크는 예제 [7.19]의 결과 식을 그대로 이용해도 된다.

7.4 비틀림 변형에너지

[그림 7.17]과 같이 토크 T를 받고 순수한 비틀림 상태에 있는 균일단면 봉 AB를 고려한다. 하중이 정적으로 작용할 때 토크에 의해 봉이 비틀리고 자유단 B는 각 θ만큼 회전한다. 여기에서 봉의 재료가 선형 탄성이며 훅의 법칙을 따른다고 가정하면 토크(T)와 비틀림 각(θ) 사이의 관계는 [그림 7.18]과 같이 선형이며 $\theta=\dfrac{TL}{GI_p}$로 주어진다.

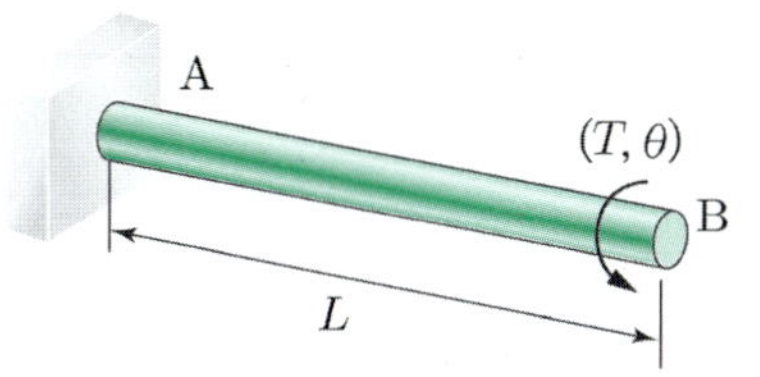

[그림 7.17] 비틀림(T)을 받는 균일단면 봉

[그림 7.18]에서 균일 단면 봉이 각 θ만큼 회전할 때 토크에 의해 한 일 W는 토크-회전각 선도의 선 OA 아래의 면적과 같다. 따라서 다음과 같은 봉의 변형에너지(U)에 대한 관계식이 얻어진다.

$$U = W = \frac{T\theta}{2} \qquad \cdots (7.37)$$

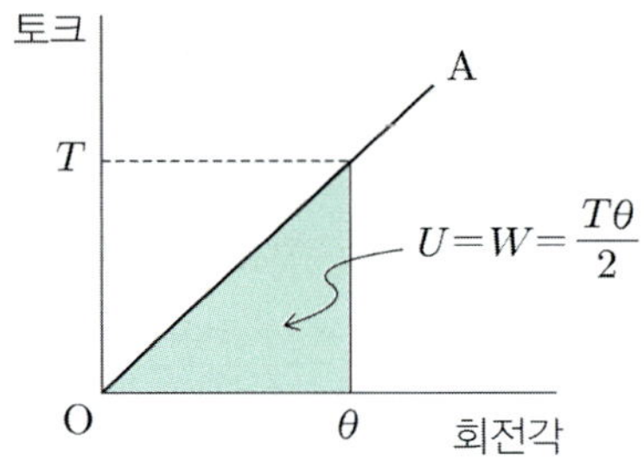

[그림 7.18] 선형 탄성재료의 토크(T)-회전각(θ) 선도

비틀림(T)에 의한 봉의 변형에너지(U) 식은 축 하중(P)을 받는 봉의 변형에너지 식 $U = W = \dfrac{P\delta}{2}$와 유사하다. 그리고 식 $\theta = \dfrac{TL}{GI_p}$, $T = \dfrac{\theta GI_p}{L}$를 사용하여 다음과 같이 비틀림 변형에너지($U$)를 표현할 수 있다.

$$U = \frac{T\theta}{2} = \frac{T^2 L}{2GI_p} \qquad \cdots (7.38)$$

$$U = \frac{T\theta}{2} = \frac{GI_p\theta^2}{2L} \qquad \cdots (7.39)$$

변형에너지의 SI 단위는 J(Joule)이며 $1\text{J} = 1\text{N} \cdot \text{m}$이다. 식 $U = T\theta/2$에서 회전각 θ는 단위가 없는 무차원 수이며 변형에너지(U)의 단위는 토크(T)의 단위와 같다.

예제 7.21 지름 $d = 70\text{mm}$, 길이 $L = 2\text{m}$인 균일 원형 단면 봉의 양 끝단에 토크 T가 작용하고 있다. 봉의 전단탄성계수 $G = 80\text{GPa}$일 때 다음을 구하여라.

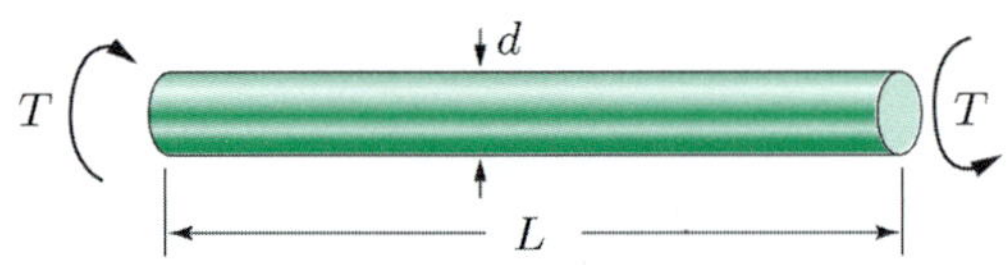

[그림 7.19] 비틀림 모멘트를 받는 균일 단면 봉

(1) 비틀림 각이 $1.0°$일 때 봉에 저장되는 변형에너지[J].

(2) 최대전단응력이 40MPa일 때 봉에 저장되는 변형에너지[J]와 이때의 비틀림 각[°].

(3) (1)과 (2)에서 사용한 변형에너지 식으로부터 비틀림 각(θ)과 τ_{max}의 관계식을 구하고, 이 식으로 (2)의 비틀림 각을 구하여라.

(4) 전단응력과 변형률의 관계식 $\tau = G\gamma$로부터 비틀림 각(θ)과 τ_{max}의 관계식을 구하여라.

풀이 (1) 비틀림 각 $\theta = 1.0° = \dfrac{\pi}{180}$[rad]이므로 봉에 저장되는 변형에너지($U$)는 다음과 같다. 단위를 N, mm로 통일하여 계산한다.

$$U = \frac{T\theta}{2} = \frac{GI_p\theta^2}{2L} = \frac{G(\pi d^4/32)\theta^2}{2L} = \frac{\pi G d^4 \theta^2}{64L}$$

$$= \frac{\pi \times (80 \times 10^3) \times (70)^4 \times (\pi/180)^2}{64 \times (2 \times 10^3)} = 14.36 \times 10^3 [\text{N} \cdot \text{mm}]$$

$$= 14.36[\text{N} \cdot \text{m}] = 14.36[\text{J}]$$

(2) 최대전단응력(τ_{max})에서 토크 $T = \tau_{max} Z_p = \dfrac{\pi d^3 \tau_{max}}{16}$이므로 변형에너지($U$)는 다음과 같다.

$$U = \frac{T^2 L}{2GI_p} = \frac{\left(\pi d^3 \tau_{max}/16\right)^2 L}{2G\left(\pi d^4/32\right)} = \frac{\pi \tau_{max}^2 d^2 L}{16G}$$

$$= \frac{\pi \times (40)^2 \times (70)^2 \times (2 \times 10^3)}{16 \times (80 \times 10^3)} = 38.48 \times 10^3 [\text{N} \cdot \text{mm}]$$

$$= 38.48[\text{N} \cdot \text{m}] = 38.48[\text{J}]$$

토크 $T = \tau_{max} Z_p = \dfrac{\pi d^3 \tau_{max}}{16}$와 변형에너지 $U = \dfrac{T\theta}{2}$의 관계식에서 비틀림 각(θ)을 구한다.

$$\theta = \frac{2U}{T} = \frac{32U}{\pi d^3 \tau_{max}} = \frac{32 \times (38.48 \times 10^3)}{\pi \times (70)^3 \times (40)} = 28.57 \times 10^{-3}[\text{rad}]$$

$$= 28.57 \times 10^{-3} \times \frac{180}{\pi}[°] = 1.637[°]$$

(3) (1)에서 $U = \dfrac{\pi G d^4 \theta^2}{64L}$이고, (2)에서 $U = \dfrac{\pi \tau_{max}^2 d^2 L}{16G}$이다. 두 식을 연립하여 θ를 구한다.

$$U = \frac{\pi G d^4 \theta^2}{64L} = \frac{\pi \tau_{max}^2 d^2 L}{16G}$$

$$\theta^2 = \frac{\pi \tau_{max}^2 d^2 L}{16G} \times \frac{64L}{\pi G d^4} = \frac{4\tau_{max}^2 L^2}{G^2 d^2} = \left(\frac{2\tau_{max} L}{Gd}\right)^2$$

$$\therefore\ \theta = \frac{2\tau_{max}L}{Gd} = \frac{2\times 40\times (2\times 10^3)}{(80\times 10^3)\times 70} = \frac{1}{35}[\text{rad}] = \frac{1}{35}\times\frac{180}{\pi}[°] = 1.637[°]$$

(4) 길이 L에서 회전각 θ와 전단응력(τ)의 관계는 다음과 같다.

$$\tau = G\gamma = Gr\phi = Gr\frac{\theta}{L} = G\times\frac{d}{2}\times\frac{\theta}{L} = \frac{Gd\theta}{2L}$$

따라서 $\theta = \dfrac{2\tau_{max}L}{Gd}$ 이다.

연습문제 7

01 1,000N • m의 비틀림 모멘트가 지름 40mm, 길이 1,000mm의 축에 작용하고 있을 때, 최대전단응력[N/mm^2]은? [공무원임용시험]

① 69.6 ② 79.6 ③ 89.6 ④ 99.6

02 한쪽이 고정된 지름 10mm의 중실 원형 봉에 토크 T가 작용할 때 최대 비틀림응력은 τ이다. 동일한 토크 T에서 원형 봉의 지름이 11mm로 되었을 때 원형 봉에 발생하는 최대 비틀림응력에 가장 가까운 것은? 단, $\frac{1}{1.1}=0.9$로 계산한다. [공무원임용시험]

① $0.66\,\tau$ ② $0.73\,\tau$ ③ $0.81\,\tau$ ④ $0.90\,\tau$

03 동일 재질의 중실축에서 지름이 2배로 늘어나면 전달토크는 어떻게 변하는가? [공무원임용시험]

① 2배 증가 ② 4배 증가 ③ 8배 증가 ④ 16배 증가

04 직경 d를 갖는 중실축에 비해 동일 재질의 직경 $\frac{d}{2}$인 중실축이 전달할 수 있는 토크비($T_{d/2}/T_d$)는? [공무원임용시험]

① $\frac{1}{2}$ ② $\frac{1}{4}$ ③ $\frac{1}{8}$ ④ $\frac{1}{10}$

05 정하중 상태에서 비틀림 모멘트만을 받아 동력을 전달하는 지름 d, 허용전단응력 τ, 전단탄성계수 G인 중실축이 전달할 수 있는 최대토크는? [공무원임용시험]

① $\frac{16}{\pi d^3 \tau}$ ② $\frac{\pi d^3 \tau}{16}$ ③ $\frac{32}{\pi d^3 \tau}$ ④ $\frac{\pi d^3 \tau}{32}$

06 그림과 같이 길이 L인 원형 막대의 끝단에 길이 $L/2$의 직사각형 막대가 직각으로 연결되어 있다. 직사각형 막대의 끝에 $P/4$의 하중이 연직 아래 방향으로 작용할 때, 고정지점의 최상단 A 점에서의 전단응력은? 단, 원형 막대의 직경은 d이고, 자중은 무시한다. [공무원임용시험]

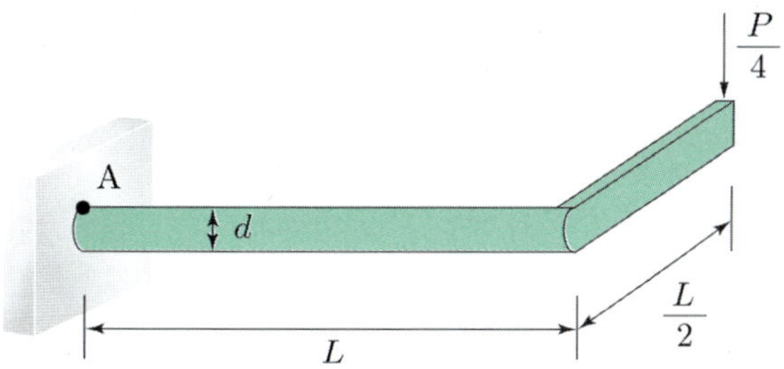

[문제 7.6]

① $\frac{4P}{3\pi d^2}$ ② $\frac{2PL}{\pi d^3}$ ③ $\frac{4PL}{\pi d^3}$ ④ $\frac{8PL}{\pi d^3}$

07 중실축에서 축의 지름을 3 배로 하면 전달토크는? [공무원임용시험]

① $\frac{1}{3}$배　② $\frac{1}{9}$배　③ 9배　④ 27배

08 비틀림 모멘트만 받고 있는 중실축의 강도설계에서 전달 토크를 8 배로 증가시키려면, 축 지름은 몇 배로 증가되어야 하는가? 단, 다른 조건은 모두 동일하다. [공무원임용시험]

① 2배　② 4배　③ 8배　④ 16배

09 그림과 같은 단면의 축이 전달할 수 있는 최대 비틀림 모멘트 T_a와 T_b가 동일할 때 $d = 15\text{mm}$ 이면 d_o에 가장 가까운 값은 얼마인가? 단, $d_i = d_o/2$이고 두 축은 같은 재료이다. [공무원임용시험]

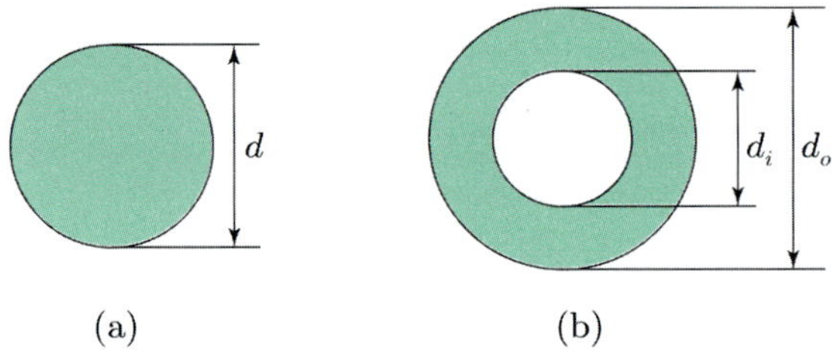

[문제 7.9]

① 16mm　② 20mm　③ 24mm　④ 26mm

10 지름이 d인 원형 중실축으로 전달할 수 있는 최대토크는 바깥지름이 d이고 안지름이 $\frac{1}{3}d$인 동일재료의 원형 중공축으로 전달할 수 있는 최대토크의 몇 배인가? [공무원임용시험]

① $\frac{81}{80}$ 배　② $\frac{80}{81}$ 배　③ $\frac{26}{27}$ 배　④ $\frac{27}{26}$ 배

11 그림과 같이 1 번 축은 지름이 d인 중실축이고, 2 번 축은 안지름이 $d_i = d/2$인 중공축이다. 1 번 축, 2 번 축이 허용전단응력 범위 내에서 전달할 수 있는 최대토크를 각각 T_1, T_2라고 하면, T_2/T_1는? 단, 1 번 축과 2 번 축의 재료와 단면적은 동일하다. [공무원임용시험]

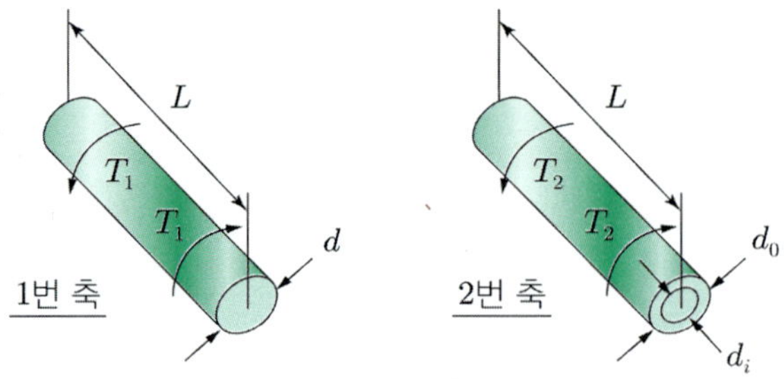

[문제 7.11]

① $\frac{2}{\sqrt{5}}$　② $\frac{\sqrt{5}}{2}$　③ $\frac{3}{\sqrt{5}}$　④ $\frac{\sqrt{5}}{3}$

12 재료와 바깥지름(d)이 같은 중공축과 중실축에 비틀림 모멘트만 작용할 때, 허용전단응력을 견딜 수 있는 비틀림 모멘트의 크기가 중실축이 중공축에 비해 16 배가 되는 중공축의 안지름은? [공무원임용시험]

① $\sqrt[4]{\frac{15}{8}}\,d$ ② $\sqrt[4]{\frac{15}{16}}\,d$ ③ $\sqrt[4]{\frac{15}{24}}\,d$ ④ $\sqrt[4]{\frac{15}{32}}\,d$

13 길이 2m, 지름 10cm 인 봉에 비틀림 모멘트를 가했을 때 0.02 라디안의 비틀림 각이 발생하였다. 봉의 전단탄성계수가 80GPa 일 때 최대전단응력[MPa]을 구하여라.

14 길이 1.5m, 지름 50mm의 속이 찬 원형 단면축의 한 끝을 고정하고 2×10^5 N • mm의 비틀림 모멘트를 가하였다. 축의 전단탄성계수가 8×10^4 N/mm^{2}일 때 고정단의 반대 쪽 끝의 비틀림 각을 구하여라.

15 비틀림 모멘트 T가 작용하면 비틀림 각이 4° 발생하는 지름 d인 축에서 축지름만 변경하여 비틀림 각을 1°로 줄이고자 할 때, 축지름[mm]은? 단, 축은 실축이고, 탄성 거동한다고 가정한다. [공무원임용시험]

① $\sqrt{2}\,d$ ② $\sqrt[3]{2}\,d$ ③ $\sqrt[3]{4}\,d$ ④ $\sqrt[4]{2}\,d$

16 단면이 원형인 중실축(solid shaft)의 길이와 지름을 각각 2 배로 하면, 같은 크기의 비틀림 모멘트에 대한 비틀림 각도는 원래 축의 몇 배가 되는가? [공무원임용시험]

① $\frac{1}{2}$배 ② $\frac{1}{8}$배 ③ 2배 ④ 8배

17 중실(solid) 토션 바에서 토크가 일정할 때 지름과 길이가 각각 2 배가 된다면 비틀림 스프링상수는 몇 배가 되는가? [공무원임용시험]

① 2 ② 4 ③ 8 ④ 16

18 직경이 d이고 길이가 L인 원형 단면을 가진 중실축이 있다. 같은 크기의 비틀림 모멘트에 대하여 길이 L을 2 배로 하고 직경 d를 1/2배 한 것의 비틀림 각도(θ_1)와 길이 L을 1/2 배로 하고 직경 d를 2 배 한 것의 비틀림 각도(θ_2) 간의 비틀림 각도 비(θ_1/θ_2)는? [공무원임용시험]

① $\frac{1}{32}$ ② $\frac{1}{64}$ ③ 512 ④ 1024

19 길이가 2m 이고 지름이 20mm 인 원형 중실축의 비틀림 각을 2° 이내로 제한하고자 한다. 축 재료의 가로탄성계수가 180GPa 일 때 최대 전달토크[N • mm]는 얼마인가? [공무원임용시험]

① $225{,}000\pi$ ② $900{,}000\pi$ ③ $1{,}250\pi^2$ ④ $5{,}000\pi^2$

20 같은 재료로 만든 길이 l, 직경 d인 중실축과 길이 $2l$, 외경 $2d$, 내경 d 인 중공축이 각각 T_1과 T_2의 비틀림 모멘트를 받아 동일한 각도만큼 비틀림이 발생하였다고 할 때, 비틀림 모멘트의 비(T_1/T_2)는? [공무원임용시험]

① $\frac{1}{32}$　② $\frac{1}{16}$　③ $\frac{1}{15}$　④ $\frac{2}{15}$

21 다음 그림과 같이 직경 100mm, 길이 10m 인 균일단면 원형 봉의 B 단에 비틀림 모멘트 20kN • m가 작용하고 있다. 지점 A 에서의 최대전단응력 τ_{max}[MPa]와 B 단의 비틀림각 θ[rad]을 구하여라. 단, 전단탄성계수 $G=80$GPa 이다. [공무원임용시험]

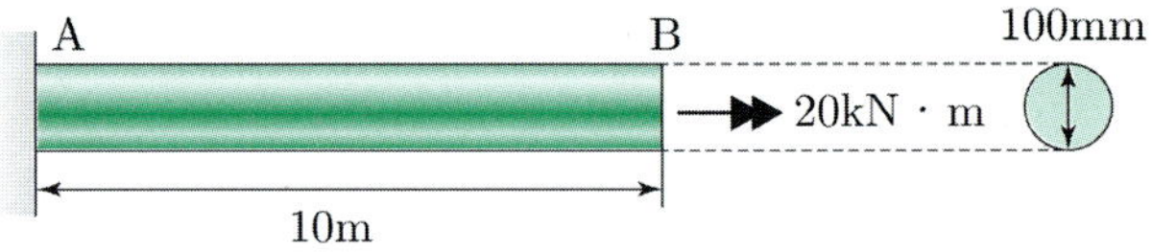

[문제 7.21]

22 균일 원형 단면을 가지는 중실축에서 축방향의 인장하중 F에 대한 강성계수를 k_δ ($F=k_\delta \delta$, δ는 축방향의 변형량), 비틀림 모멘트 T에 대한 강성계수를 k_θ($T=k_\theta \theta$, θ는 비틀림 각)라고 할 때, 축지름(d)을 $2d$로 변경하면 강성계수의 곱 $k_\delta k_\theta$는 변경 전의 몇 배가 되는가? [공무원임용시험]

① 8　② 16　③ 32　④ 64

23 그림과 같은 속이 찬 원형 단면축이 회전방향이 다른 토크 T_1과 T_2를 받고 있다. 축의 지름 $d_1=70$mm, $d_2=50$mm, 길이 $L_1=900$mm, $L_2=600$mm 이고, 토크 $T_1=3000$N • m, $T_2=1000$N • m일 때, 최대전단응력과 끝단 C 에서 비틀림 각을 구하여라. 단, 축의 전단탄성계수는 80GPa 이다.

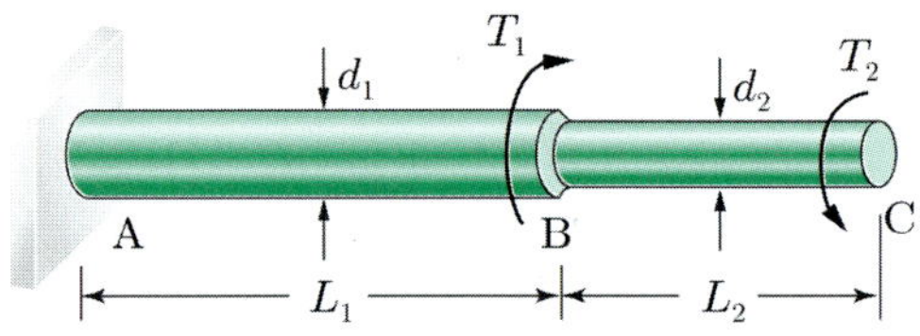

[문제 7.23]

24 회전수 100rpm 으로 10kW 의 동력을 전달하는 축의 비틀림 모멘트의 근사치[N • m]는? [공무원임용시험]

① 716.2　② 954.9　③ 974.6　④ 735.5

25 100N • m의 토크를 전달하는 축의 최소지름[mm]은? 단, 축의 전단강도는 400MPa, 안전계수는 2 이다. [공무원임용시험]

① $\frac{2}{\sqrt[3]{2\pi}}$　② $\frac{2}{\sqrt[3]{\pi}}$　③ $\frac{20}{\sqrt[3]{2\pi}}$　④ $\frac{20}{\sqrt[3]{\pi}}$

26 원심펌프가 동력 6[kW], 회전수 2400[rpm]으로 구동된다. 펌프의 회전차가 길이 500[mm], 지름 10[mm]인 축에 설치되었을 때, 이 축의 허용전단응력에 대한 안전계수는? 단, 허용굽힘응력은 $\sigma_b = 480$[MPa]이고, 허용전단응력은 $\tau_a = \dfrac{\sigma_b}{2}$로 하며, π는 3.0으로 한다. [공무원임용시험]

① 1.8　② 3.6　③ 5.4　④ 7.2

27 지름이 d인 중실축(solid shaft)과 바깥지름이 d_0, 안지름이 d_1인 중공축(hollow shaft)이 같은 마력을 전달할 수 있다고 가정할 때 d, d_0, d_1에 관한 관계식 중 옳은 것은? [공무원임용시험]

① $d_0 = d\sqrt[3]{\dfrac{1}{1-(d_1/d_0)^4}}$　② $d_0 = d\sqrt[3]{1-(d_1/d_0)^4}$

③ $d_0 = d\sqrt[4]{1-(d_1/d_0)^3}$　④ $d_0 = d\sqrt[4]{\dfrac{1}{1-(d_1/d_0)^3}}$

28 A, B 두 중실축은 각각 잇수 $Z_A = 24$, $Z_B = 72$인 평기어로 연결되어 동력을 전달하고 있다. 비틀림만 고려할 때, 두 축의 최소지름 d_A, d_B의 옳은 관계식은? 단, 축의 재질은 동일하다. [공무원임용시험]

① $(d_A/d_B)^4 = 1/3$　② $(d_A/d_B)^3 = 1/3$

③ $(d_A/d_B)^4 = 3$　④ $(d_A/d_B)^3 = 3$

29 지름이 50mm인 중실축이 회전주파수 5Hz로 30kW의 동력을 전달할 때 축에 발생하는 최대전단응력을 구하여라.

30 지름이 d인 중실축이 회전주파수 20Hz로 40kW의 동력을 전달하고 있다. 축의 허용전단응력이 50MPa일 때 축의 최소지름을 구하여라.

31 회전속도 N[rpm]으로 동력 H[W]를 전달할 수 있는 축의 최소지름[m]은? 단, 축 재료의 허용전단응력은 τ[N/m^2]이며, 축은 비틀림 모멘트만 받는다.

① $\sqrt[3]{\dfrac{8H}{15\tau N}}$　② $\sqrt[3]{\dfrac{16H}{15\tau N}}$　③ $\sqrt[3]{\dfrac{480H}{\pi^2\tau N}}$　④ $\sqrt[3]{\dfrac{960H}{\pi^2\tau N}}$

32 동일한 재료로 제작된 중공축 A와 중공축 B에 토크가 각각 작용하고 있다. 축 A의 안지름은 2mm, 바깥지름은 4mm이고, 축 B의 안지름은 4mm, 바깥지름은 8mm이다. 허용응력 범위 내에서, 축 A가 전달할 수 있는 최대토크(T_A)에 대한 축 B가 전달할 수 있는 최대토크(T_B)의 비(T_B/T_A)는? 단, 두 축은 비틀림 모멘트만 받는다.

① 2　② 4　③ 8　④ 16

33 그림과 같이 양단이 고정되고 총 길이가 $2L$인 중실축의 중앙(C)에 비틀림 모멘트 $17T$가 작용하고 있다. AC 부분과 BC 부분의 지름이 각각 d와 $2d$이고, 봉의 전단탄성계수가 G일 때 다음을 구하여라.

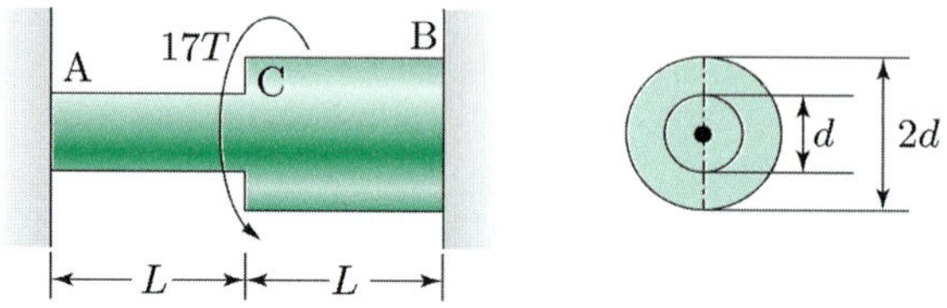

[문제 7.33]

(1) 양단(A, B)의 반력토크 T_A, T_B

(2) AC와 BC 부재에서 발생하는 최대전단응력(τ_{max})

(3) 봉 중앙(C)의 비틀림 각 θ_C

34 그림과 같이 길이와 지름이 다른 두 부재(AC, BC)로 구성된 중실축의 양단이 고정되고 연결 부분(C)에 토크 $T = 50\text{N} \cdot \text{m}$가 작용하고 있다. AC와 BC 부재의 길이 $L_1 = 30\text{cm}$, $L_2 = 40\text{cm}$, 지름 $d_1 = 20\text{mm}$, $d_2 = 30\text{mm}$이다. 축의 전단탄성계수가 70GPa일 때 다음을 구하여라.

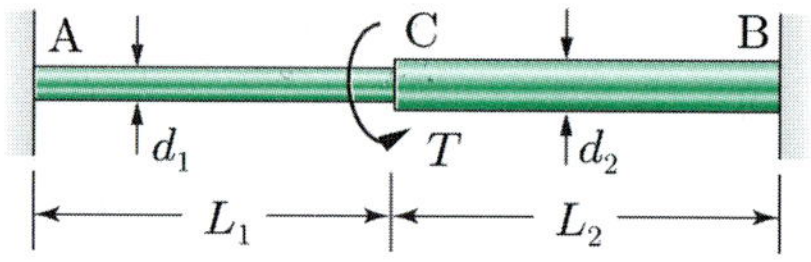

[문제 7.34]

(1) 양단(A, B)의 반력토크

(2) AC와 BC 부재에서 발생하는 최대전단응력

(3) 봉 중앙(C)의 비틀림 각(회전각)

35 지름이 d인 중실축의 양단을 고정하고 그림과 같은 위치에 비틀림 모멘트(T)를 가할 때 다음을 구하여라. $a + b = L$이다.

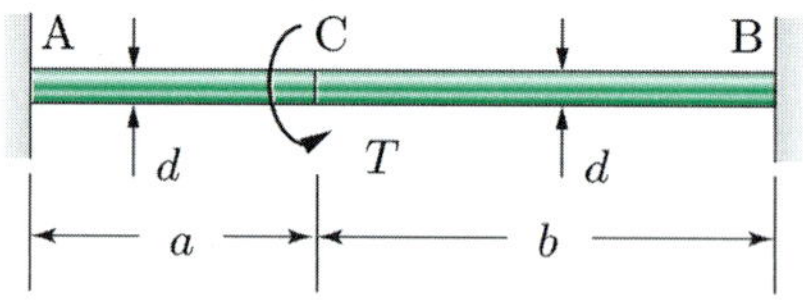

[문제 7.35]

(1) 양단(A, B)의 반력토크

(2) 최대전단응력

(3) 비틀림 각

36 그림과 같이 길이와 지름이 다른 두 부재(AC, BC)로 구성된 중실축의 양단이 고정되어 있다. AC 와 BC 부재의 길이 $L_1 = 20\text{cm}$, $L_2 = 40\text{cm}$, 지름 $d_1 = 30\text{mm}$, $d_2 = 40\text{mm}$ 일 때 다음을 구하여라.

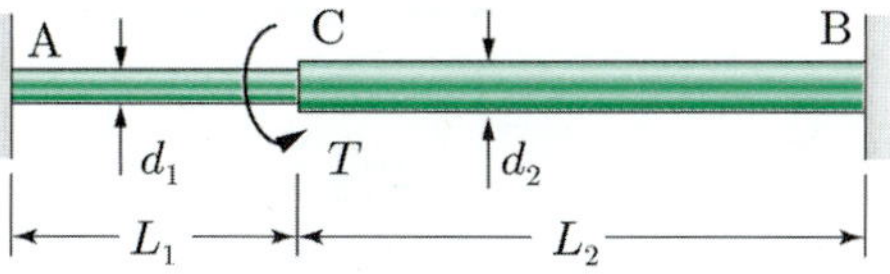

[문제 7.36]

(1) 축의 허용전단응력이 40MPa일 때 단면 C에 가할 수 있는 토크의 최댓값(T_{max}).

(2) 축의 허용비틀림 각이 2°일 때 단면 C에 가할 수 있는 토크의 최댓값(T_{max}). 단, 축의 전단탄성계수는 30GPa이다.

37 그림과 같이 양단이 고정되고 지름이 d이며 총 길이가 $2L$인 봉의 중앙(C)에 비틀림 모멘트 T가 작용하고 있다. 봉의 전단탄성계수가 G이고, 허용응력이 τ_a일 때 봉 중앙(C)에서 허용 가능한 최대 회전각(θ_{max})을 구하여라.

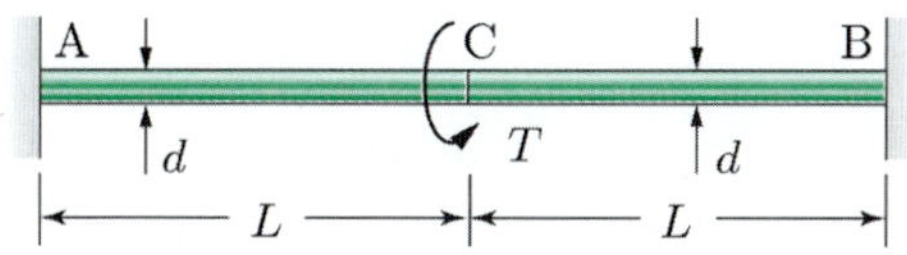

[문제 7.37]

38 그림과 같이 길이 $L = 500\text{mm}$ 의 봉과 관으로 구성된 부재의 왼쪽 끝단(A)을 고정하고 오른쪽 끝단(B)에 토크 $T = 300\text{N} \cdot \text{m}$를 가할 때 다음을 구하여라. 단, 봉의 지름 $d = 30$ mm, 관의 안지름 $d_1 = 35\text{mm}$, 바깥지름 $d_2 = 40\text{mm}$ 이고, 봉과 관의 전단탄성계수 $G = 80\text{GPa}$ 이다.

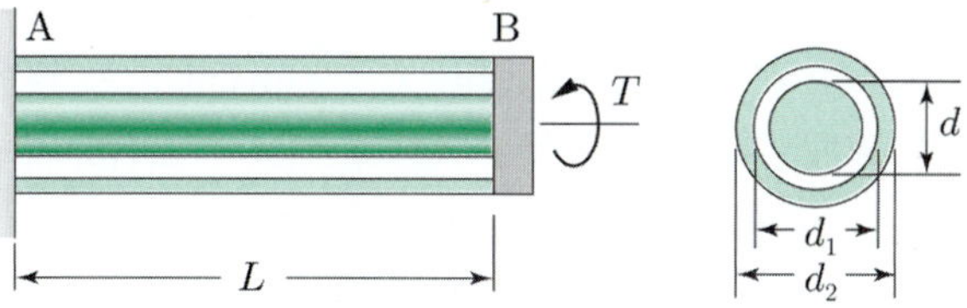

[문제 7.38]

(1) 봉과 관에서 발생하는 최대전단응력

(2) 오른쪽 끝단(B)에 부착된 판의 비틀림 각

39 전단탄성계수 G, 극관성모멘트 I_p, 총 길이 $10a$인 균일 단면 봉 AD가 그림과 같이 B와 C에서 토크 T_0와 $2T_0$를 받고 있다. 봉의 양 끝단이 고정되었을 때 봉의 최대 비틀림 각을 구하여라.

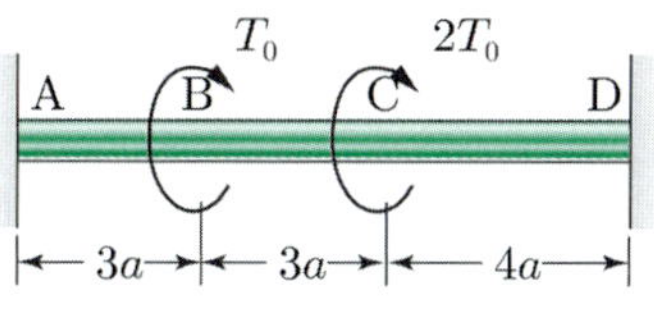

[문제 7.39]

40 지름 $d = 60\text{mm}$, 길이 $L = 1.8\text{m}$ 인 균일 원형 단면 봉의 양 끝단에 토크 T가 작용하고 있다. 봉의 전단탄성계수 $G = 80\text{GPa}$ 일 때 다음을 구하여라.

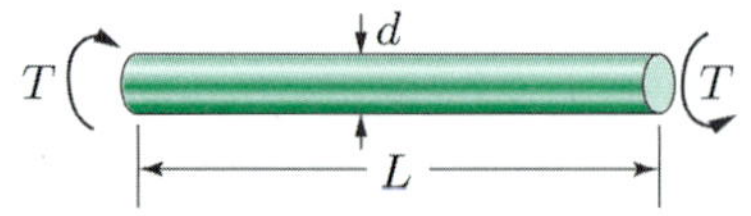

[문제 7.40]

(1) 비틀림 각이 2.0°일 때 봉에 저장되는 변형에너지[J].

(2) 최대전단응력이 30MPa일 때 봉에 저장되는 변형에너지[J]와 이때의 비틀림 각[°].

41 그림에서 전동기의 동력이 P, 전동축의 토크가 T, 직경이 d, 분당 회전수가 n, 허용전단응력이 τ_a일 때, <보기>에서 옳게 설명된 것을 모두 고른 것은? 단, 전동축은 비틀림 작용만 고려한다. [중등교사 임용시험-기계 • 금속]

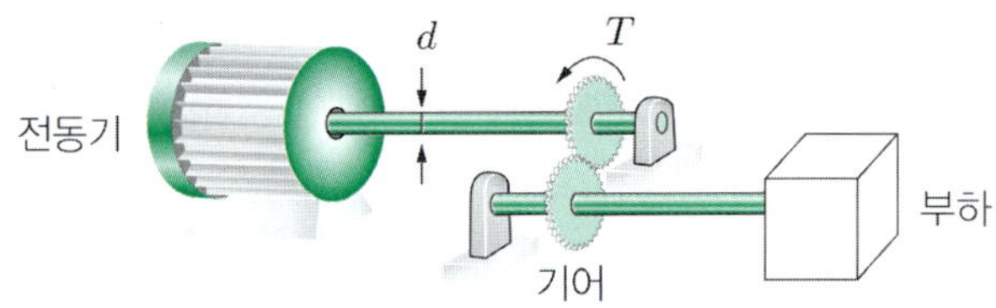

[문제 7.41]

ㄱ. P가 일정할 때, T는 n에 비례한다.
ㄴ. n이 일정할 때, T는 P에 비례한다.
ㄷ. τ_a가 일정할 때, d는 $\sqrt[3]{T}$에 비례한다.
ㄹ. T가 일정할 때, d는 $\sqrt[3]{\tau_a}$에 반비례한다.

① ㄱ, ㄷ ② ㄴ, ㄷ ③ ㄱ, ㄴ, ㄹ
④ ㄱ, ㄷ, ㄹ ⑤ ㄴ, ㄷ, ㄹ

42 그림과 같이 지름 $d = 10[\text{mm}]$이고 길이 $L = 1[\text{m}]$인 중실 원형 봉의 한쪽 끝을 벽에 고정하고, 다른 쪽 끝에는 비틀림 모멘트 $T = \dfrac{\pi}{32}[\text{N} \cdot \text{m}]$를 가하였다. 이때 원형 봉에 발생한 최대전단응력 $[\text{N/m}^2]$과 비틀림 각 $\theta[\text{rad}]$를 구하고, 풀이 과정과 함께 쓰시오. 단, 원형 봉의 전단탄성계수(shear modulus) $G = 100 \times 10^9[\text{Pa}]$이다. 그림은 비례척이 아님. [중등교사 임용시험-기계 • 금속]

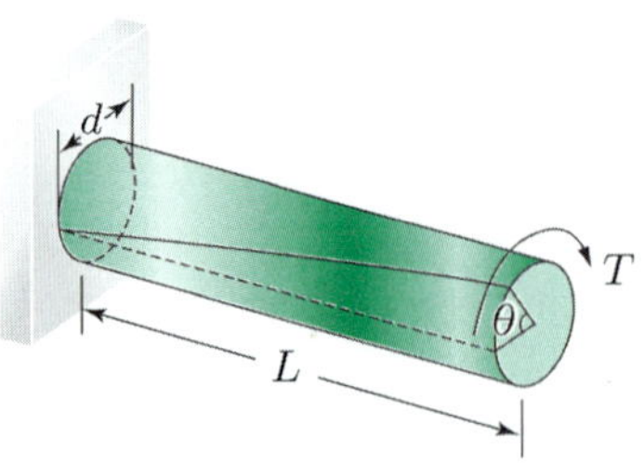

[문제 7.42]

43 차축이 회전 각속도 ω[rad/sec]로 H[W]의 동력을 전달한다. 이 축의 허용전단응력이 τ_a [N/m^2]인 경우, 축의 외경을 설계하고자 한다. 그림과 같이 차축이 중공축이고 내경 d_1이 외경 d_2의 1/2일 때, 외경 d_2[m]를 구하는 식을 서술하고, 풀이 과정과 함께 쓰시오. 단, 축은 비틀림만 받는다고 가정한다. [중등교사 임용시험-기계 • 금속]

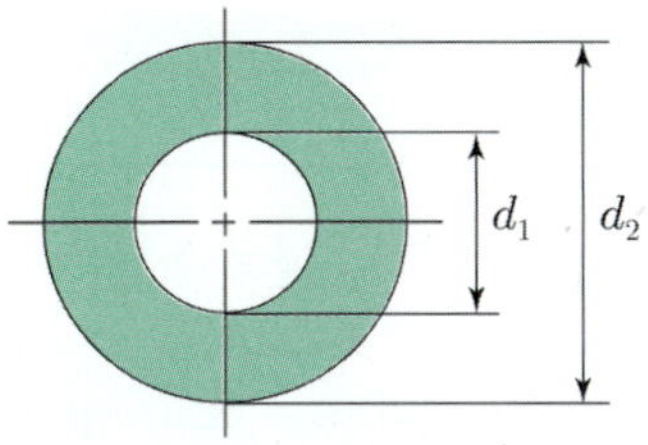

[문제 7.43]

44 길이가 L인 봉 AB의 양 끝 사이 비틀림 각이 4°이다. 봉 지름이 90mm이고 허용전단변형률이 0.005π[rad]일 때 허용되는 봉 길이(L)의 최솟값을 구하여라. $1° = \pi/180$[rad]이다.

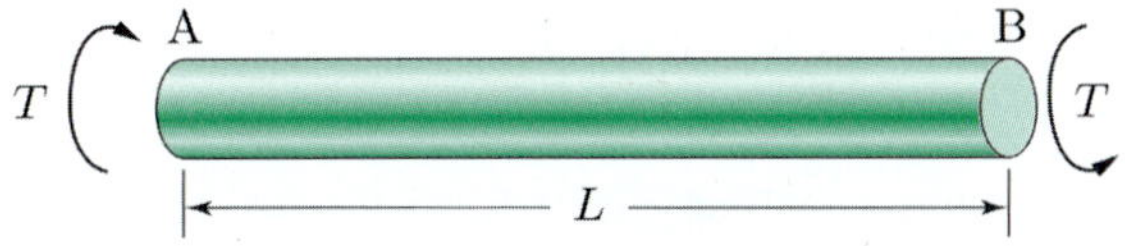

[문제 7.44]

45 길이 $L=0.8$m인 봉 AB의 양 끝 사이 비틀림 각이 3.6°이다. 봉의 허용전단변형률이 $2\times10^{-4}\pi$[rad]일 때 허용되는 봉 지름(d)의 최댓값을 구하여라.

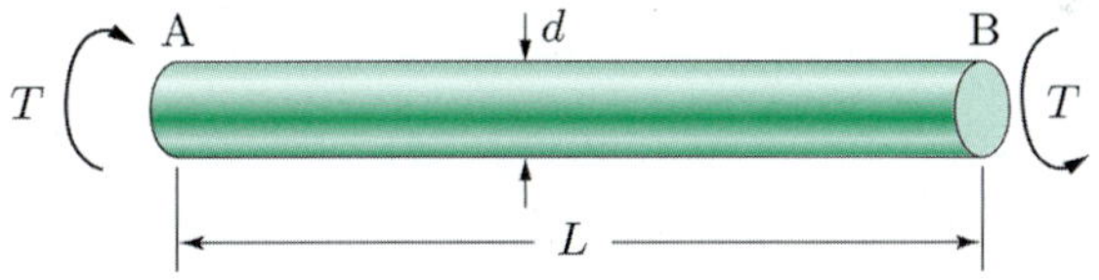

[문제 7.45]

46 그림과 같은 원형 단면 봉의 양 끝단(A, B)에 토크 $T=120\pi$[N • m]이 작용하고 있다. 봉의 허용전단응력이 30MPa일 때 봉의 최소지름(d)을 구하여라.

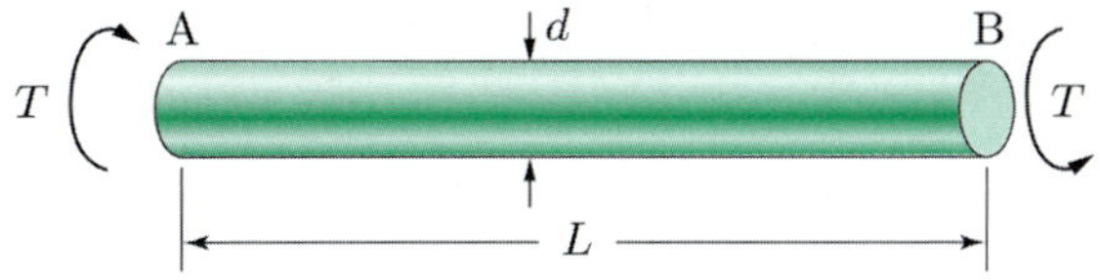

[문제 7.46]

47 위 문제(46번)의 그림에서 봉의 길이 $L=1$m이고, 봉의 양 끝단(A, B)에 작용하는 토크 $T=20\pi$[N • m]이다. 봉의 전단탄성계수 $G=90$GPa이고, 양 끝(A, B) 사이에서 허용되는 비틀림 각이 $8/\pi$[°]일 때 봉의 최대지름(d)을 구하여라.

48 속이 빈 원형 단면 봉의 양 끝단(A, B)에 토크 $T = 600\pi$[N • m]이 작용하고 있다. 봉의 허용전단응력이 20MPa 일 때 봉의 최소 바깥지름(d_2)을 구하여라. 단, 안지름과 바깥지름 비 $x = d_1/d_2 = 1/2$이다.

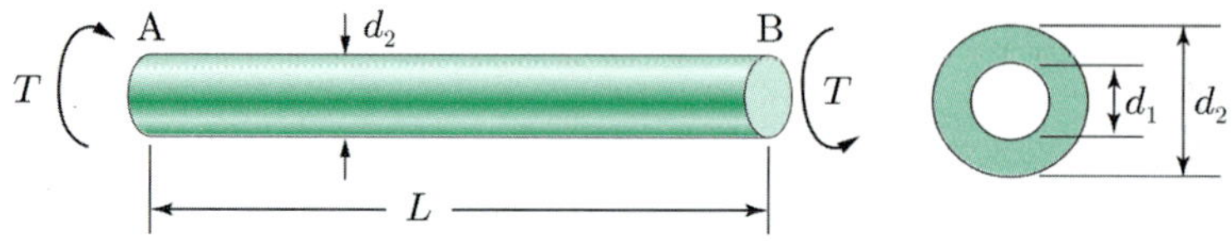

[문제 7.48]

49 위 문제(48 번)의 그림에서 봉의 길이 $L = 625$mm 이고, 양 끝단(A, B)에 작용하는 토크 $T = 20\pi$[N • m]이다. 봉의 전단탄성계수 $G = 30$GPa 이고, 양 끝(A, B) 사이에서 허용되는 비틀림 각이 $1/\pi[°]$일 때 봉의 최대 바깥지름(d_2)을 구하여라.

50 지름 $d = 50$mm 인 전동축이 $5\pi^2$[kW]의 동력을 전달하고 있다. 다음 각 경우에 대해 축에 발생하는 최대전단응력(τ_{max})을 구하여라.

(1) 회전주파수 $f = 8$Hz일 때

(2) 회전속도 $N = 2400$rpm일 때

[문제 7.50]

51 지름이 d인 전동축이 $1.6\pi^2$[kW]의 동력을 전달하고 있다. 축의 허용전단응력이 40MPa 일 때 다음 각 경우에 대해 축의 최소지름(d_{min})을 구하여라.

(1) 회전주파수 $f = 5$Hz일 때

(2) 회전속도 $N = 2400$rpm일 때

52 안지름 $d_1 = 10$mm, 바깥지름 $d_2 = 20$mm 인 속이 빈 전동축이 분당 회전속도 $N = 2400$rpm 으로 회전하고 있다. 다음을 구하여라.

(1) 전동축의 허용전단응력 $\tau_a = 40$MPa일 때 전동축이 전달할 수 있는 최대동력(H_{max})

(2) 전동축의 전달 동력 $H = 1.2\pi^2$[kW]일 때 축에서 발생하는 최대전단응력(τ_{max})

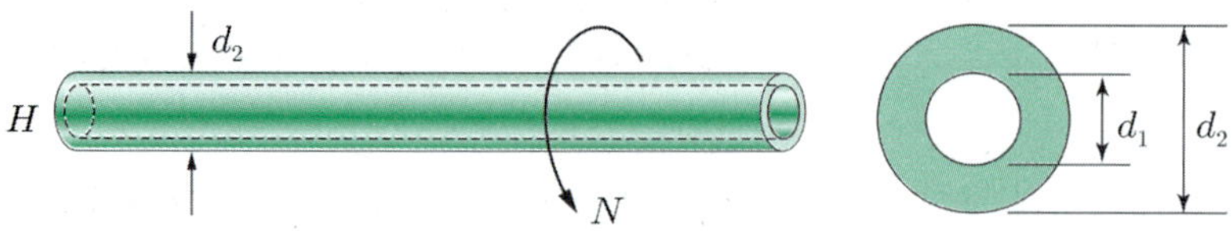

[문제 7.52]

53 다음 그림과 같은 반지름 40mm 의 강재 샤프트에서 비틀림 변형에너지는? 단, A 는 고정단이고, 전단탄성계수 $G=90\text{GPa}$, 극관성모멘트 $J=5\times10^{-6}\text{m}^4$이다. [공무원임용시험]

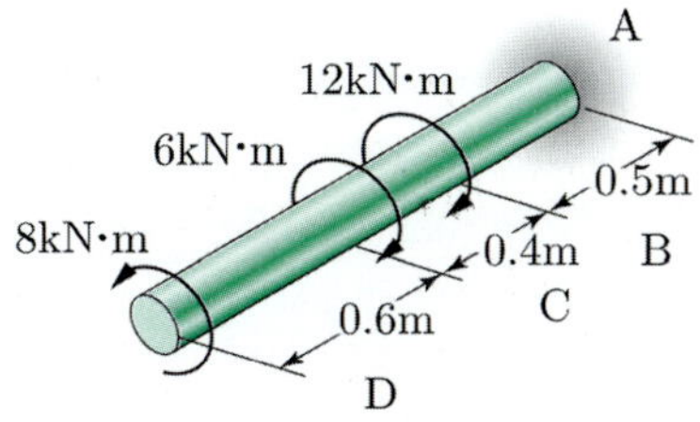

[문제 7.53]

① 5J　　② 10J　　③ 50J　　④ 100J

제8장 보의 전단력과 굽힘 모멘트

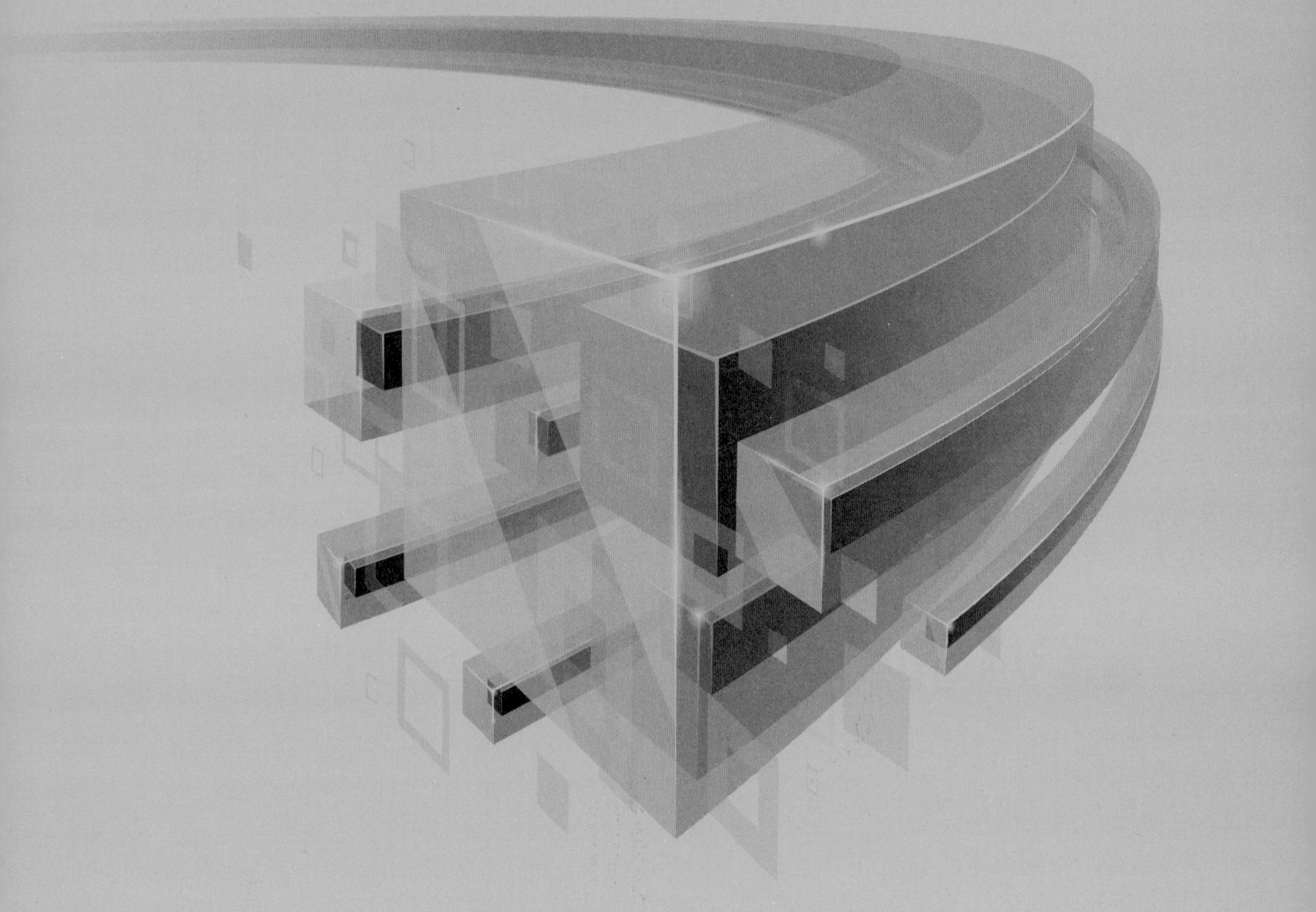

8.1 보의 종류
8.2 보의 외력 - 분포하중
8.3 보의 내력 - 전단력과 굽힘 모멘트

8.1 ○● 보의 종류

공학에서 사용하는 각종 구조물 부재 중 부재를 따라 여러 점에 작용하는 하중을 지지하도록 설계한 것을 보(beam)라 한다. 보는 기계공학뿐만 아니라 토목, 건축 등 여러 분야에서 사용되며 재료역학에서 취급하는 가장 기본적인 구조물 부재라 할 수 있다. 따라서 보에 대한 기초 이론을 충분히 습득하여야 한다.

[그림 8.1]과 같이 보는 일반적으로 길고 직선인 균일 단면의 막대 모양이다. 이와 같은 보의 하중 적재능력을 해석할 때는, 첫째 보 전체와 임의 부분을 분리하여 평형조건을 세우고, 둘째 외부의 합력과 이를 지지하는 보의 내부 저항과의 관계식을 세워야 한다. 이러한 해석의 첫 부분은 정역학에서 많이 다루는 반면, 두 번째 부분은 일반적으로 재료의 강도 특성과 관련하여 재료역학(고체역학)에서 다루는 내용이다.

이 장에서는 먼저 8.2 절에서 외부 하중과 보에 작용하는 반력을 다루고, 다음에 8.3 절에서 보의 내부 저항력(내부 전단력과 굽힘모멘트)에 대해 공부한다.

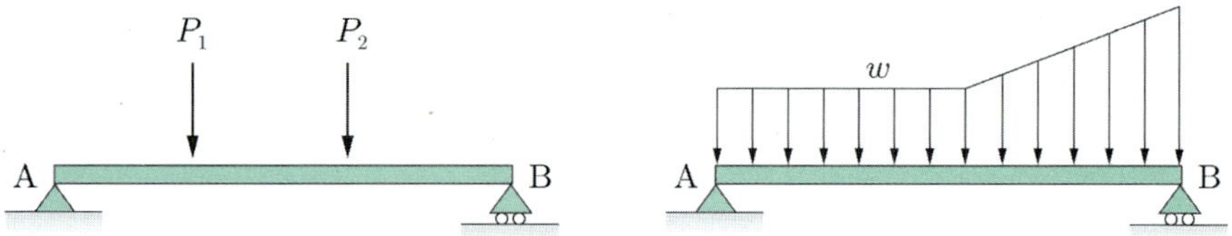

(a) 집중하중　　(a) 분포하중

[그림 8.1] 집중하중과 분포하중을 받는 보

1 보의 받침점(지점)

보를 받치고 있는 점을 받침점 또는 지점이라 하고, 두 받침점 사이의 거리를 스팬(span)이라 한다. 받침점에는 회전지점, 이동지점, 고정지점이 있다.

(1) 회전지점(핀 지점)

보의 끝이 핀으로 고정되어 있어서 회전할 수 있는 지점이다. 수평 및 수직방향 성분을 갖는 반력이 존재할 수 있지만 반력 모멘트는 발생하지 않는다.

(2) 이동지점(롤러 지점)

보의 끝이 마찰 없는 롤러로 지지되어 있다. 수평방향 반력과 반력 모멘트가 없고 수직방향 반력만 존재한다.

(3) 고정 지점

보를 완전히 고정하여 수평 및 수직방향 성분을 갖는 반력과 반력 모멘트가 모두 존재할 수 있는 지점이다.

2 보의 종류

보를 지지하는 방법(받침점의 조합)에 따라 보의 종류를 [그림 8.2]와 같이 (a) 단순 보(단순지지보) (b) 외팔보 (c) 내닫이보(내민보, 돌출보) (d) 다중 지지보(연속보) (e) 고정보 (f) 고정지지보 등으로 분류한다.

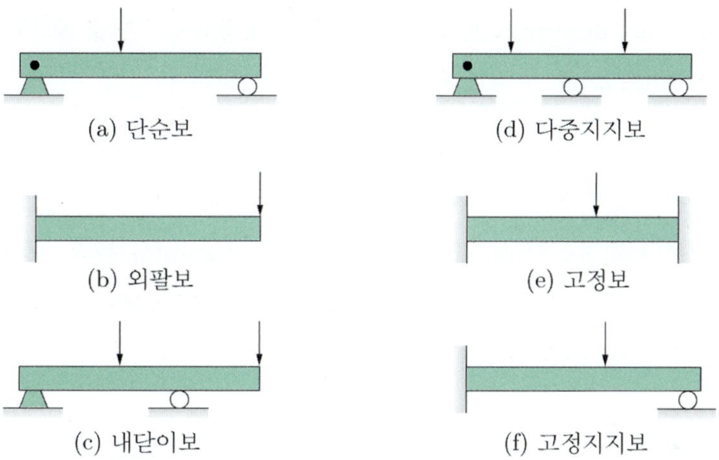

[그림 8.2] 보의 종류

(1) 단순 보(simple beam)

회전지점(핀)과 이동지점(롤러)으로써 양 끝이 모두 받쳐져 있는 보이다.

(2) 외팔보(cantilever beam)

한쪽 끝은 벽에 고정되고, 다른 쪽 끝은 자유롭게 되어 있는 보이다. 흔히 캔틸레버 보라고도 하지만 이 책에서는 간단히 외팔보로 부르기로 한다.

(3) 내닫이보(overhanging beam)

회전지점과 이동지점으로써 받쳐지고 보의 일부가 받침점 밖으로 나와 있는 보이다.

(4) 다중 지지보(multiply supported beam)

3개 이상의 받침점을 갖는 보이다. 받침점 중 하나는 회전지점이고 나머지는 이동지점이다.

(5) 고정보(fixed beam)

양 끝이 모두 벽에 고정되어 있는 보이다.

(6) 고정 지지보(supported and fixed beam)

한쪽 끝은 벽에 고정되고, 다른 쪽 끝은 이동지점으로써 받쳐져 있는 보이다.

3 정정보와 부정정보

(1) 정정보

정역학적 힘의 조건($\sum \vec{F}=0$, $\sum \vec{M}=0$)만으로 지점의 반력을 모두 구할 수 있는 보를 정정보(statically determinate beam)라 한다. 정정보에는 단순 보, 외팔보, 내닫이보 등이 있다. 일반적으로 정역학에서는 정정보만을 다룬다.

(2) 부정정보

정정보와 달리 힘과 모멘트 평형 조건($\sum \vec{F}=0$, $\sum \vec{M}=0$)만으로는 반력을 모두 구할 수 없는 보를 부정정보(statically indeterminate beam)라 한다. 부정정보를 해석할 때는 하중과 보의 변형 관계까지 고려해야 한다. 부정정보에는 다중 지지보, 고정보, 고정 지지보 등이 있다.

8.2 보의 외력 - 분포하중

단위질량당 무게를 갖는 구조물의 하중, 물의 압력, 땅의 무게에 의한 압력 등과 같이 어느 범위 내에 분포하여 작용하는 하중을 분포하중(distributed load)이라 한다. 지금까지는 작용선 상에 집중하는 힘을 다루었지만 엄밀하게 말하면 이와 같은 집중력(concentrated force)은 존재하지 않는다. 왜냐하면 어떤 물체에 기계적으로 가한 외력은 아무리 작더라도 미소한 접촉 면적에 분포하기 때문이다. 일반적으로 하중과 물체의 접촉 면적이 큰 경우에 물체에 작용하는 하중은 분포하중이 된다.

[그림 8.3]의 (a)와 같이 보에 작용하는 분포하중을 고려해보자. 정역학과 재료역학에서는 이와 같이 단위 길이당 하중으로 정의되는 하중함수 $w(x)$를 많이 취급한다. 여기에서 $w(x)$의 SI단위는 $\mathrm{N/m}$이다. [그림 8.3]의 (a)와 같은 분포하중을 (b)와 같이 하나의 집중하중 $\vec{F_R}$로 단순화시키면 정역학의 평형방정식을 적용하여 지지점 반력을 쉽게 구할 수 있을 것이다. 이때 합력의 크기(F_R)와 작용점의 위치($\bar{x}$)는 분포하중 $w(x)$와 같은 효과를 줄 수 있도록 결정되어야 한다.

1 합력의 크기

[그림 8.3]의 (a)에서 보에 작용하는 전체 하중을 구하려면 하중함수 $w(x)$를 적분해야 한다. $w(x)$는 단위 길이당 힘이므로 위치 x에서 길이 dx의 선 요소에 작용하는 미소 힘의 크기는 $dF = w(x)\,dx = dA$이다. 즉, dF의 크기는 하중곡선 아래의 미소 면적 dA로부터 구해진다. 따라서 보의 전체 길이(L)에 대하여 전체 분포하중의 크기(F_R)는 다음과 같다.

$$F_R = \int_L w(x)\,dx = \int_A dA = A \qquad \cdots (8.1)$$

즉, 합력의 크기 F_R은 하중곡선 $w(x)$ 아래의 전체 면적 A와 같다.

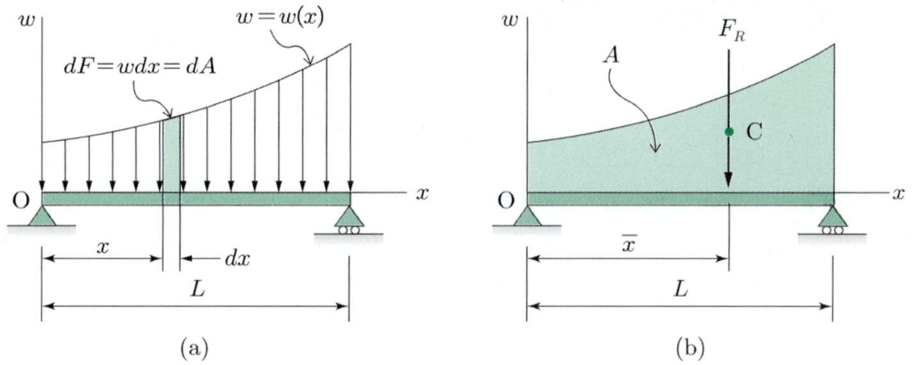

[그림 8.3] 분포하중 : 합력과 힘의 작용점

2 합력의 작용점

지지점들에서 같은 크기의 반력을 발생시키기 위한 등가의 단일 집중하중($\overrightarrow{F_R}$)의 작용점의 위치($\bar{x}$)는 점 O에 대한 모멘트 평형 조건에서 구해진다. [그림 8.3]의 (a)에서 미소 힘 dF는 점 O에 대한 모멘트 $x\,dF = x\,w(x)dx$를 발생시킨다. 따라서 $w(x)$에 의한 점 O에 대한 전체 모멘트는 $\int_L x dF = \int_L x\,w(x)\,dx$이고 이것은 합력 F_R의 모멘트와 같으므로

$$\bar{x}\,F_R = \int_L x\,w(x)\,dx$$

에서 다음과 같이 작용점의 위치($\bar{x}$)가 결정된다.

$$\bar{x} = \frac{\int_L x\,w(x)\,dx}{\int_L w(x)\,dx} = \frac{\int_A x\,dA}{\int_A dA} = \frac{\int_A x\,dA}{A} \qquad \cdots (8.2)$$

식 (8.2)는 분포하중 선도 $w(x)$의 면적의 기하학적 중심(도심, centroid)의 x좌표를 나타낸다. 따라서 합력의 작용선은 [그림 8.3]의 (b)와 같이 분포하중 선도 $w(x)$의 면적의 도심(C)을 통과한다.

이상에서 구한 식 (8.1)과 (8.2)를 이용하여 보에 작용하는 분포하중을 등가의 집중하중으로 대체하면 보의 지지점 반력을 쉽게 구할 수 있다.

3 균일분포하중과 등변분포하중

정역학과 재료역학에서 많이 취급하는 것은 [그림 8.4]의 (a)와 같은 균일분포하중(등분포하중)과 [그림 8.5]의 (a)와 같은 등변분포하중이다. 이들에 대한 합력(F_R)과 작용점의 위치($\bar{x}$)는 각각 [그림 8.4]의 (b)와 [그림 8.5]의 (b)와 같다.

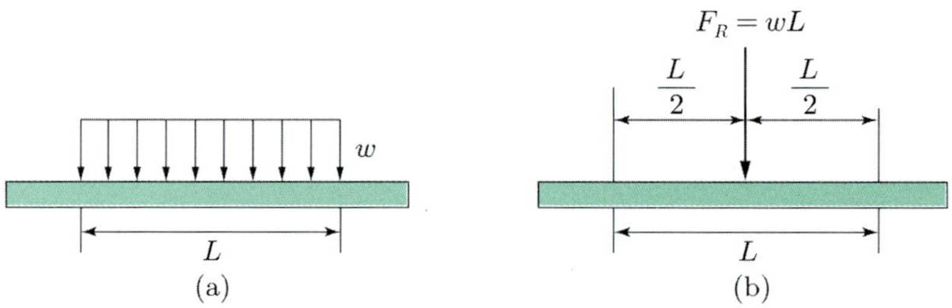

[그림 8.4] 균일분포하중의 합력과 작용점 위치

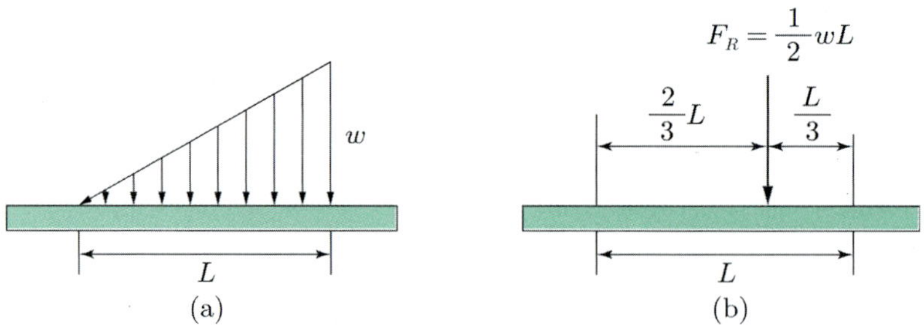

[그림 8.5] 등변분포하중의 합력과 작용점 위치

[그림 8.4]와 [그림 8.5]의 (b)의 결과는 [예제 8.2]와 같은 방법으로 유도된다. 한편 [그림 8.6]의 (a)와 같은 사다리꼴 모양의 분포하중은 (a)의 점선을 따라 (b)와 같이 균일분포하중(사각형)과 등변분포하중(삼각형)으로 분리하여 각각에 대한 합력과 작용점을 구하여 해석하면 된다.

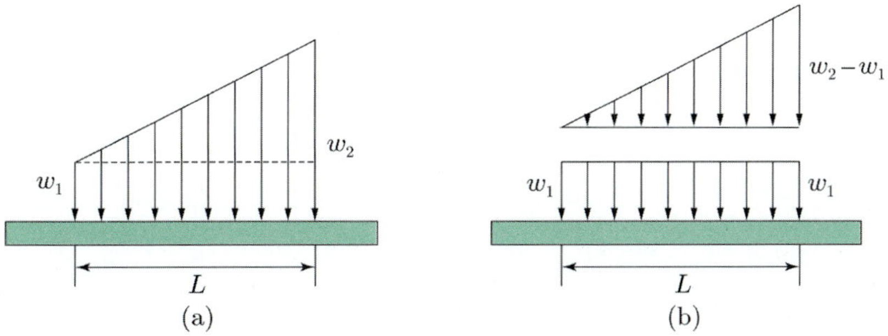

[그림 8.6] 사다리꼴 모양의 분포하중

등변분포하중(uniformly varying load) : 단위 길이 또는 단위 면적당의 하중이 재료의 축방향 또는 어느 일정 방향으로 비례적으로 변화하고 있는 상태의 하중을 말한다. 3각 분포하중이라고도 한다.

예제 8.1 그림의 (a)와 같이 길이 L[m]의 단순 보에 등분포하중 w[kN/m]가 작용할 때 받침점 A, B에서의 반력을 구하여라. 단, 보의 무게는 무시한다.

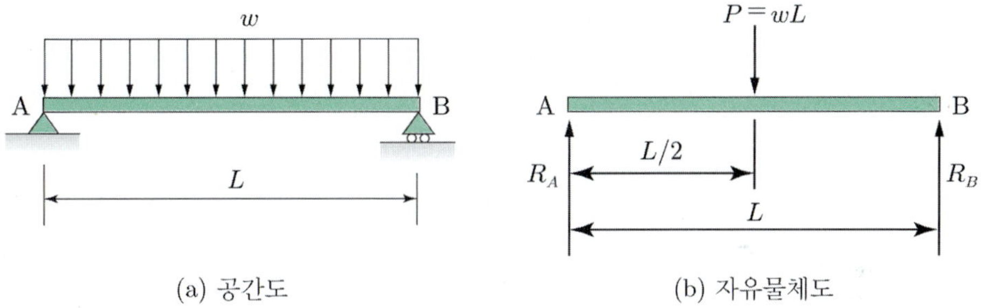

[그림 8.7] 균일분포하중을 받는 단순 보

풀이 분포하중 w[kN/m]에 의해 보의 전 길이 L[m]에 걸리는 하중(P)은

$$P = wL \text{ [kN]}$$

이고, 전체 분포하중의 무게 중심은 보의 중심이므로 분포하중을 그림 (b)와 같이 하나의 집중하중 P로 대체하여 자유물체도를 그릴 수 있다.

수직방향 힘의 합이 0($\sum F_y = 0$)인 조건에서

$$R_A + R_B - P = 0 \qquad \cdots ①$$

이고, 점 B에 대한 모멘트 합이 0($\sum M_B = 0$)인 조건에서

$$-R_A \cdot L + P \cdot (L/2) + R_B \cdot 0 = 0$$

$$\therefore \ -R_A + P/2 = 0 \qquad \cdots ②$$

이다. 식 ①, ②로부터 받침점에서의 반력은 다음과 같이 구해진다.

$$R_A = \frac{P}{2} = \frac{wL}{2},\ R_B = \frac{P}{2} = \frac{wL}{2} \qquad \cdots ③$$

> 분포하중을 그와 같은 효과를 갖는 등가의 집중하중으로 대체하여 편리하게 해석할 수 있다. 분포하중의 합력은 하중 선도의 면적과 같고, 그 작용선은 하중선도 면적의 도심 또는 기하학적 중심을 통과한다.

예제 8.2 [분포하중의 합력과 작용점] 그림의 (a)와 같은 등변분포하중과 등가인 합력의 크기와 작용점의 위치를 구하여라.

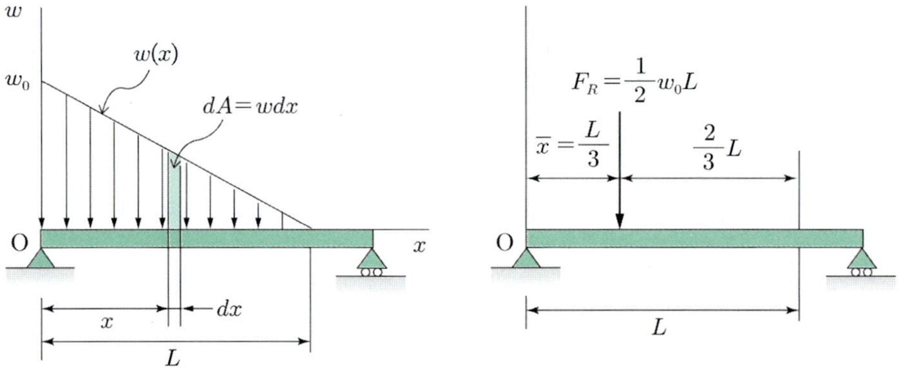

[그림 8.8] 등변분포하중의 합력과 작용점 위치 구하기

풀이 먼저 하중함수 $w(x)$를 구한다. [그림 8.8]의 (a)에서 분포하중은 $x=0$에서 $w=w_0$이고, $x=L$에서 $w=0$이므로 $w(x)$는 다음과 같다.

$$w(x) = \frac{w_0}{L}(L-x)$$

하중함수를 구하였으므로 적분을 하여 합력의 크기를 구하면

$$F_R = \int_0^L w(x)dx = \int_0^L \frac{w_0}{L}(L-x)dx = \frac{w_0}{L}\left[Lx - \frac{x^2}{2}\right]_0^L = \frac{w_0 L}{2}$$

이다. 그리고 점 O에 대한 분포하중의 모멘트

$$\int_L xw(x)dx = \int_0^L x \cdot \frac{w_0}{L}(L-x)dx = \frac{w_0}{L}\int_0^L (Lx - x^2)dx$$

$$= \frac{w_0}{L}\left[\frac{L}{2}x^2 - \frac{x^3}{3}\right]_0^L = \frac{w_0 L^2}{6}$$

이므로 합력의 작용점의 위치($\bar{x}$)는 다음과 같이 구해진다.

$$\bar{x}\,F_R = \int_L x\,w(x)\,dx$$

$$\therefore \quad \bar{x} = \frac{\int_L x\,w(x)\,dx}{F_R} = \frac{w_0 L^2/6}{w_0 L/2} = \frac{L}{3}$$

이상에서 구한 분포하중의 합력의 크기와 작용점의 위치를 나타내면 [그림 8.8]의 (b)와 같다.

예제 8.3 그림의 (a)와 같이 외팔보에 등변분포하중이 작용할 때 고정지점 A에서 반력을 구하여라. 단, 보의 무게는 무시한다.

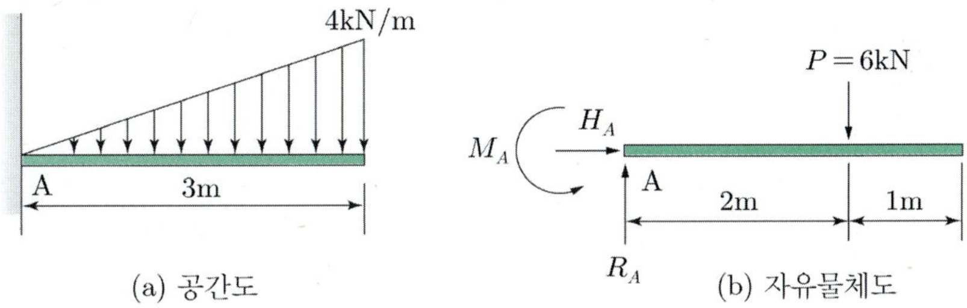

[그림 8.9] 외팔보에 작용하는 반력

풀이 분포하중에 의해 보의 전 길이(3 m)에 걸리는 하중(P)은

$$P = \frac{1}{2} \times (3\text{m}) \times 4\ (\text{kN/m}) = 6\,\text{kN}$$

이다. 높이 h인 직각삼각형의 도심은 밑변으로부터 $h/3$에 있으므로 전체 분포하중의 중심은 보의 오른쪽 끝으로부터 $3\text{m}/3 = 1\text{m}$에 있다. 따라서 분포하중을 그림 (b)와 같이 하나의 집중하중으로 대체할 수 있고, 벽에 박혀 고정된 지지점 A에는 반력과 반력 모멘트가 모두 존재할 수 있다. 자유물체도 (b)에서 평형조건을 적용하여 반력의 수평 성분 H_A, 수직 성분 R_A, 모멘트 M_A를 구한다.

수평방향 힘의 합이 0($\sum F_x = 0$)인 조건에서

$$H_A = 0 \qquad \cdots ①$$

이고, 수직방향 힘의 합이 0($\sum F_y = 0$)인 조건에서

$$R_A - P = 0$$

$$\therefore \quad R_A = P = 6\,\text{kN} \qquad \cdots ②$$

이다. 그리고 점 A에 대한 모멘트 합이 0인 조건을 적용하면

$$M_A + H_A \cdot 0 + R_A \cdot 0 - P \cdot (2\text{m}) = 0$$

$$\therefore\ M_A = P \cdot 2\text{m} = 6\,\text{kN} \cdot 2\text{m} = 12\,\text{kN} \cdot \text{m} \qquad \cdots ③$$

이다. 이상으로부터 고정지점 A에 작용하는 반력은 6kN, 반력 모멘트는 12kN • m 이다.

예제 8.4 그림의 (a)와 같이 부분적으로 등변분포하중을 받고 단순 보의 받침점 A, B에서 반력을 구하여라. 단, 보의 무게는 무시한다.

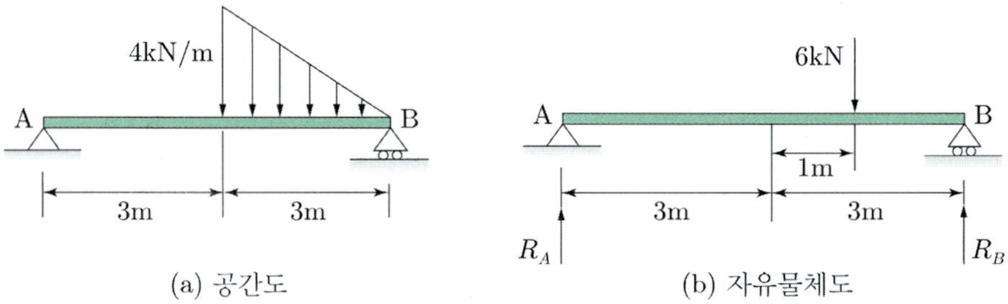

[그림 8.10] 부분적으로 등변분포하중을 받는 단순 보

풀이 분포하중의 합력의 크기(F_R)는

$$F_R = \frac{1}{2} \times \left(4\frac{\text{kN}}{\text{m}}\right) \times 3\text{m} = 6\text{kN}$$

이고, 작용점의 위치($\bar{x}$)는 보 중앙으로부터

$$\bar{x} = \frac{1}{2} \times 3\text{m} = 1\text{m}$$

에 있다. 따라서 받침점 A, B에서 반력을 구하기 위하여 분포하중을 하나의 집중하중으로 대체하여 자유물체도를 그리면 (b)와 같다. (b)에서 힘의 평형조건을 적용하여 반력을 구한다.

먼저 B점에 대한 모멘트 평형조건($\sum M_\text{B} = 0$)을 적용하면

$$R_A \times (3+3)\text{m} - 6\text{kN} \times 2\text{m} = 0$$

$$\therefore\ R_A = 2\,\text{kN}$$

이고, 수직방향 힘의 평형조건($\sum F_y = 0$)을 적용하면 B점 반력이 구해진다.

$$R_A + R_B - 6\text{kN} = 0$$

$$\therefore\ R_B = 6 - 2 = 4\,\text{kN}$$

예제 8.5 그림의 (a)와 같은 분포하중을 받고 있는 단순 보의 지지점 A, B에서 반력을 구하여라.

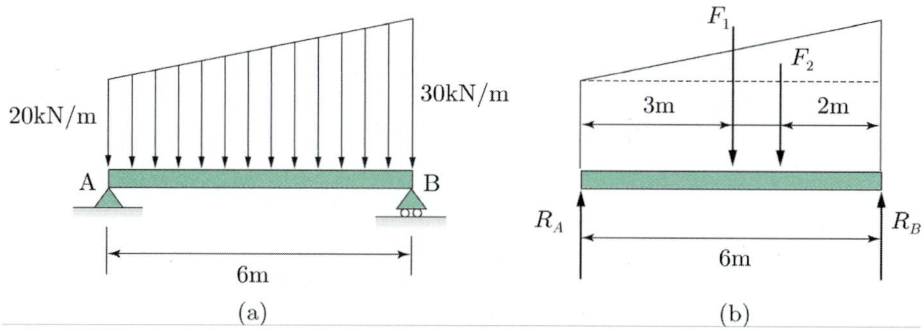

[그림 8.11] 균일분포하중과 등변분포하중으로 구성된 분포하중

풀이 사다리꼴 하중은 [그림 8.11]의 (b)와 같이 사각형과 삼각형으로 나눌 수 있다. 이때 각 하중에 의한 힘의 크기는 해당 하중 선도의 면적과 같으므로

$$F_1 = (20\text{kN/m}) \cdot 6\text{m} = 120\text{kN} \quad (\leftarrow \text{사각형})$$

$$F_2 = \frac{1}{2} \times (30 - 20)\text{kN/m} \cdot 6\text{m} = 30\text{kN} \quad (\leftarrow \text{삼각형})$$

이고, 힘들의 작용선은 해당 하중 선도의 도심을 통과한다. 사각형의 도심은 보의 중앙에 있고, 삼각형의 도심은 B점에서 $\frac{L}{3} = \frac{6\text{m}}{3} = 2\text{m}$ 떨어진 곳에 있다. 따라서 주어진 분포하중을 [그림 8.11]의 (b)와 같은 등가의 두 집중하중으로 대체할 수 있다. 여기에서 평형방정식을 적용하면 다음과 같이 지지점 반력이 구해진다.
점 A에 대한 모멘트 합이 $0(\sum M_A = 0)$인 조건을 적용하면

$$R_B \cdot 6\text{m} - F_1 \cdot 3\text{m} - F_2 \cdot 4\text{m} = 0$$

$$R_B \cdot 6 - 120\text{kN} \cdot 3 - 30\text{kN} \cdot 4 = 0$$

$$\therefore \ R_B = 80\text{kN} \quad \cdots ①$$

이고, 수직방향 힘의 합이 $0(\sum F_y = 0)$인 조건에서 R_A는 다음과 같다.

$$R_A + R_B - F_1 - F_2 = 0$$

$$R_A + 80\text{kN} - 120\text{kN} - 30\text{kN} = 0$$

$$\therefore \ R_A = 70\text{kN} \quad \cdots ②$$

예제 8.6 그림의 (a)와 같이 부분적으로 균일분포하중을 받는 보에서 지점 A, B에 작용하는 반력을 구하여라.

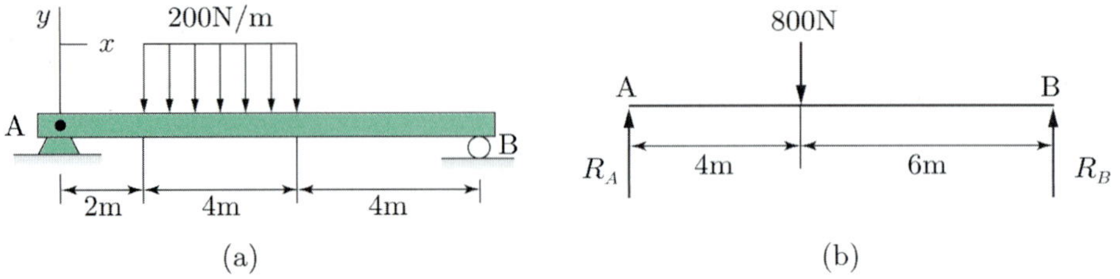

[그림 8.12] 부분적으로 균일분포하중을 받는 보

풀이 분포하중에 의해 길이 4 m 에 작용하는 전 하중(F_R)은

$$F_R = (200\text{N/m}) \times (4\text{m}) = 800\text{N}$$

이고, F_R의 작용점은 보의 왼쪽 끝으로부터 $\left(2\text{m} + \dfrac{4\text{m}}{2}\right) = 4\text{m}$에 있다. 따라서 분포하중을 하나의 집중하중($\overrightarrow{F_R}$)으로 대체하여 자유물체도를 그리면 (b)와 같다. 여기에서 평형조건을 적용하여 반력을 구한다.

점 A 에 대한 모멘트가 $0(\sum M_\text{A} = 0)$인 조건을 적용하면

$$R_\text{B} \cdot 10\text{m} - 800\text{N} \cdot 4\text{m} = 0$$

$$\therefore\ R_\text{B} = 320\text{N}$$

이고, 수직방향 힘의 합이 $0(\sum F_y = 0)$인 조건에서

$$R_\text{A} + R_\text{B} - 800\text{N} = 0$$

$$\therefore\ R_\text{A} = 800\text{N} - 320\text{N} = 480\text{N}$$

예제 8.7 [분포하중의 합력과 작용점] [그림 8.13]의 (a)와 같은 분포하중과 등가인 합력의 크기와 작용점의 위치를 구하여라. $w(x) = 30x^2\,\text{N/m}$ 이다.

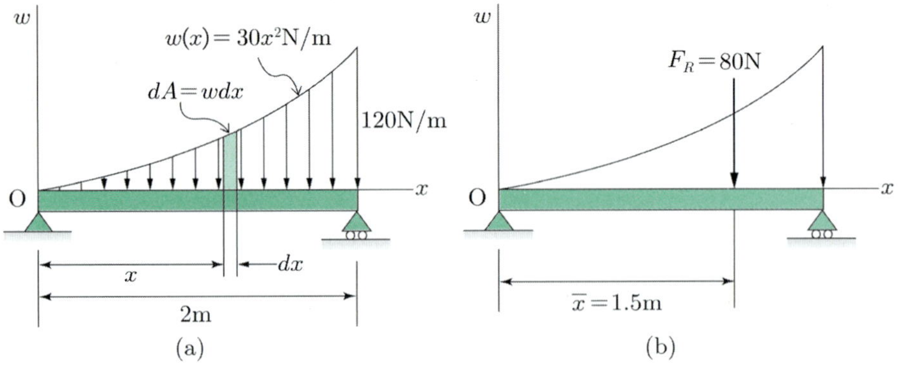

[그림 8.13] 분포하중의 합력과 작용점

풀이 하중함수 $w(x)$가 주어져 있으므로 적분을 하여 합력의 크기와 작용점의 위치를 구한다. 먼저 미소길이 dx에 대한 미소면적

$$dA = w(x)dx = 30x^2dx$$

를 $x=0$에서 $x=2\text{m}$까지 적분하면 분포하중의 합력 F_R이 구해진다.

$$F_R = \int_L w(x)dx = \int_0^2 30x^2dx = 10\left[x^3\right]_0^2 = 80\ [\text{N}]$$

그리고 점 O에 대한 분포하중의 모멘트

$$\int_L xw(x)dx = \int_0^2 x \cdot (30x^2)dx = 30\int_0^2 x^3dx = 30\left[\frac{x^4}{4}\right]_0^2 = 120\ [\text{N} \cdot \text{m}]$$

이므로 합력의 작용점의 위치($\bar{x}$)는 다음과 같이 구해진다.

$$\bar{x}\,F_R = \int_L x\,w(x)\,dx$$

$$\therefore\ \ \bar{x} = \frac{\int_L x\,w(x)\,dx}{F_R} = \frac{120\,\text{N} \cdot \text{m}}{80\text{N}} = 1.5\,\text{m}$$

이상에서 구한 분포하중의 합력의 크기(F_R)와 작용점의 위치($\bar{x}$)를 나타내면 [그림 8.13]의 (b)와 같다.

8.3 보의 내력 - 전단력과 굽힘모멘트

1 보의 전단력과 굽힘모멘트

(1) 전단력

보의 임의 단면에서 단면에 평행하게 작용하는 힘으로 단면을 절단하려 하는 힘을 전단력(shear force)이라 한다[그림 8.14].

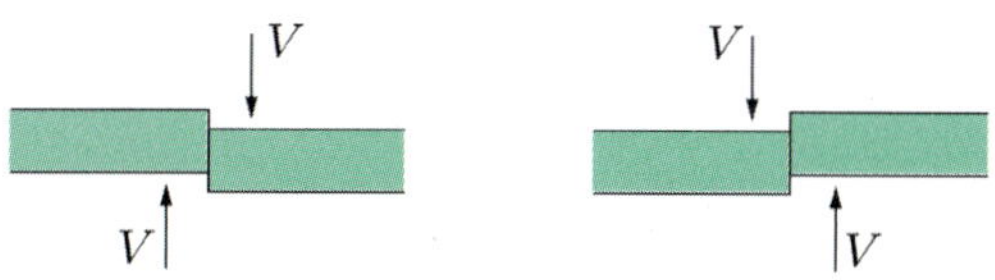

[그림 8.14] 전단력

(2) 굽힘모멘트

하중에 의해 보를 휘게 하려는 작용을 굽힘모멘트 또는 휨모멘트(bending moment)라 한다[그림 8.15].

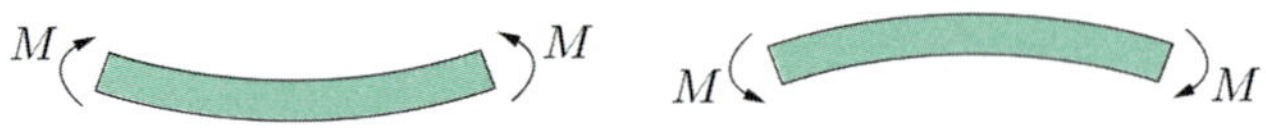

[그림 8.15] 굽힘모멘트

(3) 전단력과 굽힘모멘트의 부호

일반적으로 보의 임의 점에서 전단력과 굽힘모멘트의 부호는 [그림 8.16]과 같이 정한다.

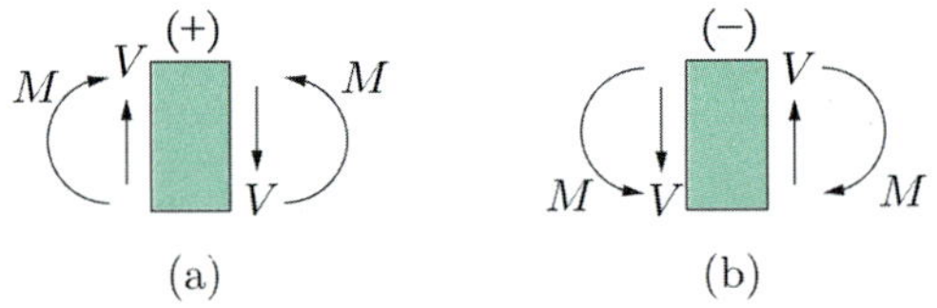

[그림 8.16] 전단력과 굽힘모멘트의 부호

설명 보에 하중이 작용하면 지점에는 반력이 생기고, 보 내부에는 하중 및 반력에 저항하는 힘이 생기게 된다. [그림 8.17]의 (a)와 같이 외팔보의 끝에 연직 위 방향으로 하중 P가 작용하는 경우를 조사해보자. 자유단으로부터 거리 x만큼 떨어진 임의 단면 X-X에서 보를 잘라서 보의 왼쪽 부분에 대한 자유물체도를 그리면 [그림 8.17]의 (b)와 같다. 분리된 물체는 힘 P와 단면 X-X에서의 내력에 의해 평형을 이루고 있다. 여기에서 단면에 평행하게 작용하는 힘을 전단력(V), 보를 휘게 하는 영향을 굽힘모멘트(M)라 한다. 외력 P가 보에 수직으로 작용하기 때문에 단면에는 축력이 존재하지 않는다.

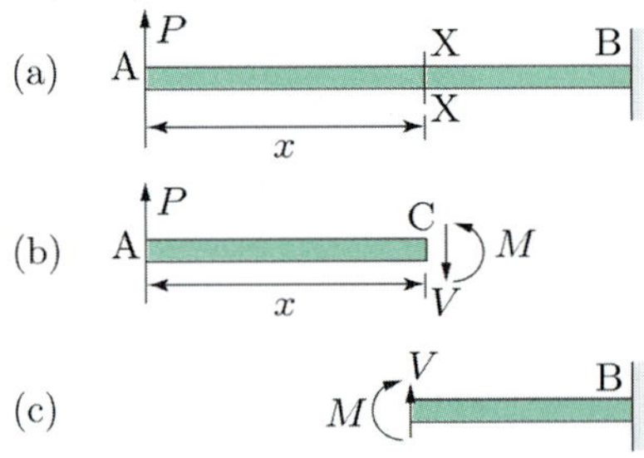

[그림 8.17] 집중하중을 받는 외팔보

정정보의 전단력 V와 굽힘모멘트 M은 정역학의 평형 방정식으로부터 구할 수 있다. [그림 8.17]의 (b)에서 평형방정식을 적용하면

$$\sum F_y = 0 \ : P - V = 0 \quad \therefore \ V = P$$

$$\sum M_C = 0 \ : M - Px = 0 \quad \therefore \ M = Px$$

가 얻어진다.

임의 단면에 나타나는 전단력과 굽힘모멘트를 구하기 위하여 그 부분을 절단했을 때 왼쪽과 오른쪽 단면에 나타나는 전단력과 굽힘모멘트는 크기가 같고 방향이 반대이다. 즉, [그림 8.17]의 (b)와 같이 V와 M이 발생하면 오른쪽 부분의 자유물체도에서는 (c)와 같은 V와 M이 작용한다.

[그림 8.16]과 같이 정한 부호 규약에서 양의 전단력은 재료를 시계방향으로 회전시키려 하며, 양의 굽힘모멘트는 재료를 아래쪽으로 볼록하게 구부러지게 한다. 그림과 같은 요소의 왼쪽 면에서는 위쪽으로 작용하는 전단력을 양(+), 아래쪽으로 작용하는 것을 음(−)으로 하고, 오른쪽 면에서는 이와 반대로 위쪽으로 작용하는 전단력을 음(−), 아래쪽으로 작용하는 것을 양(+)으로 하였다. 굽힘모멘트의 부호는 요소의 왼쪽 면에서는 시계방향의 모멘트를 양(+), 반시계 방향의 모멘트를 음(−)으로 하고, 오른쪽 면에서는 반시계 방향의 모멘트를 양(+), 시계방향 모멘트를 음(−)으로 하였다. 그런데 [그림 8.16]과 같은 전단력과 모멘트에 대한 부호 규약은 반드시 지켜야 되는 사항은 아니고 문제에 따라 편리하게 부호를 정하여 해석할 수 있다.

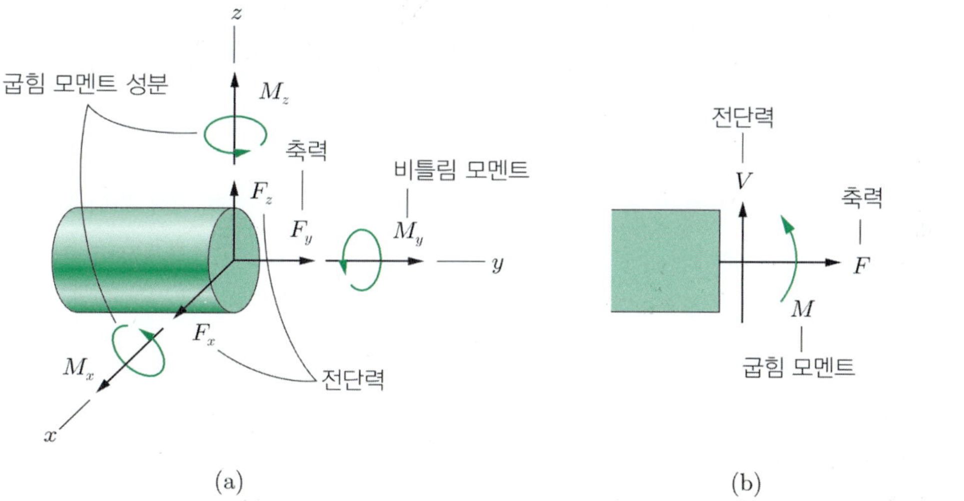

[그림 8.18] 일반적인 보의 내력

일반적으로 보의 내부에 생기는 저항력에는 [그림 8.18]의 (a)와 같이 전단력, 축력(axial force), 굽힘모멘트, 비틀림 모멘트의 4가지가 있다. 여기에서 하중이 축에 수직인 방향으로만 작용할 때는 축력과 비틀림 모멘트가 0이 되므로 전단력과 굽힘모멘트만 발생한다. 따라서 보통의 보에서 고려하는 것은 전단력과 굽힘모멘트이다. 그런데 2차원 평면에서 하중이 작용하더라도 하중의 작용선이 축과 일치하지 않고 경사져 있을 때는 [그림 8.18]의 (b)와 같이 전단력, 축력(axial force), 굽힘모멘트의 3가지가 발생할 수 있다.

2 전단력과 굽힘모멘트 선도

전단력과 굽힘모멘트의 방향과 크기가 분명하게 정해졌을 때 이들 값을 보의 한쪽 끝으로부터 측정한 거리(x)의 함수로 그려놓은 선도를 전단력 선도(shear force diagram) 및 굽힘모멘트 선도(bending moment diagram)라 한다.

설명 이 선도는 일반적으로 보의 전 길이를 가로축으로 잡고 전단력 및 굽힘모멘트의 크기를 세로축에 나타낸다. 그리고 정해진 부호 규약에 따라 양(+)의 값은 가로축 위에, 음(−)의 값은 가로축 아래에 그린다. 이 선도를 통하여 보에 작용하는 전단력 및 굽힘모멘트의 크기가 보의 전 길이에 걸쳐 어떻게 변화하는가를 쉽게 알 수 있다. 선도에서 특별히 관심의 대상이 되는 것은 전단력과 굽힘모멘트의 최댓값이다.

3 전단력과 굽힘모멘트를 구하는 단계

- ○ 1 단계 : 전체 보의 자유물체도를 그리고, 정역학의 힘과 모멘트 평형 조건($\sum \overrightarrow{F}=0$, $\sum \overrightarrow{M}=0$)을 적용하여 지지점 반력을 구한다. 단, 외팔보와 같이 지지점이 없는 자유단을 갖는 경우에는 이 단계를 생략할 수 있다.
- ○ 2 단계 : 전단력과 굽힘모멘트를 구하려는 위치(C)에서 보를 자르고, 절단된 보의 두 부분 중 하나를 선택한다.
- ○ 3 단계 : 선택한 보 부분에 대한 자유물체도를 그린다. 하중과 반력 등의 외력을 도시하고, 절단된 단면에는 구하려는 전단력(V) 및 굽힘모멘트(M)를 정해진 부호 규약에 따라 표시한다.
- ○ 4 단계 : (3)의 자유물체도에서 평형 조건($\sum F_y=0$, $\sum M_C=0$)을 적용하여 전단력(V)과 굽힘모멘트(M)를 구한다.

4 분포하중, 전단력 및 굽힘모멘트 사이의 관계

[그림 8.19]의 (a)와 같이 보의 길이방향(x)으로 변하는 분포하중[$w(x)$]이 작용할 때 보의 임의 단면에서의 전단력(V)과 굽힘모멘트(M) 사이에는 다음 관계식이 성립한다.

$$\frac{dV}{dx}=-w \qquad \frac{dM}{dx}=V \qquad \cdots (8.3)$$

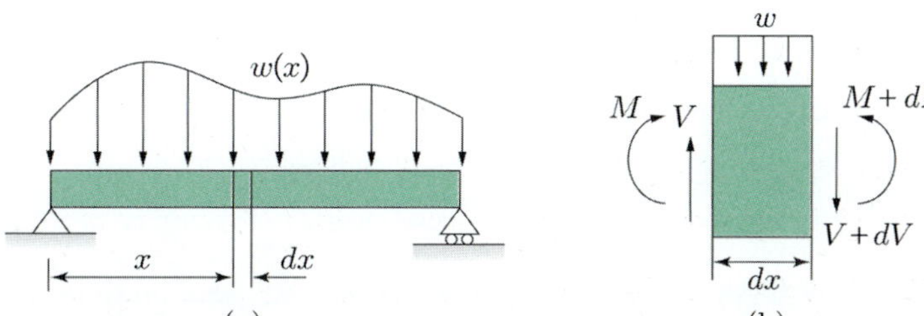

[그림 8.19] (a)분포하중을 받는 단순 보 (b)보의 미소요소에 대한 자유물체도.

설명 하중, 전단력, 굽힘모멘트의 관계식을 얻기 위하여 임의 위치 x에서 dx만큼 떨어진 두 단면 사이에서 잘라낸 보의 미소요소를 고려한다[그림 8.19]. 먼저 요소의 왼쪽 면에 작용하는 전단력과 굽힘모멘트를 각각 V, M이라 한다. 일반적으로 전단력과 굽힘모멘트는 보의 축 상의 위치에 따라 변한다. 분포하중인 경우 미소거리 dx에 대한 V와 M의 증가분이 미소하므로 이들을 각각 dV, dM으로 나타낸다. 이렇게 하여 미소요소에 대한 자유물체도를 그리면 [그림 8.19]의 (b)와 같다.

(1) 전단력 : (b)의 자유물체도에서 수직방향(y) 힘의 평형 조건을 적용하면 전단력(V)과 분포하중(w)의 관계식을 얻는다.

$$\sum F_y = 0 \ : \ V - w\,dx - (V + dV) = 0$$

$$-w dx - dV = 0$$

$$\therefore \ \frac{dV}{dx} = -w$$

(2) 굽힘모멘트 : (b)의 자유물체도에서 모멘트 평형조건을 적용한다. 여기에서 분포하중은 그림의 평면에 수직인 축(z축)을 회전축으로 하는 모멘트를 발생한다. 모멘트 기준 축을 요소의 오른쪽 면을 지나는 축으로 하고, 반시계 방향을 양(+)으로 하면 다음과 같은 관계식을 얻는다.

$$\sum M_z = 0 \ : \ (M + dM) + (w dx)\left(\frac{dx}{2}\right) - V dx - M = 0$$

$$dM + \frac{w}{2}(dx)^2 - V dx = 0$$

여기에서 미분량 $dx \ll 1$이므로 $(dx)^2 \approx 0$으로 무시하면 굽힘모멘트(M)와 전단력(V)의 관계식이 유도된다.

$$dM - V dx = 0$$

$$\therefore \ \frac{dM}{dx} = V$$

$dM/dx = V$ ⋯ ①이므로 $V=0$이면 $dM/dx=0$이 된다. 따라서 '전단력이 0인 위치에서 최대 또는 최소 굽힘모멘트가 발생할 수 있다.'⋯ ②는 것을 알 수 있다. 이와 같은 사실을 이용하면 최대 굽힘모멘트를 쉽게 구할 수 있다. 그런데 수학적으로 엄밀하게 말하면 V가 x의 연속함수로 $dV/dx \neq 0$, $d^2M/dx^2 \neq 0$일 때 이와 같은 원리가 적용된다. 예를 들어 점 A에 집중된 우력의 모멘트(M_0)가 있을 때 식 ①은 단면 A의 한쪽 면에는 유효하나 다른 한쪽 면에는 모멘트의 갑작스런 변화로 생긴 불연속으로 유효하지 않다. 따라서 여러 가지 형태의 하중(집중하중, 분포하중, 우력의 모멘트 등)이 작용할 때는 각 구간별로 최대 굽힘모멘트를 구하여 비교해야 한다. 특히 우력의 모멘트가 작용하고 있을 때 주의해야 한다. 그런데 우력의 모멘트(M_0)가 없는 경우에는 일반적으로 V가 연속함수이므로 ②의 원리는 최대 굽힘모멘트를 구할 때 편리하게 이용된다.

예제 8.8 [외팔보-집중하중] 자유단(A)에 집중하중 P가 연직 아래 방향으로 작용하고 있는 길이 L의 외팔보[그림 8.20]에 대하여 전단력 선도와 굽힘모멘트 선도를 그려라.

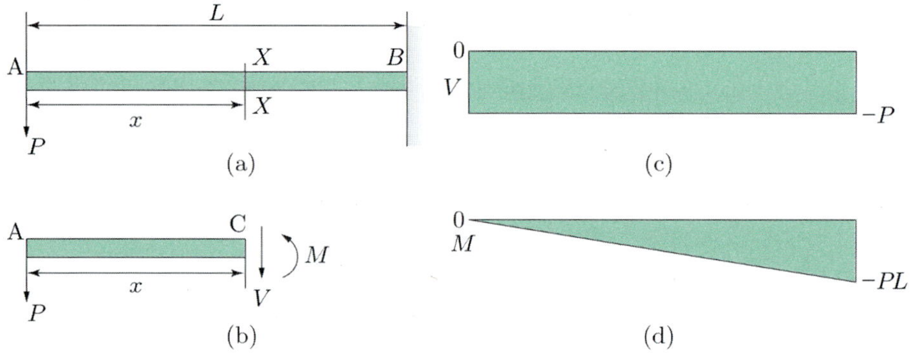

[그림 8.20] 집중하중을 받는 외팔보

풀이 자유단으로부터 거리 x만큼 떨어진 임의 단면 X-X에서 보를 잘라서 보의 왼쪽 부분에 대한 자유물체도를 그리면 [그림 8.20]의 (b)와 같고, 여기에 평형방정식을 적용하면

$$\sum F_y = 0 \quad : \; -P - V = 0$$

$$\therefore \; V = -P$$

$$\sum M_C = 0 \; : \; M + Px = 0$$

$$\therefore \; M = -Px$$

가 구해진다. 보의 전 길이에 대해 전단력과 굽힘모멘트를 [그림 8.20]의 (c)와 (d)에 나타내었다. 전단력은 $-P$로 일정하며, $x=L$인 고정단 B에서 최대 굽힘모멘트 $M_{max} = -PL$이 발생한다.

예제 8.9 [외팔보-균일하중] 균일분포하중(q)을 받고 있는 길이 L의 외팔보에 대하여 전단력 선도와 굽힘모멘트 선도를 그려라.

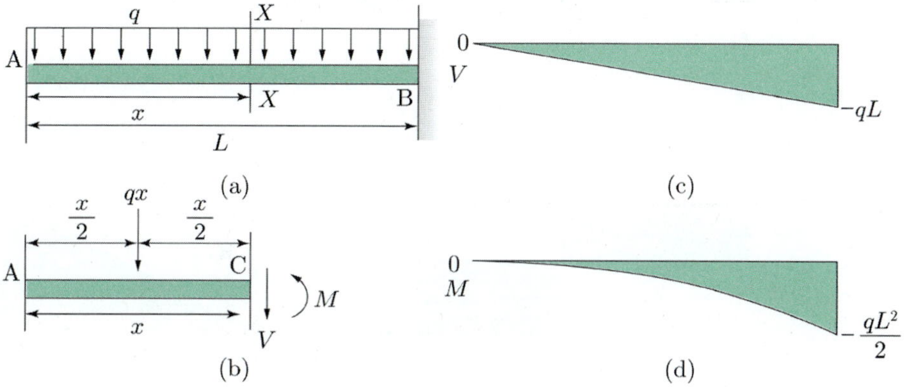

[그림 8.21] 균일분포하중을 받는 외팔보

풀이 자유단으로부터 거리 x만큼 떨어진 임의 단면 X-X에서 보를 잘라서 보의 왼쪽 부분에 대한 자유물체도를 그린다. 여기에서 균일 하중 q에 의해 길이 x의 보에 작용하는 하중은 절단된 보 중앙($x/2$)에 작용하는 하나의 집중하중 qx로 대체할 수 있다. 따라서 자유물체도는 [그림 8.21]의 (b)와 같고, 여기에서 평형방정식을 적용하면

$$\sum F_y = 0 \quad : \; -qx - V = 0$$

$$\therefore \quad V = -qx$$

$$\sum M_C = 0 \; : \; M + (qx) \cdot \frac{x}{2} = 0$$

$$\therefore \quad M = -\frac{1}{2}qx^2$$

이다. 이 식으로부터 보의 전 길이에 대해 전단력과 굽힘모멘트 선도를 그리면 [그림 8.21]의 (c), (d)와 같다. 전단력과 굽힘모멘트의 최댓값은 $x = L$인 고정단 B에서 발생한다.

$$V_{max} = -qL, \; M_{max} = -\frac{1}{2}qL^2$$

예제 8.10 [단순 보-집중하중] 집중하중(P)을 받는 길이 L의 단순 보[그림 8.22]에 대하여 전단력 선도와 굽힘모멘트 선도를 그려라.

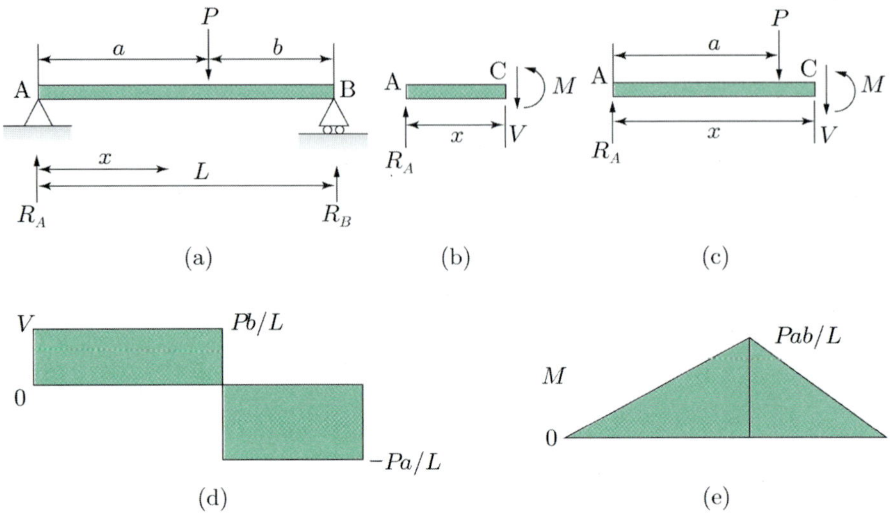

[그림 8.22] 집중하중을 받는 단순 보

풀이 전체 보의 자유물체도로부터 보의 반력을 구하면 다음과 같다.

$$R_A = \frac{Pb}{L},\ R_B = \frac{Pa}{L}$$

지점 A로부터 거리 x만큼 떨어진 위치에서 보를 자르고 보의 왼쪽 부분에 대한 자유물체도를 그린다.

(1) $0 < x < a$: 이때의 자유물체도는 [그림 8.22]의 (b)와 같다. 여기에서 평형방정식을 적용하면 전단력(V)과 굽힘모멘트(M)는 다음과 같다.

$$\sum F_y = 0 \ : \ R_A - V = 0$$

$$\therefore \ V = R_A = \frac{Pb}{L}$$

$$\sum M_C = 0 \ : \ M - R_A x = 0$$

$$\therefore \ M = R_A x = \frac{Pbx}{L}$$

(2) $a < x < L$: 하중 P의 오른쪽 구간에서 보를 잘라 내어 자유물체도를 그리면 (c)와 같다. 여기에서 평형방정식을 적용하면

$$\sum F_y = 0 \ : \ R_A - P - V = 0$$

$$\therefore \ V = R_A - P = \frac{Pb}{L} - P = \frac{P}{L}(b - L) = -\frac{Pa}{L}$$

$$\sum M_C = 0 \ : \ M - R_A x + P(x - a) = 0$$

$$\therefore \ M = R_A x - P(x-a) = \frac{Pb}{L} \cdot x - P(x-a)$$

$$= \frac{P}{L}(bx - xL + aL) = \frac{P}{L}[-x(L-b) + aL] = \frac{P}{L}(-xa + aL)$$

$$= \frac{Pa}{L}(-x + L)$$

이다. 이상의 결과로부터 전체 보에 대한 전단력과 굽힘모멘트 선도를 작성하면 [그림 8.22]의 (d), (e)와 같다. $0 < x < a$에서 전단력은 $\frac{Pb}{L}$로 일정하고, $a < x < L$에서 전단력은 $-\frac{Pa}{L}$로 일정하다. 최대 굽힘모멘트는 하중 P의 작용점에서 발생하며 $M_{\max} = \frac{Pab}{L}$이다.

> ($a < x < L$)의 굽힘모멘트를 구할 때는 B점으로부터 거리를 X로 놓고 절단된 보의 오른쪽 부분을 고려하는 게 편리하다. 이때 $M = PaX/L$이 쉽게 구해진다.

예제 8.11 [단순 보-균일분포하중] 일정한 크기의 균일 하중(q)을 받는 길이 L의 단순 보가 있다 [그림 8.23].

(1) 전단력 선도와 굽힘모멘트 선도를 그려라.

(2) 전단력과 굽힘모멘트의 최댓값을 구하여라.

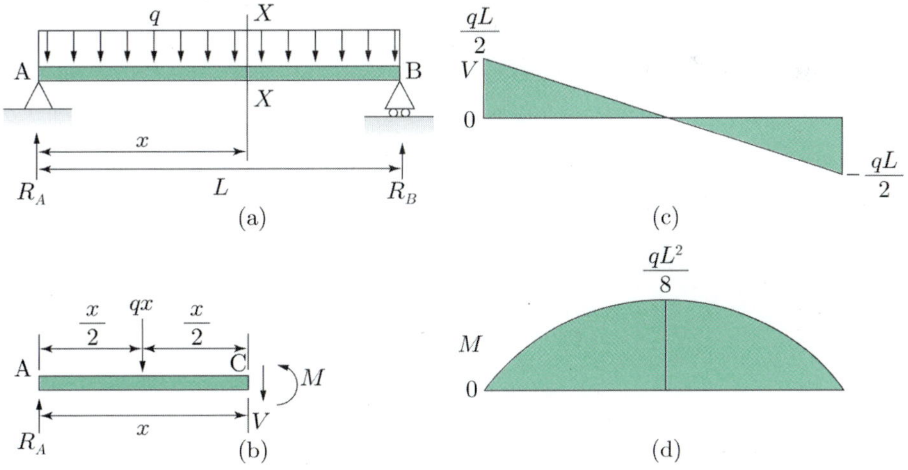

[그림 8.23] 균일분포하중을 받는 단순 보

풀이 (1) 균일분포하중 q가 작용할 때 길이 L의 보가 받는 전 하중은 qL이며 분포하중과 반력이 보 중앙에 대해 대칭이므로 지점 반력은 다음과 같다.

$$R_A = \frac{qL}{2}, \ R_B = \frac{qL}{2}$$

지점 A로부터 거리 x만큼 떨어진 위치에서 보를 자르고 보의 왼쪽 부분에 대한 자유물체도를 그린다. 균일 하중 q에 의해 길이 x의 보에 작용하는 하중은 절단된 보 중앙($x/2$)에 작용하는 하나의 집중하중 qx로 대체한다. 자유물체도는 [그림 8.23]의 (b)와 같고, 여기에서 평형방정식을 적용하면

$$\sum F_y = 0 \quad : R_A - qx - V = 0$$

$$\therefore \quad V = R_A - qx = \frac{qL}{2} - qx = \frac{q}{2}(L - 2x)$$

$$\sum M_C = 0 \; : \; M + (qx)\left(\frac{x}{2}\right) - R_A x = 0$$

$$\therefore \quad M = R_A x - \frac{qx^2}{2} = \frac{qLx}{2} - \frac{qx^2}{2} = -\frac{q}{2}\left(x - \frac{L}{2}\right)^2 + \frac{qL^2}{8}$$

이다. 이상의 결과로부터 전체 보에 대한 전단력과 굽힘모멘트 선도를 작성하면 [그림 8.20]의 (c), (d)와 같다.

(2) 최대 전단력은 보의 양 끝단에서 발생하며 크기는 $V_{\max} = \dfrac{qL}{2}$이다. 최대 굽힘모멘트는 보 중앙($x = L/2$)에서 발생하며 $M_{\max} = \dfrac{qL^2}{8}$이다.

예제 8.12 [단순 보-등변분포하중] [그림 8.24]의 (a)와 같이 길이 L의 단순 보가 등변분포하중 $q(x)$를 받고 있다. 지점 A에서 분포하중은 0이고, B에서 분포하중은 q_0일 때 다음을 구하여라.

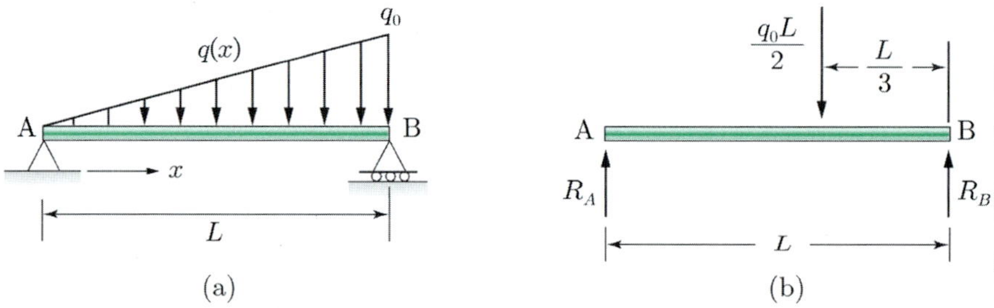

[그림 8.24] 등변분포하중을 받는 단순 보

(1) 두 지점(A, B)의 반력 R_A, R_B

(2) 지점 A로부터 거리 x인 위치에서 전단력과 굽힘모멘트

(3) 최대 굽힘모멘트

풀이 (1) 분포하중을 하나의 집중하중으로 대체하여 전체 보에 대한 자유물체도를 그리면 [그림 8.24]의 (b)와 같다. 전체 분포하중의 합력 $F_R = q_0L/2$이고 작용점의 위치는 B점으로부터 $L/3$에 있다. 여기에서 힘의 평형조건을 적용하여 반력(R_A, R_B)을 구한다.

$$\sum M_B = 0 \ : \ R_A L - \left(\frac{q_0 L}{2}\right)\left(\frac{L}{3}\right) = 0 \quad \therefore \ R_A = \frac{q_0 L}{6}$$

$$\sum F_y = 0 \ : \ R_A + R_B - \frac{q_0 L}{2} = 0 \quad \therefore \ R_B = \frac{q_0 L}{3}$$

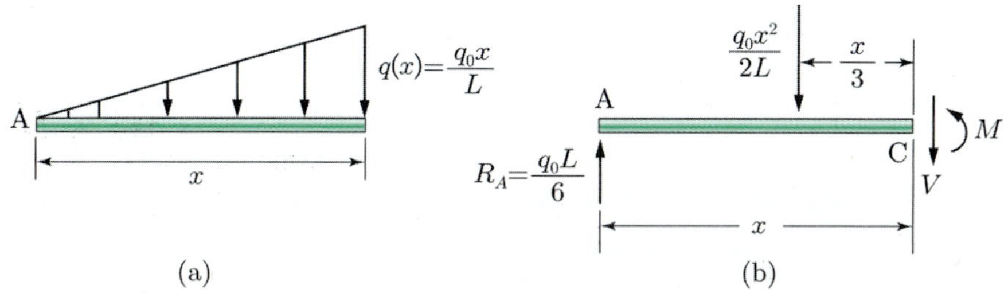

[그림 8.25] 지점 A로부터 거리 x인 위치에서 전단력과 굽힘모멘트

(2) [그림 8.25]의 (a)와 같이 지점 A로부터 거리 x인 위치에서 보를 자르고 자른 보의 왼쪽 부분을 고려한다. 여기에서 분포하중을 하나의 집중하중으로 대체하여 지점 x에서 전단력과 굽힘모멘트를 구하기 자유물체도를 그리면 [그림 8.25]의 (b)와 같다. x에서 분포하중 $q(x) = q_0 x/L$이고 거리 x 전체에 대한 합력 $F_{Rx} = q_0 x^2/2L$이며 작용점의 위치는 절단면(C)으로부터 $x/3$에 있다. 여기에서 힘의 평형조건을 적용하여 x에서 전단력(V)과 굽힘모멘트(M)를 구한다.

$$\sum F_y = 0 \ : \ R_A - \frac{q_0 x^2}{2L} - V = 0$$

$$\therefore \ V = \frac{q_0 L}{6} - \frac{q_0 x^2}{2L} \quad \cdots ①$$

$$\sum M_C = 0 \ : \ M + \frac{q_0 x^2}{2L}\left(\frac{x}{3}\right) - R_A(x) = 0$$

$$\therefore \ M = \frac{q_0 L x}{6} - \frac{q_0 x^3}{6L} = \frac{q_0}{6L}(L^2 x - x^3) \quad \cdots ②$$

(3) M은 x에 대한 3차 함수이고 $dM/dx = 0$인 위치를 구하면

$$\frac{dM}{dx} = \frac{q_0}{6L}(L^2 - 3x^2) = 0 \quad \therefore \ x = \frac{L}{\sqrt{3}}$$

이다. 따라서 M은 $x = L/\sqrt{3}$에서 최대 혹은 최솟값을 가지는데 여기에서는 최댓값이 된다. 이 값을 식 ②에 대입하면 최대 굽힘모멘트(M_{max})는 다음과 같다.

$$M_{max} = \frac{q_0}{6L}\left[L^2 \times \frac{L}{\sqrt{3}} - \left(\frac{L}{\sqrt{3}}\right)^3\right] = \frac{q_0 L^2}{9\sqrt{3}} \quad \cdots ③$$

예제 8.13 [단순 보-부분분포하중] [그림 8.26]의 (a)와 같이 부분적으로 균일분포하중을 받는 보에서 다음을 구하여라.

(1) 지점 A, B에서 반력

(2) 보의 중앙($x = 5\text{m}$)에서 전단력과 굽힘모멘트

(3) $x = 7\text{m}$에서 전단력과 굽힘모멘트

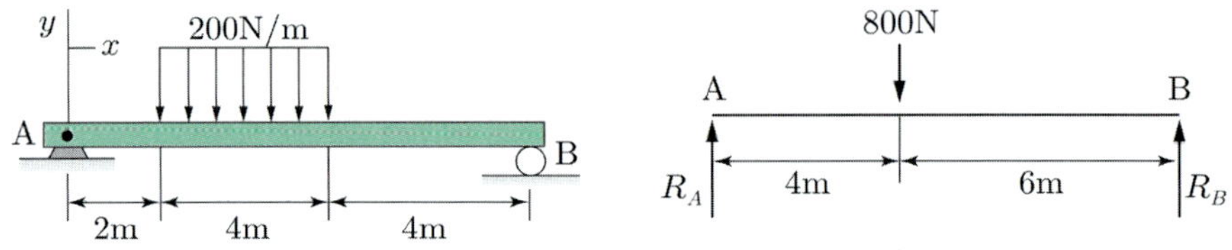

(a) (b)

[그림 8.26] 부분 분포하중

풀이 (1) 분포하중에 의해 길이 4m에 작용하는 전 하중은

$$F_R = (200\text{N/m}) \times (4\text{m}) = 800\text{N}$$

이고, F_R의 작용점은 보의 왼쪽 끝으로부터 $\left(2\text{m} + \dfrac{4\text{m}}{2}\right) = 4\text{m}$에 있다. 따라서 분포하중을 하나의 집중하중($\overrightarrow{F_R}$)으로 대체하여 자유물체도를 그리면 [그림 8.26]의 (b)와 같다. 여기에서 평형조건을 적용하여 반력을 구한다.

점 A에 대한 모멘트가 $0(\sum M_A = 0)$인 조건을 적용하면

$$R_B \cdot 10\text{m} - 800\text{N} \cdot 4\text{m} = 0$$

$$\therefore \ R_B = 320\text{N}$$

수직방향 힘의 합이 $0(\sum F_y = 0)$에서

$$R_A + R_B - 800\text{N} = 0$$

$$\therefore \ R_A = 800\text{N} - 320\text{N} = 480\text{N}$$

(2) 보를 중앙($x = 5\text{m}$)에서 절단하고 절단된 보의 왼쪽 부분을 고려한다. 여기에서 분포하중은 길이 3m에 걸쳐 작용하므로

$$F_R = (200\text{N/m}) \times (3\text{m}) = 600\text{N}$$

이고, F_R의 작용점은 보의 왼쪽 끝으로부터 $\left(2\text{m} + \dfrac{3\text{m}}{2}\right) = 3.5\text{m}$에 있다. 따라서 분포하중을 하나의 집중하중($\overrightarrow{F_R}$)으로 대체하여 자유물체도를 그리면 [그림 8.27]과 같다. 여기에서 평형조건을 적용하여 전단력(V)과 굽힘모멘트(M)를 구한다.

$$\sum F_y = 0 \ : \ R_A - V - 600\text{N} = 0$$

$$\therefore \ V = 480\text{N} - 600\text{N} = -120\text{N}$$

$$\sum M_C = 0 \ : \ M - R_A \cdot (1.5\text{m} + 3.5\text{m}) + 600\text{N} \cdot (1.5\text{m}) = 0$$

$$\therefore \ M = 480\text{N} \cdot (5\text{m}) - 600\text{N} \cdot (1.5\text{m}) = 1500\,\text{N} \cdot \text{m}$$

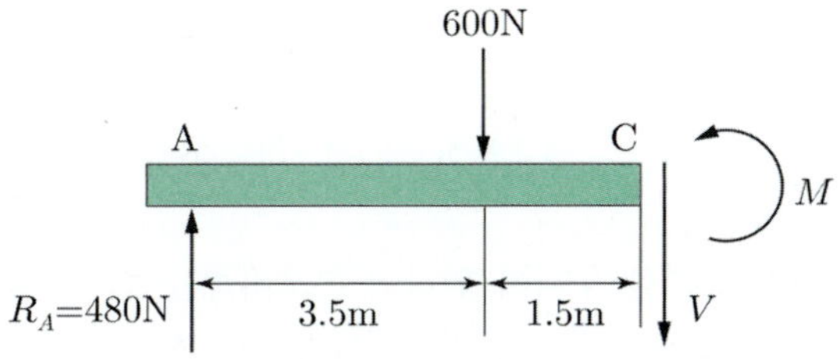

[그림 8.27] 자유물체도 : $x = 5\text{m}$

(3) $x = 7\text{m}$에서 보를 절단하고 절단된 보의 오른쪽 부분에 대한 자유물체도를 그리면 [그림 8.28]과 같다. 여기에서 평형조건을 적용하여 전단력(V)과 굽힘모멘트(M)를 구한다.

$$\sum F_y = 0 \ : \ R_B + V = 0$$

$$\therefore \ V = -R_B = -320\text{N}$$

$$\sum M_C = 0 \ : \ R_B \cdot (3\text{m}) - M = 0$$

$$\therefore \ M = 320\text{N} \cdot (3\text{m}) = 960\,\text{N} \cdot \text{m}$$

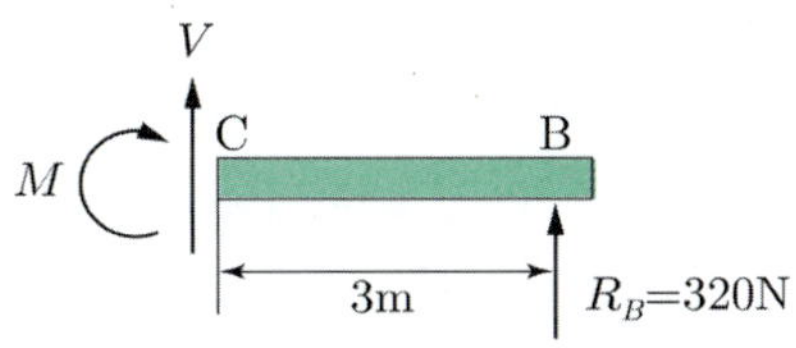

[그림 8.28] 자유물체도 : $x = 7\text{m}$

보의 내력을 구할 때 절단된 보의 두 부분 중 해석하기 편리한 것을 선택하면 된다. 여기에서 절단된 보의 왼쪽 부분을 고려하여 전단력과 굽힘모멘트를 구해보아라.

재료역학(고체역학)에서 보를 해석할 때 가장 기본적으로 알아야 할 것은 단면에서 전단력과 굽힘모멘트이다. 이를 기초로 하여 내부 응력과 처짐 등을 해석하므로 이들을 구하는 방법을 잘 알아두도록 한다.

예제 8.14 [최대 굽힘모멘트] [그림 8.29]의 (a)와 같이 하나의 집중하중(300N)과 분포하중($w = 100\text{N/m}$)을 받는 보에서 발생하는 최대 굽힘모멘트를 구하여라.

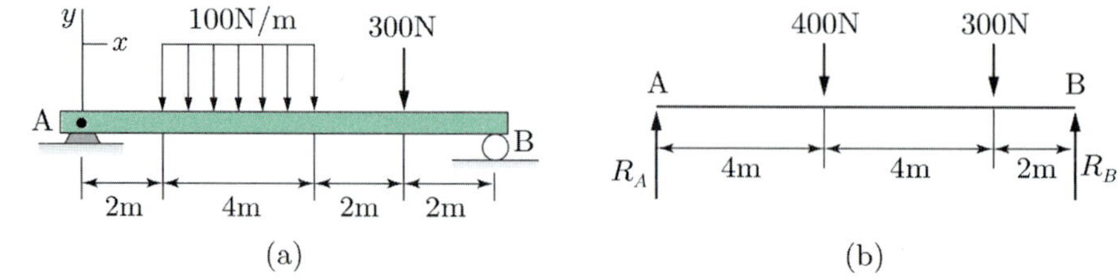

[그림 8.29] 분포하중과 집중하중의 조합

풀이 먼저 지지점 반력을 구하기 위하여 분포하중을 집중하중으로 대체하여 자유물체도를 그리면 [그림 8.29]의 (b)와 같다. 여기에서 평형조건을 적용하여 반력을 구한다.

$$\sum M_{\text{A}} = 0 \ : \ R_{\text{B}} \cdot 10\text{m} - 400\text{N} \cdot 4\text{m} - 300\text{N} \cdot 8\text{m} = 0$$

$$\therefore \ R_{\text{B}} = 400\text{N}$$

$$\sum F_y = 0 \ : \ R_{\text{A}} + R_{\text{B}} - 400\text{N} - 300\text{N} = 0$$

$$\therefore \ R_{\text{A}} = 700\text{N} - 400\text{N} = 300\text{N}$$

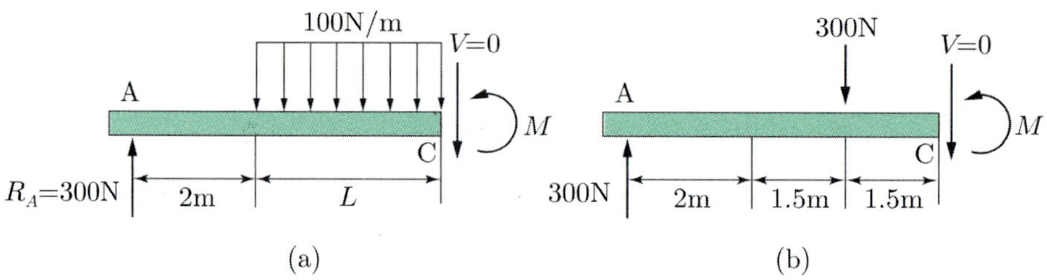

[그림 8.30] 단면에 대한 자유물체도

다음에 최대 굽힘모멘트를 구하기 위하여 전단력 $V = 0$이 되는 지점을 찾는다. [그림 8.30]의 (a)와 같이 절단한 보를 고려하면

$$V = w \cdot L - R_{\text{A}} = 0$$

$$100L - 300 = 0$$

$$\therefore \ L = 3\,[\text{m}]$$

이다. 즉, $x = 2\text{m} + L = 5\text{m}$인 단면에서 전단력 $V = 0$이 된다. 이 부분을 절단하고 보의 왼쪽 부분에 작용하는 분포하중을 집중하중으로 대체하여 자유물체도를 그리면 [그림 8.30]의 (b)와 같다. 여기에서 점 C에 대한 모멘트 평형조건을 적용하면 다음과 같이 단면의 굽힘모멘트가 얻어진다.

$$\sum M_C = 0 \ : \ M - 300\text{N} \cdot (2\text{m} + 1.5\text{m} + 1.5\text{m}) + 300\text{N} \cdot (1.5\text{m}) = 0$$

$$\therefore \ M = 1050\,\text{N} \cdot \text{m} \qquad \cdots ①$$

한편 [그림 8.29]의 (a)에서 구간 $(6\text{m} < x < 8\text{m})$와 $(8\text{m} < x < 10\text{m})$는 각각 전단력이 일정한 구간이므로 각 구간에서 굽힘모멘트는 선형적인 분포를 갖는다. 그리고 $x = 6\text{m}$와 $x = 8\text{m}$에서 발생하는 굽힘모멘트는 각각 $1000\,\text{N} \cdot \text{m}$, $800\,\text{N} \cdot \text{m}$이다. 그런데 이들 값은 ①의 값보다 모두 작다. 따라서 구하는 최대 굽힘모멘트는 $M_{\text{max}} = 1050\,\text{N} \cdot \text{m}$이다.

이 예제에 대한 전단력과 굽힘모멘트 선도는 [그림 8.31]과 같다. 이 선도를 구할 때 $(6\text{m} < x < 10\text{m})$의 구간은 절단된 보의 오른쪽 부분을 고려하여 B점으로부터 거리를 X로 하면 전단력과 굽힘모멘트를 쉽게 구할 수 있다.

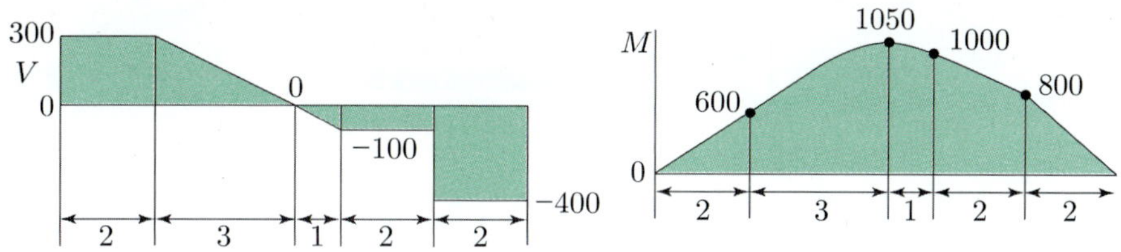

(a) 전단력 선도 (b) 굽힘모멘트 선도

[그림 8.31] 전단력 선도와 굽힘모멘트 선도 : 전단력, 굽힘모멘트, 길이의 단위는 각각 N, N • m, m이다.

예제 8.15 [우력의 모멘트와 최대 굽힘모멘트] [그림 8.32]의 (a)와 같이 집중하중 P와 우력의 모멘트 $M_0 = PL/2$을 동시에 받는 보가 있다. 전단력 선도와 굽힘모멘트 선도를 그리고, 보에서 발생하는 최대 굽힘모멘트를 구하여라.

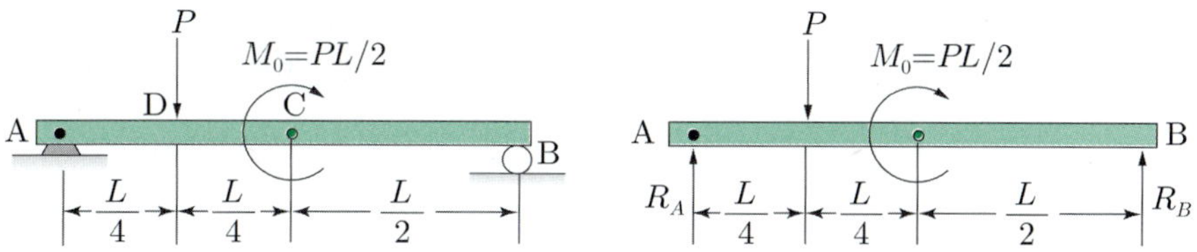

(a) (b)

[그림 8.32] 집중하중과 우력의 모멘트를 받는 단순 보

풀이 지점 A, B의 반력을 구하기 위한 자유물체도는 [그림 8.32]의 (b)와 같다. 여기에서 평형조건을 적용하여 반력을 구한다.

$$\sum M_A = 0 \ : \ P \times \frac{L}{4} + \frac{PL}{2} - R_B \times L = 0$$

$$\therefore \; R_B = \frac{3P}{4}$$

$$\sum F_y = 0 \; : \; R_A - P + R_B = 0$$

$$\therefore \; R_A = \frac{P}{4}$$

보를 AD, CD, BC 구간으로 나누고 각 구간에서 보를 절단하여 자유물체도를 작성하면 [그림 8.33]과 같다. 여기에서 AD, CD 구간은 절단한 보의 왼쪽 부분을 고려하고, BC 구간은 오른쪽 부분을 고려한다. [그림 8.33]에서 평형조건을 적용하여 각 구간의 전단력(V)과 굽힘모멘트(M)를 구한다.

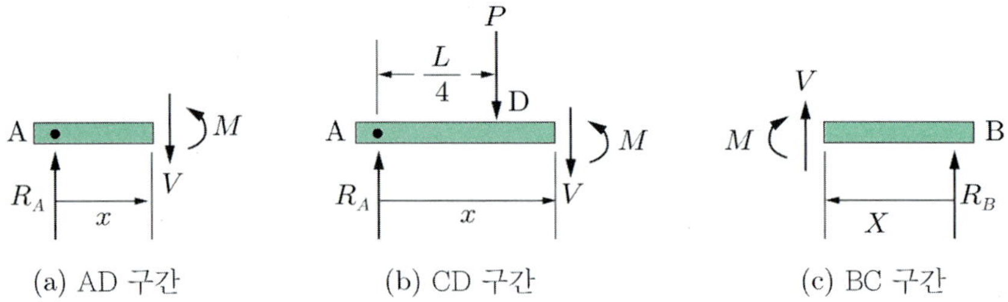

[그림 8.33] 전단력과 굽힘모멘트를 구하기 위한 구간별 자유물체도

○ AD 구간 $0 \le x \le L/4$: $V = R_A = \dfrac{P}{4}$, $M = R_A x = \dfrac{Px}{4}$

○ CD 구간 $L/4 \le x \le L/2$: $V = R_A - P = -\dfrac{3P}{4}$

$$M = R_A x - P\left(x - \frac{L}{4}\right) = -\frac{3Px}{4} + \frac{PL}{4}$$

○ BC 구간 $0 \le X \le L/2$: $V = -R_B = -\dfrac{3P}{4}$, $M = R_B X = \dfrac{3PX}{4}$

AD, CD 구간에서는 A로부터 거리를 x로 하고 BC 구간에서는 B로부터 거리를 X로 하였다. 이상의 결과로써 전단력 선도와 굽힘모멘트 선도를 작성하면 [그림 8.34]와 같다. (b)의 굽힘모멘트 선도에서 최대 굽힘모멘트 $M_{max} = 3PL/8$이다.

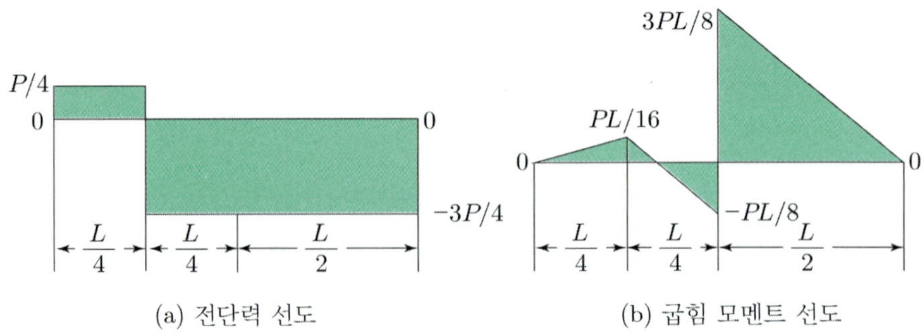

[그림 8.34] 전단력 선도와 굽힘모멘트 선도

이 예제에서 **우력의 모멘트가 작용하는 지점은 굽힘모멘트가 불연속인 점**이고 여기에서 최대 굽힘모멘트가 발생하였다. 이 예제에서는 전단력이 0인 지점이 없고 따라서 최대 굽힘모멘트 발생 위치를 찾기 위해 $V=0$인 지점을 이용할 수 없다는 것에 유념하도록 한다. 즉, 최대 굽힘모멘트를 구할 때 무조건 $V=0$인 점을 찾으면 안된다. $V=0$에서 최대 굽힘모멘트가 발생한다는 것은 1차적으로 굽힘모멘트(M)가 연속 함수가 되어야 한다. 이때 $dM/dx = V=0$이 유효하다.

연습문제 8

01 등분포하중 7kN/m를 받고 있는 받침점 A, B에서의 반력을 구하여라.

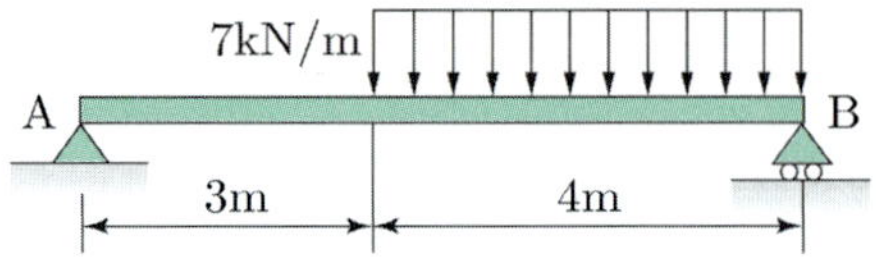

[문제 8.1]

02 등변분포하중을 받고 있는 받침점 A, B에서의 반력을 구하여라.

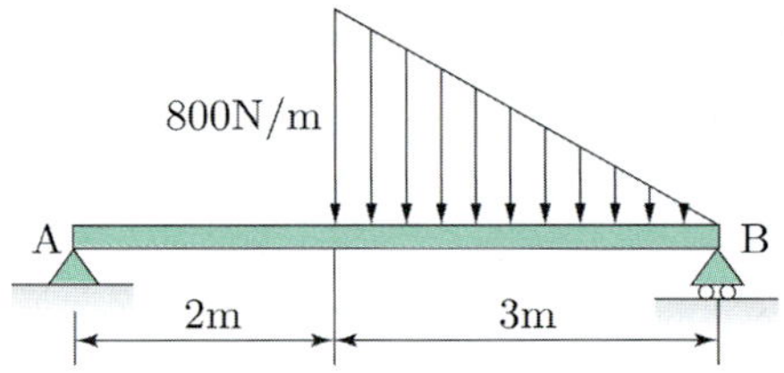

[문제 8.2]

03 그림과 같은 분포하중을 받는 보에서 B점의 수직반력(R_B)의 크기를 구하여라. 단, 구조물의 자중은 무시한다. [공무원임용시험]

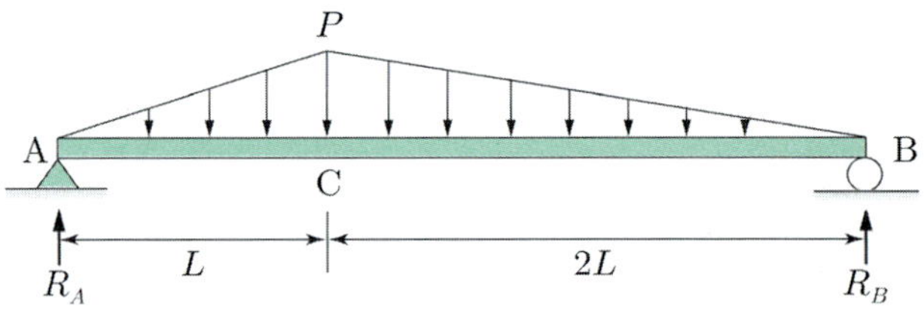

[문제 8.3]

04 그림과 같은 단순 보에 하중이 작용할 때 지점 A, B에서 수직 반력 R_A 및 R_B가 $2R_A = R_B$로 성립되기 위한 거리 x[m]를 구하여라. 단, 보의 휨강성 EI는 일정하고, 자중은 무시한다. [공무원임용시험]

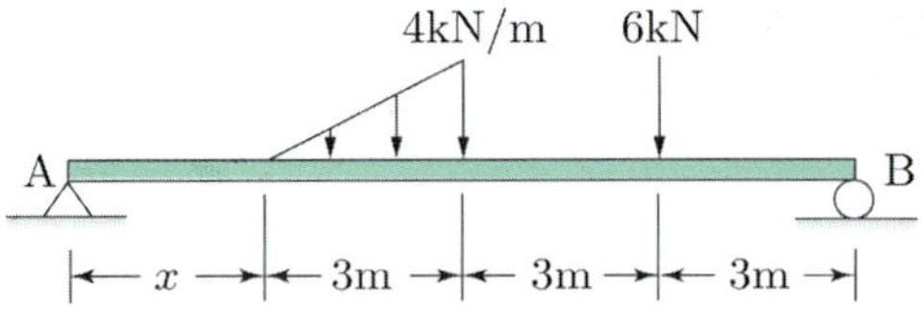

[문제 8.4]

05 등분포하중과 등변분포하중을 받는 받침점 A, B 에서의 반력을 구하여라.

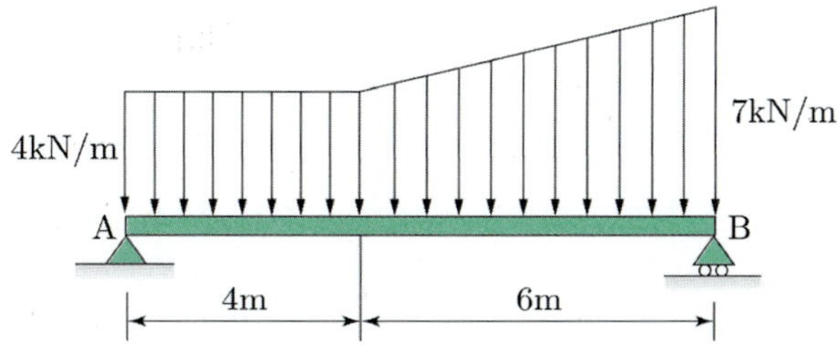

[문제 8.5]

06 두 개의 등변분포하중을 받는 받침점 A, B 에서의 반력을 구하여라.

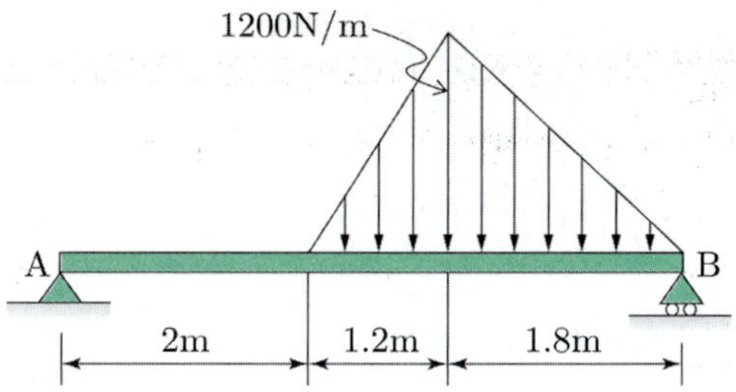

[문제 8.6]

07 그림과 같이 하중이 작용하는 보의 B 지점에서 수직반력의 크기[kN]를 구하여라. 단, 보의 자중은 무시한다. [공무원임용시험]

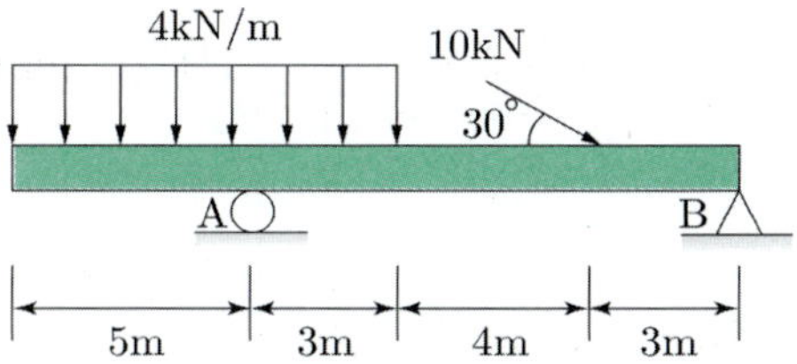

[문제 8.7]

08 등분포하중과 등변분포하중을 받는 외팔보의 고정지점 A 에서의 반력과 모멘트의 크기를 구하여라.

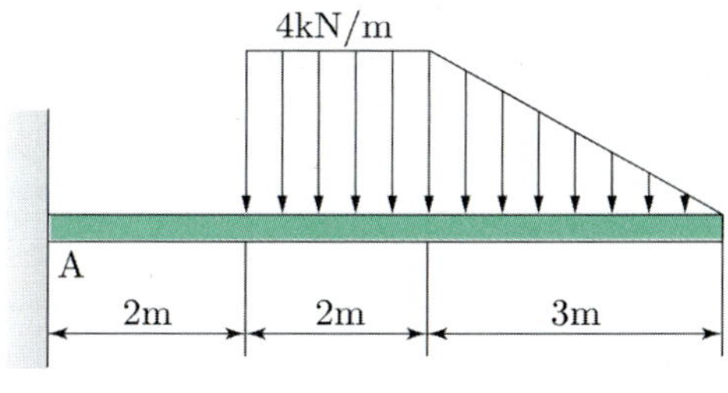

[문제 8.8]

09 등분포하중 $w = 4\,\mathrm{kN/m}$와 집중하중 $P = 5\,\mathrm{kN}$을 받고 있는 외팔보의 고정지점 A에서의 반력과 모멘트의 크기를 구하여라. 단, 각 $\theta = 30°$이다.

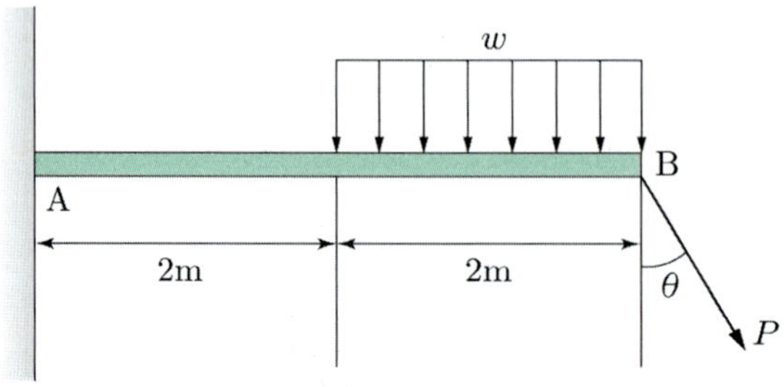

[문제 8.9]

10 그림과 같은 분포하중 $w(x) = 20x^4\,[\mathrm{N/m}]$를 받는 외팔보의 지점 A에서의 반력과 모멘트의 크기를 구하여라.

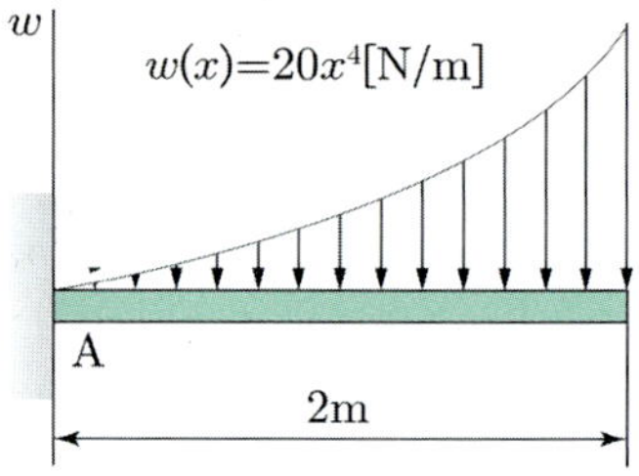

[문제 8.10]

11 길이 L의 외팔보가 정현파(sinusoidal) 분포하중 $w(x) = w_0 \sin(\pi x/L)$을 받고 있을 때, 고정 지점 A에서의 반력과 모멘트의 크기를 구하여라.

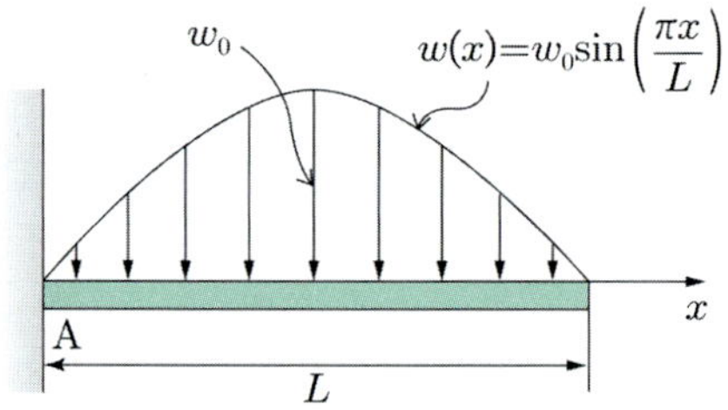

[문제 8.11]

12 그림과 같이 균일분포하중 $q = 100\,\mathrm{kgf/m}$를 받는 단순 보에 대한 반력 R_A, R_B를 계산하시오. [중등교사 임용시험-기계 • 금속]

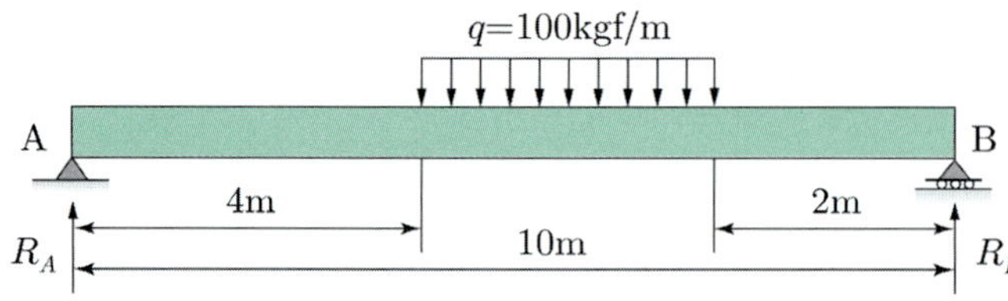

[문제 8.12]

13 그림과 같은 단순 보에 대한 전단력과 굽힘모멘트 선도를 작성하고, 보 내부의 최대 전단력과 최대 굽힘모멘트를 구하여라.

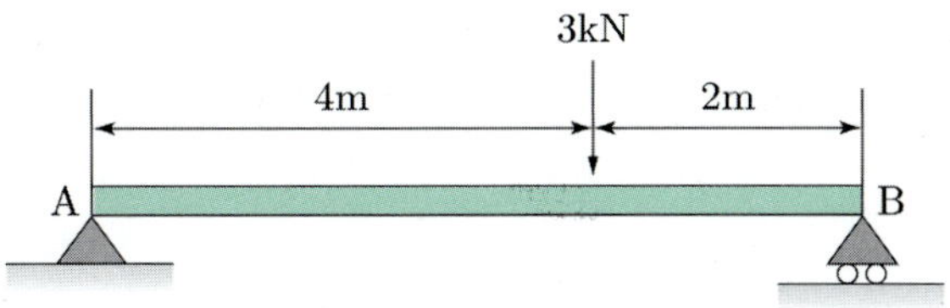

[문제 8.13]

14 그림과 같이 두 개의 집중하중이 작용하는 단순 보에 대한 전단력과 굽힘모멘트 선도를 그려라. 보 내부의 최대 전단력과 최대 굽힘모멘트는 얼마인가?

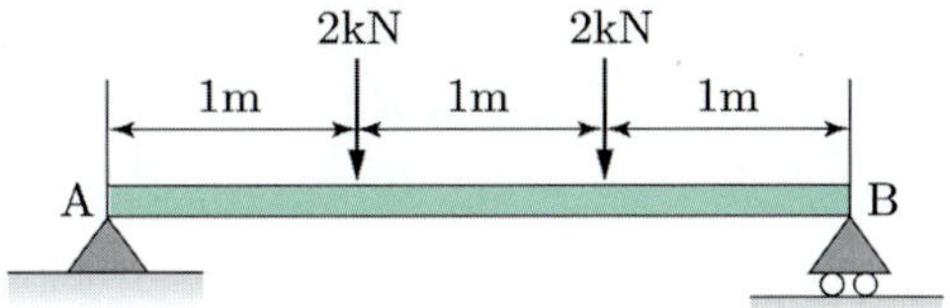

[문제 8.14]

15 두 개의 집중하중(P, Q)을 받는 외팔보가 있다. 전단력과 굽힘모멘트 선도를 그리고, 보 내부의 최대 전단력과 최대 굽힘모멘트 크기를 구하여라.

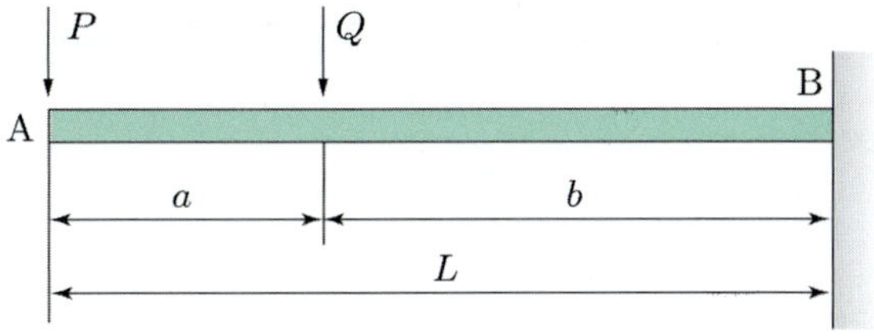

[문제 8.15]

16 그림과 같은 단순 보에서 지점 A로부터 30 cm와 60 cm 떨어진 두 단면에 작용하는 전단력과 굽힘모멘트를 구하여라.

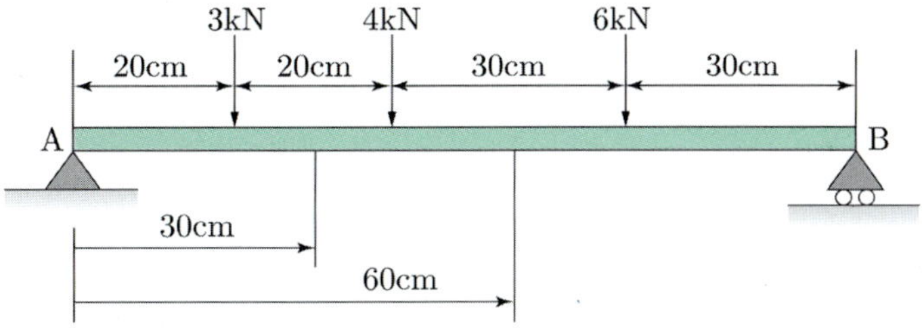

[문제 8.16]

17 그림과 같은 단순 보에서 최대 휨모멘트가 발생하는 단면까지의 A로부터의 거리 x[m]와 최대 휨모멘트 M_{max}[kN • m]를 구하여라. 단, 보의 자중은 무시한다. [공무원임용시험]

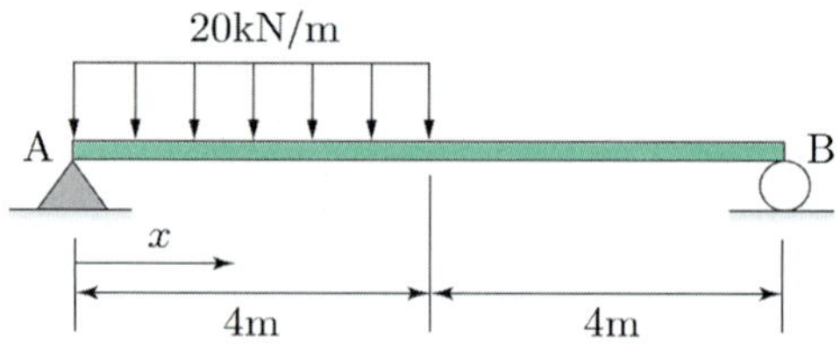

[문제 8.17]

18 길이 L의 외팔보가 등변분포하중 $q(x)$를 받고 있다. 자유단 A에서 $q=0$이고 고정 지점 B에서 $q=q_0$이다. 다음을 구하여라.

(1) 자유단으로부터 거리 x인 위치에서의 전단력과 굽힘모멘트

(2) 최대 전단력과 최대 굽힘모멘트의 크기

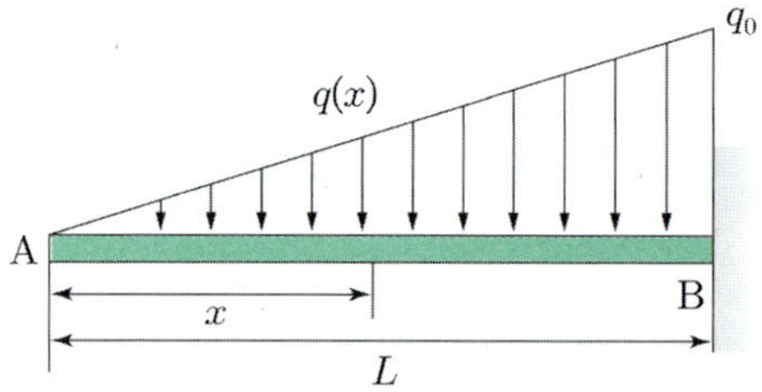

[문제 8.18]

19 그림과 같은 돌출보가 200kN의 집중하중과 100kN/m의 균일분포하중을 받고 있다. 지점 A로부터 3m 떨어진 단면에서의 전단력과 굽힘모멘트를 구하여라.

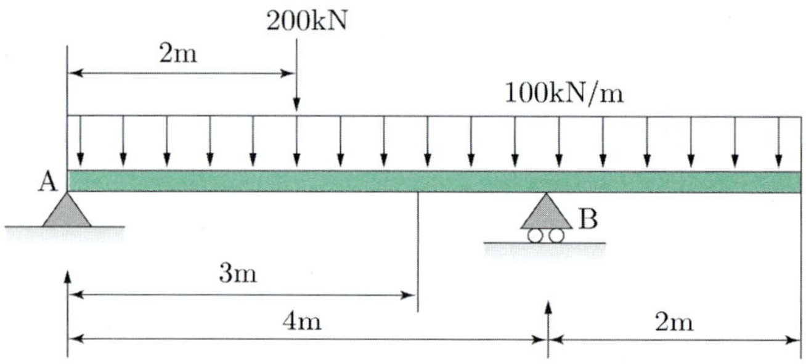

[문제 8.19]

20 그림과 같은 우력의 모멘트(M_0)를 받는 보의 중앙에 작용하는 전단력과 굽힘모멘트를 구하여라.

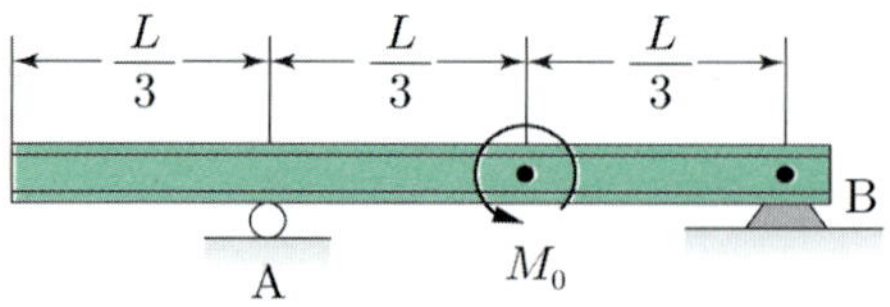

[문제 8.20]

21 그림과 같이 두 개의 등변분포하중을 받는 단순 보에서 발생하는 최대 굽힘모멘트를 구하여라.

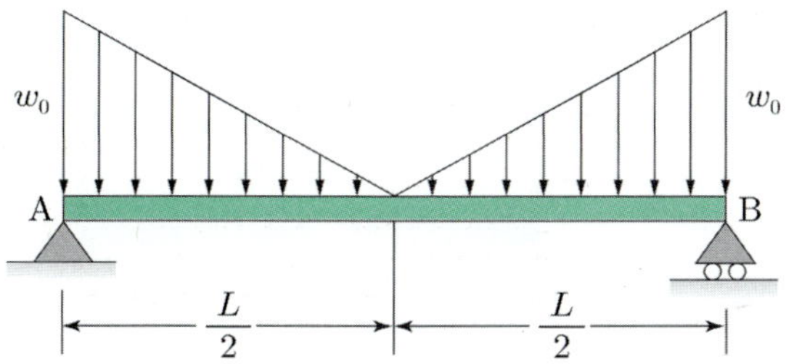

[문제 8.21]

22 두 개의 등변분포하중을 받는 외팔보의 중앙에서 발생하는 전단력과 굽힘모멘트를 구하여라.

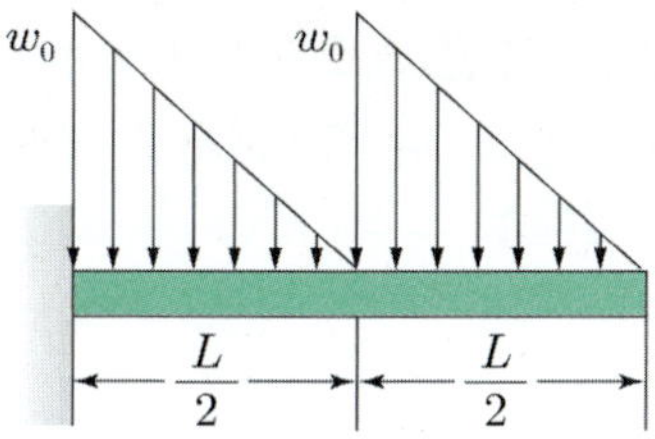

[문제 8.22]

23 그림과 같이 분포하중과 집중하중을 받는 보의 중앙($x = 5\text{m}$)에서 발생하는 전단력과 굽힘모멘트를 구하여라. 그리고 최대 굽힘모멘트는 얼마인가?

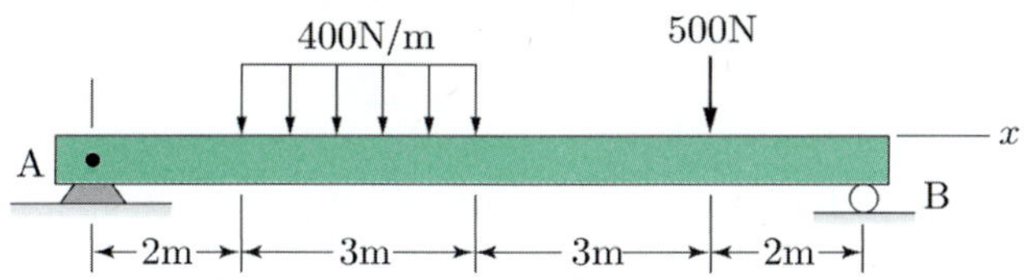

[문제 8.23]

24 분포하중과 우력의 모멘트를 동시에 받는 보의 중앙($x = 5\text{m}$)에서 발생하는 전단력과 굽힘모멘트를 구하여라. 그리고 크기가 최대인 굽힘모멘트 값을 구하여라.

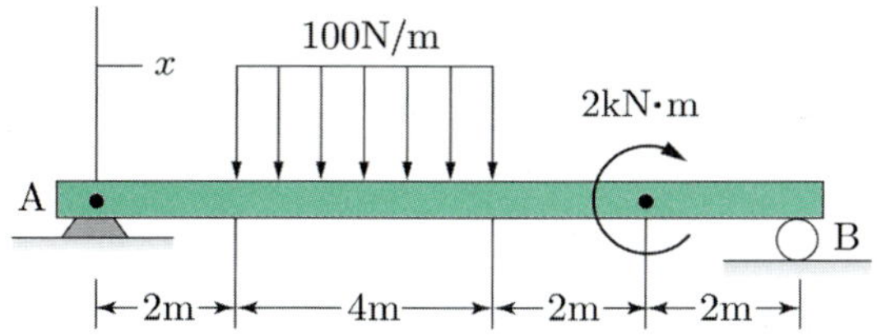

[문제 8.24]

25 길이가 8m인 외팔보의 자유단에 100kN의 집중하중이 작용하고, 자유단으로부터 2m 거리에서 길이 4m에 걸쳐 10kN/m의 균일분포하중이 작용할 때 다음 각 값을 구하시오. [중등교사 임용시험-기계]

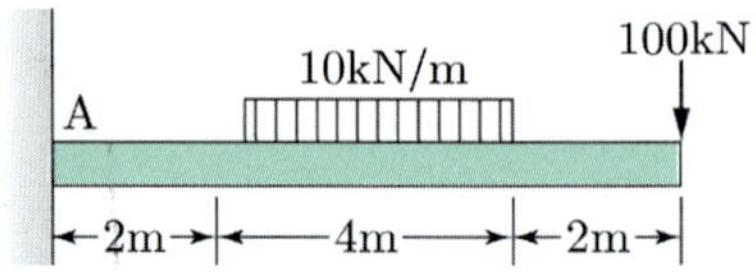

[문제 8.25]

(1) 최대 휨(굽힘) 모멘트[kN • m]
(2) 지점 A에서의 반력의 크기[kN]

26 길이 120mm인 단순 보에 받침점 A로부터 40mm, 80mm 떨어진 곳에 15N, 30N의 집중 하중이 각각 작용하고 있다. 보 중앙에서의 굽힘모멘트를 구하시오. [중등교사 임용시험-기계 • 금속]

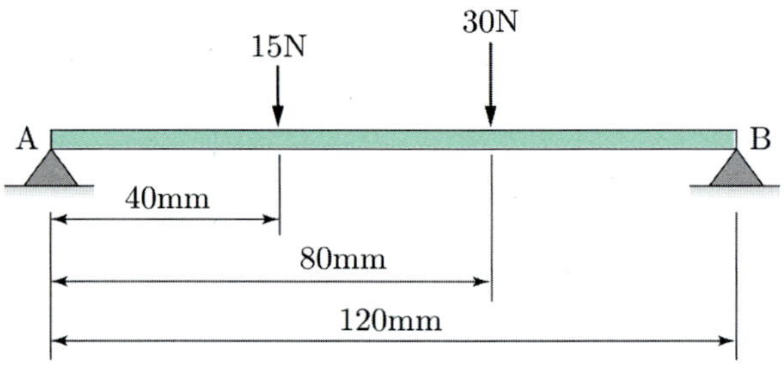

[문제 8.26]

27 그림과 같이 길이 L인 단순 지지보의 중앙부에 균일 분포하중 w가 부분적으로 작용할 때 다음을 구하여라. [중등교사 임용시험-기계 • 금속]

(1) A지점의 반력
(2) 최대 전단력
(3) 최대 굽힘모멘트

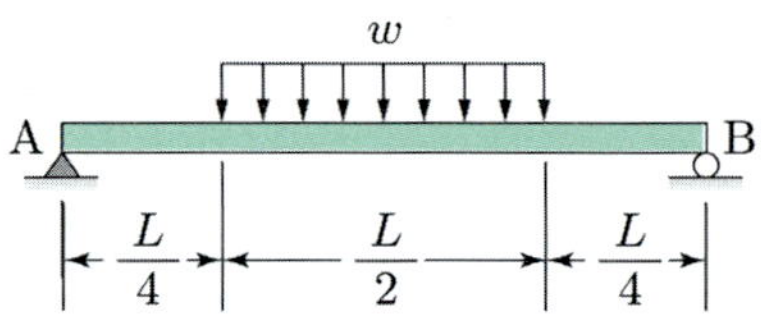

[문제 8.27]

28 그림과 같은 단순 보가 집중하중을 받을 때 최대 굽힘모멘트[N • m]의 값을 구하여라. [중등교사 임용시험-기계 • 금속]

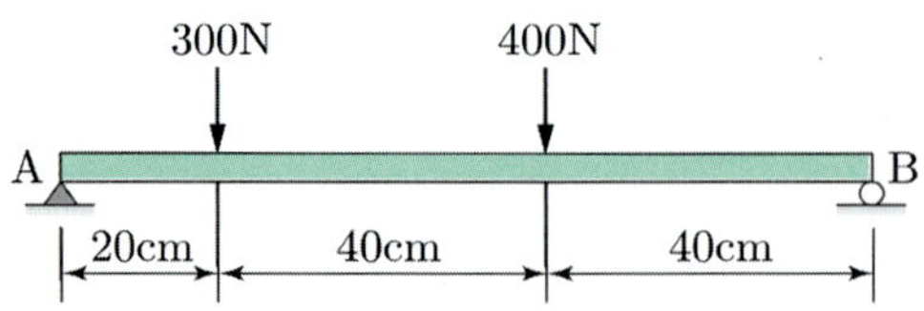

[문제 8.28]

29 아래 구조물에 대한 물음에 답하시오. [중등교사 임용시험-기술]

(1) A지점과 B지점의 반력을 구하시오.

(2) C점의 휨모멘트를 구하시오.

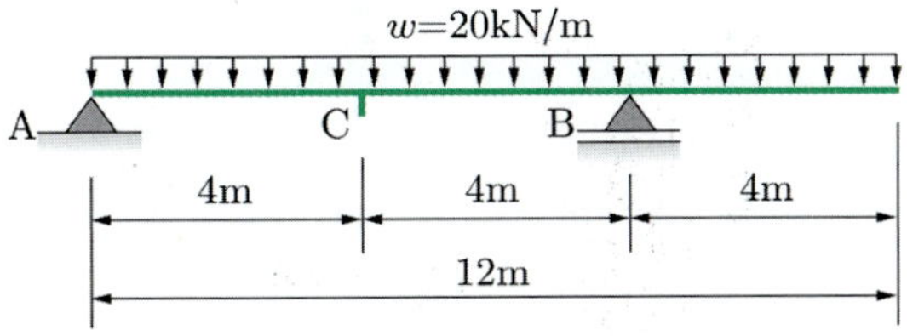

[문제 8.29]

30 그림과 같이 보의 일부에만 등분포하중이 작용할 때 최대 휨모멘트가 생기는 위치는 지점 A 로부터 얼마나 떨어진 곳인가? 단, 보의 자체 하중은 무시한다. [중등교사 임용시험-기술]

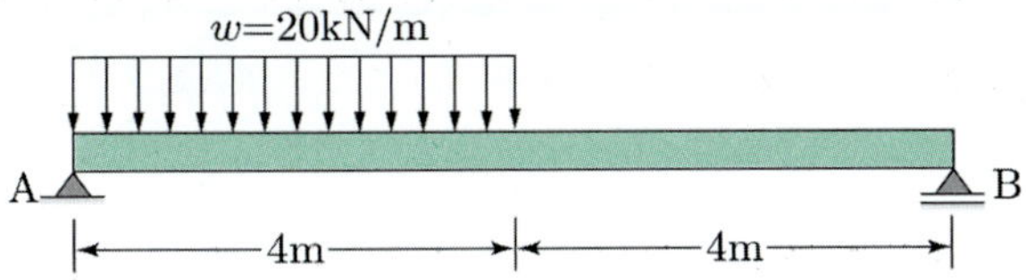

[문제 8.30]

31 그림과 같이 하중이 작용하는 보에서 C 점의 전단력을 구하여라. 단, 보의 자체 하중은 무시한다. [중등교사 임용시험-기술]

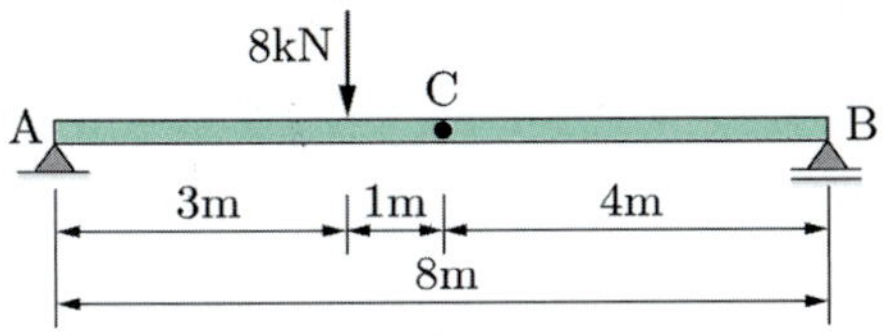

[문제 8.31]

32 균일분포하중 w를 지지하는 보가 있다. 이 보의 중앙에서 굽힘모멘트(M_C) 값과 지지점(x)에서 굽힘모멘트 값이 같아지는 위치 x를 구하여라.

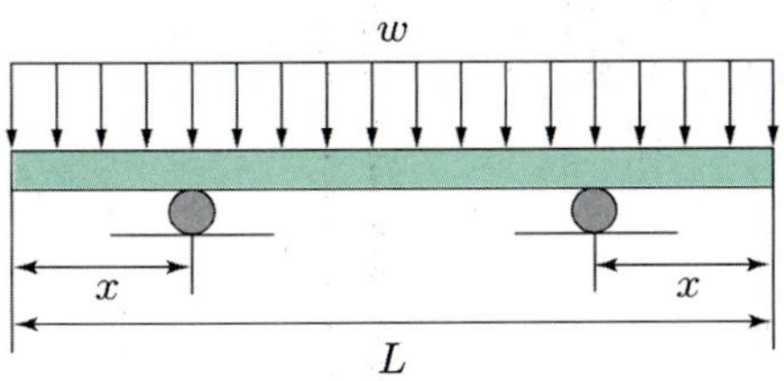

[문제 8.32]

33 그림과 같은 하중을 받고 있는 강철보의 굽힘모멘트(M) 선도를 그려라. 단, 보의 무게는 무시한다. [중등교사 임용시험-기계 • 금속]

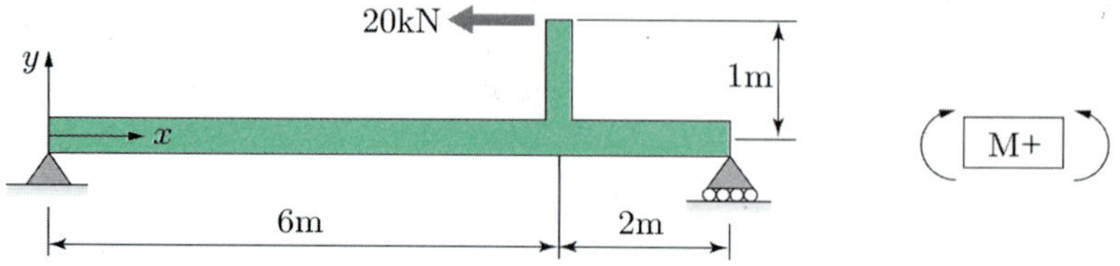

[문제 8.33]

34 그림과 같은 보에서 A 지점의 수직 반력과 C 점의 휨모멘트 크기를 각각 구하여라. [중등교사 임용시험-기술]

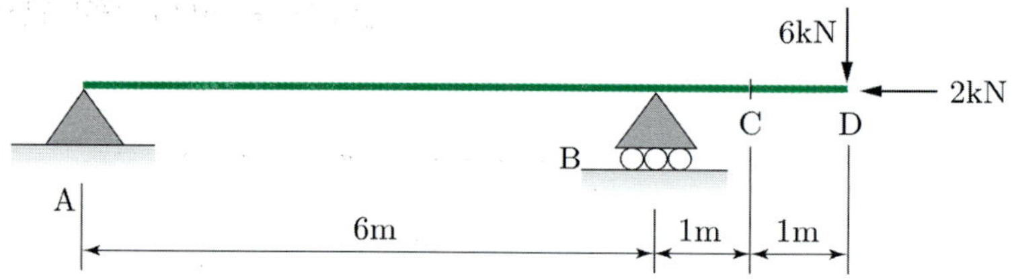

[문제 8.34]

35 다음 그림의 내민보에서 A 점의 반력 R_A와 B 점의 반력 R_B를 구하여 각각 쓰고, A 점으로부터 전단력이 0이 되는 점까지의 거리 x와 E 점의 휨모멘트 M_E를 구하여 각각 쓰시오. 단, 소수점 이하 셋째 자리에서 반올림하여 둘째 자리까지만 구하며 풀이 과정은 채점하지 않음. 제곱근은 더 이상 계산하지 말 것. [중등교사 임용시험-건설]

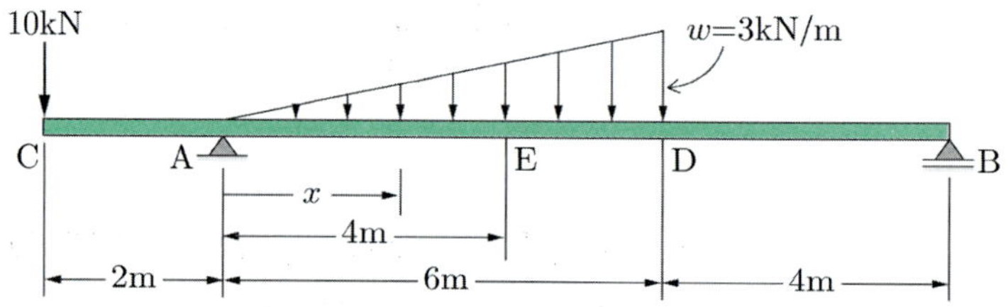

[문제 8.35]

36 다음 그림과 같은 내민보의 반력 R_A와 R_B를 구하고, D 점에서의 전단력(V_D)과 휨모멘트(M_D)를 구하시오. 단, 풀이 과정은 채점하지 않음. [중등교사 임용시험-건설]

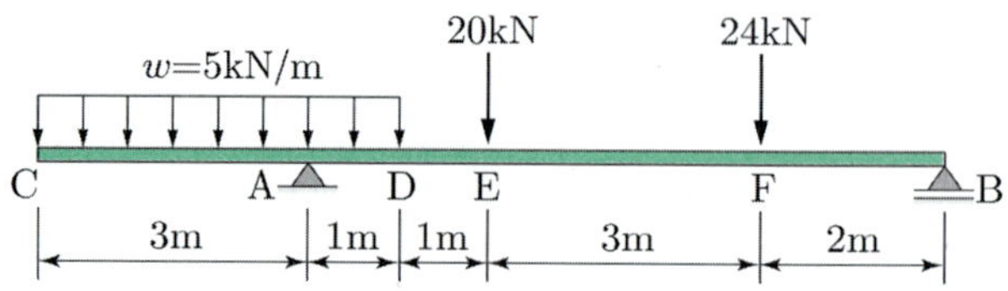

[문제 8.36]

37 그림과 같은 보에서 D점에서의 전단력(V_D)과 휨모멘트(M_D)를 구하시오. [중등교사 임용시험-건설]

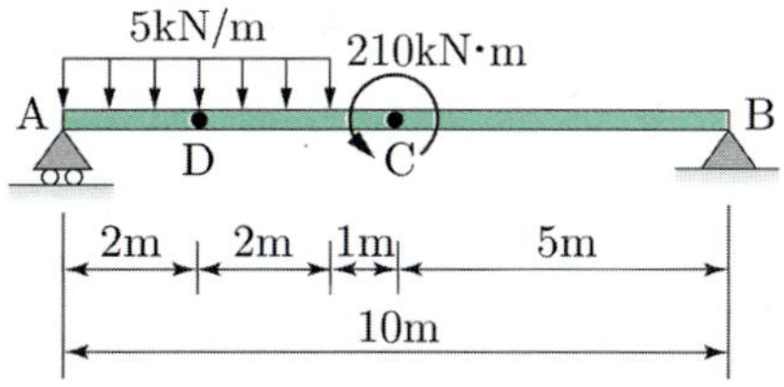

[문제 8.37]

38 다음 그림과 같은 단순 보에 집중하중($P_1 = 10\text{t}$), 우력($M_1 = 4\text{t} \cdot \text{m}$), 등분포하중($w_1 = 2\text{t/m}$)이 작용하고 있을 때, 다음 물음에 답하시오. [중등교사 임용시험-건설]

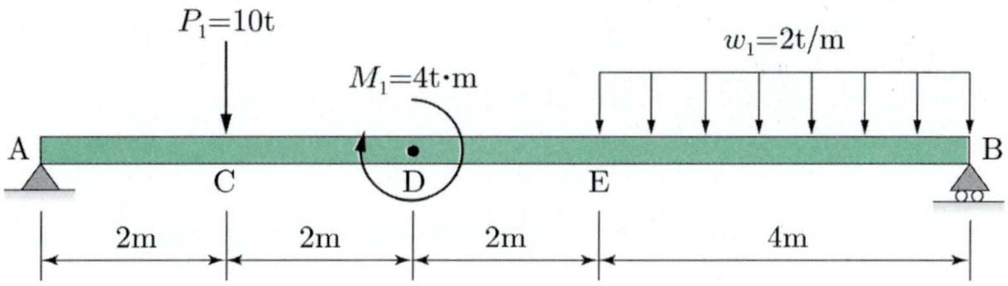

[문제 8.38]

(1) 반력(R_A, R_B)을 구하시오.

(2) 전단력 선도(shear force diagram)를 그리시오.

(3) 휨모멘트 선도(bending moment diagram)를 그리시오.

39 그림과 같은 캔틸레버(외팔)보에 등분포하중과 집중하중이 작용하고 있다. 지점 A에서의 수직반력(R_A)과 모멘트반력(M_A), 그리고 B점에서 발생되는 휨(굽힘) 모멘트(M_B)를 계산하는 과정과 답을 적으시오. 단, 휨모멘트의 부호는 생략하시오. [중등교사 임용시험-농공]

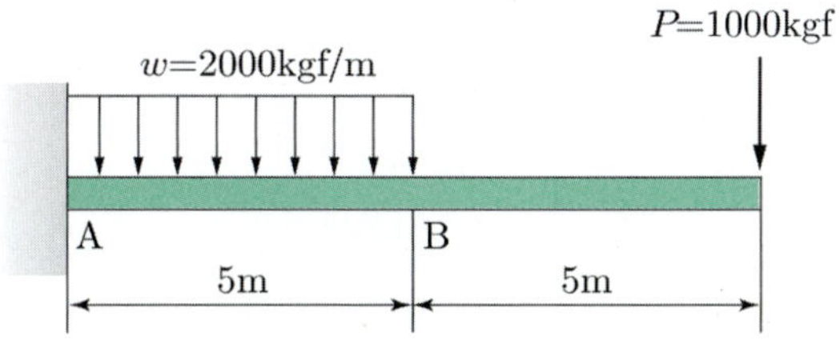

[문제 8.39]

40 다음 그림과 같은 단순 보에 집중하중과 등분포하중이 작용하고 있다. 지점반력(R_A, R_B)과 최대 휨모멘트 값(M_{max})을 구하시오. [중등교사 임용시험-농공]

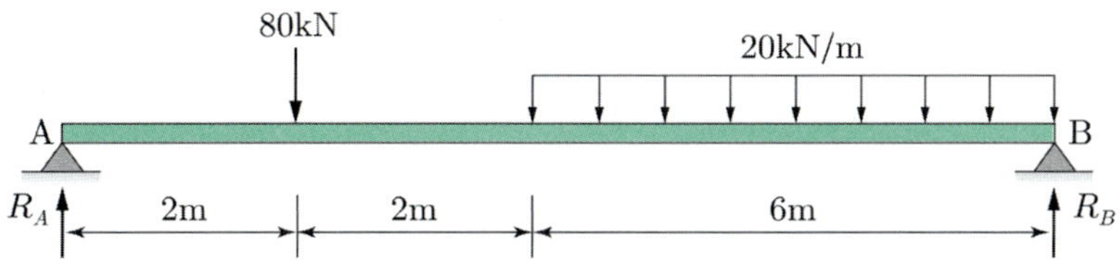

[문제 8.40]

41 그림과 같이 캔틸레버 보의 CD 구간에 등분포하중이 작용하고 있다. B 점에서의 휨(굽힘) 모멘트를 구하여라. 단, 보의 자중과 휨모멘트의 부호는 무시한다. [중등교사 임용시험-농공]

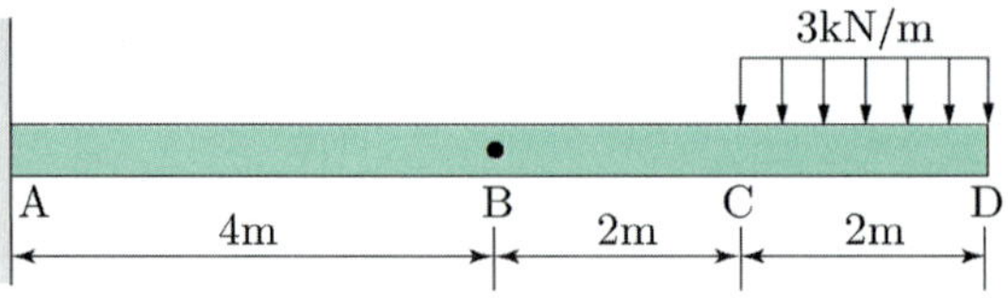

[문제 8.41]

42 그림의 내민보에서 A는 힌지지점(회전지점)이며 B는 롤러지점(이동지점)이다. C 점에서의 전단력 V_C와 휨모멘트 M_C의 값을 구하여라. 단, 보의 자중, 전단력의 부호 및 휨모멘트의 부호는 무시한다. [중등교사 임용시험-농공]

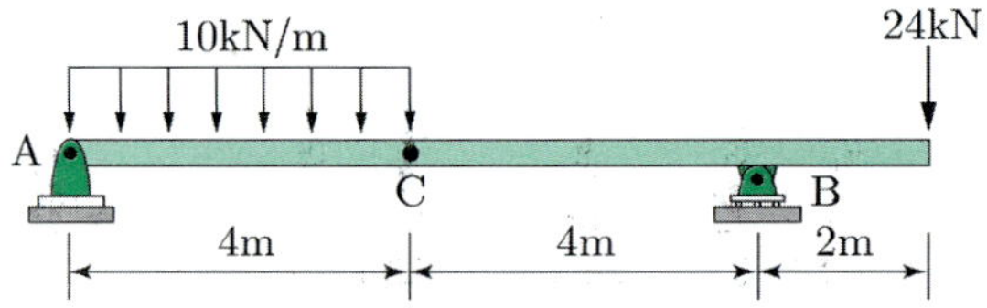

[문제 8.42]

43 그림과 같이 외팔보에 분포하중(w)이 작용할 때, 보의 B 점 단면에 걸리는 전단력과 굽힘 모멘트 값을 구하시오. 단, 보의 자중은 무시한다. [중등교사 임용시험-기계 • 금속]

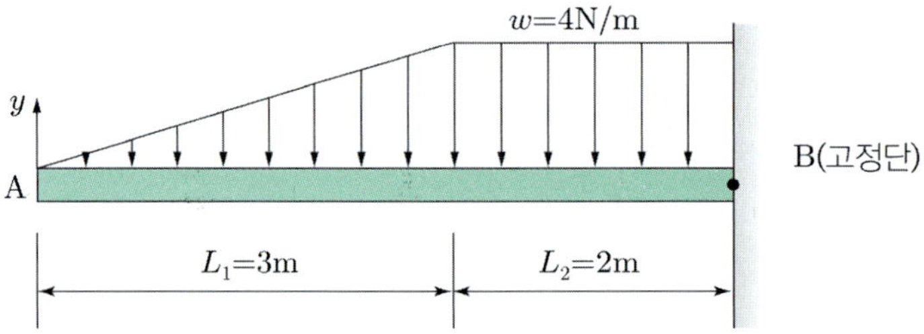

[문제 8.43]

44 그림과 같이 동일한 길이의 캔틸레버 보 (a), (b), (c)에 각각 그림과 같은 분포하중이 작용하였을 때, 캔틸레버 보 (a), (b), (c)의 고정단에 작용하는 휨모멘트 크기의 비 $M_{(a)} : M_{(b)} : M_{(c)}$를 구하여라. 단, 캔틸레버 보의 자중은 무시한다. [공무원임용시험]

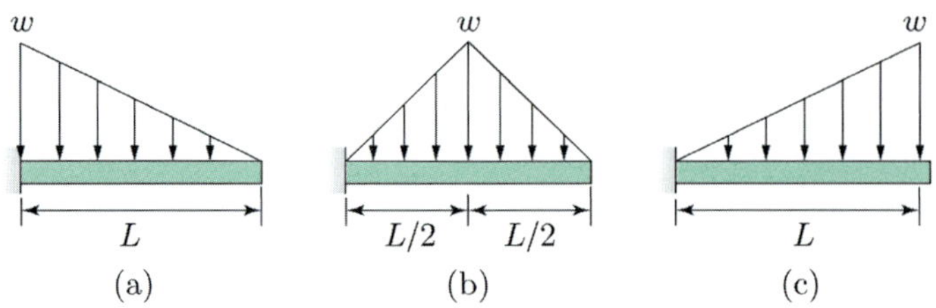

[문제 8.44]

45 그림과 같은 단순 보에서 B 점에 집중하중 $P = 10\text{kN}$ 이 연직방향으로 작용할 때 C 점에서의 전단력 V_C[kN] 및 휨모멘트 M_C[kN • m]을 구하여라. 단, 보의 휨강성 EI는 일정하며, 자중은 무시한다. [공무원임용시험]

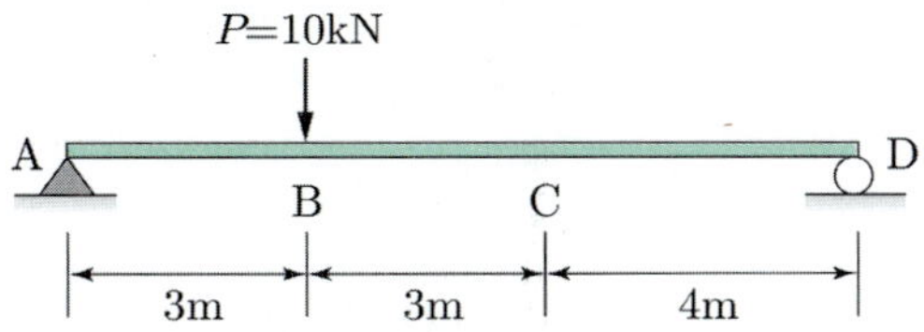

[문제 8.45]

46 그림과 같은 단순 보에서 최대 휨모멘트가 발생하는 곳의 위치 x[m]를 구하여라. 단, 자중은 무시한다. [공무원임용시험]

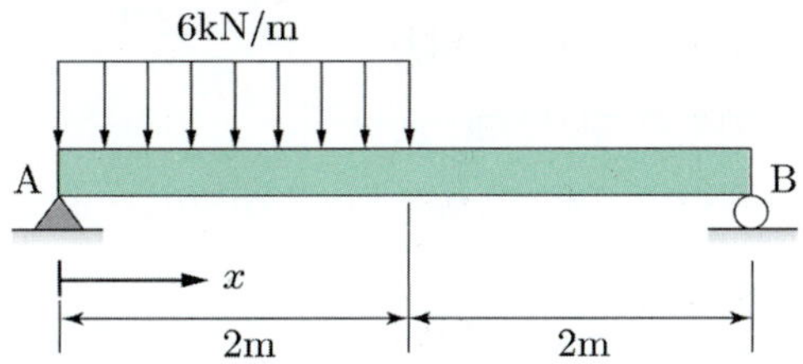

[문제 8.46]

47 그림과 같은 하중을 받는 단순 보에서 최대 휨모멘트가 발생하는 위치가 A 점으로부터 떨어진 수평거리[m]를 구하여라. 단, 보의 자중은 무시한다. [공무원임용시험]

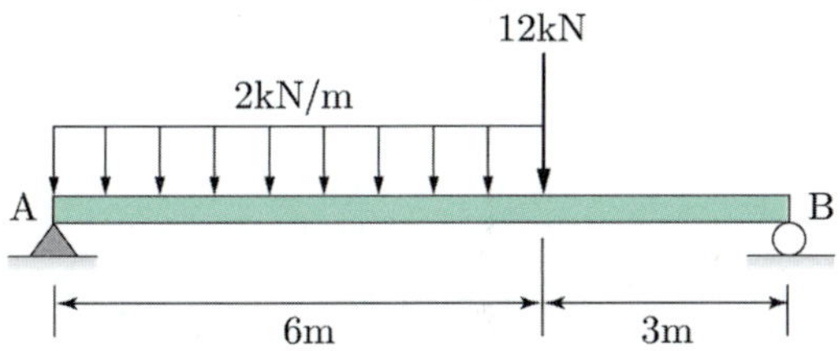

[문제 8.47]

48 그림과 같은 분포하중을 받는 단순 보에서 C 점에서 발생하는 휨모멘트의 크기[kN • m]를 구하여라. 단, 보의 자중은 무시한다. [공무원임용시험]

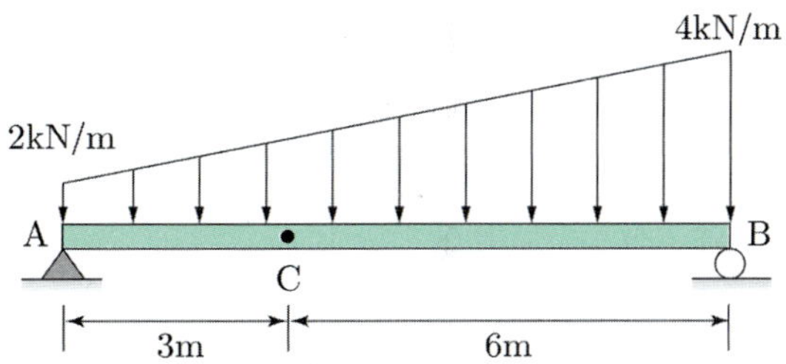

[문제 8.48]

49 그림과 같은 단순 보에서 D 점의 전단력을 구하여라. 단, 보의 자중은 무시한다. [공무원임용시험]

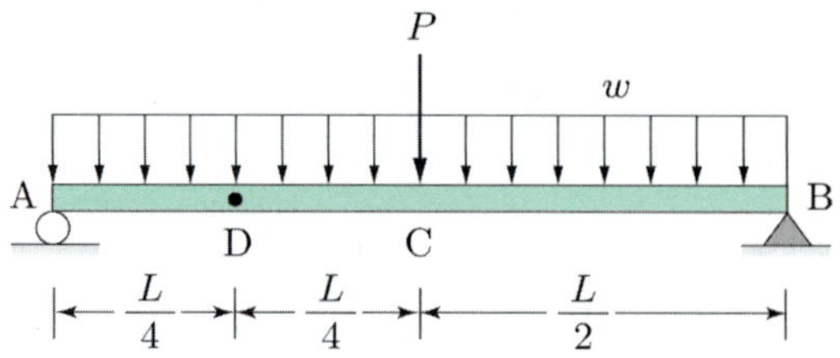

[문제 8.49]

50 그림과 같은 등분포하중이 작용하는 단순 보에서 최대 휨모멘트가 발생되는 거릿값 (x)과 최대 휨모멘트 값(M_{max})의 비 (x/M_{max})를 구하여라. 단, 보의 휨강성 EI는 일정하고, 자중은 무시하며, 최대 휨모멘트의 발생지점은 지점 A 로부터의 거리이고, x와 M_{max}의 단위는 각각 m, kN • m이다. [공무원임용시험]

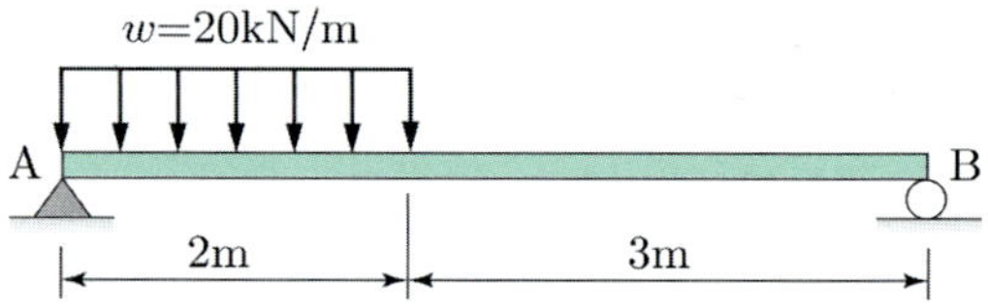

[문제 8.50]

51 다음 그림과 같은 구조물에서 최대 정모멘트가 발생되는 위치를 구하여라. [공무원임용시험]

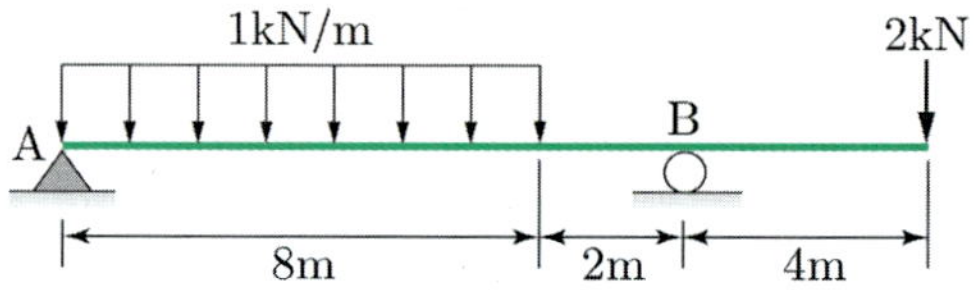

[문제 8.51]

52 그림과 같은 삼각형 분포하중을 받는 단순 보에서 부재 중앙 C 점의 휨모멘트[kN • m]를 구하여라. 단, 보의 자중은 무시한다. [공무원임용시험]

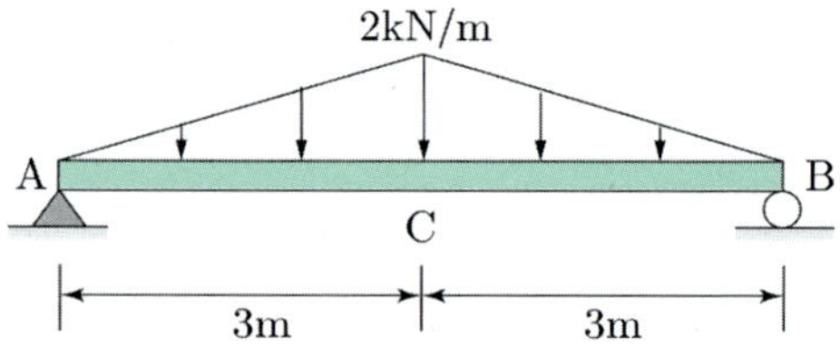

[문제 8.52]

53 그림과 같이 보는 등분포하중 w_1과 w_2에 의해 힘의 평형상태에 있다. 이 보의 최대 휨모멘트 크기[kN • m]를 구하여라. 단, $w_1 = 10\text{kN/m}$, $a = 2\text{m}$, $b = 6\text{m}$이며, 보의 자중은 무시한다. [공무원임용시험]

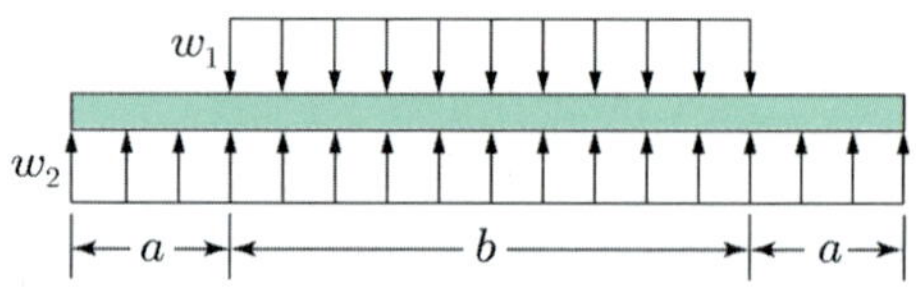

[문제 8.53]

제9장 보의 응력

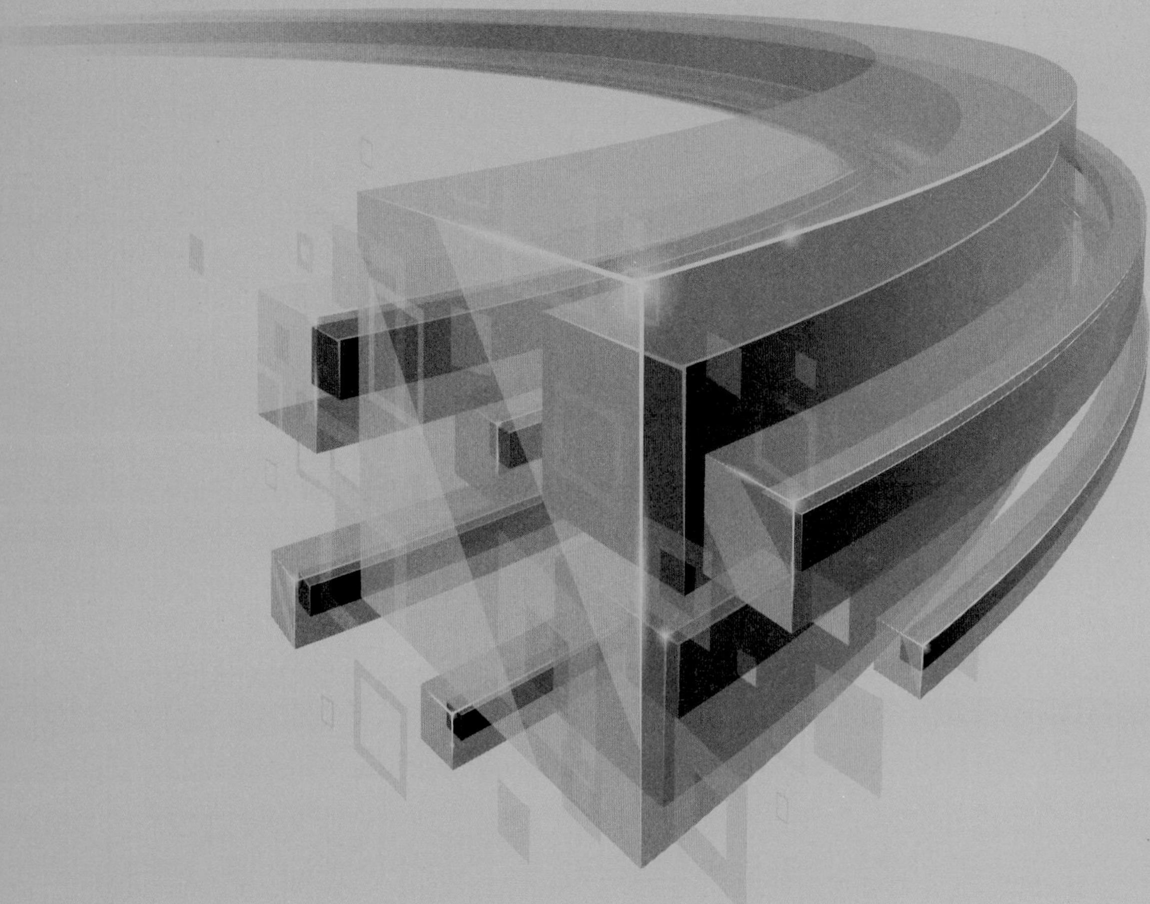

9.1 굽힘응력

1 굽힘 공식

[그림 9.1]과 같이 재료가 굽힘모멘트를 받을 경우 구부러지는 안쪽에는 수축으로 인하여 압축응력(σ_c)이 생기고, 바깥쪽에는 인장응력(σ_t)이 발생한다. 이와 같은 응력을 굽힘응력(bending stress) 또는 휨 응력(flexural stress)이라 한다. 선형 탄성 재료에서 굽힘응력(σ_x)은 다음과 같이 굽힘모멘트(M)에 비례한다.

$$\sigma_x = -\frac{M}{I}y \qquad \cdots (9.1)$$

여기에서 y는 중립축으로부터의 거리이고, I는 단면적의 관성모멘트(moment of inertia) 또는 단면 2 차모멘트(second moment of area)라 한다. 위 식 9.1 에서 양(+)의 값은 인장응력, 음(−)의 값은 압축응력을 나타낸다.

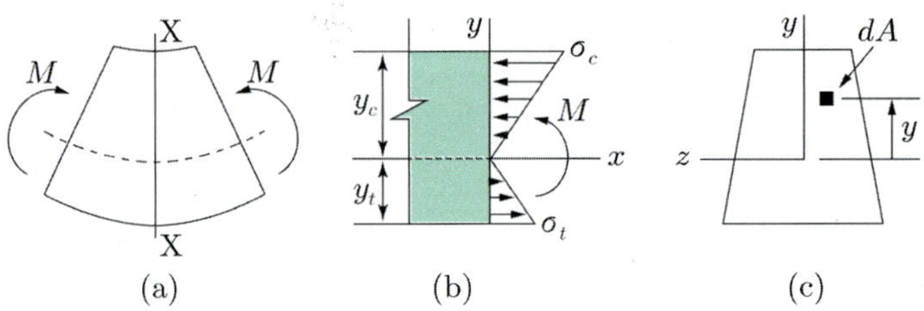

[그림 9.1] 굽힘모멘트와 굽힘응력

굽힘응력이 0인 중립축의 위치는

$$\int y\,dA = 0 \qquad \cdots (9.2)$$

로 결정된다. 즉, z 축에 대한 단면의 1 차모멘트가 0이므로 중립축은 단면의 도심(centroid)을 지난다. 직사각형과 원의 중립축은 [그림 9.2]와 같다.

단면 2 차모멘트(I)는

$$I = \int y^2\,dA \qquad \cdots (9.3)$$

로 정의된다. SI 단위계에서 I의 단위로는 mm^4을 많이 사용한다.

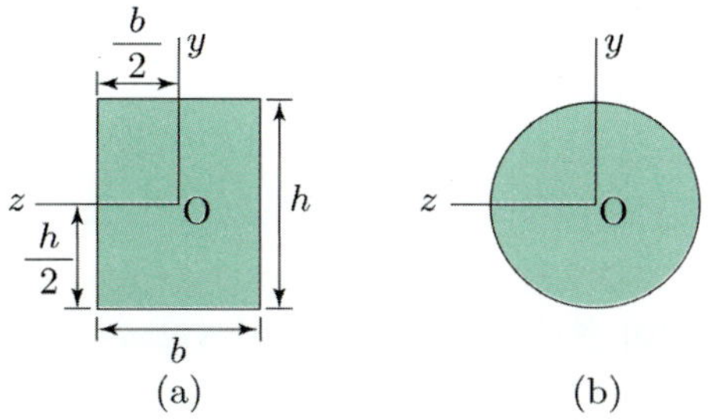

[그림 9.2] 직사각형과 원의 중립축(z)

굽힘 공식은 훅의 법칙과 모멘트-곡률 관계식($1/\rho = M/EI$)으로부터 유도된다. 이 식에 대한 수학적 유도 과정은 중요한 것이 아니고, 재료역학에서 중요한 것은 굽힘응력($\sigma_x = -My/I$)이므로 이 식을 잘 알고 사용하면 된다.

2 최대굽힘응력과 단면계수

$\sigma_x = -\dfrac{M}{I}y$에서 굽힘응력의 크기는 중립축으로부터의 거리(y)에 비례하므로 최대 인장 굽힘응력과 최대 압축 굽힘응력은 중립축으로부터 가장 먼 곳인 보의 표면에서 발생한다. [그림 9.1]의 (b)와 같이 중립축으로부터 요소의 맨 끝까지의 거리를 각각 y_c, y_t라 하면 이에 대응하는 최대 압축 굽힘응력 $\sigma_{c,\max}$와 최대 인장 굽힘응력 $\sigma_{t,\max}$는 다음과 같다.

$$\sigma_{c,\max} = \frac{My_c}{I} = \frac{M}{I/y_c}, \quad \sigma_{t,\max} = \frac{My_t}{I} = \frac{M}{I/y_t}$$

여기에서

$$Z_c = \frac{I}{y_c}, \quad Z_t = \frac{I}{y_t}$$

를 각각 압축 쪽 단면계수, 인장 쪽 단면계수라 한다. 이때

$$\sigma_{c,\max} = \frac{M}{Z_c}, \quad \sigma_{t,\max} = \frac{M}{Z_t}$$

이다. 즉, 단면계수(Z, section modulus)를 다음과 같이 정의하여

$$Z = \frac{I}{y_{\max}} \qquad \cdots (9.4)$$

단면에서의 최대굽힘응력($\sigma_{\max}$)과 굽힘모멘트(M)를 다음과 같이 간단하게 표현할 수 있다.

$$\sigma_{\max} = \frac{M}{Z} \qquad \cdots (9.5)$$

$$M = \sigma_{\max} Z \qquad \cdots (9.6)$$

직사각형과 원과 같이 단면이 중립축에 대해 대칭이면 압축 쪽 단면계수와 인장 쪽 단면계수의 값이 같다($Z = Z_t = Z_c$).

재료역학과 기계설계에서 주요 관심사는 최대응력이므로 이와 같이 단면계수를 정의하여 최대응력을 구한다. 한편 균일 보의 전 구간에서 굽힘모멘트(M)가 최대인 단면에서 최대응력이 발생하므로 이 단면을 위험 단면이라 한다.

[그림 9.3]과 같이 폭이 b이고 높이가 h인 직사각형 단면의 2 차모멘트(I)와 단면계수(Z)는 다음과 같다.

$$I = \frac{bh^3}{12} \qquad Z = \frac{bh^2}{6} \qquad \cdots (9.7)$$

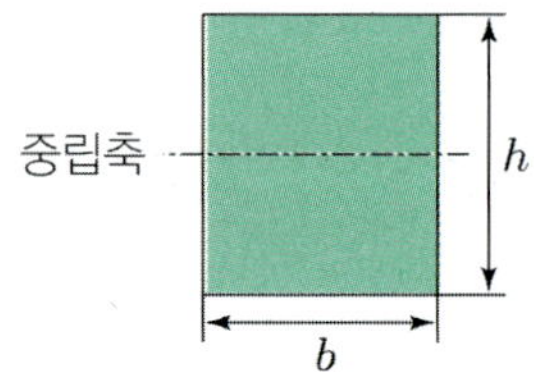

[그림 9.3] 직사각형 단면

[그림 9.4]의 (a)와 같이 지름이 d인 속이 찬 원형 단면의 2 차모멘트(I)와 단면계수(Z)는

$$I = \frac{\pi}{64} d^4 \qquad Z = \frac{\pi}{32} d^3 \qquad \cdots (9.8)$$

이고, (b)와 같이 안지름 d_1, 바깥지름 d_2인 속이 비어있는 원형 단면의 2 차모멘트(I)와 단면계수(Z)는 다음과 같다. 여기에서 안지름과 바깥지름의 비 $x = d_1/d_2$이다.

$$I = \frac{\pi}{64}(d_2^4 - d_1^4) = \frac{\pi}{64} d_2^4 (1 - x^4) \qquad \cdots (9.9)$$

$$Z = \frac{\pi}{32} \times \frac{1}{d_2}\left(d_2^4 - d_1^4\right) = \frac{\pi}{32} d_2^3 (1 - x^4) \qquad \cdots (9.10)$$

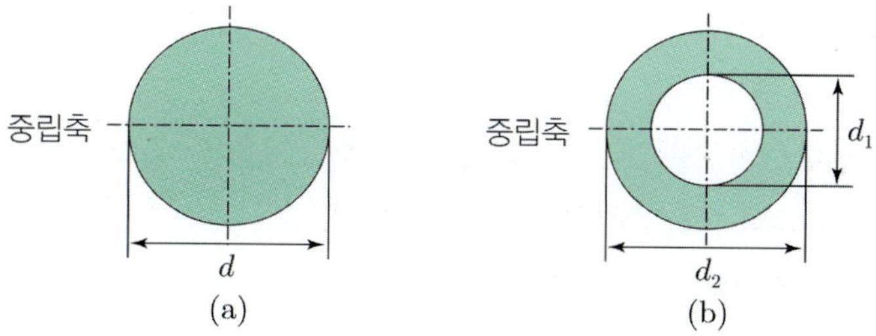

[그림 9.4] 원형 단면

예제 9.1 폭 $b=0.3\text{m}$, 높이 $h=0.8\text{m}$의 직사각형 단면을 갖는 보의 단면에 굽힘모멘트 $640\text{N}\cdot\text{m}$가 작용하고 있다. 단면의 위쪽 끝단으로부터 $h_1=0.1\text{m}$ 떨어진 지점에서 발생하는 굽힘응력의 크기[kPa]를 구하여라.

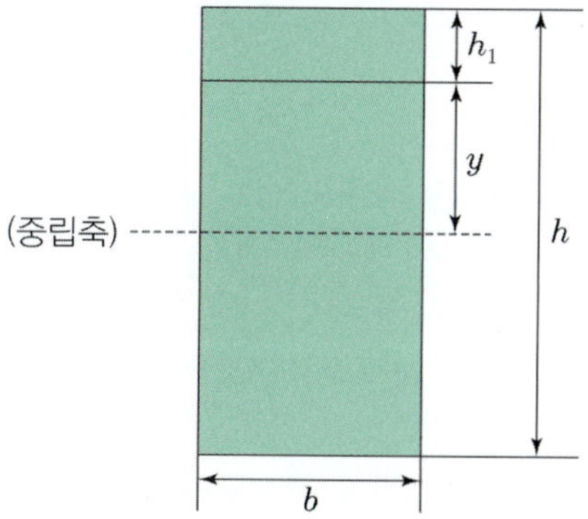

[그림 9.5] 직사각형 단면 보의 굽힘응력

풀이 굽힘모멘트 $M=640\text{N}\cdot\text{m}$이고, 중립축으로부터 거리($y$)는

$$y=\frac{h}{2}-h_1=\frac{0.8}{2}-0.1=0.3\text{m}$$

이므로 구하고자 하는 굽힘응력(σ_x)의 크기는 다음과 같다.

$$\sigma_x=\frac{M}{I}y=\frac{M}{bh^3/12}\times y=\frac{12My}{bh^3}$$
$$=\frac{12\times 640\times(0.3)}{(0.3)\times(0.8)^3}=15{,}000\frac{\text{N}}{\text{m}^2}=15{,}000\text{Pa}=15\text{kPa}$$

여기에서 응력의 크기를 구하므로 인장과 압축에 대한 부호를 고려하지 않았다. 일반적으로 기계설계와 재료역학에서는 응력의 크기를 중요시하므로 부호를 생략하고 식 $\sigma_x=My/I$를 많이 사용한다.

예제 9.2 그림과 같이 길이 L인 외팔보의 오른쪽 끝단(자유단)에 집중하중 P가 연직 아래 방향으로 작용할 때 다음을 구하여라. 단, 보 단면의 폭은 b이고 높이는 h이다.

(1) 보의 오른쪽 끝단으로부터 거리 $L_1 = L/3$, 단면의 중심으로부터 높이 $h_1 = h/4$인 점(A)에 발생하는 굽힘응력의 크기.

(2) 보에서 발생하는 최대굽힘응력의 크기.

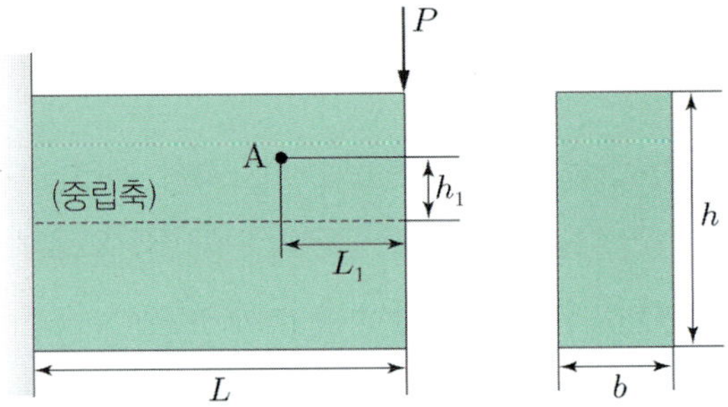

[그림 9.6] 직사각형 단면의 외팔보

풀이 (1) 점 A에 작용하는 굽힘모멘트 $M = PL_1 = PL/3$이고, 중립축으로부터 거리 $y = h_1 = h/4$이므로 점 A에 발생하는 굽힘응력(σ_A)의 크기는 다음과 같다.

$$\sigma_A = \frac{M}{I}y = \frac{PL/3}{bh^3/12} \times \frac{h}{4} = \frac{PL}{bh^2}$$

(2) 최대 굽힘모멘트는 왼쪽 고정단에서 발생하며 $M_{max} = PL$이고, 최대굽힘응력(σ_{max})의 크기는 다음과 같다.

$$\sigma_{max} = \frac{M_{max}}{Z} = \frac{PL}{bh^2/6} = \frac{6PL}{bh^2}$$

최대굽힘응력은 점 A에서 발생하는 굽힘응력의 6배이다.

예제 9.3 한 변이 60mm인 정사각형 단면 보에 720kN • mm의 굽힘모멘트가 작용하고 있을 때 단면에 발생하는 최대굽힘응력[MPa]을 구하여라.

풀이 정사각형 단면의 한 변의 길이를 h라 하면 굽힘응력 $\sigma = My/I$에서 $y = h/2$일 때 최대굽힘응력(σ_{max})이 발생한다. 따라서

$$I = \frac{bh^3}{12} = \frac{h \cdot h^3}{12} = \frac{h^4}{12}$$

이므로 최대굽힘응력(σ_{max})은 다음과 같다.

$$\sigma_{max} = \frac{M}{I}y = \frac{M}{(h^4/12)} \times \frac{h}{2} = \frac{6M}{h^3}$$

$$= \frac{6 \times (720 \times 10^3)\,\mathrm{N \cdot mm}}{(60\mathrm{mm})^3}$$

$$= 20\,\mathrm{N/mm^2}$$

$$= 20\mathrm{MPa}$$

또는, 최대굽힘응력과 단면계수(Z)의 관계식을 이용하면

$$\sigma_{max} = \frac{M}{Z} = \frac{M}{bh^2/6} = \frac{6M}{bh^2} = \frac{6M}{h^3}$$

예제 9.4 폭 $b = 0.2\mathrm{m}$, 높이 $h = 0.6\mathrm{m}$인 직사각형 단면을 갖고 길이 가 $L = 4\mathrm{m}$인 단순 보의 중앙에 집중하중 P가 작용하고 있다. 보의 허용굽힘응력이 50MPa일 때 작용시킬 수 있는 P의 최댓값[kN]을 구하여라. 단, 보의 무게는 무시한다.

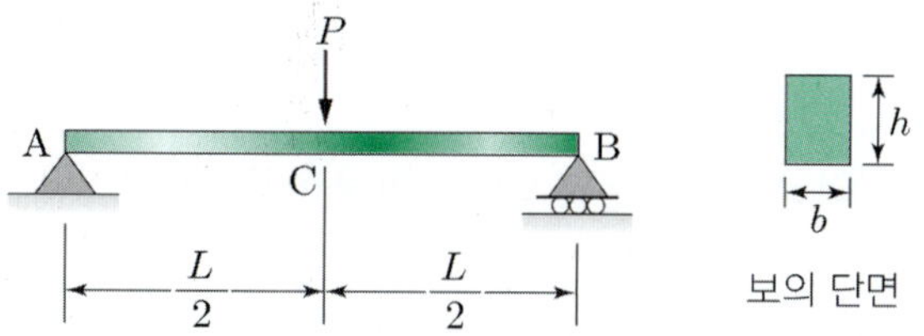

[그림 9.7] 중앙에 집중하중을 받는 직사각형 단면의 단순 보

풀이 보 중앙에 대해 좌우 대칭이므로 지지점 반력 $R = \frac{P}{2}$이고, 최대 굽힘모멘트(M_{max})는 보 중앙에서 일어난다.

$$M_{max} = R \times \frac{L}{2} = \frac{P}{2} \times \frac{L}{2} = \frac{PL}{4}$$

여기에서 허용굽힘응력 $\sigma_a = 50\mathrm{MPa} = 50 \times 10^3\mathrm{kPa}$일 때

$$\sigma_a = \frac{M_{max}}{Z} = \frac{6M_{max}}{bh^2} = \frac{6}{bh^2} \times \frac{PL}{4} = \frac{3PL}{2bh^2}$$

$$\therefore\ P_{max} = \frac{2bh^2\sigma_a}{3L} = \frac{2 \times (0.2) \times (0.6)^2 \times (50 \times 10^3)}{3 \times 4} = 600\,[\mathrm{kN}]$$

예제 9.5 그림과 같이 균일분포하중 $w = 6\mathrm{kN/m}$를 받는 단순 보에서 발생하는 최대굽힘응력[kPa]을 구하여라. 단, 보 단면의 폭 $b = 0.4\mathrm{m}$, 높이 $h = 0.5\mathrm{m}$이고, 보의 길이 $L = 3\mathrm{m}$이다.

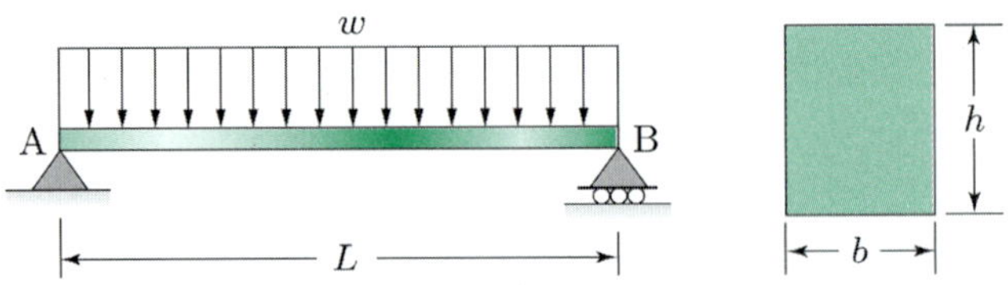

[그림 9.8] 균일분포하중을 받는 단순 보

풀이 보가 중앙에 대해 좌우 대칭이므로 반력 $R_A = wL/2$이다. 따라서 전단력이 0이 되는 지점은 보 중앙이고 여기에서 최대 굽힘모멘트가 발생한다. 보의 중앙을 자른 후 왼쪽 부분을 고려하면 다음과 같이 최대 굽힘모멘트(M_{max})가 구해진다.

$$M_{max} = R_A \times \frac{L}{2} - \frac{wL}{2} \times \frac{L}{4} = \frac{wL}{2} \times \frac{L}{2} - \frac{wL}{2} \times \frac{L}{4} = \frac{wL^2}{8}$$

따라서 최대굽힘응력(σ_{max})은 다음과 같다.

$$\sigma_{max} = \frac{M_{max}}{Z} = \frac{wL^2/8}{bh^2/6} = \frac{3wL^2}{4bh^2} = \frac{3 \times (6) \times 3^2}{4 \times (0.4) \times (0.5)^2} = 405\,[\text{kPa}]$$

예제 9.6 그림과 같이 수평으로 놓인 길이 L인 원형 막대의 끝단에 길이 $L/2$의 직사각형 막대가 직각으로 연결되어 있다. 직사각형 막대의 끝에 P의 하중이 연직 아래 방향으로 작용할 때 막대에서 발생하는 최대굽힘응력을 구하여라. 단, 원형 막대의 지름은 d이고, 무게는 무시한다.

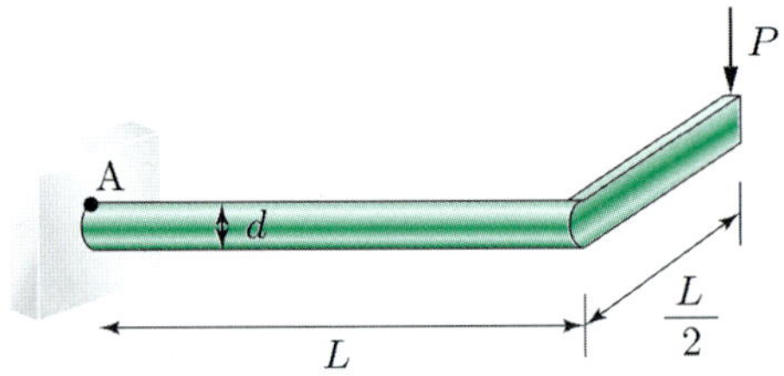

[그림 9.9] 하중(P)에 의한 굽힘응력

풀이 최대 굽힘모멘트(M_{max})는 고정 지점(A)에서 발생하며

$$M_{max} = PL$$

이고, 최대굽힘응력(σ_{max})은 다음과 같다.

$$\sigma_{max} = \frac{M_{max}}{Z} = \frac{PL}{\pi d^3/32} = \frac{32PL}{\pi d^3}$$

예제 9.7 안지름과 바깥지름이 각각 20mm와 40mm인 속이 빈 축(중공축)에 150π[N • m]의 굽힘모멘트가 작용할 때 발생하는 최대굽힘응력[MPa]을 구하여라.

풀이 단위를 N, mm로 계산한다. $150\pi\,\mathrm{N \cdot m} = 150\pi \times 10^3\,\mathrm{N \cdot mm}$이다. 안지름과 바깥지름의 비($x$)는

$$x = \frac{d_1}{d_2} = \frac{20}{40} = 0.5$$

이고, 최대굽힘응력($\sigma_{\max}$)은 다음과 같다.

$$\sigma_{\max} = \frac{M}{Z} = \frac{M}{\pi d_2^3(1-x^4)/32} = \frac{32M}{\pi d_2^3(1-x^4)}$$

$$= \frac{32 \times (150\pi \times 10^3\,\mathrm{N \cdot mm})}{\pi(40)^3 \times [1-(0.5)^4]\,\mathrm{mm}^3} = 80\,\frac{\mathrm{N}}{\mathrm{mm}^2} = 80\,\mathrm{MPa}$$

3 불균일 단면 보의 굽힘응력

이상에서 사용된 굽힘 공식($\sigma_x = -My/I$)은 보의 전 길이에 걸쳐 단면적이 일정한 직선 보에 대해 유도된 식이다. 그런데 이 공식은 단면 치수가 점차적으로 변화하는 불균일 단면 보에서도 합리적으로 정확한 값을 제공한다고 알려져 있다. 일반적으로 무게를 줄이고 외관을 개선하기 위해서 불균일 단면 보가 많이 사용되는데 이와 같은 경우에도 굽힘 공식을 사용하여 필요한 값을 얻을 수 있다.

보의 단면적이 변화할 때 축을 따라 굽힘응력이 변화하는 양상은 단면적이 균일할 때와 다르다. 균일 단면 보에서는 단면계수(Z)가 일정하고, 단면에서 최대굽힘응력 $\sigma_{\max} = M/Z$이다. 따라서 최대굽힘응력($\sigma_{\max}$)은 굽힘모멘트(M)에 정비례하므로 보 전체에서 최대굽힘응력은 굽힘모멘트가 최대인 단면에서 발생한다. 그러나 단면적이 변화하는 불균일 단면 보에서는 단면계수도 역시 축을 따라 변화한다. 이에 따라 최대굽힘응력이 최대 굽힘모멘트를 가지는 단면에서 발생한다고 단정할 수 없다. 다음 예제는 이와 같은 결과를 보여준다.

예제 9.8 그림과 같이 속이 찬 원형 단면의 테이퍼 형 외팔보의 자유단(A)에 집중하중 P가 작용하고 있다. 자유단(A)의 지름은 d이고 고정단(B)의 지름은 $2d$일 때 굽힘 공식을 사용하여 고정단에서 최대굽힘응력과 보 전체에서 최대굽힘응력을 구하고 두 값의 크기를 비교하여라.

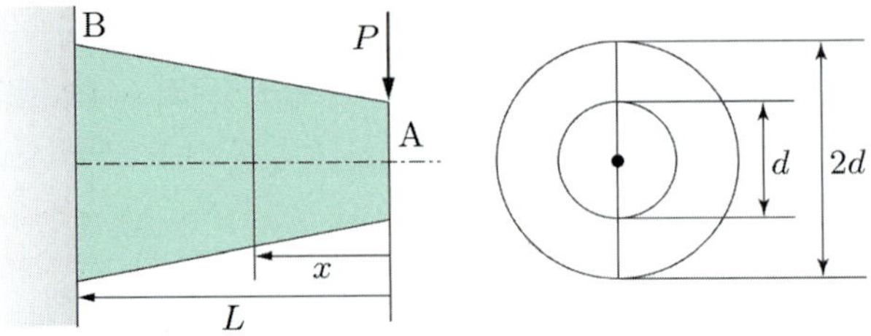

[그림 9.10] 단면이 원형인 테이퍼 형 외팔보

풀이 자유단으로부터 거리 x에서 보 단면의 지름 $d(x)$는

$$d(x) = d_A + \left(\frac{d_B - d_A}{L}\right)x = d + \frac{d}{L}x = d\left(1 + \frac{x}{L}\right) \qquad \cdots ①$$

이고, 단면계수 $Z(x)$는

$$Z(x) = \frac{\pi}{32}[d(x)]^3 = \frac{\pi d^3}{32}\left(1 + \frac{x}{L}\right)^3 \qquad \cdots ②$$

이다. 따라서 굽힘모멘트 $M(x) = Px$이므로 보의 임의 단면(x)에서 최대굽힘응력 $\sigma(x)$는 다음과 같다.

$$\sigma(x) = \frac{M(x)}{Z(x)} = \frac{32P}{\pi d^3}\frac{x}{(1 + x/L)^3} \qquad \cdots ③$$

식 ③에서 $x = L$을 대입하면 고정단(B)에서 최대굽힘응력(σ_B)은

$$\sigma_B = \sigma(L) = \frac{32P}{\pi d^3}\frac{L}{(1+1)^3} = \frac{4PL}{\pi d^3} \qquad \cdots ④$$

이다. 보 전체에서 최대굽힘응력은 식 ③을 미분하고

$$\frac{d\sigma}{dx} = \frac{32P}{\pi d^3}\frac{d}{dx}\left[\frac{x}{(1 + x/L)^3}\right] = 0$$

인 점을 찾아서 구한다. 여기에서 미분 항이 0이 되므로

$$\frac{d}{dx}\left[\frac{x}{(1 + x/L)^3}\right] = \frac{(1 + x/L)^3 - 3x(1 + x/L)^2/L}{(1 + x/L)^6} = \frac{(1 + x/L) - 3x/L}{(1 + x/L)^4} = 0$$

이다. 따라서 최대굽힘응력이 발생하는 위치(x)는 다음과 같다.

$$\left(1 + \frac{x}{L}\right) - \frac{3x}{L} = 0$$

$$\therefore \ x = \frac{L}{2} \qquad \cdots ⑤$$

식 ⑤의 값을 식 ③에 대입하면 보 전체에서 최대굽힘응력(σ_{max})이 구해진다.

$$\sigma_{\max} = \sigma(L/2) = \frac{32P}{\pi d^3}\frac{L/2}{(1+1/2)^3} = \frac{128}{27}\left(\frac{PL}{\pi d^3}\right) \qquad \cdots ⑥$$

식 ④와 ⑥으로부터 고정단에서의 최대굽힘응력(σ_B)과 보 전체에서의 최대굽힘응력($\sigma_{\max}$)을 비교하면

$$\frac{\sigma_{\max}}{\sigma_B} = \frac{128}{27} \times \frac{1}{4} = \frac{32}{27} \approx 1.185$$

이다. 즉, 보 전체의 최대굽힘응력은 고정단의 최대굽힘응력보다 약 18.5% 큰 값을 가진다. 이 예제는 최대 굽힘모멘트가 고정단($x = L$)에서 발생하지만 최대굽힘응력은 보 중앙($x = L/2$)에서 발생한다는 것을 보여준다.

> 불균일 단면 보에 대해 굽힘 공식($\sigma_x = -My/I$)이 완전히 정확한 값을 제공하는 것은 아니다. 굽힘 공식은 직선 보로부터 나온 식이므로 당연히 테이퍼 각이 크면 오차가 크고 작으면 오차가 줄어든다. 위 예제에서 보의 길이방향 축 사이 각이 $20°$이면 오차가 약 10%라고 한다.

9.2 전단 응력

1 직사각형 단면 보의 전단응력

[그림 9.11]과 같이 전단력 V를 받고 있는 직사각형 보 단면의 $y = y_1$에서의 전단응력(τ)은 다음과 같은 전단공식(shear formula)으로 표현된다.

$$\tau = \frac{VQ}{Ib} \qquad \cdots (9.11)$$

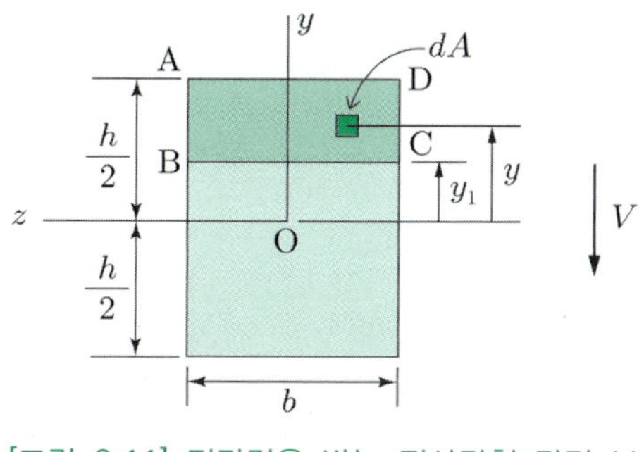

[그림 9.11] 전단력을 받는 직사각형 단면 보

여기에서 단면 2차모멘트 $I = \frac{bh^3}{12}$이고 Q는 전단응력 τ가 작용하는 위치 위쪽 단면적(ABCD)의 1차모멘트이다.

$$Q = \int y\,dA \qquad \cdots (9.12)$$

1차모멘트 Q는 중립축으로부터 거리 y_1에 따라 변화한다. 따라서 어떤 단면에 대해 전단력 V, 단면 2차모멘트 I, 폭 b가 일정하면 전단응력 τ도 중립축으로부터 거리 y_1에 따라 변화한다. 전체 단면적의 중립축에 대한 1차모멘트는 0이다.

[그림 9.12]와 같은 직사각형 단면의 전단응력 분포를 살펴본다. 단면적(ABCD)의 1차모멘트 Q는 사각형 ABCD의 면적 $b\left(\frac{h}{2} - y_1\right)$과 중립축으로부터 이 면적의 도심까지 거리 $y_1 + \frac{1}{2}\left(\frac{h}{2} - y_1\right) = \frac{1}{2}\left(\frac{h}{2} + y_1\right)$를 곱하여 구한다.

$$Q = b\left(\frac{h}{2} - y_1\right) \times \frac{1}{2}\left(\frac{h}{2} + y_1\right) = \frac{b}{2}\left(\frac{h^2}{4} - y_1^2\right)$$

$$Q = \frac{b}{2}\left(\frac{h^2}{4} - y_1^2\right) \qquad \cdots (9.13)$$

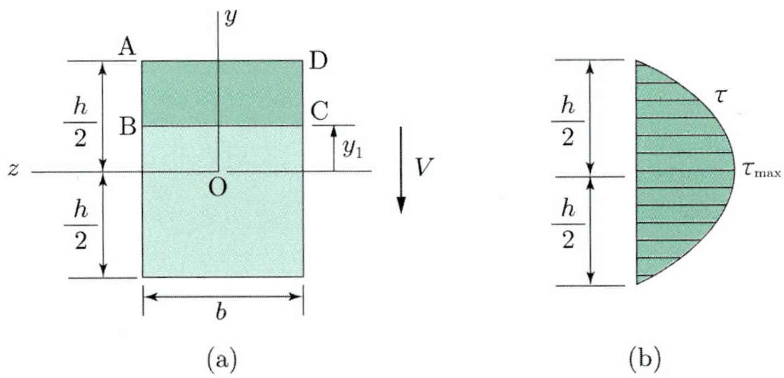

[그림 9.12] 직사각형 단면 보의 전단응력 분포 (a) 보의 단면 (b) 보의 높이에 대해 포물선 모양의 전단응력 분포를 보여주는 선도

위 식의 Q를 전단공식 $\tau = \frac{VQ}{Ib}$에 대입하면 전단응력(τ)은 다음과 같이 표현된다.

$$\tau = \frac{V}{2I}\left(\frac{h^2}{4} - y_1^2\right) \qquad \cdots (9.14)$$

이 식은 직사각형 보 단면의 전단응력은 중립축으로부터 거리(y_1)의 2차함수라는 것을 보여주며 전단응력 분포는 [그림 9.12]의 (b)와 같다. (b)에서 전단응력은 $y = \pm h/2$, 즉, 단면의 위 끝과 아래 끝에서 0 이고, 전단응력 분포는 중립축에 대해 대칭이다.

전단응력의 최댓값(τ_{max})은 1 차모멘트 Q가 최댓값을 갖는 중립축 $y_1 = 0$에서 일어난다. 식 (9.14)에서 $y_1 = 0$일 때 최대전단응력 τ_{max}은 다음과 같다.

$$\tau = \frac{Vh^2}{8I} \quad \cdots (9.15)$$

식 (9.15)에서 단면 2 차모멘트 $I = \frac{bh^3}{12}$이고 단면적 $A = bh$라는 것을 적용하면 최대전단응력은 다음과 같이 표현된다.

$$\tau_{max} = \frac{Vh^2}{8I} = \frac{Vh^2}{8} \times \frac{12}{bh^3} = \frac{3V}{2(bh)} = \frac{3V}{2A}$$

$$\tau_{max} = \frac{3V}{2A} \quad \cdots (9.16)$$

식 (9.16)은 직사각형 단면 보의 최대전단응력(τ_{max})은 평균전단응력 $\tau_m = \frac{V}{A}$의 $\frac{3}{2}$배라는 것을 보여준다.

2 면적 1차모멘트

[그림 9.13]의 (a)에서 면적 ABCD 의 1 차모멘트 Q는 (b)에서 면적 AEFD 의 1 차모멘트와 같다. $Q = \int y dA$로 정의되고 y의 부호에 따라 적분 값은 양(+) 또는 음(−)의 값을 가질 수 있다. 직사각형 단면은 중립축에 대해 대칭이므로 (a)에서 면적 EBCF 의 $Q = 0$이 된다. 따라서 중립축 아래에 있는 부분의 전단응력을 구할 때는 (c)와 같이 아래 방향을 양으로 하여 y 좌표를 잡고 $Q = \int y dA = \bar{y} A$를 계산하면 된다.

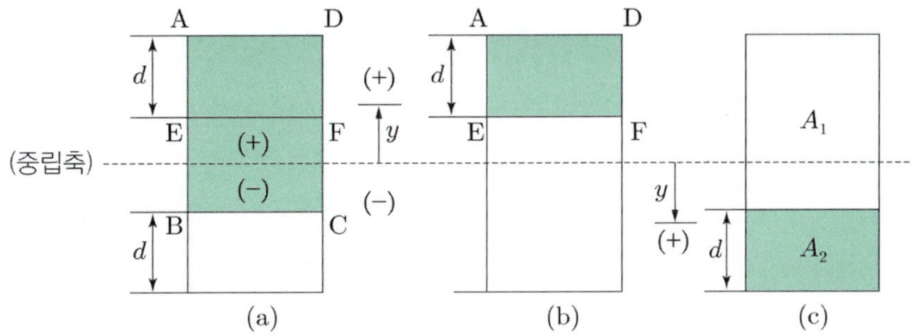

[그림 9.13] 면적의 1차모멘트

그림의 (c)에서 면적을 이등분하여 전체 면적 $A = A_1 + A_2$일 때 중립축의 정의 $\int_A ydA = 0$를 적용하면

$$\int_A ydA = \int_{A_1} ydA + \int_{A_2} ydA = 0$$

$$\therefore \int_{A_1} ydA = \int_{A_2} (-y)dA$$

이다. 즉, 면적 A_1과 A_2의 Q의 값의 크기는 같다. 따라서 양분된 면적 중 편리한 쪽을 선택하여 Q를 구하면 된다.

예제 9.9 폭 $b = 40\text{mm}$, 높이 $h = 50\text{mm}$인 직사각형 단면에 20kN의 전단력이 작용할 때 단면에서 발생하는 최대 전단 응력의 크기[MPa]를 구하여라.

풀이 전단력 $V = 20\text{kN} = 20 \times 10^3\text{N}$이다. 단위를 N, mm로 통일하여 계산한다.

$$\tau_{max} = \frac{3V}{2A} = \frac{3V}{2(bh)} = \frac{3 \times (20 \times 10^3)}{2 \times (40 \times 50)} = 15\frac{\text{N}}{\text{mm}^2} = 15\,\text{MPa}$$

예제 9.10 그림과 같이 하중 $P = 400\text{kN}$을 받고 있는 직사각형 단면의 단순 보가 있다. 보 단면의 최상단으로부터 $h/4$ 아래 지점(C)에 발생하는 전단응력의 크기[MPa]를 구하여라. 단, 보 단면의 폭 $b = 50\text{mm}$, 높이 $h = 60\text{mm}$이며, 보의 무게는 무시한다.

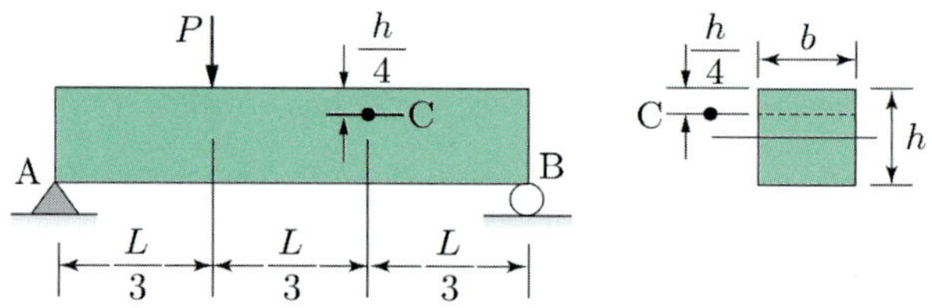

[그림 9.14] 보의 전단응력

풀이 먼저 전체 보의 자유물체도에서 점 A에 대한 모멘트 평형조건을 적용하여 B점의 반력(R_B)을 구한다.

$$R_B \times L - P \times \frac{L}{3} = 0$$

$$\therefore R_B = \frac{P}{3}$$

다음에 C점에서 보를 자르고 자른 보의 오른쪽 부분을 고려하여 C 면에 작용하는 전단력(V)을 구한다.

$$V = R_B = \frac{P}{3}$$

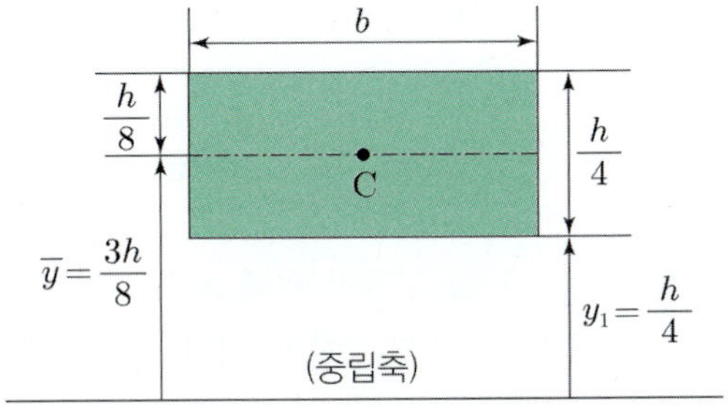

[그림 9.15] 단면적의 1차모멘트(Q)를 구하기 위한 그림

그리고 전단응력(τ)을 구하기 위해 단면적의 1차모멘트(Q)를 구한다. [그림]에서 중립축으로부터 면적의 도심까지 거리($\bar{y}$)는

$$\bar{y} = \frac{h}{4} + \frac{1}{2} \times \frac{h}{4} = \frac{3h}{8}$$

이고, 단면적의 1차모멘트(Q)는

$$Q = \bar{y}A = \frac{3h}{8} \times \left(b \times \frac{h}{4}\right) = \frac{3bh^2}{32}$$

이다. 따라서 전단응력(τ)은 다음과 같다.

$$\tau = \frac{VQ}{Ib} = \frac{(P/3)(3bh^2/32)}{(bh^3/12)b} = \frac{3P}{8bh} = \frac{3 \times (400 \times 10^3)}{8 \times (50 \times 60)} = 50\,[\mathrm{MPa}]$$

이상에서 $P = 400\mathrm{kN} = 400 \times 10^3\mathrm{N}$이고 $\mathrm{N/mm^2} = \mathrm{MPa}$이다.

> 이 예제는 식 $Q = \frac{b}{2}\left(\frac{h^2}{4} - y_1^2\right)$와 $\tau = \frac{V}{2I}\left(\frac{h^2}{4} - y_1^2\right)$를 그대로 적용해서 구해도 된다. 그런데 복잡한 공식들은 기억하기 어렵고 잊어먹기 쉬우므로 가능한 기본적인 간단한 식들로부터 문제를 푸는 습관을 들이도록 한다.

예제 9.11 [그림 9.16]의 (a)와 같은 직사각형 단면에 전단력 $V = 36\mathrm{kN}$이 작용하고 있다. 단면의 폭 $b = 40\mathrm{mm}$, 높이 $h = 60\mathrm{mm}$일 때, A-A 위치에 발생하는 전단응력의 크기[MPa]를 구하여라.

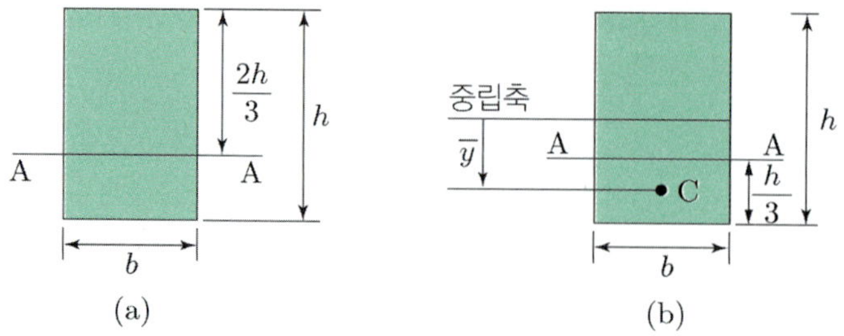

[그림 9.16] 직사각형 단면의 전단응력

풀이 단면적의 1차모멘트(Q)를 구하기 위해 A-A선 아래 부분의 면적을 고려한다. 그림의 (b)에서 중립축으로부터 면적 도심(C)까지 거리($\bar{y}$)는

$$\bar{y}=\frac{h}{2}-\frac{1}{2}\times\frac{h}{3}=\frac{h}{3}$$

이므로 단면적의 1차모멘트(Q)는

$$Q=\bar{y}A=\frac{h}{3}\times\left(b\times\frac{h}{3}\right)=\frac{bh^2}{9}$$

이고, A-A 위치에 발생하는 전단응력의 크기(τ)는 다음과 같다.

$$\tau=\frac{VQ}{Ib}=\frac{V(bh^2/9)}{(bh^3/12)b}=\frac{4V}{3bh}=\frac{4\times(36\times10^3)}{3\times(40)\times(60)}=20\,[\mathrm{MPa}]$$

3 원형 단면 보의 전단응력

[1] 원형 단면

보의 단면이 원형일 때는 전단응력이 y축에 평행하게 작용한다고 가정할 수 없다. 예를 들어 [그림 9.17]과 같이 단면의 경계에 있는 점 m에서 전단응력(τ)은 그 경계의 접선방향으로 작용해야 한다.

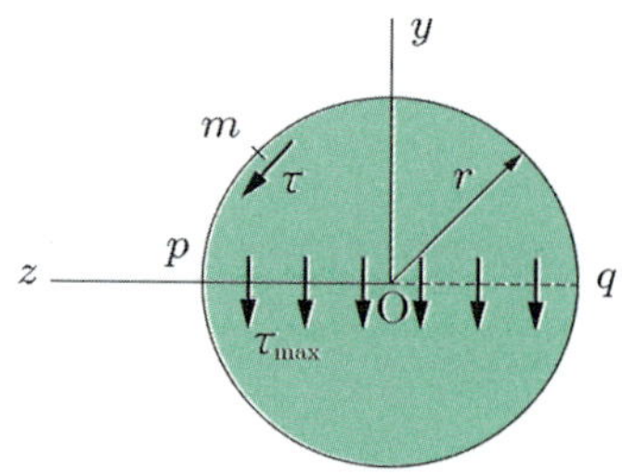

[그림 9.17] 원형 단면 보에 작용하는 전단응력

전체 단면에 대한 전단응력을 구하기는 어렵지만 응력 분포에 대한 몇 가지 합리적인 가정을 함으로써 응력이 최대가 되는 중립축에서 전단응력은 쉽게 구할 수 있다.

응력은 y축에 평행하게 작용하며 보의 폭([그림 9.17])의 점 p로부터 q까지 거리)에 걸쳐 균일한 크기를 갖는다고 가정한다. 이와 같은 가정들은 전단공식 $\tau = \frac{VQ}{Ib}$를 유도하는 데 사용된 것과 같기 때문에 이 전단공식을 중립축에서 전단응력을 계산하는 데 사용할 수 있다. 반지름이 r인 원형 단면에서 전단공식을 사용하기 위해 필요한 식들은 다음과 같다.

$$I = \frac{\pi r^4}{4} \qquad Q = A\bar{y} = \left(\frac{\pi r^2}{2}\right)\left(\frac{4r}{3\pi}\right) = \frac{2r^3}{3} \qquad b = 2r \qquad \cdots (9.17)$$

위 식들을 전단공식에 대입하면 원형 단면에서 최대전단응력($\tau_{\max}$)은 다음과 같이 표현된다.

$$\tau_{\max} = \frac{VQ}{Ib} = \frac{V \times \left(\frac{2r^3}{3}\right)}{\left(\frac{\pi r^4}{4}\right) \times (2r)} = \frac{4V}{3\pi r^2} = \frac{4V}{3A}$$

$$\tau_{\max} = \frac{4V}{3A} = \frac{4V}{3\pi r^2} = \frac{16V}{3\pi d^2} \qquad \cdots (9.18)$$

여기에서 $A = \pi r^2$은 단면의 면적, 지름 $d = 2r$이다. 식 (9.18)은 원형 단면 보의 최대전단응력은 평균전단응력($\tau_m = V/A$)의 $4/3$배라는 것을 보여준다.

[2] 속이 빈 원형 단면

[그림 9.18]과 같이 보가 속이 빈 원형 단면을 가지는 경우에도 상당한 정확도를 가지고 중립축에서 전단응력은 y축에 평행하며 단면에 걸쳐 균일하게 분포한다고 가정할 수 있다. 따라서 최대전단응력을 구하기 위해 전단공식을 사용할 수 있다.

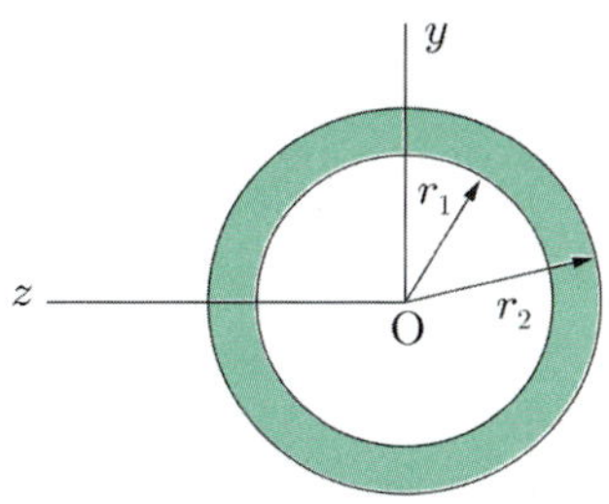

[그림 9.18] 속이 빈 원형 단면

안쪽과 바깥쪽 반지름이 각각 r_1, r_2인 속이 빈 원형 단면에서 전단공식을 사용하기 위해 필요한 식들은 다음과 같다.

$$I=\frac{\pi}{4}\left(r_2^4-r_1^4\right) \qquad Q=\frac{2}{3}\left(r_2^3-r_1^3\right) \qquad b=2\left(r_2-r_1\right) \qquad \cdots (9.19)$$

위 식들을 전단공식에 대입하면 최대전단응력(τ_{max})이 다음과 같이 표현된다.

$$\tau_{max}=\frac{VQ}{Ib}=\frac{4V}{3A}\left(\frac{r_1^2+r_1r_2+r_2^2}{r_1^2+r_2^2}\right) \qquad \cdots (9.20)$$

여기에서 $A=\pi\left(r_2^2-r_1^2\right)$은 단면의 면적이다. 식 (9.20)을 유도할 때 다음 인수분해 공식이 사용된다.

$$r_2^4-r_1^4=(r_2^2-r_1^2)(r_2^2+r_1^2),\ r_2^3-r_1^3=(r_2-r_1)(r_2^2+r_1r_2+r_1^2)$$

그리고 반원의 도심 위치($\bar{y}$)는 [그림 9.19]와 같다.

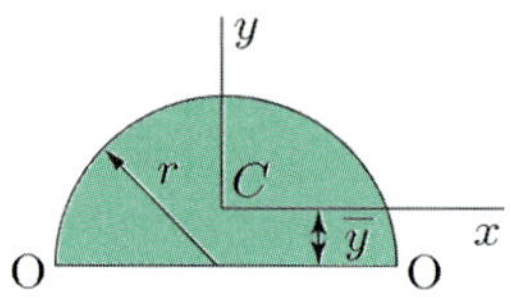

$$A=\frac{\pi r^2}{2}$$

$$\bar{y}=\frac{4r}{3\pi}$$

[그림 9.19] 반원의 면적(A)과 도심 위치($\bar{y}$)

한편 반지름 $r=d/2$이므로 식 (9.20)을 지름 비 $x=d_1/d_2=r_1/r_2$로 표현하면 다음과 같다. 식 (9.20)의 분모와 분자를 r_2^2으로 나누면

$$\tau_{max}=\frac{4V}{3A}\left(\frac{1+x+x^2}{1+x^2}\right) \qquad \cdots (9.21)$$

또한 위 식은 다음과 같이 바깥지름 d_2와 지름 비 $x=d_1/d_2$로 표현된다. $A=\pi(d_2^2-d_1^2)/4=\pi d_2^2(1-x^2)/4$, $(1-x^2)(1+x^2)=1-x^4$이다.

$$\tau_{max}=\frac{16V}{3\pi d_2^2}\left(\frac{1+x+x^2}{1-x^4}\right) \qquad \cdots (9.22)$$

식 (9.22)에서 $d_2=d$이고, $x=0(d_1=0)$이면 속이 찬 원형 단면의 최대전단응력에 대한 식과 같아진다.

예제 9.12 수직으로 서 있는 속이 찬 원형 단면 기둥(중실축)과 속이 빈 원형 단면 기둥(중공축)이 수평방향으로 $P=4\text{kN}$의 하중을 받고 있다. 중실축의 지름 $d=50\text{mm}$, 중공축의 안지름 $d_1=70\text{mm}$, 바깥지름 $d_2=90\text{mm}$일 때 각각에서 발생하는 최대전단응력의 크기 [MPa]를 구하여라.

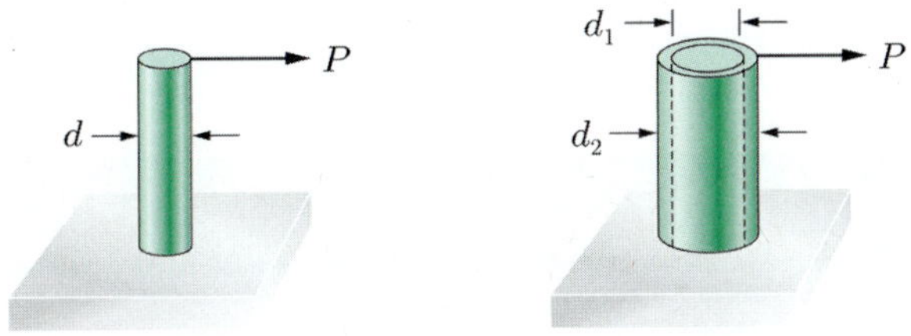

[그림 9.20] 전단력을 받는 중실축과 중공축

풀이 두 봉에서 발생하는 내부 전단력 $V=P=4\text{kN}=4\times10^3\text{N}$이다. 단위를 N, mm로 통일하여 계산한다. $\text{N/mm}^2=\text{MPa}$이다.

(1) 중실축(a)

$$\tau_{max}=\frac{4V}{3A}=\frac{4V}{3(\pi d^2/4)}=\frac{16V}{3\pi d^2}=\frac{16\times(4\times10^3)}{3\pi\times(50)^2}=2.72\,[\text{MPa}]$$

(2) 중공축(b)

$$\tau_{max}=\frac{4V}{3A}\left(\frac{r_1^2+r_1r_2+r_2^2}{r_1^2+r_2^2}\right)=\frac{16V}{3\pi(d_2^2-d_1^2)}\left(\frac{d_1^2+d_1d_2+d_2^2}{d_1^2+d_2^2}\right)$$
$$=\frac{16\times(4\times10^3)}{3\pi\times(90^2-70^2)}\times\left(\frac{70^2+70\times90+90^2}{70^2+90^2}\right)=3.15\,[\text{MPa}]$$

예제 9.13 [예제 9.12]에서 속이 빈 기둥과 동일한 전단력 $V=4\text{kN}$과 동일한 최대전단응력 $\tau_{max}=3.15\text{MPa}$을 갖는 속이 찬 원형 단면 기둥의 지름을 구하고, 두 기둥의 단면적을 비교하여라.

풀이 속이 찬 원형 단면 기둥의 지름을 d로 하면

$$\tau_{max}=\frac{4V}{3A}=\frac{4V}{3(\pi d^2/4)}=\frac{16V}{3\pi d^2}$$

$$\therefore\ d=\sqrt{\frac{16V}{3\pi\tau_{max}}}=\sqrt{\frac{16\times(4\times10^3)}{3\pi\times(3.15)}}=46.43\,[\text{mm}]$$

이고, 두 기둥의 단면적 비는 다음과 같다.

$$\frac{A_{(중실축)}}{A_{(중공축)}} = \frac{\pi d^2/4}{\pi(d_2^2 - d_1^2)/4} = \frac{d^2}{d_2^2 - d_1^2} = \frac{(46.43)^2}{90^2 - 70^2} = 0.67$$

즉, 중실축의 단면적이 중공축에 비해 약 33% 정도 적다. 이 결과로부터 전단응력에 대해서는 속이 찬 축이 속이 빈 축에 비해 필요한 재료의 양이 적으므로 더 경제적이라는 것을 알 수 있다.

9.3 굽힘 하중과 축력을 받는 보의 응력

[그림 9.21]의 (a)와 같이 보의 축선에 대해 경사진 방향으로 힘이 작용하면 보는 굽힘 하중과 축력을 동시에 받게 된다. 경사진 힘 P는 축방향 힘(S)과 축에 수직한 방향 힘(Q)으로 분해되고, 이 힘들은 보에서 굽힘모멘트, 전단력 및 축력을 발생시킨다.

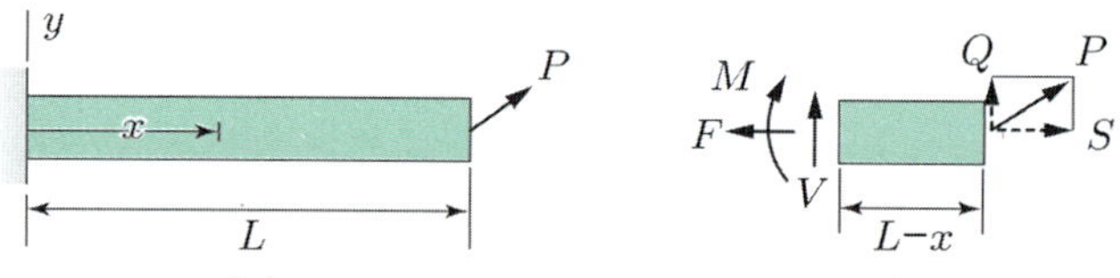

[그림 9.21] (a) 자유단에서 경사진 하중(P)을 받는 보 (b) 고정단으로부터 거리 x인 단면에 작용하는 전단력(V), 굽힘모멘트(M), 축력(F)

(b)의 자유물체도에서 힘의 평형을 고려하면 다음과 같이 고정단으로부터 거리 x만큼 떨어진 단면의 굽힘모멘트(M), 전단력(V) 및 축력(F)이 구해진다.

$$M = Q(L-x), \ V = -Q, \ F = S$$

여기에서 L은 보의 길이이다. 이상의 힘들과 굽힘모멘트에 의해 단면의 임의 점에서 발생하는 응력들은 다음 식으로써 구할 수 있다.

$$\sigma_b = -\frac{M}{I}y, \ \tau = \frac{VQ}{Ib}, \ \sigma_F = \frac{F}{A}$$

축력(F)과 굽힘모멘트(M)는 모두 수직응력을 일으키므로 최종 수직 응력 분포는 이들 응력들을 합해서 구한다.

단독으로 작용하는 축력은 단면 전체에 걸쳐 균일한 응력 $\sigma_F = F/A$을 발생시킨다.

굽힘모멘트는 보 윗부분에서는 압축, 아랫부분에서는 인장이 되게 하는 선형적으로 변하는 응력 $\sigma_b = -My/I$를 발생시킨다. 여기에서 y는 중립축(면적의 도심을 통과하는 z)으로부터 거리이다.

축력과 굽힘모멘트에 의해 발생하는 응력들을 합하여 단면에 수직한 응력의 최종 분포가 구해진다. 따라서 조합응력(σ)의 식은 다음과 같다.

$$\sigma = \sigma_F + \sigma_b = \frac{F}{A} - \frac{M}{I}y \qquad \cdots (9.23)$$

F는 인장력이면 양(+)이고 압축력이면 음(−)이다. M의 부호는 굽힘모멘트 부호규약을 따른다. [그림 9.21]의 (b)에서 M의 부호는 양이다. 양의 굽힘모멘트는 보의 윗부분에는 압축력, 아랫부분에는 인장력을 발생시킨다. 이와 같은 부호규약을 사용할 때 응력(σ)의 부호는 인장일 때는 양이고 압축일 때는 음이다.

예제 9.14 균일분포하중 $q=10\text{N/mm}$와 축력 $F=20\text{kN}$을 받는 외팔보가 있다. 고정단에서 보의 위(A)와 아래(B) 표면의 수직응력을 각각 구하여라. 보의 길이 $L=200\text{mm}$, 단면 폭 $b=40\text{mm}$, 높이 $h=50\text{mm}$이고, 보 무게는 무시한다.

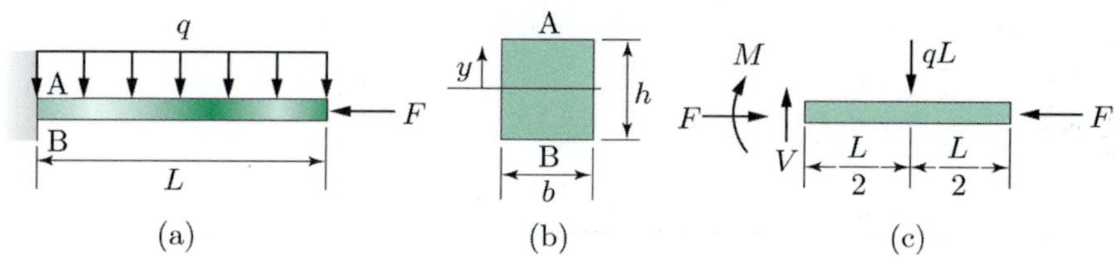

[그림 9.22] 균일분포하중과 축력을 받는 외팔보

풀이 인장응력은 양(+), 압축응력은 음(−)으로 한다. 고정단에는 F의 압축력이 작용하므로 축력에 의한 수직응력(σ_F)은

$$\sigma_F = -\frac{F}{A} = -\frac{F}{bh} = -\frac{20\times10^3}{40\times50} = -10\,[\text{MPa}] \qquad \cdots ①$$

이다. (c)의 자유물체도로부터 고정단에서 굽힘모멘트(M)는

$$M = -qL\times\frac{L}{2} = -\frac{qL^2}{2} \qquad \cdots ②$$

이므로 보의 위(A, $y=h/2$)에서 굽힘에 의한 수직응력($\sigma_{b,A}$)은

$$\sigma_{b,A} = -\frac{M}{I}\times\frac{h}{2} = -\frac{(-qL^2/2)}{bh^3/12}\times\frac{h}{2} = \frac{3qL^2}{bh^2}$$

$$= \frac{3\times(10)\times(200)^2}{40\times50^2} = 12\,[\text{MPa}] \qquad \cdots ③$$

이고, 보의 아래(B, $y=-h/2$)에서 굽힘에 의한 수직응력($\sigma_{b,B}$)은

$$\sigma_{b,B} = -\frac{M}{I} \times \left(-\frac{h}{2}\right) = -\sigma_{b,A} = -12\,[\text{MPa}] \qquad \cdots ④$$

이다. 따라서 A와 B에서의 전체 수직응력(σ_A, σ_B)은 다음과 같다.

$$\sigma_A = \sigma_F + \sigma_{b,A} = -10 + 12 = 2\,[\text{MPa}] \qquad \cdots ⑤$$

$$\sigma_B = \sigma_F + \sigma_{b,B} = -10 - 12 = -22\,[\text{MPa}] \qquad \cdots ⑥$$

즉, 보의 위 표면(A)에는 2[MPa]의 인장응력, 아래 표면(B)에는 22[MPa]의 압축응력이 발생한다.

9.4 급힘모멘트를 받는 축의 강도

재료역학은 기계설계(기계요소설계)의 기초가 되며 특히 굽힘응력은 굽힘모멘트를 받는 축의 강도 설계에서 중요한 요소이므로 여기에서 소개한다. 다음 관계식들은 모든 기계설계 교재의 축 설계에서 다루고 있는 기본적인 식들이다.

1 중실축(속이 차 있는 축)

굽힘모멘트(M)와 최대굽힘응력(σ_{max})의 관계는 다음과 같다.

$$M = \sigma_{max} Z \qquad \cdots (9.24)$$

축의 지름이 d일 때 단면계수(Z)는

$$Z = \frac{\pi d^3}{32} \qquad \cdots (9.25)$$

이므로 축에 발생하는 최대굽힘응력(σ_{max})은

$$\sigma_{max} = \frac{M}{Z} = \frac{32M}{\pi d^3} \qquad \cdots (9.26)$$

이다. 그런데 축에 발생하는 최대굽힘응력은 축 재료의 허용 응력 σ_a보다 커지 않아야($\sigma_a \geq \sigma_{max}$) 하므로 $\sigma_a \geq 32M/\pi d^3$이다. 따라서 축 지름은 $d^3 \geq 32M/\pi\sigma_a$을 만족해야 한다. 경제적인 면에서 최소 축 지름은 다음 식으로 결정된다.

$$d = \sqrt[3]{\frac{32M}{\pi\sigma_a}} \qquad \cdots (9.27)$$

2 중공축(속이 비어 있는 축)

안지름과 바깥지름이 각각 d_1, d_2인 속이 비어 있는 축의 단면계수(Z)는

$$Z = \frac{\pi d_2^3}{32}(1 - x^4), \quad x = d_1 / d_2 \qquad \cdots (9.28)$$

이고, 지름 결정 방법은 중실축과 같다.

$$M = \sigma_{max} Z = \sigma_{max} \times \frac{\pi d_2^3}{32}(1 - x^4) \qquad \cdots (9.29)$$

$$\therefore \ \sigma_{max} = \frac{M}{Z} = \frac{32M}{\pi d_2^3 (1 - x^4)} \qquad \cdots (9.30)$$

$$d_2 = \sqrt[3]{\frac{32M}{\pi \sigma_a (1 - x^4)}}, \ d_1 = x d_2 \qquad \cdots (9.31)$$

예제 9.15 [그림 9.23]의 (a)와 같이 길이 $L = 300\text{mm}$인 중실축의 중앙에 $P = 20\text{kN}$의 집중하중이 작용하고 있다. 축의 허용굽힘응력이 40N/mm^2일 때 축의 최소지름(d_{min})을 구하여라. 단, 축의 무게는 무시한다.

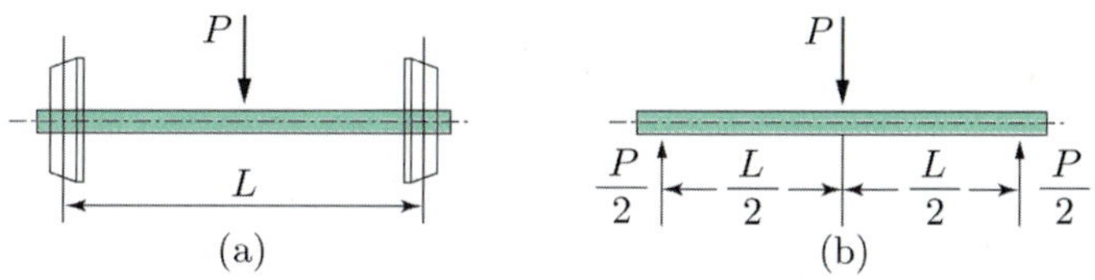

[그림 9.23] 집중하중을 받는 중실축

풀이 (b)의 자유물체도에서 힘의 평형 방정식($\sum F = 0$, $\sum M = 0$)을 적용하면 축의 양 끝에 걸리는 반력은 각각 $P/2$이다. 이때 최대 굽힘모멘트 M_{max}은 축의 중앙에서 발생하며

$$M_{max} = \frac{P}{2} \times \frac{L}{2} = \frac{20 \times 10^3}{2} \times \frac{300}{2} = 1.5 \times 10^6 [\text{N} \cdot \text{mm}]$$

이다. 따라서 굽힘 하중만이 작용하는 중실축이므로 축의 최소지름(d_{min})은 다음과 같다.

$$d_{min} = \sqrt[3]{\frac{32M_{max}}{\pi\sigma_a}} = \sqrt[3]{\frac{32\times(1.5\times10^6)}{\pi\times40}} = 72.6\,[\mathrm{mm}]$$

예제 9.16 [그림 9.24]의 (a)와 같이 무게 $W = 12\mathrm{kN}$ 의 플라이휠(fly wheel)이 중공축에 설치되어 있다. $L = 750\mathrm{mm}$, $a = 200\mathrm{mm}$ 일 때 내외경비 $x = 0.7$ 인 중공축의 안지름(d_1)과 바깥지름(d_2)을 구하여라. 단, 허용굽힘응력은 $50\mathrm{N/mm^2}$ 이고, 축의 무게는 무시한다.

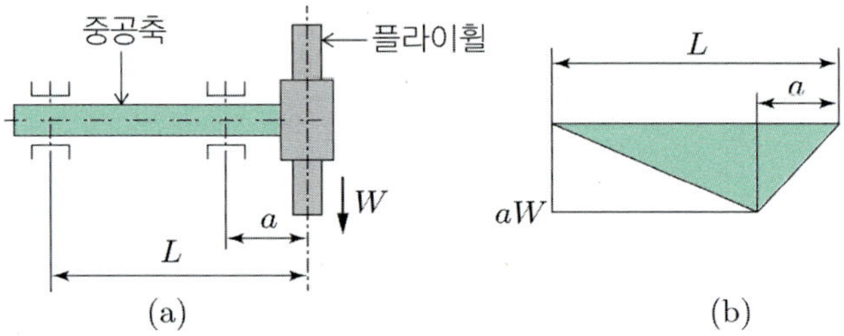

[그림 9.24] 플라이휠과 중공축

풀이 굽힘모멘트 선도는 (b)와 같고 최대 굽힘모멘트(M_{max})는

$$M_{max} = aW = 200\times(12\times10^3) = 2.4\times10^6\,[\mathrm{N \cdot mm}]$$

이다. 따라서 중공축의 안지름(d_1)과 바깥지름(d_2)은 다음과 같다.

$$d_2 = \sqrt[3]{\frac{32M}{\pi\sigma_a(1-x^4)}} = \sqrt[3]{\frac{32\times(2.4\times10^6)}{\pi\times50\times(1-0.7^4)}} = 86.33\,[\mathrm{mm}]$$

$$d_1 = x\,d_2 = 0.7\times86.33 = 60.43\,[\mathrm{mm}]$$

연습문제 9

01 폭 $b=0.2\text{m}$, 높이 $h=0.6\text{m}$ 인 직사각형 단면을 갖는 보의 단면에 굽힘모멘트 $360\text{N}\cdot\text{m}$ 가 작용하고 있다. 단면의 위쪽 끝단으로부터 $h_1=0.1\text{m}$ 떨어진 지점에서 발생하는 굽힘응력의 크기[kPa]를 구하여라.

02 그림과 같이 균일분포하중 $w=8\text{kN/m}$ 를 받는 단순 보에서 발생하는 최대굽힘응력[MPa]을 구하여라. 단, 단면의 폭 $b=200\text{mm}$, 높이 $h=300\text{mm}$ 이고, 보의 길이 $L=6\text{m}$ 이다. 단, 보의 무게는 무시한다.

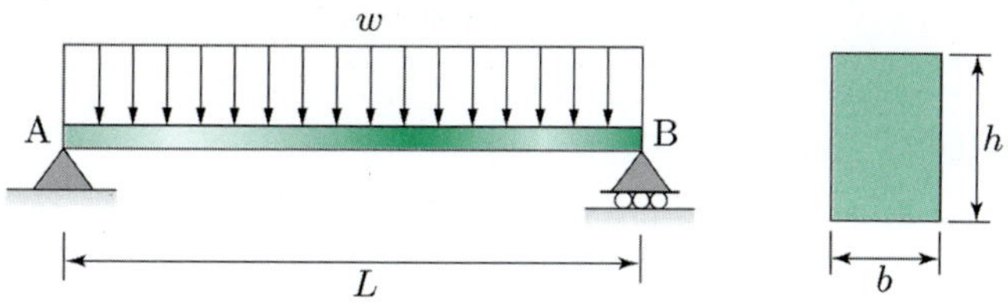

[문제 9.2]

03 길이 $L=3\text{m}$ 인 단순 보에 등변분포하중 $q(x)=q_0x/L$이 작용하고 있다. 보 단면은 폭 $b=0.4\text{m}$, 높이 $h=0.6\text{m}$ 인 직사각형일 때 다음을 구하여라. 단, 보의 무게는 무시한다.

(1) $q_0=400\text{kN/m}$일 때 보에서 발생하는 최대굽힘응력[MPa]

(2) 보의 허용굽힘응력이 80MPa일 때 허용 가능한 q_0의 최댓값[kN/m]

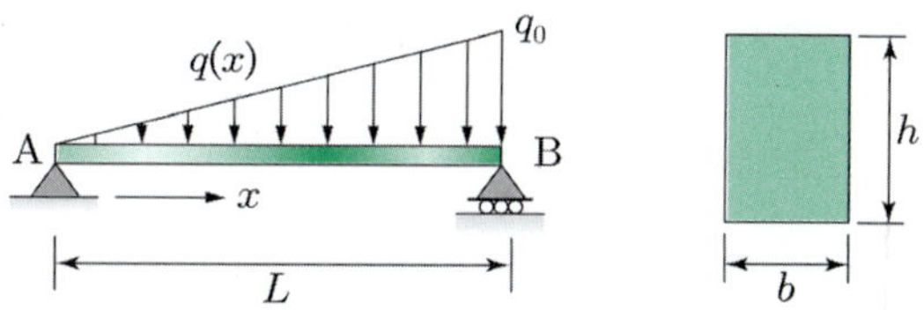

[문제 9.3]

04 길이 $L=0.8\text{m}$ 인 원형 단면 외팔보의 끝단에 집중하중 $P=400\text{N}$ 이 작용하고 있다. 봉의 무게가 300N 이고, 허용굽힘응력이 20MPa 일 때 봉의 최소지름을 구하여라. 단, 봉 재료는 균일하다.

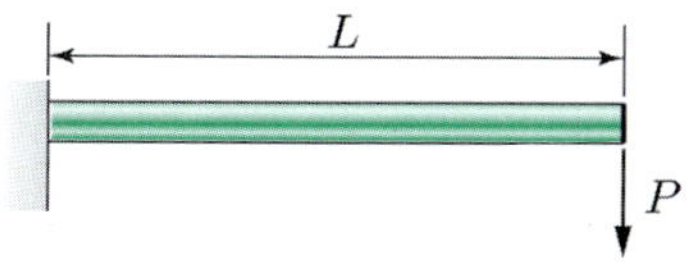

[문제 9.4]

05 지름 $d = 2\text{mm}$ 인 강선이 반지름 $R = 499\text{mm}$ 인 실린더 둘레에 밀착하여 굽어져 있다. 봉의 탄성계수 $E = 200\,\text{GPa}$ 일 때, 강선에 발생하는 최대굽힘응력[MPa]과 굽힘모멘트[N • m]를 구하여라.

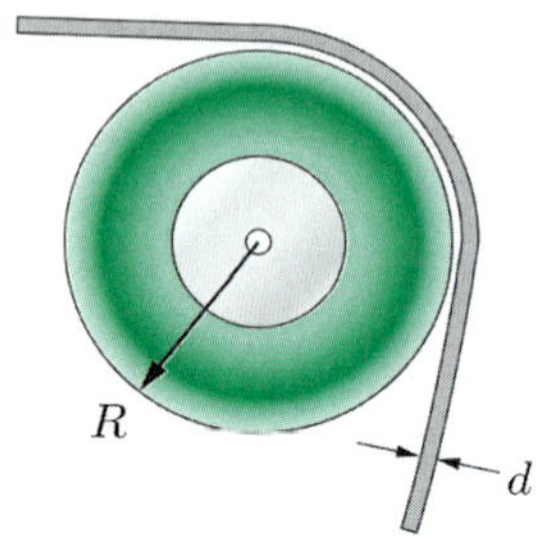

[문제 9.5]

설명 굽힘응력과 곡률반경의 관계식

선형 탄성 재료의 모멘트-곡률(curvature) 관계식은 다음과 같다.

$$\frac{1}{\rho} = \frac{M}{EI} \qquad \cdots ①$$

여기에서 ρ는 중립축의 곡률반경이다. 이 식에서 $M/I = E/\rho$이므로 굽힘응력(σ_x)을 곡률반경으로 나타내면

$$\sigma_x = \frac{M}{I}y = \frac{E}{\rho}y = E\frac{y}{\rho} \qquad \cdots ②$$

이고, 지름이 d인 봉에서 발생하는 최대굽힘응력은 다음과 같이 표현된다.

$$\sigma_{\max} = \frac{E}{\rho} \times y_{\max} = \frac{E}{\rho} \times \frac{d}{2} \qquad \cdots ③$$

한편 훅의 법칙($\sigma_x = E\epsilon_x$)에 의해 식 ②로부터 변형률(strain, ϵ_x)과 곡률반경(ρ)의 관계식은 다음과 같다.

$$\epsilon_x = \frac{y}{\rho} \qquad \cdots ④$$

06 지름이 1cm 인 직선 봉이 안지름이 401cm 인 통 안에 감겨 있다. 직선이었던 봉이 통 안에 감겼을 때 봉에 발생하는 최대 굽힘응력[MPa]과 굽힘모멘트[N • m]를 구하여라. 단, 봉의 탄성계수 $E = 200\,\text{GPa}$ 이다.

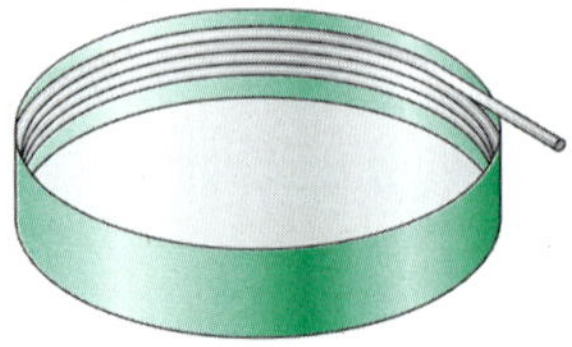

[문제 9.6]

07 그림과 같이 폭 300mm, 높이 400mm의 직사각형 단면을 갖는 단순 보의 허용 휨응력이 6MPa이라면, 단순 보에 작용시킬 수 있는 최대 등분포하중 w의 크기[kN/m]는? 단, 보의 휨강성 EI는 일정하고, 자중은 무시한다. [공무원임용시험]

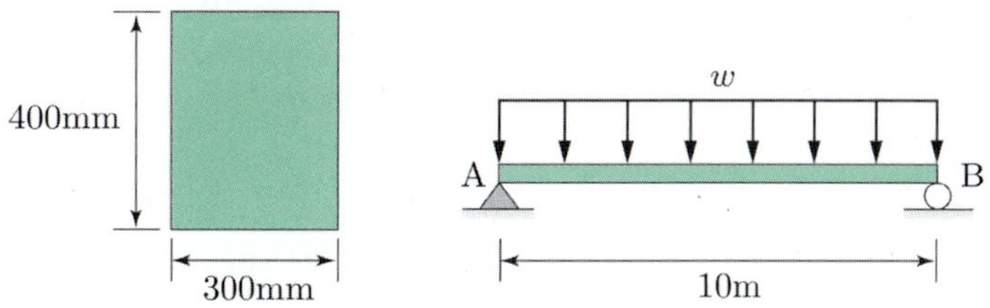

[문제 9.7]

① 3.84 ② 4.84 ③ 5.84 ④ 6.84

08 그림과 같이 정사각형의 변단면을 갖는 캔틸레버 보의 중앙 지점 단면 C에서의 최대 휨응력은? 단, 캔틸레버 보의 자중은 무시한다. [공무원임용시험]

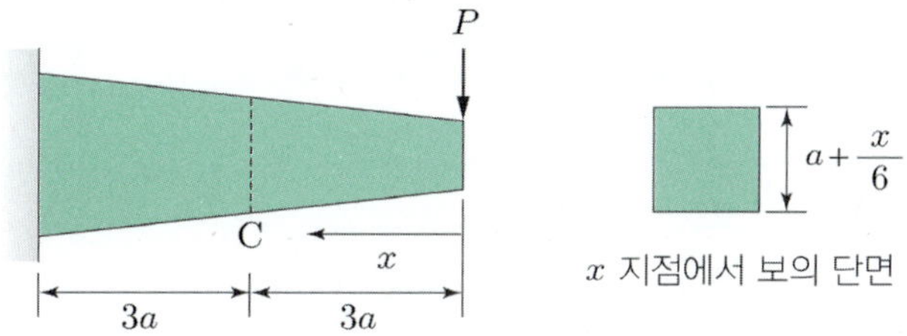

[문제 9.8]

① $\dfrac{14P}{3a^2}$ ② $\dfrac{16P}{3a^2}$ ③ $\dfrac{18P}{3a^2}$ ④ $\dfrac{20P}{3a^2}$

09 그림과 같이 지름이 d인 원형 단면의 나무를 잘라 직사각형 단면의 각재를 만들려고 한다. 잘라 낸 각재가 최대의 단면계수가 되기 위한 각재의 직사각형 단면의 폭 b와 높이 h의 비(h/b)는? 단, $b < h$이다. [공무원임용시험]

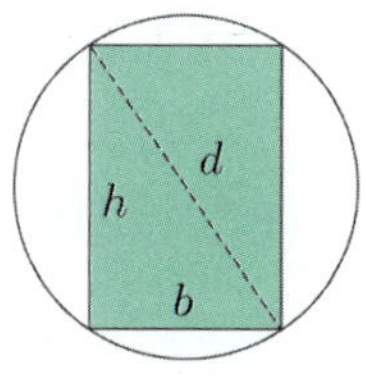

[문제 9.9]

① 2 ② $\sqrt{2}$

③ 3 ④ $\sqrt{3}$

10 폭 0.2m, 높이 0.6m의 직사각형 단면을 갖는 지간 $L = 2\text{m}$ 단순 보의 허용 휨응력이 40MPa일 때 이 단순 보의 중앙에 작용시킬 수 있는 최대 집중하중 P의 값[kN]은? 단, 보의 휨강성 EI는 일정하며, 자중은 무시한다. [공무원임용시험]

① 240 ② 480 ③ 960 ④ 1080

11 다음 그림과 같이 하중을 받는 단순 보에서 C 점의 최대 휨응력[MPa]은? [공무원임용시험]

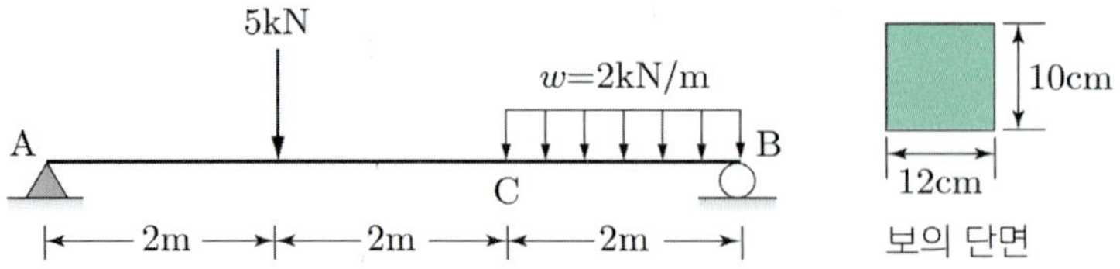

[문제 9.11]

① 15　　② 30　　③ 45　　④ 60

12 그림과 같이 직사각형 단면을 갖는 단순 보내의 C 섬($x=0.4\text{m}$, $y=20\text{mm}$)에 작용하는 수직응력(굽힘응력) σ[MPa]는? 단, 단순 보의 자중은 무시한다. [공무원임용시험]

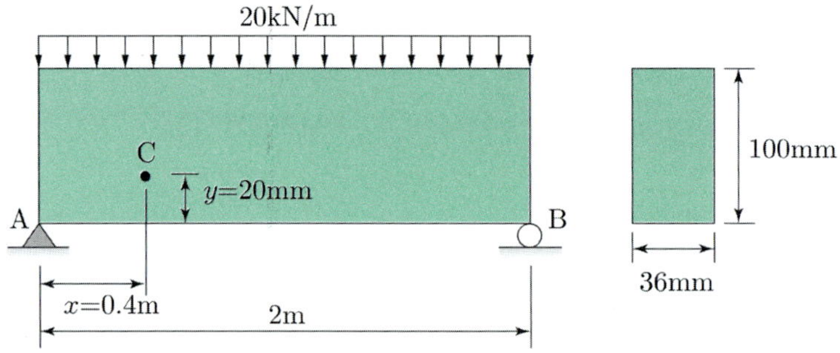

[문제 9.12]

① 42.7　　② 64　　③ 106.7　　④ 128

13 그림과 같이 단면계수 $Z=2\times10^6\text{mm}^3$ 인 단순 보가 등분포하중 w를 받고 있다. 최대 휨응력(σ_{max})이 40MPa 일 때 등분포하중 w의 크기[kN/m]는? 단, 단순 보의 자중은 무시한다. [공무원임용시험]

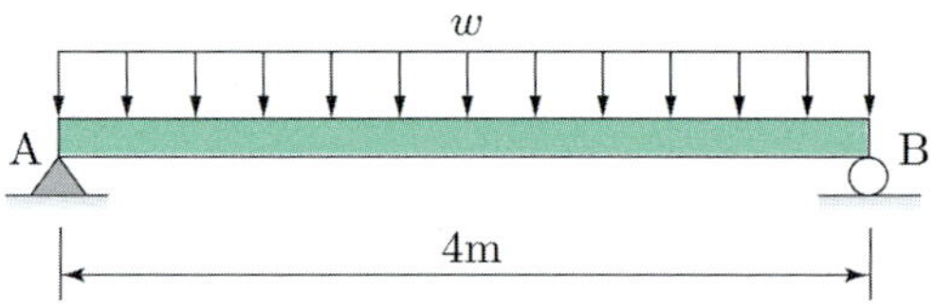

[문제 9.13]

① 10　　② 20　　③ 30　　④ 40

14 그림과 같은 캔틸레버보에서 발생되는 최대 휨모멘트 M_{max}[kN • m]와 최대 휨응력 σ_{max}[MPa]의 크기를 구하여라. 단, 보의 자중은 무시한다. [공무원임용시험]

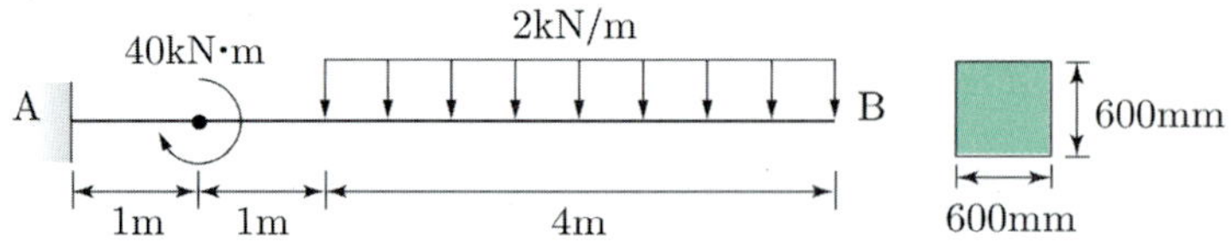

[문제 9.14]

15 그림과 같이 길이 $100\,\mathrm{mm}$인 단순지지 보의 중앙에 $100\,\mathrm{N}$의 집중 하중이 작용할 때 보에 발생하는 최대굽힘응력$[\mathrm{N/mm^2}]$은? 단, 보의 단면은 가로(밑변) $6\,\mathrm{mm}$, 세로(높이) $10\,\mathrm{mm}$인 사각단면이다. [공무원임용시험]

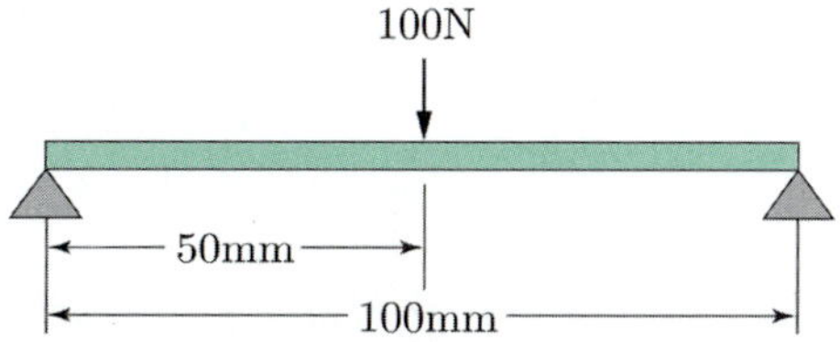

[문제 9.15]

① 6 ② 10 ③ 25 ④ 100

16 그림과 같이 폭 b, 높이 h인 직사각 단면의 보에 휨모멘트 M이 작용하고 있다. 이 모멘트에 의해 발생되는 최대 휨응력을 σ_1, 이 단면을 $90°$ 회전하여 폭 h, 높이 b로 하였을 때 동일한 휨모멘트 M이 작용할 때의 최대 휨응력을 σ_2라 한다면 σ_2/σ_1는? 단, 다른 조건은 동일하다. [공무원임용시험]

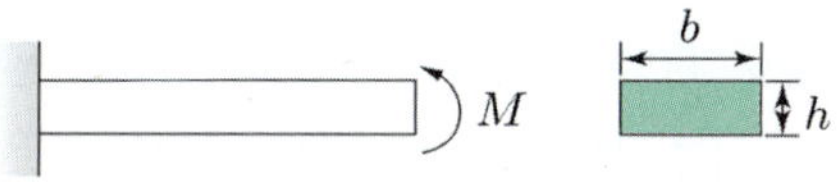

[문제 9.16]

① $\dfrac{h}{b}$ ② $\dfrac{b}{h}$ ③ $\left(\dfrac{h}{b}\right)^2$ ④ $\left(\dfrac{b}{h}\right)^2$

17 그림과 같이 단위 중량 γ, 길이 L인 캔틸레버 보에 자중에 의한 분포하중 w가 작용할 때, 보의 고정단 A 점에 발생하는 휨 응력에 대한 설명으로 옳지 않은 것은? 단, 보의 단면은 사각형이고 전 구간에서 동일하다. [공무원임용시험]

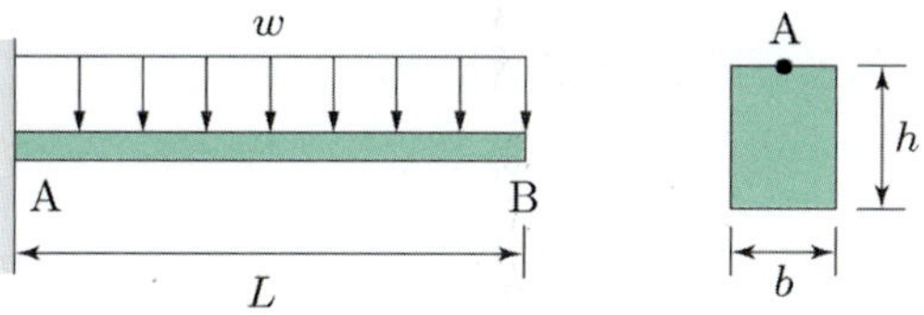

[문제 9.17]

① 폭 b가 2배가 되면 휨 응력 값은 2배가 된다.
② 높이 h가 2배가 되면 휨 응력 값은 $\dfrac{1}{2}$배가 된다.
③ 단위 중량 γ가 2배가 되면 휨 응력 값은 2배가 된다.
④ 길이 L이 2배가 되면 휨 응력 값은 4배가 된다.

18 단면이 원형인 중실축과 속이 빈 중공축이 있다. 중실축의 지름은 d, 중공축의 안지름과 바깥지름은 각각 d_1과 d_2이고, $x = d_1/d_2$라고 하자. 두 축에 같은 크기의 굽힘모멘트만 작용할 때, 두 축에 같은 크기의 굽힘응력이 발생되기 위한 d/d_2의 값은? 단, 두 축은 같은 재료이다. [공무원임용시험]

① $\sqrt[3]{1-x^4}$　　② $\sqrt[4]{1-x^4}$　　③ $\sqrt[3]{\dfrac{1}{1-x^4}}$　　④ $\sqrt[4]{\dfrac{1}{1-x^4}}$

19 그림과 같이 폭 300mm, 높이 50mm 의 단면을 가지는 단순 보에 하중이 작용할 때, 보에 발생하는 최대 휨응력의 크기[MPa]는? 단, 구조물의 자중은 무시한다. [공무원임용시험]

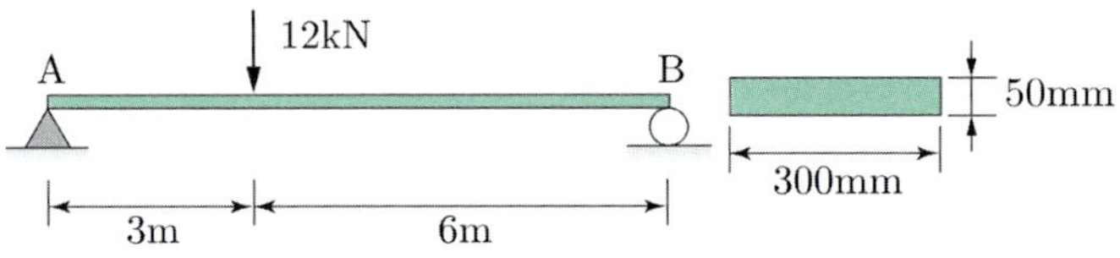

[문제 9.19]

① 136　　② 164　　③ 192　　④ 220

20 단면이 폭 300mm, 높이 500mm 인 단순 보의 중앙 지간에 집중하중 10kN 이 작용하고 있다. 이 구조물에서 생기는 최대 휨응력 (σ_{max}[MPa])은? [공무원임용시험]

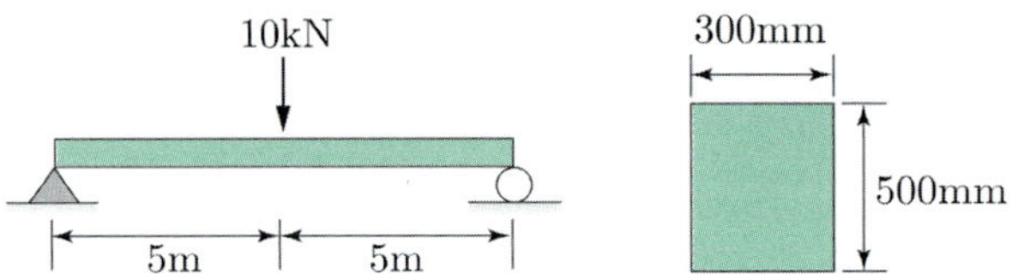

[문제 9.20]

① $\sigma_{max} = 1$　　② $\sigma_{max} = 2$　　③ $\sigma_{max} = 100$　　④ $\sigma_{max} = 200$

21 다음과 같이 정사각형 단면(그림 1)과 원형 단면(그림 2)의 면적이 동일한 경우, 정사각형 단면의 단면계수(S_1)와 원형 단면의 단면계수(S_2)의 비율(S_1/S_2)은? [공무원임용시험]

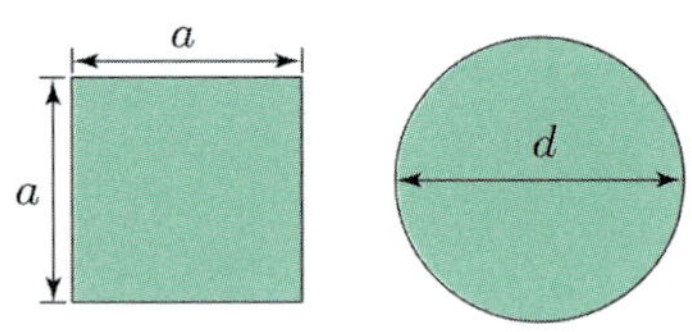

(그림 1)　　(그림 2)

[문제 9.21]

① $\dfrac{2}{3}\sqrt{\pi}$　　② $\dfrac{3}{4\sqrt{\pi}}$

③ $\dfrac{4\sqrt{\pi}}{3}$　　④ $\dfrac{3}{2\sqrt{\pi}}$

22 전체 둘레 길이가 같은 직사각형과 정사각형이 있다. 이 단면들 중에서 도심축에 대한 단면계수가 최대가 되는 폭 b와 높이 h의 비는? [공무원임용시험]

① 1 : 1　　② 2 : 3　　③ 1 : 2　　④ 1 : 3

23 지름이 990mm 인 원통드럼 위로 지름이 10mm 인 강봉이 탄성적으로 휘어져 있을 때 강봉 내에 발생되는 최대 휨응력[MPa]은? 단, 탄성계수는 2×10^5 MPa 이다. [공무원임용시험]

① 495　② 990
③ 1,000　④ 2,000

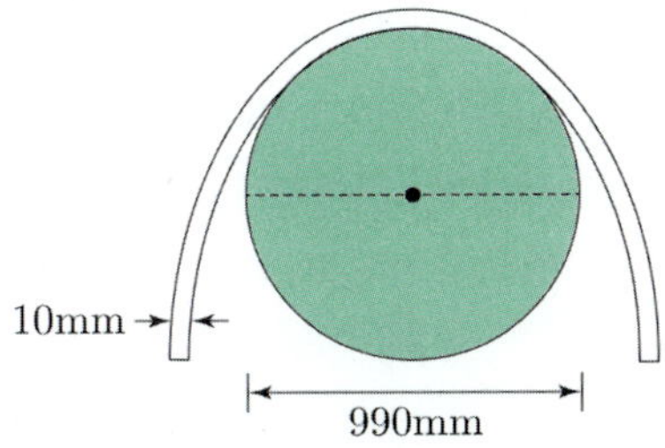

[문제 9.23]

24 다음과 같이 길이가 π인 봉의 양 끝단에 모멘트 M을 가하였더니, 봉의 굽은 형태가 원의 형태가 되었다. 이 봉의 휨강성이 EI라면 작용한 모멘트 M의 크기는?

① $EI/3$　② $EI/4$
③ $EI/5$　④ $EI/6$

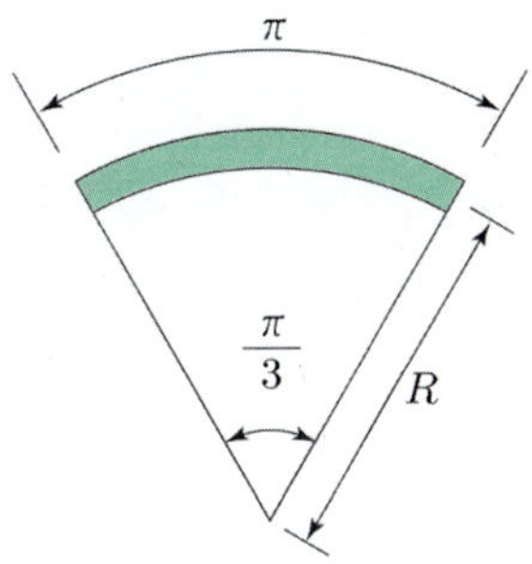

[문제 9.24]

25 그림과 같이 폭 200mm, 높이 300mm 의 단면을 가지는 단순 보의 중앙에 집중하중이 작용할 때, 보에 발생하는 최대전단응력[MPa]은? 단, 자중은 무시한다. [공무원임용시험]

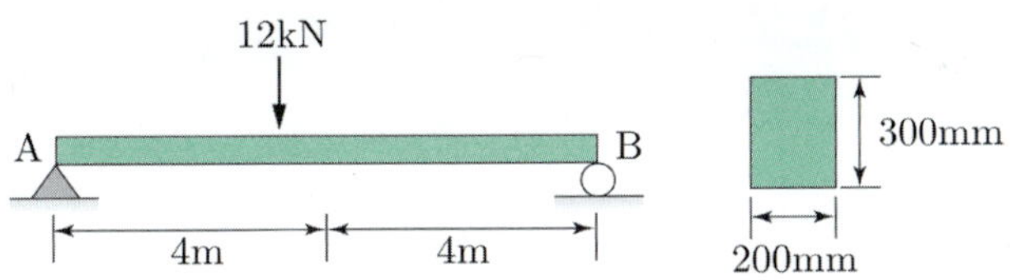

[문제 9.25]

① 0.10　② 0.15　③ 0.20　④ 0.25

26 그림과 같은 보의 C 점에 발생하는 수직응력(굽힘응력, σ)과 전단응력(τ)의 크기[MPa]를 구하여라. 단, 작용 하중 $P=120$kN, 보의 전체 길이 $L=27$m, 단면의 폭 $b=30$mm, 높이 $h=120$mm, 탄성계수 $E=210$GPa 이며, 보의 자중은 무시한다. [공무원임용시험]

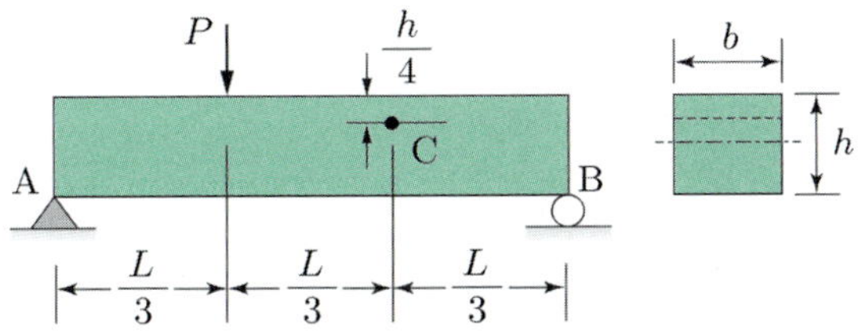

[문제 9.26]

27 그림과 같이 직사각형 단면을 가진 캔틸레버보의 끝단에 집중하중 P가 작용할 때, 상연으로부터 $h/4$ 위치인 고정단의 미소면적 A에서 휨응력 σ와 전단응력 τ를 구하여라. [공무원임용시험]

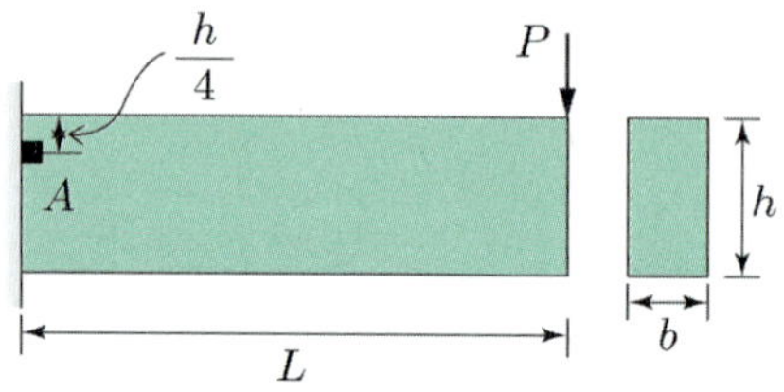

[문제 9.27]

28 그림과 같은 직사각형 단면에 전단력 V가 작용할 때, A-A 위치에 발생하는 전단응력의 크기는? [공무원임용시험]

① $\dfrac{V}{2bh}$　　② $\dfrac{4V}{3bh}$

③ $\dfrac{3V}{2bh}$　　④ $\dfrac{5V}{3bh}$

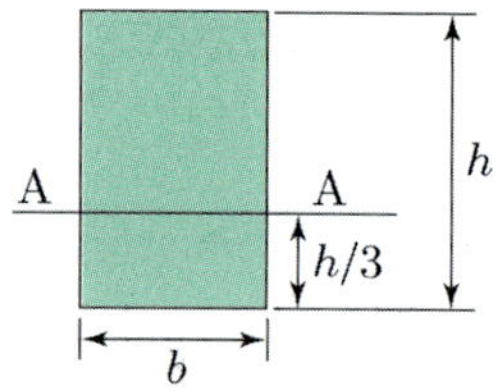

[문제 9.28]

29 그림과 같이 연직하중을 받는 단순 보의 B 점에서 전단응력[kPa]을 구하여라.

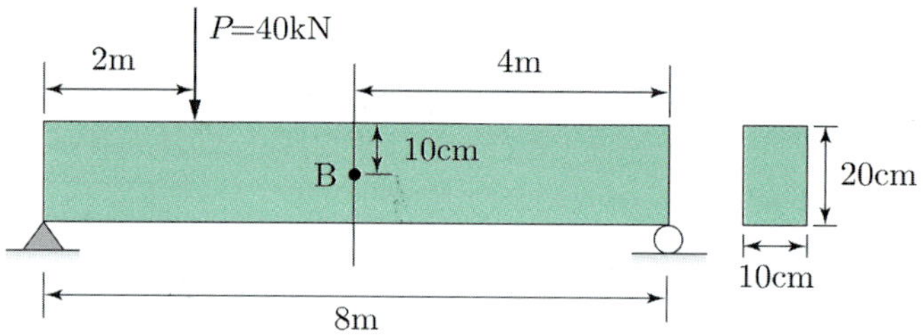

[문제 9.29]

30 전 지간에 걸쳐 등분포하중(20kN/m)이 작용하고 있는 지간 12m 인 단순 보(사각형 단면의 폭은 100mm, 높이는 100mm)가 있다. 지점에서 4m 떨어진 점의 최대 휨응력 σ[MPa]와 지간 내 발생하는 최대전단응력 τ[MPa]을 구하여라. [공무원임용시험]

31 지름이 50mm 인 원형 단면에 30π[kN]의 전단력이 작용할 때 단면에서 발생하는 최대전단응력[MPa]을 구하여라.

32 안지름 40mm, 바깥지름 80mm 인 속이 빈 원형 단면에 9π[kN]의 전단력이 작용할 때 단면에서 발생하는 최대전단응력[MPa]을 구하여라.

33 안지름 d_1, 바깥지름 d_2인 속이 빈 원형 단면에 전단력 V가 작용할 때 발생하는 최대전단응력을 지름비 $x = d_1/d_2$와 바깥지름 d_2로 표현하여라.

34 중실축의 지름(d)과 같은 바깥지름($d_2 = d$)을 갖는 중공축이 있다. 두 축이 같은 전단응력을 받을 때 다음 각 경우에 대해 두 축에서 발생하는 최대전단응력 비 $k = \left(\dfrac{\tau_{\max,\text{중공축}}}{\tau_{\max,\text{중실축}}}\right)$을 구하여라. 중공축의 안지름은 d_1이고, 지름비 $x = d_1/d_2$이다.

(1) $x = 0.1$

(2) $x = 0.5$

(3) $x = 0.9$

35 그림과 같이 등변분포하중이 원형 단면 봉에 작용하고 있다. 봉의 끝단에서 $q_0 = 2\text{kN/m}$이고 봉의 무게는 3kN, 길이 $L = 4\text{m}$이다. 봉의 허용전단응력이 3MPa일 때 봉의 최소지름을 구하여라.

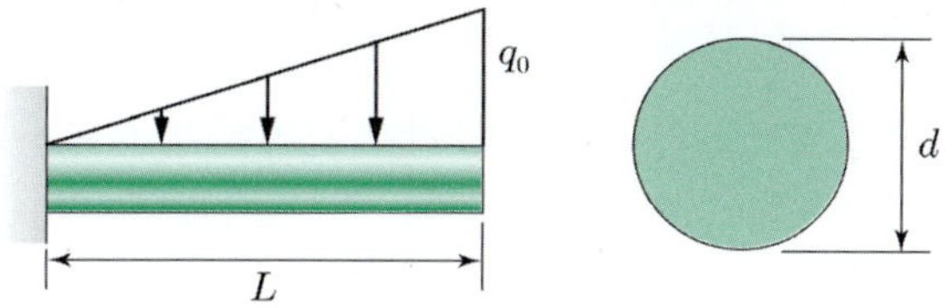

[문제 9.35]

36 그림과 같이 등변분포하중이 속이 빈 원형 단면 봉에 작용하고 있다. 길이 $L = 2\text{m}$, 안지름 $d_1 = 54\text{mm}$, 바깥지름 $d_2 = 90\text{mm}$, 봉의 무게는 2kN, $q_0 = 3\text{kN/m}$일 때 봉에서 발생하는 최대전단응력을 구하여라.

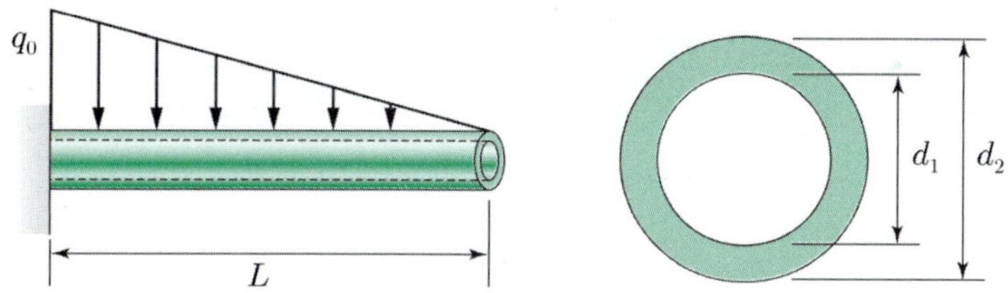

[문제 9.36]

37 그림과 같이 균일분포하중이 속이 빈 원형 단면 봉에 작용하고 있다. 봉의 길이 $L = 2\text{m}$, 무게는 40kN, $q_0 = 30\text{kN/m}$이고, 허용전단응력은 80MPa이다. 봉의 지름 비 $x = d_1/d_2 = 0.7$일 때 봉의 안지름과 바깥지름을 구하여라.

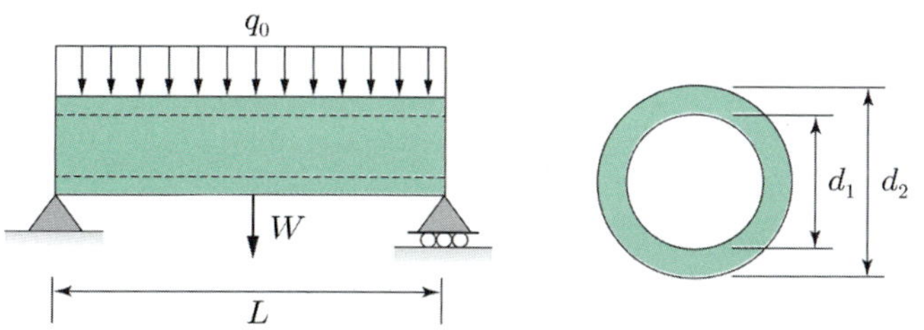

[문제 9.37]

38 직사각형 단면의 외팔보가 자체 무게를 포함하여 그림과 같은 분포하중을 받고 있다. A 와 B 에서 분포하중의 세기는 각각 $q/2$, q이고 보 길이에 따라 선형적으로 변화한다. 보의 길이 $L = 0.5\text{m}$, 단면 폭 $b = 50\text{mm}$, 높이 $h = 100\text{mm}$ 일 때 다음을 구하여라.

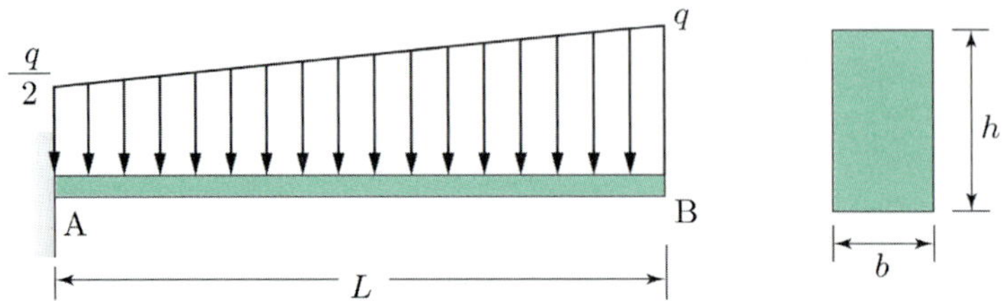

[문제 9.38]

(1) 허용굽힘응력이 80MPa일 때 이 응력에 근거하여 허용 가능한 분포하중의 세기 q [kN/m].

(2) 허용전단응력이 9MPa일 때 이 응력에 근거하여 허용 가능한 분포하중의 세기 q [kN/m].

39 다음 그림(a)와 같은 원형 단면과 그림(b)와 같은 원형관 단면에서 두 단면이 동일한 크기의 전단력을 받을 때, 두 단면에서 발생하는 최대전단응력의 비 $(\tau_{max})_{원형} : (\tau_{max})_{원형관}$는? [공무원임용시험]

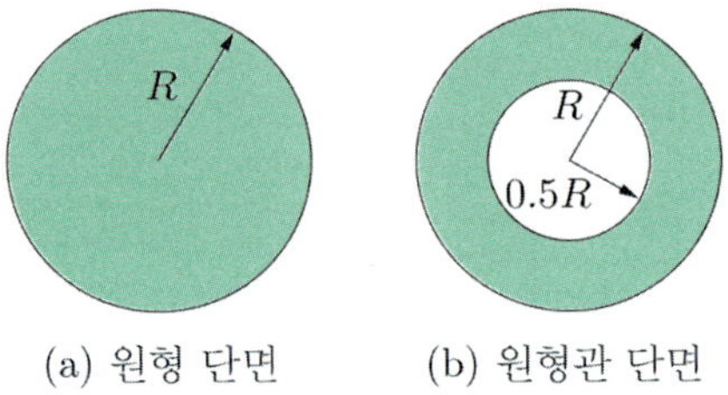

[문제 9.39]

① 8 : 15　　② 8 : 13　　③ 15 : 28　　④ 15 : 26

40 그림과 같이 단면적 $A = 4{,}000\text{mm}^2$인 원형 단면을 가진 캔틸레버 보의 자유단에 수직하중 P가 작용한다. 이 보의 전단에 대하여 허용할 수 있는 최대하중 P[kN]는? 단, 허용전단응력은 1N/mm^2이다. [공무원임용시험]

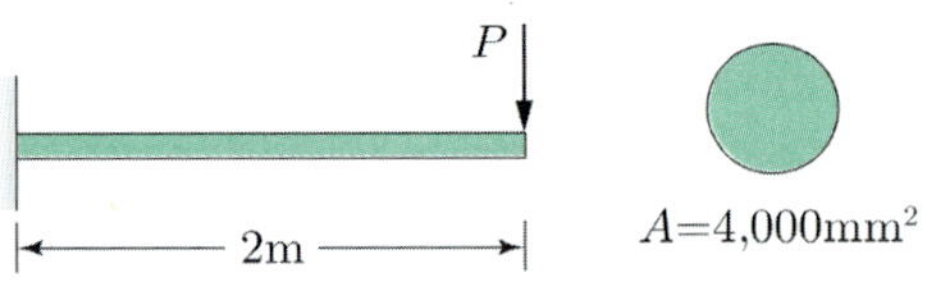

[문제 9.40]

① 2.25　　② 3.00　　③ 3.50　　④ 4.50

41 그림과 같이 집중하중과 분포하중을 받는 직사각형 단면의 외팔보가 있다. 보의 자유단에 축방향으로 힘 $F = 20\text{kN}$ 이 작용할 때 고정단에서 보의 위(A)와 아래(B) 표면의 수직응력을 각각 구하여라. 단, 보의 단면 폭 $b = 40\text{mm}$, 높이 $h = 50\text{mm}$ 이고, 보의 무게는 무시한다.

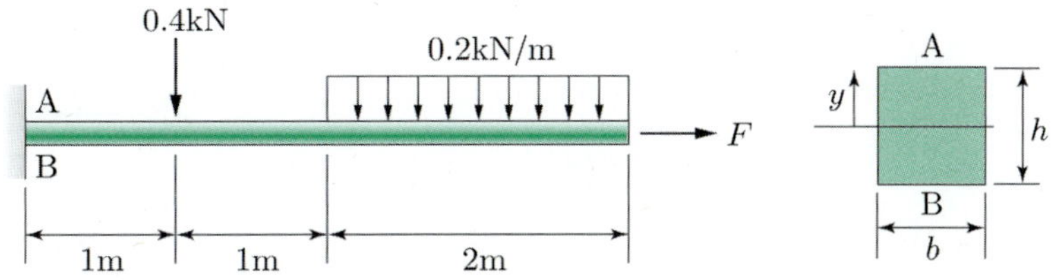

[문제 9.41]

42 위 문제[41 번]에서 보의 무게 $W = 0.2\text{kN}$ 일 때 고정단에서 보의 위(A)와 아래(B) 표면의 수직응력을 각각 구하여라.

43 벽에 고정된 속이 찬 원형 단면 봉에 등변분포하중과 압축력이 작용하고 있다. $q_0 = 0.6\text{kN/m}$, $L = 2\text{m}$, $d = 50\text{mm}$, $P = 140\text{kN}$, 봉의 무게는 0.3kN 일 때 고정단에서 봉의 위(A)와 아래(B) 표면의 수직응력을 각각 구하여라.

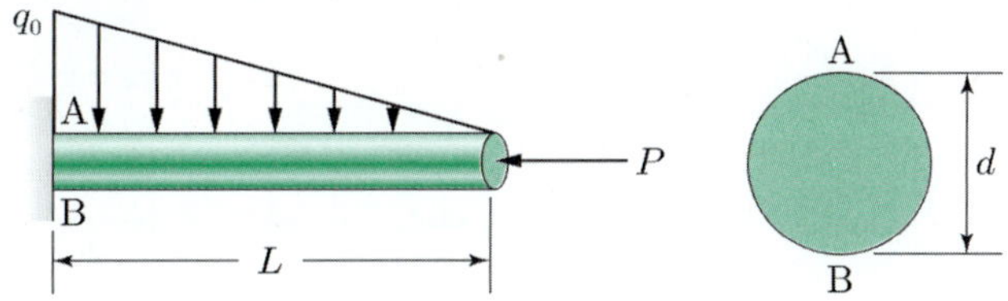

[문제 9.43]

44 벽에 고정된 속이 빈 원형 단면 봉에 등변분포하중과 압축력이 작용하고 있다. 작용하고 있다. $q_0 = 3\text{kN/m}$, $L = 2\text{m}$, $P = 200\text{kN}$, 봉의 안지름 $d_1 = 54\text{mm}$, 바깥지름 $d_2 = 90\text{mm}$, 봉의 무게는 2kN 일 때 고정단에서 봉의 위(A)와 아래(B) 표면의 수직응력을 각각 구하여라.

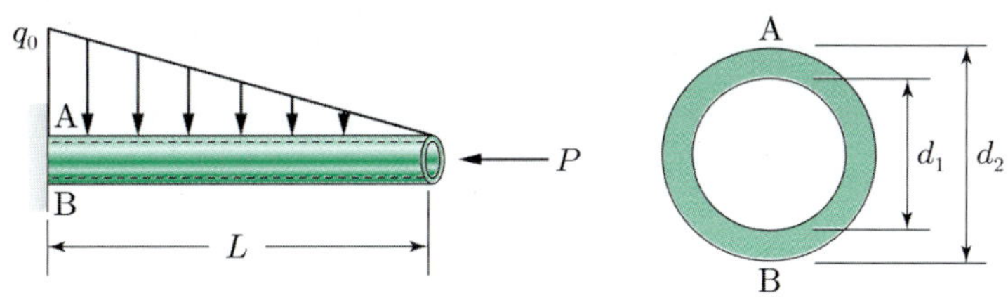

[문제 9.44]

45 벽(A)에 고정된 굽은 봉의 끝단(D)에 수평 방향으로 힘 P가 작용할 때 봉에서 발생하는 최대수직응력의 크기를 구하여라. 단, 봉의 지름은 d이다.

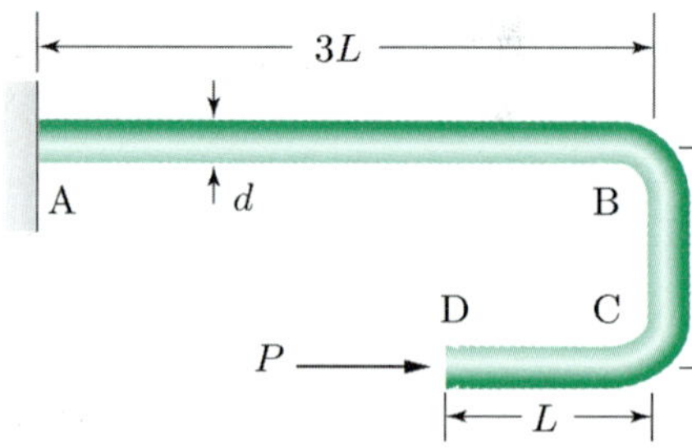

[문제 9.45]

46 한 변이 6 cm인 정사각형 보의 어느 단면에 3600 kgf • cm의 휨모멘트가 작용하고 있을 때 단면의 최대 휨 응력은 몇 kgf/cm^2가 되는가? [중등교사 임용시험-기계]

① 100　② 200　③ 300　④ 400

47 길이가 8m인 외팔보의 자유단에 100kN의 집중하중이 작용하고, 자유단으로부터 2m 거리에서 길이 4m에 걸쳐 10kN/m의 균일분포하중이 작용할 때 다음 각 값을 구하시오. [중등교사 임용시험-기계]

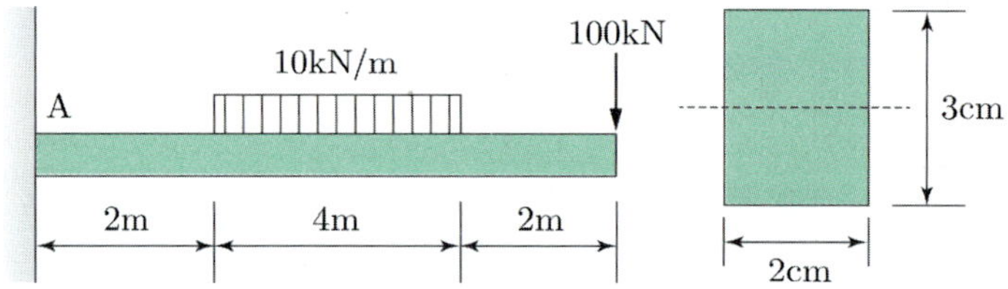

[문제 9.47]

(1) 최대 휨(굽힘) 모멘트[kN • m]

(2) 지점 A에서의 반력의 크기[kN]

(3) 균일한 외팔보의 단면이 그림과 같을 경우 단면계수의 값[cm^3]

48 폭 b, 높이 h인 사각 단면을 가지고, 길이가 L인 단순 보에 그림과 같이 균일분포하중 w(N/m)가 작용할 때 다음을 구하시오. [중등교사 임용시험-기계 • 금속]

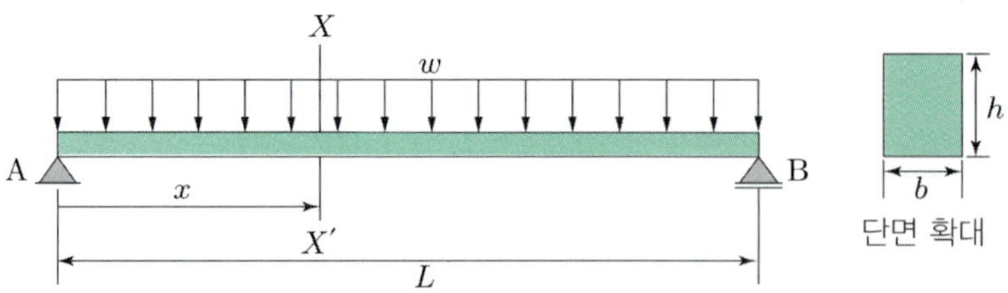

[문제 9.48]

(1) 받침점 A에서 x(m)의 거리에 있는 임의 단면 $X-X'$에서의 굽힘모멘트

(2) 보에 작용하는 최대 굽힘모멘트

(3) 보에서 발생하는 최대굽힘응력

49 그림과 같이 균일분포하중이 작용하는 외팔보에 대한 물음에 답하시오. [중등교사 임용시험-기계 • 금속]

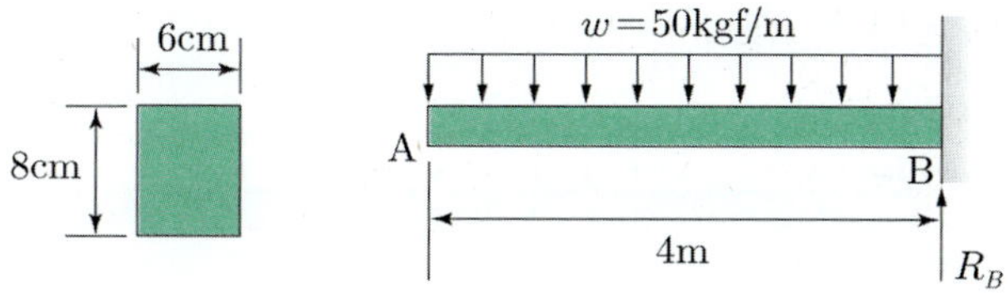

[문제 9.49]

(1) B 점의 반력 R_B[kgf]를 계산하시오.

(2) B 점에 작용하는 최대 전단력 V_{max}[kgf]를 계산하시오.

(3) B 점에 작용하는 최대 굽힘모멘트 M_{max}[kgf • cm]를 계산하시오.

(4) 최대굽힘응력 σ_{max}[kgf/cm^2]을 계산하시오.

50 그림과 같이 직사각형 단면을 갖는 단순 보가 집중하중을 받을 때 최대 굽힘모멘트[N • m]와 최대굽힘응력[MPa]을 구하시오. 단, 보의 단면은 폭 $b = 20$mm, 높이 $h = 30$mm이다. [중등교사 임용시험-기계 • 금속]

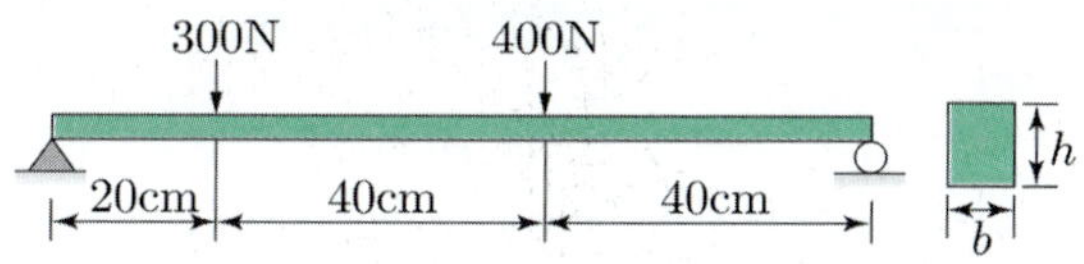

[문제 9.50]

51 그림과 같이 외력 P를 받아 평형을 이루는 보의 아래 표면에서 위로 $3h/4$, 왼쪽 끝에서 $l/2$의 지점 A 의 굽힘응력(σ_x)을 구하시오. [중등교사 임용시험-기계 • 금속]

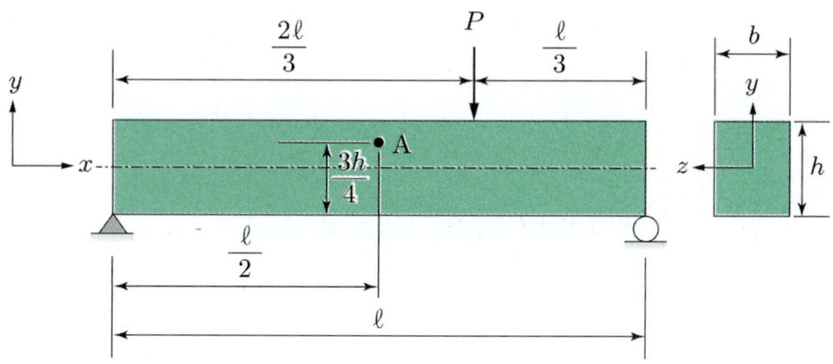

[문제 9.51]

52 그림과 같이 집중하중과 분포하중이 작용하는 내다지 보의 반력을 구하고, 전단력 선도와 굽힘 모멘트 선도를 그리시오. 그리고 보의 단면 높이 h가 40mm 일 때, 허용굽힘응력 30MPa 을 기준으로 최소 단면 폭 b를 구하시오. [중등교사 임용시험-기계 • 금속]

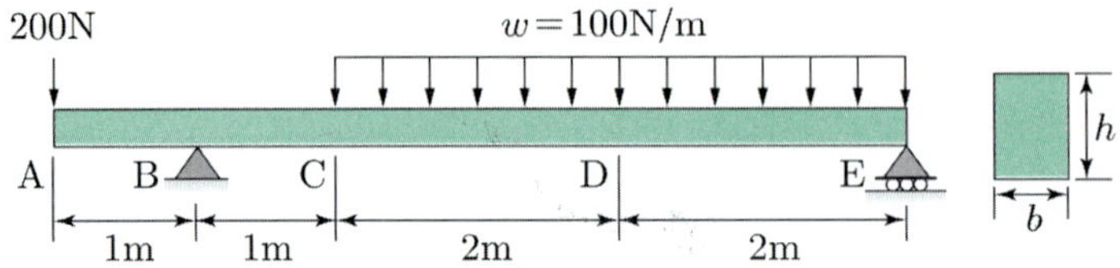

[문제 9.52]

53 그림과 같이 외팔보에 집중하중 P와 분포하중 w가 수직하게 작용한다. 보의 A 점 단면에서 걸리는 전단력, 굽힘모멘트와 최대 굽힘 인장응력을 각각 구시오. 단, 보 단면의 2 차모멘트 $I = 4\times10^{-4}\text{m}^4$이다. [중등교사 임용시험-기계 • 금속]

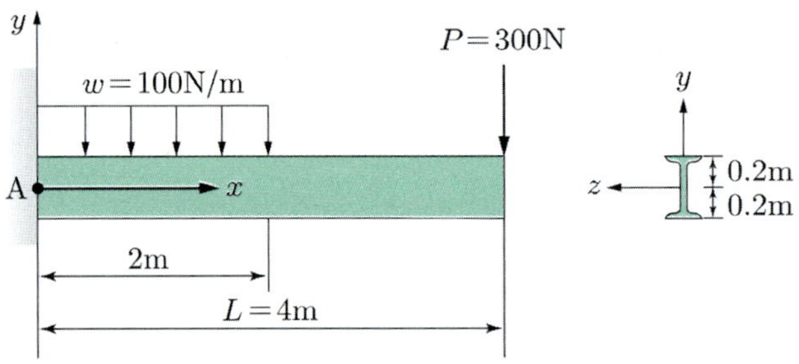

[문제 9.53]

54 그림과 같은 불균일분포하중 w를 받고 있는 외팔보에서 발생하는 최대굽힘응력을 구하여라. w_0의 단위는 [N/m]이고, 보의 단면은 지름이 d[m]인 원형이다.

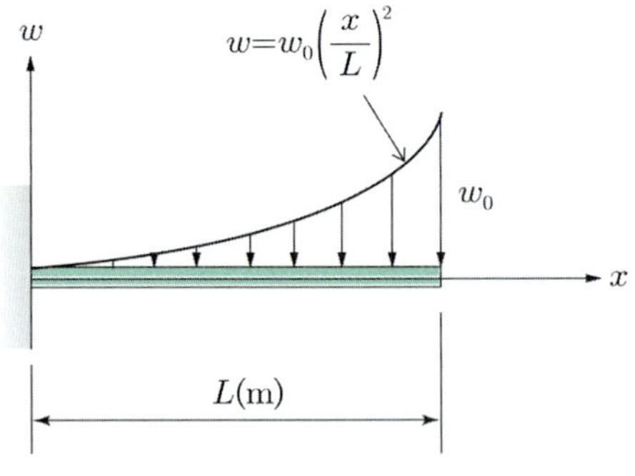

[문제 9.54]

55 그림 (가)와 같은 단순 보의 단면은 그림 (나)와 같다. 이와 같은 단순 보의 단면에 발생하는 최대 휨 응력(σ_{max})과 최대전단응력(τ_{max})을 각각 구하시오. 단, 보의 자중은 무시한다. [중등교사 임용시험-건설]

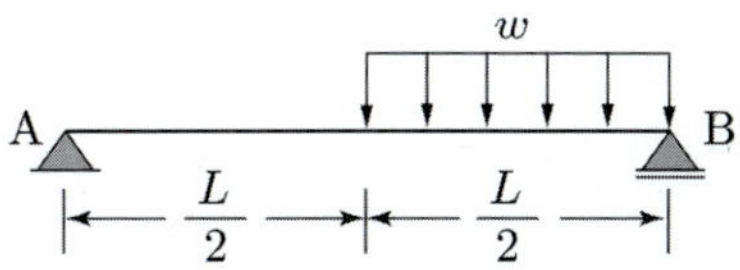

(가) 단순보

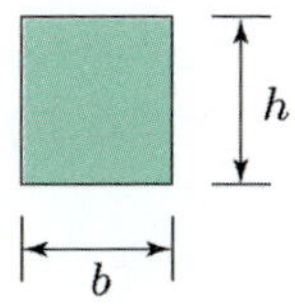

(나) 단순보의 단면

[문제 9.55]

제10장 응력 변환

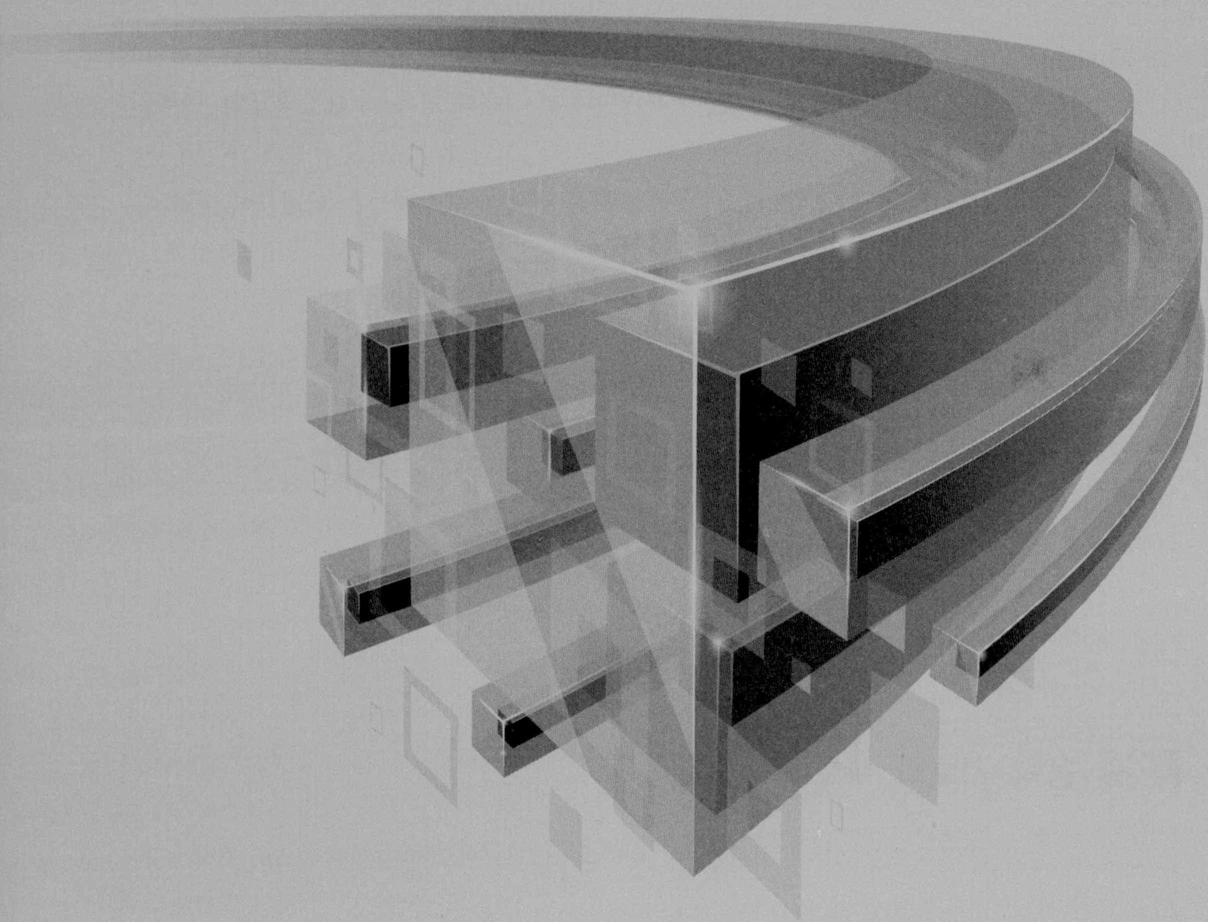

10.1 평면응력

1 평면응력

일반적으로 재료 내 한 점에서 응력 상태는 [그림 10.1]의 (a)와 같이 6 개의 성분(σ_x, σ_y, σ_z, τ_{xy}, τ_{yz}, τ_{zx})으로 표현된다. 그림에서 전단응력 $\tau_{yx} = \tau_{xy}$, $\tau_{zy} = \tau_{yz}$, $\tau_{xz} = \tau_{zx}$이다. 여기에서 $\sigma_z = \tau_{yz} = \tau_{zx} = 0$인 응력 상태를 평면응력(plane stress)상태라 한다.

xy평면에서 평면응력 상태는 [그림 10.1]의 (b)와 같이 3 개의 성분(σ_x, σ_y, τ_{xy})으로 표현된다. 여기에서 $\tau_{yx} = \tau_{xy}$이다. 재료가 xy평면에서 평면응력 상태에 있을 때 요소의 x와 y면만 응력을 받으며 모든 응력은 x와 y축에 평행하게 작용한다. 지금까지 다루었던 인장과 압축을 받는 봉, 비틀림을 받는 부재, 굽힘모멘트를 받는 보 등에서 응력상태들은 평면응력 상태의 예들이다.

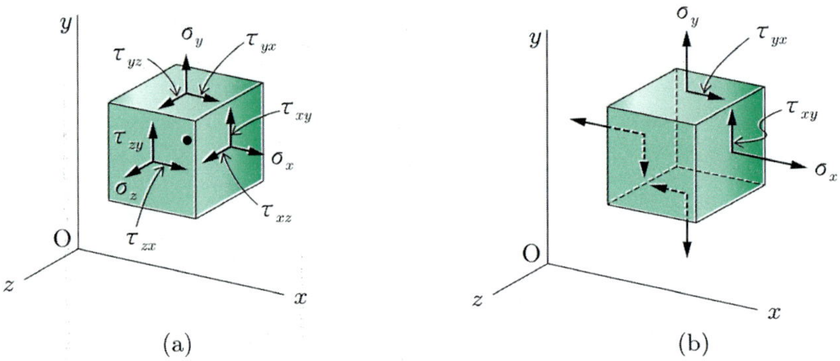

[그림 10.1] (a) 한 점의 일반적인 응력 상태(3차원 요소) (b) 평면응력 상태

2 응력 기호와 부호규약

[그림 10.2]와 같은 응력요소를 살펴보자. 이 요소의 크기는 미소하며 일반적으로 직사각형으로 그린다. x, y축은 요소의 모서리와 평행하고 요소의 면은 바깥쪽으로 수직인 방향으로 나타낸다. 여기에서 요소의 오른쪽 면을 양(+)의 x면이라 하고 왼쪽을 음(−)의 x면이라 한다. 마찬가지로 윗면은 양(+)의 y면이 되고 아랫면은 음(−)의 y면이 된다.

그림에서 응력 기호는 다음과 같은 의미를 가진다. 수직응력 σ의 아래첨자는 응력이 작용하는 면을 나타낸다. 예를 들어 σ_x는 요소의 x면에 작용하고 σ_y는 요소의 y면에 작용한다. 요소의 크기가 매우 작기 때문에 같은 크기의 수직 응력이 반대 면에도 작용한다. 수직응력에 대한 부호 규약은 일반적으로 인장은 양(+)으로, 압축은 음(−)으로 한다.

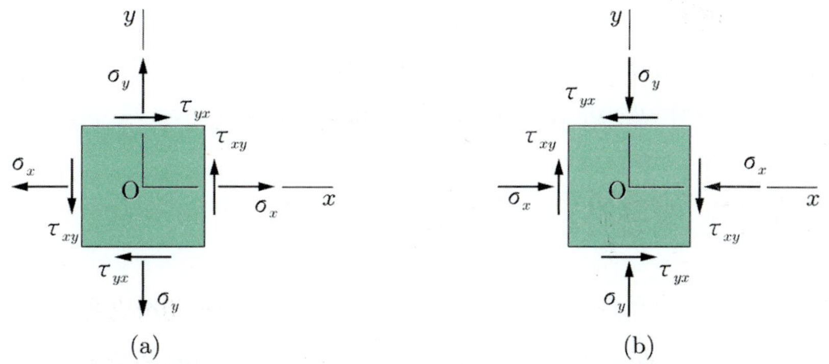

[그림 10.2] 응력의 부호 (a) 양(+)의 응력 (b) 음(−)의 응력

전단응력 τ는 2개의 아래 첨자를 가진다. 첫 번째 아래 첨자는 응력이 작용하는 면을 나타내고, 두 번째는 그 면에서의 응력 방향을 나타낸다. 예를 들어 τ_{xy}는 x면에 y축방향으로 작용하고, τ_{yx}는 y면에 x축방향으로 작용한다.

전단응력에 대한 부호 규약은 다음과 같다. 전단응력이 요소의 양의 면에 축의 양의 방향으로 작용하면 양(+)이고, 요소의 양의 면에 축의 음의 방향으로 작용하면 음(−)이다. 따라서 그림과 같이 양의 x면과 y면에 작용하는 응력 τ_{xy}와 τ_{yx}는 양의 전단응력이 된다. 마찬가지로 요소의 음의 면에 축의 음의 방향으로 작용하면 전단 응력은 양이 된다. 따라서 그림과 같이 요소의 음의 면에 그려진 τ_{xy}와 τ_{yx}도 역시 양이 된다.

이상에서 정의한 전단응력에 대한 부호 규약은 다음과 같이 기술하면 쉽게 기억할 수 있다.

전단응력 방향에 관계되는 아래 첨자가 양-양 또는 음-음이면 전단응력은 양이고, 방향이 양-음 또는 음-양이면 응력은 음이다.

이상에서 설명한 응력의 부호 규약을 종합하여 응력요소에 나타내면 [그림 10.2]와 같다. 그림에서 (a)는 모두 양의 수직응력과 전단응력을 나타내고, (b)는 음의 수직응력과 전단응력을 나타낸다.

전단응력에 대한 부호규약은 요소에서 힘의 평형과 일치한다. 왜냐하면 미소요소의 반대쪽 면의 응력은 크기가 같고 방향이 반대이기 때문이다. 따라서 부호규약에 의해 [그림 10.2]의 (a)와 같이 양의 τ_{xy}는 양의 면에서 위로 작용하고, 음의 면에서는 아래로 작용한다. τ_{yx}도 이와 마찬가지로 요소의 윗면과 아랫면에 작용하는 응력의 방향이 서로 반대이어도 [그림 10.2]의 (a)의 τ_{yx}는 모두 양이다.

직교 평면상에 작용하는 두 전단응력(τ_{xy}, τ_{yx})은 크기가 같고 그 면의 교차선을 같이 향하거나 같이 멀어지는 방향을 가지고 있다([그림 10.2]).

$$\tau_{xy} = \tau_{yx} \qquad \cdots (10.1)$$

평면응력요소를 그릴 때는 편의상 [그림 10.2]와 같이 xy 평면에서 2차원으로 그린다. 그런데 이와 같은 그림이 요소에 작용하는 응력을 나타내기에 충분하다 하더라도 [그림 10.1]의 (b)와 같이 수직한 면이 임의의 두께를 가진 물체라는 것을 염두에 두어야 한다.

3 경사면에 작용하는 응력

[그림 10.3]의 (a)의 응력요소에서 응력 σ_x, σ_y, τ_{xy}를 알 때 경사면에 작용하는 응력을 조사한다. 경사면에 작용하는 응력을 표현하기 위해 (b)와 같은 새로운 응력요소를 고려한다. 이 응력요소는 재료 내에서 원래의 요소 (a)와 같은 지점에 있지만 경사진 방향에 평행하거나 수직한 면을 가진다. 이 새로운 요소에 대한 축은 $x1$, $y1$, $z1$축이며 $z1$축은 z축과 같고, $x1$과 $y1$축은 x와 y축에 대해 반시계 방향으로 θ만큼 회전되어 있다.

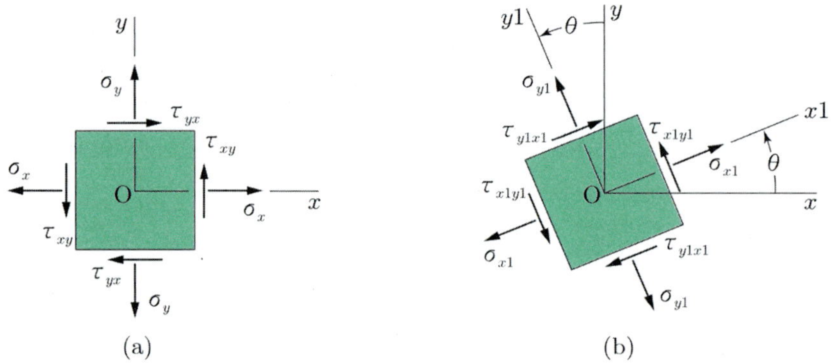

[그림 10.3] 경사면 응력-응력의 변환

새로운 요소($x1y1$요소)에 작용하는 응력은 xy요소에서 작용하는 응력에 대해 사용한 것과 같은 첨자표시와 부호규약을 사용하여 σ_{x1}, σ_{y1}, τ_{x1y1}, τ_{y1x1}으로 표시한다([그림 10.3]의 (b)). 먼저 전단응력에 대해서 xy요소와 같이 다음 관계식이 성립한다.

$$\tau_{x1y1} = \tau_{y1x1} \quad \cdots (10.2)$$

경사진 $x1y1$요소에 작용하는 응력(σ_{x1}, σ_{y1}, τ_{x1y1})을 xy요소에 작용하는 응력들(σ_x, σ_y, τ_{xy})로 나타내기 위해 [그림 10.4]의 (a)와 같은 쐐기형 응력요소를 선택한다. 쐐기형 응력요소의 한 면은 경사진 요소의 $x1$면과 같은 경사면을 가지며 나머지 두 면은 x와 y축에 평행하다.

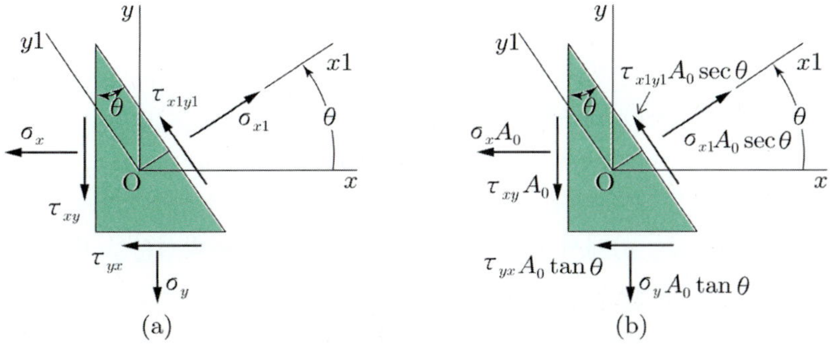

[그림 10.4] 쐐기형 응력요소 (a)응력 (b) 힘

쐐기형 응력요소에서 왼쪽면의 면적을 A_0라고 하면 밑면의 면적은 $A_0 \tan\theta$이고, 경사면의 면적은 $A_0 \sec\theta$가 된다. 따라서 각 면에 작용하는 힘은 [그림 10.4]의 (b)와 같다. 여기에서 왼쪽면과 밑면에 작용하는 힘을 $x1$과 $y1$방향으로 작용하는 성분으로 분해하여 각 방향에 대한 힘의 평형조건을 적용한다. 먼저 $x1$방향에 대한 힘의 평형조건($\sum F_{x1} = 0$)을 적용하면

$$\sigma_{x1} A_0 \sec\theta - \sigma_x A_0 \cos\theta - \tau_{xy} A_0 \sin\theta - \sigma_y A_0 \tan\theta \sin\theta - \tau_{yx} A_0 \tan\theta \cos\theta = 0$$

이고, $y1$방향에 대한 힘의 평형조건($\sum F_{y1} = 0$)을 적용하면

$$\tau_{x1y1} A_0 \sec\theta + \sigma_x A_0 \sin\theta - \tau_{xy} A_0 \cos\theta - \sigma_y A_0 \tan\theta \cos\theta + \tau_{yx} A_0 \tan\theta \sin\theta = 0$$

이다. 위 두 식에서 σ_{x1}과 τ_{x1y1}을 구하고 $\tau_{xy} = \tau_{yx}$의 관계식을 대입하여 정리하면 다음 식이 얻어진다.

$$\sigma_{x1} = \sigma_x \cos^2\theta + \sigma_y \sin^2\theta + 2\tau_{xy} \sin\theta\cos\theta \qquad \cdots (10.3)$$

$$\tau_{x1y1} = -(\sigma_x - \sigma_y)\sin\theta\cos\theta + \tau_{xy}(\cos^2\theta - \sin^2\theta) \qquad \cdots (10.4)$$

식 (10.3)과 (10.4)는 x축에 대해 θ만큼 경사진 $x1$면에 작용하는 수직응력과 전단응력을 각 θ와 x면 응력(σ_x, σ_y, τ_{xy})으로 표현한 것이다. 여기에서 $\theta = 0$이면 당연히 $\sigma_{x1} = \sigma_x$, $\tau_{x1y1} = \tau_{xy}$가 된다.

4 평면응력의 변환공식

다음과 같은 삼각함수의 배각공식을 사용하면 경사면 응력에 대한 식을 사용하기 편리한 형태로 바꿀 수 있다.

$$\cos^2\theta = \frac{1}{2}(1 + \cos 2\theta), \quad \sin^2\theta = \frac{1}{2}(1 - \cos 2\theta), \quad \sin\theta\cos\theta = \frac{1}{2}\sin 2\theta$$

위 식을 식 (10.3)과 (10.4)에 대입하면 다음 관계식이 얻어진다.

$$\sigma_{x1} = \frac{\sigma_x + \sigma_y}{2} + \frac{\sigma_x - \sigma_y}{2}\cos 2\theta + \tau_{xy}\sin 2\theta \quad \cdots (10.5)$$

$$\tau_{x1y1} = -\frac{\sigma_x - \sigma_y}{2}\sin 2\theta + \tau_{xy}\cos 2\theta \quad \cdots (10.6)$$

이 식들은 한 좌표축(x, y)에서 다른 좌표축($x1$, $y1$)으로 응력성분을 변환시키기 때문에 평면응력의 변환공식이라 한다.

경사진 요소의 $y1$면에 작용하는 수직응력 σ_{y1}([그림 10.3]의 (b))은 θ 대신 $\theta + 90°$를 식 (10.5)에 대입하면 구해진다.

$$\sigma_{y1} = \frac{\sigma_x + \sigma_y}{2} - \frac{\sigma_x - \sigma_y}{2}\cos 2\theta - \tau_{xy}\sin 2\theta \quad \cdots (10.7)$$

식 (10.5)와 식 (10.7)을 합하면 다음 관계식이 얻어진다.

$$\sigma_{x1} + \sigma_{y1} = \sigma_x + \sigma_y \quad \cdots (10.8)$$

이 식은 평면응력요소의 서로 수직인 면에 작용하는 수직응력의 합은 경사각 θ와 무관하게 일정하다는 것을 나타낸다.

5 평면응력의 특별한 경우

[1] 단축응력

[그림 10.5]의 (a)와 같이 xy요소에서 수직응력 σ_x를 제외한 모든 응력이 0이면 이 요소는 단축응력 상태에 있다. 이때는 식 (10.5)와 (10.6)에서 $\sigma_y = \tau_{xy} = 0$을 대입하면 다음 변환공식이 얻어진다.

$$\sigma_{x1} = \frac{\sigma_x}{2}(1 + \cos 2\theta), \quad \tau_{x1y1} = -\frac{\sigma_x}{2}\sin 2\theta \quad \cdots (10.9)$$

단축응력 상태에서 발생하는 최대전단응력의 크기 $\tau_{\max} = \sigma_x/2$이고, x축과 y축으로부터 $2\theta = \pm 90°$, 즉, $\theta = \pm 45°$로 회전한 평면에서 발생한다.

[2] 순수전단응력

[그림 10.5]의 (b)와 같이 xy요소에서 전단응력 τ_{xy}를 제외한 모든 응력이 0이면 이 요소는 순수전단 상태에 있다. 여기에서 $\sigma_x = \sigma_y = 0$이므로 식 (10.5)와 (10.6)에서 다음 변환공식이 얻어진다.

$$\sigma_{x1} = \tau_{xy} \sin 2\theta, \ \tau_{x1y1} = \tau_{xy} \cos 2\theta \qquad \cdots (10.10)$$

순수전단응력을 받는 요소에서 발생하는 양과 음의 최대수직응력은 $\sigma_1 = \tau_{xy}$, $\sigma_2 = -\tau_{xy}$이고, 이들 값은 $\theta = \pm 45°$에서 발생한다.

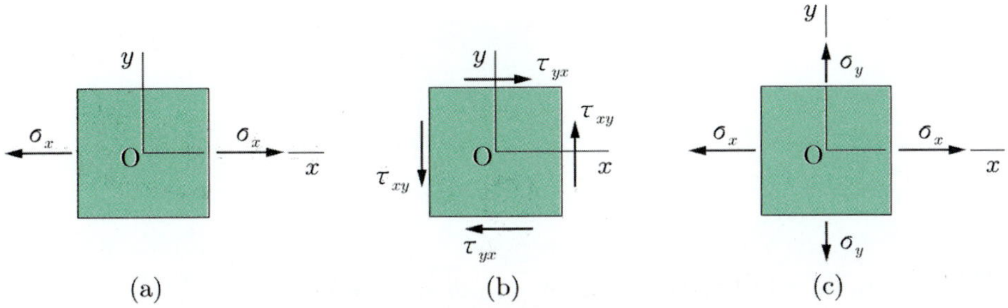

[그림 10.5] (a) 단축응력 (b) 순수전단응력 (c) 2축응력

[3] 2축응력

[그림 10.5]의 (c)와 같이 xy요소가 전단응력이 없고 x, y 방향의 수직응력 σ_x, σ_y를 받는 응력을 2축응력(biaxial stress)이라 한다. 식 (10.5)와 (10.6)에서 $\tau_{xy} = 0$으로 하면 다음 변환공식이 얻어진다.

$$\sigma_{x1} = \frac{\sigma_x + \sigma_y}{2} + \frac{\sigma_x - \sigma_y}{2} \cos 2\theta, \ \tau_{x1y1} = -\frac{\sigma_x - \sigma_y}{2} \sin 2\theta \qquad \cdots (10.11)$$

2축응력도 단축응력과 마찬가지로 최대전단응력이 발생하는 평면은 x축과 y축으로부터 $\pm 45°$로 회전한 평면이 된다.

예제 10.1 평면응력 상태 $\sigma_x = 40\text{MPa}$, $\sigma_y = 20\text{MPa}$, $\tau_{xy} = 10\text{MPa}$인 응력요소에서 반시계 방향으로 $\theta = 45°$ 회전한 $x1$면에 작용하는 응력을 구하여라.

풀이 $\theta = 45°$일 때 $\cos 2\theta = 0$, $\sin 2\theta = 1$이다. 식 (10.5)와 (10.6)으로부터

$$\sigma_{x1} = \frac{\sigma_x + \sigma_y}{2} + \frac{\sigma_x - \sigma_y}{2} \cos 2\theta + \tau_{xy} \sin 2\theta = \frac{40 + 20}{2} + 10 = 40 [\text{MPa}]$$

$$\tau_{x1y1} = -\frac{(\sigma_x - \sigma_y)}{2} \sin 2\theta + \tau_{xy} \cos 2\theta = -\frac{(40 - 20)}{2} = -10 [\text{MPa}]$$

예제 10.2 [그림 10.6]과 같이 단축응력 상태에 있는 요소가 x방향으로 인장응력 $\sigma_x = 50\text{MPa}$을 받고 있을 때 다음을 구하여라.

(1) 그림과 같이 요소를 반시계방향으로 각 $\theta(\tan\theta = 1/2)$ 회전한 요소의 $x1$면에서 수직응력과 전단응력.

(2) 요소에서 발생하는 최대전단응력의 크기.

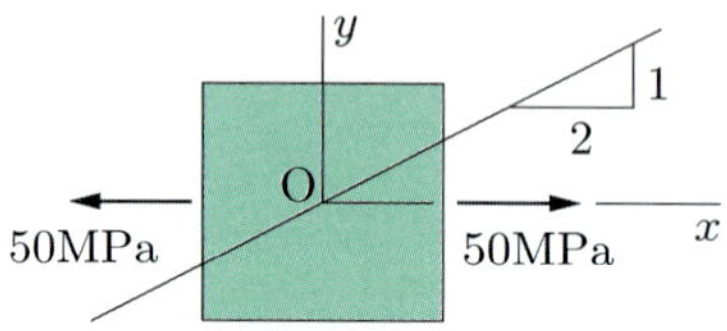

[그림 10.6] 단축응력을 받는 요소

풀이 먼저 $\tan\theta = 1/2$로부터 $\cos2\theta$와 $\sin2\theta$의 값을 구한다.

$$\tan2\theta = \frac{2\tan\theta}{1-\tan^2\theta} = \frac{2\times(1/2)}{1-(1/2)^2} = \frac{4}{3}$$

$$\therefore\ \cos2\theta = \frac{3}{\sqrt{3^2+4^2}} = \frac{3}{5},\ \sin2\theta = \frac{4}{\sqrt{3^2+4^2}} = \frac{4}{5}$$

(1) 회전한 요소에서의 응력(σ_{x1}, τ_{x1y1}) : 식 (10.9)로부터

$$\sigma_{x1} = \frac{\sigma_x}{2}(1+\cos2\theta) = \frac{50}{2}\times\left(1+\frac{3}{5}\right) = 40\,[\text{MPa}]$$

$$\tau_{x1y1} = -\frac{\sigma_x}{2}\sin2\theta = -\frac{50}{2}\times\frac{4}{5} = -20\,[\text{MPa}]$$

(2) 최대전단응력(τ_{max})의 크기 : $2\theta = \pm 90°$일 때

$$\tau_{max} = \frac{\sigma_x}{2} = \frac{50}{2} = 25\,[\text{MPa}]$$

10.2 평면응력에 대한 모어 원

1 모어 원

평면응력에서 변환 공식은 모어 원(Mohr's circle)으로 알려진 도식적인 방법으로 나타낼 수 있다. 모어 원으로부터 주응력, 최대전단응력 및 경사면에서의 응력을 계산할 수 있다.5)

5) 모어 원을 알면 10.1절의 공식을 몰라도 필요한 값을 구할 수 있다. 평면응력에서는 모어 원만 알아도 된다고 할 수 있다. 복잡한 공식을 기억하려 하지 말고 모어 원을 잘 알아두도록 한다.

모어 원을 그리는 방법은 여러 가지가 있을 수 있지만 다음과 같이 그리는 게 편리하다.

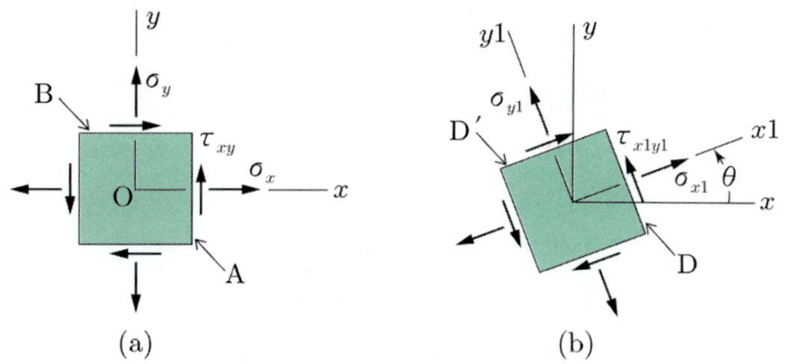

[그림 10.7] (a) 양(+)의 전단응력과 수직 응력 (b) 경사단면의 응력

[그림 10.7]의 (a)와 같이 σ_x가 양이면 오른쪽에, 전단응력 τ_{xy}가 양이면 아래쪽에 면 A의 응력을 나타낸다(모어 원 [그림 10.8]의 점 A). 전단응력이 양의 값을 가질 때 아래쪽으로 그릴 경우의 장점은, 모어 원에서 각 2θ가 반시계방향(↶)일 때를 양으로 정한 것이 변환공식을 유도할 때 2θ를 양으로 정한 방향과 일치하는 데 있다. 즉, 모어 원에서 2θ의 방향과 경사단면의 θ의 방향이 일치한다. 따라서 각 2θ에 대한 양의 방향이 모어 원과 요소 자체에서 같아지므로 응력 요소의 방향을 도식적으로 나타내기가 쉬워진다.

예를 들어 [그림 10.7]에서 (a)의 요소를 반시계방향(↶)으로 θ만큼 회전한 요소 (b)에서의 응력을 다음과 같이 쉽게 구할 수 있다. [그림 10.8]의 모어 원에서 (a) 요소의 응력을 나타내는 점 A, B를 각각 반시계방향(↶)으로 2θ만큼 회전한 점 D, D'의 응력이 바로 (b) 요소의 각 면에서의 응력이 된다.

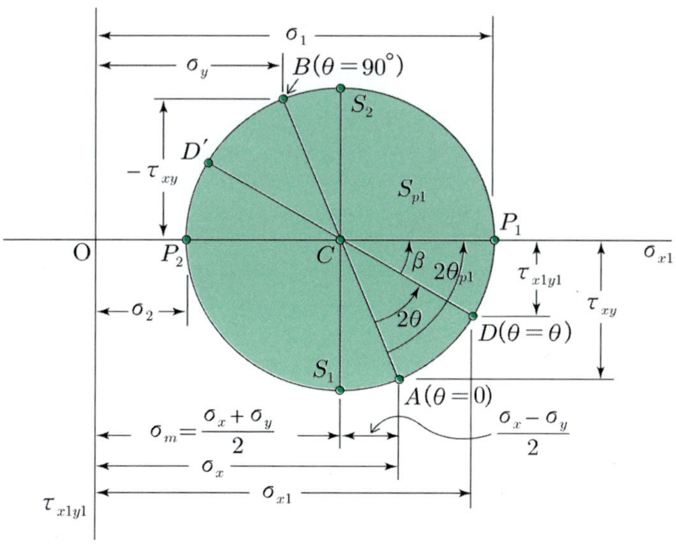

[그림 10.8] 평면응력에 대한 모어 원

[1] 주응력과 최대전단응력

평면응력 요소에서 x와 y면에 작용하는 응력이 σ_x, σ_y, τ_{xy}일 때 모어 원의 중심 좌표는 $C(\sigma_m, 0)$이고 모어 원의 방정식은 다음과 같다.

$$(\sigma - \sigma_m)^2 + \tau^2 = R^2 \qquad \cdots (10.12)$$

여기에서 평균 응력(σ_m)과 원의 반지름(R)은 다음과 같다.

$$\sigma_m = \frac{\sigma_x + \sigma_y}{2} \qquad \cdots (10.13)$$

$$R = \sqrt{\left(\frac{\sigma_x - \sigma_y}{2}\right)^2 + (\tau_{xy})^2} \qquad \cdots (10.14)$$

식 (10.12)~(10.14)는 원의 방정식과 피타고라스 정리를 이용하여 쉽게 구할 수 있다. 최대 수직응력과 최소 수직응력을 주응력(principle stress)이라 하며, 모어 원 [그림 10.8]에서 최대 주응력(σ_1, 점 P_1)과 최소 주응력(σ_2, 점 P_2) 및 최대전단응력(τ_{max}, 점 S_1)은 다음과 같이 결정된다.

$$\sigma_1 = \sigma_m + R \qquad \cdots (10.15)$$

$$\sigma_2 = \sigma_m - R \qquad \cdots (10.16)$$

$$\tau_{max} = R \qquad \cdots (10.17)$$

위 식으로부터 최대전단응력(τ_{max})은 두 주응력(σ_1, σ_2)의 차이의 1/2과 같다는 것을 알 수 있다.

$$\tau_{max} = \frac{\sigma_1 - \sigma_2}{2} \qquad \cdots (10.18)$$

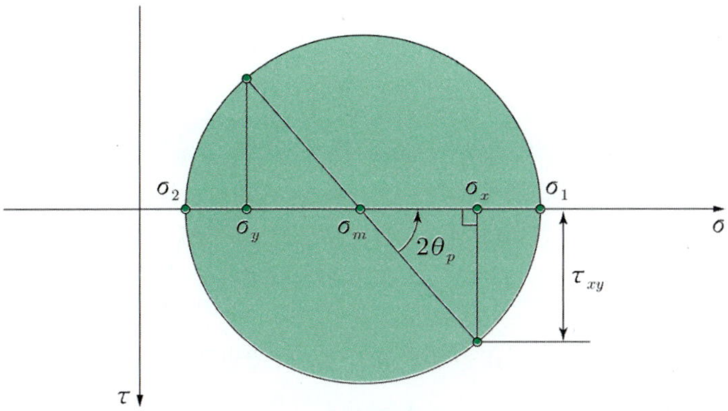

[그림 10.9] 주각 θ_p

그리고 [그림 10.9]에서 응력이 최대가 되는 각(주각) θ_p는 다음과 같이 결정된다. 주각(principle angle) θ_p는 최대주응력이 작용하는 주평면(principle plane)의 방향을 나타내는 각도이다.

$$\tan(2\theta_p) = \frac{\tau_{xy}}{(\sigma_x - \sigma_y)/2} = \frac{2\tau_{xy}}{\sigma_x - \sigma_y}$$

$$\theta_p = \frac{1}{2}\tan^{-1}\left(\frac{2\tau_{xy}}{\sigma_x - \sigma_y}\right) \quad \cdots (10.19)$$

$$\tan(2\theta_p) = \frac{\tau_{xy}}{\sigma_x - \sigma_m}$$

$$\theta_p = \frac{1}{2}\tan^{-1}\left(\frac{\tau_{xy}}{\sigma_x - \sigma_m}\right) \quad \cdots (10.20)$$

[그림 10.8]에서 양의 최대전단응력과 음의 최대전단응력을 나타내는 점 S_1과 S_2는 각각 모어 원의 맨 아래와 윗부분에 위치하고, 이 점들은 점 P_1과 P_2로부터 $2\theta = 90°$만큼 떨어진 곳에 있다. 이것은 최대전단응력이 발생하는 면이 주평면으로부터 $\theta = 45°$ 회전된 면이라는 것을 보여준다.

[2] 경사면에 작용하는 응력

이상과 같이 모어 원의 중심좌표(σ_m)와 원의 반지름(R)을 알면 모어 원을 작도할 수 있다. 모어 원을 작도한 후 [그림 10.10]과 같이 원래의 요소를 x축으로부터 각 θ만큼 회전한 평면요소의 면에 작용하는 응력(σ_{x1}, σ_{y1}, τ_{x1y1})을 알아보자.

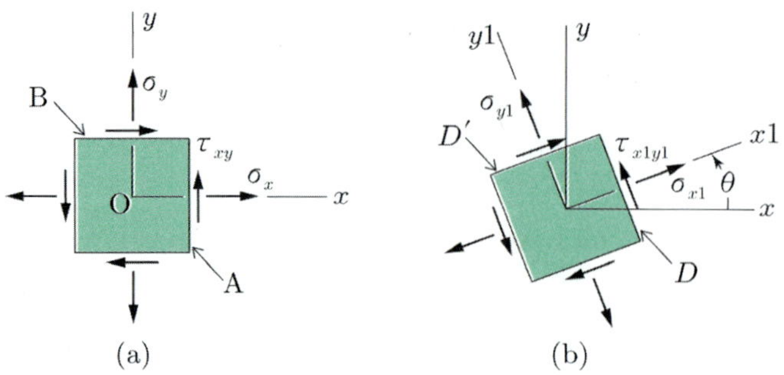

[그림 10.10] (a) 원래의 요소 (b) 각 θ 만큼 회전한 요소

[그림 10.8]에서 반지름 CA로부터 반시계방향으로 2θ 회전한 점 D를 잡는다. 여기에서 점 A는 $\theta=0$인 원래 요소의 응력이고, 점 D가 원래 요소를 θ만큼 회전한 요소의 응력이 된다. 점 D의 좌표, 즉 응력(σ_{x1}, τ_{x1y1})을 구하기 위해 모어 원을 확대하여 나타내면 [그림 10.11]과 같다. 여기에서 삼각비의 정의를 적용하면 다음과 같이 회전한 요소의 응력이 쉽게 구해진다.

$$\sigma_{x1}=\sigma_m+R\cos\beta \qquad \tau_{x1y1}=R\sin\beta \qquad \cdots(10.21)$$

여기에서 $\beta=2\theta_p-2\theta$이다. 점 D가 σ축의 위에 있으면 $\beta=2\theta-2\theta_p$이고 τ_{x1y1}의 부호는 음($-$)이 된다. 이것은 모어 원에서 쉽게 알 수 있다.

그리고 지름방향으로 점 D와 반대편에 있는 점 D'은 D점으로 나타낸 면으로부터 $90°$인 요소의 면 위에 작용하는 응력이므로 σ_{y1}이 되며 이 값은 다음과 같다.

$$\sigma_{y1}=\sigma_m-R\cos\beta \qquad \cdots(10.22)$$

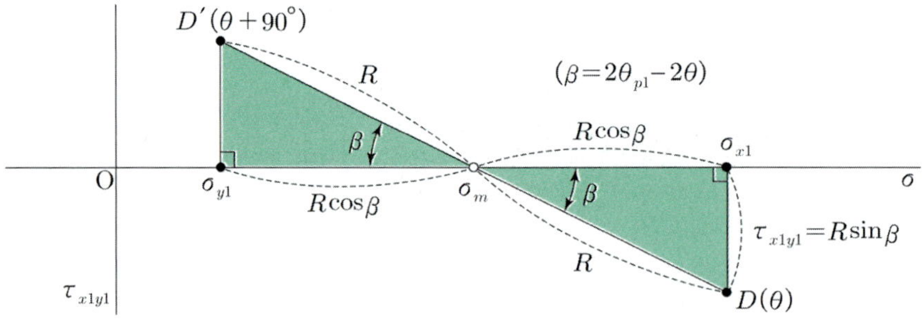

[그림 10.11] 경사면 응력을 구하기 위한 상세도

Note 이상에서 기술한 주각은 변환공식을 미분하여 구할 수 있고 이 주각을 변환공식에 대입하여 주응력을 구할 수 있다. 같은 방법으로 최대전단응력도 변환공식으로부터 구할 수 있다. 그런데 이와 같은 수학적 기술은 오히려 복잡하고 어렵다는 생각만 들 뿐이므로 이 책에서는 생략하였다. 변환공식은 경사면 응력을 설명하기 위해 기술하였지만 이 식의 유도 과정은 참고로 하고 이 식을 기억하려 하지 않아도 된다. 모어 원을 알면 필요한 값을 모두 구할 수 있다.

2 세 번째 주응력과 면 외 전단응력

[1] 세 번째 주응력

지금까지 언급한 주응력은 xy 평면의 z축에 대한 회전에 관한 것이다. 따라서 위에서 구한 평면응력요소에 대한 두 주응력(σ_1, σ_2)을 면 내 주응력(in-plane principle stress)이라 한다. 그러나 응력요소는 실제로는 3 차원이므로 상호 수직인 세 평면에 작용하는 세 개의 주응력이 있다.

[그림 10.1]의 (b)와 같이 요소를 3 차원적으로 보면 평면응력요소에 대한 3 개의 주평면은 위에서 구한 2 개의 주평면과 요소의 z면을 합한 것이다. 이와 같은 주평면은 [그림 10.12]의 (b)와 같이 나타낼 수 있다. 이 그림에서 응력요소는 주응력 σ_1에 대응하는 주각 θ_{p1}만큼 회전했다. 두 주응력 σ_1과 σ_2는 식 (10.15)와 (10.16)으로 주어지며 세 번째 주응력 $\sigma_3 = 0$이다. 주평면에서 전단응력은 0 이다.

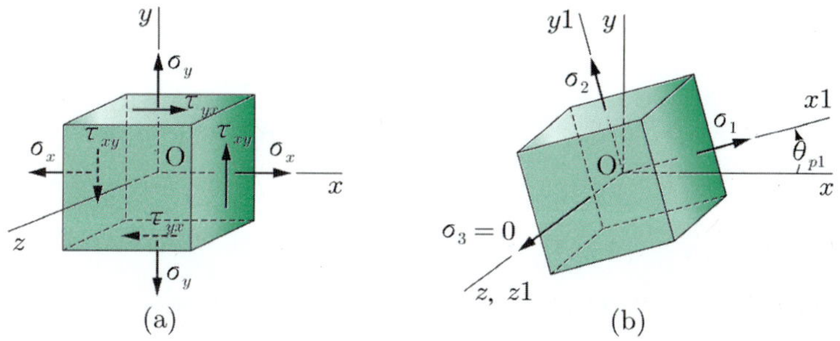

[그림 10.12] 평면응력 요소 (a) 원래의 요소 (b) 3개의 주평면과 주응력 방향 요소

[2] 면 내와 면 외 전단응력

지금까지 평면응력요소에 대하여 xy평면에 작용하는 면 내 전단응력을 다루었다. 평면 내 최대전단응력을 구하기 위해 z축에 대해 회전한 요소가 고려되고, 그 결과 즉 주평면으로부터 $\theta = 45°$ 회전한 위치에서 최대전단응력이 발생한다는 것을 알았다.

[그림 10.12]의 요소 (a)에 대한 주평면은 (b)와 같다. 여기에서 σ_1과 σ_2는 주응력이고 면 내 최대전단응력은 z_1축에 대해 45° 회전시킨 요소 위에 나타난다. 또한 최대전단응력은 다른 두 주축($x1$, $y1$ 축)에 대해 45° 회전시킨 요소에서도 위에도 나타날 수 있다. 따라서 다음과 같이 양과 음의 최대전단응력에 대한 세 식이 구해진다.

$$(\tau_{\max})_{x1} = \pm \frac{\sigma_2}{2} \qquad (\tau_{\max})_{y1} = \pm \frac{\sigma_1}{2} \qquad (\tau_{\max})_{z1} = \pm \frac{\sigma_1 - \sigma_2}{2} \qquad \cdots (10.23)$$

여기에서 하첨자($x1$, $y1$, $z1$)는 45° 회전한 주축을 나타내고, $x1$과 $y1$축에 대한 회전으로 얻어진 전단응력 $\pm\sigma_1/2$과 $\pm\sigma_2/2$를 면 외 전단응력(out-of plane shear stress)이라 한다.

예제 10.3 평면응력 상태에서 $\sigma_x = 10\,\mathrm{MPa}$, $\sigma_y = 2\,\mathrm{MPa}$, $\tau_{xy} = 3\mathrm{MPa}$로 측정되었다. 모어 원(Mohr's circle) 상의 주응력과 최대전단응력의 크기[MPa] 및 최대 주응력의 방향(θ_p)을 구하여라.

풀이 그림과 같이 주어진 평면응력에 대한 모어 원(Mohr's circle)을 그린다.

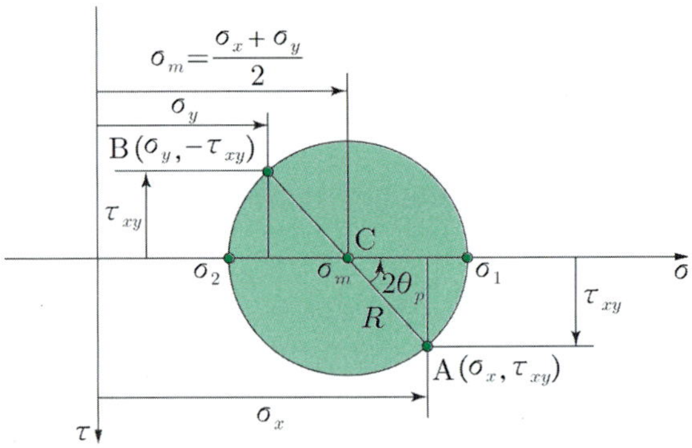

[그림 10.13] 모어 원

먼저 모어 원의 중심(C)의 좌표는 $(\sigma_m, 0)$이다. 여기에서 평균응력(σ_m)은

$$\sigma_m = \frac{\sigma_x + \sigma_y}{2} = \frac{10+2}{2} = 6\,[\mathrm{MPa}]$$

이고, 모어 원의 반지름(R)은

$$R = \sqrt{\left(\frac{\sigma_x - \sigma_y}{2}\right)^2 + \tau_{xy}^2} = \sqrt{\left(\frac{10-2}{2}\right)^2 + (3)^2} = 5\,[\mathrm{MPa}]$$

이다. 따라서 모어 원에서 최대 주응력(σ_1)과 최소 주응력(σ_2) 및 최대전단응력(τ_{max})은 다음과 같다.

$$\sigma_1 = \sigma_m + R = 6 + 5 = 11\,[\mathrm{MPa}]$$
$$\sigma_2 = \sigma_m - R = 6 - 5 = 1\,[\mathrm{MPa}]$$
$$\tau_{max} = R = 5\,[\mathrm{MPa}]$$

그리고 최대 주응력의 방향(θ_p)은 다음과 같이 결정된다.

$$\theta_p = \frac{1}{2}\tan^{-1}\left(\frac{2\tau_{xy}}{\sigma_x - \sigma_y}\right) = \frac{1}{2}\tan^{-1}\left(\frac{2\times 3}{10-2}\right) \approx 18.4°$$

모어 원을 그릴 때 중요한 것은 모어 원의 중심 좌표$(\sigma_m, 0)$와 반지름(R)이다. 여기에서 $\sigma_m = (\sigma_x + \sigma_y)/2$이고, R은 모어 원이 두 점 (σ_x, τ_{xy}), $(\sigma_y, -\tau_{xy})$를 지난다는 것을 알면 피타고라스 정리로부터 쉽게 구할 수 있다. 이것이 결정되어 모어 원이 그려지면 원의 기하학적 성질로부터 주응력(σ_1, σ_2)과 최대전단응력$(\tau_{\max})$ 등이 구해진다.

실제 문제에 있어서는 재료 파괴의 원인이 되는 최대수직응력과 최대전단응력이 가장 중요하므로 특히 [예제 10.3]을 잘 알아두도록 한다. 기계설계에서 모어 원을 사용하는 경우는 거의 전부가 주응력과 최대전단응력을 구하기 위해서이다.

예제 10.4 모어 원을 이용하여 순수전단 상태의 식 (10.10)을 유도하여라.

풀이 xy요소에서 전단응력 τ_{xy}를 제외한 모든 응력이 0이면 이 요소는 순수전단 상태에 있다. 여기에서 $\sigma_x = \sigma_y = 0$이므로 모어 원의 중심은 원점(O)이고 반지름 $R = \tau_{xy}$이므로 모어 원은 [그림 10.14]와 같다.

그림의 직각삼각형 OAB에서 삼각비의 정의를 적용하면

$$\sin 2\theta = \frac{\sigma_{x1}}{R}$$

$$\therefore \ \sigma_{x1} = R\sin 2\theta = \tau_{xy}\sin 2\theta$$

$$\cos 2\theta = \frac{\tau_{x1y1}}{R}$$

$$\therefore \ \tau_{x1y1} = R\cos 2\theta = \tau_{xy}\cos 2\theta$$

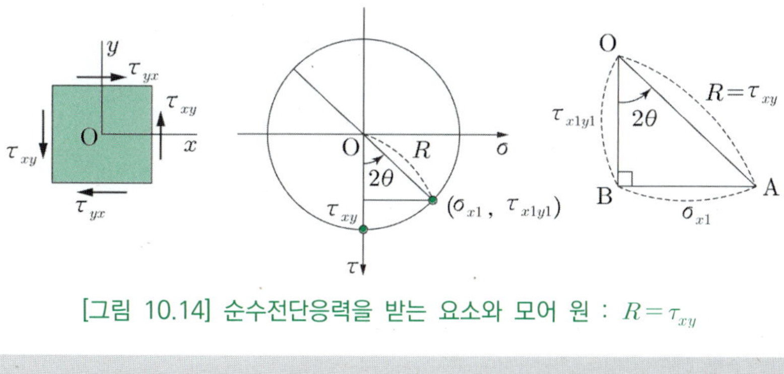

[그림 10.14] 순수전단응력을 받는 요소와 모어 원 : $R = \tau_{xy}$

이와 같이 모어 원을 이용하면 xy축을 각도 θ만큼 회전한 면의 응력을 쉽게 구할 수 있다. 10.1절의 복잡한 식을 기억하려 하지 말자. 모어 원만 잘 알면 된다.

예제 10.5 평면응력 $\sigma_x = 18\,\text{MPa}$, $\sigma_y = 6\,\text{MPa}$, $\tau_{xy} = 8\text{MPa}$를 받고 있는 요소가 있다. 모어 원을 이용하여 다음 값을 구하고 각 결과를 응력요소에 나타내어라.

(1) 각 $\theta = 40°$만큼 회전한 요소에 작용하는 응력.

(2) 주응력(σ_1, σ_2).

(3) 면 내 양의 최대전단응력($\tau_{\max}$).

풀이 먼저 모어 원의 중심(C) 좌표 $(\sigma_m, 0)$와 반지름(R)을 구한다.

$$\sigma_m = \frac{\sigma_x + \sigma_y}{2} = \frac{18+6}{2} = 12\,[\text{MPa}]$$

$$R = \sqrt{\left(\frac{\sigma_x - \sigma_y}{2}\right)^2 + \tau_{xy}^2} = \sqrt{\left(\frac{18-6}{2}\right)^2 + (8)^2} = 10\,[\text{MPa}]$$

그리고 최대 주응력의 방향(θ_p)은 다음과 같다.

$$\theta_p = \frac{1}{2}\tan^{-1}\left(\frac{2\tau_{xy}}{\sigma_x - \sigma_y}\right) = \frac{1}{2}\tan^{-1}\left(\frac{2\times 8}{18-6}\right) \approx 26.6°$$

$$2\theta_p = 53.2°$$

이상의 결과로부터 모어 원을 작성하면 [그림 10.15]와 같다.

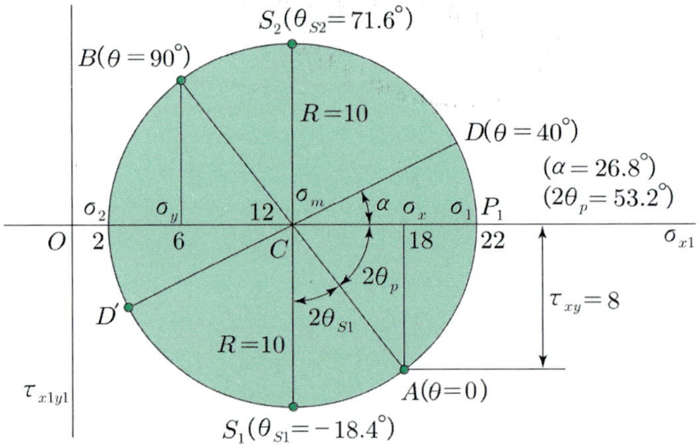

[그림 10.15] 모어 원 : 응력의 단위는 MPa.

(1) 각 $\theta = 40°$만큼 회전한 요소의 $x1$면과 $y1$면은 모어 원에서 각각 점 D와 D'에 해당된다. 모어 원에서 각 α는

$$\alpha = 2\theta - 2\theta_p = 2 \times 40° - 53.2° = 26.8°$$

이고, 응력을 구하기 위해 모어원의 일부를 확대하여 그려보면 [그림 10.16]과 같다. 여기에서 삼각비의 정의를 이용하면 다음과 같이 두 점에서 응력이 구해진다.

○ 점 D : $\sigma_{x1} = \sigma_m + R\cos\alpha = 12 + 10\cos 26.8° = 20.9\,[\text{MPa}]$

$$\tau_{x1y1} = -R\sin\alpha = -10\sin 26.8° = -4.5\,[\text{MPa}]$$

○ 점 D' : $\sigma_{y1} = \sigma_m - R\cos\alpha = 12 - 10\cos 26.8° = 3.1\,[\text{MPa}]$

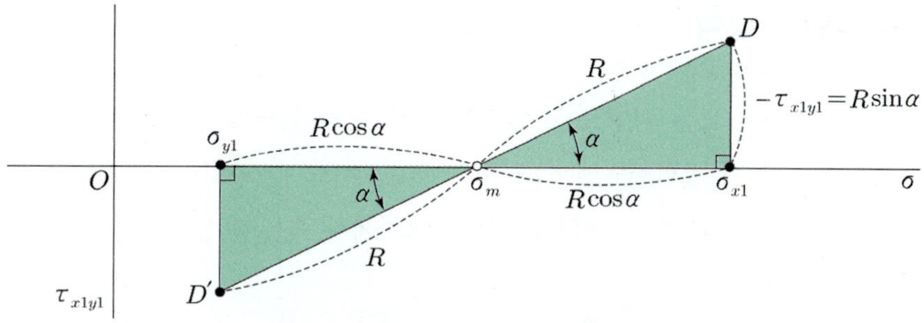

[그림 10.16] 점 D와 D'에서의 응력

(2) 주응력 : xy축을 반시계방향으로 $\theta_p = 26.6°$ 회전한 요소의 면에 나타난다.

$$\sigma_1 = \sigma_m + R = 12 + 10 = 22\,[\text{MPa}]$$
$$\sigma_2 = \sigma_m - R = 12 - 10 = 2\,[\text{MPa}]$$

(3) 면 내 양의 최대전단응력($\tau_{\max}$) : 모어 원상의 점 S_1에서 최대전단응력과 수직응력은 각각

$$\tau_{\max} = R = 10\,[\text{MPa}]$$
$$\sigma_{x1} = \sigma_{y1} = \sigma_m = 12\,[\text{MPa}]$$

이고, 회전각(θ_{S1})은 다음과 같다.

$$\theta_{S1} = -\frac{1}{2}(90° - 2\theta_p) = -\frac{1}{2}(90° - 53.2°) = -18.4°$$

즉, 면 내 양의 최대전단응력은 xy축을 시계방향으로 18.4° 회전한 면에 나타난다. 이상의 결과를 각각의 응력요소에 나타내면 [그림 10.17]과 같다.

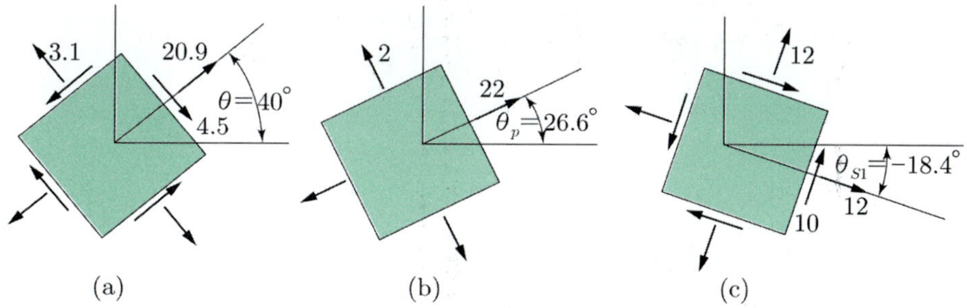

[그림 10.17] (a) $\theta = 40°$로 회전한 요소에 작용하는 응력 (b) 주응력 (c) 최대전단응력과 이 때의 수직응력 : 응력의 단위는 MPa.

10.3 평면응력에 대한 훅의 법칙

1 훅의 법칙

재료가 균일하고 모든 방향으로 성질이 같은 균질 등방성 재료이며, 훅의 법칙을 따르는 선형 탄성 재료일 때 평면응력에서 수직 응력(normal stress) σ_x, σ_y와 수직변형률(normal strain) ϵ_x, ϵ_y, ϵ_z의 관계식은 다음과 같다. 여기에서 E는 탄성계수이고, ν는 푸아송 비이다.

$$\epsilon_x = \frac{1}{E}(\sigma_x - \nu\sigma_y) \qquad \epsilon_y = \frac{1}{E}(\sigma_y - \nu\sigma_x) \qquad \cdots (10.24)$$

$$\epsilon_z = -\frac{\nu}{E}(\sigma_x + \sigma_y) \qquad \cdots (10.25)$$

전단응력 τ_{xy}는 [그림 10.18]의 (c)와 같이 요소를 찌그러뜨려 z 평면을 마름모 모양으로 만든다. 전단변형률 γ_{xy}는 요소의 x와 y면 사이 각의 감소이고, 전단에서 훅의 법칙에 따라 전단응력(τ_{xy})과의 관계식은 다음과 같다. G는 전단탄성계수이다.

$$\gamma_{xy} = \frac{\tau_{xy}}{G} \qquad \cdots (10.26)$$

전단응력 τ_{xy}는 x, y, z 방향으로의 수직변형률을 발생시킨다. 수직응력 σ_x와 σ_y는 전단변형률 γ_{xy}에 아무 영향을 미치지 않는다.

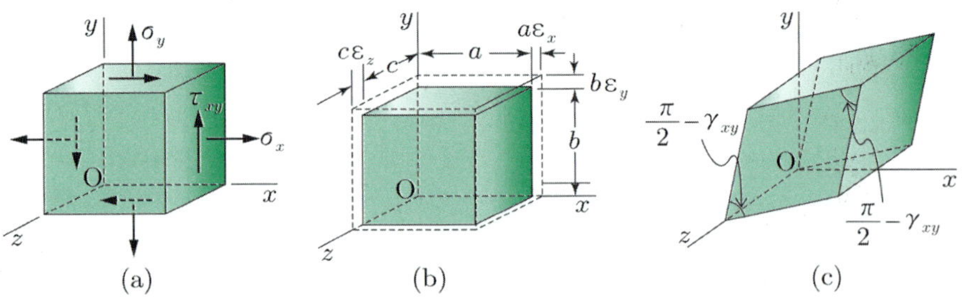

[그림 10.18] (a) 평면응력 요소 (b) 수직변형률(ϵ_x, ϵ_y, ϵ_z)과 길이 변화 (c) 전단 변형률(γ_{xy})

식 (10.24)로부터 응력(σ_x, σ_y)을 변형률(ϵ_x, ϵ_y)로 표현하면 다음과 같다.

$$\sigma_x = \frac{E}{1-\nu^2}(\epsilon_x + \nu\epsilon_y) \qquad \sigma_y = \frac{E}{1-\nu^2}(\epsilon_y + \nu\epsilon_x) \qquad \cdots (10.27)$$

또한 전단응력(τ_{xy})을 전단변형률(γ_{xy})로 표현하면 다음과 같다.

$$\tau_{xy} = G\gamma_{xy} \qquad \cdots (10.28)$$

식 (10.24) ~ (10.28)을 평면응력에 대한 훅의 법칙이라 한다. 이 식들에는 재료의 성질과 관련된 3 개의 상수(E, G, ν)가 있지만 다음 관계식으로 인해 2 개의 상수만 독립적이다.

$$G = \frac{E}{2(1+\nu)} \qquad \cdots (10.29)$$

특별한 경우로서 $\sigma_y = \sigma_z = 0$인 단축응력인 경우 훅의 법칙은 다음과 같이 간단하게 표현된다.

$$\sigma_x = E\epsilon_x \qquad \epsilon_x = \frac{\sigma_x}{E} \qquad \epsilon_y = \epsilon_z = -\frac{\nu\sigma_x}{E} \qquad \cdots (10.30)$$

그리고 $\sigma_x = \sigma_y = \sigma_z = 0$인 순수전단인 경우 다음 관계식을 갖는다.

$$\gamma_{xy} = \frac{\tau_{xy}}{G} \qquad \epsilon_x = \epsilon_y = \epsilon_z = 0 \qquad \cdots (10.31)$$

2 체적 변화

재료가 응력을 받으면 변형이 진행되면서 치수와 부피가 변하게 된다. 이와 같은 재료의 부피 변화를 보기 위해 [그림 10.18]의 (b)와 같은 미소요소를 고려한다.

변형 전 요소는 x, y, z 방향으로 길이가 각각 a, b, c인 직육면체이고, 응력을 받아 변형 후 측면 길이의 증분은 각각 $a\epsilon_x$, $b\epsilon_y$, $c\epsilon_z$이다. 따라서 요소의 처음 부피 $V_0 = abc$이고, 변형 후 최종 부피(V_1)는

$$\begin{aligned} V_1 &= (a + a\epsilon_x)(b + b\epsilon_y)(c + c\epsilon_z) = abc(1+\epsilon_x)(1+\epsilon_y)(1+\epsilon_z) \\ &= V_0(1+\epsilon_x)(1+\epsilon_y)(1+\epsilon_z) \end{aligned}$$

가 된다. 여기에서 변형이 아주 작은 경우 위 식을 전개했을 때 변형률의 곱으로 된 항은 무시할 수 있다($\epsilon^2 \approx 0$). 이때 최종 부피는 다음과 같이 간단하게 표현된다.

$$V_1 = V_0(1 + \epsilon_x + \epsilon_y + \epsilon_z) \qquad \cdots (10.32)$$

따라서 체적 변화량(volume change)은 다음과 같이 표현된다.

$$\Delta V = V_1 - V_0 = V_0(\epsilon_x + \epsilon_y + \epsilon_z) \qquad \cdots (10.33)$$

여기에서 V_0는 처음 부피이고, V_1은 변형 후 부피이다.

단위 체적 변화량(e), 즉 팽창률(dilatation)은 체적 변화량을 처음 체적으로 나눈 값으로 정의한다.

$$e = \frac{\Delta V}{V_0} = \epsilon_x + \epsilon_y + \epsilon_z \qquad \cdots (10.34)$$

변형률 ϵ_x, ϵ_y, ϵ_z는 늘어날 경우에는 양(+), 줄어들 경우에는 음(−)의 값을 가진다. 따라서 ΔV와 e가 양의 값일 때는 체적의 증가를 나타내고, 음의 값일 때는 감소를 나타낸다.

재료가 훅의 법칙을 따르고 평면응력인 경우 ϵ_x, ϵ_y, ϵ_z는 식 (10.24)와 (10.25)로 주어지며 이들 값을 식 (10.34)에 대입하면 단위체적 변화량(e)은 다음과 같이 표현된다.

$$e = \frac{\Delta V}{V_0} = \frac{1-2\nu}{E}(\sigma_x + \sigma_y) \qquad \cdots (10.35)$$

이 식은 2축응력의 경우에도 적용할 수 있다. 특히 균일 단면 봉이 인장력만 받고 있을 때, 즉 단축응력($\sigma_y = 0$)인 경우 식 (10.35)는 다음과 같이 간단하게 표현된다.

$$e = \frac{\Delta V}{V_0} = \frac{\sigma_x}{E}(1-2\nu) = \epsilon_x(1-2\nu) \qquad \cdots (10.36)$$

3 변형에너지밀도

재료의 단위체적당 변형에너지를 변형에너지밀도(strain energy density)라 한다. [그림 10.18]의 (b)와 (c)의 요소를 고려하여 변형에너지밀도를 구해보자. 수직변형률과 전단변형률은 서로 독립적으로 일어나므로 이 두 요소의 변형에너지를 각각 구하여 전체 변형에너지를 구한다.

[그림 10.18]의 (b)에서 요소의 x면에 작용하는 힘 $P_x = \sigma_x A = \sigma_x bc$이고 이 면은 $\delta_x = a\epsilon_x$의 거리를 이동한다. 따라서 훅의 법칙이 성립한다면 이 힘(P_x)에 의해 한 일(W_x)은 다음과 같다.

$$W_x = \frac{1}{2}P_x\delta_x = \frac{1}{2}(\sigma_x bc)(a\epsilon_x) = \frac{abc}{2}(\sigma_x\epsilon_x)$$

마찬가지로 요소의 y면에 작용하는 힘 $P_y = \sigma_y ac$가 한 일(W_y)은 다음과 같다.

$$W_y = \frac{1}{2}P_y\delta_y = \frac{1}{2}(\sigma_y ac)(b\epsilon_y) = \frac{abc}{2}(\sigma_y\epsilon_y)$$

따라서 수직응력과 수직변형률에 의해 저장된 총 변형에너지는 다음과 같다.

$$W_1 = W_x + W_y = \frac{abc}{2}(\sigma_x\epsilon_x + \sigma_y\epsilon_y)$$

여기에서 요소의 부피 $V = abc$이므로 다음과 같이 수직응력과 수직변형률에 의한 변형에너지밀도(단위체적당 변형에너지)가 구해진다.

$$u_1 = \frac{1}{2}(\sigma_x\epsilon_x + \sigma_y\epsilon_y) \quad \cdots (10.37)$$

그리고 전단변형률에 대한 변형에너지밀도는 다음과 같다.

$$u_2 = \frac{1}{2}\tau_{xy}\gamma_{xy} = \frac{G\gamma_{xy}^2}{2} = \frac{\tau_{xy}^2}{2G} \quad \cdots (10.38)$$

따라서 수직변형률과 전단변형률에 의한 총 변형에너지밀도는 다음과 같다.

$$u = \frac{1}{2}(\sigma_x\epsilon_x + \sigma_y\epsilon_y + \tau_{xy}\gamma_{xy}) \quad \cdots (10.39)$$

식 (10.39)는 평면응력에서 변형에너지밀도를 나타낸다. 변형에너지밀도의 단위는 응력의 단위[MPa, kPa]와 같다.

식 (10.24)~(10.26)으로부터 변형률을 식 (10.39)에 대입하면 응력의 함수로 변형에너지밀도가 표현된다.

$$u = \frac{1}{2E}(\sigma_x^2 + \sigma_y^2 - 2\nu\sigma_x\sigma_y) + \frac{\tau_{xy}^2}{2G} \quad \cdots (10.40)$$

같은 방법으로 식 (10.27)과 (10.28)로부터 응력을 식 (10.39)에 대입하면 변형률의 항으로 변형에너지밀도를 나타낼 수 있다.

$$u = \frac{E}{2(1-\nu^2)}(\epsilon_x^2 + \epsilon_y^2 + 2\nu\epsilon_x\epsilon_y) + \frac{G\gamma_{xy}^2}{2} \quad \cdots (10.41)$$

단축응력인 경우 $\sigma_y = \tau_{xy} = \gamma_{xy} = 0$, $\epsilon_y = -\nu\epsilon_x$이며 이 값을 식 (10.40)과 (10.41)에 대입하면 다음 식이 얻어진다.

$$u = \frac{\sigma_x^2}{2E} = \frac{E\epsilon_x^2}{2} \qquad \cdots (10.42)$$

식 (10.42)는 6장에서 구한 식과 일치한다.

순수전단인 경우 $\sigma_x = \sigma_y = 0$, $\epsilon_x = \epsilon_y = 0$이며 이 값을 식 (10.40)과 (10.41)에 대입하면 다음 식이 얻어진다.

$$u = \frac{\tau_{xy}^2}{2G} = \frac{G\gamma_{xy}^2}{2} \qquad \cdots (10.43)$$

식 (10.43)은 순수전단에서 변형에너지밀도를 나타낸다. 이 식은 단축응력에 대한 식 (10.42)와 유사하다.

예제 10.6 두께 $t = 20\text{mm}$인 직사각형 판재가 그림과 같이 균일한 수직응력 σ_x와 σ_y를 받고 변형되어 $\epsilon_x = 85 \times 10^{-5}$, $\epsilon_y = 20 \times 10^{-5}$의 수직변형률을 나타내었다. 재료의 탄성계수 $E = 200\text{GPa}$, 푸아송 비 $\nu = 0.3$일 때 다음을 구하여라.

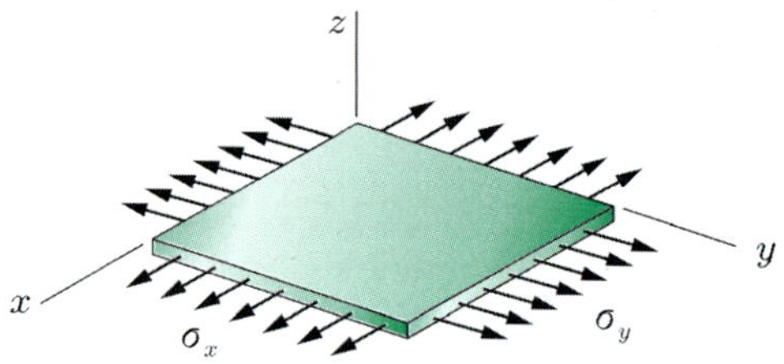

[그림 10.19] 평면응력을 받는 판재

(1) 수직응력 σ_x와 σ_y[MPa]

(2) z방향 수직변형률(ϵ_z)과 판의 두께 변화(Δt)

(3) 단위체적 변화(e)

(4) 변형에너지밀도 u[kPa]

풀이 탄성계수 $E = 200\text{GPa} = 200 \times 10^3\text{MPa}$이다.

(1) 수직응력 σ_x와 σ_y

$$\sigma_x = \frac{E}{1-\nu^2}(\epsilon_x + \nu\epsilon_y) = \frac{200 \times 10^3}{1-(0.3)^2}(85 + 0.3 \times 20) \times 10^{-5} = 200\,[\text{MPa}]$$

$$\sigma_y = \frac{E}{1-\nu^2}(\epsilon_y + \nu\epsilon_x) = \frac{200 \times 10^3}{1-(0.3)^2}(20 + 0.3 \times 85) \times 10^{-5} = 100\,[\text{MPa}]$$

(2) z방향 수직변형률(ϵ_z)과 판의 두께 변화(Δt)

$$\epsilon_z = -\frac{\nu}{E}(\sigma_x + \sigma_y) = -\frac{0.3}{200\times 10^3}(200+100) = -45\times 10^{-5}$$
$$\Delta t = t\epsilon_z = 20\times(-45\times 10^{-5}) = -9\times 10^{-3}[\text{mm}]$$

즉, 응력을 받아서 변의 길이는 늘어나고 두께는 줄어들었다.

(3) 단위체적 변화(e)

$$e = \frac{1-2\nu}{E}(\sigma_x+\sigma_y) = \frac{(1-2\times 0.3)}{200\times 10^3}\times(200+100) = 6\times 10^{-4}$$

혹은,

$$e = \epsilon_x + \epsilon_y + \epsilon_z = (85+20-45)\times 10^{-5} = 6\times 10^{-4}$$

(4) 변형에너지밀도(u) : 식 (10.40)에서 $\tau_{xy}=0$일 때

$$u = \frac{1}{2E}(\sigma_x^2 + \sigma_y^2 - 2\nu\sigma_x\sigma_y)$$
$$= \frac{1}{2\times(200\times 10^3)}\times(200^2+100^2-2\times 0.3\times 200\times 100)[\text{MPa}]$$
$$= 0.095[\text{MPa}] = 95[\text{kPa}]$$

예제 10.7 한 변의 길이가 50mm인 정육면체가 그림과 같이 단축 하중 $P=400\text{kN}$을 받을 때 부피 변화[mm^3]를 구하여라. 단, 탄성계수 $E=100\text{GPa}$, 푸아송 비 $\nu=0.3$이다.

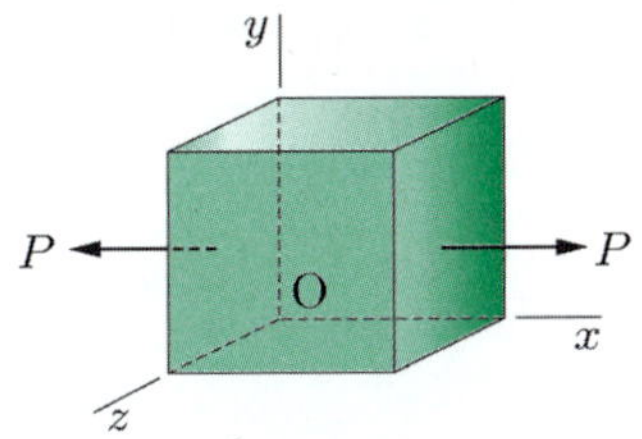

[그림 10.20] 정육면체

풀이 정육면체의 한 변의 길이 $a=50\text{mm}$이고 단면적 $A=a^2$이다. 단축응력이므로 단위체적 변화량(e)은

$$e = \frac{\sigma_x}{E}(1-2\nu) = \frac{1}{E}\times\frac{P}{A}(1-2\nu) = \frac{1}{E}\times\frac{P}{a^2}(1-2\nu)$$
$$= \frac{1}{100\times 10^3}\times\frac{400\times 10^3}{(50)^2}\times(1-2\times 0.3) = 6.4\times 10^{-4}$$

이고, 부피변화 ΔV는 다음과 같다.

$$\Delta V = V_0 e = a^3 e = (50)^3\times(6.4\times 10^{-4}) = 80[\text{mm}^3]$$

10.4 3축응력

1 최대전단응력

[그림 10.21]의 (a)와 같이 서로 직교하는 세 방향으로 작용하는 수직응력 σ_x, σ_y, σ_z를 받는 요소는 3 축응력(triaxial stress) 상태에 있다고 한다. x, y, z면에 작용하는 전단응력이 없으므로 σ_x, σ_y, σ_z는 주응력이 된다. 3 축응력에서 (b)의 응력 σ와 τ를 구할 때 평면응력에서의 모어 원을 사용할 수 있다.

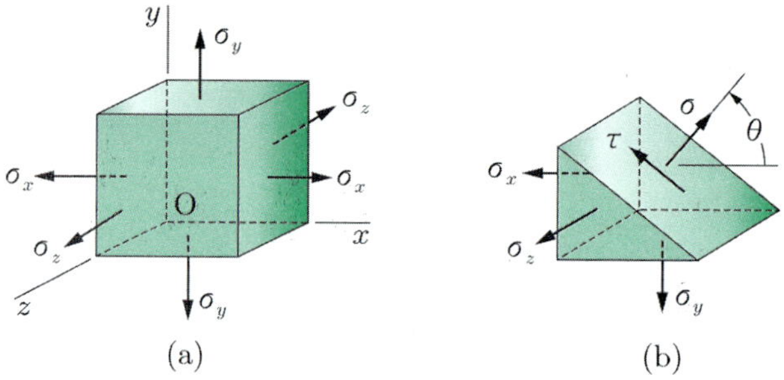

[그림 10.21] 3축응력을 받고 있는 요소

평면응력에서 최대전단응력은 주평면으로부터 45° 회전된 면에서 일어난다. 따라서 3 축응력을 받는 재료에서 최대전단응력은 x, y, z축에 대해 45° 회전된 요소에서 발생한다. z축에 대해 45° 회전된 요소에 작용하는 양과 음의 최대전단응력은

$$(\tau_{\max})_z = \pm\left(\frac{\sigma_x - \sigma_y}{2}\right) \qquad \cdots (10.44)$$

이고, x축 및 y축에 대해 45° 회전된 요소에 작용하는 양과 음의 최대전단응력은 다음과 같다.

$$(\tau_{\max})_x = \pm\left(\frac{\sigma_y - \sigma_z}{2}\right) \qquad \cdots (10.45)$$

$$(\tau_{\max})_y = \pm\left(\frac{\sigma_z - \sigma_x}{2}\right) \qquad \cdots (10.46)$$

절대 최대전단응력은 위 세 식의 절댓값 중에서 가장 큰 값이 된다. 이 값은 세 개의 주응력 중 가장 큰 값과 가장 작은 값의 차이의 1/2과 같다. 즉, 세 주응력의 크기가 $\sigma_1 > \sigma_2 > \sigma_3$일 때 요소에서 발생하는 절대 최대전단응력($\tau_{\max}$)은 다음과 같다.

$$\tau_{max} = \frac{\sigma_1 - \sigma_3}{2} \qquad \cdots (10.47)$$

x, y, z축에 대해 경사진 평면에 작용하는 응력은 모어 원을 이용하여 구할 수 있다. z축에 대해 회전된 요소의 응력 상태는 [그림 10.22]의 원 A로 표현된다. 이 원은 σ_x와 σ_y가 모두 인장응력이고 $\sigma_x > \sigma_y$인 가정 하에 그린 것이다.

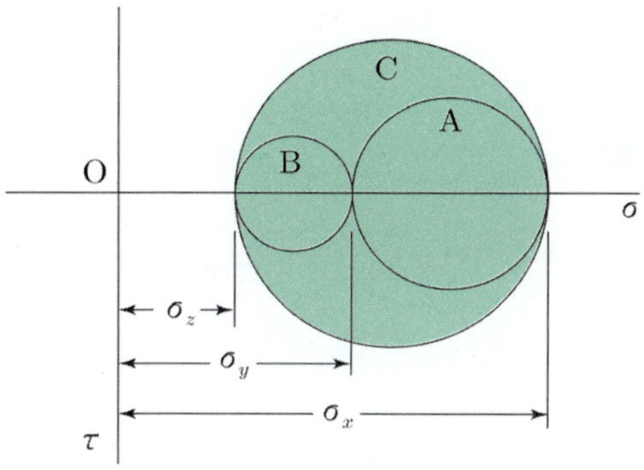

[그림 10.22] 3축응력을 받고 있는 요소의 모어 원

같은 방법으로 x축 및 y축에 대해 각각 회전된 요소에 대한 원 B와 C를 그릴 수 있다. 이 원들의 반지름은 식 (10.44)~(10.46)으로 주어지는 최대전단응력이고, 그 중 가장 큰 원의 반지름이 절대 최대전단응력이 된다. 최대전단응력이 작용하는 면에서 수직응력은 각 원 중심의 가로좌표(σ)이다.

2 훅의 법칙

3축응력에 대한 훅의 법칙은 다음과 같다.

$$\epsilon_x = \frac{1}{E}\left[\sigma_x - \nu(\sigma_y + \sigma_z)\right] \qquad \cdots (10.48)$$

$$\epsilon_y = \frac{1}{E}\left[\sigma_y - \nu(\sigma_z + \sigma_x)\right] \qquad \cdots (10.49)$$

$$\epsilon_z = \frac{1}{E}\left[\sigma_z - \nu(\sigma_x + \sigma_y)\right] \qquad \cdots (10.50)$$

여기에서 인장응력 σ와 신장변형률 ϵ은 양(+)의 값을 가지고, 압축응력이면 음(−)의 값을 가진다. 위 식으로부터 응력(σ)을 변형률(ϵ)로 표현하면 다음과 같다.

$$\sigma_x = \frac{E}{(1+\nu)(1-2\nu)}[(1-\nu)\epsilon_x + \nu(\epsilon_y + \epsilon_z)] \quad \cdots (10.51)$$

$$\sigma_y = \frac{E}{(1+\nu)(1-2\nu)}[(1-\nu)\epsilon_y + \nu(\epsilon_z + \epsilon_x)] \quad \cdots (10.52)$$

$$\sigma_z = \frac{E}{(1+\nu)(1-2\nu)}[(1-\nu)\epsilon_z + \nu(\epsilon_x + \epsilon_y)] \quad \cdots (10.53)$$

3 단위 체적변화

변형률이 작은 값을 가질 때($\epsilon^2 \approx 0$) 3축응력 상태에 있는 요소에 대한 단위 체적변화(팽창률) e는 다음 식으로 표현된다.

$$e = \epsilon_x + \epsilon_y + \epsilon_z \quad \cdots (10.54)$$

$$e = \frac{1-2\nu}{E}(\sigma_x + \sigma_y + \sigma_z) \quad \cdots (10.55)$$

식 (10.54)와 (10.55)는 각각 3축응력 상태에 있는 요소의 단위 체적 변화(e)를 변형률(ϵ)과 수직응력(σ)의 항으로 나타낸 것이다.

4 변형에너지밀도

3축응력 상태의 변형에너지밀도는 평면응력과 같은 방법으로 구해진다. 응력 σ_x와 σ_y만 작용하는 2축응력 상태의 변형에너지밀도(u)는 식 (10.37)과 같이

$$u = \frac{1}{2}(\sigma_x\epsilon_x + \sigma_y\epsilon_y)$$

이고, 응력 σ_x, σ_y, σ_z가 작용하는 3축응력 상태의 변형에너지밀도(u)는 다음과 같다.[6)]

$$u = \frac{1}{2}(\sigma_x\epsilon_x + \sigma_y\epsilon_y + \sigma_z\epsilon_z) \quad \cdots (10.56)$$

식 (10.48) ~ (10.50)의 변형률을 식 (10.56)에 대입하면 다음과 같이 응력의 함수로써 변형에너지밀도(u)가 표현된다.

---

6) 3축응력에 대한 변형에너지밀도는 참고로 보아두면 된다.

$$u = \frac{1}{2E}(\sigma_x^2 + \sigma_y^2 + \sigma_z^2) - \frac{\nu}{E}(\sigma_x\sigma_y + \sigma_y\sigma_z + \sigma_z\sigma_x) \quad \cdots (10.57)$$

그리고 (10.51)~(10.53)의 응력을 식 (10.56)에 대입하면 변형률의 항으로 변형에너지밀도 (u)를 나타낼 수 있다.

$$u = \frac{1}{2(1+\nu)(1-2\nu)}\left[(1-\nu)(\epsilon_x^2 + \epsilon_y^2 + \epsilon_z^2) + 2\nu(\epsilon_x\epsilon_y + \epsilon_y\epsilon_z + \epsilon_z\epsilon_x)\right] \quad \cdots (10.58)$$

5 구응력

3 축응력의 특별한 경우로서 [그림 10.23]과 같이 3 개의 수직 응력이 모두 같은 응력을 구응력(spherical stress)이라 한다.

$$\sigma_x = \sigma_y = \sigma_z = \sigma_0 \quad \cdots (10.59)$$

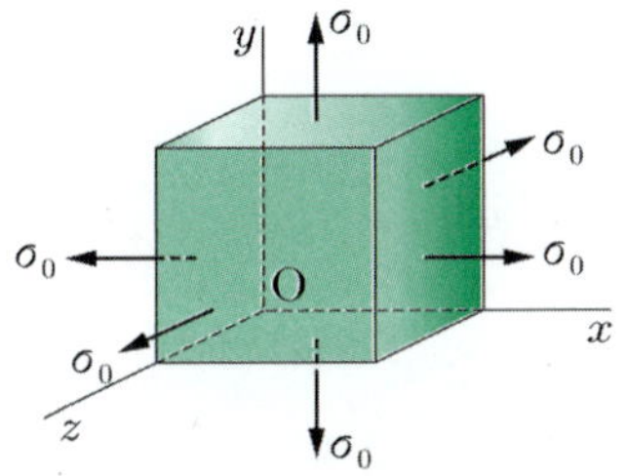

[그림 10.23] 구응력(spherical stress)

이와 같은 응력 상태에서는 잘려진 요소의 모든 면에서 같은 응력 σ_0를 받으며 전단응력은 발생하지 않는다. 즉, 재료 내 모든 위치에서 모든 방향의 수직응력이 같고 전단응력이 없으므로 모든 면이 주면이 된다. 따라서 [그림 10.22]의 모어 원은 하나의 점으로 수렴한다.

이와 마찬가지로 재료가 균질하고 등방성이면 구응력에서 수직변형률도 모든 방향에서 동일하다($\epsilon_x = \epsilon_y = \epsilon_z = \epsilon_0$). 식 (10.48)~(10.50)으로부터 구응력의 수직변형률(ϵ_0)은 다음과 같다.

$$\epsilon_0 = \frac{\sigma_0}{E}(1-2\nu) \quad \cdots (10.60)$$

따라서 식 (10.54)로부터 구응력의 단위체적변화(e)는 다음과 같이 표현된다.

$$e = 3\epsilon_0 = \frac{3\sigma_0}{E}(1-2\nu) \quad \cdots (10.61)$$

여기에서 상수 K를 다음과 같이 정의하면

$$K = \frac{E}{3(1-2\nu)} \quad \cdots (10.62)$$

단위체적변화는

$$e = \frac{\sigma_0}{K} \quad \cdots (10.63)$$

이다. 위에서 정의한 상수 K를 체적탄성계수(volume modulus of elasticity) 또는 압축계수(modulus of compression)라고 하고 다음과 같이 쓸 수 있다.

$$K = \frac{\sigma_0}{e} \quad \cdots (10.64)$$

식 (10.64)는 체적탄성계수가 체적변형률에 대한 구응력의 비라는 것을 보여주는데 이것은 단축응력에서 탄성계수($E = \sigma/\epsilon$)의 정의와 비슷하다.

한편 식 (10.57)에 $\sigma_x = \sigma_y = \sigma_z = \sigma_0$를 대입하면 구응력의 변형에너지밀도($u$)는 다음과 같다.

$$u = \frac{3(1-2\nu)\sigma_0^2}{2E} \quad \cdots (10.65)$$

이상에서 논의한 구응력에 대한 식들은 균일한 인장을 받는 요소로부터 유도되었지만 균일압축응력을 받는 요소에 대해서도 이 식들을 적용할 수 있다. 다만 균일 압축을 받는 경우 응력과 변형률은 음의 부호를 갖는다. 균일압축응력은 재료가 모든 방향에서 균일한 압력을 받는 경우에 발생한다. 예를 들어 물속에 잠겨있는 물체나 땅속 깊숙한 곳에 있는 돌 등에서 이와 같은 응력이 발생할 수 있다. 이런 상태의 응력을 정수압응력(hydrostatic stress)이라 한다. 특히 물속 깊은 곳에 물체가 놓이는 상황은 많이 발생할 수 있으므로 균일압축응력을 잘 알아두도록 한다. 균일인장응력은 상대적으로 발생하기 어렵다.

예제 10.8 그림과 같은 직육면체 블록이 물속 깊은 곳에서 균일한 수압을 받는다. 변의 길이 $a = 80\text{mm}$, $b = 100\text{mm}$, $c = 50\text{mm}$이고 수압을 받은 후 모서리 AB의 길이(a)가 0.04 mm 줄어들었을 때 다음을 구하여라. 단, 블록의 탄성계수 $E = 200\text{GPa}$, 푸아송 비 $\nu = 0.3$이다.

(1) 모서리 $BC\,(b)$와 $AD\,(c)$의 길이 변화[mm]

(2) 블록에 작용하는 수압[MPa]

(3) 블록의 체적변화

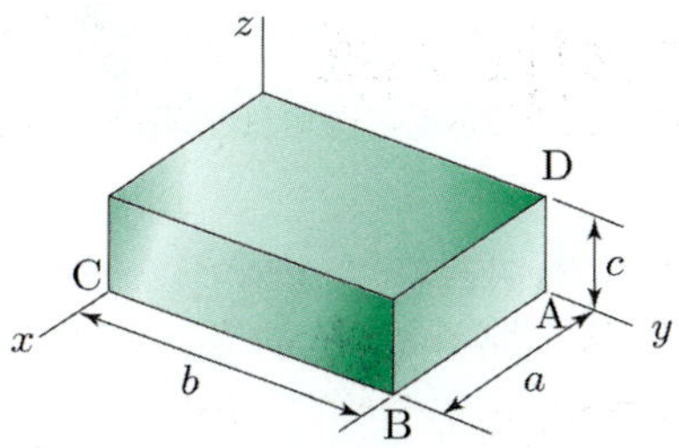

[그림 10.24] 수압에 의한 구응력을 받는 물체

풀이 물체에 작용하는 수압을 p라 하면 물체 표면은 모두 균일한 압력을 받으므로 표면 응력은 다음과 같은 구응력이 된다.

$$\sigma_x = \sigma_y = \sigma_z = \sigma_0 = -p$$

(1) 모서리 $BC(b)$와 $AD(c)$의 길이 변화[mm] : 모서리 AB의 길이 a가 0.04mm 줄어들었으므로 x방향 변형률은

$$\epsilon_x = \frac{\delta_x}{a} = \frac{\Delta a}{a} = \frac{(-0.04)}{80} = -5\times 10^{-4}$$

이고, y와 z방향 변형률은

$$\epsilon_y = \epsilon_z = \epsilon_x = -5\times 10^{-4}$$

이다. 따라서 모서리 $BC(b)$와 $AD(c)$의 길이 변화[mm]는 다음과 같다.

$$\Delta b = \delta_y = b\epsilon_y = (100)\times(-5\times 10^{-4}) = -0.05\,[\text{mm}]$$

$$\Delta c = \delta_z = c\epsilon_z = (50)\times(-5\times 10^{-4}) = -0.025\,[\text{mm}]$$

(2) 블록에 작용하는 수압 : 식 (10.60)에 $\epsilon_0 = \epsilon_x$, $\sigma_0 = -p$를 대입하여 수압(p)을 구한다.

$$\epsilon_x = -\frac{p}{E}(1-2\nu)$$

$$\therefore\ p = -\frac{E\epsilon_x}{1-2\nu} = -\frac{(200\times 10^3)(-5\times 10^{-4})}{1-2\times 0.3} = 250\,[\text{MPa}]$$

(3) 구응력의 단위체적변화 $e = \dfrac{3\sigma_0}{E}(1-2\nu) = -\dfrac{3p}{E}(1-2\nu)$이므로 체적변화 ΔV는 다음과 같다.

$$\Delta V = V_0 e = -\frac{3V_0 p}{E}(1-2\nu) = -\frac{3(abc)p}{E}(1-2\nu)$$

$$= -\frac{3(80\times 100\times 50)(250)}{200\times 10^3}(1-2\times 0.3) = -600\,[\text{mm}^3]$$

10.5 재료 파손 이론

파손(failure)은 하중에 의해 재료가 손상되어 그 기능을 수행할 수 없는 상태를 말한다. 일반적으로 기계부품에는 인장응력, 압축응력, 전단응력, 굽힘 응력, 비틀림 응력 등이 복합적으로 작용한다. 이와 같이 복합적으로 응력이 작용할 때 발생하는 재료 파손에 대한 여러 가지 조건식들이 제시되었다.

(1) 최대 주응력설: 재료에서 발생하는 최대 수직응력의 크기가 단순인장시험의 극한강도보다 클 때 파손이 일어난다는 이론이다. 인장일 경우에는 최대 인장응력의 크기가 인장극한강도(인장강도)보다 클 때, 압축인 경우에는 최대 압축응력의 크기가 압축극한강도(압축강도)보다 클 때 재료가 파괴된다고 본다. 즉, 이 이론은 인장응력이나 압축응력에 의해 재료가 파손된다는 이론이며 이것은 취성재료의 분리파손과 잘 일치한다.
3 축응력인 경우 극한강도(σ_u)과 비교할 최대응력(σ_{max})을 주응력(σ_1, σ_2, σ_3)에 대한 식으로 나타내면

$$\sigma_{max} = \max(|\sigma_1|, |\sigma_2|, |\sigma_3|) \quad \cdots (10.66)$$

이고, 안전계수(S)는 다음과 같다.

$$S = \frac{\sigma_u}{\sigma_{max}} \quad \cdots (10.67)$$

$\sigma_3 = 0$이면 $\sigma_{max} = \max(|\sigma_1|, |\sigma_2|)$이며, 평면응력($\sigma_x$, σ_y, τ_{xy})인 경우 인장(또는 압축) 극한강도(σ_u)와 비교할 주응력(σ_1, σ_2)은 다음 식으로 구할 수 있다.

$$\sigma_{1,2} = \frac{\sigma_x + \sigma_y}{2} \pm \sqrt{\left(\frac{\sigma_x - \sigma_y}{2}\right)^2 + \tau_{xy}^2} \quad \cdots (10.68)$$

특히, 굽힘 응력(σ_b)과 비틀림에 의한 전단응력(τ)만을 받는 축의 경우 $\sigma_x = \sigma_b$, $\sigma_y = 0$, $\tau_{xy} = \tau$가 되며 최대 인장응력(σ_{max})은 다음과 같다.

$$\sigma_{max} = \frac{\sigma_b}{2} + \sqrt{\left(\frac{\sigma_b}{2}\right)^2 + \tau^2} \quad \cdots (10.69)$$

(2) 최대 전단응력설(Tresca 항복조건): 최대 전단응력(τ_{max})이 그 재료의 전단항복강도(전단항복응력, τ_Y)보다 크면 재료파손이 일어난다는 이론이다. 이 이론은 연성재료의 미끄

럼파손과 잘 일치한다. 이 이론에 따르면 최대 전단응력이 인장항복강도의 1/2에 도달하면 재료 파손이 일어난다.

3 축응력인 경우 최대 전단응력(τ_{max})은

$$\tau_{max} = \max\left(\frac{|\sigma_1 - \sigma_2|}{2}, \frac{|\sigma_2 - \sigma_3|}{2}, \frac{|\sigma_3 - \sigma_1|}{2}\right) \qquad \cdots (10.70)$$

이고, 안전계수(S)는 다음과 같다.

$$S = \frac{\tau_Y}{\tau_{max}} \qquad \cdots (10.71)$$

$\sigma_3 = 0$일 때 최대 전단응력(τ_{max})은 다음과 같다.

$$\tau_{max} = \max\left(\frac{|\sigma_1 - \sigma_2|}{2}, \frac{|\sigma_2|}{2}, \frac{|\sigma_1|}{2}\right) \qquad \cdots (10.72)$$

평면응력(σ_x, σ_y, τ_{xy})인 경우 면 내 최대 전단응력(τ_{max})은 다음 식으로 구한다.

$$\tau_{max} = \frac{\sigma_1 - \sigma_2}{2} = \sqrt{\left(\frac{\sigma_x - \sigma_y}{2}\right)^2 + \tau_{xy}^2} \qquad \cdots (10.73)$$

특히, 굽힘 응력(σ_b)과 비틀림에 의한 전단응력(τ)만을 받는 축의 경우 $\sigma_x = \sigma_b$, $\sigma_y = 0$, $\tau_{xy} = \tau$가 되며 최대 전단응력(τ_{max})은 다음과 같다.

$$\tau_{max} = \sqrt{\left(\frac{\sigma_b}{2}\right)^2 + \tau^2} \qquad \cdots (10.74)$$

한편, 봉이 축 하중에 의해 수직응력을 받고 있을 때($\sigma_2 = \sigma_3 = 0$) 최대 전단응력(τ_{max})과 최대 인장응력(σ_1)의 관계는 다음과 같다.

$$\tau_{max} = \frac{\sigma_1}{2} \qquad \cdots (10.75)$$

따라서 단축응력($\sigma_2 = \sigma_3 = 0$)에서 재료의 전단항복강도(τ_Y)는 인장항복강도(σ_Y)의 1/2이 된다.

$$\tau_Y = \frac{\sigma_Y}{2} \qquad \cdots (10.76)$$

즉, 최대 전단응력설에 의하면 단순 인장이나 압축에 의한 파괴는 인장 또는 압축응력이 전단항복응력(전단항복강도)의 두 배에 도달할 때($\sigma_Y = 2\tau_Y$) 발생한다. 이상에서 설명한 최대 전단응력 이론은 연성재료의 실험 결과와 잘 일치한다. 그러나 다음에 제시한

전단변형에너지 기준이 연성재료의 항복을 판정할 때 실제 실험 결과와 더 잘 일치하므로 추천되고 있다.

설명 항복강도(yield strength)와 항복응력(yield stress)은 같은 뜻으로 사용되고 있다.

(3) 전단변형에너지설(von Mises 이론): 조합응력 상태의 단위체적당 전단변형 에너지가 단순인장 시 항복점에서 단위체적당 전단변형 변형 에너지 값에 도달하면 재료 파손이 일어난다는 이론이다. 이 이론은 연성재료의 파손을 예측하는 데 주로 사용된다. 여기에서 다음과 같이 인장항복강도(인장항복응력, σ_Y)와 비교할 응력(σ_{VM})을 구한다.

$$\sigma_{VM} = \sqrt{\frac{1}{2}\left[(\sigma_1-\sigma_2)^2+(\sigma_2-\sigma_3)^2+(\sigma_3-\sigma_1)^2\right]} \quad \cdots (10.77)$$

$$\sigma_{VM} = \sqrt{\frac{1}{2}\left[(\sigma_x-\sigma_y)^2+(\sigma_y-\sigma_z)^2+(\sigma_z-\sigma_x)^2+6\left(\tau_{xy}^2+\tau_{yz}^2+\tau_{zx}^2\right)\right]} \quad \cdots (10.78)$$

σ_{VM}을 상당응력(또는 유효응력, von Mises 응력)이라 한다.

이때 안전계수(S)는 다음과 같다.

$$S = \frac{\sigma_Y}{\sigma_{VM}} \quad \cdots (10.79)$$

식 (10.77)에서 $\sigma_3 = 0$이면

$$\sigma_{VM} = \sqrt{\sigma_1^2 - \sigma_1\sigma_2 + \sigma_2^2} \quad \cdots (10.80)$$

이 되고, xy 평면(σ_x, σ_y, τ_{xy})에서

$$\sigma_{VM} = \sqrt{\sigma_x^2 - \sigma_x\sigma_y + \sigma_y^2 + 3\tau_{xy}^2} \quad \cdots (10.81)$$

이다. 식 (10.81)은 식 (10.78)에 $\sigma_z = \tau_{yz} = \tau_{zx} = 0$을 대입한 것이다. 특히 굽힘 응력과 비틀림 응력이 동시에 작용하는 경우($\sigma_x = \sigma$, $\sigma_y = 0$, $\tau_{xy} = \tau$) 상당응력은 다음과 같다.

$$\sigma_{VM} = \sqrt{\sigma^2 + 3\tau^2} \quad \cdots (10.82)$$

순수하게 비틀림 응력 τ만이 작용하는 경우

$$\sigma_{VM} = \sqrt{3}\,\tau \quad \cdots (10.83)$$

이다. 그리고 순수하게 굽힘 응력(σ_b)만 작용하는 경우($\tau = 0$) 상당응력은 굽힘 응력과 같다.

$$\sigma_{VM} = \sigma_b \quad \cdots (10.84)$$

순수 비틀림(순수 전단)의 경우 모어원에서 $\sigma_1 = \tau$, $\sigma_2 = -\tau$, $\sigma_3 = 0$이고 다음과 같은 재료의 전단항복강도(τ_Y)와 인장항복강도(σ_Y)의 관계식을 얻는다.

$$\tau_Y = \frac{1}{\sqrt{3}}\sigma_Y \quad \cdots (10.85)$$

(4) 파손이론 비교: 이상에서 제시한 3가지 파손이론을 2차원 평면에 나타내면 [그림 10.25]와 같다. 사각형 A-B-C-D-A는 최대 주응력설이고, 타원은 전단변형에너지설이며, 점선으로 된 육각형은 최대전단응력설이다. 최대 주응력설에서는 극한강도(σ_u)를 파단응력(σ_c)으로 표시하였고($\sigma_c = \sigma_u$), 최대전단응력설과 전단변형에너지설에서는 항복점(σ_Y)을 파단응력으로 표시하였다($\sigma_c = \sigma_Y$). 여기에서 경계선 안쪽은 파손(항복)이 일어나지 않는 영역이고, 그 바깥쪽은 파손이 일어나는 영역이다.

그림에서 경계선은 $\sigma_3 = 0$일 때 최대 주응력설에서

$$|\sigma_1| = \sigma_c,\ |\sigma_2| = \sigma_c$$

이고, 최대전단응력설에서

$$|\sigma_1 - \sigma_2| = \sigma_c,\ |\sigma_1| = \sigma_c,\ |\sigma_2| = \sigma_c$$

이며, 전단변형에너지설에서

$$\sigma_1^2 - \sigma_1\sigma_2 + \sigma_2^2 = \sigma_c^2$$

이다. 순수 전단으로 인한 파손조건은 다음과 같다.

○ 최대전단응력설 : $\tau_Y = \frac{1}{2}\sigma_Y$

○ 전단변형에너지설 : $\tau_Y = \frac{1}{\sqrt{3}}\sigma_Y$

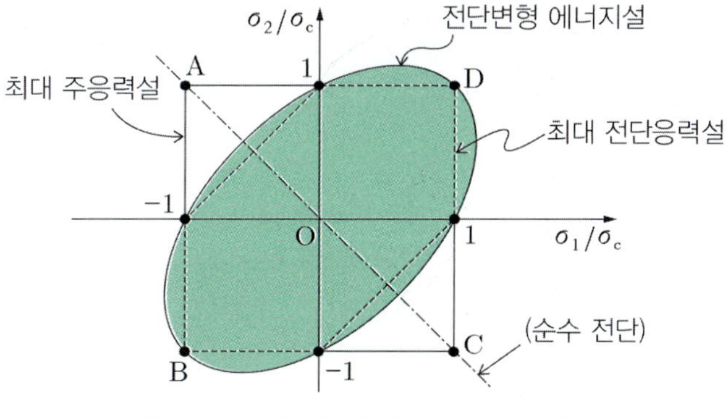

[그림 10.25] 파손이론: $\sigma_3 = 0$인 경우

연습문제 10

01 모어 원을 이용하여 다음 식을 유도하여라.

(1) 단축응력요소에 대한 식 (10.9)

(2) 2축응력요소에 대한 식 (10.11)

02 그림과 같이 단축응력 상태에 있는 요소가 x방향으로 인장응력 $\sigma_x = 50\text{MPa}$을 받고 있다. 모어 원을 이용하여 다음을 구하여라.

(1) 요소를 반시계방향으로 각 $\theta(\tan\theta = 1/2)$만큼 회전한 요소에서의 응력.

(2) 최대전단응력과 이때의 수직응력.

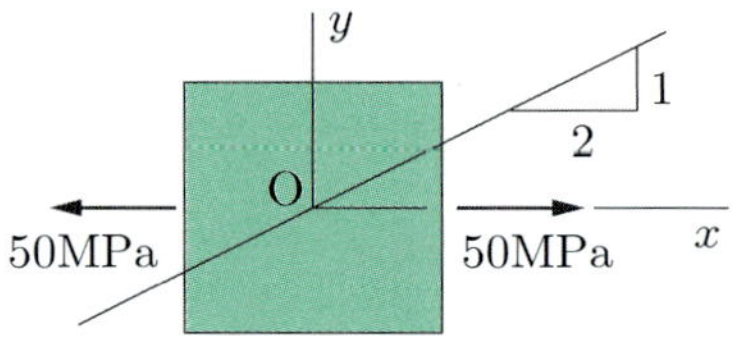

[문제 10.2]

03 그림과 같이 순수전단응력 상태에 있는 요소가 전단응력 $\tau_{xy} = 52\text{MPa}$을 받고 있다. 모어 원을 이용하여 다음을 구하여라.

(1) 요소를 반시계방향으로 각 $\theta(\tan\theta = 1/5)$만큼 회전한 요소에서의 응력.

(2) 주응력.

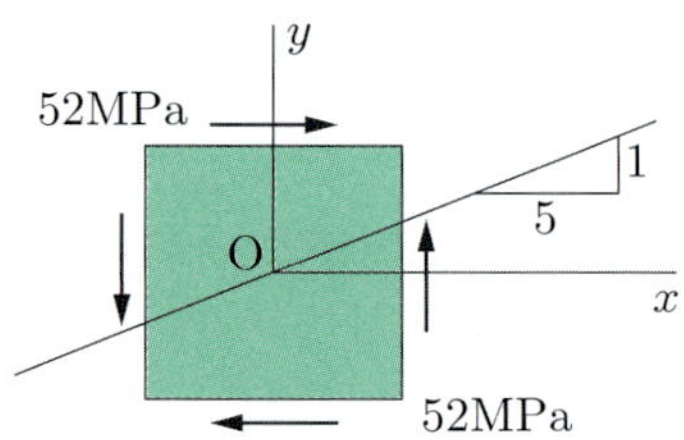

[문제 10.3]

04 그림과 같이 2축응력 상태에 있는 요소가 $\sigma_x = 78\text{MPa}$, $\sigma_y = 20\text{MPa}$을 받고 있다. 모어 원을 이용하여 다음을 구하여라.

(1) 요소를 반시계방향으로 각 $\theta(\tan\theta = 2/5)$만큼 회전한 요소에서의 응력.

(2) 최대전단응력과 이때의 수직응력.

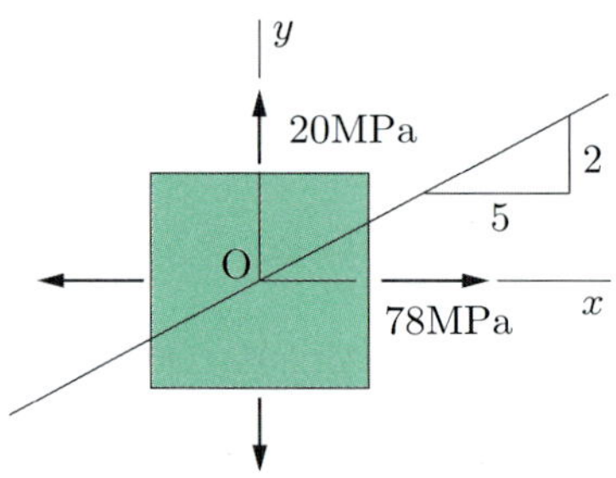

[문제 10.4]

05 평면응력 $\sigma_x = 20\text{MPa}$, $\sigma_y = 10\text{MPa}$, $\tau_{xy} = 12\text{MPa}$를 받고 있는 요소가 있다. 모어 원을 이용하여 다음 값을 구하여라.

(1) 주응력(σ_1, σ_2)과 면 내 최대전단응력($\tau_{\max}$)의 크기.

(2) 각 $\theta = 10°$만큼 회전된 요소에 작용하는 응력(σ_{x1}, σ_{y1}, τ_{x1y1})

(3) 각 $\theta = 50°$만큼 회전된 요소에 작용하는 응력(σ_{x1}, σ_{y1}, τ_{x1y1})

06 그림과 같이 원형 구동 축이 45MPa의 전단응력과 100MPa의 축방향 응력을 받고 있을 때 주응력(σ_1, σ_2)과 최대전단응력을 구하여라.

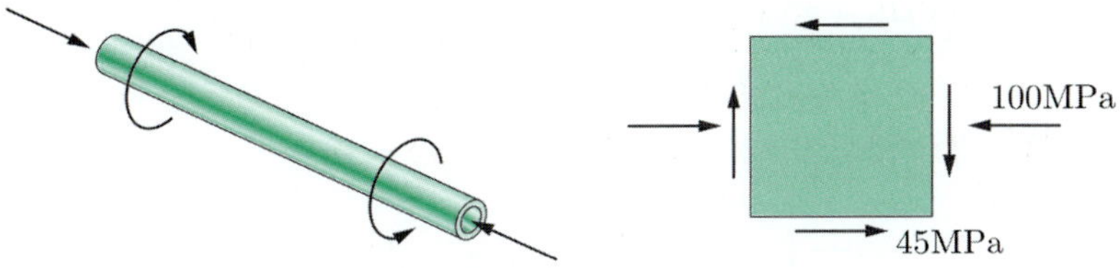

[문제 10.6]

07 전단응력 $\tau_{xy} = 40\text{MPa}$과 축방향 압축응력 $\sigma_x = -70\text{MPa}$을 받고 있는 축이 있다. 두 주응력 중 하나의 주응력이 인장응력 30MPa일 때 σ_y를 구하여라.

08 다음과 같이 주어진 응력 상태에서 주응력의 크기(σ_1[MPa])와 방향(θ_1)을 구하여라. [공무원임용시험]

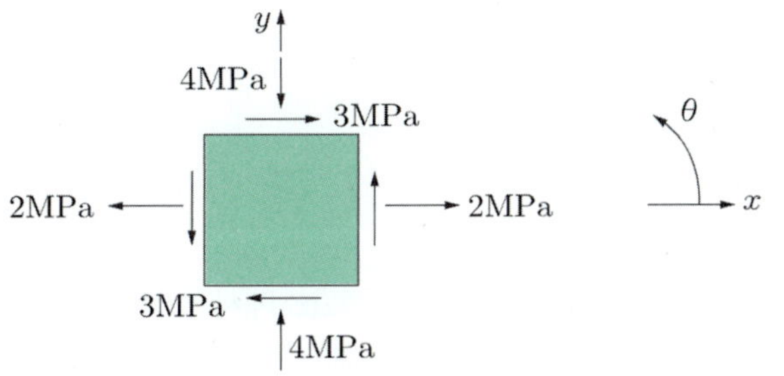

[문제 10.8]

09 다음은 평면응력상태의 응력요소를 표시한 것이다. 최대전단응력의 크기가 가장 큰 응력요소는? [공무원임용시험]

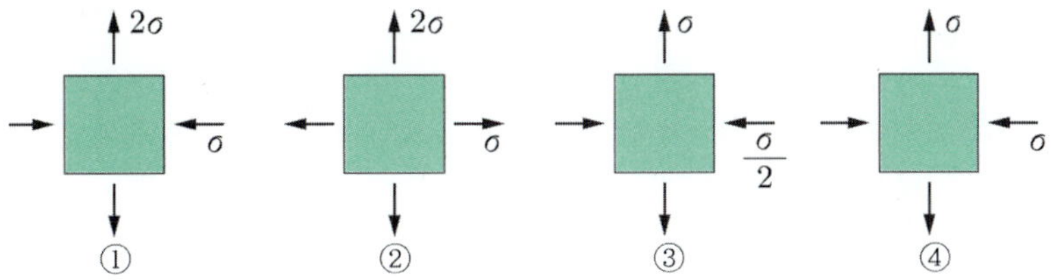

[문제 10.9]

10 어떤 하중이 작용되고 있는 기계장치의 부품이 인장응력 60MPa, 전단응력 40MPa을 받고 있다. 이 부품의 소재가 전단응력에 의해 파괴되는 응력이 120MPa이면, 최대전단응력설의 관점에서 볼 때, 받을 수 있는 최대하중은 작용되고 있는 하중의 몇 배인가? [공무원임용시험]

① 2.4 ② 3.0 ③ 3.6 ④ 4.2

11 그림과 같이 평면응력상태에 있는 한 점에서 임의로 설정한 x, y축방향 응력이 각각 $\sigma_x = 450\,\text{MPa}$, $\sigma_y = -150\,\text{MPa}$ 이다. 이때 주평면(principal plane)에서의 최대주응력은 $\sigma_1 = 550\,\text{MPa}$ 이고, x축에서 각도 θ만큼 회전한 축 x_θ방향 응력이 $\sigma_{x\theta} = 120\,\text{MPa}$ 이었다면, 최소주응력 σ_2[MPa]과 y축에서 각도 θ만큼 회전한 축 y_θ방향 응력 $\sigma_{y\theta}$[MPa]를 구하여라. [공무원임용시험]

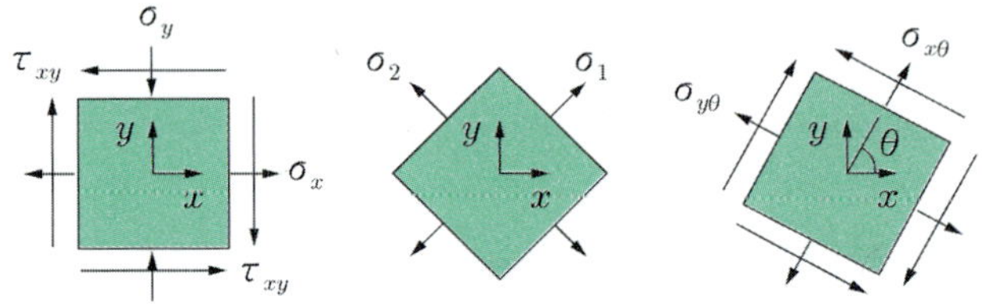

[문제 10.11]

12 그림과 같이 평면응력을 받고 있는 평면요소에 대하여 주응력이 발생되는 주각[°]은? 단, 주각은 θ축에 대하여 반시계방향으로 회전한 각도이다. [공무원임용시험]

① 15.0 ② 22.5

③ 30.0 ④ 45.0

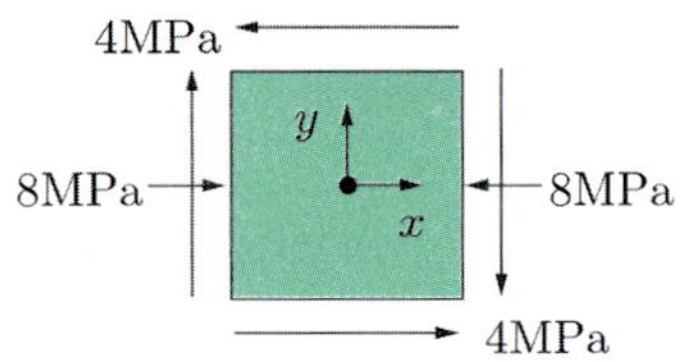

[문제 10.12]

13 다음과 같이 평면응력상태에 있는 미소응력요소에서 최대 전단응력[MPa]의 크기는? [공무원임용시험]

① 25.0 ② 50.0

③ 62.5 ④ 75.0

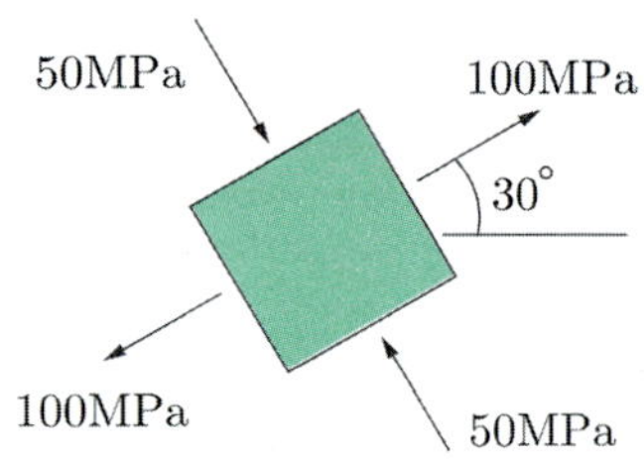

[문제 10.13]

14 다음과 같은 응력상태에 있는 요소에서 최대 주응력과 최대전단응력의 크기[MPa]를 구하여라. [공무원임용시험]

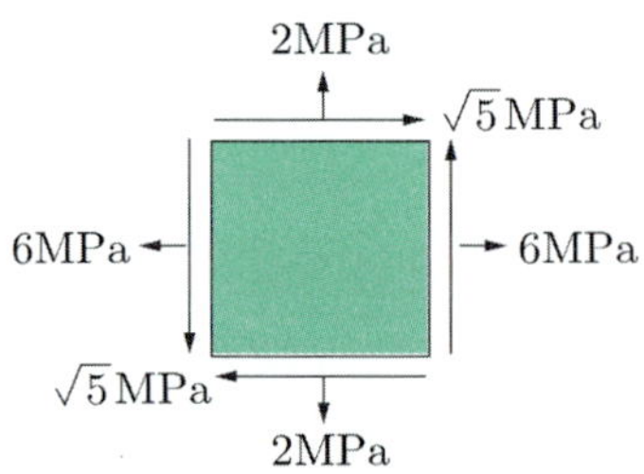

[문제 10.14]

15 다음 그림과 같이 평면응력을 받는 요소가 있다. 최대전단응력이 발생하는 요소에서 수직응력[MPa]과 전단응력[MPa]을 구하여라. [공무원임용시험]

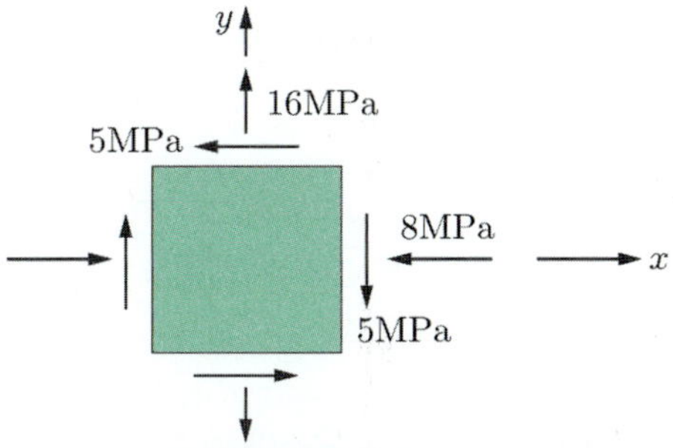

[문제 10.15]

16 그림과 같은 평면응력상태의 미소 요소에서 최대주응력(σ_1)의 크기[MPa]는? [공무원임용시험]

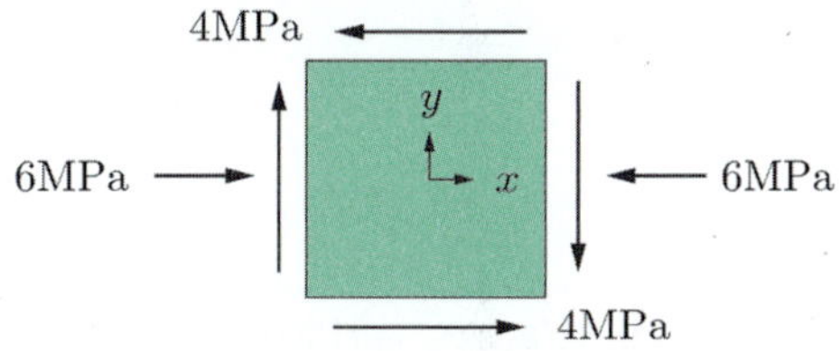

[문제 10.16]

① 0 ② 1 ③ 2 ④ 6

17 2 차원 순수전단 조건에서 인장항복강도가 σ_Y 인 소재에 대해 최대전단응력설과 전단변형률에너지설을 적용할 때, 각각의 전단 항복강도로 옳은 것은? [공무원임용시험]

① $0.5\sigma_Y$, $0.577\sigma_Y$ ② $0.5\sigma_Y$, $0.677\sigma_Y$

③ $1.0\sigma_Y$, $0.5\sigma_Y$ ④ $1.0\sigma_Y$, $1.0\sigma_Y$

18 볼트의 항복응력은 100MPa 이다. 이 볼트에 허용 설계하중이 작용할 때, 축방향의 인장응력 30MPa 과 비틀림에 의한 전단응력 20MPa 이 동시에 발생되었다. 최대 주응력설을 적용하여 항복응력에 대한 안전계수를 구하면? [공무원임용시험]

① 2.5 ② 3.0 ③ 3.5 ④ 4.0

19 항복응력이 24kgf/mm^2인 재료로 만든 부품이 $\sigma_x = 11\text{kgf/mm}^2$, $\sigma_y = 3\text{kgf/mm}^2$, $\tau_{xy} = 3\text{kgf/mm}^2$의 응력상태일 때, 최대 전단 응력이론에 의한 안전계수는? [공무원임용시험]

① 1.1 ② 1.5 ③ 2.4 ④ 4.8

20 인장항복응력이 400[MPa]인 재료가 $\sigma_x = 120$[MPa], $\sigma_y = -80$ [MPa]인 평면응력상태에 있을 때, 최대전단응력설에 따른 안전계수는? [공무원임용시험]

① 6 ② 4 ③ 3 ④ 2

21 취성재료의 파단인장강도 $S_f = 150\,[\mathrm{MPa}]$일 때, 평면응력 상태에 있는 $\sigma_x = 100\,[\mathrm{MPa}]$, $\sigma_y = 20\,[\mathrm{MPa}]$, $\tau_{xy} = 30\,[\mathrm{MPa}]$에 대해 최대전단응력설을 적용하여 계산된 안전계수로 가장 가까운 값은? 단, 파단전단강도(S_{fs})는 파단인장강도의 0.5 배이다. [공무원임용시험]

① 1.5 ② 2.0 ③ 2.5 ④ 3.0

22 평면응력 상태에서 $\sigma_x = 10\,\mathrm{kPa}$, $\sigma_y = 2\,\mathrm{kPa}$, $\tau_{xy} = 3\,\mathrm{kPa}$로 측정되었다면, 모어 원(Mohr's circle) 상의 주응력의 크기[kPa]는? [공무원임용시험]

① 9, 1 ② 9, 3 ③ 11, 1 ④ 11, 3

23 그림과 같은 평면응력상태에 있는 미소요소에서 발생할 수 있는 최대전단응력의 크기[MPa]는? 단, $\sigma_x = 36\mathrm{MPa}$, $\tau_{xy} = 24\mathrm{MPa}$) [공무원임용시험]

① 30 ② 40
③ 50 ④ 60

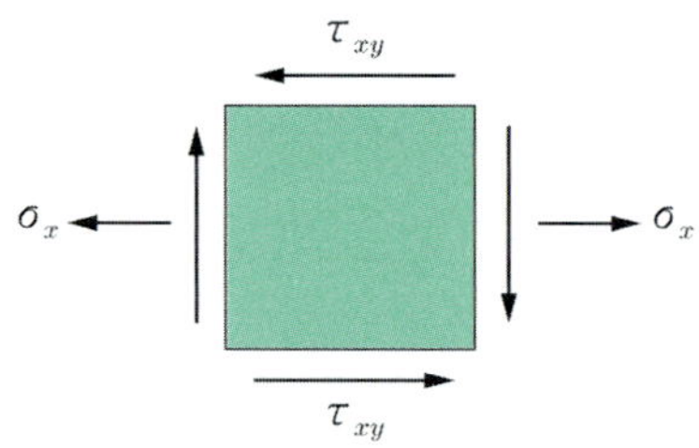

[문제 10.23]

24 그림과 같은 요소에 $\sigma_x = 20\mathrm{MPa}$, $\sigma_y = 10\mathrm{MPa}$, $\tau_{xy} = 16\mathrm{MPa}$의 평면응력이 작용할 때 다음을 구하여라. 단, 재료의 탄성계수 $E = 200\mathrm{GPa}$, 푸아송비 $\nu = 0.25$이다.

(1) x, y, z 방향의 수직변형률과 전단변형률(γ_{xy})
(2) 단위 체적변화(e)
(3) 변형에너지밀도(u)

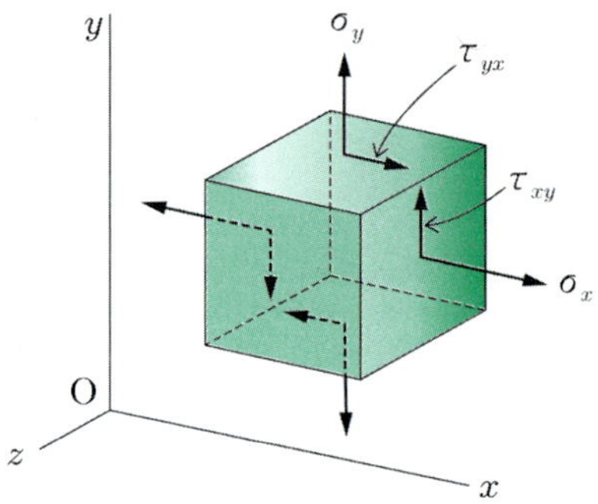

[문제 10.24]

25 그림과 같이 단축응력 $\sigma_x = 0.4\mathrm{MPa}$을 받는 요소가 있다. 재료의 탄성계수 $E = 2\mathrm{MPa}$, 전단탄성계수 $G = 0.8\mathrm{MPa}$일 때 x, y, z축방향의 변형률과 단위체적 변화를 구하여라.

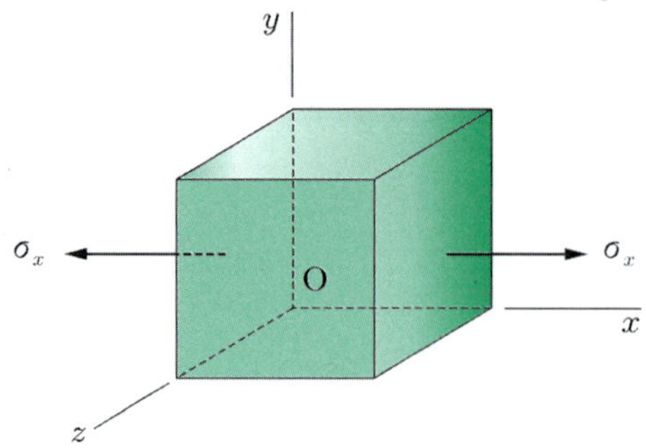

[문제 10.25]

33 직육면체 요소가 3축응력 $\sigma_x = 40\text{MPa}$, $\sigma_y = -20\text{MPa}$, $\sigma_z = -10\text{MPa}$을 받고 있다. 변의 길이 $a = 90\text{mm}$, $b = 70\text{mm}$, $c = 60\text{mm}$일 때 다음을 구하여라. 단, 재료의 탄성계수 $E = 10\text{GPa}$, 푸아송 비 $\nu = 0.3$이다.

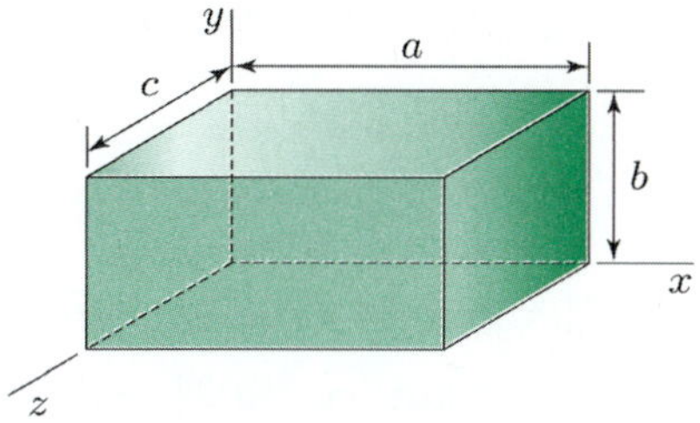

[문제 10.33]

(1) 최대전단응력(τ_{max})

(2) x, y, z 방향의 변형률(ϵ_x, ϵ_y, ϵ_z)

(3) 각 변의 길이 변화(Δa, Δb, Δc)

(4) 단위체적 변화(e)

(5) 체적변화(ΔV)

34 지름 $d = 200\text{mm}$인 구형 금속이 정수압응력 $\sigma_0 = 40\text{MPa}$을 받을 때 지름 변화(Δd)와 체적변화(ΔV)를 구하여라. 단, 재료의 탄성계수 $E = 80\text{GPa}$, 푸아송 비 $\nu = 0.25$이다.

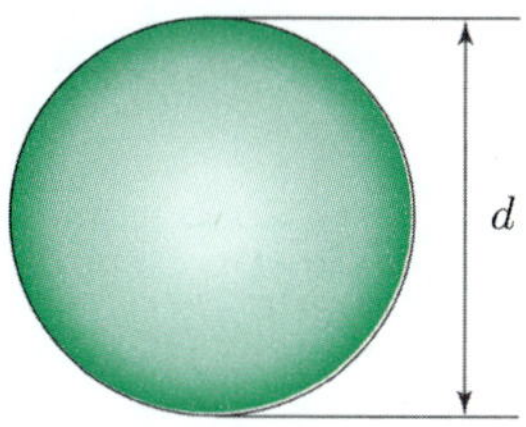

[문제 10.34]

35 탄성계수 $E = 200\text{GPa}$, 푸아송 비 $\nu = 0.3$인 구형 금속이 물속에서 압력 p를 받고 체적이 0.3% 줄어들었을 때 압력(p)과 금속의 변형에너지밀도(u)를 구하여라.

36 탄성계수 $E = 200\text{GPa}$, 푸아송 비 $\nu = 0.3$인 직육면체 블록이 물속 깊은 곳에서 균일한 수압 $p = 200\text{MPa}$을 받을 때 블록의 단위체적변화(e)를 구하여라. 그리고 블록의 변의 길이 $a = 40\text{mm}$, $b = 50\text{mm}$, $c = 20\text{mm}$일 때 체적 변화 $\Delta V[\text{mm}^3]$를 구하여라.

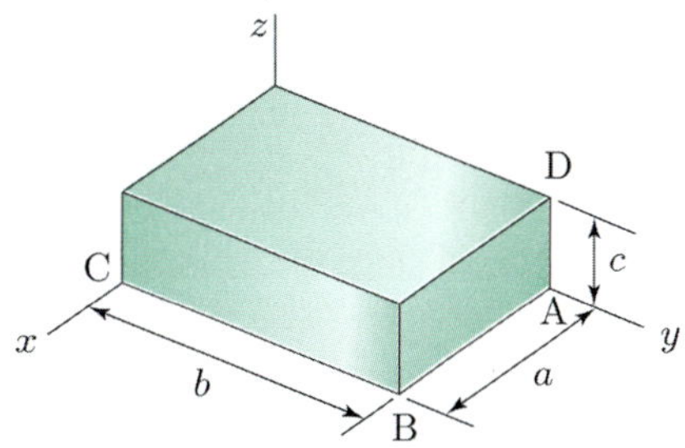

[문제 10.36]

37 σ_x의 크기를 갖는 단축 인장 응력 상태에서 모어 원(Mohr's circle)에 관한 설명 중 옳은 것은? [중등교사 임용시험-기계]

① 모어 원의 중심점의 위치는 σ_x이다.

② 최대전단응력의 크기는 모원의 지름과 같다.

③ 모어 원의 지름은 알 수 없다.

④ 모어 원의 지름은 σ_x이다.

38 평면응력(2차원 응력) 상태에 있는 한 응력요소에서 작용하는 응력이 $\sigma_x = 1{,}850\text{kgf/cm}^2$, $\sigma_y = 250\text{kgf/cm}^2$, $\tau_{xy} = -600\text{kgf/cm}^2$일 때, xy평면 내의 최대 주응력을 σ_1, 최소 주응력을 σ_2라고 하면 $\sigma_1 + 3\sigma_2$의 값을 구하여라. [중등교사 임용시험-기계 • 금속]

39 다음 그림과 같이 어떤 재료의 평면응력 상태에 있는 미소사각요소에 수직응력 $\sigma_x = 6$ [MPa], $\sigma_y = 4$[MPa], 전단응력 $\tau_{xy} = 1$[MPa]이 작용하고 있다. 이때 최대주응력 σ_1 [MPa], 최대전단응력 τ_{max}[MPa]의 크기, 최대 주응력의 방향 θ_1(°, degree)을 구하고, 풀이 과정과 함께 쓰시오. 단, 재료는 균질, 등방성, 미소변위상태이다. 최대주응력 방향 θ_1은 $+x$축을 기준으로 시계방향은 (−)이고, 반시계방향은 (+)이다. θ_1의 범위는 $-90° \le \theta_1 \le 90°$이다. [중등교사 임용시험-기계 • 금속)]

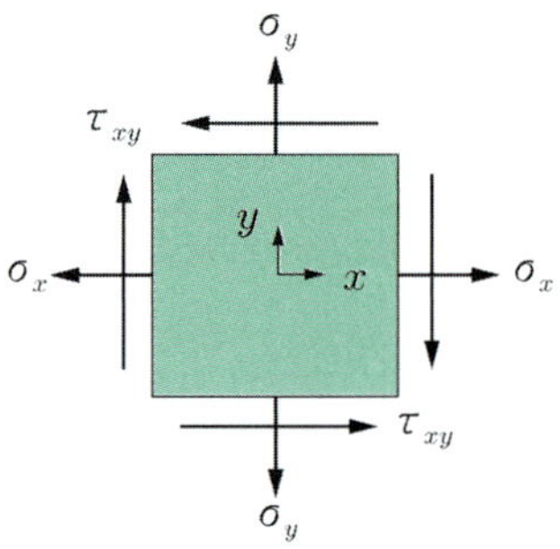

[문제 10.39]

40 [평면응력 응용] 수평으로 고정된 직사각형 단면($b = 0.1\text{m}$, $h = 0.4\text{m}$) 외팔보의 자유단에 집중하중 $P = 200\text{kN}$이 연직 아래로 작용하고 있다. 자유단으로부터 $c = 0.8\text{m}$, 단면의 바닥으로부터 위로 $d = 0.3\text{m}$에 위치한 점(A)에서 주응력(σ_1, σ_2)과 최대전단응력(τ_{max})을 구하여라.

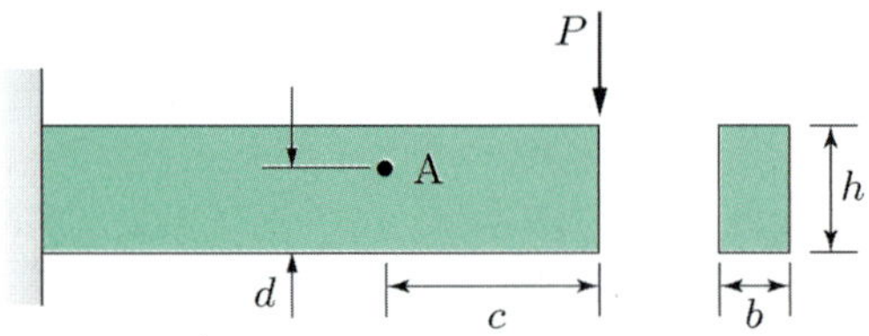

[문제 10.40]

41 [평면응력 응용] 직사각형 단면($b = 0.1\text{m}$, 높이 $h = 0.4\text{m}$)을 갖는 길이 $L = 2\text{m}$ 의 단순보에 균일분포하중 $q = 20\text{kN/m}$ 가 작용하고 있다. 보의 왼쪽 지지점으로부터 $a = 0.3\text{m}$, 단면의 바닥으로부터 위로 $d = 0.1\text{m}$ 에 위치한 점에서 주응력(σ_1, σ_2)과 최대전단응력($\tau_{\max}$)을 구하여라.

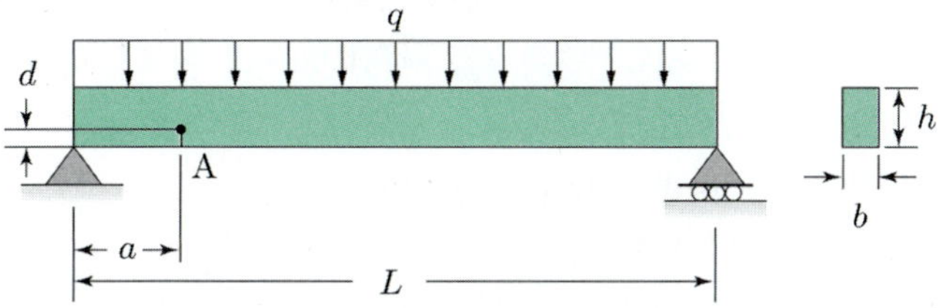

[문제 10.41]

42 [평면응력 응용] 그림은 자유단에 수직 하중 F[N]와 비틀림 모멘트 T[N · m]를 받는 원형 단면의 외팔보이다. 길이 $l = 0.1$[m], 지름 $d = 0.01$[m], $F = 6{,}000\pi/32$[N], $T = 25\pi$[N · m]일 때 A 점에 발생하는 굽힘응력 σ_b[MPa], 비틀림응력 τ_t[MPa] 및 최대 인장응력 $\sigma_{\max}$[MPa]를 각각 구하시오. 단, 보의 자중에 의한 영향은 무시한다. [중등교사 임용시험-기계 • 금속]

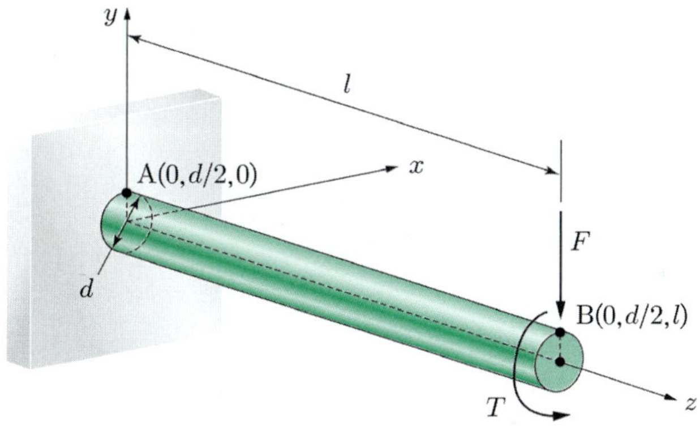

[문제 10.42]

43 취성재료에 적용하기에 적합한 파손이론은? [공무원임용시험]

① 최대 주응력설 ② 최대전단응력설
③ 전단변형률 에너지설 ④ 최대 주변형률설

44 파손이론에 대한 설명으로 가장 옳지 않은 것은? [공무원임용시험]

① 전단변형에너지설은 주로 연성재료의 파손을 예견하는 데 사용된다.
② 최대전단응력설이 전단변형에너지설보다 실험결과와 더 잘 일치한다.
③ 최대 주응력설은 최대 인장응력의 크기가 항복강도보다 클 경우 재료의 파손이 일어난다는 이론이다.
④ 최대전단응력설에 의하면, 단순 인장이나 압축응력에 의한 파괴는 항복전단응력의 두 배에 도달할 때 발생한다.

45 인장항복응력이 400[MPa]인 재료가 $\sigma_x = 120$[MPa], $\sigma_y = -80$[MPa]인 평면응력상태에 있을 때, 최대전단응력설에 따른 안전계수는? [공무원임용시험]

① 6 ② 4 ③ 3 ④ 2

46 굽힘모멘트와 토크를 동시에 받는 축의 인장응력은 90[MPa], 전단응력은 60[MPa]이다. 허용인장응력을 110[MPa], 허용전단응력을 80[MPa]이라 할 때, 다음 설명 중 옳지 않은 것은? [공무원임용시험]

① 최대 주응력설에 의하면, 이 축은 안전하지 않다.
② 최대전단응력설에 의하면, 이 축은 안전하지 않다.
③ 전단변형에너지설(von Mises yield criteria)에 의하면, 이 축은 안전하지 않다.
④ 단순인장응력상태에서는 최대 주응력설에 의한 파손조건과 전단 변형에너지설에 의한 파손조건이 같아진다.

47 다음은 3 차원 응력상태에 있는 축의 주응력이다. 이때 재료의 파손이론 중 최대전단응력설에 따르는 축의 최대전단응력[MPa]은? [공무원임용시험]

$\sigma_1 = 10\,\text{MPa}$, $\sigma_2 = -15\,\text{MPa}$, $\sigma_3 = -20\,\text{MPa}$

① 12.5 ② 15.0 ③ 17.5 ④ 20.0

48 연성재질의 부재에 주응력 $\sigma_1 = 40\text{MPa}$, $\sigma_2 = 0$, $\sigma_3 = -40\text{MPa}$ 이 작용하고 있다. 재료의 항복강도는 $\sigma_Y = 120\sqrt{3}\,\text{MPa}$ 로 압축항복강도와 인장항복강도의 크기는 같다. Von Mises 이론에 따라 계산한 안전계수 S(safety factor)는? [공무원임용시험]

① 3 ② 2 ③ $\sqrt{3}$ ④ $\sqrt{2}$

제11장 압력용기

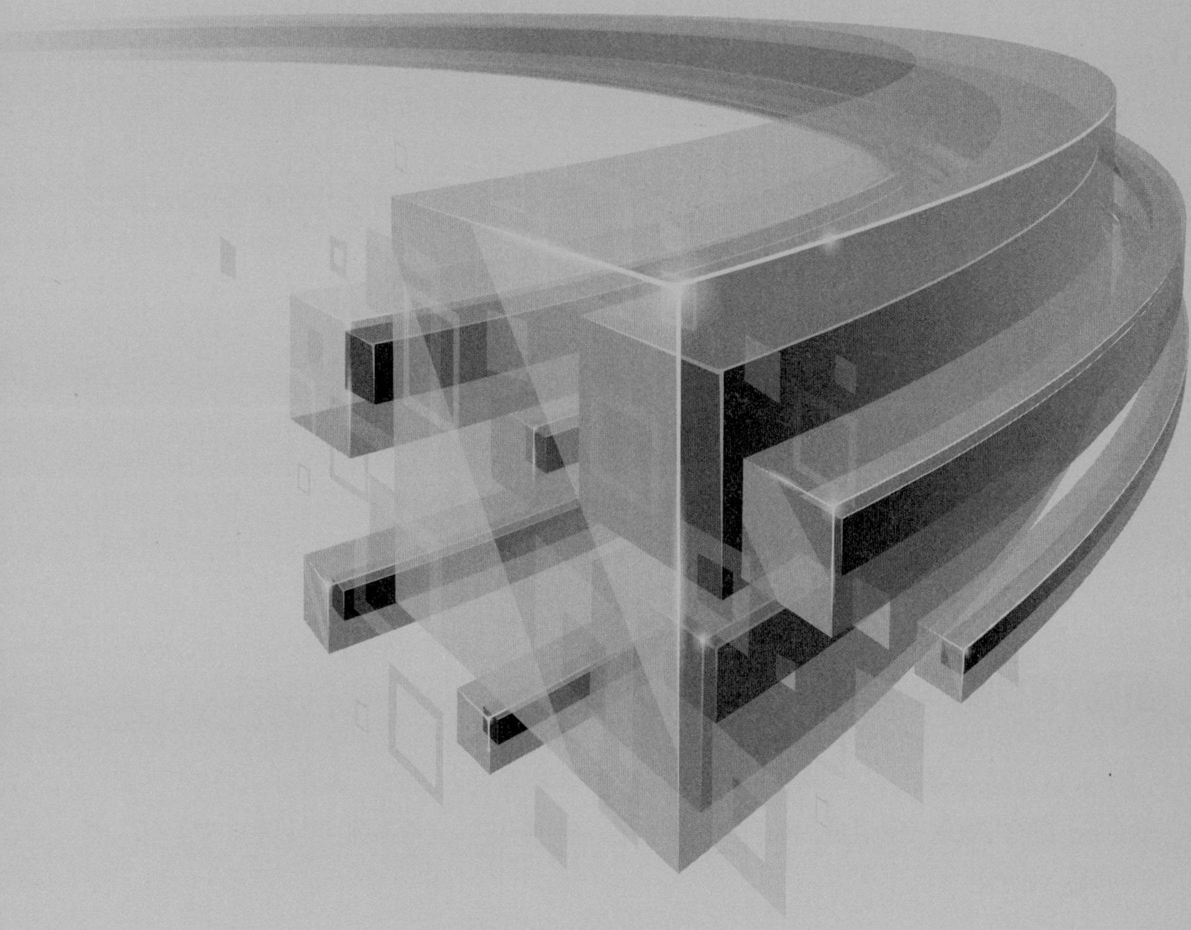

11.1 구형 압력용기

가스탱크, 보일러, 화학 공업용 반응 탱크, 수압기처럼 고압의 유체를 담고 있는 용기를 압력용기(pressure vessel)라 한다. 압력 용기는 화학 공업을 비롯한 여러 산업 분야에서 이용되고 있으며, 사용 조건에 따라 구조가 다르지만 일반적으로 압력 용기는 매우 높은 내부 압력을 받고 있다. 고압을 받는 압력 용기가 파괴된다면 그 피해가 매우 크다는 것은 쉽게 상상할 수 있다. 특히 설계자는 압력 용기가 항상 내부의 유체에 의하여 높은 압력을 받고 있으며, 용도에 따라서는 높은 온도를 받고 있다는 것을 알고 압력과 재료 및 이음새의 강도 등을 고려하여 압력 용기를 설계해야 한다. 일반적으로 많이 사용하는 압력용기에는 [그림 11.1]과 같은 구형 압력용기와 원통형 압력용기가 있다.

기계설계에서 압력용기를 설계할 때는 변형보다는 주로 강도에 초점을 두므로 여기에서도 강도와 관련된 최대응력을 중심으로 공부한다.

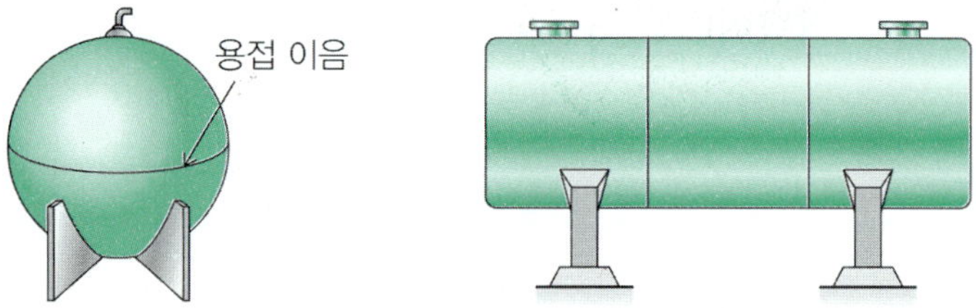

[그림 11.1] (a) 구형 압력 용기 (b) 원통형 압력용기

1 벽면에 작용하는 인장응력

[그림 11.2]와 같은 얇은 두께($t/D \ll 1$)의 구형 압력 용기를 반으로 잘라서 용기의 벽에 작용하는 인장응력을 구해본다. 용기의 안지름이 D일 때 내부 압력 p에 의해 수평방향으로 작용하는 힘(F)은

$$F = pA = p \times \frac{\pi}{4} D^2$$

이다. 여기에서 압력 p는 용기 내 절대압력이 아니고 순 내압 또는 계기압력(게이지압력, gage pressure)이다. 계기압력은 용기의 외부에 작용하는 압력보다 높은 내부압력으로 (계기압력=절대압력－대기압)으로 정의된다.

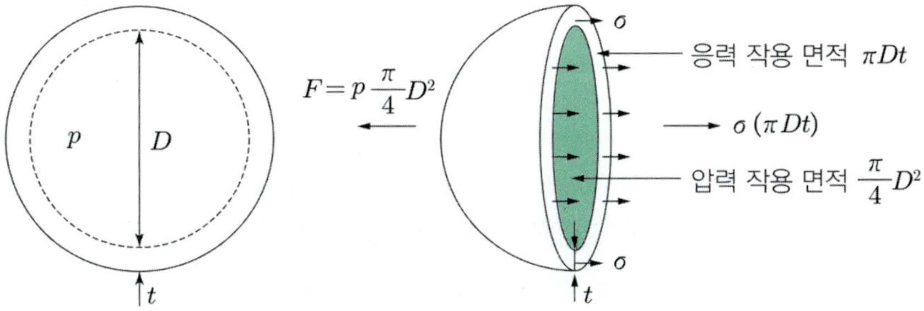

[그림 11.2] 구형 압력 용기의 응력

내부압력에 의한 힘 F는 두께 t, 지름 D인 고리 모양의 반구의 벽 두께에 같은 방향의 인장응력(σ)을 발생시킨다. 그리고 벽에 작용하는 인장응력의 합력은 응력 σ에 그 작용면적 πDt를 곱한 것과 같다. 따라서 수평방향으로 힘의 평형 조건을 적용하면 $F=\sigma\times(\pi Dt)$이고 다음과 같이 인장응력 σ가 구해진다.

$$p\times\frac{\pi}{4}D^2=\sigma\times(\pi Dt)$$

$$\sigma=\frac{pD}{4t} \qquad \cdots(11.1)$$

구의 대칭성으로 인해 압력을 받는 구형 용기의 벽은 모든 방향으로 동일한 인장응력(σ)을 받는다. 이와 같은 응력상태는 [그림 11.3]의 (a)와 같이 같은 크기의 응력이 서로 수직한 방향으로 작용하는 미소요소로 표현될 수 있다. 그림과 같이 셸 표면 곡면에 접선방향으로 작용하는 응력을 막응력(membrane stress)이라 한다.

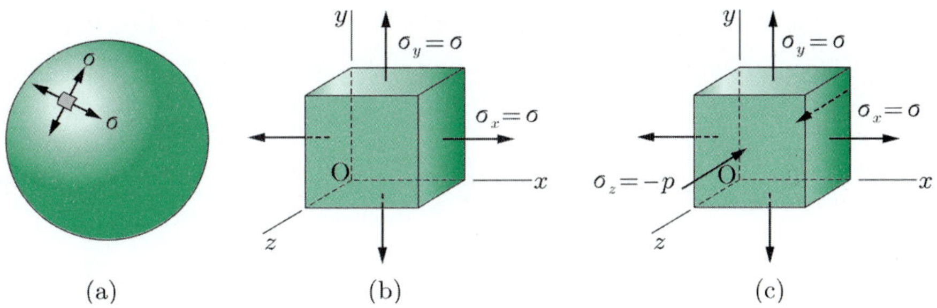

[그림 11.3] (a) 구형 압력용기의 벽면에 작용하는 인장응력(σ) (b) 바깥 표면 응력 (c) 안쪽 표면 응력

2 바깥 표면 응력과 최대전단응력

일반적으로 압력용기 바깥 표면에는 하중이 작용하지 않으므로 [그림 11.3]의 (a)에 나타낸 요소는 2 축응력 상태에 있다. 이 요소에 작용하는 응력을 해석하기 위해 [그림 11.3]의 (b)에

응력상태를 확대하여 나타내었다. 여기에서 x와 y축은 구의 표면에 접하고 z축은 표면에 수직이다. 따라서 수직응력 σ_x와 σ_y는 σ와 같고 $\sigma_z = 0$이다. 그리고 이 요소의 측면에는 전단응력이 존재하지 않는다($\tau = 0$).

여기에서 평면응력에 대한 변환공식을 이용하여 [그림 11.3]의 (b)의 요소에 대한 응력을 살펴보면 [그림 11.4]와 같이 모어 원에서 하나의 점으로 나타나고 수직응력 $\sigma_{x1} = \sigma$, 전단응력 $\tau_{x1y1} = 0$이 된다. 즉, z축에 대해 회전한 요소를 고려하면 수직응력은 σ로 일정하고 전단응력은 0 이다. 따라서 모든 평면이 주평면이고 모든 방향이 주방향이므로 세 개의 주응력은 [그림 11.4]와 같다.

$$\sigma_1 = \sigma_2 = \sigma = \frac{pD}{4t} \qquad \sigma_3 = 0 \qquad \cdots (11.2)$$

응력 σ_1과 σ_2는 xy 평면에 있고 σ_3는 z 방향 응력이다.

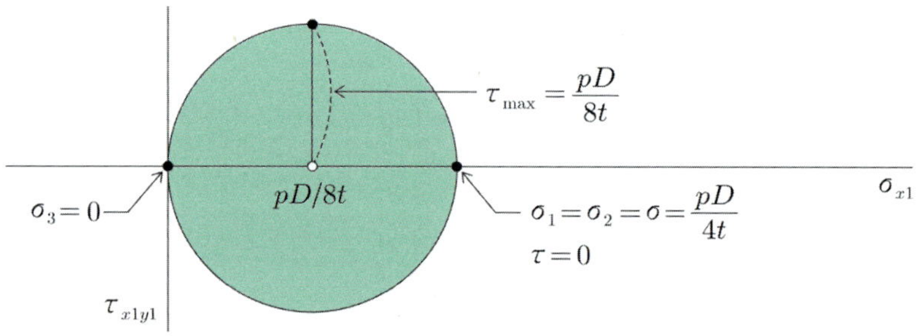

[그림 11.4] 구형 압력용기의 응력에 대한 모어 원

여기에서 면내 전단응력이 모두 0 이므로 최대전단응력을 얻기 위해 면 외의 회전(x와 y축에 대한 회전)을 고려해야 한다. [그림 11.4]의 모어원에서 x와 y축에 대해 45° 회전된 요소에서 최대전단응력 $\sigma/2$가 발생한다는 것을 알 수 있다.

$$\tau_{\max} = \frac{\sigma}{2} = \frac{pD}{8t} \qquad \cdots (11.3)$$

이 응력은 요소 내에서 발생하는 가장 큰 전단응력이고, 이때 수직응력의 크기도 $pD/8t$이다 [그림 11.4].

3 바깥 표면의 수직변형률

용기 바깥 표면은 $\sigma_x = \sigma_y = \sigma = pD/4t$, $\tau_{xy} = 0$인 2 축응력 상태이다. 이때 훅의 법칙(10장)으로부터

$$\epsilon_x = \frac{1}{E}(\sigma_x - \nu\sigma_y) = \frac{\sigma}{E}(1-\nu) = \frac{pD}{4tE}(1-\nu)$$

이고, $\epsilon_x = \epsilon_y = \epsilon_0$이므로 바깥 표면에서 수직변형률($\epsilon_0$)은 다음과 같다.

$$\epsilon_0 = \frac{pD}{4tE}(1-\nu) \quad \cdots (11.4)$$

여기에서 E는 용기 재료의 탄성계수이고 ν는 푸아송 비이다.

4 안쪽 표면 응력

[그림 11.3]의 (c)와 같이 용기 벽의 안쪽 표면에는 바깥 표면과 동일한 σ_x와 σ_y 외에 내부압력 p와 크기가 같은 압축응력 σ_z가 작용하며 이 요소는 다음과 같은 주응력을 가지는 3 축응력이 된다.

$$\sigma_1 = \sigma_2 = \sigma = \frac{pD}{4t}, \ \sigma_3 = -p$$

여기에서도 면내 전단응력은 0 이지만 최대 면외 전단응력은 다음과 같다.

$$\tau_{\max} = \frac{\sigma_1 - \sigma_3}{2} = \frac{\sigma + p}{2} = \frac{pD}{8t} + \frac{p}{2} = \frac{p}{2}\left(\frac{D}{4t} + 1\right)$$

위 식에서 용기 벽이 얇아서 $D/4t$가 매우 크면 수 1 은 무시할 수 있고 이때 $\tau_{\max} = pD/8t$가 된다. 즉, 주응력 $\sigma_1(=\sigma_2)$에 비해 z방향 주응력 σ_3가 매우 작아서 무시할 수 있고 결과적으로 안쪽 표면 응력 상태는 바깥 표면 응력 상태와 같다고 할 수 있다. 따라서 일반적으로 식 (11.1) ~ (11.3)을 이용하여 구형 압력용기의 응력을 해석한다.

예제 11.1 안지름 $D = 4\text{m}$, 두께 $t = 20\text{mm}$인 구형 압력용기가 있다. 다음 세 경우 (1) ~ (3)에 대해 용기의 최대 허용 내부 압력 p_a[MPa]을 구하여라. 단, 용기의 탄성계수 $E = 210\text{GPa}$, 푸아송 비 $\nu = 0.3$이다.

(1) 용기의 허용인장응력 $\sigma_a = 80\text{MPa}$일 때

(2) 용기의 허용전단응력 $\tau_a = 30\text{MPa}$일 때

(3) 용기 바깥 표면의 허용 수직변형률 $\epsilon_a = 3 \times 10^{-4}$일 때

(4) 위 (1), (2), (3)을 고려할 때 용기가 파괴되지 않고 안전하게 사용할 수 있는 용기의 최대 내부압력($p_{\max}$)을 구하여라.

풀이 단위를 mm, MPa로 통일하여 계산한다. $4\text{m} = 4 \times 10^3 \text{mm}$ 이다.

(1) 최대 인장응력 $\sigma = \dfrac{pD}{4t}$ 이므로

$$p_a = \frac{4t\sigma_a}{D} = \frac{4 \times (20) \times (80)}{(4 \times 10^3)} = 1.6\,[\text{MPa}]$$

즉, 용기 벽의 허용인장응력에 대한 최대 허용압력은 1.6MPa이다.

(2) 최대전단응력 $\tau_{\max} = \dfrac{pD}{8t}$ 이므로

$$p_a = \frac{8t\tau_a}{D} = \frac{8 \times (20) \times (30)}{(4 \times 10^3)} = 1.2\,[\text{MPa}]$$

용기 벽의 허용전단응력에 대한 최대 허용압력은 1.2MPa이다.

(3) 수직변형률 $\epsilon_0 = \dfrac{pD}{4tE}(1-\nu)$ 이므로

$$p_a = \frac{4tE\epsilon_a}{D(1-\nu)} = \frac{4(20)(210 \times 10^3)(3 \times 10^{-4})}{(4 \times 10^3)(1-0.3)} = 1.8\,[\text{MPa}]$$

용기 벽의 허용 수직변형률에 대한 최대 허용압력은 1.8MPa이다.

(4) 위에서 구한 3개의 압력 값 중 가장 작은 것은 1.2MPa이다. 따라서 안전하게 사용할 수 있는 용기의 최대 내부압력 $p_{\max} = 1.2\text{MPa}$이다. 왜냐하면 내부압력이 이 값을 초과하면 용기가 전단에 의해 파괴되기 때문이다.

예제 11.2 인장에 대한 항복응력 $\sigma_Y = 60\text{MPa}$, 전단에 대한 항복응력 $\tau_Y = 40\text{MPa}$인 재료로 제작한 구형 압력용기가 있다. 사용하는 용기의 내부압력 $p = 2\text{MPa}$이고 안지름 $D = 1.2\text{m}$일 때 응력에 의해 파괴되지 않는 용기의 최소 벽두께($t_{\min}$)를 구하여라.

풀이 단위를 mm, MPa로 통일하여 계산한다. $1.2\text{m} = 1200\text{mm}$ 이다.

○ 인장에 대한 항복응력을 고려할 때 : 최대 인장응력 $\sigma = \dfrac{pD}{4t}$ 이므로

$$t_{\min} = \frac{pD}{4\sigma_Y} = \frac{(2)(1200)}{4(60)} = 10\,[\text{mm}]$$

용기 벽의 인장을 기준으로 한 최소 벽두께는 10mm이다.

○ 전단에 대한 항복응력을 고려할 때 : 최대전단응력 $\tau_{\max} = \dfrac{pD}{8t}$ 이므로

$$t_{\min} = \frac{pD}{8\tau_Y} = \frac{(2)(1200)}{8(40)} = 7.5\,[\text{mm}]$$

용기 벽의 전단을 기준으로 한 최소 벽두께는 7.5mm이다.

○ 인장과 전단에 의한 항복응력을 모두 고려할 때 응력에 의해 파괴되지 않는 용기의 최소 벽두께는 인장에 대한 항복응력을 고려한 $t_{\min} = 10\text{mm}$이다. 왜냐하면

두께가 이보다 작으면($7.5\text{mm} < t < 10\text{mm}$) 용기가 전단에 의해 파괴되기 때문이다. 두께 $t > t_{min}$이면 인장과 전단 모두에 대해 안전하다.

11.2 원통형 압력용기

고압의 유체를 담고 있는 원통형 압력 용기의 동체에는 내부 유체 압력에 의해 원주방향과 축방향으로 응력이 발생한다. 일반적으로 벽 두께가 두꺼운 경우에는 동체에 발생하는 응력이 균일하지 않지만 두께가 얇은 경우에는 응력이 균일하다고 가정하여도 무방하다. 여기에서는 안지름에 비해 벽 두께가 아주 작은 경우에 대해 벽에서의 응력과 변형률을 알아본다.

1 원주 방향 인장응력

[그림 11.5]에서 원주 방향으로 힘의 평형을 고려한다. 원통 내부의 투상 면적(A)은 DL이므로 내부 압력 p에 의해 작용하는 원주 방향 힘 F_1은 다음과 같다.

$$F_1 = pA = pDL$$

이 원주 방향 힘 F_1은 두께 t, 길이 L인 양쪽 원통 벽 두께에 같은 방향의 응력 σ_1을 발생시킨다. 이 응력에 의해 용기 벽에 작용하는 힘은 $2\times(\sigma_1 tL)$이므로 원주 방향 힘의 평형 조건에 의해 $F_1 = 2\times(\sigma_1 tL)$이다. 이 조건으로부터 다음과 같이 압력을 받는 원통의 원주방향 응력(σ_1)에 대한 식이 구해진다.

$$pDL = 2\sigma_1 tL$$

$$\sigma_1 = \frac{pD}{2t} \qquad \cdots (11.5)$$

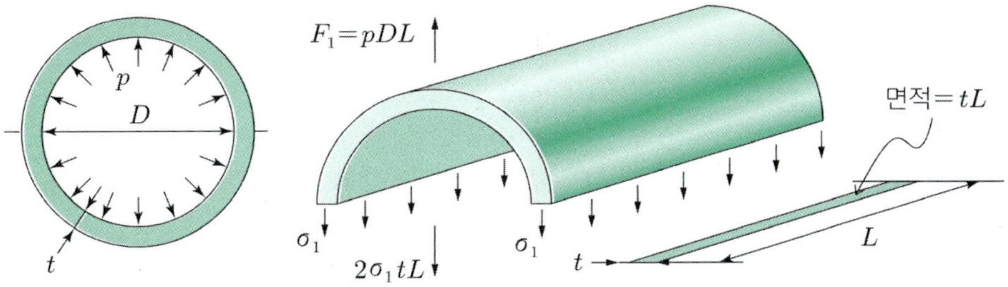

[그림 11.5] 원주 방향 응력과 압력 힘

원주방향 응력 σ_1은 원주응력(circumferential stress) 또는 후프응력(hoop stress)이라 한다. 이 응력은 두께(t)가 지름(D)에 비해 아주 작으면 벽두께 전체에 걸쳐 균일하게 분포한다.

2 길이방향 인장응력

[그림 11.6]과 같이 내부 압력 p에 의해 길이방향으로 작용하는 힘 F_2는 지름 D인 원판에 작용하는 압력 힘이므로

$$F_2 = pA = p \times \frac{\pi}{4} D^2$$

이다. 힘 F_2는 두께 t, 지름 D인 고리 모양의 원통 벽 두께에 같은 방향의 응력(σ_2)을 발생시키고 이 응력에 의해 길이방향으로 작용하는 힘은 $\sigma_2(\pi D t)$이다. 따라서 길이방향 힘의 평형조건에 의해 $F_2 = \sigma_2 \times (\pi D t)$이므로 다음과 같이 σ_2가 구해진다.

$$p \times \frac{\pi}{4} D^2 = \sigma_2 \times (\pi D t)$$

$$\sigma_2 = \frac{pD}{4t} \qquad \cdots (11.6)$$

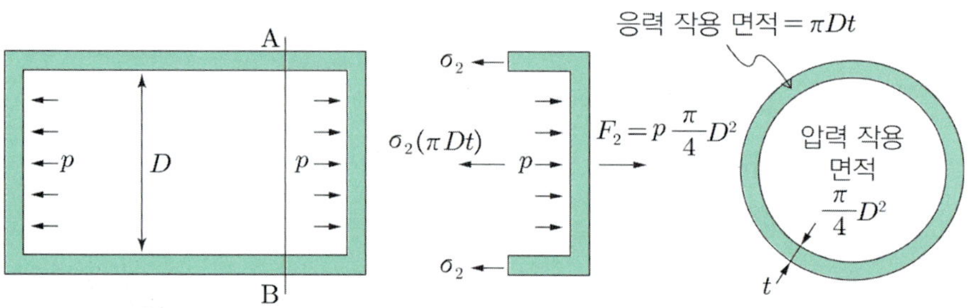

[그림 11.6] 길이방향 응력과 압력 힘

응력 σ_2는 축 응력(axial stress) 또는 길이방향 응력(longitudinal stress)이라 한다. 식 (11.5)와 (11.6)에서 원통형 압력용기에서 원주응력이 축 응력의 두 배라는 것을 알 수 있다.

$$\sigma_1 = 2\sigma_2 = \frac{pD}{2t} \qquad \cdots (11.7)$$

따라서 인장에 대한 벽두께(t)를 정할 때는 σ_1을 사용한다.

$$t = \frac{pD}{2\sigma_1} \qquad \cdots (11.8)$$

3 바깥 표면 응력과 최대전단응력

원통형 압력용기에서 전단응력이 0 이므로 [그림 11.7]의 (a)와 같이 서로 직교하는 응력 σ_1과 σ_2는 두 개의 주응력이 된다. 그리고 z방향으로 작용하는 세 번째 주응력 $\sigma_3 = 0$이므로 이 요소는 2 축응력 상태에 있다. 바깥 표면 응력을 해석하기 위해 3 축응력 요소에서 응력 상태를 나타내면 [그림 11.7]의 (b)와 같다.

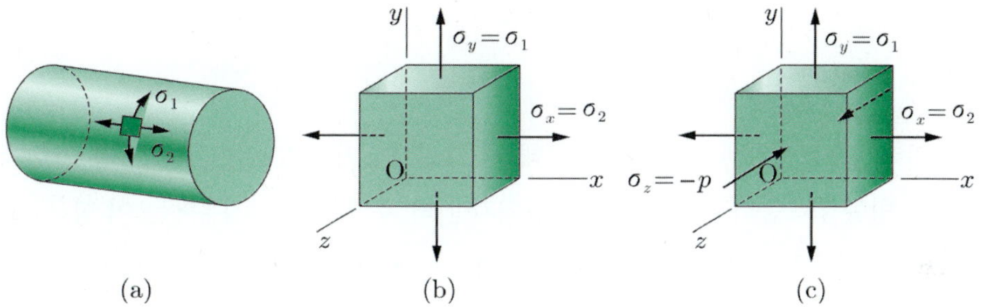

[그림 11.7] (a) 원통형 압력용기의 벽면에 작용하는 인장응력(σ) (b) 바깥 표면 응력 (c) 안쪽 표면 응력

[그림 11.8]은 원통형 압력용기의 응력에 대한 모어 원이다. 최대 면 내 전단응력 $(\tau_{max})_z$는 z축에 대해 45° 회전된 요소에서 발생한다.

$$(\tau_{max})_z = \frac{\sigma_1 - \sigma_2}{2} = \frac{\sigma_1}{4} = \frac{pD}{8t} \quad \cdots (11.9)$$

그리고 최대 면 외 전단응력은 x와 y축에 대해 45° 회전하여 얻어진다.

$$(\tau_{max})_x = \frac{\sigma_1}{2} = \frac{pD}{4t} \qquad (\tau_{max})_y = \frac{\sigma_2}{2} = \frac{pD}{8t} \quad \cdots (11.10)$$

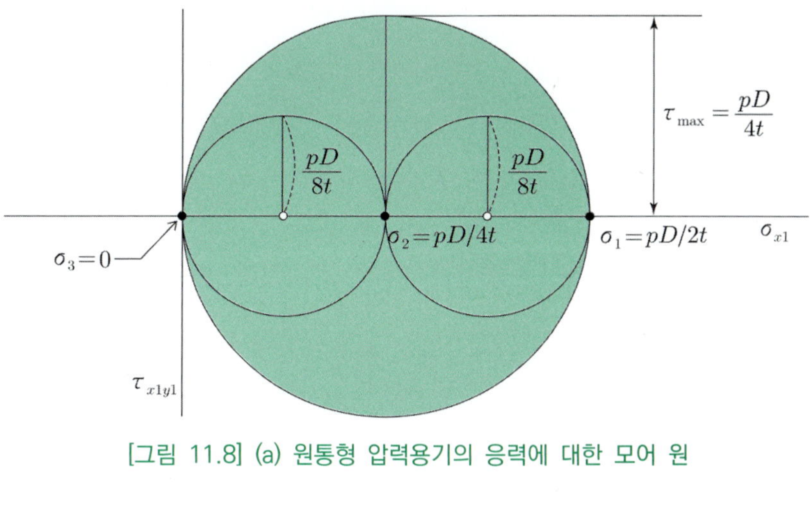

[그림 11.8] (a) 원통형 압력용기의 응력에 대한 모어 원

식 (11.9)와 (11.10)으로부터 절대 최대전단응력($\tau_{\max}$)은 다음과 같다.

$$\tau_{\max} = \frac{\sigma_1}{2} = \frac{pD}{4t} \qquad \cdots (11.11)$$

이 전단응력은 x축에 대해 45° 회전된 평면에서 발생한다.

식 (11.11)로부터 전단에 대한 벽두께(t)는 다음 식으로 결정된다.

$$t = \frac{pD}{4\tau_{\max}} \qquad \cdots (11.12)$$

원통형 압력 용기의 안쪽 표면 응력 상태는 [그림 11.7]의 (c)와 같다. 구형 압력 용기와 마찬가지로 z방향 압축응력 $\sigma_z = -p$가 추가되지만 벽 두께가 얇은 경우에는 이 항은 무시해도 된다. 이때 안쪽 표면 응력은 바깥 표면 응력과 같아진다. 따라서 원통형 압력 용기도 구형 용기와 같이 z방향 압축응력을 무시하고 응력을 해석한다.

4 바깥 표면 변형률

길이방향과 원주방향 좌표를 각각 x, y로 하면 여기에서 응력과 변형률은 각각 $\sigma_1 = \sigma_y$, $\epsilon_1 = \epsilon_y$, $\sigma_2 = \sigma_x$, $\epsilon_2 = \epsilon_x$에 대응된다. 2축응력에 대한 훅의 법칙(10장)으로부터 원주방향 변형률(ϵ_1)과 길이방향 변형률(ϵ_2)에 대한 다음 관계식을 얻는다.

$$\epsilon_1 = \epsilon_y = \frac{1}{E}(\sigma_y - \nu\sigma_x) = \frac{1}{E}(\sigma_1 - \nu\sigma_2) = \frac{\sigma_2}{E}(2-\nu) = \frac{pD}{4tE}(2-\nu)$$

$$\epsilon_2 = \epsilon_x = \frac{1}{E}(\sigma_x - \nu\sigma_y) = \frac{1}{E}(\sigma_2 - \nu\sigma_1) = \frac{\sigma_2}{E}(1-2\nu) = \frac{pD}{4tE}(1-2\nu)$$

$$\epsilon_1 = \frac{pD}{4tE}(2-\nu) \qquad \epsilon_2 = \frac{pD}{4tE}(1-2\nu) \qquad \cdots (11.13)$$

이상에서 $\sigma_1 = 2\sigma_2$, $\sigma_2 = pD/4t$이고, E는 탄성계수, ν는 푸아송 비이다.

예제 11.3 안지름 $D=0.6\text{m}$, 두께 $t=10\text{mm}$, 내부 압력 $p=4\text{MPa}$인 압력용기가 그림과 같이 $\theta=30°$ 의 각을 이루는 나선형으로 용접되었다. 다음을 구하여라. 단, 각 θ는 용접선에 수직한 선이 길이방향 축(x)과 이루는 각이고, 압력용기의 탄성계수 $E=200\text{GPa}$, 푸아송 비 $\nu=0.3$이다.

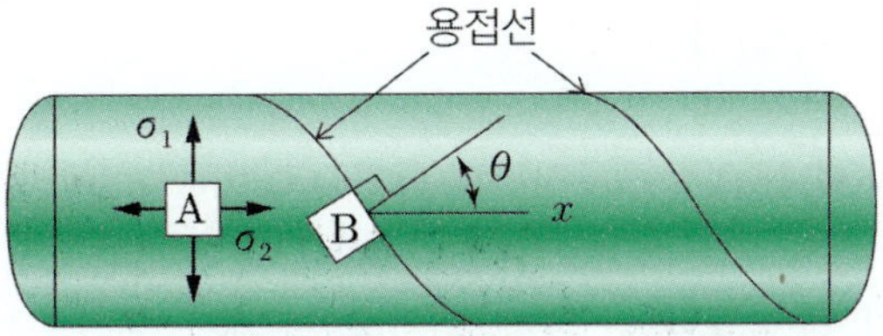

[그림 11.9] 나선형으로 용접된 압력용기

(1) 원주방향 응력(σ_1)과 길이방향 응력(σ_2)

(2) 원주방향 변형률(ϵ_1)과 길이방향 변형률(ϵ_2)

(3) 면내 최대전단응력

(4) 면외 최대전단응력

(5) 용접선에 대해 수직으로 작용하는 수직응력(σ_w)과 평행하게 작용하는 전단응력(τ_w)

풀이 (1) 원주방향 응력(σ_1)과 길이방향 응력(σ_2)

$$\sigma_1=\frac{pD}{2t}=\frac{4\times 600}{2\times 10}=120\,[\text{MPa}]$$

$$\sigma_2=\frac{pD}{4t}=\frac{4\times 600}{4\times 10}=60\,[\text{MPa}]$$

(2) 원주방향 변형률(ϵ_1)과 길이방향 변형률(ϵ_2)

$$\epsilon_1=\frac{1}{E}(\sigma_1-\nu\sigma_2)=\frac{1}{200\times 10^3}(120-0.3\times 60)=51\times 10^{-5}$$

$$\epsilon_2=\frac{1}{E}(\sigma_2-\nu\sigma_1)=\frac{1}{200\times 10^3}(60-0.3\times 120)=12\times 10^{-5}$$

(3) 면내 최대전단응력

$$(\tau_{\max})_z=\frac{\sigma_1-\sigma_2}{2}=\frac{120-60}{2}=30\,[\text{MPa}]$$

(4) 면외 최대전단응력

$$\tau_{\max}=\frac{\sigma_1}{2}=\frac{120}{2}=60\,[\text{MPa}]$$

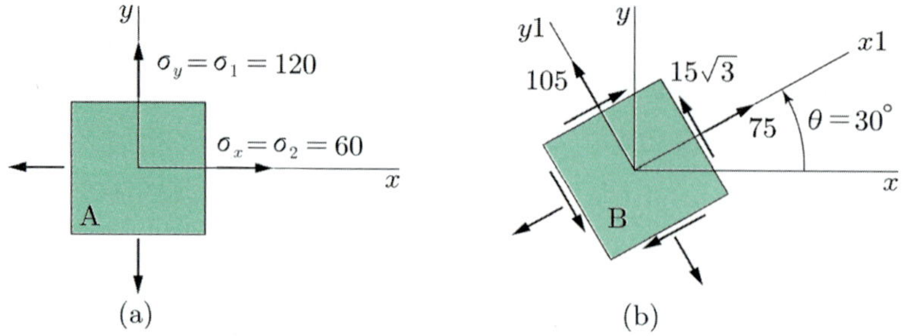

[그림 11.10] (a) 점 A의 응력요소 (b) 용접선에 평행한 한 면을 가지는 응력요소(B) : 응력의 단위는 MPa이다.

(5) [그림 11.9]의 용기 벽에 위치한 점 A의 응력요소는 [그림 11.10]의 (a)와 같이 $\sigma_x = \sigma_2 = 60\text{MPa}$, $\sigma_y = \sigma_1 = 120\text{MPa}$, $\tau_{xy} = 0$인 2축응력 상태이다. 이 요소에 대한 모어 원을 [그림 11.11]에 나타내었다. 모어 원의 중심(σ_m)과 반지름(R)은 다음과 같다.

$$\sigma_m = \frac{\sigma_1 + \sigma_2}{2} = \frac{120 + 60}{2} = 90\,[\text{MPa}]$$

$$R = \frac{\sigma_1 - \sigma_2}{2} = \frac{120 - 60}{2} = 30\,[\text{MPa}]$$

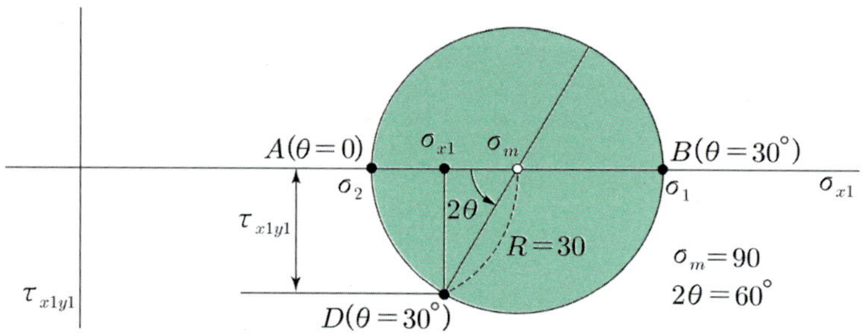

[그림 11.11] 2축응력 요소에 대한 모어 원: 응력의 단위는 MPa이다.

모어 원으로부터 용접선에 대해 수직으로 작용하는 수직응력(σ_w)과 평행하게 작용하는 전단응력(τ_w)을 구한다. 구하는 응력은 점 A를 반시계방향으로 $2\theta = 60°$ 회전한 D점의 응력이다.

$$\sigma_w = \sigma_{x1} = \sigma_m - R\cos 2\theta = 90 - 30\cos 60° = 75\,[\text{MPa}]$$

$$\tau_w = \tau_{x1y1} = R\sin 2\theta = 30\sin 60° = 15\sqrt{3}\,[\text{MPa}]$$

한편 용접선에 수직인 면에 작용하는 수직응력(σ_{y1})은 다음과 같다.

$$\sigma_{y1} = \sigma_m + R\cos 2\theta = 90 + 30\cos 60° = 105\,[\text{MPa}]$$

이상으로부터 [그림 11.10]의 (a)의 응력요소를 x축에 대해 반시계방향으로 $\theta = 30°$ 회전한 요소에 작용하는 응력을 도시하면 (b)와 같다.

예제 11.4 인장에 대한 항복응력 $\sigma_Y = 80\mathrm{MPa}$, 전단에 대한 항복응력 $\tau_Y = 30\mathrm{MPa}$인 재료로 제작한 원통형 압력용기가 있다. 용기의 안지름 $D = 0.2\mathrm{m}$, 벽두께 $t = 4\mathrm{mm}$, 응력에 대한 안전계수 $S = 2$일 때 사용할 수 있는 최대 내부 압력($p_{\max}$)을 구하여라.

풀이 안전계수의 정의로부터 허용 응력 $\sigma_a = \sigma_Y / S$, $\tau_a = \tau_Y / S$이다.

○ 인장응력을 기준으로 할 때 : 최대인장응력 $\sigma_1 = \dfrac{pD}{2t}$ 이므로 최대 내부 압력은 다음과 같다.

$$p_{\max,1} = \frac{2\sigma_a t}{D} = \frac{2(\sigma_Y/S)t}{D} = \frac{2\sigma_Y t}{SD} = \frac{2(80)(4)}{(2)(200)} = 1.6\,[\mathrm{MPa}]$$

○ 전단응력을 기준으로 할 때 : 최대전단응력 $\tau_{\max} = \dfrac{pD}{4t}$ 이므로 최대 내부 압력은 다음과 같다.

$$p_{\max,2} = \frac{4\tau_a t}{D} = \frac{4(\tau_Y/S)t}{D} = \frac{4\tau_Y t}{SD} = \frac{4(30)(4)}{(2)(200)} = 1.2\,[\mathrm{MPa}]$$

따라서 용기를 안전하게 사용할 수 있는 최대 내부 압력($p_{\max}$)은

$$p_{\max} = p_{\max,2} = 1.2\,[\mathrm{MPa}]$$

이다. 두 최대 압력($p_{\max,1}$, $p_{\max,2}$) 중 작은 값($p_{\max,2}$)을 선택한다. 왜냐하면 사용압력이 $p_{\max,2}$를 초과하면 전단에 의해 용기가 파괴되기 때문이다.

연습문제 11

01 안지름 $D = 200\text{mm}$, 두께 $t = 5\text{mm}$인 구형 압력용기가 있다. 다음 각 경우에 대하여 용기의 허용 내부 압력 p_a[MPa]을 구하여라. 단, 용기 재료의 탄성계수 $E = 210\text{GPa}$, 푸아송 비 $\nu = 0.3$이다.

(1) 용기의 허용인장응력 $\sigma_a = 250\text{MPa}$일 때

(2) 용기의 허용전단응력 $\tau_a = 120\text{MPa}$일 때

(3) 용기 바깥 표면의 허용 수직변형률 $\epsilon_a = 9 \times 10^{-4}$일 때

02 안지름이 10m인 구형 탱크가 내부압력 3MPa을 받고 있다. 탱크 재료의 인장에 대한 항복응력이 500MPa이고 안전계수가 4일 때 다음을 구하여라.

(1) 탱크 벽의 최소 두께

(2) 탱크 벽 두께가 200mm일 때 허용 가능한 최대 내부압력

03 지름이 250mm, 두께가 1.25mm인 구형 용기의 내부압력이 50kPa일 때 다음을 구하여라. 단, 용기의 탄성계수 $E = 4\text{MPa}$, 푸아송 비 $\nu = 0.4$이다.

(1) 용기에서 발생하는 최대수직응력[MPa]과 수직변형률

(2) 수직변형률의 한계 값을 0.15로 제한할 때 용기의 최소 두께[mm]

04 안지름이 0.8m인 얇은 구형 압력용기가 내부압력 20MPa을 받고 있다. 용기의 인장에 대한 항복응력이 800MPa, 전단에 대한 항복응력이 500MPa이고, 최대 수직변형률이 2×10^{-3}일 때 사용가능한 용기의 최소 두께[mm]를 구하여라. 단, 용기의 탄성계수는 200GPa, 푸아송 비는 0.3이다.

05 위 문제(4번)에서 용기의 인장응력과 전단응력에 대한 안전계수를 2로 할 때 응력을 기준으로 하여 용기의 최소 두께[mm]를 구하여라.

06 안지름 1.6m, 두께 60mm인 구형 압력용기의 내부압력이 15MPa일 때 용기 벽에 발생하는 최대전단응력을 구하여라.

07 안지름이 800mm, 두께가 50mm인 구형 탱크의 내부압력이 20MPa일 때 다음을 구하여라. 그림과 같이 탱크는 두 개의 반구를 용접하여 만들었고, 용기의 탄성계수 $E = 200\text{GPa}$, 푸아송 비 $\nu = 0.3$이다.

(1) 내부 압력에 의해 용접부에 작용하는 단위 길이 당 인장하중 f[N/mm]

(2) 용기 벽에서 발생하는 최대전단응력 τ_{max}[MPa]

(3) 용기 벽에서 발생하는 최대 수직변형률(ϵ_0)

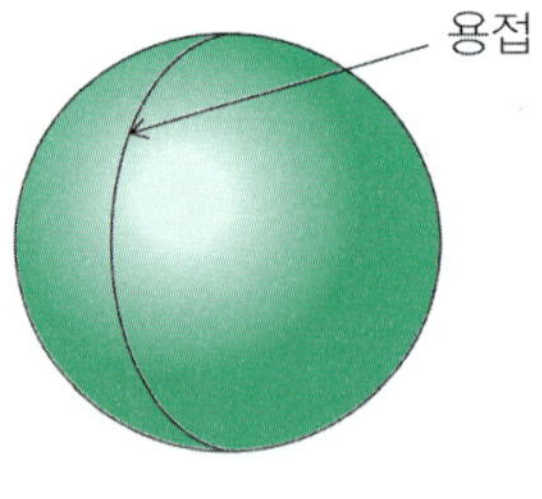

[문제 11.7]

08 안지름이 1.8m 인 구형 탱크가 내부압력 20MPa 을 받고 있다. 탱크 재료의 인장에 대한 항복응력이 900MPa 이고 안전계수가 2.5 일 때 사용가능한 탱크 벽의 최소 두께를 구하여라.

09 안쪽 반지름 $r = 200\text{mm}$, 두께 $t = 10\text{mm}$ 인 구형 압력용기의 허용인장응력(σ_a)이 100MPa, 허용전단응력(τ_a)이 30MPa 인 경우, 이 용기의 최대 허용압력[MPa]은? 단, 구형 용기의 벽은 얇고 r/t의 값은 충분히 크다. 또한 구형 용기에 발생하는 응력 계산 시 안쪽 반지름을 사용한다. [공무원임용시험]

① 6 ② 8 ③ 10 ④ 12

10 벽두께 t가 6mm 이고, 내반경 r이 200mm 인 구형압력용기를 제작하였다. 압력 $P = 6\text{MPa}$ 이 구형압력용기에 작용할 경우 막응력(membrane stress)의 크기[MPa]는? 단, 구형용기의 벽 내부에 발생하는 인장응력 계산 시 내반경 r을 사용하여 계산한다. [공무원임용시험]

① 50 ② 100 ③ 150 ④ 200

11 내부압력 6MPa, 안지름 100mm, 벽두께 3mm 인 원통형 탱크가 있다. 탱크 바깥 표면에서 원주방향 응력, 길이방향 응력, 면내 최대전단응력 및 면외 최대전단응력을 구하여라.

12 그림과 같이 길이의 양 끝단을 반구로 만들고 원주방향으로 용접하여 만든 원통형 탱크가 있다. 탱크 안지름이 800mm, 벽 두께가 20mm, 내부압력이 1.6MPa 일 때 다음을 구하여라.

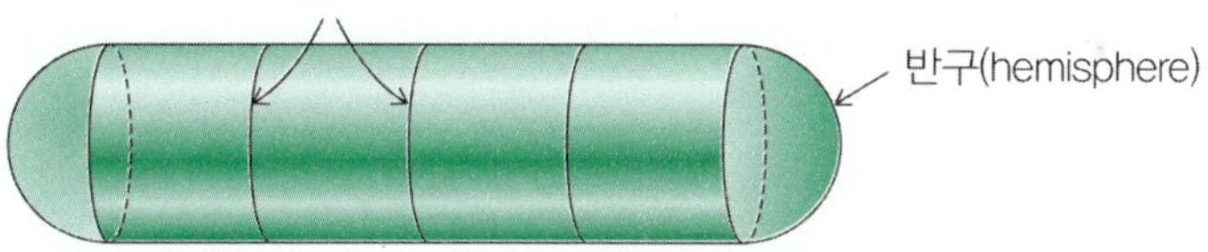

[문제 11.12]

(1) 머리(반구) 부분의 최대 인장응력(σ_{head})과 최대전단응력(τ_{head})

(2) 실린더 부분의 최대 인장응력(σ_{cyl})과 최대전단응력(τ_{cyl})

(3) 용접선에 수직으로 작용하는 인장응력(σ_{weld})

13 인장에 대한 항복응력이 200MPa 이고 전단에 대한 항복응력이 80MPa 인 재료로 제작한 원통형 탱크가 있다. 탱크 안지름이 160mm 일 때 다음을 구하여라.

(1) 탱크 내부 압력이 4MPa일 때 필요한 탱크의 최소 벽두께[MPa]

(2) 벽두께가 2mm일 때 허용되는 탱크의 최대 내부압력[MPa]

14 위 문제(13 번)에서 응력에 대한 탱크의 안전계수를 2 로 할 때 (1), (2)를 각각 구하여라.

15 안지름 100mm, 벽두께 5mm, 내부압력 3MPa 인 원통형 압력용기가 그림과 같이 길이방향으로 $F = 4\pi$[kN]의 압축력을 받을 때 용기 바깥표면에서 발생하는 길이방향 응력[MPa]을 구하여라.

[문제 11.15]

16 위 문제(15 번)에서 $F = 20\pi$[kN]의 인장력을 가할 때 용기 바깥표면에서 발생하는 길이방향 응력[MPa]을 구하여라.

17 벽두께(t)와 안지름(D)의 비 $k = D/t = 150$인 원통형 용기의 바깥표면에서 길이방향 변형률(ϵ_2)이 20×10^{-5}일 때 다음을 구하여라. 단, 탄성계수 $E = 150$GPa, 푸아송 비 $\nu = 0.3$ 이다.

(1) 용기의 내부 압력[MPa]

(2) 바깥표면의 원주방향 변형률(ϵ_1)

18 안지름 $d = 0.8$m, 두께 $t = 25$mm, 내부 압력 $p = 5$MPa 인 압력용기가 그림과 같이 나선형으로 용접되었다. 단, 용접선과 용기의 길이방향 축이 이루는 각 $\alpha = 70°$ 이고, 압력용기의 탄성계수 $E = 200$GPa, 푸아송 비 $\nu = 0.3$이다.

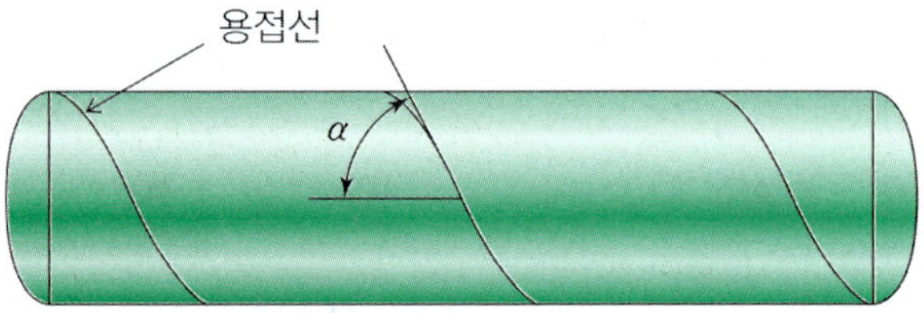

[문제 11.18]

(1) 원주방향 응력(σ_1)과 길이방향 응력(σ_2)

(2) 원주방향 변형률(ϵ_1)과 길이방향 변형률(ϵ_2)

(3) 면내 최대전단응력 $(\tau_{\max})_z$과 면외 최대전단응력 $\tau_{\max}$.

(4) 용접선에 평행한 면과 수직한 면에 작용하는 응력(σ_{x1}, σ_{y1}, τ_{x1y1})

19 안지름 $d = 0.4$m, 두께 $t = 10$mm, 내부 압력 $p = 2$MPa, 용접선과 용기의 길이방향 축이 이루는 각 $\alpha = 60°$, 탄성계수 $E = 200$GPa, 푸아송 비 $\nu = 0.3$일 때 위 문제(18 번)를 풀어라.

20 안지름에 비해 두께가 아주 얇은 원통형 압력용기에서 원주방향 변형률(ϵ_1)과 길이방향 변형률(ϵ_2) 사이에 다음 관계식이 성립함을 보여라. 단, ν는 용기의 푸아송 비이다.

$$\frac{\epsilon_2}{\epsilon_1} = \frac{1-2\nu}{2-\nu}$$

21 안지름 1.6m, 두께 20mm, 내부압력 3MP 인 원통형 압력용기의 바깥 표면에서 원주방향 변형률과 축방향 변형률을 구하여라. 단, 용기의 탄성계수는 200GPa, 푸아송 비는 0.3 이다.

22 안지름 1.5m, 두께 30mm, 내부압력 2MPa 인 원통형 압력용기에서 발생하는 최대전단응력[MPa]을 구하여라.

23 안쪽 반지름(r)이 300mm 이고, 두께(t)가 10mm 인 얇은 원통형 용기에 내압(p) 1.2MPa 이 작용할 때 안쪽 표면에 발생하는 원주방향응력(σ_y) 또는 축방향응력(σ_x)으로 옳은 것(단위는 MPa)은? 단, 원통형 용기의 안쪽 표면에 발생하는 인장응력을 구할 때는 안쪽 반지름(r)을 사용한다. [공무원임용시험]

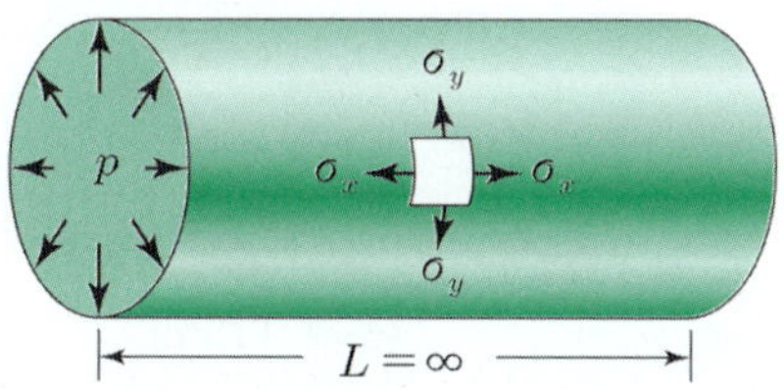

[문제 11.23]

① $\sigma_y = 24$ ② $\sigma_y = 48$ ③ $\sigma_x = 18$ ④ $\sigma_x = 36$

24 안지름 d와 얇은 벽두께 t를 가진 압력용기를 설계하고자 한다. 압력 용기 내의 압력(게이지 압력)이 p이고 θZ 평면응력으로 가정할 때, 면 내 최대전단응력은? 단, $d \gg t$, 반경방향 응력은 무시한다. [공무원임용시험]

① $\dfrac{pd}{8t}$ ② $\dfrac{pd}{4t}$

③ $\dfrac{pt}{8d}$ ④ $\dfrac{pt}{4d}$

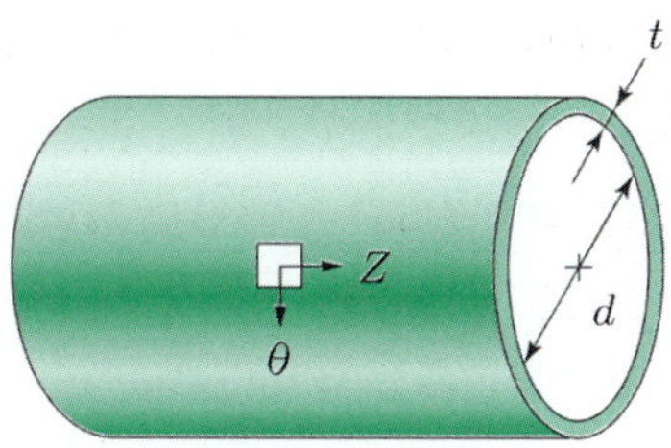

[문제 11.24]

25 내압을 받는 얇은 원통형 압력용기가 있다. 이 압력용기의 내부 게이지 압력이 1MPa 이고, 용기 두께가 1mm, 내부지름이 2m, 용기 길이가 3m 일 때, 이 압력용기에 걸리는 최대응력[GPa]은? [공무원임용시험]

① 0.5 ② 1 ③ 2 ④ 5

26 두께가 t_0, 사용압력이 p_0, 내경이 d_0인 원통형 압력용기(A)가 있다. 이 압력용기와 동일재료로 강판의 두께를 2 배, 원통의 반경을 2 배로 하여 동일한 형태의 압력용기(B)를 제작하고, 사용압력을 2 배로 할 때 압력용기(B)의 최대전단응력 크기는 압력용기(A)의 몇 배인가? 단, $t_0/d_0 \ll 1$이라고 가정한다. [공무원임용시험]

① 8 배 ② 4 배 ③ 2 배 ④ 1 배

27 적절한 재료로 안전율 3 을 적용하여 안지름이 600[mm], 공급 유체의 내압이 4[$\mathrm{N/mm^2}$]인 원통 용기를 설계한 결과, 용기의 두께가 8[mm]로 되었다. 이 재료의 기준강도[$\mathrm{N/mm^2}$]는? [공무원임용시험]

① 75 ② 150 ③ 225 ④ 450

28 그림과 같이 $x1$과 $y1$축에 대하여 게이지로 응력을 측정하여 $\sigma_{x1}=55\mathrm{MPa}$, $\sigma_{y1}=45\mathrm{MPa}$, $\tau_{x1y1}=-12\mathrm{MPa}$의 응력을 얻었을 때, 주응력[MPa]을 구하여라. [공무원임용시험]

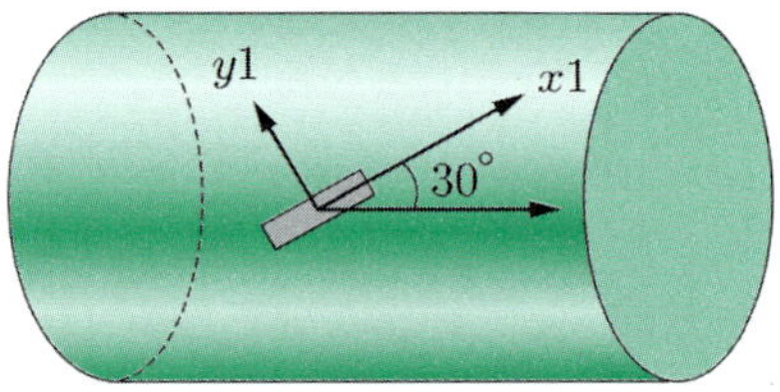

[문제 11.28]

29 내경 1m, 두께 1cm 의 강판으로 원통형 압력용기를 만들 경우 허용할 수 있는 압력[kPa]은? 단, 강판의 허용응력은 70MPa, 이음효율은 70%, 압력은 게이지 압력, 응력은 얇은 벽 응력으로 가정한다. [공무원임용시험]

① 98 ② 196 ③ 980 ④ 1,960

30 길이방향과 수직이고 원주방향으로 용접하여 만든 원통형 압력용기가 있다. 용기의 안지름이 0.4m, 벽 두께가 10mm, 내부압력이 2MPa, 탄성계수가 200GPa, 푸아송 비가 0.3 일 때 다음을 구하여라.

(1) 실린더 부분에서 발생하는 최대 인장 응력과 최대전단응력

(2) 용접선에 수직인 인장응력

(3) 실린더 벽에서 발생하는 원주방향 변형률과 길이방향 변형률

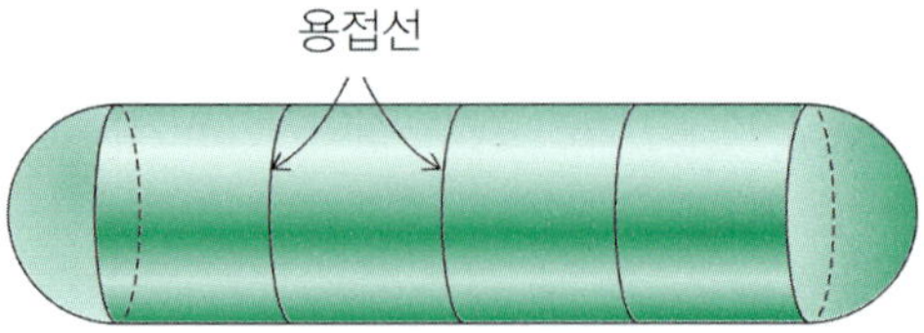

[문제 11.30]

31 안지름 50mm, 내부압력 4MPa 인 원통형 압력용기가 그림과 같이 길이방향으로 $F = 3\pi$ [kN]의 인장력을 받고 있다. 용기 벽의 허용 수직응력이 50MPa 일 때 사용 가능한 용기의 최소 벽 두께를 구하여라.

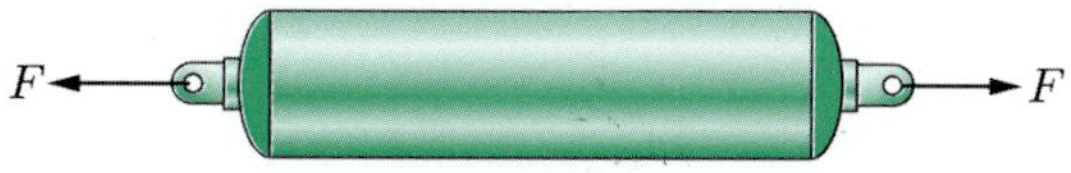

[문제 11.31]

제12장 보의 처짐

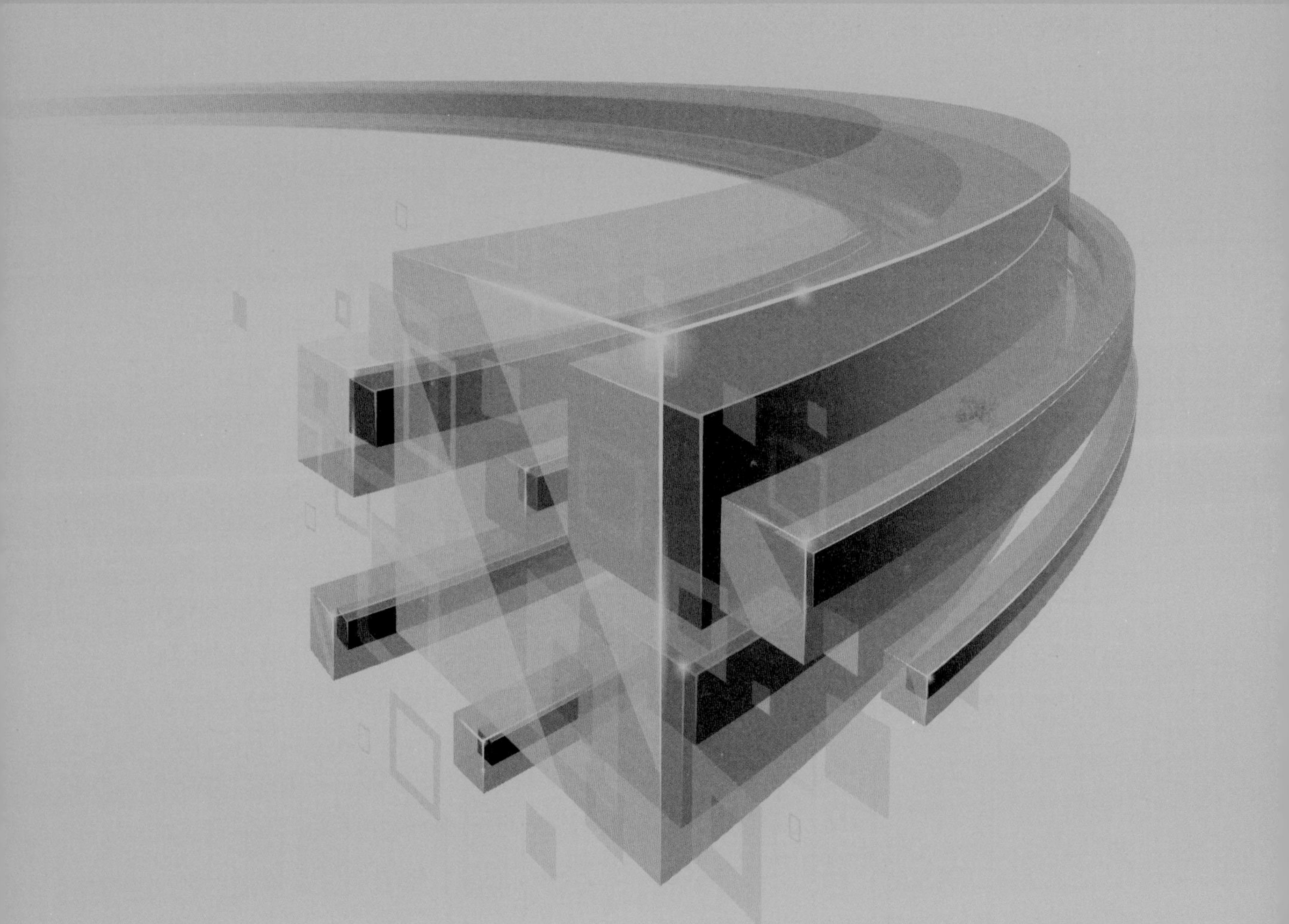

12.1 처짐 곡선의 미분방정식

1 보의 처짐 곡선

[그림 12.1]과 같이 보에 굽힘 하중이 작용하면 보는 휘어지게 되는데, 보 단면의 중심부를 연결하는 곡선을 처짐 곡선(deflection curve) 또는 탄성곡선(elastic curve)이라 한다.

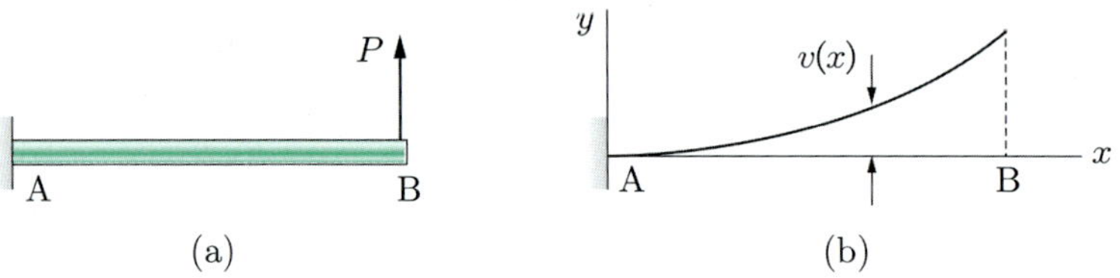

[그림 12.1] 굽힘 하중과 보의 처짐 곡선 $v(x)$

[그림 12.1]에서 보의 처짐(deflection) $v(x)$는 보의 축 상에 있는 점으로부터 y 방향으로의 변위이다. 일반적으로 금속 재료로 만들어진 보의 휘어지는 각은 매우 작다. 보의 재료가 선형적으로 탄성이고, 보의 단면이 균일할 때 처짐 곡선은 다음 미분 방정식으로 결정된다.

$$(1)\ EI\frac{d^2v}{dx^2}=M \qquad (2)\ EI\frac{d^3v}{dx^3}=V \qquad (3)\ EI\frac{d^4v}{dx^4}=-q \qquad \cdots(12.1)$$

여기에서 E는 탄성계수, I는 보 단면의 면적 관성모멘트, M은 굽힘모멘트, V는 전단력, q는 분포하중을 나타낸다. 미분방정식에서 부호 규약은 [그림 12.2]와 같다. 식 (12.1)은 [그림 12.1]의 (a)와 같이 **연직 위 방향 처짐을 양으로 잡을 때**의 방정식이다.

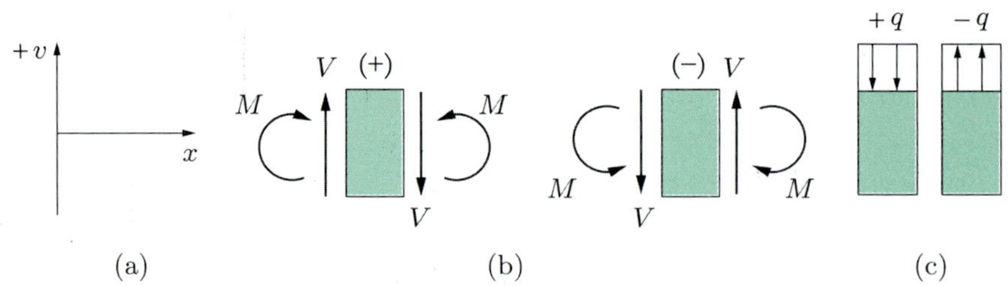

[그림 12.2] 처짐, 굽힘모멘트, 전단력, 분포하중에 대한 부호 규약

식 (12.1)의 (1), (2), (3)은 각각 굽힘모멘트 방정식, 전단력 방정식, 하중 방정식이라고 한다. 여기에서 식 (2)와 (3)은 식 (1)에 다음과 같은 분포하중(q)과 전단력(V) 및 굽힘모멘트(M) 관계식을 대입하여 얻어진다.

$$\frac{dM}{dx} = V \qquad \frac{dV}{dx} = -q \qquad \cdots (12.2)$$

식 (12.1)은 [그림 12.2]의 (a)와 같이 연직 위 방향의 처짐을 양으로 잡을 때의 방정식이다. 이와 반대로 [그림 12.3]과 같이 **연직 아래 방향 처짐을 양으로 잡으면** 처짐 곡선의 미분 방정식은 다음과 같다.

$$(1')\ EI\frac{d^2v}{dx^2} = -M \qquad (2')\ EI\frac{d^3v}{dx^3} = -V \qquad (3')\ EI\frac{d^4v}{dx^4} = q \qquad \cdots (12.3)$$

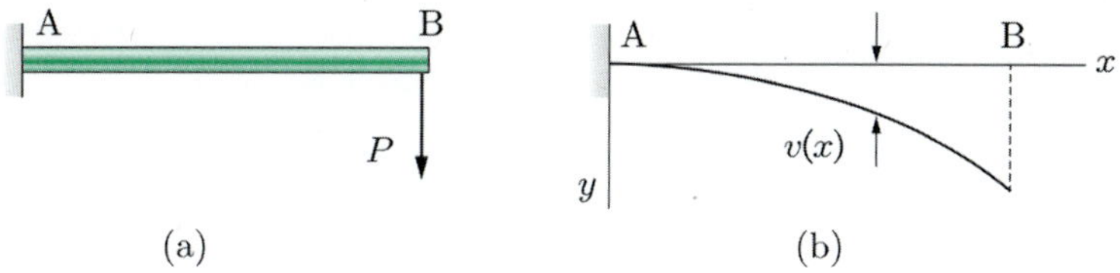

[그림 12.3] 굽힘 하중과 보의 처짐 곡선 $v(x)$

일반적으로 보에는 연직 아래 방향으로 하중이 작용하고 아래 방향으로 처짐이 발생한다. 이때 위 방향을 양(+)으로 잡으면 처짐 값이 음(−)이 된다. 따라서 아래 방향으로 하중이 작용할 때는 식(12.3)을 사용하는 것이 물리적으로 이해하기 쉽다.

처짐 곡선의 미분 방정식은 보의 곡률을 구한 후($\frac{1}{\rho} = \frac{d\theta}{ds}$) 처짐 곡선의 기울기가 매우 작고 ($\theta \approx \tan\theta = \frac{dv}{dx}$) 재료가 훅의 법칙을 따른다($\frac{1}{\rho} = \frac{M}{EI}$)고 가정하여 유도된다. 재료역학에서는 처짐을 구하는 데 큰 관심을 두므로 여기에서는 미분방정식의 유도 과정은 생략하고 미분방정식을 이용하여 처짐을 구하는 데 집중한다.

2 보의 회전각

보가 휘어지면 보의 축을 따른 각 점에서 처짐 뿐만 아니라 회전도 발생한다. [그림 12.4]에서 보의 축의 회전각(θ)은 x축과 처짐 곡선 $v(x)$의 접선이 이루는 각이다. 실제로 보의 처짐 크기는 매우 작고 이에 따라 처짐 곡선의 기울기가 매우 작다고 가정하므로 보의 회전각(θ)은 다음과 같이 처짐 곡선의 기울기로 정의한다. 각 θ가 매우 작을 때 $\theta \approx \tan\theta = \frac{dv}{dx}$이다.

$$\theta = \frac{dv}{dx} \qquad \cdots (12.4)$$

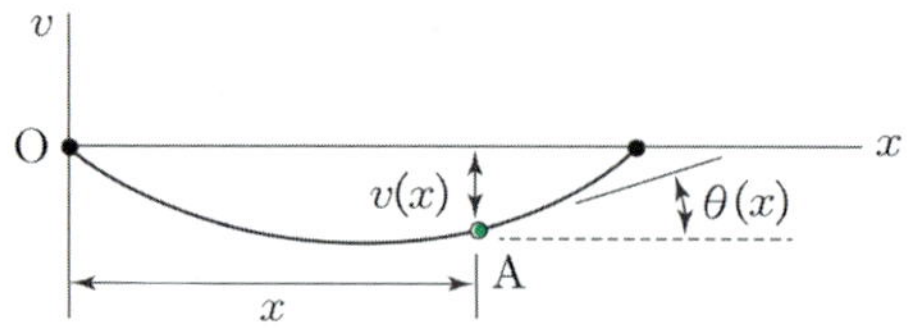

[그림 12.4] 보의 처짐 곡선 $v(x)$와 회전각 $\theta(x)$

예제 12.1 [처짐 곡선 미분 방정식] [그림 12.5]와 같은 단순 보의 처짐 곡선 방정식이 다음과 같을 때 보에 작용하는 하중을 구하여라. 단, 처짐 곡선은 연직아래 방향 처짐을 양(+)으로 한다.

$$v(x) = \frac{q_0 x}{24EI}(L^3 - 2Lx^2 + x^3)$$

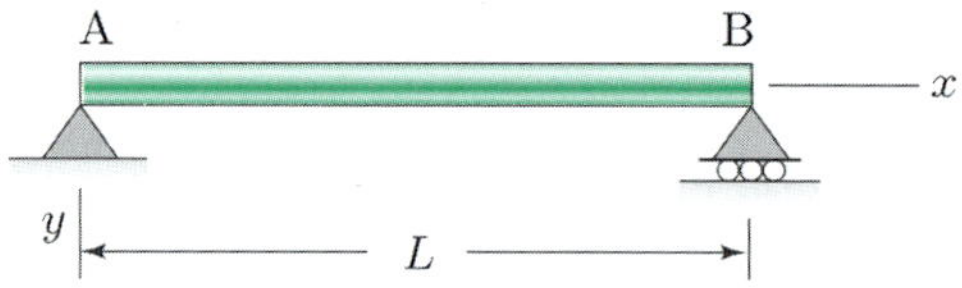

[그림 12.5] 단순 보

풀이 처짐 곡선 $v(x)$를 x에 대해 4번 미분하면 $\frac{d^4v}{dx^4} = \frac{q_0}{EI}$이고

$$EI\frac{d^4v}{dx^4} = q = q_0$$

이다. 따라서 분포하중 $q(x) = q_0$이므로 균일분포하중 q_0가 아래방향으로 작용하고 있다.

12.2 굽힘모멘트 방정식 적분에 의한 처짐 계산

1 처짐 곡선을 구하는 일반적 단계

단면의 모멘트(M)로 표현되는 다음 굽힘모멘트 방정식 (1) 또는 (1′)을 풀어서 처짐 곡선 $v(x)$를 구한다.

$$\text{(1)}\ EI\frac{d^2v}{dx^2} = M \qquad \text{(1')}\ EI\frac{d^2v}{dx^2} = -M \qquad \cdots (12.5)$$

여기에서 처짐 곡선을 구하는 일반적인 단계는 다음과 같다.

- ○ 1 단계 : 전체 보의 자유물체도를 그리고, 정역학의 힘과 모멘트 평형 조건($\sum \overrightarrow{F}=0$, $\sum \overrightarrow{M}=0$)을 적용하여 지지점 반력을 구한다. 단, 외팔보와 같이 지지점이 없는 자유단을 갖는 경우에는 이 단계를 생략할 수 있다.
- ○ 2 단계 : 보의 각 구간에 대해 굽힘모멘트를 구하려는 위치(C)에서 보를 자르고, 절단된 보의 두 부분 중 하나를 선택한다. 선택한 부분에 대한 자유물체도를 그리고 평형 조건($\sum M_C=0$)을 적용하여 굽힘모멘트(M)를 구한다.
- ○ 3 단계 : 2 단계에서 구한 굽힘모멘트(M)를 굽힘모멘트 방정식에 대입하고 이 방정식을 순차적으로 적분하여 $v'(x)$와 $v(x)$를 구한다. 여기에서 적분을 두 번 함에 따라 2 개의 적분상수가 생긴다. 즉, 여기에서 구한 $v(x)$는 적분상수가 포함된 일반해이다.
- ○ 4 단계 : 경계조건(또는 연속조건 또는 대칭조건)을 적용하여 2 개의 적분상수를 결정한다. 적분상수가 결정되면 이를 처짐에 대한 방정식에 다시 대입하여 구하고자 하는 처짐 곡선의 최종방정식을 얻는다. 그런데 3 단계에서 경계조건(또는 연속조건 또는 대칭조건)으로부터 $v'(x)$의 적분상수를 곧바로 결정할 수 있으면 순차적으로 2 개의 적분상수를 구할 수 있다.

2 적분상수를 결정하기 위한 조건

[1] 경계조건

경계조건(boundary condition)은 보의 지지점에서 처짐과 기울기에 대한 조건이다. [그림 12.6]과 같은 단순 보의 지지점(롤러와 핀)에서는 처짐이 0($v=0$)이다. 또한 지지점에서 모멘트가 0($M=0$)이므로 $EId^2v/dx^2=M=0$에서 $v''=0$이 된다. 그리고 [그림 12.7]과 같은 고정보의 고정단에서는 처짐이 0($v=0$)이고, 기울기가 0($\theta=0$)이므로 $\theta=dv/dx=0$, 즉 $v'=0$이 된다.

○ 단순 보의 지점 : $v=0,\ v''=0$ $\cdots$ (12.6)

○ 고정보의 지점 : $v=0,\ v'=0$ $\cdots$ (12.7)

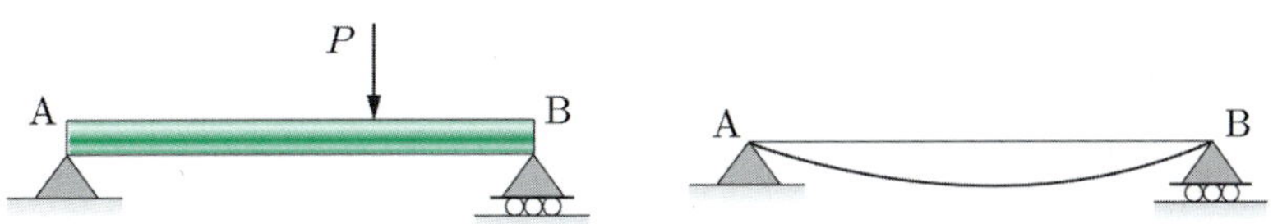

[그림 12.6] 단순 보의 지지점 경계조건 : 점 A와 B에서 $v=v''=0$

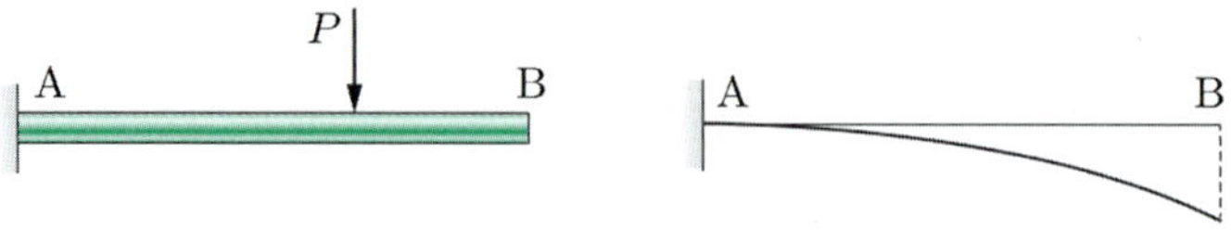

[그림 12.7] 고정보의 고정단 경계조건 : 점 A에서 $v = v' = 0$

[2] 연속조건

굽힘모멘트 방정식을 사용하여 [그림 12.8]의 보에 대한 처짐을 구할 때는 AC와 BC 구간으로 나누어 해석한다. 이때 처짐 곡선은 점 C에서 연속이므로 AC 구간에서 구한 처짐과 BC 구간에서 구한 처짐 값(v)이 점 C에서 같아야 한다. 또한 양쪽에서 구한 기울기 값(v')도 점 C에서 같아야 한다.

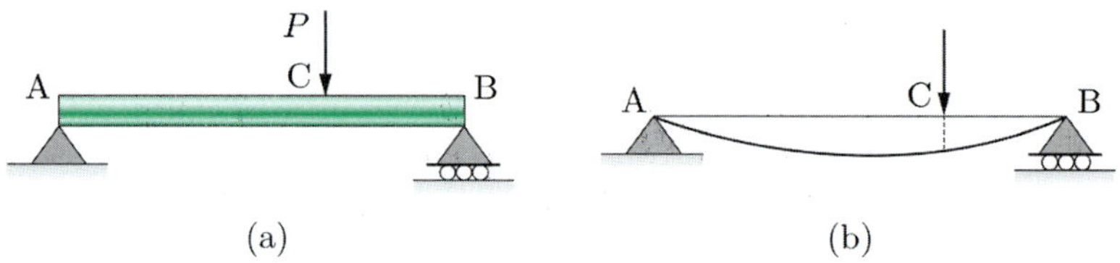

[그림 12.8] 연속조건 : 점 C에서 $v_{AC} = v_{BC}$, $v'_{AC} = v'_{BC}$

[3] 대칭조건

대칭조건도 적분상수를 구하는 데 이용할 수 있다. 예를 들어 [그림 12.9]와 같이 보 중앙(C)에 대해 좌우대칭인 경우 점 C에서 처짐 곡선의 기울기가 0이 되어야 한다.

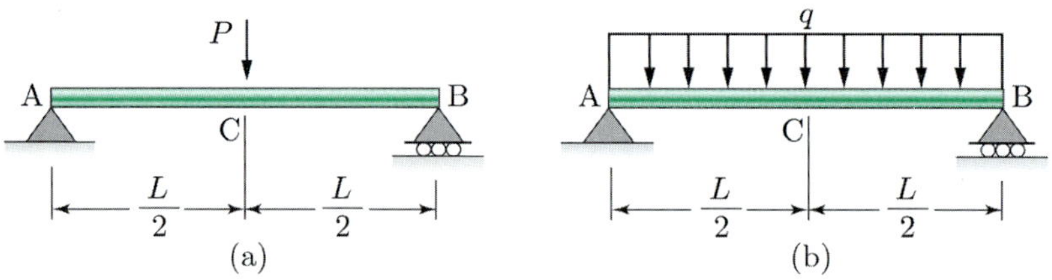

[그림 12.9] 대칭조건 : 보 중앙(C)에 대해 좌우대칭일 때 $v'_C = 0$

이상에서 언급한 경계조건과 연속조건 및 대칭조건은 굽힘모멘트 방정식을 풀 때 하나 또는 그 이상의 적분상수를 포함하는 방정식을 만든다. 그런데 서로 독립적인 조건의 개수는 항상 적분상수 개수와 일치하므로 이들 방정식을 풀어서 적분상수를 결정할 수 있다.

일반적으로 경계조건과 연속조건만으로도 적분상수를 모두 구할 수 있지만 때로는 대칭조건을 이용하여 편리하게 적분상수를 구할 수 있다. 즉, 조사하는 보의 물리적인 상황에 따라 이상에서 언급한 3 종류의 조건을 적절히 적용하여 적분상수를 구하면 된다.

보의 길이방향으로 단면적이 변화하는 경우에는 단면의 2 차모멘트(I)가 변화할 수 있는데 여기에서는 단면적이 일정한 경우를 고려한다. 즉, 굽힘 강성 EI가 일정한 경우($EI=$ 상수)에 대해 처짐 곡선을 구한다.

예제 12.2 [굽힘모멘트 방정식] [그림 12.10]의 (a)와 같이 길이 L의 외팔보의 자유단(B)에 일정한 우력(짝힘의 모멘트) M_0 가 작용할 때 다음을 구하여라.

(1) 처짐 곡선의 방정식 $v(x)$

(2) 최대 처짐(δ_{max})

(3) 최대 회전각(θ_{max})

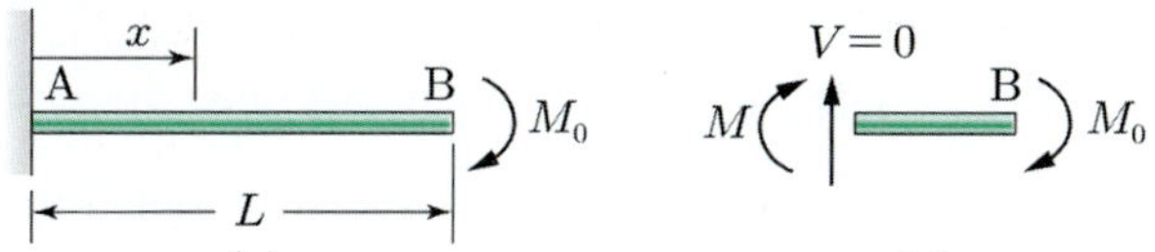

[그림 12.10] (a) 자유단에 우력을 받는 외팔보 (b) 자유물체도

풀이 벽(A점)으로부터 x만큼 떨어진 지점의 굽힘모멘트를 구한다. (b)의 자유물체도에서 모멘트 평형 조건을 적용하면

$$M + M_0 = 0$$

$$\therefore \quad M = -M_0$$

이다. 즉, 보 길이 전체에 걸쳐 일정한 굽힘모멘트가 작용한다. 여기에서 연직 아래 방향 처짐을 양(+)으로 잡으면 처짐(v)에 대한 미분방정식은 다음과 같다.

$$EI\frac{d^2v}{dx^2} = -M = M_0 \qquad \cdots ①$$

식 ①을 두 번 적분하면

$$EI\frac{dv}{dx} = M_0 x + C_1 \qquad \cdots ②$$

$$EIv = \frac{1}{2}M_0 x^2 + C_1 x + C_2 \qquad \cdots ③$$

이다. 식 ②, ③에서 경계조건(고정단에서 처짐과 기울기가 0)을 적용하면 $x=0$에서 $v=v'=0$이므로 상수 $C_1 = C_2 = 0$이다. 따라서 다음 식이 얻어진다.

$$EIv = \frac{1}{2}M_0 x^2 \qquad \cdots ④$$

(1) 처짐 곡선의 방정식 $v(x)$: 식 ④로부터 처짐 곡선의 방정식은 다음과 같다.

$$v(x) = \frac{M_0}{2EI}x^2 \qquad \cdots ⑤$$

(2) 최대 처짐(δ_{max}) : 보의 처짐 형태는 [그림 12.11]과 같다. 여기에서 최대 처짐은 $x = L$ 인 자유단(B점)에서 처짐이다.

$$\delta_{max} = v(L) = \frac{M_0 L^2}{2EI} \qquad \cdots ⑥$$

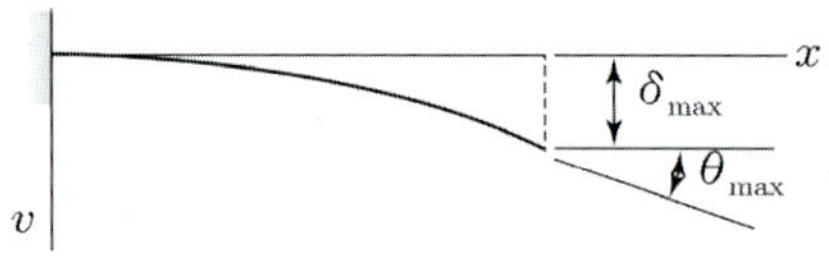

[그림 12.11] 자유단에 우력을 받는 외팔보의 처짐 형태

(3) 최대 회전각(θ_{max}) : 식 ⑤로부터 임의 지점(x)에서의 회전각 $\theta(x)$는 다음과 같다.

$$\theta(x) = \frac{dv}{dx} = \frac{M_0}{EI}x \qquad \cdots ⑦$$

[그림 12.11]에서 최대 회전각은 $x = L$ 인 자유단에서 회전각이다.

$$\theta_{max} = \theta(L) = \frac{M_0 L}{EI} \qquad \cdots ⑧$$

자유단에 우력을 받는 외팔보에서 최대 처짐(δ_{max})과 최대 회전각(θ_{max})은 자유단에서 발생한다.

Note 연직 위 방향을 양으로 잡고 미분방정식 $EI\frac{d^2v}{dx^2} = M$을 풀어서 δ_{max}을 구하면 (−)의 값이 나온다. 그런데 처짐이 음의 값을 가진다는 것은 물리적으로 이상한 일이다. 이때는 다음과 같이 구한 값의 음의 값을 취하여 양의 값으로 만들어 준다.

$$\delta_{max} = -v(L)$$

따라서 연직 아래 방향으로 하중이 작용할 때는 식 (1′), (2′), (3′)을 사용하는 것이 물리적으로 이해하기 쉽다.

예제 12.3 [굽힘모멘트 방정식] [그림 12.12]의 (a)와 같이 길이 L의 외팔보의 자유단(B)에 집중하중 P가 작용할 때 다음을 구하여라.

(1) 처짐 곡선의 방정식 $v(x)$

(2) 최대 처짐(δ_{max})

(3) 최대 회전각(θ_{max})

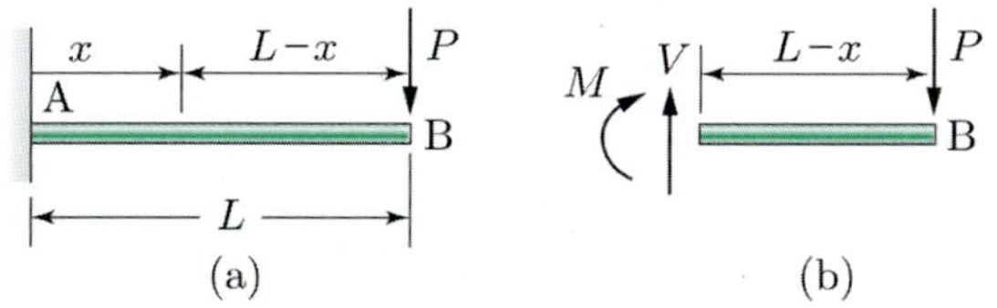

[그림 12.12] (a) 자유단에 집중하중을 받는 외팔보 (b) 자유물체도

풀이 먼저 벽(A점)으로부터 x만큼 떨어진 지점에서의 굽힘모멘트를 구한다. (b)의 자유물체도에서 모멘트 평형 조건을 적용하면

$$M + P(L-x) = 0$$

$$\therefore \ M = -P(L-x)$$

이다. 따라서 연직 아래 방향 처짐을 양(+)으로 잡으면 처짐(v)에 대한 미분방정식은 다음과 같다.

$$EI\frac{d^2v}{dx^2} = -M = P(L-x) \qquad \cdots ①$$

이 식을 한 번 적분하면

$$EI\frac{dv}{dx} = P\left(Lx - \frac{x^2}{2}\right) + C_1$$

인데 고정 지점($x=0$)에서 $v'=0$이므로 상수 $C_1=0$이다. 따라서

$$EI\frac{dv}{dx} = P\left(Lx - \frac{x^2}{2}\right) \qquad \cdots ②$$

이고, 이 식을 한 번 더 적분하면

$$EIv = P\left(\frac{L}{2}x^2 - \frac{x^3}{6}\right) + C_2$$

이다. 여기에서 경계조건, $x=0$에서 $v=0$을 적용하면 상수 $C_2=0$이므로 다음 식이 얻어진다.

$$EIv = P\left(\frac{L}{2}x^2 - \frac{x^3}{6}\right) = \frac{P}{6}(3Lx^2 - x^3) \qquad \cdots ③$$

(1) 처짐 곡선의 방정식 $v(x)$: 식 ③으로부터 처짐 곡선의 방정식은 다음과 같다.

$$v(x) = \frac{P}{6EI}(3Lx^2 - x^3) \qquad \cdots ④$$

(2) 최대 처짐(δ_{max}) : 보의 처짐 형태는 [그림 12.10]과 같다. 여기에서 최대 처짐은 $x=L$인 자유단(보의 끝)에서 처짐이다.

$$\delta_{max} = v(L) = \frac{P}{6EI}(3L^3 - L^3) = \frac{PL^3}{3EI} \quad \cdots ⑤$$

(3) 최대 회전각(θ_{max}) : 식 ④로부터 임의 지점(x)에서 회전각 $\theta(x)$는 다음과 같다.

$$\theta(x) = \frac{dv}{dx} = \frac{P}{2EI}(2Lx - x^2) \quad \cdots ⑥$$

[그림 12.10]에서 최대 회전각은 $x = L$ 인 자유단에서 회전각이다.

$$\theta_{max} = \theta(L) = \frac{P}{2EI}(2L^2 - L^2) = \frac{PL^2}{2EI} \quad \cdots ⑦$$

자유단에 집중하중을 받는 외팔보에서 최대 처짐(δ_{max})과 최대 회전각(θ_{max})은 자유단에서 발생한다.

예제 12.4 [굽힘모멘트 방정식] [그림 12.13]의 (a)와 같이 길이 L의 단순 보에 균일분포하중 q가 작용할 때 다음을 구하여라.

(1) 처짐 곡선의 방정식 $v(x)$

(2) 최대 처짐(δ_{max})

(3) 양 지지점(A, B)에서 회전각(θ_A, θ_B)의 크기

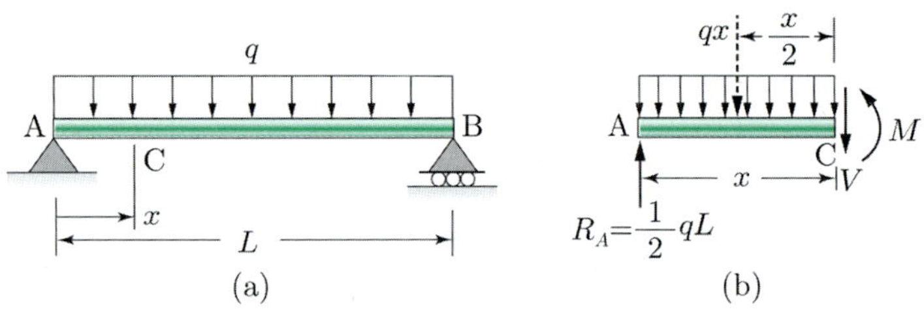

[그림 12.13] (a) 균일분포하중을 받는 단순 보
(b) 단면의 굽힘모멘트(M)를 구하기 위한 자유물체도

풀이 보 중앙에 대해 좌우대칭이므로 지지점 반력 $R_A = R_B = qL/2$이다. 먼저 벽으로부터 x만큼 떨어진 지점에서의 굽힘모멘트(M)를 구한다. (b)의 자유물체도에서 모멘트 평형 조건을 적용하면

$$M + qx \times \frac{x}{2} - \frac{1}{2}qL \times x = 0$$

$$\therefore \ M = -\frac{q}{2}(x^2 - Lx)$$

이다. 따라서 연직 아래 방향 처짐을 양(+)으로 잡으면 처짐(v)에 대한 미분방정식은 다음과 같다.

$$EI\frac{d^2v}{dx^2} = -M = \frac{q}{2}(x^2 - Lx) \qquad \cdots ①$$

이 식을 두 번 적분하면

$$EI\frac{dv}{dx} = \frac{q}{2}\left(\frac{x^3}{3} - \frac{L}{2}x^2\right) + C_1 \qquad \cdots ②$$

$$EIv = \frac{q}{2}\left(\frac{x^4}{12} - \frac{L}{6}x^3\right) + C_1x + C_2 \qquad \cdots ③$$

이다. 식 ③에 경계조건 $x=0$에서 $v=0$을 적용하면 $C_2=0$이고, $x=L$에서 $v=0$을 적용하면 다음과 같이 상수 C_1이 구해진다.

$$\frac{q}{2}\left(\frac{L^4}{12} - \frac{L}{6}L^3\right) + C_1L = 0$$

$$\therefore\ C_1 = \frac{1}{24}qL^3$$

상수 C_1과 C_2를 식 ③에 대입하면 다음 식이 얻어진다.

$$EIv = \frac{q}{2}\left(\frac{1}{12}x^4 - \frac{L}{6}x^3\right) + \frac{qL^3}{24}x = \frac{q}{24}(x^4 - 2Lx^3 + L^3x) \quad \cdots ④$$

(1) 처짐 곡선의 방정식 $v(x)$: 식 ④로부터 처짐 곡선의 방정식은 다음과 같다.

$$v(x) = \frac{q}{24EI}(x^4 - 2Lx^3 + L^3x) \qquad \cdots ⑤$$

(2) 최대 처짐(δ_{max}) : 보의 처짐 형태는 [그림 12.14]와 같다. 여기에서 최대 처짐은 보 중앙 $x = L/2$에서 발생한다.

$$\delta_{max} = v\left(\frac{L}{2}\right) = \frac{q}{24EI}\left[\left(\frac{L}{2}\right)^4 - 2L\left(\frac{L}{2}\right)^3 + L^3\left(\frac{L}{2}\right)\right]$$
$$= \frac{qL^4}{24EI}\left[\left(\frac{1}{2}\right)^4 - 2\times\left(\frac{1}{2}\right)^3 + \frac{1}{2}\right] = \frac{5qL^4}{384EI} \qquad \cdots ⑥$$

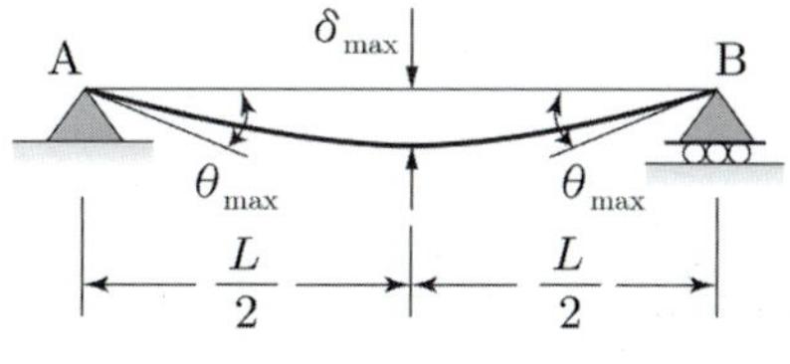

[그림 12.14] 균일분포하중을 받는 단순 보의 최대 처짐(δ_{max})과 최대 회전각(θ_{max})

(3) 양 지지점에서 회전각(θ_A, θ_B) : 임의 지점(x)에서의 회전각(θ)은

$$\theta = \frac{dv}{dx} = \frac{d}{dx}\left[\frac{q}{24EI}(x^4 - 2Lx^3 + L^3x)\right]$$
$$= \frac{q}{24EI}(4x^3 - 6Lx^2 + L^3) \qquad \cdots ⑦$$

이고, 지지점 A($x=0$)와 B($x=L$)에서 회전각의 크기는 다음과 같다.

$$\theta_A = \theta(0) = \frac{qL^3}{24EI} \quad \cdots ⑧$$

$$\theta_B = -\theta(L) = -\frac{q}{24EI}(4L^3 - 6L^3 + L^3) = \frac{qL^3}{24EI} \quad \cdots ⑨$$

보와 하중이 보 중앙에 대해 대칭이므로 θ_A와 θ_B의 크기가 같다. 그리고 균일분포하중을 받는 단순 보에서 최대 회전각은 보의 양 지지점에서 발생한다. 즉, $\theta_{\max} = \frac{qL^3}{24EI}$이다. 여기에서 B점의 회전각은 x축으로부터 반시계방향으로 회전하였으므로 음의 값을 취하였다.

[예제 12.4]의 풀이에서는 경계조건을 적용하여 두 개의 적분상수를 구하였다. 그런데 여기에서 주어진 보는 중앙에 대해 좌우대칭이므로 보 중앙 $x = L/2$에서 $v' = 0$이며 이 대칭조건을 식 ②에 적용하여 다음과 같이 적분상수 C_1을 구할 수도 있다.

$$\frac{q}{2}\left[\frac{1}{3}\left(\frac{L}{2}\right)^3 - \frac{L}{2}\left(\frac{L}{2}\right)^2\right] + C_1 = 0$$

$$\therefore \ C_1 = \frac{1}{24}qL^3$$

당연한 결과이지만 이것은 [예제 12.4]의 풀이에서 구한 것과 일치한다. 이와 같이 적분상수를 구할 때는 경계조건, 연속조건, 대칭조건 중 본인이 잘 아는 조건을 적용하여 적분상수를 구하면 된다.

처짐 곡선의 기울기로 구해지는 회전각(θ)의 부호는 기준선(x축)으로부터 회전방향을 나타낸다. 연직 아래 방향으로 y좌표를 잡을 때 θ의 부호가 양(+)이면 x축으로부터 시계방향으로 회전한 각을 나타내고, θ의 부호가 음(−)이면 x축으로부터 반시계방향으로 회전한 각을 나타낸다. 보의 처짐에서 회전각의 부호는 그다지 중요하지 않고 그 크기가 중요하다.

12.3 전단력과 하중 방정식 적분에 의한 처짐 계산

전단력(V)으로 표현되는 전단력 방정식 또는 하중(q)으로 표현되는 하중 방정식을 적분하여 처짐을 구할 수 있다. [예제 12.2 ~ 12.4]와 같이 굽힘모멘트 방정식을 이용하기 위해서는 자유물체도와 평형방정식으로부터 단면의 굽힘모멘트(M)를 구해야 하지만 하중방정식을 이용하면 이 과정이 생략된다는 장점이 있다.

전단력 방정식 또는 하중 방정식을 푸는 과정은 적분을 한번 또는 두 번 더 해야 하는 점을 제외하면 굽힘모멘트 방정식을 푸는 과정과 같다. 예를 들어 하중 방정식을 이용하면 처짐을 구하기 위해 4 번 적분하고 4 개의 적분상수가 나타난다. 그리고 이 적분상수들은 경계조건과 연속조건 및 대칭조건을 적용하여 구한다. 이 조건들은 처짐과 기울기에 대한 조건은 물론이고 전단력과 굽힘모멘트와 관련된 조건도 포함된다.

하중 방정식을 이용하면 4 개의 적분상수가 나타나므로 4 개의 조건이 필요하다. 이때 전단력(V)에 관한 처짐(v)의 조건은 $EIv''' = V$를 이용하고, 굽힘모멘트(M)와 관계되는 처짐(v)의 조건은 $EIv'' = M$를 이용한다. 일반적으로 자유단에서 $V = M = 0$이므로 $v''' = v'' = 0$이다. 이와 같이 전단력과 굽힘모멘트와 관련된 조건과 처짐과 기울기와 관련된 조건을 합하면 적분상수를 구하기에 충분한 독립적인 조건을 찾을 수 있다.

다음 두 예제들은 이상에서 기술한 방법을 잘 보여준다. 첫 번째 예제는 전단력 방정식을 이용하는 방법이고 두 번째 예제는 하중방정식을 이용하는 방법이다.

예제 12.5 [전단력 방정식] 전단력 방정식 $EIv''' = -V$를 사용하여 그림의 (a)와 같이 등변분포하중 $q(x) = q_0 x/L$가 작용하는 외팔보의 처짐 곡선 $v(x)$를 구하여라. 그리고 자유단(A)에서의 처짐과 회전각을 구하여라.

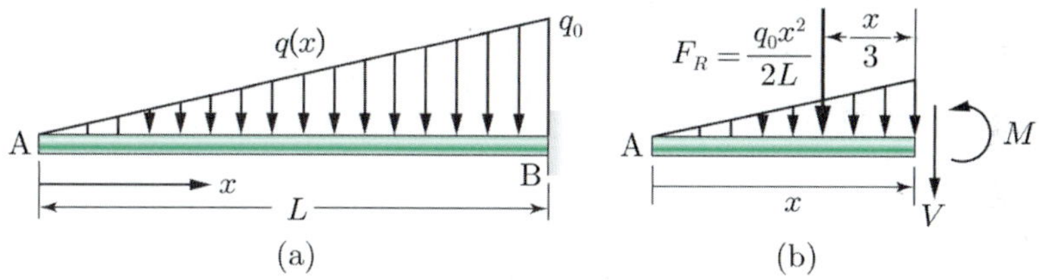

[그림 12.15] (a) 등변분포하중을 받는 외팔보 (b) 단면의 전단력(V)을 구하기 위한 자유물체도

풀이 먼저 자유단(A)로부터 거리 x인 단면에 작용하는 전단력(V)을 구한다. (b)와 같이 보 길이 x에 작용하는 분포하중의 합력의 크기(F_R)는

$$F_R = \frac{1}{2} \times q(x) \times x = \frac{1}{2} \times \frac{q_0 x}{L} \times x = \frac{q_0}{2L} x^2$$

이고, 작용점의 위치는 단면으로부터 $x/3$에 있다. (b)의 자유물체도에서 연직방향 힘의 평형조건을 적용하면 전단력(V)은 다음과 같다.

$$V = -F_R = -\frac{q_0}{2L} x^2 \qquad \cdots ①$$

식 ①을 전단력 방정식 $EIv''' = -V$에 대입하면 처짐(v)에 대한 다음 미분방정식이 얻어진다.

$$EI\frac{d^3v}{dx^3} = -V = \frac{q_0}{2L}x^2 \qquad \cdots ②$$

여기에서 연직 아래 방향 처짐을 양(+)으로 잡았다. 식 ②를 순차적으로 세 번 적분하면

$$EI\frac{d^2v}{dx^2} = \frac{q_0}{6L}x^3 + C_1 \qquad \cdots ③$$

$$EI\frac{dv}{dx} = \frac{q_0}{24L}x^4 + C_1x + C_2 \qquad \cdots ④$$

$$EIv = \frac{q_0}{120L}x^5 + \frac{1}{2}C_1x^2 + C_2x + C_3 \qquad \cdots ⑤$$

이다. 자유단 A($x=0$)에서 $M=0$이므로 $EId^2v/dx^2 = -M = 0$이다. 따라서 식 ③에서 상수 $C_1 = 0$이다. 그리고 고정단 B($x = L$)에서 $v = v' = 0$이므로 식 ④와 ⑤에서 다음과 같이 상수 C_2와 C_3이 구해진다.

$$\frac{q_0}{24L}L^4 + C_2 = 0$$

$$\therefore \quad C_2 = -\frac{q_0}{24}L^3 \qquad \cdots ⑥$$

$$\frac{q_0}{120L}L^5 + C_2L + C_3 = 0$$

$$\therefore \quad C_3 = -\frac{q_0}{120}L^4 + \frac{q_0}{24}L^4 = \frac{q_0}{30}L^4 \qquad \cdots ⑦$$

상수 $C_1 = 0$와 식 ⑥, ⑦의 상수 C_2, C_3을 식 ⑤에 대입하여 정리하면 다음과 같다.

$$\begin{aligned} EIv &= \frac{q_0}{120L}x^5 - \frac{q_0}{24}L^3x + \frac{q_0}{30}L^4 \\ &= \frac{q_0}{120L}(x^5 - 5L^4x + 4L^5) \qquad \cdots ⑧ \end{aligned}$$

(1) 처짐 곡선 $v(x)$: 식 ⑧로부터 처짐 곡선은 다음과 같다.

$$v(x) = \frac{q_0}{120EIL}(x^5 - 5L^4x + 4L^5) \qquad \cdots ⑨$$

(2) 자유단(A)에서의 처짐 δ_A : 식 ⑨에 $x = 0$을 대입하면

$$\delta_A = v(0) = \frac{q_0}{120EIL}(4L^5) = \frac{q_0L^4}{30EI} \qquad \cdots ⑩$$

(3) 자유단(A)에서의 회전각 θ_A : 식 ⑨를 미분하면

$$\theta(x) = \frac{dv}{dx} = \frac{q_0}{120EIL}(5x^4 - 5L^4) = \frac{q_0}{24EIL}(x^4 - L^4) \quad \cdots ⑪$$

이고, 자유단($x = 0$)에서의 회전각은 다음과 같다.

$$\theta_A = -\theta(0) = -\frac{q_0}{24EIL}(-L^4) = \frac{q_0 L^3}{24EI} \quad \cdots ⑫$$

Note [그림 12.15]와 같이 등변분포하중이 작용하는 외팔보의 처짐을 다음과 같이 나타내기도 한다. 이 식에서 x는 벽으로부터 거리이다. 좌표계는 본인이 계산하기 편리하게 잡으면 된다.

$$v(x) = \frac{q_0 x^2}{120EIL}(10L^3 - 10L^2 x + 5Lx^2 - x^3)$$

예제 12.6 [하중 방정식] 하중 방정식 $EIv'''' = q$를 사용하여 균일분포하중이 작용하고 있는 단순보의 처짐 곡선 $v(x)$를 구하여라.

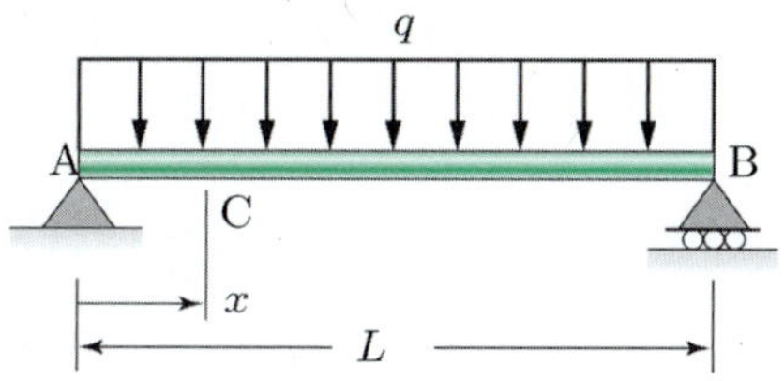

[그림 12.16] 균일분포하중을 받는 단순보

풀이 연직 아래 방향 처짐을 양(+)으로 잡으면 균일분포하중 q(q는 상수)가 작용할 때 보의 처짐(v)은 다음 미분방정식으로 기술된다.

$$EI\frac{d^4 v}{dx^4} = q \quad \cdots ①$$

식 ①을 두 번 적분하면

$$EI\frac{d^3 v}{dx^3} = qx + C_1 \quad \cdots ②$$

$$EI\frac{d^2 v}{dx^2} = \frac{q}{2}x^2 + C_1 x + C_2 \quad \cdots ③$$

이다. 식 ③에서 지지점 A($x = 0$)에서 $v'' = 0$이므로 상수 $C_2 = 0$이고, 지지점 B ($x = L$)에서 $v'' = 0$인 조건을 적용하면

$$\frac{q}{2}L^2 + C_1 L = 0$$

$$\therefore \ C_1 = -\frac{qL}{2}$$

이다. 따라서 식 ③은 다음과 같다.

$$EI\frac{d^2v}{dx^2} = \frac{q}{2}(x^2 - Lx) \qquad \cdots ④$$

식 ④를 다시 두 번 적분하면

$$EI\frac{dv}{dx} = \frac{q}{2}\left(\frac{1}{3}x^3 - \frac{L}{2}x^2\right) + C_3 \qquad \cdots ⑤$$

$$EIv = \frac{q}{2}\left(\frac{1}{12}x^4 - \frac{L}{6}x^3\right) + C_3 x + C_4 \qquad \cdots ⑥$$

이다. 식 ⑥에서 경계조건 $v(0) = 0$에 의해 $C_4 = 0$이고, $v(L) = 0$인 조건을 적용하면

$$\frac{q}{2}\left(\frac{1}{12}L^4 - \frac{L}{6}L^3\right) + C_3 L = 0$$

$$\therefore \ C_3 = \frac{qL^3}{24}$$

이다. 이상에서 구한 상수 C_3과 C_4를 식 ⑥에 대입하면 다음과 같이 처짐 곡선 $v(x)$가 구해진다.

$$EIv = \frac{q}{2}\left(\frac{1}{12}x^4 - \frac{L}{6}x^3\right) + \frac{qL^3}{24}x = \frac{q}{24}(x^4 - 2Lx^3 + L^3 x)$$

$$\therefore \ v(x) = \frac{q}{24EI}(x^4 - 2Lx^3 + L^3 x) \qquad \cdots ⑦$$

당연한 사실이지만 식 ⑦은 굽힘모멘트 방정식으로부터 구한 [예제 12.4]의 결과와 일치한다. 굽힘모멘트 방정식을 이용하면 적분을 2번밖에 안하지만 단면의 굽힘모멘트를 구해야 한다. 이에 반해 하중방정식을 이용하면 적분을 4번 하지만 단면의 굽힘모멘트를 구하지 않아도 된다는 이점이 있다. 어느 방법을 사용하는 게 좋은가는 문제마다 다를 수 있고 각자가 잘 아는 방법을 사용하면 된다. 그런데 처짐을 구하는 대부분의 컴퓨터 프로그램은 하중방정식 풀이를 시초로 하여 이후에 전단력과 굽힘모멘트, 처짐과 기울기를 구하는 수치 적분을 수행한다고 한다.

특히 $q(x) = Cq_0 \sin(\pi x/L)$, $q(x) = Cq_0(Lx - x^2)/L^2$ 등과 같은 분포하중에서는 굽힘모멘트가 곧바로 구해지지 않는다. 이와 같은 경우에는 하중방정식을 사용하면 편리하다.

12.4 보의 최대 처짐

보의 단면에 작용하는 굽힘모멘트를 M, 단면의 2차모멘트를 I, 보 재료의 세로탄성계수를 E라 하면 처짐 곡선의 곡률 반지름 ρ는 다음 관계식을 따른다.

$$\frac{1}{\rho} = \frac{M}{EI} \quad \cdots (12.8)$$

여기에서 $\frac{1}{\rho}$는 곡률이라 하며 이 값의 크기에 따라 보의 휨 정도를 알 수 있다. 설계에 있어서 중요한 것은 최대 처짐(δ_{max})이며 이것은 하중의 형태에 따라 일반적으로 다음과 같이 표현된다.

$$\delta_{max} = C \cdot \frac{PL^3}{EI} \quad \cdots (12.9)$$

$$\delta_{max} = C \cdot \frac{qL^4}{EI} \quad \cdots (12.10)$$

여기에서 P[N]는 한 개의 집중하중, q[N/m]는 균일분포하중을 나타낸다. L은 보의 길이, C는 보의 지지 방법에 따라 결정되는 상수이다. 위 식으로부터 보의 최대 처짐 δ_{max}은 EI에 반비례한다는 것을 알 수 있다. 즉, EI는 보의 휨에 대한 저항의 정도를 나타내며, 이것을 굽힘 강성(flexural rigidity)이라 한다.

[표 12.1]에 집중하중(P)과 균일분포하중(q)을 받는 외팔보와 단순 보의 몇 가지 경우에 대한 최대 처짐(δ_{max})과 최대 회전각(θ_{max})을 나타내었다.

[표 12.1] 보의 최대 처짐(δ_{max})과 최대 회전각(θ_{max})

하중과 보의 형태	최대 처짐 δ_{max}	최대 회전각 θ_{max}	하중과 보의 형태	최대 처짐 δ_{max}	최대 회전각 θ_{max}
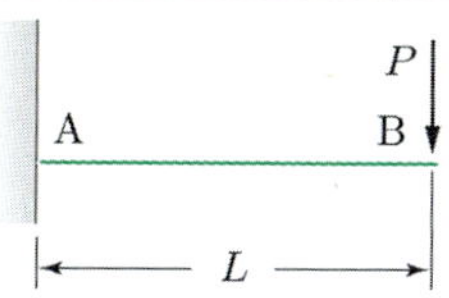	$\frac{PL^3}{3EI}$	$\frac{PL^2}{2EI}$	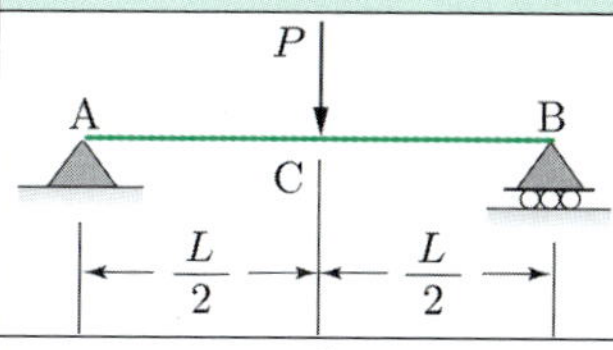	$\frac{PL^3}{48EI}$	$\frac{PL^2}{16EI}$
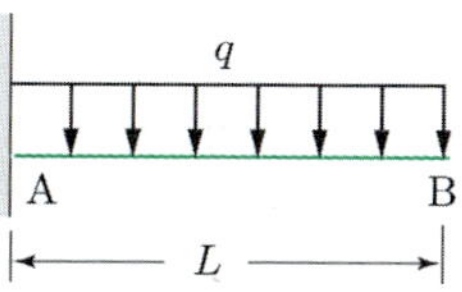	$\frac{qL^4}{8EI}$	$\frac{qL^3}{6EI}$	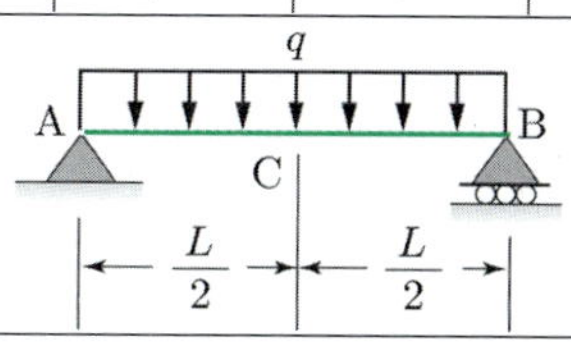	$\frac{5qL^4}{384EI}$	$\frac{qL^3}{24EI}$

공무원임용시험이나 기사시험 등 각종 시험에서는 거의 대부분 최대 처짐에 대한 식을 외워서 문제를 풀어야 한다. 하중의 종류와 보의 종류가 다양하므로 많은 공식들이 있고 이들을 다 외우기는 어렵지만 시험에 대비하기 위해서는 가장 기본적인 [표 12.1]의 최대 처짐($\delta_{\max}$)은 가능한 외우도록 한다. 특히 집중하중에 대한 식 $\delta_{\max} = \dfrac{PL^3}{3EI}$, $\delta_{\max} = \dfrac{PL^3}{48EI}$은 꼭 기억하도록 한다. 기계설계나 진동 등에서도 많이 나타나는 식이다.

12.5 중첩법

중첩법(method of superposition)은 보의 최대 처짐과 회전각을 구하는 데 자주 사용되는 실질적인 방법이며 다음과 같이 기술된다.

몇 개의 다른 하중들이 동시에 작용할 때 발생하는 보의 처짐은 각각의 하중이 독립적으로 작용할 때 발생하는 처짐을 모두 합한 것과 같다.

예를 들어 하중 P_1, P_2에 의해 보의 임의 지점에 발생하는 처짐이 각각 v_1, v_2이면 두 하중이 동시에 작용할 때 그 지점의 처짐은 $v_1 + v_2$가 된다.

이와 같이 처짐을 중첩할 수 있는 것은 처짐을 지배하는 미분 방정식이 선형이기 때문이다. 예를 들어 M_1과 M_2에 의한 처짐이 각각 v_1과 v_2이면 $EIv_1'' = M_1$, $EIv_2'' = M_2$ 이므로 $EI(v_1 + v_2)'' = M_1 + M_2$ 이다. 따라서 총 굽힘모멘트 $M = M_1 + M_2$에 의한 처짐을 v라고 하면 $EIv'' = M_1 + M_2$이므로 $v = v_1 + v_2$가 된다.

예제 12.7 [중첩법] 그림의 (a)와 같이 단순 보의 중앙에 집중하중 P와 보 전체에 걸쳐 균일분포하중 q가 동시에 작용하고 있다. 이때 보 중앙에서의 처짐 δ_C, 양 지지점에서 회전각 θ_A와 θ_B를 구하여라.

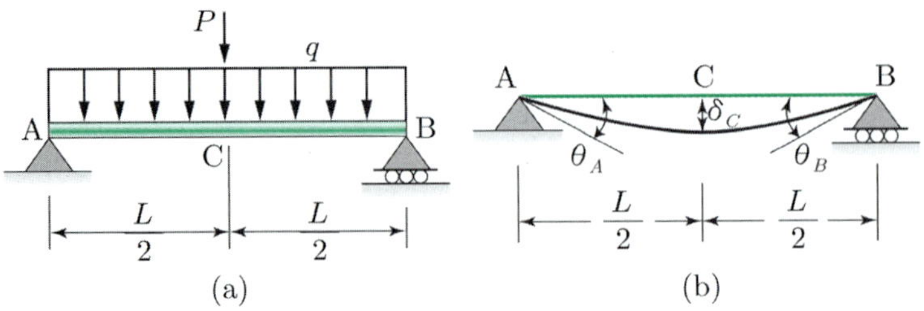

[그림 12.17] 집중하중과 균일분포하중을 받는 단순 보

풀이 집중하중 P가 보 중앙에 작용할 때 보 중앙의 처짐과 양 지지점의 회전각은 다음과 같다.

$$\delta_{C1} = \frac{PL^3}{48EI},\ \theta_{A1} = \theta_{B1} = \frac{PL^2}{16EI}$$

균일분포하중 q가 작용할 때 보 중앙의 처짐과 양 지지점의 회전각은 다음과 같다.

$$\delta_{C2} = \frac{5qL^4}{384EI},\ \theta_{A2} = \theta_{B2} = \frac{qL^3}{24EI}$$

중첩의 원리를 적용하여 두 하중이 동시에 작용할 때 보 중앙의 처짐(δ_C)과 양 지지점의 회전각(θ_A, θ_B)을 구한다.

$$\delta_C = \delta_{C1} + \delta_{C2} = \frac{PL^3}{48EI} + \frac{5qL^4}{384EI}$$

$$\theta_A = \theta_B = \theta_{A1} + \theta_{A2} = \frac{PL^2}{16EI} + \frac{qL^3}{24EI}$$

예제 12.8 [중첩법] 그림의 (a)와 같이 평형사변형 모양의 분포하중이 작용할 때 자유단(B)에서 처짐(δ_B)과 회전각(θ_B)을 구하여라.

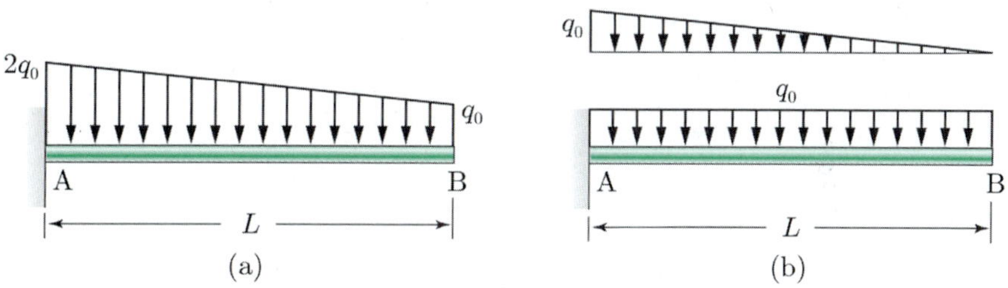

[그림 12.18] 등변분포하중과 균일분포하중을 받는 외팔보

풀이 주어진 분포하중은 (b)와 같이 등변분포하중과 균일분포하중으로 나눌 수 있다. 등변분포하중이 작용할 때 자유단(B)에서 처짐과 회전각은

$$\delta_{B1} = \frac{q_0L^4}{30EI},\ \theta_{B1} = \frac{q_0L^3}{24EI}$$

이고, 균일분포하중이 작용할 때 자유단(B)에서 처짐과 회전각은

$$\delta_{B2} = \frac{q_0L^4}{8EI},\ \theta_{B2} = \frac{q_0L^3}{6EI}$$

이므로 두 하중이 동시에 작용할 때 자유단(B)에서 처짐(δ_B)과 회전각(θ_B)은 다음과 같다.

$$\delta_B = \delta_{B1} + \delta_{B2} = \frac{q_0 L^4}{30EI} + \frac{q_0 L^4}{8EI} = \frac{19 q_0 L^4}{120EI}$$

$$\theta_B = \theta_{B1} + \theta_{B2} = \frac{q_0 L^3}{24EI} + \frac{q_0 L^3}{6EI} = \frac{5 q_0 L^3}{24EI}$$

12.6 모멘트-면적법

모멘트-면적법은 보의 굽힘모멘트 선도로부터 회전각과 처짐을 구하는 방법이며, 두 개의 정리로 기술된다. 제 1 정리는 회전각, 제 2 정리는 처짐을 구하는 방법을 각각 기술한다.

1 모멘트-면적 제1정리

먼저 제 1 정리를 설명하기 위해 [그림 12.19]에서 처짐 곡선상의 두 점 A, B를 고려한다. 점 A에서 처짐 곡선의 접선 AA'는 x축과 θ_A의 각을 이루고, 점 B에서 접선 BB'는 x축과 θ_B의 각을 이룬다. 여기에서 그림과 같이 AA'과 BB'의 연장선이 점 C에서 만날 때 두 접선이 이루는 각 ($\angle B'CA'$)을 $\theta_{B/A}$이라고 하면 이 각은 θ_B와 θ_A의 차이가 된다.

$$\theta_{B/A} = \theta_B - \theta_A$$

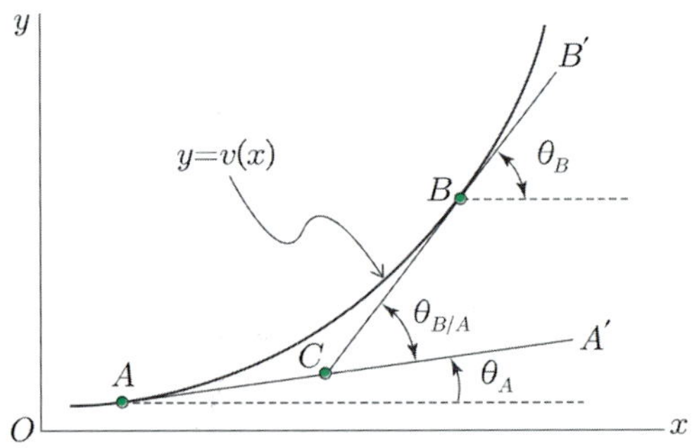

[그림 12.19] 모멘트-면적 제1정리

즉, 두 접선 사이의 각 $\theta_{B/A}$는 A점 접선을 기준으로 하여 측정한 B점 접선의 각이다. 이때 모멘트-면적 제 1 정리는 다음과 같이 기술된다.

> [모멘트-면적 제1정리]
> 처짐 곡선 상에 두 점 A, B가 있을 때, 점 A에서 처짐 곡선의 접선과 B에서 처짐 곡선의 접선이 이루는 각 $\theta_{B/A}$는 M/EI 선도에서 이 두 점 사이의 면적과 같다.

모멘트-면적 제 1 정리를 이용할 때 부호규약은 다음과 같다.

(1) 각 θ_A, θ_B는 x축으로부터 반시계방향이 양(+)이다.

(2) 두 접선 사이 각 $\theta_{B/A}$는 θ_B가 θ_A보다 클 때 양이며, [그림 12.19]와 같이 점 B는 점 A보다 오른쪽에 위치해야 한다.

(3) 굽힘모멘트 M은 일반적으로 사용하는 부호규약을 따른다.

(4) M/EI 선도의 면적은 굽힘모멘트 부호에 따라 양 또는 음의 값을 가진다.

그런데 보에 작용하는 하중에 대한 물리적인 면을 살펴볼 때 회전각의 방향을 명확하게 알 수 있는 경우에는 이상에서 정의한 회전각(θ_A, θ_B, $\theta_{B/A}$)에 대한 부호 규약을 무시하고 사용할 수도 있다. 이때는 모멘트-면적 제 1 정리를 적용할 때 부호를 무시하고 절댓값을 사용하여 계산을 단순화할 수 있다.

2 모멘트-면적 제2정리

보의 처짐과 관계되는 제 2 정리를 설명하기 위해 [그림 12.20]의 처짐 곡선을 고려한다. 그림과 같이 처짐 곡선상의 점 A에서 접선 AA'이 B점에서 내린 수직선 BB'과 만나는 점을 C라고 할 때 점 B와 C 사이 수직거리 $t_{B/A}$를 점 A의 접선에 대한 점 B의 접선편차(tangential deviation)라고 한다. 즉, 거리 $t_{B/A}$는 처짐 곡선상의 점 A의 접선으로부터 점 B의 수직편차(vertical deviation)이다. 점 B가 교점 C보다 위에 있으면 접선편차는 양의 값을 가진다.

이때 모멘트-면적 제 2 정리는 다음과 같이 기술된다.

> [모멘트-면적 제2정리]
> 점 A의 접선에 대한 점 B의 접선편차 $t_{B/A}$는 M/EI 선도에서 B를 지나는 수직선에 대한 A와 B 사이 면적의 1차모멘트와 같다.

점 B가 점 A보다 오른쪽에 있을 때 굽힘모멘트가 양이면 M/EI 선도의 면적 1 차모멘트도 양이다. 이때 접선편차 $t_{B/A}$는 양이고 [그림 12.20]과 같이 점 B는 점 A의 접선 위쪽에 있다.

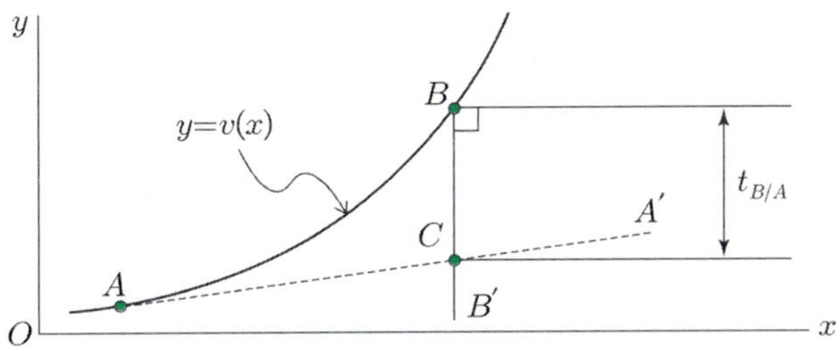

[그림 12.20] 모멘트-면적 제2정리

제 2 정리는 특히 M/EI 선도가 직사각형, 삼각형 등과 같이 도심을 잘 아는 모양으로 구성되어 있을 때 사용하기 편리하다. 이때는 M/EI 선도의 면적 1 차모멘트를 선도의 면적과 점 B를 지나는 수직선으로부터 면적 도심까지 거리를 곱하여 구할 수 있다. 이 과정은 일반적으로 적분하는 것보다 편리하다.

모멘트-면적법은 비교적 단순한 형태의 보에 적합한 방법이다. 따라서 물리적인 면을 고려하면 대부분의 경우에 보가 어떤 방향으로 휘어지고 처지는 지 알 수 있기 때문에 이상에서 언급한 회전각과 접선편차의 부호규약을 따라야 하는 경우는 거의 없다. 즉, 회전과 처짐의 방향은 문제를 보고 곧바로 알 수 있으므로 설댓값을 사용하여 편리하게 계산할 수 있다.

이상에서 설명한 '모멘트-면적 제 1, 2 정리'는 회전각이 작을 때 $dx = \rho d\theta$(반지름 r, 중심각 ϕ일 때 호의 길이 $l = r\phi$)이고 $\frac{1}{\rho} = \frac{M}{EI}$이라는 관계식으로부터 유도된다. 예를 들어 제 1 정리에 대해 간단히 설명하면 다음과 같다.

$dx = \rho d\theta$에 $\frac{1}{\rho} = \frac{M}{EI}$을 대입하면 $d\theta = \frac{M}{EI}dx$이다. 따라서 처짐 곡선상의 두 점 A, B 사이에서 $d\theta$를 적분하면 다음 제 1 정리가 성립한다.

$$\int_A^B d\theta = \theta_B - \theta_A = \int_A^B \frac{M}{EI}dx = \frac{M}{EI}\text{선도에서 } A\text{와 } B \text{ 사이의 면적}$$

이 책에서는 가능한 기본 관계식으로부터 실제 문제를 푸는 데 집중한다. 왜냐하면 공학도에게 중요한 것은 필요한 물리량(굽힘응력, 전단응력, 처짐, 회전각 등)을 구하는 것이기 때문이다.

Note 이상에서 보의 처짐을 구하는 몇 가지 방법을 알아보았다. 이 외에도 '구조물의 변형에너지를 하중에 대해 미분한 것은 그 하중에 상응하는 변위(처짐)과 같다'는 카스틸리아노의 정리(Castigliano's theorem)를 이용하여 보의 처짐을 구할 수 있다.

보의 처짐(deflection)을 해석하는 가장 기본적인 방법은 굽힘모멘트 방정식($EIv'' = -M$) 적분에 의한 방법이다. 이 방법으로 일반적인 하중에 대한 보의 처짐을 모두 해석할 수 있다. 특히 단면 굽힘모멘트를 쉽게 구할 수 있는 집중하중, 우력, 균일분포하중, 등변분포하중 등에서 사용하기 편리하다.

단면의 굽힘모멘트가 쉽게 구해지지 않는 복잡한 형태의 분포하중이 작용하는 보에서는 하중방정식($EI'''' = q$) 적분에 의한 방법을 사용하는 것이 좋다. 이때는 보의 물리적인 상황으로부터 4개의 적분상수를 결정하기 위한 조건을 찾으면 된다.

모멘트-면적법은 단순한 형태의 보에 적합한 방법이다. 특히 집중하중이나 우력이 작용하는 외팔보에서 이 방법은 아주 효율적인 방법이다. 그러나 굽힘모멘트 선도의 면적과 도심을 쉽게 구할 수 없는 분포하중의 경우에는 비효율적이다. 따라서 굳이 분포하중에서 이 방법을 사용하여 처짐을 구하려고 애쓰지 말기 바란다. 이때는 굽힘모멘트 방정식이나 하중방정식을 사용하면 된다.

여러 가지 방법 중 문제의 상황에 맞는 손쉬운 방법을 적절히 선택하여 해석하면 되는 것이다.

예제 12.9 [모멘트-면적법] [그림 12.21]의 (a)와 같이 길이 L의 외팔보의 자유단(B)에 일정한 우력(짝힘의 모멘트) M_0 가 작용할 때 자유단에서 회전각(θ_B)과 처짐(δ_B)을 구하여라.

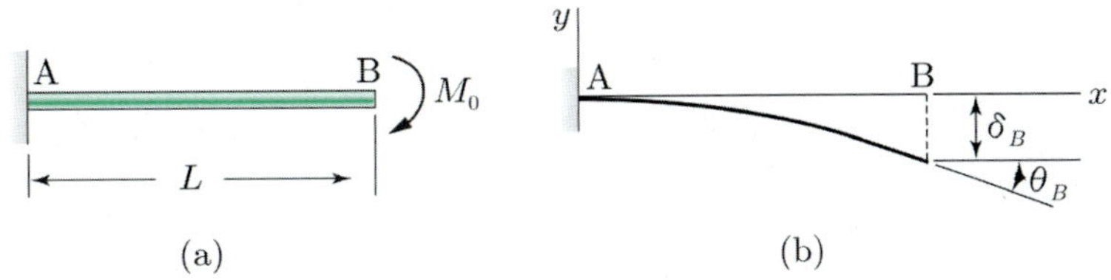

[그림 12.21] 자유단에 우력을 받는 외팔보

풀이 보의 임의 지점을 절단하고 자른 보의 오른쪽 부분을 고려해보면 보 전체에 걸쳐 단면에서 굽힘모멘트 $M=-M_0$로 일정하다. 따라서 M/EI 선도는 [그림 12.22]와 같은 사각형 모양이다.

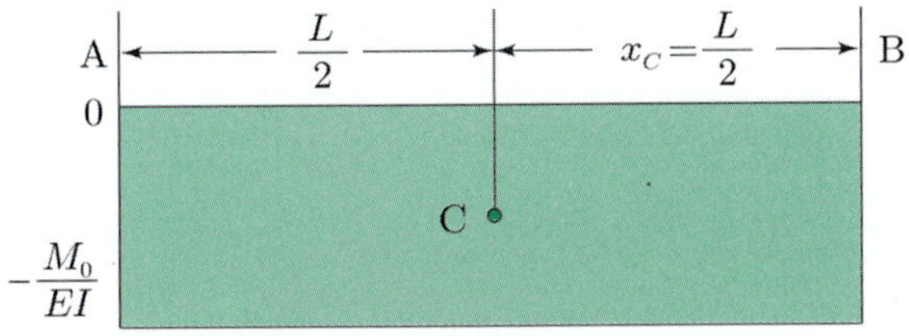

[그림 12.22] M/EI 선도

보의 처짐 곡선 모양은 [그림 12.21]의 (b)와 같고, 처짐 δ_B는 아래 방향, 회전각 θ_B는 시계방향이다. 여기에서 편의상 처짐과 회전각의 부호를 무시하고 절댓값을 사용하여 계산한다.

(1) 회전각 : 제1정리로부터 점 A에서 처짐 곡선의 접선과 B에서 처짐 곡선의 접선이 이루는 각 $\theta_{B/A}$는 M/EI 선도 [그림 12.22]에서 이 두 점 사이의 면적과 같으므로

$$\theta_{B/A}=\theta_B-\theta_A=\frac{M_0}{EI}\times L=\frac{M_0 L}{EI} \qquad \cdots ①$$

이다. 여기에서 고정단(A)에서 기울기 $v'=0$이므로 회전각 $\theta_A=0$이다. 따라서 식 ①로부터 B점의 회전각(θ_B)은 다음과 같다.

$$\theta_B=\frac{M_0 L}{EI} \qquad \cdots ②$$

(2) 처짐 : 제2정리를 사용하기 위해 B를 지나는 수직선에 대한 A와 B 사이 M/EI 선도의 면적 1차모멘트를 구한다. [그림 12.22]에서 점 B로부터 M/EI 선도의 도심(C)까지 거리 $x_C=L/2$이므로 면적 1차모멘트(Q)는

$$Q=x_C A=\frac{L}{2}\times\left(\frac{M_0}{EI}\times L\right)=\frac{M_0 L^2}{2EI} \qquad \cdots ③$$

이다. 제2정리로부터 점 A의 접선에 대한 점 B의 접선편차 $t_{B/A}$는 면적 1차모멘트 (Q)와 같고 [그림 12.21]의 (b)에서 $t_{B/A}=\delta_B$이다. 따라서 B점의 처짐(δ_B)은 다음과 같다.

$$\delta_B = t_{B/A} = Q = \frac{M_0 L^2}{2EI} \qquad \cdots ④$$

식 ②, ④는 [예제 12.2]의 결과와 일치한다. 이와 같이 굽힘모멘트 선도가 간단한 모양이면 모멘트-면적법은 아주 편리한 방법이 된다. 그러나 복잡한 형태의 하중에서는 사용하기 어렵다.

예제 12.10 [모멘트-면적법] [그림 12.23]의 (a)와 같이 자유단(B)에 연직 아래 방향으로 집중하중 P를 받는 외팔보의 자유단(B)에서 회전각(θ_B)과 처짐(δ_B)을 구하여라.

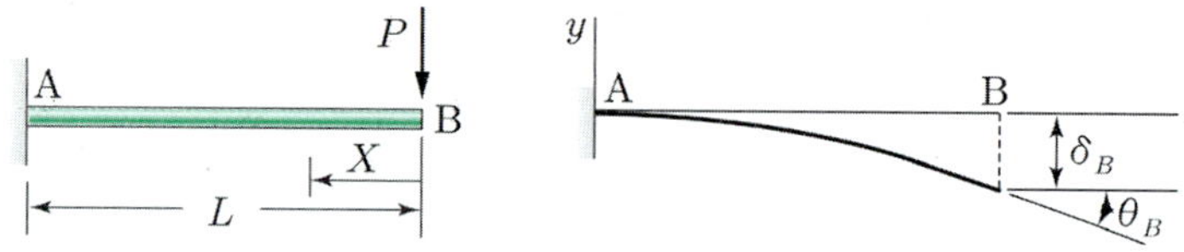

(a) (b)

[그림 12.23] 자유단에 집중하중을 받는 외팔보

풀이 자유단(B)으로부터 거리 X에서 굽힘모멘트 $M=-PX$이고, 고정단(A)에서 굽힘모멘트 $M_A=-PL$이므로 M/EI 선도는 [그림 12.24]와 같은 삼각형 모양이다.

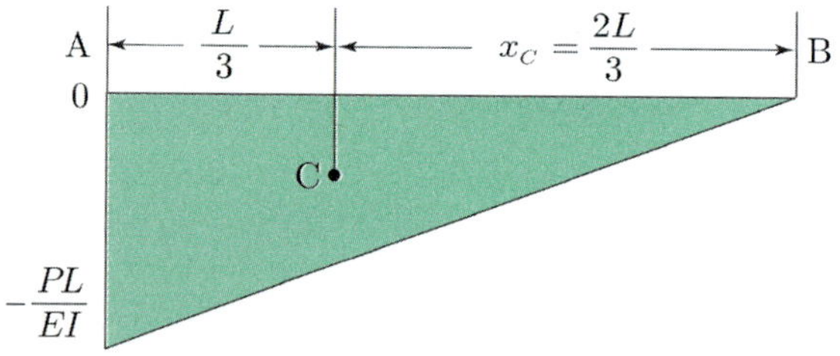

[그림 12.24] M/EI 선도

보의 처짐 곡선 모양은 [그림 12.23]의 (b)와 같고, 처짐 δ_B는 아래 방향, 회전각 θ_B는 시계방향이다.

(1) 회전각 : 제1정리로부터 점 A에서 처짐 곡선의 접선과 B에서 처짐 곡선의 접선이 이루는 각 $\theta_{B/A}$는 M/EI 선도 [그림 12.24]에서 이 두 점 사이의 면적과 같으므로

$$\theta_{B/A} = \theta_B - \theta_A = \frac{1}{2}\left(\frac{PL}{EI}\times L\right) = \frac{PL^2}{2EI} \qquad \cdots ①$$

이고, 고정단(A)에서 기울기 $v' = 0$이므로 $\theta_A = 0$이다. 따라서 식 ①로부터 B점의 회전각(θ_B)은 다음과 같다.

$$\theta_B = \frac{PL^2}{2EI} \qquad \cdots ②$$

(2) 처짐 : 제2정리를 사용하기 위해 B를 지나는 수직선에 대한 A와 B 사이 M/EI 선도의 면적 1차모멘트를 구한다. [그림 12.24]에서 점 B로부터 M/EI 선도의 도심(C)까지 거리 $x_C = 2L/3$이므로 면적 1차모멘트(Q)는

$$Q = x_C A = \frac{2L}{3} \times \frac{1}{2}\left(\frac{PL}{EI} \times L\right) = \frac{PL^3}{3EI} \qquad \cdots ③$$

이다. 제2정리로부터 점 A의 접선에 대한 점 B의 접선편차 $t_{B/A}$는 면적 1차모멘트(Q)와 같고 [그림 12.23]의 (b)에서 $t_{B/A} = \delta_B$이다. 따라서 B점의 처짐은 다음과 같다.

$$\delta_B = t_{B/A} = Q = \frac{PL^3}{3EI} \qquad \cdots ④$$

이상에서 편의상 부호를 무시하고 절댓값을 사용하여 계산하였다.

연습문제 12

01 외팔보의 처짐 곡선 방정식이 다음과 같을 때 보에 작용하는 하중을 구하여라. 단, 처짐 곡선은 연직아래 방향 처짐을 양(+)으로 한다.

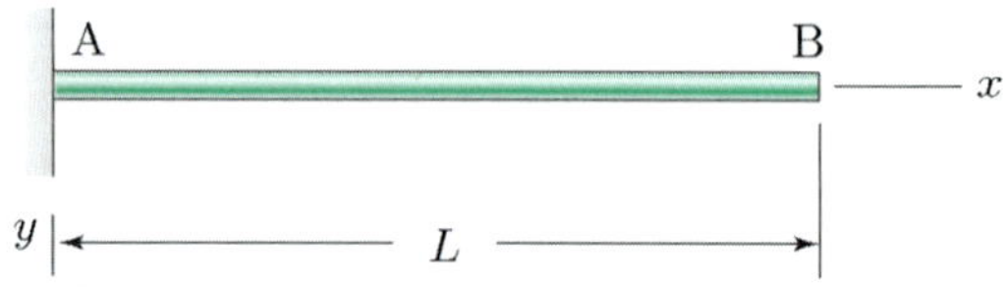

[문제 12.1]

(1) $v(x)=\dfrac{M_0 x^2}{2EI}$

(2) $v=\dfrac{q_0x^2}{24EI}(6L^2-4Lx+x^2)$

(3) $v(x)=\dfrac{q_0x^2}{120EIL}(20L^3-10L^2x+x^3)$

02 단순 보의 처짐 곡선 방정식이 다음과 같을 때 보에 작용하는 하중을 구하여라. 단, 처짐 곡선은 연직아래 방향 처짐을 양(+)으로 한다.

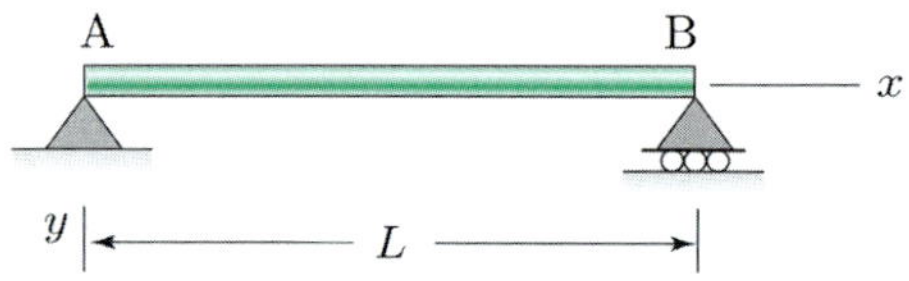

[문제 12.2]

(1) $v=\dfrac{q_0L^4}{\pi^4EI}\sin\dfrac{\pi x}{L}$

(2) $v=\dfrac{q_0}{360EIL^2}(3L^5x-5L^3x^3+3Lx^5-x^6)$

03 그림과 같이 단순 보의 한 끝단(A)에 일정한 우력 M_0가 작용하고 있다. 굽힘모멘트 방정식($EIv''=-M$)을 사용하여 처짐 곡선 $v(x)$를 구하여라.

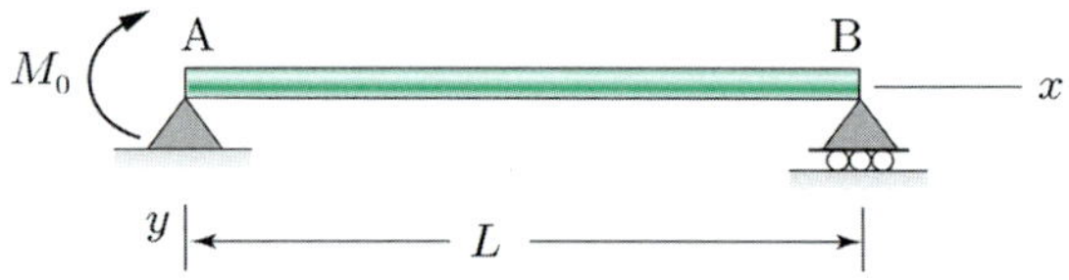

[문제 12.3]

04 그림과 같이 단순 보의 양단(A, B)에 일정한 우력 $2M_0$와 M_0가 작용하고 있다. 굽힘모멘트 방정식($EIv''=-M$)을 사용하여 처짐 곡선 $v(x)$와 최대 처짐(δ_{max})을 구하여라.

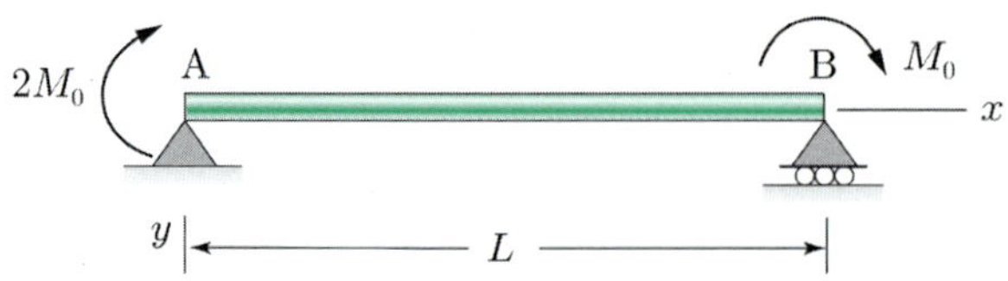

[문제 12.4]

05 길이 L의 단순 보의 중앙에 집중하중 P가 작용하고 있다. 굽힘모멘트 방정식($EIv''=-M$)을 사용하여 처짐 곡선과 최대 처짐($\delta_{\max}$) 및 양단의 회전각(θ_A, θ_B)을 구하여라.

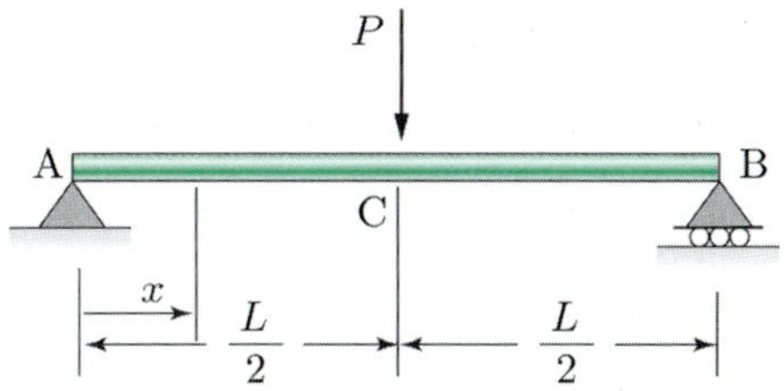

[문제 12.5]

06 그림의 (a)와 같이 길이 L의 외팔보에 균일분포하중 q가 작용하고 있다. 굽힘모멘트 방정식($EIv''=-M$)을 사용하여 처짐 곡선 $v(x)$와 보의 최대 처짐($\delta_{\max}$) 및 최대 회전각($\theta_{\max}$)을 구하여라.

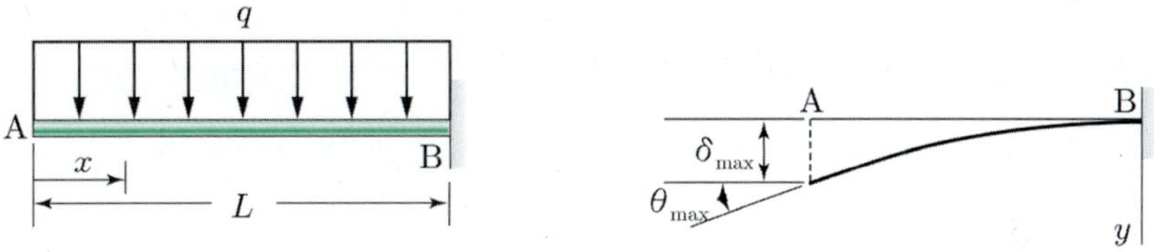

(a) (b)

[문제 12.6]

07 그림의 (a)와 같이 길이 L의 외팔보가 선형적으로 변하는 분포하중(등변분포하중) $q(x)$를 받고 있다. 자유단(A)에서 $q=0$이고 고정 지점 B에서 $q=q_0$일 때 굽힘모멘트 방정식($EIv''=-M$)을 사용하여 처짐 곡선을 구하여라.

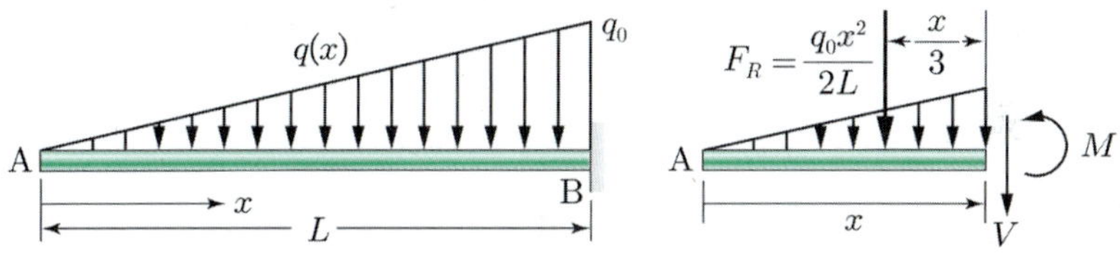

(a) (b)

[문제 12.7]

08 그림의 (a)와 같이 수평으로 놓인 외팔보가 BCD로 연장되어 있고 자유단 D에 집중 하중 P가 연직 아래로 작용하고 있다. 굽힘모멘트 방정식을 사용하여 AB 부분의 처짐 곡선을 구하고, B 점의 처짐이 0이 될 때와 B 점의 회전각이 0이 될 때 a/L의 값을 각각 구하여라.

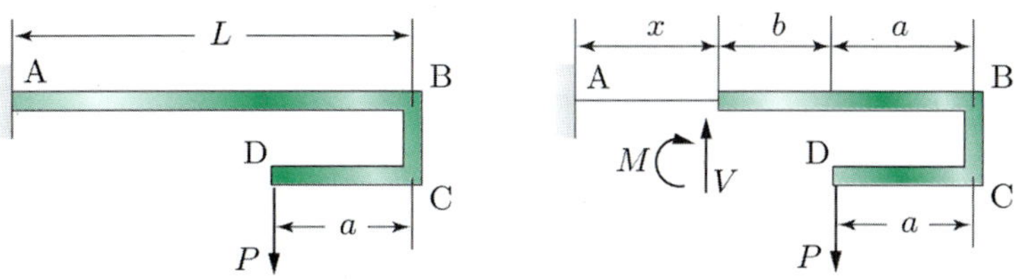

(a) (b)

[문제 12.8]

09 그림의 (a)와 같이 'ㄴ'자형으로 굽은 보 ABC의 끝단(C)에 수평방향으로 집중 하중 P가 작용하고 있다. 굽힘모멘트 방정식을 사용하여 AB 부분의 처짐 곡선 $v(x)$와 최대 처짐 δ_{max}을 구하여라.

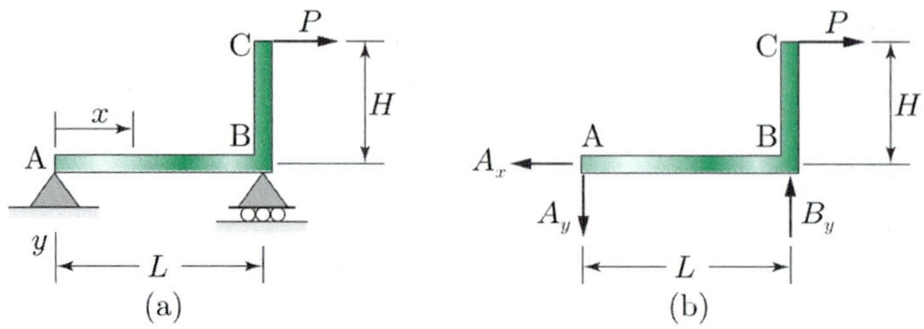

[문제 12.9]

10 그림과 같은 외팔보의 자유단(B)에 집중하중 P가 작용하고 있다. 전단력 방정식 $(EIv''' = -V)$을 이용하여 처짐 곡선의 방정식 $v(x)$를 구하여라.

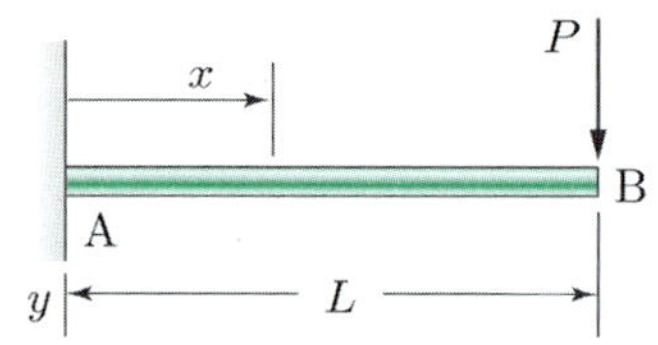

[문제 12.10]

11 그림과 같은 외팔보의 자유단(B)에 일정한 우력 M_0가 작용하고 있다. 전단력 방정식 $(EIv''' = -V)$을 이용하여 처짐 곡선의 방정식 $v(x)$와 자유단의 처짐 및 회전각을 구하여라.

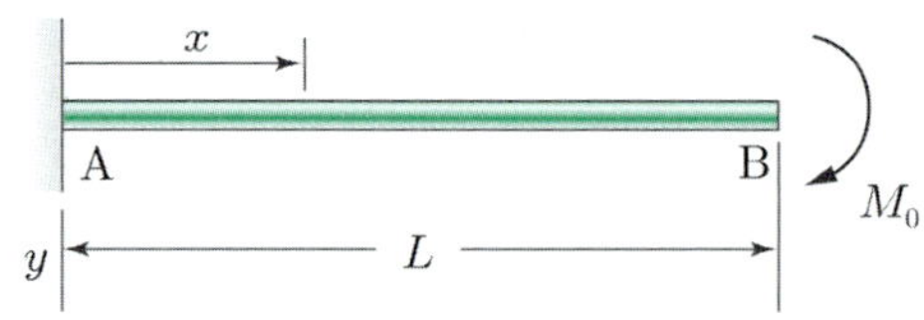

[문제 12.11]

12 그림과 같이 단순 보의 양단(A, B)에 일정한 크기(M_0)의 우력이 서로 반대방향으로 작용하고 있다. 전단력 방정식을 사용하여 처짐 곡선 $v(x)$와 최대 처짐(δ_{max})을 구하여라.

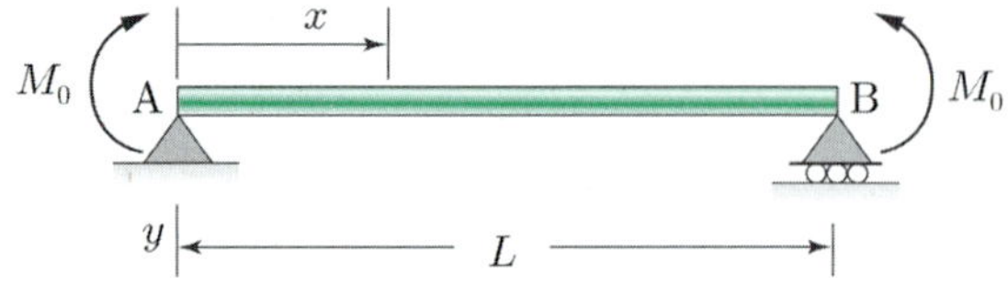

[문제 12.12]

13 그림과 같은 단순 보에 $q(x) = q_0 \sin\left(\frac{\pi x}{L}\right)$의 분포하중이 작용하고 있다. 하중방정식 $(EIv'''' = q)$을 이용하여 굽힘 곡선 $v(x)$와 최대 처짐 $\delta_{\max}$를 구하여라.

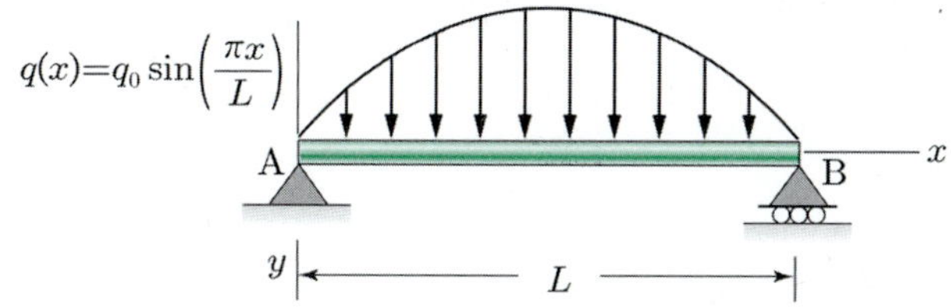

[문제 12.13]

14 그림과 같이 단순 보에 $q(x) = \frac{360q_0}{L^2}(Lx - x^2)$의 분포하중이 작용하고 있다. 하중방정식 $(EIv'''' = q)$을 이용하여 굽힘 곡선 $v(x)$와 최대 처짐 $\delta_{\max}$를 구하여라.

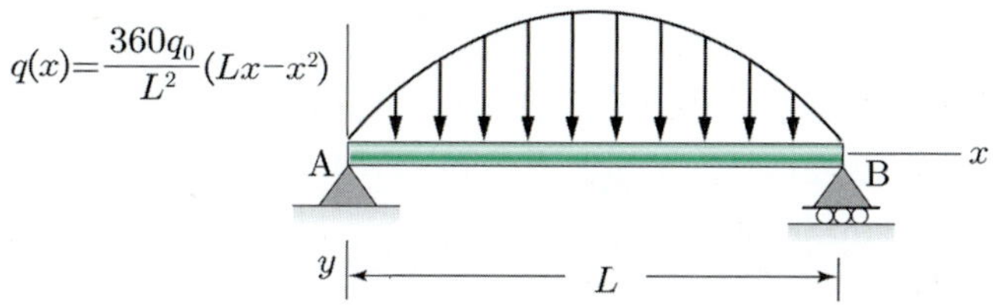

[문제 12.14]

15 그림과 같은 외팔보에 $q(x) = q_0 \cos\left(\frac{\pi x}{2L}\right)$의 분포하중이 작용하고 있다. 하중방정식$(EIv'''' = q)$을 이용하여 굽힘 곡선 $v(x)$와 자유단(B)의 처짐 δ_B를 구하여라.

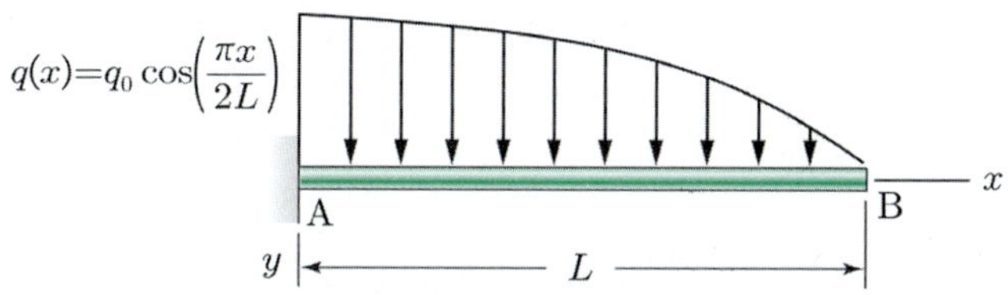

[문제 12.15]

16 그림과 같이 외팔보에 $q(x) = \frac{360q_0}{L^2}(L^2 - x^2)$의 분포하중이 작용하고 있다. 하중방정식 $(EIv'''' = q)$을 이용하여 굽힘 곡선 $v(x)$와 자유단(B)의 처짐 δ_B를 구하여라.

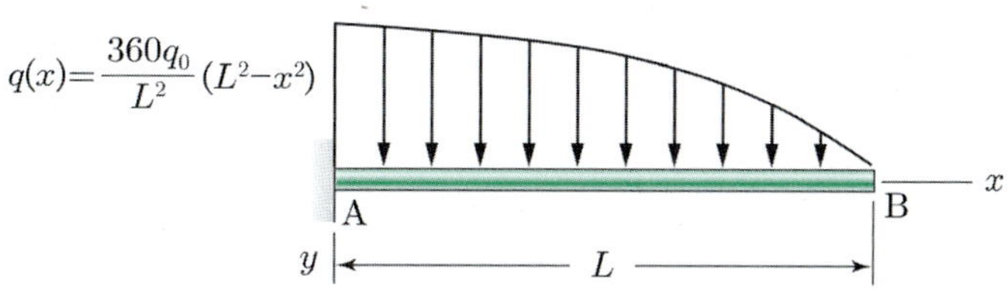

[문제 12.16]

17 그림과 같이 외팔보에 $q(x) = 360q_0(x/L)^2$의 분포하중이 작용하고 있다. 하중방정식($EIv'''' = q$)을 이용하여 굽힘 곡선 $v(x)$와 자유단(B)의 처짐 δ_B를 구하여라.

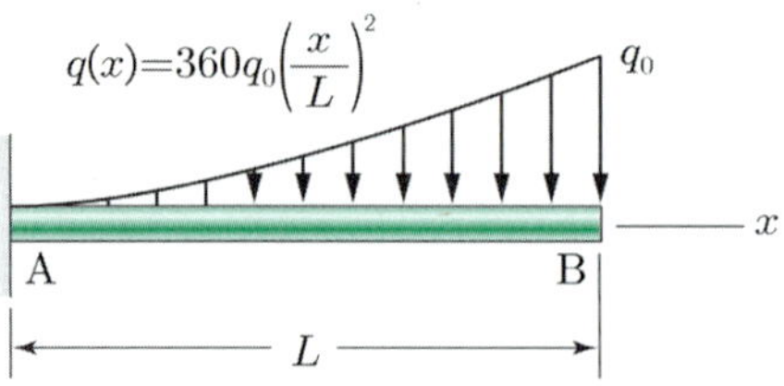

[문제 12.17]

18 그림과 같이 중앙에 집중하중(P)을 받는 단순 보의 양단(A, B)에 서로 다른 방향으로 일정한 우력 M_0가 작용하고 있다. 중첩법을 이용하여 최대 처짐(δ_{max})을 구하여라.[7)]

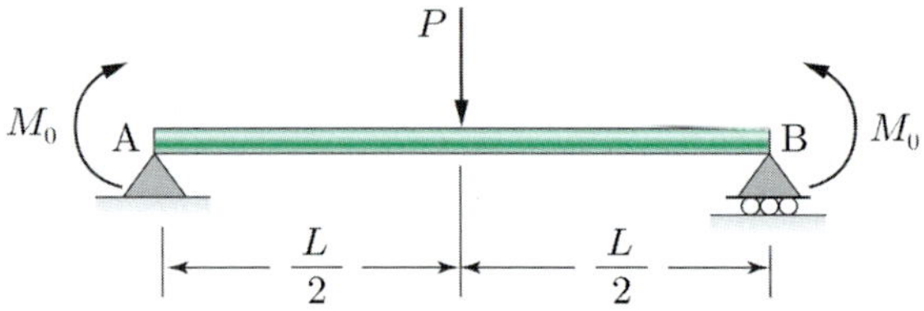

[문제 12.18]

19 균일분포하중(q)을 받는 외팔보의 자유단(B)에 연직 위 방향으로 집중하중(P)이 작용하고 있다. 중첩법을 이용하여 아랫방향으로의 자유단(B)의 처짐과 회전각을 구하여라.

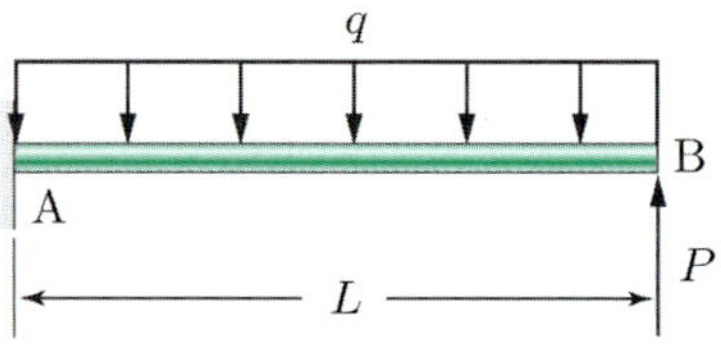

[문제 12.19]

20 그림과 같이 외팔보에 선형적으로 변화하는 분포하중이 작용하고 있다. 고정지점(A)과 자유단(B)에서 분포하중의 세기는 각각 $3q_0$, q_0이다. 중첩법을 이용하여 자유단(B)의 처짐과 회전각을 구하여라.

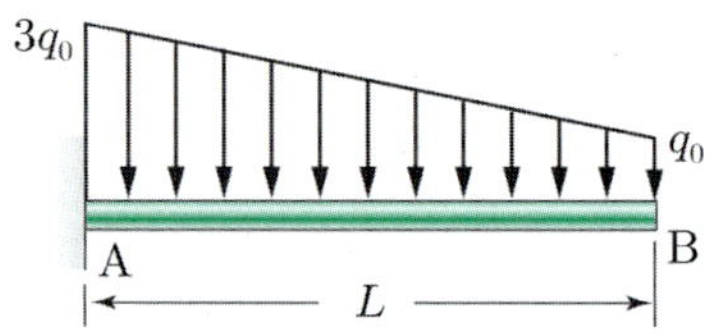

[문제 12.20]

21 중첩법을 이용하여 그림의 (a)와 같은 등변분포하중이 작용하는 외팔보의 자유단(B)에서 처짐과 회전각을 구하여라.

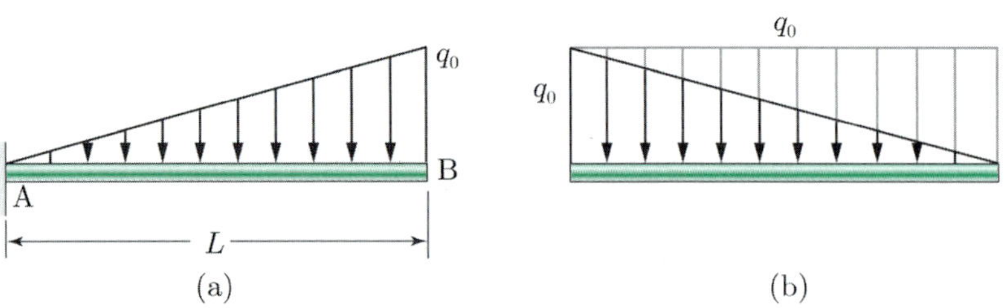

[문제 12.21]

---

7) 중첩법으로써 처짐과 회전각을 구할 때는 부록의 식을 사용한다.

22 그림의 (a)와 같이 수평으로 놓인 외팔보가 BCD로 연장되어 있고 자유단 D에 집중 하중 P가 연직 아래로 작용하고 있다. 중첩법을 이용하여 B점의 처짐과 회전각을 각각 구하여라.

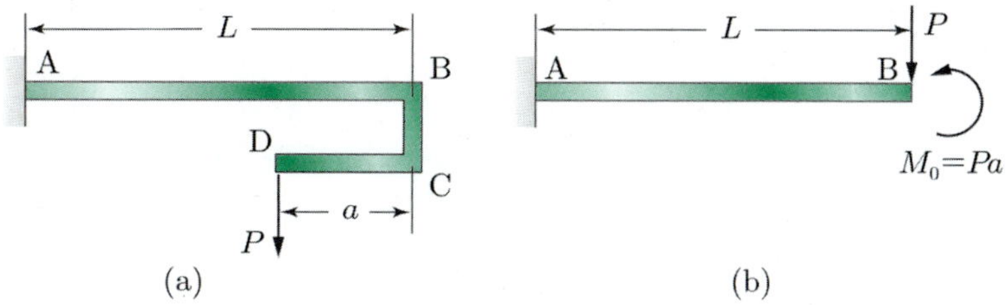

[문제 12.22]

23 외팔보의 중앙에 집중하중 P가 연직아래 방향으로, 자유단(B)에 우력 M_0가 반시계방향으로 작용하고 있다. 중첩법을 이용하여 다음을 구하여라.

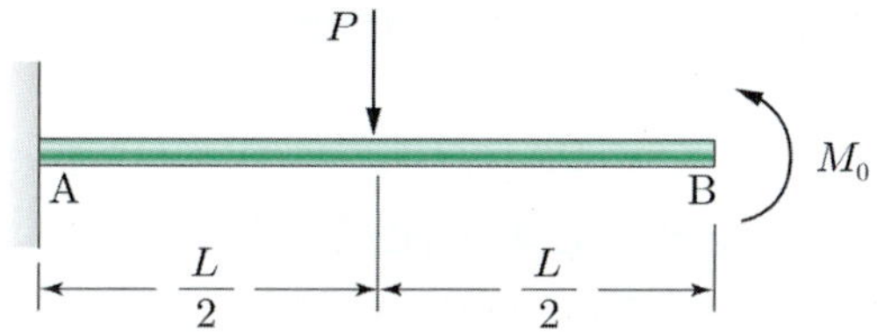

[문제 12.23]

(1) 자유단의 처짐 $\delta_B = 0$일 때 M_0와 P의 관계식

(2) 자유단의 회전각 $\theta_B = 0$일 때 M_0와 P의 관계식

24 그림의 (a)와 같이 'ㄱ'자 형으로 굽은 보의 자유단(C)에 집중하중 P가 수평방향으로 작용하고 있다. 중첩법을 이용하여 다음을 구하여라. 단, 하중(P)에 의한 굽힘 효과만 고려하고 축방향 변형은 무시한다.

(1) B점의 수직방향 처짐(δ_B)과 회전각(θ_B)

(2) C점의 수평방향 변위(δ_h)

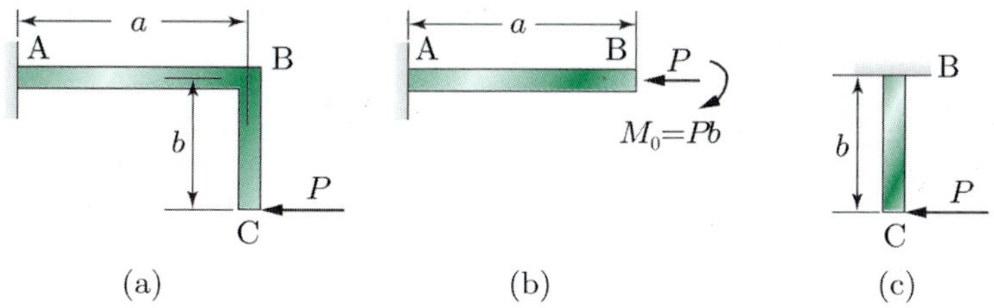

[문제 12.24]

25 그림의 (a)와 같이 'ㄴ'자형으로 굽은 보 ABC의 끝단(C)에 수평방향으로 집중 하중 P가 작용하고 있다. 중첩법을 이용하여 C점의 수평방향 변위(δ_h)를 구하여라. 단, 하중(P)에 의한 굽힘 효과만 고려하고 축방향 변형은 무시한다.

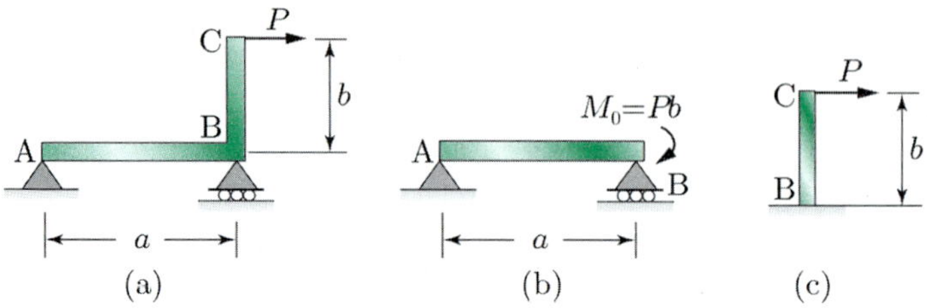

[문제 12.25]

26 길이 $L=a+b$인 외팔보에서 고정단(A)으로부터 거리 a에 우력 M_0가 작용하고 있다. 모멘트-면적법을 사용하여 자유단(B)의 처짐(δ_B)과 회전각(θ_B)을 구하여라.

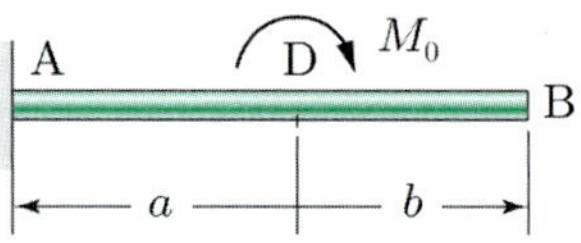

[문제 12.26]

27 길이 $L=a+b$인 외팔보에서 고정단(A)으로부터 거리 a에 집중하중 P가 작용하고 있다. 모멘트-면적법을 사용하여 자유단(B)의 처짐(δ_B)과 회전각(θ_B)을 구하여라.

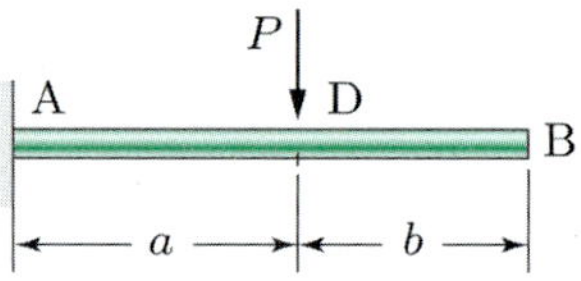

[문제 12.27]

28 길이 L인 외팔보의 자유단(B)에 집중하중(P)과 우력(M_0)이 작용하고 있다. 모멘트-면적법을 사용하여 자유단(B)의 처짐(δ_B)과 회전각(θ_B)을 구하여라.

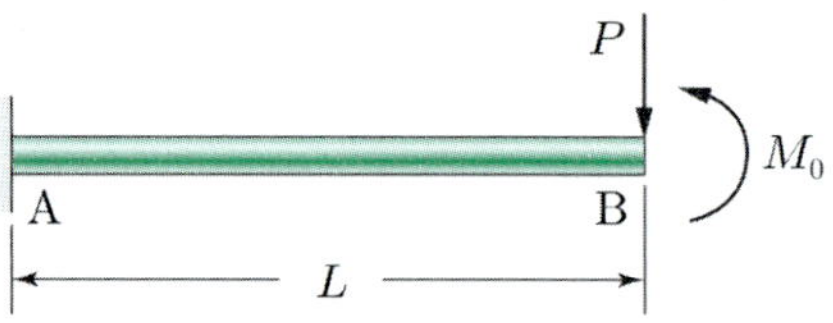

[문제 12.28]

29 모멘트-면적법을 사용하여 그림과 같이 두 개의 집중하중(P_1, P_2)을 받는 외팔보의 자유단(B)에서 처짐(δ_B)과 회전각(θ_B)을 구하여라.

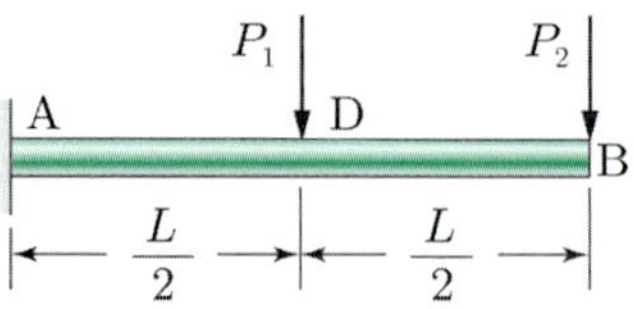

[문제 12.29]

30 모멘트-면적법을 사용하여 그림과 같이 3 개의 집중하중을 받는 외팔보의 자유단(B)에서 처짐(δ_B)과 회전각(θ_B)을 구하여라.

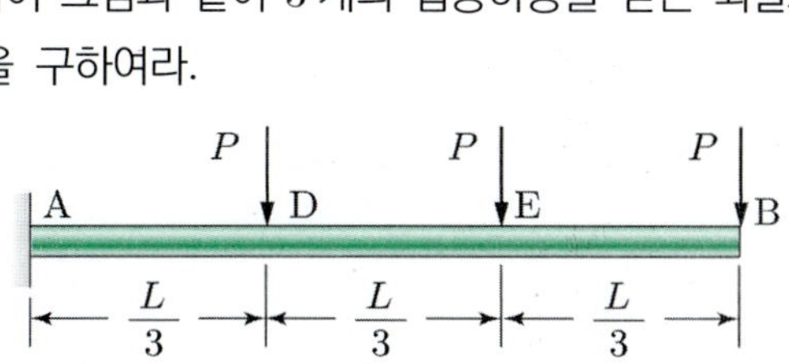

[문제 12.30]

31 모멘트-면적법을 사용하여 보 중앙(D)에 집중하중(P)이 작용하는 단순 보에서 최대 처짐($\delta_{\max}$)과 양단의 회전각(θ_A, θ_B)을 구하여라.

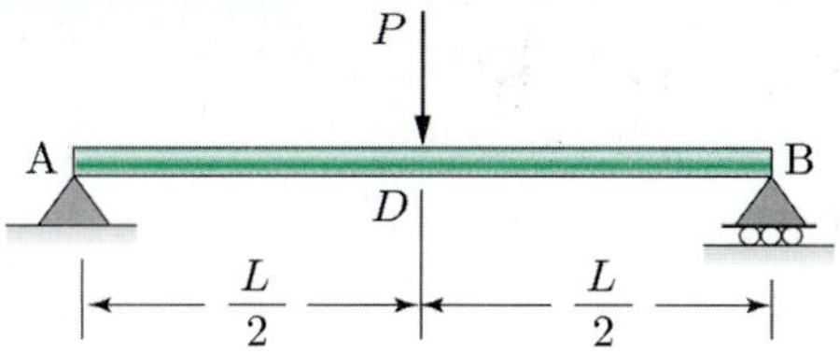

[문제 12.31]

32 중앙에 집중하중을 받는 단순 지지보의 처짐에 대한 설명으로 옳지 않은 것은? [공무원임용시험]

① 하중의 크기에 비례한다.

② 영계수에 반비례한다.

③ 단면 2차모멘트에 비례한다.

④ 보의 길이의 3제곱에 비례한다.

33 그림과 같이 집중하중 P를 받는 캔틸레버 보에서 보의 높이 h가 폭 b와 같을 경우($h=b$) B 점의 수직방향 처짐량이 8mm 라면, 동일한 하중조건에서 B 점의 수직방향 처짐량이 27mm 가 되기 위한 보의 높이 h는? 단, 구조물의 자중은 무시하고 단면폭 b는 일정하게 유지한다. [공무원임용시험]

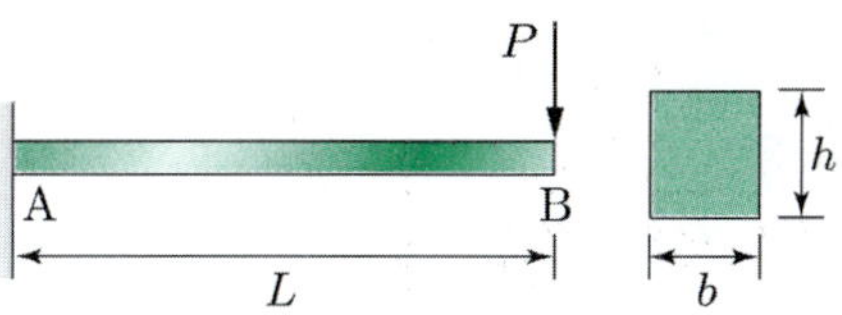

[문제 12.33]

① $\frac{1}{3}b$　　② $\frac{2}{3}b$　　③ $\frac{3}{4}b$　　④ $\frac{4}{5}b$

34 그림에서 캔틸레버보의 B 점 처짐이 단순 보의 B 점 처짐과 같게 되기 위한 단면 2 차모멘트의 비(I_C/I_S)는? 단, 보의 자중은 무시한다. [공무원임용시험]

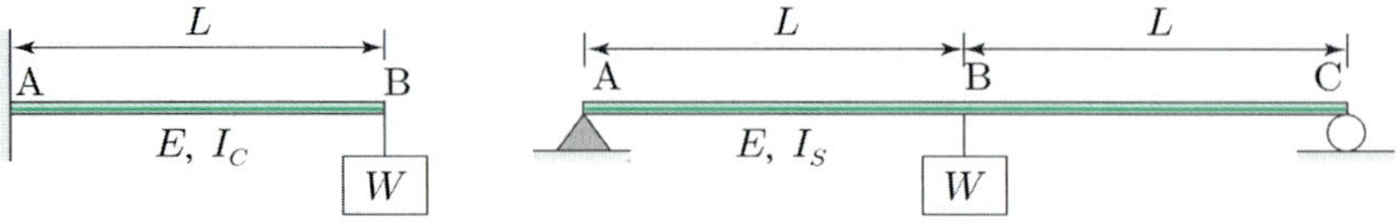

[문제 12.34]

① 1.0　　② 1.5　　③ 2.0　　④ 2.5

35 다음과 같이 등분포하중(w)을 받는 단순 보가 있다. 보의 지간이 2 배, 단면의 높이가 2 배로 증가하는 경우, B 점에서의 처짐 값은 원래 처짐 값의 몇 배가 되는가? [공무원임용시험]

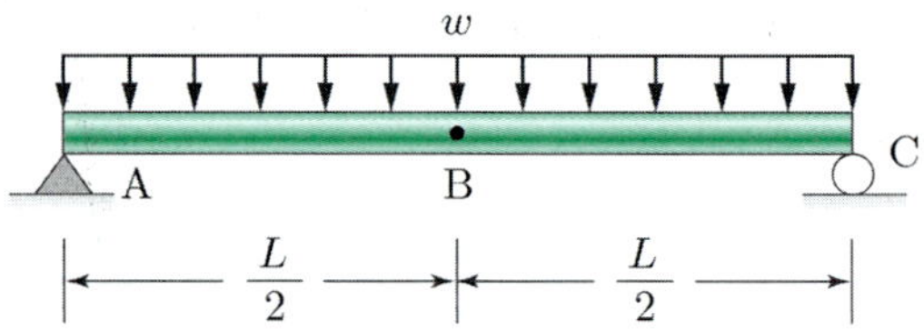

[문제 12.35]

① 0.5배　　② 1.0배

③ 1.5배　　④ 2.0배

36 그림과 같이 휨강성 EI가 일정한 단순 보에 등분포하중 w가 작용할 때 최대 처짐각 θ와 최대 처짐량 δ는? [공무원임용시험]

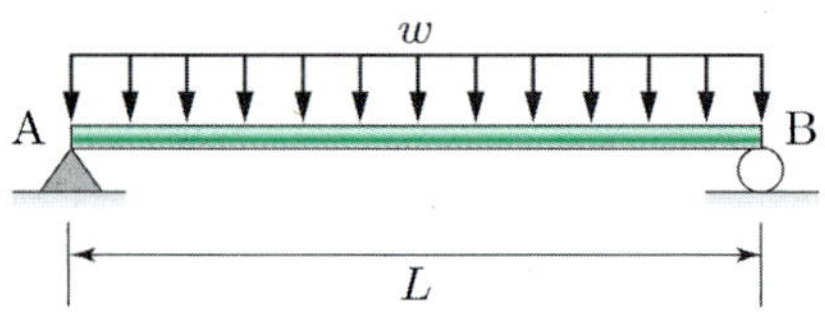

[문제 12.36]

① $\theta = \dfrac{wL^3}{12EI}$, $\delta = \dfrac{wL^4}{30EI}$　　② $\theta = \dfrac{wL^3}{24EI}$, $\delta = \dfrac{5wL^4}{384EI}$

③ $\theta = \dfrac{wL^3}{12EI}$, $\delta = \dfrac{5wL^4}{384EI}$　　④ $\theta = \dfrac{wL^3}{24EI}$, $\delta = \dfrac{wL^4}{30EI}$

37 그림과 같이 단순 보 중앙 C 점에 집중하중 P가 작용할 때 C 점의 처짐에 대한 설명으로 옳은 것은? 단, 보의 자중은 무시한다. [공무원임용시험]

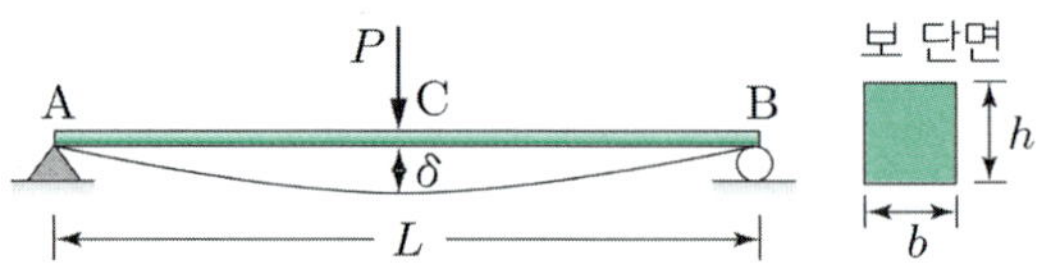

[문제 12.37]

① 집중하중 P를 $P/2$로 하면 처짐량 δ는 $\delta/4$가 된다.

② 부재의 높이 h를 그대로 두고 폭 b를 2배로 하면 처짐량 δ는 $\delta/4$가 된다.

③ AB 간의 거리 L을 $L/2$로 하면 처짐량 δ는 $\delta/6$가 된다.

④ 부재의 폭 b를 그대로 두고 높이 h를 2배로 하면 처짐량 δ는 $\delta/8$가 된다.

38 그림과 같이 하중을 받고 휨강성이 같은 두 개의 캔틸레버보 (A)와 (B)에서 보(A)의 탄성변형에너지 U_A는 1J 일 때, 보(B)의 탄성변형에너지 U_B[J]는? 단, 탄성변형에너지 $U=\frac{1}{2}F\delta$로 계산하고, F는 구조물에 작용하는 하중, δ는 하중 F가 작용하는 지점의 변위를 사용하며, 구조물의 자중은 무시한다. [공무원임용시험]

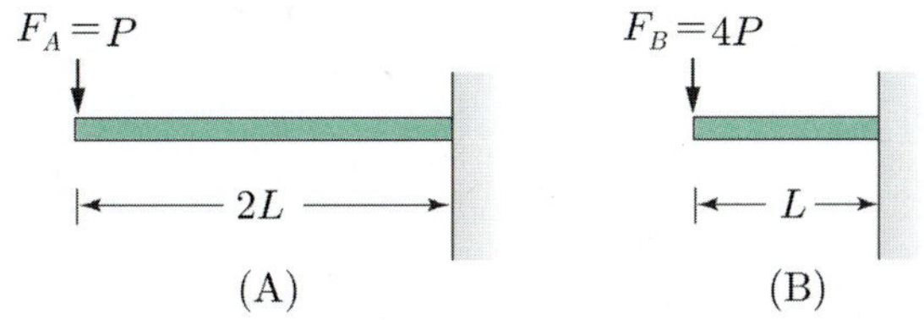

[문제 12.38]

① 1　　② 2　　③ 3　　④ 4

39 모터가 무게 $W=96$[kgf]인 물체를 축의 중앙에 위치한 풀리(pulley)와 로프로 들어 올리고 있다. 축의 지름, 길이, 탄성계수가 각각 d[mm], L[mm], E[kgf/mm^2]일 때, 이 축의 최대 처짐을 구하는 식으로 옳은 것은? 단, 축의 양단은 단순지지이며, 풀리와 로프의 자중 및 모든 동적 영향은 무시한다. [공무원임용시험]

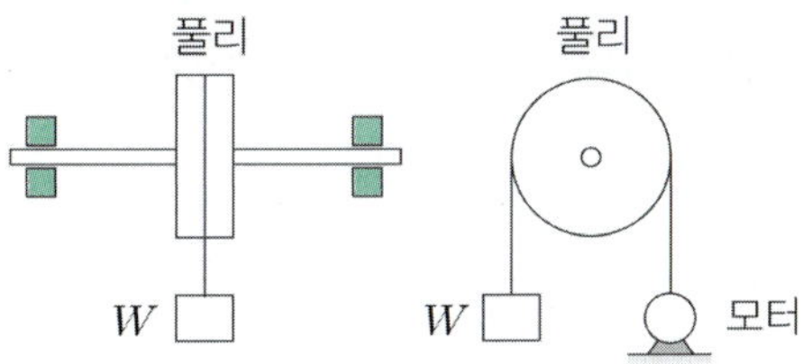

[문제 12.39]

① $\dfrac{256L^3}{\pi Ed^4}$　　② $\dfrac{128L^3}{\pi Ed^4}$　　③ $\dfrac{128L^3}{\pi Ed^3}$　　④ $\dfrac{64L^3}{\pi Ed^3}$

40 균일 단면의 중실축이 양끝에서 레이디얼 베어링으로 지지되어 있다. 자중에 의해 지나치게 휘는 경우, 좀 더 굵은 축을 사용하여 처짐을 제한하고자 한다. 길이 변화 없이 축 지름이 현재 지름의 두 배가 되면 최대 처짐은 몇 배가 되는가? 단, 원심력에 의한 영향은 무시한다. [공무원임용시험]

① $\dfrac{1}{2}$　　② $\dfrac{1}{4}$　　③ $\dfrac{1}{8}$　　④ $\dfrac{1}{16}$

41 외팔보 형 단판스프링의 높이와 폭을 두 배로 변경하였을 때 스프링상수는 변경 전 값의 몇 배가 되는가? [공무원임용시험]

① 2배　　② 4배　　③ 8배　　④ 16배

42 지름 d의 균일한 원형 단면을 갖는 외팔보의 자유단 끝에 수직하중 P가 작용하고 있다. 외팔보의 단면 형상을 한 변의 길이가 d인 정사각형으로 변경할 경우, 수직하중 P에 대한 최대 처짐은 변경 전의 몇 배가 되는가? 단, 자중에 의한 영향은 무시한다. [공무원임용시험]

① $\frac{3}{16}\pi$ ② $\frac{3}{8}\pi$ ③ $\frac{3}{4}\pi$ ④ $\frac{3}{2}\pi$

43 축 중앙에 집중하중을 받는 단순 지지보 형태의 일반 전동축에서 축의 길이가 2m 라 할 때, 최대 처짐[mm]은 얼마로 제한되는가? 단, 전동축의 최대 허용 처짐각은 $\frac{1}{1000}$ [rad]이다. [공무원임용시험]

① 0.33 ② 0.67 ③ 1 ④ 1.33

44 그림과 같이 단면 2 차모멘트가 I, 세로탄성계수가 E인 외팔보 형태의 판 스프링이 자유단에서 수직하중 W를 지지하고 있을 때, 이 스프링의 스프링상수는? [공무원임용시험]

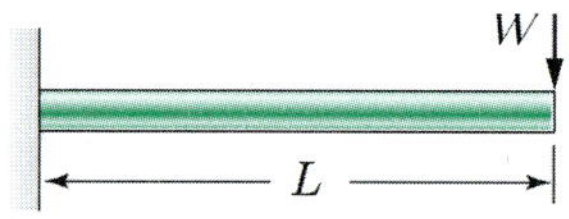

[문제 12.44]

① $\frac{8EI}{L^3}$ ② $\frac{3EI}{L^3}$ ③ $\frac{12EI}{L^3}$ ④ $\frac{EI}{L^3}$

45 축 설계에 대한 일반적인 고려사항 중 옳지 않은 것은? [공무원임용시험]

① 처짐과 응력을 작게 하기 위해 축 길이를 가능한 짧게 한다.
② 동일 크기의 토크를 전달할 수 있는 중실축에 대한 중공축의 중량비는 1보다 작다.
③ 똑같은 길이, 하중, 단면에 대한 축은 단순지지 보보다 외팔보를 사용하는 것이 비용이나 처짐 측면에서 우수하다.
④ 비틀림각은 비틀림 모멘트와 축 길이에 비례하고, 가로탄성계수와 극관성모멘트에 반비례한다.

46 다음과 같은 판스프링에 하중 P가 작용할 때 처짐량은 1 이다. 단면의 높이 h가 두 배가 되었을 때 스프링상수는 얼마가 되겠는가? [공무원임용시험]

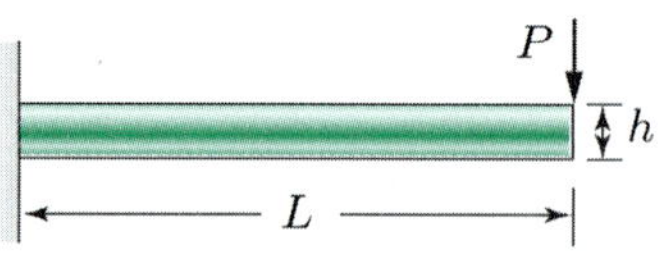

[문제 12.46]

① $\frac{1}{8}P$ ② $8P$ ③ $\frac{1}{2}P$ ④ $2P$

47 그림과 같은 형상과 치수를 갖는 단순 보(simple beam)에 대한 다음 질문에 답하시오. 단, 보 재료의 탄성계수 $E = 20{,}000 \mathrm{kgf/mm^2}$이다. [중등교사 임용시험-기계]

(1) 최대 처짐량을 구하기 위한 결과식을 쓰고, 최대 처짐량[mm]을 계산하시오.

(2) 최대응력을 구하기 위한 결과식을 쓰고, 최대응력[$\mathrm{kgf/mm^2}$]을 계산하시오.

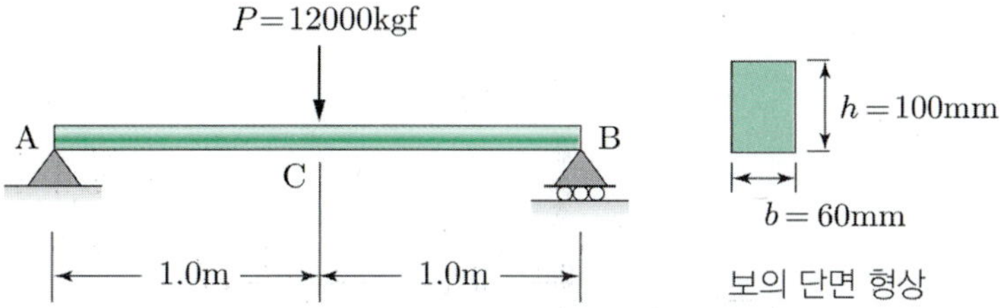

[문제 12.47]

48 김 교사는 그림과 같은 힘을 받고 있는 보의 처짐에 대하여 학생들에게 설명하려고 한다. 힘을 받고 있는 보가 <보기>와 같은 단면적을 가질 때 (가), (나), (다)의 단면 2 차모멘트 (I_{zz})를 풀이 과정과 함께 구하고, 처짐량이 작은 것부터 큰 순으로 (가), (나), (다)를 나열하시오. 그림에서 단위는 mm 이다. [중등교사 임용시험-기술]

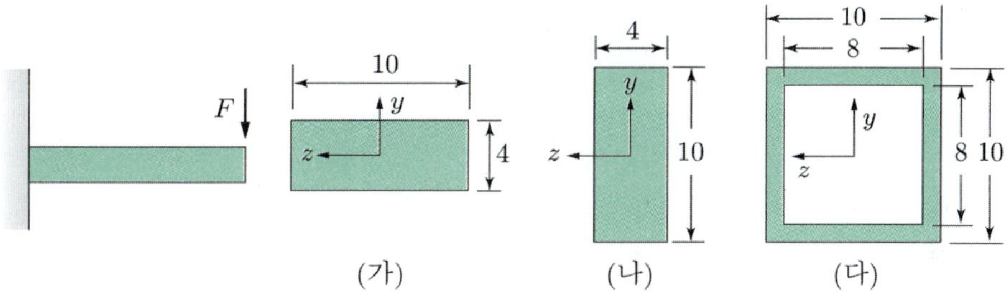

[문제 12.48]

49 단면이 일정한 외팔보(점 A 에서 고정)의 끝단 C 에 집중 하중 P가 작용한다. 탄성 영역 내에서 부재 AB 의 전단력 선도와 굽힘 모멘트 선도를 그리고, 부재 AB 의 처짐 곡선의 방정식을 유도하여 점 B 의 처짐 v_B를 구하시오. 단, 굽힘 강도 EI는 일정하고, 보의 자중에 의한 영향은 고려하지 않는다. [중등교사 임용시험-기계 • 금속]

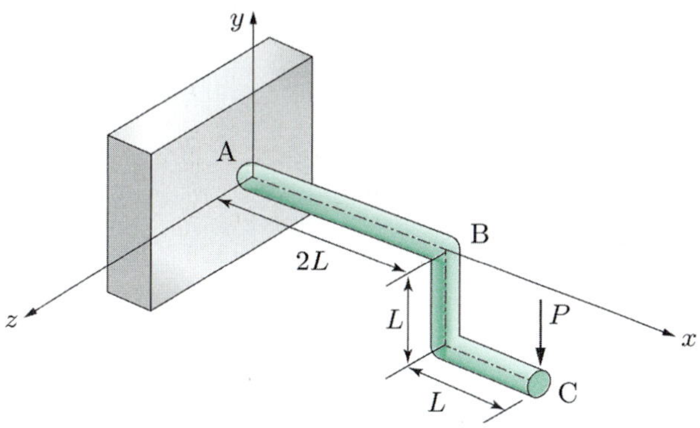

[문제 12.49]

50 중첩법을 이용하여 위 문제(49 번)에서 점 B 의 처짐 v_B를 구하여라.

제13장 기동

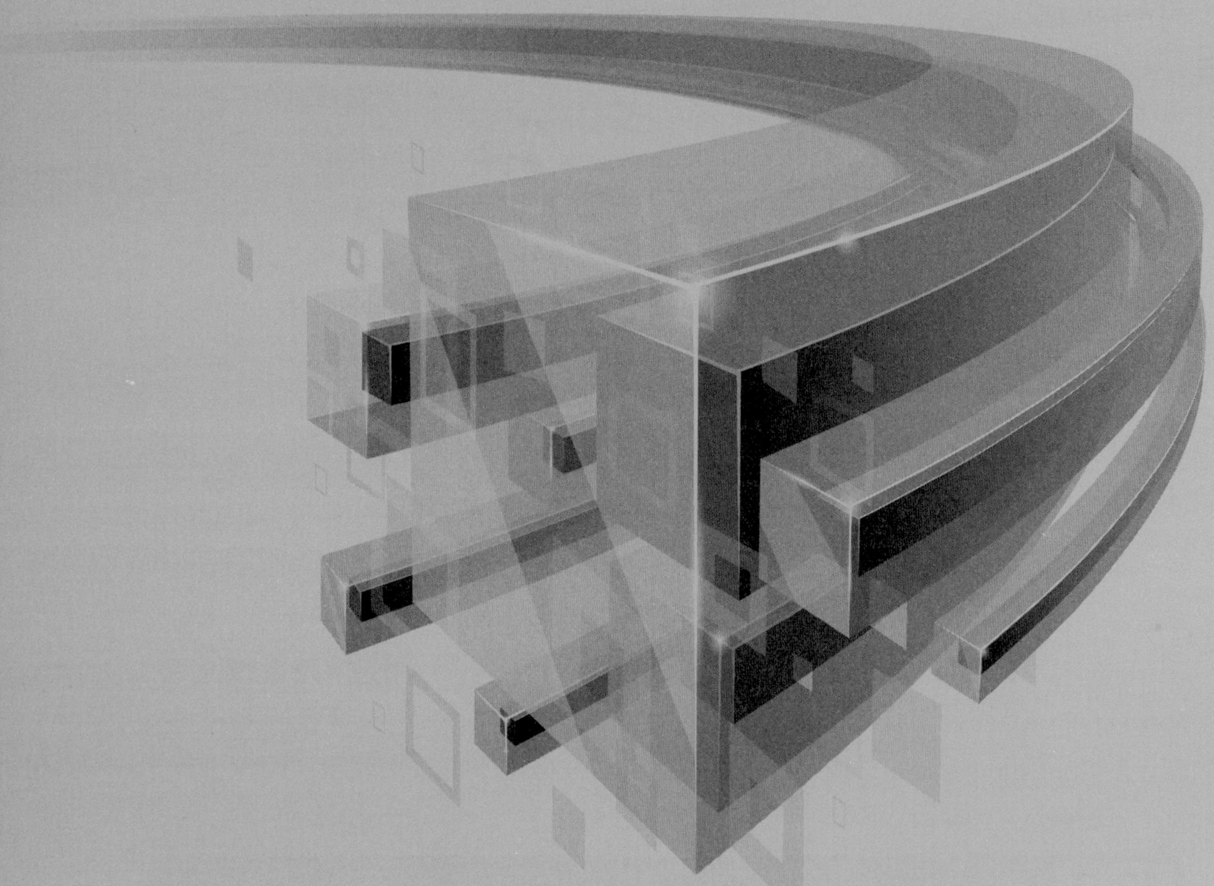

13.1 기둥의 좌굴

짧은 부재가 축방향으로 압축 하중을 받으면 부재는 거의 휘지 않고 단순하게 축방향으로 수축된다. 그러나 가늘고 긴 봉에 축방향(길이방향)으로 압축 하중을 가하면 하중의 크기가 어느 한계 값에 도달하였을 때 기둥은 급격하게 가로방향(횡 방향) 변형을 일으키게 된다. 이와 같이 긴 봉이 축방향 압축 하중을 받을 때 어느 일정 크기의 하중에서 급격하게 가로 방향 변형을 일으키는 현상을 좌굴(buckling)이라 한다[그림 13.1].

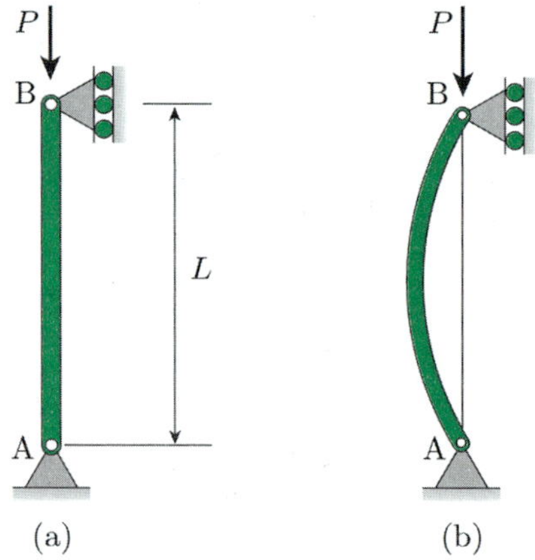

[그림 13.1] 축방향 압축 하중(P)에 의한 기둥의 좌굴

압축 부재가 비교적 가늘고 긴 경우 횡 방향으로 처짐이 발생할 수 있고 재료의 압축보다는 굽힘에 의해 파괴가 일어날 수 있다. 이와 같이 압축 하중을 받아 좌굴을 일으키는 가늘고 긴 봉을 기둥(column)이라 한다. 그리고 하중을 받아 휘기 시작하는 하중을 좌굴하중(buckling load) 또는 임계하중(critical load)이라 하고, 좌굴하중에 의해 생기는 압축응력을 좌굴응력(buckling stress) 또는 좌굴강도(buckling strength)라고 한다.

13.2 좌굴과 안정성

1 구조물의 안정성

좌굴에 대한 탄성 구조물의 안정성을 설명하기 위해 [그림 13.2]와 같은 이상적인 구조물을 고려한다. 그림의 구조물은 C 점에서 핀으로 연결된 두 개의 강체 봉 AC와 BC 및 비틀림 스프링상수 k_t의 스프링으로 구성되어 있다.

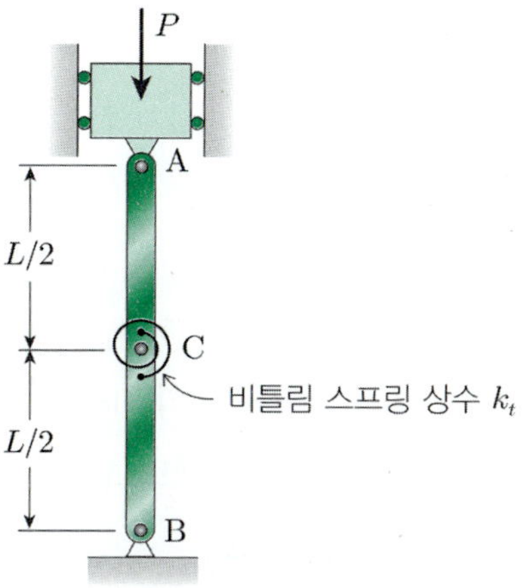

[그림 13.2] 두 개의 강체 봉과 회전 스프링으로 구성된 기둥 모형

[그림 13.3]의 (a)와 같이 두 봉과 두 힘 P와 $P'(P'=P)$이 완전히 일직선상에 있으면 구조물은 평형 위치에 머무르게 된다. 이때 스프링은 비틀림 모멘트를 받지 않으며 봉은 압축 상태에 있다. 그러나 구조물이 C 점을 수평으로 움직이게 하는 어떤 외력에 의해 흔들린다고 가정하면, 그림의 (b)와 같이 강체 봉은 미소 각 θ만큼 회전하고, 비틀림 모멘트가 스프링에 발생한다. 이 모멘트의 방향은 구조물을 본래의 직선 위치로 되돌리려고 하는 방향이므로 복원 모멘트라고 한다. 그런데 이와 동시에 축방향 압축력(축력 P와 P')은 수평 변위를 증가시키려 한다. 따라서 두 개의 힘은 서로 반대의 효과를 나타낸다. 즉, 복원 모멘트는 C 점 변위를 감소시키려 하고, 축력은 증가시키려 한다.

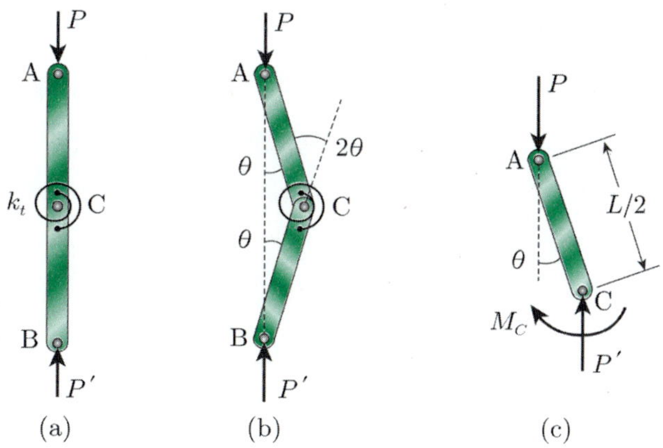

[그림 13.3] (a) 평형 위치 (b) 변형 (c) 봉 AC의 자유물체도

이제 수평방향의 어떤 외력을 제거했을 때를 살펴본다. 만약 축력 P가 작으면 복원 모멘트의 작용력이 축력의 작용력보다 크게 되어 구조물은 초기의 직선 위치로 되돌아간다. 이때 구조물은 안정(stable)하다고 한다. 그렇지만 축력 P가 크면 구조물이 파괴될 때까지 C 점의 수평변

위가 증가하고 봉들은 점점 더 큰 각으로 회전하게 된다. 이때 구조물은 불안정(unstable)하다고 하며, 구조물은 횡좌굴에 의해 마침내 파괴된다.

2 임계 하중

두 개의 봉으로 된 구조물의 안정성을 판정하기 위해 [그림 13.3]의 (c)와 같이 봉 AC에 작용하는 힘을 고려한다. 봉 AC는 축력 P와 스프링의 비틀림 모멘트 M_C를 받고 있다. 연직방향 힘의 평형 조건에 의해 $P' = P$이다. 비틀림 모멘트 M_C는 비틀림 스프링상수(회전 강성도) k_t와 스프링의 회전각 2θ를 곱한 것과 같으므로

$$M_C = k_t(2\theta) = 2k_t\theta \qquad \cdots (13.1)$$

이다. 여기에서 각 θ가 아주 작다고 하면 C점의 수평 변위는 $\left(\frac{L}{2}\right)\sin\theta = \frac{L\theta}{2}$이고, C점에 대한 모멘트 평형 조건($\sum M = 0$)을 적용하면

$$M_C - P \times \frac{L\theta}{2} = 0 \qquad \cdots (13.2)$$

이다. 식 (13.1)을 (13.2)에 대입하면

$$2k_t\theta - \frac{PL\theta}{2} = 0$$

$$\left(2k_t - \frac{PL}{2}\right)\theta = 0 \qquad \cdots (13.3)$$

이다. 식 (13.3)에서 $\theta = 0$은 하중 P에 무관하게 구조물이 일직선일 때의 평형상태를 나타낸다. 따라서 괄호 안의 값을 0으로 놓으면 임계하중(P_{cr})에 대한 다음 식이 얻어진다.

$$P_{cr} = \frac{4k_t}{L} \qquad \cdots (13.4)$$

임계하중은 안정과 불안정 상태의 경계를 나타낸다. 축 하중이 P_{cr}보다 작으면 스프링의 복원력에 의해 구조물은 본래의 수직 위치로 되돌아간다. 그러나 축 하중이 P_{cr}보다 크면 축 하중의 작용력이 스프링의 복원력보다 크게 되어 구조물은 좌굴된다.

$$\begin{cases} P < P_{cr} & : \text{안정} \\ P = P_{cr} & : \text{중립평형} \\ P > P_{cr} & : \text{불안정} \end{cases}$$

축 하중이 임계하중이 되면($P = P_{cr}$) 구조물은 안정도 불안정도 아닌 안정성과 불안정성의 경계에 위치하며 이 상태를 중립평형이라 한다. 식 (13.4)는 스프링의 강성도(k_t)를 증가시키거나 부재의 길이(L)가 짧아지면 좌굴에 대한 구조물의 안정성이 증가한다는 것을 보여준다.

예제 13.1 [그림 13.4]의 (a)와 같이 하단(B점)이 마찰 없는 핀으로 지지되는 강체 봉 AB의 상단(A점) 단면 중심에 연직 방향으로 축 하중 P를 가한다. 봉의 상단에 스프링상수가 k인 두 개의 스프링이 설치되었을 때 임계하중을 구하여라. 단, 부재는 미소변형 거동을 한다.

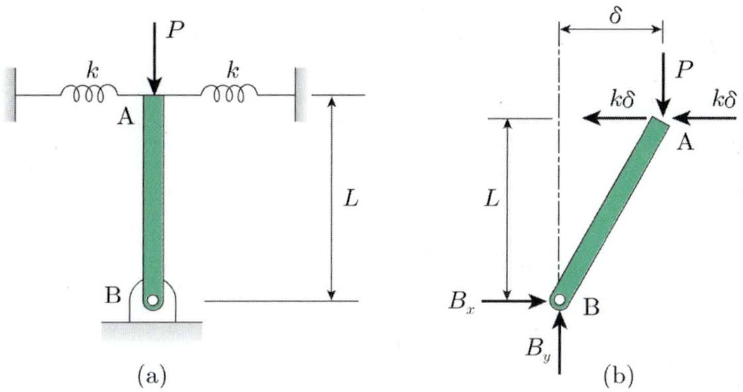

[그림 13.4] (a) 스프링과 핀으로 지지되는 부재 (b) 자유물체도

풀이 A점의 미소 수평 변위를 δ라 하면 스프링 한 개의 복원력 $F_k = k\delta$이므로 강체 봉 AB에 대한 자유물체도는 그림의 (b)와 같다. 여기에서 B점에 대한 모멘트 평형조건 ($\sum M_B = 0$)을 적용하면

$$P \times \delta - 2(k\delta \times L) = 0$$

$$\therefore \quad P_{cr} = 2kL$$

이다. 이 구조물은 스프링이 설치되어 있으므로 원래의 상태로 되돌아 올 수 있다. 즉, 안정할 수 있다. 스프링이 없으면 아주 작은 수평방향 힘에 의해서도 전복되어 원 상태로 되돌아가지 않는다. 그림과 같이 스프링이 설치되어 있으면 $P < 2kL$에서는 안정하고 $P > 2kL$에서는 불안정하게 된다. $P = 2kL$은 중립 평형이다.

예제 13.2 [그림 13.5]의 (a)와 같은 강체 봉 AD에 축방향으로 하중 P가 작용하고 있다. 지점 A는 힌지(핀)이며, 두 개의 스프링이 B점과 C점에 연결되어 있고, 스프링계수는 동일한 k이다. 강체 봉의 임계좌굴하중(P_{cr})을 구하여라. 단, 부재는 미소변형 거동을 한다.

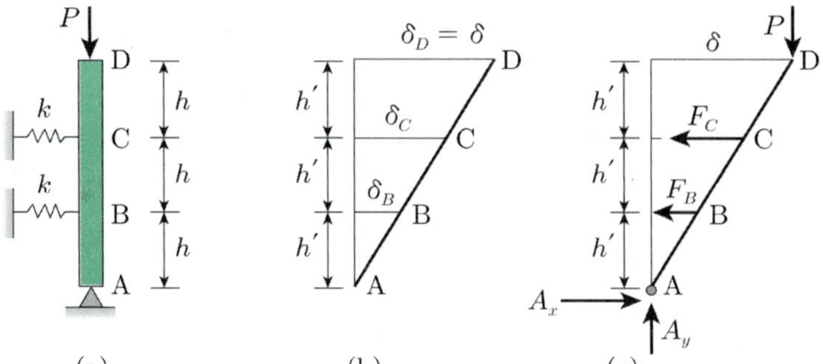

[그림 13.5] (a) 스프링과 핀으로 지지되는 부재 (b) 변위 (c) 자유물체도

풀이 그림의 (b)와 같이 D점이 오른쪽으로 $\delta_D = \delta$만큼 이동했다고 하면 삼각형의 닮음으로부터 B점과 C점의 수평방향 변위는 각각 $\delta_B = \dfrac{1}{3}\delta$, $\delta_C = \dfrac{2}{3}\delta$이고, 스프링의 복원력은

$$F_B = k\delta_B = \frac{1}{3}k\delta,\ F_C = k\delta_C = \frac{2}{3}k\delta$$

이다. 따라서 그림의 (c)의 자유물체도에서 A점에 대한 모멘트 평형조건($\sum M_A = 0$)을 적용하면

$$P\delta - F_B h' - F_C(2h') = 0$$

이고, 이 식에 스프링 복원력 F_B와 F_C를 대입하면 임계하중이 구해진다.

$$P\delta - \left(\frac{1}{3}k\delta\right)h' - \left(\frac{2}{3}k\delta\right)(2h') = 0$$

$$P\delta = \frac{5}{3}k\delta h'$$

$$\therefore\ P_{cr} = \frac{5}{3}kh' = \frac{5}{3}kh$$

여기에서 변형이 아주 작을 때($\delta \ll 1$) $h' = h$이다.

Note 일반적으로 선형 탄성 부재의 좌굴 문제에서는 모두 미소 변형으로 가정한다. 따라서 [예제 13.2]에서 [그림 13.6]과 같이 A점에서 봉의 회전각을 θ라 하면, B, C, D점의 수평 변위는 각각

$$\delta_B = h\sin\theta,\ \delta_C = 2h\sin\theta,\ \delta_D = 3h\sin\theta$$

인데, $\theta \ll 1$일 때 $\sin\theta = \theta$이므로

$$\delta_B = h\theta,\ \delta_C = 2h\theta,\ \delta_D = 3h\theta$$

이고, 스프링 복원력 $F_B = k\delta_B = kh\theta$, $F_C = k\delta_C = 2kh\theta$가 된다.

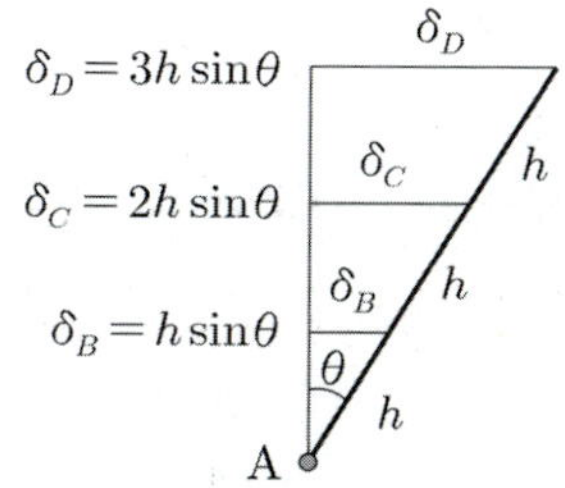

[그림 13.6] 봉의 회전각과 변위

이때 [그림 13.5]의 (c)에서 A점에 대한 모멘트 평형조건($\sum M_A = 0$)을 적용하면

$$P\delta_D - F_B \times h - F_C \times 2h = 0$$

$$P \times 3h\theta - (kh\theta) \times h - (2kh\theta) \times 2h = 0$$

$$\therefore \ P_{cr} = \frac{5kh^2\theta}{3h\theta} = \frac{5}{3}kh$$

가 얻어진다.

13.3 핀지지 기둥에 대한 오일러 공식

1 기둥 좌굴의 미분 방정식

[그림 13.7]의 (a)와 같이 양단이 핀으로 지지되는 가는 기둥을 고려한다. 기둥은 위쪽 끝단(B) 단면의 도심에 수직 하중 P를 받고 있다. 초기 상태의 기둥은 직선이며 후크의 법칙을 따르는 선형 탄성 재료로 만들어져 있다. 또한 굽힘응력과 처짐을 해석할 때와 같이 보의 단면은 중립축에 대해 직각이고 원형을 유지한다고 가정한다. 여기에서 (b)와 같은 모양으로 기둥 AB가 좌굴될 수 있는 조건을 구하고자 한다.

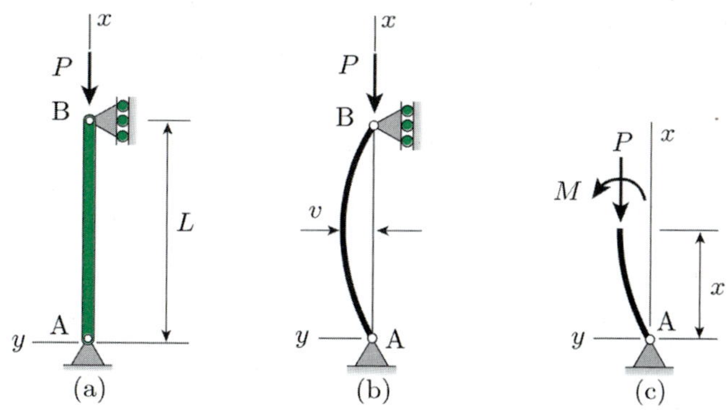

[그림 13.7] (a) 이상적인 기둥 (b) 좌굴 형상 (c) 단면에 작용하는 굽힘모멘트

[그림 13.7]의 (c)에서 임의 위치 x에서 처짐이 v일 때 A 점에 대한 모멘트 평형 조건 ($\sum M_A = 0$)을 적용하면 단면의 굽힘모멘트는

$$M + Pv = 0$$

$$\therefore \ M = -Pv \qquad \cdots (13.5)$$

이고, 처짐곡선의 미분방정식은 다음과 같다.

$$EI\frac{d^2v}{dx^2} = M = -Pv$$

$$EI\frac{d^2v}{dx^2} + Pv = 0$$

$$\therefore \ \frac{d^2v}{dx^2} + \frac{P}{EI}v = 0 \qquad \cdots (13.6)$$

이다. 여기에서

$$k^2 = \frac{P}{EI} \ (\text{또는 } k = \sqrt{\frac{P}{EI}}) \qquad \cdots (13.7)$$

로 하면 식 (13.6)은

$$\frac{d^2v}{dx^2} + k^2v = 0 \qquad \cdots (13.8)$$

이고, 이 식의 일반해는 다음과 같다.

$$v = A\sin kx + B\cos kx \qquad \cdots (13.9)$$

식 (13.9)에서 경계조건 $x = 0$에서 $v = 0$을 적용하면 상수 $B = 0$이이므로

$$v = A\sin kx \qquad \cdots (13.10)$$

이고, $x = L$에서 $v = 0$을 적용하면

$$A\sin kL = 0 \qquad \cdots (13.11)$$

이 된다. 식 (13.11)에서 $A = 0$ 또는 $\sin kL = 0$이다. $A = 0$이면 식 (13.10)은 $v = 0$이 되고 이 기둥은 직선이 된다. 이것은 [그림 13.7]의 (a)와 같이 평형 상태에 있는 이상적인 기둥이다. 식 (13.11)을 만족시키는 두 번째 조건은 좌굴 방정식으로 알려진 다음 방정식에 의해 주어진다.

$$\sin kL = 0 \qquad \cdots (13.12)$$

이 방정식은 $kL=0, \pi, 2\pi, \ldots$일 때 만족된다. 여기에서 $kL=0$이면 $k=0$이고, 이것은 식 (13.7)에서 $P=0$인 경우이므로 아무 의미가 없다. 따라서 여기에서 고려해야 할 해는 다음과 같다.

$$kL = n\pi \quad (n=1, 2, 3, \ldots) \qquad \cdots(13.13)$$

식 (13.7)과 식 (13.13)으로부터 다음과 같이 하중 P가 구해진다.

$$kL = \sqrt{\frac{P}{EI}}\, L = n\pi$$

$$\therefore\ P = \frac{n^2\pi^2 EI}{L^2} \ (n=1, 2, 3, \ldots) \qquad \cdots(13.14)$$

이 식은 좌굴 방정식을 만족하고 무용해를 제외한 미분 방정식의 해를 제공하는 P의 값이다. 식 (13.10)과 (13.13)로부터 처짐곡선의 방정식은 다음과 같다.

$$v = A\sin\frac{n\pi x}{L} \ (n=1, 2, 3, \ldots) \qquad \cdots(13.15)$$

2 임계 하중

임계하중(P_{cr})은 식 (13.14)에 정의된 P의 값 중에서 가장 작은 값($n=1$일 때)이므로 다음 식으로 표현된다.

$$P_{cr} = \frac{\pi^2 EI}{L^2} \qquad \cdots(13.16)$$

이때의 좌굴 형상은 식 (13.15)에 $n=1$을 대입하여 구해진다.

$$v = A\sin\frac{\pi x}{L} \qquad \cdots(13.17)$$

이상에서 설명한 좌굴의 형태를 오일러 좌굴(Euler buckling)이라 하며, 식 (13.16)을 오일러 공식(Euler formula) 또는 오일러 하중(Euler load)이라 한다.

3 임계 응력

임계하중에 대응하는 응력의 값을 임계응력(critical stress)이라 한다. 식 (13.16)으로부터 오일러 좌굴에 대한 임계응력(σ_{cr})은 다음과 같다.

$$\sigma_{cr} = \frac{P_{cr}}{A} = \frac{\pi^2 EI}{AL^2} \qquad \cdots (13.18)$$

여기에서 I는 좌굴이 발생되는 주축에 대한 관성 모멘트이고 다음과 같이 쓸 수 있다.

$$r = \sqrt{\frac{I}{A}} \quad (I = Ar^2) \qquad \cdots (13.19)$$

위 식에서 r은 굽힘 평면 내 단면의 회전 반지름(radius of gyration)이고, 이 식을 이용하면 식 (13.18)의 임계응력은 다음과 같이 표현된다.

$$\sigma_{cr} = \frac{\pi^2 E}{(L/r)^2} \qquad \cdots (13.20)$$

여기에서 L/r은 세장비(slenderness ratio)라고 하는 무차원수이다.

$$(\text{세장비}) = \frac{L}{r} \qquad \cdots (13.21)$$

세장비는 기둥의 치수에만 의존된다. 길고 가느다란 기둥은 세장비가 크고, 이에 따라 임계응력이 낮다. 이에 반해 짧고 굵은 기둥은 세장비가 작고 높은 응력에서 좌굴된다. 기둥을 세장비에 따라 구분하여 상대적으로 짧은 기둥을 단주, 중간 길이 기둥을 중간주, 긴 기둥을 장주라고 부르기도 한다.

예제 13.3 길이가 2m이고 정사각형 단면의 면적이 0.01m^2인 기둥의 양단이 핀으로 지지되어 있을 때 임계하중을 구하여라. 단, 기둥의 탄성계수는 13GPa이다.

풀이 정사각형의 한 변의 길이를 a라 하면 단면적 $A = a^2$이므로 관성 모멘트는

$$I = \frac{a^4}{12} = \frac{A^2}{12}$$

이고, 임계하중(P_{cr})은 다음과 같다.

$$P_{cr} = \frac{\pi^2 EI}{L^2} = \frac{\pi^2 EA^2}{12L^2} = \frac{\pi^2 (13 \times 10^6)(0.01)^2}{12(2^2)} [\text{kN}] = 267.3 [\text{kN}]$$

이상에서 $1\text{GPa} = 10^9\text{Pa} = 10^6\text{kPa} = 10^6\text{kN/m}^2$이다. 여기에서 단위를 kN과 m로 통일하여 계산하였다.

13.4 기타 지지 조건에 대한 오일러 공식의 확장

1 하단은 고정되고 상단이 자유인 기둥

여러 가지 지지조건에 대한 기둥의 임계하중은 유효길이(L_e, effective length)라는 개념을 통하여 양단이 핀으로 지지된 기둥의 임계하중과 관련 지을 수 있다.

[그림 13.8]의 (a)와 같이 하단은 고정되고 상단이 자유로운 기둥의 처짐 모양을 고려해 보자. 이 기둥은 사인 파형의 1/4인 곡선으로 좌굴을 일으킨다. 그리고 (a)의 처짐 곡선을 연장하면 (b)와 같이 사인 파형의 1/2이 되며 이것은 양단이 핀으로 지지된 기둥에 대한 처짐 곡선([그림 13.7]-(b))이 된다.

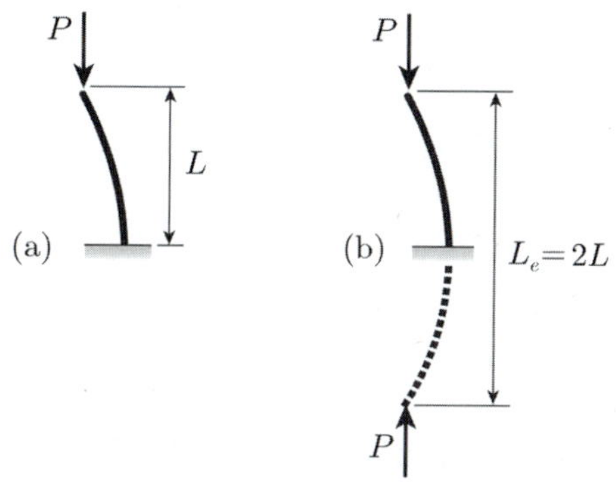

[그림 13.8] 하단은 고정되고 상단이 자유로운 기둥의 유효길이(L_e)

임의의 기둥에 대한 유효길이 L_e는 양단이 핀으로 지지된 기둥의 등가길이이다. 즉, 이 길이는 원래 기둥의 처짐 곡선의 전부 또는 일부와 정확하게 일치하는 처짐 곡선을 갖는 양단이 핀으로 지지된 기둥의 길이이다.

이와 같은 개념을 표현하는 다른 방법은 변곡점에 도달할 때까지 곡선이 연장된다고 가정할 때, 처짐 곡선(탄성 곡선) 상에서 변곡점(모멘트가 0 인 점)사이의 거리가 유효길이라고 하는 것이다. 따라서 [그림 13.8]의 (b)와 같이 하단은 고정되고 상단이 자유로운 기둥의 유효길이(L_e)는

$$L_e = 2L \qquad \cdots (13.22)$$

이다. 유효길이는 상응하는 핀지지 기둥의 길이이기 때문에 임계하중에 대한 일반적인 공식은 다음과 같다.[8]

8) 기본적인 방법은 오일러 공식과 같이 처짐 곡선의 미분방정식을 풀어서 구하는 방법이지만 이와 같이 유효 길이 개념을 도입하여 동일한 값을 얻을 수 있다.

$$P_{cr} = \frac{\pi^2 EI}{L_e^2} \qquad \cdots (13.23)$$

기둥의 유효 길이를 알면 지지 조건에 무관하게 식 (13.23)에 유효길이를 대입하여 임계하중을 구할 수 있다. 예를 들어 하단이 고정되고 상단이 자유로운 기둥의 임계하중은 식 (13.23)에 $L_e = 2L$을 대입하면

$$P_{cr} = \frac{\pi^2 EI}{4L^2} \qquad \cdots (13.24)$$

이다. 이 결과는 처짐 곡선의 미분 방정식을 풀어서 증명할 수 있다(연습문제 13 의 33 번 문제). 유효길이(L_e)는 다음과 같이 유효길이 계수 K로 표현하기도 한다.

$$L_e = KL \qquad \cdots (13.25)$$

여기에서 L은 기둥의 실제길이이다. 이때 임계하중은 다음과 같다.

$$P_{cr} = \frac{\pi^2 EI}{(KL)^2} \qquad \cdots (13.26)$$

2 양단이 회전되지 않도록 고정된 기둥

[그림 13.9]의 (a), (b)와 같이 양단이 회전되지 않도록 고정된 기둥을 고려한다. 이 기둥의 첫 번째 모드($n = 1$)의 좌굴 형상은 (c)와 같다.

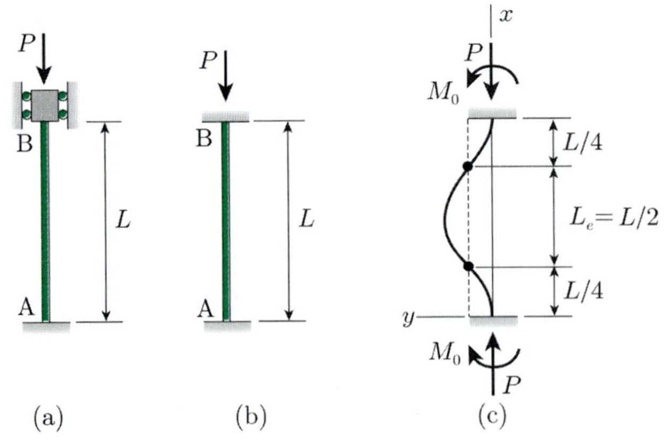

[그림 13.9] 회전에 대해 양단이 고정된 기둥의 유효길이(L_e)

처짐 곡선은 중앙에 대해 대칭이며 양단에서 기울기가 0 이다. 양단의 회전이 방지되므로 양단에 반력 모멘트 M_0가 작용한다. 여기에서 처짐 곡선은 중심점에 대해 대칭이며, 양단으로부터 $L/4$ 지점에서 변곡점이 발생하고 처짐 곡선의 중간부에서 핀지지 기둥의 처짐 곡선과 같은 모양을 가진다. 따라서 양단이 고정된 기둥의 유효 길이는

$$L_e = \frac{L}{2} \quad \cdots (13.27)$$

이고, 이 값을 식 (13.23)에 대입하면 임계하중은 다음과 같다.

$$P_{cr} = \frac{4\pi^2 EI}{L^2} \quad \cdots (13.28)$$

이 식으로부터 양단이 고정된 기둥에서 임계하중은 핀 지지된 기둥에서 임계하중의 4 배라는 것을 알 수 있다.

3 하단이 고정되고 상단이 핀으로 지지된 기둥

[그림 13.10]의 (a)와 같이 하단이 고정되고 상단이 핀으로 지지되는 기둥의 좌굴 형상은 처짐 곡선의 미분 방정식을 풀어서 구한다.9)

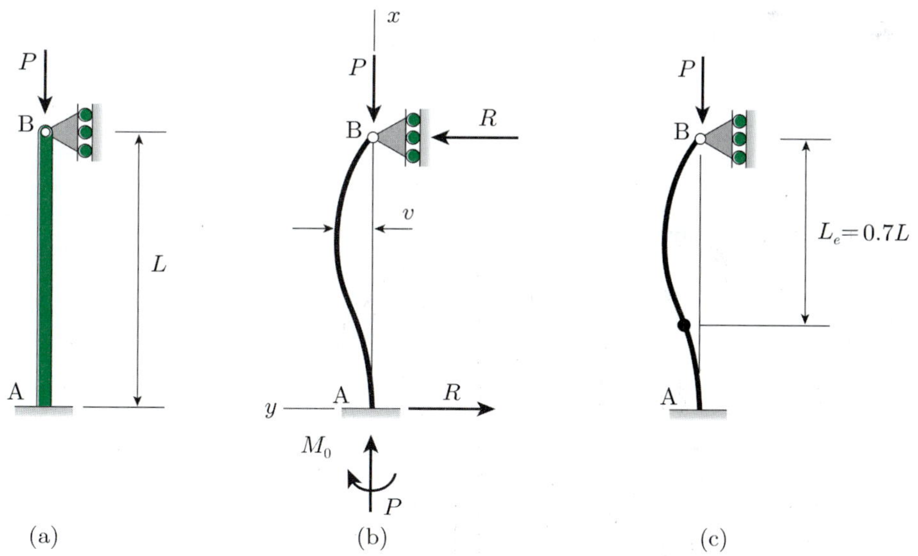

[그림 13.10] 하단이 고정되고 상단이 핀으로 지지되는 기둥

9) 미분 방정식 풀이 과정은 참고로 하고 결과로 얻어지는 유효길이($L_e = 0.7L$)를 알아두면 된다.

그림의 (b)와 같이 기둥이 좌굴되면 하단에는 반력 모멘트 M_0가 발생하며 이에 따라 모멘트 평형으로부터 다음 식을 만족하는 수평반력 R이 존재한다.

$$M_0 = RL \qquad \cdots (13.29)$$

좌굴된 기둥에서 하단으로부터 거리 x인 단면에서 굽힘모멘트는

$$M = M_0 - Pv - Rx = RL - Pv - Rx = -Pv + R(L-x) \qquad \cdots (13.30)$$

이고, 처짐 곡선의 미분 방정식은 다음과 같다.

$$EI\frac{d^2v}{dx^2} = M = -Pv + R(L-x) \qquad \cdots (13.31)$$

여기에서 $k^2 = P/EI$를 대입하여 정리하면 다음 방정식이 얻어진다.

$$\frac{d^2v}{dx^2} + k^2v = \frac{R}{EI}(L-x) \qquad \cdots (13.32)$$

식 (13.32)에서 제차방정식

$$\frac{d^2v}{dx^2} + k^2v = 0$$

의 해는

$$v_h = A\sin kx + B\cos kx$$

이고, 특수해는

$$v_p = \frac{R}{P}(L-x)$$

이므로 일반해는 다음과 같다.

$$v = A\sin kx + B\cos kx + \frac{R}{P}(L-x) \qquad \cdots (13.33)$$

식 (13.33)은 3 개의 미지수(A, B, R)를 가지고 있고, 3 개의 경계조건을 적용하면

$$v(0) = 0 \ : \ B + \frac{RL}{P} = 0 \qquad \cdots (13.34a)$$

$$v'(0) = 0 \ : \ kA - \frac{R}{P} = 0 \qquad \cdots (13.34b)$$

$$v(L) = 0 \ : \ A\sin kL + B\cos kL = 0$$

$$\therefore \ A\tan kL + B = 0 \qquad \cdots (13.34c)$$

이다. 이상의 세 개의 방정식은 $A=B=R=0$이면 만족되지만 이것은 무용해이며 이때는 처짐이 0 이다. 좌굴에 대한 해를 얻기 위해 처음 두 방정식으로부터

$$B=-\frac{RL}{P}, \quad A=\frac{R}{kP}$$

을 세 번째 방정식에 대입하면 다음과 같은 좌굴 방정식이 얻어진다.

$$\frac{R}{kP}\tan kL-\frac{RL}{P}=0$$

$$\therefore \quad kL=\tan kL \qquad \cdots(13.35)$$

수치적인 방법으로 이 방정식을 풀면 0 이 아닌 kL의 가장 작은 값은 다음과 같다.

$$kL=4.4934 \qquad \cdots(13.36)$$

식 (13.36)의 해에 대응하는 임계하중은 $k^2=P/EI$에 이 값을 대입하여 P에 대해 풀면

$$P_{cr}=\frac{20.19EI}{L^2}=\frac{2.046\pi^2EI}{L^2} \qquad \cdots(13.37)$$

이다. 식 (13.37)의 값은 핀지지 기둥의 임계하중보다 크고 양단이 고정된 기둥의 임계하중보다 작다.

이 기둥의 유효길이(L_e)는 다음과 같이 구한다.

$$P_{cr}=\frac{\pi^2EI}{L_e^2}=\frac{20.19EI}{L^2}$$

$$\therefore \quad L_e=\sqrt{\frac{\pi^2}{20.19}}\,L=0.699L=0.7L \qquad \cdots(13.38)$$

이 길이는 기둥의 핀 지지점으로부터 좌굴 형상의 변곡점까지 거리이다([그림 13.10(c)]). 좌굴 모드 형상은 $B=-\frac{RL}{P}=-AkL$, $\frac{R}{P}=kA$를 일반해 식 (13.33)에 대입하면 다음과 같이 표현된다.

$$v=A\left[\sin kx-kL\cos kx+k(L-x)\right] \qquad \cdots(13.39)$$

여기에서 $k=4.4934/L$이다.

[그림 13.11]에 지금까지 조사한 4 가지 지지조건에 대한 기둥의 유효길이(L_e)를 나타내었다.[10] 그림에서 (a), (b), (c), (d)의 유효길이계수(K)는 각각 1, 2, 0.5, 0.7 이다.

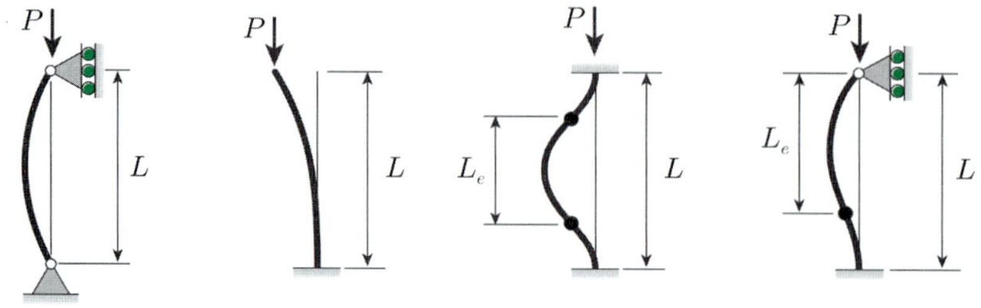

[그림 13.11] 이상적인 기둥에 대한 유효길이(L_e) : $P_{cr} = \pi^2 EI/L_e^2$

예제 13.4 [그림 13.12]와 같은 직사각형 단면을 가진 강체 봉이 기둥으로 사용되었다. 기둥의 길이가 2m이고, 양단이 모두 고정되었을 때 임계하중을 구하여라. 단, 기둥의 탄성계수는 200GPa이다.

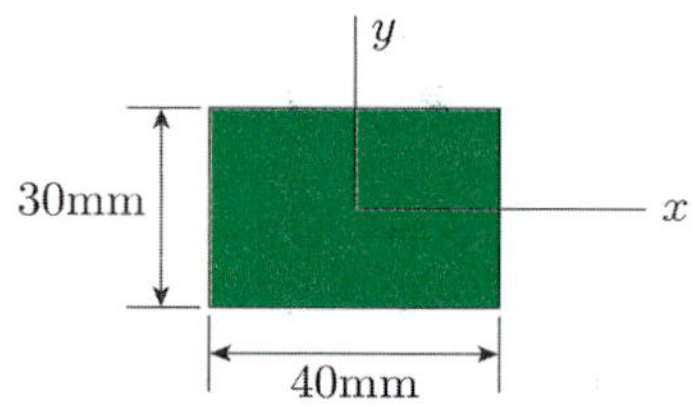

[그림 13.12] 직사각형 단면

풀이 임계하중 이하에서는 기둥이 안전해야 하므로 관성 모멘트의 최솟값으로써 임계하중을 구한다. 따라서

$$I_{\min} = I_x = \frac{bh^3}{12} = \frac{40(30)^3}{12} = 9 \times 10^4 [\text{mm}^4]$$

이고, 양단 고정($L_e = L/2$)일 때 기둥의 임계하중은 다음과 같다.

$$P_{cr} = \frac{\pi^2 EI}{L_e^2} = \frac{\pi^2 EI}{(L/2)^2} = \frac{4\pi^2 EI}{L^2} = \frac{4\pi^2 (200 \times 10^3)(9 \times 10^4)}{(2 \times 10^3)^2} [\text{N}]$$

$$= 177.7 \times 10^3 [\text{N}] = 177.7 [\text{kN}]$$

여기에서 단위를 N과 mm로 통일하여 계산하였다.

$1\text{GPa} = 10^3\text{MPa}$, $1\text{MPa} = 1\text{N/mm}^2$, $1\text{m} = 10^3\text{mm}$이다.

---

10) 각 지지 조건에 대한 유효길이(L_e)와 임계하중(P_{cr}) 식을 알아두도록 한다.

Note [예제 13.4]에서 $I_y = \frac{hb^3}{12} = \frac{30(40)^3}{12} = 16 \times 10^4[\text{mm}^4]$으로 임계하중을 구하면 $P_{cr,y} = 315.8$ [kN]이 얻어진다. 따라서 예를 들어 하중이 200kN이면 임계하중 177.7kN보다 크므로 불안정한 상태이지만 I_y로써 구한 임계하중을 사용하면 안정한 상태가 되므로 이것은 적절하지 않다.

예제 13.5 [그림 13.13]과 같이 바깥지름이 100mm이고 안지름이 50mm인 속이 빈 원형 단면을 갖는 기둥이 있다. 기둥의 길이가 4m이고, 기둥의 하단이 고정되고 상단은 핀으로 지지될 때 임계하중을 구하여라. 단, 기둥의 탄성계수는 70GPa이다.

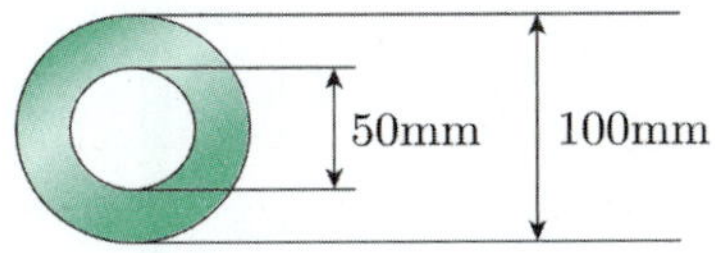

[그림 13.13] 원형 단면

풀이 바깥지름 $d_2 = 100\text{mm}$, 안지름 $d_1 = 50\text{mm}$인 기둥 단면의 관성 모멘트는

$$I = \frac{\pi(d_2^4 - d_1^4)}{64} = \frac{\pi(100^4 - 50^4)}{64} = 4.602 \times 10^6[\text{mm}^4]$$

이고, 임계하중(P_{cr})은 다음과 같다.

$$P_{cr} = \frac{20.19EI}{L^2} = \frac{20.19(70 \times 10^3)(4.602 \times 10^6)}{(4 \times 10^3)^2}[\text{N}]$$
$$= 406.5 \times 10^3[\text{N}] = 406.5[\text{kN}]$$

여기에서 단위를 N과 mm로 통일하여 계산하였다.
$1\text{GPa} = 10^3\text{MPa}$, $1\text{MPa} = 1\text{N/mm}^2$, $1\text{m} = 10^3\text{mm}$이다.

Note [예제 13.5]에서 고정-핀 지지일 때 $L_e = 0.7L$을 사용하면

$$P_{cr} = \frac{\pi^2 EI}{L_e^2} = \frac{\pi^2 EI}{(0.7L)^2} = \frac{\pi^2(70 \times 10^3)(4.602 \times 10^6)}{(0.7 \times 4 \times 10^3)^2}[\text{N}] = 405.5 \times 10^3[\text{N}]$$

이 얻어진다. 이 값은 위에서 구한 값과 거의 일치한다. 따라서 고정-핀 지지일 때 $L_e = 0.7L$이라는 것을 기억하고 사용하면 된다. 즉, 지지점의 형태에 따른 유효길이($L_e = L$, $2L$, $0.5L$, $0.7L$)와 임계하중 식 $P_{cr} = \frac{\pi^2 EI}{L_e^2}$을 알아두면 된다.

연습문제 13

01 그림과 같이 하단(B)에서 핀으로 지지되는 강체 봉 AB의 B 단에 설치된 스프링의 비틀림 스프링상수가 k_t일 때 임계하중을 구하여라.

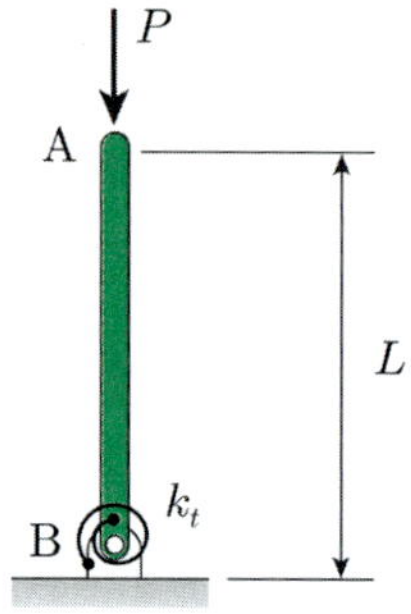

[문제 13.1]

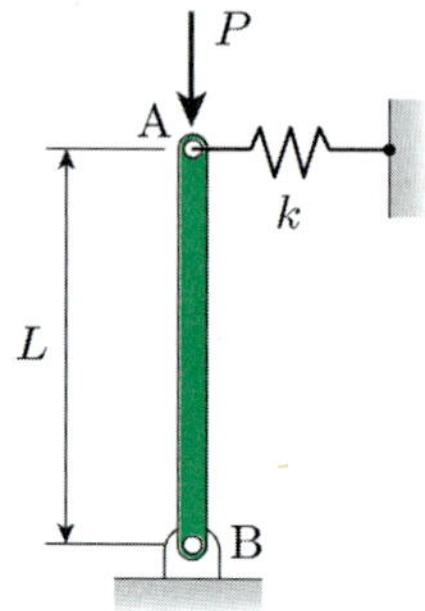

[문제 13.2]

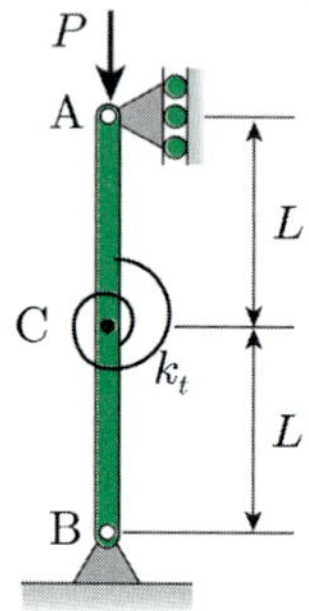

[문제 13.3]

02 그림과 같이 하단(B)에서 핀으로 지지되는 강체 봉 AB의 A 단에 설치된 스프링의 스프링상수가 k일 때 임계하중을 구하여라.

03 그림과 같이 회전 스프링으로 연결된 강체 봉의 하단(B 점)이 핀으로 지지되고 있다. 스프링의 비틀림 스프링상수 $k_t = 7\text{kN} \cdot \text{m/rad}$이고, 봉의 길이 $L = 2\text{m}$일 때 임계하중을 구하여라.

04 그림과 같이 강체 봉 AB가 A 점에서 핀으로 지지되고 C 점과 D 점에 스프링이 설치되어 있다. 스프링상수 $k = 40\text{kN/m}$, $h = 0.5\text{m}$일 때 임계하중을 구하여라.

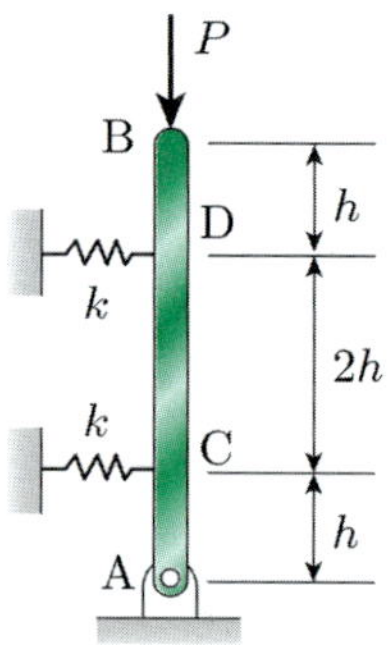

[문제 13.4]

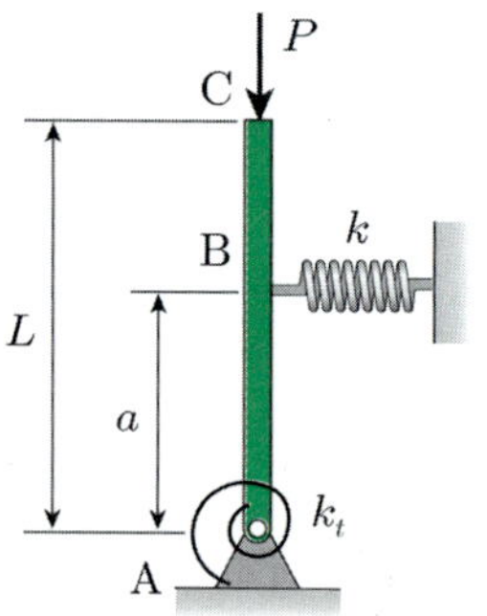

[문제 13.5]

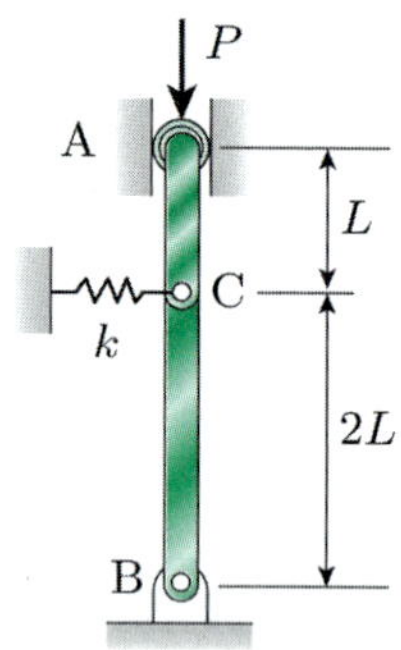

[문제 13.6]

05 그림과 같이 강체 봉 AB가 A 점에서 핀으로 지지되고 있다. A 점에 설치된 스프링의 비틀림 스프링상수는 k_t이고, B 점에 설치된 스프링의 스프링상수는 k일 때 임계하중을 구하여라.

06 두 개의 강체 봉 AC와 BC가 핀으로 연결되었고, 연결점(C)에 스프링상수가 k인 스프링을 설치하였다. 봉의 하단(B 점)이 핀으로 지지될 때 임계하중을 구하여라.

07 강체 봉 AB가 A점에서 핀으로 지지되고 C점에 스프링이 설치되어 있다. 스프링상수가 k일 때 임계하중을 구하여라.

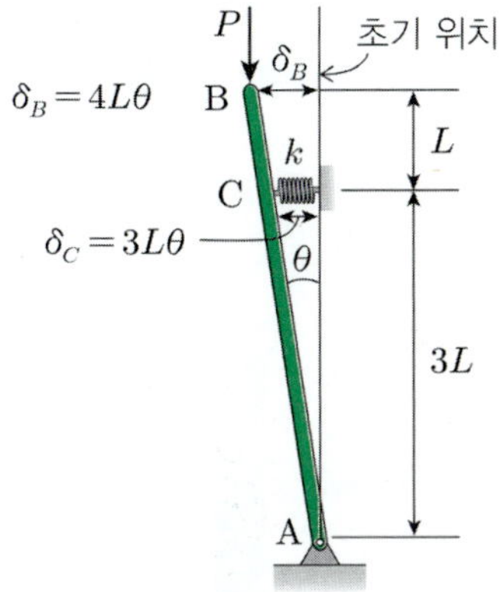

[문제 13.7]

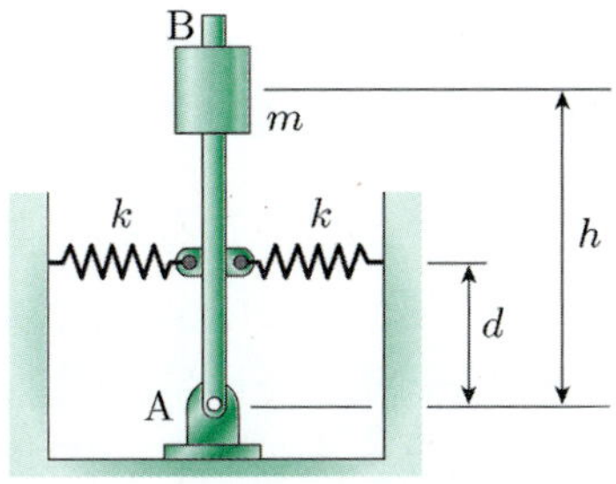

[문제 13.8]

08 강체 봉 AB가 A점에서 핀으로 지지되고 두 개의 스프링이 설치되어 있다. B점에 부착한 물체의 질량 $m = 150\text{kg}$, $h = 40\text{cm}$, $d = 20\text{cm}$일 때 현재 위치에서 봉 AB의 평형 상태가 안정하기 위한 스프링상수 k의 범위를 구하여라. 단, 중력가속도는 10m/s^2이다.

09 길이가 2m인 기둥의 단면 치수가 8mm × 24mm이다. 이 기둥의 양단이 핀으로 지지될 때 임계하중을 구하여라. 단, 탄성계수는 12GPa이다.

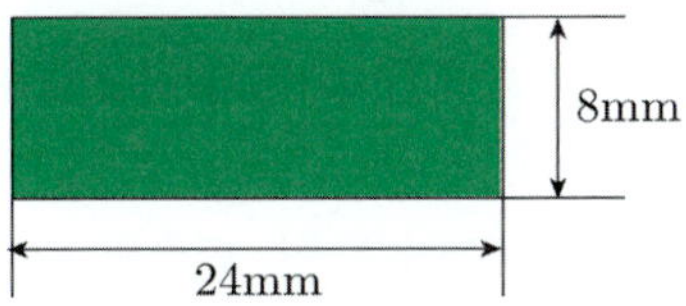

[문제 13.9]

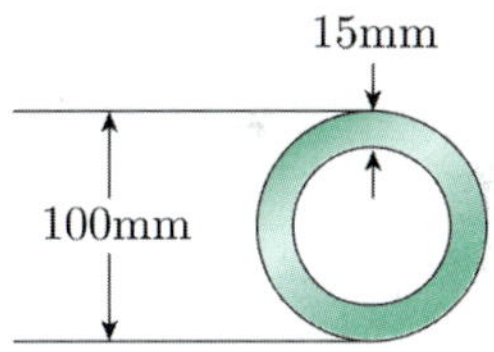

[문제 13.10]

10 바깥지름이 100mm이고 두께가 15mm인 원형 단면 튜브의 길이가 5m이다. 이 튜브의 양단이 핀으로 지지될 때 임계하중을 구하여라. 단, 탄성계수는 200GPa이다.

11 동일한 3개의 판재를 그림과 같이 두 가지 형태로 접착하여 유효길이가 L인 두 개의 기둥을 만들었다. (b) 부재의 임계 하중에 대한 (a) 부재의 임계하중의 비 $P_{cr,a}/P_{cr,b}$를 구하여라.

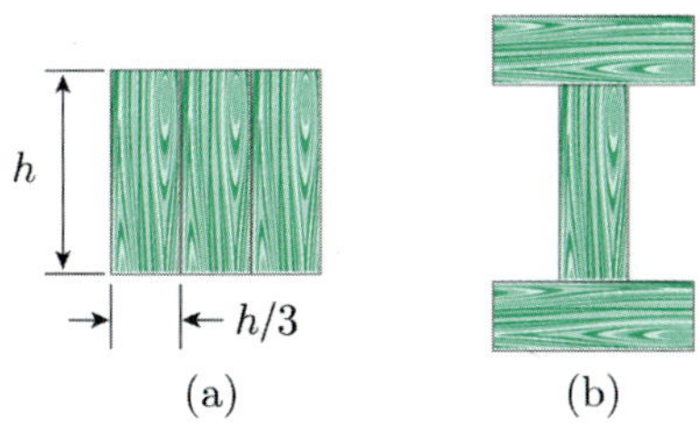

[문제 13.11]

12 그림과 같이 양단이 고정 지지된 직사각형 단면을 갖는 기둥의 최소 임계하중의 크기[kN]는? 단, 기둥의 탄성계수 $E=210\text{GPa}$, π^2은 10 으로 계산하며, 자중은 무시한다. [공무원임용시험]

① 8,750 ② 9,000

③ 9,250 ④ 9,750

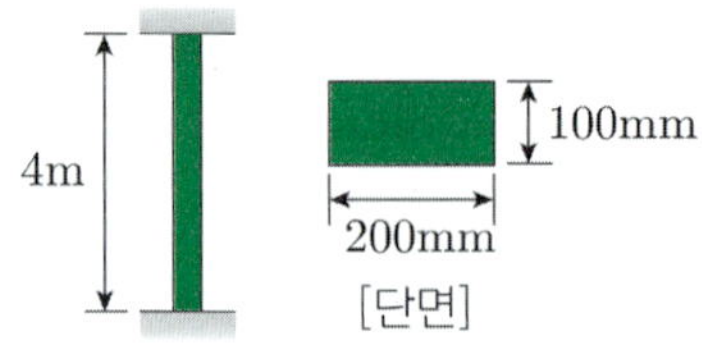

[문제 13.12]

13 그림 (a)와 같은 양단이 힌지로 지지된 기둥의 좌굴하중이 10kN 이라면, 그림 (b)와 같은 양단이 고정된 기둥의 좌굴하중[kN]은? 단, 두 기둥의 길이, 단면의 크기 및 사용 재료는 동일하다. [공무원임용시험]

① 10 ② 20

③ 30 ④ 40

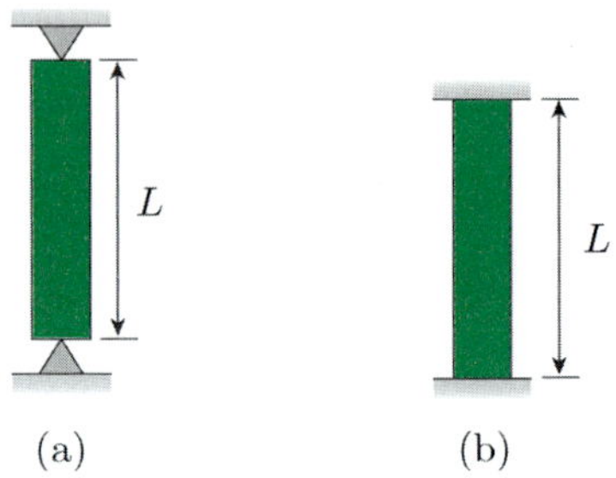

[문제 13.13]

14 그림과 같이 지지 조건만 다르고 동일한 두 개의 기둥이 있다. 그림 (가)와 같은 양단고정 기둥의 임계 좌굴하중(P_{cr})이 3,200kN 일 때, 그림 (나)와 같은 일단고정 타단자유인 캔틸레버 기둥의 임계 좌굴하중(P_{cr})의 크기[kN]는? 단, 기둥의 자중은 무시한다. [공무원임용시험]

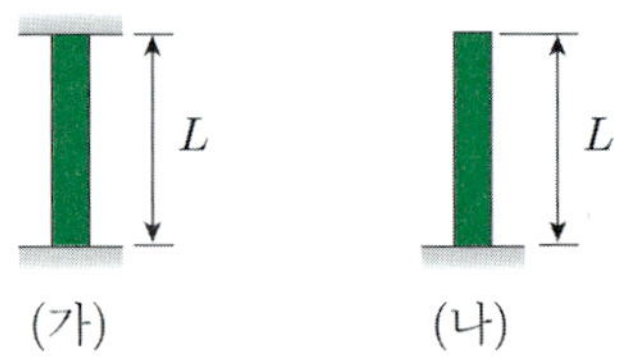

[문제 13.14]

① 200 ② 400 ③ 800 ④ 1,600

15 양단 고정인 장주의 오일러 좌굴응력의 크기[MPa]는? 단, 장주의 탄성계수 $E=200\text{GPa}$, 세장비 $\lambda=200$ 이고, 장주의 자중은 무시한다. [공무원임용시험]

① $20\pi^2$ ② $10\pi^2$ ③ $\dfrac{\pi^2}{10}$ ④ $\dfrac{\pi^2}{20}$

16 그림과 같이 단부 경계 조건이 각각 다른 장주에 대한 탄성 좌굴 하중(P_{cr})이 가장 큰 것은? 단, 기둥의 휨강성 $EI=4000\text{kN}\cdot\text{m}^2$이며, 자중은 무시한다. [공무원임용시험]

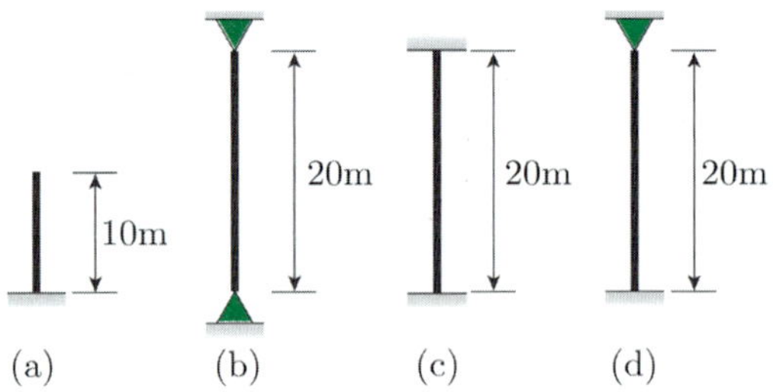

[문제 13.16]

① (a) ② (b) ③ (c) ④ (d)

17 다음 그림과 같이 동일한 재료와 단면으로 제작된 길이가 다른 세 개의 기둥이 있다. 각 기둥에 대한 오일러 좌굴하중을 비교하였을 때 옳은 것은? [공무원임용시험]

① A = B > C ② A = B < C

③ A < B < C ④ A > B > C

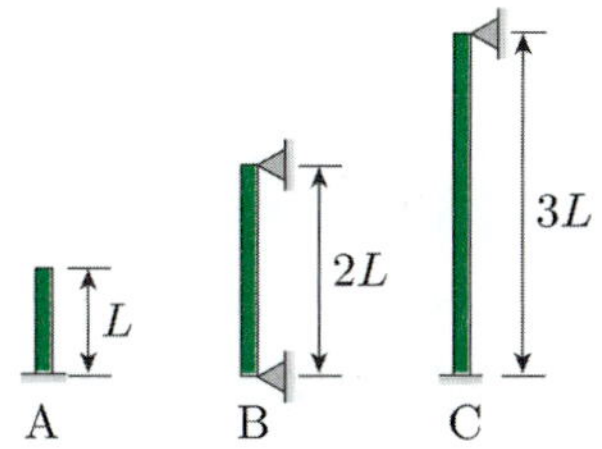

[문제 13.17]

18 다음 그림과 같이 양단 단순 지지된 장주에서 y방향의 변위는 $EI\frac{d^2y}{dx^2} = -Py$의 미분방정식으로 나타낼 수 있다. 이 방정식을 만족하는 P 값은 무수히 많으나 이 중 가장 작은 좌굴하중 P_1과 두 번째로 작은 P_2와의 비($P_1 : P_2$)는? 단, P는 좌굴하중, E는 탄성계수, I는 단면 2차모멘트이다. [공무원임용시험]

① 1 : 2 ② 1 : 3

③ 1 : 4 ④ 1 : 9

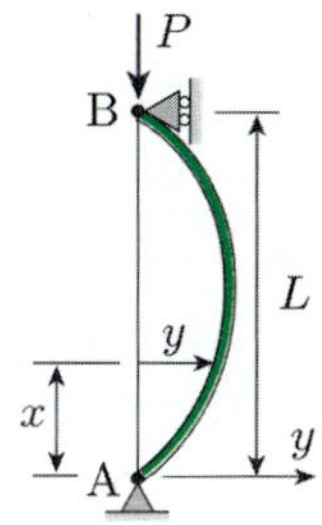

[문제 13.18]

19 다음 중 기둥의 유효길이 계수가 큰 것부터 작은 것 순서로 바르게 나열한 것은? 단, 기둥의 길이는 모두 같다. [공무원임용시험]

① (a)-(b)-(c) ② (a)-(c)-(b)

③ (b)-(c)-(a) ④ (c)-(a)-(b)

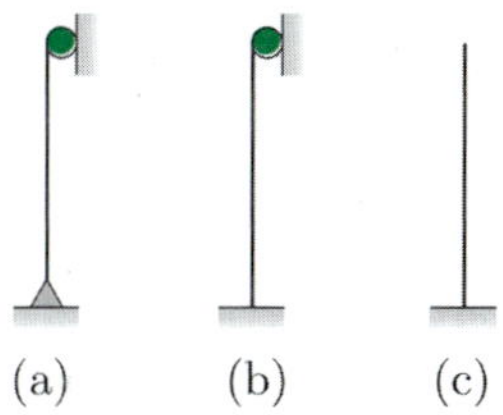

[문제 13.19]

20 아래 세 기둥의 좌굴 강도 크기 비교가 옳은 것은? [공무원임용시험]

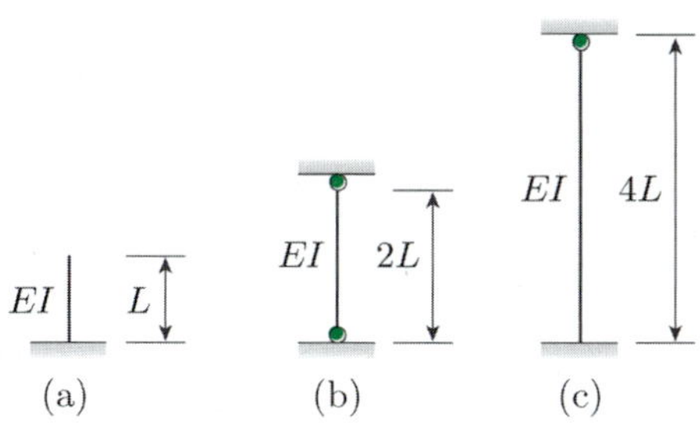

[문제 13.20]

① $P_a = P_b < P_c$ ② $P_a > P_b > P_c$ ③ $P_a < P_b < P_c$ ④ $P_a = P_b > P_c$

21 다음과 같이 18kN 의 축 하중을 받는 12m 길이의 직사각형단면 기둥(양단 고정)을 설계하고자 한다. 약축 및 강축 모두 휨좌굴이 가능하다고 가정할 때, 좌굴하지 않기 위한 단면 최소치수 a[mm]는? 단, 부재의 탄성계수 $E = 2 \times 10^5$MPa 이다. [공무원임용시험]

① $\dfrac{40}{\sqrt{\pi}}$ ② $\dfrac{43.64}{\sqrt{\pi}}$

③ $\dfrac{60}{\sqrt{\pi}}$ ④ $\dfrac{63.64}{\sqrt{\pi}}$

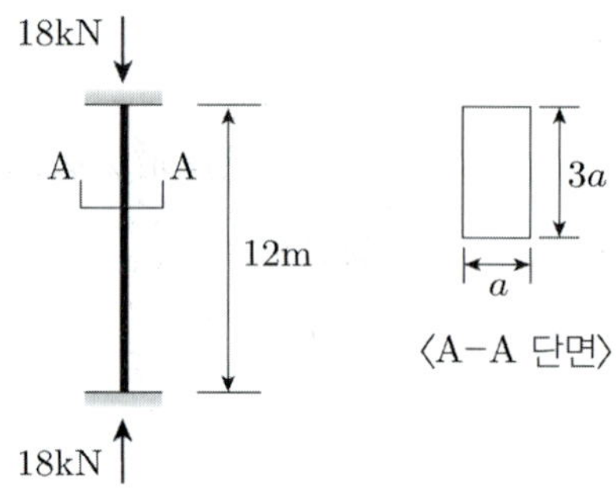

[문제 13.21]

22 다음 중 좌굴에 대해 가장 취약한 기둥은? 단, 재료 및 단면 특성치는 모두 동일한 것으로 가정한다. [공무원임용시험]

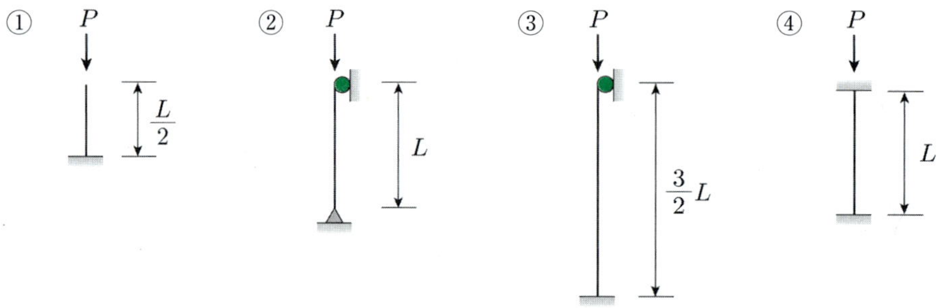

23 그림과 같은 두 기둥의 탄성좌굴하중의 크기가 같다면, 단면 2 차 모멘트 I의 비(I_2/I_1)는? 단, 두 기둥의 탄성계수 E, 기둥의 길이 L은 같다. [공무원임용시험]

① $\dfrac{1}{4}$ ② $\dfrac{1}{2}$

③ 2 ④ 4

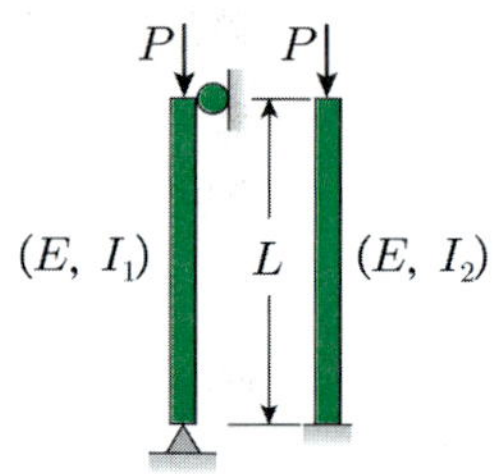

[문제 13.23]

24 그림과 같이 지점조건이 다른 3 개의 기둥이 단면중심에 축 하중을 받고 있다. 좌굴하중이 큰 순서대로 나열된 것은? [공무원임용시험]

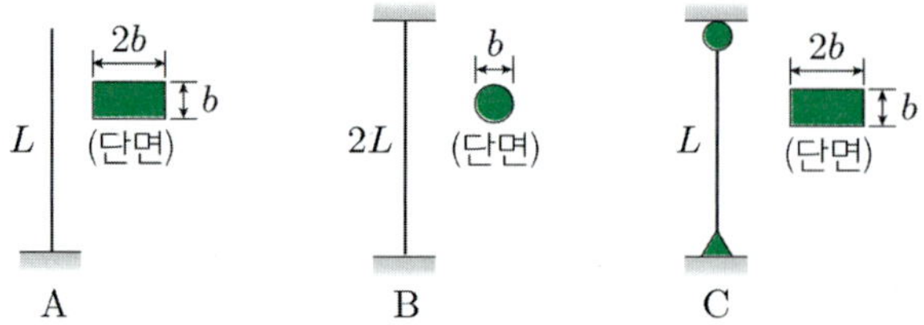

[문제 13.24]

① B, A, C ② B, C, A ③ C, A, B ④ C, B, A

25 다음 그림과 같이 중앙 내부힌지 B 점에 강성(stiffness)이 k인 회전스프링에 의하여 지지되는 기둥이 있다. 이 기둥의 임계좌굴 하중(P_{cr})은? [공무원임용시험]

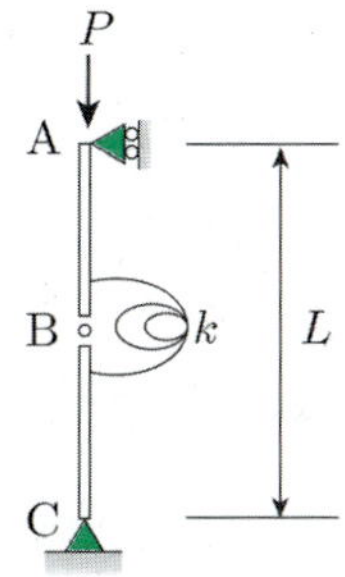

[문제 13.25]

① $\dfrac{k}{2L}$ ② $\dfrac{k}{L}$

③ $\dfrac{2k}{L}$ ④ $\dfrac{4k}{L}$

26 그림과 같은 이상형 강체 기둥 모델의 좌굴임계하중은? 단, A 점은 힌지 절점이고, B 점은 선형탄성 거동을 하는 스프링에 연결되어 있으며, C 점의 변위는 작다고 가정한다. BD 구간의 스프링상수는 k이다. [공무원임용시험]

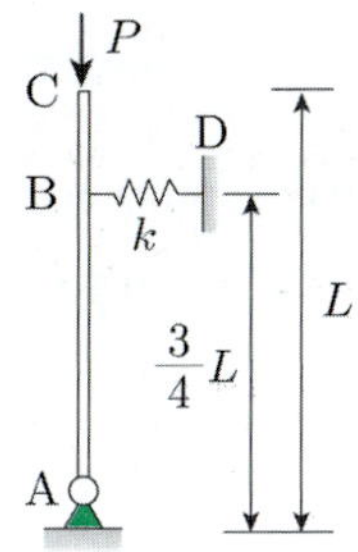

[문제 13.26]

① $\dfrac{1}{4}kL$ ② $\dfrac{3}{4}kL$

③ $\dfrac{9}{16}kL$ ④ $1kL$

27 그림과 같이 강체인 봉과 스프링으로 이루어진 구조물의 좌굴하중 P_{cr}은? 단, 스프링은 선형탄성 거동을 하며, 상수는 k이다. 또한 B 점은 힌지이며, 봉 및 스프링의 자중은 무시한다. [공무원임용시험]

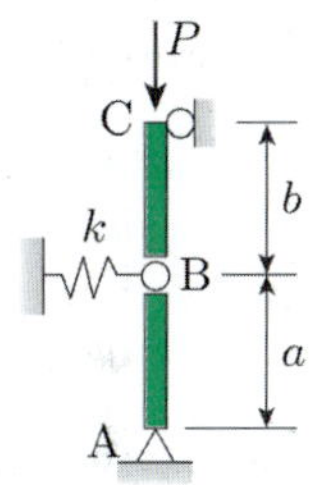

[문제 13.27]

① $\dfrac{ka}{2}$ ② $\dfrac{kb}{2}$

③ $\dfrac{ka^2}{a+b}$ ④ $\dfrac{kab}{a+b}$

28 그림과 같이 힌지로 연결된 강체기둥에서 스프링의 탄성계수 $k=4\text{kN/m}$ 일 때, 최소 좌굴 하중 P_{cr}[N]은? 단, 스프링과 기둥의 자중은 무시한다. [공무원임용시험]

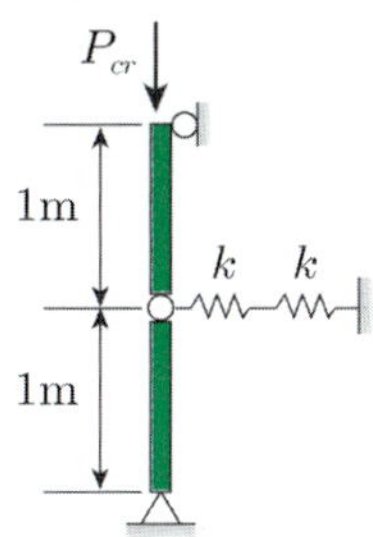

[문제 13.28]

① 500 ② 1,000 ③ 1,500 ④ 2,000

29 양단힌지 경계조건을 가지는 기둥의 좌굴하중보다 두 배의 좌굴 하중을 가지는 기둥의 경계조건으로 적절한 경우는? 단, 두 경우의 기둥 길이와 단면특성 EI는 같다. [공무원임용시험]

① 1단 힌지, 타단 자유 ② 1단 자유, 타단 고정

③ 1단 힌지, 타단 고정 ④ 양단 고정

30 기둥의 임계하중에 대한 설명으로 옳지 않은 것은? [공무원임용시험]

① 단면 2차모멘트가 클수록 임계하중은 크다.

② 좌굴 길이가 길수록 임계하중은 작다.

③ 임계하중에서의 기둥은 좌굴에 대해서 안정하지도 불안정하지도 않다.

④ 동일조건에서 원형 단면은 동일한 면적의 정삼각형단면보다 임계하중이 크다.

31 Euler 탄성좌굴이론의 기본 가정 중 옳지 않은 것은? [공무원임용시험]

① 기둥의 재료는 후크의 법칙을 따르며 균질하다.

② 좌굴발생에 따른 처짐(v)은 매우 작으므로 곡률(k)은 d^2v/dx^2와 같다.

③ 좌굴발생 전 양단이 핀으로 지지된 기둥은 초기결함 없이 완전한 직선을 유지하고 어떠한 잔류응력도 없다.

④ 좌굴발생 전 중립축에 직각인 평면은 좌굴발생 후 중립축에 직각을 유지하지 않는다.

32 기둥에 관한 설명으로 옳지 않은 것은? [공무원임용시험]

① 기둥은 세장비에 따라 단주, 중간주, 장주로 구분할 수 있다.

② 단주에 편심 압축하중이 단면의 핵(core) 안에 작용하면 단면 내 어느 점에서도 인장응력이 발생하지 않는다.

③ 기둥의 세장비는 기둥단면의 단면적, 단면 2차모멘트, 그리고 기둥의 길이로 계산된다.

④ 장주의 양단이 핀 지지되지 않은 경우의 탄성 좌굴 하중은 양단이 핀 지지된 장주의 오일러 공식에 유효길이(effective length)를 사용하여 구할 수 있으며 양단이 고정된 장주의 유효길이 계수(effective length factor)는 0.7이다.

33 기둥의 하단이 고정되고 상단이 자유일 때, 처짐곡선의 미분방정식과 경계조건을 구하고 이 방정식을 풀어서 임계하중이 $P_{cr} = \dfrac{\pi^2 EI}{4L^2}$이 됨을 보여라.

연습문제
풀이 및 정답

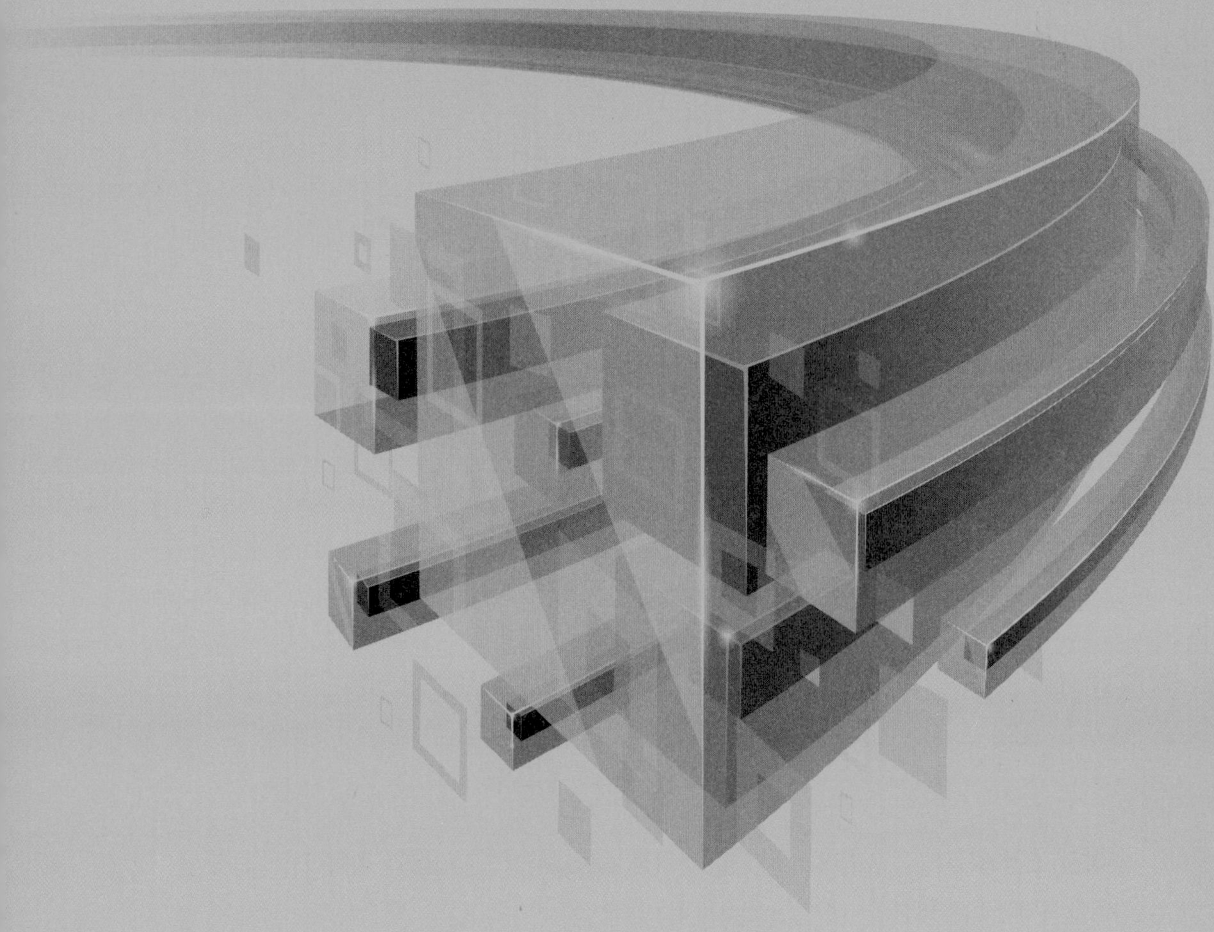

연습문제 1

01 $[P]=\dfrac{[W]}{[t]}=\dfrac{[Fs]}{[t]}=\dfrac{(ML/T^2)L}{T}=\dfrac{ML^2}{T^3}$

02 SI 단위에서 힘과 거리를 CGS 단위로 표현하면 $1\text{N}=10^5\text{dyne}$, $1\text{m}=10^2\text{cm}$이므로
$1\text{J}=1\text{N}\cdot\text{m}=10^5\text{dyne}\cdot 100\text{cm}=10^7\text{erg}$

03 $40\dfrac{\text{g}}{\text{cm}^3}=40\dfrac{10^{-3}\text{kg}}{(10^{-2}\text{m})^3}=40\times10^3\dfrac{\text{kg}}{\text{m}^3}$

04 $20\,\text{kgf/cm}^2=20\times9.8\text{N}/(10^{-2}\text{m})^2=196\times10^4\text{N/m}^2=1960\,\text{kPa}$

05 $E=\dfrac{PL}{A\Delta L}=\dfrac{(16)\times(1000)}{(20\times40)\times(1)}\left[\dfrac{\text{kgf}}{\text{mm}^2}\right]=20\left[\dfrac{\text{kgf}}{\text{mm}^2}\right]=20\left[\dfrac{10\text{N}}{\text{mm}^2}\right]=200\,[\text{MPa}]$

여기에서 $1\text{kgf}=10\text{N}$, $\dfrac{\text{N}}{\text{mm}^2}=\dfrac{\text{N}}{(10^{-3}\text{m})^2}=10^6\text{Pa}=1\text{MPa}$이다.

06 $E_k=\dfrac{1}{2}mv^2=\dfrac{1}{2}\times400\times\left(\dfrac{72\times1000}{3600}\right)^2\times\dfrac{1}{1000}=80\,[\text{kJ}]$

07 단위를 N, mm로 통일하여 계산한다.

$T=100\text{N}\cdot\text{m}=100\times10^3\text{N}\cdot\text{mm}$

$\tau=400\text{MPa}=400\times10^6\dfrac{\text{N}}{\text{m}^2}=400\times10^6\dfrac{\text{N}}{(10^3\text{mm})^2}=400\dfrac{\text{N}}{\text{mm}^2}$

$$d=\sqrt[3]{\frac{16T}{\pi\tau_a}}=\sqrt[3]{\frac{16T}{\pi(\tau/S)}}=\sqrt[3]{\frac{16ST}{\pi\tau}}=\sqrt[3]{\frac{16(2)(100\times10^3)}{\pi(400)}}$$
$$=\sqrt[3]{\frac{8\times10^3}{\pi}}=\sqrt[3]{\frac{2^3\times10^3}{\pi}}=\sqrt[3]{\frac{(2\times10)^3}{\pi}}=\frac{20}{\sqrt[3]{\pi}}\,[\text{mm}]$$

08 주어진 조건에서 $l=1.5d$, $t=h/2$를 주어진 식에 대입하면 다음과 같이 키의 최소 높이 (h)가 구해진다. $1\text{MPa}=1\text{N/mm}^2$이다.

$$\sigma_a=\frac{\pi d^2\tau_a}{8\times(h/2)\times(1.5d)}\qquad\therefore\ h=\frac{\pi d\tau_a}{6\sigma_a}=\frac{\pi(100)\times(30)}{6\times(80)}=\frac{25\pi}{4}\,[\text{mm}]$$

이상에서 $\tau_a=30\text{N/mm}^2$, $\sigma_a=80\text{N/mm}^2$, $d=100\text{mm}$이다.

09 유량 $Q=0.3\text{m}^3/\text{s}$, 평균유속 $V=10\text{m/s}$. 강관의 안지름(D_1)은 다음과 같다.

$$Q=AV=\left(\frac{\pi}{4}D_1^2\right)V\qquad\therefore\ D_1=\sqrt{\frac{4Q}{\pi V}}=\sqrt{\frac{4\times0.3}{3\times10}}=0.2\,[\text{m}]=200\,[\text{mm}]$$

여기에서 내부압력 $p = 0.3\text{MPa}$, 강관의 허용응력 $\sigma_a = 6\text{MPa}$이므로 강관의 최소 두께 (t)는 다음과 같이 구해진다.

$$\sigma_a = \frac{pD_1}{2t} \quad \therefore\ t = \frac{pD_1}{2\sigma_a} = \frac{0.3\times200}{2\times6} = 5[\text{mm}]$$

10 $H = T\times\frac{2\pi N}{60}$으로부터 $T = \frac{60H}{2\pi N} = \frac{60\times10\pi}{2\pi\times300} = 1[\text{N}\cdot\text{m}] = 1000[\text{N}\cdot\text{mm}]$

11 $T = f\times\frac{D_m}{2} = \mu p\times\frac{\pi}{4}(D_2^2 - D_1^2)\times\frac{(D_1+D_2)}{4}$

$$= 0.2\times0.2\times\frac{\pi}{4}\times(80^2-40^2)\times\frac{(40+80)}{4}[\text{N}\cdot\text{mm}] = 1{,}440\pi[\text{N}\cdot\text{mm}]$$

12 압축코일스프링의 스프링지수 $C=10$, 소선의 지름 $d=2[\text{mm}]$, 전단탄성계수 $G=8\times10^3$ $[\text{kgf/mm}^2]$이다. 스프링의 유효감김수가 N이고 하중이 $P[\text{kgf}]$일 때 스프링의 처짐 δ $[\text{mm}]$는 다음과 같다.

$$\delta = \frac{8ND^3P}{Gd^4} = \frac{8N(Cd)^3P}{Gd^4} = \frac{8NC^3P}{Gd} = \frac{8N\times(10)^3\times P}{(8\times10^3)\times2} = \frac{NP}{2}$$

따라서 하중 $P_1 = 70[\text{kgf}]$일 때와 $P_2 = 50[\text{kgf}]$일 때 스프링의 처짐은 각각

$$\delta_1 = \frac{NP_1}{2} = \frac{N\times70}{2} = 35N[\text{mm}],\quad \delta_2 = \frac{NP_2}{2} = \frac{N\times50}{2} = 25N[\text{mm}]$$

이므로 처짐의 변화 $(\delta_1 - \delta_2)$가 $50[\text{mm}]$가 되는 스프링의 유효감김수(N)는 다음과 같다.

$$\delta_1 - \delta_2 = 35N - 25N = 10N = 50 \qquad \therefore\ N = 5$$

13 단위를 N, mm로 통일하여 계산한다.

$$\sigma_{\max} = \frac{M_b}{I}y_{\max} = \frac{M_b}{(bh^3/12)}\times\frac{h}{2} = \frac{6M_b}{bh^2} = \frac{6\times(480\times10^3)}{20\times(60)^2} = 40[\text{MPa}]$$

14 $I = 4\times10^4\text{cm}^4 = 4\times10^4(10^{-2}\text{m})^4 = 4\times10^{-4}\text{m}^4$.

$$\sigma_{\max} = \frac{M}{I}y_{\max} = \left(\frac{1400}{4\times10^{-4}}\right)\times0.2 = 7\times10^5[\text{Pa}]$$

15 $d = 10\text{mm} = 10^{-2}\text{m}$.

$$\tau_{\max} = \frac{T}{I_p}\times r_{\max} = \frac{T}{(\pi d^4/32)}\times\frac{d}{2} = \frac{16T}{\pi d^3}$$

$$= \frac{16\times25\pi}{\pi(10^{-2})^3} = 400\times10^6[\text{N/m}^2] = 400\times10^6[\text{Pa}] = 400[\text{MPa}]$$

16 단위를 N, mm로 통일하여 계산한다.

$$\tau_{\max} = \frac{VQ_{\max}}{Ib} = \frac{V}{b}\times\frac{12}{bh^3}\times\frac{bh^2}{8} = \frac{3V}{2bh} = \frac{3(24\times10^3)}{2(20)(30)}\left[\frac{\text{N}}{\text{mm}^2}\right] = 60[\text{MPa}]$$

17 단위를 kgf, mm로 통일하여 계산한다. $L = 2\text{m} = 2 \times 10^3\text{mm}$.

$$\delta_{max} = \frac{PL^3}{48EI} = \frac{PL^3}{48E \times (bh^3/12)} = \frac{PL^3}{4Ebh^3} = \frac{(12 \times 10^3)(2 \times 10^3)^3}{4(2 \times 10^4)(6 \times 10)(10^2)^3}\,[\text{mm}]$$

$$= 2 \times 10^{3+9-4-1-6} = 2 \times 10\,[\text{mm}] = 20\,[\text{mm}]$$

18 $\sigma = \dfrac{F}{A} = \dfrac{150 \times 10^3\text{N}}{40\text{mm} \times 50\text{mm}} = 75\dfrac{\text{N}}{\text{mm}^2} = 75\text{MPa}$

19 $F = \sigma A = E\epsilon A = E\left(\dfrac{\Delta L}{L}\right)A = 200 \times 10^3\left(\dfrac{2}{400}\right)(30) = 30 \times 10^3\,[\text{N}] = 30\,[\text{kN}]$

여기서 $1\text{GPa} = 10^3\text{MPa} = 10^3\text{N/mm}^2$이다.

20 $d_{min} = \sqrt[3]{\dfrac{16T}{\pi\tau_a}} = \sqrt[3]{\dfrac{480H}{\pi^2\tau_a N}} = \sqrt[3]{\dfrac{480(1.6\pi^2 \times 10^6)}{\pi^2(40)(2400)}} = 20\,[\text{mm}]$

여기서 $1\text{kW} = 10^3\text{W} = 10^3\text{N} \cdot \text{m/s} = 10^6\text{N} \cdot \text{mm/s}$이다.

연습문제 2

01 (a) $R = \sqrt{6^2 + 8^2} = 10\,[\text{N}]$, $\beta = \tan^{-1}\left(\dfrac{6}{8}\right) = 36.87°$

(b) $R = \sqrt{P^2 + Q^2 + 2PQ\cos\alpha} = \sqrt{10^2 + 6^2 + 2 \times 10 \times 6\cos 60°} = 14\,[\text{N}]$

$\beta = \sin^{-1}\left[\dfrac{Q\sin\alpha}{R}\right] = \sin^{-1}\left[\dfrac{6 \times \sin 60°}{14}\right] = 21.79°$

02 (a) $\vec{F} = F(\cos\theta\,\vec{i} + \sin\theta\,\vec{j}) = 10(\cos 30°\,\vec{i} + \sin 30°\,\vec{j}) = 8.66\vec{i} + 5\vec{j}$ [N]

(b) $\vec{F} = F(\cos\theta\,\vec{i} + \sin\theta\,\vec{j}) = 10(\cos 130°\,\vec{i} + \sin 130°\,\vec{j}) = -6.43\vec{i} + 7.66\vec{j}$ [N]

03 세 변의 길이가 3, 4, 5인 직각삼각형과의 닮음과 힘의 방향을 고려한다.

(a) $\vec{F} = 20(-\dfrac{3}{5}\vec{i} - \dfrac{4}{5}\vec{j}) = -12\vec{i} - 16\vec{j}$ [N]

(b) $\vec{F} = 20(-\dfrac{4}{5}\vec{i} + \dfrac{3}{5}\vec{j}) = -16\vec{i} + 12\vec{j}$ [N]

04 $M_O = \sum Fr\sin\theta = 300 \times 1.2\sin 30° - 200 \times 1.2\sin 60°$

$= -27.85$ [N • m] (↶) $= 27.85$ [N • m] (↷)

05 $\vec{F} = 80(-\sin 60°\,\vec{i} + \cos 60°\,\vec{j}) = -69.28\vec{i} + 40\vec{j}$ [N]

$M_O = 69.28 \times 2 + 40 \times 6 = 378.56$ [N • m] (↶)

06 [그림]의 자유물체도에서 $\theta_1 = \angle ACB = 90°$, $\theta_2 = \angle ACP = 90° + 30° = 120°$

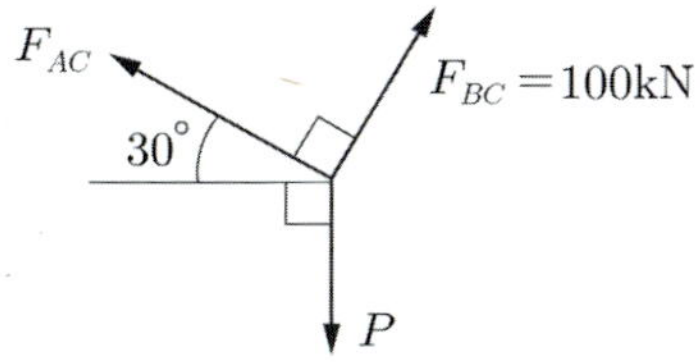

[그림] 자유물체도

라미의 정리를 이용하면 $\dfrac{P}{\sin 90°} = \dfrac{100}{\sin 120°}$

$\therefore \ P = \left(\dfrac{\sin 90°}{\sin 120°}\right) \times 100 = \dfrac{2\sqrt{3}}{3} \times 100 \approx 115.5[\text{kN}]$

07 중력가속도를 g로 하면 점 P, Q, R에서 연직 아래 방향으로 작용하는 하중은 각각 $5g$, xg, $2g$이다. 받침대에 대한 모멘트 평형 조건 $\sum M_{(받침대)} = 0$을 적용한다.

$5g \times 2 - xg \times 1 - 2g \times 3 = 0 \quad \therefore \ x = 5 \times 2 - 2 \times 3 = 4$

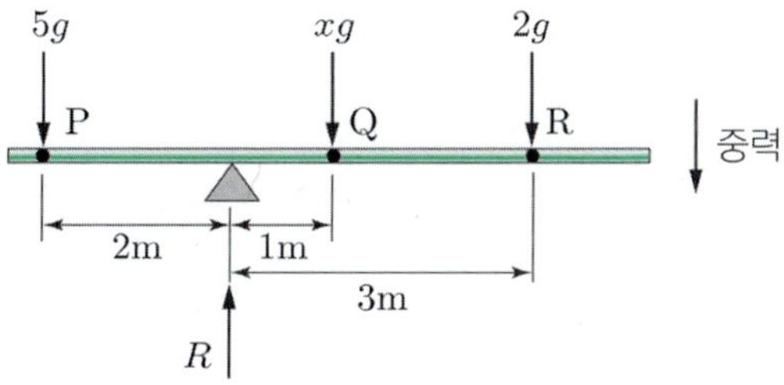

[그림] 자유물체도

08 $\sum M_B = 0 \ : \ T \cdot 6 - 8\cos 30° \cdot 4 = 0 \quad \therefore \ T = 4.62[\text{kN}] \ (\uparrow)$

$\sum F_x = 0 \ : \ B_x - 8\sin 30° = 0 \quad \therefore \ B_x = 4[\text{kN}] \ (\rightarrow)$

$\sum F_y = 0 \ : \ B_y - 8\cos 30° + T = 0 \quad \therefore \ B_y = 2.31[\text{kN}] \ (\uparrow)$

09 $\sum F_y = 0 \ : \ R_A + R_B - 2 - 4 = 0$

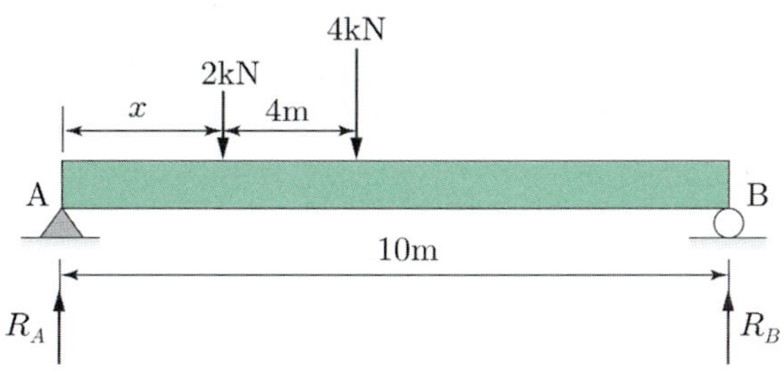

[그림] 자유물체도

$R_A = R_B = R$로 하면 $2R - 2 - 4 = 0 \quad \therefore \ R_A = R_B = \dfrac{2+4}{2} = 3[\text{kN}]$

$$\sum M_A = 0 \;:\; 2x + 4(x+4) - R_B \cdot 10 = 0,\; 6x = R_B \cdot 10 - 4 \cdot 4$$

$$\therefore\; x = \frac{R_B \cdot 10 - 4 \cdot 4}{6} = \frac{3 \cdot 10 - 4 \cdot 4}{6} = \frac{7}{3} \approx 2.3[\text{m}]$$

10 P_1이 작용하는 점에 대한 모멘트 평형으로부터 $2R_A + (4 \times 50) - 10R_B = 0$ 이고 $R_A = 3R_B$이므로 두 식을 연립해 풀면 $R_B = 50[\text{kN}]$, $R_A = 150[\text{kN}]$ 이다. 그리고 연직방향으로 힘의 평형을 적용하면

$R_A + R_B - P_1 - 50 = 0 \quad \therefore\; P_1 = 150[\text{kN}](\downarrow)$

11 A점 반력의 성분을 각각 A_x, A_y, 케이블에 걸리는 장력을 T로 하여 자유물체도를 그리면 [그림]과 같다. 여기에서 점 A에 대한 모멘트 평형조건을 적용하면

$m_1 g \times 2 + m_2 g \times 3 - T\sin(30°) \times 4 = 0$

$20 \times 10 \times 2 + 50 \times 10 \times 3 - T\sin(30°) \times 4 = 0$

$$\therefore\; T = \frac{1}{4\sin(30°)}(20 \times 10 \times 2 + 50 \times 10 \times 3) = 950\,[\text{N}]$$

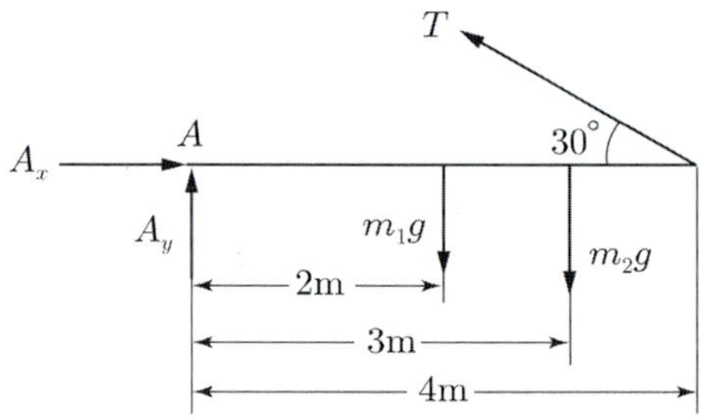

[그림] 자유물체도

수평방향과 연직 방향 힘의 평형조건을 적용하면

$\sum F_x = 0 \;:\; A_x - T\cos 30° = 0 \quad \therefore\; A_x = T\cos 30° = 950\cos 30° = 823[\text{N}]$

$\sum F_y = 0 \;:\; A_y - m_1 g - m_2 g + T\sin 30° = 0$

$\therefore\; A_y = (m_1 + m_2)g - T\sin 30° = (20+50) \times 10 - 950\sin 30° = 225[\text{N}]$

지점 A에서 반력의 크기 $A = \sqrt{A_x^2 + A_y^2} = \sqrt{823^2 + 225^2} = 853[\text{N}]$

12 $\sum F_y = 0 \;:\; P + 6 - 3 - 6 = 0 \quad \therefore\; P = 3\,[\text{t}]$

$\sum M_A = 0 \;:\; Px + 6 \times 8 - 6 \times 10 = 0,\; 3x - 12 = 0 \quad \therefore\; x = 4\,[\text{m}]$

13 $\sum M_{\text{A}} = 0 \;:\; 20 \cdot 1 + R_{\text{B}} \cdot 4 - 40 \cdot 5 = 0 \quad \therefore\; R_{\text{B}} = 45\,[\text{kN}]\,(\uparrow)$

$\sum F_x = 0 \;:\; -20 + A_x = 0 \quad \therefore\; A_x = 20\,[\text{kN}]\,(\rightarrow)$

$\sum F_y = 0 \;:\; A_y + R_{\text{B}} - 40 = 0 \quad \therefore\; A_y = -5\,[\text{kN}] = 5\,[\text{kN}]\,(\downarrow)$

14 $\sum M_A = 0 : -45 \cdot 4 + R_B \cdot 9 = 0 \quad \therefore \quad R_B = 20\,[\text{kN}]\ (\uparrow)$

$\sum F_x = 0 : 45 + A_x = 0 \quad \therefore \quad A_x = -45\,[\text{kN}] = 45\,[\text{kN}]\ (\leftarrow)$

$\sum F_y = 0 : A_y + R_B = 0 \quad \therefore \quad A_y = -20\,[\text{kN}] = 20\,[\text{kN}]\ (\downarrow)$

15 $\sum M_A = 0 : B \cdot 9 - 300 \cdot 5 - 400\sin 60° \cdot 3 = 0 \quad \therefore \quad B = 282.1\,[\text{N}]\ (\uparrow)$

$\sum F_x = 0 : A_x + 400\cos 60° = 0 \quad \therefore \quad A_x = -200\,[\text{N}] = 200\,[\text{N}]\ (\leftarrow)$

$\sum F_y = 0 : A_y - 400\sin 60° - 300 + B = 0 \quad \therefore \quad A_y = 364.3\,[\text{N}]\ (\uparrow)$

16 핀 A에 작용하는 반력의 x, y 성분을 각각 $A_x(\leftarrow)$, $A_y(\uparrow)$, 롤러 B에 작용하는 반력을 $B(\rightarrow)$로 한다. 점 A에 대한 모멘트 합은 0에서

$B \times 50 - 400\,\text{N}\cos 30° \times 40 - 400\,\text{N}\sin 30° \times 50 = 0 \quad \therefore \quad B = 477.1\,\text{N}\ (\rightarrow)$

$\sum F_x = 0$에서 $-A_x + B - 400\text{N}\sin 30° = 0 \quad \therefore \quad A_x = 277.1\,\text{N}\ (\leftarrow)$

$\sum F_y = 0$에서 $A_y - 400\text{N}\cos 30° = 0 \quad \therefore \quad A_y = 346.4\,\text{N}\ (\uparrow)$

이므로 점 A에 작용하는 반력의 크기 $A = \sqrt{A_x^2 + A_y^2} = 443.6\,\text{N}$이다.

17 보의 무게를 보의 중앙에 위치한 크기 4kN의 집중하중으로 하여 자유물체도를 그린다.

$\sum M_A = 0 : T\sin 30° \cdot 6\text{m} - 12\text{kN} \cdot 2\text{m} - 4\text{kN} \cdot 3\text{m} = 0 \quad \therefore \quad T = 12\text{kN}\ (\nwarrow)$

$\sum F_x = 0 : A_x - T\cos 30° = 0 \quad \therefore \quad A_x = 6\sqrt{3}\,\text{kN}\ (\rightarrow)$

$\sum F_y = 0 : A_y + T\sin 30° - 12\text{kN} - 4\text{kN} = 0 \quad \therefore \quad A_y = 10\,\text{kN}\ (\uparrow)$

$\therefore \quad R = \sqrt{A_x^2 + A_y^2} = \sqrt{(6\sqrt{3})^2 + 10^2} = 4\sqrt{13}\ [\text{kN}]$

연습문제 3

01 $\sigma_t = \dfrac{P}{A} = \dfrac{P}{\pi D^2/4} = \dfrac{4 \times 5000}{\pi \times (30)^2} = 7.07\dfrac{\text{N}}{\text{mm}^2} = 7.07\text{MPa}$

02 $\sigma_c = \dfrac{P}{A} = \dfrac{P}{(\pi D_o^2 - \pi D_i^2)/4} = \dfrac{4 \times (50 \times 1000)}{\pi \times (70^2 - 60^2)} = 48.97\,[\text{MPa}]$

03 $\epsilon = \dfrac{\Delta l}{l_0} = \dfrac{2\,\text{mm}}{500\,\text{mm}} = 0.004$

04 $\epsilon = \dfrac{l - l_0}{l_0} = \dfrac{l}{l_0} - 1 \quad \therefore l_0 = \dfrac{l}{1+\epsilon} = \dfrac{300}{1+0.005} = 298.507\ [\text{mm}]$

05 $\epsilon' = \dfrac{\Delta d}{d_0} = \dfrac{0.008}{20} = 4 \times 10^{-4}$

06 $\nu = \dfrac{\epsilon'}{\epsilon} = \dfrac{\Delta d / d_0}{\Delta l / l_0} = \dfrac{0.01/40}{0.5/500} = 0.25$

07 $\nu = \dfrac{\epsilon'}{\epsilon} = \dfrac{\Delta a / a_0}{F/AE} = \dfrac{\Delta a}{a_0} \cdot \dfrac{AE}{F} = \dfrac{4 \times 10^{-3}}{20} \cdot \dfrac{(0.02)^2 \cdot (200 \times 10^9)}{50 \times 10^3} = 0.32$

08 훅의 법칙에서 $\sigma = E\epsilon$이므로 $\epsilon = \sigma / E$ 이다. 푸아송 수의 정의에 의해

$$m = \frac{1}{\nu} = \left| \frac{\epsilon}{\epsilon'} \right| = \frac{\epsilon}{\Delta d / d_0} = \frac{\sigma / E}{\Delta d / d_0} \quad \therefore \Delta d = \frac{\sigma d_0}{mE}$$

09 $\sigma = \dfrac{P}{A} = \dfrac{P}{L^2} \quad \therefore\ L = \sqrt{\dfrac{P}{\sigma}} = \sqrt{\dfrac{50 \times 10^3}{30}} = 40.8\,[\mathrm{mm}]$

10 $\Delta l = \dfrac{\sigma l_0}{E} = \dfrac{(100 \times 10^6 \mathrm{Pa}) \cdot (500\mathrm{mm})}{200 \times 10^9 \mathrm{Pa}} = 0.25\,\mathrm{mm}$

11 전단변형률 $\gamma = \dfrac{\lambda}{l} = \dfrac{0.4\,\mathrm{mm}}{100\,\mathrm{mm}} = 0.004$, 전단각 $\phi \approx \gamma = 0.004\,\mathrm{rad}$

12 $\gamma = \dfrac{\tau}{G} = \dfrac{F/A}{G} = \dfrac{F}{AG} = \dfrac{100 \times 10^3}{(1000 \times 10^{-6}) \cdot (80 \times 10^9)} = 1.25 \times 10^{-3}$

13 $\tau = G\gamma$이고 $\tau = F/A$이므로 $F/A = G\gamma$

$\therefore\ F = GA\gamma = (80 \times 10^9) \cdot (10 \times 10^{-4}) \cdot 10^{-3} = 80 \times 10^3\,[\mathrm{N}] = 80\,[\mathrm{kN}]$

14 [정답 : ③] $W = 4 \times (3 \times 20) \times 35 = 8400\,[\mathrm{kgf}]$

15 [정답 : ④] $W = 3 \times (3 \times 20) \times 30 = 5400\,[\mathrm{kgf}] = 5.4$ [톤] 이므로 용량 ≥ 5.4 톤

16 [정답 : ②] $\nu = \dfrac{\epsilon'}{\epsilon} \quad \therefore\ \epsilon = \dfrac{\epsilon'}{\nu} = \dfrac{0.001}{1/2} = 0.002$

17 [정답 : ②] 훅의 법칙에서 $\sigma = E\epsilon$이다. $\therefore\ E = \sigma / \epsilon$

18 [정답 : ②] $P = \sigma_t A = 10 \times (100 \times 10) = 10 \times 10^3\,[\mathrm{kgf}] = 10$ [톤]

19 [정답 : ①] 단위를 kgf, cm로 통일하여 계산한다.

$$(\Delta L)_{total} = \frac{PL_1}{A_1 E} + \frac{PL_2}{A_2 E} = \frac{(2 \times 10^4) \cdot (5)}{(5) \cdot (2 \times 10^6)} + \frac{(2 \times 10^4) \cdot (2)}{(2) \cdot (2 \times 10^6)}\,[\mathrm{cm}]$$

$$= 10^{-2} + 10^{-2}\,[\mathrm{cm}] = 0.2\,[\mathrm{mm}]$$

20 훅의 법칙으로부터 축방향 인장하중 F를 구한다.

$$\sigma = E\epsilon,\ \frac{F}{A} = E \cdot \frac{\Delta L}{L},\ \frac{F}{2} = (2\times10^6)\times\frac{0.01}{200} \quad \therefore\ F = 200\,\text{kgf}$$

21 [정답 : ④] **22** [정답 : ③] **23** [정답 : ②]

24 [정답 : ②] $\sigma = E\epsilon$에서 $\sigma = E\times\dfrac{\Delta L}{L}$

$$\therefore\ \Delta L = \sigma\times\frac{L}{E} = 3000\times\frac{10\times100}{2\times10^6} = 1.5\ [\text{cm}]$$

25 [정답 : ②] **26** [정답 : ③] **27** [정답 : ③]

28 [정답 : ②]

$$\Delta L = \frac{PL}{AE} = \frac{PL}{\frac{\pi}{4}\times(D_2^2 - D_1^2)\times E} = \frac{(9\times10^3)\times200}{\frac{\pi}{4}\times(100^2-80^2)\times(200\times10^3)} = \frac{1}{100\pi}[\text{mm}]$$

이상에서 $1\text{GPa} = 10^3\text{MPa} = 10^3\text{N/mm}^2$이다.

29 [정답 : ③] **30** [정답 : ②] **31** [정답 : ②]

32 [정답 : ②] **33** [정답 : ④] **34** [정답 : ③]

35 [정답 : $E = \dfrac{400}{\pi},\ \nu = 0.3$] **36** [정답 : ①] **37** [정답 : ②]

38 [정답 : ②] 신장량 $\Delta = \dfrac{PL}{EA}$로부터 탄성계수 E는 다음과 같다.

$$E = \frac{PL}{A\Delta} = \frac{PL}{\frac{\pi D^2}{4}\times\Delta} = \frac{4PL}{\pi D^2\times\Delta} = \frac{4\times(30\times10^3)\times500}{3\times20^2\times0.5} = 100\times10^3[\text{MPa}]$$

$$= 100[\text{GPa}]$$

39 훅의 법칙 $\sigma = E\epsilon$으로부터 가한 힘 F를 구한다.

$$\frac{F}{A} = E \cdot \frac{\Delta L}{L},\ \frac{F}{2} = (2\times10^6)\times\frac{0.01}{2} \quad \therefore\ F = 2\times10^4\,\text{kgf}$$

40 핀의 위와 아래에 전단하중이 작용하므로 전단면이 2개이다.

$$\tau = \frac{F}{A} = \frac{F}{2(\pi d^2/4)} = \frac{2F}{\pi d^2}$$

$$\therefore\ d = \sqrt{\frac{2F}{\pi\tau}} = \sqrt{\frac{2\times(15\times10^3)}{\pi\times(30\times10^6)}} = 0.0178\,[\text{m}] = 17.8\,[\text{mm}]$$

41 [정답 : ①] 먼저 재료의 푸아송 비(ν)를 구한다.

$$G = \frac{E}{2(1+\nu)} \qquad \therefore \ \nu = \frac{E}{2G} - 1 = \frac{100}{2\times 40} - 1 = 0.25$$

푸아송 비 $\nu = |\epsilon_r/\epsilon_z|$로 정의되므로 반경방향 변형률의 절댓값($|\epsilon_r|$)은

$$|\epsilon_r| = \nu\epsilon_z = \nu\times\frac{\Delta L}{L} = 0.25\times\frac{1}{250} = 10^{-3}$$

42 [정답 : ①] 강철봉의 단면적 $A = \frac{\pi}{4}d^2$이므로

$$\sigma_{max} = \frac{1}{A}(W+\gamma V) = \frac{1}{A}(W+\gamma AL) = \frac{W}{A} + \gamma L$$

43 [정답 : ③] 전단되는 테두리 둘레(L)는

$$L = 2\times 50 + 30 + 2\times 10 + (30-10) + \frac{\pi}{2}\times 10 = 185[\text{mm}]$$

$$\therefore \ F = \tau_a A = \tau_a(tL) = 2\times(1\times 185) = 370[\text{kgf}]$$

44 $\sigma = \frac{F}{A} = \frac{F}{b^2} = \frac{600\times 10^3}{(100)^2} = 60[\text{MPa}]$; $\epsilon = \frac{\sigma}{E} = \frac{60}{100\times 10^3} = 6\times 10^{-4}$

○ 길이 변화 : $\Delta L = L\epsilon = (3\times 10^3)(6\times 10^{-4}) = 1.8[\text{mm}]$

변형 후 정사각형 단면의 한 변 길이 : $b_1 = b - \Delta b = b - b\nu\epsilon = b(1-\nu\epsilon)$

○ 단면적 변화 : $\Delta A = [b(1-\nu\epsilon)]^2 - b^2 = b^2(1-2\nu\epsilon+\nu^2\epsilon^2) - b^2 = -2b^2\nu\epsilon$

$$= -2\times(100^2)(0.3)(6\times 10^{-4}) = -3.6[\text{mm}^2]$$

○ 체적 변화 : $\Delta V = [b(1-\nu\epsilon)]^2[L(1+\epsilon)] - b^2L = b^2L(1-2\nu\epsilon)(1+\epsilon) - b^2L$

$$= b^2L(1+\epsilon-2\nu\epsilon) - b^2L = b^2L(1-2\nu)\epsilon$$

$$= (100^2)(3\times 10^3)(1-2\times 0.3)(6\times 10^{-4}) = 7200[\text{mm}^3]$$

> 인장이므로 변형 후 길이 $L_1 = L + \Delta L = L + \epsilon L = (1+\epsilon)L$로 늘어나고, 단면의 한 변 길이 $b_1 = b - \Delta b = b - \epsilon' b = b(1-\nu\epsilon)$로 줄어든다.

45 $F = \sigma A = E\epsilon A = E\left(\frac{\Delta L}{L}\right)\frac{\pi d^2}{4} = (80)\left(\frac{2/\pi}{800}\right)\frac{\pi(20)^2}{4} = 20[\text{kN}]$

46 $\Delta d = -\epsilon' d = -\nu\epsilon d = -\nu\left(\frac{\Delta L}{L}\right)d = -(0.3)\left(\frac{2/\pi}{800}\right)(20) = -\frac{0.015}{\pi}[\text{mm}]$

47 가로변형률 $\epsilon' = \frac{\Delta d}{d} = \frac{0.3/\pi}{30} = \frac{0.01}{\pi}$

$$F = \sigma A = E\epsilon A = E\left(\frac{\epsilon'}{\nu}\right)A = E\left(\frac{\epsilon'}{\nu}\right)\frac{\pi d^2}{4} = (200)\left(\frac{0.01/\pi}{0.3}\right)\frac{\pi(30)^2}{4} = 1500[\text{kN}]$$

48 $\Delta L = -\epsilon L = -\left(\frac{\epsilon'}{\nu}\right)L = -\left(\frac{\Delta d/d}{\nu}\right)L = -\left(\frac{0.3/\pi}{0.3\times 30}\right)(300) = -\frac{10}{\pi}$ [mm]

49 안지름 $d_1 = d-2t$; $A = \frac{\pi}{4}(d^2-d_1^2) = \frac{\pi}{4}\left[d^2-(d-2t)^2\right] = \pi t(d-t)$

$$F = \sigma A = \pi\sigma t(d-t) \quad \therefore\ d = \frac{F}{\pi\sigma t}+t = \frac{50\pi\times 10^3}{\pi(100)(10)}+10 = 60\,[\text{mm}]$$

50 (1) $\epsilon = \frac{\Delta L}{L} = \frac{2}{1000} = 2\times 10^{-3}$

$$E = \frac{\sigma}{\epsilon} = \frac{F}{A\epsilon} = \frac{4F}{\pi d^2\epsilon} = \frac{4(8\pi\times 10^3)}{\pi(10^2)(2\times 10^{-3})} = 16\times 10^4\,[\text{MPa}] = 160\,[\text{GPa}]$$

(2) $\nu = \frac{\epsilon'}{\epsilon} = \frac{\Delta d/d}{\epsilon} = \frac{(0.005/10)}{2\times 10^{-3}} = 0.25$

연습문제 4

01 $A_0L_0 = A_1L_1$이므로 $\frac{L_1}{L_0} = \frac{A_0}{A_1}$이다. 따라서 변형률($\epsilon$)의 정의로부터

$$\epsilon = \frac{L_1-L_0}{L_0} = \frac{L_1}{L_0}-1 = \frac{A_0}{A_1}-1 \quad \therefore\ \frac{A_0}{A_1} = 1+\epsilon$$

여기에서 $\frac{A_1}{A_0} = \frac{1}{1+\epsilon}$이므로 단면수축률($\eta$)은 다음과 같이 계산된다.

$$\eta = \frac{A_0-A_1}{A_0} = 1-\frac{A_1}{A_0} = 1-\frac{1}{1+\epsilon} = 1-\frac{1}{1+0.05} = 0.0476 = 4.76\%$$

02 구속이 없을 때 온도 변화에 의해 늘어나는 봉의 길이

$$\Delta L = L_0\alpha\Delta T = 1000\times(1.2\times 10^{-5})\times(100-20) = 0.96\,[\text{mm}]$$

그런데 봉과 벽 사이에는 0.5mm의 공간이 있으므로 벽에 의해 늘어나지 못하는 봉의 길이 $\Delta L' = 0.96-0.5 = 0.46\,[\text{mm}]$이고, 이 $\Delta L'$에 의해 응력이 발생한다. 따라서 Hook의 법칙에 따라 다음과 같이 응력이 계산된다.

$$\sigma = E\epsilon = E\times\frac{\Delta L'}{L'} = (200\times 10^9)\times\frac{0.46}{1000.5} = 91.95\times 10^6\,[\text{Pa}] = 91.95\,[\text{MPa}]$$

03 $\sigma_{min} = \frac{F_{min}}{A} = \frac{4F_{min}}{\pi d^2} = \frac{4\times(10\times 1000)}{\pi\times 20^2} = 31.83\,[\text{N/mm}^2]$

$$\sigma_{max} = \frac{F_{max}}{A} = \frac{4F_{max}}{\pi d^2} = \frac{4\times(30\times 1000)}{\pi\times 20^2} = 95.49\,[\text{N/mm}^2]$$

○ 평균응력 $\sigma_m = \dfrac{\sigma_{max} + \sigma_{min}}{2} = \dfrac{95.49 + 31.83}{2} = 63.66\,[\mathrm{N/mm^2}]$

○ 응력진폭 $\sigma_a = \dfrac{\sigma_{max} - \sigma_{min}}{2} = \dfrac{95.49 - 31.83}{2} = 31.83\,[\mathrm{N/mm^2}]$

04 $\sigma = \dfrac{P}{A} = \dfrac{4P}{\pi d^2} = \dfrac{4 \cdot (40 \times 10^3)}{\pi(0.01)^2} = 5.093 \times 10^8\,[\mathrm{Pa}] = 509.3\,[\mathrm{MPa}]$

05 허용응력 $\sigma_a = \dfrac{\sigma_s}{S} = \dfrac{49\,\mathrm{MPa}}{7} = 7\,\mathrm{MPa}$

최대 압축 하중 $W = \sigma_a A = 7(20)(50) = 7000\mathrm{N} = 7\mathrm{kN}$

06 허용전단응력 $\tau_a = \tau_w = \dfrac{F}{\pi d^2/4} = \dfrac{4F}{\pi d^2} = \dfrac{4(5000\mathrm{N})}{\pi(8\mathrm{mm})^2} = 99.47\,\mathrm{MPa}$

∴ 안전율 $S = \dfrac{\tau}{\tau_a} = \dfrac{340}{99.47} = 3.42$

07 [정답 : ①] 기준 강도 $\sigma_s = 50\,\mathrm{kgf/cm^2}$, 안전율 $S = 2$이다. 허용응력(σ_a)은

$\sigma_a = \dfrac{\sigma_s}{S} = \dfrac{50}{2} = 25\,[\mathrm{kgf/cm^2}]$

08 [정답 : ③] **09** [정답 : ④]

10 [정답 : ③] : 온도를 상승시켰으므로 발생한 열응력은

$\sigma = -60\mathrm{MPa}$(압축응력)이다.

$\sigma = -E\alpha(T - T_0)$

∴ $T = T_0 - \dfrac{\sigma}{E\alpha} = 20 - \dfrac{(-60 \times 10^6)}{(200 \times 10^9)(1.2 \times 10^{-5})} = 20 + 25[℃] = 45[℃]$

11 [정답 : ③] : 초기 표점 길이 $L_0 = 50\mathrm{mm}$, 초기 단면적 $A_0 = 100\mathrm{mm}^2$이고 주어진 선도에서 하중 $P = 10\mathrm{kN}$일 때 변위 $\Delta L = 1\mathrm{mm}$이다. 이때 훅의 법칙으로부터 다음과 같이 재료의 세로탄성계수(E)가 구해진다.

$\sigma = E\epsilon \quad \therefore \ \dfrac{P}{A_0} = E \times \left(\dfrac{\Delta L}{L}\right)$

∴ $E = \dfrac{P}{A_0} \times \left(\dfrac{L}{\Delta L}\right) = \dfrac{10\mathrm{kN}}{100\mathrm{mm}^2} \times \left(\dfrac{50}{1}\right) = \dfrac{5\mathrm{kN}}{\mathrm{mm}^2} = 5\mathrm{GPa}$

12 [정답 : ①] : 후크의 법칙 $\sigma = E\epsilon$을 만족하는 구간은 σ가 ϵ에 비례하는 구간이므로 OA 구간이다. 그리고 직선 OA의 기울기는 탄성계수(E)이다.

13 [정답 : ①] : SS400은 기준강도가 $\sigma = 400\mathrm{N/mm^2} = 400\mathrm{MPa}$인 것을 나타낸다.

$$S = \frac{\sigma}{\sigma_a} \quad \therefore\ \sigma_a = \frac{\sigma}{S} = \frac{400}{2} = 200\,[\mathrm{MPa}]$$

14 [정답 : ②]

15 [정답 : ③] : 처음 지름 $D_0 = 20\mathrm{mm}$, 변형 후 지름 $D_1 = 10\mathrm{mm}$이다.

$$\eta = \frac{A_0 - A_1}{A_0} \times 100\% = \left(1 - \frac{A_1}{A_0}\right) \times 100\% = \left[1 - \left(\frac{D_1}{D_0}\right)^2\right] \times 100\%$$

$$= \left[1 - \left(\frac{10}{20}\right)^2\right] \times 100\% = 75\%$$

16 [정답 : ②]

17 [정답 : ③] : 진변형률(ϵ_T)과 공칭변형률(ϵ)은 다음 관계를 갖는다.

$\epsilon_T = \ln(1+\epsilon)$ …①

그리고 진응력(σ_T)과 공칭응력(σ) 및 공칭변형률(ϵ)은 다음 관계를 갖는다.

$\sigma_T = \sigma(1+\epsilon)$ …②

②에서 $(1+\epsilon) = \dfrac{\sigma_T}{\sigma}$를 ①에 대입하면 $\epsilon_T = \ln\left(\dfrac{\sigma_T}{\sigma}\right)$.

18 [정답 : ②]

19 [정답 : ①]

20 [정답 : ③]

21 [정답 : ②]

22 [정답 : ③]

23 [정답 : ③]

24 [정답 : ①]

25 [정답 : ②]

26 [정답 : ②] : 길이 4m가 2cm 늘어났을 때 변형률은

$$\epsilon = \frac{\Delta L}{L} = \frac{2}{400} = 0.005$$

이고, 비례구간에서 기울기가 탄성계수(E)이므로 그림에서 탄성변형률

$$\epsilon_e = \frac{\sigma}{E} = \frac{6}{2000} = 0.003$$

이다. 따라서 잔류변형률 $\epsilon_r = \epsilon - \epsilon_e = 0.005 - 0.003 = 0.002$이다.

27 [정답 : ②]

28 [정답 : ③]

29 [정답 : ②] : 소재의 부피가 일정하므로

$$\frac{\pi}{4}(20)^2 \times 100 = \frac{\pi}{4}(10)^2 \times L_1 \quad \therefore\ L_1 = 400[\mathrm{mm}]$$

$$\epsilon = \frac{L_1 - L_0}{L_0} = \frac{400-100}{100} = 3,\ \epsilon_t = \ln\frac{L_1}{L_0} = \ln\left(\frac{400}{100}\right) = \ln 4 = 2\ln 2 = 1.4$$

30 [정답 : ③] : 변형률(ϵ), 탄성변형률(ϵ_e), 소성변형률(ϵ_p)은

$$\epsilon = \frac{\Delta L}{L} = \frac{15}{1500} = 0.01,\ \epsilon_e = \frac{\sigma}{E} = \frac{300}{200 \times 10^3} = 0.0015$$

$$\epsilon_p = \epsilon - \epsilon_e = 0.01 - 0.0015 = 0.0085$$

이므로 봉의 영구신장량(ΔL_p)은 다음과 같다.

$$\epsilon_p = \frac{\Delta L_p}{L} \quad \therefore\ \Delta L_p = \epsilon_p L = 0.0085 \times (1500) = 12.75[\text{mm}]$$

31 [정답 : ①]

32 [정답 : ④] 평균응력 $\sigma_m = \dfrac{P}{(b-d)t} = \dfrac{(5 \times 10^3)}{(50-10) \times 5} = 25[\text{N/mm}^2]$이고, 응력집중계수 $\alpha = 2.0$이므로 구멍 부분에서 응력의 최댓값(σ_{max})은 다음과 같다.

$$\alpha = \frac{\sigma_{max}}{\sigma_m} \quad \therefore\ \sigma_{max} = \alpha\sigma_m = 2 \times 25 = 50[\text{N/mm}^2]$$

33 (1) 탄성구간의 직선 기울기 : 재료의 탄성계수(E)를 나타낸다. 훅의 법칙에서 $\sigma = E\epsilon$이다.

(2) 극한인장강도 : B

(3) 시험편 처음 지름 $D_0 = 10\text{mm}$, 파단부 지름 $D_1 = 6\text{mm}$이므로 단면감소율(η)은 다음과 같다.

$$\eta = \frac{A_0 - A_1}{A_0} = 1 - \frac{A_1}{A_0} = 1 - \left(\frac{D_1}{D_0}\right)^2 = 1 - \left(\frac{6}{10}\right)^2 = 0.64 = 64\%$$

34 (1) 인장강도 : 최대 인장하중 $P_{max} = 7850\text{kgf}$, 변형 전 시험편의 지름 $D_0 = 10\text{mm}$이다.

$$\sigma_{max} = \frac{P_{max}}{A_0} = \frac{P_{max}}{\pi D_0^2/4} = \frac{4 \times 7850}{\pi \times 10^2} = 99.95[\text{kgf/mm}^2]$$

(2) 연신율 : 시험편의 변형 전 처음 길이 $L_0 = 50\text{mm}$, 변형 후 길이 $L_1 = 58\text{mm}$이다.

$$\varepsilon = \frac{L_1 - L_0}{L_0} \times 100\,(\%) = \frac{58-50}{50} \times 100(\%) = 16(\%)$$

35 ㉠ 피로파괴

㉡ S−N 곡선, 피로한도 곡선 (또는 S−N 선도, $\sigma - N$ 선도라 한다.)

36 (1) 평균응력의 식 : $\sigma_m = \dfrac{\sigma_{max} + \sigma_{min}}{2}$

(2) 응력비의 식 : $R = \dfrac{\sigma_{min}}{\sigma_{max}}$

(3) 최대응력 값 : $\sigma_{max} = 200\,[\text{MPa}]$

(4) 최소응력 값 : $\sigma_{min} = 20\,[MPa]$

응력비의 정의에서 $\sigma_{min} = R\sigma_{max}$이다. 이 식과 평균응력 식으로부터 σ_{max}과 σ_{min}을 구하면 다음과 같다.

$$\sigma_m = \frac{\sigma_{max} + \sigma_{min}}{2} = \frac{\sigma_{max} + R\sigma_{max}}{2} = \frac{(1+R)\sigma_{max}}{2}$$

$$\therefore\ \sigma_{max} = \frac{2\sigma_m}{1+R} = \frac{2\times 110}{1+0.1} = 200\,[MPa]$$

$$\sigma_{min} = R\sigma_{max} = 0.1\times 200 = 20\,[MPa]$$

37 [정답 : ②] 가해지는 반복하중의 크기가 작을수록 파괴가 일어날 때까지의 반복횟수가 늘어난다.

38 [정답 : ②]

39 (1) 직선 OP의 기울기가 의미하는 기계적 성질의 명칭 : 탄성구간에서 직선의 기울기는 재료의 탄성계수(modulus of elasticity, 세로탄성계수, E)를 나타낸다. 훅의 법칙에서 $\sigma = E\epsilon$이다.

(2) σ_y가 200[N/mm^2]일 때 항복하중 P_y[N] : 초기 단면적 $A_0 = 78.5$[mm^2]이고 공칭응력은 $\sigma = \dfrac{P}{A_0}$로 정의되므로

$$P_y = A_0\sigma_y = 78.5\times 200 = 15{,}700\,[N]$$

40 [정답 : ④] 푸아송 비 $\nu = \epsilon_h/\epsilon_v$

41 [정답 : ④] 크리프 속도가 0이 될 때 때 크리프 한계응력이 발생한다.

42 [정답 : ①]

43 [정답 : ④] 열팽창 계수(선팽창 계수) α, 길이 L_0, 온도 변화 ΔT일 때 신축량은 $\Delta L = L_0\alpha\Delta T$이다.

44 [정답 : ④] 온도를 높였을 때 발생하는 열응력의 크기는 재료의 열팽창계수, 온도 변화량 및 재료의 세로탄성계수에 비례한다. 그러나 열응력의 크기는 실린더 축방향 길이와는 무관하다.

45 [정답 : ④] 동하중이 더 중요하다.

46 [정답 : ④]

47 [정답 : ②] $\sigma_a = \dfrac{F}{bt} = \dfrac{36 \times 10^3}{30 \times 20} = 60\,[\text{MPa}]$ $\therefore$ $S = \dfrac{\sigma_s}{\sigma_a} = \dfrac{240}{60} = 4$

48 [정답 : ②] **49** [정답 : ③] **50** [정답 : ①]

51 ○ 허용인장응력 기준 : $F_{\max,1} = \sigma_a A = (100)(30) = 3000\,[\text{N}] = 3\,[\text{kN}]$

○ 허용 신장량 기준 : $F_{\max,2} = \sigma A = E\epsilon A = E\left(\dfrac{\Delta L}{L}\right)A = (40)\left(\dfrac{0.8}{400}\right)(30) = 2.4\,[\text{kN}]$

$\therefore$ $F_{\max} = 2.4\,[\text{kN}]$

연습문제 5

01 (A)의 상당 스프링상수를 k_1이라 하면, (A)는 병렬연결이므로

$k_1 = k + k = 2k$

(B)에서 왼쪽의 직렬 연결된 두 스프링의 상당 스프링상수를 k'이라 하면

$\dfrac{1}{k'} = \dfrac{1}{k} + \dfrac{1}{k} = \dfrac{2}{k}$ $\therefore$ $k' = \dfrac{k}{2}$

(B)의 왼쪽과 오른쪽 스프링(k)은 병렬연결이므로 (B)의 상당 스프링상수를 k_2이라 하면

$k_2 = k' + k = \dfrac{k}{2} + k = \dfrac{3}{2}k$

(A)와 (B)에 동일 하중 W가 작용할 때

$\delta_1 = \dfrac{W}{k_1} = \dfrac{W}{2k} = \dfrac{1}{2}\left(\dfrac{W}{k}\right)$, $\delta_2 = \dfrac{W}{k_2} = \dfrac{W}{(3k/2)} = \dfrac{2}{3}\left(\dfrac{W}{k}\right)$

$\therefore$ $\delta_1 : \delta_2 = \dfrac{1}{2} : \dfrac{2}{3} = \left(\dfrac{1}{2} : \dfrac{2}{3}\right) \times 6 = 3 : 4$

02 먼저 왼쪽 두 스프링과 오른쪽 스프링에 걸리는 힘을 구한다.

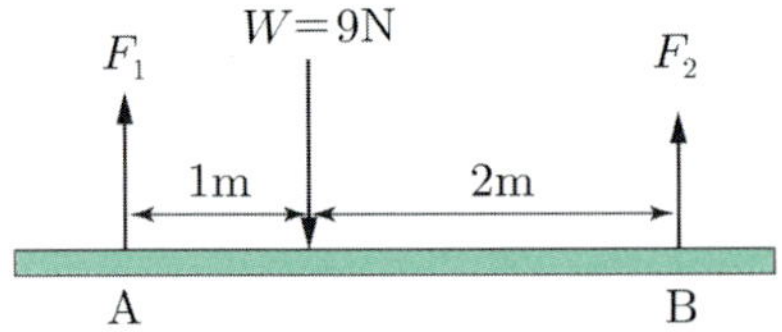

[그림] 봉의 자유물체도

그림의 자유물체도에서 모멘트 평형 조건($\sum M = 0$)을 적용하면

$\sum M_B = 0$: $(F_1 \times 3) - (W \times 2) = 0$ $\therefore$ $F_1 = \dfrac{2}{3}W = \dfrac{2}{3} \times 9 = 6\,[\text{N}]$ $\cdots$①

$\sum M_A = 0 \ : \ (F_2 \times 3) - (W \times 1) = 0 \quad \therefore \quad F_2 = \frac{1}{3} W = \frac{1}{3} \times 9 = 3[\text{N}] \quad \cdots ②$

직렬연결인 왼쪽 두 스프링(k_1, k_2)의 상당 스프링상수(k_{eq})를 구하면

$\frac{1}{k_{eq}} = \frac{1}{k_1} + \frac{1}{k_2} = \frac{1}{1} + \frac{1}{4} = \frac{5}{4} \quad \therefore \quad k_{eq} = \frac{4}{5}[\text{kN/m}] \quad \cdots ③$

이다. 여기에서 봉이 수평 상태로 매달려 있으므로 왼쪽 두 스프링(k_{eq})에서 늘어난 길이와 오른쪽 스프링(k_3)에서 늘어난 길이가 같다. 따라서 스프링상수 k인 스프링이 힘 F를 받을 때 늘어난 길이 $\delta = F/k$이므로 다음과 같이 스프링상수 k_3가 구해진다.

$\delta = \frac{F_1}{k_{eq}} = \frac{F_2}{k_3} \quad \therefore \quad k_3 = \left(\frac{F_2}{F_1}\right) k_{eq} = \left(\frac{3}{6}\right) \times \frac{4}{5} = 0.4[\text{kN/m}] \quad \cdots ④$

03 직렬 연결된 k_2스프링과 k_3스프링에 작용하는 힘은 같다. 이 힘을 $F_2[\text{N}]$로 하고 k_1스프링에 작용하는 힘을 $F_1[\text{N}]$으로 하여 강체 봉에 대한 자유물체도를 그리면 그림과 같다.

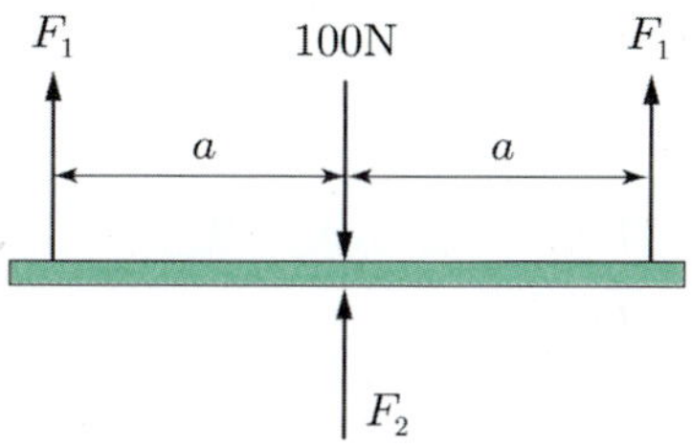

[그림] 강체 봉의 자유물체도

정역학적 힘의 평형 조건($\sum F = 0$)으로부터

$F_1 + F_2 + F_1 - 100 = 0 \quad \therefore \quad 2F_1 + F_2 = 100 \quad \cdots ①$

직렬 연결된 k_2 스프링과 k_3 스프링의 상당스프링상수(k_{eq})를 구하면

$\frac{1}{k_{eq}} = \frac{1}{k_2} + \frac{1}{k_3} = \frac{1}{2} + \frac{1}{4} = \frac{3}{4} \quad \therefore \quad k_{eq} = \frac{4}{3}[\text{kN/m}]$

본 문제에서는 상하 벽이 고정되어 있으므로 위의 k_1 스프링에서 늘어난 길이($\delta = F_1/k_1$)와 아래 $k_2 + k_3$ 스프링에서 줄어든 길이($\delta = F_2/k_{eq}$)가 같다. 따라서

$\delta = \frac{F_1}{k_1} = \frac{F_2}{k_{eq}}, \quad \frac{F_1}{1} = \frac{F_2}{(4/3)} \quad \therefore \quad F_1 = \frac{3}{4} F_2 \quad \cdots ②$

식 ②를 식 ①에 대입하여 F_2를 구하면

$2 \times \left(\frac{3}{4} F_2\right) + F_2 = 100 \quad \therefore \quad F_2 = \frac{2}{5} \times 100 = 40[\text{N}]$

이고, $F_1 = 30(\text{N})$이다. 이때 강체 봉의 처짐량(δ)은 다음과 같다.

$\delta = \frac{F_1}{k_1} = \frac{30\text{N}}{(1\text{kN/m})} = \frac{30\text{N}}{(1000\text{N/m})} = \frac{30}{1000}[\text{m}] = 30[\text{mm}]$

이상에서 강체 봉의 처짐량은 $\delta = 30\text{mm}$이고 k_3스프링에 작용하는 힘은 $F_2 = 40\text{N}$이다.

04 A점에 대한 모멘트 평형조건을 적용하면 막대 CD에 작용하는 인장력(F_{CD})은

$$F_{CD}\times 2-2q\times 1-P\times 3=0 \quad \therefore \; F_{CD}=\frac{1}{2}\times(2\times 8+4\times 3)=14[\text{kN}]$$

$$\therefore \; \delta=\frac{F_{CD}L_{CD}}{EA}=\frac{(14\times 10^3)(1000)}{(200\times 10^3)\times 500}=0.14[\text{mm}]$$

05 (1) $N_{AB}=P=8\text{kN}=8\times 10^3\text{N}$, $N_{BC}=P-Q=-8\text{kN}=-8\times 10^3\text{N}$ (압축력)

$$\delta_A=\delta_{AB}+\delta_{BC}=\frac{1}{E}\left(\frac{N_{AB}L_{AB}}{A_{AB}}+\frac{N_{BC}L_{BC}}{A_{BC}}\right)$$

$$=\frac{1}{60\times 10^3}\left(\frac{8\times 10^3\times 300}{20}-\frac{8\times 10^3\times 600}{80}\right)=1[\text{mm}]$$

$$\delta_B=\delta_{BC}=\frac{N_{BC}L_{BC}}{EA_{BC}}=\frac{1}{60\times 10^3}\times\frac{(-8\times 10^3)\times 600}{80}=-1[\text{mm}]\,(\text{압축})$$

(2) $$\frac{N_{AB}L_{AB}}{A_{AB}}+\frac{N_{BC}L_{BC}}{A_{BC}}=\frac{P\times 30}{20}+\frac{(P-Q)\times 60}{80}=0$$

$$\frac{3P}{2}+\frac{3(P-Q)}{4}=0 \quad \therefore \; Q=3P=3\times 7\text{kN}=21\text{kN}$$

06 축력 $N_{AB}=N_{BC}=P$; $\delta_C=\delta_{AB}+\delta_{BC}=\frac{P}{E}\left(\frac{L_{AB}}{A_{AB}}+\frac{L_{BC}}{A_{BC}}\right)$

$$\frac{L_{BC}}{A_{BC}}=\frac{E\delta_C}{P}-\frac{L_{AB}}{A_{AB}}=\frac{200\times 10^3\times 4}{80\times 10^3}-\frac{800}{\pi(20)^2/4}=7.45[/\text{mm}]$$

$$\therefore \; A_{BC}=\frac{\pi d^2}{4}=\frac{L_{BC}}{7.45}=\frac{500}{7.45}=67.1[\text{mm}^2] \quad \therefore \; d=\sqrt{\frac{4\times 67.1}{\pi}}=9.24[\text{mm}]$$

07 [정답 : ④] 인장은 양(+), 압축은 음(−)으로 한다. 그림의 자유물체도에서 BC 부분에 작용하는 내부축력 $N_{BC}=-P$, AB 부분에 작용하는 내부축력 $N_{AB}=Q-P$이다. C점의 수평변위가 0이므로 봉의 총 변위가 0이다.

$$\delta=\delta_{AB}+\delta_{BC}=\frac{(Q-P)L}{EA}+\frac{(-P)\times 2L}{EA}=0$$

$$(Q-P)-2P=0 \quad \therefore \; Q=3P$$

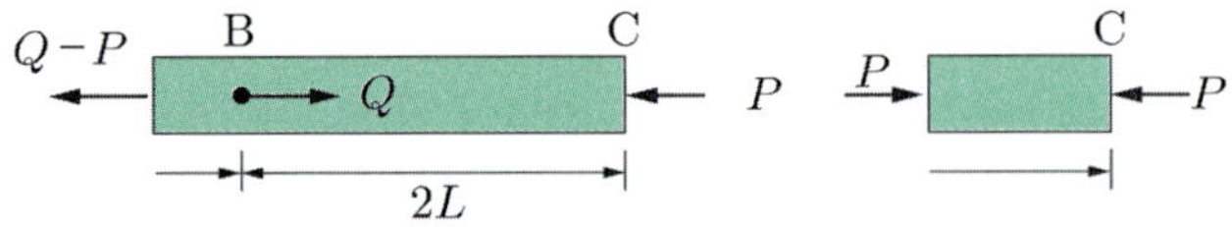

[그림] 내부축력을 구하기 위한 자유 물체도

08 [정답 : ①] 그림과 같이 자유물체도를 그려보면 단면 A_1 부재에는 $N_1=100[\text{kN}]$, A_2 부재에는 $N_2=300[\text{kN}]$의 인장력이 작용한다. 강철봉의 전체 길이 변화량 $\delta[\text{mm}]$는 다음과 같다.

$$\delta = \delta_1 + \delta_2 = \frac{N_1 L_1}{A_1 E} + \frac{N_2 L_2}{A_2 E} = \frac{(100 \times 10^3) \times 500}{500 \times (300 \times 10^3)} + \frac{(300 \times 10^3) \times 400}{200 \times (300 \times 10^3)}$$

$$= \frac{1}{3} + 2 = \frac{7}{3} \text{[mm]}$$

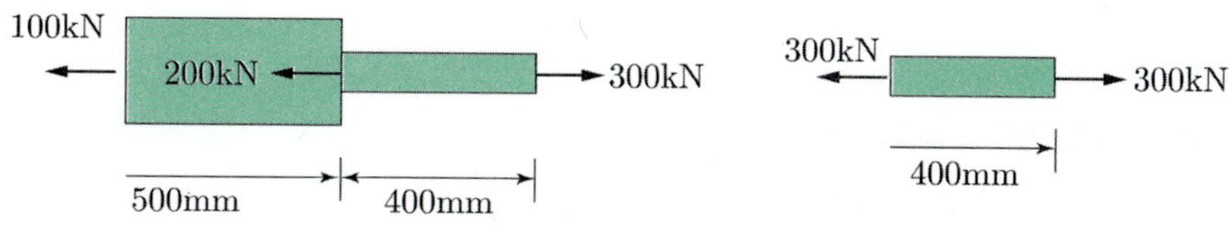

[그림] 내부축력을 구하기 위한 자유 물체도

09 [정답 : ③] 그림과 같이 내부축력을 구하면 cd 부재에는 인장력 $N_1 = 2P$, bc 부재에는 압축력 $N_2 = -P$, ab 부재에는 인장력 $N_3 = P$가 작용한다. 점 d의 수평변위는 부재의 총 신장량(δ)과 같다.

$$\delta = \delta_1 + \delta_2 + \delta_3 = \frac{N_1 L}{A_1 E} + \frac{N_2 L}{A_2 E} + \frac{N_3 L}{A_3 E} = \left(\frac{2P}{A} - \frac{P}{2A} + \frac{P}{2A}\right)\frac{L}{E} = \frac{2PL}{AE}$$

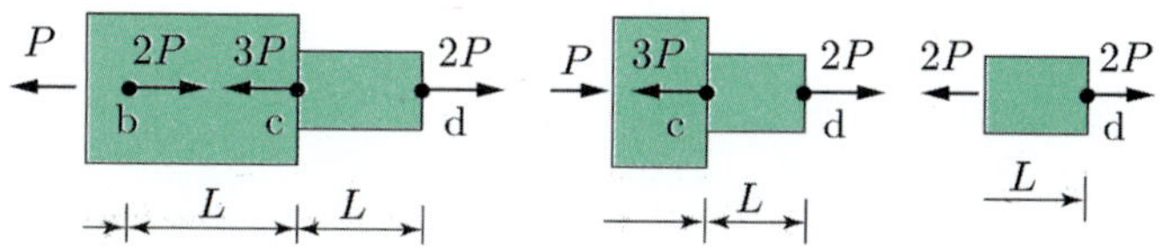

[그림] 각 부분의 내부축력을 구하기 위한 자유 물체도

10 [정답 : ③] 부재를 두 부분(AC, BC)으로 나누고, AC 부재에 작용하는 내부축력을 N으로 하여 내부축력의 자유물체도를 그리면 [그림]과 같다. 그림에서 BC 부재에 작용하는 내부축력은 $N - P$이다. 여기에서 전체 신장량은 0이므로

$$\delta = \delta_1 + \delta_2 = \frac{N(3L)}{EA} + \frac{(N-P)(2L)}{EA} = 0$$

$$3N + 2(N - P) = 0 \quad \therefore \quad N = \frac{2P}{5}$$

이다. C점에서의 수평변위는 AC 부재의 신장량(δ_1) 또는 BC 부재의 줄어든 길이와 같다.

$$\delta_1 = \frac{N(3L)}{EA} = \frac{2P}{5} \times \frac{3L}{EA} = \frac{6PL}{5EA}$$

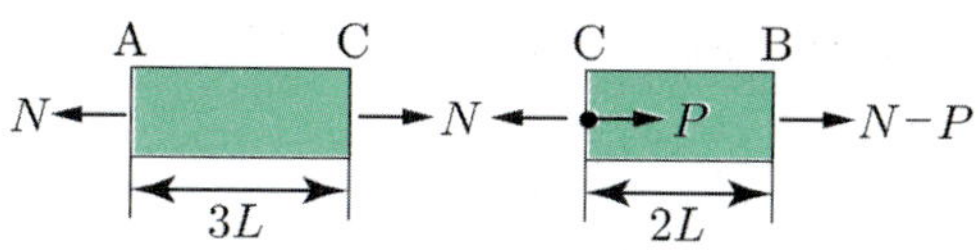

[그림] 내부축력에 대한 자유 물체도

11 [정답 : ③] 부재를 세 부분으로 나누고 자유물체도를 그려서 각 부분에 작용하는 내부축력을 구한다. 길이 5m 부재에는 $N_1 = 70\text{kN}$, 3m 부재에는 $N_2 = 40\text{kN}$, 2m 부재에는 $N_3 = 80$ kN의 내부축력이 발생한다. 축력에 의해 발생되는 총신장량 δ[mm]는 다음과 같다.

$$\delta = \delta_1 + \delta_2 + \delta_3 = \frac{1}{EA}(N_1L_1 + N_2L_2 + N_3L_3)$$

$$= \frac{10^3 \times 10^3}{(2 \times 10^5) \times 500} \times (70 \times 5 + 40 \times 3 + 80 \times 2) = \frac{1}{10} \times (35 + 12 + 16) = 6.3[\text{mm}]$$

12 [정답 : ①] B점의 위치가 움직이지 않기 위해서는 부재 BC가 변형되지 않아야 하므로 이 부분에 작용하는 내력이 0이 되어야 한다.

$P_B - P_A = 0 \quad \therefore \; P_B = P_A = 10[\text{MN}]$

13 [정답 : ④] 부재를 잘라서 자유물체도를 그려보면 부재 CD, BC, AB에 작용하는 내부축력은 $N_{CD} = 20\text{kN}$, $N_{BC} = 20 + 15 = 35\text{kN}$, $N_{AB} = 35 - 30 = 5\text{kN}$.

D점의 수평변위는 부재의 총 신장량(δ)과 같다.

$$\delta = \delta_{AB} + \delta_{BC} + \delta_{CD} = \frac{N_{AB}L_{AB}}{AE} + \frac{N_{BC}L_{BC}}{AE} + \frac{N_{CD}L_{CD}}{AE}$$

$$= \frac{(5 \times 10^3 \times 10 + 35 \times 10^3 \times 10 + 20 \times 10^3 \times 20)}{1 \times 100 \times 10^3}$$

$$= (50 + 350 + 400) \times \frac{1}{100} = 8[\text{cm}]$$

14 [정답 : ②] 구간 D_1, D_2, D_3에 작용하는 인장력은 각각 $2P$, $2P$, $3P$이다.

$$\delta_1 : \delta_2 : \delta_3 = \frac{2PL}{AE} : \frac{2P \times 2L}{(A/2)E} : \frac{3P \times 3L}{(A/4)E} = 1 : 4 : 18$$

15 왼쪽 끝단으로부터 거리를 x로 놓는다.

$$h(x) = h_1 + \frac{h_2 - h_1}{L}x, \; A(x) = bh(x)$$

$$\therefore \; \delta = \int_0^L \frac{Pdx}{EA(x)} = \frac{P}{bE}\int_0^L \frac{1}{\left[h_1 + \left(\frac{h_2 - h_1}{L}\right)x\right]}dx = \frac{P}{bE}\left(\frac{L}{h_2 - h_1}\right)\ln\left(\frac{h_2}{h_1}\right)$$

16 왼쪽 끝단으로부터 거리를 x로 놓는다.

$$d(x) = 2\left(d + \frac{d}{L}x\right) = \frac{2d}{L}(L + x), \; A(x) = \frac{\pi}{4}[d(x)]^2 = \frac{\pi d^2}{L^2}(L + x)^2$$

$$\delta = \int_0^L \frac{Pdx}{EA(x)} = \left(\frac{PL^2}{\pi d^2 E}\right)\int_0^L \frac{1}{(L + x)^2}dx = \left(\frac{PL^2}{\pi d^2 E}\right)\left[-\frac{1}{(L + x)}\right]_0^L = \frac{PL}{2\pi d^2 E}$$

17 그림과 같이 좌표계를 설정하고 아래 면으로부터 거리 y에 위치한 길이 dy의 미소요소를 잡는다. 봉의 단위 부피당 무게를 γ라 하면 미소요소에는 길이 y의 봉의 무게에 의해 γAy의 인장력이 작용하고, 이 인장력에 의해 길이 dy의 미소요소는

$$d(\Delta) = \frac{P(dy)}{AE} = \frac{(\gamma Ay)dy}{AE} = \frac{\gamma y dy}{E}$$

만큼 길이가 늘어나게 된다. 이것을 적분하면 봉의 전신장량은

$$\Delta = \int_0^L \frac{\gamma y dy}{E} = \frac{\gamma}{E}\int_0^L y\,dy = \frac{\gamma L^2}{2E}$$

여기에서 $W = \gamma(AL)$이므로 $\gamma = W/AL$을 대입하면 $\Delta = \dfrac{WL}{2AE}$

18 $P = \dfrac{\delta}{L}(A_1E_1 + A_2E_2) = \dfrac{0.1}{88} \times (80 \times 100 + 70 \times 200) \times 10^3[\text{N}] = 25[\text{kN}]$

19 $A_1E_1 + A_2E_2 = (80 \times 100 + 70 \times 200) \times 10^3 = 22{,}000 \times 10^3[\text{N}] = 22{,}000[\text{kN}]$

$$P_{1,\max} = \frac{\sigma_{1y}}{E_1}(A_1E_1 + A_2E_2) = \frac{400}{100 \times 10^3} \times 22{,}000 = 88[\text{kN}]$$

$$P_{2,\max} = \frac{\sigma_{2y}}{E_2}(A_1E_1 + A_2E_2) = \frac{500}{200 \times 10^3} \times 22{,}000 = 55[\text{kN}]$$

$\therefore\ P_{\max} = 55[\text{kN}]$

20 우측 기둥 (다)에는 (가)와 같은 크기의 압축력 P_1이 작용하므로 힘의 평형 조건에서

$2P_1 + P_2 = P \ \cdots ①$

기둥 (가)는 P_1에 의해 $\Delta L_1 = \dfrac{P_1L}{E_1A_1}$만큼 압축되고, 기둥 (나)는 P_2에 의해 $\Delta L_2 = \dfrac{P_2L}{E_2A_2}$만큼 압축된다. 따라서 두 재료의 압축된 길이가 서로 같으므로

$$\frac{P_1L}{E_1A_1} = \frac{P_2L}{E_2A_2} \quad \therefore\ P_1 = \left(\frac{A_1E_1}{A_2E_2}\right)P_2 = rP_2 \ \cdots ②$$

식 ②를 ①에 대입하면

$$2rP_2 + P_2 = P \quad \therefore\ P_2 = \frac{1}{2r+1}P,\ P_1 = rP_2 = \frac{r}{2r+1}P \ \cdots ③$$

21 변형률 $\epsilon = \dfrac{\delta}{L} = 0.2\% = \dfrac{0.2}{100}$.

$$P = \frac{\delta}{L}(A_1E_1 + A_2E_2) = \frac{0.2}{100} \times (50 \times 100 + 80 \times 60) \times 10^3[\text{N}] = 19.6[\text{kN}]$$

22 $A_1E_1 + A_2E_2 = (50 \times 100 + 80 \times 60) \times 10^3 = 9{,}800 \times 10^3[\text{N}] = 9{,}800[\text{kN}]$

$$P_{1,\max} = \frac{\sigma_{1y}}{E_1}(A_1E_1 + A_2E_2) = \frac{500}{100 \times 10^3} \times 9{,}800 = 49[\text{kN}]$$

$$P_{2,\max} = \frac{\sigma_{2y}}{E_2}(A_1E_1 + A_2E_2) = \frac{360}{60 \times 10^3} \times 9{,}800 = 58.8[\text{kN}]$$

$\therefore \ P_{max} = 49\,[\text{kN}]$

23 [정답 : ①] 그림의 자유물체도에서 A지점에 작용하는 수평반력의 크기를 $N\,[\text{kN}]$이라고 하면 AB 부분에 작용하는 내부축력 $N_{AB} = N$이고, BC 부분에 작용하는 내부축력 $N_{BC} = N - 100\,[\text{kN}]$이다. 여기에서 AB 부분의 단면적을 A라고 하면 BC 부분의 단면적은 $2A$이다. 봉 전체의 수평변위가 0일 때

$$\delta = \delta_{AB} + \delta_{BC} = \frac{N \times 2}{EA} + \frac{(N - 100) \times 1}{E \times (2A)} = 0$$

$$2N + \frac{1}{2}(N - 100) = 0 \quad \therefore \ N = 20\,[\text{kN}]$$

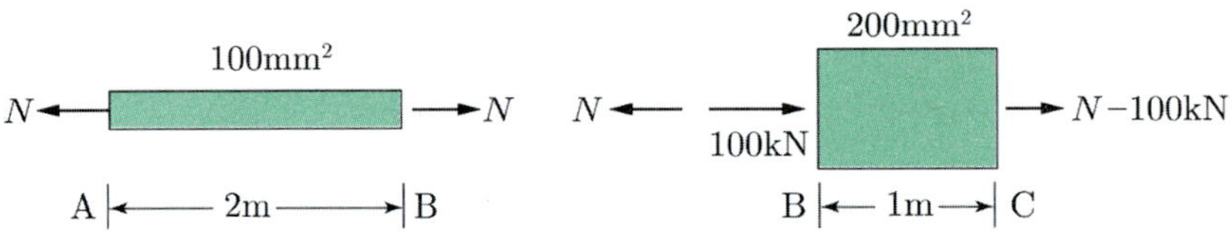

[그림] 내부축력을 구하기 위한 자유 물체도

24 [정답 : ④] 부재 B에 작용하는 내부축력을 $N_B = N$으로 가정하고 자유물체도를 그려보면 부재 C에는 $N_C = N - P$, D에는 $N_D = N - 2P$의 내부축력이 발생한다. 여기에서 양단이 고정되어 있으므로 부재의 전체 신장량은 0이다.

$$\delta = \delta_B + \delta_C + \delta_D = \frac{NL}{3AE} + \frac{(N-P)L}{2AE} + \frac{(N-2P)L}{AE} = 0$$

$$\frac{N}{3} + \frac{(N-P)}{2} + (N - 2P) = 0$$

$$2N + 3(N-P) + 6(N-2P) = 0 \quad \therefore \ N = \frac{15}{11}P$$

따라서 $N_B = \dfrac{15}{11}P$, $N_C = N - P = \dfrac{4}{11}P$, $N_D = N - 2P = -\dfrac{7}{11}P$.

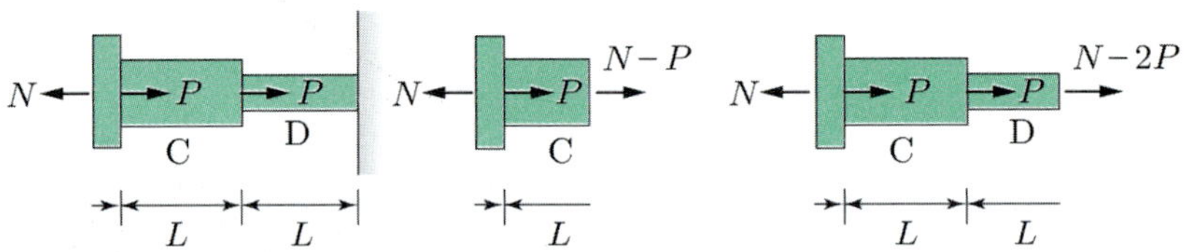

[그림] 내부축력을 보여주는 자유 물체도

① B, C 부재의 축력 비 : $N_B : N_C = \dfrac{15}{11}P : \dfrac{4}{11}P = 15 : 4$

② D 부재에 발생하는 응력 $\sigma_D = \dfrac{N_D}{A} = -\left(\dfrac{7}{11}\right)\dfrac{P}{A}$

B 부재 응력 $\sigma_B = \dfrac{N_B}{3A} = \left(\dfrac{1}{3} \times \dfrac{15}{11}\right)\dfrac{P}{A} = \left(\dfrac{5}{11}\right)\dfrac{P}{A} \quad \therefore \ |\sigma_D| = \dfrac{7}{5}|\sigma_B|$

③ $\delta_B = \dfrac{N_B L}{3AE} = \dfrac{15P}{11} \times \dfrac{L}{3AE} = \dfrac{5}{11}\left(\dfrac{PL}{AE}\right)$

$\delta_C = \dfrac{N_C L}{2AE} = \dfrac{4P}{11} \times \dfrac{L}{2AE} = \dfrac{2}{11}\left(\dfrac{PL}{AE}\right)$

$\delta_D = \dfrac{N_D L}{AE} = -\dfrac{7P}{11} \times \dfrac{L}{AE} = -\dfrac{7}{11}\left(\dfrac{PL}{AE}\right) \qquad \therefore \ |\delta_D| > \delta_B > \delta_C$

④ 왼쪽 지점 반력 $R_B = N_B = \dfrac{15}{11}P$

오른쪽 지점 반력 $R_D = N_D = -\dfrac{7}{11}P$

25 [정답 : ①] 부재를 3등분하여 A지점 부재에 작용하는 축력을 $N_A = N$으로 가정하고 자유 물체도를 그려보면 가운데 부재 C에는 $N_C = N - 220\,[\mathrm{kN}]$, B 지점 부재에는 $N_B = N - 220 - 175 = N - 395\,[\mathrm{kN}]$의 축력이 발생한다. 여기에서 양단이 고정되어 있으므로 부재의 전체 신장량은 0이다. 길이 $L = 3\,[\mathrm{m}]$로 일정하다.

$\delta = \delta_A + \delta_C + \delta_B = \dfrac{NL}{AE} + \dfrac{(N-220)L}{AE} + \dfrac{(N-395)L}{AE} = 0$

$N + (N-220) + (N-395) = 0 \qquad \therefore \ N = 205\,[\mathrm{kN}]$

따라서 $N_B = N - 395 = 205 - 395 = -190\,[\mathrm{kN}]$이므로 지점 B에서 발생하는 수평반력의 크기[kN]는 190[kN]이다. N_B의 부호 (−)는 B점에 압축력이 작용한다는 것을 나타낸다.

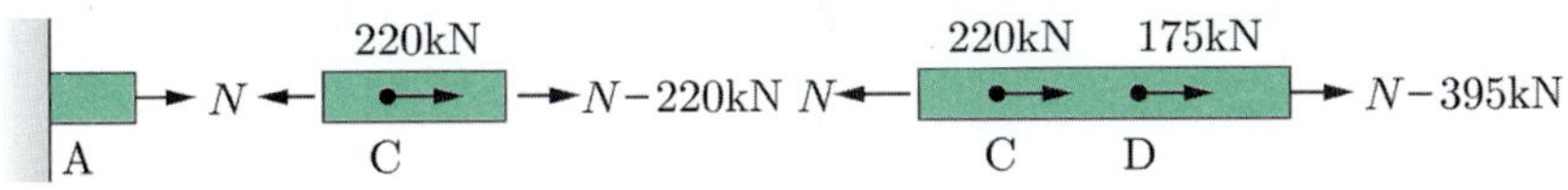

[그림] 내부축력 자유 물체도

26 $\sigma_a < 2\tau_a$이므로 최대수직응력($\sigma_{max} = \sigma_a$)에 근거하여

$P_{max} = A\sigma_a = 400 \times 120 = 48{,}000\,[\mathrm{N}] = 48\,[\mathrm{kN}]$

27 $\sigma_a > 2\tau_a$이므로 허용전단응력(τ_a)에 근거하여 봉의 최소지름(d_{min})을 구한다.

$P = 2A\tau_a = 2 \times \dfrac{\pi d_{min}^2}{4} \times \tau_a \qquad \therefore \ d_{min} = \sqrt{\dfrac{2P}{\pi\tau_a}} = \sqrt{\dfrac{2 \times (4 \times 10^3)}{\pi \times 20}} = \dfrac{20}{\sqrt{\pi}}$

28 (1) $\sigma_{max} = \sigma_x = \dfrac{P}{A} = \dfrac{4P}{\pi d^2} = \dfrac{4(3\pi \times 10^3)}{\pi(10)^2} = 120\,[\mathrm{MPa}]$

$\tau_{max} = \dfrac{1}{2}\sigma_x = 60\,[\mathrm{MPa}]$

(2) $\sigma_\theta = \dfrac{\sigma_x}{2}(1 + \cos 2\theta) = \dfrac{\sigma_x}{2}(1 + \cos 90°) = \dfrac{\sigma_x}{2} = 60\,[\mathrm{MPa}]$

$\tau_\theta = -\dfrac{\sigma_x}{2}\sin 2\theta = -\dfrac{\sigma_x}{2}\sin 90° = -\dfrac{\sigma_x}{2} = -60\,[\mathrm{MPa}]$

(3) $\sigma_\theta = \frac{\sigma_x}{2}(1+\cos 2\theta) = \frac{120}{2}(1+\cos 45°) = 60 + 30\sqrt{2}$ [MPa]

$\tau_\theta = -\frac{\sigma_x}{2}\sin 2\theta = -\frac{120}{2}\sin 45° = -30\sqrt{2}$ [MPa]

29 ○ 인장 : $F_{max,1} = \sigma_a A = \sigma_a ab = (100)(50 \times 40) = 200 \times 10^3$[N]$= 200$[kN]

○ 전단 : $F_{max,2} = 2\tau_a A = 2\tau_a ab = 2(40)(50 \times 40) = 160 \times 10^3$[N]$= 160$[kN]

∴ $F_{max} = F_{max,1} = 160$[kN]

30 $\sigma_x = -\frac{P}{A} = -\frac{40 \times 10^3}{2000} = -20$[MPa]

$\sigma_\theta = \frac{\sigma_x}{2}(1+\cos 2\theta) = \frac{(-20)}{2}(1+\cos 60°) = -15$[MPa]

$\tau_\theta = -\frac{\sigma_x}{2}\sin 2\theta = -\frac{(-20)}{2}\sin 60° = 5\sqrt{3}$ [MPa]

31 봉의 축선과 경사면의 법선이 이루는 각 $\theta = 30°$일 때 경사면에서 발생하는 수직응력(σ)과 전단응력(τ)은 다음과 같다.

$\sigma = \sigma_x \cos^2\theta = \frac{P}{A}\cos^2\theta = \frac{(10 \times 10^3)}{100} \times \cos^2 30° = 75$[MPa]

$\tau = -\sigma_x \sin\theta\cos\theta = -\frac{P}{A}\sin\theta\cos\theta = -\frac{(10 \times 10^3)}{100} \times \sin 30° \times \cos 30°$

$= -25\sqrt{3}$ [MPa]

32 법선응력 $\sigma_\theta = 25$[Pa]이고 부재의 축선과 경사면의 법선이 이루는 각 $\theta = 60°$이다. 인장하중 P[N]은 다음과 같이 구해진다.

$\sigma_\theta = \sigma_x \cos^2\theta = \frac{P}{A}\cos^2\theta \quad \therefore\ P = \frac{A\sigma_\theta}{\cos^2\theta} = \frac{10 \times 25}{\cos^2 60°} = 1000$[N]

∴ $\sigma_x = \frac{P}{A} = \frac{1000}{10} = 100$[Pa] ; $\tau_{max} = \frac{\sigma_x}{2} = \frac{100}{2} = 50$[Pa]

33 [정답 : ②] 45° 기울어진 면의 전단응력 $\tau_{max} = \frac{\sigma_x}{2}$이므로 봉에 허용되는 최대 축방향 인장력 P는 다음과 같다.

$P = A\sigma_x = 2A\tau_{max} = 2 \times 100 \times 40 = 8 \times 10^3$[N]$= 8$[kN]

34 [정답 : ④] 축방향 힘 P를 접착면에 수직한 힘 N과 접착면에 평행한 힘 V로 분해하면 [그림]과 같다. [그림]에서 $V = P\sin\alpha$, $N = P\cos\alpha$이므로 접착면의 면적이 A일 때 접착면의 전단응력(τ)과 인장응력(σ)은

$\tau = \frac{V}{A} = \frac{P\sin\alpha}{A}$, $\sigma = \frac{N}{A} = \frac{P\cos\alpha}{A} \quad \therefore\ \frac{\tau}{\sigma} = \frac{\sin\alpha}{\cos\alpha} = \tan\alpha$

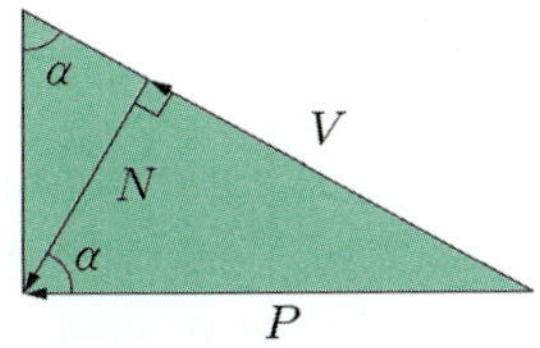

[그림] 힘(P)의 분력(V, N)

여기에서 접착제의 전단강도가 인장강도보다 73.2% 더 클 때

$\tau = \sigma + 0.732\sigma = 1.732\sigma$, $\dfrac{\tau}{\sigma} = \tan\alpha = 1.732 = \sqrt{3}$ $\quad\therefore\ \alpha = \tan^{-1}\sqrt{3} = 60°$

35 $A = \pi d^2/4$로 놓으면

$$U_a = \frac{P^2L}{2EA},\ U_b = \frac{1}{4}\left(\frac{P^2L}{2EA}\right),\ U_c = \left(\frac{1}{3} + \frac{2}{3}\times\frac{1}{4}\right)\frac{P^2L}{2EA} = \frac{1}{2}\left(\frac{P^2L}{2EA}\right)$$

$$\therefore\ U_a : U_b : U_c = 1 : \frac{1}{4} : \frac{1}{2} = 4 : 1 : 2$$

36 $U = \dfrac{P^2L}{2EA} + \dfrac{P^2}{2k} = \dfrac{(40\times10^3)^2\times3}{2(200\times10^3)(200)} + \dfrac{(40\times10^3)^2}{2(8{,}000\times10^3)} = 160[\text{J}]$

37 $N_{AB} = 4P$, $N_{BC} = 2P$; $L_{AB} = \dfrac{L}{2}$, $L_{BC} = \dfrac{L}{2}$

$$U = \sum_{i=1}^{2}\frac{N_i^2L_i}{2E_iA_i} = \frac{1}{2EA}\left[(4P)^2\frac{L}{2} + (2P)^2\frac{L}{2}\right] = \frac{5P^2L}{EA}$$

38 $N_{AB} = 6P$, $N_{BC} = -2P$, $N_{CD} = 3P$; $L_{AB} = \dfrac{L}{6}$, $L_{BC} = \dfrac{L}{2}$, $L_{CD} = \dfrac{L}{3}$

$$U = \sum_{i=1}^{3}\frac{N_i^2L_i}{2E_iA_i} = \frac{1}{2EA}\left[(6P)^2\frac{L}{6} + (-2P)^2\frac{L}{2} + (3P)^2\frac{L}{3}\right] = \frac{11P^2L}{2EA}$$

39 $U = \displaystyle\sum_{i=1}^{2}\frac{N_i^2L_i}{2E_iA_i} = \frac{P^2}{2E}\left[\frac{2L}{\pi(2d)^2/4} + \frac{L}{\pi d^2/4}\right] = \frac{P^2L}{2E}\times\frac{2+4}{\pi d^2} = \frac{3P^2L}{\pi d^2E}$

40 [정답 : ③] $U = P\delta/2$; $U = T\theta/2$.

41 [정답 : ④] 하중 $P = 100$kN에 의해 $\delta = 1$mm의 변형이 생겼다.

$$U = \frac{P\delta}{2} = \frac{(100\times10^3)\times10^{-3}}{2} = 50[\text{N}\cdot\text{m}]$$

42 [정답 : ④] 선형탄성거동을 하는 봉이므로 $k = \dfrac{P_1}{\delta_1} = \dfrac{P_2}{\delta_2}$

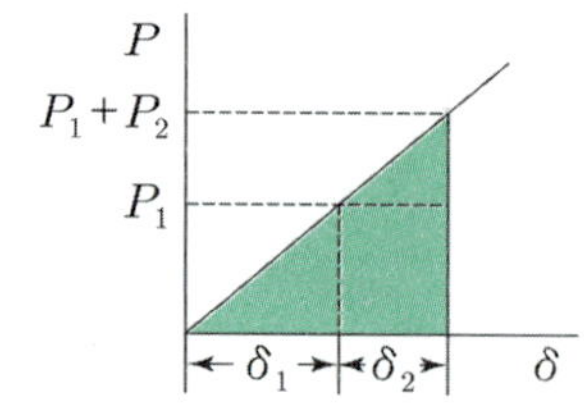

[그림] 하중(P)-변위(δ) 선도

주어진 조건을 하중-변위 선도에 나타내면 그림과 같고, 봉에 저장된 변형에너지 U는 그림의 면적이 된다. 두 개의 삼각형과 하나의 직사각형으로 나누어 면적을 구하면 $U=\frac{1}{2}P_1\delta_1+P_1\delta_2+\frac{1}{2}P_2\delta_2$

43 [정답 : ③] 하중에 의한 봉의 변형량(δ)은

$$\delta=\frac{PL_1}{A_1E}+\frac{PL_2}{A_2E}=\frac{4PL_1}{\pi d_1^2E}+\frac{4PL_2}{\pi d_2^2E}=\left(\frac{L_1}{d_1^2}+\frac{L_2}{d_2^2}\right)\frac{4P}{\pi E}$$

$$=\left[\frac{(1\times10^3)}{(20)^2}+\frac{(0.8\times10^3)}{(10)^2}\right]\times\frac{4\times(20\times10^3)}{3\times(200\times10^3)}=\left[\frac{5}{2}+8\right]\times\frac{2}{15}=\frac{7}{5}[\text{mm}]$$

$$\therefore\ U=\frac{1}{2}P\delta=\frac{1}{2}\times(20\times10^3)\times\frac{7}{5}=14{,}000[\text{N}\cdot\text{mm}]$$

44 [정답 : ①] 변형에너지밀도(u)는 단위부피당 변형에너지(U)이다.

$$u=\frac{U}{AL}=\frac{P^2}{2EA^2}$$

$$\therefore\ P=\sqrt{2EA^2u}=\sqrt{2EA\times Au}=\sqrt{2\times(500)\times10^4\times10^{-5}}=10[\text{kN}]$$

이상에서 $u=0.01\text{N/mm}^2=10^{-5}\text{kN/mm}^2$.

45 인장하중이 작용할 때 경사면에는 [그림]의 (a)와 같이 전단응력이 발생한다. 면적 A에 전단력 V가 작용하면 전단응력 $\tau=\frac{V}{A}$이다. 따라서 경사면의 면적(A_n)과 전단력(V)을 구하면 전단응력(τ)을 구할 수 있다.

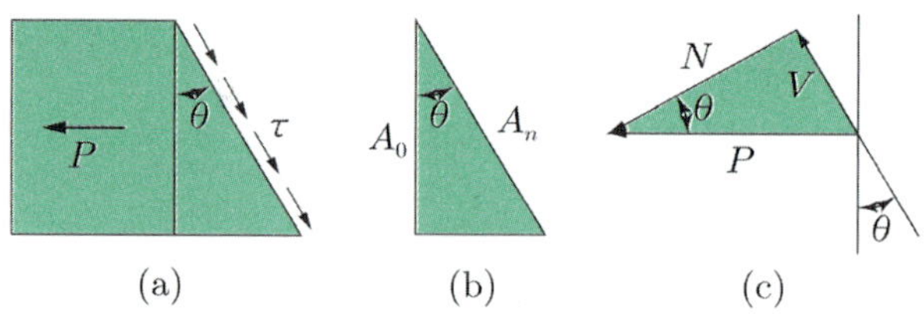

[그림] 경사면 면적(A_n)과 힘의 성분 분해(N, V)

그림의 (b)에서 $\cos\theta=\frac{A_0}{A_n}$이므로 경사면의 면적 $A_n=\frac{A_0}{\cos\theta}$이고, (c)에서 전단력 $V=P\sin\theta$이다. 따라서 전단응력(τ)은 다음과 같다.

$$\tau = \frac{V}{A_n} = \frac{P\sin\theta}{A_0/\cos\theta} = \frac{P\sin\theta\cos\theta}{A_0} = \frac{P\sin2\theta}{2A_0}$$

위 식에서 최대전단응력은 $\sin2\theta = 1$, 즉 $2\theta = \pi/2$에서 발생하며 이때 최대 전단경사각 (θ_{max})과 최대전단응력(τ_{max})은 $\theta_{max} = \dfrac{\pi}{4}$, $\tau_{max} = \dfrac{P}{2A_0}$.

46 하중과 변형 그래프에서 저장된 에너지는 그래프의 면적이 되므로 $W = \dfrac{P_1\delta_1}{2}$이다. 후크의 법칙에서 변형량 δ_1을 구하면

$$\sigma = E\epsilon,\ \frac{P_1}{A} = E \cdot \frac{\delta_1}{L} \quad \therefore\ \delta_1 = \frac{P_1L}{AE}$$

$$\therefore\ W = \frac{P_1\delta_1}{2} = \frac{P_1}{2} \cdot \frac{P_1L}{AE} = \frac{P_1^2L}{2AE}$$

47 [정답 : ③] 봉에 작용하는 인장하중을 F, 봉의 단면적을 A라 한다. (A)에서 $F = P$, (B)에서 $F = 2P$, (A)의 단면적은 $\pi D^2/4$, (B)의 단면적은 $\pi(2D)^2/4 = \pi D^2$이다.

(1) $\Delta L = \dfrac{FL}{AE}$: $\Delta L_A = 2\Delta L_B$

(2) $\epsilon = \dfrac{\Delta L}{L}$: (1)에서 $\Delta L_A = 2\Delta L_B$이므로 $\epsilon_A = 2\epsilon_B$.

(3) $\sigma = \dfrac{F}{A}$: $\sigma_A = 2\sigma_B$

(4) $U = \dfrac{F^2L}{2AE}$: $U_A = U_B$

48 $\sigma_0 = \dfrac{W}{A} = \dfrac{30 \times 10^3}{500} = 60[\text{MPa}]$

$$\lambda_0 = \frac{\sigma_0}{E} \times L = \left(\frac{60}{200 \times 10^3}\right) \times (2 \times 10^3) = 0.6[\text{mm}]$$

(1) 최대 신장량 : $\lambda = \lambda_0\left(1 + \sqrt{1 + \dfrac{2h}{\lambda_0}}\right) = 0.6 \times \left(1 + \sqrt{1 + \dfrac{2 \times 14.4}{0.6}}\right)[\text{mm}]$

$= 0.6 \times (1 + \sqrt{1 + 48})$

$= 0.6 \times (1 + 7) = 4.8[\text{mm}]$

(2) 최대 인장응력 : $\sigma = E \times \dfrac{\lambda}{L} = (200 \times 10^3) \times \dfrac{4.8}{2 \times 10^3} = 480[\text{MPa}]$

(3) (충격 계수) $= \dfrac{\lambda}{\lambda_0} = \dfrac{4.8}{0.6} = 8 = \dfrac{\sigma}{\sigma_0}$

49 늘어난 길이는 가한 하중에 비례한다.

$100 : 0.25 = 20 : \lambda_0 \quad \therefore\ \lambda_0 = 0.05[\text{mm}]$

$$\lambda = \lambda_0\left(1+\sqrt{1+\frac{2h}{\lambda_0}}\right) = 0.05\times\left(1+\sqrt{1+\frac{2\times 2}{0.05}}\right) = 0.5\,[\mathrm{mm}]$$

$$(\text{충격 계수}) = \frac{\lambda}{\lambda_0} = \frac{0.5}{0.05} = 10$$

50 추의 위치에너지가 전부 줄의 변형에너지로 변환되면

$$\sigma = \frac{W}{A}\left(1+\sqrt{1+\frac{2AEh}{WL}}\right) = \frac{W}{A}\left(1+\sqrt{1+\frac{2AE}{W}}\right)$$

$$= \frac{4}{10}\left(1+\sqrt{1+\frac{2(10)(7)}{4}}\right)$$

$$= \frac{4}{10}(1+6) = 2.8\,[\mathrm{MPa}]$$

51 $(\text{충격 계수}) = 1+\sqrt{1+\frac{2h}{\lambda_0}} = 1+\sqrt{1+\frac{2(2\times 10^3)}{50}} = 10$

52 $\lambda_0 = \frac{W}{k} = \frac{3}{50}\times 1000 = 60\,[\mathrm{mm}]$

$$\lambda = \lambda_0\left(1+\sqrt{1+\frac{2h}{\lambda_0}}\right) = 60\times\left(1+\sqrt{1+\frac{2\times 240}{60}}\right) = 240\,[\mathrm{mm}]$$

$$(\text{충격 계수}) = 1+\sqrt{1+\frac{2h}{\lambda_0}} = 1+\sqrt{1+\frac{2\times 240}{60}} = 4$$

연습문제 6

01 y축에 평행하게 높이가 $y\,[y=b(x/a)^{1/3}]$이고 폭이 dx인 미분요소 dA를 잡는다. 요소의 도심 $(x_c, y_c)=(x, y/2)$이고, 면적 $dA = ydx = b(x/a)^{1/3}dx$가 된다.

$$A = \int_0^a b\left(\frac{x}{a}\right)^{\frac{1}{3}}dx = \frac{3ab}{4},\quad \int x_c dA = \int_0^a x\times b\left(\frac{x}{a}\right)^{\frac{1}{3}}dx = \frac{3a^2b}{7}$$

$$\therefore\ \bar{x} = \frac{1}{A}\times\frac{3a^2b}{7} = \frac{4a}{7}$$

$$\int y_c dA = \int_0^a \frac{y}{2}\times ydx = \int_0^a \frac{y^2}{2}dx = \frac{1}{2}\int_0^a b^2\left(\frac{x}{a}\right)^{\frac{2}{3}}dx = \frac{3ab^2}{10}$$

$$\therefore\ \bar{y} = \frac{1}{A}\times\frac{3ab^2}{10} = \frac{2b}{5}$$

02 $\bar{x} = \frac{3}{4}b,\ \bar{y} = \frac{3}{10}h$

03 $\bar{x}=\dfrac{2}{3}b,\ \bar{y}=\dfrac{k}{3}b$

04 높이가 y이고 폭이 dx인 수직 미분요소 dA를 잡는다. 요소의 도심 $(x_c, y_c)=\left(x, \dfrac{y}{2}\right)$이고, 면적 $dA=ydx$가 된다.

$$A=\frac{31}{16},\ \int x_c dA=\int_1^2 x\cdot\left(1+\frac{x^3}{4}\right)dx=\frac{61}{20}$$

$$\int y_c dA=\int_1^2 \frac{y}{2}\cdot ydx=\frac{1}{2}\int_1^2\left(1+\frac{x^3}{4}\right)^2 dx=\frac{449}{224}$$

$$\therefore\ \bar{x}=\frac{244}{155}=1.574,\ \bar{y}=\frac{449}{434}=1.035$$

05 밑변이 $x(x=\sqrt{by})$이고 높이가 dy인 수평 미분요소를 잡는다. 미분요소의 도심 $(x_c, y_c)=\left(\dfrac{x}{2}, y\right)$이고, 면적 $dA=xdy=\sqrt{by}\,dy$가 된다.

$$A=\int_0^b\sqrt{by}\,dy=\frac{2b^2}{3},\ \int y_c dA=\int_0^b y\sqrt{by}\,dy=\frac{2b^3}{5}\quad\therefore\ \bar{y}=\frac{1}{A}\times\frac{2b^3}{5}=\frac{3b}{5}$$

$$\int x_c dA=\int_0^b\frac{x}{2}\times xdy=\int_0^b\frac{by}{2}dy=\frac{b^3}{4}\quad\therefore\ \bar{x}=\frac{1}{A}\times\frac{b^3}{4}=\frac{3b}{8}$$

06 요소의 면적(A)과 도심좌표$(\bar{x}, \bar{y})$를 $A(\bar{x}, \bar{y})$로 나타내면 사각형은 $24(2,3)$이고 삼각형은 $9(5,4)$이다.

$$\sum A_i=24+9=33\ [\mathrm{m}^2]$$

$$\bar{x}=\frac{\sum A_i\bar{x}_i}{\sum A_i}=\frac{24\cdot 2+9\cdot 5}{33}=\frac{31}{11}=2.82\ [\mathrm{m}]$$

$$\bar{y}=\frac{\sum A_i\bar{y}_i}{\sum A_i}=\frac{24\cdot 3+9\cdot 4}{33}=\frac{36}{11}=3.27\ [\mathrm{m}]$$

07 사각형은 $32(4,2)$이고 원은 $-3.14(6,2)$이다. (원의 면적은 πR^2)

$$\sum A_i=32-3.14=28.86\ [\mathrm{m}^2]$$

$$\bar{x}=\frac{\sum A_i\bar{x}_i}{\sum A_i}=\frac{32\cdot 4-3.14\cdot 6}{28.86}=3.78\ [\mathrm{m}]$$

$$\bar{y}=\frac{\sum A_i\bar{y}_i}{\sum A_i}=\frac{32\cdot 2-3.14\cdot 2}{28.86}=2\ [\mathrm{m}]$$

$y=2$에 대하여 대칭이므로 도심의 y좌표는 $2[\mathrm{m}]$이다.

08 사각형은 $24(0,1.5)$이고 반원은 $-6.28(0,0.849)$이다. (반원의 도심은 $\frac{4R}{3\pi}$)

$$\sum A_i = 24 - 6.28 = 17.72 \ [\mathrm{m}^2]$$

$$\bar{y} = \frac{\sum A_i \bar{y}_i}{\sum A_i} = \frac{24 \cdot (1.5) - (6.28) \cdot (0.849)}{17.72} = 1.73 \ [\mathrm{m}]$$

09 반원은 $25.13(0,1.7)$이고 삼각형은 $-9(0,1)$이다. (반원의 도심은 $\frac{4R}{3\pi}$)

$$\sum A_i = 25.13 - 9 = 16.13 \ [\mathrm{m}^2]$$

$$\bar{y} = \frac{\sum A_i \bar{y}_i}{\sum A_i} = \frac{(25.13) \cdot (1.7) - 9 \cdot 1}{16.13} = 2.09 \ [\mathrm{m}]$$

10 삼각형은 $96(5.33,4)$이고 원은 $-12.57(4,4)$이다.

$$\sum A_i = 96 - 12.57 = 83.43 \ [\mathrm{m}^2]$$

$$\bar{x} = \frac{\sum A_i \bar{x}_i}{\sum A_i} = \frac{96 \cdot (5.33) - (12.57) \cdot 4}{83.43} = 5.53 \ [\mathrm{m}]$$

$$\bar{y} = \frac{\sum A_i \bar{y}_i}{\sum A_i} = \frac{96 \cdot 4 - (12.57) \cdot 4}{83.43} = 4 \ [\mathrm{m}]$$

11 $(\bar{x}, \bar{y}) = (50, 32.22)\,\mathrm{cm}$: $\bar{y} = \frac{290}{9}\,\mathrm{cm}$

12 $\bar{x} = \frac{80 \cdot 5 - 4\pi \cdot 3}{80 - 4\pi} = \frac{91}{17} = 5.35$, $\bar{y} = \frac{80 \cdot 4 - 4\pi \cdot 4}{80 - 4\pi} = 4$

13 $$\bar{x} = \frac{9 \cdot \left(\frac{3}{2}\right) + \frac{9}{2} \cdot (3+1) + \frac{9}{2} \cdot (1)}{9 + \frac{9}{2} + \frac{9}{2}} = 2\,[\mathrm{m}]$$

14 (a) $Q = A\bar{y} = (bh) \times \frac{h}{2} = \frac{bh^2}{2}$

(b) $Q = A\bar{y} = \left(\frac{\pi R^2}{2}\right) \times \frac{4R}{3\pi} = \frac{2R^3}{3}$

15 $$I_x = \frac{b_1 h_1^3}{12} - 2 \times \frac{b_2 h_2^3}{12} = \frac{(12)(20)^3}{12} - 2 \times \frac{(4)(12)^3}{12} = 6{,}848\,[\mathrm{mm}^4]$$

16 $$\left(R^2 - \frac{\pi}{4}R^2\right)\bar{y} = R^2 \times \frac{R}{2} - \frac{\pi}{4}R^2 \times \frac{4R}{3\pi} \quad \therefore \ \bar{y} = \frac{2R}{3(4-\pi)}$$

17 [정답 : ③] $I_{x1} = I_C + Ad^2$에서 $I_C = I_{x1} - Ad^2$

$\therefore\ I_{x2} = I_C + A(2d)^2 = (I_{x1} - Ad^2) + 4Ad^2 = I_{x1} + 3Ad^2$

18 [정답 : ③] : $(2a^2 + a^2)c = 2a^2 \times a + a^2 \times \dfrac{a}{2}$ $\quad\therefore\ c = \dfrac{1}{3} \times \left(2 + \dfrac{1}{2}\right)a = \dfrac{5}{6}a$

19 [정답 : ④] $I_x = I_{X_C} + Ad^2 = 5{,}000 + 100 \times (5)^2 = 7{,}500[\text{cm}^4]$

20 $\left[\dfrac{\pi}{4}D^2 - \dfrac{\pi}{4}\left(\dfrac{D}{4}\right)^2\right]\bar{y} = \dfrac{\pi}{4}D^2 \times \dfrac{D}{2} - \dfrac{\pi}{4}\left(\dfrac{D}{4}\right)^2 \times \dfrac{D}{8}$

$\left(1 - \dfrac{1}{16}\right)\bar{y} = \left(\dfrac{1}{2} - \dfrac{1}{16 \times 8}\right)D \quad \therefore\ \bar{y} = \dfrac{21}{40}D$

21 $\dfrac{\pi}{2}\left[R^2 - \left(\dfrac{R}{2}\right)^2\right]\bar{y} = \dfrac{\pi R^2}{2} \times \dfrac{4R}{3\pi} - \dfrac{\pi}{2}\left(\dfrac{R}{2}\right)^2 \times \dfrac{4(R/2)}{3\pi}$

$\left[1 - \dfrac{1}{4}\right]\bar{y} = \left(1 - \dfrac{1}{4} \times \dfrac{1}{2}\right) \times \dfrac{4R}{3\pi} \quad \therefore\ \bar{y} = \dfrac{14R}{9\pi}$

22 [정답 : ②]

23 [정답 : ③] $I_{X1} = I_C + A(10)^2$

$\therefore\ I_C = I_{X1} - A(10)^2 = 25{,}000 - 200 \times 10^2 = 5{,}000[\text{cm}^4]$

$I_{X2} = I_C + A(20)^2 = 5{,}000 + 200 \times (20)^2 = 85{,}000[\text{cm}^4]$

24 [정답 : ④] 도심의 정의는 $\int y\,dA = 0$이므로 도심축에 대한 단면 1차모멘트는 0이다.

25 $\dfrac{1}{2}h(a+b)\bar{x} = \dfrac{1}{2}ah \times \dfrac{2a}{3} + \dfrac{1}{2}bh\left(a + \dfrac{1}{3}b\right)$

$(a+b)\bar{x} = a \times \dfrac{2a}{3} + b\left(a + \dfrac{1}{3}b\right) = \dfrac{1}{3}(2a^2 + 3ab + b^2) = \dfrac{1}{3}(2a+b)(a+b)$

$\therefore\ \bar{x} = \dfrac{2a+b}{3}$

26 원의 반지름과 정사각형의 한 변의 길이를 각각 R, a라고 하면

$A = \pi R^2 = a^2$이므로 도심축에 대한 단면 2차모멘트(I_x)는 다음과 같다.

$I_{원} = \dfrac{\pi R^4}{4} = \dfrac{1}{4} \times \dfrac{A^2}{\pi} = \dfrac{A^2}{4\pi}$; $I_{정사각형} = \dfrac{a^4}{12} = \dfrac{A^2}{12}$

따라서 정사각형의 단면 2차모멘트가 원보다 크다.

27 $I_x = I_X + Ay^2 = \dfrac{\pi d^4}{64} + \dfrac{\pi d^2}{4}y^2 = 2 \times \dfrac{\pi d^4}{64} \quad \therefore\ y = \dfrac{d}{4}$

28 $I_x = \left[\frac{3a(2a)^3}{12} + 6a^2 \times a^2\right] - \left[\frac{a^4}{12} + a^2 \times \left(\frac{a}{2}\right)^2\right] = \frac{23}{3}a^4$

29 [정답 : ③] $I_{x2} = I_C + A(40)^2$

$\therefore\ I_C = I_{x2} - A(40)^2 = 162{,}000 - 100 \times (40)^2 = 2{,}000[\text{cm}^4]$

$I_{x1} = I_C + A(20)^2 = 2{,}000 + 100 \times (20)^2 = 42{,}000[\text{cm}^4]$

30 [정답 : ②] $I_x = \left[\frac{12(2)^3}{12} + (12 \times 2)(2+1)^2\right] + \left[\frac{3(2)^3}{12} + (3 \times 2)(1)^2\right] = 232$

31 $I_x = 2 \times \frac{\sqrt{2}\,a(a/\sqrt{2})^3}{12} - \frac{b^4}{12} = \frac{1}{12}(a^4 - b^4)$

32 [정답 : ②]

$I_x = I_C + Ad^2 = \frac{bh^3}{36} + Ad^2 = \frac{40(30)^3}{36} + \frac{1}{2}(40 \times 30)\left(50 + \frac{30}{3}\right)^2 = 219 \times 10^4$

연습문제 7

01 [정답 : ②] 비틀림 모멘트 $T = 1000\,\text{N} \cdot \text{m} = 1000 \times 1000\,\text{N} \cdot \text{mm}$, 축의 지름 $d =$ 40mm일 때 최대전단응력 $\tau_{max}[\text{N/mm}^2]$은 다음과 같다.

$\tau_{max} = \frac{T}{Z_p} = \frac{16T}{\pi d^3} = \frac{16 \times (1000 \times 1000)}{\pi \times (40)^3} \approx 79.6[\text{N/mm}^2]$

02 [정답 : ②] 지름 d인 원형 봉이 토크 T를 받을 때 원형 봉에서 발생하는 최대전단응력은

$\tau_{max} = \frac{T}{Z_p} = \frac{16T}{\pi d^3}$이므로

$\tau = \frac{16T}{\pi(10)^3}$ …① $\quad \tau_1 = \frac{16T}{\pi(11)^3}$ …②

여기에서 τ_1은 원형 봉의 지름이 11mm로 되었을 때 원형 봉에 발생하는 최대 비틀림응력이다. ②÷①을 하면

$\frac{\tau_1}{\tau} = \left(\frac{1}{11}\right)^3 \times 10^3 = \left(\frac{10}{11}\right)^3 = \left(\frac{1}{1.1}\right)^3 = (0.9)^3 = 0729 \quad \therefore\ \tau_1 = 0.729\tau$

03 [정답 : ③] 축의 지름이 d일 때 전달토크 $T_d = \tau_a Z_p = \tau_a \times \frac{\pi d^3}{16}$이고, 축의 지름이 $2d$일 때 전달토크(T_{2d})는 다음과 같다.

$$T_{2d} = \tau_a \times \frac{\pi(2d)^3}{16} = 2^3 \times \left(\tau_a \times \frac{\pi d^3}{16}\right) = 8\,T_d$$

이상에서 τ_a는 축 재료의 허용전단응력이다.

04 [정답 : ③] 직경 d를 갖는 중실축이 전달할 수 있는 토크(T_d)는

$$T_d = \tau_a Z_p = \frac{\pi d^3}{16}\tau_a$$

이고 동일 재질의 직경 $\frac{d}{2}$인 중실축이 전달할 수 있는 토크($T_{d/2}$)는

$$T_{d/2} = \frac{\pi(d/2)^3}{16}\tau_a = \left(\frac{1}{2}\right)^3 \times \frac{\pi d^3}{16}\tau_a = \frac{1}{8}T_d \quad \therefore \quad \frac{T_{d/2}}{T_d} = \frac{1}{8}$$

05 [정답 : ②] $T = \tau Z_p = \tau \times \frac{\pi d^3}{16}$

06 [정답 : ②] 고정 지점에 작용하는 비틀림 모멘트 $T = \frac{P}{4} \times \frac{L}{2} = \frac{PL}{8}$이고, 최상단 A점 ($r_A = d/2$)에서의 전단응력($\tau_A$)은 다음과 같다.

$$\tau_A = \frac{T}{I_p}r_A = \left(\frac{PL/8}{\pi d^4/32}\right) \times \frac{d}{2} = \frac{2PL}{\pi d^3}$$

07 [정답 : ④] 축의 지름이 d일 때 전달토크 $T = \tau_a Z_p = \tau_a \times \frac{\pi d^3}{16}$이고, 축의 지름이 3배 ($d_1 = 3d$)로 되면 전달토크($T_1$)는

$$T_1 = \tau_a \times \frac{\pi d_1^3}{16} = \tau_a \times \frac{\pi(3d)^3}{16} = 3^3 \times \tau_a \times \frac{\pi d^3}{16} = 27\,T$$

08 [정답 : ①] 축의 전달 토크가 T일 때 축의 최소지름 $d = \sqrt[3]{\frac{16\,T}{\pi\tau_a}}$ 이다.
따라서 전달토크를 8배로 증가시키려면($T_2 = 8\,T$) 축 지름 d_2는

$$d_2 = \sqrt[3]{\frac{16\,T_2}{\pi\tau_a}} = \sqrt[3]{\frac{16(8\,T)}{\pi\tau_a}} = \sqrt[3]{2^3\left(\frac{16\,T}{\pi\tau_a}\right)} = 2\sqrt[3]{\frac{16\,T}{\pi\tau_a}} = 2d$$

09 [정답 : ①] 중실축의 지름 $d = 15\text{mm}$, 중공축의 내외경비 $x = 1/2$이다. 축 재료의 허용 전단응력을 τ라 하면 그림의 (a)와 (b)에서 최대 비틀림 모멘트 T_a와 T_b는 다음과 같다.

$$T_a = \tau Z_{p,a} = \tau \times \frac{\pi d^3}{16} \ \cdots ① \qquad T_b = \tau Z_{p,b} = \tau \times \frac{\pi d_o^3}{16}(1 - x^4) \ \cdots ②$$

식 ①, ②로부터 $T_a = T_b$일 때

$$d^3 = d_o^3(1 - x^4) \quad \therefore \ d_o = d\sqrt[3]{\frac{1}{1 - x^4}} = 15 \times \sqrt[3]{\frac{1}{1 - (1/2)^4}} \approx 15.3[\text{mm}]$$

10 [정답 : ①] 지름이 d인 중실축으로 전달할 수 있는 최대토크(T_1)은

$$T_1 = \tau_a Z_p = \frac{\pi d^3}{16}\tau_a \quad \cdots ①$$

원형 중공축의 바깥지름이 d이고 안지름이 $\frac{1}{3}d$이면 내외경비 $x = \frac{1}{3}$이므로 원형 중공축으로 전달할 수 있는 최대토크(T_2)는

$$T_2 = \tau_a Z_p = \frac{\pi d^3}{16}(1-x^4)\tau_a = \frac{\pi d^3}{16}\left[1-\left(\frac{1}{3}\right)^4\right]\tau_a = \frac{80}{81}\times\frac{\pi d^3}{16}\tau_a \quad \cdots ②$$

식 ①, ②로부터 $T_2 = \frac{80}{81}T_1 \quad \therefore\ T_1 = \frac{81}{80}T_2$

11 [정답 : ③] 축의 허용전단응력을 τ라 하면 1번 축이 전달할 수 있는 최대토크(T_1)는 $T_1 = \tau Z_{p1} = \tau\times\frac{\pi d^3}{16}$이다. 1번 축과 2번 축의 단면적($A$)은 동일하다는 조건으로부터 2번 축의 바깥지름(d_o)과 지름비($x = d_i/d_o$)를 구하면

$$A = \frac{\pi d^2}{4} = \frac{\pi}{4}\left(d_o^2 - d_i^2\right) \quad \therefore\ d_o = \sqrt{d^2+d_i^2} = \sqrt{d^2+\left(\frac{d}{2}\right)^2} = \frac{\sqrt{5}}{2}d$$

$$x = \frac{d_i}{d_o} = \frac{(d/2)}{(\sqrt{5}\,d/2)} = \frac{1}{\sqrt{5}}$$

따라서 2번 축이 전달할 수 있는 최대토크(T_2)와 T_2/T_1는

$$T_2 = \tau Z_{p2} = \tau\times\frac{\pi d_o^3}{16}(1-x^4) = \tau\times\frac{\pi}{16}\left(\frac{\sqrt{5}}{2}d\right)^3\times\left[1-\left(\frac{1}{\sqrt{5}}\right)^4\right]$$

$$= \tau\times\frac{\pi d^3}{16}\times\frac{5\sqrt{5}}{8}\times\frac{24}{25} = \tau\times\frac{\pi d^3}{16}\times\frac{3}{\sqrt{5}} = \frac{3}{\sqrt{5}}T_1 \quad \therefore\ \frac{T_2}{T_1} = \frac{3}{\sqrt{5}}$$

12 [정답 : ②] 중공축에 작용하는 비틀림 모멘트(T_1)와 중실축에 작용하는 비틀림 모멘트는 각각 다음과 같다.

$$T_1 = \tau_a Z_{p,1} = \tau_a\times\frac{\pi d^3}{16} \quad \cdots ① \qquad T_2 = \tau_a Z_{p,2} = \tau_a\times\frac{\pi d^3}{16}(1-x^4) \quad \cdots ②$$

여기에서 $T_1 = 16\,T_2$이므로 식 ①, ②로부터

$$\frac{T_1}{T_2} = \frac{1}{1-x^4} = 16,\ 1-x^4 = \frac{1}{16} \quad \therefore\ x = \sqrt[4]{\frac{15}{16}}$$

따라서 $x = \frac{d_1}{d}$이므로 $d_1 = xd = \sqrt[4]{\frac{15}{16}}\,d.$

13 $\tau = G\gamma = Gr\phi = G\frac{r\theta}{L} = 80\times10^3\times\frac{5\times0.02}{200} = 40[\text{MPa}]$

14 단위를 N, mm로 통일하여 계산한다. 축 길이 $L = 1.5\text{m} = 1500\text{mm}$, 축 지름 $d = 50\text{mm}$, 비틀림 모멘트 $T = 2 \times 10^5\ \text{N} \cdot \text{mm}$, 축의 전단탄성계수 $G = 8 \times 10^4 \text{N/mm}^2$이다. 비틀림 각($\theta$)은 다음과 같다.

$$\theta = \frac{32\,TL}{\pi G d^4} = \frac{32 \times (2 \times 10^5) \times (1500)}{\pi \times (8 \times 10^4) \times 50^4} = 6.11 \times 10^{-3}\,[\text{rad}]$$

$$= 6.11 \times 10^{-3} \times \frac{180}{\pi}\,[\text{deg}] = 0.35\,[\text{deg}]$$

15 [정답 : ①] 지름이 d인 속이 찬 원형 단면축의 비틀림 각 θ는 다음과 같다.

$$\theta = \frac{32\,TL}{\pi G d^4} \times \frac{180}{\pi}\,[° : \text{deg, 도}]$$

여기에서 상수 $C = \frac{32\,TL}{\pi G} \times \frac{180}{\pi}$로 하면 비틀림 각 θ는 다음과 같이 간단하게 표현된다.

$$\theta = \frac{32\,TL}{\pi G d^4} \times \frac{180}{\pi} = \frac{C}{d^4}\,[° : \text{deg, 도}] \quad \therefore\ \theta = \frac{C}{d^4}\,[° : \text{deg, 도}]$$

따라서 지름이 d일 때 비틀림 각 $\theta = 4°$이면 $4 = \frac{C}{d^4}$ $\quad \therefore\ C = 4d^4$

이므로, 비틀림 각 $\theta = 1°$일 때 축 지름(D)은 다음과 같다.

$$1 = \frac{C}{D^4} \quad \therefore\ D = C^{1/4} = \left(4d^4\right)^{1/4} = (4)^{1/4} \times \left(d^4\right)^{1/4} = \left(2^2\right)^{1/4} d = \sqrt{2}\,d$$

16 [정답 : ②] 비틀림 모멘트 T를 받고 있는 길이 L, 지름 d인 중실축의 비틀림 각도(θ_1)은 다음과 같다. G는 축의 전단탄성계수이다.

$$\theta_1 = \frac{TL}{GI_p} = \frac{TL}{G(\pi d^4/32)} = \frac{32\,TL}{Gd^4}$$

길이와 지름을 각각 2배로 하면 비틀림 각도(θ_2)는 다음과 같다.

$$\theta_2 = \frac{32\,T(2L)}{G(2d)^4} = \frac{32\,TL}{Gd^4} \times \frac{2}{2^4} = \frac{1}{8}\theta_1$$

17 [정답 : ③] 길이가 L이고 지름 d의 원형 단면을 갖는 막대의 한쪽 끝을 고정하고 다른 쪽 끝을 비틀었을 때 비틀림각(θ)은 다음과 같다.

$$\theta = \frac{TL}{GI_p} = \frac{32}{\pi d^4} \times \frac{TL}{G}$$

G는 재료의 가로탄성계수이다. 따라서 비틀림 스프링상수(k_t)는

$$k_t = \frac{T}{\theta} = \frac{\pi d^4}{32} \times \frac{G}{L}$$

지름과 길이가 각각 2배가 되면 비틀림 스프링상수(k_t')는

$$k_t' = \frac{\pi (2d)^4}{32} \times \frac{G}{(2L)} = 8 \times \left[\frac{\pi d^4}{32} \times \frac{G}{L}\right] = 8k_t$$

18 [정답 : ④] 길이 L, 지름 d인 원형 단면축이 비틀림 모멘트 T를 받을 때 축의 끝 단면에서 비틀림 각 $\theta = \frac{TL}{GI_p} = \frac{32\,TL}{\pi G d^4} \cdots$ ①

식 ①로부터 $L_1 = 2L$, $d_1 = \frac{1}{2}d$일 때 비틀림 각도(θ_1)는

$$\theta_1 = \frac{32\,T(2L)}{\pi G(d/2)^4} = \frac{32\,TL}{\pi G d^4} \times 2^5 \quad \cdots ②$$

이고, $L_2 = \frac{1}{2}L$, $d_2 = 2d$일 때 비틀림 각도(θ_2)는

$$\theta_2 = \frac{32\,T(L/2)}{\pi G(2)^4} = \frac{32\,TL}{\pi G d^4} \times \frac{1}{2^5} \quad \cdots ③$$

이다. ②, ③으로부터 $\frac{\theta_1}{\theta_2} = 2^{10} = 1024$

19 [정답 : ④] 길이 $L = 2\text{m} = 2{,}000\text{mm}$, 지름 $d = 20\text{mm}$, 비틀림 각 $\theta = 2° = \frac{2}{180}\pi[\text{rad}]$, 가로탄성계수 $G = 180\text{GPa} = 180 \times 1000\text{MPa}$일 때 최대 전달토크 $T[\text{N} \cdot \text{mm}]$는 다음과 같다. $\theta = \frac{TL}{GI_p}$로부터

$$T = \frac{GI_p\theta}{L} = \frac{G \times \frac{\pi d^4}{32} \times \theta}{L} = \frac{(180 \times 1000) \times \frac{\pi \times 20^4}{32} \times \frac{2}{180}\pi}{2000}[\text{N} \cdot \text{mm}]$$

$$= 5{,}000\pi^2[\text{N} \cdot \text{mm}]$$

20 [정답 : ④] 길이 L인 원형 단면축이 비틀림 모멘트 T를 받을 때 축의 끝 단면에서의 비틀림 각 θ와의 관계식은 $\theta = \frac{TL}{GI_p}$ [rad] $\cdots$①

축의 전단탄성계수(G)와 비틀림 각(θ)이 일정할 때 식 ①에서 비틀림 모멘트(T)는

$$T = G\theta \times \frac{I_p}{L} = C \times \frac{I_p}{L} \quad \cdots ②$$

이상에서 상수 $C = G\theta$이다. 식 ②로부터

$$T_1 = C \times \frac{(\pi d^4/32)}{l} = C \times \frac{\pi d^4}{32l}$$

$$T_2 = C \times \frac{\frac{\pi[(2d)^4 - d^4]}{32}}{2l} = C \times \frac{\pi d^4}{32l} \times \frac{(2^4-1)}{2} = C \times \frac{\pi d^4}{32l} \times \frac{15}{2}$$

$$\therefore \frac{T_1}{T_2} = \frac{2}{15}$$

21 단위를 N, mm, MPa로 통일하여 계산한다.

$$\tau_{max} = \frac{T}{Z_p} = \frac{16T}{\pi d^3} = \frac{16 \times (20 \times 10^6)}{\pi (100)^3} = \frac{320}{\pi} [\text{MPa}]$$

$$\theta = \frac{32TL}{\pi G d^4} = \frac{32 \times (20 \times 10^6) \times 10^4}{\pi (80 \times 10^3)(100)^4} = \frac{0.8}{\pi} [\text{rad}]$$

22 [정답 : ④] 축방향으로 인장하중 F가 작용할 때 축방향의 변형량(δ)과 강성계수(k_δ)는

$$\delta = \frac{FL}{AE} \quad \therefore \; k_\delta = \frac{F}{\delta} = \frac{AE}{L} = \frac{E}{L} \times \frac{\pi d^2}{4} = C_1 d^2 \;\; \left(C_1 = \frac{\pi E}{4L}\right) \cdots ①$$

이고, 비틀림 모멘트 T가 작용할 때 비틀림각(θ)과 강성계수(k_θ)는

$$\theta = \frac{TL}{GI_p} \quad \therefore \; k_\theta = \frac{T}{\theta} = \frac{GI_p}{L} = \frac{G}{L} \times \frac{\pi d^4}{32} = C_2 d^4 \;\; \left(C_2 = \frac{\pi G}{32L}\right) \cdots ②$$

이다. 식 ①, ②로부터 축지름이 d일 때 강성계수의 곱 $(k_\delta k_\theta)_d$는

$$(k_\delta k_\theta)_d = C_1 C_2 d^6$$

이고, 축 지름을 $2d$로 변경했을 때 강성계수의 곱 $(k_\delta k_\theta)_{2d}$는 다음과 같다.

$$(k_\delta k_\theta)_{2d} = C_1 C_2 (2d)^6 = 2^6 C_1 C_2 d^6 = 64 (k_\delta k_\theta)_d$$

23 $T_{BC} = T_2 = 1000 [\text{N} \cdot \text{m}]$

$T_{AB} = T_1 - T_2 = 3000 - 1000 = 2000 [\text{N} \cdot \text{m}]$

T_{AB}는 T_1의 방향으로 작용한다.

(1) AB : $\tau_{max1} = \dfrac{16 T_{AB}}{\pi (d_1)^3} = \dfrac{16 \times (2000 \times 10^3)}{\pi \times (70)^3} = 29.7 [\text{MPa}]$

BC : $\tau_{max2} = \dfrac{16 T_{BC}}{\pi (d_2)^3} = \dfrac{16 \times (1000 \times 10^3)}{\pi \times (50)^3} = 40.7 [\text{MPa}]$

(2) $$\theta_C = \frac{T_{AB} L_1}{G I_{p1}} - \frac{T_{BC} L_2}{G I_{p2}} = \frac{32}{\pi G} \left[\frac{T_{AB} L_1}{(d_1)^4} - \frac{T_{AB} L_1}{(d_1)^4} \right]$$

$$= \frac{32}{\pi \times (80 \times 10^3)} \times \left[\frac{(2000 \times 10^3) \times 900}{(70)^4} - \frac{(1000 \times 10^3) \times 600}{(50)^4} \right]$$

$$= -2.678 \times 10^{-3} [\text{rad}] = -2.678 \times 10^{-3} \times \frac{180}{\pi} [°] = -0.153 [°]$$

θ_C가 음($-$)이므로 T_2의 방향으로 $0.153[°]$ 비틀린다.

24 [정답 : ②] 회전수 $N = 100\text{rpm}$, 전달 동력 $H = 10\text{kW}$이다. 축의 비틀림 모멘트를 T $[\text{N} \cdot \text{m}]$라고 하면

$$H = T \times \frac{2\pi N}{60} \quad \therefore \; T = \frac{60T}{2\pi N} = \frac{60 \times (10 \times 1000)}{2\pi \times 100} \approx 954.9 [\text{N} \cdot \text{m}]$$

25 [정답 : ④] 축의 전달 토크 $T=100\text{N}\cdot\text{m}=100\times10^3\text{N}\cdot\text{mm}$, 축의 전단강도 $\tau=400\,\text{MPa}$, 안전계수 $S=2$이다. 허용전단응력(τ_a)은 $\tau_a=\frac{\tau}{S}$ 이므로 다음과 같이 축의 최소지름 d[mm]가 구해진다.

$$d=\sqrt[3]{\frac{16T}{\pi\tau_a}}=\sqrt[3]{\frac{16T}{\pi(\tau/S)}}=\sqrt[3]{\frac{16ST}{\pi\tau}}=\sqrt[3]{\frac{16(2)(100\times10^3)}{\pi(400)}}$$
$$=\sqrt[3]{\frac{8\times10^3}{\pi}}=\sqrt[3]{\frac{2^3\times10^3}{\pi}}=\sqrt[3]{\frac{(2\times10)^3}{\pi}}=\frac{20}{\sqrt[3]{\pi}}\,[\text{mm}]$$

26 [정답 : ①] 축의 전달 동력 $H=6$[kW], 회전수 $N=2400$[rpm], 축의 길이 $L=500$[mm], 지름 $d=10$[mm], 허용전단응력 $\tau_a=\frac{\sigma_b}{2}=240$[MPa]이다. 축의 전달 동력($H$)으로부터 축에 걸리는 토크($T$)는

$$H=T\times\frac{2\pi N}{60}$$
$$\therefore\ T=\frac{60H}{2\pi N}=\frac{60\times(6\times1000)}{2\times3\times2400}=25\,[\text{N}\cdot\text{m}]$$

이므로 축에서 발생하는 최대전단응력(τ_{max})과 안전계수(S)는 다음과 같다.

$$\tau_{max}=\frac{T}{Z_p}=\frac{16T}{\pi d^3}=\frac{16\times(25\times1000)}{3\times(10)^3}=\frac{400}{3}\,[\text{MPa}]$$
$$S=\frac{\tau_a}{\tau_{max}}=\frac{240}{400/3}=\frac{9}{5}=1.8$$

27 [정답 : ①] 축의 허용전단 응력이 τ_a이고 각속도를 ω라 한다. 이때 지름이 d인 중실축이 전달할 수 있는 동력(H_1)은 $H_1=T\omega=(\tau_aZ_p)\omega=\tau_a\left(\frac{\pi d^3}{16}\right)\omega\ \cdots$①

이고, 바깥지름 d_0, 안지름 d_1인 중공축이 전달할 수 있는 동력(H_2)은

$$H_2=(\tau_aZ_p)\omega=\tau_a\left[\frac{\pi d_0^3}{16}(1-x^4)\right]\omega\ \cdots②$$

이다. 식 ②에서 $x=d_1/d_0$이다. 따라서 $H_1=H_2$일 때

$$d^3=d_0^3(1-x^4)\quad\therefore\ d_0=d\sqrt[3]{\frac{1}{1-x^4}}=d\sqrt[3]{\frac{1}{1-(d_1/d_0)^4}}\ \cdots③$$

28 [정답 : ②] 두 기어가 맞물려 회전할 때 접촉점에서 각 기어에 작용하는 접선방향 힘의 크기(F)가 같다. 따라서 각 기어에 걸리는 토크(T)는 기어의 지름(D)에 비례한다. 그리고 기어의 지름은 잇수(Z)에 비례하므로 A와 B의 두 축에 작용하는 토크의 비는 다음과 같다.

$$\frac{T_A}{T_B}=\frac{D_A}{D_B}=\frac{Z_A}{Z_B}=\frac{24}{72}=\frac{1}{3}\ \cdots①$$

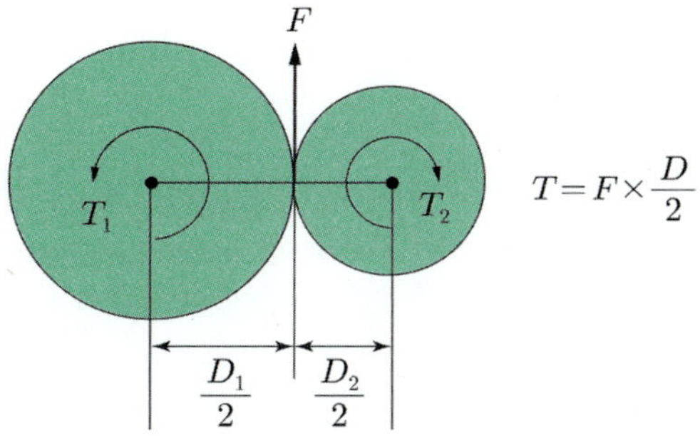

[그림] 기어의 토크

지름 d인 중실축에서 $T = Z_p \tau = \frac{\pi}{16} d^3 \tau$이므로

$$T_A = \frac{\pi}{16}(d_A)^3 \tau, \ T_B = \frac{\pi}{16}(d_B)^3 \tau \quad \therefore \ \frac{T_A}{T_B} = \left(\frac{d_A}{d_B}\right)^3 \ \cdots ②$$

따라서 식 ①, ②로부터 $\left(\frac{d_A}{d_B}\right)^3 = \frac{1}{3}$.

29 $\tau_{max} = \frac{16T}{\pi d^3} = \frac{16(H/2\pi f)}{\pi d^3} = \frac{8H}{\pi^2 d^3 f} = \frac{8(30 \times 10^6)}{\pi^2 (50)^3 (5)} = 38.9[\text{MPa}]$

30 $\tau_{max} = \frac{8H}{\pi^2 d^3 f} \quad \therefore \ d_{min} = \sqrt[3]{\frac{8H}{\pi^2 \tau_{max} f}} = \sqrt[3]{\frac{8(40 \times 10^6)}{\pi^2 (50)(20)}} = 31.9[\text{mm}]$

31 [정답 : ③] 동력 $H = T\omega = T \times \frac{2\pi N}{60}$에서 $T = \frac{60H}{2\pi N}$이므로 축의 최소지름(d)은 다음과 같다.

$$T = \tau Z_p = \tau \times \frac{\pi d^3}{16} = \frac{60H}{2\pi N} \quad \therefore \ d = \sqrt[3]{\frac{16}{\pi \tau} \times \frac{60H}{2\pi N}} = \sqrt[3]{\frac{480H}{\pi^2 \tau N}} \ [\text{m}]$$

32 [정답 : ③] 안지름 d_1, 바깥지름 d_2인 중공축이 전달할 수 있는 토크(T)는 다음과 같다.

여기에서 $x = d_1/d_2$이다. $T = \tau_{max} Z_p = \tau_{max} \times \frac{\pi d_2^3}{16}(1 - x^4)$

축 A에서 $d_1 = 2\text{mm}, \ d_2 = 4\text{mm}, \ x = 0.5$이므로

$$T_A = \tau_{max} \times \frac{\pi (4)^3}{16}[1 - (0.5)^4] = \frac{15}{4}\pi \tau_{max}$$

이고, 축 B에서 $d_1 = 4\text{mm}, \ d_2 = 8\text{mm}, \ x = 0.5$이므로

$$T_B = \tau_{max} \times \frac{\pi (8)^3}{16}[1 - (0.5)^4] = 30\pi \tau_{max}$$

이다. 따라서 $\frac{T_B}{T_A} = \frac{4}{15} \times 30 = 8$

33 (1) 양단(A, B)의 반력토크 T_A, T_B : $\dfrac{I_{pA}}{I_{pB}} = \dfrac{\pi d^4/32}{\pi(2d)^4/32} = \dfrac{1}{16}$ 이다.

$$T_B = \left[\frac{1}{\left(\frac{I_{pA}}{I_{pB}}\right)+1}\right]\times(17T) = \left[\frac{1}{\frac{1}{16}+1}\right]\times(17T) = 16T$$

$$T_A = \left(\frac{I_{pA}}{I_{pB}}\right)T_B = \frac{1}{16}\times(16T) = T$$

(2) AC와 BC 부재에서 발생하는 최대전단응력(τ_{max}) :

○ 지름 d인 중실축 AC에서 $\tau_{max} = \dfrac{16T_A}{\pi d^3} = \dfrac{16\times(T)}{\pi d^3} = \dfrac{16T}{\pi d^3}$

○ 지름 $2d$인 중실축 BC에서 $\tau_{max} = \dfrac{16T_B}{\pi(2d)^3} = \dfrac{16\times(16T)}{\pi\times 8d^3} = \dfrac{32T}{\pi d^3}$

(3) 봉 중앙(C)의 비틀림 각 : $\theta_C = \dfrac{T_A L}{GI_{pA}} = \dfrac{32TL}{\pi d^4 G}$

34 (1) 양단(A, B)의 반력토크 : 중실축 $I_p = \pi d^4/32$ 이다.

$$T_1 = \left(\frac{L_2 I_{p1}}{L_1 I_{p2} + L_2 I_{p1}}\right)T = \left[\frac{L_2\times(d_1)^4}{L_1\times(d_2)^4 + L_2\times(d_1)^4}\right]$$

$$= \left[\frac{40\times(20)^4}{30\times(30)^4 + 40\times(20)^4}\right]\times 50 = 10.42[\text{N}\cdot\text{m}]$$

$$T_2 = T - T_1 = 50 - 10.42 = 39.58[\text{N}\cdot\text{m}]$$

(2) 최대전단응력 : 중실축 $\tau_{max} = 16T/\pi d^3$

$$\tau_{max,1} = \frac{16T_1}{\pi d_1^3} = \frac{16\times(10.42\times10^3)}{\pi\times(20)^3} = 6.63[\text{MPa}]$$

$$\tau_{max,2} = \frac{16T_2}{\pi d_2^3} = \frac{16\times(39.58\times10^3)}{\pi\times(30)^3} = 7.47[\text{MPa}]$$

(3) 비틀림 각 θ_C : 전단탄성계수 $G = 70\text{GPa} = 70\times10^3\text{N/mm}^2$ 이다. 단위를 N, mm로 통일하여 계산한다. AC 부분으로부터 비틀림 각을 구하면

$$\theta_C = \frac{T_1 L_1}{GI_{p1}} = \frac{32T_1L_1}{\pi d_1^4 G} = \frac{32\times(10.42\times10^3)\times300}{\pi\times(20)^4\times(70\times10^3)} = 2.84\times10^{-3}[\text{rad}]$$

35 (1) 양단(A, B)의 반력토크 : 왼쪽과 오른쪽 봉의 지름이 같으므로 $I_{p1} = I_{p2} = \pi d^4/32$ 이다. [예제 7.19]의 결과 식으로부터

$$T_1 = \left(\frac{L_2 I_{p1}}{L_1 I_{p2} + L_2 I_{p1}}\right)T = \left(\frac{b}{a+b}\right)T = \frac{b}{L}T$$

$$T_2 = T - T_1 = T - \frac{b}{L}T = \left(\frac{L-b}{L}\right)T = \frac{a}{L}T$$

(2) 최대전단응력 : $\tau_{\max,1} = \dfrac{16T_1}{\pi d^3} = \dfrac{16bT}{\pi d^3 L}$, $\tau_{\max,2} = \dfrac{16T_2}{\pi d^3} = \dfrac{16aT}{\pi d^3 L}$

(3) 비틀림 각 : $\theta_C = \dfrac{T_1 a}{GI_p} = \dfrac{(bT/L)a}{GI_p} = \dfrac{Tab}{GLI_p} = \dfrac{32Tab}{\pi d^4 GL}$

36 (1) AC와 BC에 작용하는 토크

$$T_1 = \left(\frac{L_2 I_{p1}}{L_1 I_{p2} + L_2 I_{p1}}\right)T = \left[\frac{L_2(d_1)^4}{L_1(d_2)^4 + L_2(d_1)^4}\right]T$$

$$= \left[\frac{40\times(3)^4}{20\times(4)^4 + 40\times(3)^4}\right]T = 0.388T$$

$$T_2 = T - T_1 = T - 0.388T = 0.612T$$

AC 부재로터 $T_{\max}$를 구하면 $\tau_a = \dfrac{16T_1}{\pi d_1^3} = \dfrac{16\times(0.388T)}{\pi d_1^3} = \dfrac{6.208T}{\pi d_1^3}$

$$T_{\max} = \frac{\pi d_1^3 \tau_a}{6.208} = \frac{\pi\times(30)^3\times 40}{6.208} = 546.5\times 10^3[\text{N}\cdot\text{mm}] = 546.6[\text{N}\cdot\text{m}]$$

BC 부재로터 $T_{\max}$를 구하면 $\tau_a = \dfrac{16T_2}{\pi d_2^3} = \dfrac{16\times(0.612T)}{\pi d_2^3} = \dfrac{9.792T}{\pi d_2^3}$

$$T_{\max} = \frac{\pi d_2^3 \tau_a}{9.792} = \frac{\pi\times(40)^3\times 40}{9.792} = 821.3\times 10^3[\text{N}\cdot\text{mm}] = 821.3[\text{N}\cdot\text{m}]$$

따라서 $T_{\max} = 546.6[\text{N}\cdot\text{m}]$

(2) $\theta_a = \dfrac{T_1 L_1}{GI_{p1}} = \dfrac{0.388TL_1}{GI_{p1}}$

$$\therefore\ T_{\max} = \frac{GI_{p1}}{0.388L_1}\theta_a = \frac{(30\times 10^3)\times\pi(30)^4/32}{0.388\times 200}\times\frac{2\pi}{180}$$

$$= 1073.1\times 10^3[\text{N}\cdot\text{mm}] = 1073.1[\text{N}\cdot\text{m}]$$

37 $\tau_a = \dfrac{T}{I_p}\times\dfrac{d}{2}$에서 $\dfrac{T}{I_p} = \dfrac{2\tau_a}{d}$ $\therefore\ \theta_{\max} = \dfrac{TL}{GI_p} = \left(\dfrac{T}{I_p}\right)\times\dfrac{L}{G} = \dfrac{2\tau_a}{d}\times\dfrac{L}{G} = \dfrac{2\tau_a L}{Gd}$

38 [예제 7.18]의 결과 식을 사용하여 각 부재에 작용하는 토크를 구한다. 여기에서 $G_1 = G_2 = G$ 이다. 봉을 1, 관을 2로 한다.

$$T_1 = \left(\frac{I_{p1}}{I_{p1} + I_{p2}}\right)T = \left[\frac{(30)^4}{(30)^4 + (40)^4 - (35)^4}\right]\times 300 = 130\ [\text{N}\cdot\text{m}]$$

$$T_2 = T - T_1 = 300 - 130 = 170\ [\text{N}\cdot\text{m}]$$

(1) 봉과 관에서 발생하는 최대전단응력 : $x = d_1/d_2 = 35/40 = 0.875$

$$\tau_{max1} = \frac{16T_1}{\pi d^3} = \frac{16\times(130\times10^3)}{\pi\times(30)^3} = 24.5[\text{MPa}]$$

$$\tau_{max} = \frac{16T}{\pi d_2^3(1-x^4)} = \frac{16\times(170\times10^3)}{\pi\times(40)^3\times(1-0.875^4)} = 32.7[\text{MPa}]$$

(2) 오른쪽 끝단(B)에 부착된 판의 비틀림 각 : $\theta_1 = \theta_2$이다.

$$\theta_1 = \frac{T_1 L}{GI_{p1}} = \frac{32\times(130\times10^3)\times500}{\pi\times(80\times10^3)\times(30)^4} = 1.02\times10^{-2}[\text{rad}] = 0.584[°]$$

39 AB 부분의 내부토크를 T로 하고 BC, CD를 잘라서 자유물체도를 작성하면 그림과 같다. 여기에서 편의상 토크의 회전방향을 화살표로 표시하였다.

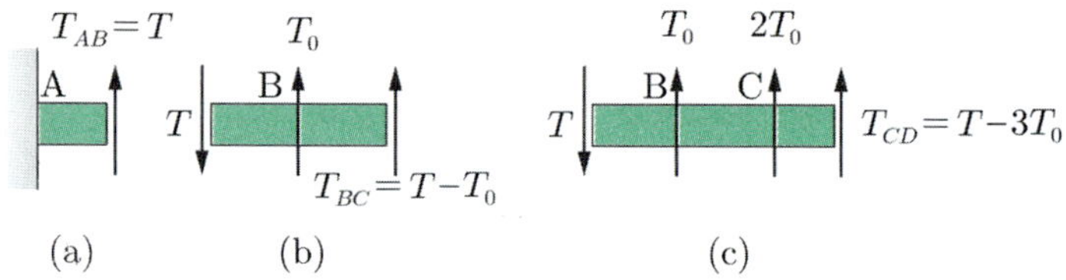

[그림] 내부토크를 구하기 위한 자유물체도

자유물체도에서 세 부분(AB, BC, CD)에 작용하는 내부토크는 각각 다음과 같다.

$T_{AB} = T,\ T_{BC} = T - T_0,\ T_{CD} = T - 3T_0$

양단이 고정되어 있으므로 총 비틀림 각이 0이다.

$$\sum\theta = \frac{T_{AB}(3a)}{GI_p} + \frac{T_{BC}(3a)}{GI_p} + \frac{T_{CD}(4a)}{GI_p} = 0$$

$$3T + 3(T - T_0) + 4(T - 3T_0) = 0 \quad \therefore\ T = \frac{3}{2}T_0$$

$$\therefore\ T_{AB} = T = \frac{3}{2}T_0,\ T_{BC} = T - T_0 = \frac{1}{2}T_0,\ T_{CD} = T - 3T_0 = -\frac{3}{2}T_0$$

여기에서 T_{CD}의 부호는 T_{AB}, T_{BC}와 반대이므로(회전방향이 반대) 봉의 최대 비틀림 각은 다음과 같다.

$$\theta_C = \frac{1}{GI_p}\left(\frac{3}{2}T_0\times3a + \frac{1}{2}T_0\times3a\right) = \frac{6T_0 a}{GI_p}$$

C의 총 회전각은 AB 부재에서 B의 회전각과 BC 부재에서 C의 회전각을 합한 것이 된다.

> 토크도 방향이 있다는 것을 유념하고 축 하중을 받는 부재와 같은 방법으로 해석하면 된다. 축 하중에서 $\delta = PL/EA$이고, 비틀림에서 $\theta = TL/GI_p$이다.

40 (1) 비틀림 각 $\theta = 2.0° = \frac{2\pi}{180}[\text{rad}]$

$$U = \frac{\pi G d^4\theta^2}{64L} = \frac{\pi\times(80\times10^3)\times(60)^4\times(2\pi/180)^2}{64\times(1.8\times10^3)}$$

$= 34.45 \times 10^3 [\text{N} \cdot \text{mm}] = 34.45[\text{N} \cdot \text{m}] = 34.45[\text{J}]$

(2) $U = \dfrac{\pi \tau_{max}^2 d^2 L}{16G} = \dfrac{\pi \times (30)^2 \times (60)^2 \times (1.8 \times 10^3)}{16 \times (80 \times 10^3)}$

$= 14.31 \times 10^3 [(\text{N} \cdot \text{mm}] = 14.31[\text{N} \cdot \text{m}] = 14.31[\text{J}]$

$\theta = \dfrac{2\tau_{max} L}{Gd} = \dfrac{2 \times 30 \times 1.8}{80 \times 60} = \dfrac{9}{400}[\text{rad}] = \dfrac{9}{400} \times \dfrac{180}{\pi}[°] = 1.289[°]$

41 [정답 : ⑤]

(ㄱ) 동력 $P = T\omega = T \times \dfrac{2\pi n}{60}$: P가 일정할 때, T는 n에 반비례한다.

(ㄴ) $P = T \times \dfrac{2\pi n}{60}$: n이 일정할 때 T는 P에 비례한다.

(ㄷ) $d = \sqrt[3]{\dfrac{16T}{\pi \tau_a}}$: τ_a가 일정할 때, d는 $\sqrt[3]{T}$에 비례한다.

(ㄹ) $d = \sqrt[3]{\dfrac{16T}{\pi \tau_a}}$: T가 일정할 때, d는 $\sqrt[3]{\tau_a}$에 반비례한다.

42 SI단위로 통일하여 계산한다. $1\text{Pa} = 1\text{N/m}^2$이다.

(1) 최대전단응력 $\tau_{max}[\text{N/m}^2]$: 원형 봉의 극단면계수를 Z_p라 최대전단응력 $\tau_{max} = \dfrac{T}{Z_p}$ 이고 지름 d인 원형 봉의 $Z_p = \dfrac{\pi}{16} d^3$이므로 최대전단응력($\tau_{max}$)은 다음과 같다.

$\tau_{max} = \dfrac{T}{Z_p} = \dfrac{16T}{\pi d^3} = \dfrac{16}{\pi (10^{-2})^3} \times \left(\dfrac{\pi}{32}\right) = 5 \times 10^5 [\text{N/m}^2]$

이상에서 $d = 10\text{mm} = 10^{-2}\text{m}$이고 $T = \dfrac{\pi}{32}[\text{N} \cdot \text{m}]$이다.

(2) 비틀림각 $\theta[\text{rad}]$: 길이 $L[\text{m}]$인 원형 단면축이 비틀림 모멘트 $T[\text{N} \cdot \text{m}]$를 받을 때 축의 끝 단면에서의 비틀림 각 θ는 다음과 같다.

$\theta = \dfrac{TL}{GI_p} = \dfrac{32\,TL}{\pi G d^4} = \dfrac{32 \cdot \left(\dfrac{\pi}{32}\right) \cdot (1)}{\pi \cdot (100 \times 10^9) \cdot (10^{-2})^4}[\text{rad}] = \dfrac{1}{100 \times 10}[\text{rad}]$

$= 10^{-3}\ [\text{rad}]$

이상에서 $T = \dfrac{\pi}{32}[\text{N} \cdot \text{m}]$, $L = 1\text{m}$, $G = 100 \times 10^9 [\dfrac{\text{N}}{\text{m}^2}]$, $d = 10^{-2}\text{m}$.

43 차축이 회전 각속도 $\omega[\text{rad/sec}]$로 $H[\text{W}]$의 동력을 전달할 때 축에 걸리는 비틀림 모멘트 $T[\text{N} \cdot \text{m}]$는 다음과 같다.

$H = T\omega \quad \therefore\ T = \dfrac{H}{\omega} \quad \cdots ①$

중공축의 안지름(d_1)과 바깥지름(d_2) 비를 $x = d_1/d_2$로 하면 중공축의 단면계수 Z_p

$= \frac{\pi d_2^3}{16}(1-x^4)$이고 토크($T$)와 허용전단응력($\tau_a$)의 관계는 다음과 같다.

$$T = \tau_a Z_p = \tau_a \times \frac{\pi d_2^3}{16}(1-x^4) \quad \cdots ②$$

식 ②에 $x = d_1/d_2 = 1/2$을 대입하면 다음과 같이 중공축의 외경 d_2가 구해진다. $\frac{1}{1-x^4} = \frac{1}{1-(1/2)^4} = \frac{16}{15}$이다.

$$d_2 = \left[\frac{16T}{\pi\tau_a(1-x^4)}\right]^{1/3} = \left(\frac{16^2 T}{15\pi\tau_a}\right)^{1/3} = \left(\frac{4^3 \times 4T}{15\pi\tau_a}\right)^{1/3} = 4\left(\frac{4T}{15\pi\tau_a}\right)^{1/3} \quad \cdots ③$$

44 $\gamma = r\phi = r\frac{\theta}{L} = \frac{d\theta}{2L} \quad \therefore \quad L_{min} = \frac{d\theta}{2\gamma_a} = \frac{(90)(4\pi/180)}{2(0.005\pi)} = 200[\text{mm}]$

45 $\gamma = \frac{d\theta}{2L} \quad \therefore \quad d_{max} = \frac{2\gamma_a L}{\theta} = \frac{2(2\times 10^{-4}\pi)(800)}{(3.6\pi/180)} = 16[\text{mm}]$

46 $d_{min} = \sqrt[3]{\frac{16T}{\pi\tau_{max}}} = \sqrt[3]{\frac{16(120\pi\times 10^3)}{\pi(30)}} = 40[\text{mm}]$

47 $d_{max} = \sqrt[4]{\frac{32TL}{\pi G\theta}\times\frac{180}{\pi}} = \sqrt[4]{\frac{32(20\pi\times 10^3)(1000)}{\pi(90\times 10^3)(8/\pi)}\times\frac{180}{\pi}} = 20[\text{mm}]$

48 $d_{2,min} = \sqrt[3]{\frac{16T}{\pi\tau_{max}(1-x^4)}} = \sqrt[3]{\frac{16(600\pi\times 10^3)}{\pi(20)[1-(1/2)^4]}} = 80[\text{mm}]$

49 $d_{2,max} = \sqrt[4]{\frac{32TL}{\pi G\theta(1-x^4)}\times\frac{180}{\pi}} = \sqrt[4]{\frac{32(20\pi\times 10^3)(625)}{\pi(30\times 10^3)\left(\frac{1}{\pi}\right)\left[1-\left(\frac{1}{2}\right)^4\right]}\times\frac{180}{\pi}} = 40[\text{mm}]$

50 $1\text{kW} = 10^3\text{N}\cdot\text{m} = 10^6\text{N}\cdot\text{mm}$이다.

(1) $\tau_{max} = \frac{16T}{\pi d^3} = \frac{16}{\pi d^3}\times\frac{H}{2\pi f} = \frac{8H}{\pi^2 d^3 f} = \frac{8(5\pi^2\times 10^6)}{\pi^2(50)^3(8)} = 40[\text{MPa}]$

(2) $\tau_{max} = \frac{16T}{\pi d^3} = \frac{16}{\pi d^3}\times\frac{60H}{2\pi N} = \frac{480H}{\pi^2 d^3 N} = \frac{480(5\pi^2\times 10^6)}{\pi^2(50)^3(2400)} = 8[\text{MPa}]$

51 (1) $d = \sqrt[3]{\frac{8H}{\pi^2\tau_a f}} = \sqrt[3]{\frac{8(1.6\pi^2\times 10^6)}{\pi^2(40)(5)}} = 40[\text{mm}]$

(2) $d_{min} = \sqrt[3]{\frac{480H}{\pi^2\tau_a N}} = \sqrt[3]{\frac{480(1.6\pi^2\times 10^6)}{\pi^2(40)(2400)}} = 20[\text{mm}]$

52 $x = d_1/d_2 = 1/2$

(1) $H = T \times \frac{2\pi N}{60} = \tau_a \times \frac{\pi d_2^3}{16}(1-x^4) \times \frac{2\pi N}{60} = \frac{\pi^2 \tau_a d_2^3 (1-x^4) N}{480}$

$= \frac{\pi^2 (40)(20)^3 [1-(1/2)^4](2400)}{480} = 15\pi^2 \times 10^5 [\text{N} \cdot \text{mm}] = 1.5\pi^2 [\text{kW}]$

(2) $\tau_{max} = \frac{480H}{\pi^2 d_2^3 (1-x^4) N} = \frac{480(1.2\pi^2 \times 10^6)}{\pi^2 (20)^3 [1-(1/2)^4](2400)} = 32[\text{MPa}]$

53 [정답 : ④] $T_{CD} = 8\text{kN} \cdot \text{m}$, $T_{BC} = 2\text{kN} \cdot \text{m}$, $T_{AB} = 10\text{kN} \cdot \text{m}$

$U = \sum \frac{T^2 L}{2GI_p} = \frac{10^6}{2(90 \times 10^9)(5 \times 10^{-6})}[8^2(0.6) + 2^2(0.4) + 10^2(0.5)] = 100[\text{J}]$

연습문제 8

01 분포하중을 B에서 2m 위치에 작용하는 집중하중(F_R)으로 대체한다.

$F_R = (7\text{kN/m}) \times 4\text{m} = 28\text{kN}$

$\sum M_B = 0$: $R_A \cdot (3+4)\text{m} - 28\text{kN} \cdot 2\text{m} = 0$ $\therefore$ $R_A = 8\text{kN}$

$\sum F_y = 0$: $R_A + R_B - 28\text{kN} = 0$ $\therefore$ $R_B = 28\text{kN} - 8\text{kN} = 20\text{kN}$

02 분포하중을 B에서 $\frac{2h}{3} = \frac{2 \times 3\text{m}}{3} = 2\text{m}$ 위치에 작용하는 집중하중으로 대체한다.

$F_R = \frac{1}{2} \times 800\frac{\text{N}}{\text{m}} \times 3\text{m} = 1200\text{N}$

$\sum M_B = 0$: $R_A \cdot (2+3)\text{m} - 1200\text{N} \cdot 2\text{m} = 0$ $\therefore$ $R_A = 480\text{N}$

$\sum F_y = 0$: $R_A + R_B - 1200\text{N} = 0$ $\therefore$ $R_B = 1200\text{N} - 480\text{N} = 720\text{N}$

03 왼쪽 삼각형의 분포하중은 크기 $PL/2$, 작용점은 A로부터 거리 $2L/3$이고, 오른쪽 삼각형의 분포하중은 크기 PL, 작용점은 B로부터 거리 $4L/3$이다. A점에 대한 모멘트 평형조건을 적용하면

$R_B \times (3L) - \frac{PL}{2} \times \frac{2L}{3} - PL \times \left(3L - \frac{4}{3}L\right) = 0$ $\therefore$ $R_B = \frac{2}{3}PL$

04 분포하중을 A에서 $(x+2)\text{m}$ 위치에 작용하는 집중하중으로 대체한다.

$F_R = \frac{1}{2} \times 4\frac{\text{kN}}{\text{m}} \times 3\text{m} = 6\text{kN}$

$\sum F_y = 0$: $2R_A + R_A - 6 - 6 = 0$ $\therefore$ $R_A = 4[\text{kN}]$

$\sum M_A = 0$: $2R_A(x+9) - 6(x+2) - 6(x+6) = 0$ $\therefore$ $x = 6$

05 분포하중을 사각형(1)과 삼각형(2)으로 분리한다.

$$F_1 = 4\text{kN/m} \cdot 10\text{m} = 40\text{kN},\ F_2 = \frac{1}{2} \cdot (7-4)\text{kN/m} \cdot 6\text{m} = 9\text{kN}$$

$$\sum M_B = 0 \ :\ R_A \cdot 10\text{m} - 9\text{kN} \cdot 2\text{m} - 40\text{kN} \cdot 5\text{m} = 0 \quad \therefore\ R_A = 21.8\text{kN}$$

$$\sum F_y = 0 \ :\ R_A + R_B - 40\text{kN} - 9\text{kN} = 0$$

$$\therefore\ R_B = 40\text{kN} + 9\text{kN} - 21.8\text{kN} = 27.2\text{kN}$$

06 분포하중을 두 개의 삼각형으로 분리한다.

$$F_1 = \frac{1}{2} \cdot 1200\text{N/m} \cdot 1.2\text{m} = 720\text{N},\ F_2 = \frac{1}{2} \cdot 1200\text{N/m} \cdot 1.8\text{m} = 1080\text{N}$$

$$\sum M_A = 0 \ :\ R_B \cdot 5\text{m} - 720\text{N} \cdot (2.8\text{m}) - 1080\text{N} \cdot (3.8\text{m}) = 0$$

$$\therefore\ R_B = 1224\text{N}$$

$$\sum F_y = 0 \ :\ R_A + R_B - 720\text{N} - 1080\text{N} = 0$$

$$\therefore\ R_A = 720\text{N} + 1080\text{N} - 1224\text{N} = 576\text{N}$$

07 [그림]과 같이 분포하중을 보의 왼쪽 끝에서 $(5+3)\text{m}/2 = 4\text{m}$에 위치하는 집중하중 $P = 4\text{kN/m} \times (5+3)\text{m} = 32\text{kN}$으로 대체한다.

$$\sum M_A = 0 \ :\ 32 \times (5-4) - 10\sin 30^\circ \times (3+4) + B_y \times (3+4+3) = 0$$

$$\therefore\ B_y = \frac{1}{10} \times (10\sin 30^\circ \times 7 - 32) = 0.3[\text{kN}](\uparrow)$$

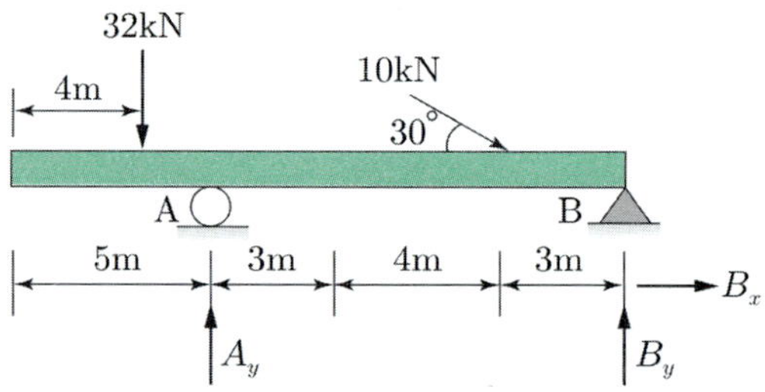

[그림] 자유물체도

08 분포하중을 사각형(1)과 삼각형(2)으로 분리하여 자유물체도를 그린다.

$$F_1 = 4\text{kN/m} \cdot 2\text{m} = 8\text{kN},\ F_2 = \frac{1}{2} \cdot 4\text{kN/m} \cdot 3\text{m} = 6\text{kN}$$

점 A에 작용하는 반력의 x, y 성분을 각각 $A_x(\rightarrow)$, $A_y(\uparrow)$, 모멘트를 $M_A(\curvearrowleft)$라 하면, $\sum F_x = 0 \ :\ A_x = 0$

$$\sum F_y = 0 \ :\ A_y - F_1 - F_2 = 0 \quad \therefore\ A_y = 8\text{kN} + 6\text{kN} = 14\text{kN}$$

$$\sum M_A = 0 \ :\ M_A - F_1 \cdot (3)\text{m} - F_2 \cdot (5)\text{m} = 0 \ \therefore\ M_A = 54\text{kN} \cdot \text{m}(\curvearrowleft)$$

09 분포하중을 B에서 1m 위치에 작용하는 집중하중 $Q=4\dfrac{\text{kN}}{\text{m}}\times 2\text{m}=8\text{kN}$으로 대체하여 자유물체도를 그린다. 점 A에 작용하는 반력의 x, y 성분을 각각 $A_x(\leftarrow)$, $A_y(\uparrow)$, 모멘트를 $M_\text{A}(\curvearrowleft)$라 하면,

$\sum F_x=0$에서 $-A_x+5\text{kN}\sin 30°=0 \quad \therefore\ A_x=2.5\,\text{kN}(\leftarrow)$

$\sum F_y=0$에서 $A_y-8\,\text{kN}-5\text{kN}\cos 30°=0 \quad \therefore\ A_y=12.33\,\text{kN}(\uparrow)$

이므로 점 A에 작용하는 반력의 크기 $A=\sqrt{A_x^2+A_y^2}=12.58\,\text{kN}$.

점 A에 대한 모멘트 합은 0에서

$M_\text{A}-8\text{kN}\cdot(2+1)\text{m}-5\,\text{kN}\cos 30°\cdot(2+2)\text{m}=0$

$\therefore\ M_\text{A}=41.32\,\text{kN}\cdot\text{m}(\curvearrowleft)$

10 분포하중의 합력(F_R)을 구한다.

$$F_R=\int_L w(x)dx=\int_0^2 20x^4dx=4\left[x^5\right]_0^2=128\ [\text{N}]$$

점 A에 대한 분포하중의 모멘트는

$$\int_L xw(x)dx=\int_0^2 x\cdot(20x^4)dx=20\int_0^2 x^5dx=20\left[\frac{x^6}{6}\right]_0^2=\frac{640}{3}\ [\text{N}\cdot\text{m}]$$

이므로 합력의 작용점의 위치($\bar{x}$)는 다음과 같이 구해진다.

$$\bar{x}=\frac{\int_L xw(x)\,dx}{F_R}=\frac{\frac{640}{3}\text{N}\cdot\text{m}}{128\text{N}}=\frac{5}{3}\text{m}$$

점 A에 작용하는 반력의 x, y 성분을 각각 $A_x(\rightarrow)$, $A_y(\uparrow)$, 모멘트를 $M_\text{A}(\curvearrowleft)$라 하면, $\sum F_x=0\ :\ A_x=0$

$\sum F_y=0\ :\ A_y-F_R=0 \quad \therefore\ A_y=128\text{N}$

점 A에 대한 모멘트 합은 0에서

$M_\text{A}-F_R\cdot\bar{x}=0 \quad \therefore\ M_\text{A}=\dfrac{640}{3}\text{N}\cdot\text{m}(\curvearrowleft)$

11 분포하중의 합력(F_R)

$$F_R=\int_L w(x)dx=\int_0^L w_0\sin\left(\frac{\pi x}{L}\right)dx=\frac{w_0L}{\pi}\left[-\cos\left(\frac{\pi x}{L}\right)\right]_0^L=\frac{2w_0L}{\pi}$$

이고, $w(x)$는 보의 중앙에 대해 대칭이므로 합력의 작용선은 보의 중앙에 위치한다. 점 A에 작용하는 반력의 x, y 성분을 각각 $A_x(\rightarrow)$, $A_y(\uparrow)$, 모멘트를 $M_\text{A}(\curvearrowleft)$라 하면,

$\sum F_x=0\ :\ A_x=0$

$\sum F_y=0\ :\ A_y-F_R=0 \quad \therefore\ A_y=\dfrac{2w_0L}{\pi}$

점 A에 대한 모멘트 합은 0에서

$$M_A - F_R \cdot \bar{x} = 0 \quad \therefore \; M_A = \frac{2w_0 L}{\pi} \cdot \frac{L}{2} = \frac{w_0 L^2}{\pi} \; (\curvearrowleft)$$

12 분포하중을 하나의 집중하중 $(100\text{kgf/m}) \times 4\text{m} = 400\text{kgf}$으로 대체하여 자유물체도를 그리면 다음과 같다.

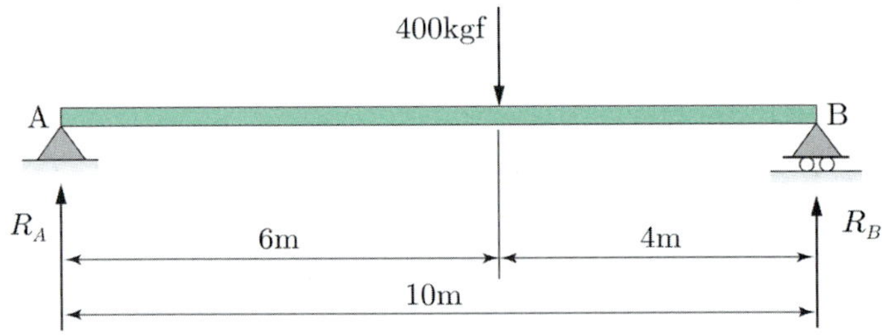

$$\sum M_B = 0 \; : \; R_A \cdot 10\text{m} - 400\text{kgf} \cdot 4\text{m} = 0 \quad \therefore \; R_A = 160\,\text{kgf}$$
$$\sum M_A = 0 \; : \; R_B \cdot 10\text{m} - 400\text{kgf} \cdot 6\text{m} = 0 \quad \therefore \; R_B = 240\,\text{kgf}$$

13 (1) 전단력 선도와 굽힘모멘트 선도

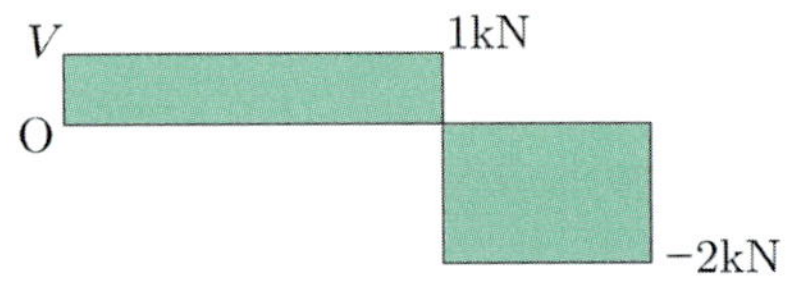

[전단력 선도]

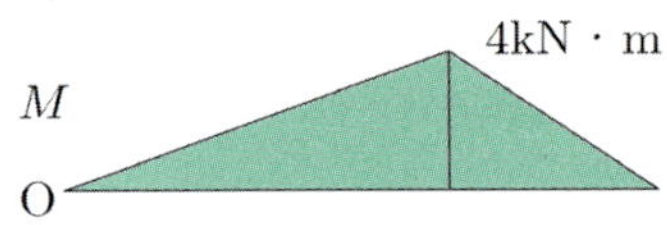

[굽힘 모멘트 선도]

(2) $V_{max} = 2\text{kN}$, $M_{max} = 4\,\text{kN} \cdot \text{m}$

14 (1) 전단력 선도와 굽힘모멘트 선도

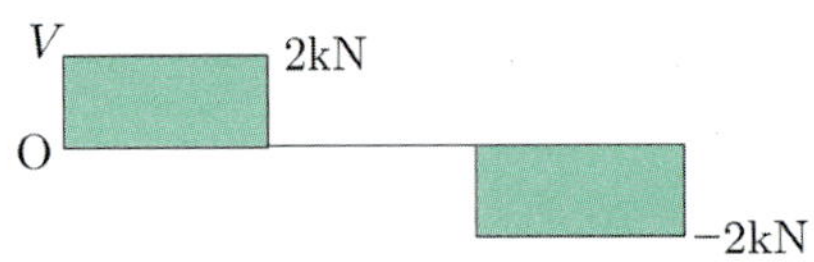

[전단력 선도]

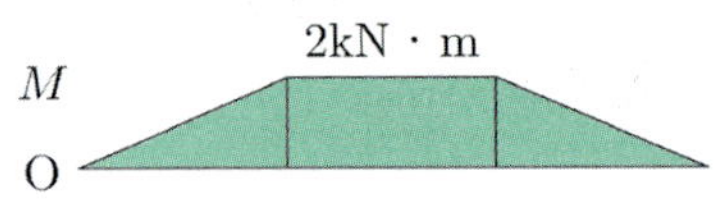

[굽힘 모멘트 선도]

(2) $V_{max} = 2\text{kN}$, $M_{max} = 2\,\text{kN} \cdot \text{m}$

15 (1) 전단력 선도와 굽힘모멘트 선도

[전단력 선도]

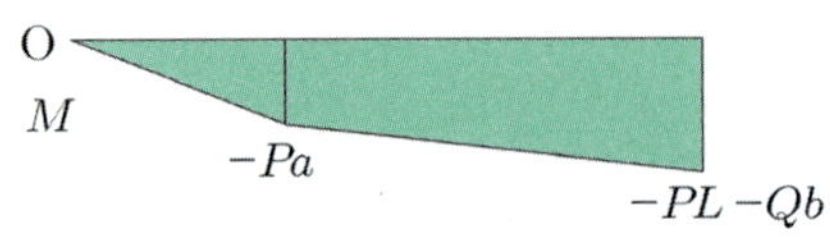

[굽힘 모멘트 선도]

(2) $V_{max} = P + Q$, $M_{max} = PL + Qb$

16 $\sum M_B = 0\ :\ -R_A(100)+(3)(80)+(4)(60)+(6)(30)=0\quad \therefore\quad R_A = 6.6\,\text{kN}$

30cm와 60cm 지점에서 보를 절단하고 A 지점으로부터 절단면까지의 보에 대한 자유물체도를 각각 그려서 전단력과 굽힘모멘트를 구한다.

• 30cm 지점 : $\sum F_y = 0$에서 $R_A - 3 - V = 0\quad \therefore\quad V = 3.6\,[\text{kN}]$

$\sum M_C = 0$에서 $M + (3)(0.1) - R_A(0.3) = 0\quad \therefore\quad M = 1.68\,[\text{kN}\cdot\text{m}]$

• 60cm 지점 : $\sum F_y = 0$에서 $6.6 - 3 - 4 - V = 0\quad \therefore\quad V = -0.4\,[\text{kN}]$

$\sum M_C = 0$에서 $M + (3)(0.4) + (4)(0.2) - (6.6)(0.6) = 0$

$\therefore\quad M = 1.96\,[\text{kN}\cdot\text{m}]$

17 $R_A = 60\text{kN},\ R_B = 20\text{kN},\ R_A - wx = 0\quad \therefore\quad x = \dfrac{R_A}{w} = \dfrac{60}{20} = 3\,[\text{m}]$

$M_{max} = R_A \times 3 - (w \times 3) \times \dfrac{3}{2} = 60 \times 3 - (20 \times 3) \times \dfrac{3}{2} = 90\,[\text{kN}\cdot\text{m}]$

18 (1) 임의 지점 x에서 $q(x) = q_0 x / L$이다. 거리 x에 걸쳐 작용하는 분포하중 $\dfrac{1}{2}\left(\dfrac{q_0 x}{L}\right) \times x$을 집중하중 P로 대체하여 자유물체도를 그린 후 평형방정식을 적용한다.

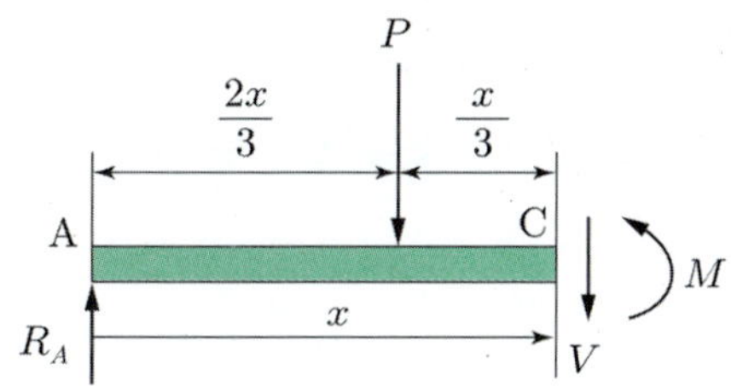

$$\sum F_y = 0\ :\ V = -P = -\frac{q_0 x^2}{2L}$$

$$\sum M_C = 0\ :\ M = -P\left(\frac{x}{3}\right) = -\frac{q_0 x^3}{6L}$$

(2) 최대 전단력과 최대 굽힘모멘트는 고정단 B에서 발생하므로 $x = L$을 대입하면 $V_{max} = \dfrac{q_0 L}{2}$, $M_{max} = \dfrac{q_0 L^2}{6}$이다.

19 (1) 반력 : 분포하중을 보의 중앙에 작용하는 하나의 집중하중

$P = (100\text{kN/m}) \times 6\text{m} = 600\text{kN}$

으로 대체하여 전체 물체의 자유물체도를 그린다.

$\sum M_B = 0\ :\ R_A(4) - 200(2) - 600(1) = 0\quad \therefore\quad R_A = 250\,[\text{kN}]$

(2) 3m 길이의 보에 작용하는 분포하중을 3m 보의 중앙에 작용하는 집중하중 $(100\text{kN/m}) \times 3\text{m} = 300\text{kN}$으로 대체하여 그림과 같이 지점 A로부터 절단면까지의

물체에 대한 자유물체도를 그린다.

$$\sum F_y = 0 \ : \ R_A - 300 - 200 - V = 0 \quad \therefore \quad V = -250[\text{kN}]$$

$$\sum M_C = 0 \ : \ M + 200(1) + 300(1.5) - R_A(3) = 0 \quad \therefore \quad M = 100[\text{kN} \cdot \text{m}]$$

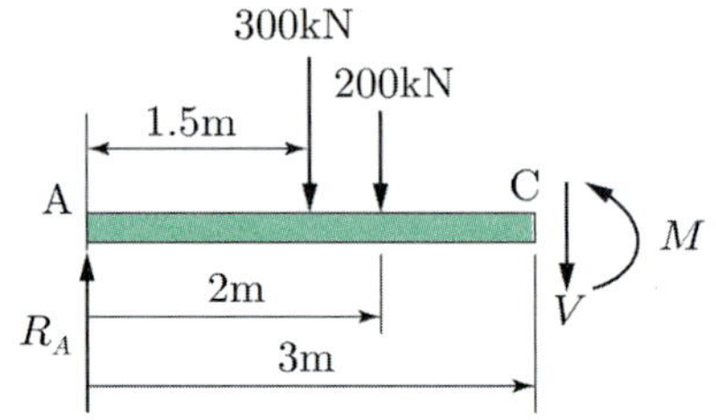

20 $\sum M_B = 0 \ : \ M_0 - A_y \cdot \dfrac{2L}{3} = 0 \quad \therefore \quad A_y = \dfrac{3M_0}{2L}(\uparrow)$

보의 중앙(C)을 절단하여 왼쪽 부분을 고려한다.

$$\sum F_y = 0 \ : \ A_y - V = 0 \quad \therefore \quad V = \frac{3M_0}{2L}(\downarrow)$$

$$\sum M_C = 0 \ : \ M - A_y \cdot \left(\frac{L}{2} - \frac{L}{3}\right) = 0 \quad \therefore \quad M = \frac{3M_0}{2L} \cdot \frac{L}{6} = \frac{M_0}{4}(\curvearrowleft)$$

21 최대 굽힘모멘트는 전단력이 0인 보 중앙에서 발생한다. 등변분포하중을 집중하중으로 대체하여 반력 $R_A = w_0L/4$을 구하고 보의 중앙 부분에서 보를 절단한 후 이에 대한 자유물체도를 그리면 그림과 같다.

$$\sum M_C = 0 \ : \ M - \frac{w_0L}{4} \cdot \frac{L}{2} + \frac{w_0L}{4} \cdot \frac{L}{3} = 0 \quad \therefore \quad M_{max} = \frac{w_0L^2}{24}$$

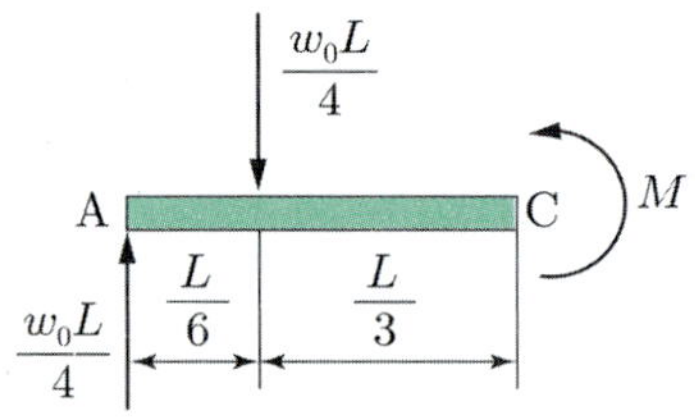

22 전단력 $V = \dfrac{w_0L}{4}$, 굽힘모멘트 $M = \dfrac{w_0L^2}{24}$

23 (1) 분포하중을 하나의 집중하중 $F_1 = (400\text{N/m}) \cdot 3\text{m} = 1200\text{N}$으로 대체하여 전체 자유물체도를 그린다. 여기에서

$$\sum M_A = 0 \ : \ B_y \cdot 10\text{m} - 1200\text{N} \cdot (3.5\text{m}) - 500\text{N} \cdot 8\text{m} = 0$$

$$\therefore \quad B_y = 820\text{N}$$

$$\sum F_y = 0 \ : \ A_y + B_y - 1200\text{N} - 500\text{N} = 0 \quad \therefore \quad A_y = 880\text{N}$$

(2) 보의 중앙($x = 5\text{m}$)을 절단하여 왼쪽 부분을 고려한다.

$\sum F_y = 0$: $A_y + V - 1200\text{N} = 0$ ∴ $V = 320\text{N}(\uparrow)$

$\sum M_C = 0$: $M - A_y \cdot (5\text{m}) + 1200\text{N} \cdot (1.5\text{m}) = 0$

∴ $M = 2600\,\text{N} \cdot \text{m}\,(\curvearrowleft)$

(3) 보의 왼쪽 부분에서 전단력이 0이 되는 위치를 찾는다.

$880 - 400 \times \Delta x = 0$에서 $\Delta x = 2.2\,(\text{m})$

즉, 분포하중의 왼쪽에서 $\Delta x = 2.2\,(\text{m})$ 위치에서 $V = 0$이 되며 여기에서 최대 굽힘 모멘트(M_{max})가 발생한다. 이곳에서 보를 절단하여 왼쪽 부분을 고려한다.

$\sum M_C = 0$: $M_{max} + 880\text{N} \cdot \left(\frac{1}{2} \times 2.2\right)\text{m} - 880\text{N} \cdot (2 + 2.2)\text{m} = 0$

∴ $M_{max} = 2728\,\text{N} \cdot \text{m}\,(\curvearrowleft)$

24 반력 $R_A = 40\text{N}$, $R_B = 360\text{N}$

○ $x = 5\text{m}$: $V = 260\text{N}$, $M = 250\,\text{N} \cdot \text{m}$

○ $M_{max} = 1280\,\text{N} \cdot \text{m}$: 우력의 모멘트가 작용하는 지점($x = 8\text{m}$)을 절단하여 절단된 보의 오른쪽 부분을 고려한다. 자유물체도를 그려보면 $x = 8\text{m}$의 바로 왼쪽($x = 8\text{m}-$)과 오른쪽 단면($x = 8\text{m}+$)에 각각 $-1280\,\text{N} \cdot \text{m}$과 $720\text{N} \cdot \text{m}$가 발생한다는 것을 알 수 있다.

○ $2\text{m} < x < 6\text{m}$: $V = 0$인 단면($x = 2.4\text{m}$)에서 굽힘모멘트 $M = 88\text{N} \cdot \text{m}$.

> 우력의 모멘트가 작용하고 있을 때는 주의해야 한다.

25 (1) 최대 휨모멘트는 벽면 지점 A에서 발생한다. 문제의 기하학적 구조로부터 분포하중을 보의 중앙에 작용하는 하나의 집중하중

$P = (10\text{kN/m}) \times (4\text{m}) = 40\text{kN}$

으로 대체할 수 있다. 이때 모멘트 평형 조건($\sum \overrightarrow{M} = 0$)으로부터 다음과 같이 최대 휨 모멘트가 구해진다.

$M_A - 40\text{kN} \times (2+2)\text{m} - 100\text{kN} \times 8\text{m} = 0$

∴ $M_{max} = M_A = 960\,\text{kN} \cdot \text{m}$

(2) $\sum F_y = 0$: $R_A - 40\text{kN} - 100\text{kN} = 0$ ∴ $R_A = 140\,\text{kN}$

26 먼저 (a)의 전체 자유물체도에서 점 B에 대한 모멘트 평형 조건($\sum M_B = 0$)을 적용하여 A 점 반력(R_A)을 구한다.

$R_A \times 120 - 15 \times 80 - 30 \times 40 = 0$ ∴ $R_A = 20\,[\text{N}]$

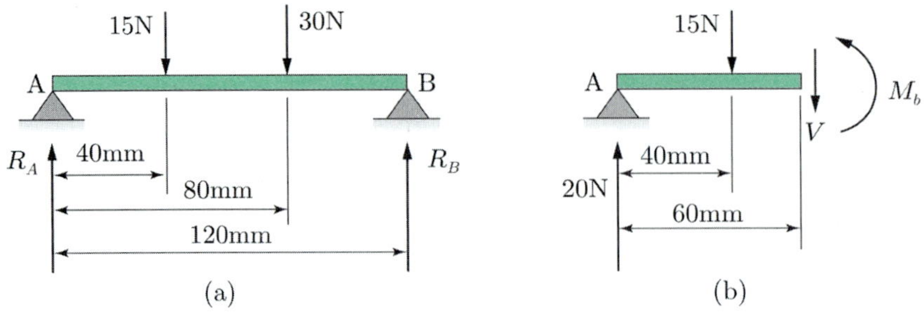

[그림] 자유물체도 : (a) 전체 보 (b) 절단 부분

다음에 보의 중앙을 잘라서 (b)와 같이 자유물체도를 그린 후 점 A에 대한 모멘트 평형 조건($\sum M_A = 0$)을 적용하면 다음과 같이 보 중앙에서의 굽힘모멘트(M_b)가 구해진다.

$M_b - 20 \times 60 + 15 \times 20 = 0 \quad \therefore \; M_b = 20 \times 60 - 15 \times 20 = 900[\text{N} \cdot \text{mm}]$

27 (1) $\dfrac{wL}{4}$ (2) $\dfrac{wL}{4}$ (3) $\dfrac{3wL^2}{32}$

28 $M_{max} = 120\,\text{N} \cdot \text{m}$

29 (1) $R_A = 60\,\text{kN}$, $R_B = 180\,\text{kN}$ (2) $M_C = 80\,\text{kN} \cdot \text{m}$

30 $x = 3\,\text{m}$

31 $V_C = -3\,\text{kN}$

32 분포하중을 집중하중으로 대체한 후 자유물체도를 그린다. 좌우 대칭이므로 지지점 반력 $R = wL/2$이다.

○지지점 x에서 굽힘모멘트 : $M_x = wx \cdot \dfrac{x}{2} = \dfrac{wx^2}{2}$

○보 중앙에서 굽힘모멘트 :

$$M_C = \frac{wL}{2}\left(\frac{L}{2} - x\right) - \frac{wL}{2} \cdot \frac{L}{4} = \frac{wL}{2}\left(\frac{L}{4} - x\right) \quad \therefore \; \frac{wx^2}{2} = \frac{wL}{2}\left(\frac{L}{4} - x\right)$$

$$4x^2 + 4Lx - L^2 = 0 \quad \therefore \; x = \left(\frac{\sqrt{2} - 1}{2}\right)L$$

33 전체 자유물체도에서 점 A에 대한 모멘트 평형 조건을 적용하여 B점의 반력(B_y)을 구한다. $\sum M_A = 0$: $20 \cdot 1 - B_y \cdot (6+2) = 0 \;\; \therefore \; B_y = \dfrac{5}{2}\,[\text{kN}]$

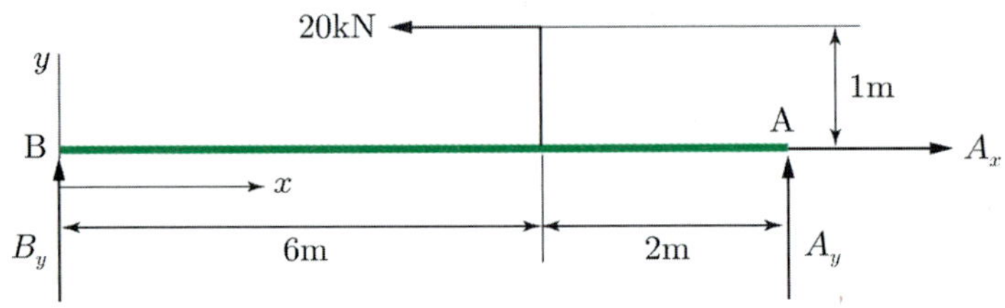

B점으로부터 거리 x에서 절단된 보의 왼쪽 부분을 고려한다.

- $0 \le x < 6$: $M = B_y \cdot x = \dfrac{5}{2}x$ [kN • m]
- $6 < x \le 8$: $M = B_y \cdot x - 20 \cdot 1 = \dfrac{5}{2}x - 20$ [kN • m]

따라서 굽힘모멘트 선도는 다음 그림과 같다.

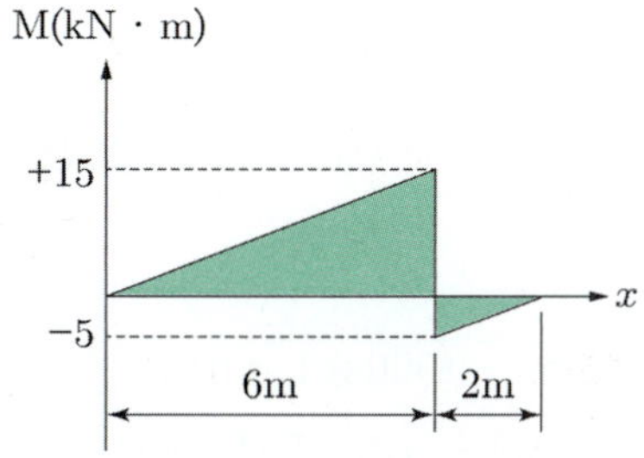

34 $\sum M_A = 0$: $B_y \cdot (6) - 6 \cdot (6+1+1) = 0$ ∴ $B_y = 8$ [kN] (↑)

$\sum F_y = 0$: $A_y + B_y - 6 = 0$ ∴ $A_y = -2$ [kN] $= 2$ [kN] (↓)

C 점에서 절단된 보의 오른쪽 부분을 고려한다.

$M_C + 6\text{kN} \cdot 1\text{m} = 0$ ∴ $M_C = -6\text{kN} \cdot \text{m}$

35 ○ $R_A = 17.4$[kN], $R_B = 1.6$[kN]

○ $x = 2\sqrt{7.4}$ [m] : $\dfrac{1}{2}\left(\dfrac{1}{2}x \cdot x\right) = 17.4 - 10$

○ $M_E = \dfrac{64}{15} = 4.3$ [kN • m]

36 $R_A = 44\,\text{kN}$, $R_B = 20\,\text{kN}$, $V_D = 24\,\text{kN}$, $M_D = 4\,\text{kN} \cdot \text{m}$

37 $R_A = 37\,\text{kN}$, $V_D = 27\,\text{kN}$, $M_D = 64\,\text{kN} \cdot \text{m}$

38 (1) $\sum M_A = 0$: $R_B \cdot 10 = 10 \cdot 2 + 8 \cdot 8 + 4$ ∴ $R_B = 8.8$[t]

$\sum F_y = 0$: $R_A + R_B - 10 - 8 = 0$ ∴ $R_A = 9.2$[t]

(2) 전단력 선도 : 단위는 [t]

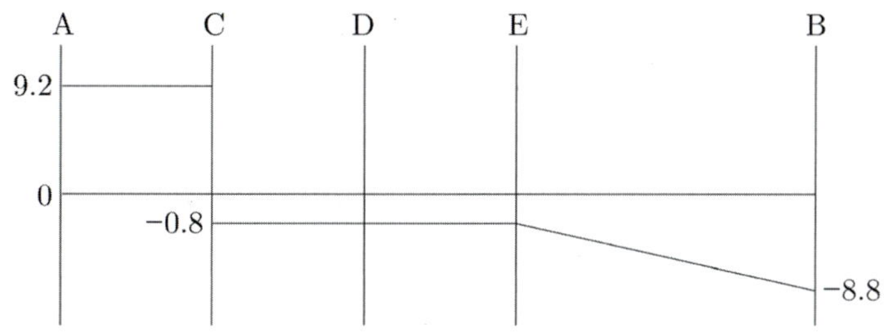

(3) 휨모멘트 선도 : 단위는 [t • m]

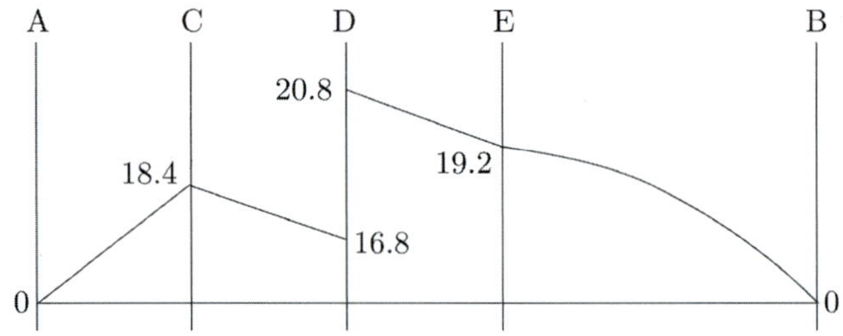

점 B로부터의 거리를 x라 하면 EB$(0 < x < 4)$에서 휨모멘트(M_b)는 다음과 같다.

$M_b = 8.8x - x^2 = -(x - 4.4)^2 + 19.36$

39 $R_A - (2000\text{kgf/m}) \cdot (5\text{m}) - 1000\text{kgf} = 0 \quad \therefore \; R_A = 11,000\,\text{kgf}$

$M_A - (10,000\text{kgf}) \cdot (2.5\text{m}) - (1,000\text{kgf}) \cdot (10\text{m}) = 0$

$\therefore \; M_A = 35,000\,\text{kgf} \cdot \text{m}$

$M_B - P \cdot (5\text{m}) = 0 \quad \therefore \; M_B = 5,000\,\text{kgf} \cdot \text{m}$

40 $R_A = 100\,\text{kN}, \; R_B = 100\,\text{kN}, \; M_{max} = 250\,\text{kN} \cdot \text{m}$

점 A로부터 5m 떨어진 지점에서 전단력 $V = 0$가 되며 최대 휨모멘트가 발생한다. 점 B로부터의 거리를 x라 하면 $0 < x < 6$에서

$M_b = 100x - 10x^2 = -10(x - 5)^2 + 250$

41 $M_B = 18\,\text{kN} \cdot \text{m}$

42 $V_C = 16\,\text{kN}, \; M_C = 16\,\text{kN} \cdot \text{m}$

43 주어진 분포하중을 삼각형과 사각형으로 나누어 집중하중으로 대체한 후 자유물체도를 그린다. 왼쪽 삼각형 분포하중의 전체크기(F_{R1})는

$$F_{R1} = \frac{1}{2} w \times L_1 = \frac{1}{2} \times 4 \times 3 = 6\,[\text{N}]$$

이고, 오른쪽 사각형 분포하중의 전체 크기(F_{R2})는

$$F_{R2} = w \times L_2 = 4 \times 2 = 8\,[\text{N}]$$

이며, 작용점 위치는 [그림]의 자유물체도와 같다.

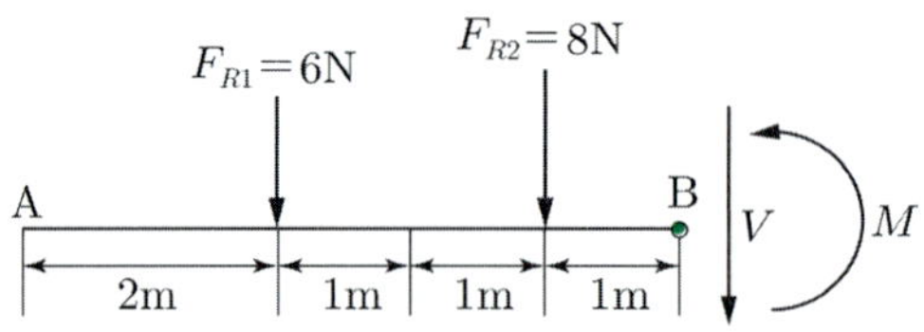

[그림] 자유물체도

$\sum F_y = 0 \;:\; V + F_{R1} + F_{R2} = 0$

$\therefore \; V = -F_{R1} - F_{R2} = -6 - 8 = -14\,[\mathrm{N}]$ …①

$\sum M_B = 0 \;:\; M + F_{R1} \times 3 + F_{R2} \times 1 = 0$

$\therefore \; M = -3F_{R1} - F_{R2} = -3 \times 6 - 8 = -26\,[\mathrm{N \cdot m}]$ …②

44 $M_{(a)} = \dfrac{wL}{2} \times \dfrac{L}{3}$, $M_{(b)} = \dfrac{wL}{4} \times \left(\dfrac{2}{3} \times \dfrac{L}{2}\right) + \dfrac{wL}{4} \times \left(\dfrac{L}{2} + \dfrac{1}{3} \times \dfrac{L}{2}\right) = \dfrac{wL}{4}$

$M_{(c)} = \dfrac{wL}{2} \times \dfrac{2L}{3} \quad \therefore \; M_{(a)} : M_{(b)} : M_{(c)} = \dfrac{1}{6} : \dfrac{1}{4} : \dfrac{1}{3} = 2:3:4$

45 $R_A = 3\mathrm{kN}$, $R_B = 7\mathrm{kN}$

$\sum F_y = R_A - P - V_C = 0 \quad \therefore \; V_C = -3\mathrm{kN}$

$\sum M = M_C + P \times 3 - R_A \times 6 = 0 \quad \therefore \; M_C = 12\,[\mathrm{kN \cdot m}]$

46 $R_A = 9\mathrm{kN}$, $R_B = 3\mathrm{kN}$, $R_A - wx = 0 \quad \therefore \; x = \dfrac{R_A}{w} = \dfrac{9}{6} = 1.5\,[\mathrm{m}]$

47 $R_A = 12\mathrm{kN}$, $R_B = 12\mathrm{kN}$, $R_A - wx = 0 \;\; \therefore \; x = \dfrac{R_A}{w} = \dfrac{12}{2} = 6\,[\mathrm{m}]$

48 분포하중을 아래 직사각형과 위의 직각삼각형으로 나누어 반력을 구한다.

$\sum M_A = 0 \;:\; R_B \times 9 - 18 \times \dfrac{9}{2} - 9 \times 6 = 0 \;\; \therefore \; R_B = 15\,[\mathrm{kN}]$, $R_A = 12\,[\mathrm{kN}]$

위 직각삼각형 분포하중의 기울기는 $\dfrac{2}{9}$이므로 C에서 직각삼각형 분포하중의 크기는 $\dfrac{2}{9} \times 3 = \dfrac{2}{3}$이다.

$M_C = R_A \times 3 - (2 \times 3) \times \dfrac{3}{2} - \dfrac{1}{2} \times \left(\dfrac{2}{3} \times 3\right) \times \left(\dfrac{3}{3}\right) = 26\,[\mathrm{kN \cdot m}]$

49 보 중앙에 대해 좌우대칭이므로 $R_A = R_B = \dfrac{1}{2}(wL + P)$

$R_A - w \times \dfrac{L}{4} - V_C = 0 \quad \therefore \; V_C = R_A - \dfrac{wL}{4} = \dfrac{1}{2}(wL + P) - \dfrac{wL}{4} = \dfrac{P}{2} + \dfrac{wL}{4}$

50 $R_A = 32\,[\mathrm{kN}]$, $R_B = 8\,[\mathrm{kN}]$, $32 - 20x = 0 \;\; \therefore \; x = \dfrac{8}{5}$

$M_{\max} = 32 \times \dfrac{8}{5} - 32 \times \left(\dfrac{8}{5} \times \dfrac{1}{2}\right) = \dfrac{128}{5} \quad \therefore \; \dfrac{x}{M_{\max}} = \dfrac{1}{16}$

51 B점에 대한 모멘트 평형조건을 적용하면

$R_A \times 10 - (1 \times 8) \times (4 + 2) + 2 \times 4 = 0 \quad \therefore \; R_A = 4\,[\mathrm{kN}]$

최대 정모멘트가 발생되는 위치를 점 A로부터 거리 x로 놓으면

$$R_A - wx = 0 \quad \therefore \; x = \frac{R_A}{w} = \frac{4}{1} = 4$$

52 $R_A = R_B = 3\text{kN}$

$$M_C = R_A \times 3 - \frac{1}{2}(w_0 \times 3) \times \frac{3}{3} = 3 \times 3 - \frac{1}{2}(2 \times 3) \times 1 = 6[\text{kN} \cdot \text{m}]$$

53 평형상태에 있으므로

$$w_1 b = w_2(2a+b) \quad \therefore \; w_2 = \left(\frac{b}{2a+b}\right) w_1 = \left(\frac{6}{4+6}\right) \times 10 = 6[\text{kN/m}]$$

보 중앙에 대해 좌우대칭이므로 최대 휨모멘트는 보 중앙에서 발생한다.

$$M_{\max} = w_2\left(a + \frac{b}{2}\right) \times \frac{1}{2}\left(a + \frac{b}{2}\right) - \left(w_1 \times \frac{b}{2}\right) \times \left(\frac{1}{2} \times \frac{b}{2}\right)$$

$$= 6 \times 5 \times \frac{5}{2} - 10 \times 3 \times \frac{3}{2} = 30[\text{kN} \cdot \text{m}]$$

연습문제 9

01 $y = \dfrac{h}{2} - h_1 = \dfrac{0.6}{2} - 0.1 = 0.2\text{m}$

$$\sigma_x = \frac{12My}{bh^3} = \frac{12 \times 360 \times (0.2)}{(0.2) \times (0.6)^3} = 20{,}000\frac{\text{N}}{\text{m}^2} = 20{,}000\text{Pa} = 20\text{kPa}$$

02 $\sigma_{\max} = \dfrac{3wL^2}{4bh^2} = \dfrac{3 \times (8) \times 6^2}{4 \times (0.2) \times (0.3)^2} = 12{,}000[\text{kPa}] = 12[\text{MPa}]$

03 (1) $\sigma_{\max} = \dfrac{M_{\max}}{Z} = \dfrac{q_0 L^2 / 9\sqrt{3}}{bh^2/6} = \dfrac{2q_0 L^2}{3\sqrt{3}\,bh^2}$

$$= \frac{2 \times (400 \times 10^3) \times (3^2)}{3\sqrt{3} \times 0.4 \times (0.6)^2} = 9.62 \times 10^6[\text{Pa}] = 9.62[\text{MPa}]$$

(2) $q_{0,\max} = \dfrac{3\sqrt{3}\,bh^2 \sigma_{\max}}{2L^2} = \dfrac{3\sqrt{3} \times (0.4) \times (0.6)^2 \times (80 \times 10^6)}{2 \times (3)^2}$

$$= 3326 \times 10^3\text{N/m} = 3326\text{kN/m}$$

04 $M_{\max} = W \times \dfrac{L}{2} + PL = 300 \times \dfrac{0.8}{2} + 400 \times 0.8 = 440[\text{N} \cdot \text{m}]$

$$d_{\min} = \sqrt[3]{\frac{32M_{\max}}{\pi\sigma_a}} = \sqrt[3]{\frac{32 \times (440 \times 10^3)}{\pi \times 20}} = 60.74[\text{mm}]$$

05 중립축 곡률반경 $\rho = R + \dfrac{d}{2} = 499 + \dfrac{2}{2} = 500[\text{mm}] = 0.5[\text{m}]$

$$\sigma_{max} = E \times \frac{(d/2)}{\rho} = 200 \times \frac{2/2}{500} = 0.4[\text{GPa}] = 400[\text{MPa}]$$

$$M = \frac{EI}{\rho} = \frac{(200 \times 10^9)[\pi(2 \times 10^{-3})^4/64]}{0.5} = \frac{\pi}{10} = 0.314[\text{N} \cdot \text{m}]$$

06 중립축 곡률반경 $\rho = \dfrac{D}{2} - \dfrac{d}{2} = \dfrac{1}{2} \times (401 - 1) = 200[\text{cm}] = 2[\text{m}]$

$$\sigma_{max} = E \times \frac{y_{max}}{\rho} = 200 \times \frac{1/2}{200} = 0.5[\text{GPa}] = 500[\text{MPa}]$$

$$M = \frac{EI}{\rho} = \frac{(200 \times 10^9)[\pi(10^{-2})^4/64]}{2} = 49.1[\text{N} \cdot \text{m}]$$

07 [정답 : ①] $\sigma_{max} = \dfrac{3wL^2}{4bh^2}$

$$w = \frac{4bh^2\sigma_{max}}{3L^2} = \frac{4(0.3)(0.4)^2(6 \times 10^6)}{3(10)^2} = 3.84 \times 10^3 \frac{\text{N}}{\text{m}} = 3.84 \frac{\text{kN}}{\text{m}}$$

08 [정답 : ②] 단면 C$(x = 3a)$에서 굽힘모멘트 $M = 3aP$이고, 단면의 한 변의 길이는

$$b = h = a + \frac{3a}{6} = \frac{3a}{2}$$

$$\therefore \ \sigma_{max} = \frac{M}{Z} = \frac{3aP}{(3a/2)(3a/2)^3/12} \times \frac{1}{2}\left(\frac{3a}{2}\right) = \frac{16P}{3a^2}$$

09 [정답 : ②] $b^2 + h^2 = d^2$, 단면계수 $Z = \dfrac{bh^2}{6} = \dfrac{b(d^2 - b^2)}{6}$

$\dfrac{dZ}{db} = 0$에서 $d^2 - 3b^2 = 0 \quad \therefore \ b = \dfrac{d}{\sqrt{3}}, \ h = \dfrac{\sqrt{2}\,d}{\sqrt{3}}$

10 [정답 : ③] $\sigma_{max} = \dfrac{M_{max}}{Z} = \dfrac{PL/4}{bh^2/6} = \dfrac{3PL}{2bh^2}$

$$\therefore \ P = \frac{2bh^2\sigma_{max}}{3L} = \frac{2(0.2)(0.6)^2(40 \times 10^3)}{3 \times 2} = 960[\text{kN}]$$

11 [정답 : ②] $\sum M_B = 0 : R_A \times 6 - 5 \times 4 - 4 \times 1 = 0 \quad \therefore \ R_A = 4[\text{kN}]$

$M_C = R_A \times 4 - 5 \times 2 = 4 \times 4 - 10 = 6[\text{kN} \cdot \text{m}]$

$$\sigma_{C,max} = \frac{6M}{bh^2} = \frac{6 \times (6 \times 10^6)}{(120) \times (100)^2} = 30[\text{MPa}]$$

12 [정답 : ②] $R_A = R_B = \dfrac{wL}{2} = \dfrac{20 \times 2}{2} = 20[\text{kN}]$

$$M_C = R_A \times x - wx \times \frac{x}{2} = 20 \times 0.4 - 20 \times 0.4 \times \frac{0.4}{2} = 6.4[\text{kN} \cdot \text{m}]$$

$$\sigma_C = \frac{M}{I}y = \frac{12M}{bh^3}y = \frac{12 \times (6.4 \times 10^6)}{(36) \times (100)^3} \times (50-20) = 64[\text{MPa}]$$

13 [정답 : ④] $\sigma_{max} = \dfrac{wL^2/8}{Z}$

$$\therefore\ w = \frac{8Z\sigma_{max}}{L^2} = \frac{8 \times (2 \times 10^{-3}) \times (40 \times 10^6)}{(4)^2} = 40 \times 10^3 \frac{\text{N}}{\text{m}} = 40 \frac{\text{kN}}{\text{m}}$$

14 고정단 A에서 최대 휨모멘트가 발생한다.

$$M_{max} = 40 + (2 \times 4) \times 4 = 72[\text{kN} \cdot \text{m}]$$

$$\sigma_{max} = \frac{6M_{max}}{bh^2} = \frac{6 \times (72 \times 10^3)}{(0.6)(0.6)^2} = 2 \times 10^6[\text{Pa}] = 2[\text{MPa}]$$

15 [정답 : ③] 보 길이 $L = 100\text{mm}$, 하중 $W = 100\text{N}$ 이다. 좌우 대칭이므로 보의 양 끝단에는 $W/2$의 반력이 작용한다. 이때 최대 굽힘모멘트(M_{max})는 보 중앙에서 발생하며

$$M_{max} = \frac{W}{2} \times \frac{L}{2} = \frac{100}{2} \times \frac{100}{2} = 2500\text{N} \cdot \text{mm}$$

이고, 보 단면의 폭 $b = 6\text{mm}$, 높이 $h = 10\text{mm}$ 이므로

$$\sigma_{max} = \frac{M_{max}}{Z} = \frac{M_{max}}{(bh^2/6)} = \frac{6M_{max}}{bh^2} = \frac{6 \times (2500)}{6 \times (10^2)} = 25\,[\text{N/mm}^2]$$

16 [정답 : ①] 폭 b, 높이 h인 직사각 단면의 보에 휨모멘트 M이 작용할 때 발생되는 최대 휨응력 $\sigma_1 = \dfrac{M}{I}y = \dfrac{M}{(bh^3/12)} \times \dfrac{h}{2} = \dfrac{6M}{bh^2}$이고, 폭 h, 높이 b인 직사각 단면의 보에 휨모멘트 M이 작용할 때의 최대 휨응력(σ_2)은 $\sigma_2 = \dfrac{M}{I}y = \dfrac{M}{(hb^3/12)} \times \dfrac{b}{2} = \dfrac{6M}{hb^2}$이므로 $\dfrac{\sigma_2}{\sigma_1} = \dfrac{h}{b}$.

17 [정답 : ①] 자중에 의한 보의 무게 $W = \gamma V = \gamma AL = \gamma(bh)L$이 보 중앙에 작용하므로 고정단에 작용하는 모멘트(M)는

$$M = W \times \frac{L}{2} = (\gamma bhL) \times \frac{L}{2} = \frac{\gamma bhL^2}{2}$$

이고, 고정단 A점에 발생하는 휨 응력(σ_b)은 다음과 같다.

$$\sigma_b = \frac{M}{I}y = \frac{(\gamma bhL^2/2)}{(bh^3/12)} \times \left(\frac{h}{2}\right) = \frac{3\gamma L^2}{h}$$

따라서 휨 응력 값은 폭 b와 무관하고, 높이 h가 2배가 되면 1/2배, 단위 중량 γ가 2배가 되면 2배, 길이 L이 2배가 되면 4배가 된다.

18 [정답 : ①] $\sigma_{중실축} = \dfrac{M}{Z_{중실축}} = \dfrac{32M}{\pi d^3}$, $\sigma_{중공축} = \dfrac{M}{Z_{중공축}} = \dfrac{32M}{\pi d_2^3(1-x^4)}$

$\sigma_{중실축} = \sigma_{중공축}$일 때 $d^3 = d_2^3(1-x^4)$

$\left(\dfrac{d}{d_2}\right)^3 = 1-x^4 \quad \therefore \left(\dfrac{d}{d_2}\right) = \sqrt[3]{1-x^4}$

19 [정답 : ③] 전체 보의 자유물체도에서 B점에 대한 모멘트 평형 조건을 적용하여 A 지점 반력 R_A를 구하면 $R_A \times (3+6) - 12 \times 6 = 0 \quad \therefore R_A = 8\text{kN}$

최대 휨모멘트는 하중의 작용점에서 발생한다.

$M_{\max} = R_A \times 3 = 8 \times 3 = 24[\text{kN}\cdot\text{m}]$

$\therefore \sigma_{\max} = \dfrac{M_{\max}}{Z} = \dfrac{6M_{\max}}{bh^2} = \dfrac{6 \times (24 \times 10^3 \times 10^3)}{300 \times (50)^2} = 192[\text{MPa}]$

20 [정답 : ②] 지점 반력 $R = 10/2 = 5\text{kN}$이고 최대 휨모멘트는 보 중앙에서 발생하며 $M_{\max} = R \times 5 = 25[\text{kN}\cdot\text{m}]$이므로

$\sigma_{\max} = \dfrac{M_{\max}}{Z} = \dfrac{6M_{\max}}{bh^2} = \dfrac{6 \times (25 \times 10^3 \times 10^3)}{300 \times (500)^2} = \dfrac{6 \times 25}{3 \times 5^2} = 2[\text{MPa}]$

21 [정답 : ①] 면적이 같으므로 $a^2 = \dfrac{\pi}{4}d^2 \quad \therefore a = \dfrac{\sqrt{\pi}}{2}d$이고, 단면계수는

$S_1 = \dfrac{a \times a^2}{6} = \dfrac{a^3}{6} = \dfrac{1}{6}\left(\dfrac{\sqrt{\pi}}{2}d\right)^3 = \dfrac{\pi\sqrt{\pi}}{48}d^3$, $S_2 = \dfrac{\pi}{32}d^3$

$\therefore \dfrac{S_1}{S_2} = \dfrac{\pi\sqrt{\pi}}{48} \times \dfrac{32}{\pi} = \dfrac{2\sqrt{\pi}}{3}$

22 [정답 : ③] 폭 b, 높이 h인 직사각형 단면의 단면계수 $Z = bh^2/6$이므로 bh^2의 값이 최대가 될 때 단면계수가 최대가 된다. 전체 둘레 길이를 $2L$로 하면 $b = L-h$이므로 $y = bh^2 = (L-h)h^2 = Lh^2 - h^3$이다. 이 식을 미분하여 y가 최대가 되는 h를 구한다.

$y' = 2Lh - 3h^2 = h(2L-3h) = 0 \quad \therefore h = \dfrac{2L}{3}$, $b = L - h = L/3$

23 [정답 : ④] $\sigma_x = E \times \left(\dfrac{d/2}{R_0 + d/2}\right) = 2 \times 10^5 \times \left(\dfrac{10/2}{990/2 + 10/2}\right) = 2 \times 10^3[\text{MPa}]$

24 [정답 : ①] 호의 길이 $l = r\theta$이므로 $\pi = R \times \dfrac{\pi}{3}$에서 반지름 $R = 3$이다. $\dfrac{1}{\rho} = \dfrac{M}{EI}$로부터 $M = \dfrac{EI}{\rho} = \dfrac{EI}{R} = \dfrac{EI}{3}$

25 [정답 : ②] 주어진 하중과 지점 반력은 보 중앙에 대해 대칭이므로 연직방향 힘의 평형조건을 적용하면 A, B 점 반력은 $R_A = R_B = \frac{1}{2} \times 12 = 6$[kN]이다. 따라서 보 내부의 최대 전단력 $V = R_A = 6$[kN]이고, 보에 발생하는 최대전단응력 $\tau_{max} = \frac{3V}{2A} = \frac{3 \times (6 \times 10^3)}{2 \times (200 \times 300)}$ $= 0.15$[MPa]

주어진 보에서 전단력의 크기 $V = 6$[kN]으로 일정하다.

26 B 점의 반력 $R_B = P/3$이고, C면에 작용하는 전단력(V)과 굽힘모멘트(M)는 $V = P/3$, $M = PL/9$이다. 중립축으로부터 C점까지 거리 $y_1 = h/4$이고, 수직응력(굽힘응력)은 다음과 같다.

$$\sigma = \frac{M}{I} y_1 = \frac{(PL/9)}{(bh^3/12)} \times \frac{h}{4} = \frac{PL}{3bh^2} = \frac{(120 \times 10^3)(27 \times 10^3)}{3(30)(120)^2} = 2{,}500[\text{MPa}]$$

중립축으로부터 면적의 도심까지 거리 $\bar{y} = 3h/8$이고, 전단응력(τ)은

$$\tau = \frac{VQ}{Ib} = \frac{(P/3)(3bh^2/32)}{(bh^3/12)b} = \frac{3P}{8bh} = \frac{3 \times (120 \times 10^3)}{8 \times (30 \times 120)} = 12.5[\text{MPa}]$$

27 전체 보의 자유물체도에서 힘의 평형 조건을 적용하면 A면에 작용하는 전단력과 굽힘모멘트는 $V = P$, $M = PL$이다. 중립축으로부터 A점까지 거리 $y_1 = \frac{h}{2} - \frac{h}{4} = \frac{h}{4}$이고, 휨응력 $\sigma = \frac{M}{I} y_1 = \frac{PL}{(bh^3/12)} \times \frac{h}{4} = \frac{3PL}{bh^2}$

중립축으로부터 면적의 도심까지 거리 $\bar{y} = \frac{h}{2} - \frac{1}{2} \times \frac{h}{4} = \frac{3h}{8}$이므로 단면적의 1차모멘트($Q$)와 전단응력($\tau$)은

$$Q = \bar{y}A = \frac{3h}{8} \times \left(b \times \frac{h}{4}\right) = \frac{3bh^2}{32}, \quad \tau = \frac{VQ}{Ib} = \frac{P(3bh^2/32)}{(bh^3/12)b} = \frac{9P}{8bh}$$

28 [정답 : ②] $\bar{y} = \frac{h}{3}$, $Q = \bar{y}A = \frac{bh^2}{9}$ $\quad \therefore \tau = \frac{VQ}{Ib} = \frac{V(bh^2/9)}{(bh^3/12)b} = \frac{4V}{3bh}$

29 $V = 10\text{kN}$, $\tau = \frac{3V}{2A} = \frac{3 \times (10)\text{kN}}{2 \times (0.1)(0.2)\text{m}^2} = 750\text{kPa}$

30 지점 반력 $R = \frac{1}{2}(20 \times 12) = 120\text{kN}$이고 지점에서 4m 떨어진 점의 휨모멘트 $M = R \times 4 - (20 \times 4) \times \frac{4}{2} = 320[\text{kN} \cdot \text{m}]$이므로 이 점의 최대 휨응력 $\sigma = \frac{M}{Z} = \frac{6M}{bh^2}$ $= \frac{6(320 \times 10^3 \times 10^3)}{(100)(100)^2} = 1{,}920[\text{MPa}]$. 지간 내 발생하는 최대전단력 $V = R = 120\text{kN}$, 최대전단응력 $\tau = \frac{3V}{2A} = \frac{3(120 \times 10^3)}{2(100 \times 100)} = 18[\text{MPa}]$.

31 $\tau_{max} = \frac{16V}{3\pi d^2} = \frac{16 \times (30\pi \times 10^3)}{3\pi \times (50)^2} = 64[\text{MPa}]$

32 지름 비 $x = 40/80 = 0.5$

$$\tau_{max} = \frac{4V}{3A}\left(\frac{1+x+x^2}{1+x^2}\right) = \frac{16\times(9\pi\times10^3)}{3\pi(80^2-40^2)}\left(\frac{1+0.5+0.5^2}{1+0.5^2}\right) = 14\,[\text{MPa}]$$

33 $$\tau_{max} = \frac{4V}{3A}\left(\frac{r_1^2+r_1r_2+r_2^2}{r_1^2+r_2^2}\right) = \frac{4V}{3\pi(d_2^2-d_1^2)/4}\left(\frac{d_1^2+d_1d_2+d_2^2}{d_1^2+d_2^2}\right)$$

$$= \frac{16V}{3\pi d_2^2(1-x^2)}\left(\frac{1+x+x^2}{1+x^2}\right) = \frac{16V}{3\pi d_2^2}\left(\frac{1+x+x^2}{1-x^4}\right)$$

34 $$\tau_{max,중공축} = \frac{16V}{3\pi d^2}\left(\frac{1+x+x^2}{1-x^4}\right) = \left(\frac{1+x+x^2}{1-x^4}\right)\tau_{max,중실축}$$

(1) $x = 0.1 \;:\; k = 1.11$

(2) $x = 0.5 \;:\; k = 1.87$

(3) $x = 0.9 \;:\; k = 7.88$. 지름비가 증가할수록 중실축에 비해 중공축에서 더 큰 전단응력이 발생한다.

35 $$V_{max} = \frac{1}{2}q_0L + W = \frac{1}{2}\times2\times4+3 = 7\,[\text{kN}]$$

$$d = \sqrt{\frac{16V_{max}}{3\pi\tau_{max}}} = \sqrt{\frac{16\times(7\times10^3)}{3\pi\times(3)}} = 62.9\,[\text{mm}]$$

36 $$x = \frac{d_1}{d_2} = \frac{54}{90} = 0.6,\quad V = \frac{1}{2}q_0L + W = \frac{1}{2}\times3\times2+2 = 5\,[\text{kN}] = 5000\,[\text{N}]$$

$$\tau_{max} = \frac{16V}{3\pi d_2^2}\left(\frac{1+x+x^2}{1-x^4}\right) = \frac{16(5000)}{3\pi(90)^2}\left(\frac{1+0.6+0.6^2}{1-0.6^4}\right) = 2.36\,[\text{MPa}]$$

37 $$V_{max} = \frac{1}{2}(q_0L+W) = \frac{1}{2}(30\times2+40) = 50\,[\text{kN}]$$

$$d_2 = \sqrt{\frac{16V_{max}}{3\pi\tau_{max}}\left(\frac{1+x+x^2}{1-x^4}\right)} = \sqrt{\frac{16(50\times10^3)}{3\pi(80)}\left(\frac{1+0.7+0.7^2}{1-0.7^4}\right)} = 55.3\,[\text{mm}]$$

$$d_1 = xd_2 = 0.7\times55.3 = 38.7\,[\text{mm}]$$

38 고정단(A)에서 가장 큰 모멘트와 전단력이 발생한다.

(1) $M = \dfrac{qL}{2}\times\dfrac{L}{2}+\dfrac{qL}{4}\times\dfrac{2L}{3} = \dfrac{5qL^2}{12}$; $\sigma = \dfrac{M}{Z} = \dfrac{6}{bh^2}\times\dfrac{5qL^2}{12} = \dfrac{5qL^2}{2bh^2}$

$$\therefore\; q = \frac{2bh^2\sigma_a}{5L^2} = \frac{2(0.05)(100)^2(80)}{5(0.5)^2} = 64\times10^3\text{N/m} = 64\text{kN/m}$$

(2) $V = \dfrac{1}{2}\left(\dfrac{q}{2}+q\right)L = \dfrac{3qL}{4}$; $\tau = \dfrac{3V}{2A} = \dfrac{3}{2(bh)}\times\dfrac{3qL}{4} = \dfrac{9qL}{8bh}$

$$\therefore\ q=\frac{8bh\tau_a}{9L}=\frac{8(50)(100)(9)}{9(0.5)}=80\times10^3\text{N/m}=80\text{kN/m}$$

39 [정답 : ③] $\tau_{max,2}=\left(\frac{1+x+x^2}{1-x^4}\right)\tau_{max,1}=\left(\frac{1+0.5+0.5^2}{1-0.5^4}\right)\tau_{max,1}=\frac{28}{15}\tau_{max,1}$

40 [정답 : ②] 보 내부에 발생하는 전단력의 크기 $V=P$ 이다. 원형 단면에서

$$\tau_{max}=\frac{4V}{3A}=\tau_a\quad\therefore\ P=V=\frac{3A}{4}\times\tau_a=\frac{3\times(4,000)}{4}\times1=3[\text{kN}]$$

41 단위를 N, mm로 통일하여 계산한다. $\text{N/mm}^2=\text{MPa}$이다.

$$\sigma_F=\frac{F}{bh}=\frac{20\times10^3}{40\times50}=10[\text{MPa}]$$

$$M=-0.4\times(2+1)-0.4\times1=-1.6[\text{kN}\cdot\text{m}]$$

$$\sigma_{b,A}=-\frac{M}{I}\times\frac{h}{2}=-\frac{6M}{bh^2}=-\frac{6(-1.6\times10^6)}{40\times50^2}=96[\text{MPa}]$$

$$\sigma_{b,B}=-\sigma_{b,A}=-96[\text{MPa}]$$

$$\sigma_A=\sigma_F+\sigma_{b,A}=10+96=106[\text{MPa}];\ \sigma_B=\sigma_F+\sigma_{b,B}=10-96=-86[\text{MPa}]$$

42 $M=-1.6-W\times2=-1.6-0.4=-2[\text{kN}\cdot\text{m}]$

$$\sigma_{b,A}=-\frac{6M}{bh^2}=-\frac{6(-2\times10^6)}{40\times50^2}=120[\text{MPa}];\ \sigma_{b,B}=-\sigma_{b,A}=-120[\text{MPa}]$$

$$\sigma_A=\sigma_F+\sigma_{b,A}=10+120=130[\text{MPa}]$$

$$\sigma_B=\sigma_F+\sigma_{b,B}=10-120=-110[\text{MPa}]$$

43 $M=\frac{1}{2}q_0L\times\frac{L}{3}+W\times\frac{L}{2}=0.4+0.3=0.7[\text{kN}\cdot\text{m}]$

$$\sigma_{b,A}=\frac{32M}{\pi d^3}=\frac{32(0.7\times10^6)}{\pi(50)^3}=57.0[\text{MPa}];\ \sigma_{b,B}=-\sigma_{b,A}=-57.0[\text{MPa}]$$

$$\sigma_F=-\frac{4P}{\pi d^2}=-\frac{4(140\times10^3)}{\pi(50)^2}=-71.3[\text{MPa}]$$

$$\sigma_A=\sigma_F+\sigma_{b,A}=-71.3+57.0=-14.3[\text{MPa}]$$

$$\sigma_B=\sigma_F+\sigma_{b,B}=-71.3-57.0=-128.3[\text{MPa}]$$

44 $x=\frac{d_1}{d_2}=\frac{54}{90}=0.6;\ M=\frac{1}{2}q_0L\times\frac{L}{3}+W\times\frac{L}{2}=4[\text{kN}\cdot\text{m}]$

$$\sigma_{b,A}=\frac{32M}{\pi d_2^3(1-x^4)}=\frac{32(4\times10^6)}{\pi(90)^3(1-0.6^4)}=64.2[\text{MPa}]$$

$$\sigma_{b,B}=-\sigma_{b,A}=-64.2[\text{MPa}]$$

$$\sigma_F = -\frac{4P}{\pi(d_2^2 - d_1^2)} = -\frac{4(200 \times 10^3)}{\pi(90^2 - 54^2)} = -49.1\,[\text{MPa}]$$

$$\sigma_A = \sigma_F + \sigma_{b,A} = -49.1 + 64.2 = 15.1\,[\text{MPa}]$$

$$\sigma_B = \sigma_F + \sigma_{b,B} = -49.1 - 64.2 = -113.3\,[\text{MPa}]$$

45 벽(A)에 작용하는 축력 $F = P$, 모멘트 $M = PL$이고, 최대수직응력은 벽(A)의 단면 아래 부분에 발생하는 인장응력이다.

$$\sigma_x = \sigma_F + \sigma_b = \frac{P}{A} + \frac{PL}{Z} = \frac{4P}{\pi d^2} + \frac{32PL}{\pi d^3} = \frac{4P(d+8L)}{\pi d^3}$$

46 [정답 : ①] $\sigma_b = \frac{M_b}{I} \times \frac{h}{2} = \frac{6M_b}{bh^2} = \frac{6 \times (3600)}{6 \times (6^2)} = 100\,[\text{kgf/cm}^2]$

47 (1) 최대 휨모멘트는 벽면 지점 A에서 발생한다. 문제의 기하학적 구조로부터 분포하중을 보의 중앙에 작용하는 하나의 집중하중

$F_R = (10\text{kN/m}) \times (4\text{m}) = 40\text{kN}$

으로 대체할 수 있다. [그림]의 자유물체도에서 점 A에 대한 모멘트 평형 조건을 적용하면

$M_A + 40\text{kN} \times 4\text{m} + 100\text{kN} \times 8\text{m} = 0 \quad \therefore \; M_A = -960\,\text{kN} \cdot \text{m}$

$\therefore \; M_{\max} = |M_A| = 960\,\text{kN} \cdot \text{m}$

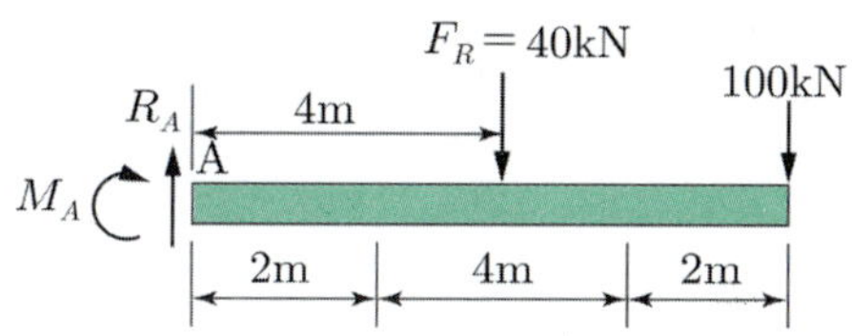

[그림] 보 전체의 자유물체도

(2) $R_A - 40\text{kN} - 100\text{kN} = 0 \quad \therefore \; R_A = 140\,\text{kN}$

(3) $Z = \frac{I}{y_{\max}} = \frac{bh^3/12}{h/2} = \frac{bh^2}{6} = \frac{2 \times 3^2}{6} = 3\,[\text{cm}^3]$

48 (1), (2)의 풀이 과정은 8장 [예제 8.11]의 풀이와 같다.

(1) 단면 $X - X'$에서의 굽힘모멘트(M) : $M = \frac{wLx}{2} - \frac{wx^2}{2}$

(2) 최대 굽힘모멘트($M_{\max}$) : $M_{\max} = \frac{wL^2}{8}$

(3) 단면계수 $Z = bh^2/6$, 최대 굽힘모멘트 $M_{\max} = wL^2/8$이므로 최대굽힘응력 $\sigma_{b,\max} = \frac{M_{\max}}{Z} = \frac{wL^2/8}{bh^2/6} = \frac{3wL^2}{4bh^2}$

49 (2), (3)의 풀이 과정은 8장의 [예제 8.9]와 같다.

(1) $R_B = wL = 50 \times 4 = 200$ [kgf]

(2) $V_{\max} = wL = 50 \times 4 = 200$ [kgf]

(3) $M_{\max} = \frac{1}{2}wL^2 = \frac{1}{2} \times 50 \times 4^2 = 400$ [kgf • m] = 40,000 [kgf • cm]

(4) $\sigma_{\max} = \frac{M_{\max}}{Z} = \frac{M_{\max}}{bh^2/6} = \frac{6M_{\max}}{bh^2} = \frac{6 \times 40000}{6 \times 8^2} = 625$ [kgf/cm^2]

50 굽힘모멘트 선도는 [그림]과 같다. 선도에서 최대 굽힘모멘트는 400N의 하중이 작용하는 지점에서 발생한다. $M_{\max} = 120$ N • m이고 최대굽힘응력($\sigma_{\max}$)은 최대 굽힘모멘트가 작용하는 단면에서 발생한다.

$$\sigma_{\max} = \frac{M_{\max}}{Z} = \frac{M_{\max}}{bh^2/6} = \frac{120 \times 10^3}{(20) \cdot (30)^2/6} \text{ [N/mm}^2\text{]} = 40 \text{ [MPa]}$$

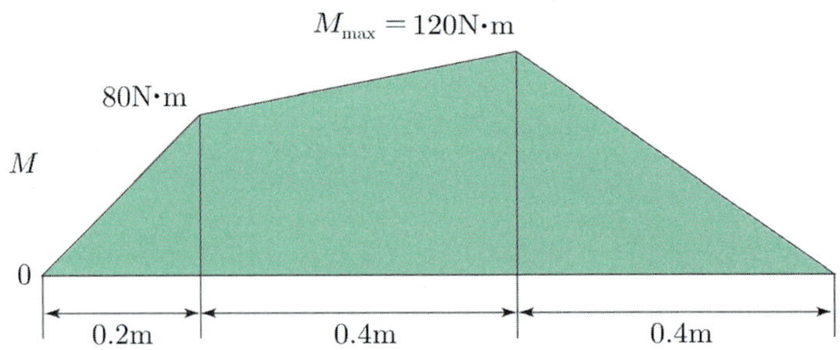

[그림] 굽힘모멘트 선도

51 먼저 전체 보의 자유물체도에서 힘의 평형을 고려하여 보의 왼쪽 지점에 작용하는 반력(R_1)을 구한다. 보의 오른쪽 지점에 대한 모멘트 평형 조건을 고려하면

$$R_1 \cdot l - P \cdot \frac{l}{3} = 0 \qquad \therefore\ R_1 = \frac{1}{3}P$$

다음에 보의 왼쪽 끝에서 $\frac{l}{2}$인 지점(A)에서 보를 절단하고, 절단된 보의 왼쪽 부분을 고려하여 단면 A에 작용하는 모멘트를 구한다.

$$M_A - R_1 \cdot \frac{l}{2} = 0 \qquad \therefore\ M_A = \frac{Pl}{6}$$

따라서 중립축으로부터 $y = \frac{3h}{4} - \frac{h}{2} = \frac{h}{4}$에 있는 점 A에서의 굽힘응력($\sigma_x$)은 다음과 같다.

$$\sigma_x = -\frac{M}{I}y = -\frac{(Pl/6)}{(bh^3/12)} \cdot \left(\frac{h}{4}\right) = -\frac{Pl}{2bh^2}$$

52 (1) 반력 $R_B = 400$[N], $R_E = 200$[N]

(2) 전체 보를 AB, BC, CE 구간으로 나누어 각 단면의 전단력(V)과 굽힘모멘트(M)를 구한다. 최대 굽힘모멘트는 D점에서 발생한다. $M_{\max} = 200$[N • m].

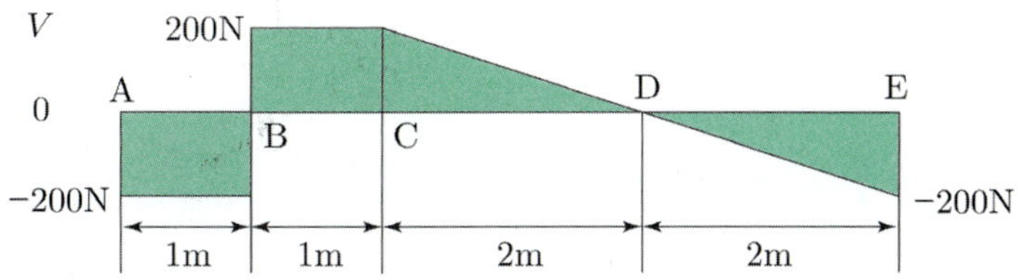

[그림(1)] 전단력 선도

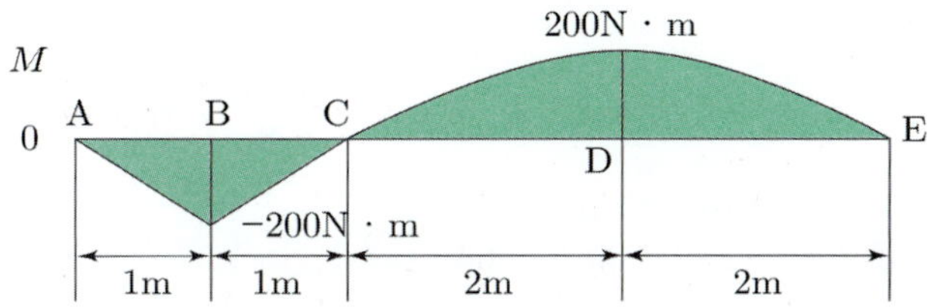

[그림(2)] 굽힘모멘트 선도

(3) 보의 단면 높이 $h=40\text{mm}$, 허용굽힘응력 $\sigma_a=30\text{MPa}$이다. 굽힘응력에 대한 식으로부터 보의 최소 단면폭 b를 구한다.

$$(\sigma_b)_{max}=\frac{M_{max}}{Z}=\frac{6M_{max}}{bh^2}=\sigma_a$$

$$\therefore\ b=\frac{6M_{max}}{\sigma_a h^2}=\frac{6\times(200\times10^3)}{30\times(40)^2}=25[\text{mm}]$$

53 전체 분포하중의 크기(F_R)는 $F_R=w\times2=100\times2=200[\text{N}]$이고, 분포하중을 하나의 집중하중으로 대체하여 자유물체도를 그리면 [그림]과 같다.

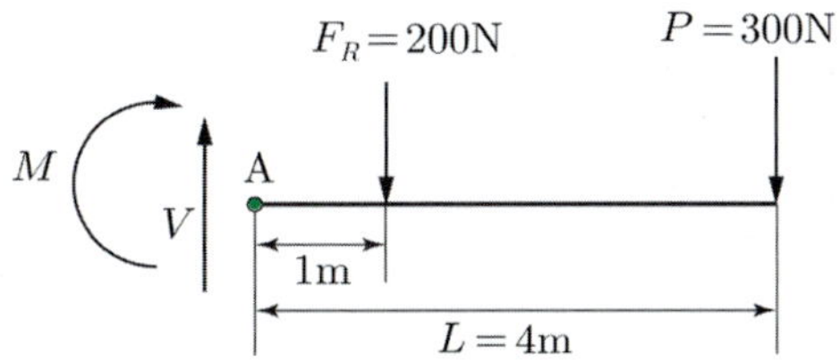

[그림] 자유물체도

$\sum F_y=0\ :\ V-F_R-P=0 \quad \therefore\ V=F_R+P=200+300=500[\text{N}]$ ⋯①

$\sum M_A=0:\ M+F_R\times1+P\times4=0$

$\therefore\ M=-F_R-4P=-200-4\times300=-1400[\text{N}\cdot\text{m}]$ ⋯②

최대 굽힘모멘트는 A점 단면에서 발생하므로 최대 굽힘 인장응력(σ_{max})는 다음과 같다. 주어진 보의 단면에서 $y_{max}=0.2\text{m}$이다.

$$\sigma_{max}=-\frac{M}{I}y_{max}=\left(\frac{1400}{4\times10^{-4}}\right)\times0.2=7\times10^5[\text{N/m}^2]\ \cdots③$$

54 최대 굽힘모멘트(M_{max})는 $x=0$인 고정단에서 일어난다.

$$M_{max} = \int_0^L x dF = \int_0^L x(wdx) = \int_0^L x\left[w_0\left(\frac{x}{L}\right)^2\right]dx$$

$$= \frac{w_0}{L^2}\int_0^L x^3 dx = \frac{w_0}{L^2}\left[\frac{x^4}{4}\right]_0^L = \frac{w_0}{L^2}\left[\frac{L^4}{4}\right] = \frac{w_0 L^2}{4}$$

$$\sigma_{max} = \frac{M_{max}}{Z} = \frac{w_0 L^2/4}{\pi d^3/32} = \frac{8w_0 L^2}{\pi d^3}$$

55 B점 반력 $R_B = \dfrac{3wL}{8}$, 최대 전단력 $V_{max} = \dfrac{3wL}{8}$, 최대 굽힘모멘트 $M_{max} = \dfrac{9wL^2}{128}$.

$$\sigma_{max} = \frac{M_{max}}{Z} = \frac{9wL^2}{128} \times \frac{6}{bh^2} = \frac{27}{64}\frac{wL^2}{bh^2}$$

$$\tau_{max} = \frac{3}{2}\frac{V_{max}}{A} = \frac{3}{2} \times \frac{3wL}{8} \times \frac{1}{bh} = \frac{9}{16}\frac{wL}{bh}$$

B 점으로부터의 거리를 x로 하면 $0 < x < L/2$ 에서

$$M = \frac{3wL}{8} \times x - wx \times \frac{x}{2} = \frac{3wL}{8}x - \frac{w}{2}x^2 = -\frac{w}{2}\left(x - \frac{3L}{8}\right)^2 + \frac{9wL^2}{128}$$

연습문제 10

01 (1) 단축응력($\sigma_y = 0$, $\tau_{xy} = 0$)이므로 모어 원의 중심 좌표 $\sigma_m = \sigma_x/2$이고, 반지름 $R = \sigma_x/2$이다. [그림]의 모어 원으로부터

$$\sigma_{x1} = \sigma_m + R\cos 2\theta = \frac{\sigma_x}{2}(1 + \cos 2\theta); \ \tau_{x1y1} = -R\sin 2\theta = -\frac{\sigma_x}{2}\sin 2\theta$$

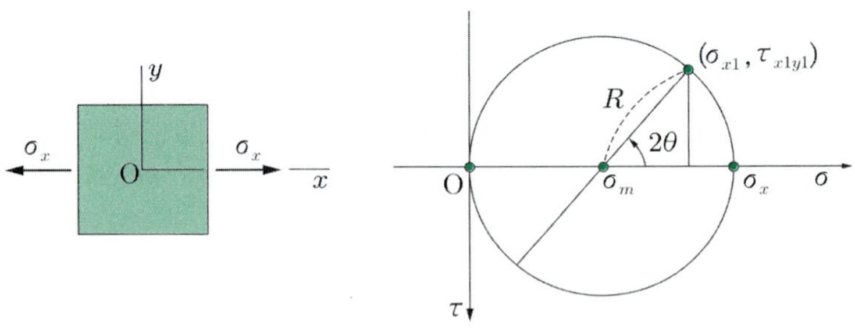

[그림] 단축응력을 받는 요소와 모어 원 : $\sigma_m = R = \sigma_x/2$

(2) 2축응력요소에서 $\tau_{xy} = 0$이므로 주응력 $\sigma_1 = \sigma_x$, $\sigma_2 = \sigma_y$이고, 모어 원의 중심 좌표 $\sigma_m = (\sigma_x + \sigma_y)/2$, 반지름 $R = (\sigma_x - \sigma_y)/2$이다. 따라서 [그림]의 모어 원으로부터 다음과 같은 변환공식이 얻어진다.

$$\sigma_{x1} = \sigma_m + R\cos 2\theta = \frac{\sigma_x + \sigma_y}{2} + \frac{\sigma_x - \sigma_y}{2}\cos 2\theta$$

$$\tau_{x1y1} = -R\sin 2\theta = -\frac{\sigma_x - \sigma_y}{2}\sin 2\theta$$

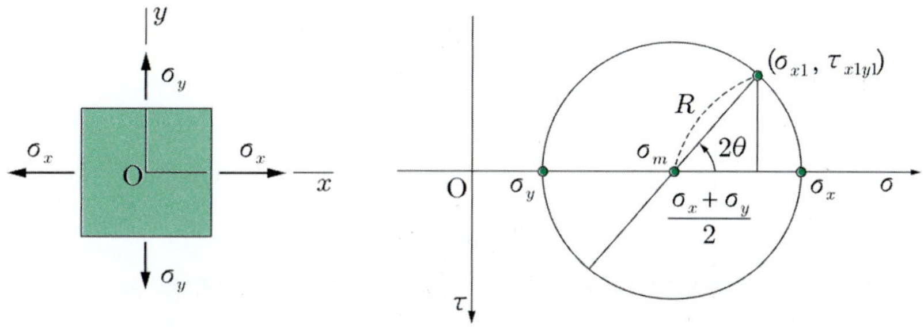

[그림] 2축응력을 받는 요소와 모어 원 : $\sigma_m = (\sigma_x + \sigma_y)/2$, $R = (\sigma_x - \sigma_y)/2$

02 주어진 단축응력($\sigma_x = 50\text{MPa}$, $\sigma_y = 0$, $\tau_{xy} = 0$)에 대한 모어 원은 (1번 문제)와 같고, 모어 원 상의 회전각 2θ에 대한 삼각함수 값은 다음과 같다.

$$\tan 2\theta = \frac{2\tan\theta}{1 - \tan^2\theta} = \frac{2 \times (1/2)}{1 - (1/2)^2} = \frac{4}{3}$$

$$\therefore\ \cos 2\theta = \frac{3}{\sqrt{3^2 + 4^2}} = \frac{3}{5},\ \sin 2\theta = \frac{4}{\sqrt{3^2 + 4^2}} = \frac{4}{5}$$

(1) 모어 원의 중심 좌표 $\sigma_m = \sigma_x/2$이고, 반지름 $R = \sigma_x/2$이므로

$$\sigma_{x1} = \sigma_m + R\cos 2\theta = \frac{\sigma_x}{2}(1 + \cos 2\theta) = \frac{50}{2} \times \left(1 + \frac{3}{5}\right) = 40[\text{MPa}]$$

$$\tau_{x1y1} = -R\sin 2\theta = -\frac{\sigma_x}{2}\sin 2\theta = -\frac{50}{2} \times \frac{4}{5} = -20[\text{MPa}]$$

(2) 최대전단응력은 모어 원의 반지름과 같고, 이때의 수직응력은 원 중심의 응력 값이다.

$$\tau_{\max} = R = \frac{\sigma_x}{2} = \frac{50}{2} = 25[\text{MPa}];\ \sigma_{x1} = \sigma_m = \frac{\sigma_x}{2} = \frac{50}{2} = 25[\text{MPa}]$$

03 주어진 순수전단응력($\sigma_x = 0$, $\sigma_y = 0$, $\tau_{xy} = 52\text{MPa}$)에 대한 모어 원은 [그림]과 같고, 모어 원 상의 회전각 2θ에 대한 삼각함수 값은 다음과 같다.

$$\tan 2\theta = \frac{2\tan\theta}{1 - \tan^2\theta} = \frac{2 \times (1/5)}{1 - (1/5)^2} = \frac{5}{12}$$

$$\therefore\ \sin 2\theta = \frac{5}{\sqrt{12^2 + 5^2}} = \frac{5}{13},\ \cos 2\theta = \frac{12}{\sqrt{12^2 + 5^2}} = \frac{12}{13}$$

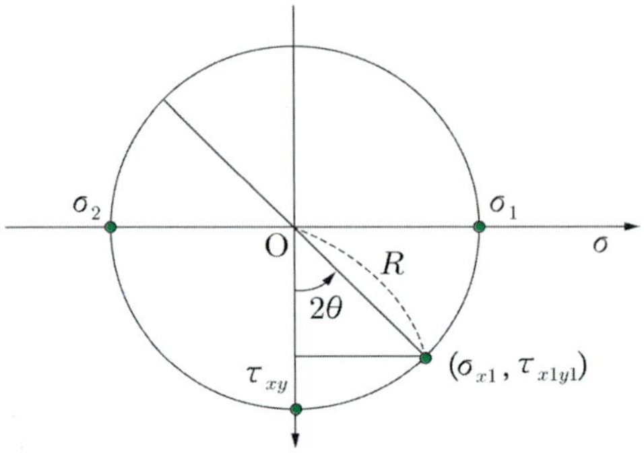

[그림] 순수 전단 요소의 모어 원

(1) 회전한 요소에서의 응력(σ_{x1}, τ_{x1y1}) : 모어 원의 반지름 $R=\tau_{xy}$이다.

$$\sigma_{x1}=R\sin 2\theta=\tau_{xy}\sin 2\theta=52\times\frac{5}{13}=20[\mathrm{MPa}]$$

$$\tau_{x1y1}=R\cos 2\theta=\tau_{xy}\cos 2\theta=52\times\frac{12}{13}=48[\mathrm{MPa}]$$

(2) 주응력 σ_1, σ_2 : 모어 원의 중심은 원점이므로

$$\sigma_1=R=\tau_{xy}=52[\mathrm{MPa}]\ ;\ \sigma_2=-R=-\tau_{xy}=-52[\mathrm{MPa}]$$

04 주어진 2축응력($\sigma_x=78\mathrm{MPa}$, $\sigma_y=20\mathrm{MPa}$, $\tau_{xy}=0$)에 대한 모어 원은 (1번 문제)와 같고, 모어 원 상의 회전각 2θ에 대한 삼각함수 값은 다음과 같다.

$$\tan 2\theta=\frac{2\tan\theta}{1-\tan^2\theta}=\frac{2\times(2/5)}{1-(2/5)^2}=\frac{20}{21}$$

$$\therefore\ \cos 2\theta=\frac{21}{\sqrt{21^2+20^2}}=\frac{21}{29},\ \sin 2\theta=\frac{20}{\sqrt{21^2+20^2}}=\frac{20}{29}$$

(1) $\sigma_m=\dfrac{\sigma_x+\sigma_y}{2}=\dfrac{78+20}{2}=49[\mathrm{MPa}]$; $R=\dfrac{\sigma_x-\sigma_y}{2}=\dfrac{78-20}{2}=29[\mathrm{MPa}]$

$$\sigma_{x1}=\sigma_m+R\cos 2\theta=49+29\times\frac{21}{29}=70[\mathrm{MPa}]$$

$$\tau_{x1y1}=-R\sin 2\theta=-29\times\frac{20}{29}=-20[\mathrm{MPa}]$$

(2) $\tau_{\max}=R=29[\mathrm{MPa}]$; $\sigma_{x1}=\sigma_m=49[\mathrm{MPa}]$

05 $\sigma_m=\dfrac{\sigma_x+\sigma_y}{2}=\dfrac{20+10}{2}=15[\mathrm{MPa}]$

$$R=\sqrt{\left(\frac{\sigma_x-\sigma_y}{2}\right)^2+\tau_{xy}^2}=\sqrt{\left(\frac{20-10}{2}\right)^2+(12)^2}=13[\mathrm{MPa}]$$

$$2\theta_p=\tan^{-1}\left(\frac{2\tau_{xy}}{\sigma_x-\sigma_y}\right)=\tan^{-1}\left(\frac{2\times 12}{20-10}\right)\approx 67.4^\circ$$

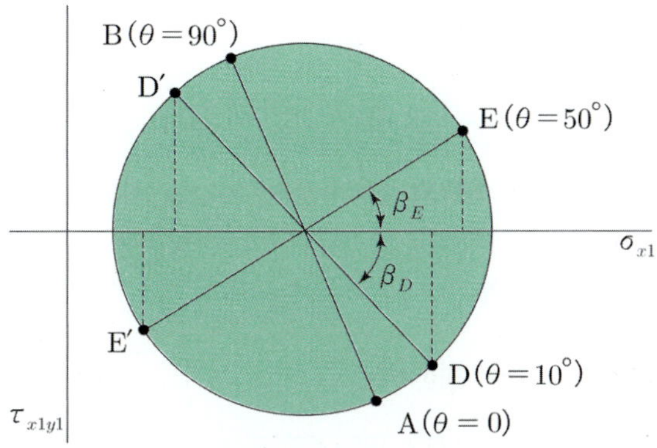

[그림] 경사면 응력을 구하기 위한 모어원

(1) $\sigma_1 = \sigma_m + R = 28\,[\text{MPa}]$ $\sigma_2 = \sigma_m - R = 2\,[\text{MPa}]$ $\tau_{\max} = R = 13\,[\text{MPa}]$

(2) $\beta_D = 2\theta_p - 2\theta = 47.4°$; $\tau_{x1y1} = R\sin\beta_D = 9.6\,[\text{MPa}]$

$\sigma_{x1} = \sigma_m + R\cos\beta_D = 23.8\,[\text{MPa}]$ $\sigma_{y1} = \sigma_m - R\cos\beta_D = 6.2\,[\text{MPa}]$

(3) $\beta_E = 2\theta - 2\theta_p = 32.6°$; $\tau_{x1y1} = -R\sin\beta_E = -7.0\,[\text{MPa}]$

$\sigma_{x1} = \sigma_m + R\cos\beta_E = 25.95\,[\text{MPa}]$ $\sigma_{y1} = \sigma_m - R\cos\beta_E = 4.05\,[\text{MPa}]$

06 $\sigma_x = -100\text{MPa},\ \sigma_y = 0,\ \tau_{xy} = -45\text{MPa}$

$$\sigma_m = \frac{\sigma_x + \sigma_y}{2} = \frac{-100+0}{2} = -50\,[\text{MPa}]$$

$$R = \sqrt{\left(\frac{\sigma_x - \sigma_y}{2}\right)^2 + \tau_{xy}^2} = \sqrt{\left(\frac{-100-0}{2}\right)^2 + (-45)^2} = 67.3\,[\text{MPa}]$$

$$\sigma_1 = \sigma_m + R = -50 + 67.3 = 17.3\,[\text{MPa}]$$

$$\sigma_2 = \sigma_{\text{m}} - R = -50 - 67.3 = -117.3\,[\text{MPa}]$$

$$\tau_{\max} = R = 67.3\,[\text{MPa}]$$

07 주어진 응력 상태는 $\sigma_x = -70\text{MPa},\ \sigma_y,\ \tau_{xy} = 40\text{MPa}$이다. 여기에서 주어진 주응력 30 MPa$> \sigma_x$이므로 이 주응력은 최대 주응력 σ_1이다. 따라서

$$\sigma_1 = \frac{\sigma_x + \sigma_y}{2} + \sqrt{\left(\frac{\sigma_x - \sigma_y}{2}\right)^2 + \tau_{xy}^2}$$

$$\therefore\ 30 = \frac{-70+\sigma_y}{2} + \sqrt{\left(\frac{-70-\sigma_y}{2}\right)^2 + (40)^2}$$

의 관계식이 성립한다. 이 식을 풀어서 σ_y를 구한다. 편의상 σ_y를 x로 놓는다. 먼저 근호를 제외한 부분을 좌변으로 넘겨서 정리하면

$$(130 - x) = 2\sqrt{\left(\frac{-70-x}{2}\right)^2 + (40)^2}$$

이고, 이 식의 양변을 제곱하여 정리하면

$$(130-x)^2 = 4\times\left[\left(\frac{-70-x}{2}\right)^2+(40)^2\right]$$

$$16,900-260x+x^2 = 4,900+140x+x^2+6,400$$

$$(140+260)x = 16,900-4,900-6,400 \quad \therefore\ \sigma_y = x = \frac{5,600}{400} = 14\,[\text{MPa}]$$

08 $\sigma_x = 2\text{MPa},\ \sigma_y = -4\text{MPa},\ \tau_{xy} = 3\text{MPa}$

$$\sigma_m = \frac{\sigma_x+\sigma_y}{2} = \frac{2-4}{2} = -1\,[\text{MPa}]$$

$$R = \sqrt{\left(\frac{\sigma_x-\sigma_y}{2}\right)^2+\tau_{xy}^2} = \sqrt{\left(\frac{2+4}{2}\right)^2+3^2} = 3\sqrt{2}\,[\text{MPa}]$$

$$\sigma_1 = \sigma_m + R = -1+3\sqrt{2}\,[\text{MPa}]$$

$$\theta_1 = \frac{1}{2}\tan^{-1}\left(\frac{2\tau_{xy}}{\sigma_x-\sigma_y}\right) = \frac{1}{2}\tan^{-1}\left(\frac{2\times 3}{2+4}\right) = \frac{1}{2}\times 45° = 22.5°$$

09 [정답 : ①] : ①, ②, ③, ④ 모두 $\tau_{xy} = 0$이다.

① $\sigma_x = -\sigma,\ \sigma_y = 2\sigma\ :\ \tau_{\max} = R = \dfrac{2\sigma-(-\sigma)}{2} = \dfrac{3}{2}\sigma$

② $\sigma_x = \sigma,\ \sigma_y = 2\sigma\ :\ \tau_{\max} = R = \dfrac{2\sigma-(\sigma)}{2} = \dfrac{1}{2}\sigma$

③ $\sigma_x = -\dfrac{\sigma}{2},\ \sigma_y = \sigma\ :\ \tau_{\max} = R = \dfrac{\sigma-(-\sigma/2)}{2} = \dfrac{3}{4}\sigma$

④ $\sigma_x = -\sigma,\ \sigma_y = \sigma\ :\ \tau_{\max} = R = \dfrac{\sigma-(-\sigma)}{2} = \sigma$

10 [정답 : ①] 인장응력 $\sigma = 60\text{MPa}$, 전단응력 $\tau = 40\text{MPa}$이 작용하고 있다. 이 응력에 대응하는 평면응력은 $\sigma_x = \sigma,\ \sigma_y = 0,\ \tau_{xy} = \tau$이고, 최대전단응력 $\tau_{\max} = R = \sqrt{\left(\dfrac{\sigma}{2}\right)^2+\tau^2} = \sqrt{\left(\dfrac{60}{2}\right)^2+40^2} = 50\,[\text{MPa}]$. 따라서 받을 수 있는 최대하중(120MPa)은 작용되고 있는 하중의 $\dfrac{120}{50} = 2.4$배이다.

11 $\sigma_m = \dfrac{\sigma_x+\sigma_y}{2} = \dfrac{450-150}{2} = 150\,[\text{MPa}]$

$R = \sigma_1 - \sigma_m = 550-150 = 400\,[\text{MPa}]$

이므로 최소 주응력 $\sigma_2 = \sigma_m - R = 150-400 = -250\,[\text{MPa}]$

주어진 $\sigma_x,\ \sigma_y,\ \sigma_1$ 및 위에서 구한 값들로써 모어 원을 그리면 [그림]과 같다. 모어 원에서 x축에서 각도 θ만큼 회전한 축 x_θ방향 응력이 $\sigma_{x\theta} = 120\text{MPa}$일 때 $\varDelta R = \sigma_m - \sigma_{x\theta} = 150-120 = 30\,[\text{MPa}]$이므로 y축에서 각도 θ만큼 회전한 축 y_θ방향 응력 $\sigma_{y\theta}$는 다음

과 같다.

$\sigma_{y\theta} = \sigma_m + \Delta R = 150 + 30 = 180\,[\text{MPa}]$

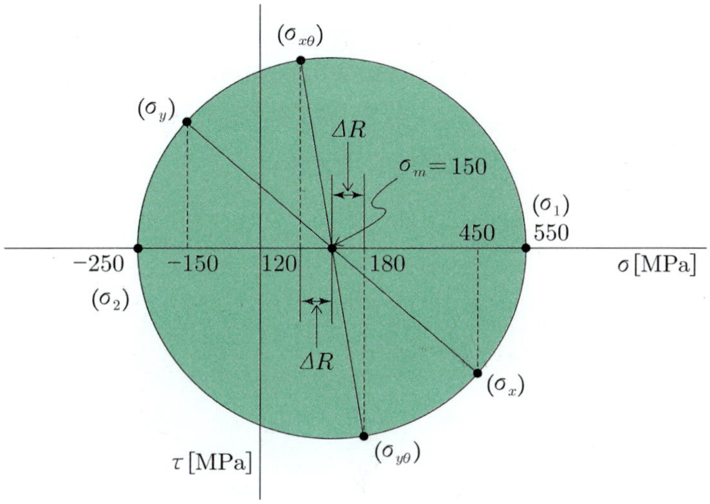

12 [정답 : ②] $\sigma_x = -8\,\text{MPa}$, $\sigma_y = 0$, $\tau_{xy} = -4\,\text{MPa}$

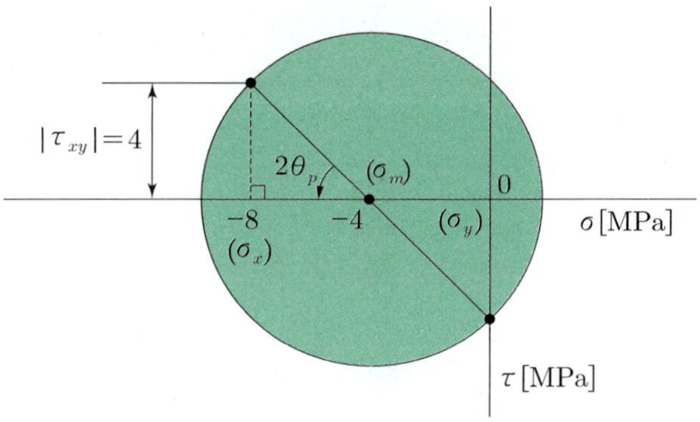

$$\sigma_m = \frac{\sigma_x + \sigma_y}{2} = \frac{-8+0}{2} = -4\,[\text{MPa}]$$

$$\tan(2\theta_p) = \frac{|\tau_{xy}|}{\sigma_m - \sigma_x} = \frac{4}{-4-(-8)} = 1 \quad \therefore\ \theta_p = \frac{1}{2}\tan^{-1}(1) = \frac{1}{2} \times 45° = 22.5°$$

13 [정답 : ④] 주어진 평면응력은 $\sigma_x = 100\,\text{MPa}$, $\sigma_y = -50$, $\tau_{xy} = 0$이다. 모어 원의 반지름 $R = \frac{\sigma_x - \sigma_y}{2} = \frac{100-(-50)}{2} = 75\,[\text{MPa}]$이고, 최대전단응력 $\tau_{\max} = R = 75\,[\text{MPa}]$.

14 $\sigma_x = 6\,\text{MPa}$, $\sigma_y = 2\,\text{MPa}$, $\tau_{xy} = \sqrt{5}\,\text{MPa}$.

$$\sigma_m = \frac{\sigma_x + \sigma_y}{2} = \frac{6+2}{2} = 4\,[\text{MPa}]$$

$$R = \sqrt{\left(\frac{\sigma_x - \sigma_y}{2}\right)^2 + \tau_{xy}^2} = \sqrt{\left(\frac{6-2}{2}\right)^2 + (\sqrt{5})^2} = 3\,[\text{MPa}]$$

$$\sigma_1 = \sigma_m + R = 4 + 3 = 7\,[\text{MPa}]\ ;\ \tau_{\max} = R = 3\,[\text{MPa}]$$

15 $\sigma_x = -8\text{MPa},\ \sigma_y = 16\text{MPa},\ \tau_{xy} = -5\text{MPa}.$

$$\sigma_m = \frac{\sigma_x + \sigma_y}{2} = \frac{-8+16}{2} = 4[\text{MPa}]$$

$$R = \sqrt{\left(\frac{\sigma_x - \sigma_y}{2}\right)^2 + \tau_{xy}^2} = \sqrt{\left(\frac{-8-16}{2}\right)^2 + (-5)^2} = 13[\text{MPa}]$$

따라서 최대전단응력이 발생하는 요소에서 수직응력(σ)과 전단응력(τ)은 다음과 같다.

$\sigma = \sigma_m = 4[\text{MPa}]$; $\tau = \tau_{\max} = R = 13[\text{MPa}]$

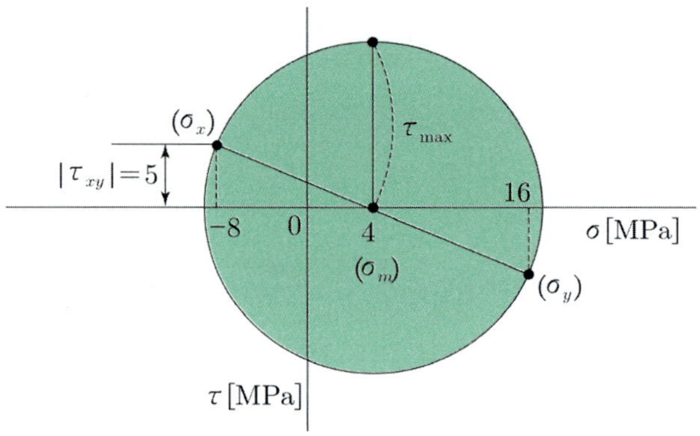

[그림] 모어 원 : 최대전단응력이 발생하는 요소 위치

16 [정답 : ③] $\sigma_x = -6\text{MPa},\ \sigma_y = 0\text{MPa},\ \tau_{xy} = -4\text{MPa}.$

$$\sigma_m = \frac{\sigma_x + \sigma_y}{2} = \frac{-6+0}{2} = -3[\text{MPa}]$$

$$R = \sqrt{\left(\frac{\sigma_x - \sigma_y}{2}\right)^2 + \tau_{xy}^2} = \sqrt{\left(\frac{-6-0}{2}\right)^2 + (-4)^2} = 5[\text{MPa}]$$

$$\therefore\ \sigma_1 = \sigma_m + R = -3 + 5 = 2[\text{MPa}]$$

17 [정답 : ①] ○ 최대전단응력설 : $\tau_Y = \frac{1}{2}\sigma_Y = 0.5\sigma_Y$

○ 전단변형률에너지설 : $\tau_Y = \frac{1}{\sqrt{3}}\sigma_Y \approx 0.577\sigma_Y$

18 [정답 : ①] $\sigma_x = 30\text{MPa},\ \sigma_y = 0,\ \tau_{xy} = \tau = 20\text{MPa}$

$$\sigma_m = \frac{\sigma_x + \sigma_y}{2} = \frac{30+0}{2} = 15[\text{MPa}]$$

$$R = \sqrt{\left(\frac{\sigma_x}{2}\right)^2 + \tau^2} = \sqrt{\left(\frac{30}{2}\right)^2 + 20^2} = 25[\text{MPa}]$$

$$\sigma_{\max} = \sigma_m + R = 15 + 25 = 40[\text{MPa}]$$

따라서 항복응력 $\sigma_Y = 100[\text{MPa}]$에 대한 안전계수 $S = \frac{\sigma_Y}{\sigma_{\max}} = \frac{100}{40} = 2.5.$

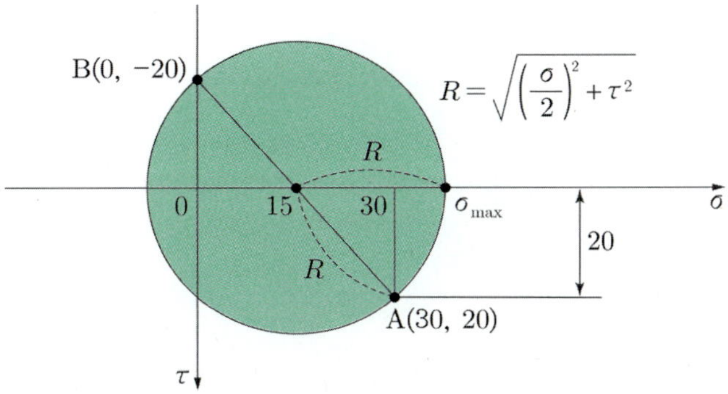

19 [정답 : ③] $\sigma_x = 11\,kgf/mm^2$, $\sigma_y = 3\,kgf/mm^2$, $\tau_{xy} = 3\,kgf/mm^2$

$$\sigma_m = \frac{\sigma_x + \sigma_y}{2} = \frac{11+3}{2} = 7[kgf/mm^2]$$

$$R = \sqrt{\left(\frac{\sigma_x - \sigma_y}{2}\right)^2 + \tau_{xy}^2} = \sqrt{\left(\frac{11-3}{2}\right)^2 + (3)^2} = 5[kgf/mm^2]$$

$$\tau_{max} = R = 5[kgf/mm^2] \ \cdots ①$$

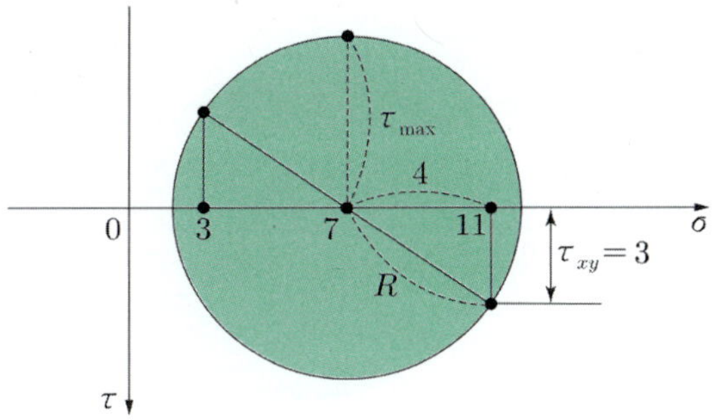

여기에서 항복응력 $\sigma_Y = 24 kgf/mm^2$이면 항복 전단응력(τ_Y)은

$$\tau_Y = \frac{\sigma_Y}{2} = \frac{24}{2} = 12[kgf/mm^2] \ \cdots ②$$

①, ②로부터 최대 전단 응력이론에 의한 안전계수 $S = \frac{\tau_Y}{\tau_{max}} = \frac{12}{5} = 2.4$.

20 [정답 : ④] $\sigma_x = 120[MPa]$, $\sigma_y = -80[MPa]$, $\tau = 0$인 평면응력상태의 모어 원은 그림과 같고, $\tau_{max} = R = \frac{\sigma_x - \sigma_y}{2} = \frac{120-(-80)}{2} = 100[MPa]$

재료의 인장항복응력이 $\sigma_Y = 400[MPa]$일 때 최대전단응력설에 의한 재료의 항복전단응력

$\tau_Y = \frac{\sigma_Y}{2} = \frac{400}{2} = 200[MPa]$이므로 안전계수는

$$S = \frac{\tau_Y}{\tau_{max}} = \frac{200}{100} = 2$$

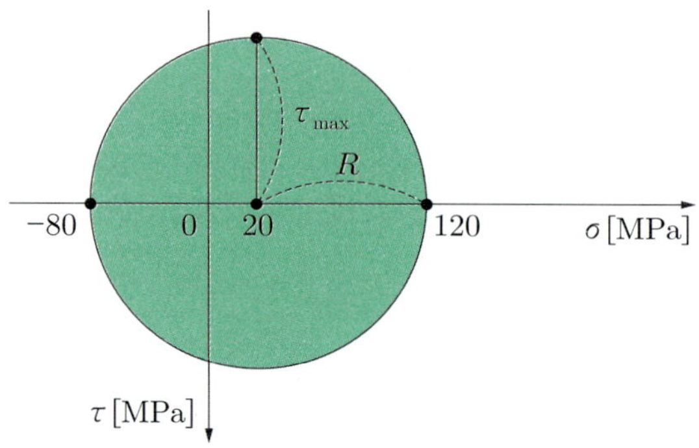

21 [정답 : ①] 주어진 평면응력 상태에 대한 모어 원은 [그림]과 같다. 여기에서 $\tau_{max} = R$

$$= \sqrt{\left(\frac{\sigma_x - \sigma_y}{2}\right)^2 + \tau_{xy}^2} = \sqrt{\left(\frac{100-20}{2}\right)^2 + 30^2} = 50\,[\text{MPa}]$$

이고, 파단전단강도는 $S_{fs} = 0.5S_f$이므로 안전계수(S)는 다음과 같다.

$$S = \frac{S_{fs}}{\tau_{max}} = \frac{0.5S_f}{\tau_{max}} = \frac{0.5 \times 150}{50} = 1.5$$

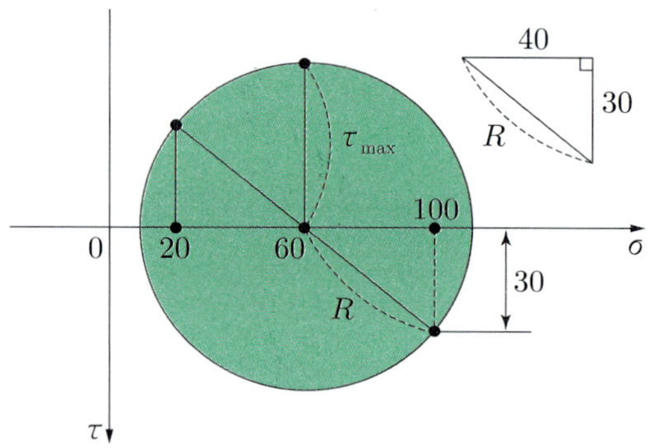

22 [정답 : ③] $\sigma_m = \dfrac{\sigma_x + \sigma_y}{2} = \dfrac{10+2}{2} = 6\,[\text{kPa}]$

$$R = \sqrt{\left(\frac{\sigma_x - \sigma_y}{2}\right)^2 + \tau_{xy}^2} = \sqrt{\left(\frac{10-2}{2}\right)^2 + (3)^2} = 5\,[\text{kPa}]$$

$\sigma_1 = \sigma_m + R = 6 + 5 = 11\,[\text{kPa}]$; $\sigma_2 = \sigma_m - R = 6 - 5 = 1\,[\text{kPa}]$

23 [정답 : ①] 주어진 평면응력은 $\sigma_x = 36\text{MPa}$, $\sigma_y = 0$, $\tau_{xy} = 24\text{MPa}$이고, 미소요소에서 발생할 수 있는 최대전단응력의 크기 τ_{max}[MPa]는 모어 원의 반지름(R)과 같다.

$$\tau_{max} = R = \sqrt{\left(\frac{\sigma_x - \sigma_y}{2}\right)^2 + \tau_{xy}^2} = \sqrt{\left(\frac{36}{2}\right)^2 + (24)^2} = 30\,[\text{MPa}]$$

Note 본문의 부호 규약을 따르면 $\tau_{xy} = -24\text{MPa}$이 되지만 최대전단응력의 크기는 같다.

24 탄성계수 $E = 200\,\text{GPa} = 200 \times 10^3\,\text{MPa}$이므로

$$G=\frac{E}{2(1+\nu)}=\frac{200\times10^3}{2\times(1+0.25)}=80\times10^3[\text{MPa}]$$

(1) $$\epsilon_x=\frac{1}{E}(\sigma_x-\nu\sigma_y)=\frac{1}{200\times10^3}(20-0.25\times10)=8.75\times10^{-5}$$

$$\epsilon_y=\frac{1}{E}(\sigma_y-\nu\sigma_x)=\frac{1}{200\times10^3}(10-0.25\times20)=2.5\times10^{-5}$$

$$\epsilon_z=-\frac{\nu}{E}(\sigma_x+\sigma_y)=-\frac{0.25}{200\times10^3}(20+10)=-3.75\times10^{-5}$$

$$\gamma_{xy}=\frac{\tau_{xy}}{G}=\frac{16}{80\times10^3}=2\times10^{-4}$$

(2) $$e=\frac{1-2\nu}{E}(\sigma_x+\sigma_y)=\frac{(1-2\times0.25)}{200\times10^3}\times(20+10)=7.5\times10^{-5}$$

(3) $$u=\frac{1}{2E}(\sigma_x^2+\sigma_y^2-2\nu\sigma_x\sigma_y)+\frac{\tau_{xy}^2}{2G}$$

$$=\frac{1}{2(200\times10^3)}(20^2+10^2-2\times0.25\times20\times10)+\frac{16^2}{2(80\times10^3)}$$

$$=\frac{13}{5}\times10^{-3}[\text{MPa}]=2.6[\text{kPa}]$$

25 $$G=\frac{E}{2(1+\nu)}\quad\therefore\ \nu=\frac{E}{2G}-1=\frac{2}{2\times0.8}-1=0.25$$

$$\epsilon_x=\frac{\sigma_x}{E}=\frac{0.4}{2}=0.2\ ;\ \epsilon_y=\epsilon_z=-\frac{\nu\sigma_x}{E}=-\nu\epsilon_x=-0.25\times0.2=-0.05$$

$$e=\epsilon_x+\epsilon_y+\epsilon_z=0.2-0.05-0.05=0.1$$

26 $$e=\frac{1-2\nu}{E}(\sigma_x+\sigma_y)=\frac{(1-2\times0.25)}{80\times10^{-3}}(14+10)=1.5\times10^{-4}$$

27 $$G=\frac{E}{2(1+\nu)}=\frac{100}{2(1+0.25)}=40[\text{GPa}]$$

(1) $$\epsilon_x=\frac{1}{E}(\sigma_x-\nu\sigma_y)=\frac{1}{100\times10^3}(20-0.25\times10)=17.5\times10^{-5}$$

$$\epsilon_y=\frac{1}{E}(\sigma_y-\nu\sigma_x)=\frac{1}{100\times10^3}(10-0.25\times20)=5\times10^{-5}$$

$$\epsilon_z=-\frac{\nu}{E}(\sigma_x+\sigma_y)=-\frac{0.25}{100\times10^3}(20+10)=-7.5\times10^{-5}$$

$$\gamma_{xy}=\frac{\tau_{xy}}{G}=\frac{5}{40\times10^3}=12.5\times10^{-5}$$

$$u=\frac{1}{2E}(\sigma_x^2+\sigma_y^2-2\nu\sigma_x\sigma_y)+\frac{\tau_{xy}^2}{2G}$$

$$= \frac{1}{2(100\times10^3)}(20^2+10^2-2\times0.25\times20\times10)+\frac{5^2}{2(40\times10^3)}$$

$$= 2.31\times10^{-3}[\text{MPa}] = 2.31[\text{kPa}]$$

(2) $\epsilon_x = \frac{1}{E}(\sigma_x - \nu\sigma_y) = \frac{1}{100\times10^3}(20+0.25\times10) = 22.5\times10^{-5}$

$$\epsilon_y = \frac{1}{E}(\sigma_y - \nu\sigma_x) = \frac{1}{100\times10^3}(-10-0.25\times20) = -15\times10^{-5}$$

$$\epsilon_z = -\frac{\nu}{E}(\sigma_x+\sigma_y) = -\frac{0.25}{100\times10^3}(20-10) = -2.5\times10^{-5}$$

$$\gamma_{xy} = \frac{\tau_{xy}}{G} = \frac{5}{40\times10^3} = 12.5\times10^{-5}$$

$$u = \frac{1}{2E}(\sigma_x^2+\sigma_y^2-2\nu\sigma_x\sigma_y)+\frac{\tau_{xy}^2}{2G}$$

$$= \frac{1}{2(100\times10^3)}(20^2+10^2+2\times0.25\times20\times10)+\frac{5^2}{2(40\times10^3)}$$

$$= 3.31\times10^{-3}[\text{MPa}] = 3.31[\text{kPa}]$$

28 (1) $\sigma_x = -\frac{F_x}{a^2} = \frac{200\times10^3}{50^2} = -80[\text{MPa}],\ \sigma_y = 0$

$$e = \frac{1-2\nu}{E}(\sigma_x+\sigma_y) = \frac{(1-2\times0.3)}{100\times10^3}(-80) = -32\times10^{-5}$$

$$\Delta V = V_0 e = a^3 e = 50^3\times(-32\times10^{-5}) = -40[\text{mm}^3]$$

$$u = \frac{1}{2E}(\sigma_x^2+\sigma_y^2-2\nu\sigma_x\sigma_y) = \frac{1}{2(100\times10^3)}(80^2) = 0.032[\text{MPa}]$$

$$U = V_0 u = a^3 u = 50^3\times(0.032) = 4{,}000[\text{N}\cdot\text{mm}] = 4[\text{N}\cdot\text{m}] = 4[\text{J}]$$

(2) $\sigma_x = -80[\text{MPa}],\ \sigma_y = -40[\text{MPa}]$

$$e = \frac{1-2\nu}{E}(\sigma_x+\sigma_y) = \frac{(1-2\times0.3)}{100\times10^3}(-80-40) = -48\times10^{-5}$$

$$\Delta V = V_0 e = a^3 e = 50^3\times(-48\times10^{-5}) = -60[\text{mm}^3]$$

$$u = \frac{1}{2E}(\sigma_x^2+\sigma_y^2-2\nu\sigma_x\sigma_y)$$

$$= \frac{1}{2(100\times10^3)}(80^2+40^2-2\times0.3\times80\times40) = 0.0304[\text{MPa}]$$

$$U = V_0 u = a^3 u = 50^3\times(0.0304) = 3{,}800[\text{N}\cdot\text{mm}] = 3.8[\text{N}\cdot\text{m}] = 3.8[\text{J}]$$

29 길이(x) 방향과 원주 방향(y) 응력은 $\sigma_x = 60[\text{MPa}]$, $\sigma_y = 120[\text{MPa}]$이고, 훅의 법칙으로부터 변형률은 다음과 같다.

(1) $\epsilon_x = \frac{1}{E}(\sigma_x - \nu\sigma_y) = \frac{1}{200 \times 10^3} \times (60 - 0.28 \times 120) = 1.32 \times 10^{-4}$

(2) $\epsilon_y = \frac{1}{E}(\sigma_y - \nu\sigma_x) = \frac{1}{200 \times 10^3} \times (120 - 0.28 \times 60) = 5.16 \times 10^{-4}$

30 [정답 : ③] $e = \frac{\Delta V}{V_0} = \frac{\sigma_x}{E}(1-2\nu) = \epsilon_x(1-2\nu)$

31 $\Delta V = e\,V_0 = \frac{\sigma_x}{E}(1-2\nu)\,V_0 = \frac{P}{a^2 E}(1-2\nu)(a^2 L) = \frac{P}{E}(1-2\nu)L$

$= \frac{(300 \times 10^3)}{(200 \times 10^3)}(1 - 2 \times 0.3)(2000) = 1200\,[\mathrm{mm}^3]$

32 (1) $\sigma_1 = 30\mathrm{MPa},\ \sigma_2 = 20\mathrm{MPa},\ \sigma_3 = -10\mathrm{MPa};\ \tau_{max} = \frac{\sigma_1 - \sigma_3}{2} = 20\,[\mathrm{MPa}]$

(2) $\epsilon_x = \frac{1}{E}[\sigma_x - \nu(\sigma_y + \sigma_z)] = \frac{1}{10^5}[-10 - 0.3(30+20)] = -25 \times 10^{-5}$

$\epsilon_y = \frac{1}{E}[\sigma_y - \nu(\sigma_z + \sigma_x)] = \frac{1}{10^5}[30 - 0.3(20-10)] = 27 \times 10^{-5}$

$\epsilon_z = \frac{1}{E}[\sigma_z - \nu(\sigma_x + \sigma_y)] = \frac{1}{10^5}[20 - 0.3(-10+30)] = 14 \times 10^{-5}$

(3) $\epsilon = \epsilon_x + \epsilon_y + \epsilon_z = (-25 + 27 + 14) \times 10^{-5} = 16 \times 10^{-5}$

33 (1) $\sigma_1 = 40\mathrm{MPa},\ \sigma_2 = -10\mathrm{MPa},\ \sigma_3 = -20\mathrm{MPa};\ \tau_{max} = \frac{\sigma_1 - \sigma_3}{2} = 30\,[\mathrm{MPa}]$

(2) $\epsilon_x = \frac{1}{E}[\sigma_x - \nu(\sigma_y + \sigma_z)] = \frac{1}{10^4}[40 - 0.3(-20-10)] = 49 \times 10^{-4}$

$\epsilon_y = \frac{1}{E}[\sigma_y - \nu(\sigma_z + \sigma_x)] = \frac{1}{10^4}[-20 - 0.3(-10+40)] = -29 \times 10^{-4}$

$\epsilon_z = \frac{1}{E}[\sigma_z - \nu(\sigma_x + \sigma_y)] = \frac{1}{10^4}[-10 - 0.3(40-20)] = -16 \times 10^{-4}$

(3) $\Delta a = a\epsilon_x = 90 \times (49 \times 10^{-4}) = 0.441\,[\mathrm{mm}]$

$\Delta b = b\epsilon_y = 70 \times (-29 \times 10^{-4}) = -0.203\,[\mathrm{mm}]$

$\Delta c = c\epsilon_z = 60 \times (-16 \times 10^{-4}) = -0.096\,[\mathrm{mm}]$

(4) $\epsilon = \epsilon_x + \epsilon_y + \epsilon_z = (49 - 29 - 16) \times 10^{-4} = 4 \times 10^{-4}$

(5) $\Delta V = V_0 e = (abc)e = (90 \times 70 \times 60) \times (4 \times 10^{-4}) = 151.2\,[\mathrm{mm}^3]$

34 $\epsilon_0 = \dfrac{\sigma_0}{E}(1-2\nu) = \dfrac{40}{80\times 10^3}(1-2\times 0.25) = 25\times 10^{-5}$

$\Delta d = d\epsilon_0 = 200\times(25\times 10^{-5}) = 0.05[\text{mm}]$

$\epsilon = 3\epsilon_0 = 3\times(25\times 10^{-5}) = 75\times 10^{-5}$

$\Delta V = V_0\epsilon = \dfrac{4\pi}{3}\left(\dfrac{200}{2}\right)^3(75\times 10^{-5}) = 1000\pi[\text{mm}^3]$

35 $\sigma_0 = -p$; $\epsilon = \dfrac{\Delta V}{V_0} = \dfrac{3\sigma_0}{E}(1-2\nu) = \dfrac{3(-p)}{E}(1-2\nu)$

$\therefore\ p = -\dfrac{E}{3(1-2\nu)}\times\dfrac{\Delta V}{V_0} = -\dfrac{200\times 10^3}{3(1-2\times 0.3)}\times\left(\dfrac{-0.3}{100}\right) = 500[\text{MPa}]$

$u = \dfrac{3(1-2\nu)\sigma_0^2}{2E} = \dfrac{3(1-2\times 0.3)(500)^2}{2(200\times 10^3)} = 0.75[\text{MPa}]$

36 $e = -\dfrac{3p}{E}(1-2\nu) = -\dfrac{3(200)}{200\times 10^3}(1-2\times 0.3) = -1.2\times 10^{-3}$

$\Delta V = V_0 e = (abc)e = (40\times 50\times 20)(-1.2\times 10^{-3}) = -48[\text{mm}^3]$

37 [정답 : ④] $\sigma_x = \sigma_x$인 단축응력 상태에서 $\sigma_y = 0$, $\tau_{xy} = 0$이다. 모어 원의 중심점의 좌표는 $(\sigma_x/2, 0)$이고 반지름 $R = \sigma_x/2$이며, 최대전단응력의 크기 $\tau_{\max} = R = \sigma_x/2$이다. 그리고 모어 원의 지름 $D = 2R = \sigma_x$이다.

38 $\sigma_m = \dfrac{\sigma_x+\sigma_y}{2} = \dfrac{1850+250}{2} = 1050\,[\text{kgf/cm}^2]$

$R = \sqrt{\left(\dfrac{\sigma_x-\sigma_y}{2}\right)^2+\tau_{xy}^2} = \sqrt{\left(\dfrac{1850-250}{2}\right)^2+(-600)^2} = 1000[\text{kgf/cm}^2]$

$\sigma_1 = \sigma_m + R = 1050+1000 = 2050\,[\text{kgf/cm}^2]$

$\sigma_2 = \sigma_m - R = 1050-1000 = 50\,[\text{kgf/cm}^2]$

$\sigma_1 + 3\sigma_2 = 2050+3\times 50 = 2200\,[\text{kgf/cm}^2]$

39 주어진 미소요소에서 σ_x와 σ_y는 모두 양의 방향($+x$, $+y$)으로 작용하고 있고, 전단응력은 요소의 양의 면($+x$면)에서 y축의 음의 방향($-y$)으로 작용하고 있다. 따라서 응력의 부호 규약에 따라 $\sigma_x = 6[\text{MPa}]$, $\sigma_y = 4[\text{MPa}]$, $\tau_{xy} = -1[\text{MPa}]$이고, 모어 원은 그림과 같다.

$\sigma_m = \dfrac{\sigma_x+\sigma_y}{2} = \dfrac{6+4}{2} = 5\,[\text{MPa}]$

$$R = \sqrt{\left(\frac{\sigma_x - \sigma_y}{2}\right)^2 + \tau_{xy}^2} = \sqrt{\left(\frac{6-4}{2}\right)^2 + (1)^2} = \sqrt{2}\,[\text{MPa}]$$

따라서 모어 원에서 최대 주응력(σ_1)과 최대전단응력($\tau_{\max}$)의 크기는 다음과 같다.

$$\sigma_1 = \sigma_m + R = 5 + \sqrt{2}\ [\text{MPa}]\ ;\quad \tau_{\max} = R = \sqrt{2}\ [\text{MPa}]$$

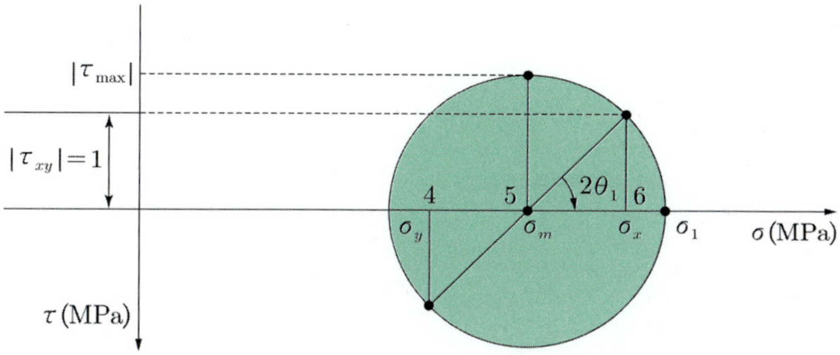

최대 주응력의 방향 θ_1[°, degree]의 크기($|\theta_1|$)는 다음과 같이 구한다.

$$\tan(|2\theta_1|) = \frac{|\tau_{xy}|}{\sigma_x - \sigma_m} = \frac{1}{6-5} = 1$$

$$|2\theta_1| = \tan^{-1}(1) = \frac{\pi}{4} \quad \therefore\ |\theta_1| = \frac{1}{2} \times \frac{\pi}{4} = \frac{\pi}{8} = 22.5°$$

모어 원에서 θ_1은 시계 방향이다. 그리고 문제에서 시계 방향을 음(−)으로 정의하였으므로 주어진 문제의 답은 $\theta_1 = -22.5°$가 된다.

40 점 A에는 전단력(V)에 의한 전단응력(σ)과 굽힘모멘트(M)에 의한 굽힘응력(σ)이 발생한다. [그림(1)]의 자유물체도에서 전단력과 굽힘모멘트는 각각 $V = P$, $M = -Pc$이다.

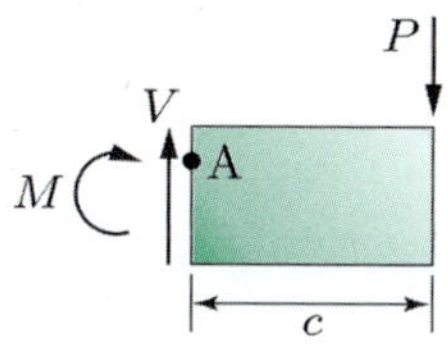

[그림(1)] 전단력과 굽힘모멘트를 구하기 위한 자유물체도

먼저 전단응력을 구하기 위해 단면적의 1차모멘트 Q를 구한다. [그림(2)]에서 중립면으로부터 도심까지 거리 $\bar{y} = \frac{h}{2} - \frac{1}{2}(h-d) = \frac{d}{2}$이므로

$$Q = \bar{y}A = \frac{d}{2} \times b(h-d) = \frac{1}{2}bd(h-d)$$

이다. 따라서 전단응력(τ)은 다음과 같다.

$$\tau = \frac{VQ}{Ib} = \frac{P}{(bh^3/12)b} \times \frac{bd(h-d)}{2} = \frac{6Pd(h-d)}{bh^3} \quad \cdots ①$$

$$= \frac{6(200)(0.3)(0.4-0.3)}{(0.1)(0.4)^3} = 5,625\,[\text{kPa}]$$

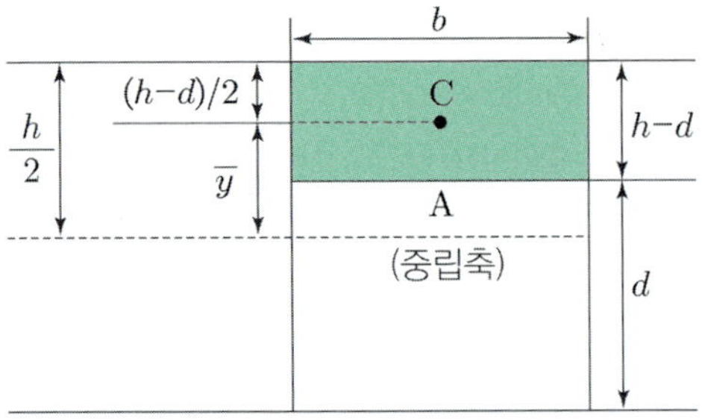

[그림(2)] Q를 구하기 위한 그림

그리고 중립축으로부터 A점까지 거리 $y = d - \frac{h}{2} = \frac{1}{2}(2d - h)$이므로 굽힘응력($\sigma$)은 다음과 같다.

$$\sigma = -\frac{M}{I}y = \frac{Pc}{(bh^3/12)} \times \frac{1}{2}(2d-h) = \frac{6Pc(2d-h)}{bh^3}$$

$$= \frac{6(200)(0.8)(2 \times 0.3 - 0.4)}{(0.1)(0.4)^3} = 30{,}000[\text{kPa}] \quad \cdots ②$$

A점의 응력 상태는 $\sigma_x = \sigma = 30{,}000\text{kPa}$, $\sigma_y = 0$, $\tau_{xy} = \tau = 5{,}625\text{kPa}$인 평면응력이고, 다음과 같이 A점에서 주응력(σ_1, σ_2)과 최대전단응력($\tau_{\max}$)이 구해진다.

$$\sigma_m = \frac{\sigma_x + \sigma_y}{2} = \frac{30{,}000}{2} = 15{,}000[\text{kPa}]$$

$$R = \sqrt{\left(\frac{\sigma_x - \sigma_y}{2}\right)^2 + \tau_{xy}^2} = \sqrt{\left(\frac{30{,}000}{2}\right)^2 + (5{,}625)^2} = 16{,}020[\text{kPa}]$$

$$\sigma_1 = \sigma_m + R = 15{,}000 + 16{,}020 = 31{,}020[\text{kPa}]$$

$$\sigma_2 = \sigma_m - R = 15{,}000 - 16{,}020 = -1{,}020[\text{kPa}]$$

$$\tau_{\max} = R = 16{,}020[\text{kPa}]$$

41 보와 하중이 보 중앙에 대해 대칭이므로 양 지지점 반력 $R = \frac{1}{2}qL$이다. 왼쪽 지지점으로부터 거리 a에서 보를 자르고 왼쪽 부분에 대한 자유물체도를 그리면 [그림]과 같다. 길이 a에 작용하는 분포하중의 합력의 크기 $F_R = qa$[kN]이고 작용점은 a의 중앙이다. 그림에서 힘의 평형 조건을 적용하여 전단력(V)과 굽힘모멘트(M)를 구한다.

$$V = R - F_R = \frac{1}{2}q(L-2a);\ M = Ra - F_R \times \frac{a}{2} = \frac{1}{2}qa(L-a)$$

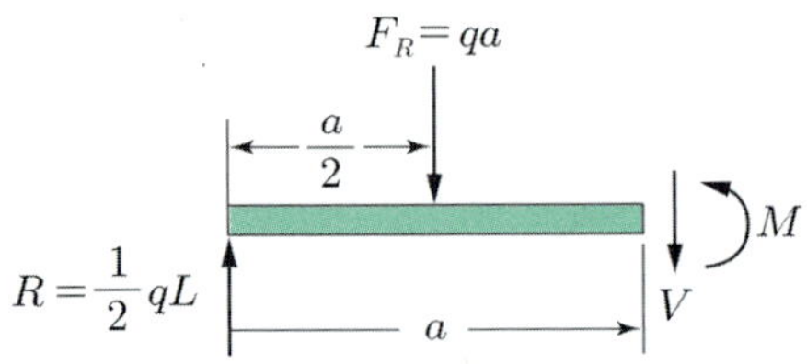

[그림] 전단력과 굽힘모멘트를 구하기 위한 자유물체도

전단응력을 구하기 위해 필요한 단면적의 1차모멘트 Q는

$$Q = A\bar{y} = bd \times \left(\frac{h}{2} - \frac{d}{2}\right) = \frac{1}{2}bd(h-d)$$

이고, 전단응력(τ)은 다음과 같다.

$$\tau = \frac{VQ}{Ib} = \frac{q(L-2a)/2}{(bh^3/12)b} \times \frac{bd(h-d)}{2} = \frac{3q(L-2a)d(h-d)}{bh^3}$$

$$= \frac{3(20)(2-2\times 0.3)(0.1)(0.4-0.1)}{(0.1)(0.4)^3} = \frac{1,575}{4} = 393.8\,[\text{kPa}]$$

그리고 중립축으로부터 A점까지 거리 $y = -\left(\frac{h}{2} - d\right) = -\frac{1}{2}(h-2d)$이므로 굽힘응력($\sigma$)은 다음과 같다.

$$\sigma = -\frac{M}{I}y = \frac{qa(L-a)/2}{(bh^3/12)} \times \frac{1}{2}(h-2d) = \frac{3qa(L-a)(h-2d)}{bh^3}$$

$$= \frac{3(20)(0.3)(2-0.3)(0.4-2\times 0.1)}{(0.1)(0.4)^3} = \frac{3,825}{4} = 956.25\,[\text{kPa}]$$

A점의 응력 상태는 $\sigma_x = \sigma = 956.25\text{kPa}$, $\sigma_y = 0$, $\tau_{xy} = \tau = 393.8\text{kPa}$인 평면응력이고, 다음과 같이 A점에서 주응력(σ_1, σ_2)과 최대전단응력($\tau_{\max}$)이 구해진다.

$$\sigma_m = \frac{\sigma_x + \sigma_y}{2} = \frac{956.25}{2} = 478.125\,[\text{kPa}]$$

$$R = \sqrt{\left(\frac{\sigma_x - \sigma_y}{2}\right)^2 + \tau_{xy}^2} = \sqrt{\left(\frac{956.25}{2}\right)^2 + (393.8)^2} = 619.4\,[\text{kPa}]$$

$$\sigma_1 = \sigma_m + R = 478.125 + 619.4 = 1097.5\,[\text{kPa}]$$

$$\sigma_2 = \sigma_m - R = 478.125 - 619.4 = -141.3\,[\text{kPa}]$$

$$\tau_{\max} = R = 619.4\,[\text{kPa}]$$

이상에서 단위를 kN, m로 계산하였으므로 응력의 단위는 kPa이다.

42 (1) 굽힘응력 σ_b[MPa] : 수직 하중 F[N]에 의해 외팔보의 A점에 작용하는 굽힘모멘트 $M_b = Fl = \frac{6,000\pi}{32} \times 0.1 = \frac{600\pi}{32}$ [N·m]이므로 A점에 발생하는 굽힘응력 σ_b[MPa]는 다음과 같다.

$$\sigma_b = \frac{M_b}{I}y = \frac{M_b}{(\pi d^4/64)} \times \frac{d}{2} = \frac{32M_b}{\pi d^3} = \frac{32}{\pi(0.01)^3} \times \frac{600\pi}{32} = 600 \times 10^6\,[\text{Pa}]$$

$$= 600\,[\text{MPa}]$$

(2) 비틀림응력 τ_t[MPa] : 비틀림 모멘트 T[N·m]에 의해 비틀림응력 τ_t[MPa]가 발생한다.

$$\tau_t = \frac{T}{I_p} \times r = \frac{T}{(\pi d^4/32)} \times \frac{d}{2} = \frac{16T}{\pi d^3} = \frac{16 \times 25\pi}{\pi(0.01)^3} = 400 \times 10^6\,[\text{Pa}] = 400\,[\text{MPa}]$$

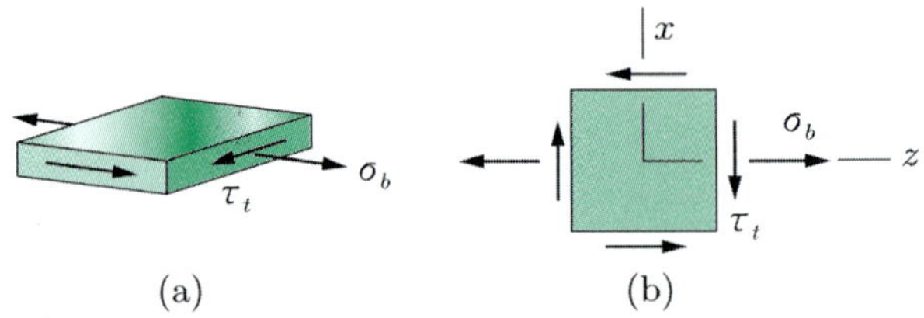

[그림(1)] A점 요소에 작용하는 응력

(3) 최대 인장응력 σ_{max}[MPa] : A점 요소에 작용하는 응력을 도시하면 [그림(1)]과 같다. 그림의 (b)와 같이 $\sigma_z = \sigma_b$, $\sigma_x = 0$, $\tau_{zx} = -\tau_t$인 평면응력에 대한 모어 원을 그려 σ_{max}를 구한다.

$$\sigma_m = \frac{\sigma_z}{2} = \frac{\sigma_b}{2} = \frac{600}{2} = 300[\text{MPa}]$$

$$R = \sqrt{\left(\frac{\sigma_z}{2}\right)^2 + \tau_{zx}^2} = \sqrt{\left(\frac{\sigma_b}{2}\right)^2 + (-\tau_t)^2} = \sqrt{\left(\frac{600}{2}\right)^2 + (-400)^2} = 500[\text{MPa}]$$

$$\sigma_{max} = \sigma_m + R = 300 + 500 = 800[\text{MPa}]$$

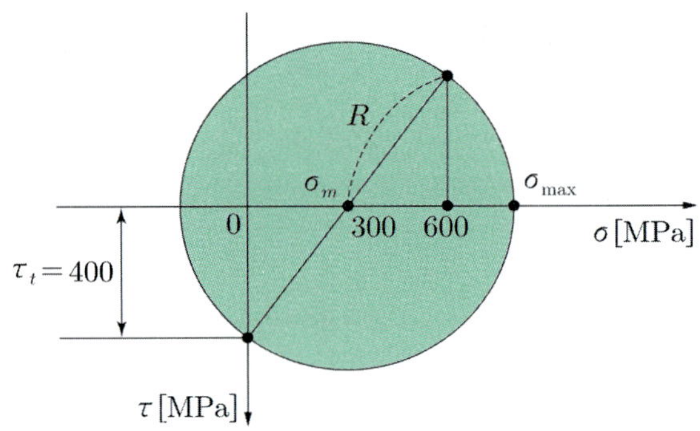

[그림(2)] 모어 원

43 [정답 : ①] 일반적으로 취성재료는 인장응력에 약하고, 연성재료는 전단응력에 약하다. 따라서 취성재료의 파손 예측에는 최대 주응력설을 적용한다.

44 [정답 : ②] 전단변형에너지 기준이 연성재료의 항복을 판정할 때 실제 실험 결과와 더 잘 일치하므로 추천되고 있다.

45 [정답 : ④] $\sigma_x = 120$[MPa], $\sigma_y = -80$[MPa], $\tau = 0$인 평면응력상태에서

$$\tau_{max} = R = \frac{\sigma_x - \sigma_y}{2} = \frac{120-(-80)}{2} = 100[\text{MPa}]$$

재료의 인장항복응력이 $\sigma_Y = 400$[MPa]일 때 최대전단응력설에 의한 재료의 항복전단응력

$$\tau_Y = \frac{\sigma_Y}{2} = \frac{400}{2} = 200[\text{MPa}] \quad \therefore \ S = \frac{\tau_Y}{\tau_{max}} = \frac{200}{100} = 2.$$

46 [정답 : ②] 축의 인장응력 $\sigma_b = 90\,[\mathrm{MPa}]$, 전단응력 $\tau = 60\,[\mathrm{MPa}]$, 허용인장응력 $\sigma_a = 110\,[\mathrm{MPa}]$, 허용전단응력 $\tau_a = 80\,[\mathrm{MPa}]$이다.

(1) 최대 주응력설 :

$$\sigma_{\max} = \frac{\sigma_b}{2} + \sqrt{\left(\frac{\sigma_b}{2}\right)^2 + \tau^2} = \frac{90}{2} + \sqrt{\left(\frac{90}{2}\right)^2 + 60^2} = 120\,[\mathrm{MPa}]$$

$\sigma_{\max} > \sigma_a$이므로 이 축은 안전하지 않다.

(2) 최대전단응력설 : $\tau_{\max} = \sqrt{\left(\frac{\sigma_b}{2}\right)^2 + \tau^2} = \sqrt{\left(\frac{90}{2}\right)^2 + 60^2} = 75\,[\mathrm{MPa}]$

$\tau_{\max} < \tau_a$이므로 이 축은 안전하다.

(3) 전단변형에너지설(von Mises yield criteria) :

$$\sigma_{VM} = \sqrt{\sigma_b^2 + 3\tau^2} = \sqrt{90^2 + 3 \times 60^2} = 137.5\,[\mathrm{MPa}]$$

$\sigma_{VM} > \sigma_a$이므로 이 축은 안전하지 않다.

(4) 단순인장응력상태 $\sigma = \sigma_1$인 경우 : 최대 주응력설에 의한 파손조건은 $\sigma_{\max} = \sigma_1$이고, 전단 변형에너지설에 의한 파손조건은 상당응력 $\sigma_{VM} = \sigma_1$이다. 즉, 파손조건이 같다.

47 [정답 : ②] $\tau_{\max} = \frac{1}{2}(\sigma_1 - \sigma_3) = \frac{1}{2}[10 - (-20)] = 15\,[\mathrm{MPa}]$

48 [정답 : ①] Von Mises 이론에서 인장 때 항복응력(Von Mises 응력)

$$\sigma_{VM} = \sqrt{\frac{1}{2}\left[(\sigma_1 - \sigma_2)^2 + (\sigma_2 - \sigma_3)^2 + (\sigma_3 - \sigma_1)^2\right]}$$

$$= \sqrt{\frac{1}{2}\left[(40-0)^2 + (0+40)^2 + (-40-40)^2\right]} = 40\sqrt{3}\,[\mathrm{MPa}]$$

$$\therefore\ S = \frac{\sigma_Y}{\sigma_{VM}} = \frac{120\sqrt{3}}{40\sqrt{3}} = 3$$

연습문제 11

01 (1) $p_a = \frac{4t\sigma_a}{D} = \frac{4 \times (5) \times (250)}{(200)} = 25\,[\mathrm{MPa}]$

(2) $p_a = \frac{8t\tau_a}{D} = \frac{8 \times (5) \times (120)}{(200)} = 24\,[\mathrm{MPa}]$

(3) $p_a = \frac{4tE\epsilon_a}{D(1-\nu)} = \frac{4(5)(210 \times 10^3)(9 \times 10^{-4})}{(200)(1-0.3)} = 27\,[\mathrm{MPa}]$

02 허용응력 $\sigma_a = \sigma_Y / S$이므로 $\sigma = \dfrac{pD}{4t}$ 로부터 $\dfrac{\sigma_Y}{S} = \dfrac{pD}{4t}$

(1) $t = \dfrac{pDS}{4\sigma_Y} = \dfrac{(3)(10\times10^3)(4)}{4(500)} = 60[\text{mm}]$

(2) $p = \dfrac{4t\sigma_Y}{DS} = \dfrac{4(200)(500)}{(10\times10^3)(4)} = 10[\text{MPa}]$

03 (1) $\sigma_{max} = \dfrac{pD}{4t} = \dfrac{(50)(250)}{4(1.25)} = 2500[\text{kPa}] = 2.5[\text{MPa}]$

$\epsilon_0 = \dfrac{pD}{4tE}(1-\nu) = \dfrac{(50)(250)(1-0.4)}{4(1.25)(4\times10^3)} = \dfrac{3}{8} = 0.375$

(2) $t = \dfrac{pD}{4E\epsilon_0}(1-\nu) = \dfrac{(50)(250)(1-0.4)}{4(4\times10^3)(0.15)} = \dfrac{25}{8} = 3.125[\text{mm}]$

04 (1) 인장응력 기준 : $t_1 = \dfrac{pd}{4\sigma_Y} = \dfrac{(20)(800)}{4(800)} = 5[\text{mm}]$

(2) 전단응력 기준 : $t_2 = \dfrac{pd}{8\tau_Y} = \dfrac{(20)(800)}{8(500)} = 4[\text{mm}]$

(3) 수직변형률 기준 : $t_3 = \dfrac{pD(1-\nu)}{4E\epsilon_a} = \dfrac{(20)(800)(1-0.3)}{4(200\times10^3)(2\times10^{-3})} = 7[\text{mm}]$

사용가능한 용기의 최소 두께[mm]는 $t_3 = 7\text{mm}$이다.

05 안전계수 $S=2$이므로 인장과 전단에 대한 허용 응력은 각각 σ_Y/S, τ_Y/S이다. 따라서 $t_{1S} = t_1 S = 10\text{mm}$, $t_{2S} = t_2 S = 8\text{mm}$이므로 가장 큰 값을 선택하여 두께를 $t_{1S} = 10$ mm로 한다.

06 $\tau_{max} = \dfrac{pD}{8t} = \dfrac{(15)(1600)}{8(60)} = 50[\text{MPa}]$

07 (1) 용접선의 길이는 πD, 압력에 의해 작용하는 총 하중은 $\pi D^2 p/4$이므로

$f(\pi D) = \dfrac{\pi D^2 p}{4} \quad \therefore\ f = \dfrac{\pi D^2 p}{4} \times \dfrac{1}{\pi D} = \dfrac{Dp}{4} = \dfrac{(800)(20)}{4} = 4000[\text{N/mm}]$

(2) $\tau_{max} = \dfrac{pD}{8t} = \dfrac{(20)(800)}{8(50)} = 40[\text{MPa}]$

(3) $\epsilon_0 = \dfrac{pD}{4tE}(1-\nu) = \dfrac{(20)(800)(1-0.3)}{4(50)(200\times10^3)} = 28\times10^{-5}$

08 $t = \dfrac{pDS}{4\sigma_Y} = \dfrac{(20)(1800)(2.5)}{4(900)} = 25[\text{mm}]$

09 [정답 : ①] ; $p_1 = \frac{4t\tau_a}{r} = \frac{4(10)(30)}{200} = 6[\text{MPa}]$

$$p_2 = \frac{2t\sigma_a}{r} = \frac{2(10)(100)}{200} = 10[\text{MPa}] \quad \therefore \ p_{max} = p_1 = 6[\text{MPa}]$$

10 [정답 : ②] ; $\sigma = \frac{pr}{2t} = \frac{6\times 200}{2\times 6} = 100[\text{MPa}]$

11 ○ 원주방향 응력 $\sigma_1 = \frac{pD}{2t} = \frac{6\times 100}{2\times 3} = 100[\text{MPa}]$

○ 길이방향 응력 $\sigma_2 = \frac{pD}{4t} = \frac{6\times 100}{4\times 3} = 50[\text{MPa}]$

○ 면내 최대전단응력 $(\tau_{max})_z = \frac{\sigma_1 - \sigma_2}{2} = \frac{\sigma_1}{4} = \frac{100}{4} = 25[\text{MPa}]$

○ 면외 최대전단응력 $\tau_{max} = \frac{\sigma_1}{2} = \frac{100}{2} = 50[\text{MPa}]$

12 (1) $\sigma_{head} = \frac{pD}{4t} = \frac{(1.6)(800)}{4(20)} = 16[\text{MPa}]; \ \tau_{head} = \frac{pD}{8t} = 8[\text{MPa}]$

(2) $\sigma_{cyl} = \frac{pD}{2t} = \frac{(1.6)(800)}{2(20)} = 32[\text{MPa}]; \ \tau_{cyl} = \frac{pD}{4t} = 16[\text{MPa}]$

(3) $\sigma_{weld} = \sigma_2 = \frac{pD}{4t} = 16[\text{MPa}]$

13 (1) 인장 : $t_1 = \frac{pD}{2\sigma_Y} = \frac{pD}{2\sigma_Y} = \frac{(4)(160)}{2(200)} = 1.6[\text{mm}]$

전단 : $t_2 = \frac{pD}{4\tau_Y} = \frac{pD}{4\tau_Y} = \frac{(4)(160)}{4(80)} = 2[\text{mm}] \quad \therefore \ t_{min} = t_2 = 2[\text{mm}]$

(2) 인장 : $p_1 = \frac{2t\sigma_Y}{D} = \frac{2(2)(200)}{(160)} = 5[\text{MPa}]$

전단 : $p_2 = \frac{4t\tau_Y}{D} = \frac{4(2)(80)}{(160)} = 4[\text{MPa}] \quad \therefore \ p_{max} = p_2 = 4[\text{MPa}]$

14 인장과 전단에 대한 허용 응력은 각각 σ_Y/S, τ_Y/S이다.

(1) 인장 : $t_1 = \frac{pD}{2(\sigma_Y/S)} = \left(\frac{pD}{2\sigma_Y}\right)S = 3.2[\text{mm}]$

전단 : $t_2 = \frac{pD}{4(\tau_Y/S)} = \left(\frac{pD}{4\tau_Y}\right)S = 4[\text{mm}] \quad \therefore \ t_{min} = t_2 = 4[\text{mm}]$

(2) 인장 : $p_1 = \frac{2t\sigma_Y}{DS} = \left(\frac{2t\sigma_Y}{D}\right)\times\frac{1}{S} = 2.5[\text{MPa}]$

$$\text{전단 : } p_2 = \frac{4t\tau_Y}{DS} = \left(\frac{4t\tau_Y}{D}\right) \times \frac{1}{S} = 2\,[\text{MPa}] \quad \therefore\ p_{\max} = p_2 = 2\,[\text{MPa}]$$

15 내부압력은 인장응력(+), 압축력 F는 압축응력(−)을 발생시킨다.

$$\sigma_L = \sigma_2 - \frac{F}{A} = \frac{pD}{4t} - \frac{F}{\pi Dt} = \frac{(3)(100)}{4(5)} - \frac{(4\pi \times 10^3)}{\pi(100)(5)} = 15 - 8 = 7\,[\text{MPa}]$$

16 힘 F가 내부압력과 함께 인장응력(+)을 발생시킨다.

$$\sigma_L = \sigma_2 + \frac{F}{A} = \frac{pD}{4t} + \frac{F}{\pi Dt} = \frac{(3)(100)}{4(5)} + \frac{(20\pi \times 10^3)}{\pi(100)(5)} = 15 + 40 = 55\,[\text{MPa}]$$

17 (1) $\epsilon_2 = \dfrac{pD}{4tE}(1-2\nu) = \dfrac{p}{4E} \times \dfrac{D}{t}(1-2\nu) = \dfrac{pk}{4E}(1-2\nu)$

$$\therefore\ p = \frac{4E\epsilon_2}{k(1-2\nu)} = \frac{4(150\times10^3)(20\times10^{-5})}{(150)(1-2\times0.3)} = 2\,[\text{MPa}]$$

(2) $\epsilon_1 = \dfrac{pD}{4tE}(2-\nu) = \dfrac{pk}{4E}(2-\nu) = \dfrac{(2)(150)}{4(150\times10^{-3})}(2-0.3) = 85\times10^{-5}$

18 (1) $\sigma_1 = \dfrac{pd}{2t} = \dfrac{5\times800}{2\times25} = 80\,[\text{MPa}]$; $\sigma_2 = \dfrac{pd}{4t} = \dfrac{5\times800}{4\times25} = 40\,[\text{MPa}]$

(2) $\epsilon_1 = \dfrac{1}{E}(\sigma_1 - \nu\sigma_2) = \dfrac{1}{200\times10^3}(80 - 0.3\times40) = 34\times10^{-5}$

$\epsilon_2 = \dfrac{1}{E}(\sigma_2 - \nu\sigma_1) = \dfrac{1}{200\times10^3}(40 - 0.3\times80) = 8\times10^{-5}$

(3) 면내 최대전단응력 $(\tau_{\max})_z = \dfrac{\sigma_1 - \sigma_2}{2} = \dfrac{\sigma_1}{4} = \dfrac{80}{4} = 20\,[\text{MPa}]$

면외 최대전단응력 $\tau_{\max} = \dfrac{\sigma_1}{2} = \dfrac{80}{2} = 40\,[\text{MPa}]$

(4) xy 평면응력 요소에 대한 모어 원은 그림과 같다.

$\sigma_m = \dfrac{\sigma_1 + \sigma_2}{2} = \dfrac{80+40}{2} = 60\,[\text{MPa}]$; $R = \dfrac{\sigma_1 - \sigma_2}{2} = \dfrac{80-40}{2} = 20\,[\text{MPa}]$

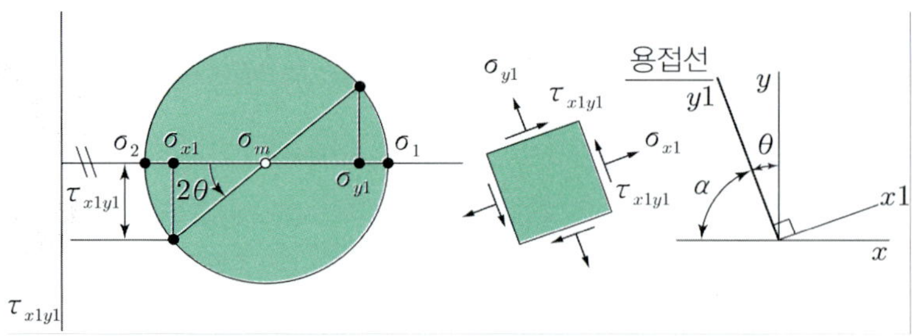

[그림] 모어 원과 $\theta = 90° - \alpha$ 의 각도로 회전된 요소

그림에서 용접선에 평행한 면과 수직한 면은 요소를 반시계방향으로

$\theta = 90° - \alpha = 90° - 70° = 20°$

로 회전한 요소의 $x1$면과 $y1$면에 작용하는 응력임을 알 수 있다. 모어 원으로부터

$\sigma_{x1} = \sigma_m - R\cos 2\theta = 60 - 20\cos 40° = 44.7\,[\mathrm{MPa}]$

$\tau_{x1y1} = R\sin 2\theta = 20\sin 40° = 12.9\,[\mathrm{MPa}]$

$\sigma_{y1} = \sigma_m + R\cos 2\theta = 60 + 20\cos 40° = 75.3\,[\mathrm{MPa}]$

19 (1) $\sigma_1 = \dfrac{pd}{2t} = \dfrac{2\times 400}{2\times 10} = 40\,[\mathrm{MPa}]$; $\sigma_2 = \dfrac{pd}{4t} = \dfrac{2\times 400}{4\times 10} = 20\,[\mathrm{MPa}]$

(2) $\epsilon_1 = \dfrac{1}{E}(\sigma_1 - \nu\sigma_2) = \dfrac{1}{200\times 10^3}(40 - 0.3\times 20) = 17\times 10^{-5}$

$\epsilon_2 = \dfrac{1}{E}(\sigma_2 - \nu\sigma_1) = \dfrac{1}{200\times 10^3}(20 - 0.3\times 40) = 4\times 10^{-5}$

(3) $(\tau_{\max})_z = \dfrac{\sigma_1 - \sigma_2}{2} = \dfrac{\sigma_1}{4} = \dfrac{40}{4} = 10\,[\mathrm{MPa}]$

$\tau_{\max} = \dfrac{\sigma_1}{2} = \dfrac{40}{2} = 20\,[\mathrm{MPa}]$

(4) $\sigma_m = \dfrac{\sigma_1 + \sigma_2}{2} = \dfrac{40 + 20}{2} = 30\,[\mathrm{MPa}]$

$R = \dfrac{\sigma_1 - \sigma_2}{2} = \dfrac{40 - 20}{2} = 10\,[\mathrm{MPa}]$

$\theta = 90° - \alpha = 90° - 60° = 30°;\ 2\theta = 60°$

$\sigma_{x1} = \sigma_m - R\cos 2\theta = 30 - 10\cos 60° = 25\,[\mathrm{MPa}]$

$\tau_{x1y1} = R\sin 2\theta = 10\sin 60° = 5\sqrt{3}\,[\mathrm{MPa}]$

$\sigma_{y1} = \sigma_m + R\cos 2\theta = 30 + 10\cos 60° = 35\,[\mathrm{MPa}]$

20 $\sigma_1 = 2\sigma_2$이므로 $\epsilon_1 = \dfrac{1}{E}(\sigma_1 - \nu\sigma_2) = \dfrac{1}{E}(2\sigma_2 - \nu\sigma_2) = \dfrac{\sigma_2}{E}(2-\nu)$

$\epsilon_2 = \dfrac{1}{E}(\sigma_2 - \nu\sigma_1) = \dfrac{1}{E}(\sigma_2 - 2\nu\sigma_2) = \dfrac{\sigma_2}{E}(1-2\nu) \quad \therefore\ \dfrac{\epsilon_2}{\epsilon_1} = \dfrac{1-2\nu}{2-\nu}$

21 $\epsilon_1 = \dfrac{pD}{4tE}(2-\nu) = \dfrac{(3)(1600)(2-0.3)}{4(20)(200\times 10^3)} = 5.1\times 10^{-4}$

$\epsilon_2 = \dfrac{pD}{4tE}(1-2\nu) = \dfrac{(3)(1600)(1-2\times 0.3)}{4(20)(200\times 10^3)} = 1.2\times 10^{-4}$

22 $\tau_{\max} = \dfrac{\sigma_1}{2} = \dfrac{pD}{4t} = \dfrac{(2)(1500)}{4(30)} = 25\,[\mathrm{MPa}]$

23 [정답 : ③] $\sigma_y = \frac{pr}{t} = \frac{1.2 \times 300}{10} = 36[\text{MPa}]$, $\sigma_x = \frac{pr}{2t} = 18[\text{MPa}]$

24 [정답 : ①] $\tau_{\max} = \frac{\sigma_\theta - \sigma_Z}{2} = \frac{1}{2}\left(\frac{pd}{2t} - \frac{pd}{4t}\right) = \frac{pd}{8t}$

25 [정답 : ②] $\sigma_1 = \frac{pD}{2t} = \frac{1\text{MPa} \times (2000\text{mm})}{2 \times (1\text{mm})} = 1000\text{MPa} = 1\text{GPa}$

26 [정답 : ③] $\tau_{\max} = C\left(\frac{pd}{t}\right)$; 압력용기 (B)의 두께 $t_B = 2t_0$, 사용압력 $p_B = 2p_0$, 내경 $d_B = 2d_0$일 때 $\frac{\tau_B}{\tau_A} = \frac{C[(2p_0)(2d_0)/2t_0]}{C(p_0 d_0/t_0)} = 2 \quad \therefore \tau_B = 2\tau_A$

27 [정답 : ④] 재료의 기준강도를 σ라고 하면 허용응력 $\sigma_a = \sigma/S$이므로

$\frac{\sigma}{S} = \frac{PD}{2t} \quad \therefore \sigma = \frac{PDS}{2t} = \frac{4 \times 600 \times 3}{2 \times 8} = 450 \ [\text{N/mm}^2]$

28 $\sigma_m = \frac{55+45}{2} = 50[\text{MPa}]$; $R = \sqrt{\left(\frac{55-45}{2}\right)^2 + 12^2} = 13[\text{MPa}]$

$\sigma_1 = \sigma_m + R = 63[\text{MPa}]$, $\sigma_2 = \sigma_m - R = 37[\text{MPa}]$

29 [정답 : ③] $\sigma_a \eta = \frac{pD}{2t}$

$p = \frac{2t\sigma_a \eta}{D} = \frac{2 \times (1 \times 10^{-2}) \times (70 \times 10^6) \times (0.7)}{1} = 98 \times 10^4[\text{Pa}] = 980[\text{kPa}]$

> 리벳 이음을 한 동판을 사용하는 경우 재료의 인장 강도가 이음에 의해 약해지므로 실제 동판 강도는 이음 효율 η를 곱한 것($\sigma_{real} = \sigma\eta$)이 된다.

30 (1) $\sigma_{\max} = \frac{pD}{2t} = \frac{(2)(400)}{2(10)} = 40[\text{MPa}]$; $\tau_{\max} = \frac{pD}{4t} = 20[\text{MPa}]$

(2) $\sigma_2 = \frac{pD}{4t} = 20[\text{MPa}]$

(3) $\epsilon_1 = \frac{pD}{4tE}(2-\nu) = \frac{(2)(400)}{4(10)(200 \times 10^3)}(2-0.3) = 1.7 \times 10^{-4}$

$\epsilon_2 = \frac{pD}{4tE}(1-2\nu) = \frac{(2)(400)}{4(10)(200 \times 10^3)}(1-2 \times 0.3) = 0.4 \times 10^{-4}$

31 $\sigma_1 = \frac{pD}{2t} \quad \therefore t_1 = \frac{pD}{2\sigma_a} = \frac{(4)(50)}{2(50)} = 2[\text{mm}]$

$$\sigma_2 = \frac{pD}{4t} + \frac{F}{\pi D t} = \frac{1}{t}\left(\frac{pD}{4} + \frac{F}{\pi D}\right)$$

$$\therefore\ t_2 = \frac{1}{\sigma_a}\left(\frac{pD}{4} + \frac{F}{\pi D}\right) = \frac{1}{(50)}\left[\frac{(4)(50)}{4} + \frac{3\pi \times 10^3}{\pi(50)}\right] = 2.2[\text{mm}]$$

$$\therefore\ t_{\min} = t_2 = 2.2[\text{mm}]$$

연습문제 12

01 (1) $EIv'' = M_0\ \ \therefore\ M = -M_0$: 보 전체에 걸쳐 굽힘모멘트(M)가 일정하므로 자유단 (B)에 시계방향으로 크기 M_0의 우력이 작용하고 있다.

(2) $EIv'''' = q_0\ \ \therefore\ q = q_0$: 균일분포하중 q_0가 아래방향으로 작용하고 있다.

(3) $EIv'''' = q_0 x/L\ \ \therefore\ q = q_0 x/L$: A에서 0이고 B에서 q_0인 등변분포하중이 아래방향으로 작용하고 있다.

02 (1) $EIv'''' = q_0 \sin\dfrac{\pi x}{L}\ \ \therefore\ q = q_0 \sin\dfrac{\pi x}{L}$: 정현파(sinusoidal)형 분포하중이 아랫방향으로 작용하고 있다.

(2) $EIv'''' = \dfrac{q_0}{L^2}(Lx - x^2)\ \ \therefore\ q(x) = \dfrac{q_0}{L^2}(Lx - x^2)$: 보 양끝에서 0이고 중앙($x = L$)에서 가장 큰 세기를 갖는 포물선형 분포하중이 아래방향으로 작용하고 있다.

03 전체 보의 자유물체도에서 점 B에 대한 모멘트 평형조건을 적용하면

$$M_0 + R_A L = 0 \quad \therefore\ R_A = -\frac{M_0}{L}$$

점 A로부터 거리 x에서 $M = M_0 - \dfrac{M_0}{L}x = -\dfrac{M_0}{L}(x - L)$

$$EIv'' = -M = \frac{M_0}{L}(x - L)\ ;\quad EIv' = \frac{M_0}{L}\left(\frac{1}{2}x^2 - Lx\right) + C_1$$

$$EIv = \frac{M_0}{L}\left(\frac{1}{6}x^3 - \frac{L}{2}x^2\right) + C_1 x + C_2$$

$$v(0) = 0\ \ \therefore\ C_2 = 0\ ;\quad v(L) = 0\ \ \therefore\ C_1 = \frac{M_0 L}{3}$$

$$EIv = \frac{M_0}{L}\left(\frac{1}{6}x^3 - \frac{L}{2}x^2\right) + \frac{M_0 L}{3}x = \frac{M_0}{6L}(x^3 - 3Lx^2 + 2L^2 x)$$

$$\therefore\ v = \frac{M_0}{6EIL}(x^3 - 3Lx^2 + 2L^2 x)$$

04 전체 보의 자유물체도에서 점 B에 대한 모멘트 평형조건을 적용하면

$$2M_0 + R_A L + M_0 = 0 \quad \therefore \quad R_A = -\frac{3M_0}{L}$$

점 A로부터 거리 x에서 $M = 2M_0 - \dfrac{3M_0}{L}x = -\dfrac{M_0}{L}(3x - 2L)$

$$EIv'' = -M = \frac{M_0}{L}(3x - 2L) \ ; \quad EIv' = \frac{M_0}{L}\left(\frac{3}{2}x^2 - 2Lx\right) + C_1$$

$$EIv = \frac{M_0}{L}\left(\frac{1}{2}x^3 - Lx^2\right) + C_1 x + C_2$$

$$v(0) = 0 \ \therefore \ C_2 = 0 \ ; \ v(L) = 0 \ \therefore \ C_1 = \frac{M_0 L}{2}$$

$$EIv = \frac{M_0}{L}\left(\frac{1}{2}x^3 - Lx^2\right) + \frac{M_0 L}{2}x = \frac{M_0}{2L}(x^3 - 2Lx^2 + L^2 x)$$

$$\therefore \ v = \frac{M_0}{2EIL}(x^3 - 2Lx^2 + L^2 x)$$

$v' = 0$에서 $3x^2 - 4Lx + L^2 = (3x - L)(x - L) = 0 \ \therefore \ x = L, \ L/3$

$$\delta_{\max} = v\left(\frac{L}{3}\right) = \frac{M_0}{2EIL}\left[\left(\frac{L}{3}\right)^3 - 2L\left(\frac{L}{3}\right)^2 + L^2\left(\frac{L}{3}\right)\right] = \frac{2M_0 L^2}{27EI}$$

05 반력 $R_A = R_B = P/2$; 지점 A로부터 거리가 $x\,(0 < x < L/2)$인 곳에서의 모멘트

$$M = R_A x = \frac{P}{2}x \ ; \quad EI\frac{d^2v}{dx^2} = -M = -\frac{P}{2}x \ ; \quad EI\frac{dv}{dx} = -\frac{P}{4}x^2 + C_1$$

좌우대칭이므로 보 중앙($x = L/2$)에서 처짐 곡선의 기울기 $dv/dx = 0$. 이 조건을 적용하면 $0 = -\dfrac{P}{4}\left(\dfrac{L}{2}\right)^2 + C_1 \ \therefore \ C_1 = \dfrac{PL^2}{16}$

$$EI\frac{dv}{dx} = -\frac{P}{4}x^2 + C_1 = -\frac{P}{4}x^2 + \frac{PL^2}{16}$$

$$EIv = -\frac{P}{12}x^3 + \frac{PL^2}{16}x + C_2$$

$$v(0) = 0 \ \therefore \ C_2 = 0 \ ; \ EIv = -\frac{P}{12}x^3 + \frac{PL^2}{16}x = \frac{P}{48}(3L^2 x - 4x^3)$$

$$\therefore \ v = \frac{P}{48EI}(3L^2 x - 4x^3)$$

최대 처짐($\delta_{\max}$)은 보 중앙($x = L/2$)에서 발생한다.

$$\delta_{\max} = v\left(\frac{L}{2}\right) = \frac{P}{48EI}\left[3L^2\left(\frac{L}{2}\right) - 4\left(\frac{L}{2}\right)^3\right] = \frac{PL^3}{48EI}$$

$$\theta = \frac{dv}{dx} = \frac{d}{dx}\left[\frac{P}{48EI}(3L^2 x - 4x^3)\right] = \frac{P}{48EI}(3L^2 - 12x^2) = \frac{P}{16EI}(L^2 - 4x^2)$$

A점($x=0$)에서 회전각 $\theta_A = \theta(0) = \dfrac{PL^2}{16EI}$; $\theta_B = \theta_A$.

06 지점 A로부터 거리 x에서 굽힘모멘트 $M = -qx \times \dfrac{x}{2} = -\dfrac{q}{2}x^2$ ⋯①

연직 아래 방향을 양의 처짐으로 잡으면

$$EI\frac{d^2v}{dx^2} = -M = -(-\frac{qx^2}{2}) = \frac{qx^2}{2} \quad \cdots ②$$

이 식을 두 번 적분하면 $EI\dfrac{dv}{dx} = \dfrac{q}{6}x^3 + C_1$ ⋯③

$$EIv = \frac{q}{24}x^4 + C_1x + C_2 \quad \cdots ④$$

고정단 B($x=L$)에서 $v=0$, $v'=0$이므로 식 ③, ④로 부터

$$\frac{qL^3}{6} + C_1 = 0 \;;\; \frac{qL^4}{24} + C_1L + C_2 = 0$$

이고, 위 두 식을 연립해 풀면 $C_1 = -\dfrac{qL^3}{6}$, $C_2 = \dfrac{qL^4}{8}$이다. 따라서 임의 지점(x)에서의 처짐(v)과 회전각(θ)은 다음과 같다.

$$EIv = \frac{q}{24}x^4 + C_1x + C_2 = \frac{q}{24}x^4 - \frac{qL^3}{6}x + \frac{qL^4}{8} = \frac{q}{24}(x^4 - 4L^3x + 3L^4)$$

$$\therefore \quad v = \frac{q}{24EI}(x^4 - 4L^3x + 3L^4) \quad \cdots ⑥$$

$$\theta = \frac{dv}{dx} = \frac{d}{dx}\left[\frac{q}{24EI}(x^4 - 4L^3x + 3L^4)\right] = \frac{q}{6EI}(x^3 - L^3)$$

최대 처짐(δ_{max})과 최대 회전각(θ_{max})은 자유단 $x=0$에서 발생한다.

$$\delta_{max} = v(0) = \frac{qL^4}{8EI} \;;\; \theta_{max} = -v'(0) = \frac{qL^3}{6EI}$$

07 먼저 임의 지점 x에서 굽힘모멘트(M)를 구하기 위해 보의 왼쪽 부분을 고려하여 자유물체도를 그리면 (b)와 같다. 등변분포하중 $q(x) = \dfrac{q_0}{L}x$이므로 합력의 크기 $F_R = \dfrac{1}{2}\left(\dfrac{q_0}{L}x\right) \times x = \dfrac{q_0}{2L}x^2$이다. 그림의 (b)에서 모멘트 평형조건을 적용하면 $M = -F_R \times \dfrac{x}{3} = -\dfrac{q_0}{6L}x^3$이고, 연직 아래 방향 처짐을 양으로 하면

$$EI\frac{d^2v}{dx^2} = -M = -\left(-\frac{q_0}{6L}x^3\right) = \frac{q_0}{6L}x^3$$

이 식을 두 번 적분하면 $EI\dfrac{dv}{dx} = \dfrac{q_0}{24L}x^4 + C_1$; $EIv = \dfrac{q_0}{120L}x^5 + C_1x + C_2$

고정단 B($x=L$)에서 $v=0$, $v'=0$이므로

$$\frac{q_0 L^3}{24} + C_1 = 0 \ ; \quad \frac{q_0 L^4}{120} + C_1 L + C_2 = 0$$

에서 $C_1 = -\frac{q_0 L^3}{24}$, $C_2 = \frac{q_0 L^4}{30}$. 따라서 처짐 곡선 $v(x)$는 다음과 같다.

$$EIv = \frac{q_0}{120L} x^5 + C_1 x + C_2 = \frac{q_0}{120L}(x^5 - 5L^4 x + 4L^5)$$

$$\therefore \quad v(x) = \frac{q_0}{120EIL}(x^5 - 5L^4 x + 4L^5)$$

08 A로부터 거리 x에서 보를 자르고 자른 보의 오른 쪽 부분을 고려하여 자유물체도를 그리면 (b)와 같다. 여기에서 $x + b + a = L$이므로 단면에서 하중의 작용점(D)까지 수직거리 $b = L - a - x$이다. 따라서 단면에 대한 모멘트 평형조건을 적용하면 $M = -Pb = -P(L - a - x)$이고, 연직 아래 방향을 양(+)으로 잡으면 처짐 곡선 $v(x)$의 미분방정식은 다음과 같다.

$$EI\frac{d^2v}{dx^2} = -M = P(L - a - x)$$

이 식을 두 번 적분하면 $EI\frac{dv}{dx} = P\left[(L-a)x - \frac{1}{2}x^2\right] + C_1$

$$EIv = P\left[\frac{1}{2}(L-a)x^2 - \frac{1}{6}x^3\right] + C_1 x + C_2$$

이다. 여기에서 경계조건($x = 0$에서 $v = v' = 0$)을 적용하면 상수 C_1, C_2는 0이다. 따라서 보의 처짐(v)과 회전각(θ)은 다음과 같다.

$$EIv = P\left[\frac{1}{2}(L-a)x^2 - \frac{1}{6}x^3\right] = \frac{P}{6}[3(L-a)x^2 - x^3]$$

$$\therefore \quad v = \frac{P}{6EI}[3(L-a) - x]x^2 \ \cdots① \ ; \quad \theta = \frac{dv}{dx} = \frac{P}{2EI}[2(L-a) - x]x \ \cdots②$$

식 ①, ②로부터 B점 처짐 $v = 0$일 때 : $3(L-a) - L = 0 \quad \therefore \ \frac{a}{L} = \frac{2}{3}$

B점 회전각 $\theta = 0$일 때 : $2(L-a) - L = 0 \quad \therefore \ \frac{a}{L} = \frac{1}{2}$

09 그림의 (b)에서 B점에 대한 모멘트 평형조건을 적용하면

$$A_y L - PH = 0 \quad \therefore \ A_y = \frac{PH}{L}$$

A점으로부터 거리 x에서 굽힘모멘트 $M = -A_y x = -\frac{PH}{L}x$

AB 부분이 위로 휘어지므로 위 방향 처짐을 양(+)으로 잡는다.

$$EIv'' = M = -\frac{PH}{L}x \ ; \ EIv' = -\frac{PH}{2L}x^2 + C_1 \ ; \ EIv = -\frac{PH}{6L}x^3 + C_1 x + C_2$$

[경계조건] $v(0)=0 \therefore C_2=0$; $v(L)=0 \therefore C_1=\dfrac{PH}{6L}(L^2)$

$EIv=\dfrac{PH}{6L}(L^2x-x^3) \quad \therefore v=\dfrac{PH}{6EIL}(L^2x-x^3)$

$v'=0$에서 $x=\dfrac{L}{\sqrt{3}}$; $\delta_{max}=v\left(\dfrac{L}{\sqrt{3}}\right)=\dfrac{PH}{6EIL}\left(\dfrac{1}{\sqrt{3}}-\dfrac{1}{3\sqrt{3}}\right)L^3=\dfrac{PHL^2}{9\sqrt{3}EI}$

10 $EIv'''=-V=-P$; $EIv''=-Px+C_1$

[경계조건] : $EIv''=-M=0$ at $x=L \quad \therefore C_1=PL$

$EIv''=-P(x-L)$; $EIv'=-P\left(\dfrac{1}{2}x^2-Lx\right)+C_2$

$EIv=-P\left(\dfrac{1}{6}x^3-\dfrac{1}{2}Lx^2\right)+C_2x+C_3$

[경계조건] : $v=v'=0$ at $x=0 \quad \therefore C_2=C_3=0$

$v(x)=\dfrac{P}{6EI}(3Lx^2-x^3)$

11 $EIv'''=-V=0$; $EIv''=C_1$

[경계조건] : $EIv''=M_0$ at $x=L \quad \therefore C_1=M_0$

$EIv'=C_1x+C_2=M_0x+C_2$; $EIv=\dfrac{1}{2}M_0x^2+C_2x+C_3$

[경계조건] $v=v'=0$ at $x=0 \quad \therefore C_2=C_3=0$

$v(x)=\dfrac{M_0x^2}{2EI}$; $\delta_B=v(L)=\dfrac{M_0L^2}{2EI}$; $\theta_B=v'(L)=\dfrac{M_0L}{EI}$

12 $EIv'''=-V=0$; $EIv''=C_1$

[경계조건] : $EIv''=-M_0$ at $x=0 \quad \therefore C_1=-M_0$

$EIv'=C_1x+C_2=-M_0x+C_2$; $EIv=-\dfrac{1}{2}M_0x^2+C_2x+C_3$

[경계조건] $v(0)=0 \therefore C_3=0$; $v(L)=0 \therefore C_2=\dfrac{1}{2}M_0(L)$

$EIv=-\dfrac{1}{2}M_0x^2+C_2x+C_3=\dfrac{M_0}{2}(Lx-x^2)$

$v=\dfrac{M_0}{2EI}(Lx-x^2)$; $\delta_{max}=v\left(\dfrac{L}{2}\right)=\dfrac{M_0L^2}{8EI}$

13 $EIv''''=q(x)=q_0\sin\left(\dfrac{\pi x}{L}\right)$; $EIv'''=-\left(\dfrac{L}{\pi}\right)q_0\cos\left(\dfrac{\pi x}{L}\right)+C_1$

$$EIv'' = -\left(\frac{L}{\pi}\right)^2 q_0 \sin\left(\frac{\pi x}{L}\right) + C_1 x + C_2$$

[경계조건] $v''(0) = 0 \therefore C_2 = 0$; $v''(L) = 0 \therefore C_1 = 0$

$$EIv' = \left(\frac{L}{\pi}\right)^3 q_0 \cos\left(\frac{\pi x}{L}\right) + C_3 \ ; \ EIv = \left(\frac{L}{\pi}\right)^4 q_0 \sin\left(\frac{\pi x}{L}\right) + C_3 x + C_4$$

[경계조건] $v(0) = v(L) = 0 \quad \therefore C_3 = C_4 = 0$

$$v = \frac{q_0}{EI}\left(\frac{L}{\pi}\right)^4 \sin\left(\frac{\pi x}{L}\right) \ ; \ \delta_{max} = v\left(\frac{L}{2}\right) = \frac{q_0 L^4}{\pi^4 EI}$$

14 $EIv'''' = q(x) = \dfrac{q_0}{L^2}(360Lx - 360x^2)$; $EIv''' = \dfrac{q_0}{L^2}(180Lx^2 - 120x^3) + C_1$

$$EIv'' = \frac{q_0}{L^2}(60Lx^3 - 30x^4) + C_1 x + C_2$$

[경계조건] $v''(0) = 0 \therefore C_2 = 0$; $v''(L) = 0 \therefore C_1 = \dfrac{q_0}{L^2} \times (-30L^3)$

$$EIv'' = \frac{q_0}{L^2}(-30L^3 x + 60Lx^3 - 30x^4);$$

$$EIv' = \frac{q_0}{L^2}(-15L^3 x^2 + 15Lx^4 - 6x^5) + C_3$$

$$EIv = \frac{q_0}{L^2}(-5L^3 x^3 + 3Lx^5 - x^6) + C_3 x + C_4$$

[경계조건] : $v(0) = 0 \therefore C_4 = 0$; $v(L) = 0 \quad \therefore C_3 = \dfrac{q_0}{L^2} \times (3L^5)$

$$v = \frac{q_0}{EIL^2}(3L^5 x - 5L^3 x^3 + 3Lx^5 - x^6) \ ; \ \delta_{max} = v\left(\frac{L}{2}\right) = \frac{61 q_0 L^4}{64 EI}$$

15 $EIv'''' = q(x) = q_0 \cos\left(\dfrac{\pi x}{2L}\right)$; $EIv''' = \left(\dfrac{2L}{\pi}\right) q_0 \sin\left(\dfrac{\pi x}{2L}\right) + C_1$

[경계조건] $EIv''' = -V = 0$ at $x = L \quad \therefore C_1 = -\left(\dfrac{2L}{\pi}\right) q_0$

$$EIv'' = -\left(\frac{2L}{\pi}\right)^2 q_0 \cos\left(\frac{\pi x}{2L}\right) - \left(\frac{2L}{\pi}\right) q_0 x + C_2$$

[경계조건] $EIv'' = -M = 0$ at $x = L \quad \therefore C_2 = \left(\dfrac{2L}{\pi}\right) q_0 L$

$$EIv' = -\left(\frac{2L}{\pi}\right)^3 q_0 \sin\left(\frac{\pi x}{2L}\right) - \frac{1}{2}\left(\frac{2L}{\pi}\right) q_0 x^2 + \left(\frac{2L}{\pi}\right) q_0 L x + C_3$$

[경계조건] $v'(0) = 0 \therefore C_3 = 0$

$$EIv = \left(\frac{2L}{\pi}\right)^4 q_0 \cos\left(\frac{\pi x}{2L}\right) - \frac{1}{6}\left(\frac{2L}{\pi}\right) q_0 x^3 + \frac{1}{2}\left(\frac{2L}{\pi}\right) q_0 L x^2 + C_4$$

[경계조건] $v(0)=0 \quad \therefore \quad C_4 = -\left(\frac{2L}{\pi}\right)^4 q_0$

$$v = \frac{1}{EI}\left(\frac{2L}{\pi}\right)^4 q_0 \left[\cos\left(\frac{\pi x}{2L}\right) - 1\right] + \frac{1}{3EI}\left(\frac{L}{\pi}\right) q_0 (-x^3 + 3Lx^2)$$

$$\delta_B = v(L) = -\frac{1}{EI}\left(\frac{2L}{\pi}\right)^4 q_0 + \frac{1}{3EI}\left(\frac{L}{\pi}\right) q_0 (2L^3) = \frac{2q_0 L^4}{3\pi^4 EI}(\pi^3 - 24)$$

16 $EIv'''' = q(x) = \frac{q_0}{L^2}(360L^2 - 360x^2)$; $EIv''' = \frac{q_0}{L^2}(360L^2 x - 120x^3) + C_1$

[경계조건] $EIv''' = -V = 0$ at $x = L \quad \therefore \quad C_1 = -\frac{q_0}{L^2}(240L^3)$

$$EIv''' = \frac{q_0}{L^2}(-240L^3 + 360L^2 x - 120x^3)$$

$$EIv'' = \frac{q_0}{L^2}(-240L^3 x + 180L^2 x^2 - 30x^4) + C_2$$

[경계조건] $EIv'' = -M = 0$ at $x = L \quad \therefore \quad C_2 = \frac{q_0}{L^2} \times (90L^4)$

$$EIv'' = \frac{q_0}{L^2}(90L^4 - 240L^3 x + 180L^2 x^2 - 30x^4)$$

$$EIv' = \frac{q_0}{L^2}(90L^4 x - 120L^3 x^2 + 60L^2 x^3 - 6x^5) + C_3$$

$$EIv = \frac{q_0}{L^2}(45L^4 x^2 - 40L^3 x^3 + 15L^2 x^4 - x^6) + C_3 x + C_4$$

[경계조건] : $v(0) = v'(0) = 0 \quad \therefore \quad C_3 = C_4 = 0$

$$v = \frac{q_0}{EIL^2}(45L^4 x^2 - 40L^3 x^3 + 15L^2 x^4 - x^6) \ ; \ \delta_B = v(L) = \frac{19q_0 L^4}{EI}$$

17 $EIv'''' = q(x) = \frac{q_0}{L^2}(360x^2)$; $EIv''' = \frac{q_0}{L^2}(120x^3) + C_1$

[경계조건] $EIv''' = -V = 0$ at $x = L \quad \therefore \quad C_1 = -\frac{q_0}{L^2}(120L^3)$

$$EIv''' = \frac{q_0}{L^2}(-120L^3 + 120x^3) \ ; \ EIv'' = \frac{q_0}{L^2}(-120L^3 x + 30x^4) + C_2$$

[경계조건] $EIv'' = -M = 0$ at $x = L \quad \therefore \quad C_2 = \frac{q_0}{L^2} \times (90L^4)$

$$EIv'' = \frac{q_0}{L^2}(90L^4 - 120L^3x + 30x^4);\ EIv' = \frac{q_0}{L^2}(90L^4x - 60L^3x^2 + 6x^5) + C_3$$

$$EIv = \frac{q_0}{L^2}(45L^4x^2 - 20L^3x^3 + x^6) + C_3x + C_4$$

[경계조건] : $v(0) = v'(0) = 0 \ \therefore \ C_3 = C_4 = 0$

$$v = \frac{q_0}{EIL^2}(45L^4x^2 - 20L^3x^3 + x^6)\ ;\ \delta_B = v(L) = \frac{26q_0L^4}{EI}$$

18 $\delta_{\max} = v\left(\frac{L}{2}\right) = \frac{PL^3}{48EI} + \frac{M_0L^2}{8EI}$

19 $\delta_B = v(L) = \frac{qL^4}{8EI} - \frac{PL^3}{3EI}\ ;\ \theta_B = v'(L) = \frac{qL^3}{6EI} - \frac{PL^2}{2EI}$

20 q_0인 균일분포하중과 A에서 $2q_0$인 등변분포하중으로 구성되었다.

$$\delta_B = v(L) = \frac{q_0L^4}{8EI} + \frac{(2q_0)L^4}{30EI} = \frac{23q_0L^4}{120EI};\ \theta_B = v'(L) = \frac{q_0L^3}{6EI} + \frac{(2q_0)L^3}{24EI} = \frac{q_0L^3}{4EI}$$

21 q_0인 균일분포하중에서 A에서 q_0인 등변분포하중을 뺀 분포하중이다.

$$\delta_B = v(L) = \frac{q_0L^4}{8EI} - \frac{q_0L^4}{30EI} = \frac{11q_0L^4}{120EI};\ \theta_B = v'(L) = \frac{q_0L^3}{6EI} - \frac{q_0L^3}{24EI} = \frac{q_0L^3}{8EI}$$

22 B에서 보를 절단하고 자유물체도를 그려보면 B에는 집중하중 P와 우력 $M_0 = Pa$가 작용한다. 외팔보에서 집중하중에 의한 처짐과 우력에 의한 처짐을 중첩하면

$$\delta_B = \frac{PL^3}{3EI} - \frac{M_0L^2}{2EI} = \frac{PL^3}{3EI} - \frac{(Pa)L^2}{2EI} = \frac{PL^2}{6EI}(2L - 3a)$$

$$\theta_B = \frac{PL^2}{2EI} - \frac{M_0L}{EI} = \frac{PL^2}{2EI} - \frac{(Pa)L}{EI} = \frac{PL}{2EI}(L - 2a)$$

23 P에 의한 처짐과 회전각은 부록에서 $a = L/2$을 대입하여 구한다.

(1) $\delta_B = \frac{P(L/2)^2}{6EI}\left(3L - \frac{L}{2}\right) - \frac{M_0L^2}{2EI} = \frac{5PL^3}{48EI} - \frac{M_0L^2}{2EI} = 0 \ \therefore \ M_0 = \frac{5PL}{24}$

(2) $\theta_B = \frac{P(L/2)^2}{2EI} - \frac{M_0L}{EI} = \frac{PL^2}{8EI} - \frac{M_0L}{EI} = 0 \ \therefore \ M_0 = \frac{PL}{8}$

24 (1) B점에서 보를 자르고 BC 부분의 자유물체도를 그려보면 단면 B에는 그림 (b)와 같이 축력 P와 우력 $M_0 = Pb$가 작용한다. 따라서 (b)에서

$$\delta_B = \frac{M_0a^2}{2EI} = \frac{Pba^2}{2EI}\ ;\ \theta_B = \frac{M_0a}{EI} = \frac{Pba}{EI}$$

(2) 축방향 변형을 무시할 때 BC 부분은 그림의 (c)와 같은 외팔보로 간주할 수 있고 여기에서 하중 P에 의한 수평방향 변위 $\delta_1 = Pb^3/3EI$이다. 그리고 점 B가 각 θ_B로 회전함에 따라 C점은 $\delta_2 = b\theta_B$만큼 왼쪽으로 이동한다. 따라서

$$\delta_h = \delta_1 + \delta_2 = \frac{Pb^3}{3EI} + b \times \left(\frac{Pba}{EI}\right) = \frac{Pb^2}{3EI}(3a+b)$$

25 B점에서 보를 자르고 BC 부분의 자유물체도를 그려보면 단면 B에는 그림 (b)와 같은 우력 $M_0 = Pb$가 작용한다. 따라서 우력 M_0가 작용하는 길이 a인 단순 보에서 $\theta_B = \frac{M_0 a}{3EI} = \frac{Pba}{3EI}$. BC 부분은 그림의 (c)와 같은 외팔보로 간주할 수 있고 여기에서 하중 P에 의한 수평방향 변위 $\delta_1 = Pb^3/3EI$이다. 그리고 점 B가 각 θ_B로 회전함에 따라 C점은 $\delta_2 = b\theta_B$만큼 오른쪽으로 이동한다. 따라서

$$\delta_h = \delta_1 + \delta_2 = \frac{Pb^3}{3EI} + b \times \left(\frac{Pba}{3EI}\right) = \frac{Pb^2}{3EI}(a+b)$$

26 $\theta_B = A = \frac{M_0 a}{EI}$;

$$\delta_B = Q = x_C A = \left(b + \frac{a}{2}\right)\frac{M_0 a}{EI} = \frac{M_0 a}{2EI}(a+2b)$$

$$= \frac{M_0 a}{2EI}[a + 2(L-a)] = \frac{M_0 a}{2EI}(2L-a)$$

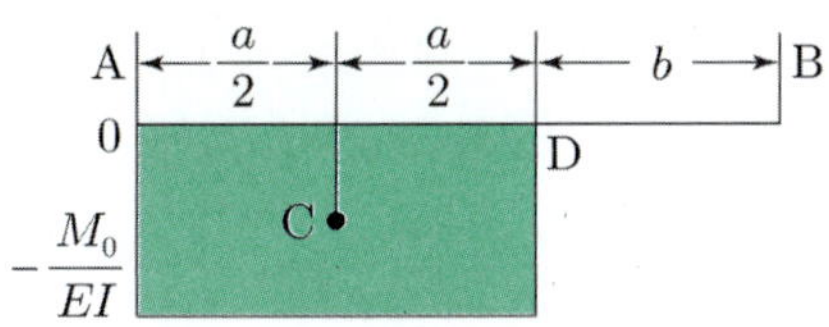

[문제 12.26] M/EI 선도

27 $\theta_B = A = \frac{1}{2} \times \frac{Pa}{EI} \times a = \frac{Pa^2}{2EI}$; $\delta_B = Q = x_C A = \left(b + \frac{2a}{3}\right)\frac{Pa^2}{2EI}$

$$= \frac{Pa^2}{6EI}(2a+3b) = \frac{Pa^2}{6EI}[2a + 3(L-a)] = \frac{Pa^2}{6EI}(3L-a)$$

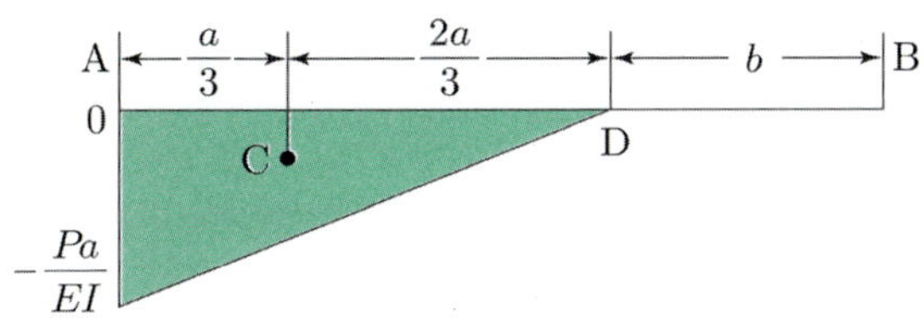

[문제 12.27] M/EI 선도

28 위 방향 처짐과 시계방향 회전각을 양으로 한다.

$$\theta_B = A_1 + A_2 = \frac{M_0 L}{EI} - \frac{PL^2}{2EI}$$

$$\delta_B = Q_1 + Q_2 = x_{C1} A_1 + x_{C2} A2 = \frac{L}{2} \times \frac{M_0 L}{EI} - \frac{2L}{3} \times \frac{PL^2}{2EI} = \frac{M_0 L^2}{2EI} - \frac{PL^3}{3EI}$$

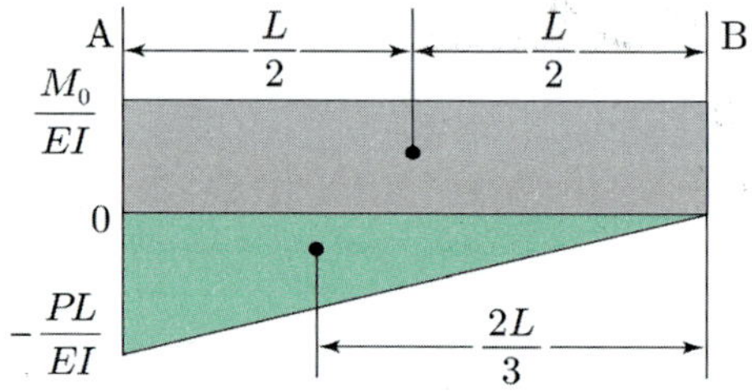

[문제 12.28] M/EI 선도

29 P_1과 P_2에 의한 모멘트를 각각 구하여 도시하면 그림과 같다. 중첩법에 의해 전체 처짐과 회전각은 각 모멘트에 의한 처짐과 회전각을 합한 것이다.

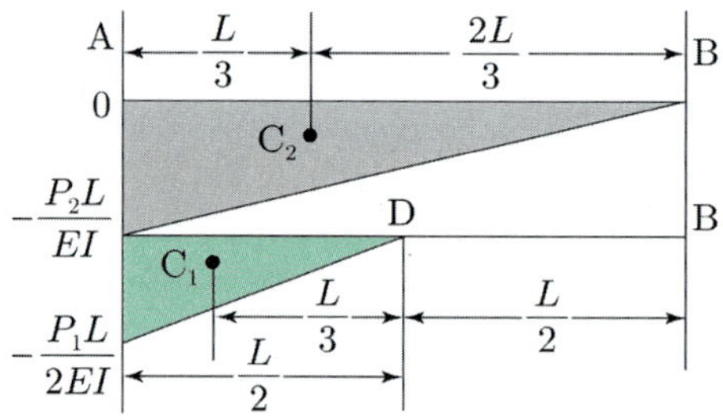

[문제 12.29] M/EI 선도

$$\theta_B = \theta_1 + \theta_2 = A_1 + A_2 = \frac{P_1 L^2}{8EI} + \frac{P_2 L^2}{2EI}$$

$$\delta_B = \delta_1 + \delta_2 = Q_1 + Q_2 = x_{C1} A_1 + x_{C2} A_2$$

$$= \left(\frac{L}{2} + \frac{L}{3}\right)\frac{P_1 L^2}{8EI} + \left(\frac{2L}{3}\right)\frac{P_2 L^2}{2EI} = \frac{5P_1 L^3}{48EI} + \frac{P_2 L^3}{3EI}$$

30 [문제 12.29]와 같이 각 하중에 의한 모멘트를 각각 구하여 도시하고 중첩법에 의해 전체 처짐과 회전각을 구한다. 세 개의 하중을 B점으로부터 왼쪽으로 1, 2, 3으로 표시한다.

$$\theta_B = \theta_1 + \theta_2 + \theta_3 = A_1 + A_2 + A_3 = \frac{PL^2}{2EI} + \frac{2PL^2}{9EI} + \frac{PL^2}{18EI} = \frac{7PL^2}{9EI}$$

$$\delta_B = \delta_1 + \delta_2 + \delta_3 = Q_1 + Q_2 + Q_2 = x_{C1} A_1 + x_{C2} A_2 + x_{C3} A_3$$

$$= \left(\frac{2L}{3}\right)\frac{PL^2}{2EI} + \left(\frac{L}{3} + \frac{2}{3} \times \frac{2L}{3}\right)\frac{2PL^2}{9EI} + \left(\frac{2L}{3} + \frac{2}{3} \times \frac{L}{3}\right)\frac{PL^2}{18EI} = \frac{5PL^3}{9EI}$$

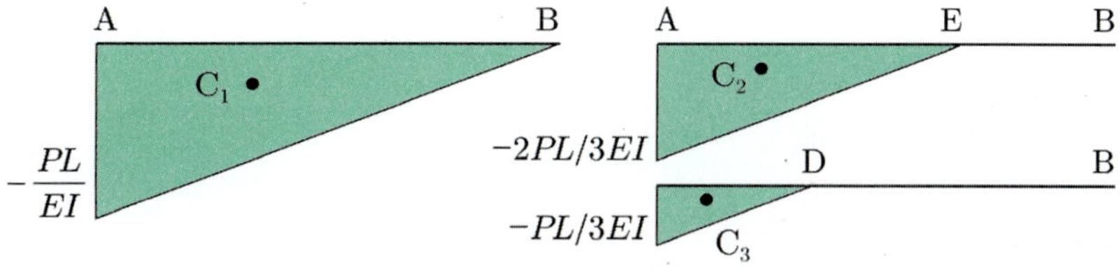

[문제 12.30] M/EI 선도

31 보 중앙에 대해 좌우대칭이므로 $R_A = R_B = P/2$이고 M/EI선도는 그림과 같다. 보 중앙(D)에서 $v' = 0$이고, $\theta_D = 0$이다.

$$\theta_A - \theta_D = \theta_A = A = \frac{1}{2}\left(\frac{PL}{4EI} \times \frac{L}{2}\right) = \frac{PL^2}{16EI} \quad ; \ \theta_B = \theta_A$$

보 중앙(D)에서 $v' = 0$이므로 D에서 접선은 수평이다.

$$\delta_{\max} = t_{A/D} = Q = x_C A = \left(\frac{2}{3} \times \frac{L}{2}\right)\frac{PL^2}{16EI} = \frac{PL^3}{48EI}$$

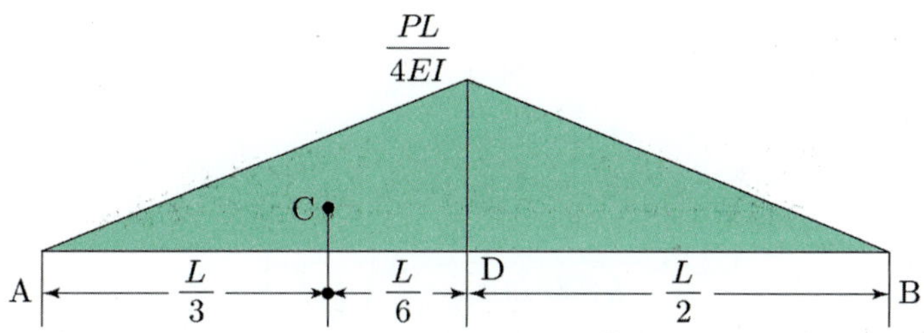

[문제 12.31] M/EI 선도

32 [정답 : ③] 중앙에 집중하중(P)을 받는 길이 L인 단순 지지보의 최대 처짐량 $\delta_{\max} = \frac{PL^3}{48EI}$; 처짐량은 단면 2차모멘트(I)에 반비례한다.

33 [정답 : ②] 주어진 보에서 최대 처짐은 B점에서 발생하고 집중하중이 작용할 때 최대 처짐량은 다음과 같이 나타낼 수 있다.

$$\delta = C\frac{PL^3}{EI} = \left(\frac{12CPL^3}{E}\right)\frac{1}{bh^3} = \frac{K}{bh^3}$$

$h = b$일 때 B점 처짐량이 8mm이므로 $8 = \frac{K}{bb^3} = \frac{K}{b^4} \quad \therefore \ K = 8b^4$

따라서 동일한 하중조건에서 B점의 수직방향 처짐량이 27mm일 때 보의 높이 h는 다음과 같다.

$$27 = \frac{K}{bh^3} = \frac{8b^4}{bh^3} = \frac{8b^3}{h^3} \quad \therefore \ h = \left(\frac{8b^3}{27}\right)^{\frac{1}{3}} = \left(\frac{2^3b^3}{3^3}\right)^{\frac{1}{3}} = \frac{2}{3}b$$

34 [정답 : ③] 보 길이가 각각 L, $2L$인 두 보에서 B점 처짐은 다음과 같다.

$$\delta_C = \frac{WL^3}{3EI_C} = \frac{1}{3I_C}\left(\frac{WL^3}{E}\right) \;;\; \delta_S = \frac{W(2L)^3}{48EI_S} = \frac{WL^3}{6EI_S} = \frac{1}{6I_S}\left(\frac{WL^3}{E}\right)$$

두 보의 처짐이 같을 때($\delta_C = \delta_S$)

$$\frac{1}{3I_C}\left(\frac{WL^3}{E}\right) = \frac{1}{6I_S}\left(\frac{WL^3}{E}\right) \quad \therefore \frac{I_C}{I_S} = 2$$

35 [정답 : ④] B점에서의 최대 처짐이 발생하고 등분포하중(w)을 받는 보의 최대 처짐은 다음과 같이 표현된다. 보의 지간이 L, 단면의 높이가 h일 때 :

$$\delta_1 = C \cdot \frac{qL^4}{EI} = C \cdot \frac{qL^4}{E(bh^3/12)} = K\left(\frac{L^4}{h^3}\right)$$

보의 지간이 2배($L_2 = 2L$), 단면의 높이가 2배($h_2 = 2h$)로 증가하는 경우 B점에서의 처짐 값 $\delta_2 = K\left(\frac{L_2^4}{h_2^3}\right) = K\left[\frac{(2L)^4}{(2h)^3}\right] = 2K\left(\frac{L^4}{h^3}\right) = 2\delta_1$

36 [정답 : ②] 등분포하중 단순 보 : $\theta_{max} = \frac{wL^3}{24EI}$, $\delta_{max} = \frac{5wL^4}{384EI}$

37 [정답 : ④] 집중하중이 작용하는 단순 보에서 최대 처짐은 다음과 같이 표현된다.

$$\delta_{max} = C \cdot \frac{PL^3}{EI} = C \cdot \frac{PL^3}{E(bh^3/12)} = K\left(\frac{PL^3}{bh^3}\right)$$

집중하중을 $P/2$로 하면 처짐량은 $\delta/2$, 폭 b를 2배로 하면 $\delta/2$, AB 간의 거리를 $L/2$로 하면 $\delta/2^3 = \delta/8$, 높이 h를 2배로 하면$\delta/2^3 = \delta/8$가 된다.

38 [정답 : ②] 외팔보의 끝에서 최대 처짐이 발생하므로 하중 F가 작용하는 지점의 변위 δ는 다음과 같이 표현된다.

$$\delta = C \cdot \frac{FL^3}{EI} = K(FL^3)$$

이때 보의 탄성변형에너지(U)는

$$U = \frac{1}{2}F\delta = \frac{1}{2}K(F^2L^3) = kF^2L^3, \ (k\text{는 상수})$$

로 쓸 수 있다. 여기에서 보(A)의 탄성변형에너지 U_A가 1J일 때

$$U_A = kF_A^2L_A^3 = k(P)^2(2L)^3 = 8kP^2L^3 = 1[\text{J}]$$

이므로 보(B)의 탄성변형에너지(U_B)는 다음과 같다.

$$U_B = kF_B^2L_B^3 = k(4P)^2(L)^3 = 16kP^2L^3 = 2[\text{J}]$$

39 [정답 : ①] 모터에 연결된 로프에 인장력 W가 작용하므로 축의 중앙에는 $2W$의 집중하중이 아래로 작용한다. 여기에서 축의 양단은 단순지지이므로 주어진 문제는 단순 보의 중

앙에 집중하중 $2W$가 작용할 때 보의 최대 처짐(δ_{max})을 구하는 문제가 된다. 단순 보의 중앙에 집중하중 $P=2W$가 작용할 때

$$\delta_{max}=\frac{PL^3}{48EI}=\frac{(2W)L^3}{48E\times\frac{\pi d^4}{64}}=\frac{L^3}{\pi Ed^4}\times\left(\frac{2W\times 64}{48}\right)$$

$$=\frac{L^3}{\pi Ed^4}\times\left(\frac{2\times 96\times 64}{48}\right)\ [\text{mm}]=\frac{L^3}{\pi Ed^4}\times(256)\ [\text{mm}]$$

40 [정답 : ②] 지름이 d인 균일 단면의 중실축을 양끝에서 고정해 놓은 것은 균일분포하중 $q=\gamma v=\gamma\times\frac{\pi}{4}d^2\times 1[\text{N/m}]$ 가 아래로 작용하는 축에 대응된다. 여기에 γ는 축의 비중량(ρg)이다. 이와 같은 균일분포하중 q가 작용할 때 축의 최대 처짐(δ_{max})은 다음과 같이 표현된다. L은 축의 길이이고, E는 축 재료의 세로탄성계수이다.

$$\delta_{max}=C\cdot\frac{qL^4}{EI}=C\cdot\frac{\gamma\times(\pi d^2/4)L^4}{E\times(\pi d^4/64)}=C\cdot\frac{16\gamma L^4}{Ed^2}\ \cdots ①$$

식 ①로부터 길이(L) 변화 없이 축 지름이 현재 지름의 두 배($2d$)가 되면 최대 처짐(δ_{max})은 $\frac{1}{2^2}=\frac{1}{4}$배가 된다.

41 [정답 : ④] 집중 하중 P가 가해질 때 보의 최대 처짐 $\delta_{max}=C\cdot\frac{PL^3}{EI}$로 표현된다. 여기에서 스프링상수 $k=\frac{P}{\delta_{max}}$로 정의하면 $k=\frac{P}{\delta_{max}}=\left(\frac{E}{CL^3}\right)I$이다. 따라서 스프링상수는 단면 2차모멘트 I에 비례한다. 폭 b, 높이 h인 직사각형 단면의 단면 2차모멘트 $I=bh^3/12$이므로 폭을 2배($b_2=2b$), 높이를 2배($h_2=2h$)로 하면 $I_2=\frac{b_2h_2^3}{12}=\frac{(2b)(2h)^3}{12}=16\times\left(\frac{bh^3}{12}\right)=16I$

42 [정답 : ①] 길이가 L인 외팔보의 자유단 끝에 수직하중 P가 작용할 때 최대 처짐(δ)에 대한 관계식은 다음과 같다.

$$\delta=\frac{PL^3}{3EI}=\frac{C}{I}\quad\left(C=\frac{PL^3}{3E}\right)\ \cdots ①$$

식 ①로부터 지름 d의 균일한 원형 단면을 갖는 외팔보의 처짐(δ_1)과 한 변의 길이가 d인 정사각형 단면을 갖는 외팔보의 처짐(δ_2)은

$$\delta_1=\frac{C}{I_1}=\frac{C}{\frac{\pi d^4}{64}}=C\times\frac{64}{\pi d^4}\ \cdots ②\ ;\ \delta_2=\frac{C}{I_2}=\frac{C}{\frac{d(d)^3}{12}}=C\times\frac{12}{d^4}\ \cdots ③$$

식 ②, ③으로부터 $\frac{\delta_2}{\delta_1}=12\times\frac{\pi}{64}=\frac{3}{16}\pi\quad\therefore\ \delta_2=\left(\frac{3}{16}\pi\right)\delta_1$

43 [정답 : ②] 축의 길이 $L=2\text{m}=2000\text{mm}$, 최대 허용 처짐각 $\theta_{max}=\dfrac{1}{1000}$[rad]이다. 중앙에 집중하중을 받는 단순 보에서 최대 처짐(δ_{max})과 최대 처짐각(θ_{max})은 다음과 같다.

$$\delta_{max}=\frac{PL^3}{48EI}\ \cdots ①\quad ;\quad \theta_{max}=\frac{PL^2}{16EI}\ \cdots ②$$

식 ①, ②로부터

$$\delta_{max}=\frac{PL^3}{48EI}=\frac{L}{3}\times\frac{PL^2}{16EI}=\frac{L}{3}\times\theta_{max}=\frac{2000}{3}\times\frac{1}{1000}\approx 0.67[\text{mm}]$$

44 [정답 : ②] 외팔보 최대 처짐 $\delta=\dfrac{WL^3}{3EI}\quad\therefore\ k=\dfrac{W}{\delta}=\dfrac{W}{WL^3/3EI}=\dfrac{3EI}{L^3}$

45 [정답 : ③] 똑같은 길이, 하중, 단면에 대한 축은 외팔보보다 단순지지 보를 사용하는 것이 처짐 측면에서 우수하다.

축의 단위 길이당 무게를 q라 하고 외팔보와 단순지지 보에서 최대 처짐을 비교하면 :

$$\delta_{외팔보}=\frac{qL^4}{8EI},\ \delta_{단순지지보}=\frac{5qL^4}{384EI}$$

$$\therefore\ \delta_{외팔보}-\delta_{단순지지보}=\left(\frac{1}{8}-\frac{5}{384}\right)\frac{qL^4}{EI}=\frac{43qL^4}{384EI}$$

즉, 외팔보의 치짐이 단순지지 보보다 크다. 따라서 외팔보보다 단순지지 보를 사용하는 것이 처짐 측면에서 우수하다.

46 [정답 : ②] 판스프링 단면의 폭을 b라 하면

$$\delta_{max}=\frac{PL^3}{3EI}=\frac{PL^3}{3E\times\dfrac{bh^3}{12}}=\frac{4PL^3}{bh^3E}\ \cdots ①\ ;\quad k=\frac{P}{\delta_{max}}=\frac{bh^3E}{4L^3}\ \cdots ②$$

따라서 h가 두 배가 될 때 스프링상수 $k_1=\dfrac{b(2h)^3E}{4L^3}=8\times\dfrac{bh^3E}{4L^3}\ \cdots ③$

여기에서 하중 P가 작용할 때 처짐량은 1이므로 식 ①에서 $\dfrac{bh^3E}{4L^3}=P\ \cdots ④$

식 ④를 ③에 대입하면 스프링상수 $k_1=8P$.

47 보의 길이 $L=2\text{m}=2\times10^3\text{mm}$이고 중앙에 집중하중을 받는 단순 보이다.

(1) 최대 처짐량(δ_{max}) : 단위를 kgf, mm로 통일하여 계산한다.

$$\delta_{max}=\frac{PL^3}{48EI}=\frac{PL^3}{48E\times(bh^3/12)}=\frac{PL^3}{4Ebh^3}=\frac{(12\times10^3)(2\times10^3)^3}{4(2\times10^4)(6\times10)(10^2)^3}[\text{mm}]$$
$$=20[\text{mm}]$$

(2) 최대응력(σ_{max}) : 주어진 보와 하중은 보 중앙에 대해 좌우 대칭이므로 지지점 반력 $R_A=R_B=P/2$이고, 최대 굽힘모멘트(M_{max})는 보 중앙에서 발생한다.

$$M_{max} = R_A \times \frac{L}{2} = \frac{PL}{4} = \frac{(12\times10^3)(2\times10^3)}{4} = 6\times10^6[\text{kgf}\cdot\text{mm}]$$

$$\sigma_{max} = \frac{M_{max}}{Z} = \frac{6M_{max}}{bh^2} = \frac{6(6\times10^6)}{(6\times10)(10^2)^2}[\text{kgf/mm}^2] = 60[\text{kgf/mm}^2]$$

48 폭 b, 높이 h인 직사각형 단면의 단면 2차모멘트 $I_{zz} = bh^3/12$이다.

(가) $b = 10\text{mm},\ h = 4\text{mm}\ :\ I_{(가)} = \frac{10\times(4)^3}{12} = \frac{160}{3}[\text{mm}^4]$

(나) $b = 4\text{mm},\ h = 10\text{mm}\ :\ I_{(가)} = \frac{4\times(10)^3}{12} = \frac{1000}{3}[\text{mm}^4]$

(다) $b_1 = 10\text{mm},\ h_1 = 10\text{mm}$인 바깥쪽 사각형에서 $b_2 = 8\text{mm},\ h_2 = 8\text{mm}$인 안쪽 사각형의 단면 2차모멘트를 뺀 값이다.

$$I_{(다)} = I_1 - I_2 = \frac{10\times(10)^3}{12} - \frac{8\times(8)^3}{12} = 492[\text{mm}^4]$$

(라) 길이 L, 단면 2차모멘트 I, 탄성계수 E인 보가 집중 하중 F를 받을 때 최대 처짐량은 $\delta_{max} = C\cdot\frac{FL^3}{EI}$ (C는 상수)로 표현된다. 따라서 최대 처짐량은 단면 2차모멘트 I에 반비례한다. (가), (나), (다)의 단면 2차모멘트 I의 크기를 비교하면 $I_{(가)} < I_{(나)} < I_{(다)}$이므로 처짐량($\delta$)이 작은 것부터 큰 순으로 나열하면 $\delta_{(다)} < \delta_{(나)} < \delta_{(가)}$.

49 A로부터 x에서 보를 자르고 자른 보의 오른 쪽 부분을 고려하여 자유물체도를 그리면 [그림(1)]과 같다. 그림에서 힘의 평형조건을 적용하면 단면(X)의 전단력(V)과 굽힘모멘트(M)가 구해진다.

$\sum F_y = 0\ :\ V = P\ \cdots①$

$\sum M_X = 0\ :\ M = -P(3L - x)\ \cdots②$

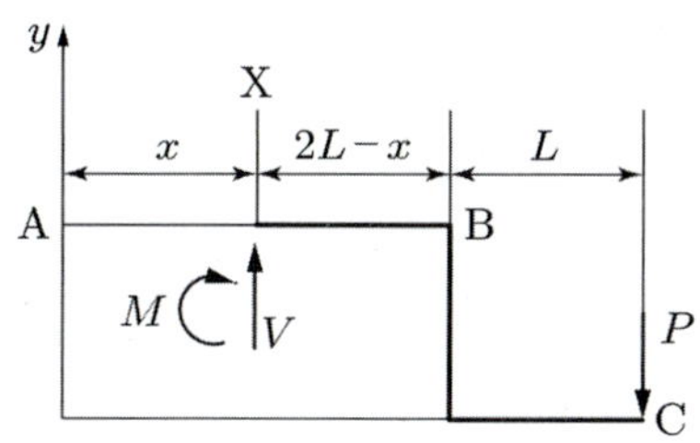

[그림(1)] 전단력과 굽힘모멘트를 구하기 위한 자유물체도

식 ①, ②로부터 부재 AB($0 < x < 2L$)의 전단력 선도와 굽힘모멘트 선도를 그리면 [그림(2)]와 같다.

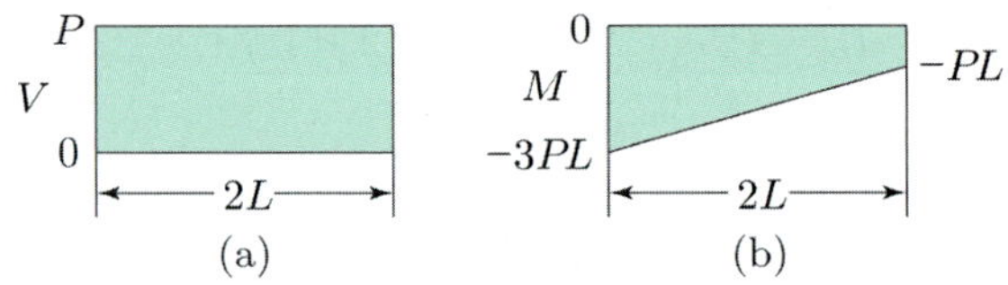

[그림(2)] (a) 전단력 선도 (b) 굽힘모멘트 선도

연직 위 방향을 양으로 잡으면 처짐 곡선 $v(x)$의 미분방정식은 다음과 같다.

$$EI\frac{d^2v}{dx^2} = M = -P(3L-x)$$

이 식을 두 번 적분하면

$$EI\frac{dv}{dx} = -P\left(3Lx - \frac{1}{2}x^2\right) + C_1 \ ; \ EIv = -P\left(\frac{3L}{2}x^2 - \frac{1}{6}x^3\right) + C_1 + C_2$$

인데, $x=0$에서 $v=v'=0$이므로 상수 C_1, C_2는 0이다. 따라서 보의 처짐 곡선은 다음과 같이 구해진다.

$$EIv = -P\left(\frac{3L}{2}x^2 - \frac{1}{6}x^3\right) = \frac{P}{6}(x^3 - 9Lx^2) \quad \therefore \quad v = \frac{P}{6EI}(x^3 - 9Lx^2)$$

위 식으로부터 점 $B(x=2L)$의 처짐 v_B는 다음과 같다.

$$v_B = -v(2L) = -\frac{P}{6EI}\left[(2L)^3 - 9L(2L)^2\right] = \frac{14PL^3}{3EI}$$

50 B에서 보를 절단하고 BC의 자유물체도를 그려보면, 외팔보 AB의 끝점 B에는 연직 아래 방향 집중하중 P와 시계방향 우력 $M_0 = PL$이 작용한다. 따라서

$$v_B = \delta_P + \delta_{M_0} = \frac{P(2L)^3}{3EI} + \frac{M_0(2L)^2}{2EI} = \frac{8PL^3}{3EI} + \frac{2PL^3}{EI} = \frac{14PL^3}{3EI}$$

연습문제 13

01 B점에서 봉이 각 θ만큼 회전했다고 하면 스프링의 복원 모멘트 $M_t = k_t\theta$이고, A점 수평 변위는 $L\theta$이다. $\sum M_B = 0 \ : \ P(L\theta) - k_t\theta = 0 \ \therefore \ P_{cr} = \frac{k_t}{L}$

02 A점의 수평 변위를 δ라 하면 스프링의 복원력 $F_k = k\delta$이다.

$$\sum M_B = 0 \ : \ P\times\delta - k\delta\times L = 0 \quad \therefore \ P_{cr} = kL$$

03 A점에서 봉의 회전각을 θ라 한다. 봉 AC의 자유물체도에서

$$\sum M_C = 0 \ : \quad P(L\theta) - k_t(2\theta) = 0 \quad \therefore \ P_{cr} = \frac{2k_t}{L} = \frac{2(7)}{2} = 7[\text{kN}]$$

04 A점에서 봉의 회전각을 θ라 하면 C, D, B점의 수평 변위는 $h\theta$, $3h\theta$, $4h\theta$이고, 스프링 복원력 $F_C = k(h\theta)$, $F_D = k(3h\theta)$이다.

$$\sum M_A = 0 \ : \ P(4h\theta) - (kh\theta)h - (k \times 3h\theta)(3h) = 0$$

$$\therefore \ P = \frac{10kh}{4} = \frac{5kh}{2} = \frac{5(40)(0.5)}{2} = 50[\text{kN}]$$

05 A점에서 봉의 회전각을 θ라 하면 B점과 C점의 수평 변위는 각각 $a\theta$, $L\theta$이다. B점 스프링의 복원력 $F_k = k \times a\theta$이고, 전체 봉의 자유물체도에서 A점에 대한 모멘트 평형 조건을 적용하면

$$P \times L\theta - k_t\theta - (k \times a\theta) \times a = 0 \quad \therefore \ P = \frac{ka^2 + k_t}{L}$$

06 C점의 미소 수평 변위를 δ라 하면 스프링의 복원력은 수평방향으로 $k\delta$이고 이로 인해 그림의 (a)와 같이 A점과 B점에서 수평방향 반력(R_A, R_B)이 발생한다.

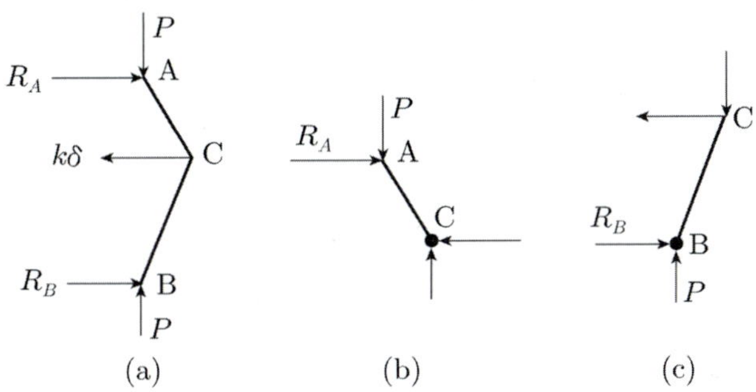

[문제 13.6] 자유물체도

부재 AC에 대한 자유물체도 (b)에서 C점에 대한 모멘트 평형조건($\sum M_C = 0$)을 적용하면

$$P\delta - R_A L = 0 \quad \therefore \ R_A = \frac{P\delta}{L}$$

이고, 부재 BC에 대한 자유물체도 (c)에서 C점에 대한 모멘트 평형조건($\sum M_C = 0$)을 적용하면

$$P\delta - R_B(2L) = 0 \quad \therefore \ R_B = \frac{P\delta}{2L}$$

이다. 따라서 전체 봉의 자유물체도 (a)에서 수평방향 힘의 평형 조건을 적용하면

$$R_A + R_B - k\delta = 0$$

$$\frac{P\delta}{L} + \frac{P\delta}{2L} - k\delta = 0 \quad \therefore \ P_{cr} = \frac{2}{3}kL$$

이다. 혹은, 전체 자유물체도 (a)에서 B점에 대한 모멘트 평형조건($\sum M_B = 0$)을 적용하면 $R_A \times 3L - k\delta \times 2L = 0 \quad \therefore \ R_A = \dfrac{2k\delta}{3}$이고, 부재 AC에 대한 자유물체도 (b)에서 C점에 대한 모멘트 평형조건($\sum M_C = 0$)을 적용하면

$$P\delta - R_A \times L = 0 \quad \therefore \; P_{cr} = \frac{R_A L}{\delta} = \frac{2k\delta}{3} \times \frac{L}{\delta} = \frac{2}{3}kL$$

07 A점에서 봉이 회전한 각을 θ라 하면 스프링의 변위 $\delta_C = 3L\theta$이고 B점의 수평 변위는 $\delta_B = 4L\theta$이다. 따라서 스프링의 탄성력 $F_k = k\delta_C = 3kL\theta$이고,

$$\sum M_A = 0 \; : \; P(\delta_B) - F_k(3L) = 0 \quad \therefore \; P = \frac{3F_k L}{\delta_B} = \frac{3(3kL\theta)L}{4L\theta} = \frac{9kL}{4}$$

08 A점에서 봉이 회전한 각을 θ라 하면 스프링의 변위는 $d\theta$이고 B점의 수평 변위는 $h\theta$이다. 따라서 스프링의 탄성력 $F_k = k(d\theta)$이고,

$$\sum M_B = 0 \; : \; mg(h\theta) - 2(kd\theta)(d) = 0 \quad \therefore \; k = \frac{mgh}{2d^2}$$

이므로 안정하기 위한 k의 범위는 다음과 같다.

$$k > \frac{mgh}{2d^2} = \frac{150(10)(0.4)}{2(0.2)^2} = 7500[\mathrm{N/m}] = 7.5[\mathrm{kN/m}]$$

09 $I_{\min} = \dfrac{bh^3}{12} = \dfrac{24(8)^3}{12} = 1024[\mathrm{mm}^4]$

$$P_{cr} = \frac{\pi^2 E I_{\min}}{L^2} = \frac{\pi^2(12\times 10^3)(1024)}{(2\times 10^3)^2}[\mathrm{N}] = 30.3\times 10^3[\mathrm{N}] = 30.3[\mathrm{kN}]$$

10 $d_1 = 100 - 2(15) = 70[\mathrm{mm}]$

$$I = \frac{\pi(d_2^4 - d_1^4)}{64} = \frac{\pi(100^4 - 70^4)}{64} = 3.73\times 10^6[\mathrm{mm}^4]$$

$$P_{cr} = \frac{\pi^2 EI}{L^2} = \frac{\pi^2(200\times 10^3)(3.73\times 10^6)}{(5\times 10^3)^2}[\mathrm{N}] = 294.5\times 10^3[\mathrm{N}] = 294.5[\mathrm{kN}]$$

11 $I_a = \dfrac{h^4}{12}$, $I_{b,\min} = I_y = 2\times \dfrac{1}{12}\left(\dfrac{h}{3}\right)h^3 + \dfrac{1}{12}(h)\left(\dfrac{h}{3}\right)^3 = \dfrac{19}{324}h^4$

$$\therefore \; \frac{P_{cr,a}}{P_{cr,b}} = \frac{I_a}{I_{b,\min}} = \frac{1}{12}\times\frac{324}{19} = \frac{27}{19}$$

12 [정답 : ①] : $P_{cr} = \dfrac{4\pi^2 E I_{\min}}{L^2} = \dfrac{4(10)(210\times 10^6)}{4^2}\times\dfrac{0.2(0.1)^3}{12} = 8,750[\mathrm{kN}]$

13 [정답 : ④] **14** [정답 : ①] **15** [정답 : ①]

16 [정답 : ③] **17** [정답 : ①] **18** [정답 : ③]

19 [정답 : ④] **20** [정답 : ④] **21** [정답 : ③]

22 [정답 : ③] **23** [정답 : ④] **24** [정답 : ④]

25 [정답 : ④]

26 [정답 : ③] : C점의 수평방향 변위가 δ이면 B점의 수평방향 변위는 $\frac{3}{4}\delta$이다. A점에 대한 모멘트 평형조건을 적용하면

$$P\delta - k\left(\frac{3\delta}{4}\right)\frac{3L}{4} = 0 \quad \therefore \quad P_{cr} = \frac{9}{16}kL$$

27 [정답 : ④] : 스프링의 변위를 δ라 하면 전체 구조물의 자유물체도에서 A점과 C점에 작용하는 수평방향 반력은 각각 $A_x = \frac{bk\delta}{a+b}$, $C_x = \frac{ak\delta}{a+b}$이다. 봉 BC의 자유물체도에서 B점에 대한 모멘트 평형 조건을 적용하면

$$P\delta - C_x b = 0 \quad \therefore \quad P_{cr} = \frac{kab}{a+b}$$

28 [정답 : ③] : 상당스프링상수 $k_{eq} = k/2$다. 스프링의 수평 변위를 δ라 하면 상단과 하단의 지지점에는 수평반력 $\frac{1}{2}k_{eq}\delta = \frac{k\delta}{4}$가 발생한다. 위 부재의 자유물체도에서 연결점(힌지)에 대한 모멘트 평형 조건을 적용하면

$$P_{cr}\delta - \frac{k\delta}{4} \times (1\text{m}) = 0 \quad \therefore \quad P_{cr} = \frac{k}{4} \times (1\text{m}) = 1\text{kN}$$

29 [정답 : ③] **30** [정답 : ④] **31** [정답 : ④]

32 [정답 : ④] : 양단 고정일 때 유효길이 $L_e = 0.5L$이다. 지지점의 형태에 따른 유효길이 ($L_e = L,\ 0.5L,\ 0.7L,\ 2L$)를 기억하도록 한다. 유효길이를 알면 임계하중은 $P_{cr} = \frac{\pi^2 EI}{L_e^2}$이다.

33 그림의 (a)와 같이 하단이 고정되고 상단이 자유로운 기둥의 좌굴된 처짐 형상은 (b)와 같다.

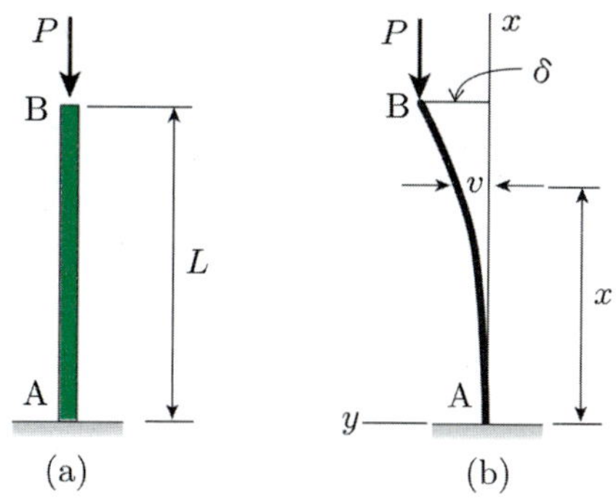

[문제 13.33] 하단이 고정되고 상단이 자유인 기둥

그림의 (b)에서 바닥으로부터 임의 위치 x에서 굽힘모멘트는 $M = P(\delta - v)$이고 처짐곡선

(v)의 미분방정식은

$$EIv'' = M = P(\delta - v) \quad \cdots ①$$

이다. 경계조건은 $x=0$에서 $v(0)=v'(0)=0$이다. $k^2 = P/EI$로 하면 ①은

$$v'' + k^2 v = k^2 \delta \quad \cdots ②$$

이고, 이 방정식의 일반해는

$$v = C_1 \sin kx + C_2 \cos kx + \delta \quad \cdots ③$$

이다. 식 ③에서 $v(0)=0$이므로 $C_2 = -\delta$이고, $v'(0)=0$에서 $C_1 = 0$이다. 따라서

$$v = \delta(1 - \cos kx) \quad \cdots ④$$

가 된다. 식 ④에 상단 $x = L$에서 $v(L) = \delta$를 적용하면 $\delta \cos kL = 0$이므로 다음과 같은 좌굴 방정식이 얻어진다.

$$\cos kL = 0 \quad \cdots ⑤$$

식 ⑤의 방정식은

$$kL = \frac{n\pi}{2} \quad (n = 1, 3, 5, \ldots) \quad \cdots ⑥$$

가 될 때 만족된다. $k = \sqrt{P/EI}$를 식 ⑥에 대입하면

$$kL = \sqrt{\frac{P}{EI}} L = \frac{n\pi}{2}$$

$$\therefore \ P = \frac{n^2 \pi^2 EI}{4L^2} \quad \cdots ⑦$$

이 구해진다. 식 ⑦에서 가장 작은 하중은 $n=1$일 때이므로 임계하중은 다음과 같다.

$$P_{cr} = \frac{\pi^2 EI}{4L^2} \quad \cdots ⑧$$

부록

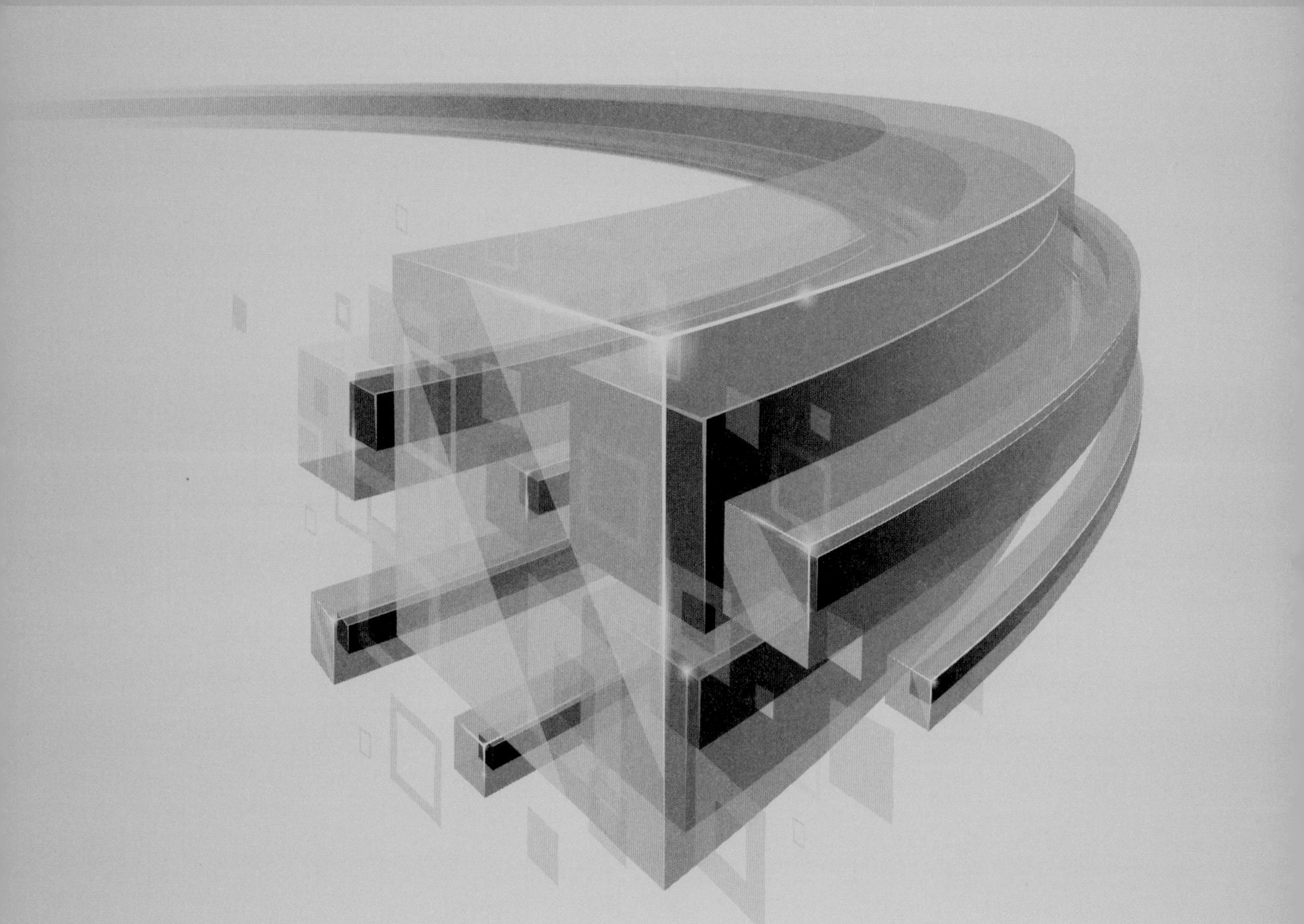

A.1 평면 도형의 성질
A.2 외팔보의 처짐과 회전각(기울기)
A.3 단순 보의 처짐과 회전각(기울기)

A.1 평면 도형의 성질

A : 면적

$\bar{x}, \bar{y}$: 도심(C)까지 거리

I_x, I_y : x축과 y축에 대한 관성모멘트

I_p : x축과 y축의 원점에 대한 극관성모멘트, $I_p = I_x + I_y$

I_{x1} : $x1$축에 대한 관성모멘트

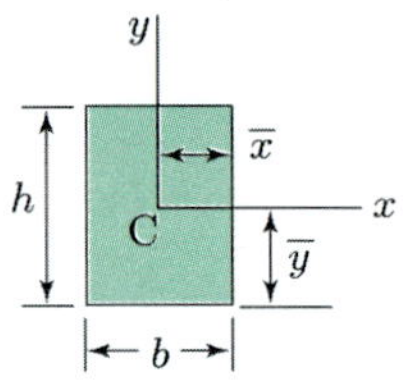

[직사각형]

$A = bh$; $\bar{x} = \dfrac{b}{2}$; $\bar{y} = \dfrac{h}{2}$

$I_x = \dfrac{bh^3}{12}$; $I_y = \dfrac{hb^3}{12}$

$I_p = \dfrac{bh}{12}(b^2 + h^2)$

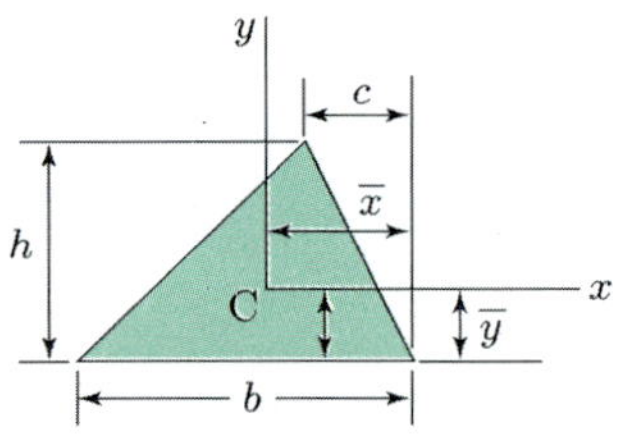

[삼각형]

$A = \dfrac{bh}{2}$; $\bar{x} = \dfrac{b+c}{3}$; $\bar{y} = \dfrac{h}{3}$

$I_x = \dfrac{bh^3}{36}$; $I_y = \dfrac{bh}{36}(b^2 - bc + c^2)$

$I_p = \dfrac{bh}{36}(b^2 + h^2 - bc + c^2)$

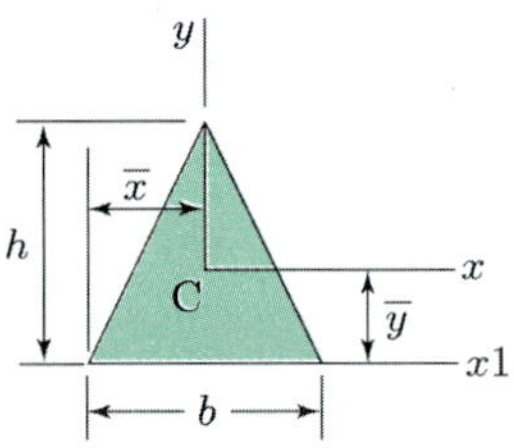

[이등변 삼각형]

$A = \dfrac{bh}{2}$; $\bar{x} = \dfrac{b}{2}$; $\bar{y} = \dfrac{h}{3}$

$I_x = \dfrac{bh^3}{36}$; $I_y = \dfrac{hb^3}{48}$

$I_p = \dfrac{bh}{144}(3b^2 + 4h^2)$; $I_{x1} = \dfrac{bh^3}{12}$

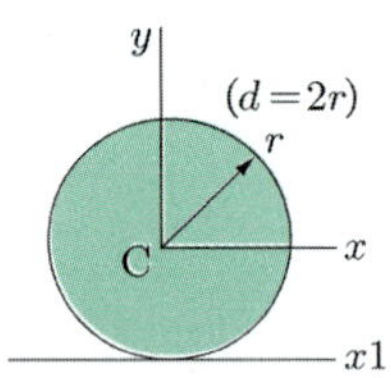

[원]

$A = \pi r^2 = \dfrac{\pi d^2}{4}$

$I_x = I_y = \dfrac{\pi r^4}{4} = \dfrac{\pi d^4}{64}$

$I_p = \dfrac{\pi r^4}{2} = \dfrac{\pi d^4}{32}$; $I_{x1} = \dfrac{5\pi r^4}{4} = \dfrac{5\pi d^4}{64}$

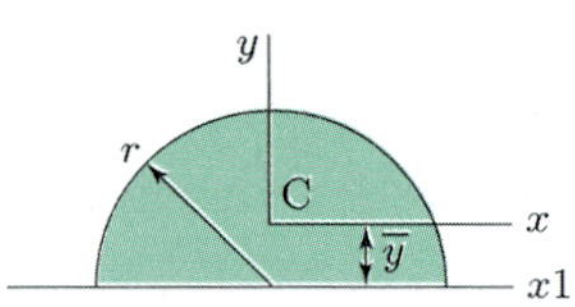

[반원]

$A = \dfrac{\pi r^2}{2} = \dfrac{\pi d^2}{8}$; $\bar{y} = \dfrac{4r}{3\pi}$

$I_x = \dfrac{(9\pi^2 - 64)r^4}{72\pi}$; $I_y = \dfrac{\pi r^4}{8}$

$I_{x1} = \dfrac{\pi r^4}{8} = \dfrac{\pi d^4}{128}$

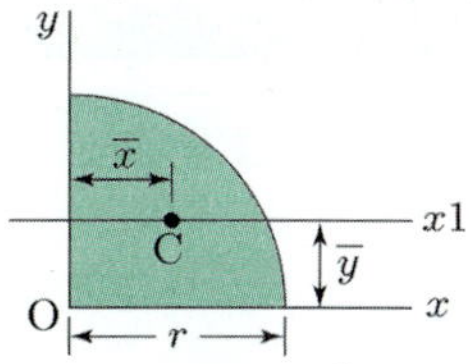	[$\frac{1}{4}$원] $A = \frac{\pi r^2}{4} = \frac{\pi d^2}{16}$; $\bar{x} = \bar{y} = \frac{4r}{3\pi}$ $I_x = I_y = \frac{\pi r^4}{16} = \frac{\pi d^4}{256}$ $I_{x1} = \frac{(9\pi^2 - 64)r^4}{144\pi}$
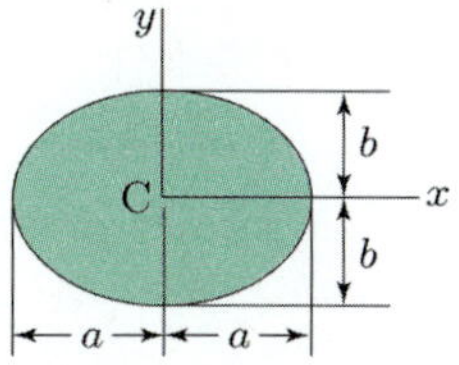	[타원] $A = \pi ab$ $I_x = \frac{\pi ab^3}{4}$; $I_y = \frac{\pi ba^3}{4}$ $I_p = \frac{\pi ab}{4}(a^2 + b^2)$

A.2 외팔보의 처짐과 회전각(기울기)

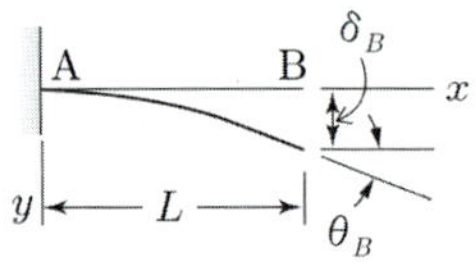	v : 처짐 곡선 δ_B : 자유단(B)의 처짐 $\delta_B = v(L)$ θ_B : 자유단(B)의 회전각 $\theta_B = v'(L)$
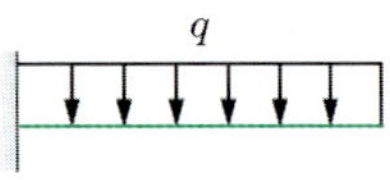	$v = \dfrac{qx^2}{24EI}(6L^2 - 4Lx + x^2)$ $\delta_B = \dfrac{qL^4}{8EI}$; $\theta_B = \dfrac{qL^3}{6EI}$
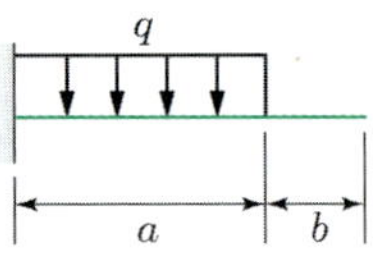	$(0 \le x \le a)$ $v = \dfrac{qx^2}{24EI}(6a^2 - 4ax + x^2)$ $(a \le x \le L)$ $v = \dfrac{qa^3}{24EI}(4x - a)$ $v(a) = \dfrac{qa^4}{8EI}$; $v'(a) = \dfrac{qa^3}{6EI}$ $\delta_B = \dfrac{qa^3}{24EI}(4L - a)$; $\theta_B = \dfrac{qa^3}{6EI}$
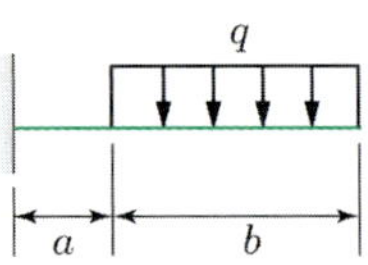	$(0 \le x \le a)$ $v = \dfrac{qbx^2}{12EI}(3L + 3a - 2x)$ $(a \le x \le L)$ $v = \dfrac{q}{24EI}(x^4 - 4Lx^3 + 6L^2x^2 - 4a^3x + a^4)$ $v(a) = \dfrac{qa^2b}{12EI}(3L + a)$; $v'(a) = \dfrac{qabL}{2EI}$ $\delta_B = \dfrac{q}{24EI}(3L^4 - 4a^3L + a^4)$; $\theta_B = \dfrac{q}{6EI}(L^3 - a^3)$
	$v = \dfrac{Px^2}{6EI}(3L - x)$ $\delta_B = \dfrac{PL^3}{3EI}$; $\theta_B = \dfrac{PL^2}{2EI}$
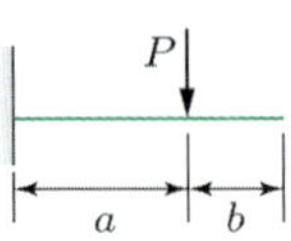	$(0 \le x \le a)$ $v = \dfrac{Px^2}{6EI}(3a - x)$ $(a \le x \le L)$ $v = \dfrac{Pa^2}{6EI}(3x - a)$ $v(a) = \dfrac{Pa^3}{3EI}$; $v'(a) = \dfrac{Pa^2}{2EI}$ $\delta_B = \dfrac{Pa^2}{6EI}(3L - a)$; $\theta_B = \dfrac{Pa^2}{2EI}$
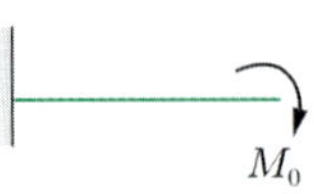	$v = \dfrac{M_0x^2}{2EI}$ $\delta_B = \dfrac{M_0L^2}{2EI}$; $\theta_B = \dfrac{M_0L}{EI}$

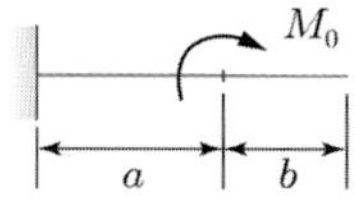	$(0 \le x \le a)\ v = \frac{M_0 x^2}{2EI}$ $(a \le x \le L)\ v = \frac{M_0 a}{2EI}(2x - a)$ $v(a) = \frac{M_0 a^2}{2EI}$; $v'(a) = \frac{M_0 a}{EI}$ $\delta_B = \frac{M_0 a}{2EI}(2L - a)$; $\theta_B = \frac{M_0 a}{EI}$
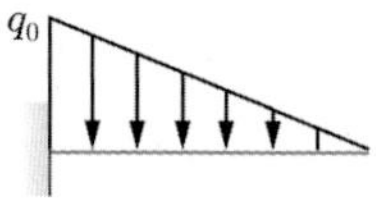	$v = \frac{q_0 x^2}{120EIL}(10L^3 - 10L^2 x + 5Lx^2 - x^3)$ $\delta_B = \frac{q_0 L^4}{30EI}$; $\theta_B = \frac{q_0 L^3}{24EI}$
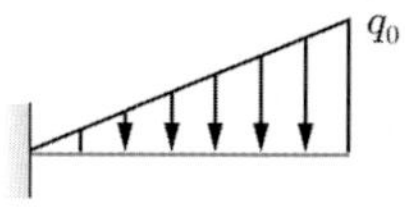	$v = \frac{q_0 x^2}{120EIL}(20L^3 - 10L^2 x + x^3)$ $\delta_B = \frac{11 q_0 L^4}{120EI}$; $\theta_B = \frac{q_0 L^3}{8EI}$

A.3 단순 보의 처짐과 회전각(기울기)

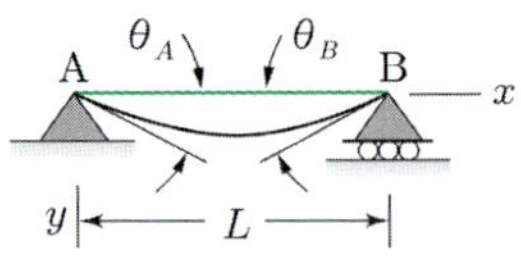	v : 처짐 곡선 δ_{max} : 최대 처짐 x_{max} : A점으로부터 최대 처짐 위치까지 거리 θ_A, θ_B : 보 양단(A, B)의 회전각 $\delta_C = v(L/2)$: 보 중앙의 처짐
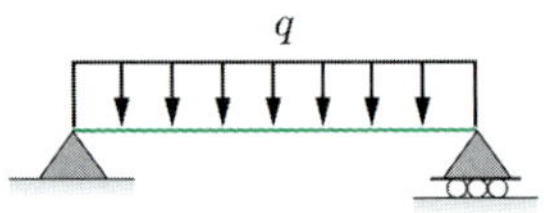	$v = \dfrac{qx}{24EI}(L^3 - 2Lx^2 + x^3)$ $\delta_{max} = \delta_C = \dfrac{5qL^4}{384EI}$; $\theta_A = \theta_B = \dfrac{qL^3}{24EI}$
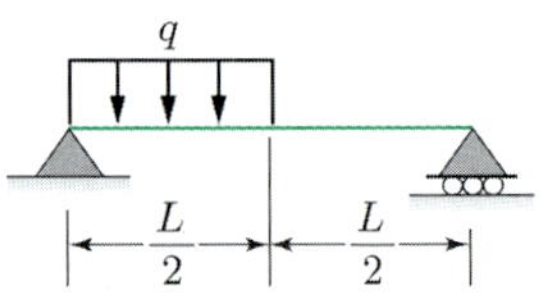	$(0 \le x \le L/2)$ $v = \dfrac{qx}{384EI}(9L^3 - 24Lx^2 + 16x^3)$ $(L/2 \le x \le L)$ $v = \dfrac{qL}{384EI}(8x^3 - 24Lx^2 + 17L^2x - L^3)$ $\delta_C = \dfrac{5qL^4}{768EI}$; $\theta_A = \dfrac{3qL^3}{128EI}$; $\theta_B = \dfrac{7qL^3}{384EI}$
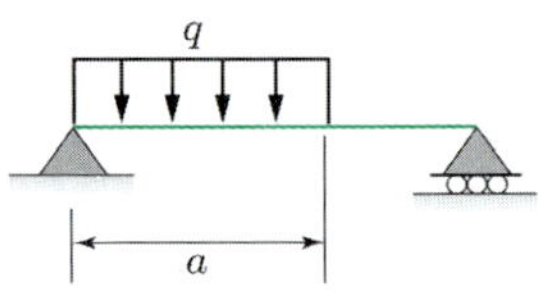	$(0 \le x \le a)$ $v = \dfrac{qx}{24EIL}(a^4 - 4a^3L + 4a^2L^2 + 2a^2x^2 - 4aLx^2 + Lx^3)$ $(a \le x \le L)$ $v = \dfrac{qa^2}{24EIL}(-a^2L + 4L^2x + a^2x - 6Lx^2 + 2x^3)$ $\theta_A = \dfrac{qa^2}{24EIL}(2L-a)^2$; $\theta_B = \dfrac{qa^2}{24EIL}(2L^2 - a^2)$
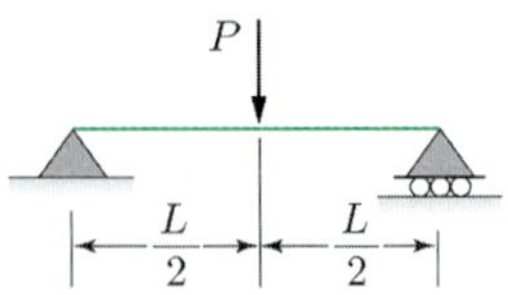	$v = \dfrac{Px}{48EI}(3L^2 - 4x^2)$ $\delta_{max} = \delta_C = \dfrac{PL^3}{48EI}$; $\theta_A = \theta_B = \dfrac{PL^2}{16EI}$
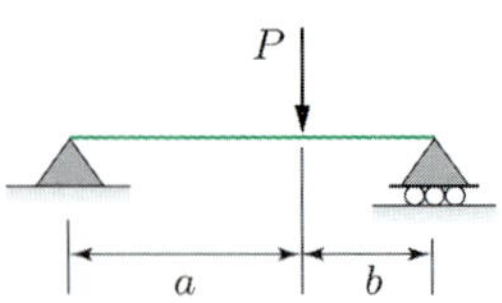	$(0 \le x \le a)$ $v = \dfrac{Pbx}{6EIL}(L^2 - b^2 - x^2)$ $\theta_A = \dfrac{Pab}{6EIL}(L+b)$; $\theta_B = \dfrac{Pab}{6EIL}(L+a)$ $(a \ge b)$ $x_{max} = \sqrt{\dfrac{L^2 - b^2}{3}}$, $\delta_{max} = \dfrac{Pb(L^2 - b^2)^{3/2}}{9\sqrt{3}\,EIL}$
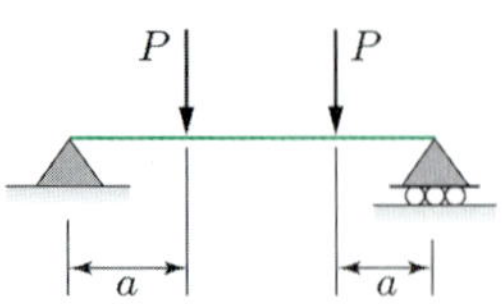	$(0 \le x \le a)$ $v = \dfrac{Px}{6EI}(3aL - 3a^2 - x^2)$ $(a \le x \le L-a)$ $v = \dfrac{Pa}{6EI}(3Lx - 3x^2 - a^2)$ $\delta_{max} = \delta_C = \dfrac{Pa}{24EI}(3L^2 - 4a^2)$ $\theta_A = \theta_B = \dfrac{Pa(L-a)}{2EI}$

<table>
<tr><td>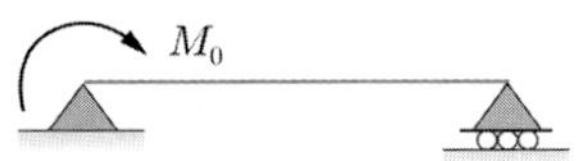
</td><td>

$v = \frac{M_0 x}{6EIL}(2L^2 - 3Lx + x^2)$

$\delta_{\max} = \frac{M_0 L^2}{9\sqrt{3}\,EI}$; $x_{\max} = L\left(1 - \frac{\sqrt{3}}{3}\right)$

$\delta_C = \frac{M_0 L^2}{16EI}$; $\theta_A = \frac{M_0 L}{3EI}$; $\theta_B = \frac{M_0 L}{6EI}$

</td></tr>
<tr><td>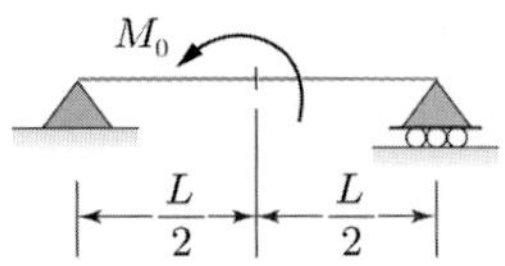
</td><td>

$v = \frac{M_0 x}{24EIL}(L^2 - 4x^2)$

$\delta_C = 0$; $\theta_A = \frac{M_0 L}{24EI}$; $\theta_B = -\frac{M_0 L}{24EI}$

</td></tr>
<tr><td>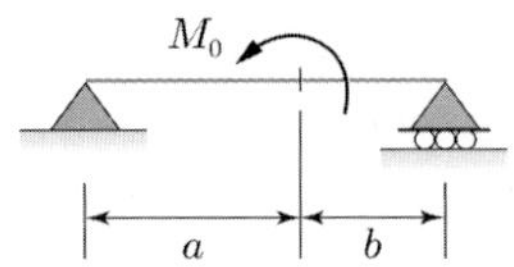
</td><td>

$(0 \le x \le a)$ $v = \frac{M_0 x}{6EIL}(6aL - 3a^2 - 2L^2 - x^2)$

$v(a) = \frac{M_0 ab}{3EIL}(2a - L)$; $v'(a) = \frac{M_0}{3EIL}(3aL - 3a^2 - L^2)$

$\theta_A = \frac{M_0}{6EIL}(6aL - 3a^2 - 2L^2)$

$\theta_B = \frac{M_0}{6EIL}(3a^2 - L^2)$

</td></tr>
<tr><td>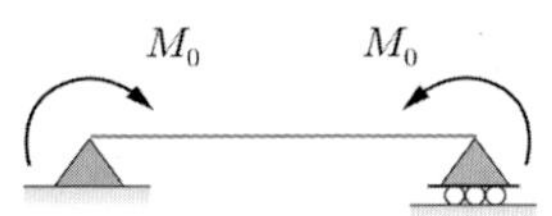
</td><td>

$v = \frac{M_0 x}{2EI}(L - x)$

$\delta_{\max} = \delta_C = \frac{M_0 L^2}{8EI}$

$\theta_A = \theta_B = \frac{M_0 L}{2EI}$

</td></tr>
<tr><td>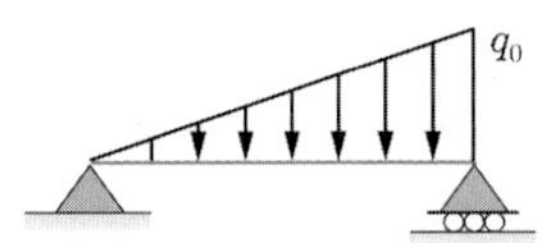
</td><td>

$v = \frac{q_0 x}{360EIL}(7L^4 - 10L^2x^2 + 3x^4)$

$\delta_C = \frac{5q_0 L^4}{768EI}$; $\theta_A = \frac{7q_0 L^3}{360EI}$; $\theta_B = \frac{q_0 L^3}{45EI}$

$\delta_{\max} \approx 0.00652\frac{q_0 L^4}{EI}$

$x_{\max} = \sqrt{1 - 2\sqrt{\frac{2}{15}}}\,L \approx 0.5193L$

</td></tr>
<tr><td>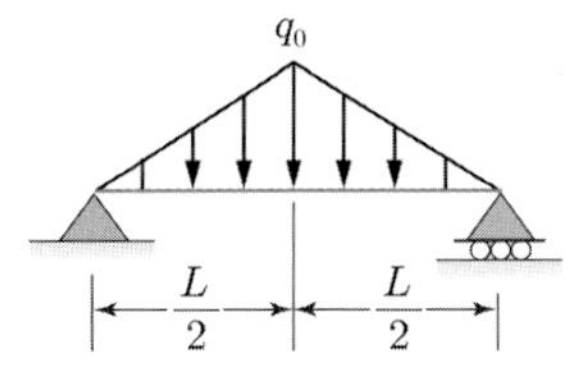
</td><td>

$(0 \le x \le L/2)$ $v = \frac{q_0 x}{960EIL}(5L^2 - 4x^2)^2$

$\delta_{\max} = \delta_C = \frac{q_0 L^4}{120EI}$

$\theta_A = \theta_B = \frac{5q_0 L^3}{192EI}$

</td></tr>
</table>

참고문헌

[1] 교육부, 공업역학, 대한교과서(주), 1999.
[2] 교육부, 기계설계, 대한교과서(주), 1998.
[3] 권진회 외 공역, Meriam & Kraige 저, 정역학, 범한서적(주), 2006.
[4] 김영탁 외 공역, Riley & Sturges 저, 정역학, 사이텍미디어, 1998.
[5] 김옥환 외 공역, B. J. Goodno & J. M. Gere 저, SI재료역학, 센게이지러닝코리아(주), 2017.
[6] 배원병 외 공역, A. C. Ugural 저, 기계설계, 한티미디어, 2005.
[7] 박정선 외 공역, J. M. Gere & B. J. Goodno 저, 재료역학, 교보문고, 2011.
[8] 백태현 외 공역, Beer의 재료역학, 맥그로힐에듀케이션코리아, 2017.
[9] 유주식, 알기 쉬운 정역학, 교육과학사, 2014.
[10] 유주식, 알기 쉽게 설명한 기계설계 기초, 교육과학사, 2015.
[11] 유주식, 알기 쉽게 설명한 공무원 시험 기계설계 문제-9급 지방직, 교육과학사, 2018.
[12] 유주식, 알기 쉽게 설명한 공무원 시험 기계설계 문제-7급 국가직, 교육과학사, 2018.
[13] 유주식, 조희근, 중등교사 임용시험 Point 재료역학, 경문사, 2019.
[14] 홍장표, 기계요소설계-포인트, 교보문고, 2017.
[15] S. H. Crandall, N. C. Dahl, T. J. Lardner, An introduction to the mechanics of solid, Mcgraw-Hill Kogakusha, Ltd., 1978.
[16] F. P. Beer, E. R. Johnston, J. T. Dewolf, Mechanics of materials, Mcgraw-Hill International Rdition, 2002.
[17] S. P. Timoshenko, J. M. Gere, Mechanics of materials, Tower press, 1983.
[18] 사이버국가고시센터 (www.gosi.go.kr)
[19] 서울시 인터넷 원서접수센터(gosi.seoul.go.kr)
[20] 서울특별시 인재개발원 (hrd.seoul.go.kr)
[21] 한국교육과정평가원 (www.kice.re.kr)

찾아보기

저자와의
합의하에
인지를
생략합니다

쉽게 배우는
기본 재료역학

지은이 유주식
펴낸이 조경희
펴낸곳 경문사
펴낸날 2020년 5월 26일 1판 1쇄
2024년 3월 5일 1판 4쇄
등 록 1979년 11월 9일 제1979-000023호
주 소 04057, 서울특별시 마포구 와우산로 174
전 화 (02)332-2004 팩스 (02)336-5193
이메일 kyungmoon@kyungmoon.com

값 30,000원

ISBN 979-11-6073-331-0